AF469267

ENCYCLOPÉDIE MÉTHODIQUE,

OU

PAR ORDRE DE MATIERES;

PAR UNE SOCIÉTÉ DE GENS DE LETTRES, DE SAVANS ET D'ARTISTES;

Précédée d'un Vocabulaire universel, *servant de Table pour tout l'Ouvrage, ornée des Portraits de MM.* DIDEROT & D'ALEMBERT, *premiers Éditeurs de l'*Encyclopédie.

MOUCHE. (Insecte.)

57. Mouche bifasciée.

Rousse; abdomen à deux bandes d'or.

58. Mouche grosse.

Poilue, noire; ailes à base rouillée.

59. Mouche hystrix.

Très-poilue, âtre; face blanchâtre.

60. Mouche arrondie.

Corselet demi-rayé; abdomen arrondi, rouillé; ligne longitudinale de pointes noires.

61. Mouche gonflée.

Poilue, âtre, lustrée à la base des ailes; écailles et balanciers rouillés.

62. Mouche des chenilles.

Noirâtre; sommet de l'écusson soutestacé; abdomen maillé.

63. Mouche des racines.

Noire; abdomen cendré, noir, à bandes.

64. Mouche du chou-navet.

Poilue, incane, à lignes longitudinales sur le dos et les côtés.

65. Mouche brassicaire.

Noire; abdomen cylindrique; second et troisième anneaux bruns.

66. Mouche comprimée.

Poilue, noire; corselet rayé; abdomen cylindrique, roux; ligne dorsale noire; cuisses rousses.

67. Mouche latérale.

Noire; abdomen à base sanguine sur les côtés.

68. Mouche caniculaire.

Noirâtre; second et troisième anneaux de l'abdomen diaphanes sur les côtés.

69. Mouche estivienne.

Poilue, noire; ailes à points blancs transversaux.

70. Mouche pluviale.

Cendrée; cinq taches noires au corselet, sombres à l'abdomen.

71. Mouche sautillante.

Entièrement âtre; ailes vitrées; cuisses postérieures sautantes.

72. Mouche rapace.

Poilue, cendrée; cuisses, sommet et jambes rouillés.

73. Mouche dansante.

Atre; ailes blanches.

74. Mouche labiée.

Poilue, noirâtre; bouche argentée très-luisante; ailes blanches, sans taches.

75. Mouche rorale.

Grisâtre; ailes à extrémités quelque peu blanchâtres.

76. Mouche scie.

Cendrée; l'arête des ailes à poils très-courts, en scie; abdomen et pattes ferrugineux.

77. Mouche des celliers.

Noire; abdomen plus pâle; yeux ferrugineux.

78. Mouche quadrimaculée.

Poilue, âtre; à quatre taches cendrées à l'extrémité de l'abdomen.

79. Mouche météorique.

Atre; abdomen tirant sur le cendré; ailes à bases un peu fauves.

80. Mouche putrifiante.

Atre; ailes blanches, à arête noire.

MOUCHE. (Insecte.)

81. MOUCHE de l'avoine.

Atre et lustrée; yeux brunâtres; ailes rouges et vertes lustrées.

82. MOUCHE frit.

Noire; balanciers, plantes postérieures et abdomen d'un verdâtre-pâle.

83. MOUCHE du seigle.

Noire; tête et corselet marqués en dessous de deux lignes jaunes; balanciers blancs; pattes cendrées; sommités noires.

84. MOUCHE de la lèpre.

Atre et lustrée; antennes et pattes blanches; yeux d'un roux-doré.

85. MOUCHE bronzée.

Vert-glauque bronzé; corselet vert; abdomen oblong, bronzé; balanciers nus.

86. MOUCHE dorée.

Lustrée; corselet bronzé; abdomen obtus, doré.

87. MOUCHE polie.

Lustrée; corselet bleu; abdomen bronzé; balanciers nus.

88. MOUCHE veuve.

Noir-bronzé; abdomen bronzé; écailles des balanciers ciliées.

89. MOUCHE pubère.

Noire; le dernier anneau de l'abdomen courbé; duvet relevé de chaque côté.

90. MOUCHE totliène.

Testacée; abdomen noir; ailes à sommets bruns; bandes blanches; pattes alongées.

91. MOUCHE pétronelle.

Livide; front rouge; pattes alongées, testacées; les genoux noirs.

92. MOUCHE alongée.

Testacée, pattes alongées; jambes postérieures noires; tarses blancs.

93. MOUCHE longipède.

Atre; ailes brunes; bande et points blancs à la base; pattes alongées.

94. MOUCHE annulée.

Noire, testacée; ailes vitrées; bande brune; pattes alongées, noires; deux anneaux blancs aux cuisses postérieures.

95. MOUCHE crétée.

Atre; jambes pâles; sommet saillant.

96. MOUCHE ongulée.

D'un vert-bronzé; queue crochue; pattes alongées, livides.

97. MOUCHE ennoblie.

D'un vert-bronzé; queue crochue; taches noires, à pointes blanches aux ailes.

98. MOUCHE équestre.

D'un vert-bronzé; abdomen noir, à bandes; queue crochue; ailes maculées.

99. MOUCHE notée.

Poilue; corselet brun-rayé; abdomen bronzé; ailes brunes, nébuleuses, avec un point noir.

100. MOUCHE arrogante.

Noire; ailes brunes; trois bandes blanches.

101. MOUCHE longicorne.

Poilue, et d'un bronzé-brillant; l'abdomen plus obscur; antennes alongées.

102. MOUCHE rostrée.

Bronzée; abdomen noir, à bandes; bouche saillante, noire et cornée.

MOUCHE. (Insecte.)

103. MOUCHE quadrifasciée.

Pâle; abdomen à quatre bandes âtres; ailes blanches.

104. MOUCHE diaphane.

Corselet bronzé; abdomen cendré; le premier et le second anneaux diaphanes sur les côtés.

105. MOUCHE corrigiolée.

Noire; pattes alongées, jaunes; cuisses à anneaux noirs.

106. MOUCHE coursière.

Âtre; pattes alongées, pâles; ailes couchées, blanches.

107. MOUCHE cimicoïde.

Âtre; ailes rabattues, blanches; deux bandes noires.

108. MOUCHE équinoxiale.

Glabre, noire; tête testacée; yeux bruns; pattes alongées.

109. MOUCHE cuisinière.

Lisse, à stemmates élevés; abdomen cendré, crochu; pattes alongées.

110. MOUCHE cuculaire.

Corselet gris; abdomen ferrugineux; ailes à trois points.

111. MOUCHE larrone.

Poilue, grise; abdomen cendré; bord des anneaux noirâtre.

112. MOUCHE scybalaire.

Rousse, ferrugineuse; un point plus obscur sur les ailes.

113. MOUCHE stercoraire.

Grise, hérissée; un point obscur sur les ailes.

114. MOUCHE limbaire.

Plombée-obscure; ailes maillées; arête âtre.

115. MOUCHE des fumiers.

Livide et glabre; un point plus obscur sur les ailes.

116. MOUCHE rufifront.

Cendrée; tête ferrugineuse; deux points noirs; arête des ailes noire.

117. MOUCHE réticulée.

Cendrée; ailes à mailles sombres; arête à points blancs et noirs.

118. MOUCHE pennipède.

Abdomen roux; ailes noires; tache ferrugineuse, et bord postérieur blanc.

119. MOUCHE pleureuse.

Corselet rayé de jaune; abdomen bleu-foncé; ailes noires; deux bandes blanches, refendues en dehors.

120. MOUCHE massette.

Testacée; abdomen brun; base des anneaux pâle; filet en massue à l'anus.

121. MOUCHE pariétine.

Cendrée; ailes brunes, tachées et pointillées de blanc; front testacé.

122. MOUCHE discoïde.

Noire; ailes à points et petites raies marginales blanches; tête et pattes testacées.

123. MOUCHE ombreuse.

Cendrée; abdomen noir, à bandes; ailes brunes, tachées de blanc.

124. MOUCHE grossificatienne.

Âtre; ailes noires, à pointes blanches.

MOUCHE. (Insecte.)

125. MOUCHE terrestre.

Brune; corselet marqué d'un point noir, hors des lignes; abdomen strié en dessous.

126. MOUCHE des bocages.

Ailes blanches, avec arête et point terminal bruns; corps jaune; occiput noirâtre.

127. MOUCHE vibrante.

Ailes vitrées, à sommet noir; tête rouge.

128. MOUCHE cynips.

Ailes à sommet et point latéral noirs; abdomen cylindrique.

129. MOUCHE combinée.

Blonde; abdomen âtre; ailes à deux points noirs.

130. MOUCHE érythrocéphale.

D'un brun-cendré; tête rousse; un point vertical âtre.

131. MOUCHE stylée.

Cendrée; abdomen âtre; ailes blanches avec deux points et l'arc sommaire bruns.

132. MOUCHE arquée.

Testacée; ailes à deux taches, et l'arc sommaire, blancs.

133. MOUCHE flave.

Jaune; antennes à point noir au sommet.

134. MOUCHE quadriponctuée.

Jaune; abdomen à quatre points noirs.

135. MOUCHE échauffée.

Ailes onguiculées, blanches; points centraux noirâtres.

136. MOUCHE rayée.

Jaune en dessous, noire en dessus, avec des raies jaunes sur le corselet, et l'écusson jaune.

137. MOUCHE de sarrète.

Ailes blanches; corselet verdoyant; abdomen cendré; quatre lignes de points noirs.

138. MOUCHE de l'arnica.

Ailes onguiculées, grises, tachetées de noir.

139. MOUCHE de la jusquiame.

Ailes onguiculées, blanches, tachetées de brun.

140. MOUCHE des graminées.

Cendrée; ailes brunes, à taches d'un blanc-sale.

141. MOUCHE dorsale.

Ailes pointillées; corselet cendré; abdomen roux; ligne dorsale noire.

142. MOUCHE séminatienne.

Ailes âtres, à points cendrés; abdomen jaune en dessous, à sa base.

143. MOUCHE peinte.

Brune; ailes âtres; deux taches blanches opposées, et deux points intermédiaires blancs de chaque côté.

144. MOUCHE du laiteron.

Ailes vitrées; tache marginale noire; yeux verts.

145. MOUCHE germinatienne.

Ailes blanches; bordure et taches noires.

146. MOUCHE d'ortie.

Ailes blanches; point terminal et trois bandes distinctes, brunes.

ENCYCLOPÉDIE
MÉTHODIQUE.

HISTOIRE NATURELLE.
INSECTES.

PAR M. OLIVIER,

Docteur en Médecine, Membre de l'Institut de France, des Sociétés d'Agriculture & Philomatique de Paris, Associé Correspondant de la Société Linnéenne de Londres, &c.

TOME HUITIÈME.

A PARIS,

Chez H. AGASSE, Imprimeur-Libraire, rue des Poitevins, n°. 6.

M. DCCCXI.

MOUCHE (1).

MUSCA LINN. GEOFFR. FABR.

CARACTÈRES GÉNÉRIQUES.

Antennes courtes, courbées; deux articles, dont le premier ovale, souvent alongé, comprimé, et le second formant une soie très-mince;

Trompe courte, rétractible, bilabiée, cannelée;

Suçoir libre, formé d'une seule soie reçue dans la cannelure de la trompe, et beaucoup plus court qu'elle;

Deux antennules filiformes, un peu aplaties et un peu plus grosses vers la pointe, insérées à la partie latérale un peu supérieure de la trompe.

ESPÈCES.

* *Antennes en plume*; poilues.

1. MOUCHE vide.

Brune; l'abdomen transparent; trois ceintures noires.

2. MOUCHE jeûneuse.

Cendrée; l'abdomen transparent; trois ceintures noires; pattes pâles.

3. MOUCHE transparente.

Noire; le premier anneau de l'abdomen, transparent et blanc.

4. MOUCHE méridienne.

Noire; le front doré; la base des ailes ferrugineuse.

5. MOUCHE césar.

Verte, brillante; pattes noires.

6. MOUCHE encornée.

Corselet cuivreux-brillant; abdomen vert-bronzé; pattes noires.

7. MOUCHE cadavéreuse.

Brillante; corselet bleu; abdomen vert.

8. MOUCHE putride.

Vert-brillant; abdomen globuleux; bleu-foncé.

9. MOUCHE infernale.

Corselet bleuâtre; abdomen d'un bronzé-foncé; pattes ferrugineuses.

10. MOUCHE des morts.

Corselet et pattes noirs; abdomen d'un vert-bronzé.

11. MOUCHE léonine.

Corselet bronzé, pointillé de blanc; abdomen bleu; deux points à l'anus.

12. MOUCHE vomitoire.

Corselet noir, abdomen bleu-brillant; front fauve.

13. MOUCHE cyanée.

Corselet et abdomen bleu-foncé; pattes noires.

(1) L'historique se trouve à la fin du tome VII.

MOUCHE. (Insecte.)

14. Mouche macellaire.

Corselet noir-bronzé, rayé; abdomen bronzé; pieds noirs.

15. Mouche carnassière.

Noire; corselet à lignes plus pâles; abdomen lustré, marqueté.

16. Mouche lardiaire.

Corselet et abdomen marquetés.

17. Mouche rutilante.

Corselet rayé; abdomen marqueté; anus roux.

18. Mouche domestique.

Corselet et abdomen marquetés, à base pâle en dessous.

19. Mouche américaine.

Âtre; corselet blanchissant sur les côtés, et pointillé de noir.

20. Mouche rétuse.

Corselet d'un cendré-bronzé; abdomen doré; anus émoussé.

21. Mouche maculée.

Cendrée; corselet et abdomen à taches âtres nombreuses.

22. Mouche vulpine.

Corselet rayé; abdomen d'un ferrugineux tacheté de noir.

23. Mouche corvine.

Noire; abdomen testacé; ligne dorsale noire.

24. Mouche testacée.

Cendrée; écusson, abdomen et pattes testacées.

25. Mouche pâle.

D'un testacé pâle; l'anus et les pieds noirs.

26. Mouche mactante.

Testacée; ailes à deux points noirs; le postérieur transversal.

27. Mouche augure.

Cendrée; abdomen bleuâtre; les bords d'un testacé-transparent.

28. Mouche canine.

Cendrée; corselet marqué de points, et l'abdomen de stries noires.

29. Mouche germanique.

Noire; pattes rousses.

30. Mouche rustique.

Grise; cuisses rousses.

31. Mouche hautaine.

D'un testacé-pâle; ailes marquées de deux points et d'une arête rousse.

32. Mouche houblonnière.

Noirâtre; abdomen et pattes postérieures testacés.

33. Mouche funèbre.

D'un brun-ferrugineux; abdomen noir; les bords des anneaux pâles.

34. Mouche soutenaine.

À demi tomenteuse; corselet un peu bronzé; abdomen noir; trois bandes un peu interrompues et sommet jaunes.

35. Mouche claviventre.

Brune; abdomen en massue; tibia jaune.

MOUCHE. (Insecte.)

36. Mouche jaune.

Jaune; corselet roux; taches jaunes, oblongues de chaque côté.

37. Mouche fuscipède.

Corselet roux; abdomen d'un jaune-cendré; pattes jaunes et pieds roux.

38. Mouche altérable.

Noire; abdomen d'un cendré-changeant.

39. Mouche variée.

Noire; abdomen varié de jaune, de cendré et de noir.

40. Mouche mélanure.

Cendrée; l'anus noir; le haut des quatre cuisses postérieures et les jambes ferrugineux.

41. Mouche striée.

Testacée; vertex accompagné de deux points ferrugineux; ailes à stries testacées, nombreuses et transversales.

42. Mouche argentée.

Cendrée; corselet à quatre lignes noires; abdomen cendré; les deux côtés du front argentés.

43. Mouche albifront.

Noire; front blanc.

44. Mouche dérobée.

Noire; ailes rabattues, rousses, à bord blanc.

45. Mouche des chaumières.

Cendrée; antennes, palpes, écusson et pattes ferrugineux.

46. Mouche tau.

Noire; abdomen ferrugineux-pâle, à base et ligne perpendiculaire noires.

47. Mouche trompeuse.

Cendrée; pattes rousses; abdomen ferrugineux-cendré.

48. Mouche mélanopyrrhe.

Tomenteuse, noire; abdomen à pattes rousses.

49. Mouche cairon.

Brune; corselet tomenteux, bleu, chargé de trois éminences jaunes; écusson, pointes et cuisses jaunes.

50. Mouche fulvimaculée.

Corselet noir; deux taches fauves de chaque côté de la poitrine; abdomen d'un violet-pourpré.

51. Mouche bimaculée.

Bleue; deux taches blanches sur les côtés de la poitrine; abdomen vert, à base bleue.

** Antennes accompagnées d'une soie nue; poilues, seteuses.

52. Mouche fénestrale.

Glabre et âtre; abdomen ridé en dessous; stries blanches; ailes brunes.

53. Mouche méditalnende.

Poilue et obscure; abdomen cendré.

54. Mouche farouche.

Noire; côtés de l'abdomen d'un testacé diaphane.

55. Mouche larvée.

Atre; abdomen couvert d'une rosée de vésicules blanches, brillantes.

56. Mouche luride.

Poilue; corselet brun; abdomen âtre; base testacée sur les côtés.

MOUCHE. (Insecte.)

147. Mouche de la carote.

Ailes blanches ; quatre bandes distinctes, noires ; écusson et pattes testacés.

148. Mouche du bigareau.

Ailes blanches ; bandes brunes, inégales ; les postérieures réunies extérieurement.

149. Mouche de la berce.

Ailes blanches ; bandes brunes, divergentes ; yeux verts.

150. Mouche du chardon.

Noire ; ailes blanches ; bande sinueuse, brune.

151. Mouche syngénésienne.

Âtre ; ailes blanches ; trois bandes écourtées, et tachées de pointes noires.

152. Mouche du tussilage.

Jaune ; ailes blanches ; quatre bandes brunes.

153. Mouche solstitiale.

Ailes blanches ; quatre bandes réunies, noires ; écusson jaune.

154. Mouche du lychnis.

Âtre ; tête et pattes jaunes ; ailes noires ; limbe blanc, rayé.

155. Mouche de l'onoporde.

Ferrugineuse ; écusson jaune ; ailes variées.

156. Mouche de l'épervier.

Ailes variées de brun et de blanc ; bordure la plus épaisse, à trois taches noires ; pupille blanche.

157. Mouche mignone.

Jaune ; stries noires sur le dos, tant au corselet qu'à l'abdomen.

158. Mouche ventre-roux.

Corselet cendré ; abdomen roux ; tache noire à la base ; base des ailes jaunissante ; deux taches brunes, et bord postérieur brunâtre.

159. Mouche soyeuse.

Noire ; abdomen soyeux ; taches pâles à la base de chaque côté.

160. Mouche bigarrée.

Noire ; les trois premiers anneaux de l'abdomen d'un rouge-cendré, changeant.

161. Mouche enfumée.

Noire ; abdomen glabre, d'un noir-verdâtre.

162. Mouche brune.

Entièrement brune.

163. Mouche noirpoil.

Cendrée ; soies noires ; pattes testacées ; plantes noires.

164. Mouche nigripède.

Cendrée ; ailes à bases jaunes ; pattes noires.

165. Mouche tibiale.

Cendrée ; front, cuisses, sommité et jambes testacés.

166. Mouche versicolore.

D'un noir glacé de cendré.

167. Mouche picène.

D'un noir de poix, glabre ; pattes âtres.

168. Mouche crassipède.

Noire, hérissée ; cuisses épaisses.

169. Mouche leucostique.

Noire ; ailes à points blancs, nombreux.

MOUCHE. (Insecte.)

170. MOUCHE rousse-coiffure.

Cendrée; sommet de la tête roux; pattes testacées.

171. MOUCHE ochroptère.

Noire; front blanc; ailes jaunâtres; jambes ferrugineuses.

172. MOUCHE subulée.

D'un noir de poix; abdomen subulé; ailes à taches ferrugineuses; jambes pâles.

173. MOUCHE conique.

Cendrée; abdomen conique; pattes d'un brun-testacé.

174. MOUCHE écourtée.

Cendrée; ailes à trois bandes écourtées, testacées.

175. MOUCHE chrysocéphale.

Sommet de la tête ferrugineux; corselet et abdomen rayés sur le dos de lignes noires; ailes blanches; à deux bandes et sommités brunes, et une tache blanche.

176. MOUCHE blondine.

D'un jaune-cendré; ailes blanches et sommet de la tête ferrugineux; le reste de la tête jaune, ainsi que les pattes, et quatre bandes sur les ailes.

177. MOUCHE leucope.

Noirâtre, à face blanche; la pointe de l'écusson demi-testacée; abdomen cendré-changeant.

178. MOUCHE cylindrique.

Noirâtre; abdomen cylindrique, cendré-changeant.

179. MOUCHE rouleau.

D'un noir de poix; glabre et cylindrique; à pattes jaunes.

180. MOUCHE séticorne.

Brune; yeux et ailes tannés.

181. MOUCHE sordide.

Noire; ailes brunâtres; le bord le plus mince vitré.

182. MOUCHE tricolore.

Cendrée; sommet de la tête ferrugineux; pattes noires.

183. MOUCHE déprimée.

Brune; pattes ferrugineuses; pattes noires.

184. MOUCHE quadricolore.

Lustrée; corselet bleu; abdomen vert; cuissses noires; sommité et jambes jaunes.

185. MOUCHE sale.

Noirâtre; abdomen cylindrique, cendré; ligne dorsale noire.

186. MOUCHE latipède.

Jaune; abdomen en massue; cuisses postérieures larges; anneau blanc aux jambes.

187. MOUCHE méprisée.

Testacée; dos cendré; les anneaux de l'abdomen bruns à la base.

188. MOUCHE liturée.

Cendrée; tache ferrugineuse aux ailes; pattes pâles.

189. MOUCHE triponctuée.

Noirâtre; sommet de la tête à trois points noirs de chaque côté; corselet à demi cendré.

190. MOUCHE leucoptère.

D'un noir de poix, glabre; ailes glauques.

MOUCHE. (Insecte.)

191. MOUCHE glaucoptère.

Glabre, d'un brun-noir; ailes glauques.

192. MOUCHE à neuf points.

Corselet noir; abdomen demi-cendré; neuf points noirs.

193. MOUCHE poix.

Corselet noir; abdomen noir de poix, glabre; les plantes des pattes postérieures épaisses.

194. MOUCHE à neuf taches.

Jaune; ailes à six taches brunes, dont trois à l'extrémité.

195. MOUCHE rubipède.

Noire; pattes ferrugineuses.

196. MOUCHE mélanochryse.

Jaune; point noir sur le sommet de la tête, et trois bandes longitudinales sur le corselet.

197. MOUCHE grand-tarse.

Glabre; corselet noir-bronzé; abdomen ferrugineux; sommité noire.

198. MOUCHE apiforme.

Hérissée, noire; ceinture jaune à la base du corselet et de l'abdomen; anus blanchâtre.

199. MOUCHE argyrostome.

Poilue, noire; front argenté, et des bandes sur l'abdomen.

200. MOUCHE fulviventre.

Noirâtre; le dessous de l'abdomen d'un cotonneux-jaune; ailes brunes, pointillées de blanc.

201. MOUCHE grosse jambe.

Jaune, nue; yeux verts; cuisses postérieures en massue.

202. MOUCHE cinq-points.

Cendrée; ailes marquées d'un point au sommet, un au bord interne, trois au bord externe.

203. MOUCHE stictique.

Jaune; corselet et abdomen marqués de quatre lignes de points noirs; ailes blanches à bordure, et trois bandes jaunes.

204. MOUCHE arlequinée.

Ailes d'un roux-brun, panachées de blanc.

205. MOUCHE linzienne.

Noire; front rouge; bords, deux taches et les anastomoses brunes.

206. MOUCHE nasique.

Jaune; corselet marqué d'environ cinq raies noires, et l'abdomen de quatre bandes.

207. MOUCHE lamed.

Ailes vitrées, panachées de brun sur le bord extérieur, et marquées, au bord interne, d'un lamed hébraïque.

208. MOUCHE miliaire.

Jaune; yeux noirs; ailes jaunes, marquées d'une triple tache et de points roux nombreux.

209. MOUCHE cyanophthalme.

Poilue; yeux violets, à six bandes pourprées; anneau bleu aux pattes.

210. MOUCHE méruline.

D'un noir-luisant; yeux rouges; ailes vitrées, sans taches.

MOUCHE. (Insecte.)

211. MOUCHE méticuleuse.

D'un noir-luisant; jambes rousses; bande noire; les postérieures courbes.

212. MOUCHE résinelle.

Noire; écaille des balanciers ferrugineuse; abdomen à deux menues ceintures blanches.

213. MOUCHE cornue.

Blondine, deux cornes avancées sur la tête, trois branches noires; ailes vitrées, tachetées de brun.

214. MOUCHE iris.

Corselet vert, très-lustré; abdomen lancéolé, d'un violet-bronzé, luisant.

215. MOUCHE cannabine.

Corselet bronzé; abdomen transparent, jaune; bandes noires, alternativement plus étroites.

216. MOUCHE lupine.

Corselet cendré; quatre raies noires interrompues; abdomen à demi rouillé, diaphane sur les côtés.

1. Mouche vide.

Musca inanis.

Musca fusca, abdomine pellucido; cingulis tribus nigris. Fabr. *Sp. Inf.* 1. *pag.* 435. n°. 1. — *Mant. Inf.* 1. *p.* 342. *n°.* 1. Gmel. *Syst. p.* 2837.

Musca antennis plumatis, pilosa, flavescens; abdomine pellucido, cingulis duobus nigris. Linn. *Syst. Nat. XII.* 2. *p.* 989. n°. 61. — *Faun. suec.* 1825.

Musca apivora. Degeer, *Inf.* 6. *p.* 56. *n°.* 3. *t. f.* 4.

Musca zonaria. Schrank, *Inf. austr. p.* 454. *n°.* 921.

Conops bifasciatus. Scop. *Ent. carn.* 954.

Conops zonarius. Poda, *Muf. græc. p.* 118.

Réaum. *Inf.* 4. *t.* 33. *f.* 15.

Nemotelus niger, abdomine niveo; fasciis duabus nigris. Geoffr. *Inf. parif. t.* 2. *p.* 543. *t.* 18. *f.* 4.

Harr. *Inf. aug. t.* 10. *f.* 2.

Schæff. *Icon. t.* 36. *f.* 8.

β. *Musca trifasciata.* Schrank, *Inf. austr. p.* 453. *n°.* 919.

Conops trifasciatus. Scop. *Ent. carn.* 933.

La forme de ses antennes, grenues, terminées par une pointe, & qui présentent diverses singularités, avoit déterminé Geoffroi à en faire un genre particulier, confondu, disoit-il, avec les mouches par leur port extérieur seulement. Ces différences, méprisées précédemment par Linné, l'ont encore été depuis par Fabricius.

Cette espèce a la tête assez grosse, & les yeux bruns-noirâtres. Son corselet est d'un noir lisse. L'abdomen, assez large, est d'un beau blanc en dessus, mais entre-coupé de noir en quelques endroits; un peu de noir à la base du premier anneau, au milieu; le second anneau tout blanc; le troisième & le quatrième blancs, avec un peu de noir à leur bord inférieur; le reste de l'abdomen & les bords latéraux, blancs; les balanciers de même couleur. En dessous, l'animal est noir; les pattes noires, à l'exception des jambes, qui sont plus claires. On la trouve sur les fleurs & dans les bocages.

La variété β diffère par le corselet, marqué de deux lignes latérales jaunes, ainsi que son sommet, & par les trois ceintures noires de l'abdomen. Schrank en avoit fait une espèce dans ses insectes d'Autriche.

2. Mouche jeûneuse.

Musca jejuna.

Musca cinerea, abdomine pellucido, cingulis tribus nigris, pedibus pallidis. Fabr. *Mant. Inf.* 2. *p.* 342. *n°.* 2. Gmel. *Syst. p.* 2838. *n°.* 168.

Cette espèce a presque le port de la précédente. La tête & le corselet sont cendrés, sans taches; les antennes très-emplumées, à demi rouillées; l'abdomen blanc-transparent, à trois ceintures noires; les pattes pâles.

Observée par Liend à Tranquebar.

3. Mouche transparente.

Musca pellucens.

Musca nigra, abdominis segmento primo pellucido, albo. Linn. *Faun. suec.* 1826. Fabr. *Sp. Inf.* 2. *pag.* 435. *n°.* 2. — *Mant. Inf.* 2. *p.* 342. *n°.* 3. Gmel. *Syst. Nat. p.* 2865. *n°.* 62. Raj. *Inf. p.* 271. *n°.* 1.

Volucella abdomine anticè albo, posticè nigro; alis albis, nigrâ maculâ. Geoffr. *Inf. parif. t.* 2. *p.* 540. *pl.* 18. *fig.* 3. Harr. *Inf. angl. t.* 20. *f.* 4. Sulz. *Inf. t.* 20. *f.* 33.

Mouche transparente. Degeer, *Inf.* 6. *pag.* 53. *n°.* 1. *t.* 3. *f.* 1.

Cette mouche est une des grandes espèces d'Europe.

Ses yeux sont d'un brun-rougeâtre. Le devant de la tête & l'étui qui renferme sa trompe sont d'un jaune-lisse & luisant. Son corselet est noir, chargé de quelques poils bruns, avec sa pointe quelquefois un peu jaune, & d'autres fois noire comme le reste; car elle varie par la couleur.

L'abdomen a sa moitié inférieure noire. La supérieure est blanche, transparente, tant en dessus qu'en dessous; mais quelquefois en dessus ce blanc est divisé en deux dans son milieu par une petite raie noire, longitudinale; les pattes noires; les ailes blanches, transparentes, quelquefois un peu jaunes vers leur base. Leur milieu a une large tache ou bande transverse noire. Leur pointe est aussi noirâtre, &, depuis la tache noire jusqu'à cette pointe, il y a des veines brunes qui descendent.

Cette espèce se trouve dans les jardins, sur les fleurs, particulièrement sur les rosiers.

Les antennes, en forme de palette, & la trompe, renfermée dans une gaîne, avoient engagé Geoffroi à tirer cette espèce, ainsi que deux autres, du grand genre des mouches : sur quoi Degeer observe que plusieurs autres mouches, vennes de mangeurs de pucerons, ayant le même prolongement du museau, feroient alors également des *volucelles*.

4. Mouche méridienne.

Musca meridiana.

Musca nigra, fronte aureo, alis basi ferrugi-

ris. Linn. *Faun. suec.* 1827. Scop. *Inf. carn.* 867. Fabr. *Sp. Inf.* 2. *p.* 435. *n°.* 3. — *Mant. Inf.* 2. *p.* 342. *n°.* 4. Gmel. *Syst. p.* 2838. *n°.* 63. Réaum. *Inf.* 4. *t.* 26. *f.* 10.

Musca atra, basi alarum ferruginea. Geoffr. *Inf. parif. t.* 2. *p.* 495. n°. 5. Harr. *Inf. angl. t.* 9. *f.* 9. Schæff. *Icon. t.* 108. *f.* 7. Degeer, *Inf.* 6. *p.* 55. *n°.* 2.

Cette espèce est toute noire, à l'exception de ses yeux, qui sont bruns, d'une tache dorée au-devant de chaque œil, des écailles de dessous les ailes, qui sont blanchâtres, & de la base de ses ailes, qui est de couleur fauve. Son corps est parsemé de quelques poils noirs & longs, semblables à de petits crins.

Elle ressemble beaucoup à la mouche grosse (n°. 59) : elle a, comme elle, le ventre gros, hémisphérique, dans lequel elle ne porte jamais que deux gros œufs à la fois ; elle les dépose dans les bouzes de vache.

On trouve cette mouche dans les prés assez fréquemment. Elle est d'Europe.

5. Mouche césar.

Musca cæsar.

Musca viridi-nitens, pedibus nigris. Linn. *Faun. suec.* 1828. Scop. *Ent. carn.* 871. Fabr. *Sp. Inf.* 2. *p.* 437. *n°.* 10. — *Mant. Inf.* 2. *pag.* 343. *n°.* 12. Gmel. *Syst. p.* 1838. *n°.* 64. Mouff. *Inf. t.* 49.

Musca carnivora, viridi-ænea, abdomine obtuso. Act. Upf. 1736. *p.* 33. *n°.* 54. Mérian, *Inf. eur. t.* 49.

Musca bipennis, carnariæ vulgaris ferè magnitudine, thorace & abdomine supino cæruleo colore pulchro nitente; capite nigro. Raj. *Inf.* 272. *n°.* 1. Réaum. 4. *t.* 8. *f.* 1, & *t.* 19. *f.* 8, *t.* 24. *Supino cæruleo colore, f.* 13-5.

Musca thorace abdomineque viridi-nitente, pediculis nigris. Geoffr. *Inf. par. t.* 2. *p.* 522. *n°.* 53. La mouche dorée commune. Deg. *Inf.* 6. *p.* 61. *n°.* 6.

β. *Musca cæsarina.* Scopol. *Ent. carn.* 873. Schrank, *Inf. austr. p.* 455. *n°.* 924.

Ses yeux sont bruns. Tout son corps est d'un beau vert-doré, clair & comme satiné. L'abdomen a cinq anneaux, dont le dernier est très-long. Les pattes, longues & grêles, sont d'une couleur pâle-blanchâtre. Les ailes ont quelques nervures longitudinales & transverses peu marquées. Tout l'insecte est alongé & parsemé de quelques poils noirs assez forts. On trouve cette mouche dans les jardins : elle n'est pas des plus communes ; elle aime particuliérement les fleurs de l'angélique & du panais. Linné, dans sa *Faune suédoise*, l'indique commune sur les cadavres & les chairs corrompues, où la larve se nourrit sans doute.

La variété β, une fois, même deux fois plus petite, est plus brillante & porte moins de soies ; elle n'a pas le point rouillé aux côtés du corselet ni les écailles blanches des balanciers.

Scopoli dit en avoir vu plusieurs rassemblées sur l'écorce du poirier.

6. Mouche encornée.

Musca cornicina.

Musca thorace cupreo, nitido ; abdomine viridi-æneo, pedibus nigris. Fabr. *Inf.* 2. *pag.* 438. *n°.* 11. — *Mant. Inf.* 2. *p.* 343. *n°.* 13. Gmel. *Syst. p.* 2839. *n°.* 169.

Très-peu distincte de la mouche césar (5). Les mâchoires sont argentées par le bord ; le corselet cuivreux, sans taches.

Observée en Italie par Allioni.

7. Mouche cadavéreuse.

Musca cadaverina.

Musca nitens, thorace cæruleo, abdomine viridi. Linn. *Faun. suec.* 1829. Fabr. *Sp. Inf.* 2. *p.* 438. *n°.* 12. — *Mant. Inf.* 2. *pag.* 343. *n°.* 14. Gmel. *Syst. p.* 2839. *n°.* 169. Goed. *Inf.* 1. *t.* 54. List. *Goed. f.* 123.

Musca carnivora, pectore cæruleo-æneo, abdomine viridi-æneo. Act. Upf. 1736. *p.* 33. *n°.* 56.

Musca thorace cæruleo-nitente, abdomine viridi-nitente. Geoffr. *Inf. parif.* 2. *p.* 524. *n°.* 57. Degeer, *Inf.* 6. *p.* 62. *n°.* 7.

Semblable à la mouche césar (n°. 5), mais seulement de la grosseur de la mouche domestique (n°. 18). Ses yeux sont rougeâtres. Sa tête & son corselet sont d'un bleu-brillant, & son ventre est d'un vert-doré. Ses pattes sont noires & un peu verdâtres. En regardant de près, on voit que le corps est parsemé de quelques poils noirs.

Cette mouche vient dans les charognes.

8. Mouche putride.

Musca putrida.

Musca viridi-nitens, abdomine globoso, cyaneo. Fabr. *Syst. ent.* 775. 10. — *Sp. Inf.* 2. *p.* 438. *n°.* 13. — *Mant. Inf.* 2. *p.* 343. *n°.* 15. Gmel. *Syst. p.* 2839. *n°.* 170.

Cette mouche a beaucoup de rapport avec la mouche césar (n°. 5); mais son abdomen est entiérement d'un bleu-foncé de bleuet ou cyané; les pattes noires.

Observée en Amérique, & conservée dans le *Museum tottianum*.

9. Mouche infernale.

Musca stygia.

Musca thorace cærulescente, abdomine obscurè æneo, pedibus ferrugineis. Fabr. *Sp. Inf.* 2. *pag.* 438. *n°.* 14. — *Mant. Inf.* 2. *p.* 343. *n°.* 16. Gmel. *Syst. pag.* 2839. *n°.* 272.

Un peu plus petite que la mouche des morts (n°. 10), à tête rousse; la face un peu rouillée; le corselet poilu, bleuâtre, sans taches; l'abdomen arrondi, d'un cuivreux-obscur; les pattes rouillées & les pieds noirs.

Observée dans l'île de Terre-Neuve en Amérique. Du cabinet de Banks.

10. Mouche des morts.

Musca mortuorum.

Musca thorace pedibusque nigris, abdomine viridi-æneo. Linn. *Faun. suec.* 1830. Fabr. *Sp. Inf.* 2. *p.* 438. *n°.* 25. — *Mant. Inf.* 2. *pag.* 343. *n°.* 17. Gmel. *Syst. p.* 2839. *n°.* 66.

Musca carnaria, cœrulea. Degeer, *Inf.* 6. *pag.* 57. *n°.* 4.

β. *Musca italica minor.* Fabr. *Sp. Inf.* 2. *p.* 438.

Moins commune que la mouche vomitoire (12), elle n'en diffère qu'en ce qu'elle est un peu plus grande; que l'abdomen, d'un bleu-verdâtre, a des reflets bronzés, & surtout en ce qu'on lui voit entre les yeux, les antennes & les mâchoires, une forte de membrane d'un blanc-doré.

La variété β est une fois plus petite.

11. Mouche léonine.

Musca leonina.

Musca thorace æneo albo, punctato cæruleo; ano bipunctato. Fabr. *Syst. ent.* 776. 12. — *Sp. Inf.* 2. *p.* 439. *n°.* 16. — *Mant. Inf.* 2. *pag.* 343. *n°.* 18. Gmel. *Syst. p.* 2839. *n°.* 172.

Ses yeux sont noirs; la bouche vésiculeuse & de couleur de rouille; le corselet poilu, cuivreux, & marqué de trois points & de deux lignes à sommets blancs; la partie de la poitrine marquée des deux côtés de trois points blancs; le dernier placé sous les ailes, & le plus grand; l'abdomen bleu-céleste, brillant; le second anneau marqué sur le côté d'un petit point blanc, & le quatrième ou dernier de deux autres, plus grands; les pattes noires.

Observée dans la Nouvelle-Hollande par Banks.

12. Mouche vomitoire.

Musca vomitoria.

Musca thorace nigro, abdomine cæruleo-nitente, fronte fulvâ. Linn. *Faun. suec.* 1831. Fabr. *Sp. Inf.* 2. *p.* 439. *n°.* 17. — *Mant. Inf.* 2. *p.* 343. *n°.* 19. Gmel. *Syst. p.* 2839. *n°.* 67.

Musca carnaria. Scop. *Ent. carn.* 868.

Musca chrysocephala. Degeer, *Inf.* 6. *p.* 60. *n°.* 5. Goed. *Inf. belg.* 1. *p.* 132. *t.* 53. List. *Goed. f.* 122.

Musca carnivora, abdomine colore cæruleo-nitente. Raj. *Inf.* 271. Réaum. *Inf.* 4. *t.* 19. *f.* 8. & *t.* 24. *f.* 13. 15. Lyonn. *Lass. t.* 1. *f.* 23. 27. Mérian, *Inf. eur. t.* 49.

Du double de grosseur de la mouche domestique (n°. 18); elle a le corselet noir, ainsi que la tête, excepté le devant, qui est d'un jaune-ardent. L'abdomen seul est d'un bleu-brillant.

On la voit se poser sur les viandes fraîches exposées dans les lieux chauds, & y déposer ses œufs: d'où naissent des larves nombreuses qui consument bientôt la chair lorsqu'elle se corrompt. La crême lui convient aussi.

Elle se trouve en Amérique comme en Europe, & si abondante qu'on en a vu, dit-on, consommer le cadavre entier d'un cheval aussi promptement qu'un lion.

13. Mouche cyanée.

Musca cyanea.

Musca thorace abdomineque cyaneis, pedibus nigris. Fabr. *Sp. Inf.* 2. *p.* 439. *n°.* 18. — *Mant. Inf.* 2. *p.* 343. *n°.* 20. Gmel. *Syst. p.* 2840. *n°.* 273.

Cette espèce a le poil & la grandeur de la mouche vomitoire (n°. 12). Tout son corps est d'un bleu-cyané ou de bleuet. Les écailles des balanciers sont d'un blanc de lait.

Les pattes sont noires, hors celles de devant, dont la cuisse est cyanée.

14. Mouche macellaire.

Musca macellaria.

Musca thorace cupreo, nigro, lineato; abdomine æneo, pedibus nigris. Fabr. *Syst. ent.* 775. 14. — *Sp. Inf.* 2. *p.* 439. *n°.* 19. — *Mant. Inf.* 2. *p.* 343. *n°.* 21. Gmel. *Syst. p.* 2840. *n°.* 14.

Son corselet est d'un noir-bronzé, marqué de

lignes; l'abdomen d'un rouge de cuivre, & les pieds noirs.

Elle se trouve dans l'Amérique méridionale, & n'a reçu le nom de *mouche macellaire* ou *des boucheries* que par comparaison avec nos espèces carnassières.

15. MOUCHE carnassière.

MUSCA carnaria.

Musca nigra, thorace lineis pallidioribus; abdomine nitidulo, tessellato. LINN. *Faun. suec.* 1382. FABR. *Sp. Inf.* 2. *p.* 436. *n°.* 4. — *Mant. Inf.* 2. *p.* 342. *n°.* 5. GMEL. *Syst. p.* 2840. *n°.* 68.

Musca variegata. SCOP. *Ent. carn.* 869.

Musca vivipara major. DEGEER, *Inf.* 6. *p.* 63. *n°.* 8. *t.* 3. *f.* 5. ALDR. *Inf.* 348. *t.* 2. *f.* 16. JONST. *Inf. t.* 8. *p.* 2. *f.* 16.

Musca carnaria vulgaris. RAJ. *Inf. p.* 270. *n°.* 1. RÉAUM. *Inf.* 4. *t.* 29. *f.* 4. 6. FRISCH. *Inf.* 7. *t.* 14. *p.* 21. ROES. *Inf.* 2. *Musc. t.* 9. *f.* 10.

Musca nigra, abdomine nitido, tessellato; thorace lineolis pallidioribus, longitudinalibus; ano fulvo. GEOFFR. *Inf. paris. t.* 2. *p.* 527. *n°.* 65. La grande mouche à extrémité du ventre rougeâtre.

Ses yeux sont rougeâtres, avec un trait blanc un peu doré en dessous, & une raie dorée au-devant de la tête. Le fond de la couleur de l'insecte est noir, avec quatre raies grises longitudinales sur le corselet, qui se trouve entre-coupé par ces bandes grises & noires, de façon que la bande du milieu est noire. L'abdomen, composé de cinq anneaux, est panaché de taches alternativement grises & noires, à peu près comme un échiquier. L'extrémité du dernier anneau est rougeâtre. Les pattes sont noires.

Cette mouche est fort commune : on la voit souvent autour de la viande & dans les jardins. Sa grosseur la distingue, à la première vue, de la mouche domestique (n°. 18), à laquelle elle ressemble beaucoup. Elle a encore une particularité : c'est qu'elle est vivipare, & qu'elle fait de petites larves toutes vivantes, & non pas des œufs.

Sa seule manière de voler suffit, suivant Linné, pour la faire reconnoître.

On dit que ses larves sont désastreuses pour les ruches.

Elle se trouve en Amérique aussi bien qu'en Europe.

16. MOUCHE lardiaire.

MUSCA lardaria.

Musca nigra, thorace abdomineque tessellatis. FABR. *Sp. Inf.* 2. *p.* 436. *n°.* 5. — *Mant. Inf.* 2. *p.* 342. *n°.* 6.

Très-semblable à la mouche carnassière (n°. 15), mais plus petite; l'abdomen plus gros & obtus; il est, ainsi que le corselet, d'une couleur obscure & maillée. Les pattes sont noires.

Observée en Allemagne par Hattorf.

17. MOUCHE rutilante.

MUSCA rutilans.

Musca thorace lineato, abdomine tessellato, ano rufo. FABR. *Sp. Inf.* 2. *p.* 436. *n°.* 6. — *Mant. Inf.* 2. *p.* 342. *n°.* 7.

Plus grande que notre mouche domestique (n°. 18). Sa face est blanchâtre, & ses antennes noires; le corselet poilu, cendré & rayé de noir; l'abdomen conique, poilu, maillé; le dernier anneau roux, d'où son nom lui vient.

Observée dans les îles de l'Amérique méridionale par Vahl.

18. MOUCHE domestique.

MUSCA domestica.

Musca thorace, abdomine tessellato, subtùs basi pallido. FABR. *Sp. Inf.* 2. *p.* 436. *n°.* 7. — *Mant. Inf.* 2. *p.* 343. *n°.* 9. GMEL. *Syst. p.* 2841. *n°.* 69.

Musca antennis plumosis, pilosa, nigra; thorace lineis 5 *obsoletis; abdomine nitidulo, tessellato; oculis fuscis.* LINN. *Syst. Nat. XII.* 2. *p.* 990. *n°.* 69. — *Faun. suec.* 1833.

Musca domestica major. DEGEER, *Inf.* 6. *p.* 72. *n°.* 10. *t.* 4. *f.* 5. 6. ALDROV. *Inf. t.* 2. *f.* 13.

Musca bipennis, thorace glabro, striato; abdomine supino, nigro toto, maculis albis punctato. RAJ. *Inf.* 270. JOBLOT, *Microsc.* 1. *pp. t.* 5.

Musca nigra, abdomine nitido, tessellato; thorace lineolis pallidioribus, longitudinalibus; ano concolore. GEOFFR. *Inf. par.* 2. *p.* 528. *n°.* 66. La mouche commune. SCOP. *Ent. carn.* 872.

Elle est noirâtre; son corselet marqué de cinq lignes noires; l'abdomen quelque peu ferrugineux, maillé de taches noires.

Elle ressemble beaucoup à la mouche carnassière (n°. 15), & en diffère cependant, 1°. par sa grandeur, étant beaucoup plus petite; 2°. par l'extrémité de l'abdomen, qui n'est pas rougeâtre, mais de même couleur que le reste; 3°. par le nombre des anneaux de l'abdomen, n'en ayant que quatre; 4°. parce qu'il y a cinq bandes grises sur le corselet, & qu'une de ces bandes en occupe le milieu; 5°. parce que celle-ci est ovipare, comme la plupart des autres mouches, suivant l'observation de Geoffroi; enfin, suivant Linné, parce qu'elle vole sans bourdonnement.

C'est cette espèce qui fréquente si abondamment nos maisons pendant l'été; elle est commune par toute l'Europe, même en Norwège, quoique fort rare en Laponie, suivant que l'a remarqué Linné.

Les larves vivent dans le fumier de cheval, & les chrysalides s'y arrangent parallélement.

L'agaric aux mouches est pour cette espèce un poison narcotique en l'infusant dans le lait; mais une dose modérée endort & ne tue pas cet insecte, qui le lendemain se réveille en santé, suivant Scopoli.

19. Mouche américaine.

Musca americana.

Musca atra, thoracis lateribus canis, nigro punctatis. Fabr. *Syst. ent.* 774. 6. — *Sp. Inf.* 2. *p.* 437. *n°.* 8. — *Mant. Inf.* 2. *p.* 343. *n°.* 10. Gmel. *Syst. p.* 2841. *n°.* 177.

Cette mouche tient de l'œstre par la grandeur & la grosseur de toutes ses parties.

Sa tête est glabre & de couleur âtre; les antennes petites, logées dans une rainure du front, & à soie plumeuse; le corselet âtre, glabre, marqué, dans son milieu, par un sillon transversal, & ses côtés chargés d'un duvet incane avec trois points noirs; l'écusson grand, arrondi, légérement strié de noir; l'abdomen épais, âtre & sans taches; les ailes âtres; l'écaille des balanciers saillante & bombée; les pattes âtres.

Observée dans l'Amérique méridionale.

20. Mouche rétuse.

Musca retusa.

Musca thorace cinereo, æneo; abdomine subaureo, ano retuso. Fabr. *Syst. ent.* 775. 7. — *Sp. Inf.* 2. *p.* 437. *n°.* 9. — *Mant. Inf.* 2. *pag.* 343. *n°.* 11. Gmel. *Syst. p.* 2841. *n°.* 178.

Grande espèce à tête blanchâtre, avec une ligne frontale noire; le corselet poilu, cendré, d'une couleur de cuivre brillant; l'écusson saillant en dos d'âne; les anneaux de l'abdomen dorés, brillans, à bords noirs; l'anus très-renfoncé; les ailes blanches, avec une tache brune à la base; les pattes noires.

Observée dans la Nouvelle-Hollande. Du cabinet de Banks.

21. Mouche maculée.

Musca maculata.

Musca cinerea, thorace abdomineque maculis numerosis, atris. Fabr. *Mant. Inf.* 2. *pag.* 342. *n°.* 8. Gmel. *Syst. p.* 2841. *n°.* 70.

Musca antennis plumatis, pilosa, nigra, thorace nigro-lineato, abdomine atro-maculato, ano bipunctato. Linn. *Syst. Nat. XII.* 2. *p.* 990. *n°.* 70. Scop. *Ent. carn.* 870.

Un peu plus grande que la mouche domestique (n°. 18), & de la stature de la mouche césar (n°. 5). Sa tête est cendrée; la trompe & les antennes noires; les yeux bruns avec un bord blanc; le corselet cendré, marqué de taches noires longitudinales, & d'une en demi-écusson à l'extrémité. L'écusson est marqué d'un point noir très-angulaire. Les écailles des balanciers sont d'un rouille-pâle; l'abdomen ovale, cendré, rouillé en dessous & assez luisant, & marqué de plusieurs taches noires, de deux points sur le dernier anneau, & en dessous de deux lignes dans le milieu. Les ailes sont blanches, sans taches; les pattes noires.

Scopoli indique quelques différences dans les couleurs, telles que les écailles des balanciers, blanches; il les soupçonne appartenir aux deux sexes.

Elle se trouve en Europe sur les fleurs, particuliérement sur celles des ombellifères.

22. Mouche vulpine.

Musca vulpina.

Musca thorace lineato, abdomine subferrugineo, nigro-maculato. Fabr. *Syst. ent.* 776. 15. — *Sp. Inf.* 2. *p.* 439. *n°.* 20. — *Mant. Inf.* 2. *p.* 344. *n°.* 22. Gmel. *Syst. p.* 2841. *n°.* 179.

Mouche tachetée. *Musca (maculata), pilosa, nigra, thorace nigro, lineato; abdomine atro-maculato, ano bipunctato.* Linn. *Syst.* 2. 990. *n°.* 70. Degeer, *Inf.* 6. *p.* 84. *n°.* 13. *t.* 3. *f.* 22.

« Cette mouche, dit Degeer, ressemble beaucoup à la mouche domestique (n°. 18), &, étant plus noire & plus grande, elle semble faire la nuance entre cette espèce & celle de la mouche vomitoire (n°. 12). »

D'un cendré-noirâtre. Elle a sur le corselet quatre raies longitudinales noires, & sur l'abdomen des mouchetures, garnies l'une & l'autre de poils roides. Les yeux, qui occupent presque toute la tête, sont d'un rouge-brun; les ailes transparentes avec une légère teinte de noir, & les pattes toutes noires.

Elle se trouve en Europe.

La larve vit dans le fumier.

Fabricius a changé le nom trivial de Linné, que Degeer avoit conservé, comme doutant de l'identité de sa mouche vulpine, dont il donne la description suivante :

Le front noir; le pourtour des yeux argenté; le corselet

corselet poilu, âtre, à quatre lignes longitudinales, cendrées; l'écusson noir, à bords ferrugineux; l'abdomen ferrugineux, parsemé de plusieurs taches noires; cendré vers l'anus, avec deux points noirs; le dessous noir; les côtés ferrugineux; les aîles brunâtres; les pattes noires.

23. Mouche corvine.

Musca corvina.

Musca nigra, abdomine testaceo, lineâ dorsali nigrâ. Fabr. *Sp. Inf.* 2. *p.* 440. *n°.* 21. — *Mant. Inf.* 2. *p.* 344. *n°.* 23. Gmel. *Syst. p.* 2841. *n°.* 180.

Musca autumnalis, antennis plumatis, pilosa, nigra, abdomine flavo, testaceo; fasciâ longitudinali, dorsali, nigrâ. Degeer, *Inf.* 6. *p.* 83. 12.

De la grandeur de la mouche vulpine (n°. 22). Sa tête est noire; l'orbite des yeux argentée en devant, & testacée en arrière; le corselet poilu, noir, légérement rayé; l'abdomen testacé, &, suivant les jours, d'un glacé de blanc-brillant avec une ligne dorsale noire, qui s'étend du sommet à la base; le dessous de brique, & l'anus noir; les pattes noires.

Observée en Allemagne par Hattorf, & en Italie par Allioni.

24. Mouche testacée.

Musca testacea.

Musca cinerea, scutello, abdomine pedibusque testaceis. Fabr. *Sp. Inf.* 2. *p.* 440. *n°.* 22. — *Mant. Inf.* 2. *p.* 344. *n°.* 24. Gmel. *Syst. p.* 2842. *n°.* 181.

Cette mouche a le même port que la corvine (n°. 23); elle est cendrée; mais l'écusson, l'abdomen & les pattes sont testacés ou couleur de brique. Ses ailes sont blanches, sans taches; ses antennes noires, à plumets très-courts.

Observée en Allemagne par Hattorf.

25. Mouche pâle.

Musca pallida.

Musca pallidè testacea, ano plantisque nigris. Fabr. *Mant. Inf.* 2. *p.* 344. *n°.* 25. Gmel. *Syst. p.* 2842. *n°.* 182.

Son port est celui de la mouche testacée (n°. 24), & sa taille aussi; elle est hérissée de poils noirs; mais le fond de sa couleur est testacé ou terre cuite pâle. Le dernier anneau est roux; les pattes pâles, à extrémités noires.

Observée à Copenhague par Lund.

26. Mouche mactante.

Musca mactans.

Musca testacea, alis punctis duobus nigris, posteriore transverso. Fabr. *Mant. Inf.* 2. *pag.* 344. *n°.* 26. Gmel. *Syst. p.* 2842. *n°.* 183.

Cette espèce a le poil des précédentes. Son corps poilu est entiérement couleur de brique, soit plus obscur, soit plus pâle; les aîles obscures, traversées, dans la partie postérieure, par deux points noirs.

Observée à Cayenne par V. Rohr.

27. Mouche augure.

Musca augur.

Musca cinerea, abdomine cœrulescente, lateribus testaceo-diaphanis. Fabr. *Syst. ent.* 777. 16. *Sp. Inf.* 2. *p.* 440. *n°.* 23. — *Mant. Inf.* 2. *p.* 344. *n°.* 27. Gmel. *Syst. p.* 2842. *n°.* 184.

Cette mouche a le poil de la mouche vomitoire (n°. 12) & autres analogues. Sa tête est de couleur ferrugineuse ou rouillée, brune sur le sommet; le corselet poilu, cendré, sans taches; l'abdomen bleuâtre en dessus, d'un testacé diaphane sur les côtés, &, vers l'anus, changeant de gris & de tanné.

Observée par Banks dans la Nouvelle-Hollande.

28. Mouche canine.

Musca canina.

Musca cinerea, thorace punctis, abdomine strigis nigris. Fabr. *Sp. Inf.* 2. *pag.* 440. *n°.* 24. — *Mant. Inf.* 2. *p.* 344. *n°.* 28. Gmel. *Syst. p.* 2842. *n°.* 185.

D'une moyenne grandeur. Son corselet est très-velu, cendré, à quatre points noirs sur le dos, très-distincts; l'abdomen presque conique, poilu, cendré; les bords des anneaux noirs; les pattes testacées.

29. Mouche germanique.

Musca germanica.

Musca (plebeia), nigra, pedibus rufis. Fabr. *Sp. Inf.* 2. *p.* 440. *n°.* 25. — *Mant. Inf.* 2. *p.* 344. *n°.* 29. Gmel. *p.* 2842. *n°.* 186.

De la grandeur de la mouche rustique. Sa tête est noire, & en certain sens d'un gris-brillant; le corselet poilu, noir, ayant à sa base une petite ligne cendrée dans le milieu; le bouclier testacé; le ventre poilu, âtre; les pattes rousses, à pieds noirs.

Observée en Allemagne, à Kehl, par Fabricius, qui l'avoit nommée *plebeia.*

30. Mouche rustique.

Musca rustica.

Musca grisea, femoribus rufis. Fabr. *Syst. ent.* 777. 17. — *Sp. Inf.* 2. *p.* 440. *n°.* 26. — *Mant. Inf.* 2. *p.* 344. *n°.* 30. Gmel. *Syst. p.* 2842. *n°.* 187.

Grande mouche poilue, entiérement grise, hors les pattes, qui sont rousses.
Observée à Copenhague.

31. MOUCHE hautaine.

MUSCA elata.

Musca pallidè testacea, alis punctis duobus costâque fuscis. FABR. *Sp. Inf.* 2. *p.* 441. *n°.* 27. — *Mant. Inf.* 2. *p.* 344. *n°.* 31. GMEL. *Syst. p.* 2842. *n°.* 188.

Analogue à la mouche cucullaire (n°. 110). Sa bouche est vésiculeuse & blanche; ses antennes rousses; leur soie à plumet noir; le corselet testacé, pâle ou gris; l'abdomen & les pattes d'une couleur plus gaie; les ailes blanchâtres, à arête noire & deux points roux; le postérieur plus grand & transversal.
Observée à Kehl par Fabricius.
Le nom trivial *alata* paroît une faute de la part des copistes de Fabricius.

32. MOUCHE houblonnière.

MUSCA lupulina.

Musca nigricans, abdomine pedibusque posterioribus testaceis. FABR. *Mant. Inf.* 2. *pag.* 344. *n°.* 32. GMEL. *Syst. p.* 2842. *n°.* 189.

Elle est petite. Ses antennes, testacées ou couleur de brique, ont leur soie en plumet & noire; le corselet noir avec un glacé cendré; l'abdomen testacé, sans taches; les ailes testacées ou brique-pâle; les pattes de devant noires; celles de derrière testacées.
Observée en Zélande par de Schestedt.

33. MOUCHE funèbre.

MUSCA funebris.

Musca fusco-ferruginea, abdomine nigro, segmentorum marginibus pallidis. FABR. *Mant. Inf.* 2. *p.* 345. *n°.* 33. GMEL. *Syst. p.* 2842. *n°.* 190.

Fort menue. Sa tête est de couleur obscure; l'orbite de ses yeux quelque peu argentée; le corselet d'un roux-obscur, sans taches; l'abdomen noir, lustré; les bords des anneaux d'un blanc-sale; les ailes grandes, vitrées, sans taches; les pattes testacées.
Observée à Copenhague par Lund.

34. MOUCHE fontenaine.

MUSCA subtomentosa.

Musca subtomentosa, thorace subæneo, abdomine nigro, cingulis tribus parùm interruptis, apiceque flavis. Mus. Lesk. p. 130. *n°.* 90. GMEL. *Syst. Nat.* 2. *p.* 2843. *n°.* 191.

Le corselet tire un peu sur le cuivreux. L'abdomen est noir, avec trois cercles un peu interrompus, & jaunes à leur sommet.

35. MOUCHE claviventre.

MUSCA claviventris.

Musca fusca, abdomine clavato, tibiis luteis. Mus. Lesk. p. 130. *n°.* 95. GMELIN, *Syst. Nat.* 2. *p.* 2843. *n°.* 192.

Elle est verte; l'abdomen de même; le tibia jaune.
Elle se trouve en Europe.

36. MOUCHE jaune.

MUSCA lutea.

Musca lutea, thorace fusco; maculâ subtùs utrinquè oblongâ, luteâ. Mus. Lesk. pag. 130. *n°.* 96. GMEL. *Syst. Nat.* 2. *p.* 2843. *n°.* 193.

Cette mouche est jaune. Son corselet est roux. Elle a de chaque côté une tache jaune, oblongue.
Elle se trouve en Europe.

37. MOUCHE fuscipède.

MUSCA fuscipes.

Musca thorace fusco, abdomine luteo-cinereo, pedibus luteis, plantis fuscis. Mus. Lesk. p. 130. *n°.* 97. GMEL. *Syst. Nat. p.* 2843. *n°.* 194.

Le corselet est roux; l'abdomen d'un jaune-cendré. Les pieds sont jaunes & la plante rousse.
Elle se trouve en Europe.

38. MOUCHE altérable.

MUSCA alterabilis.

Musca nigra, abdomine cinereo, mutabili. Mus. Lesk. p. 130. *n°.* 98. GMEL. *Syst. Nat.* 2. *p.* 2843. *n°.* 195.

Noire. L'abdomen est d'un cendré-changeant.
Elle se trouve en Europe.

39. MOUCHE variée.

MUSCA varia.

Musca nigra, abdomine luteo, cinereo nigroque, vario. Mus. Lesk. p. 130. *n°.* 99. GMEL. *Syst. Nat.* 2. *p.* 2843. *n°.* 196.

Cette mouche est noire. Son corps est varié de jaune & de cendré.
Elle se trouve en Europe.

40. MOUCHE mélanure.

MUSCA melanura.

Musca cinerea, ano nigro; femoribus quatuor posterioribus, apice tibiisque ferrugineis. SCHRANK,

Inf. auftr. p. 457. *n°.* 930. *Muf. Lesk. p.* 134. *n°.* 100. GMEL. *Syft. Nat.* 2. *p.* 2843. *n°.* 197.

Cette efpèce eft cendrée. L'anus eft noir. Les quatre cuiffes poftérieures font ferrugineufes à leur extrémité, ainfi que le tibia.

Elle a été obfervée à Lintz en Allemagne.

41. MOUCHE ftriée.

MUSCA ftrigofa.

Mufca teftacea, vertice utrinquè punĉto ferrugineo; alis ftrigis tranfverfis, numerofis, teftaceis. — Muf. Lesk. p. 134. *n°.* 105. GMEL. *Syft. Nat.* 2. *p.* 2843. *n°.* 198.

Cette mouche eft teftacée. Le vertex eft accompagné de chaque côté d'un point ferrugineux. Les ailes ont des ftries tranfverfales, nombreufes, de couleur teftacée.

Elle fe trouve en Europe.

42. MOUCHE argentée.

MUSCA argentea.

Mufca cinerea, thorace lineis quatuor nigris; abdomine cinereo-mutabili; fronte utrinquè argenteâ. Muf. Lesk. p. 134. *n°.* 104. GMEL. *Syft. Nat.* 2. *p.* 2843. *n°.* 199.

Cette mouche eft cendrée. Le corfelet a quatre lignes grifes. L'abdomen eft cendré & changeant; le front argenté de chaque côté.

Elle fe trouve en Europe.

43. MOUCHE albifront.

MUSCA albifrons.

Mufca nigra, fronte albâ. LINN. *Faun. fuec.* 1834. GMEL. *Syft. Nat.* 2. *p.* 2843. *n°.* 71. RÉAUM. *Inf.* 4. *t.* 26. *f.* 5.

Elle tient beaucoup de la mouche domeftique (n°. 18) par fa grandeur & par fa figure totale; mais elle eft plus noire & auffi plus liffe. Le front, qui eft blanc, porte quelques poils noirs. Les côtés de l'abdomen font un peu ferrugineux.

Elle fe trouve en Europe, dans les prés, & n'eft pas commune.

44. MOUCHE dérobée.

MUSCA furta.

Mufca nigra, alis deflexis, fufcis, margine laterali albis. GMEL. *Syft. Nat.* 2. *p.* 2843. *n°.* 72.

Elle eft noire. Les ailes font réfléchies ou rabattues, de couleur rouffe, avec le bord blanc.

45. MOUCHE des chaumières.

MUSCA tuguriorum.

Mufca cinerea, antennis palpis, fcutello pedibufque ferrugineis. SCOP. *Ent. carn. n°.* 876. SCHRANK, *Inf. auftr. p.* 457. *n°.* 929. GMEL. *Syft. Nat.* 2. *p.* 2844. *n°.* 200.

Elle eft cendrée. Les antennes, les palpes, l'écuffon & les pattes font ferrugineux. Un peu plus grande que la mouche domeftique. Son corfelet eft d'un roux-cendré; le devant de la tête de même couleur; les yeux bruns; les antennes, le fommet de la trompe & la bafe des palpes rouillée, ainfi que la pointe de l'écuffon. Les antennes ne partent point du crâne; elles fortent en deffous, & fe couchent fur la bafe de la mâchoire fupérieure; l'abdomen luifant, cendré, avec des mailles noires; les ailes marquées d'une ligne & de points roux. Le bas des deux dernières paires de pattes eft ferrugineux.

Elle fe trouve abondamment dans la Carniole à l'équinoxe du printems, dans le voifinage des chaumières des campagnes. Schrank dit l'avoir obfervée à Vienne.

46. MOUCHE tau.

MUSCA tau.

Mufca nigra, abdomine pallidè ferrugineo, bafi lineâque mediâ nigris. SCHRANK, *Inf. auftr. p.* 458. *n°.* 931. GMEL. *Syft. Nat.* 2. *p.* 2844. *n°.* 201.

Elle eft noire & velue. L'abdomen eft pâle & ferrugineux. La bafe & la ligne intermédiaire font noires. De cette bafe noire defcend, jufqu'à l'anus, une ligne noire, avec laquelle elle forme la figure d'un T romain.

Obfervée à Lintz en Autriche.

47. MOUCHE trompeufe.

MUSCA deceptoria.

Mufca cinerea, pedibus rufis, abdomine cinereo-ferrugineo, lineâ dorfali nigrâ. SCHRANK, *Inf. auftr. p.* 458. *n°.* 932. SCOP. *Ent. carn. n°.* 884. PODA, *Muf. græc. p.* 116. GMELIN, *Syft. Nat.* 2. *p.* 2844. *n°.* 202.

Cette mouche a l'abdomen ferrugineux, tranfparent, avec une ligne dorfale noire; les anneaux, & furtout les derniers, ciliés de foies fines & noires; le corfelet roux, à lignes pâles; l'écuffon ferrugineux; la bafe & la nervure des ailes prefqu'entièrement rouillées; l'écaille des balanciers blanche; la cuiffe noire; la jambe rouffeâtre, parfemée de poils noirs. Cette efpèce, décrite par Poda, paroiffoit, à Scopoli, encore douteufe à caufe de fa reffemblance avec la mouche arrondie (n°. 60) par la trompe.

Elle fe trouve dans les prés.

48. Mouche mélanopyrrhe.

Musca melanopyrrha.

Musca tomentosa, nigra, abdomine apice rufo. Forst. *Nov. Inf. Sp.* 1. *p.* 98. Schæff. *Ic. t.* 10. *f.* 6. Gmel. *Syst. Nat.* 2. *p.* 2844. *n°.* 294.

Cette mouche est tomenteuse & noirâtre; la tête jaune; les yeux bruns; l'abdomen roux à son extrémité. Les ailes, rousses à la base & grisâtres sur le côté intérieur, sont marquées de deux taches noirâtres; les pattes noires. Cet ensemble de roux & de noir lui a fait donner son nom.

Elle se trouve en Angleterre & en Allemagne.

49. Mouche cairon.

Musca oleæ.

Musca fusca, thoracis tomentosi cœrulei eminentiis tribus, scutello apice femoribusque flavis. Gmel. *Syst. p.* 2844. *n°.* 390.

Chiron *ou* Cairon. Penchienati, *Act. Taurin. ann.* 1786 & 1787. *p.* 595.

D'un roux-brun varié. Elle a les yeux châtains; le reste de la tête jaune, avec deux points au dessus de la bouche; le corselet bleu-turquin, couvert d'un coton court, insensible à la vue simple, & dans lequel se distinguent trois sillons foncés, dont celui du milieu est le plus noir; il porte latéralement trois petites éminences, couleur de soufre, dont la plus grande couvre l'origine des ailes. L'écusson est jaune, ainsi que les pattes. L'abdomen est d'un brun-luisant tirant sur le jaune, soit au milieu, soit à la base des anneaux. Les ailes sont transparentes, avec un point noir à l'extrémité.

Sa larve vit dans les olives, à la récolte desquelles elle fait le plus grand tort. On lui donne, en Piémont, le nom de *chiron*; en Provence, celui de *cairon*. Le Mémoire de Penchienati donne dans un grand détail les mœurs de ce redoutable insecte, & les moyens employés avec succès pour s'opposer à sa propagation désastreuse.

Elle se trouve en France & en Italie.

50. Mouche fulvimaculée.

Musca fulvimaculata.

Musca (quadrimaculata), thorace nigro, pectore utrinquè maculis duabus fulvis, abdomine purpurascente-violaceo. Sweder. *Nov. Act. Stock.* 8. 1787. 4. *n°.* 2. 49. Gmel. *Syst. Nat.* 2. *p.* 2844. *n°.* 391.

Cette mouche a la grandeur & le port de la mouche vomitoire (n°. 12). Sa tête est brune, tomenteuse & chargée de quelques soies noires; la trompe noire & les palpes saillans & flaves; le corselet demi-velu, noir, légérement marqueté en devant, un peu poilu sur les côtés; l'écusson noir, arrondi par-derrière, portant quelques soies sur les côtés; quatre taches fauves assez grandes, dont deux à la base & deux au sommet; l'abdomen d'un pourpre-violet, lustré, sans taches, tomenteux, & en dessous d'un violet-obscur; les ailes brunes en devant, à veines noires, avec un point flave une fois & demie plus long que leur base; les pattes noires, tomenteuses.

Rapportée de la Nouvelle-Zélande par Banks, dans le cabinet duquel il se voit une autre variété une fois plus petite, provenant de l'Amérique septentrionale.

Gmelin, en plaçant cette mouche & la suivante dans son édition du *Système de Linné*, sous les n°s. 391 & 392, pag. 2844, ne s'étoit pas apperçu qu'il en plaçoit une autre sous le n°. 215, p. 2848, avec le même nom de *quadrimaculée*, que nous conservons à la soixante-dix-huitième espèce.

51. Mouche bimaculée.

Musca bimaculata.

Musca cyanea, pectore utrinquè maculâ albescente, abdomine viridi, basi cyaneâ. Swederus, *Nov. Act. Stockh.* 8. 1787. 4. *n°.* 2. 51. Gmelin, *Syst. Nat.* 2. *p.* 2844. *n°.* 392.

Port & grandeur de la mouche césar (n°. 5); d'un violet-bleuâtre & demi-velu. Sa face est blanchâtre; le corselet bleu; la partie antérieure plus pâle, avec deux lunules noires; la partie de la poitrine marquée à sa base d'une tache blanche transversale; les ailes transparentes, à base noirâtre; l'abdomen vert, lustré; le premier anneau d'un bleu-pourpré; les pattes noires & velues.

Cette espèce, observée dans la Nouvelle-Hollande, se trouve dans le cabinet de Banks.

52. Mouche fenestrale.

Musca fenestralis.

Musca glabra, atra, abdomine suprà rugoso, strigis albis, alis fuscis. Fabr. *Sp. Inf.* 2. *p.* 444. *n°.* 45. — *Mant. Inf.* 2. *p.* 346. *n°.* 53. Gmelin, *Syst. Nat.* 2. *p.* 2844. 14.

Musca antennis filatis, glabra, atra, abdomine suprà rugoso, strigis albis, pedibus ferrugineis. Linn. *Syst. Nat. XII.* 2. *p.* 981. *n°.* 147. — *Faun. suec.* 1845.

Nemotelus fenestralis. Degeer, *Inf.* 6. *p.* 109. *n°.* 11.

β. *Musca atra major, pedibusque nigris.*

Elle est petite, glabre & âtre. L'abdomen est chargé en dessus de rugosités & de stries qui paroissent blanches sous un certain jour; elles sont transversales, mais n'atteignent pas les bords. Ses balanciers sont blancs; les pattes testacées & les pieds ferrugineux.

Elle se trouve en Europe, & se trouve fréquemment sur les fenêtres, suivant Linné. La nuit, sa marche est très-lente; mais elle vole en cadence pendant la chaleur du jour.

53. Mouche meditalnende.

Musca meditalnenda.

Musca pilosa, obscura, abdomine cinereo, punctis quatuor fuscis. Fabr. *Sp. Inf.* 2. *p.* 444. *n°.* 46. — *Mant. Inf.* 2. *p.* 347. *n°.* 53. Gmel. *Syst. Nat.* 2. *p.* 2845. 203.

Elle est d'une grosseur médiocre. Sa bouche est blanchâtre. Le corselet est poilu, obscur & sans tache; l'abdomen ovale, cendré, avec quatre points d'or. Les pattes sont noires; le tibia roussâtre.

Elle a été observée en Italie & à Copenhague.

54. Mouche farouche.

Musca fera.

Musca nigra, abdominis lateribus testaceo-diaphanis. Linn. *Faun. suec.* 1836. Fabr. *Sp. Inf.* 2. *p.* 441. *n°.* 28. — *Mant. Inf.* 2. *p.* 345. *n°.* 34. Gmel. *Syst. Nat.* 2. *p.* 2845. *n°.* 74.

Musca rotundata. Harris, *Inf. angl. t.* 9. *f.* 2.

La mouche noire, à ventre jaune, noir dans le milieu. Geoffr. *Inf. paris.* 2. *p.* 509. *n°.* 33.

Elle a la tête noire, les yeux bruns, & une tache dorée de chaque côté devant les yeux. Le corselet est noir, mais sa pointe souvent un peu jaune. L'abdomen, composé de cinq anneaux, est jaune, avec une large bande noire qui le traverse longitudinalement dans son milieu; en sorte que le milieu est noir, & les côtés jaunes.

Les cuisses sont noires, & le reste des pattes est fauve ou noir; les ailes d'une couleur brune-obscure, avec un peu de jaune à leur base. Tout le corps de l'animal est parsemé de quelques poils noirs assez longs: les deux derniers anneaux en ont de plus longs & en plus grande quantité.

On trouve cette mouche dans les campagnes humides; elle vient dans les eaux dormantes & fangeuses.

En tout assez semblable à la mouche carnassière (n°. 15); elle s'en distingue par son corselet non rayé, & par ses bords d'un roux de brique diaphane.

Elle se trouve en Europe, assez communément dans les bois & les prés.

55. Mouche larvée.

Musca larvata.

Musca atra, abdomine vesiculis albis, nitentibus irrorato. Lepechin, *It.* 1. *t.* 20. *f.* 2. Gmelin, *Syst. Nat.* 2. *p.* 2845. *n°.* 245.

Cette espèce est âtre. Son abdomen est parsemé de vésicules blanches & brillantes.

On la trouve dans le désert de l'Arat, en Tartarie.

56. Mouche luride.

Musca lurida.

Musca pilosa, thorace fusco, abdomine atro, lateribus basi testaceis. Fabr. *Sp. Inf.* 2. *p.* 441. *n°.* 29. — *Mant. Inf.* 2. *p.* 345. *n°.* 35. Gmelin, *Syst. Nat.* 2. *p.* 2845. *n°.* 205.

Les antennes sont ferrugineuses, à masse noire. La bouche est blanchâtre; le corselet poilu, roux; l'écusson jaunâtre; l'abdomen âtre à sa base, avec les bords testaceo-diaphanes, entassé de deux bandes.

Elle a été observée en Allemagne. Muséum de Hattorf.

57. Mouche bifasciée.

Musca bifasciata.

Musca rufa, abdomine fasciis duabus aureis. Fabr. *Sp. Inf.* 2. *p.* 441. *n°.* 29. — *Mant. Inf.* 2. *p.* 345. *n°.* 36. Gmelin, *Syst. Nat.* 2. *pag.* 2845. *n°.* 206.

Elle est grosse. Sa bouche est blanchâtre. Ses antennes sont noires. Le corselet & l'abdomen sont âtres, très-poilus. Elle a sur l'anus deux raies d'un jaune-doré. Les pieds sont noirs; les ongles ferrugineux.

Elle se trouve en Amérique. Muséum de Rohr.

58. Mouche grosse.

Musca grossa.

Musca pilosa, nigra, alis basi ferrugineis. Linn. *Faun. suec.* 1837. Fabr. *Sp. Inf. p.* 441. *n°.* 30. — *Mant. Inf.* 2. *p.* 345. *n°.* 37. Gmelin, *Syst.* 2. *p.* 2845. *n°.* 75. Réaum. *Inf.* 4. *t.* 26. *f.* 10.

La mouche noire, à base des ailes jaunes. Geof. *Inf. paris.* 2. *p.* 495. *n°.* 24. Schœff. *Ic. t.* 108. *f.* 6. Harr. *Inf. Aug. t.* 9. *f.* 1. Degeer, *Inf.* 6. *p.* 21. *n°.* 1. *t.* 1. *f.* 1.

Par la grosseur de son corps, cette espèce est la plus forte entre toutes nos espèces de mouches; elle est de toutes parts hérissée de poils semblables à de petits crins. Sa tête est d'un beau jaune-flave; ses yeux noirs; ses antennes ferrugineuses, à sommités noires; ses ailes rouillées en devant. Les pattes ont les ongles jaunes.

Geoffroi la disoit entièrement noire, à l'exception des yeux, qui sont bruns, d'une tache dorée au-devant de chaque œil; des écailles de dessous les ailes, qui sont blanchâtres, & de la base de ses ailes, qui est de couleur fauve.

Elle se trouve en Europe, & vit dans le fumier des bœufs.

59. Mouche hystrix.

Musca hystrix.

Musca pilosissima, atra, ore albicante. Fabr. *Sp. Inf. p.* 442. n°. 31. — *Mant. Inf.* 2. *p.* 345. *n°.* 38. Gmel. *Syst. Nat.* 2. *p.* 2845. *n°.* 207.

Musca pilosa. Drury, *Inf.* 1. *t.* 45. *f.* 7.

Sa tête est rouge-brun; les yeux couleur de corne; les antennes courtes & grosses; le corselet & l'abdomen totalement couverts de poils ou plutôt de soies noires; les ailes opaques & brunes; les pattes noires & épineuses.

Cette mouche avoit été envoyée de la Jamaïque au D. Drury.

60. Mouche arrondie.

Musca rotundata.

Musca thorace sublineato; abdomine subrotundo, ferrugineo; lineâ longitudinali punctorum nigrorum. Fabr. *Sp. Inf.* 2. *pag.* 442. *n°.* 33. — *Mant. Inf.* 2. *p.* 345. *n°.* 40. Gmel. *Syst. Nat.* 2. *p.* 2846. *n°.* 76.

Musca antennis setariis, pilosa, thorace sublineato; abdomine subrotundo, flavo; maculis longitudinalibus, fuscis confertis. Linn. *Syst. Nat. XII.* 2. *p.* 991. *n°.* 76. — *Faun. suec.* 1838.

La mouche noire, à ventre hémisphérique, roux, tacheté de noir. Geof. *Inf. parif.* 2. *p.* 509. *n°.* 32. Scop. *Ent. carn.* 883. Harr. *Inf. angl. t.* 9. *f.* 5. 6. Degeer, *Inf.* 6. *p.* 29. *n°.* 8. *t.* 1. *f.* 11.

De la grandeur de la mouche domestique. Ses yeux sont rougeâtres. Sa tête en devant est de couleur pâle, avec deux taches comme dorées devant les yeux. Le corselet est un peu velu, & il est noir, ainsi que les pattes; l'abdomen roux, hémisphérique, avec une bande longitudinale de quatre points sur son milieu : outre deux petites taches oblongues de même couleur, une de chaque côté vers le bas, &, ce qui est fort remarquable, l'abdomen paroît d'une seule pièce. Il est difficile d'appercevoir la distinction des quatre anneaux dont il est composé. Les ailes sont transparentes, mais leur base est un peu fauve. Les antennes sont grandes, & égalent la longueur de la tête. Il y a quelquefois, à chaque angle supérieur du corselet, une tache jaunâtre qui n'est pas constante; les pattes noires.

Elle se trouve en Europe, çà & là, dans les coins des haies.

61. Mouche gonflée.

Musca temula.

Musca pilosa, atra, nitens alarum basi, squamâ lateribusque ferrugineis. Scop. *Ent. carn.* 885. Fabr. *Sp. Inf.* 2. *p.* 442. *n°.* 32. — *Mant. Inf.* 2. *p.* 345. *n°.* 39. Gmel. *Syst. Nat.* 2. *p.* 2846. *n°.* 77.

Entiérement d'un beau noir-brillant; la base des ailes & de l'écaille des balanciers d'un jaune-rouillé; le front chargé de poils plus ou moins argentés, suivant le jour où ils sont frappés de la lumière; les balanciers d'un roux-pâle; le ventre soyeux.

Cette mouche se trouve sur les fleurs du gérofle gouteux *(chærophyllum temulum)*, d'où elle a reçu de Scopoli le même nom *temula* gonflée, changé en *tremula*, probablement par une méprise copiée & recopiée depuis.

Elle se trouve en Europe.

62. Mouche des chenilles.

Musca larvarum.

Musca nigricans, scutelli apice subtestaceo, abdomine tessellato. Linn. *Faun. suec.* 1839. Scop. *Ent. carn.* 888. Fabr. *Sp. Inf.* 2. *pag.* 442. *n°.* 34. — *Mant. Inf.* 2. *p.* 345. *n°.* 41. Gmelin, *Syst. Nat.* 2. *p.* 2846. *n°.* 78.

Musca major larvarum. Grande mouche des chenilles. Degeer, *Inf.* 6. *p.* 24. *n°.* 3. *t.* 1. *f.* 7. Ammir, *Inf. t.* 6. Degeer, *Inf.* 1. *t.* 11. *f.* 23.

β. *Musca minor larvarum.* Petite mouche des chenilles. Degeer, *Inf.* 6. *p.* 25. *n°.* 4.

Noirâtre & poilue. Son corselet est cendré; son ventre plus pâle; il est maillé ou marqueté, mais le corselet à peine rayé autour. Elle ressemble fort à la mouche domestique (n°. 18).

Cette espèce assez grande est velue, & de plus hérissée de poils roides noirs, en forme de crins, & de couleur noire & luisante; le corselet marqué de quelques raies longitudinales, plus noires & plus luisantes que le fond, & son écusson est brun; le ventre nuancé de taches cendrées & changeantes, suivant que le jour y tombe; le front ou le devant de la tête blanc & satiné, avec une large raie longitudinale, noire au milieu, & par-derrière une sorte de collier de poils blanchâtres; les yeux d'un rouge-brun; les ailes transparentes, avec une légère teinte de noir & une tache brune à leur origine. La variété β ne diffère que par la grandeur.

Les larves vivent dans le corps de plusieurs espèces de chenilles, tant rases que velues, qu'elles rongent & consomment intérieurement.

Fabricius ajoute que ces larves vivent aussi dans la racine du chou (*brassica olerana*); ce qui fait venir des gales ou tumeurs à ces racines, & rend la tête du chou lâche & mal pommée.

Cette manière de vivre de cette mouche en larve feroit présumer une grande analogie avec les espèces suivantes, & la distinction annoncée par leurs noms sembleroit indiquer une diversité de mœurs qui mérite d'être contredite par des observations bien positives pour ne pas soupçonner ici quelque confusion.

63. Mouche des racines.

Musca radicum.

Musca nigra, abdomine cinereo, nigro-fasciato. Fabr. *Sp. Inf.* 2. *p.* 443. *n°.* 35. — *Mant. Inf.* 2. *p.* 345. *n°.* 42. Gmel. *Syst. Nat.* 2. *p.* 2846. *n°.* 79.

Musca antennis setariis, pilosa, abdomine cinereo, lineâ dorsali, cingulisque quatuor nigris. Linn. *Syst. Nat. XII.* 2. *p.* 992. *n°.* 79. — *Faun. suec.* 1840.

Très-semblable à la mouche domestique (n°. 18), mais quatre fois plus petite.

Sa larve vit dans les racines du raifort, suivant l'observation de P. Forskhal.

Insecte parfait. Elle se trouve mêlée avec la mouche caniculaire (n°. 68), & n'en diffère peut-être, suivant Linné, que par le sexe.

64. Mouche du chou-navet.

Musca napobrassicæ.

Musca pilosa, cana, dorsi lineâ laterumque longitudinalibus nigris. Biercand, *Act. Stockh.* 1780. 3. *n°.* 4. Gmel. *Syst. Nat.* 2. *p.* 2846. *n°.* 208.

Cette mouche attaque les racines du chou-navet, principalement celles qui croissent dans les endroits sablonneux, où elle les détruit & les rend semblables à de la pourriture. La larve est blanche. La tête a une petite pointe noire : c'est en septembre qu'elle subit sa métamorphose; elle se change en une nymphe rousse, oblongue & cannelée d'or. La mouche sort enfin dans le mois de mai de l'année suivante.

65. Mouche brassicaire.

Musca brassicaria.

Musca nigra, abdomine cylindrico, segmento secundo tertioque rufis. Fabr. *Sp. Inf.* 2. *p.* 443. *n°.* 36. — *Mant. Inf.* 2. *p.* 345. *n°.* 43. Gmel. *Syst. Nat.* 2. *p.* 2847. *n°.* 289.

Musca cylindrica. Degeer, *Inf.* 6. *p.* 30. *n°.* 9. *t.* 1. *f.* 12.

Musca abdomine ferrugineo, baseos lineâ dorsali nigrâ. Fabr. *Mant. Inf.* 2. *p.* 346.

Elle a le port alongé de la mouche cuivreuse, la tête blanche, avec une ligne frontale noire; le corselet légérement rayé; l'abdomen cylindrique, couché, roux à la base, noir à l'extrémité. Les ailes sont vitreuses, avec une côte obscure. L'écaille des balanciers est voûtée & très-blanche. Les pieds sont âtres.

66. Mouche comprimée.

Musca compressa.

Musca pilosa, nigra, thorace lineato, abdomine cylindrico, rufo; lineâ dorsali nigrâ, femoribus rufis. Fabr. *Mant. Inf.* 2. *p.* 346. *n°.* 44. Gmel. *Syst. Nat.* 2. *p.* 2847. *n°.* 210.

Cette mouche a le plus grand rapport avec la mouche brassicaire; cependant elle s'en distingue par quelques caractères. Le front porte de chaque côté une ligne argentée très-éclatante. Le corselet est noir, avec trois lignes argentées très-brillantes. Les ailes sont blanchâtres & un peu jaunâtres à leur base. L'abdomen est comprimé & cylindrique, roux. Les anneaux sont argentés sur leur bord, avec une ligne dorsale noire. Les pieds sont noirs; les cuisses rousses.

Du muséum de M. Vahl.

Elle se trouve en Espagne, dans les maisons.

67. Mouche latérale.

Musca lateralis.

Musca nigra, abdominis lateralibus, basi sanguineis. Fabr. *Sp. Inf.* 2. *p.* 443. *n°.* 37. — *Mant. Inf.* 2. *p.* 346. *n°.* 45. Gmel. *Syst. Nat.* 2. *p.* 2847. *n°.* 211.

Musca rufo-maculata. Degeer, *Inf.* 6. *p.* 28. *n°.* 7. *t.* 1. *f.* 9.

Elle est de la grosseur de la mouche domestique. L'abdomen est d'un rouge de sang à sa base. La ligne dorsale est noire; la bouche blanche.

Elle se trouve en Allemagne.

68. Mouche caniculaire.

Musca canicularis.

Musca nigricans, abdominis segmento secundo tertioque latere diaphanis. Fabr. *Syst. Ent.* 779. 27. Scop. *Inf.* 2. *p.* 443. *n°.* 38. — *Mant. Inf.* 2. *p.* 346. *n°.* 46. Gmelin, *Syst. Nat.* 2. *p.* 2847. *n°.* 80.

Musca pilosa, nigricans, abdominis segmentis flavescentibus, margine nigricante. Linn. *Faun. suec.* 1841.

Noirâtre. Les anneaux de l'abdomen sont jaunâtres, à bords noirs. Le second & le troisième sont diaphanes par le bord.

Cette espèce est très-commune en Europe, & se trouve, pendant la canicule, sous l'ombrage des arbres, s'agitant sans cesse en l'air à midi & le soir.

Elle se trouve en Europe.

69. MOUCHE estivienne.

MUSCA æstivationis.

Musca pilosa, nigra, alis punctis albis transversis. LINN. *Faun. suec.* 1843. GMEL. *Syst. Nat.* 2. *p.* 2847.

De la grandeur d'une puce, & noire; mais son corselet a des taches cendrées, & les anneaux du ventre ont les bords blanchissans. Les ailes sont marquées de taches, ou plutôt de points blancs qui les traversent.

Observée par Linné à Upsal en Suède.

Elle se trouve en Europe.

70. MOUCHE pluviale.

MUSCA pluvialis.

Musca cinerea, thorace maculis quinque nigris, abdomine obsoletis, tridentatis. LINN. *Faun. suec.* 1844. SCOP. *Ent. carn.* 891. GMELIN, *Syst. Nat.* 2. *p.* 2847. *n°.* 83. FABR. *Sp. Inf.* 2. *p.* 443. *n°.* 40. — *Mant. Inf.* 2. *p.* 346. *n°.* 47.

La mouche cendrée, à points noirs. GEOFF. *Inf. paris.* 2. *p.* 529. *n°.* 68.

La mouche de la pluie. DEGEER, *Inf.* 6. *p.* 27. *n°.* 6.

Ses yeux sont rougeâtres, avec une bande dorée en devant. Tout le reste du corps de l'insecte est d'une couleur blanche-cendrée. Le corselet est chargé de cinq taches noires, lisses ou quelquefois sept; savoir : deux petites à la base, ensuite trois plus grandes & plus longues, rangées transversalement, outre deux autres petites sur le bouclier, à la pointe du corselet. L'abdomen est composé de quatre anneaux, dont le premier est tout gris; le second, le troisième & le quatrième ont chacun trois taches noires, triangulaires, qui sont souvent unies ensemble à la base de l'anneau. Les pattes sont noires & les ailes transparentes; en tout elle ressemble fort à la mouche domestique, mais est de moitié plus petite. On trouve souvent cette mouche sur les feuilles, où elle se tient fort tranquille dans les tems humides.

On la rencontre fréquemment dans les chemins, où elle devient très-importune aux approches de la pluie. On prétend qu'elle l'annonce en s'agitant avec une régularité cadencée, qui a fait dire qu'elle danse.

Elle se trouve en Europe.

71. MOUCHE sautillante.

MUSCA subsultans.

Musca tota atra, alis hyalinis, femoribus posterioribus saltatoriis. FABR. *Sp. Inf.* 2. *pag.* 444. *n°.* 41. — *Mant. Inf.* 2. *p.* 346. *n°.* 48. GMEL. *Syst. Nat.* 2. *p.* 2847. *n°.* 84.

Cette mouche n'est que de la grandeur d'une puce; elle voltige en sautant, & retombe les pattes de derrière étendues comme pendantes. En repos, la moindre épouvante la fait s'élancer par le moyen de ces mêmes pattes, à la manière de la puce.

Elle se trouve en Allemagne & en Europe, particuliérement dans les contrées du Nord.

72. MOUCHE rapace.

MUSCA rapax.

Musca (tigrina), pilosa, cinerea, femoribus apice tibiisque ferrugineis. FABR. *Syst. Ent.* 779. 31. — GMEL. *Syst. Nat.* 2. *p.* 2648. *n°.* 212.

De même grandeur que la mouche domestique (n°. 18). Celle-ci est poilue & entiérement cendrée. Son corselet est noir & pointillé. Ses ailes sont blanches; le ventre terminé par une aiguille.

Elle se trouve en Angleterre, & dévore d'autres espèces de mouche.

73. MOUCHE dansante.

MUSCA chorea.

Musca atra, alis totis albis. FABR. *Sp. Inf.* 2. *p.* 444. *n°.* 43. — *Mant. Inf.* 2. *p.* 346. *n°.* 50. GMEL. *Syst. Nat.* 2. *p.* 2848. *n°.* 213.

Elle a beaucoup de ressemblance avec la mouche rorale. Ses ailes seules sont entiérement blanches, & son corps tout noir, mais d'un noir moins foncé.

Son nom *dansante* ne la distingue pas exclusivement de la *pluviale*, qui danse aussi.

Elle a été observée en Allemagne.

Elle se trouve en Allemagne.

74. MOUCHE labiée.

MUSCA labiata.

Musca pilosa, nigricans, labio argenteo, nitidissimo; alis albis, immaculatis. FABR. *Mant. Inf.* 2. *p.* 346. *n°.* 51. GMEL. *Syst. Nat.* 2. *p.* 2848. *n°.* 214.

Cette mouche habite les bosquets : c'est une des sauteuses. Par sa grandeur & sa stature elle se rapproche beaucoup de la mouche rorale. Son corps est tout couvert de longs poils, noirâtre & comme marqueté; la bouche velue, argentée, très-brillante; ses ailes blanches, sans taches; l'écaille qui recouvre les balanciers, voûtée & d'un blanc de neige; les pattes noires.

Elle

Elle se trouve aux environs de Copenhague.

75. Mouche rorale.

Musca roralis.

Musca aterrima, alis apice subalbicantibus. Fabr. *Syst. Ent.* 779. 32. — *Sp. Inf.* 2. *p.* 444. *n°.* 44. — *Mant. Inf.* 2. *p.* 346. *n°.* 52. Gmel. *Syst. Nat.* 2. *p.* 2848. *n°.* 85.

Musca antennis setariis, pilosa, aterrima. Linn. *Syst. Nat. XII.* 2. *p.* 993. *n°.* 85. — *Faun. suec.* 1846. Scop. *Ent. carn. n°.* 890.

Cette petite mouche est entiérement âtre; ses antennes couchées, & si courtes qu'elles paroissent à peine; l'abdomen cylindrique, poilu; les ailes noires, moins foncées vers le sommet; les balanciers âtres.

Elle se trouve en Europe.

76. Mouche scie.

Musca serrata.

Musca cinerea, alarum costâ pilis brevissimis serratâ, abdomine pedibusque ferrugineis. Linn. *Faun. suec.* 1847. Fabr. *Sp. Inf.* 2. *p.* 445. *n°.* 47. — *Mant. Inf.* 2. *p.* 347. *n°.* 55. Gmel. *Syst. Nat.* 2. *p.* 2848. *n°.* 86.

Musca latriniarum. Mouche des latrines. Degeer, *Inf.* 6. *p.* 31. *n°.* 10. *t.* 1. *f.* 15.

β. *Musca serrata minor.* Fabr. *Mant. Inf.* 2. *p.* 345.

Petite espèce, garnie par tout le corps de poils roides; l'abdomen court, quoiqu'alongé & conique; les ailes une fois plus longues que le corps, & hérissées, au bord extérieur, de poils serrés, mais très-courts. La tête & le corselet sont cendrés; mais le devant de la tête est blanc, & le haut roux. Les yeux sont rouges; le ventre roux, & les pattes jaunes, pâles, grisâtres, quelquefois rousseâtres.

La variété β est entiérement semblable, mais de moitié plus petite.

Elle a été observée en Suède.

Elle est d'Europe, & se trouve fréquemment prise dans les toiles des araignées.

77. Mouche des celliers.

Musca cellaris.

Musca nigra, abdomine pallidiore, oculis ferrugineis. Linn. *Faun. suec.* 1848. Fabr. *Sp. Inf.* 2. *p.* 445. *n°.* 48. — *Mant. Inf.* 2. *p.* 347. *n°.* 57. Gmelin, *Syst. Nat.* 2. *p.* 2848. *n°.* 87.

Musca œnopota. Scop. *Ent. carn.* 905. Raj. *Inf.* 261. Réaum. *Inf.* 5. *t.* 8. *f.* 7. 11. 12.

La Mouche du vinaigre. Geoffr. *Inf. paris.* 2. *p.* 537. *n°.* 85.

Elle est petite. Sa couleur est noire ou plutôt d'un fauve-brun; elle est tant soit peu chargée de poils. Ses yeux sont d'un brun-ferrugineux. Son ventre est composé de six anneaux, dont la base est plus noire que le reste. Le dessous de l'insecte est plus clair que le dessus. Ses ailes, assez larges, ont trois nervures longitudinales, outre leur bord extérieur, qui est plus épais. Cette espèce de mouche est large. Son abdomen est court; elle marche très-lentement. On la trouve souvent morte dans le vin & le vinaigre. Elle est attirée par toutes les liqueurs qui s'aigrissent, & elle y dépose ses œufs: quelquefois elle saute.

Elle est d'Europe: c'est une des espèces les plus communes.

78. Mouche quadrimaculée.

Musca quadrimaculata.

Musca pilosa, atra, abdomine maculis quatuor, apicis cinereis. Fabr. *Mant. Inf.* 2. *p.* 347. *n°.* 56. Gmel. *Syst. Nat.* 2. *p.* 2848. *n°.* 215.

Cette mouche est un peu plus grande que la Mouche des celliers; elle a la tête noire, avec un bord blanc brillant; le corselet poilu, noir, brillant, sans taches, avec un écusson saillant; les écailles des balanciers grandes, blanches; l'abdomen alongé, noir, & sur les deux derniers anneaux, deux taches latérales cendrées; les pattes noires; les ailes blanchâtres, sans taches.

Elle a été observée proche de Kehl, sur le Rhin.

79. Mouche météorique.

Musca meteorica.

Musca atra, abdomine cinerascente, alis basi subflavis. Linn. *Faun. suec.* 1849. — *It. Wgoth.* 37. Fabr. *Sp. Inf.* 2. *p.* 445. *n°.* 49. — *Mant. Inf.* 2. *p.* 347. *n°.* 58. Gmelin, *Syst. Nat.* 2. *p.* 2848. *n°.* 88.

Musca (vaccarum), antennis plumatis, pilosa, thorace nigro; abdomine griseo, hirsutissimo; alis basi fuscis. Mouche des vaches. Degeer, *Inf.* 6. *p.* 85. *n°.* 14. *t.* 5. *f.* 1.

Double de grandeur de la Mouche putréfiante (n°. 80). Ses yeux sont bruns; son corselet noir. L'abdomen est comme cendré & très-velu; les ailes à demi jaunes à la base, quelquefois d'une couleur plus brune.

Elle se trouve en Europe, voltigeant sans cesse aux approches de la pluie, & formant comme de petits nuages ou des essaims à la tête des chevaux pendant les chaleurs, aussi bien que dans les troupeaux de vaches, cherchant à entrer dans leurs yeux & leurs oreilles pour s'y nourrir des humeurs qui s'en écoulent.

Elles importunent également les hommes, &

femblent chercher à entrer dans les yeux, au point (dit Degeer) d'altérer fouvent les agrémens de la promenade dans le voifinage des bois.

Ses larves vivent quelquefois dans les inteftins des hommes, d'où le remède de Nuffer les expulfe comme les vers.

80. Mouche putréfiante.

Musca putris.

Mufca atra, alis albis, coftâ nigrâ. Fabr. *Mant. Inf.* 2. *p.* 347. *n°.* 61. Linn. *Syft. Nat. XII.* 2. *p.* 993. *n°.* 89. Gmelin, *Syft. Nat.* 2. *p.* 2849. *n°.* 89. Goed. *Inf.* 1. *t.* 73.

Vermiculus cafei. List. *Goed. f.* 132. Frisch. *Inf. gem. p.* 30. *t.* 7. Mérian, *Inf. eur. t.* 43. *f.* 83. Scop. *Ent. carn.* 904.

Mufca atra, alarum coftâ nigrâ, alis ferrugineis. Fabr. *Sp. Inf.* 2. *p.* 445. *n°.* 81.

Mufca atra, alarum coftâ nigrâ, oculis ferrugineis. Linn. *Faun. fuec. n°.* 1850.

α. Mufca (fimeti), atra, glabra, margine alarum craffiore, nigro. Linn. *Faun. fuec.* 1. *n°.* 1110.

β. Mufca (cafei), atra, glabra, oculis ferrugineis, femorum bafi pallidâ. Linn. *Faun. fuec.* 1. *n°.* 1109.

Cette petite mouche n'eft que de la groffeur d'un Coufin, entièrement glabre & luftrée. Ses yeux font ferrugineux. Les deux variétés diffèrent en ce que, dans celle *des fumiers* (α), les ailes font blanchâtres, & marquées d'une ligne noire fur leur bord le plus épais; la face noire; les pattes totalement âtres, & les feuls balanciers blancs; & dans la variété ou race *du fromage* (β), les ailes font fans taches; la face ou la bouche pâle; les pattes noires, mais pâliffant par le bas.

C'eft une efpèce des plus communes. Sa larve vit dans les matières graffes en putréfaction. La première variété a été obfervée par Linné dans les fumiers, où elle abonde, & où elle femble, dit-il, des grains de grêle : l'autre, qui a été un des infectes les plus communément obfervés, deffinés & décrits, confume les fromages crêmeux, tels que nos fromages de Brie, & eft dévorée par quelques amateurs; forte de délice que je ne leur envie nullement, difoit Scopoli, & auquel les profeffeurs d'hygiène n'encouragent perfonne à fe livrer.

81. Mouche de l'avoine.

Musca avenæ.

Mufca atra, nitida, oculis fufcentibus, alis rubro viridique nitentibus. Biercand, *Nov. Act. Stockh.* 1781. 2. *n°.* 11. Gmelin, *Syft. Nat.* 2. *p.* 2849. *n°.* 216.

Cette mouche eft d'un noir-brillant; fes yeux rouffeâtres; les ailes brillantes de reflets rouges & verts. Elle a été obfervée en Suède vers 1781.

Sa larve, qui eft jaunâtre & fans pieds, fe nourrit dans les avoines, ronge les tiges avant leur développement, de manière que les panicules blanchiffent & fe deffèchent fans fleurir.

Cette mouche reffemble beaucoup à la fuivante; mais il eft peu vraifemblable que le même infecte caufe tout ce dégât d'une manière & à des époques fi différentes.

82. Mouche frit.

Musca frit.

Mufca nigra, halteribus, plantis pofterioribus abdomine virefcenti-pallidis. Linn. *Faun. fuec.* 1851. Gmel. *Syft. Nat.* 2. *p.* 2849. *n°.* 90. — *Act. Stockh.* 1750. *p.* 128. Fabr. *Sp. Inf.* 2. *p.* 445. *n°.* 50. — *Mant. Inf.* 2. *p.* 347. *n°.* 59.

De la grandeur d'une puce feulement, mais de même forme que la Mouche domeftique, très-agile & fautillante en quelque forte. Ses yeux font roux; le ventre roux, & en deffous d'un vert-pâle, & aux pattes de derrière, le pied également pâle.

L'hiftoire de cet infecte, donné en 1750 à l'Académie d'Upfal, le préfente comme l'un des trois fléaux des grains en Suède. Sa larve, qui fe loge dans les balles de l'orge, en ronge les grains, détruifant ainfi un dixième de la production, fait dans ce royaume un tort évalué à cent mille ducats d'or par an. Les grains légers & vils de l'orge, ainfi altérés, portent, en fuédois, le nom de *frit*, qui eft devenu celui de cette mouche.

83. Mouche du feigle.

Musca pumilionis.

Mufca nigra fubtùs, capite thoracifque duabus lineis flavis, halteribus albis, pedibus cinereis, apice nigris. Biercand, *Act. Stockh.* 1778. 3. *n°.* 11, & 4, *n°.* 4. Gmel. *Syft. Nat.* 2. *p.* 2849. *n°.* 217.

Cette mouche eft noire en deffous; fa tête & fon corfelet marqués de deux lignes fauves; les balanciers blancs; les pattes cendrées, & leurs extrémités noires.

Sa larve eft d'une couleur..... & la tête aiguë, noire par le fommet; elle vit dans les pampes verts du feigle, qu'elle épuife au point de réduire leurs tiges à la hauteur de deux ou trois pouces feulement. Suivant les obfervations de Biercand, confignées dans les *Actes de Stockholm*, c'eft ce qu'exprime le nom trivial latin *pumilionis*, la Mouche du *nain*, du *feigle nain*.

84. Mouche de la lèpre.

Musca lepræ.

Mufca atra, nitens, antennis pedibufque albis,

oculis rufo inauratis. FABR. *Mant. Inf.* 2. *p.* 347. *n°.* 60. GMEL. *Syst. Nat.* 2. *p.* 2849. *n°.* 91.

Très-petite espèce, d'un noir-brillant, à antennes & pattes blanches; les yeux d'un roux-doré.

Sa larve a été observée, au rapport de Fabricius, dans la peau des Nègres lépreux en Amérique: elle est plus petite que le pou; elle est blanche sous le ventre & du côté de la queue.

85. MOUCHE bronzée.

MUSCA cupraria.

Musca glauca, ænea, thorace viridi; abdomine oblongo, cupreo; halteribus nudis. LINN. *Faun. suec.* 1853. SCOP. *Ent. carn.* 911. FABR. *Sp. Inf.* 2. *p.* 446. *n°.* 50. — *Mant. Inf.* 2. *p.* 347. *n°.* 62. GMEL. *Syst. Nat.* 2. *p.* 2849. *n°.* 92.

Nemotelus cuprarius. DEGEER, *Inf.* 6. *p.* 200. *n°.* 16. *t.* 12. *f.* 4. RÉAUM. *Inf.* 4. *t.* 22. *f.* 7. 8.

La Mouche dorée, à tache brune sur les ailes. GEOFFR. *Inf.* 2. *p.* 525. *n°.* 61. SCHŒFF. *Ic. t.* 209. *f.* 32.

Cette espèce, d'une forme plus alongée sans être plus longue que la Mouche domestique, ressemble beaucoup à la mouche par cette même forme alongée & aplatie, & par son port d'ailes. Ses yeux sont gros & bruns. Le reste de la tête est d'un vert-brillant. Le corselet est d'une couleur noire dorée. Le ventre, alongé & aplati, est composé de cinq anneaux, & sa couleur est d'un pourpre-cuivreux & brillant. Les pattes sont noires, un peu dorées, avec les articulations blanches. Les ailes, longues, ont un point marginal oblong, duquel part une tache brune qui traverse l'aile en devenant plus claire vers le bord intérieur.

On trouve cette mouche à la campagne, dans toute l'Europe; elle se tient sur les fleurs.

86. MOUCHE dorée.

MUSCA aurata.

Musca nitida, thorace æneo; abdomine obtuso, aureo. FABR. *Mant. Inf.* 2. *p.* 347. *n°.* 63. GMEL. *Syst. Nat.* 2. *p.* 2850. *n°.* 218.

Très-analogue à la Mouche bronzée (n°. 85), mais moins alongée & plus large. Sa tête est noire; son corselet d'un vert-cuivreux, brillant; l'abdomen obtus, plat, doré; ses ailes d'un brun-sombre.

Elle a été observée près de Kehl par le naturaliste Daldorff.

87. MOUCHE polie.

MUSCA polita.

Musca nitida, thorace cæruleo, abdomine æneo, halteribus nudis. FABR. *Syst. ent.* 781. 40. — *Sp. Inf.* 2. *pag.* 446. *n°.* 53. — *Mant. Inf.* 2. *pag.* 348. *n°.* 64. GMEL. *Syst. Nat.* 2. *pag.* 2850. *n°.* 93.

Musca antennis setariis, glabra, ænea, capite viridi, thorace abdomineque cæruleis, halteribus nudis. LINN. *Syst. Nat. XII.* 2. *p.* 994. *n°.* 93. — *Faun. suec.* 1854.

Nemotelus auratus. DEGEER, *Inf.* 6. *pag.* 202. *n°.* 18.

Cette mouche a le port de la Mouche césar (n°. 5), mais n'est pas plus grosse qu'un Cousin; elle est entiérement brillante & comme bronzée; la tête plus verte; le corselet & l'abdomen plus bleus. Ses balanciers sont nus. L'extrémité des pieds est pâle & blanchâtre.

Elle se trouve abondamment dans le nord de l'Europe.

88. MOUCHE veuve.

MUSCA viduata.

Musca nigro-ænea, abdomine æneo, squamis halterum ciliatis. LINN. *Faun. suec.* 1852. FABR. *Syst. ent.* 781. 48. — *Sp. Inf.* 2. *p.* 446. *n°.* 54. — *Mant. Inf.* 2. *p.* 348. *n°.* 65. GMEL. *Syst. Nat.* 2. *p.* 2850. *n°.* 94.

Cette mouche est presque de la même grosseur que la mouche domestique (n°. 18). Ses yeux & ses antennes sont couleur de rouille; son corselet glabre, d'un noir de bronze; l'abdomen glabre, doré, & au dessus d'un âtre-obscur.

Elle se trouve dans le nord de l'Europe, & aime les lieux ombragés.

89. MOUCHE pubère.

MUSCA pubera.

Musca nigra, abdominis segmento ultimo incurvato, pube utrinquè reflexâ. LINN. *Faun. suec.* 1855. FABR. *Sp. Inf.* 2. *p.* 446. *n°.* 55. — *Mant. Inf.* 2. *p.* 348. *n°.* 66. GMEL. *Syst. Nat.* 2. *p.* 2850. *n°.* 95.

Cette espèce est velue & totalement noire & lustrée, excepté les balanciers & leurs écailles. L'abdomen est presqu'en forme de massue, & terminé à l'anus par deux soies en alêne, recourbées des deux côtés.

Elle se trouve dans le nord de l'Europe.

90. MOUCHE totliène.

MUSCA totliana.

Musca (fasciata), testacea, abdomine nigro, alis apice fuscis, fasciâ albâ, pedibus elongatis. FABR. *Sp. Inf.* 2. *p.* 446. *n°.* 56. — *Mant. Inf.* 2. *p.* 348. *n°.* 67. GMELIN, *Syst. Nat.* 2. *p.* 2850. *n°.* 219.

Cette mouche eſt couleur de terre cuite ; le ventre noir, marqué d'une faſce ou raie tranſverſale blanche ; les pointes des ailes rouſſes : elle a les pattes très-alongées ; elle varie, à tête & corſelet noirs.

Son nom trivial *faſciata* (faſciée), qui ne la diſtinguoit pas de quelques autres, a été changé en celui de *totliène*, en mémoire du cabinet totlien, où elle eſt conſervée.

Elle ſe trouve dans l'Amérique méridionale.

91. Mouche pétronelle.

Musca petronella.

Muſca livida, fronte rubrâ, pedibus elongatis, teſtaceis; geniculis nigris. Fabr. *Sp. Inſ.* 2. *pag.* 447. *n°.* 57. — *Mant. Inſ.* 2. *p.* 348. *n°.* 68. Gmel. *Syſt. Nat.* 2. *p.* 2850. *n°.* 96.

Muſca antennis ſetariis, piloſa, glabra, livida, fronte rubrâ, caudâ incurvatâ; pedibus elongatis, teſtaceis. Linn. *Syſt. Nat. XII.* 2. *pag.* 994. *n°.* 96. — *Faun. ſuec.* 1856. *It. Wgoth.* 55.

Cette eſpèce, d'une couleur livide, eſt liſſe ; elle a le front rouge, la queue recourbée, les pattes alongées, de couleur teſtacée, noires aux articulations. On voit cette mouche courir ſur les eaux dormantes.

Elle ſe trouve en Europe, & a été particuliérement obſervée par Linné dans ſon voyage d'Oſtrogothie.

92. Mouche alongée.

Musca elongata.

Muſca teſtacea, pedibus elongatis, tibiis poſterioribus nigris, plantis albis. Fabr. *Mant. Inſ.* 2. *p.* 348. *n°.* 69. Gmelin, *Syſt. Nat.* 2. *p.* 2851. *n°.* 220.

Sa tournure eſt celle de la Mouche pétronelle (n°. 91), mais elle eſt un peu plus grande ; elle eſt de couleur de terre cuite par tout le corps, hors les yeux, qui ſont roux-enfumé ; ils ſont fort grands ; les ailes vitrées ; les pattes teſtacées, hors celles de derrière, dont la jambe eſt noire, le pied blanc & les ongles enfumés.

Elle a été obſervée par le docteur Pflug en Afrique, ſur la Sierra-Leone.

93. Mouche longipède.

Musca longipes.

Muſca atra, alis fuſcis, baſi fuſciâ punctiſque albis; pedibus elongatis, teſtaceis. Fabr. *Mant. Inſ.* 2. *p.* 348. *n°.* 70. Gmel. *Syſt. Nat.* 2. *p.* 2851. *n°.* 221.

Elle tient de la pétronelle (n°. 91) ou plutôt de la Mouche alongée (n°. 92). Sa tête eſt groſſe, arrondie, noire ; les antennes très-fines ; le corſelet noir, ſans taches ; l'abdomen alongé, cylindrique, noir, brillant, recourbé par l'extrémité ; les ailes couchées, de couleur tannée, marquées d'une large raie vers la baſe, & de trois points blancs au deſſous ; les pattes fort longues ; celles de devant noires ; les quatre autres terre cuite, & blanches vers l'extrémité.

Obſervée à Cayenne par V. Rohr.

94. Mouche annulée.

Musca annulata.

Muſca nigra, alis hyalinis, faſciâ fuſcâ; pedibus elongatis, nigris; femoribus poſterioribus, annulis duobus albis. Fabr. *Mant. Inſ.* 2. *p.* 348. *n°.* 71. Gmel. *Syſt. Nat.* 2. *p.* 2851. *n°.* 222.

Cette mouche eſt entiérement de la ſtature de la longipède. Sa tête eſt noire, & l'orbite des yeux, le pourtour des yeux un peu teſtacés ; le corſelet d'un noir-bleuâtre, ſans taches ; les ailes blanches, marquées, vers le milieu, d'une large bande, & à l'extrémité d'une bordure d'une couleur tannée ; les pattes alongées, noires ; celles de devant blanches vers l'extrémité ; celles de derrière marquées à la cuiſſe, de deux anneaux blancs.

Obſervée à Cayenne par V. Rohr.

95. Mouche crêtée.

Musca criſtata.

Muſca atra, tibiis pallidis, vertice prominulo. Fabr. *Sp. Inſ.* 2. *p.* 447. *n°.* 58. — *Mant. Inſ.* 2. *p.* 349. *n°.* 72. Gmel. *Syſt. Nat.* 2. *p.* 2851. 213.

Analogue à la Mouche pétronelle (n°. 91) par le port & la grandeur. Ses antennes, courtes & tronquées, ſont terminées par des ſoies ; elle a ſur le ſommet de la tête un large point noir, faillant. Son corſelet eſt âtre, ſans taches. Ses ailes vitrées ſont marquées d'une tache noire marginale ; ſes pattes noires ; la jambe pâle.

Elle ſe trouve en Angleterre au mois de mai.

96. Mouche angulée.

Musca angulata.

Muſca æneo-viridis, caudâ uncinatâ; pedibus elongatis, lividis. Linn. *Faun. ſuec.* *n°.* 1053. 2. 1856. Fabr. *Sp. Inſ.* 2. *p.* 447. *n°.* 62. — *Mant. Inſ.* 2. *p.* 349. *n°.* 76.

Nemotelus æneus. Degeer, *Inſ.* 6. *pag.* 194. *n°.* 15. *t.* 11. *f.* 19. 20.

La Mouche dorée, à trois nervures ſur les ailes. Geoffr. *Inſ. pariſ.* 2. *p.* 523. *n°.* 56. Gmel. *Syſt. Nat.* 2. *p.* 2851. 97.

Cette petite eſpèce a les yeux rougeâtres, & tout

le corps d'un vert-doré; elle est petite, & la forme de son corps est fort alongée.

Le haut de son corselet est très-convexe, n'a qu'un seul sillon transverse vers le bas, qui distingue la pointe du reste du corselet.

Ses pattes sont d'un fauve-obscur; celles de derrière ont l'air palmées, & ses ailes n'ont que trois nervures longitudinales, placées vers le bord extérieur, le reste de l'aile n'ayant aucune nervure. On trouve cette petite mouche dans les bois & près des eaux.

Elle se trouve en Europe.

97. Mouche ennoblie.

Musca nobilitata.

Musca æneo-viridis, caudâ uncinatâ, alis maculâ nigrâ, apice albâ. Fabr. *Sp. Inf.* 2. *p.* 447. *n°.* 63. — *Mant. Inf.* 2. *p.* 349. *n°.* 77.

La Mouche verte, cuivreuse, à ailes mi-parties de brun & de blanc. Geoffr. *Inf. parif.* 2. *p.* 523. *n°.* 55. Schœff. *Icon. t.* 206. *f.* 5. Gmelin, *Syst. Nat.* 2. *p.* 2851. *n°.* 98.

Cette espèce est fort analogue à l'angulée (n°. 96); elle ressemble tout-à-fait à la Mouche verte-cuivreuse, à pattes blanches, dont, je crois, elle ne diffère que par le sexe, celle-ci étant mâle, & l'autre femelle (n°. 54). Ses yeux sont bruns; tout son corps d'un beau vert-doré, clair & comme satiné. Le ventre a cinq anneaux, dont le dernier est très-long. Les pattes, longues & grêles, sont d'une couleur pâle-blanchâtre. Les ailes ont quelques nervures longitudinales & transverses peu marquées. Tout l'insecte est alongé, & parsemé de quelques poils noirs assez forts. On la trouve dans les jardins; elle n'est pas des plus communes.

Le dernier anneau de l'abdomen est de même alongé; mais au bout on voit les crochets & les parties masculines. Sur le milieu de l'aile il y a une grande tache ou bande noirâtre qui occupe la moitié de la longueur, laissant le haut transparent, ainsi que le bas de l'aile, qui paroît blanc & comme laiteux, & où le blanc forme une espèce de tache ronde.

Cette mouche se trouve dans les endroits humides; elle a les pattes & le corps alongés, & elle court très-bien sur la surface des eaux dormantes & tranquilles, comme la Mouche pétronelle.

Elle se trouve en Europe.

98. Mouche équestre.

Musca equestris.

Musca æneo-viridis, abdomine nigro, fasciato; caudâ uncinatâ, alis maculatis. Fabr. *Sp. Inf.* 2. *p.* 448. *n°.* 64. — *Mant. Inf.* 2. *p.* 349. *n°.* 78. Gmel. *Syst. Nat.* 2. *p.* 2851. *n°.* 224.

Le port de cette mouche est celui de la Mouche ennoblie (n°. 97), qui a avec elle une grande affinité. Sa tête & son corselet sont d'un vert-cuivreux, brillant, sans taches; son ventre cylindrique, cuivreux, à cinq bandes âtres; la queue recourbée & crochue; les ailes blanches, marquées, vers la pointe, d'une grande tache brune; les pattes noires.

Observée au Brésil par Banks.

99. Mouche notée.

Musca notata.

Musca pilosa, thorace fusco, lineato; abdomine æneo, alis fusco-nebulosis, puncto atro. Fabr. *Sp. Inf.* 2. *p.* 448. *n°.* 65. — *Mant. Inf.* 2. *p.* 349. *n°.* 79. Gmel. *Syst. Nat.* 2. *p.* 2851. *n°.* 225.

Cette espèce a le port & les dimensions de l'ennoblie & de l'équestre (n°s. 97 & 98). Sa tête est noire; le corselet tanné, marqué de quatre lignes verdâtres; l'abdomen court, obtus, ovale, couleur de cuivre; les pattes alongées, noires; les ailes d'un tanné-sale, comme rayées de la base vers la côte, un peu plus terre cuite, & marquées, vers le sommet, par un point noir.

Elle se trouve en Angleterre.

100. Mouche arrogante.

Musca arrogans.

Musca nigra, alis fuscis, fasciis tribus albis. Linn. *Faun. suec.* 1857. Fabr. *Sp. Inf.* 2. *p.* 448. *n°.* 66. — *Mant. Inf.* 2. *p.* 349. *n°.* 80. Gmel. *Syst. Nat.* 2. *p.* 2852. *n°.* 99.

Cette mouche, assez petite, a le corps alongé. Son corselet, en globe alongé, est très-lisse. Ses ailes sont rousses, avec des bandes blanches à la base & au milieu du sommet; les cuisses pâles; les pieds blancs. Elle court avec un air d'arrogance, la tête élevée & presqu'en sautant.

Sa bouche n'a pas exactement le caractère des mouches; elle est obtuse, & ne peut non plus être aisément prise pour une espèce d'Asile.

Elle se trouve en Europe.

101. Mouche longicorne.

Musca longicornis.

Musca pilosa, æneo-nitens, abdomine obscuriore, antennis elongatis. Fabr. *Sp. Inf.* 2. *p.* 448. *n°.* 67. — *Mant. Inf.* 2. *p.* 349. *n°.* 81. Gmelin, *Syst. Nat.* 2. *p.* 2852. *n°.* 226.

Cette mouche est petite; elle a le port de la Mouche angulée. Ses antennes noires sont chargées de longs poils, dont un soyeux, presque de la longueur du corps. Tout le corps est d'un vert-cuivreux, brillant. Les pattes seules sont noires; les ailes vitrées; la queue crochue. La couleur des pattes varie de nuance, est tantôt plus, tantôt moins foncée.

Elle se trouve en Amérique.

102. MOUCHE rostrée.

MUSCA rostrata.

Musca ænea, abdomine nigro, fasciato; ore corneo, prominulo atro. FABR. *Sp. Inf.* 2. *p.* 448. *n°.* 68. — *Mant. Inf.* 2. *p.* 349. *n°.* 82. GMELIN, *Syst. Nat.* 2. *p.* 2852. *n°.* 227.

Le port de cette espèce est celui de la Mouche angulée (n°. 96), avec laquelle elle a une très-grande affinité; sa tête triangulaire, d'un vert-cuivreux; la bouche saillante, cornée, âtre; le corselet marqué de quelques lignes; l'abdomen, dans les femelles, terminé par un onglet; les pattes fort alongées, testacées.

Observée à Copenhague.

103. MOUCHE quadrifasciée.

MUSCA quadrifasciata.

Musca pallida, abdomine fasciis quatuor atris; alis albis. FABR. *Sp. Inf.* 2. *pag.* 448. *n°.* 69. — *Mant. Inf.* 2. *p.* 349. *n°.* 83. GMEL. *Syst. Nat.* 2. *p.* 2852. *n°.* 228.

De la même stature que la Mouche rostrée (n°. 102), mais un peu plus petite, plus pâle en tout; les quatre bandes du ventre brun-noir; les ailes blanches, sans taches; les pattes alongées, peu colorées.

Observée en Allemagne par Hattorf.

104. MOUCHE diaphane.

MUSCA diaphana.

Musca thorace æneo, abdomine cinereo, primo secundoque segmento lateribus diaphanis. FABR. *Sp. Inf.* 2. *p.* 448. *n°.* 70. — *Mant. Inf.* 2. *p.* 449. *n°.* 84. GMEL. *Syst. Nat.* 2. *p.* 2852. *n°.* 229.

Son port est celui de la Mouche ongulée. Sa tête est noire; le corselet cuivré-brillant; l'abdomen conique, cendré; les flancs, vers la base, d'un briqueté-transparent; les côtés, à la base, d'une couleur de terre cuite, transparens, diaphanes; les ailes vitrées, transparentes; les pattes noires; la jambe terre cuite, couleur de brique.

Elle se trouve dans les forêts voisines de Leipsick.

105. MOUCHE corrigiolée.

MUSCA corrigiolata.

Musca nigra, pedibus elongatis, luteis; femoribus annulo nigro. FABR. *Sp. Inf.* 2. *pag.* 447. *n°.* 59. — *Mant. Inf.* 2. *p.* 349. *n°.* 73. GMELIN, *Syst. Nat.* 2. *p.* 2852. *n°.* 100.

Cette mouche a la stature de la pétronelle, mais elle est plus petite de moitié, & fort élancée; elle est noire; ses pattes jaunes & alongées, avec un anneau noir sur la cuisse.

Elle se trouve en Europe, particuliérement dans les contrées méridionales; elle abonde cependant à Copenhague, dans des fossés marécageux.

106. MOUCHE coursière.

MUSCA cursitans.

Musca atra, pedibus elongatis, pallidis; alis incumbentibus, albis. FABR. *Sp. Inf.* 2. *p.* 447. *n°.* 60. — *Mant. Inf.* 2. *p.* 349. *n°.* 74. GMELIN, *Syst. Nat.* 2. *p.* 2852. *n°.* 230.

Cette mouche n'est que du double de grandeur de la Puce; elle a le port de la Mouche ongulée. Ses antennes cylindriques sont pâles. La longue soie qui les termine, est noire; le corps âtre, & l'abdomen terminé par une pointe très-aiguë; les ailes couchées, à peine sensibles; les pattes fort longues, de couleur pâle.

Observée en Angleterre, où elle se trouve sur les arbres & les murs, courant avec une grande vitesse, & ne volant presque jamais. Vue en mai, elle a de la ressemblance avec les Punaises.

107. MOUCHE cimicoïde.

MUSCA cimicoides.

Musca atra, alis incumbentibus, albis; fasciis duabus nigris. FABR. *Sp. Inf.* 2. *p.* 447. *n°.* 61. — *Mant. Inf.* 2. *p.* 349. *n°.* 75. GMEL. *Syst. Nat.* 2, *p.* 2852. *n°.* 231. *It. Norwag. d.* 11. *Jul.*

Cette mouche est âtre; elle ressemble à la Punaise. Ses ailes sont rabattues, blanches, à deux bandes noires.

Observée en Norwège, dans les troncs des arbres abattus au mois de juillet.

108. MOUCHE équinoxiale.

MUSCA æquinoctialis.

Musca glabra, nigra, capite testaceo, oculis brunneis, pedibus elongatis. GMEL. *Syst. Nat.* 2. *p.* 2853. *n°.* 101.

Elle est noire & lisse. Sa tête est couleur de terre cuite; les yeux bruns. Ses pattes sont très-alongées.

Elle se trouve dans les contrées équinoxiales de l'Amérique.

109. MOUCHE cuisinière.

MUSCA cibaria.

Musca lævis, stemmatibus elevatis; abdomine cinereo, adunco; pedibus elongatis. LINN. *Faun. suec.* 1859. GMEL. *Syst. Nat.* 2. *p.* 2853. *n°.* 102.

Elle a totalement la tournure de la Mouche pétronelle, mais n'est pas plus forte qu'un Cousin. Sa tête, flave par-devant, cendrée par-derrière, est en dessus d'un pourpre-obscur, marquée de trois points saillans; le corselet cendré, garni de quelques soies; l'abdomen brun en dessus; le sixième anneau jaunissant; le septième & dernier plus alongé, crochu, en forme de cymbale, tous creusés en dessous; les pattes longues & pâles; les balanciers blancs; les ailes vitrées, nerveuses & sans taches.

Elle est d'Europe. Sa larve se trouve dans les restes des mets gardés.

110. MOUCHE cuculaire.

MUSCA cucularia.

Musca thorace griseo, abdomine ferrugineo, alis punctis tribus. FABR. *Sp. Inf.* 2. *p.* 449. *n°.* 71. — *Mant. Inf.* 2. *p.* 350. *n°.* 86. GMEL. *Syst. Nat.* 2. *p.* 2852. *n°.* 103.

Musca antennis setariis, pilosa, thorace plumbeo, oculis abdomineque ferrugineis, pedibus pallidis. LINN. *Syst. Nat. XII.* 2. *p.* 995. *n°.* 103.

Elle a le port de la scybalaire (n°. 112), mais est de moitié plus petite, & oblongue. Ses antennes sont gris de fer foncé; leur soie simple, d'un blanc de neige; le ventre lisse; les ailes de couleur vitrée, une fois plus longues que le ventre.

Le nom de *cuculaire* lui a été donné en Suède parce qu'elle y paroît à l'arrivée du Coucou, qu'elle attire probablement.

Elle se trouve dans toute l'Europe, & il est intéressant de vérifier, en divers endroits, le rapport d'époques annoncé par Linné entre l'insecte & l'oiseau.

111. MOUCHE larrone.

MUSCA latro.

Musca pilosa, grisea, abdomine cinereo, segmentorum marginibus nigricantibus. FABR. *Mant. Inf.* 2. *p.* 349. *n°.* 85. GMEL. *Syst. Nat.* 2. *p.* 2853. *n°.* 232.

Sa grandeur est celle de la scybalaire (n°. 112); sa tête de couleur pâle, peu foncée; les antennes couleur de terre cuite, à soie nue; le corselet très-poilu, garni de beaucoup de poils d'un gris-obscur, marqué sans ordre de quelques points tannés; l'abdomen poilu, cendré, assez brillant; le bord des anneaux brun-noir; les ailes obscures.

Le nom de *larrone* lui a été donné par Fabricius, sans qu'il ait averti en quoi cette qualité lui convient mieux qu'à bien d'autres espèces du genre d'insectes importuns & larrons.

Elle se trouve en Europe, & n'est pas très-rare.

112. MOUCHE scybalaire.

MUSCA scybalaria.

Musca rufa, ferruginea, albis puncto obscuriore. LINN. *Faun. suec.* 1860. SCOP. *Ent. carn.* 896. FABR. *Sp. Inf.* 2. *pag.* 449. *n°.* 72. — *Mant. Inf.* 2. *p.* 350. *n°.* 87. GMEL. *Syst. Nat.* 2. *p.* 2853. *n°.* 104.

D'un roux-ferrugineux. Le point de ses ailes est plus obscur que dans la stercoraire; elle est double de grandeur, & du reste toute semblable. Ses yeux sont noirs. Sa bouche est accompagnée de quelques poils noirs.

Le nom *scybalaire*, qui indique qu'elle se tient sur les ordures, n'est qu'un double ou une sorte de synonyme de celui de *stercoraire*, qui lui a été donné par Scopoli.

Elle se trouve en Europe.

113. MOUCHE stercoraire.

MUSCA stercoraria.

Musca grisea, hirta, alis puncto obscuro. LINN. *Faun. suec.* 1861. FABR. *Sp. Inf.* 2. *p.* 449. *n°.* 73. — *Mant. Inf.* 2. *p.* 350. *n°.* 88. GMEL. *Syst. Nat.* 2. *p.* 2853. *n°.* 105. RÉAUM. *Inf.* 4. *t.* 27. *f.* 1. 3.

La Mouche merdivore. GEOFFR. *Inf. parif.* 2. *p.* 530. *n°.* 69. DEGEER, *Inf.* 6. *p.* 88. *n°.* 17.

Cette espèce varie, tant pour la grandeur que pour les couleurs. Les mâles diffèrent aussi beaucoup de leurs femelles. Les uns & les autres ont les yeux roux, le devant de la tête jaunâtre, la base & le bord extérieur des ailes un peu jaunes, avec un point brun au milieu de l'aile, outre une petite raie transverse de même couleur, un peu plus bas; ce qui fait le caractère spécifique de cette mouche. Quant au reste, les mâles sont gris, & couverts d'un duvet jaune un peu aurore. Les femelles n'ont point de duvet, mais sont seulement parsemées de quelques poils gris ou noirs, en petite quantité. Leur couleur est, ou un peu fauve, avec quelques bandes noires sur l'abdomen, ou toute grise, ou grise, avec quatre taches noires assez considérables, placées en carré sur le corselet, sans compter quelques autres petites dans l'intervalle, & deux ou trois taches brunes sur chaque anneau du ventre.

Cette mouche est très-commune. Sa larve habite dans les ordures, les fientes, les crotins de cheval & les bouzes de vache.

Elle se trouve en Europe.

114. MOUCHE limbaire.

MUSCA limbata.

Musca (marginata), obscurè plumbea, alis reticulatis, costâ atrâ. FABR. *Sp. Inf.* 2. *pag.* 449. *n°.* 74. — *Mant. Inf.* 2. *p.* 350. *n°.* 89. GMELIN, *Syst. Nat.* 2. *p.* 2853. *n°.* 233.

De même port & de même grandeur que la Mouche de fumier (n°. 115). Sa bouche est véſiculeuſe & blanche; les antennes brunes, terminées par une ſoie alongée & blanche; le corſelet & l'abdomen plombés; les pattes noires; les ailes marquées de points blancs en réſeau; le bord plus épais & noir.

Elle ſe trouve en Saxe.

115. MOUCHE de fumier.

MUSCA fimetaria.

Muſca livens, glabra, alis puncto obſcuriore. LINN. *Faun. ſuec.* 1862. FABR. *Sp. Inſ.* 2. p. 449. *n°.* 75.—*Mant. Inſ.* 2. *p.* 350. *n°.* 90. GMELIN, *Syſt. Nat.* 2. *p.* 2853. *n°.* 106.

Muſca rufa. SCOP. *Ent. carn.* 897.

De moyenne taille & alongée; elle eſt glabre & luiſante, quelques poils ſur le corſelet, & ſur le ventre un duvet à peine ſenſible. Sa couleur eſt ferrugineuſe ou rouillée. Ses yeux ſeuls ſont bruns. Ses ailes ſont marquées, à une ſeule anaſtomoſe, d'un point difficile à appercevoir.

Elle eſt d'Europe, & ſe trouve dans les fumiers.

116. MOUCHE ruſifront.

MUSCA ruſifrons.

Muſca cinerea, capite ferrugineo; punctis duobus nigris, alarum coſtâ nigrâ. FABR. *Sp. Inſ.* 2. *p.* 449. *n°.* 76.—*Mant. Inſ.* 2. *p.* 350. *n°.* 91. GMEL. *Syſt. Nat.* 2. *p.* 2854. *n°.* 234.

Entiérement de même ſtature que la Mouche limbaire (n°. 114). Elle a la tête rouſſe, le devant blanc & véſiculeux; ſur le ſommet deux points noirs; les antennes rouſſes, entiérement bordées de noir, & la ſoie déployée blanche; le corſelet & l'abdomen d'un cendré-obſcur, légérement rayés; les ailes blanchâtres, marquées de points noirs; le réſeau à peine ſenſible; l'arête noire; les pattes gris-de-fer.

Obſervée en Italie par Allioni.

117. MOUCHE réticulée.

MUSCA reticulata.

Muſca cinerea, alis abſolutè reticulatis, coſtâ albo nigroque punctatâ. FABR. *Sp. Inſ.* 2. *p.* 450. *n°.* 77. —*Mant. Inſ.* 2. *p.* 350. *n°.* 92. GMEL. *Syſt. Nat.* 2. *p.* 2854. *n°.* 235.

De la grandeur de la Mouche de fumier (n°. 115). La tête & les antennes ſont rouſſes, à face blanche; le corſelet, l'abdomen & les pattes cendrés, ſans taches; les ailes marquées de points noirs & comme réticulées; l'arête variée de points noirs & blancs.

Elle ſe trouve en Italie.

118. MOUCHE pennipède.

MUSCA pennipes.

Muſca abdomine rufo, alis nigris, maculâ ferrugineâ margineque poſteriore albo. FABR. *Sp. Inſ.* 2. *p.* 450. *n°.* 78. —*Mant. Inſ.* 2. *p.* 350. *n°.* 93. GMEL. *Syſt. Nat.* 2. *p.* 2854. *n°.* 236.

De même grandeur que la Mouche domeſtique (n°. 18). Elle a la tête noire, bordée de blanc; le corſelet noir, marqué par-devant d'une ſtrie jaune, pâle, & de lignes de même couleur; l'abdomen ovale, roux, ſans taches; les ailes noires, ayant à la baſe une grande tache oblongue, couleur de fer, bordée de blanc par-derrière; les pattes noires, & à celles de derrière la jambe pincée.

Elle ſe trouve en Amérique.

119. MOUCHE pleureuſe.

MUSCA lugens.

Muſca thorace flavo, lineato; abdomine cyaneo, alis nigris; faſciis duabus albis, extrorsùm bifidis. FABR. — *Mant. Inſ.* 2. *p.* 350. *n°.* 94. GMEL. *Syſt. Nat.* 2. *p.* 2854. *n°.* 237.

De même forme que la pariétine (n°. 121), mais trois fois plus grande. Sa tête eſt couleur ferrugineuſe, marquée de deux lignes verticales noires; le corſelet noir, & ſur le dos deux lignes jaunes; l'abdomen arrondi, bleu de ciel, ayant à la baſe une tache jaune; les ailes grandes & noires, avec une grande tache blanche à la baſe: derrière celle-ci deux bandes refendues vers le bord extérieur, & en outre au bord intérieur deux points, dont l'un entre les bandes, l'autre vers le ſommet; le deſſous du corps jaune, ainſi que les pattes.

Obſervée en Afrique, ſur la Sierra-Leone, par le docteur Pflug, qui a trouvé dans ſes couleurs & dans leur diſpoſition l'air de triſteſſe dont il a tiré le nom de *lugens*.

120. MOUCHE maſſette.

MUSCA clavata.

Muſca teſtacea, abdomine fuſco; ſegmentis baſi pallidis, ſtylo ani clavato. FABR. *Mant. Inſ.* 2. *p.* 351. *n°.* 95. GMEL. *Syſt. Nat.* 2. *p.* 2854. *n°.* 238.

Très-petite eſpèce. Sa tête eſt couleur de terre cuite, plus claire ſur la face; le corſelet teſtacé & poilu; l'abdomen brun; les anneaux pâliſſant vers la baſe; l'anus terminé par une pointe de couleur teſtacée, prolongé en maſſue, avec une tête à l'extrémité; les pattes teſtacées; les ailes grandes, blanchâtres, ſans taches.

Elle ſe trouve à Khel.

121. MOUCHE pariétine.

MUSCA parietina.

Muſca cinerea, alis fuſcis, albo punctatis maculatiſque;

culatisque ; fronte testaceâ. Linn. *Faun. suec.* 1863. Fabr. *Sp. Inf.* 2. *p.* 450. *n°.* 79. — *Mant. Inf.* 2. *p.* 351. *n°.* 96. Gmel. *Syst. Nat.* 2. *pag.* 2854. *n°.* 107.

Petite : elle a le port de la Mouche ombreuse (n°. 123). Son corps est cendré; son front couleur de brique ; les ailes pliées à la manière des phalènes, brunes, couvertes d'un grand nombre de points blancs fort serrés; les pattes testacées.

Elle se trouve en Europe, sur les fleurs.

122. Mouche discoïde.

Musca discoidea.

Musca nigra, alis punctis lineolisque marginalibus albis, capite pedibusque testaceis. Fabr. *Mant. Inf.* 2. *p.* 351. *n°.* 97. Gmel. *Syst. Nat.* 2. *p.* 2854. *n°.* 239.

Cette espèce est une des grandes de la famille. Sa tête est de couleur testacée ; les yeux noirs ; le corselet & l'abdomen noirs, sans tache ; les ailes brun-foncé, marquées, à la base, de points blancs & de petits traits courts sur les bords ; les pattes couleur testacée.

Elle se trouve sur les fleurs, & a été observée à Copenhague par Schosted.

123. Mouche ombreuse.

Musca umbrarum.

Musca cinerea, abdomine nigro, fasciato; alis fuscis, albo maculatis. Fabr. *Sp. Inf.* 2. *p.* 450. *n°.* 80. — *Mant. Inf.* 2. *p.* 351. *n°.* 98. Gmel. *Syst. Nat.* 2. *p.* 2854. *n°.* 108.

Musca antennis setariis; alis fuscis, albo maculatis ; fronte niveâ. Linn. *Syst. Nat. XII.* 2. *pag.* 996. *n°.* 108. *Faun. suec.* 1864.

Petite : elle a le corps cendré, le front blanc ; les ailes brunes, couvertes d'un très-grand nombre de points blancs serrés ; les pattes sont cendrées, pointillées de noir.

Elle se trouve en Europe, dans les lieux ombragés.

124. Mouche grossificatienne.

Musca grossificationis.

Musca atra, alis nigris, apice albis. Linn. *Faun. suec.* 1865. Fabr. *Sp. Inf.* 2. *p.* 451. *n°.* 83. — *Mant. Inf.* 2. *p.* 351. *n°.* 99. Gmel. *Syst. Nat.* 2. *p.* 2855. *n°.* 109.

La Mouche à ailes noires & tache blanche à l'extrémité. Geoff. *Inf. paris.* 2. *p.* 493. *n°.* 1.

Cette petite mouche est lisse & toute noire. Ses ailes sont pareillement noires, mais l'extrémité de l'aile se termine par une tache ronde de couleur blanche.

Elle est d'Europe, & se tient sur les fleurs & dans les bosquets ; mais elle est très-rare.

125. Mouche terrestre.

Musca terrestris.

Musca fusca, thorace extra lineas puncto atro, abdomine subtùs striato. Gmel. *Syst. Nat.* 2. *pag.* 2855. *n°.* 110.

Cette mouche est de la figure & de la grandeur de la domestique (n°. 18), mais elle est d'un roux tanné ; son corselet marqué d'un point brun hors des lignes ; l'abdomen strié en dessous. Elle se tient sur la terre & s'y nourrit.

Elle a été observée depuis peu en Suède par les élèves de Linné.

126. Mouche des bocages.

Musca saltuum.

Musca alis albis, costâ punctoque terminali fuscis, corpore flavo, occipite nigricante. Linn. *Faun. suec.* 1866. Gmel. *Syst. Nat.* 2. *p.* 2855. *n°.* 111.

Cette mouche est petite. Tout son corps est testacé ou couleur de brique ; ses yeux bruns, avec un point noir au sommet. Ses ailes sont vitrées : leur bord le plus épais est noir, se terminant à leur extrémité en une tache noire.

Elle se trouve en Europe, dans les bois.

127. Mouche vibrante.

Musca vibrans.

Musca alis hyalinis, apice nigris ; capite rubro. Linn. *Faun. suec.* 1867. Fabr. *Sp. Inf.* 2. *p.* 4450. *n°.* 81. — *Mant. Inf.* 2. *p.* 351. *n°.* 99. Gmel. *Syst. Nat.* 2. *pag.* 2855. *n°.* 112. Scop. *Ent. carn.* *n°.* 939.

La Mouche à ailes vibrantes ponctuées. Geoff. *Inf. par.* 2. *p.* 494. *n°.* 4. Degeer, *Inf.* 6. *p.* 32. *n°.* 11. *t.* 1. *f.* 19.

Cette mouche est de forme presque cylindrique. Sa couleur est noire. L'abdomen cependant est souvent un peu doré. Sa tête est rouge, & les pattes sont jaunes dans les femelles, noires dans les mâles. L'abdomen ne se termine pas en pointe, mais il est assez obtus par le bout. Les ailes sont blanches, avec un point ou petite tache ronde & noire vers le bout. La grandeur de cette mouche varie jusqu'au triple & au quadruple. On la voit souvent sur les arbres, & elle est très-aisée à reconnoître par le mouvement de ses ailes, qu'elle élève & baisse continuellement.

Elle se trouve en Europe, particuliérement dans les jardins, sur les feuilles des arbres & des plantes.

128. MOUCHE cynips.

MUSA cynipsea.

Musca alis apice puncto laterali nigro, abdomine cylindrico. FABR. *Sp. Inf.* 2. *p.* 451. *n°.* 82. — *Mant. Inf.* 2. *p.* 351. *n°.* 100. GMEL. *Syst. Nat.* 2. *p.* 2855. *n°.* 113.

Musca antennis setariis, alis apice puncto nigro, abdominis primo articulo obovato. LINN. *Syst. Nat. XII.* 2. *p.* 997. *n°.* 113. — *Faun. suec.* 1868. SCOP. *Ent. carn.* 947. DEGEER, *Inf.* 6. *pag.* 33. *n°.* 12.

A peine de la grosseur d'un Pou. Elle est toute noire. Les ailes sont marquées d'un point noir vers la pointe de leur plus grande marge. L'abdomen est oblong ; le premier anneau en poire. Ses pattes antérieures ont les cuisses dentelées en dessous ; les pieds sont longs.

Elle se trouve en Europe, dans les jardins assez communément, & répand une odeur agréable.

129. MOUCHE combinée.

MUSCA combinata.

Musca flavescens, abdomine atro, alis punctis duobus nigris. FABR. *Sp. Inf.* 2. *p.* 451. *n°.* 84. — *Mant. Inf.* 2. *p.* 351. *n°.* 102. GMEL. *Syst. Nat.* 2. *p.* 2855. *n°.* 114.

Cette mouche n'est que du double de la grosseur d'un Pou. Elle est jaunâtre ; l'abdomen brun-noir. Ses ailes sont combinées, c'est-à-dire, marquées de deux points noirs, alongés en manière de bandes.

Elle se trouve en Europe.

130. MOUCHE érythrocéphale.

MUSCA erythrocephala.

Musca fusco-cinerea, capite rufo, puncto verticali atro. FABR. *Mant. Inf.* 2. *p.* 351. *n°.* 103. GMEL. *Syst. Nat.* 2. *p.* 2855. *n°.* 240.

Petite espèce bien désignée par sa tête d'un roux ardent, marquée sur le sommet d'un large point brun-noir. Son corselet est d'un cendré-obscur, sans tache ; l'abdomen d'un gris-tanné, brillant ; les ailes blanches, marquées d'un point noir & d'une petite ligne transversale ; les pattes noires.

Elle a été observée en Suède, sur les fleurs.

131. MOUCHE stylée.

MUSCA stylata.

Musca cinerea, abdomine atro, alis albis, punctis duobus arcuque apicis fuscis. FABR. *Sp. Inf.* 2. *p.* 451. *n°.* 85. — *Mant. Inf.* 2. *p.* 351. *n°.* 104. GMEL. *Syst. Nat.* 2. *p.* 2855. *n°.* 241.

Cette mouche a les antennes ferrugineuses ; le front jaune ; le sommet de la tête cendré ; le corselet poilu, cendré, marqué d'une ligne latérale, flave, ainsi que le bouclier & les balanciers ; l'abdomen alongé, âtre, sans tache, terminé par une pointe d'une égale longueur au moins ; les ailes blanches, marquées de deux points rapprochés, dont l'extérieur est le plus grand & au milieu du bord le plus épais ; les pattes ferrugineuses.

Elle a été observée en Angleterre, dans une futaie, en juin.

132. MOUCHE arquée.

MUSCA arcuata.

Musca testacea, alis maculis duabus arcuque apicis albis. FABR. *Sp. Inf.* 2. *p.* 351. *n°.* 86. — *Mant. Inf.* 2. *p.* 352. *n°.* 105. GMEL. *Syst. Nat.* 2. *p.* 2856. *n°.* 242.

Fort analogue à la Mouche stylée (n°. 131.). Sa tête est couleur de terre cuite & le front rouillé ; le corselet poilu, testacé, pâle ; l'abdomen plus foncé, & à la queue un stylet court, épais, obtus ; les ailes grandes, marquées de taches sombres, & dans le milieu de deux grandes taches noires ; la poitrine noire, avec un petit point blanc.

133. MOUCHE flave.

MUSCA flava.

Musca flava, antennis apice puncto nigro. FABR. *Sp. Inf.* 2. *p.* 452. *n°.* 92. — *Mant. Inf.* 2. *p.* 352. *n°.* 111. GMEL. *Syst. Nat.* 2. *pag.* 2856. *n°.* 115.

Musca antennis setariis, flava, nuda, oculis viridissimis. LINN. *Syst. Nat. XII.* 2. *p.* 997. *n°.* 115. — *Faun. suec.* 1869.

La Mouche jaune aux yeux noirs. GEOFF. *Inf. par.* 2. *p.* 496. *n°.* 8. DEGEER, *Inf.* 6. *p.* 34. *n°.* 13.

Cette mouche excède peu la grandeur du Pou, n'ayant qu'une ligne de long & un tiers de ligne de large. Elle est toute jaune, à l'exception des yeux seuls qui sont noirs, avec des reflets verts-dorés, qui les ont fait désigner de ses diverses manières. Son corps est large & court. Ses ailes sont blanches & ont quelques nervures jaunâtres peu apparentes. Ses antennes sont terminées par une pointe noire.

On la trouve sur les fleurs, & même quelquefois dans les maisons, dans toute l'Europe.

Allioni en a envoyé à Fabricius des individus d'Italie, doubles de grandeur, mais d'ailleurs à peine différens.

134. MOUCHE quadriponctuée.

MUSCA quadripunctata.

Musca flava, abdomine punctis quatuor nigris. FABR. *Sp. Inf.* 2. *p.* 453. *n°.* 93. — *Mant. Inf.* 2.

pag. 352. *n*°. 112. Gmel. *Syst. Nat.* 2. *pag.* 2856. *n*°. 116.

Cette espèce, de même grandeur que la Mouche flave (n°. 133), n'en diffère que par quatre points noirs dont l'abdomen est marqué.

Elle se trouve dans le nord de l'Europe.

135. Mouche échauffée.

Musca fluans.

Musca alis unguiculatis, albis; puncto centrali nigricante. Linn. *Faun. suec.* 1870. Fabr. *Sp. Inf.* 2. *p.* 453. *n*°. 94. — *Mant. Inf.* 2. *p.* 352. *n*°. 113. Gmel. *Syst. Nat.* 2. *p.* 2856. *n*°. 117.

A peine de la grosseur de la Puce. Sa tête & son corselet sont bleus; l'abdomen noir; les pattes ferrugineuses ou testacées; les ailes blanches, avec un point d'un noir sale dans le disque de chaque aile, presqu'au milieu ou près du bord intérieur; le bord extérieur garni d'une petite dent en onglet; les balanciers blancs. Elle tient ses ailes en repos. Ses yeux sont d'un roux-pâle; les antennes testacées, à soie noire.

Elle est d'Europe, mais assez rare, & se trouve seule à seule sur les plantes.

136. Mouche rayée.

Musca lineata.

Musca subtùs flava, suprà nigra, thoracis lineis scutelloque flavis. Fabr. *Sp. Inf.* 2. *p.* 453. *n*°. 95. — *Mant. Inf.* 2. *p.* 352. *n*°. 114. Gmel. *Syst. Nat.* 2. *p.* 2856. *n*°. 243.

Cette mouche est petite. Sa tête est flave & le sommet noir; le corselet flave, mais noir sur le dos, avec un petit écusson & quatre raies jaunes; l'abdomen noir en dessus, & flave ou jaune-pâle en dessous; les ailes sans taches.

Elle a été trouvée en Allemagne, sur des fleurs, par Hattorf.

137. Mouche de sariète.

Musca serratula.

Musca alis albis, thorace virescente, abdomine cinereo, lineis quatuor punctorum nigrorum. Linn. *Faun. suec.* 1781. Fabr. *Sp. Inf.* 2. *p.* 453. *n*°. 96. — *Mant. Inf.* 2. *p.* 352. *n*°. 115. Gmel. *Syst. Nat.* 2. *p.* 2856. *n*°. 118.

Du double de grosseur du Cousin. Ses yeux sont verts; le corselet vert, mais en dessus d'une couleur rousse, fourchue à l'extrémité; l'abdomen cendré, marqué de quatre lignes de points; les ailes blanchâtres. Les femelles ont la queue terminée par un aiguillon conique.

Elle est d'Europe, & se tient volontiers sur les fleurs des chardons & des sariètes.

138. Mouche arnica.

Musca arnicæ.

Musca alis unguiculatis, griseis, nigro maculatis. Linn. *Faun. suec.* 1872. Scop. *Ent. carn.* 941. Gmel. *Syst. Nat.* 2. *p.* 2856. *n*°. 119. Aldrov. *Inf.* 346. *t.* 1. *f.* 5.

Un peu plus petite que notre Mouche domestique commune. Son corps est grisâtre ou testacé. Les ailes sont grises, terminées par une tache marginale noire, & parsemées de quelques autres taches noires qui sont les plus grandes, & d'un plus grand nombre de taches sombres, avec une dent au bord le plus épais de l'aile.

Elle est d'Europe, & se trouve fréquemment sur les fleurs de l'arnica, dans le disque même, au rapport de Linné: sur quoi il a été observé par Schrank, qu'il a trouvé cette petite mouche aux environs de Lincicun, où l'arnica ne croît point, & qu'au contraire elle n'a jamais été vue dans la partie de la Bavière inférieure voisine des montagnes, où l'arnica est des plus communs.

139. Mouche jusquiame.

Musca hyoscyami.

Musca alis unguiculatis, albis, fusco maculatis. Linn. *Faun. suec.* 1837. Gmel. *Syst. Nat.* 2. *pag.* 2856. *n*°. 120.

Musca alis albicantibus, nigro maculatis. *Act. Upf.* 1736. *p.* 33. *n*°. 47.

Musca (umbellatarum), antennis setariis, cinerea, ano pedibusque ferrugineis, alis maculatis. Fabr. *Sp. Inf.* 2. *p.* 451. *n*°. 87. — *Mant. Inf.* 2. *p.* 352. *n*°. 106.

Musca leontodontis. Degeer, *Inf.* 6. *p.* 46. *n*°. 17. *t.* 2. *f.* 17. 18.

Ses yeux sont verts; le corselet & l'abdomen incanes; les pattes pâles. Ses ailes sont blanches, & non grises, mais parsemées de taches d'un noir-cendré ou brunes; les plus grandes comme distribuées çà & là, & d'autres très-petites, à peine sensibles; une dent saillante en forme de soie verte; le milieu du corps le plus épais: dans les femelles, la queue terminée par un aiguillon roide, subulé, obtus.

Cette mouche est d'Europe, & se trouve sur les fleurs, particuliérement sur celles de la jusquiame & du chardon crépu, & apparemment aussi sur celles des ombellifères.

140. Mouche graminée.

Musca graminum.

Musca cinerea, alis fuscis, maculis albis, obsoletis. Fabr. *Sp. Inf.* 2. *p.* 452. *n*°. 88. — *Mant. Inf.* 2. *p.* 352. *n*°. 107. Gmel. *Syst. Nat.* 2. *p.* 2857. *n*°. 244.

De même grosseur que la Mouche domestique (n°. 18); elle est cendrée par tout le corps; le front rouge; les pattes noires; les ailes brunes; elle est marquée de taches d'un blanc-sale.

Elle se trouve dans les prairies, aux environs de Leipsick.

141. Mouche dorsale.

Musca dorsalis.

Musca alis punctatis, thorace cinereo, abdomine rufo, lineâ dorsali nigrâ. Fabr. *Sp. Inf.* 2. *p.* 450. *n°.* 89. — *Mant. Inf.* 2. *p.* 352. *n°.* 108. Gmel. *Syst. Nat.* 2. *p.* 2857. *n°.* 245.

Le devant de la tête de cette mouche est blanc; ses antennes brunes; le corselet cendré, marqué de lignes latérales blanches; les ailes blanches, tiquetées de quelques points noirs; l'abdomen roux, avec une raie dorsale, composée de points noirs; les pattes brunes, & le dessous du pied noir.

Elle se trouve en Bohême, dans les prés.

142. Mouche seminatienne.

Musca seminationis.

Musca alis atris, cinereo punctatis; abdomine basi subtùs flavo. Fabr. *Sp. Inf.* 2. *p.* 452. *n°.* 90. — *Mant. Inf.* 2. *p.* 352. *n°.* 109. Gmel. *Syst. Nat.* 2. *p.* 2857. *n°.* 246.

De même grandeur que la Mouche domestique (n°. 18); elle est en total grise ou brune, couverte d'une rosée de petits points cendrés. Ses pattes sont d'un noir-foncé.

Elle a été observée à Leipsick, dans les prés.

Elle abonde dans le mois d'octobre, désignée dans le calendrier de Flore, comme celui de la sémination.

143. Mouche peinte.

Musca picta.

Musca fusca, alis atris, maculis utrinquè duabus oppositis, punctisque duobus intermediis albis. Fabr. *Sp. Inf.* 2. *p.* 452. *n°.* 91. — *Mant. Inf.* 2. *p.* 352. *n°.* 110. Gmelin, *Syst. Nat.* 2. *p.* 2857. *n°.* 247.

De même stature que les précédentes. Sa tête & son corselet sont d'un rouillé-brun; l'abdomen noir, sans tache; les ailes grandes, très-rétrécies par la base, de couleur fort brune, un peu rouillées à la base. Dans le milieu, vers chaque bord, une tache blanche, oblongue, en pointe, & dans l'intervalle deux points blancs; les pattes couleur de poix.

Elle se trouve en Amérique.

144. Mouche de laiteron.

Musca sonchi.

Musca alis hyalinis, maculâ marginali nigrâ, oculis viridibus. Gmel. *Syst. Nat.* 2. *pag.* 2857. *n°.* 121.

Un peu plus grosse qu'un Pou; elle a les yeux verts. Son corselet est de couleur tanuée; l'écusson plus pâle; l'abdomen ovale, noir, verdâtre en dessous; les bords des anneaux blanchâtres; le corps terminé par une pointe mousse ou obtuse; une tache; les ailes transparentes; leurs nervures & les deux anastomoses brunes; les pattes testacées.

Observée depuis peu dans les têtes du laiteron des champs (*sonchus arvensis*).

145. Mouche germinatienne.

Musca germinationis.

Musca alis albis, margine maculisque nigris. Linn. *Faun. suec.* 1784. Fabr. *Sp. Inf.* 2. *p.* 453. *n°.* 97. — *Mant. Inf.* 2. *p.* 352. *n°.* 116. Gmelin, *Syst. Nat.* 2. *p.* 2857. *n°.* 122.

Musca alis albicantibus, nigro punctatis. Act. Upf. 1736. *p.* 33. *n°.* 48.

Cette mouche, de moitié plus petite que la domestique, tient de la vibrante par son port; mais les ailes tirent sur le noir, sur le bord extérieur & vers la pointe. Le disque est blanc, marqué çà & là de quelques points noirâtres.

Elle est d'Europe, & se trouve au premier printems sur les feuilles des arbres, dans le mois de la germination du calendrier linnéen, qui répond en plein au mois de mars, & non pas seulement à la fin, comme le germinal français.

146. Mouche d'ortie.

Musca urticæ.

Musca alis albis, puncto terminali fasciisque tribus distinctis, fuscis. Linn. *Faun. suec.* 1875. Fabr. *Sp. Inf.* 2. *p.* 453. *n°.* 98. — *Mant. Inf.* 2. *p.* 352. *n°.* 117. Gmelin, *Syst. Nat.* 2. *pag.* 2857. *n°.* 123.

Cette mouche est tout au plus de la grandeur de la domestique (n°. 18); elle a le corps noir; le devant de la tête ferrugineux; les ailes blanches, avec un point à l'extrémité, & trois bandes distinctes brunes; les genoux demi-ferrugineux.

Elle se touve en Europe, sur l'ortie.

147. Mouche de la carote.

Musca dauci.

Musca alis albis, fasciis quatuor distinctis, nigris; scutello pedibusque testaceis. Fabr. *Mant. Inf.* 2. *p.* 353. *n°.* 118. Gmel. *Syst. Nat.* 2. *p.* 2857. *n°.* 248.

De même stature que la Mouche d'ortie (n°. 146), mais plus petite. La tête manquoit à l'insecte décrit par Fabricius; le corselet cendré, avec le bouclier testacé pâle; l'abdomen noir, terminé par un long stylet; les ailes blanches, marquées de quatre bandes, dont la première est la plus foncée, & la dernière au sommet; les pattes testacées.

Elle se trouve en Suisse.

148. Mouche des bigareaux.

Musca cerasi.

Musca alis albis, fasciis fuscis inæqualibus, posterioribus exterius connexis. Linn. *Faun. suec.* 1878. Fabr. *Sp. Inf.* 2. *p.* 453. *n°.* 99. — *Mant. Inf.* 2. *p.* 353. *n°.* 119. Gmel. *Syst. Nat.* 2. *p.* 2878. *n°.* 124. Réaum. *Inf.* 2. *t.* 38. *f.* 22. 23. Red. 1671. *p.* 262. *t.* 264. Blank. *Inf.* *t.* 16. *f.* *L.*

Mouche de bigareaux. Degeer, *Inf.* 6. *p.* 50. *n°.* 19.

A peu près de même grandeur que la Mouche domestique (n°. 18), & de la figure de la Mouche du chardon. La tête, les antennes & les pattes sont d'un jaune d'ocre; les yeux verts; le corselet roux, rayé de citron sur les deux côtés; l'écusson de même couleur; l'abdomen roux; les ailes d'un blanc transparent, marquetées de bandes d'un brun-jaunâtre, ondées & entrelacées, entre lesquelles se distinguent deux taches noires; l'une antérieure, tournée en dehors; l'autre intérieure & bifide, en dedans.

Cette mouche est d'Europe. Sa larve vit dans les cerises, surtout dans les bigareaux, dont elle consume entièrement l'amande. Suivant les observations de Réaumur & de Rédi, elles en sortent, & entrent en terre pour se transformer.

149. Mouche de la berce.

Musca heraclei.

Musca alis albis, fasciis fuscis repandis, oculis viridibus. Linn. *Faun. suec.* 1877. Gmel. *Syst. Nat.* 2. *p.* 2858. *n°.* 125.

Très-analogue à la Mouche du chardon (n°. 150). Elle a le front jaune, les yeux verts. Le corcelet est livide, marqué de deux lignes jaunes latérales; l'écusson jaune; l'abdomen ovale, livide, brun à la pointe; les ailes blanches, à deux bandes brunes longitudinales, flexueuses & cambrées; les pattes pâles.

Elle est d'Europe: sa larve est une mineuse qui vit dans les feuilles de la berce (*heracleum sphondylium*).

150. Mouche du chardon.

Musca cardui.

Musca nigra, alis albis; fasciâ flexuosâ, fuscâ. Fabr. *Sp. Inf.* 2. *p.* 454. *n°.* 100. — *Mant. Inf.* 2. *p.* 353. *n°.* 120. Gmel. *Syst. Nat.* 2. *p.* 2858. *n°.* 126.

Musca antennis setariis, alis albis, lineâ geminatâ, fuscâ, litteræ figurâ, oculis viridibus. Linn. *Syst. Nat. XII.* 2. *p.* 998. *n°.* 126. — *Faun. suec.* 1876. Gœd. *Inf.* 1. *t.* 50. List. *Gœd.* *t.* 129. Réaum. *Inf.* 3. *t.* 45. *f.* 12. 14. Blank. *Inf.* *t.* 16. *f.* *Q.*

La Mouche à zigzag sur les ailes. Geoff. *Inf. par.* 2. *p.* 496. *n°.* 8.

Musca antennis setariis, pilosa, nigra, capite antennisque rufis, alis albis; fasciâ flexuosâ, fuscâ. Degeer, *Inf.* 6. 49. 18.

Sa grandeur est à peu près celle de la Mouche domestique (n°. 18). Elle est d'un brun-noir; les pattes d'une couleur un peu plus claire. La tête est jaunâtre, & les yeux d'un beau vert. Les ailes sont blanches; mais sur chacune il y a une bande noire, ondée en zigzag, assez large, qui traverse quatre fois l'aile en descendant obliquement d'un côté à l'autre.

L'extrémité inférieure du corselet est blanche, & non pas l'extrémité de l'abdomen, comme il est dit dans le *Fauna suecica*; erreur remarquée par Geoffroy en 1760, & qui cependant n'a pas été corrigée dans l'édition de 1761.

Cette mouche est d'Europe. Sa larve se trouve dans les gales des chardons. (*Voyez* Godart.)

151. Mouche syngénésienne.

Musca singenesiæ.

Musca atra, alis albis, fasciis tribus abbreviatis, maculâque apicis nigris. Fabr. *Sp. Inf.* 2. *p.* 454. *n°.* 101. — *Mant. Inf.* 2. *p.* 353. *n°.* 121. Gmel. *Syst. Nat.* 2. *p.* 2858. *n°.* 249.

Le corps de cette mouche est petit & entiérement noir. Les ailes sont blanches, vitrées, à trois bandes noires, qui cependant n'atteignent pas le bord mince, mais qui, vers la base, s'étendent jusqu'à la côte inférieure. Chaque aile est terminée par une tache d'un brun-noir.

Observée en Allemagne, par Hattorf, sur les fleurs, particuliérement sur celles de la classe des composées ou syngénésiques de Linné.

152. Mouche du tussilage.

Musca tussilaginis.

Musca flava, alis albis, fasciis quatuor fuscis. Fabr. *Sp. Inf.* 2. *p.* 454. *n°.* 102. — *Mant. Inf.* 2. *p.* 353. *n°.* 122. Gmel. *Syst. Nat.* 2. *p.* 2858. *n°.* 250.

Son corps est d'un beau jaune, marqué de quatre bandes rousses, & terminé par un style ferrugineux, à pointe noire; les ailes blanches.

Elle se trouve en Danemarck, sur les fleurs.

153. Mouche folftitiale.

Musca folftitialis.

Mufca alis albis, fafciis quatuor connexis, nigris; fcutello flavo. Linn. *Faun. fuec.* 1879. Fabr. *Sp. Inf.* 2. *p.* 454. *n°.* 103. — *Mant. Inf.* 2. *p.* 353. *n°.* 122. Gmelin, *Syft. Nat.* 2. *p.* 2858. *n°.* 127.

La Mouche des têtes de chardon. Geoff. *Inf. par.* 2. *p.* 419. *n°.* 14.

Mufca arctii. Degeer, *Inf.* 6. *p.* 42. *n°.* 16. *t.* 2. *fig.* 10. 11.

Linné & Geoffroy ont obfervé cette efpèce, l'un à Upfal, l'autre à Paris. Geoffroy décrit ainfi la fienne : « Sa tête eft jaune, & fes yeux font bruns. » Son corfelet eft cendré, & fa pointe eft jaune. » Le ventre eft noir, & les pattes font fauves. » On voit fur les ailes, qui font blanches, trois » bandes brunes : la première eft tranfverfe, un » peu en arc, & ne va pas jufqu'au bord intérieur » de l'aile; la feconde, plus baffe, traverfe toute » la largeur de l'aile; la troifième, jointe à la » feconde au bord extérieur de l'aile, parcourt ce » bord jufqu'à la pointe. Le bord extérieur de cette » aile a une très-petite dent à l'endroit de la pre- » mière bande.

» L'efpèce de Linné pourroit bien, dit encore » Geoffroy, être une variété différente, d'autant » que la nôtre femble avoir un petit trait qui tient » la place d'une bande qui lui manque près la » bafe de l'aile.

» Toutes les deux fe trouvent fur les feuilles & » les fleurs des chardons & des farietes; elles vien- » nent de larves qui fe logent dans les têtes de » ces chardons, qui les mangent, & qui y font » leur métamorphofe. »

Elle fe trouve auffi quelquefois fur les feuilles des cerifiers, fuivant Linné, qui l'a nommée *folftitiale*, pour la défigner par fa faifon.

154. Mouche du lychnis.

Musca lychnidis.

Mufca atra, capite pedibufque flavis, alis nigris; limbo albo, ftriato. Fabr. *Mant. Inf.* 2. *p.* 353. *n°.* 124. Gmelin, *Syft. Nat.* 2. *p.* 2858. *n°.* 251.

De moyenne taille : fa tête eft flave, & fes yeux noirs; le corfelet & l'abdomen liffes, brun-noir, fans taches; les pattes flaves; les ailes noires, dont tout le tour eft marqué de petits traits blancs.

Obfervée à Kehl par Daldorf.

155. Mouche de l'onoporde.

Musca onopordinis.

Mufca ferruginea, fcutello flavo, alis variegatis. Fabr. *Syft. ent. p.* 787. *n°.* 80. — *Sp. Inf.* 2. *p.* 455. *n°.* 104. — *Mant. Inf.* 2. *p.* 353. *n°.* 125. Gmel. *Syft. Nat.* 2. *p.* 2859. *n°.* 252.

Cette efpèce eft petite, & a le port de la Mouche folftitiale (n°. 153). Sa tête eft blanche; le corfelet & l'abdomen ferrugineux; le bouclier élevé, flave; les pattes pâles; les ailes variées de brun & de blanc.

Elle fe trouve en Danemarck, fur les chardons.

156. Mouche de l'épervier.

Musca hieracii.

Mufca alis fufcis, albo variis; margine craffiori, maculis tribus nigris, pupillâ albâ. Fabr. *Syft. ent. p.* 787. *n°.* 181. — *Sp. Inf.* 2. *p.* 455. *n°.* 105. — *Mant. Inf.* 2. *p.* 353. *n°.* 126. Gmel. *Syft. Nat.* 2. *p.* 2859. *n°.* 253.

Sa tête eft grife, marquée de quelques petits points bruns; le corfelet gris, marqué de points bruns, deux fur les épaules, deux au bas, & quatre dans le milieu; l'abdomen cendré, à quatre bandes noires, dont les deux premières entrecoupées; les pattes flaves.

Elle fe trouve en Angleterre, fur diverfes fleurs de la claffe des compofées.

157. Mouche mignone.

Musca minuta.

Mufca flava, thoracis dorfo abdominifque ftrigis nigris. Fabr. *Mant. Inf.* 2. *pag.* 353. *n°.* 127. Gmel. *Syft. Nat.* 2. *p.* 2859. *n°.* 254.

Cette efpèce eft menue. Son corps eft entiérement fauve ou flave; le corfelet noir en deffus; l'abdomen marqué de deux ftries & de deux points noirs fur le dernier anneau.

Elle fe trouve fur les fleurs, & a été obfervée à Kehl par Daldorf.

158. Mouche ventre-roux.

Musca rufiventris.

Mufca thorace cinereo, abdomine rufo; bafi maculâ nigrâ, alis bafi lutefcentibus, maculis duabus fufcis margineque pofteriore fufcefcente. *Muf. lesk. p.* 131. *n°.* 108. Gmel. *Syft. Nat.* 2. *p.* 2859. *n°.* 255.

Cette mouche a le corfelet cendré; mais fon abdomen eft roux, à bafe noire. Les ailes ont la bafe jaunâtre; elles ont deux taches bruniffantes, ainfi que le bord poftérieur.

Cette efpèce eft une de celles qui ont été indiquées, fans autre defcription que les phrafes énonciatives dans le catalogue du *Mufæum lefkianum*, & rappelée par Gmelin à la fuite des autres efpèces, fans tenter de les rapprocher de leurs analogues.

Elle fe trouve en Europe.

159. MOUCHE foyeufe.

MUSCA fetofa.

Mufca nigra, abdomine fetofo; bafi utrinquè maculâ pallidâ. Muf. lesk. p. 131. *n°.* 112. GMEL. *Syft. Nat.* 2. *p.* 2859. *n°.* 256.

Noire. L'abdomen eft foyeux, & marqué des deux côtés, à la bafe, de deux taches pâles.
Elle fe trouve en Europe.

160. MOUCHE bigarrée.

MUSCA verfipellis.

Mufca nigra, abdominis fegmentis tribus primis utrinquè rufo-cinereis, mutabilibus. Muf. lesk. p. 131. *n°.* 113. GMELIN, *Syft. Nat.* 2. *p.* 2859. *n°.* 257.

Noire. Les trois premiers anneaux font, fur le côté, d'un roux-cendré changeant.
Elle fe trouve en Europe.

161. MOUCHE enfumée.

MUSCA pulla.

Mufca nigra, abdomine glabro, nigro-virefcente. Muf. lesk. p. 131. *n°.* 114. GMEL. *Syft. Nat.* 2. *p.* 2859. *n°.* 258.

Noire. L'abdomen glabre & d'un noir-verdâtre.
Elle fe trouve en Europe.

162. MOUCHE brune.

MUSCA brunnea.

Mufca tota brunnea. Muf. lesk. p. 131. *n°.* 118. GMEL. *Syft. Nat.* 2. *p.* 2859. *n°.* 259.

Cette efpèce a tout le corps abfolument brun.
Elle fe trouve en Europe.

163. MOUCHE noirpoil.

MUSCA nigripilis.

Mufca cinerea, fetis nigris, pedibus teftaceis, plantis nigris. Muf. lesk. p. 131. *n°.* 119. GMEL. *Syft. Nat.* 2. *p.* 2859. *n°.* 260.

Cendrée, à foies noires; pattes teftacées; le deffous du pied noir.
Elle fe trouve en Europe.

164. MOUCHE nigripède.

MUSCA nigripes.

Mufca cinerea, alis bafi luteis, pedibus nigris. Muf. lesk. p. 131. *n°.* 120. GMEL. *Syft. Nat.* 2. *p.* 2859. *n°.* 261.

Cette efpèce cendrée a la bafe des ailes jaune, & les pattes noires.
Elle fe trouve en Europe.

165. MOUCHE tibiale.

MUSCA tibialis.

Mufca cinerea, fronte, femoribus, apice tibiifque teftaceis. Muf. lesk. p. 131. *n°.* 123. GMEL. *Syft. Nat.* 2. *p.* 2859. *n°.* 262.

Cendrée. Elle a le devant de la tête teftacé, & dans fes pattes, la cuiffe teftacée, ainfi que l'extrémité de la jambe ou tibia.
Elle fe trouve en Europe.

166. MOUCHE verficolore.

MUSCA verficolor.

Mufca nigra, cinereo-mutabilis. Muf. lesk. p. 131. *n°s.* 124 & 131. GMEL. *Syft. Nat.* 2. *p.* 2859. *n°.* 263.

Cette efpèce eft noir-glacé, d'un cendré changeant; indication, l'une des plus incomplètes & des plus équivoques que l'on ait pu donner.
Elle fe trouve en Europe.

167. MOUCHE picène.

MUSCA piceæ.

Mufca picea, glabra, pedibus atris. Muf. lesk. p. 131. *n°.* 125. GMEL. *Syft. Nat.* 2. *p.* 2860. *n°.* 264.

Cette mouche eft glabre & couleur de poix, avec les pattes noires. Il ne faut pas la confondre avec la Mouche poix (n°. 193).
Elle fe trouve en Europe.

168. MOUCHE craffipède.

MUSCA craffipes.

Mufca nigra, hifpida, femoribus craffis. Muf. lesk. p. 131. *n°.* 126. GMEL. *Syft. Nat.* 2. *p.* 2860. *n°.* 265.

Dans cette efpèce, qui eft noire & hériffée de poils, les cuiffes font fort épaiffes.
Elle fe trouve en Europe.

169. MOUCHE leucoftique.

MUSCA leucofticta.

Mufca nigra, alis punctis numerofis, albis. Muf. lesk. p. 131. *n°.* 128. GMEL. *Syft. Nat.* 2. *p.* 2860. *n°.* 266.

Noire. Elle a les ailes parfemées d'un grand nombre de points blancs.
Elle ne fe trouve pas en Europe.

170. MOUCHE rouffe-coiffe.

MUSCA ruficapilla.

Mufca cinerea, vertice rufo, tibiis teftaceis.

Muſ. lesk. p. 131. *n°.* 130. GMEL. *Syſt. Nat.* 2. *p.* 2860. *n°.* 267.

Cette Mouche, cendrée, ſe diſtingue par une ſorte de coiffure rouſſe. Ses pattes ſont teſtacées.
Elle ſe trouve en Europe.

171. MOUCHE ochroptère.

MUSCA ochroptera.

Muſca nigra, fronte albâ, alis luteſcentibus, tibiis ferrugineis. Muſ. lesk. p. 131. *n°.* 132. GMEL. *Syſt. Nat.* 2. *p.* 2860. *n°.* 268.

Noire. Elle a le front blanc; les pattes ferrugineuſes; & les ailes jaunâtres. Si l'on en croit la phraſe, couleur d'ocre, ſuivant le nom trivial.
Elle ſe trouve en Europe.

172. MOUCHE ſubulée.

MUSCA ſubulata.

Muſca picea, abdomine ſubulato, alis maculâ ferrugineâ, tibiis pallidis. Muſ. lesk. p. 132. *n°.* 134. GMEL. *Syſt. Nat.* 2. *p.* 2860. *n°.* 269.

Couleur de poix. Ses ailes ſont marquées d'une tache ferrugineuſe; elle ſe diſtingue par l'abdomen très-alongé, ſe terminant en pointe d'alêne.
Elle ſe trouve en Europe.

173. MOUCHE conique.

MUSCA conica.

Muſca cinerea, abdomine conico, pedibus fuſco-teſtaceis. Muſ. lesk. p. 132. *n°.* 135. GMEL. *Syſt. Nat.* 2. *p.* 2860. *n°.* 270.

Cendrée; l'abdomen en cône, & les pattes d'un brun rouillé.
Elle ſe trouve en Europe.

174. MOUCHE écourtée.

MUSCA abrupta.

Muſca cinerea, alis faſciis tribus abruptis, teſtaceis. Muſ. lesk. p. 132. *n°.* 136. GMEL. *Syſt. Nat.* 2. *p.* 2860. *n°.* 271.

Cette eſpèce, qui eſt cendrée, porte ſur ſes ailes trois bandes de couleur teſtacée, que le mot *abruptis* annonce *briſées*, ſans énoncer ni leur origine, ni leur longueur, ni leur direction.
Elle ſe trouve en Europe.

175. MOUCHE chryſocéphale.

MUSCA chryſocephala.

Muſca vertice ferrugineo, thoracis dorſo abdomineque lineari nigris, alis albis, faſciis duabus apiceque fuſcis, maculâ albâ. Muſ. lesk. p. 132. *n°.* 137. GMEL. *Inſ.* 2. *p.* 2860. *n°.* 272.

Le haut de la tête eſt ferrugineux; le deſſus du corſelet & l'abdomen rayés de noir; les ailes blanches avec deux bandes, & la pointe brune & une tache blanche.
Elle ſe trouve en Europe.

176. MOUCHE blondine.

MUSCA flaveſcens.

Muſca flavo-cinerea, capite, pedibus alarumque albarum faciis quatuor flavis, vertice ferrugineo. Muſ. lesk. p. 132. *n°.* 140. GMEL. *Syſt. Nat.* 2. *p.* 2860. *n°.* 273.

Cette eſpèce, d'un cendré jaunâtre ou flaveſcent, a la tête & les pattes marquées de quatre bandes flaves, auſſi bien que les ailes, qui ſont blanches; le deſſus de la tête ferrugineux.
Elle ſe trouve en Europe.

177. MOUCHE leucope.

MUSCA leucopis.

Muſca nigricans, facie albâ, ſcutelli apice ſubteſtaceo, abdomine cinereo-mutabili. Muſ. lesk. p. 132. *n°.* 141. GMEL. *Syſt. Nat.* 2. *p.* 2860. *n°.* 274.

Cette mouche doit ſe reconnoître comme noire & *leucope*, c'eſt-à-dire, *à face blanche*. L'extrémité de l'écuſſon eſt demi-teſtacée, & l'abdomen d'un cendré changeant.
Elle ſe trouve en Europe.

178. MOUCHE cylindrique.

MUSCA cylindrica.

Muſca nigricans, abdomine cylindrico, cinereo-mutabili. Muſ. lesk. p. 132. n°. 142. GMEL. *Syſt. Nat.* 2. *p.* 2860. *n°.* 275.

Cette mouche, noirâtre, a l'abdomen d'un cendré changeant & de forme cylindrique.
Elle ſe trouve en Europe.

179. MOUCHE rouleau.

MUSCA teres.

Muſca picea, glabra, cylindrica, pedibus flavis. Muſ. lesk. p. 132. *n°.* 143. GMEL. *Syſt. Nat.* 2. *p.* 2861. *n°.* 176.

Cette mouche, glabre, couleur de poix, a les pattes jaunes; elle eſt d'une forme arrondie ou cylindrique, probablement comme la précédente.
Elle ſe trouve en Europe.

180. MOUCHE ſéticorne.

MUSCA ſeticornis.

Muſca brunnea, oculis aliſque fuſcis. Muſ. lesk.

lesk. p. 132. *n°.* 146. Gmel. *Syst. Nat.* 2. *p.* 2861. *n°.* 277.

Cette espèce est annoncée brune; ses yeux tannés, ainsi que ses ailes. Pour la corne soyeuse, d'où son nom est tiré, il n'a pas plu à l'auteur du catalogue de s'expliquer autrement.
Elle se trouve en Europe.

181. Mouche fordide.

Musca sordida.

Musca nigra, alis fuscescentibus margine tenuiore hyalinis. Mus. lesk. pag. 132. *n°.* 147. Gmel. *Syst. Nat.* 2. *p.* 2861. *n°.* 278.

Noire; à ailes brunâtres, plus minces & transparentes sur les bords.
Elle se trouve en Europe.

182. Mouche tricolore.

Musca tricolor.

Musca cinerea, vertice ferrugineo, pedibus nigris. Mus. lesk. p. 132. *n°.* 148. Gmel. *Syst. Nat.* 2. *p.* 2861. *n°.* 279.

Cendrée; à tête ferrugineuse au sommet, & pattes noires. Ses trois couleurs n'ont rien de fort brillant.
Elle se trouve en Europe.

183. Mouche déprimée.

Musca depressa.

Musca fusca, pedibus ferrugineis, abdomine depresso. Mus. lesk. p. 132. *n°.* 151. Gmel. *Syst. Nat.* 2. *p.* 2861, *n°.* 280.

Cette espèce est brune, & ses pattes ferrugineuses. L'abdomen est aplati.
Elle se trouve en Europe.

184. Mouche quadricolore.

Musca quadricolor.

Musca nitida, thorace cœruleo, abdomine viridi, femoribus nigris, apice tibiisque flavis. Mus. lesk. p. 132. *n°.* 152. Gmelin, *Syst. Nat.* 2. *p.* 2861. *n°.* 281.

Dans cette espèce, qui est brillante au total, le corselet est bleu, l'abdomen vert, les cuisses noires, & les jambes flaves.
Elle se trouve en Europe.

185. Mouche sale.

Musca squalida.

Musca nigricans, abdomine cylindrico cinereo, lineâ dorsali nigrâ. Mus. lesk. p. 132. *n°.* 153. Gmel. *Syst. Nat.* 2. *p.* 2861. *n°.* 282.

Noirâtre. L'abdomen, cylindrique, est de couleur cendrée, avec une ligne noire sur le milieu du dos.
Elle se trouve en Europe.

186. Mouche latipède.

Musca latipes.

Musca lutea, abdomine clavato, femoribus posterioribus latis, tibiis annulo albo. Mus. lesk. p. 132. *n°.* 154. Gmel. *Syst. Nat.* 2. *p.* 2861. *n°.* 283.

Cette espèce est jaune. Son abdomen est en massue; les cuisses des pattes de derrière fort larges, & les jambes marquées d'un anneau blanc.
Elle se trouve en Europe.

187. Mouche méprisée.

Musca despecta.

Musca testacea, dorso cinereo, abdomine segmentis basi fuscis. Mus. lesk. p. 132. *n°.* 155. Gmel. *Syst. Nat.* 2. *p.* 2861. *n°.* 284.

Ses couleurs ternes peuvent bien lui attirer ce mépris qu'on lui donne pour réclame nominale: elle est, au total, testacée ou couleur de brique, cendrée sur le dos, & les anneaux bruns à leur base.
Elle se trouve en Europe.

188. Mouche liturée.

Musca liturata.

Musca cinerea, alis maculâ ferrugineâ, pedibus pallidis. Mus. lesk. p. 132. *n°.* 156. Gmel. *Syst. Nat.* 2. *p.* 2861. *n°.* 285.

Cette espèce est cendrée; elle a les pattes pâles, & ses ailes sont marquées d'une tache ferrugineuse. Le descripteur ne dit rien de plus, & n'indique ni la place, ni la direction, ni la couleur du titre qu'annonce le nom qu'il lui a donné.
Elle se trouve en Europe.

189. Mouche triponctuée.

Musca tripunctata.

Musca nigricans, vertice utrinquè punctis tribus nigris, thorace subcinerascente. Mus. lesk. p. 133. *n°.* 161. Gmel. *Syst. Nat.* 2. *p.* 2861. *n°.* 286.

Noirâtre. Elle a, de chaque côté du sommet de sa tête, trois points noirs, & le corselet demi-cendré.
Elle se trouve en Europe.

190. Mouche leucoptère.

Musca leucoptera.

Musca picea, glabra, pedibus ferrugineis, alis

albis. Muf. lesk. p. 133. *n°.* 163. GMEL. *Syft. Nat.* 2. *p.* 2861. *n°.* 287.

Cette efpèce eft glabre & couleur de poix; fes pattes ferrugineufes, & fes ailes blanches, fort propres, par cette oppofition, à la faire reconnoître.
Elle fe trouve en Europe.

191. MOUCHE glaucoptère.

MUSCA glaucoptera.

Mufca picea, glabra, alis glaucis. Muf. lesk. p. 133. *n°.* 162. GMEL. *Syft. Nat.* 2. *p.* 2861. *n°.* 288.

Glabre & d'un noir de poix, comme la précédente. Les ailes de celle-ci font d'un vert-glauque.
Elle fe trouve en Europe.

192. MOUCHE neuf-points.

MUSCA novem punctata.

Mufca thorace nigro, abdomine fubcinereo, punctis novem nigris. Muf. lesk. p. 133. *n°.* 164. GMEL. *Syft. Nat.* 2. *p.* 2862. *n°.* 289.

Son corfelet eft noir, & fon abdomen à demi cendré, marqué de neuf points noirs, dont on nous a laiffé ignorer la difpofition.
Elle fe trouve en Europe.

193. MOUCHE poix.

MUSCA picata.

Mufca thorace nigro, abdomine piceo glabro, plantis pofterioribus craffis. Muf. lesk. p. 133. *n°.* 166. GMEL. *Syft. Nat.* 2. *p.* 2862. *n°.* 290.

Le corfelet de cette efpèce eft noir. Son abdomen eft couleur de poix & glabre. Les pattes de derrière ont les plantes fort épaiffes.
Il faut diftinguer cette efpèce de la Mouche picène (n°. 167).
Elle fe trouve en Europe.

194. MOUCHE neuf taches.

MUSCA novem maculata.

Mufca lutea, alis maculis fex fufcis, tribus apicis. Muf. lesk. p. 133. *n°.* 168. GMEL. *Syft. Nat.* 2. *p.* 2862. *n°.* 291.

Jaune. Ses ailes font marquées de fix taches & de trois pointes brunes.
Elle fe trouve en Europe.

195. MOUCHE rubripède.

MUSCA rubripes.

Mufca nigra, pedibus ferrugineis. Muf. lesk. p. 133. *n°.* 170. GMELIN, *Syft. Nat.* 2. *p.* 2862. *n°.* 292.

Noire; à pattes ferrugineufes, ou d'un rouillé rougeâtre fi fon nom eft bien appliqué.
Elle fe trouve en Europe.

196. MOUCHE mélanochryfe.

MUSCA melanochryfa.

Mufca flava, vertice puncto, thorace fafciis tribus longitudinalibus nigris. Muf. lesk. p. 133. *n°.* 171. GMEL. *Syft. Nat.* 2. *p.* 2862. *n°.* 293.

Flave, & marquée d'un point noir fur le fommet de la tête, & de trois lignes longitudinales fur le corfelet.
Elle fe trouve en Europe.

197. MOUCHE grandtarfe.

MUSCA granditarfa.

Mufca glabra, thorace nigro-æneo, abdomine ferrugineo, apice nigro. FORST. *Nov. Inf. Sp.* 1. *p.* 99. GMEL. *Syft. Nat.* 2. *p.* 2862. *n°.* 295.

Cette mouche eft glabre; le corfelet noir bronzé; l'abdomen ferrugineux, à pointe noire.
Elle fe trouve en Angleterre.

198. MOUCHE apiforme.

MUSCA apiformis.

Mufca hirfuta, nigra, thoracis bafi abdominifque cingulo flavo, ano albido. SCHRANK, *Inf. auftr. p.* 459. *n°.* 933. GMEL. *Syft. Nat.* 2. *p.* 2862. *n°.* 296.

Ses ailes font ouvertes en croix comme dans les Abeilles; elles prennent cependant la difpofition parallèle après la mort de l'infecte. Tout le corps eft très-velu, comme dans les Abeilles-Bourdons, particuliérement l'efpèce des jardins, *apis hortorum*. Elle en a tellement le port, que l'obfervateur raconte avoir plufieurs fois voulu en trouver la trompe & la feconde paire d'ailes, ne pouvant fe perfuader facilement qu'il exiftât une reffemblance fi complète dans deux genres fi différens.
Noire généralement. Elle a le front blanc; une bande flave à la bafe du corfelet; une autre au milieu de l'abdomen, dont la pointe blanchit, & qu'elle tient habituellement inclinée à fa bafe. Au premier anneau fe trouvent deux petites foffètes latérales, du milieu defquelles fort une houpe particulière de longs poils. Le deffous eft entiérement glabre; les ailes tranfparentes, & marquées au milieu d'un nuage enfumé.
Cette mouche, obfervée à Vienne par Schrank, étoit fortie le 3 mai, au quinzième degré du thermomètre de Réaumur, d'une chryfalide trouvée dans la carie d'arbres morts; elle était rouffeâtre & gibbeufe. Vers la région de la tête fe voyoient

les gaînes de deux corps verrugineux, cachés sous le poil dans l'insecte parfait. Sur le dos, une tache blanche fourchue. L'extrémité de l'abdomen terminé par une forte d'aiguillon enfermé dans deux fourreaux, dont celui de dessus n'est que la continuation de la pellicule générale; celui de dessous est corné. Le dessous du corps entiérement plat, avec la trace des trois paires de pattes.

199. Mouche argyrostome.

Musca argyrostoma.

Musca pilosa, nigra, fronte abdominisque fasciis argenteis. Schrank, *Inf. austr. p.* 460. *n°.* 935. Gmel. *Syst. Nat.* 2. *p.* 2862. *n°.* 297.

Cette mouche, entiérement velue, est âtre ou noir-foncé; en dessous, mate comme le charbon, & luisante en dessus. Le corselet rayé de plusieurs lignes d'un noir moins foncé; la bouche argentée comme l'indique son nom, ou même, si on y regarde mieux, toute la tête; les yeux d'un noir rougissant, & au cou un duvet ferrugineux; les antennes brunes, plus rougissantes que les yeux; l'abdomen oblong, marqué de trois petites bandes argentées qui occupent la base du second, du troisième & du quatrième anneau. Ses ailes transparentes sont dans une direction divergente, ou forment le triangle.

Observée à Vienne par Schrank.

200. Mouche fulviventre.

Musca fulviventris

Musca nigrescens, abdomine subtùs flavo-tomentoso, alis fuscis albo punctatis. Schrank, *Inf. austr. p.* 469. *n°.* 953. Gmel. *Syst. Nat.* 2. *p.* 2862. *n°.* 298.

D'un cendré noirâtre. Ses yeux & ses pattes sont âtres, ainsi que l'extrémité de l'abdomen en dessous, dont le reste est couvert d'un duvet fauve. Ses ailes, de couleur enfumée, sont parsemées de points blancs sans nombre, qui disparoissent vers le bord intérieur, mais qui sont encore plus grands vers la pointe & le bord extérieur. La seule absence de ces points forme sur chaque aile une bande obscure. L'orbite des yeux argentin, mais non toute la face; la bouche épaisse.

Cette Mouche, observée à Vienne par Schrank, lui paroissoit fort analogue à la Mouche ombreuse ci-dessus (n°. 123).

201. Mouche grosse-jambe.

Musca clavicrus.

Musca flava, nuda, oculis viridibus, femoribus posterioribus clavatis. Schrank, *Inf. austr. p.* 471. *n°.* 958. Gmel. *Syst. Nat.* 2. *p.* 2862. *n°.* 299.

Cette espèce est flave & sans poils. Ses yeux, verts, deviennent noirs dans l'insecte desséché. Le corselet est rayé de trois lignes longitudinales d'un brun-testacé, & l'abdomen de trois bandes de cette même couleur. Dans les pattes postérieures la cuisse est fort large: caractère saisi & exprimé par Schrank, dans le nom *clavicrus*, large-patte.

Observée à Vienne, dans un pré, vers la mi-juin.

202. Mouche cinq-points.

Musca quinque punctata.

Musca cinerea, alis puncto ad apicem, altero marginem internum, tribus ad externum. Schrank, *Inf. austr. p.* 473. *n°.* 962. Gmel. *Syst. Nat.* 2. *p.* 2862. *n°.* 300.

Cinq points sur chaque aîle distinguent cette espèce; ils sont distribués, trois sur le bord extérieur, un à la pointe, & un au bord interne.

Observée en Allemagne, sur la grande ortie (*urtica dioica*).

203. Mouche stictique.

Musca stictica.

Musca flava, thorace abdomineque punctorum nigrorum lineis quatuor, alis albis, margine fasciisque tribus flavis (punctata). Schrank, *Inf. austr. p.* 474. *n°.* 963. Gmel. *Syst. Nat.* 2. *p.* 2863. *n°.* 301.

Cette mouche, qui est flave, a le corselet & l'abdomen rayés de quatre lignes de points noirs. Ses yeux sont verts; mais ils deviennent noirs après la mort de l'insecte. Les ailes sont blanches, avec trois bandes flaves sur le bord: leur port est celui des mouches dites *nobles*, c'est-à-dire, qu'elles sont divergentes.

Elle a été observée à Vienne par Schrank, qui l'avoit nommée simplement *ponctuée*. Gmelin, forcé de changer ce nom trivial, l'a désignée comme *stictique*, c'est-à-dire, bornée.

204. Mouche arlequine.

Musca pœciloptera.

Musca alis rufo-fuscis, albo variegatis. Schr. 2. *Naturg. p.* 96. §. 68. — *Inf. austr. p.* 472. *n°.* 964. *Beytr. Syst. Nat.* 2. *p.* 2863. *n°.* 302.

Ses ailes sont d'un roux-brun, arlequinées de blanc, d'où son nom pœciloptère.

Observée en Autriche.

205. Mouche linzienne.

Musca linzensis.

Musca nigra, fronte rubrâ, marginis maculi

anastomosibusque duabus fuscis. Schrank, *Beytr. 2. Naturg. p.* 96. §. 67. — *Ins. austr. p.* 474. *n°.* 965. Gmel. *Syst. Nat.* 2. *p.* 2863. *n°.* 303.

La Mouche à taches brunes sur le bord de l'aile & point noir au milieu. Geoffr. *Ins. paris.* 2. *p.* 504.

La tête de cette mouche est rougeâtre, & ses yeux sont bruns. Les palettes de ses antennes sont très-longues. Son corselet est entrecoupé de bandes longitudinales, alternativement noires & cendrées. Son ventre est noirâtre. Ses ailes, plus longues que le ventre, ont sur leur bord extérieur trois ou quatre taches brunes, dont la dernière, qui termine l'aile, est la plus grande. De plus, sur le milieu de l'aile, il y a un point noir, outre une nervure transverse bien marquée, qui est un peu plus bas. Les pattes sont de couleur fauve.

Cette mouche a été observée à Lintz en Allemagne, d'où elle a été ainsi nommée par les Allemands, qui n'avoient pas su qu'elle avoit été décrite par M. Geoffroy.

206. Mouche nasique.

Musca nasuta.

Musca flava, thorace lineis subquinis, abdomineque fasciis quatuor nigris. Schrank, *Ins. austr. p.* 475. *n°.* 966. Gmel. *Syst. Nat.* 2. *p.* 2863. *n°.* 304.

La Mouche jaune, à bandes noires. Geoff. *Ins. paris.* 2. *p.* 508.

Elle a une ligne & demie de long. Sa tête est jaune. On remarque sur le front une élévation conique, sous laquelle sont placées les antennes en masse, munies, à leur base, d'une soie. Les yeux sont noirâtres. Le corselet est jaune, marqué de trois lignes longitudinales assez larges, noires, & une autre de chaque côté, vers l'extrémité, plus étroite & oblique. A la base du corselet sont deux points noirâtres, qu'on n'apperçoit bien qu'à l'aide de la loupe. L'écusson est jaune. L'abdomen est jaune avec quatre bandes noires en dessus. Les ailes sont transparentes. Les balanciers sont blancs. Les pattes sont jaunes, & les cuisses ont une ligne oblique noire.

Elle se trouve aux environs de Paris & de Vienne.

207. Mouche lamed.

Musca lamed.

Musca alis hyalinis, margine externo fusco variis, interno lamed hebræo fusco inscriptis. Schrank, *Ins. austr. p.* 475. *n°.* 967. Gmel. *Syst. Nat.* 2. *p.* 2863. *n°.* 305.

Elle a trois lignes de long. La tête est blanche, avec les yeux noirs. Les antennes sont testacées, & l'on remarque au dessus d'elles une écaille jaune, relevée. Le corselet est cendré, marqué sur le dos de deux lignes longitudinales rapprochées, noires. L'abdomen est cendré. Les pattes sont de couleur testacée-pâle. Les ailes sont transparentes avec le bord extérieur un peu obscur, & en outre quatre taches obscures, qui, par leur position, forment en quelque sorte la lettre hébraïque nommée *lamed.*

Elle se trouve en Europe.

208. Mouche miliaire.

Musca miliaria.

Musca flava, oculis nigris, alis flavis, maculâ triplici punctisque plurimis fuscis inscriptis. Schrank, *Ins. austr. p.* 476, *n°.* 968. Gmel. *Syst. Nat.* 2. *p.* 2863. *n°.* 306.

La Mouche à ailes jaunes, chargées de points & de trois taches brunes. Geoffr. *Ins. paris. t.* 2. *p.* 498.

Elle est jaune, munie de quelques poils. L'abdomen en a plusieurs qui sont noirs, & qui partent principalement des bords des anneaux. Les ailes sont jaunâtres, & ont quatre taches noires, dont une vers l'extrémité, deux au milieu, & une plus petite vers la base du bord interne.

Elle se trouve sur le chardon, en France, en Allemagne.

209. Mouche cyanophthalme.

Musca cyanophthalma.

Musca pilosa, oculis violaceis, fasciis purpureis sex, pedibus annulo albo. Gmel. *Syst. Nat.* 2. *p.* 2863. *n°.* 308.

Musca annulata. Schrank, *Ins. austr. p.* 477. *n°.* 477.

Elle a deux lignes & demie de longueur; elle est noire-luisante, mais la tête est rouge entre les yeux. L'écusson est d'un rouge-bronzé ou cuivreux. L'abdomen est rougeâtre de chaque côté en dessous. Les tarses ont un anneau blanc à leur base. Les yeux, dans l'animal vivant, ont six bandes pourpres, qui disparoissent à sa mort.

Elle se trouve à Vienne, dans les places, au bas des maisons.

210. Mouche méruline.

Musca merulina.

Musca atra, nitens, oculis rubris, alis hyalinis immaculatis. Schrank, *Ins. austr. p.* 477. *n°.* 971. Gmel. *Syst. Nat.* 2. *p.* 2863. *n°.* 308.

Musca merulina. Scop. *Ent. carn. n°.* 928.

Elle a deux lignes de longueur; elle est poilue, toute noire, luisante, avec les yeux rouges. L'abdomen eſt mince, preſque cylindrique, avec le bord des anneaux un peu cilié.

Elle ſe trouve en Autriche, en Italie.

211. Mouche méticuleuſe.

Musca meticuloſa.

Muſca nigra, nitens, tibiis rufis, faſciâ nigrâ, poſticis curvis. Schrank, *Inſ. auſtr. pag.* 477. *n°.* 972. Gmel. *Syſt. Nat.* 2. *p.* 2863. *n°.* 309.

Muſca meticuloſa. Scop. *Ent. carn. n°.* 927.

Elle a deux lignes de longueur; elle eſt poilue, noire, luiſante, avec la bouche & les antennes ferrugineuſes. Les pattes ſont ferrugineuſes avec les cuiſſes poſtérieures, les tarſes, & une large bande ſur les jambes, noirâtres. Les balanciers ſont blancs.

Elle ſe trouve en Italie, en Autriche.

212. Mouche réſinelle.

Musca reſinellæ.

Muſca nigra, halterum ſquamâ ferrugineâ, abdomine cingulis duobus albis tenuibus. Schrank, *Inſ. auſtr. p.* 478. *n°.* 973. Gmel. *Syſt. Nat.* 2. *pag.* 2864. *n°.* 310. Beytr. 2. *Naturg. p.* 42. §. 1.

Cette eſpèce vit aux dépens de la phalène réſinelle; elle eſt noire, avec l'écaille des balanciers ferrugineuſe. L'abdomen eſt marqué de deux petites bandes blanches.

Elle ſe trouve en Autriche.

213. Mouche cornue.

Musca cornuta.

Muſca flaveſcens, cornibus binis tres ramulos nigros ex latere ſuperiore educentibus; alis hyalinis, fuſco maculatis. Scop. *Ann.* 5. *Hiſt. Nat. p.* 123. *n°.* 149. Gmel. *Syſt. Nat.* 2. *p.* 2864. *n°.* 311.

Elle reſſemble à la Mouche domeſtique; elle eſt jaunâtre. Les ailes ſont tranſparentes, avec quelques points noirs. La tête eſt munie de deux petites cornes diſtinctes des antennes: celles-ci ſont penchées. Le corſelet eſt couvert de quelques poils noirs.

Elle ſe trouve en Italie.

214. Mouche iris.

Musca iridata.

Muſca thorace viridi, nitidiſſimo; abdomine lucido, lanceolato, æneo-violaceo. Gmel. *Syſt. Nat.* 2. *p.* 2864. *n°.* 312.

Muſca iridata. Scop. *Ent. carn. n°.* 914. Petagna, *Inſ. calab. p.* 43, *n°.* 229.

Les antennes ſont noires, un peu velues, en maſſe. Les yeux ſont brillans, d'un vert-marron. Les parties latérales de la trompe ſont blanches. On remarque trois petits tubercules au ſommet de la tête. Le corſelet eſt preſque ovale, un peu velu, d'un vert brillant. L'abdomen eſt long de trois lignes, un peu convexe, d'un violet-bronzé en deſſus, d'une couleur noirâtre en deſſous. Les pattes ſont noirâtres. Les ailes ſont vitrées, avec le bord extérieur obſcur.

Elle ſe trouve en Italie.

215. Mouche cannabine.

Musca cannabina.

Muſca thorace æneo, abdomine pellucido, flavo; faſciis nigris, alterne anguſtioribus. Gmel. *Syſt. Nat.* 2. *p.* 2864. *n°.* 313.

Muſca cannabina. Scop. *Ent. carn. n°.* 929.

Muſca cannabina. Petagna, *Inſ. calab. p.* 43. *n°.* 230.

Elle eſt de la grandeur de la précédente. Les antennes ſont rougeâtres. Les yeux ſont marrons, avec le bord blanc. Le corſelet eſt bronzé, luiſant, glabre. L'écuſſon eſt jaune. Les balanciers ſont pâles. L'abdomen eſt lancéolé, comprimé, long de trois lignes, jaune, avec des bandes noires, dont les deux dernières ſolitaires & les autres doubles, & une raie de la même couleur, qui deſcend de la baſe à l'extrémité. Les pattes ſont jaunâtres.

Elle ſe trouve en Italie.

216. Mouche lupine.

Musca lupina.

Muſca thorace cinereo; lineis quatuor interruptis, nigris; abdomine ſubteſſellato, lateribus diaphano. Swed. *Nov. Act. Stockh.* 1787. 4. *n^{os}.* 2. 50.

Elle reſſemble à la Mouche farouche, mais elle eſt preſque une fois plus grande, tomenteuſe, & couverte de poils rudes. Le corſelet eſt cendré, & marqué de quatre lignes noires interrompues. L'abdomen eſt marqueté, & ſes côtés ſont un peu tranſparens.

Elle ſe trouve dans la Nouvelle-Zélande.

(1) MOUCHE ABEILLIFORME. (*Voy.* Syrphe.)

MOUCHE A MIEL. (*Voyez* Abeille.)

MOUCHE APHIDIVORE (*Voyez* Syrphe & Hémérobe.)

MOUCHE ARAIGNÉE. (*Voyez* Hippobosque & Ornithomie.)

---

(1) M. Olivier, obligé de s'abſenter pendant pluſieurs années pour remplir dans le Levant une miſſion du Gouvernement, reprend ici la rédaction de ce Dictionnaire, qui avoit été confiée à d'autres perſonnes depuis la lettre L.

MOUCHE ARMÉE. (*Voyez* STRATIOME.)

MOUCHE A SCIE. (*Voyez* TENTRÈDE.)

MOUCHE ASILE. (*Voyez* ŒSTRE, TAON, MÉLOPHAGE.)

MOUCHE CANTHARIDE. (*Voyez* CANTHARIDE.)

MOUCHE DE FEU, MOUCHE A DRAGUE. Nom d'une espèce de Guêpe de Cayenne, dont la piqûre excite une douleur semblable à celle que produit la brûlure.

MOUCHE ICHNEUMONE. (*Voyez* ICHNEUMON.)

MOUCHE LUISANTE. (*Voyez* FULGORE, LAMPYRE & TAUPIN.)

MOUCHE SCORPION. (*Voyez* PANORPE.)

MOUCHERON, nom vulgaire des petits insectes diptères ou à deux ailes.

MOUSTIQUE. On donne ce nom à divers insectes. Dans l'Amérique méridionale c'est une très-petite espèce de Cousin, selon Barrère, qui pique aussi vivement que le Maringouin, & qui se trouve par nuées dans les lieux bas & marécageux, & au voisinage des fleuves. Dans l'Amérique septentrionale on donne plus particuliérement ce nom à un autre très-petit insecte du genre établi par M. Latreille, sous le nom de *Simulie*. (*Voyez ce mot.*)

MULIO, genre d'insectes établi par Fabricius, qui comprend douze espèces qui appartiennent aux genres Chrysotoxe, Microdon, Aphridite, Parague. (*Voyez les trois premiers dans les Supplémens, & le dernier à sa place.*)

MULION, *Mulio*. Genre d'insectes, de l'Ordre des Diptères & de la famille des Anthraciens.

Ces insectes ont deux ailes veinées, deux antennes courtes, distantes, formées de trois pièces; la trompe droite, mince, plus ou moins avancée; les yeux grands, distans; le corps ordinairement très-velu.

Ce genre, établi par Fabricius, avoit reçu le nom de *Cithérea*, que M. Latreille a changé en celui de *Mulion*, parce qu'il existoit déjà parmi les Entomostracés un genre qui avoit reçu par Muller le nom de *Cythère*. Fabricius s'est non-seulement refusé à adopter le changement que M. Latreille s'étoit cru obligé de faire, mais il a employé le mot *Mulio*, créé par celui-ci pour désigner un autre genre de Diptères. (*Voyez dans les Supplémens*, CHRYSOTOXE & APHRIDITE.)

Les Mulions ressemblent beaucoup aux Anthrax: c'est la même forme dans toutes les parties du corps; seulement les antennes sont un peu plus distantes dans les premiers. La trompe est en général un peu plus longue, & la seconde cellule marginale est moins sinuée.

Les antennes des Mulions, placées au-devant de la tête, à quelque distance des yeux, sont courtes, & composées de trois articles, dont le premier est un peu alongé, un peu plus mince à sa base qu'à son extrémité; le second est court, presque cylindrique; le dernier, qui ne paroît composé que d'une seule pièce, est un peu plus long que les deux autres, & se termine en pointe aiguë. Elles sont un peu plus distantes à leur base, que celles des Anthrax, & un peu moins que celles des Némestrines.

La bouche est formée d'une trompe mince, portée en avant, plus longue que la tête, composée d'une gaîne creusée en goutière à sa partie supérieure, où se placent trois soies, dont une aussi longue que la gaîne, & deux égales entr'elles, un peu plus courtes: ces trois soies sont contenues par une pièce supérieure mince, un peu aplatie, plus courte que l'une des soies, plus longue que les deux autres. A la base latérale de la trompe on voit deux antennules courtes, filiformes, qui paroissent composées de deux articles presqu'égaux.

Les yeux sont assez grands, fort distans l'un de l'autre, & placés à la partie latérale de la tête. On apperçoit sur le vertex trois petits yeux lisses fort rapprochés, disposés en triangle.

Le corcelet est grand, convexe, terminé postérieurement, comme dans les Anthrax, par une pièce presque triangulaire un peu relevée, en forme d'écusson.

Les ailes sont grandes, & ont leurs nervures bien marquées. La première cellule, ou la cellule marginale, est très-alongée; la seconde est sinuée; elle se réfléchit un peu, & vient se terminer au bord extérieur. A peu de distance de l'extrémité, il y a une troisième cellule qui occupe cette extrémité. La différence la plus remarquable entre les Mulions & les Anthrax, c'est que dans ceux-ci la seconde cellule est ou entiérement coupée en deux, ou qu'il y a ordinairement un nerf récurrent fort court, qui part de la troisième nervure.

Les balanciers sont fort petits; ils sont portés sur un pédicule fort mince, un peu alongé.

L'abdomen est triangulaire, obtus, un peu déprimé, composé de sept anneaux peu distincts, à cause des poils qui les couvrent.

Les pattes sont longues, minces, couvertes de quelques épines fort menues ou de quelques poils fort roides. Les tarses sont terminés par deux crochets, au dessous desquels sont deux pelotes fort petites.

Ces insectes, fort peu nombreux en espèces, & étrangers jusqu'à présent au nord de l'Europe, sont peu connus, & ont dû être par conséquent peu observés. La première espèce que M. Desfontaines a apportée de Barbarie, & que j'ai vue fréquemment en Égypte & en Syrie sur diverses fleurs, s'envoloit avec assez de promptitude lorsque j'approchois d'elle pour la prendre.

La larve nous est tout à fait inconnue.

MULION.

MULIO, LATR. *CYTHEREA*, FABR.

CARACTÈRES GÉNÉRIQUES.

Antennes courtes, très-distantes à leur base, formées de trois articles, dont le second très-court; le dernier subulé.

Trompe mince, plus longue que la tête, portée en avant, formée de cinq pièces.

Deux antennules courtes, biarticulées.

Yeux grands, très-distans.

Seconde cellule de l'aile longue, un peu sinuée.

ESPÈCES.

---

1. MULION obscur.

Noirâtre, couvert de poils cendrés; base des ailes obscure.

2. MULION fascié.

Velu, cendré; abdomen noir, avec le bord des anneaux cilié de blanc.

3. MULION cendré.

Cendré; base des ailes noire, avec des points blancs.

4. MULION doré.

Velu; corcelet obscur; abdomen doré.

5. MULION noirâtre.

Noirâtre; côtés du corcelet et de l'abdomen ferrugineux; ailes avec la base et trois points noirs.

6. MULION brévirostre.

Noirâtre, couvert de poils cendrés; trompe de la longueur de la tête.

1. Mulion obſcur.

Mulio obſcurus.

Mulio nigricans, cinereo hirtus, alis baſi fuſcis.

Cytherea obſcura. Fabr. *Ent. Syſt. em.* 4. *pag.* 413. *n°.* 1. — *Syſt. antl. p.* 116. *n°.* 1.

Cytherea obſcura. Coqueb. *Illuſtr. Inſ.* 2. *pag.* 87. *tab.* 20. *fig.* 10.

Il eſt aſſez grand. Tout le corps eſt noirâtre, mais couvert de poils fins, longs, ferrés, griſâtres. La trompe eſt une fois plus longue que la tête; elle eſt noire, ainſi que les antennes. Le corcelet eſt ordinairement un peu moins velu que le reſte du corps. Les ailes ſont obſcures depuis leur baſe juſqu'un peu au-delà du milieu; le reſte eſt tranſparent. Les pattes ſont noires.

Il ſe trouve en Barbarie, en Égypte, en Syrie.

2. Mulion faſcié.

Mulio faſciatus.

Mulio hirtus, cinereus, abdomine atro ſegmentorum marginibus albo ciliatis.

Cytherea faſciata. Fabr. *Syſt. antl. pag.* 116. *n°.* 2.

Il eſt de la grandeur du précédent. La tête eſt cendrée. La trompe eſt noire, alongée, droite. Le corcelet eſt velu, cendré. L'abdomen eſt noir, avec le bord des anneaux velu, blanc. Les ailes ſont blanches, avec la baſe ſeulement noire. Les pattes ſont velues, cendrées.

Il ſe trouve en Italie.

3. Mulion cendré.

Mulio cinereus.

Mulio cinereus, alis baſi fuſcis albo punctatis.

Cytherea cinerea. Fabr. *Syſt. antl. pag.* 116. *n°.* 3.

Il eſt de grandeur moyenne. La tête eſt velue, cendrée. Les antennes & la trompe ſont noires. Le corcelet & l'abdomen ſont velus, cendrés, ſans taches. Les ailes ſont tranſparentes, avec la baſe obſcure, marquée d'une tache blanche & de trois points blancs. Les pattes ſont teſtacées.

Il ſe trouve à Mogador en Afrique.

4. Mulion doré.

Mulio aureus.

Mulio hirtus, thorace fuſco, abdomine aureo.

Cytherea aurea. Fabr. *Ent. Syſt. em.* 4. *p.* 414. *n°.* 2. — *Syſt. antl. p.* 116. *n°.* 4.

Cytherea aurea. Coqueb. *Illuſt. Inſ.* 2. *p.* 87. *tab.* 20. *fig.* 11.

Il eſt une fois plus petit que le précédent. La tête eſt couverte de poils fins, d'un gris-fauve doré. Le corcelet eſt obſcur, avec les côtés velus comme la tête. L'abdomen eſt velu, un peu bronzé, luiſant. Les pattes ſont teſtacées. Les ailes ſont obſcures à leur baſe, tranſparentes à leur extrémité, avec ſix points noirs, provenans de l'anaſtomoſe des nervures.

Il ſe trouve en Barbarie, d'où il a été apporté par M. Desfontaines.

5. Mulion noirâtre.

Mulio fuſcus.

Mulio fuſcus, thoracis abdominiſque lateribus ferrugineis, alis baſi nigris, punctis atris tribus.

Cytherea fuſca. Fabr. *Syſt. antl. p.* 117. *n°.* 5.

M. Fabricius, qui a décrit cet inſecte, n'eſt pas certain qu'il appartienne à ce genre plutôt qu'à celui de l'Anthrax. Il reſſemble, pour la forme & la grandeur, au Mulion doré. La tête eſt obſcure, avec les yeux grands, dorés. Le corcelet eſt noirâtre; avec les côtés couverts de poils ferrugineux. L'abdomen eſt preſque nu, noirâtre, avec les côtés ferrugineux. Les ailes ſont tranſparentes, avec la baſe noire & trois points de la même couleur vers l'extrémité. Les pattes ſont teſtacées.

Il ſe trouve dans l'Amérique méridionale.

6. Mulion bréviroſtre.

Mulio breviroſtris.

Mulio fuſcus, cinereo hirtus, roſtro longitudine capitis.

Il eſt une fois plus petit que le Mulion obſcur. Les antennes ſont noires. La trompe eſt noire, de la longueur de la tête. Le corps eſt noirâtre, couvert de poils cendrés, fins, longs, aſſez ſerrés. Les ailes ſont obſcures, avec l'extrémité & une tache dans le milieu, tranſparentes.

Il ſe trouve au midi de la France.

MUSCIDES. *Muſcides.* Famille d'inſectes de l'Ordre des Diptères, qui préſente les caractères ſuivans : ſuçoir formé de deux ſoies, reçu dans une gaîne ou trompe bilabiée, rétractile; deux antennules & trois tubercules à la place de la trompe dans quelques genres; antennes à palète; le dernier article des antennes inarticulé.

Les Muſcides ont la tête hémiſphérique, deux yeux grands & à réſeau, & trois petits yeux liſſes, diſtincts. Le front eſt marqué de deux ſillons longitudinaux, dans leſquels ſe placent les antennes. Le corcelet eſt cylindrique & d'un ſeul ſegment apparent. L'abdomen varie dans ſa forme. Les ailes ſont grandes, horizontales, & les balanciers ſont courts. Les pattes ſont terminées par deux crochets & deux pelottes.

Les

Les larves n'ont point de pattes : leur tête est munie d'un ou de deux crochets rétractiles, au moyen duquel elles déchirent les substances végétales ou animales dont elles se nourrissent. Lorsqu'elles veulent se métamorphoser, leur peau se durcit, & devient l'enveloppe de la nymphe.

Cette famille est composée, suivant M. Latreille, des genres Œstre, Echinomyie, Ocyptère, Phasie, Mouche, Anthomyie, Lispe, Ochthère, Scénopine, Sépedon, Tétanocère, Oscine, Calobate, Achias, Diopsis, Platystome, Téphrite, Micropèze, Loxocère, Mosille, Scatophage, Thyréophore, Sphærocère & Phore. *(Voyez ces mots.)*

MUTILLAIRES. *Mutillariæ.* Famille d'insectes établie par M. Latreille, renfermant les genres Labide, Doryle, Aptérogyne, Mutille, Méthoque, Myrmose, Scléroderme & Myrmécode. Elle a, pour caractères, un aiguillon dans les femelles; l'abdomen tenant au corcelet par une petite portion de son épaisseur; la lèvre inférieure très-petite, membraneuse, creusée en cuiller à son extrémité; les antennes filiformes, insérées près de la bouche, vibratiles, souvent brisées, à articles serrés, le troisième plus long ou aussi long que les deux qui lui sont contigus; les mandibules arquées, pointues; les antennules maxillaires ordinairement longues.

Les Mutillaires ressemblent, sous beaucoup de rapports, aux Formicaires; mais dans les premières il n'y a que deux sortes d'individus, des mâles, & des femelles aptères dans le plus grand nombre. L'abdomen de ces dernières ne tient pas au corcelet par une écaille ou par un ou deux nœuds; ce qui les distingue des Formicaires.

Le corps des Mutillaires est alongé : la tête est verticale, de la largeur du corcelet, comprimée, arrondie postérieurement. Les yeux sont ovales. Les petits yeux lisses manquent dans les individus privés d'ailes. Le corcelet est grand, presque cylindrique dans les mêmes individus. L'abdomen est ellipsoïde ou ové, pourvu, dans les femelles, d'un aiguillon rétractile & très-fort. Les pattes sont courtes, souvent velues ou épineuses. Les cuisses sont comprimées, & les jambes presque triangulaires. Les tarses sont courts.

MUTILLE. *Mutilla.* Genre d'insectes de la première section de l'Ordre des Hyménoptères & de la famille des Mutillaires.

Les Mutilles sont aptères ou ont quatre ailes veinées, inégales; les antennes filiformes, coudées, de la longueur du corcelet, & composées de treize articles dans les individus ailés, plus courtes que le corcelet, & composées de douze articles dans ceux qui sont aptères. Dans les uns & dans les autres, l'abdomen, qui tient au corcelet par un pédicule court, mince & simple, renferme un aiguillon très-fort & très-aigu, que l'insecte fait sortir à volonté par l'anus.

Les caractères que M. Jurine assigne aux Mutilles sont : une cellule radiale, petite, arrondie; trois cellules cubitales, d'égale grandeur; la deuxième, presque triangulaire, reçoit la première nervure récurrente; la troisième, hexagonale, reçoit la seconde nervure, & donne naissance à deux petites nervures qui n'atteignent pas le bout de l'aile.

Ce caractère convient à presque toutes les Mutilles dont nous avons vu les individus ailés; mais quelques espèces qu'il faudroit nécessairement détacher de ce genre, en suivant la méthode de M. Jurine, présentent des différences assez remarquables dans cette partie. L'aile supérieure, au lieu d'avoir trois cellules cubitales, d'égale grandeur, n'en a que deux, & un seul nerf récurrent qui part de la seconde cellule : telles sont la Mutille cendrée, la Mutille âtre & la Mutille italienne.

Ces insectes ont quelques rapports de conformation avec les Fourmis & tous les genres qui en ont été détachés; mais outre que les Fourmis ont le premier article des antennes plus long que dans les Mutilles, le pédicule qui lie le corcelet avec l'abdomen, noduleux, & l'abdomen sans aiguillon, les ailes présentent encore des différences très-remarquables : on voit dans celles des Fourmis, une cellule radiale fort alongée, & seulement deux cellules cubitales, dont la dernière se prolonge jusqu'à l'extrémité des ailes.

Ce sont aussi ces rapports de conformation, qui avoient fait regarder les Mutilles ailées comme étant des mâles ou des femelles, & les Mutilles sans ailes comme des mulets ou des ouvrières. M. Latreille avoit d'abord adopté cette opinion, qu'il a ensuite abandonnée lorsqu'il a cru reconnoître que les individus ailés sont tous des mâles, & les individus sans ailes sont tous des femelles. M. Jurine paroît avoir adopté cette dernière opinion, quoique la plupart des naturalistes, M. Illiger entr'autres, regardent cette question comme n'étant pas encore résolue. En effet, ces insectes ont été jusqu'à présent trop peu observés. Nous avons trop peu de notions sur leurs mœurs & sur leur manière de vivre, pour prononcer définitivement à ce sujet.

Ce qui porte néanmoins à croire que les uns sont des mâles, & les autres des femelles, c'est que les premiers, ou ceux pourvus d'ailes, ont un article de plus aux antennes, & un anneau de plus à l'abdomen; c'est d'ailleurs qu'aucune espèce de ce genre ne vit en société, & on sait qu'il n'y a des mulets ou des individus privés de sexe que parmi les insectes qui forment une société fort nombreuse.

Les antennes des Mutilles sont filiformes & à peu près de la longueur du corcelet dans les mâles; elles sont composées de treize articles, dont le premier est un peu alongé; le second est fort court; les autres sont cylindriques, presqu'égaux :

celles des femelles font courtes, guère plus longues que la tête, presque brisées ou coudées. Le premier article est plus long dans celles-ci que dans le mâle, un peu arqué; le second est court & conique; les autres, quoique cylindriques, présentent ensemble la forme d'un fuseau peu renflé. Ces antennes, dans les individus aptères, sont quelquefois un peu roulées en spirale.

La bouche est composée d'une lèvre supérieure, de deux mandibules, d'une trompe courte, peu apparente, & de quatre antennules.

La lèvre supérieure est cornée, peu avancée, courte, arrondie, ciliée.

Les mandibules varient beaucoup dans leur forme & leur grandeur; elles sont, ou simples, ou bidentées, ou tridentées, quelquefois éperonnées, suivant les espèces; mais en général elles sont très-fortes, un peu crochues & très-pointues à leur extrémité.

La trompe est très-courte & composée de trois pièces, deux latérales aplaties, coriacées, qui portent vers leur base les antennules antérieures, & une intermédiaire, arrondie, qui donne naissance aux deux antennules postérieures.

Les antennules antérieures sont longues, filiformes, composées de six articles d'inégale longueur, dont le premier très-court; le troisième un peu aplati; les autres cylindriques. Les postérieures sont filiformes, beaucoup plus courtes que les antérieures, & composées seulement de quatre articles, dont le troisième plus large & aplati.

La tête est beaucoup plus grosse dans les individus sans ailes, que dans ceux qui sont ailés; elle est plus étroite que le corcelet dans les uns, & ordinairement plus large dans les autres. Les yeux sont petits, arrondis, peu saillans, placés à la partie latérale un peu antérieure de la tête dans les individus privés d'ailes; ils sont grands, ovales & échancrés dans ceux qui en sont pourvus. Dans ces derniers, on voit, au sommet de la tête, trois petits yeux lisses qui manquent toujours aux autres.

Le corcelet n'est pas figuré de même dans les deux sexes. L'individu aptère a le sien d'une forme ordinairement presque carrée, & paroissant n'être composé que d'une seule pièce, tandis que, dans l'individu ailé, le corcelet ressemble à celui de tous les Hyménoptères; c'est-à-dire, qu'il est formé de trois pièces peu distinctes, l'une antérieure très-courte, que quelques auteurs ont désignée sous le nom d'épaulette, & qui donne naissance aux deux pattes antérieures; le dos, qui donne naissance aux ailes & aux quatre pattes postérieures, & l'écusson ou cette partie postérieure qui saille un peu, & qui très-souvent est autrement coloré que le dos.

L'abdomen est ovale, un peu alongé postérieurement, & composé de sept anneaux dans les individus ailés, & de six dans ceux qui sont dépourvus d'ailes; ce qui fait supposer que les premiers sont des mâles, & que les seconds sont des femelles. L'anus de celles-ci est armé d'un aiguillon très-fort, très-acéré, que l'insecte fait sortir & rentrer à volonté. Le second anneau dans les deux sexes est très-grand, campaniforme, & le premier est quelquefois fort petit & fort étroit.

Les pattes sont de longueur moyenne, ordinairement très-velues. Les jambes des individus aptères sont épineuses tout le long de leur partie externe, tandis que celles des individus ailés ne le sont pas ou le sont à peine.

On trouve les Mutilles aptères dans les endroits secs, sablonneux & chauds, courant par terre, ou s'enfonçant dans des nids qu'elles ont creusés très-profondément. Celles qui ont des ailes, beaucoup plus rares ou beaucoup plus difficiles à trouver que les autres, fréquentent ordinairement les fleurs, d'où elles s'envolent avec assez de prestesse si on n'est encore plus prompt à les saisir.

Quoiqu'il y ait en Europe un grand nombre d'espèces de ces insectes, leur histoire est peu connue. On sait seulement qu'ils vivent isolés; qu'ils font leurs nids dans la terre, & qu'on rencontre les individus aptères pendant toute la belle saison.

MUTILLE.

MUTILLA. LINN. FABR. LATR. JUR.

CARACTÈRES GÉNÉRIQUES.

Antennes coudées, presque fusiformes, guère plus longues que la tête, et en spirale dans les femelles; filiformes et aussi longues que le corcelet dans les mâles.

Mandibules cornées, fortes, simples ou dentées.

Quatre antennules inégales; les antérieures plus longues que les postérieures, composées de six articles; les postérieures filiformes, composées de quatre.

Trois yeux lisses dans le mâle; aiguillon très-fort, caché dans l'abdomen, dans la femelle.

ESPÈCES.

1. MUTILLE écarlate.

D'un rouge de sang; abdomen avec une bande noire.

2. MUTILLE diadême.

Très-noire; abdomen avec deux points à la base, une raie au milieu, transverse, interrompue, et une ligne à l'extrémité, jaunâtres.

3. MUTILLE fasciée.

Blanche; bande sur le corcelet; base, milieu et extrémité de l'abdomen noirs.

4. MUTILLE effacée.

Très-noire; abdomen avec deux taches rouges sur le second anneau, et deux taches blanches sur les autres.

5. MUTILLE nigripenne.

Noire; abdomen rouge, velu, avec l'extrémité noire; ailes d'un noir-bleu.

6. MUTILLE d'Antigoa.

Rouge; extrémité de l'abdomen noire, avec le bord des anneaux blanc.

7. MUTILLE de Guinée.

Corcelet presqu'épineux, variolé, brun; abdomen noir, avec deux points et une bande interrompue, blancs.

8. MUTILLE américaine.

Noire; abdomen avec quatre taches rouges et trois lignes blanches.

9. MUTILLE formicaire.

Noire; abdomen avec une rangée longitudinale de points blancs.

10. MUTILLE exilée.

Noire; abdomen avec deux points à la base, une raie transverse, interrompue, et une petite ligne postérieure, blancs.

11. MUTILLE dorée.

Bleuâtre; abdomen avec une grande tache dorée.

12. MUTILLE cendrée.

Noire, couverte d'un duvet cendré; ailes noires.

MUTILLE. (Insecte.)

13. Mutille bicolore.

Velue, noire, rougeâtre; abdomen noir; ailes blanches, avec un peu d'obscur vers l'extrémité.

14. Mutille continue.

Noire; corcelet rouge; bord des anneaux de l'abdomen, blanc.

15. Mutille européenne.

Noire; dos du corcelet rouge; abdomen avec deux bandes blanches; la postérieure double, interrompue.

16. Mutille littorale.

Noire; corcelet et jambes fauves; bord des anneaux de l'abdomen blanc.

17. Mutille maculée.

Velue, noire; front, dos du corcelet et neuf points sur l'abdomen, blancs.

18. Mutille sinuée.

Velue, d'un rouge-brun; abdomen noir, avec quatre points et une bande postérieure, blancs.

19. Mutille barbaresque.

Noire; abdomen avec trois rangées de points blancs; corcelet rouge.

20. Mutille marocaine.

Rouge; abdomen noir, avec huit points blancs.

21. Mutille hottentote.

Velue, noire; partie antérieure du corcelet et deux bandes sur l'abdomen, blanches.

22. Mutille cinq points.

Velue, rouge; abdomen noir, avec cinq points blancs.

23. Mutille quadriponctuée.

Velue, noire; corcelet rouge; abdomen avec quatre points et une bande postérieure, blancs.

24. Mutille flabellée.

Noire; partie antérieure du corcelet rouge; abdomen avec deux bandes blanches; antennes en éventail.

25. Mutille ruficorne.

Noire; antennes auves; anus blanc.

26. Mutille âtre.

Velue, noire; bords du corcelet et deux bandes sur l'abdomen, blancs.

27. Mutille arabe.

Velue, noire; abdomen avec deux bandes rapprochées, blanches; dos du corcelet d'un rouge-brun.

28. Mutille épineuse.

Velue, noire; abdomen avec une bande postérieure blanche; corcelet raboteux et épineux.

29. Mutille couronnée.

Noire; front cendré; corcelet rouge; abdomen avec un point et deux petites bandes, blancs.

30. Mutille hongroise.

Tête et corcelet rouges; abdomen noir, avec six taches et une bande postérieure, blanches.

31. Mutille dorsale.

Noire; abdomen avec une tache dorsale et des bandes, blanches.

32. Mutille oculée.

Noire; corcelet rouge; abdomen avec deux taches et le bord des anneaux, cendrés.

MUTILLE. (Insecte.)

33. MUTILLE cinq bandes.

Velue; tête et corcelet bruns; abdomen noir, avec cinq bandes blanches.

34. MUTILLE ferrugineuse.

Ferrugineuse; abdomen avec le bord des anneaux obscur, cilié de blanc.

35. MUTILLE rugueuse.

Velue, noire; second anneau de l'abdomen rouge; les derniers noirs, avec trois rangées de points blancs.

36. MUTILLE maure.

Velue, noire; corcelet rouge; abdomen avec quatre taches blanches.

37. MUTILLE arénaire.

Velue, noire; front, dos et quatre taches sur l'abdomen, blancs.

38. MUTILLE de Tunis.

Velue, noire; front, dos, tache à la base de l'abdomen et bande au milieu, d'un blanc-argenté.

39. MUTILLE interrompue.

Noire; corcelet rouge; abdomen avec deux points et deux bandes interrompues, blancs.

40. MUTILLE lugubre.

Velue, noire, sans taches; ailes bleues.

41. MUTILLE australe.

Velue, noire; antennes et corcelet rouges; abdomen avec trois petites bandes blanches.

42. MUTILLE italienne.

Velue, noire; second anneau de l'abdomen rouge.

43. MUTILLE du Piémont.

Noire; second anneau de l'abdomen rouge, et deux bandes postérieures, blanches.

44. MUTILLE de Halle.

Velue, noire; corcelet rouge; abdomen avec deux taches et une bande postérieure, blanches.

45. MUTILLE sellée.

Velue, noire; corcelet rouge; ailes légèrement obscures.

46. MUTILLE versicolore.

Rouge; abdomen avec la base et l'extrémité noires; le milieu rouge, avec une bande blanche et un point noir.

47. MUTILLE royale.

Velue, noire; front cendré; corcelet fauve; abdomen avec quatre points blancs; l'intermédiaire alongé.

48. MUTILLE à collier.

Velue, noire; vertex, bord antérieur du corcelet et deux bandes sur l'abdomen, blancs.

49. MUTILLE douteuse.

Noire, couverte de poils cendrés; abdomen avec le second anneau et une tache sur les autres, dorés.

50. MUTILLE fuscipenne.

Noire; bord antérieur du corcelet blanc; abdomen rouge.

51. MUTILLE porte-or.

Velue, dorée; abdomen avec le second anneau noir, marqué de deux lignes dorées.

MUTILLE. (Insecte.)

52. Mutille ruficolle.

Velue, noire; corcelet rouge.

53. Mutille scutellaire.

Velue, noire; corcelet avec trois points rouges.

54. Mutille rayée.

Velue, rouge; abdomen noir, avec trois raies à la base et deux points vers l'extrémité, argentés.

55. Mutille cornue.

Tête et corcelet rouges; front brun, bituberculé.

56. Mutille chauve.

Noire; vertex et corcelet rouges; abdomen avec le bord des anneaux, blanc.

57. Mutille montagnarde.

Velue, noire; corcelet rouge; abdomen avec deux taches, une bande et l'anus, blancs.

58. Mutille parvule.

Noire; abdomen avec le bord du premier et du second anneau, blanc.

59. Mutille nègre.

Velue, noire; abdomen avec le bord des anneaux cilié, blanchâtre.

60. Mutille ciliée.

Velue, noire; corcelet rouge; abdomen avec le bord des anneaux cilié, blanchâtre.

61. Mutille linéole.

Noire; corcelet fauve; abdomen avec deux petites lignes à la base et le bord des anneaux, blancs.

62. Mutille pétiolaire.

Noire; corcelet et pétiole de l'abdomen rouges; abdomen avec une bande cendrée.

63. Mutille tuberculée.

Rouge; abdomen noir, avec le bord des anneaux blanc; deux tubercules comprimés sur le second anneau.

64. Mutille glabre.

Glabre, noire; corcelet et abdomen en dessous, rouges.

65. Mutille mélanocéphale.

Velue, rouge; tête et extrémité de l'abdomen noires.

66. Mutille érythrocéphale.

Velue, noire; tête rouge; abdomen avec trois bandes dorées.

67. Mutille nigripède.

Rouge; pattes et anus noirs; abdomen avec trois petites bandes rapprochées, blanches.

68. Mutille rufipède.

Velue, noire; antennes et corcelet rouges; abdomen avec un point et deux bandes rapprochées, blancs.

69. Mutille errante.

Rouge; abdomen d'un rouge obscur, avec le bord des anneaux et deux points sur le second, blancs.

1. Mutille écarlate.

Mutilla coccinea.

Mutilla coccinea, abdomine cingulo nigro. Fab. *Syst. Pyezat. p.* 428. *n°.* 1.

Mutilla occidentalis. Linn. *Syst. Nat. p.* 966. *n°.* 1.

Mutilla occidentalis. Fab. *Syst. ent. p.* 396. *n°.* 1.

Petiv. *Gazoph. tab.* 13. *fig.* 10. — *Filic. p.* 404. *tab.* 11. *fig.* 4.

Catesb. *Car.* 3. *p.* 15. *tab.* 15.

Sulz. *Inf. tab.* 19. *fig.* 9.

L'individu aptère a environ dix lignes de long. Les antennes & la bouche sont noires. Le dessus de la tête est couvert de poils d'un beau rouge. Tout le dessus du corcelet est couvert des mêmes poils. Le premier anneau de l'abdomen est noir, sans tache. Le second est grand, rouge en dessus, avec la base & le bord noirs. Le rouge paroît former deux taches plus ou moins réunies. Le troisième anneau est noir, & les suivans sont rouges. L'extrémité est noire. Les pattes & tout le dessous du corps sont noirs.

L'individu ailé a le corcelet noir, avec la partie supérieure, jusqu'à l'écusson, couverte de poils rouges. Le premier anneau de l'abdomen est noir. Le second est grand, noir, bordé de rouge. Le troisième est rouge. Le quatrième est noir, avec quelques poils rouges à sa base. Le cinquième est rouge. Les ailes sont noires.

Elle se trouve dans les provinces méridionales des Etats-Unis d'Amérique.

2. Mutille diadême.

Mutilla diadema.

Mutilla atra, abdomine punctis duobus baseos, strigâ mediâ interruptâ, flavis lineolâque apicis albâ. Fabr. *Ent. Syst. em.* 2. *p.* 367. *n°.* 4. — *Syst. Pyezat. p.* 429. *n°.* 5.

Mutilla indica. Linn. *Syst. Nat. p.* 966. *n°.* 3. — *Mus. lud. ulr. p.* 419.

Mutilla diadema. Latr. *Act. Soc. Hist. nat. Inf. par. p.* 7. *n°.* 1.

Elle est grande. La tête est noire, avec une bande postérieure, blanche. Le corcelet est noir, avec deux petites lignes vers l'écusson, & les côtés, en dessous, blancs. L'abdomen est noir, avec le premier anneau court, marqué, de chaque côté, d'une ligne blanche; le second très-grand, marqué de deux points à la base, & d'une petite bande interrompue, élevés, d'un blanc-jaune: on voit une ligne blanche au milieu des autres, qui va jusqu'à l'extrémité. Le dessous de l'abdomen est noir, avec une ligne blanche de chaque côté de la base, & le bord des trois anneaux qui suivent, blanc. Je ne connois que l'individu aptère.

Elle se trouve à la Guiane française & hollandaise.

3. Mutille fasciée.

Mutilla fasciata.

Mutilla alba, thorace fasciâ, abdominis basi, apice medioque nigris.

Mutilla sphegea, *hirta, cinerea, thoracis dorso, abdomine fasciâ anoque atris.* Fabr. *Syst. Pyez. p.* 435. *n°.* 31.?

Elle est aussi grande que la précédente, à laquelle elle ressemble beaucoup. Les antennes sont noires. La tête est couverte de poils argentés, excepté sur la partie postérieure, qui paroît noire. Le corcelet est blanc, avec une large bande noire au milieu. Le premier anneau de l'abdomen est plus petit que les suivans, aminci à sa base, noir, avec deux taches blanches à son extrémité, presque réunies. Le second anneau est blanc, avec son bord noir. Le troisième est noir, bordé de blanc. Le quatrième est blanc, & les suivans sont noirs. Les ailes sont transparentes, avec l'extrémité des supérieures noire.

Elle se trouve à Surinam, & je l'ai décrite à Amsterdam, dans le cabinet de M. Raye. Je ne connois que l'individu ailé.

4. Mutille effacée.

Mutilla derasa.

Mutilla atra, abdominis segmentis maculis duabus albis, thorace utrinquè dentato.

Mutilla atra, abdominis segmento secundo maculis duabus rufis; reliquis segmentis maculis duabus albis. Fab. *Syst. Pyezat. p.* 429. *n°.* 2.

Elle est de la grandeur de la Mutille écarlate. Les antennes sont noires, avec un peu de blanc au milieu. La tête est noire, avec deux taches blanches à sa partie supérieure. Le corcelet est noir, avec quatre taches cendrées, et quelques dentelures de chaque côté, dont deux postérieures & placées vers le milieu, un peu plus saillantes. L'abdomen est noir, avec deux taches argentées sur le premier anneau, deux grandes taches rouges sur le second; & deux petites taches cendrées, triangulaires, sur les autres. Les pattes sont noires. Les deux taches rouges du second anneau sont quelquefois couvertes d'un léger duvet argenté.

Elle se trouve dans l'Amérique méridionale.

Du Muséum d'Histoire naturelle.

5. Mutille nigripenne.

Mutilla nigripennis.

Mutilla atra, abdomine rufo, villoso; apice nigro, alis atro-cyaneis.

Elle eſt de la grandeur des précédentes. Les antennes ſont noires, un peu velues. Le corcelet eſt noir, un peu velu, avec le dos glabre, pointillé, marqué de trois petites lignes longitudinales, élevées. L'abdomen eſt d'un rouge clair, couvert de poils courts, rouſſeâtres, avec l'anus noir. Les pattes ſont noires. Les ailes ſont d'un noir-violet, luiſant.

Elle ſe trouve au Sénégal.

Du Muſéum d'Hiſtoire naturelle.

6. Mutille d'Antigoa.

Mutilla antiguenſis.

Mutilla coccinea, abdominis apice nigro, ſtrigis albis. Fabr. *Ent. Syſt. em.* 2. *p.* 367. *n°.* 2. — *Syſt. Pyezat. p.* 429. *n°.* 3.

Elle eſt une fois plus petite que la Mutille écarlate. La tête eſt velue, rouge, avec les yeux noirs. Le corcelet eſt velu, ponctué, rouge, ſans tache. L'abdomen eſt ovale, rouge, avec une petite tache noire à la baſe du ſecond anneau. Les trois ſuivans ſont noirs, bordés de blanc. L'extrémité eſt noire. Les pattes ſont noires. Je ne connois que l'individu aptère.

Elle ſe trouve dans l'île Antigoa.

7. Mutille de Guinée.

Mutilla guineenſis.

Mutilla thorace ſubſpinoſo, varioloſo, piceo; abdomine atro, punctis duobus faſciâque interruptâ albis. Fabr. *Ent. Syſt. em.* 2. *p.* 367. *n°.* 3. — *Syſt. Pyezat. p.* 429. *n°.* 4.

Elle eſt grande. La tête eſt ponctuée, noire, ſans tache. Le corcelet eſt preſque velu, de couleur brune foncée, ſans tache; il eſt armé, de chaque côté, de quelques petites épines preſque effacées, & eſt marqué de points enfoncés, aſſez grands. L'abdomen eſt velu, noir, avec deux points & une bande poſtérieure, interrompue, blancs. Les pattes ſont noires.

Elle ſe trouve en Guinée.

8. Mutille américaine.

Mutilla americana.

Mutilla nigra, abdomine maculis rufis quatuor lineiſque tribus albis. Linn. *Syſt. Nat. p.* 966. *n°.* 2.

Mutilla americana. Fabr. *Ent. Syſt. em.* 2. *p.* 367. *n°.* 5. — *Syſt. Pyezat. p.* 430. *n°.* 6.

Sphex americana aptera, *aptera, nigra, villoſa, thorace maculis ſex albis, abdomine quatuor rubris, lineiſque tribus albis.* Deg. *Mem. Inſ.* 3. *p.* 591. *n°.* 8. *tab.* 30. *fig.* 10. 11. 12.

Elle eſt plus petite que les précédentes. Les antennes ſont noires. La tête eſt noire, ſans taches. Le corcelet eſt noir, avec quatre taches blanches, dont deux grandes au milieu, & deux fort petites ſur la partie poſtérieure. On voit auſſi une ligne blanche de chaque côté, près de l'origine des pattes. Le premier anneau de l'abdomen eſt petit, mince, noir, avec deux petites taches blanches. Le ſecond eſt grand, noir, & marqué de quatre taches fauves, dont les deux antérieures ſont les plus petites. Les autres anneaux ſont noirs, avec trois lignes blanches, dont une ſupérieure & les autres latérales.

Elle ſe trouve dans la Guiane françaiſe & hollandaiſe.

9. Mutille formicaire.

Mutilla formicaria.

Mutilla nigra, abdomine lineâ dorſali punctorum alborum. Fabr. *Ent. Syſt. em.* 2. *p.* 368. *n°.* 6. — *Syſt. Pyezat. p.* 430. *n°.* 7.

Elle eſt grande. La tête eſt cendrée. Le corcelet eſt raboteux, velu, noir, ſans tache. L'abdomen eſt noir, avec une rangée longitudinale de points blancs à la partie ſupérieure, & les côtés blanchâtres.

Elle ſe trouve à la Nouvelle-Hollande.

10. Mutille exilée.

Mutilla exulans.

Mutilla atra, abdomine punctis duobus baſeos, ſtrigâ interruptâ, lineolâque poſticâ flavis. Fabr. *Ent. Syſt. em.* 2. *p.* 368. *n°.* 7. — *Syſt. Pyezat. p.* 430. *n°.* 8.

Elle reſſemble à la précédente. La tête & le corcelet ſont noirs, ſans tache. L'abdomen eſt noir, avec un petit point de chaque côté de la baſe; une petite bande au milieu, interrompue, & une rangée poſtérieure, longitudinale, de points blancs peu marqués.

Elle ſe trouve en Amérique.

11. Mutille dorée.

Mutilla aurata.

Mutilla cœruleſcens, abdomine maculâ magnâ, aureâ. Fabr. *Ent. Syſt. em.* 2. *p.* 368. *n°.* 8. — *Syſt. Pyezat. p.* 430. *n°.* 9.

Les antennes ſont noirâtres. La tête & le corcelet ſont velus, bleuâtres. L'abdomen eſt bleuâtre, avec le premier anneau fort grand, marqué d'une tache dorée, luiſante. La baſe des autres eſt noire.

Elle ſe trouve à la Nouvelle-Hollande.

12. Mutille cendrée.

Mutilla cinereſcens.

Mutilla nigra, cinereo-tomentoſa, alis nigris.

Elle

Elle est de la grandeur de la Mutille du Piémont. Les antennes sont noires. La tête, le corcelet & l'abdomen sont noirs, couverts d'un duvet serré, blanchâtre. Les pattes sont noires, couvertes de poils blancs. Les ailes sont noires; elles n'ont que deux cellules cubitales, & un seul nerf récurrent, qui part de la seconde cellule. La cellule radiale est petite & ovale. Je n'ai point vu l'individu aptère.

Elle se trouve en Perse, aux environs de Kermanchah.

13. MUTILLE bicolore.

MUTILLA bicolor.

Mutilla hirta, rufa, abdomine nigro, alis albis, versus apicem subfuscis.

Elle est de la grandeur de la Mutille européenne. Les antennes sont fauves. La tête est fauve, avec les yeux obscurs. Le corcelet est fauve. L'abdomen est noir, avec quelques poils blancs. Les ailes sont transparentes, avec un peu d'obscur vers l'extrémité. Les pattes sont fauves. Je n'ai point vu l'individu aptère.

Elle se trouve dans le petit désert de l'Arabie, près de l'Euphrate.

14. MUTILLE continue.

MUTILLA continua.

Mutilla nigra, thorace rufo, abdominis segmentis margine albo continuo. FABR. *Syst. Pyez. p.* 430. *n°.* 10.

Elle ressemble à la Mutille de Guinée, mais elle est à peine plus grande que la Mutille européenne. La tête & les antennes sont noires. Le corcelet est raboteux, velu, fauve, sans tache. L'abdomen est noir, avec le bord de chaque anneau ciselé de blanc. Les pattes sont noires, avec les tarses blanchâtres.

Elle se trouve en Guinée.

15. MUTILLE européenne.

MUTILLA europea.

Mutilla nigra, thorace rufo, abdomine fasciis duabus albis, posteriore duplicatâ, interruptâ. FABR. *Syst. Pyezat. p.* 431. *n°.* 11.

Mutilla europea, *nigra, abdomine fasciis duabus albis, thorace antice rufo.* LINN. *Syst. Nat. p.* 966. *n°.* 4. — *Faun. suec. n°.* 1727.

Mutilla europea. UDM. *Diss. p.* 60. *n°.* 98. *tab.* 2. *fig.* 17.

Mutilla europea. SCHRANK, *Enum. Inf. Austr. n°.* 839.

Mutilla europea. VILL. *Ent. tom.* 3. *p.* 340. SCHŒFF. *Icon. Inf. tab.* 175. *fig.* 4. 5. 6.

Mutilla europea. COQUEB. *Illustr. Inf.* 2. *p.* 68. *tab.* 16. fig. 8.

Mutilla europea. LATR. *Act. Soc. Hist. nat. paris. p.* 7. *Mas.*

Mutilla europea. PANZ. *Faun. germ.* 76. *tab.* 20.

Dans l'individu aptère, les antennes sont noires. La tête est noire, un peu velue, ponctuée. Le corcelet est ponctué, un peu velu, rouge, avec le bord antérieur noir. Le premier anneau de l'abdomen est noir, bordé de poils d'un blanc un peu doré. Le second, qui est fort grand, & le troisième, sont bordés des mêmes poils que le premier; ce qui forme deux bandes quelquefois interrompues. Les autres anneaux sont noirs. Les pattes sont noires.

Dans l'individu ailé, les antennes & la tête sont noires. Le corcelet est rouge en dessus, avec le bord antérieur noir. Le premier anneau de l'abdomen, le second & le troisième sont bordés de blanc un peu doré; les autres sont noirs. Les pattes sont noires. Les ailes sont obscures, avec l'extrémité noire.

Elle se trouve au midi de la France, en Italie, dans le Levant.

16. MUTILLE littorale.

MUTILLA littoralis.

Mutilla nigra, thorace tibiisque rufis, abdominis segmentis margine albis.

Mutilla europea. FABR. *Ent. Syst. em.* 2. *pag.* 368. *n°.* 9.

Mutilla europea. ROSS. *Faun. etr.* 2. *p.* 114. *n°.* 939. — ILLIG. *Faun. etr.* ROSS. 2. *p.* 188.

Mutilla littoralis. PETAGN. *Sp. Inf. Cal. p.* 33. *tab. fig.* 37.

Mutilla europea. LATR. *Act. Soc. Hist. nat. paris. p.* 7. *n°.* 2. *Aptera.*

Mutilla austriaca. PANZ. *Faun. germ.* 62. *t.* 20.

Cette espèce paroît avoir été confondue avec la précédente par MM. Fabricius, Latreille, Rossi, parce qu'effectivement elle n'en diffère pas beaucoup : néanmoins, en les comparant, on voit que l'individu aptère diffère du précédent, en ce que la tête est proportionnellement un peu plus grosse, plus fortement ponctuée. Les antennes sont d'un rouge plus ou moins obscur. Le corcelet est tout rouge, fortement ponctué. Le premier anneau de l'abdomen a le bord couvert de poils d'un blanc-doré à sa partie supérieure seulement, & ses poils sont séparés ou interrompus; ce qui forme comme deux taches. Tous les autres anneaux sont noirs, bordés de blanc-doré. Les cuisses sont noires ou d'un brun-noir. Les jambes sont très-épineuses, d'un fauve-obscur, & couvertes de poils blanchâtres. Les tarses sont fauves & ont quelques poils blanchâtres. Le mâle diffère de la Mutille européenne, en ce que tout le corcelet est rouge, & que la partie scutellaire est séparée du dos par une ligne enfoncée, qui paroît plus obscure.

Elle se trouve au midi de la France, en Italie, dans les îles de l'Archipel, sur les bords de l'Hellespont.

17. Mutille maculée.

Mutilla maculosa.

Mutilla hirta, nigra, fronte, thoracis dorso, abdomine punctis novem albis.

Elle est beaucoup plus grande que la Mutille européenne. Les antennes sont noires, avec le second & le troisième article bruns; le premier est velu. La tête est noire, avec la partie antérieure couverte d'un duvet blanc. Le corcelet est noir, avec le dos blanc. L'abdomen est noir, avec trois taches blanches sur le bord des trois ou quatre premiers anneaux. La tache intermédiaire du second est plus grande que les autres, & arrondie. Les pattes sont noires. Je ne connois que l'individu aptère.

Elle se trouve en Égypte.

18. Mutille sinuée.

Mutilla sinuata.

Mutilla hirta, fusco-rufescens, abdomine nigro, punctis quatuor fasciâque posticâ albis.

Elle est beaucoup plus grande que la Mutille européenne. Les antennes sont d'un fauve-obscur. La tête & le corcelet sont velus, pointillés, d'un fauve-obscur. L'abdomen est noir, avec un point blanc sur le bord du premier anneau; deux taches rondes au milieu du second; une tache plus petite, triangulaire sur le bord du même anneau, & une bande supérieurement sinuée sur le troisième. Les pattes sont d'un fauve-obscur. L'individu est aptère.

Elle se trouve en Perse, aux environs de Kermanchah.

19. Mutille barbaresque.

Mutilla barbara.

Mutilla nigra, abdomine punctis triternatis, albis; thorace rufo. Linn. *Syst. Nat. pag.* 967. *n°.* 7.

Mutilla barbara. Coqueb. *Illustr. Ins.* 2. *p.* 67. *tab.* 16. *fig.* 6.

Elle est plus grande que la Mutille européenne. Les antennes sont noires. La tête est noire, avec un léger duvet blanchâtre à la partie antérieure. Le corcelet est un peu velu, pointillé, rouge, sans taches. L'abdomen est noir, avec trois rangées de points blancs, de trois points chaque. Les pattes sont noires. Je ne connois pas les individus ailés.

Elle se trouve en Afrique, d'où elle a été apportée par M. Desfontaines.

20. Mutille marocaine.

Mutilla marocana.

Mutilla rufa, abdomine atro, punctis octo albis.

Mutilla barbara. Fabr. *Syst. Pyezat. p.* 434. *n°.* 26.

Elle diffère de la Mutille barbaresque de Linné, en ce que la tête & les pattes sont fauves, & que l'abdomen n'a que huit taches blanches au lieu de neuf, le second anneau n'en ayant que deux.

Elle se trouve à Mogador.

21. Mutille hottentote.

Mutilla hottentota.

Mutilla hirta, atra, thorace antice, abdomine fasciis duabus albis. Fabr. *Syst. Pyezat. p.* 433. *n°.* 24.

Mutilla barbara. Fabr. *Ent. Syst. em.* 2. *p.* 370. *n°.* 17.

Mutilla barbara. Coqueb. *Illustr. Ins.* 2. *pag.* 66. *tab.* 16. *fig.* 5.

Elle est de la grandeur de la Mutille européenne. Les antennes sont noires. La tête est noire, sans tache. Le corcelet est velu, noir, avec le bord antérieur blanc. L'abdomen est séparé du corcelet par un pétiole plus alongé que dans les espèces précédentes; il est noir, avec deux bandes blanches, l'une au bord du premier anneau, l'autre au bord du second & sur le troisième. Les pattes & les ailes sont noires.

Elle se trouve sur la côte de Barbarie.

22. Mutille cinq points.

Mutilla quinque punctata.

Mutilla hirta, rufa, abdomine nigro, punctis quinque albis.

Elle ressemble à la Mutille européenne. Les antennes sont fauves. La tête est velue, pointillée, fauve, plus large que le corcelet: celui-ci est velu, pointillé, fauve. L'abdomen est noir, avec une tache blanche sur le bord du premier anneau, deux sur le bord du second, & deux sur le troisième. L'extrémité est blanchâtre. Les pattes sont fauves. Je ne connois que l'individu aptère.

Elle se trouve dans les îles de l'Archipel, en Égypte.

23. MUTILLE quadriponctuée.

MUTILLA quadripunctata.

Mutilla hirta, nigra, thorace rufo, abdomine punctis quatuor fasciâque posticâ albis.

Mutilla punctata, *hirta, nigra, antennis thoraceque rufis; abdominis segmento secundo maculis punctisque duobus albis.* LATR. *Act. Soc. Hist. nat. paris.* p. 11. n°. 10.

Elle est de la grandeur de la Mutille européenne. Les antennes sont d'un rouge-brun. La tête est noire, velue, pointillée. Le corcelet est velu, pointillé, d'un rouge-brun. L'abdomen est noir, avec quatre points blancs, dont trois sur une ligne transversale, & le quatrième, seul, près du bord, & une bande sur le troisième anneau. Les pattes sont d'un rouge-brun, avec les cuisses noirâtres. Je ne connois que l'individu aptère.

Elle se trouve au midi de la France.

24. MUTILLE flabellée.

MUTILLA flabellata.

Mutilla atra, thorace antice rufo, abdomine fasciis duabus albis, antennis flabellatis. FABR. *Syst. Pyezat.* p. 431. n°. 12.

Elle ressemble, pour la forme & la grandeur, à la Mutille âtre. Les antennes ont une forme singulière; elles sont noires, de la longueur du corcelet: le second article est très-court; les autres ont, en dessous, de chaque côté, une double épine avancée; ce qui leur donne la forme d'un éventail. La tête est noire, sans tache. Le corcelet est fauve antérieurement, noir sur l'écusson & au dessous de l'écusson. L'abdomen est noir, avec le premier & le troisième anneau ciliés de blanc à leur bord. Les ailes sont presque bleues. Les pattes sont noires.

Elle se trouve au Sénégal.

25. MUTILLE ruficorne.

MUTILLA ruficornis.

Mutilla nigra, antennis rufis, ano albido. FABR. *Ent. Syst. em.* 2. p. 369. n°. 10. — *Syst. Pyezat.* p. 431. n°. 13.

Elle est de grandeur moyenne. Les antennes sont fauves. Le corps est noir. L'abdomen est terminé par des poils blancs. Les ailes sont très-noires.

Elle se trouve dans la Nouvelle-Hollande.

26. MUTILLE âtre.

MUTILLA atrata.

Mutilla hirta, atra, thoracis margine abdominisque fasciis duabus albis.

Mutilla atrata, *atra, abdomine fasciâ albâ, thorace immaculato.* LINN. *Syst. Nat. pag.* 966. n°. 5.

Elle est de la grandeur de la Mutille maure. Les antennes sont noires. La tête est noire, couverte de poils noirs & d'un léger duvet blanc. Le corcelet est velu, noir, plus ou moins blanc à sa partie antérieure & sur l'écusson. L'abdomen est noir, avec la base & une seule bande blanches; la bande se trouve placée sur le troisième & le quatrième anneau. Les pattes sont noires. Les ailes sont très-noires; elles n'ont que deux cellules cubitales.

Elle se trouve en Égypte, en Barbarie.

Nota. Linné fait mention, à la suite de la description de cet insecte, d'un autre qui paroît être l'individu ailé de la Mutille européenne, & c'est peut-être ce même individu ailé que Fabricius a voulu mentionner sous le nom de *Mutilla atrata.* *Syst. Pyezat.* p. 431. n°. 14.

27. MUTILLE arabe.

MUTILLA arabica.

Mutilla hirta, atra, abdomine fasciis duabus approximatis, albis; thoracis dorso obscurè ferrugineo.

Elle diffère à peine de la Mutille âtre. Les antennes sont noires. La tête est noire, couverte de poils, dont les uns noirs & les autres gris. Le corcelet est noir, couvert des mêmes poils que la tête; le milieu, ainsi que le point scutellaire, est d'un brun-ferrugineux. L'abdomen est noir, avec quelques poils blancs sur le premier anneau: le bord du second & le troisième sont blancs; ce qui forme deux bandes très-rapprochées. Les ailes sont transparentes & ont leur extrémité obscure. Les pattes sont noires. Je ne connois que l'individu ailé.

Elle se trouve en Arabie.

28. MUTILLE épineuse.

MUTILLA spinifera.

Mutilla hirta, atra, abdominis fasciâ posticâ, albâ; thorace rugoso, spinoso.

Elle est de la grandeur de la Mutille maure. Les antennes sont noires. La tête est velue, noire. Le corcelet est noir, velu, couvert postérieurement de poils blancs; il est très-rugueux, & on y remarque trois petites épines de chaque côté, & une plus courte postérieurement, au dessous de l'écusson. L'abdomen est noir avec le premier anneau, le bord du second & le troisième blancs. Les pattes sont noires, avec quelques poils blancs. Je ne connois que l'individu aptère.

Elle se trouve en Afrique, d'où elle a été apportée par M. Palisot de Beauvois.

29. Mutille couronnée.

Mutilla coronata.

Mutilla nigra, thorace rufo, abdomine puncto strigisque duabus albis.

Mutilla coronata, *nigra, fronte cinereâ, thorace rufo, abdomine puncto strigisque duabus argenteo-albis.* Fabr. *Ent. Syst. em.* 2. *pag.* 369. *n°.* 14. — *Syst. Pyezat.* p. 432. *n°.* 17.

Mutilla coronata. Ross. *Faun. etr.* — *Mant.* 1. *p.* 147. *n°.* 130.

Mutilla rufipes. Ross. *Faun. etr.* 2. *pag.* 115. *n°.* 941.

Mutilla coronata. Panz. *Faun. germ.* 55. *tab.* 24.

Elle ressemble beaucoup à la Mutille maure. Les antennes sont noires, avec le second & le troisième article bruns ou fauves, & le premier noirâtre. La tête est noire, avec quelques poils blancs sur la partie antérieure & supérieure, & un point rougeâtre, élevé, placé au dessus de l'insertion de chaque antenne. Le corcelet est rouge, ponctué, un peu velu. L'abdomen est noir avec le bord du premier anneau, un point distinct, rond vers la base du second, ensuite deux bandes rapprochées, d'un blanc-argenté; la première bande est un peu triangulaire; ce qui distingue suffisamment cette espèce de la Mutille rufipède. Les pattes sont noires, avec les tarses d'un brun-fauve. Je n'ai vu que des individus aptères.

Elle se trouve en Italie, au midi de la France; dans les îles de l'Archipel.

30. Mutille hongroise.

Mutilla hungarica.

Mutilla hirta, capite thoraceque rufis, abdomine punctis sex fasciâque posticâ albis.

Mutilla nigra, fronte cinereâ, thorace rufo, abdomine punctis sex strigâque posticâ albis. Fabr. *Ent. Syst. em.* 2. *p.* 369. *n°.* 13. — *Syst. Pyezat. p.* 432. *n°.* 16.

Mutilla brutia, *nigra, thorace rufo, abdomine maculis sex cinguloque albo argenteis.* Petagn. *Spec. Inf. Calab. p.* 33. *tab.* 1. *fig.* 38. ?

Mutilla maura. Cyr. *Ent. Neapol. tab.* 4. *f.* 5.

Mutilla calva. Panz. *Faun. germ.* 83. *tab* 20.

Je ne suis pas certain que l'insecte décrit & figuré par M. Petagna soit le même que celui décrit par Fabricius, parce qu'il y a sans doute une faute d'impression dans la description de ce dernier. L'insecte de M. Petagna a la grandeur des précédens, & sa tête est fauve. Les antennes sont d'un fauve-obscur, avec le premier anneau noir. Celui de Fabricius paroît avoir la tête noire & le front couvert d'un duvet gris. Dans l'un & dans l'autre, le corcelet est rouge. L'abdomen est noir, avec six taches blanches & une bande postérieure de la même couleur. Les taches sont placées, savoir: trois sur le bord du premier anneau, & trois sur le bord du second. Les pattes sont noires.

Elle se trouve en Hongrie, en Italie.

31. Mutille dorsale.

Mutilla dorsata.

Mutilla nigra, abdomine puncto dorsali fasciisque albis. Fabr. *Ent. Syst. em. Suppl. p.* 281. — *Syst. Pyezat. p.* 432. *n°.* 18.

Mutilla dorsata. Coqueb. *Illustr. Inf.* 2. *p.* 66. *tab.* 16. *fig.* 2.

Elle est de la grandeur de la Mutille européenne. Les antennes sont noires. La tête & le corcelet sont un peu velus, finement pointillés, noirs, sans tache. L'abdomen est noir, avec une tache ronde, blanche sur le second anneau, & une bande blanche sur les suivans. Les pattes sont noires, & ont quelques poils blancs. Je ne connois que l'individu aptère.

Elle se trouve au midi de la France, en Italie. C'est par erreur que Fabricius la dit habiter à Saint-Domingue.

32. Mutille oculée.

Mutilla oculata.

Mutilla nigra, thorace rufo, abdomine punctis duobus segmentisque margine cinereis. Fabr. *Syst. Pyezat. p.* 432. *n°.* 19.

Elle ressemble à la Mutille européenne, mais elle est un peu plus petite. Les antennes & la tête sont noires. Le corcelet est fauve, sans tache. L'abdomen est noir, avec deux grandes taches cendrées sur le second anneau, & le bord des autres cendré, presqu'interrompu.

J'ai vu, chez M. Labillardière, un individu plus petit que la Mutille arénaire. La tête est pointillée, noire, avec un point élevé, fauve, à la base des antennes. Le premier anneau de l'abdomen est tout noir; le second a deux points gris, placés un peu au-devant du milieu; le troisième & le quatrième anneau ont chacun une bande grise. Tout le corps a quelques poils gris.

Elle se trouve en Chine, dans la Nouvelle-Hollande.

33. Mutille cinq bandes.

Mutilla quinquefasciata.

Mutilla hirta, capite thoraceque obscurè ferrugineis; abdomine nigro, fasciis quinque albis.

Elle est de la grandeur de la Mutille européenne. Le corps est peu velu. Les antennes sont ferrugineuses, avec le premier article brun. La tête & le corcelet sont pointillés, d'un brun-ferrugineux, avec quelques poils noirs. L'abdomen est ovale, un peu alongé, noir, avec cinq bandes blanches. Les pattes sont d'un brun-ferrugineux. Je ne connois que l'individu aptère.

Elle se trouve en Arabie, en Perse.

34. Mutille ferrugineuse.

Mutilla ferrugata.

Mutilla ferruginea, segmentis abdominis fuscis, cinereo ciliatis.

Mutilla ferrugata, *glabra, ferruginea, abdominis segmento primo margine nigro, reliquis cinereo.* Fabr. *Syst. Pyezat. p.* 438. *n°.* 47.

L'individu aptère est de grandeur moyenne. Les antennes sont noires, avec les deux premiers articles fauves. Le corps est presque glabre. La tête est pointillée, fauve, avec les yeux obscurs. Le corcelet est pointillé, fauve. L'abdomen est fauve, avec le bord des anneaux obscur & cilié de gris-luisant. Les pattes sont d'un fauve-obscur.

L'individu ailé est de la grandeur de la Mutille italienne. Les antennes sont noires. La tête est un peu velue, noirâtre à sa partie antérieure, d'un fauve-obscur à sa partie postérieure. Le corcelet est un peu velu, d'un fauve-obscur à sa partie antérieure & supérieure, noirâtre postérieurement. L'abdomen est rouge, avec le bord des anneaux noirâtres. Les pattes sont noires.

Elle se trouve dans l'Amérique septentrionale, aux environs de New-Yorck, d'où elle a été apportée par M. Bosc.

35. Mutille rugueuse.

Mutilla rugosa.

Mutilla hirta, nigra, abdominis secundo segmento rufo, apice nigro punctis tribus albis.

Elle est de la grandeur de la Mutille arénaire. Les antennes sont noires. La tête est noire, couverte d'un léger duvet blanc & de quelques poils noirs. On voit deux tubercules sur le front, placés entre les antennes. Le corcelet est fortement ponctué, un peu velu, noir à sa partie antérieure, fauve à sa partie postérieure. Le premier anneau de l'abdomen est petit, d'un fauve-obscur. Le second est grand, fortement ponctué, fauve, avec une bande noire à son extrémité, marquée de trois points blancs. Les autres anneaux sont noirs, avec trois rangées de points blancs. Le dessous de l'abdomen est d'un brun-fauve, avec le bord des anneaux cilié de blanc. Je ne connois que l'individu aptère.

Elle se trouve aux Indes orientales, d'où elle a été envoyée par feu Riche.

Du cabinet de M. Bosc.

36. Mutille maure.

Mutilla maura.

Mutilla hirta, nigra, thorace rufo, abdomine maculis quatuor albis.

Mutilla maura. Linn. *Syst. Nat. p.* 967. *n°.* 6.

Mutilla maura. Fabric. *Ent. Syst. em.* 2. *p.* 369. *n°.* 12. — *Syst. Pyezat. p.* 431. *n°.* 15.

Mutilla maura. Coqueb. *Illustr. Inf.* 2. *p.* 67. *tab.* 16. *fig.* 7.

Cyrill. *Ent. Neap.* 7. *tab.* 4. *fig.* 5.

Mutilla maura. Latr. *Act. Soc. Hist. nat. paris. p.* 8. *n°.* 4.

Mutilla maura. Ross. *Faun. etr. tom.* 2. *p.* 114. *n°.* 940. — Illig. *Faun. etr.* Ross. 2. *p.* 189.

Mutilla maura. Panz. *Faun. germ.* 46. *tab.* 18.

Elle est de la grandeur de la Mutille européenne. Les antennes sont noires. La tête est velue, noire, avec une tache blanche à sa partie antérieure. Le corcelet est ponctué, velu, rouge, avec un peu de noir sur le bord antérieur. L'abdomen est noir, avec quatre taches blanches; savoir: une ronde à la base du second anneau, deux ordinairement carrées ou transversales, près du bord de ce même anneau; & la quatrième presque carrée, vers l'anus. On voit aussi des poils blancs sur le premier anneau. Les pattes sont noires, avec quelques poils blancs. Je ne connois que des individus aptères.

Elle se trouve au midi de la France, dans les îles de l'Archipel, sur la côte de Barbarie.

37. Mutille arénaire.

Mutilla arenaria.

Mutilla hirta, nigra, fronte, thoracis dorso abdominisque maculis quatuor albis. Fabr. *Ent. Syst. em.* 2. *p.* 370. *n°.* 16. — *Syst. Pyezat. pag.* 433. *n°.* 22.

Mutilla arenaria. Coqueb. *Illustr. Inf.* 2. *p.* 66. *tab.* 16. *fig.* 3.

Elle est de la grandeur de la Mutille européenne. Les antennes sont noires. La tête est velue, noire, avec un duvet serré, blanc, à sa partie supérieure. Le corcelet est velu, noir, avec tout le dos couvert d'un duvet serré, blanc. L'abdomen est noir, avec quatre taches blanches, une à la base du second anneau, deux un peu au-delà du même anneau, & la quatrième, plus petite, vers l'anus. Les pattes sont noires, avec quelques poils blancs. Je ne connois que l'individu aptère.

Elle se trouve en Egypte, sur la côte de Barbarie.

38. Mutille de Tunis.

Mutilla tunensis.

Mutilla hirta, nigra, fronte, thoracis dorso ab-

dominisque maculâ baseos fasciâque mediâ argenteis. Fabr. *Syst. Pyezat. p.* 433. *n°.* 21.

Elle ressemble beaucoup à la Mutille arénaire. Les antennes sont noires. La tête est noire, avec toute la partie supérieure couverte d'un duvet blanc. Le corcelet est noir, avec tout le dos blanc. L'abdomen est noir, avec une tache ronde, blanche, à la base du second anneau, & une bande de la même couleur sur le bord de ce même anneau & sur le troisième; la bande est quelquefois sinuée antérieurement. Les pattes sont noires, avec quelques poils blancs. Je ne connois que l'individu aptère.

Elle se trouve sur la côte de Barbarie, en Égypte.

39. Mutille interrompue.

Mutilla interrupta.

Mutilla nigra, thorace rufo; abdomine punctis duobus fasciisque duabus interruptis, albis.

Elle est un peu plus petite que la Mutille européenne. Les antennes sont d'un brun-fauve. La tête est noire, peu velue, de la longueur du corcelet. Les mandibules sont grandes, arquées, simples, fauves à leur base, noires à leur extrémité. Le corcelet est peu velu, fauve. L'abdomen est noir, avec deux taches rondes, blanches, à la base du second anneau; une bande sur le troisième & le quatrième, interrompues, blanches. Les pattes sont brunes. Je ne connois que l'individu aptère.

Elle se trouve en Arabie.

40. Mutille lugubre.

Mutilla lugubris.

Mutilla hirta, atra, immaculata, alis cyaneis. Fabr. *Syst. Piezat. p.* 433. *n°.* 23.

Elle est de grandeur moyenne. Tout le corps est velu, très-noir, sans tache. Les ailes sont bleues.

Elle se trouve aux environs de Tanger.

41. Mutille australe.

Mutilla Australasiæ.

Mutilla hirta, nigra, antennis thoraceque rufis, abdomine strigis tribus albis. Fabr. *Syst. Pyez.* 433. *n°.* 25.

Elle est de la grandeur de la Mutille européenne. Les antennes & la bouche sont fauves. La tête est noire, pointillée. Le corcelet est velu, ponctué, d'un fauve-obscur. L'abdomen est ovale, noir, avec le premier, le second & le dernier anneau ciliés de blanc. Les pattes sont fauves.

Elle se trouve dans la Nouvelle-Hollande.

42. Mutille italienne.

Mutilla italica.

Mutilla hirta, nigra, abdominis segmento secundo rufo. Fabr. *Ent. Syst. em.* 2. *pag.* 370. *n°.* 19. — *Syst. Pyezat. p.* 434. *n°.* 28.

Elle est de la grandeur de la Mutille européenne. Les antennes sont noires. La tête & le corcelet sont pointillés, velus, très-noirs. Le premier anneau de l'abdomen est noir, pointillé. Le second est rouge, finement pointillé, un peu velu. Les autres sont noirs. Les ailes & les pattes sont noires.

Elle se trouve en Italie.

43. Mutille du Piémont.

Mutilla pedemontana.

Mutilla nigra; abdominis segmento secundo rufo posticeque fasciis duabus albis.

Mutilla pedemontana. Fabr. *Ent. Syst. em. Suppl. p.* 281. — *Syst. Pyezat. p.* 424. *n°.* 29.

Mutilla pedemontana. Panz. *Faun. germ.* 62. *tab.* 19.

Les individus que j'ai sont ailés & beaucoup plus grands que ceux de la Mutille italienne. Les antennes sont noires. La tête & le corcelet sont noirs, sans tache, mais le plus souvent la tête est couverte de quelques poils blancs. Le corcelet a de pareils poils à sa partie antérieure & sur l'écusson: ceux-ci sont plus serrés, & forment une tache presque carrée. Le premier anneau de l'abdomen est noir ou brun. Le second est rouge, avec son bord noir. Les autres sont noirs; mais on voit une bande blanche sur le troisième & le quatrième. Les ailes & les pattes sont noires.

Elle se trouve en Italie, dans les îles de l'Archipel, dans l'Asie mineure.

44. Mutille de Halle.

Mutilla halensis.

Mutilla hirta, nigra, thorace rufo, abdomine punctis duobus fasciâque posticâ albis. Fabr. *Ent. Syst. em.* 2. *p.* 369. *n°.* 15. — *Syst. Pyezat. p.* 432. *n°.* 20.

Mutilla interrupta. Latr. *Act. Soc. Hist. nat. paris. p.* 9. *n°.* 5.

Mutilla bipunctata. Latr. *Act. Soc. Hist. nat. paris. p.* 10. *n°.* 9.

Elle est un peu plus petite que la Mutille européenne. Les antennes sont noires, avec le premier & le second article fauves. La tête est noire, avec les mandibules fauves. On remarque deux petits tubercules aigus, placés à la base interne des antennes. Le corcelet est fauve. L'abdomen est noir, avec deux taches blanches sur le second anneau, & deux bandes de la même couleur, l'une sur le bord du second anneau, & l'autre sur le troisième. Les pattes sont noires, avec la base des jambes & des cuisses, brune. Je ne connois que l'individu aptère.

Elle se trouve au midi de la France, en Saxe.

45. Mutille sellée.

Mutilla ephippium.

Mutilla hirta, nigra, thoracis dorso rufo, alis fuscis.

Mutilla ephippium, *hirta, nigra, thoracis dorso rufo.* Fabr. *Ent. Syst. em.* 2. *p.* 370. *n°.* 18. — *Syst. Pyezat. p.* 434. *n°.* 27.

Elle est de grandeur moyenne. Les antennes sont noires. La tête, l'abdomen & les pattes sont noirs, avec quelques poils cendrés. Le corcelet est noir, avec la partie antérieure & le dos fauves. Les ailes sont obscures.

M. Latreille regarde cet insecte comme l'individu mâle de la Mutille rufipède.

Elle se trouve en France, en Allemagne.

46. Mutille versicolore.

Mutilla versicolor.

Mutilla rufa, abdomine basi apiceque nigro, medio rufo; fasciâ albâ, puncto nigro.

Mutilla versicolor. Fabr. *Ent. Syst. em.* 2. *p.* 371. *n°.* 20. — *Syst. Pyezat. p.* 434. *n°.* 30.

Les antennes & la tête sont fauves. Le corcelet est fauve, sans tache. L'abdomen est noir à la base, fauve au milieu, avec une bande blanche, sur laquelle on remarque un point noir : l'extrémité est noire. Les pattes sont noirâtres.

Elle se trouve en Amérique.

47. Mutille royale.

Mutilla regalis.

Mutilla hirta, nigra, fronte cinereâ, thorace rufo, abdomine punctis quatuor albis, intermedio elongato. Fabr. *Ent. Syst. em.* 2. *p.* 371. *n°.* 21. — *Syst. Pyezat. p.* 435. *n°.* 34.

Elle ressemble beaucoup à la Mutille couronnée. La tête est noire, avec tout le front cendré. Le corcelet est entiérement rouge. L'abdomen est noir, avec quatre points blancs, l'un à la base supérieure, les trois autres placés postérieurement. L'intermédiaire, plus alongé que les deux autres, s'étend jusqu'à l'anus. Les pattes sont noires.

Elle se trouve en Hongrie.

48. Mutille à collier.

Mutilla collaris.

Mutilla hirta, atra, vertice, thoracis margine antico, abdominisque fasciis duabus cinereis. Fabr. *Syst. Pyezat. p.* 435. *n°.* 32.

Scolia collaris. Fabr. *Ent. Syst. em.* 2. *p.* 233. *n°.* 21.

Elle est de grandeur moyenne. Les antennes sont noires. La tête est noire, avec le vertex couvert de poils cendrés. Le corcelet est noir, avec le bord antérieur cendré. L'écusson est légérement couvert des mêmes poils. L'abdomen est ovale, noir, avec le bord du premier & du second anneau cendré. Les ailes & les pattes sont noires.

Elle se trouve en Espagne.

49. Mutille douteuse.

Mutilla dubia.

Mutilla nigra, cinereo villosa, abdomine atro, segmento secundo toto, reliquis maculâ dorsali aureis. Fabr. *Syst. Pyezat. p.* 435. *n°.* 33.

Elle est une fois plus petite que la Mutille à collier. La tête est noire, couverte de poils cendrés. Le corcelet est noir, avec des poils cendrés à la partie antérieure & à la partie postérieure. L'abdomen est noir, avec le bord du premier anneau, tout le second, une tache dorsale sur les autres, dorés. Le bord des anneaux en dessous est blanc. Les ailes sont transparentes, avec l'extrémité obscure. Les pattes sont noires.

Elle se trouve dans l'Amérique méridionale.

50. Mutille fuscipenne.

Mutilla fuscipennis.

Mutilla nigra, thoracis margine antico cinereo, abdomine rufo.

Mutilla fuscipennis. Fabr. *Syst. Pyezat. p.* 436. *n°.* 35.

Elle a la forme des précédentes. La tête est noire, avec le front couvert d'un duvet cendré. Le corcelet est noir, avec la partie antérieure couverte d'un duvet cotonneux, cendré. L'abdomen est rouge, sans tache. Les ailes sont obscures, & les pattes sont noires.

Elle se trouve en Chine.

51. Mutille porte-or.

Mutilla aurulenta.

Mutilla hirta, aurea, abdominis segmento secundo nigro, lineis duabus aureis. Fabr. *Syst. Pyezat. p.* 436. *n°.* 38.

Elle est de grandeur moyenne. La tête est velue, dorée, luisante. Les antennes sont ferrugineuses. Le corcelet est cendré, avec la partie postérieure noirâtre. L'abdomen est doré. Le second anneau, beaucoup plus grand que les autres, est noir, avec deux petites lignes dorées. Les pattes sont ferrugineuses.

Elle se trouve dans l'Amérique méridionale.

52. MUTILLE ruficolle.

MUTILLA ruficollis.

Mutilla hirta, nigra, thorace rufo. FABR. *Ent. Syst. em.* 2. *p.* 371. *n°.* 22. — *Syst. Pyezat. p.* 436. *n°.* 37.

Elle ressemble à la Mutille sellée, mais elle est une fois plus petite. Tout le corps est velu, noir. Le corcelet seul est rouge en dessus & en dessous. Les ailes sont obscures.

Elle se trouve en Italie.

53. MUTILLE scutellaire.

MUTILLA scutellaris.

Mutilla hirta, nigra, thorace punctis tribus ferrugineis.

Mutilla scutellaris. LATR. *Act. Soc. Hist. nat. paris. p.* 10. *n°.* 7.

Mutilla bimaculata. JURINE, *Hymen. tab.* 12. *gen.* 38.

Elle a environ trois lignes & demie de long. Les antennes sont noires. La tête est noire, sans tache. Le corcelet est noir, avec un point sur l'écusson, & un de chaque côté à la base des ailes, ferrugineux. L'abdomen est noir, avec quelques poils cendrés sur le bord des anneaux. Les pattes sont noires. Les ailes sont blanches, avec une légère teinte d'obscur vers l'extrémité des supérieures.

Elle se trouve au midi de la France.

54. MUTILLE rayée.

MUTILLA vittata.

Mutilla hirta, rufa, abdomine nigro, basi vittis tribus punctisque duobus posticis argenteis.

Elle est de la grandeur de la Mutille chauve. Les antennes, la tête, le corcelet & les pattes sont fauves. La tête est à peine de la largeur du corcelet. L'abdomen est très-noir, avec trois raies blanches, argentées; sur le second anneau, l'intermédiaire est un peu plus courte, & on remarque à sa suite une tache sur le bord du second anneau, & une autre un peu plus petite sur le troisième. Le bord de tous les anneaux en dessous est cilié de blanc. Je ne connois que des individus aptères.

Elle se trouve dans le désert de l'Arabie, aux environs de Bagdad.

55. MUTILLE cornue.

MUTILLA cornuta.

Mutilla capite thoraceque rufis; fronte piceâ, bituberculatâ.

Mutilla erythrocephala. LATR. *Act. Soc. Hist. nat. paris. p.* 8. *n°.* 3.

Mutilla erythrocephala. COQUEB. *Illustr. Ins.* 2. *p.* 69. *tab.* 16. *fig.* 11.

Elle est de la grandeur de la Mutille européenne, & elle ressemble beaucoup à la Mutille chauve, dont elle n'est peut-être qu'une variété. Les antennes sont fauves, avec le premier article noir. Le front est noirâtre, un peu enfoncé à l'insertion des antennes, armé de deux tubercules aigus qui terminent deux lignes courtes, élevées, un peu tranchantes, placées au dessus des antennes. Le reste de la tête est fauve. Le corcelet, comme la tête, est pointillé, fauve. L'abdomen est noir, avec trois bandes blanches; la seconde, placée au bord du second anneau, est un peu triangulaire. On voit quelques poils au bord des autres anneaux, & surtout à l'extrémité, & un petit crochet latéral à la base du premier anneau, mais plus petit que celui qu'on remarque à la Mutille chauve. Les pattes sont brunes. Je ne connois que l'individu aptère.

Elle se trouve au midi de la France, dans les îles de l'Archipel.

56. MUTILLE chauve.

MUTILLA calva.

Mutilla nigra, vertice thoraceque rufis, abdominis segmentis margine cinereis. FABR. *Ent. Syst. em. Suppl. p.* 282. — *Syst. Pyezat. p.* 438.

Mutilla calva. VILL. *Ent.* 3. *p.* 343. *n°.* 9. *tab.* 8. *fig.* 34.

Mutilla calva. LATR. *Act. Soc. Hist. nat. paris. p.* 10. *n°.* 8.

Mutilla calva. COQUEB. *Illustr. Ins.* 2. *p.* 86. *tab.* 16. *fig.* 10.

Elle varie pour la grandeur. Les antennes sont fauves, avec le premier article de la même couleur, & quelquefois noirâtre. La tête est fauve, avec le front noirâtre, ou noire avec le vertex seulement fauve : on remarque, au dessus de chaque antenne, une ligne élevée, qui se termine à l'angle interne par un tubercule pointu. Le corcelet est pointillé, fauve. L'abdomen est noir, avec la base du premier anneau fauve, & le bord des autres légérement cilié de blanc : on voit à la base du premier anneau, de chaque côté, une épine courte, crochue. Je ne connois que l'individu aptère.

Elle se trouve au midi de la France, dans les îles de l'Archipel.

57. MUTILLE montagnarde.

MUTILLA montana.

Mutilla hirta, atra, thorace rufo, abdomine maculis duabus, fasciâ posticâ anoque albis. PANZ. *Faun. germ.* 97. *tab.* 20.

Elle est de la grandeur de la Mutille chauve. Les antenne

antennes font noires. La tête eft velue, noire, ponctuée. Le corcelet eft velu, fauve, un peu raboteux. L'abdomen eft velu, ovale, noir, avec deux taches blanchâtres fur le fecond anneau, l'une derrière l'autre; une bande fur le troifième, & l'anus, également blanchâtres. Les pattes font noires, velues.

Elle fe trouve en Allemagne.

58. MUTILLE parvule.

MUTILLA parvula.

Mutilla nigra, abdominis fegmento primo fecundoque margine albo. FABR. *Syft. Pyezat. p.* 436. *n°.* 36.

Elle eft plus petite que les précédentes. La tête eft noire, avec la lèvre fupérieure couverte de poils argentés. Le corcelet eft noir. L'abdomen eft un peu pétiolé, conique, noir, avec le bord du premier & du fecond anneau blanc. Les ailes font obfcures. Les pattes font noires.

Elle fe trouve dans l'Amérique méridionale.

59. MUTILLE nègre.

MUTILLA nigrita.

Mutilla hirta, nigra, abdominis fegmentis margine ciliatis. FABR. *Syft. Pyezat. pag.* 437. *n°.* 40.

Mutilla nigrita. PANZ. *Faun. germ.* 80. *tab.* 22.

Elle eft de grandeur moyenne, à peu près comme la Mutille bimaculée. La tête & le corcelet font noirs, avec quelques poils cendrés. L'abdomen eft noir, luifant, avec le bord des anneaux cilié, cendré. Les pattes font noires, & les ailes obfcures, furtout à leur extrémité.

Elle fe trouve en Allemagne, au midi de la France.

60. MUTILLE ciliée.

MUTILLA ciliata.

Mutilla hirta, nigra, thorace rufo, abdominis margine cinereo ciliatis. FABR. *Ent. Syft. em.* 2. *p.* 371. *n°.* 23. — *Syft. Pyezat. p.* 437. *n°.* 41.

Elle reffemble à la Mutille ruficolle, mais elle en diffère. Les antennes font fauves, avec l'extrémité noire. La tête eft noire, avec les mandibules fauves à la bafe, noires à l'extrémité. Le corcelet eft fauve, fans tache. L'abdomen eft noir, avec le bord des anneaux cilié de blanc. Les pattes font noires.

Elle fe trouve en Saxe.

61. MUTILLE linéole.

MUTILLA lineola.

Mutilla nigra, thorace rufo, abdomine lineolis duabus bafeos fegmentorumque marginibus albis. FABR. *Syft. Pyezat. p.* 437. *n°.* 42.

Elle eft de grandeur moyenne. La tête eft noire, fans tache. Le corcelet eft raboteux, fauve. L'abdomen eft conique, noir, avec le bord du premier anneau & deux lignes, & le bord de tous les autres, blancs. Les pattes font noires.

Elle fe trouve dans l'Amérique méridionale.

62. MUTILLE pétiolaire.

MUTILLA petiolaris.

Mutilla atra, thorace abdominifque petiolo rufis, abdomine fafciâ cinereâ. FABR. *Syft. Pyez. p.* 437. *n°.* 39.

Elle reffemble beaucoup, pour la forme & la grandeur, à la Mutille ciliée. Les antennes font noires, avec leur bafe fauve. La tête eft noire, fans taches. Le corcelet eft fauve. L'abdomen eft noir, avec le bord du fecond anneau & la bafe du troifième blancs; ce qui ne forme qu'une feule bande.

Elle fe trouve en Allemagne.

63. MUTILLE tuberculée.

MUTILLA tuberculata.

Mutilla rufa, abdomine atro, fegmentorum marginibus albis; fecundo tuberculis duobus compreffis. FABR. *Syft. Pyezat. p.* 438. *n°.* 43.

Elle eft petite. Les antennes font noires. La tête eft fauve, avec la bouche noire. Le corcelet eft fauve, fans tache. L'abdomen eft noir, avec le bord des anneaux cilié de blanc. On remarque fur le fecond un grand tubercule de chaque côté, élevé, comprimé. Les pattes font noires.

Elle fe trouve dans l'Amérique méridionale.

64. MUTILLE glabre.

MUTILLA glabrata.

Mutilla glabra, nigra, thorace abdomineque fubtùs rufis. FABR. *Ent Syft. em.* 2. *p.* 372. *n°.* 25. — *Syft. Pyezat. p.* 438. *n°.* 45.

Elle eft plus petite que les précédentes. La tête eft noire, avec la bouche & le premier article des antennes fauves. Le corcelet eft un peu comprimé, fauve. L'abdomen eft noir, avec le bord des anneaux blanchâtre, & le deffous fauve.

Elle fe trouve dans l'Orient.

65. MUTILLE mélanocéphale.

MUTILLA melanocephala.

Mutilla hirta, rufa, capite abdominifque apice nigris. FABR. *Ent. Syft. em.* 2. *p.* 372. *n°.* 27. — *Syft. Pyezat. p.* 439. *n°.* 49.

Mutilla dimidiata. LATR. *Act. Soc. Hift. nat. parif. p.* 11. *n°.* 11.

Myrmosa melanocephala. LATR. *Hist. nat. des Crust. & des Ins. tom.* 10. *p.* 266. — *Gen. Crust. et Ins. tom.* 1. *tab.* 13. *fig.* 6, & *tom.* 4. *p.* 120.

Mutilla melanocephala. COQUEB. *Illustr. Ins.* 1. *p.* 26. *tab.* 6. *fig.* 11.

Elle est petite. Les antennes sont fauves. La tête est un peu velue, pointillée, noire ou d'un brun plus ou moins foncé. Le corcelet est fauve. L'abdomen a le premier & le second anneau fauves, & les autres noirs. Le second anneau n'est pas si grand que dans les autres espèces. Les pattes sont fauves. Je ne connois que l'individu aptère.

M. Latreille regarde cet insecte comme l'individu femelle de la Myrmose âtre.

Elle se trouve en France, dans l'Angoumois, quelquefois aux environs de Paris.

66. MUTILLE érythrocéphale.

MUTILLA erythrocephala.

Mutilla hirta, nigra, capite rufo, abdomine fasciis tribus aureis. FABR. *Ent. Syst. em.* 2. *p.* 371. *n°.* 24. — *Syst. Pyezat. p.* 438. *n°.* 44.

Elle varie beaucoup pour la grandeur. Je ne connois que l'individu aptère. Les antennes sont noires, avec les deux premiers articles rouges. La tête est un peu velue, pointillée, fauve, avec les yeux noirs. Le corcelet est un peu velu, pointillé, fauve, sans tache. L'abdomen est noir, avec le bord du premier, du second & du troisième anneau cilié de blanc. Les pattes sont noires, avec la base des jambes & des cuisses d'un brun-fauve. Les tarses sont bruns.

Elle se trouve au midi de la France, en Italie.

67. MUTILLE nigripède.

MUTILLA nigripes.

Mutilla rufa, ano atro, strigis approximatis albis, pedibus nigris. FABR. *Ent. Syst. em.* 2. *p.* 372. *n°.* 28. — *Syst. Pyezat. p.* 439. *n°.* 51.

Elle ressemble, pour la forme & la grandeur, à la Mutille glabre. Les antennes sont noires. La tête est fauve. Le corcelet est fauve, sans tache. L'abdomen est fauve, avec l'anus très-noir & quelques raies très-rapprochées, blanches. Les pattes sont noires.

Elle se trouve dans l'Orient.

68. MUTILLE rufipède.

MUTILLA rufipes.

Mutilla hirta, nigra, antennis thoraceque rufis, abdomine puncto fasciisque duabus approximatis albis.

Mutilla rufipes. FABR. *Ent. Syst. em.* 2. *p.* 372. *n°.* 26. — *Syst. Pyezat. p.* 439. *n°.* 48.

Mutilla rufipes. COQUEB. *Illustr. Ins.* 2. *p.* 68. *tab.* 16. *fig.* 9.

Mutilla rufipes. LATR. *Act. Soc. Hist. nat. paris. p.* 9. *n°.* 6.

Mutilla sellata. PANZ. *Faun. germ.* 46. *tab.* 19.

Elle est petite. Les antennes sont fauves, avec l'extrémité noirâtre. La tête est velue, pointillée, noire. Le corcelet est un peu velu, pointillé, fauve. L'abdomen est noir, avec le premier anneau fauve, & quelquefois noir. Le second a un point blanc, & le bord cilié de blanc. Le troisième a une bande blanche. Les pattes sont fauves. Je ne connois que l'individu aptère, à moins que la Mutille sellée (n°. 45) ne soit le mâle; ce qui est très-probable.

Elle se trouve en France, en Allemagne; elle est assez commune aux environs de Paris.

69. MUTILLE errante.

MUTILA vagans.

Mutilla rufa, abdomine obscuriore, segmentorum marginibus punctisque duobus secundi segmenti albis. FABR. *Ent. Syst. em. Suppl. p.* 282. — *Syst. Pyezat. p.* 439. *n°.* 50.

Elle ressemble, pour la forme & la grandeur, à la Mutille nigripède. Les antennes sont noires. La tête est fauve. Le corcelet est velu, fauve. L'abdomen est d'un fauve-obscur, avec le bord de tous les anneaux & deux points sur le second, blancs. Les pattes sont fauves, avec les jambes d'un fauve-obscur.

Elle se trouve dans l'Amérique septentrionale.

MYCÉTOPHAGE, *Mycetophagus.* Genre d'insectes de la troisième section de l'Ordre des Coléoptères & de la famille des Xylophages.

Les Mycétophages ont le corps ovale ou oblong, un peu déprimé; les antennes de la longueur du corcelet, grossissant insensiblement depuis le milieu jusqu'à l'extrémité, composées de onze articles, dont les quatre ou cinq derniers forment une masse perfoliée. Les tarses sont filiformes, & composés seulement de quatre articles.

La tête de ces insectes est petite, arrondie, inclinée, un peu enfoncée dans le corcelet. Leur bouche est composée d'une lèvre supérieure, arrondie, ciliée; de deux mandibules courtes, dures, arquées, entières; de deux mâchoires simples, ciliées; d'une lèvre inférieure, arrondie, membraneuse, & de quatre antennules inégales: les antérieures, beaucoup plus longues que les postérieures, sont terminées par un article un peu plus gros que les précédens & tronqué.

Le corcelet est plus large que long, un peu échancré antérieurement, presque droit ou légérement sinué à sa jonction avec le corcelet; il a sur les côtés un rebord peu marqué, peu apparent.

L'écuſſon eſt court, triangulaire, aſſez large à ſa baſe.

Les élytres ſont dures, auſſi longues que l'abdomen; elles recouvrent deux ailes membraneuſes, repliées.

Les pattes ſont de longueur moyenne. Les cuiſſes ſont peu renflées. Les jambes ſont ſimples, & les tarſes ſont filiformes, compoſés, comme nous l'avons dit, de quatre articles, dont le premier eſt aſſez long; le ſecond l'eſt un peu moins, le troiſième l'eſt moins que le ſecond, & le quatrième eſt peu alongé, peu arqué, & terminé par deux ongles petits & crochus.

Les Mycétophages ſe trouvent au printems & dans tout le courant de l'été, dans les Bolets, les Agarics & ſous l'écorce des vieux arbres. Nous ne connoiſſons pas leur larve; mais il eſt probable qu'elle vit dans les mêmes plantes & dans les troncs pourris des arbres.

MYCÉTOPHAGE.

MYCETOPHAGUS. FABR. LATR. *TRITOMA.* GEOFFR.

CARACTÈRES GÉNÉRIQUES.

Antennes grossissant insensiblement ; les quatre ou cinq derniers articles formant une masse peu renflée, perfoliée.

Mandibules arquées, simples.

Mâchoires simples, ciliées.

Quatre antennules filiformes ; le dernier article des antérieures un peu plus gros et tronqué.

Quatre articles filiformes aux tarses.

ESPÈCES.

1. MYCÉTOPHAGE fascié.

Noir ; élytres striées, ayant une bande et l'extrémité fauves ; antennes et pattes ferrugineuses.

2. MYCÉTOPHAGE quadrimaculé.

Fauve ; corcelet et élytres noirs, avec deux taches fauves sur celles-ci.

3. MYCÉTOPHAGE elliptique.

Noir ; élytres lisses, avec une tache rouge, transverse à leur base.

4. MYCÉTOPHAGE Janus.

Noir en dessus, ferrugineux en dessous ; élytres lisses.

5. MYCÉTOPHAGE bicolor.

Obscur ; dessous du corps, antennes et pattes ferrugineux ; élytres striées.

6. MYCÉTOPHAGE bipustulé.

Noir, opaque ; élytres avec une tache ferrugineuse.

7. MYCÉTOPHAGE maculé.

Noir ; élytres avec une tache à la base ; une bande postérieure et l'extrémité ferrugineuses.

8. MYCÉTOPHAGE rufipède.

Noir-obscur ; pattes testacées.

9. MYCÉTOPHAGE unifascié.

Noir-obscur ; élytres avec une bande au milieu et les pattes fauves.

10. MYCÉTOPHAGE varié.

Noir ; corcelet et élytres mélangés de ferrugineux et de noir.

11. MYCÉTOPHAGE obscur.

D'un fauve-obscur ; corcelet et élytres noirâtres, sans taches.

12. MYCÉTOPHAGE flavipède.

Noir ; élytres striées ; pattes fauves.

13. MYCÉTOPHAGE glabre.

Noir en dessus ; élytres lisses, ayant la base et l'extrémité fauves.

MYCÉTOPHAGE. (Insecte.)

14. MYCÉTOPHAGE desmestoïde.

Obscur; abdomen et pattes testacés.

15. MYCÉTOPHAGE atomaire.

Noir; élytres avec des points et une bande postérieure d'un jaune-fauve.

16. MYCÉTOPHAGE nègre.

Noir en dessus, d'un brun-foncé en dessous; élytres presque striées.

17. MYCÉTOPHAGE ponctué.

Fauve; élytres presque striées, noires, marquées de plusieurs points fauves.

18. MYCÉTOPHAGE dix points.

Noir; élytres avec cinq points sur chaque, fauves; pattes fauves.

19. MYCÉTOPHAGE picicorne.

Très-noir; élytres striées; antennes et pattes d'un brun de poix.

20. MYCÉTOPHAGE lunulé.

Fauve; élytres presque striées, noires, marquées de deux lunules et de deux points fauves.

21. MYCÉTOPHAGE sinué.

Très-noir; élytres avec deux bandes en croissant et un point à l'extrémité, fauves.

22. MYCÉTOPHAGE fulvicolle.

Noir; corcelet fauve; élytres striées, ayant le bord et deux taches fauves.

23. MYCÉTOPHAGE couleur de poix.

D'un brun-foncé; élytres striées, noires, avec la base et un point postérieur ferrugineux.

24. MYCÉTOPHAGE huméral.

Noir; élytres avec une tache à leur base, ferrugineuse.

25. MYCÉTOPHAGE nigricorne.

Jaune; antennes noires.

26. MYCÉTOPHAGE châtain.

Très-noir; élytres striées; antennes et pattes de couleur de marron.

27. MYCÉTOPHAGE du Peuplier.

Testacé; tête et deux bandes sur les élytres, noires.

28. MYCÉTOPHAGE métallique.

Corps bronzé, avec les pattes ferrugineuses.

29. MYCÉTOPHAGE testacé.

Testacé, sans taches.

30. MYCÉTOPHAGE bronzé.

D'une couleur bronzée, un peu obscure; élytres avec des points enfoncés, en stries.

1. Mycétophage fafcié.

Mycetophagus fafciatus.

Mycetophagus niger, elytris ftriatis, fafciâ apiceque rufis, antennis pedibufque ferrugineis. Fabr. *Ent. Syft. Suppl. p.* 175. — *Syft. Eleut.* 2. *p.* 565. *n°.* 1.

Il eft un peu plus petit que le Mycétophage quadrimaculé. Les antennes font ferrugineufes & vont un peu en groffiffant. La tête & le corcelet font noirs, fans tache. Les élytres font ftriées, noires, avec une tache fauve près du milieu, qui n'atteint pas la future, & toute l'extrémité également fauve. Les pattes font de la même couleur.

Il fe trouve à Tranquebar.

2. Mycétophage quadrimaculé.

Mycetophagus quadrimaculatus.

Mycetophagus rufus, thorace elytrifque nigris, his maculis duabus rufis. Fabr. *Ent. Syft. em. tom.* 1. *pars* 2. *p.* 497. *n°.* 1. — *Syft. Eleut.* 2. *p.* 565. *n°.* 2.

Chryfomela quadripuftulata, *fuprà nigra, elytris rufo bimaculatis.* Linn. *Syft. Nat. pag.* 597. *n°.* 80. — *Faun. fuec. n°.* 549.

Tritoma. Geoffr. *Inf. parif. tom.* 1. *p.* 335. *pl.* 6. *fig.* 2.

Mycetophagus quadrimaculatus. Latr. *Hift. nat. des Cruft. & des Inf. tom.* 2. *p.* 247. *pl.* 91. *fig.* 9. — *Gen. Cruft. & Inf. tom.* 3. *p.* 9.

Mycetophagus quadrimaculatus. Payk. *Faun. fuec. tom.* 3. *p.* 315.

Silphoides boleti. Herbst. *Arch. tab.* 61. *fig.* 10.

Boletaria quadripuftulata. Marsh. *Ent. brit. tom.* 1. *p.* 138.

Mycetophagus quadrimaculatus. Panz. *Faun. germ. fafc.* 12. *tab.* 9.

Il a un peu plus de deux lignes de long. Les antennes ont les cinq premiers articles & le dernier d'un rouge-obfcur, & les cinq autres noirâtres. La tête eft rougeâtre. Le corcelet eft noirâtre, marqué poftérieurement de deux fortes impreffions. Les élytres ont des ftries pointillées ; elles font noirâtres, avec deux taches rouges fur chaque, l'une un peu plus grande, irrégulière, près de la bafe ; l'autre tranfverfe, à quelque diftance de l'extrémité. Le deffous du corps & les pattes font d'un rouge-pâle.

Il fe trouve en Europe, dans les Bolets.

3. Mycétophage elliptique.

Mycetophagus ellipticus.

Mycetophagus niger, elytris lævibus; maculâ bafeos ellipticâ fanguineâ. Fabr. *Syft. Eleut. tom.* 1. *pars* 2. *p.* 566. *n°.* 3.

Tenebrio ellipticus. Fabr. *Ent. Syft. em. Suppl. p.* 49.

Cet infecte appartient réellement à la famille des Ténébrions, par le nombre des pièces dont les tarfes font compofés. Il eft de la grandeur des précédens, mais bien plus convexe. Tout le corps eft très-noir, un peu velouté ; les élytres feules ont à leur bafe une tache tranfverfe, finuée, d'un rouge de fang. Les antennes font filiformes & à articles un peu grenus.

Il fe trouve à la Caroline, d'où il a été apporté par M. Bofc.

4. Mycétophage Janus.

Mycetophagus Janus.

Mycetophagus fuprà niger, fubtùs ferrugineus, elytris lævibus. Fabr. *Syft. Eleut. tom.* 2. *p.* 566.

Les antennes vont en groffiffant ; elles font noires, avec la bafe & l'extrémité ferrugineufes. La tête, le corcelet & les élytres font noirs, obfcurs, fans tache : celles-ci font liffes. Le corps & les pattes font ferrugineux.

Il fe trouve dans l'Amérique méridionale.

5. Mycétophage bicolor.

Mycetophagus bicolor.

Mycetophagus obfcurus, fubtùs antennis pedibufque ferrugineis, elytris ftriatis. Fabr. *Ent. Syft. em. tom.* 1. *pars* 2. *p.* 497. *n°.* 2.

Cet infecte appartient au genre Dermefte ; il eft de la grandeur du Dermefte Souris. Les antennes font noires, avec les quatre premiers articles fauves. La tête eft pointillée, noirâtre, avec la bouche fauve. Le corcelet eft noirâtre, fans tache. Les élytres font noirâtres ; elles ont des ftries régulières, pointillées. Le deffous du corps & les pattes font fauves. Tout le corps eft légérement couvert de poils très-fins, très-courts. Les tarfes font filiformes & compofés de cinq articles, dont le pénultième eft le plus court, & le premier le plus long.

Il fe trouve dans la Caroline, d'où il a été apporté par M. Bofc.

6. Mycétophage bipuftulé.

Mycetophagus bipuftulatus.

Mycetophagus niger, opacus, elytris maculâ ferrugineâ. Fabr. *Syft. Eleut. tom.* 2. *pag.* 566. *n°.* 6.

Les antennes font noires, avec le premier & le dernier article ferrugineux. La tête & le corcelet font noirs. Les élytres font liffes, noires, avec une grande tache ferrugineuse. Le corps est brun, & les pattes sont testacées.

Il se trouve dans l'Amérique méridionale.

7. Mycétophage maculé.

Mycetophagus maculatus.

Mycetophagus niger, elytris maculâ baseos, fasciâ posticâ apiceque ferrugineis. Fabr. *Syst. Eleut. tom.* 2. *p.* 566. *n°.* 7.

Il ressemble aux précédens. Les antennes sont ferrugineuses. La tête & le corcelet sont noirs, lisses, obscurs, sans tache. Les élytres sont lisses, obscures, noires, avec une bande vers l'extrémité, & l'extrémité d'un brun-fauve. Le dessous du corps est noir, avec les pattes fauves.

Il se trouve dans l'Amérique méridionale.

8. Mycétophage rufipède.

Mycetophagus rufipes.

Mycetophagus niger, obscurus, pedibus testaceis. Fabr. *Syst. Eleut. tom.* 2. *p.* 567. *n°.* 8.

Il est un peu plus petit que le Mycétophage maculé. Les antennes sont noires, avec la base ferrugineuse. Tout le corps est noir, obscur, sans tache. Les pattes seules sont ferrugineuses.

Il se trouve dans l'Amérique méridionale.

9. Mycétophage unifascié.

Mycetophagus unifasciatus.

Mycetophagus niger, obscurus, elytris fasciâ mediâ pedibusque rufis.

Mycetophagus fasciatus. Fabr. *Syst. Eleut. tom.* 2. *p.* 567. *n°.* 9.

Il ressemble beaucoup, pour la forme & la grandeur, au Mycétophage bipustulé, dont il n'est peut-être, selon Fabricius, qu'une variété. Il en diffère par une large bande fauve sur les élytres, au lieu d'un point de cette couleur. Le corps est noirâtre, avec les pattes ferrugineuses.

J'ai changé le nom de *fasciatus* en celui de *bifasciatus*, parce que la première espèce s'appeloit de même.

Il se trouve dans l'Amérique méridionale.

10. Mycétophage varié.

Mycetophagus varius.

Mycetophagus niger, thorace elytrisque ferrugineo nigroque variis. Fabr. *Syst. Eleut. tom.* 2. *p.* 567. *n°.* 10.

Il a la forme des précédens; mais il est un peu plus petit. Les antennes sont noires, avec le premier & le dernier article ferrugineux. Le corcelet & les élytres sont lisses, obscurs, mélangés de noir & de ferrugineux. Le corps est noir, avec le bord de l'abdomen fauve & les pattes ferrugineuses.

Il se trouve dans l'Amérique méridionale.

11. Mycétophage obscur.

Mycetophagus fuscus.

Mycetophagus obscurè rufus, thorace elytrisque fuscis immaculatis.

Il est une fois plus petit que le Mycétophage quadrimaculé. Les antennes sont fauves, avec les derniers articles un peu obscurs. La tête est d'un fauve obscur, avec la partie postérieure plus obscure. Le corcelet est noirâtre, marqué postérieurement de deux petites impressions. Les élytres sont noirâtres, & ont des stries serrées, pointillées, peu marquées. Le dessous du corps & les pattes sont d'un rouge pâle.

Il se trouve en Caroline, d'où il a été apporté par M. Bosc.

12. Mycétophage flavipède.

Mycetophagus flavipes.

Mycetophagus niger, elytris striatis, pedibus rufis. Fabr. *Syst. Eleut. tom.* 2. *p.* 567. *n°.* 10.

Il est de la grandeur des précédens. Les antennes & tout le corps sont noirs. Les pattes seules sont d'un jaune-obscur.

Il se trouve en Caroline.

Du cabinet de M. Bosc.

13. Mycétophage glabre.

Mycetophagus glabratus.

Mycetophagus suprà niger, elytris lævibus, basi apiceque rufis. Fabr. *Syst. Eleut. tom.* 2. *p.* 567. *n°.* 12.

Il ressemble au Mycétophage fascié. La tête est noire. Le corcelet est d'un noir moins foncé que la tête, avec le bord légérement fauve. Les élytres sont lisses, noires, avec la base & l'extrémité fauves. Le dessous du corps & les pattes sont fauves.

Il se trouve en Allemagne.

14. Mycétophage dermestoïde.

Mycetophagus dermestoides.

Mycetophagus fuscus, abdomine pedibusque testaceis. Fabr. *Ent. Syst. em. tom.* 1. *pars.* 2. *p.* 498. *n°.* 3. — *Syst. Eleut.* 2. *p.* 568. *n°.* 13.

Eustrophus dermestoides. Illig.

Latr. *Gen. Ins. & Crust. tom.* 4. *p.* 379.

Cet insecte n'appartient point à ce genre; il doit être dans la première section, à côté des Dermestes. M. Illiger en a fait, avec raison, un genre sous le nom d'*Eustrophus*.

Il est de la grandeur du Dermeste pelletier. Les

antennes, les pattes & tout le deſſous du corps ſont d'un brun-ferrugineux. La tête eſt d'un brun-noir. Le corcelet & les élytres ſont noirs, légérement pubeſcens. Les élytres ſont à peine ſtriées.

Il ſe trouve en France, en Allemagne, dans les Bolets.

15. Mycétophage atomaire.

Mycetophagus atomarius.

Mycetophagus niger, elytris punctis faſciâque poſticâ fulvis. Fabr. *Ent. Syſt. em. tom.* 1. *pars* 2. *p.* 498. *n°.* 4.

Dermeſtes atomarius. Thunb. *Inſ. ſuec.* 67. 78.

Payk. *Faun. ſuec. tom.* 3. *p.* 317. *n°.* 3.

Panz. *Faun. germ. faſc.* 12. *tab.* 10.

Il eſt noir. Les élytres ſont ſtriées, marquées d'une grande tache vers la baſe, cinq points au milieu, une bande poſtérieure ondée, & un point à l'extrémité : le tout de couleur fauve. Les pattes ſont noires.

Il ſe trouve en Saxe.

16. Mycétophage nègre.

Mycetophagus nigrita.

Mycetophagus niger, ſubtùs piceus, elytris ſubſtriatis. Fabr. *Syſt. Eleut. tom.* 2. *p.* 568.

Il eſt preſque de la grandeur du Mycétophage dermeſtoïde. La tête & le corcelet ſont noirs, ſans tache. Les élytres ſont noires, ſtriées. Le corps eſt d'un brun-foncé.

Il ſe trouve à Tranquebar.

17. Mycétophage ponctué.

Mycetophagus multipunctatus.

Mycetophagus rufus, elytris ſubſtriatis, punctis rufis numeroſis. Fabr. *Ent. Syſt. em. tom.* 1. *pars* 2. *p.* 498. *n°.* 5. — *Syſt. Eleut.* 2. *p.* 568. *n°.* 16.

Dermeſtes multipunctatus. Thunb. *Inſ. ſuec.* 679.

Payk. *Faun. ſuec. tom.* 3. *p.* 320. *n°.* 7.

Panz. *Faun. germ. faſc.* 12. *tab.* 11.

Il eſt de grandeur moyenne. Les antennes & les pattes ſont couleur de poix. La tête & le corcelet ſont noirs, ſans tache. Les élytres ſont preſque ſtriées, & marquées de pluſieurs points diſtincts, fauves.

Les points de la baſe ſont quelquefois réunis, & forment alors une grande tache en lunule.

Il ſe trouve en Suède, dans les Bolets.

18. Mycétophage dix points.

Mycetophagus decem punctatus.

Mycetophagus niger, elytris punctis quinque pedibuſque rufis. Fabr. *Syſt. Eleut. tom.* 2. *p.* 568. *n°.* 17.

Il reſſemble, pour la forme & la grandeur, au Mycétophage ponctué. Les antennes ſont noires, avec le premier article fauve. La tête & le corcelet ſont liſſes, noirs : celui-ci a deux points enfoncés à ſa partie poſtérieure. Les élytres ſont preſque ſtriées, noires, avec cinq points fauves ſur chaque, dans l'ordre ſuivant : 1. 1. 2. 1. Le corps eſt noir, avec les pattes fauves.

Il ſe trouve en Ruſſie.

19. Mycétophage picicorne.

Mycetophagus picicornis.

Mycetophagus ater, elytris ſtriatis, antennis pedibuſque piceis. Fabr. *Ent. Syſt. em. tom.* 1. *pars* 2. *pag.* 498. *n°.* 6. — *Syſt. Eleut. tom.* 2. *p.* 568. *n°.* 18.

Il eſt de grandeur moyenne. Les antennes ſont d'un brun de poix. La tête & le corcelet ſont liſſes, très-noirs, ſans tache. Les élytres ſont noires, ſtriées. Le corps en deſſous eſt noir, avec les pattes d'un brun-noir.

Il ſe trouve dans l'Amérique méridionale.

20. Mycétophage lunulé.

Mycetophagus lunaris.

Mycetophagus rufus, elytris ſubſtriatis, nigris; lunulis duabus punctiſque duobus rufis. Fabr. *Syſt. Eleut. tom.* 2. *p.* 568. *n°.* 19.

Il eſt plus petit que le Mycétophage quadrimaculé. Les antennes ſont d'un fauve plus ou moins obſcur, avec l'extrémité moins obſcure. La tête eſt noirâtre, avec la bouche fauve. Le corcelet eſt d'un fauve-obſcur, marqué de deux impreſſions à ſa partie poſtérieure. Les élytres ont des ſtries pointillées, à peine marquées ; elles ſont noirâtres, avec une tache fauve en croiſſant ou ſinuée, qui part de l'angle de la baſe & vient ſe terminer près de la future; un point de la même couleur, un peu plus bas, près du bord extérieur; une tache tranſverſe, ſinuée ou un peu ondée au-delà du milieu, & un point vers l'extrémité. Le deſſous du corps & les pattes ſont d'un fauve-obſcur.

Il ſe trouve aux environs de Paris, ſous l'écorce des vieux arbres.

21. Mycétophage ſinué.

Mycetophagus ſinuatus.

Mycetophagus ater, elytris faſciis duabus lunatis punctoque apicis rufis. Fabr. *Syſt. Eleut. tom.* 2. *p.* 569. *n°.* 20.

Il reſſemble au Mycétophage lunaire, mais il eſt une fois plus petit. Les antennes, la tête & le corcelet

corcelet font noirs. Les élytres font prefque liffes, noires, avec deux larges bandes en croiffant, & un petit point à l'extrémité, fauves. Les pattes font fauves.
Il fe trouve en Autriche, fur le Bouleau.

22. Mycétophage fulvicolle.

Mycetophagus fulvicollis.

Mycetophagus niger, thorace rufo, elytris ftriatis, margine maculifque duabus rufis. Fabr. *Ent. Syft. em. tom.* 1. *pars* 2. *p.* 499. *n°.* 8. — *Syft. Eleut. tom.* 2. *p.* 569. *n°.* 21.

Payk. *Faun. fuec. tom.* 3. *p.* 320. *n°.* 6.

Il reffemble beaucoup au Mycétophage ponctué, mais il en diffère furtout en ce que les pattes font fauves. Il eft noir, avec le corcelet fauve. Les élytres font ftriées, noires, avec le bord & deux taches fur chaque, fauves.
Il fe trouve en Allemagne.

23. Mycétophage couleur de poix.

Mycetophagus piceus.

Mycetophagus piceus, elytris ftriatis nigris, bafi punctoque poftico ferrugineis. Fabr. *Ent. Syft. em. tom.* 1. *pars* 2. *p.* 499. *n°.* 9. — *Syft. Eleut. tom.* 2. *p.* 569. *n°.* 22.

Il eft plus petit que le Mycétophage quadrimaculé. Les antennes & la bouche font d'un brun-foncé, couleur de poix. La tête eft noirâtre. Le corcelet eft marqué de deux points enfoncés. Le corps & les pattes font d'un brun-foncé.
Il fe trouve en Allemagne.

24. Mycétophage huméral.

Mycetophagus humeralis.

Mycetophagus niger, elytris maculâ bafeos ferrugineâ. Fabr. *Syft. Eleut. tom.* 2. *p.* 569. *n°.* 23.

Il eft petit, légérement velu, noir en deffus, avec une grande tache ferrugineufe à la bafe des élytres. Le deffous du corps eft ferrugineux.
Il fe trouve dans l'Amérique méridionale.

25. Mycétophage nigricorne.

Mycetophagus nigricornis.

Mycetophagus flavus, antennis nigris. Fabr. *Ent. Syft. em.* 2. *p.* 499. *n°.* 11. — *Syft. Eleut.* 2. *p.* 569. *n°.* 24.

Ips nigricornis. Fabr. *Mant. Inf. tom.* 1. *p.* 46. *n°.* 12.

Les antennes font noires & vont en groffiffant. Tout le corps eft jaunâtre, fans tache.
Il fe trouve en Saxe.

26. Mycétophage châtain.

Mycetophagus caftaneus.

Mycetophagus ater, elytris ftriatis, antennis pedibufque caftaneis. Fabr. *Ent. Syft. em. tom.* 1. *pars* 2. *p.* 499. *n°.* 12. — *Syft. Eleut. tom.* 2. *p.* 569. *n°.* 25.

Payk. *Faun. fuec. tom.* 3. *p.* 316. *n°.* 2.

Il eft petit. Les antennes font d'un brun-marron. La tête & le corcelet font noirs, luifans, fans tache. Les élytres font ftriées, d'un brun-marron. Le corps eft noir, avec les pattes d'un brun-marron.
Il fe trouve en Allemagne.

27. Mycétophage du Peuplier.

Mycetophagus Populi.

Mycetophagus teftaceus, capite elytrifque fafciis duabus fufcis. Fabr. *Ent. Syft. em. Suppl. p.* 175. — *Syft. Eleut. tom.* 2. *p.* 570. *n°.* 26.

Payk. *Faun. fuec.* 3. *p.* 319. *n°.* 5.

Il eft petit comme les précédens. Les antennes & la bouche font teftacées. La tête eft noire. Le corcelet eft liffe, teftacé, fans tache. Les élytres font ftriées, teftacées, marquées de deux bandes larges, noirâtres, ou plutôt elles font noirâtres, avec la bafe & une tache vers l'extrémité, teftacées. Le corps, en deffous, & les pattes font teftacés.
Il fe trouve en Suède, fur le Peuplier.

28. Mycétophage métallique.

Mycetophagus metallicus.

Mycetophagus æneus, pedibus ferrugineis. Fabr. *Ent. Syft. em. tom.* 1. *pars* 2. *p.* 499. *n°.* 13. — *Syft. Eleut. tom.* 2. *p.* 570. *n°.* 27.

Les antennes font noires, avec la bafe fauve. Tout le corps eft d'une couleur bronzée-obfcure, avec les pattes fauves. Les élytres font ftriées.
Il fe trouve en Saxe.

29. Mycétophage teftacé.

Mycetophagus teftaceus.

Mycetophagus teftaceus, immaculatus. Fabr. *Ent. Syft. em. tom.* 1. *pars* 2. *p.* 499. *n°.* 14. — *Syft. Eleut. tom.* 2. *p.* 570. *n°.* 28.

Il eft petit, liffe, luifant, entiérement teftacé, fans tache.
Il fe trouve en Allemagne, dans les Bolets.

30. Mycétophage bronzé.

Mycetophagus æneus.

Mycetophagus obfcurè æneus, elytris punctato-riatis.

Il diffère un peu des précédens. Il a environ deux lignes de long sur une de large. Les antennes sont noires. Le dessus du corps est d'une couleur bronzée, un peu foncée. Le dessous & les pattes sont noirs. Les élytres ont des stries formées par des points enfoncés.

Il se trouve dans l'Amérique septentrionale.

MYCÉTOPHILE. *Mycetophila*. Genre d'insectes de l'Ordre des Diptères & de la famille des Tipulaires.

Ce genre, établi par M. Meigen, se distingue facilement des Tipules, des Bibions, des Céroplates, des Molobres, par les antennes, qui sont constamment, dans les deux sexes, au nombre de seize articles; par la disposition des petits yeux lisses, dont deux sont placés derrière les grands; par les jambes très-épineuses, & par la forme des nervures des ailes.

La tête de ces insectes est petite comme celle des Tipules, & munie de deux antennes filiformes, plus courtes que le corps, & composées de seize articles, dont les deux premiers sont à peine plus gros & plus longs que les autres : ceux-ci sont un peu grenus & égaux entr'eux.

La bouche est munie de deux antennules articulées, & d'une trompe très-courte, terminée par deux lèvres réfléchies.

Les yeux sont ovales, entiers, placés un de chaque côté de la tête. Les trois petits yeux lisses sont peu apparens : l'un est placé au milieu du vertex; les deux autres sont derrière les grands yeux.

Le corcelet est très-élevé en bosse, & donne naissance à deux ailes, dont les nervures sont plus marquées vers le bord extérieur, que dans le milieu.

Les balanciers sont très-apparens. Le bouton qui les termine, est porté sur un pédicule mince & assez long.

L'abdomen est cylindrique dans le mâle, un peu renflé dans la femelle, ordinairement un peu plus court que les ailes.

Les pattes sont tenues, assez longues. Les jambes du milieu & les postérieures ont quelques épines fort déliées, & toutes sont terminées par deux épines droites, assez fortes.

Les larves des Mycétophiles, observées par Degeer, ressemblent à un ver blanchâtre, mou, alongé, sans pattes, dont la peau est toujours humide & gluante, dont la tête écailleuse est munie de deux petits barbillons coniques. Elles vivent en assez grand nombre dans les Agarics, les Bolets, les Champignons. Parvenues, en très-peu de tems, à toute leur grosseur, elles vont se transformer en nymphe dans la terre, d'où elles sortent bientôt sous la forme d'insectes parfaits.

MYCÉTOPHILE.

MYCETOPHILA. MEIG. LATR. *TIPULA.* DEG. *SCIARA.* FABR.

CARACTÈRES GÉNÉRIQUES.

Antennes filiformes, plus longues que le corcelet : seize articles grenus ; les deux premiers à peine plus grands.

Deux antennules filiformes, courbées, articulées.

Trois petits yeux lisses, à peine distincts ; les latéraux placés derrière les yeux à réseau.

Dos très-élevé, en bosse.

ESPÈCES.

1. MYCÉTOPHILE jaune.

Jaune ; ailes avec un point noir, central.

2. MYCÉTOPHILE lunée.

Jaune ; ailes avec un point central et une tache en croissant, noirs.

3. MYCÉTOPHILE mi-partie.

Jaune; ailes moitié transparentes, moitié obscures.

4. MYCÉTOPHILE ponctuée.

Jaune ; abdomen avec une suite de points noirs.

5. MYCÉTOPHILE fasciée.

Abdomen obscur, avec des bandes jaunes ; ailes sans taches, avec une teinte cendrée.

6. MYCÉTOPHILE obscure.

Noirâtre ; balanciers et pattes jaunes ; ailes sans tache, avec une teinte cendrée.

7. MYCÉTOPHILE bimaculée.

Noirâtre ; corcelet avec deux taches jaunes ; ailes avec une bande obscure.

8. MYCÉTOPHILE noire.

Noire ; pattes jaunes ; ailes transparentes.

9. MYCÉTOPHILE douteuse.

Noirâtre ; cuisses jaunes ; ailes sans tache.

10. MYCÉTOPHILE de l'Agaric.

Noire; corcelet d'un jaune-brun; pattes jaunes.

1. Mycétophile jaune.

Mycetophila lutea.

Mycetophila lutea, alis puncto nigro medio notatis. Meig. *Dipt. tom.* 1. *p.* 90. *n°.* 1.

Elle a trois lignes de long. Tout le corps est jaune. Les ailes sont transparentes, marquées d'un point noir vers leur centre; elles ont en outre une ligne transversale, droite, d'un jaune-pâle vers l'extrémité, & l'extrémité est de la même couleur jaune-pâle.

Elle se trouve en Allemagne.

2. Mycétophile lunée.

Mycetophila lunata.

Mycetophila alis puncto centrali arcuque fuscis. Meig. *Dipt. tom.* 1. *p.* 90. *n°.* 2. *tab.* 5. *fig.* 1. 2. 3. 4. 5.

Sciara lunata *lutea, abdominis segmentis utrinquè puncto nigro, alis puncto lunulâque fuscis.* Fabr. *Syst. Antl. p.* 58. *n°.* 6.

Mycetophila lunata. Latr. *Gen. Crust. & Inf. tom.* 4. *p.* 264.

Elle a deux lignes de long. Les antennes sont d'un jaune-obscur, avec la base plus pâle. La tête est jaune, avec les yeux noirs. Le corcelet est jaune, marqué de trois raies obscures. L'abdomen est soyeux, noirâtre, avec le bord des anneaux jaune. Les pattes sont d'un jaune-pâle, avec les tarses plus obscurs. Les ailes ont un point noirâtre vers le milieu, & une tache en arc vers l'extrémité.

Elle se trouve en France, en Allemagne. M. Meigen dit qu'elle se trouve fréquemment sur les fleurs du Lierre en arbre, *Hedera helix.*

3. Mycétophile mi-partie.

Mycetophila dimidiata.

Mycetophila alis apice fuscis. Meig. *Dipt. t.* 1. *p.* 91. *n°.* 3.

Elle ressemble à la Mycétophile jaune, mais elle est une fois plus petite. Les ailes n'ont pas le point central qu'on remarque à la première; elles sont noirâtres depuis le milieu jusqu'à l'extrémité. Elles sont aussi plus larges, & les nervures ont une direction un peu différente.

Elle se trouve en Allemagne.

4. Mycétophile ponctuée.

Mycetophila punctata.

Mycetophila lutea, abdomine serie dorsali punctorum fuscorum. Meig. *Dipt. tom.* 1. *p.* 91. *n°.* 4.

Sciara striata *lutea, thorace maculato, abdomine lineâ punctorum fuscorum, alis immaculatis.* Fabr. *Syst. Antl. p.* 58. *n°.* 5.

Mycetophila punctata. Latr. *Gen. Inf. & Crust. tom.* 4. *p.* 264.

Elle a environ quatre lignes de long. Le corps est jaune. Le corcelet est marqué de trois raies noirâtres. L'abdomen a un point noirâtre sur chaque anneau. Les pattes sont jaunes, avec les tarses noirâtres. Les ailes ont une teinte légère de jaune-pâle.

Elle se trouve en France, en Allemagne.

5. Mycétophile fasciée.

Mycetophila fasciata.

Mycetophila abdomine fusco, fasciis luteis; alis immaculatis, cinerascentibus. Meig. *Dipt. tom.* 1. *p.* 91. *n°.* 5.

Elle a deux lignes de long. Elle est noirâtre, avec trois raies jaunes sur le corcelet. Les balanciers sont jaunes. Les pattes sont jaunes, avec les tarses noirâtres.

Elle se trouve en Allemagne. La larve vit sur l'Agaric impérial, *Agaricus imperialis.*

6. Mycétophile obscure.

Mycetophila fusca.

Mycetophila nigro-fusca, halteribus pedibusque luteis; alis immaculatis, cinerascentibus. Meig. *Dipt. tom.* 1. *p.* 91. *n°.* 6.

Tipula fungorum *rufo-fusca, antennis filiformibus, simplicibus; abdomine ovato, coxis longissimis, tibiis spinosis.* Deg. *Mem. Inf. tom.* 6. *p.* 361. *n°.* 14. *tab.* 22. *fig.* 4. 5.

Mycetophila fusca. Latr. *Gen. Inf. & Crust. tom.* 4. *p.* 264.

Elle a environ deux lignes de long. Le corps est brun, avec trois raies noirâtres sur le corcelet. Les balanciers sont jaunes. Les pattes sont jaunes, avec les tarses noirâtres. Les ailes ont une teinte de brun.

Elle se trouve en Allemagne.

7. Mycétophile bimaculée.

Mycetophila bimaculata.

Mycetophila nigro-fusca, thorace basi flavo maculato, alis fasciâ transversali fuscâ. Meig. *Dipt. tom.* 1. *p.* 92. *n°.* 7.

Elle a environ deux lignes & demie de long. Les antennes sont brunes, avec la base jaune. Le corcelet est brun, avec une tache jaune de chaque côté. Les balanciers sont jaunes. Les pattes sont jaunes avec les tarses bruns, & l'extrémité des cuisses postérieures noire. Les ailes ont une bande obscure vers leur extrémité.

Elle se trouve en Allemagne.

8. Mycétophile noire.

Mycetophila nigra.

Mycetophila nigra, pedibus luteis, alis immaculatis. Meig. *Dipt. tom.* 1. *p.* 92. *n°.* 8.

Elle a environ une ligne & demie de long. Les antennes sont noirâtres. La tête, le corcelet & l'abdomen sont noirs, & couverts de poils courts, fins, roussâtres, qui les rendent soyeux. Les pattes sont jaunes, avec les tarses noirâtres. Les ailes sont transparentes, sans tache.

Elle se trouve en France, en Allemagne.

9. Mycétophile douteuse.

Mycetophila dubia.

Mycetophila fusca, femoribus luteis; alis immaculatis, hyalinis. Meig. *Dipt. tom.* 1. *pag.* 92. *n°.* 9.

Elle a trois lignes de long. Les antennes sont brunes, avec la base du troisième article jaune. La tête est d'un brun-noir. On y remarque, dit M. Meigen, trois petits yeux presqu'en ligne droite, qui rapprochent cette espèce du *Platyura.* Le corcelet est brun-noir. Les balanciers sont jaunes. Les cuisses sont jaunes. Les jambes sont d'un jaune-brun, & les tarses bruns.

Elle se trouve en Allemagne.

10. Mycétophile de l'Agaric.

Mycetophila Agarici.

Mycetophila nigra, thorace rufo, pedibus flavis.

Tipula Agarici seticornis *nigra, antennis filiformibus, simplicibus; thorace rufo, pedibus flavis, coxis longissimis; tibiis spinosis.* Deg. *Mem. Ins. tom.* 6. *p.* 367. *n°.* 15. *tab.* 21. *fig.* 6-13.

Mycetophila Agarici seticornis. Latr. *Gen. Ins. & Crust. tom.* 4. *p.* 264.

Elle est de la grandeur des précédentes. Les antennes & la tête sont brunes. Le corcelet est d'un jaune-brun. Les balanciers sont d'un jaune-citron. L'abdomen est brun. Les pattes sont jaunes, avec les tarses bruns. Les ailes sont sans taches, mais avec une légère teinte obscure.

Elle se trouve au nord de l'Europe. La larve vit dans l'Agaric séticorne.

MYCTÈRE. *Mycterus.* Genre d'insectes de la seconde section de l'Ordre des Coléoptères.

Les Myctères n'appartiennent point à la famille des Charansons, ni même à la troisième section de l'Ordre des Coléoptères, comme on l'avoit cru d'abord; ils doivent être placés dans la seconde, à la suite des genres Cistèle & Œdémère, avec lesquels ils forment, selon l'observation de M. Latreille, une famille dont le caractère est d'avoir, entr'autres, les mâchoires divisées en deux parties.

Le genre *Rhinomacer,* tel qu'il est établi par M. Fabricius, nous ayant paru devoir en former deux, nous avons conservé ce nom dans notre *Entomologie,* à deux espèces qui faisoient partie de ce genre, & qui doivent être rangées parmi les Charansonites; & nous avons donné, à l'exemple de M. Clairville, celui de *Mycterus* aux deux autres qui s'en éloignent beaucoup. Par ce moyen le nom de *Rhinomacer,* que M. Geoffroy avoit assigné à des insectes de la famille des Charansons, est rendu à sa première destination. S'il ne désigne plus les mêmes espèces que M. Geoffroy avoit placées dans ce genre, du moins il sera restitué à des insectes que ce célèbre entomologiste auroit ainsi nommés s'il les avoit connus.

Le mot *mycterus,* qu'on peut rendre en latin par celui de *nasutus,* nous paroît formé d'un mot grec qui signifie *nez.*

Les Myctères paroissent, au premier aspect, peu différer des Rhynchites & des Attelabes; mais si on fait attention aux tarses, cette partie si essentielle des Coléoptères, & si propre à guider l'entomologiste dans ses classifications, on verra qu'ils doivent naturellement prendre place à côté des Œdémères. Les tarses des quatre pattes antérieures sont composés de cinq articles bien distincts, tandis que ceux des postérieures n'en ont que quatre. Le pénultième est bilobé dans tous, ou figuré en cœur.

Les antennes, dont la longueur égale à peu près celle de la tête & du corcelet, sont filiformes, & composées de onze articles bien distincts. Les premiers articles sont un peu plus longs & un peu plus minces que les derniers, & ceux-ci sont presqu'en scie.

La bouche est composée d'une lèvre supérieure, de deux mandibules, de deux mâchoires, d'une lèvre inférieure & de quatre antennules.

La lèvre supérieure est coriacée, avancée, presqu'échancrée, & appliquée sur les mandibules lorsqu'elles sont en repos.

Les mandibules sont cornées, un peu arquées, simples.

Les mâchoires sont cornées, bifides. Les divisions sont inégales, très-velues. L'extérieure est plus grande, plus alongée que l'autre.

La lèvre inférieure est large, membraneuse, échancrée ou presque bilobée, & insérée à la partie antérieure, un peu inférieure du menton.

Les antennules sont inégales. Les antérieures, presqu'une fois plus longues que les autres, sont composées de quatre articles, dont le premier est très-court, peu distinct; les deux suivans sont coniques, presqu'égaux; le dernier est un peu plus large & obliquement tronqué. Elles ont leur insertion au dos des mâchoires. Les antennules postérieures sont filiformes, & composées de trois articles presqu'égaux.

La tête est plus ou moins prolongée en forme de

trompe. Dans une des trois espèces que nous présentons, & que M. Fabricius a placée parmi les Bruches, la trompe est courte ; ce qui donne à l'insecte bien plus l'apparence d'une Cistèle que d'un Charanson.

Le corps est oblong, & les élytres sont assez grandes pour couvrir l'abdomen ; elles cachent deux ailes membraneuses, dont l'insecte paroît faire souvent usage.

Les pattes sont de longueur moyenne & assez minces.

Les Myctères, peu connus jusqu'à présent, fréquentent les fleurs en ombelles, & s'y montrent une grande partie de l'été. Ils n'y sont pas bien abondans, soit qu'ils ne se multiplient pas autant que la plupart d'autres insectes, soit qu'ils aient la faculté d'échapper mieux à nos recherches en déployant plus promptement leurs ailes, & prenant leur essor avant qu'on ne soit parvenu aux fleurs qu'ils habitent. Nous n'avons au reste aucune autre connoissance de leurs habitudes, & leurs larves nous sont tout-à-fait inconnues.

MYCTÈRE.

MYCTERUS. CLAIRV. *RHINOMACER.* FABR. LATR. *ANTRIBUS.* PAYK.

CARACTÈRES GÉNÉRIQUES.

Antennes filiformes, de la longueur ou plus longues que le corcelet; articles presqu'en scie.

Tête se prolongeant en forme de trompe.

Mandibules simples; mâchoires bifides.

Dernier article des antennules un peu plus gros que les autres, obliquement tronqué.

Cinq articles aux tarses des quatre pattes antérieures, et quatre seulement aux postérieures.

ESPÈCES.

1. MYCTÈRE curculioïde.

Couvert d'un duvet gris ou rousseâtre; antennes et pattes obscures.

2. MYCTÈRE des Ombelles.

Gris en dessus, d'un gris soyeux en dessous; antennes et jambes fauves.

3. MYCTÈRE varié.

Mélangé de noir et de blanc.

1. Myctère curculioïde.

Mycterus curculioides.

Mycterus suprà flavo-cinereus, subtùs albido sericeus, antennis pedibusque fuscis. Ent. t. 5. *n°.* 85. *tab.* 1. *fig.* 1. a. b.

Rhinomacer curculioides, *villoso-griseus, antennis pedibusque nigris.* Fabr. *Ent. Syst. em.* 2. *p.* 393. *n°.* 1. — *Syst. Eleut.* 2. *p.* 428. *n°.* 2.

Mycterus griseus. Clairv. *Ent. Helv.* 1. *p.* 124. *tab.* 16.

Curculio Rhinomacer. Payk. *Monogr. p.* 126. *n°.* 99.

Antribus Rhinomacer. Payk. *Faun. suec.* 3. *p.* 166. *n°.* 8.

Panz. *Faun. germ.* 12. *tab.* 8.

Mylabris. Schœff. *Entom. tab.* 86.—*Icon. Inf. tab.* 95. *fig.* 6. 7.

Rhinomacer curculioides. Latr. *Hist. des Crust. & des Inf.* 11. *p.* 24. *tab.* 91. *fig.* 2. — *Gen. Crust. & Inf.* 2. *p.* 231.

Il varie beaucoup pour la grandeur & même pour les couleurs. Les antennes sont noirâtres, guère plus longues que le corcelet. La trompe est mince, courte, marquée de deux lignes peu enfoncées, rapprochées, un peu plus distantes postérieurement. Tout le corps est couvert de poils très-courts, très-serrés, rousseâtres ou cendrés en dessus, d'un gris-soyeux en dessous. Les pattes sont déliées, noirâtres.

Nota. Le dessus du corps est quelquefois noirâtre par la perte des poils.

Il se trouve au midi de la France, en Italie, sur les fleurs en ombelle.

2. Myctère des Ombelles.

Mycterus Umbellatarum.

Mycterus suprà cinereus, subtùs albidus, antennis tibiisque rufescentibus. Ent. tom. 5. *n°.* 85. 2. *tab.* 1. *fig.* 2. a. b. c.

Bruchus Umbellatarum *squamosus, suprà griseus, subtùs cinereus.* Fabr. *Ent. Syst. em.* 2. *p.* 370. *n°.* 4. — *Syst. Eleut.* 2. *p.* 396. *n°.* 4.

Il ressemble beaucoup au précédent; mais il est un peu plus renflé, & sa trompe est un peu plus courte & un peu plus grosse. Les antennes sont d'un fauve pâle, à peine de la longueur du corcelet. La trompe est plane. Tout le corps est couvert de poils courts, serrés, cendrés, soyeux en dessous. Les cuisses sont de la couleur du corps, mais les jambes & les tarses sont d'un fauve pâle.

Je l'ai trouvé aux Dardanelles & dans les îles de l'Archipel, sur les fleurs en ombelle.

3. Myctère varié.

Mycterus varius.

Mycterus albo nigroque varius. Fabr. *Ent. Syst. em. Suppl. pag.* 164. — *Syst. Eleut.* 2. *pag.* 428. *n°.* 1.

Il est deux ou trois fois plus grand que les précédens. Les antennes sont noires, sétacées. La trompe est grosse, courte, plane. La tête est noire, marquée de deux lignes blanches. Le corcelet est noir, avec un réseau blanc sur le dos. Les élytres sont glabres, noires, mélangées de blanc. L'abdomen est noir, avec deux rangées de points blancs de chaque côté. Les pattes sont noires.

Il se trouve au Cap de Bonne-Espérance.

MYDAS. *Mydas.* Genre d'insectes de l'Ordre des Diptères, placé d'abord, par Latreille, dans la famille des Stratiomydes, & ensuite dans celle des Mydasiens.

Les Mydas sont des insectes d'un volume assez considérable, qui ont deux ailes horizontales, croisées, assez grandes; les antennes plus longues que la tête, triarticulées & en masse; le corps alongé, presque cylindrique; les pattes assez longues, & la trompe courte, rétractile, bilabiée.

Ces insectes se rapprochent un peu des Asiles & surtout des Dasypogons, par la forme du corps & par la manière de vivre; mais ils en diffèrent essentiellement par les organes de la bouche, par les antennes & par les nervures des ailes. Degeer, qui les a décrits le premier, les avoit rangés parmi les Némotèles, & M. Fabricius en avoit fait des Bibions avant d'en avoir formé un genre particulier.

Les antennes des Mydas sont plus longues que la tête, rapprochées à leur base, insérées à la partie antérieure du front, & composées de trois articles, dont le premier est court, cylindrique; le second est long, cylindrique, à peine renflé à son extrémité; le dernier est terminé en masse un peu comprimée.

La trompe est courte, rétractile, terminée par deux lèvres, & creusée en gouttière à sa partie supérieure, pour recevoir le suçoir composé de trois pièces, dont deux courtes, subulées; & la troisième supérieure, plus large & obtuse. Les antennules, qui se trouvent à la base latérale de la trompe, sont très-courtes, à peine apparentes.

La tête est courte, large, aplatie en avant & en arrière, comme celle des Dasypogons, & les yeux à réseaux sont grands & ovales.

Le corcelet est cylindrique ou presque carré, peu convexe. Les ailes ont leurs nervures bien marquées

marquées & un peu saillantes. Les balanciers sont en forme de petit bouton porté sur un pédicule fort mince.

L'abdomen est alongé, presque cylindrique, un peu déprimé, & fort peu aminci à son extrémité.

Les pattes sont assez longues. Les postérieures, un peu plus longues que les autres, ont leurs cuisses assez grosses, ordinairement armées en dessous de petites épines aiguës.

Les Mydas, ainsi que nous l'avons dit, se rapprochent des Asiles par la manière de vivre. Ils vivent de rapine, & font une guerre continuelle aux autres insectes, qu'ils attrapent en volant, & dont ils retirent tous les sucs au moyen de leur trompe. On les voit attaquer les Hyménoptères les plus forts & les mieux armés, & les emporter entre leurs longues pattes, sans que l'aiguillon de ceux-ci puisse les atteindre. Leurs larves nous sont inconnues.

MYDAS.

MYDAS. Fabr. Latr. NEMOTELUS. Deg.

CARACTÈRES GÉNÉRIQUES.

Antennes plus longues que la tête, rapprochées à leur base, composées de trois articles, dont le second est alongé, et le dernier en masse comprimée.

Trompe courte, rétractile, bilabiée, composée de quatre pièces.

Suçoir de trois pièces; les deux latérales courtes, tubulées; la troisième supérieure, obtuse.

Deux antennules courtes, à peine apparentes.

ESPÈCES.

1. Mydas effilé.

Noir, avec le second anneau de l'abdomen rouge sur les côtés.

2. Mydas nitidule.

Noir; abdomen avec quatre anneaux marqués, sur les côtés, de taches d'un vert-doré.

3. Mydas bleuâtre.

Noir; abdomen d'un bleu-luisant.

4. Mydas rayé.

Noir; corcelet rayé de gris; abdomen avec le bord des anneaux blanc.

1. Mydas effilé.

Mydas filata.

Mydas nigra, abdominis segmento secundo lateribus testaceis.

Mydas filata *nigra, abdominis segmento secundo lateribus testaceis, femoribus serratis.* Fab. *Syst. Antl. p.* 60. *n°.* 1.

Bibio filata. Fabr. *Mant. Inf.* 2. *p.* 328. *n°.* 1.

Nemotelus asiloides *niger, antennis cylindricis muticis; abdomine longo, cylindrico; segmento secundo rufo-flavo, alis fuscis.* Deg. *Mem. Inf.* 6. *p.* 204. *n°.* 2. *tab.* 29. *fig.* 6.

Drur. *Illustr. of Inf. tom.* 1. *tab.* 44. *fig.* 1.

Mydas filata. Latr. *Gen. Inf. & Crust. tom.* 4. *p.* 295.

Il est grand, peu velu, entièrement noir, avec une bande d'un rouge-brun sur le second anneau de l'abdomen, interrompue au milieu. Les ailes sont noirâtres, luisantes. Les cuisses postérieures sont grandes, & armées en dessous de petites épines aiguës.

Il se trouve dans la Caroline, la Géorgie, la Pensilvanie.

2. Mydas nitidule.

Mydas nitidula.

Mydas nigra, abdominis segmentis quatuor lateribus viridi-aureis.

Il est plus grand que le précédent. Les antennes sont noires. La tête & le corcelet sont noirs, & couverts, en quelques endroits, de poils roux. L'abdomen est noir, avec une tache d'un vert-doré de chaque côté du second, du troisième, du quatrième & du cinquième anneau : on remarque quelques poils roux sur le premier. Les ailes sont transparentes, avec une légère teinte brune sur tout sur le bord extérieur. Les pattes sont noires : les postérieures sont peu renflées, & ont des épines très-courtes à leur partie intérieure.

Il se trouve dans l'Amérique méridionale.

3. Mydas bleuâtre.

Mydas cœrulescens.

Mydas nigra, abdomine cœruleo, nitido.

Il est de la grandeur du Mydas nitidule. Le front est velu. La tête & le corcelet sont noirs, peu velus. L'abdomen est d'un bleu très-brillant. Les pattes sont noires. Les ailes sont brunes, avec le bord postérieur transparent.

Il se trouve dans l'Amérique méridionale.

4. Mydas rayé.

Mydas lineata.

Mydas nigra, thorace cinereo, lineato; abdominis segmentis margine albis.

Il est beaucoup plus aminci que les précédens. Les antennes sont noires. La tête est cendrée, avec les yeux noirs. Le corcelet est noir en dessus, avec quatre raies cendrées. L'abdomen est alongé, cylindrique, beaucoup plus aminci que dans le Mydas effilé, noirâtre, avec le bord de chaque anneau blanc. Les pattes sont noirâtres. Les cuisses postérieures sont légérement épineuses en dessous, & peu renflées. Les ailes sont plus courtes que l'abdomen; elles sont transparentes, avec les nervures noires, & un peu d'obscur auprès de ces nervures.

Je l'ai trouvé en Égypte, près des pyramides de Sakhara.

MYDASIENS. *Mydasii.* Sixième famille de l'Ordre des Diptères, établie par M. Latreille. Elle comprend les genres Mydas & Thérève, & a, pour caractères, deux antennes insérées au-devant du front, rapprochées à leur base, tantôt de la longueur de la tête, subulées, terminées par un filet distinct, tantôt de la longueur de la moitié du corcelet, & même plus longues, terminées en masse, triarticulées dans tous, le premier article étant cylindrique, & le second très-court. La trompe est presque membraneuse ou presque coriacée. La tige est courte, cylindrique. La tête ou l'extrémité est formée de deux lèvres. Le suçoir a quatre soies, dont la supérieure & l'inférieure sont plus fortes : la supérieure est plus large, plus courte que les autres, bifide ou échancrée à son extrémité, un peu creusée en goutière en dessous.

Le corps est oblong. La tête est transverse, aussi large & aussi élevée que le corcelet. Les yeux sont grands, quelquefois contigus postérieurement dans les mâles. Le tronc est cylindrique. Les balanciers sont presque nus. L'abdomen est alongé & un peu conique. Les tarses ont chacun deux petites pelotes. Les ailes sont horizontales, en recouvrement, de la longueur de l'abdomen, ou guère plus longues. On voit une cellule au milieu, distincte, linéaire; une marginale, unique, alongée; deux presque marginales, imparfaites, terminales, l'inférieure courte; trois discoïdales & parfaites; une anale parfaite & rétrécie en angle aigu vers l'extrémité.

MYGALE. *Mygale.* Genre d'insectes de la seconde section de l'Ordre des Aptères, & de la famille des Arachnides.

Ce genre, détaché de celui d'Araignée par M. Walckenaer, a reçu, par cet auteur, plus d'extension qu'il ne doit en avoir. Nous pensons qu'il doit être restreint aux Araignées que nous avons indiquées sous le nom de *Mineuses*, & qu'il faut en écarter par conséquent l'*Aviculaire* & quelques autres qu'on a voulu y faire entrer, quoique la disposition des yeux, la forme des pattes, & surtout la manière de vivre, fussent totalement différentes.

Les Mygales ou Araignées mineuses, dont nous avons donné l'histoire à l'article Araignée, mais dont nous n'avons pas donné la description parce que nous n'avions point alors d'individus sous les yeux pour la faire, & qu'il n'en existoit encore chez aucun auteur, forment la troisième famille des Mygales de M. Walckenaer, & sont désignées sous les noms de *Digitigrades mineuses (cuniculariæ)*. Leur caractère particulier est d'avoir des mandibules pourvues, à l'extrémité de leurs premières pièces, de pointes droites, cornées, formant un rateau.

Le caractère du genre a été établi par le même auteur ainsi qu'il suit :

Yeux, huit, presqu'égaux entr'eux, groupés & ramassés sur le devant du corcelet, entre les mandibules ;

Lèvre petite, presque nulle, insérée sous les mâchoires ;

Machoires alongées, cylindriques, creusées longitudinalement à leurs côtés internes ;

Palpes alongés, pédiformes, insérés à l'extrémité des mâchoires ;

Pattes alongées, fortes ; la paire postérieure, ou la quatrième paire, est la plus longue de toutes ; ensuite la première paire ou l'antérieure ; la seconde surpasse peu la troisième.

Outre les caractères que les Mygales mineuses offrent dans leurs mandibules, dont la première pièce est terminée par des piquans, on en trouve encore un autre dans la disposition des yeux, & dans les épines qui sont placées aux dernières pièces des quatre pattes antérieures.

La première pièce des mandibules est proportionnellement beaucoup plus grosse, beaucoup plus forte dans les Mygales ou Araignées mineuses, que dans toutes les autres espèces de cette nombreuse famille. Elle est terminée par des piquans très-forts, un peu arqués, placés en ligne à la partie antérieure, un peu au dessus de la seconde pièce ou crochet, piquans qu'on ne voit à aucune autre espèce d'Araignée.

Les mâchoires sont grandes, fortement ciliées. Les palpes ou antennules, placés à l'extrémité de ces mâchoires, sont grands, & armés d'épines à leur dernière pièce.

Les yeux, au nombre de huit, sont placés sur deux lignes transversales. La postérieure est un peu plus courbée que l'autre, & les yeux sont presqu'à une égale distance les uns des autres ; seulement les latéraux sont un peu plus gros que les intermédiaires. La ligne antérieure est moins courbée que l'autre, & sa courbure est dans un sens opposé. La partie convexe est dirigée en arrière. Ces yeux, placés deux à deux & très-rapprochés, ou presque accolés, débordent un peu, par les côtés, les yeux postérieurs ; ils sont aussi un peu plus petits que les deux postérieurs intermédiaires, que nous avons dit être un peu plus petits que les latéraux postérieurs. Dans l'Araignée aviculaire, les intermédiaires sont placés plus en arrière, & sont plus grands que les latéraux antérieurs.

Les pattes sont grosses & de longueur moyenne ; leur grandeur proportionnelle est dans l'ordre suivant : les postérieures, les antérieures, les troisièmes & les secondes ; elles sont fort velues, ainsi que les palpes, & les quatre antérieures sont armées, à leurs dernières pièces, d'épines assez longues & assez fortes ; toutes sont terminées par deux crochets arqués, très-forts.

Les pattes de l'Araignée aviculaire, au lieu d'avoir leurs dernières pièces cylindriques & armées d'épines, sont plates, & munies en dessous de poils très-courts, très-serrés, très-doux au toucher, & en tout semblables à du beau velours.

Quant à ce qui regarde les mœurs des Mygales & la manière de construire leur nid, voyez ce que nous en avons dit à l'article Araignée, p. 228.

MYGALE.

MYGALE. LATR. WALCK. ARANEA. FABR.

CARACTÈRES GÉNÉRIQUES.

Yeux, huit, sur deux lignes transverses, un peu courbes.

Mandibules fortes ; la première pièce terminée en rateau.

Antennules insérées à l'extrémité des mâchoires.

Pattes fortes ; les quatre antérieures armées de piquans aux deux dernières pièces.

Nid cylindrique, creusé dans la terre, tapissé d'une légère toile, et fermé par un opercule qui s'ouvre par un de ses côtés.

ESPÈCES.

1. MYGALE maçonne.

D'une couleur ferrugineuse obscure ; mandibules noirâtres, terminées par cinq dents fortes, alongées.

2. MYGALE pionnière.

D'un brun-obscur ; mandibules terminées par quatre dents courtes, inégales.

3. MYGALE mineuse.

D'une couleur ferrugineuse obscure ; mandibules avec trois fortes dents.

4. MYGALE recluse.

Très-noire, luisante ; abdomen noir, velu.

1. MYGALE maçonne.

MYGALE cœmentaria.

Mygale obſcurè ferruginea, mandibulis nigricantibus; dentibus quinque elongatis, validis.

Mygale cœmentaria. LATR. *Gen. Inſ. & Cruſt. tom.* 1. *p.* 84. *ſpec.* 5. — *Hiſt. Nat. des Cruſt. & des Inſ. tom.* 7. *p.* 164. *tab.* 63. *fig.* 1-6.

Mygale maçonne. WALCK. *Tabl. des Aran. p.* 5. *n°.* 8. *tab.* 1. *fig.* 6 & 7.

Aranea Sauvageſii, *griſeo-brunnea, thorace convexo, centro tranſverſè excavato, abdomine ovato, atomis atris adſperſo.* DORTH. *Tanſ. of the Linn. Societ. tom.* 2. *p.* 90.

Elle eſt d'un brun ferrugineux. Le deſſus de l'abdomen, dans l'inſecte vivant, eſt parſemé de points irréguliers, noirâtres, diſpoſés en ſix ou ſept rangs de chevrons, dont la pointe, qui occupe le milieu du dos, ſe dirige vers le corcelet. Les mandibules ſont noirâtres, & armées de cinq épines alongées, fortes, parmi leſquelles ſe trouvent des poils aſſez forts & aſſez longs.

Elle ſe trouve au midi de la France, aux environs de Montpellier.

2. MYGALE pionnière.

MYGALE fodiens.

Mygale obſcurè brunnea, mandibulis dentibus quatuor brevibus, inæqualibus.

Mygale Sauvageſii. LATR. *Gen. Inſ. & Cruſt. tom.* 1. *p.* 84. *n°.* 6. — *Hiſt. nat. des Cruſt. & des Inſ. tom.* 7. *p.* 165. *pl.* 63. *fig.* 7-10.

Araignée de Sauvages. LATR. *Mém. de la Soc. d'Hiſt. nat. Paris, an* 7. *p.* 123. *pl.* 6. *fig.* 2.

Mygale pionnière. WALCK. *Tabl. des Aran. p.* 5.

Aranea Sauvageſii. ROSS. *Faun. etr. tom.* 2. *p.* 138. *tab.* 9. *fig.* 11. — *Act. Soc. ital. tom.* 4. *p.* 134. *fig.* 8 & 9.

Elle reſſemble beaucoup à la précédente ; mais elle eſt un peu plus grande, entiérement de couleur brune. Les mandibules ſont fortes, armées de quatre dents plus courtes que dans la Mygale maçonne.

Elle ſe trouve en Corſe, ſur le bord des chemins.

3. MYGALE mineuſe.

MYGALE cunicularia.

Mygale obſcurè ferruginea, mandibulis dentibus tribus validis.

Mygale Ariana. WALCK. *Tab. des Aran. p.* 6.

Elle eſt un peu plus grande que la Mygale maçonne. Tout le corps eſt d'une couleur brune-claire. Les mandibules ſont de la même couleur, excepté les trois épines fortes, un peu arquées, qu'on remarque à chaque, & qui ſont noires. Les ongles, ainſi que les piquans des quatre pattes antérieures & des antennules, ſont également noirs.

J'ai trouvé très-ſouvent cette eſpèce dans l'île de Naxos. Elle creuſe ſon nid dans une terre argileuſe, aſſez forte, coupée à pic & expoſée vers le midi. Elle étoit conſtamment dans ſon nid pendant le jour, & ne ſortoit que la nuit pour aller courir après ſa proie.

4. MYGALE recluſe.

MYGALE nidulans.

Mygale atra, nitida, abdomine hirto, nigro.

Aranea venatoria. FABR. *Ent. Syſt. em. tom.* 2. *p.* 408. *n°.* 7.

Mygale nidulans. WALCK. *Tabl. des Aran. p.* 6.

Araignée recluſe. (*Voyez la deſcription que nous en avons donnée à l'aricle* ARAIGNÉE, *pag.* 230.)

MYLABRE. *Mylabris.* Genre d'inſectes de la ſeconde ſection de l'Ordre des Coléoptères & de la famille des Cantharidées.

Ces inſectes, très-voiſins des Cantharides, en ont été ſéparés par Fabricius, qui en a formé un nouveau genre ſous le nom de *Mylabre*, déjà employé par M. Geoffroy, pour déſigner des inſectes fort différens de ceux-ci, & généralement connus aujourd'hui ſous le nom de *Bruche.*

Les différences génériques qui ſéparent les Mylabres des Méloës, des Cantharides & des Cérocomes, ne ſont point très-ſenſibles dans les parties de la bouche, ainſi que nous l'avons déjà dit à l'article CANTHARIDE ; mais les antennes moniliformes, compoſées de onze articles bien diſtincts, & allant en groſſiſſant vers l'extrémité, ſuffiſent pour faire reconnoître, au premier coup-d'œil, le premier genre & le diſtinguer des trois autres.

Les antennes des Mylabres ſont moniliformes, un peu plus courtes ou auſſi longues que le corcelet, arquées à leur extrémité, & compoſées de onze articles bien diſtincts, dont le premier eſt alongé, conique, plus gros que les ſuivans ; le ſecond eſt petit & arrondi ; les autres ſont grenus, & vont en groſſiſſant vers l'extrémité ; le dernier eſt auſſi large que les précédens à ſa baſe, & ſe termine en pointe : elles ſont inſérées à la partie antérieure de la tête, un peu au-devant des yeux.

La bouche eſt compoſée d'une lèvre ſupérieure, de deux mandibules, de deux mâchoires, d'une lèvre inférieure & de quatre antennules.

La lèvre ſupérieure eſt cornée, fort avancée,

échancrée antérieurement, arrondie sur les côtés, tronquée postérieurement.

Les mandibules sont cornées, assez grandes, comprimées, arquées vers l'extrémité, & armées intérieurement, à l'endroit de l'arcure, d'une dent obtuse plus ou moins prononcée.

Les mâchoires sont cornées, bifides, comprimées, un peu ciliées. La division extérieure est arquée, un peu plus longue que l'autre, terminée en pointe.

La lèvre inférieure est avancée, membraneuse, presque cornée au milieu, aplatie, un peu rétrécie à sa base, à l'endroit de l'insertion des antennules, un peu dilatée & échancrée à l'extrémité.

Les antennules antérieures, un peu plus longues que les postérieures, sont composées de quatre articles, dont le premier est court; les deux suivans sont presqu'égaux, coniques; le dernier est à peine plus gros que les précédens & est tronqué à son extrémité; elles sont insérées au dos des mâchoires, un peu au dessous de la division extérieure.

Les antennules postérieures sont composées de trois articles coniques, presqu'égaux; le dernier est à peine plus gros que les autres, & tronqué à son extrémité. Elles sont insérées à la base un peu antérieure de la mâchoire inférieure.

La tête est à peu près de la largeur du corcelet, un peu déprimée, ordinairement inclinée & portée vers la poitrine. Les yeux sont assez gros, ovales, situés à la partie latérale un peu antérieure de la tête.

Le corcelet est un peu convexe, presqu'aussi large devant que derrière, plus étroit que les élytres.

L'écusson est petit & arrondi postérieurement.

Les élytres sont coriacées, flexibles, arrondies à leur extrémité; elles cachent deux ailes membraneuses, veinées, repliées.

Le corps est alongé, presque cylindrique, un peu plus gros que dans les Cantharides & les Cérocomes.

Les pattes sont assez longues. Les tarses des quatre pattes antérieures sont composés de cinq articles, dont les quatre premiers sont triangulaires, & le dernier est alongé. Les pattes postérieures n'ont que quatre articles aux tarses, dont le premier & le dernier sont alongés; les deux autres sont triangulaires; le quatrième est terminé par deux ongles doubles, ainsi que dans les Cantharides & les Méloës.

Les larves des Mylabres ne doivent pas différer de celles des Cantharides; mais comme ces insectes sont presque tous étrangers au nord de l'Europe, on n'a point encore eu occasion de les observer.

Les Mylabres sont en général fort difficiles à distinguer les uns des autres, parce qu'ils ont presque tous des couleurs uniformes, qui varient du jaune-foncé au jaune-pâle, du rouge au fauve & au testacé; qu'ils ont des bandes ou des taches noires, qui prennent plus ou moins d'extension, & que leur corps acquiert plus ou moins de volume, au point que, dans la même espèce, on voit quelquefois des individus qui sont une, deux ou trois fois plus petits les uns que les autres.

Cette uniformité de couleurs a souvent fait regarder comme de simples variétés des espèces d'ailleurs très-constantes & assez bien caractérisées: toutes celles, par exemple, qui ont sur les élytres des bandes jaunes & des bandes noires alternes ont été regardées comme la Cantharide employée en médecine par les Grecs & les Arabes, & désignée par Linné sous le nom de *Meloë Cichorii*, quel que fût le lieu de leur origine. Mais depuis que les collections d'insectes sont devenues excessivement nombreuses, & qu'on envisage en Histoire naturelle les objets sous tous les points de vue, il paroît évident que, sous le nom de *Meloë Cichorii*, on a compris un grand nombre d'espèces, qui, si elles ne sont pas toutes très-distinctes par les couleurs, le sont au moins par la forme extérieure du corps & par la manière de vivre: il est bien vrai que cette méprise n'auroit pas de grands inconvéniens en médecine, car tous les Mylabres ont, à peu de chose près, comme notre Cantharide, la propriété éminemment irritante lorsqu'ils sont pris intérieurement, & vésicatoire lorsqu'on les applique sur la peau.

MYLABRE.

MYLABRIS. Fabr. Oliv. Latr. MELOE. Linn. CANTHARIS. Deg.

CARACTÈRES GÉNÉRIQUES.

Antennes de la longueur du corcelet, allant en grossissant, et arquées vers l'extrémité. Onze articles distincts : le premier le plus gros ; le dernier conique, pointu.

Tête très-inclinée, aussi large que le corcelet.

Bouche composée d'une lèvre supérieure un peu échancrée, de deux mandibules comprimées, arquées et presque dentées vers l'extrémité ; de deux mâchoires bifides, d'une lèvre inférieure échancrée, et de quatre antennules filiformes, tronquées.

Tarses de cinq articles aux quatre pattes antérieures, et de quatre aux deux postérieures.

ESPÈCES.

1. Mylabre oculé.

Velu, noir ; élytres avec une tache à la base, arrondie, et deux bandes peu dentées, fauves.

2. Mylabre de la Lavatère.

Velu, noir ; élytres avec une tache à la base, et deux bandes, ferrugineuses.

3. Mylabre pustulé.

Velu, noir ; élytres avec deux taches à la base, et deux bandes ondées, rouges.

4. Mylabre unifascié.

Noir ; élytres avec une bande jaune au milieu.

5. Mylabre bifascié.

Velu, noir ; antennes et deux bandes sur les élytres, jaunes.

6. Mylabre trifascié.

Velu, noir ; élytres rouges, avec la base, l'extrémité et deux bandes, noires ; antennes jaunes.

7. Mylabre interrompu.

Velu, noir ; élytres avec trois bandes jaunes, interrompues.

8. Mylabre seize mouchetures.

Velu, noir ; élytres avec huit taches jaunes sur chaque, dont deux réunies.

9. Mylabre ceint.

Pubescent, très-noir ; élytres fauves, avec deux bandes et l'extrémité, noires.

10. Mylabre quadrifascié.

Velu, noir ; élytres avec deux taches à la base, et trois bandes, jaunes.

11. Mylabre luné.

Velu, noir ; antennes, tache en croissant, et deux bandes sur les élytres, jaunes.

12. Mylabre bimaculé.

Velu, noir ; élytres rouges, avec deux taches et deux bandes noires.

MYLABRE. (Insecte.)

13. Mylabre biponctué.

Très-noir; élytres rouges, avec deux points, une bande et l'extrémité, noirs.

14. Mylabre décoré.

Velu, d'un noir-bleuâtre; élytres rouges, avec deux points et deux bandes courtes, d'un noir-bleu.

15. Mylabre marginé.

Noir; élytres bordées de rouge-sanguin.

16. Mylabre de la Chicorée.

Velu, noir; élytres avec trois bandes ondées, jaunes; la première interrompue.

17. Mylabre triponctué.

Velu, noir; élytres jaunes, avec trois points, une bande et l'extrémité, jaunes.

18. Mylabre sanguinolent.

Velu, noir; élytres d'un rouge-sanguin, avec trois bandes dentées, noires.

19. Mylabre variable.

Velu, noir; élytres avec quatre bandes jaunes, la première interrompue.

20. Mylabre huit points.

Velu, noir; élytres jaunes, avec quatre points et l'extrémité, noirs.

21. Mylabre semblable.

Noir, soyeux; élytres avec deux taches à la base, et deux bandes dentées, jaunes.

22. Mylabre du Cap.

Velu, noir; élytres avec six taches jaunes, la première arquée.

23. Mylabre dix mouchetures.

Velu, noir; élytres avec six taches jaunes sur chaque.

24. Mylabre bigarré.

Velu, noir; élytres avec quatre bandes jaunes; la première interrompue.

25. Mylabre peint.

Noir; élytres avec un point et trois bandes jaunes, celle du milieu arquée.

26. Mylabre quatorze points.

Velu, noir; élytres jaunes, avec quatorze points noirs; le premier marginal, alongé.

27. Mylabre pallipède.

D'un vert-glauque, soyeux; élytres pâles, avec la suture, deux bandes ondées et deux taches oblongues, vertes.

28. Mylabre mélanure.

Noir; élytres jaunes, avec l'extrémité noire.

29. Mylabre algérien.

Noir; élytres testacées, sans taches.

30. Mylabre denté.

Noir, soyeux; élytres avec une tache à la base, l'extrémité, et trois bandes dentées, noires.

31. Mylabre fascié.

Velu, noir; élytres jaunes, avec trois bandes dentées, noires.

32. Mylabre six mouchetures.

Noir; élytres avec six points jaunes.

33. Mylabre brûlé.

Noir; élytres avec l'extrémité testacée, marquée d'une tache noire.

Il eſt preſqu'auſſi grand que le Mylabre puſtulé. Les antennes ſont noires. La tête, le corcelet & le deſſous du corps ſont noirs, un peu velus. L'écuſſon eſt noir. Les élytres ſont d'un rouge-pâle, avec deux taches diſtinctes, noires, placées à quelque diſtance de la baſe, & deux bandes interrompues à la future, & qui même quelquefois ne vont pas juſqu'au bord extérieur.

Je l'ai trouvé abondamment ſur différentes plantes, aux environs d'Athènes.

13. Mylabre biponctué.

Mylabris bipunctata.

Mylabris atra, elytris rufis, punctis duobus, faſciâ apiceque nigris.

Il eſt une fois plus petit que le précédent. Les antennes ſont noires. La tête, le corcelet & tout le deſſous du corps ſont très-noirs, peu velus. L'écuſſon eſt noir. Les élytres ſont fauves ou d'un rouge-clair, avec deux points noirs à quelque diſtance de la baſe; une large bande noire au milieu, & l'extrémité pareillement noire. Quelquefois la bande ſe réunit au noir de l'extrémité, & alors l'élytre eſt noire, avec la baſe rouge, ſur laquelle couleur ſont toujours les deux points noirs, placés ſur une ligne tranſverſale.

Je l'ai trouvé aſſez abondamment ſur différentes fleurs, dans le déſert de l'Arabie.

14. Mylabre décoré.

Mylabris decora.

Mylabris villoſa, atro-cœruleſcens, elytris coccineis, punctis duobus faſciiſque duabus abbreviatis, atro-cœruleſcentibus.
Pallas, *Inſ. Sib. tab.* E. *fig.* 10.

Il eſt un peu plus alongé que le Mylabre huit points. Les antennes ſont noires. La tête & le corcelet ſont peu velus, d'un noir-bleuâtre, un peu plus étroits que dans le Mylabre huit points. Les élytres ſont d'un beau rouge-clair, avec deux points noirs-bleus à quelque diſtance de la baſe, ſur une ligne tranſverſe, oblique; une tache tranſverſe, dentée au milieu, & une autre ſemblable à quelque diſtance de l'extrémité. Le deſſous du corps eſt peu velu & d'un noir-bleuâtre.

Il ſe trouve dans la Ruſſie méridionale.

15. Mylabre marginé.

Mylabris marginata.

Mylabris atra, elytrorum margine ſanguineo. Fabr. *Ent. Syſt. em.* 2. *p.* 88. *n°.* 4. — *Syſt. Eleut.* 2. *p.* 82. *n°.* 6.

Il reſſemble, pour la forme & la grandeur, au Mylabre algérien. Les antennes ſont noires. La tête & le corcelet ſont noirs, finement pointillés. Les élytres ſont finement chagrinées, noires, avec le bord extérieur d'un rouge-foncé. Le deſſous du corps & les pattes ſont noirs.

Il ſe trouve ſur la côte de Barbarie, d'où il a été apporté par M. Desfontaines.

16. Mylabre de la Chicorée.

Mylabris Cichorii.

Mylabris villoſa, atra, elytris faſciis undatis flavis, primâ interruptâ. Ent. 3. *n°.* 47. 7. *tab.* 1. *fig.* 1. a. b. c. d. e.

Mylabris Cichorii. Fabr. *Ent. Syſt. em.* 2. *pag.* 88. *n°.* 2. — *Syſt. Eleut.* 2. *p.* 81. *n°.* 1.

Meloe Cichorii. Linn. *Syſt. Nat. p.* 680. *n°.* 5. — *Muſ. Lud. Ulr.* 103.

Meloe Cichorii. Thunb. *Nov. Spec. Inſ. pars* 6. *tab. fig.* 10.

Mylabris Fueſlini. Panz. *Faun. Germ.* 31. *tab.* 18.

Meloe quadriguttatus. Wulf. *Inſ. Cap. n°.* 12. *tab.* 1. *fig.* 7. a. b.

Cette eſpèce a été confondue avec le Mylabre trifaſcié & avec quelques autres; mais il eſt beaucoup plus petit. Les antennes ſont conſtamment noires. La tête, le corcelet & le deſſous du corps ſont très-noirs, un peu velus. L'écuſſon eſt noir. Les élytres ſont noires, avec une tache jaune, preſque ronde, vers la baſe, près de la future, & deux bandes ondées ou irrégulièrement dentées, de la même couleur jaune : la première de ces deux bandes remonte juſqu'à la baſe, le long du rebord, & on voit rarement un point jaune, diſtinct, près de l'extrémité; ce qui rapproche alors cette eſpèce du Mylabre variable.

Il ſe trouve au midi de l'Europe, en Afrique, ſur les plantes chicoracées.

17. Mylabre triponctué.

Mylabris tripunctata.

Mylabris villoſa, atra, elytris flavis, punctis tribus faſciâ apiceque nigris.

Meloe tripunctatus *ater, hirtus, elytris flavis, faſciis duabus punctiſque ſex nigris.* Thunb. *Nov. Spec. Inſ.* 6. *p.* 112. *tab. fig.* 4. 5.

Il reſſemble beaucoup au Mylabre dix points. Les antennes ſont noires. La tête & le corcelet ſont noirs, velus, un peu plus étroits que dans le Mylabre dix points. Les élytres ſont jaunes, & ont trois points noirs, placés ſur une ligne tranſverſale, un peu arquée, à quelque diſtance de la baſe; une bande au-delà du milieu, ſouvent interrompue, formant alors deux taches, & l'extrémité également noire.

Il ſe trouve au Cap de Bonne-Eſpérance.

18. Mylabre fanguinolent.

Mylabris fanguinolenta.

Mylabris villofa, atra, elytris fanguineis; fafciis tribus dentatis, atris.

Il eft un peu plus grand que le Mylabre de la Chicorée. Les antennes font noires. La tête, le corcelet & le deffous du corps font noirs, velus. Les élytres font d'un rouge plus ou moins vif, & ont trois bandes finuées ou fortement dentées, noires, dont l'une à peu de diftance de la bafe, & la troifième près de l'extrémité : les deux premières font quelquefois interrompues.

Il fe trouve en Egypte.

19. Mylabre variable.

Mylabris variabilis.

Mylabris villofa, atra, elytris fafciis quatuor flavis, primâ interruptâ. Ent. 3. *n°.* 47. 11. *tab.* 2. *fig.* 14. a. b.

Mylabris Cichorii. Ross. *Faun. etr. tom.* 1. *pag.* 240. *n°.* 595.

Il reffemble, pour la forme & la grandeur, au Mylabre de la Chicorée. Les antennes font noires. La tête, le corcelet & le deffous du corps font noirs, très-velus. Les élytres font noires, avec une tache irrégulière, jaune près de l'écuffon, & s'avançant jufqu'à la future; une petite tache alongée à l'angle extérieur de la bafe, enfuite deux bandes ondées, & une tache ovale, tranfverfe, très-près de l'extrémité, pareillement jaune.

Il fe trouve au midi de la France, aux environs de Conftantinople, dans l'Afie mineure, fur les Ombellifères.

20. Mylabre huit points.

Mylabris octo punctata.

Mylabris villofa, atra, elytris flavis, punctis quatuor apiceque nigris.

Mylabris 10 *punctata. Ent.* 3. *n°s.* 47. 15. *tab.* 1. *fig.* 4, & *tab.* 2. *fig.* 18. a. b.

Meloe 4 *punctatus.* Linn. *Syft. Nat. pag.* 680. *n°.* 6.

Meloe 4 *punctatus.* Thunb. *Nov. Spec. Inf. pars* 6. *tab. fig.* 6.

Mylabris melanura. Petagn. *Spec. Inf. Calab. p.* 27. *tab. fig.* 13.

Il reffemble beaucoup aux précédens. Les antennes, la tête & le deffous du corps font noirs & velus. L'écuffon eft noir. Les élytres font rouges ou d'un jaune-fauve, avec deux points noirs fur une ligne tranfverfale, à quelque diftance de la bafe; deux autres un peu au-delà du milieu, & l'extrémité également noire : cette couleur s'étend peu & eft très-finuée. On voit quelquefois trois points au lieu de deux à la feconde rangée.

Il fe trouve au midi de la France, dans la Grèce & dans tout l'Orient, fur les Chicorées & quelques autres plantes.

21. Mylabre femblable.

Mylabris affinis.

Mylabris nigra, fericea, elytris maculis duabus bafeos fafciifque duabus dentatis, flavis. Ent. tom. 3. *gen.* 47. *n°.* 8. *tab.* 2. *fig.* 16.

Mylabris Hermanniæ. Fabr. *Ent. Syft. em.* 2. *p.* 89. *n°.* 7. — *Syft. Eleut.* 2. *p.* 83. *n°.* 9.

Il reffemble, pour la forme & la grandeur, au Mylabre huit points. Les antennes font noires, avec l'extrémité jaune. La tête, le corcelet & tout le deffous du corps font noirs, légérement couverts d'un duvet gris-jaune. Les élytres font noires, avec deux taches oblongues à la bafe, jaunes, dont l'une marginale, & l'autre près de la future, & deux bandes de la même couleur, un peu dentées.

Il fe trouve au Sénégal, en Guinée, fur une efpèce d'Hermane, fuivant Fabricius.

22. Mylabre du Cap.

Mylabris Capenfis.

Mylabris villofa, nigra, elytris maculis fex flavis, primâ arcuatâ. Ent. 3. *n°.* 47. 12. *tab.* 2. *fig.* 12.

Mylabris Capenfis. Fabr. *Ent. Syft. em.* 2. *pag.* 88. *n°.* 6. — *Syft. Eleut.* 2. *p.* 83. *n°.* 8.

Meloe Capenfis. Linn. *Syft. Nat. p.* 680. *n°.* 7. — *Muf. Lud. Ulr.* 104.

Meloe Capenfis. Deg. *Mem. Inf.* 7. *p.* 648. *tab.* 48. *fig.* 14.

Thunb. *Nov. Inf. Spec. pars* 6. *tab. fig.* 16.

Meloe Capenfis. Wulf. *Inf. Cap. n°.* 9. *tab.* 1. *fig.* 5. a. b.

Il eft un peu plus petit que le Mylabre de la Chicorée. Les antennes font noires, & les premiers articles font un peu dentés latéralement. La tête, le corcelet & tout le deffous du corps font noirs, un peu velus. Les élytres font très-noires, & ont une grande tache jaune, alongée, arquée, qui defcend près de l'écuffon & va toucher la future; une autre plus petite à l'angle extérieur de la bafe, & enfuite quatre alternes, tranfverfes, dont deux touchent la future, & deux le bord extérieur.

Il fe trouve au Cap de Bonne-Efpérance.

23. Mylabre dix mouchetures.

Mylabris decem guttata.

Mylabris villofa, atra, elytris maculis duodecim flavis.

Meloe decem guttatus. THUNB. *Nov. Spec. Inf. pars* 6. *p.* 115. *tab. fig.* 19.

Il reffemble au Mylabre du Cap ; mais il eft plus grand. Les antennes font noires. La tête, le corcelet & le deffous du corps font velus, très-noirs. Les élytres font très-noires, avec fix taches jaunes fur chaque, difpofées par paires : les deux premières font placées, l'une, ronde, vers la bafe & près de la future ; l'autre, alongée, au bord extérieur ; les autres font rondes & fur une ligne tranfverfale ; ce qui diftingue cette efpèce du Mylabre du Cap, dont les taches font alternes.

Il fe trouve au Cap de Bonne-Efpérance.

Du Muféum d'Hiftoire naturelle.

24. MYLABRE bigarré.

MYLABRIS varia.

Mylabris villofa, atra, elytris fafciis quatuor flavis, ultimâ interruptâ.

Il reffemble au Mylabre du Cap. Les antennes font noires. La tête, le corcelet & le deffous du corps font velus, très-noirs. Les élytres font un peu raboteufes, très-noires, avec trois bandes étroites, ondées, jaunes, dont l'une à la bafe même, la feconde au-devant du milieu, la troifième au-delà du milieu, quelquefois interrompue & formant alors deux taches tranfverfes : on voit de plus deux taches rondes, l'une, plus petite, près la future, & l'autre à l'extrémité.

Il fe trouve en Égypte.

25. MYLABRE peint.

MYLABRIS picta.

Mylabris nigra, elytris puncto fafciifque tribus flavis, mediâ arcuatâ. Ent. 3. *n*os. 47. 9. *tab.* 1. *fig.* 4.

Meloe cæcus. THUNB. *Nov. Inf. Spec. pars* 6. *tab. fig.* 11. 12.

Il eft de la grandeur du Mylabre de la Chicorée. Les antennes, la tête, le corcelet & tout le deffous du corps font noirs, peu velus. Les élytres font d'un brun-noir, avec un point jaune vers la bafe, près de l'écuffon, & enfuite trois bandes de la même couleur, dont la feconde eft arquée & dentée.

Il fe trouve.....

Du cabinet de feu Dorcy.

26. MYLABRE quatorze points.

MYLABRIS quatuordecim punctata.

Mylabris villofa, atra, elytris flavis punctis quatuordecim nigris, primo marginali elongato. Ent. 3. *n*°. 47. 17. *tab.* 2. *fig.* 22. a. b.

Il reffemble au Mylabre africain. Les antennes font noires. La tête, le corcelet & le deffous du corps font noirs, velus. Les élytres font jaunes, avec fept taches noires, dont l'une, vers la future, eft ronde ; l'autre, vers le bord extérieur, eft plus grande & alongée, trois vers le milieu, fouvent réunies ; deux diftinctes, à quelque diftance de l'extrémité : l'extrémité eft légérement noire, ainfi que le rebord extérieur.

Il fe trouve au Cap de Bonne-Efpérance.

27. MYLABRE pallipède.

MYLABRIS pallipes.

Mylabris glauca, fericea, elytris pallidè flavis, futurâ, fafciis duabus undatis, maculifque duabus oblongis, viridibus.

Il eft un peu plus grand que le Mylabre du Cap. Les antennes font teftacées. La tête eft foyeufe, d'un vert glauque, avec la bouche & les yeux noirs. Le corcelet eft glauque & foyeux. L'écuffon eft glauque, arrondi poftérieurement. Les élytres font d'un jaune-pâle, avec la future, une raie courte, deux bandes étroites, ondées, & une tache oblongue, d'un vert-foncé. La raie defcend de l'angle de la bafe jufqu'à la première bande, & la tache qui touche à la feconde bande ne defcend pas jufqu'à l'extrémité. Les deux bandes font placées vers le milieu, & ne vont pas jufqu'aux bords extérieurs. Le deffous du corps eft foyeux, d'un vert-glauque. Les pattes font pâles.

Il fe trouve au Sénégal.

28. MYLABRE mélanure.

Mylabris melanura.

Mylabris nigra, elytris flavis, apice nigro.

Il eft de la grandeur du Mylabre algérien. Les antennes font jaunes, avec le premier & le fecond article noirs, & les trois fuivans bruns. La tête & le corcelet font noirs, pointillés, peu velus. Les élytres font jaunes, avec un peu de brun le long de la future & à la bafe, depuis l'écuffon jufqu'à l'angle extérieur. L'extrémité eft noire. Le deffous du corps & les pattes font noirs.

Il fe trouve à l'île de Timor, près de la Nouvelle-Hollande.

Du Muféum d'Hiftoire naturelle.

29. MYLABRE algérien.

MYLABRIS algirica.

Mylabris atra, elytris teftaceis, immaculatis. Ent. 3. *n*os. 47. 11. *tab.* 1. *fig.* 5.

Mylabris algirica. FABR. *Ent. Syft. em.* 2. *pag.* 88. *n*°. 5. — *Syft. Eleut.* 2. *p.* 82. *n*°. 7.

Meloe algiricus. LINN. *Syft. Nat. p.* 681. *n*°. 11.

Cantharis fulva. DEG. *Mem. Inf.* 7. *pag.* 650. *n*°. 53. *tab.* 48. *fig.* 17.

Lytta

Lytta indica. Fuesl. *Archiv. tab.* 30. *fig.* 3.

Meloe maura. Pall. *Inf. Sib. p.* 93. *n°.* 22. *tab.* F. *fig.* E. 22.

Meloe algiricus. Wulf. *Inf. Cap. n°.* 11. *tab.* 1. *fig.* 8. a. b.

Cyrill. *Ent. Neap.* 1. *tab.* 2. *fig.* 10.

Il eſt de la grandeur du Mylabre de la Chicorée & a le port d'une Cantharide, mais les antennes vont en groſſiſſant vers l'extrémité. Tout le corps eſt noir, pubeſcent. Les élytres ſeules ſont d'un jaune-teſtacé, ſans tache.

Il ſe trouve ſur la côte de Barbarie, dans les îles de l'Archipel, en Syrie, aux environs de Bagdad.

30. Mylabre denté.

Mylabris dentata.

Mylabris nigra, ſericea, elytris maculâ baſeos; apice faſciiſque tribus dentatis, nigris.

Il eſt de la grandeur du Mylabre du Cap. La tête, le corcelet & le deſſous du corps ſont noirs, couverts de poils courts, rouſſeâtres, luiſans. Les élytres ſont pointillées, jaunes, avec une tache oblongue à la baſe, trois bandes ondées ou dentées, & une tache ronde près de l'extrémité, qui ſemble ſe détacher de la dernière bande. La tache de la baſe deſcend juſqu'à la première bande, & on voit un peu de noir autour de l'écuſſon.

Il ſe trouve à Sierra-Léone, en Afrique.

Du cabinet de M. Boſc.

31. Mylabre faſcié.

Mylabris faſciata.

Mylabris villoſa, nigra, elytris flavis; faſciis tribus dentatis, nigris.

Meloe faſciatus. Fuesl. *Inf. Helv. p.* 20. *tab. fig.* 1, a. b. c. d. e.

Meloe variabililis. Pall. *Inf. Sib. p.* 81. *tab.* E. *fig.* 7.

Mylabris variabilis. Fuesl. *Archiv.* 5. *p.* 147. *n°.* 3.

Il eſt une fois plus petit que le Mylabre de la Chicorée. Les antennes ſont noires. La tête, le corcelet & le deſſous du corps ſont velus, noirs. Les élytres ſont jaunes, avec trois bandes dentées, noires : la première, quelquefois interrompue, ſe trouve à quelque diſtance de la baſe; la ſeconde eſt placée au milieu, & la troiſième, placée à quelque diſtance de l'extrémité, n'atteint pas quelquefois le bord.

Il ſe trouve en Europe, dans la Ruſſie méridionale. Je l'ai trouvé ſur les bords de l'Helleſpont.

32. Mylabre ſix mouchetures.

Mylabris ſexguttata.

Mylabris atra, elytris punctis ſex flavis. Ent. 3. *n°s.* 47. 13. *tab.* 2. *fig.* 15.

Mylabris atrata *holoſericea, atra, elytris punctis ferrugineis.* Fabr. *Syſt. Eleut.* 2. *p.* 83. *n°.* 12.

Il eſt un peu plus renflé que les précédens. Tout le corps eſt très-noir, légérement velu. Les élytres ont chacune trois points ou trois petites taches ovales, jaunes, dont deux ſur une ligne oblique, preſqu'au milieu de chaque élytre, & l'autre à quelque diſtance de l'extrémité.

Il ſe trouve à Surinam.

Du cabinet de M. Van-Lennep.

33. Mylabre brûlé.

Mylabris præuſta.

Mylabris atra, elytris apice teſtaceis, maculâ atrâ. Fabr. *Ent. Syſt. em.* 2. p. 88. *n°.* 3.—*Syſt. Eleut.* 2. *p.* 82. *n°.* 5.

Il eſt de la grandeur du Mylabre huit points. Tout le corps eſt noir, un peu velu. On voit, ſur le corcelet, une ligne longitudinale, courte, peu enfoncée. Les élytres ſont d'un rouge-brun à leur extrémité, avec une tache noire, aſſez grande, placée au milieu de cette couleur rouge.

Il a été apporté de la côte de Barbarie par M. Desfontaines.

34. Mylabre africain.

Mylabris africana.

Mylabris villoſa, atra, elytris flavis, apice maculiſque ſex nigris, duabus communibus. Ent. 3. *n°s.* 47. 16. *tab.* 2. *fig.* 21.

Meloe decempunctatus. Thunb. *Nov. Spec. Inf. pars* 6. *tab. fig.* 7.

Il eſt de la grandeur du Mylabre huit points. Les antennes ſont noires. La tête, le corcelet & le deſſous du corps ſont noirs, velus. Les élytres ſont jaunes, avec une tache alongée, noire, qui part de la baſe; une autre aſſez grande au milieu; deux taches ſur la future & l'extrémité, de couleur noire.

Il ſe trouve au Cap de Bonne-Eſpérance.

Nota. M. Thunberg cite le *Meloe quatuorpunctatus* de Linné & le *Mylabris decempunctata* de Fabricius. C'eſt notre Mylabre dix points, très-différent de celui-ci.

35. Mylabre vingt points.

Mylabris vigintipunctata.

Mylabris nigra, cinereo-villoſa, elytris flavis, punctis decem nigris.

Il eſt un peu plus petit que le Mylabre de la Chicorée. Les antennes ſont teſtacées, avec les deux premiers articles noirs. La tête, le corcelet & le corps en deſſous, ſont noirs, couverts de poils gris. Les élytres ſont jaunes, avec dix points noirs ſur chaque, dont quelques-uns réunis. Ils ſont placés dans l'ordre ſuivant : trois en ligne courbe, un, deux, un, deux, un. Les pattes ſont teſtacées.

Il ſe trouve en Égypte.

36. Mylabre dix-neuf points.

Mylabris novemdecimpunctata.

Mylabris fuſca, ſericea, elytris pallidè flavis, punctis novem unoque ſcutellari nigris.

Il eſt un peu plus petit que le précédent. Les antennes ſont pâles, un peu plus courtes que le corcelet. Elles paroiſſent n'être compoſées que de dix articles dans quelques individus, dont le dernier eſt le plus grand; mais dans quelques autres on y diſtingue bien les onze articles. La tête eſt noire, couverte d'un duvet ſoyeux, gris. La bouche eſt pâle. Le corcelet eſt noirâtre, légérement bordé de pâle, couvert d'un duvet ſoyeux, gris. Les élytres ſont d'un jaune très-clair, avec un très-petit point noir, ſcutellaire, un point ſur chaque à l'angle de la baſe, deux points à quelque diſtance, enſuite trois diſpoſés en arc, & encore trois, également diſpoſés en arc, à quelque diſtance de l'extrémité. Le deſſous du corps eſt noirâtre, couvert d'un duvet ſoyeux, gris. Les pattes ſont pâles.

Je l'ai trouvé aſſez fréquemment en Égypte.

37. Mylabre Argus.

Mylabris Argus.

Mylabris nigra, albo-villoſa, elytris pallidis, punctis ſex ocellaribus nigris.

Meloe ocellata *alata, cano lanuginoſa, elytris pallidis, punctis duodecim ocellaribus.* Pall. *Inſ. Sib. p.* 89. *tab.* E. *fig.* 15. — *It.* 2. *App. pag.* 721. *n°.* 53.

Il reſſemble aux précédens. Les antennes ſont noires. La tête, le corcelet & le deſſous du corps ſont noirs, couverts de poils fins, ſerrés, blanchâtres. Les élytres ſont d'un jaune-pâle ou blanchâtres, avec trois rangées de points noirs, bordés d'un cercle blanchâtre. La première paire de points eſt à quelque diſtance de la baſe, & la troiſième à quelque diſtance de l'extrémité. Les pattes ſont jaunes.

Il ſe trouve dans la Ruſſie méridionale, vers la mer Caſpienne.

38. Mylabre ſix taches.

Mylabris ſexmaculata.

Mylabris atra, elytris teſtaceis, punctis tribus nigris. Fabr. *Ent. Syſt. Suppl. p.* 120. — *Syſt. Eleut.* 2. *p.* 84. *n°.* 16.

Il eſt un peu plus renflé que le Mylabre huit points. Les antennes ſont noires. Le corps eſt très-noir, à peine pubeſcent. Les élytres ſont d'un jaune-teſtacé, avec deux points noirs, placés plus près du milieu, de la même couleur. Cette tache forme quelquefois une bande dentée, & l'extrémité de l'élytre eſt alors noire.

Il ſe trouve dans la Ruſſie méridionale. Je l'ai trouvé dans le déſert de l'Arabie.

39. Mylabre ſafrané.

Mylabris crocata.

Mylabris villoſa, nigra, elytris flavis, punctis ſex nigris.

Meloe crocata. Pall. *Inſ. Sib. p.* 87. *n°.* 13. *tab.* E. *fig.* 13.

Il eſt un peu plus grand que le Mylabre huit points, auquel il reſſemble beaucoup. Les antennes ſont noires. La tête, le corcelet & le deſſous du corps ſont noirs, un peu velus. Les élytres ſont jaunes, avec ſix points noirs ſur chaque, diſtribués par paires. Les deux points du milieu ſont quelquefois réunis, & forment une tache tranſverſe, ſinuée.

Il ſe trouve dans la Ruſſie méridionale.

40. Mylabre douze points.

Mylabris duodecimpunctata.

Mylabris villoſa, atra, elytris teſtaceis, punctis ſex nigris.

Mylabris crocata. Ent. 3. *n°.* 47. *tab.* 2. *fig.* 23.

Il eſt une fois plus petit que le Mylabre huit points. Les antennes ſont noires. La tête, le corcelet & le deſſous du corps ſont noirs, peu velus. Les élytres ſont d'un jaune-teſtacé, avec ſix points ſur chaque, placés comme dans l'eſpèce précédente. Les deux points du milieu ſont quelquefois contigus, & forment une bande étroite, ondée, interrompue légérement à la future.

Il ſe trouve au midi de la France.

41. Mylabre douze taches.

Mylabris duodecimmaculata.

Mylabris atra, elytris teſtaceis, punctis ſex nigris, antennis pallidis.

Il eſt un peu plus renflé que le Mylabre douze points. Les antennes ſont pâles, avec les deux premiers articles noirs. La tête, le corcelet & le deſſous du corps ſont noirs, peu velus. Les élytres ſont teſtacées, avec ſix points aſſez grands, noirs, ſur chaque; deux à quelque diſtance de la baſe, ſur une ligne peu oblique intérieurement; deux au milieu, sur une ligne peu oblique extérieurement; deux à quelque distance de l'extrémité, quelquefois réunis, parallèles aux seconds. Les pattes sont noires, avec un peu de testacé aux jambes antérieures.

Il a été trouvé en Barbarie par M. Durand.

42. Mylabre dix points.

Mylabris decempunctata.

Mylabris atra, elytris testaceis, punctis quinque nigris.

Mylabris decempunctata. Fabr. *Spec. Inf.* 1. *p.* 331. *n°.* 5. — *Syst. Eleut.* 2. *p.* 84. *n°.* 14.

Il est une fois plus petit que le Mylabre huit points, auquel il ressemble, & dont il n'est peut-être qu'une variété. Les antennes sont noires. La tête & le corcelet sont noirs, très-velus. Les élytres sont d'un jaune-testacé, avec cinq points noirs, distincts, sur chaque; deux à quelque distance de la base, sur une ligne transverse, un peu oblique; deux vers le milieu, sur une ligne transverse, droite, & un à quelque distance de l'extrémité. Le dessous du corps est noir, velu.

Il se trouve au midi de la France, en Italie.

43. Mylabre de la Mimeuse.

Mylabris Mimosæ.

Mylabris nigra, elytris pallidè rubris, punctis quinque nigris.

Il est de la grandeur du Mylabre dix points; mais la tête est plus petite, & la partie antérieure du corcelet beaucoup plus étroite. Les antennes sont noires. La tête, le corcelet & le dessous du corps sont très-noirs, presque glabres. L'écusson est très-noir. Les élytres sont d'un rouge plus ou moins pâle, avec cinq points noirs sur chaque, dont deux à quelque distance de la base, deux vers le milieu, & un à quelque distance de l'extrémité.

Il se trouve dans le désert de l'Arabie, près de l'Euphrate, sur une petite espèce de Mimeuse.

44. Mylabre quadriponctué.

Mylabris quadripunctata.

Mylabris atra, elytris testaceis, punctis duobus nigris. Fabr. *Ent. Syst. em.* 2. *p.* 89. *n°.* 10. — *Syst. Eleut.* 2. *p.* 84. *n°.* 15.

Il ressemble au Mylabre dix points. Il en diffère seulement en ce que les élytres sont testacées, & ne sont marquées chacune que de deux taches noires.

Il se trouve en Russie.

45. Mylabre de la Scabieuse.

Mylabris Scabiosæ.

Mylabris atra, cinereo pubescens, elytris flavis, punctis tribus fasciisque duabus nigris.

Il ressemble, pour la forme & la grandeur, au Mylabre douze points. Les antennes sont noires. La tête & le corcelet sont noirs, couverts d'un léger duvet cendré. L'écusson est noir. Les élytres sont jaunes, avec un point noir à l'angle de la base; deux autres un peu au dessous; une bande étroite, ondée, qui n'atteint pas la suture, vers le milieu; une autre bande dentée, à peu de distance de l'extrémité. L'extrémité & la base sont très-légérement noires. Le dessous du corps & les pattes sont noirs.

Je l'ai trouvé en Perse, aux environs d'Amadan, sur des fleurs de Scabieuse.

46. Mylabre du Mélilot.

Mylabris Meliloti.

Mylabris nigra, cinereo villosa, elytris flavis, liturâ punctisque quinque nigris.

Meloe quatuordecimpunctata *alata, nigra, cano pubescens, elytris griseo pallidis, vittâ utrinquè axillari punctisque subdenis nigris.* Pall. *Inf. Sib. p.* 80. *tab.* E. *fig.* 6.

Il est un peu plus petit que le Mylabre dix points. Les antennes sont noires. La tête, le corcelet & le dessous du corps sont noirs, couverts de poils fins, serrés, longs, d'un gris-cendré. Les élytres sont noires, avec une petite raie droite, noire, qui descend de l'angle de la base, & se termine vis-à-vis le premier point. Celui-ci est à quelque distance de la base, près de la suture. Il y a deux autres points au milieu, & deux à quelque distance de l'extrémité. L'extrémité est légérement noire.

Il se trouve sur le Mélilot, vers les monts Altays & le fleuve Irtis, dans la Russie méridionale.

47. Mylabre indien.

Mylabris indica.

Mylabris villosa, atra, elytris fasciis duabus flavis, anteriore puncto nigro. Ent. 3. *n°.* 47. 18. *tab.* 2. *fig.* 19 & 20.

Mylabris indica. Fuesl. *Archiv. Inf. tab.* 30. *fig.* 6.

Mylabris punctum. Fabr. *Ent. Syst. em.* 2. *pag.* 89. *n°.* 8. — *Syst. Eleut.* 2. *p.* 84. *n°.* 13.

Meloe bicolor *ater, villosus, elytris anticè flavis, posticè ferrugineis, fasciis tribus punctisque duobus nigris.* Thunb. *Nov. Inf. Spec. pars* 6. *tab. fig.* 14.

Il est un peu plus petit que le Mylabre de la Chicorée. Les antennes sont noires. La tête, le corcelet & le dessous du corps sont noirs, un peu velus. Les élytres sont noires, avec deux larges bandes jaunes. L'antérieure, placée près de la base, est marquée d'un point noir, qui manque quelquefois. La postérieure est d'un jaune-fauve.

Il se trouve à la côte de Coromandel, à Tranquebar.

48. MYLABRE imponctué.

MYLABRIS impunctata.

Mylabris villosa, atra, elytris testaceis, immaculatis.

Il ressemble, pour la forme & la grandeur, au Mylabre indien. Les antennes sont noires. Les deux premiers articles sont plus gros que les autres, & velus. Les trois derniers sont renflés, ovales, & paroissent n'en former qu'un seul, comme dans les Cérocomes femelles. La tête, le corcelet & tout le dessous du corps sont noirs & velus. Les élytres sont testacées, sans tache.

Il se trouve au Cap de Bonne-Espérance.

Du Muséum d'Histoire naturelle.

49. MYLABRE obscur.

MYLABRIS fusca.

Mylabris villosa, atra, elytris fusco-testaceis; punctis nigris, sparsis.

Il ressemble au Mylabre du Mélilot. Les antennes sont noires. Le corps est noir & couvert d'un duvet grisâtre. Les élytres sont d'une couleur testacée-brune, avec quelques points noirs fort petits, dont le nombre varie. Il n'y en a quelquefois que deux, dont l'un alongé à l'angle de la base, & un autre vers la suture, sur la même ligne. Quelquefois il y en a un ou deux au milieu, & quelquefois seulement un ou deux vers l'extrémité.

Il se trouve en Perse, aux environs d'Amadan.

50. MYLABRE ruficolle.

MYLABRIS ruficollis.

Mylabris flavescens, capite nigro, elytris nigris, fasciâ flavâ. *Ent.* 3. n°s. 47. 19. *tab.* 2. *fig.* 17.

Il est à peu près de la grandeur du précédent. Les antennes sont noires, presque filiformes, à peine de la longueur du corcelet. La tête est noire. Le corcelet est d'un jaune-fauve. L'écusson est de la même couleur. Les élytres sont noires, avec une bande au milieu fort large, d'un jaune-fauve, laquelle couleur remonte le long de la suture, jusqu'à l'écusson. Le corps est jaune avec la poitrine, & l'anus noirs. Les pattes sont noires, avec les trois quarts des cuisses d'un jaune-fauve.

Il se trouve en Sibérie.

Du cabinet de M. Hunter.

51. MYLABRE âtre.

MYLABRIS atrata.

Mylabris villosa, atra, elytris, fasciâ punctoque rufis. *Ent.* 3. n°s. 47. 20. *tab.* 1. *fig.* 6.

Meloe atrata. PALL. *Inf. Sib. p.* 90. n°. 16. *tab.* E. *fig.* 22.

Meloe minuta *hirta, nigra, elytris fasciâ postica punctoque apicis flavis.* FABR. *Ent. Syst. em. Suppl. p.* 121. — *Syst. Eleut.* 2. *p.* 85. n°. 21.?

Il est un peu plus petit que le Mylabre du Cap. Les antennes sont noires. Tout le corps est noir & très-velu. Les élytres seules ont une bande rougeâtre, sinuée, placée au-delà du milieu, &, entre la bande & l'extrémité, une petite tache presque triangulaire, de la même couleur.

Il se trouve en Sibérie, aux environs du fleuve Irtis, sur des fleurs.

52. MYLABRE fuligineux.

MYLABRIS fuliginosa.

Mylabris villosa, atra, immaculata.

Il est un peu plus petit que le Mylabre de la Chicorée. Les antennes sont, comme dans les espèces précédentes, un peu plus longues que la tête, un peu renflées & arquées à leur extrémité. Tout le corps est velu, très-noir, sans tache.

Il se trouve au Cap de Bonne-Espérance.

Du Muséum d'Histoire naturelle.

53. MYLABRE flavicorne.

MYLABRIS flavicornis.

Mylabris antennis ferrugineis, atra, elytris fasciis subtribus maculisque duabus apicis flavis. FABR. *Syst. Eleut.* 2. *p.* 84. n°. 17.

Il est petit. Les antennes sont presque entiérement ferrugineuses. La tête & le corcelet sont velus, très-noirs. Les élytres sont noires, avec une tache jaune à la base, qui va se réunir à la bande antérieure; deux bandes dentées & deux taches à l'extrémité, de la même couleur jaune.

Il se trouve au Cap de Bonne-Espérance.

54. MYLABRE ondé.

MYLABRIS undata.

Mylabris villosa, atra, elytris fasciis duabus undatis maculâque lunari baseos flavis.

Meloe undatus *ater, hirtus, elytris fasciis luteis undatis.* THUNB. *Nov. Spec. Inf. pars* 6. *p.* 114. *tab. fig.* 17.

Cantharis undato bifasciata *alata, nigra, elytris anticè maculâ arcuatâ fasciisque binis undatis flavis, antennis nigris clavatis.* Deg. *Mem. Inf.* 7. *p.* 649. *n°.* 52. *tab.* 48. *fig.* 15.

Il eſt petit. Les antennes ſont noires. La tête, le corcelet & le deſſous du corps ſont noirs, velus. Les élytres ſont noires, avec une tache arquée vers la baſe, & deux bandes ondées, jaunes. La première de ces bandes eſt placée un peu en avant du milieu, & l'autre un peu au-delà.

Il ſe trouve au Cap de Bonne-Eſpérance.

55. Mylabre élégant.

Mylabris elegans.

Mylabris nigra, cinereo pubeſcens, elytris flavis, punctis quatuor faſciâ undatâ liturâque communi nigris.

Il eſt petit. Les antennes ſont pâles. La tête, le corcelet & le deſſous du corps ſont noirs, légérement couverts d'un duvet gris-luiſant. Les élytres ſont jaunes, avec deux points noirs ſur chaque, placés ſur une ligne tranſverſable, à quelque diſtance de la baſe; une bande étroite, très-ondée, au milieu; deux points entre cette bande & l'extrémité, & une ligne un peu ſinuée, qui court le long de la ſuture, depuis les derniers points juſqu'à l'extrémité. Les pattes ſont pâles.

Je l'ai trouvé une ſeule fois ſur des fleurs radiées, aux environs des Pyramides d'Egypte.

56. Mylabre flexueux.

Mylabris flexuoſa.

Mylabris villoſa, nigra, elytris flavis, vittâ puncto marginali maculiſque tribus dorſalibus, nigris.

Il eſt deux ou trois fois plus petit que le Mylabre dix points. Les antennes ſont noires. La tête, le corcelet & le deſſous du corps ſont velus, très-noirs. Les élytres ſont pointillées, couvertes de poils noirs; elles ſont d'un jaune pâle, avec une raie noire, irrégulière, qui deſcend près du bord de la baſe au-delà du milieu, & ſe réunit au bord; une petite tache vers l'extrémité, ſur le bord, & trois taches ſuturales, de la même couleur. L'extrémité de l'élytre eſt légérement noire.

Il ſe trouve en Ruſſie, & ſur les Alpes qui ſéparent la France de l'Italie.

57. Mylabre puſille.

Mylabris puſilla.

Mylabris atra, elytris flavis, baſi maculis duabus unâ communi, faſciâ undatâ apiceque atris.

Il reſſemble au précédent, pour la forme & la grandeur. Le corps eſt un peu moins velu, très-noir. Les élytres ſont pointillées, jaunes, avec une tache irrégulière, noire, vers la baſe & près du bord; une autre ſur la ſuture, qui remonte juſqu'à l'écuſſon; une bande au milieu, très-ondée, & l'extrémité de la même couleur, noire.

Il ſe trouve en Ruſſie.

Du cabinet de M. Boſc.

58. Mylabre géminé.

Mylabris geminata.

Mylabris atra, nitida, elytris pallidis, punctis duarum parium faſciâque mediâ nigris. Fabr. *Ent. Syſt. Suppl. p.* 120. — *Syſt. Eleut.* 2. *p.* 84. *n°.* 18.

Il eſt de la grandeur ou même plus petit que le Mylabre flexueux. Les antennes ſont noires. Le corcelet & le deſſous du corps ſont velus, très-noirs. L'écuſſon eſt noir. Les élytres ſont pointillées, couvertes de poils courts, noirs; elles ſont d'un jaune-pâle, avec deux points noirs, diſtincts ou réunis, vers la baſe; une bande ondée au milieu, quelquefois interrompue à la ſuture, & deux points vers l'extrémité, ordinairement réunis, de la même couleur. L'extrémité eſt quelquefois légérement noire.

Il ſe trouve en France, aux environs de Lyon, en Ruſſie.

59. Mylabre ruficorne.

Mylabris ruficornis.

Mylabris atra, antennis ferrugineis, elytris pallidis, punctis tribus faſciiſque duabus atris. Fabr. *Ent. Syſt. em. Suppl. p.* 121. — *Syſt. Eleut.* 2. *p.* 84. *n°.* 19.

Il eſt petit. Les antennes ſont ferrugineuſes. La tête & le corcelet ſont velus, très-noirs. Les élytres ſont liſſes, pâles, avec trois points noirs à la baſe, diſpoſés dans l'ordre ſuivant: un, deux; enſuite deux bandes poſtérieures, ſinuées, dont l'antérieure n'atteint pas la ſuture. Le corps eſt noir, avec les pattes jaunes.

Il ſe trouve à Mogador, en Afrique.

60. Mylabre trimaculé.

Mylabris trimaculata.

Mylabris nigra, elytris teſtaceis, maculis tribus nigris, primâ communi.

Cantharis trimaculata. Ent. tom. 3. 46. *n°.* 21. *tab.* 2. *fig.* 18.

Mylabris trimaculata. Cyrill. *Ent. Neap. tab.* 3. *fig.* 7.

Mylabris trimaculata. Fabr. *Ent. Syſt. em. tom.* 1. *pars* 2. *p.* 89. *n°.* 11. — *Syſt. Eleut. tom.* 2. *p.* 85. *n°.* 20.

Cet inſecte, que j'ai décrit & figuré depuis long-tems dans mon *Entomologie*, appartient plutôt au genre Cantharide, qu'à celui de Mylabre. Les antennes sont noires, filiformes, un peu grenues, de la longueur du corcelet. La tête & le corcelet sont noirs, pubescens. L'écusson est noir. Les élytres sont d'un jaune testacé, avec une tache suturale un peu au dessus de l'écusson, & une autre sur chaque, entre le milieu & l'extrémité. Le dessous du corps est noir.

Il se trouve en Italie. Je l'ai trouvé fort commun sur les bords de l'Hellespont.

Nota. Nous avons placé parmi les Cantharides, un insecte qui appartient bien plutôt au genre Mylabre; c'est le *Cantharis festiva*, Cantharide agréable : *Lytta festiva* de M. Fabricius. Les antennes vont, comme dans ce genre, un peu en grossissant. Je l'ai trouvée assez commune aux environs de Bagdad.

Le *Mylabris argentata* de Fabricius, que j'ai décrit depuis long-tems sous le nom de *Cérocome oculé*, & qui est figuré par erreur parmi les Mylabres de mon *Entomologie*, *pl.* 1, *fig.* 7, est une *Cérocome* : elle n'a que neuf articles apparens aux antennes, comme les femelles des *Cérocomes*. Je l'ai trouvée très-commune en Égypte, sur une espèce de Renouée (*Polygonum*), qui croît à peu de distance de la mer.

MYLASE. *Mylasis*. Pallas, dans ses *Icones*, donne ce nom à un nouveau genre d'insectes de l'Ordre des Coléoptères, dans lequel il fait entrer le *Tenebrio gigas* de Fabricius. (*Voy*. TÉNÉBRION.)

MYLÆQUE. *Mylœchus*. Genre d'insectes de la première section de l'Ordre des Coléoptères & de la famille des Nécrophagiens, établi par M. Latreille, qui a pour caractères : antennes un peu plus courtes que le corcelet, presque flexueuses; les deux premiers articles cylindriques, beaucoup plus grands que les suivans; le troisième un peu alongé, conique; les trois suivans très-petits; les cinq derniers formant une masse ovale, perfoliée.

Le Mylæque se rapproche beaucoup du Catops; il en diffère seulement par les antennes plus courtes, & en masse mieux prononcée.

La masse des antennes forme au moins la moitié de la longueur de cet organe; elle est d'un ovale un peu oblong, & est composée de cinq articles un peu serrés, quoique bien apparens.

La bouche paroît avoir quatre antennules filiformes, dont les deux antérieures sont plus grandes que les postérieures. Le dernier article de celles-là est un peu plus petit que le précédent, & terminé en pointe.

La forme du corps est ovale; la partie supérieure est peu convexe.

Les pattes sont de longueur moyenne. Les cuisses sont assez grosses. Les jambes ont une forme triangulaire, alongée. Les tarses sont minces, filiformes, ou allant un peu en diminuant de grosseur, comme dans les Catops; ils sont composés de cinq articles, & terminés par deux crochets fort menus.

Nous ne savons rien sur la manière de vivre des Mylæques : la seule espèce qui soit connue, a été trouvée dans le bois de Vincennes, près de Paris, par M. Latreille, qui a bien voulu me la communiquer.

MYLÆQUE.

MYLÆCHUS. LATR.

CARACTÈRES GÉNÉRIQUES.

Antennes courtes, en masse; masse ovale, perfoliée, composée de cinq articles.

Quatre antennules; le dernier article des antérieures plus petit que le précédent.

Tarses filiformes, alongés, menus, composés de cinq articles.

ESPÈCE.

MYLÆQUE brun.

D'un brun-marron soyeux; corcelet et élytres finement pointillés.

1. Mylæque brun.

Mylæchus brunneus.

Mylœchus castaneus, sericeus, thorace elytrisque subtiliter punctatis.

Mylœchus brunneus. Latr. *Gen. Crust. & Ins. tom.* 2. *p.* 30. *tab.* 8. *fig.* 11. 12.

Il a une ligne de long. Tout le corps est soyeux, d'un brun-marron, un peu plus foncé sur le corcelet que sur le reste du corps. Le corcelet & les élytres sont très-finement pointillés.

Il se trouve aux environs de Paris.

Du cabinet de M. Latreille.

MYODOQUE. *Myodocha.* Genre d'insectes de la seconde section de l'Ordre des Hémiptères.

Les Myodoques ont deux antennes composées de quatre articles; la tête avancée, portée sur un col étroit, cylindrique, alongé; le corcelet divisé en deux; quatre aîles, dont les deux supérieures, moitié coriaces, moitié membraneuses; le corps ovale-alongé; les pattes assez grandes, avec les cuisses extérieures ordinairement plus grosses que les autres, armées d'épines.

Ce genre, établi par M. Latreille, & placé dans la famille des Corises, me paroît appartenir plutôt à celle des Cimicides, & se rapprocher des Réduves, dont il ne diffère que par le dernier article des antennes, qui est sétacé dans les Réduves, au lieu qu'il est un peu renflé & cylindrique dans les Myodoques : de plus, la trompe de ceux-ci paroît être formée de quatre articles, tandis qu'on n'en apperçoit que trois dans les Réduves.

Les antennes sont, comme nous l'avons dit, composées de quatre articles bien distincts, dont le premier, un peu plus gros & un peu plus court que les autres, pose sur une base un peu avancée, & qu'on prendroit pour un article très-court si on ne faisoit attention qu'il fait partie de la tête. Le second article est mince & le plus long. Le troisième est moins long, & un peu renflé à son extrémité. Le dernier est alongé, de la grosseur du premier, cylindrique, & un peu pointu par les deux bouts. Leur longueur est à peu près celle des deux tiers du corps.

La tête est étroite, avancée, d'une figure ovale-alongée, au milieu de laquelle se trouvent placés les yeux, qui sont arrondis & saillans. On voit sur le vertex deux petits yeux lisses & distans l'un de l'autre. La tête est séparée du corcelet par un col cylindrique, long & mince.

La trompe part de l'extrémité de la tête, & n'est pas arquée à sa base comme dans les Réduves; elle est composée de quatre pièces ou articles, dont le premier est cylindrique, & plus gros que le second & le troisième. Le dernier est plus court, & aigu à son extrémité. Le corcelet est séparé en deux parties presqu'égales en longueur, par un enfoncement transversal. La portion antérieure est arrondie, & plus étroite que l'autre.

L'écusson est petit & triangulaire. Les deux ailes supérieures sont moitié coriaces, moitié membraneuses. Les inférieures sont membraneuses, peu veinées

Les pattes sont longues, assez minces. Les cuisses antérieures sont ordinairement renflées, & armées de plusieurs épines. Les tarses sont composés de trois articles, dont le premier est fort long, & le second fort court. Le troisième est spongieux, & terminé par deux crochets fort courts.

Le corps est oblong ou alongé. L'abdomen est convexe en dessous, & un peu concave en dessus; mais on n'apperçoit cette concavité que lorsqu'on a écarté les ailes.

Nous ne connoissons pas la manière de vivre de ces insectes, tous étrangers & peu communs dans les collections; mais à en juger par la forme des pattes antérieures, par la trompe & par leur ressemblance avec les Réduves, nous devons présumer que les habitudes des uns sont assez conformes à celles des autres.

MYODOQUE.

MYODOCHUS. LATR. *CIMEX.* DEG.

CARACTÈRES GÉNÉRIQUES.

Antennes filiformes, quadriarticulées, insérées sur une protubérance arrondie, tronquée; dernier article un peu plus gros et cylindrique.

Trompe quadriarticulée, partant de la partie antérieure de la tête.

Col alongé, mince.

Trois articles aux tarses; le second très-court; le troisième spongieux.

ESPÈCES.

1. MYODOQUE serripède.

Noir; élytres d'un brun-testacé; bordées de blanc; cuisses antérieures renflées, épineuses.

2. MYODOQUE tipuloïde.

Grisâtre; extrémité des cuisses rouge.

3. MYODOQUE à trois épines.

Noirâtre; dos avec trois épines droites, aiguës.

4. MYODOQUE fulvipède.

Noirâtre; pattes d'un jaune d'ocre; élytres avec une tache verdâtre.

1. Myodoque ferripède.

Myodochus ferripes.

Myodochus niger, elytris fusco-testaceis margine albo; femoribus anticis majoribus spinosis.

Il a environ quatre lignes de long. Les antennes font pâles, avec la base & le dernier article noirs. La trompe est pâle, avec le premier article noir. La tête & le corcelet font noirs : celui-ci est très-finement chagriné. Les élytres font d'un brun-clair, avec le bord extérieur blanchâtre. Le dessous du corps est noir. Les pattes font pâles, avec l'extrémité des cuisses antérieures obscure.

Il se trouve.....

Du cabinet de M. Latreille.

2. Myodoque tipuloïde.

Myodochus tipuloides.

Myodochus griseus, femorum apice rubro.

Cimex tipuloïdes *linearis griseus, antennis rubro maculatis, femoribus apice rubris, pedibus omnibus subæqualibus.* Deg. *Mem. Inf. tom.* 3. *p.* 354. *n°.* 27. *tab.* 35. *fig.* 18.

Cet insecte, ainsi que les deux suivans que je n'ai pas vus, est indiqué par M. Latreille, comme appartenant à ce genre.

Il a six ou sept lignes de long. Les antennes font presqu'aussi longues que le corps, filiformes, d'un gris-obscur, avec quelques taches rouges. Tout le corps est d'un gris un peu jaunâtre, plus obscur sur le dos. La trompe s'étend jusqu'aux cuisses intermédiaires. La tête est pointue à sa partie antérieure. Les pattes font longues, simples, grises, avec l'extrémité des cuisses rouge.

Il se trouve à Surinam.

3. Myodoque à trois épines.

Myodochus trispinosus.

Myodochus fuscus, dorso spinis tribus erectis.

Cimex trispinosus *linearis, griseo-fuscus antennis longis apice crassioribus, spinis dorsalibus tribus erectis.* Deg. *Mem. Inf. tom.* 3. *p.* 354. *n°.* 28. *tab.* 35. *fig.* 19.

Il est plus petit que le précédent. Les antennes font noirâtres, de la longueur du corps, filiformes, avec le dernier article un peu plus long & un peu plus gros que les autres. Le corcelet est noirâtre, armé de deux épines perpendiculaires, une de chaque côté : on en voit une troisième, semblable aux autres, placée à l'extrémité de l'écusson. Les élytres font d'un brun-clair. L'abdomen est noirâtre, & les pattes font simples, noirâtres.

Il se trouve à Surinam.

4. Myodoque fulvipède.

Myodochus fulvipes.

Myodochus fuscus, pedibus testaceis, elytris maculâ virescente.

Cimex fulvipes *linearis nigro-fuscus, pedibus testaceis, femoribus crassis, elytris abdomine brevioribus.* Deg. *Mem. Inf. tom.* 3. *p.* 355. *n°.* 29. *tab.* 35. *fig.* 21.

Il a de trois à quatre lignes de long. Les antennes font noirâtres, filiformes, un peu velues, guère plus longues que la moitié du corps. La tête est noirâtre, terminée en pointe. La trompe est jaune, aussi longue que le milieu de la poitrine. Le corcelet est noirâtre, avec le bord postérieur d'un rouge-brun. Les élytres font un peu plus courtes que le ventre, noirâtres, avec une tache oblongue, verdâtre. L'abdomen est noirâtre, avec le bord d'un gris-clair. Les pattes font d'un jaune d'ocre, & les cuisses font un peu renflées.

Il se trouve à Surinam.

MYOPE. *Myopa.* Genre d'insectes de l'Ordre des Diptères & de la famille des Conopsaires.

Les Myopes ont deux ailes veinées, de la longueur de l'abdomen; les antennes coudées, à palette, munies d'une petite soie latérale; la trompe mince, longue, coudée à la base & au milieu; la face revêtue d'une peau molle, plissée ou inégale.

Ces insectes avoient été confondus avec les Asiles par Geoffroy, & avec les Conops par Linné, quoique ces deux genres n'aient pas les antennes à palette, & munies de soie latérale, & que la trompe ne soit pas deux fois coudée, ainsi qu'on le remarque aux Myopes. Scopoli, qui le premier a bien su distinguer & décrire les Diptères, a donné le nom de *Sicus* aux Myopes, nom qui depuis a été assigné par Latreille, Fabricius & Meigen, à des insectes bien différens de ceux-ci.

Les antennes des Myopes font courtes, rapprochées à leur base, coudées, & composées de trois articles, dont le premier est court, assez gros, presque cylindrique. Le second est conique ou renflé à son extrémité, incliné, comprimé. Le troisième est comprimé, ovale, & muni à sa partie supérieure, un peu latérale, d'une soie courte, aiguë.

La tête est grosse, aussi large que le corcelet, & revêtue d'une peau molle, lâche, qui forme en avant des plis irréguliers, & une rainure profonde, dans laquelle est enchâssée une partie de la trompe.

Les yeux font de grandeur moyenne, assez distans, & on remarque sur le vertex trois petits yeux lisses, rapprochés, disposés en triangle.

La trompe est remarquable, en ce qu'elle est longue, coudée à la base, & qu'elle se replie sur elle-même au milieu. On y voit à sa base supérieure, deux antennules fort courtes, velues; une languette fort courte, plate, aiguë, qui contient une foie plus mince, aiguë, aussi courte ou même un peu plus courte que la languette, & qui est reçue dans une légère rainure qu'on apperçoit à la partie supérieure de la trompe. L'extrémité de celle-ci est un peu fendue.

Le corcelet est arrondi, presque cylindrique, attendu que l'angle huméral est un peu saillant ou formé par un point relevé, ordinairement d'une couleur différente de celle du dos.

Les pattes sont de longueur moyenne, assez grosses. Les cuisses sont renflées, ordinairement velues, surtout en dessous.

Les ailes ne dépassent pas l'abdomen. Les veines sont bien marquées, & il y a dans quelques espèces, aux anastomoses principales, des taches obscures, plus ou moins grandes. Le balancier est distinct, arrondi, porté sur un pédicule assez long.

L'abdomen est sessile, cylindrique, plus étroit que le corcelet, arqué, un peu renflé à son extrémité.

Ces insectes ne sont point carnassiers, en quoi ils diffèrent encore des Asiles. On les trouve sur les fleurs pendant toute la belle saison, quoiqu'ils s'y montrent rarement. Leurs larves ne sont point encore connues.

MYOPE.

MYOPA. Fabr. Latr. *ASILUS.* Geoff. *CONOPS.* Linn.

CARACTÈRES GÉNÉRIQUES.

Antennes courtes, coudées, triarticulées; dernier article ovale, comprimé, muni d'une soie latérale.

Trompe mince, longue, coudée à sa base et au milieu, bifide à l'extrémité.

Suçoir d'une soie très-courte, contenue par une languette presqu'aussi courte.

Deux antennules petites, courtes, velues, placées à la base supérieure de la trompe.

Peau molle, lâche, ridée à la partie antérieure de la tête.

ESPÈCES.

1. Myope mélangé.

Noir; front, écusson et pattes jaunes; ailes obscures.

2. Myope dorsal.

Ferrugineux; dos du corcelet obscur; abdomen cylindrique, crochu, avec le bord des anneaux blanc.

3. Myope ferrugineux.

Ferrugineux; dos du corcelet plus obscur; ailes obscures, sans tache.

4. Myope scutellaire.

Noir; abdomen blanc en dessus, avec trois rangées de taches noires.

5. Myope testacé.

Ferrugineux; abdomen ovale, crochu; anus cendré; ailes avec un point noirâtre au milieu; front vésiculaire, blanc.

6. Myope buccinateur.

Ferrugineux; abdomen crochu, taché de blanc; front vésiculaire, blanc; ailes nébuleuses.

7. Myope peint.

Ferrugineux, taché de noir; abdomen cylindrique, crochu; cuisses en masse; jambes postérieures arquées.

8. Myope âtre.

Abdomen cylindrique, courbé; corps noir; front blanc.

9. Myope nitidule.

Corcelet obscur, taché de blanc; abdomen avec le troisième anneau noir; les autres, blancs, tachés de noir.

10. Myope sellé.

Base de l'abdomen noire, tachée de blanc; extrémité crochue, ferrugineuse.

11. Myope ponctué.

Noir; corcelet taché; abdomen ovale, blanc, avec une rangée de points noirs.

12. Myope ceint.

Testacé; abdomen crochu, marqué de bandes blanches.

MYOPE. (Insecte.)

13. Myope marqueté.

Noir ; front vésiculeux, blanc ; abdomen marqueté.

14. Myope annelé.

Noirâtre ; pattes testacées, marquées de bandes noires.

15. Myope fémoral.

Noir ; abdomen cendré, presque fascié ; base des cuisses noire.

16. Myope frontal.

Corcelet cendré, ponctué de noir ; abdomen noir ; front rougeâtre.

17. Myope tibial.

Noir ; antennes et base des cuisses ferrugineuses ; jambes extérieurement blanches.

Il reſſemble aux précédens. Les antennes ſont ferrugineuſes. La partie antérieure de la tête eſt véſiculeuſe, blanche. Le vertex eſt ferrugineux. Le corcelet eſt noirâtre, avec les bords ferrugineux, tachés de blanc. L'abdomen eſt crochu. Le premier & le ſecond anneau ſont noirs, avec une tache marginale, blanchâtre, de chaque côté; les autres ſont ferrugineux, ſans tache. Les pattes ſont ferrugineuſes.

Il ſe trouve en Allemagne.

11. Myope ponctué.

Myopa punctata.

Myopa nigra, thorace maculato; abdomine ovato, albido; lineâ punctorum nigrorum. Fabr. *Ent. Syſt. em.* 4. *p.* 398. *n°.* 6. — *Syſt. Antl. pag.* 181. *n°.* 9.

Il reſſemble au Myope buccinateur, mais il eſt plus petit. Les antennes ſont noires. La partie antérieure de la tête eſt blanche, véſiculeuſe. Le vertex eſt noir. Le corcelet eſt peu velu, noir, avec un point à l'angle huméral, d'un vert blanchâtre. L'abdomen eſt ovale, avec un reflet verdâtre. Le premier anneau eſt noir; les autres ont un point au milieu, & des lignes petites peu marquées, marginales, noires. L'abdomen eſt à peine courbé; mais l'anus, qui eſt noir, eſt un peu proéminent en deſſous. Les ailes ſont tranſparentes. Les pattes ſont noires.

Il ſe trouve en Allemagne.

12. Myope ceint.

Myopa cincta.

Myopa teſtacea, abdomine hamoſo albo faſciato. Fabr. *Ent. Syſt. em.* 4. *p.* 399. *n°.* 7. — *Syſt. Antl. p.* 181. *n°.* 10.

Il reſſemble au Myope ferrugineux, mais il eſt plus petit. Les antennes ſont ferrugineuſes & le dernier article eſt pointu. La partie antérieure de la tête eſt véſiculeuſe, blanche, avec un petit point noir de chaque côté. Le corcelet eſt d'une couleur teſtacée-obſcure. L'abdomen eſt teſtacé, avec trois bandes preſqu'effacées, blanches. Les pattes ſont teſtacées, avec les tarſes noirs; les jambes ont un reflet argenté.

Il ſe trouve aux Indes orientales.

13. Myope marqueté.

Myopa teſſellata.

Myopa atra, ore veſiculoſo albo, abdomine teſſellato. Fabr. *Syſt. Antl. p.* 181. *n°.* 11.

Il reſſemble aux précédens pour la forme & la grandeur. La tête eſt renflée, blanche à ſa partie antérieure, & noire à ſa partie ſupérieure. Les antennes & la trompe ſont noires. Le corcelet eſt noir, ſans tache. L'abdomen eſt noir, marqueté. Les pattes ſont noires.

Il ſe trouve en Allemagne.

14. Myope annelé.

Myopa annulata.

Myopa nigricans, pedibus teſtaceis nigro faſciatis. Fabr. *Ent. Syſt. em.* 4. *p.* 399. *n°.* 10. — *Syſt. Antl. p.* 181. *n°.* 13.

Myopa annulata. Meig. *Dipt.* 2. *p.* 291. d.

Il eſt petit. Les antennes ſont ferrugineuſes. La partie antérieure de la tête eſt blanche, véſiculeuſe. Le corcelet eſt poileux, noir, ſans tache. L'abdomen eſt crochu, noir, avec le ſecond anneau un peu ferrugineux de chaque côté. Les pattes ſont teſtacées, avec un anneau noir ſur les cuiſſes & ſur les jambes.

Il ſe trouve en Italie.

15. Myope fémoral.

Myopa femorata.

Myopa atra, abdomine cinereo ſubfaſciato, femoribus baſi nigris. Fabr. *Syſt. Antl. p.* 181. *n°.* 14.

Il reſſemble, pour la forme & la grandeur, au Myope annelé. Les antennes ſont noires, un peu fauves vers l'extrémité. La tête eſt très-noire. Le corcelet eſt très-noir, preſque liſſé. L'abdomen eſt crochu, noir, avec des bandes cendrées, peu marquées. Les pattes ſont noires. Les cuiſſes ſont fauves, avec l'extrémité noire. Les ailes ſont tranſparentes.

Il ſe trouve en Allemagne.

16. Myope frontal.

Myopa frontalis.

Myopa thorace cinereo, nigro punctato; abdomine nigro, fronte rufâ. Fabr. *Syſt. Antl. p.* 182. *n°.* 15.

Il reſſemble aux précédens. La tête eſt ferrugineuſe, avec le devant blanchâtre. Le corcelet eſt cendré, marqué de points noirs. L'abdomen eſt crochu, noir. Les pattes ſont noires. Les ailes ſont tranſparentes.

Il ſe trouve à Kiel.

17. Myope tibial.

Myopa tibialis.

Myopa atra, antennis femorumque baſi ferrugineis, tibiis extùs niveis. Fabr. *Syſt. Antl. pag.* 182. *n°.* 16.

Il eſt petit. La tête eſt noire, avec tout le devant blanc & les antennes fauves. Le corcelet eſt cendré, marqué de lignes très-noires. L'abdomen eſt crochu,

crochu, noir. Les pattes sont noires, avec la base des cuisses fauve & la partie extérieure des jambes blanche.

Il se trouve en Europe.

MYRIAPODES. *Myriapoda*. C'est le nom que M. Latreille a donné à la division d'insectes, qui comprend les Scolopendres, les Jules & quelques genres qui en ont été détachés.

MYRMÉCIE. *Myrmecia*. Genre d'insectes de l'Ordre des Hyménoptères, établi par Fabricius, & détaché de celui de Fourmi, qui a pour caractères : bouche avec des antennules & des mâchoires sans langue; chaperon avancé, arrondi, bilobé à l'extrémité; quatre antennules inégales, filiformes; les antérieures beaucoup plus longues que les postérieures, composées de six articles presqu'égaux, insérés au dos des mâchoires; les postérieures plus courtes, quadriarticulées; articles égaux, placés à l'extrémité de la lèvre; mandibules avancées, alongées, minces, intérieurement dentées, parallèles, courbées à leur extrémité; mâchoires membraneuses, courtes, concaves, arrondies à leur extrémité; lèvre plus courte que les mâchoires, cylindrique, membraneuse, fendue; antennes brisées, insérées sous un pli élevé du front.

Le genre Fourmi est devenu si nombreux depuis quelque tems, qu'il a paru indispensable aux entomologistes qui se sont occupés de ces insectes, de le subdiviser, & de tracer des caractères à chaque subdivision qui en a été faite. Mais ont-ils réussi dans leur entreprise? Les coupes qu'ils ont faites sont-elles faciles à saisir & à suivre? C'est ce que nous ne pouvons affirmer. Nous serions même plus portés à croire qu'il reste encore un nouveau travail à faire sur ces insectes; car les genres auxquels celui de Fourmi a donné lieu, & qui ont été successivement présentés par MM. Latreille, Fabricius & Jurine, ne se rapportent point entr'eux, n'ont même presque pas d'analogie, ainsi qu'on va le voir plus bas.

M. Latreille, dans un premier ouvrage imprimé à Brives en l'an 6 (1798), sous le titre d'*Essai sur l'Histoire naturelle des Fourmis de la France*, décrit trente-sept espèces indigènes, parmi lesquelles vingt-deux lui ont paru nouvelles. Il n'établit dans cet ouvrage, que deux divisions. Première division : pédicule de l'abdomen à une seule écaille ou un seul nœud; antennes filiformes; point d'aiguillon. Deuxième division : pédicule de l'abdomen, formé de deux nœuds; antennes renflées à leur extrémité; un aiguillon dans les femelles & les mulets.

Dans un second ouvrage bien plus étendu, imprimé à Paris en 1802, sous le titre d'*Histoire naturelle des Fourmis*, & qui comprend les Fourmis tant indigènes qu'étrangères, le même auteur présente un tableau analytique des familles de ce genre, dont voici l'énumération & les caractères :

1°. Fourmis arquées. *Arcuatæ*. Point d'étranglement sensible entre le second anneau de l'abdomen & le troisième; antennes insérées près du milieu de la face de la tête; écaille lenticulaire; dos continu, arqué;

2°. Fourmis chameaux. *Camelinæ*. Point d'étranglement sensible entre le second anneau de l'abdomen & le troisième; antennes insérées près du milieu de la face de la tête; écaille lenticulaire; dos ayant des enfoncemens;

3°. Fourmis-atômes. *Atomariæ*. Point d'étranglement sensible entre le second anneau de l'abdomen & le troisième; antennes insérées près du milieu de la face de la tête; écaille en forme de coin alongé;

4°. Fourmis ambigues. *Ambiguæ*. Point d'étranglement sensible entre le second anneau de l'abdomen & le troisième; antennes insérées près du bord inférieur de la face de la tête; écaille noduleuse, arrondie ou tronquée supérieurement;

5°. Fourmis porte-pince. *Chelatæ*. Point d'étranglement sensible entre le second anneau de l'abdomen & le troisième; antennes insérées près du bord inférieur de la face de la tête; écaille s'élevant en pointe;

6°. Fourmis étranglées. *Coarctatæ*. Second anneau de l'abdomen séparé du troisième par un étranglement guère plus étroit que lui, point noduleux;

7°. Fourmis bossues. *Gibbosæ*. Second anneau de l'abdomen séparé du troisième par un étranglement beaucoup plus étroit que lui, noduleux comme le premier; premier article des antennes toujours à découvert; corcelet élevé antérieurement;

8°. Fourmis piquantes. *Punctoriæ*. Second anneau de l'abdomen séparé du troisième par un étranglement beaucoup plus étroit que lui, noduleux comme le premier; premier article des antennes toujours à découvert; corcelet presqu'également continu;

9°. Fourmis chaperonnées. *Caperatæ*. Second anneau de l'abdomen séparé du troisième par un étranglement beaucoup plus étroit que lui, noduleux comme le premier; premier article des antennes se logeant dans une rainure latérale de la tête.

Peu de tems après, dans un ouvrage ayant pour titre *Histoire naturelle, générale & particulière des Crustacées & des Insectes*, M. Latreille convertit en genres la plupart de ces familles sous les noms de *Fourmi*, *Polyergue*, *Odontomaque*, *Ponère*, *Éciton*, *Myrmice* & *Cryptocère*. (*Voyez ces mots.*)

Ce travail a encore subi des changemens dans le dernier ouvrage de cet auteur, qui a pour titre *Genera Crustaceorum & Insectorum*, & la famille des Fourmis n'y est plus divisée qu'en cinq genres, celui d'Odontomaque ayant été fondu avec les Ponères, & celui d'Eciton avec les Myrmiques.

Le genre Fourmi a été divisé en cinq par M. Fabricius, sous les noms de *Formica*, *Lasius*, *Cryptocerus*, *Atta* & *Myrmecia*.

M. Jurine, d'après les caractères que lui ont fournis les nervures & les cellules des ailes, n'a formé que trois genres, savoir : Fourmi, Atte & Manique. Il en auroit sans doute établi un quatrième du *Cryptocerus atratus*, dont la cellule radiale des ailes supérieures est appendicée, & un cinquième de quelques espèces, telles que la Fourmi tuberculée, la Fourmi armée, la Fourmi crassinode, qui ont trois cellules cubitales, s'il avoit eu ces insectes sous les yeux. Il auroit pu de même diviser le premier de ses genres en deux, en ayant égard à la nervure récurrente des espèces qu'il a placées dans la seconde division.

Le genre Myrmécie de M. Fabricius ne répond ni aux Myrmiques de M. Latreille, ni aux Maniques de M. Jurine ; il est beaucoup plus restreint, & ne comprend que onze espèces, dont six ont été déjà décrites à l'article Fourmi de ce Dictionnaire : telles sont la *Fourmi guleuse*, n°. 50 ; la *Fourmi porte-pince*, n°. 51 ; la *Fourmi muselière*, n°. 56 ; la *Fourmi crochue*, n°. 57 ; la *Fourmi hématode*, n°. 58 ; & la *Fourmi maxillaire*, n°. 59.

Les espèces non décrites sont :

1. Myrmécie uniépineuse.

Myrmecia unispinosa.

Myrmecia nigra, antennis pedibusque rufis, squamâ petiolari unispinosâ. Fabr. *Syst. Pyezat.* p. 423. n°. 1.

Formica unispinosa. Fabr. *Ent. Syst. em.* t. 2. p. 359. n°. 39.

Le corps est alongé. La tête est grande, noire, antérieurement cannelée. Les mandibules sont avancées, parallèles. Les antennes sont rousseâtres. Le corcelet est comprimé, noir, sans tache. L'écaille pétiolaire est ovale, & terminée en une épine aiguë très-forte. L'abdomen est ovale, noir. Les pattes sont rouges.

Elle se trouve à la Guadeloupe.

2. Myrmécie affamée.

Myrmecia esuriens.

Myrmecia nigra, abdominis primo segmento campanulato anoque rufis. Fabr. *Syst. Pyezat.* p. 424. n°. 4.

Elle ressemble beaucoup à la Myrmécie porte-pince. Les antennes sont fauves. Les mandibules sont fauves, avancées en forme de pinces, intérieurement dentées. La tête & le corcelet sont noirs, sans tache. L'écaille pétiolaire est grosse, bossue, très-obtuse. L'abdomen est noir, ovale. Le premier anneau est rétréci, campaniforme, fauve. L'anus & les pattes sont fauves.

Elle se trouve à Cayenne.

3. Myrmécie en cœur.

Myrmecia cordata.

Myrmecia thorace multidentato, capite didymo maximo, mandibulis unguiculatis. Fabr. *Syst. Pyezat.* p. 425. n°. 8.

Elle est de grandeur moyenne. La tête est très-grande, noire, postérieurement didyme. Les yeux sont saillans. Les mandibules sont très-avancées, & terminées par un ongle aigu, très-fort. Le corcelet est ferrugineux, armé antérieurement d'une petite épine de chaque côté, puis d'une épine alongée, forte, unidentée à sa base ; ensuite d'une autre petite, élevée ; enfin de deux rapprochées, fortes, placées sur l'écusson. L'écaille pétiolaire est armée aussi de deux épines. L'abdomen est ovale, ferrugineux. Les pattes sont ferrugineuses.

Elle se trouve dans l'Amérique méridionale.

4. Myrmécie porte-lance.

Myrmecia hastata.

Myrmecia squamâ petiolari conicâ, acutissimâ, flavâ ; mandibulis porrectis, serratis, apice bidentatis. Fabr. *Syst. Pyezat.* p. 426. n°. 9.

Elle est grande, mais alongée & mince. La tête est ovale, jaunâtre. Les mandibules sont grandes, avancées, parallèles, intérieurement en scie, armées à l'extrémité de deux dents fort arquées. Le corcelet est comprimé, sans épines, d'un jaune-obscur. L'écaille pétiolaire est conique, très-aiguë. L'abdomen est ovale, jaunâtre. Les pattes sont jaunes.

Elle se trouve dans l'Amérique méridionale.

5. Myrmécie échancrée.

Myrmecia emarginata.

Myrmecia squamâ petiolari elevatâ, emarginatâ ; mandibulis porrectis, serratis, apice bidentatis. Fabr. *Syst. Pyez.* p. 426. n°. 11.

Elle ressemble beaucoup à la précédente, mais elle est une fois plus petite. La tête est ovale, jaune. Les mandibules sont très-avancées, parallèles, intérieurement en scie, bidentées à l'extrémité. Le corcelet est mince, obscur, à peine bidenté postérieurement. L'écaille pétiolaire est élevée, échancrée. L'abdomen est ovale, noirâtre. Les pattes sont testacées.

Elle se trouve dans l'Amérique méridionale.

MYRMÉCODE. *Myrmecodes*. Genre d'insectes de la première section de l'Ordre des Hyménoptères & de la famille des Mutillaires.

M. Latreille, qui a indiqué ce genre dans ses *Considérations générales sur l'ordre naturel des Crustacés, des Arachnides & des Insectes*, y fait entrer l'insecte décrit par Fabricius sous le nom de *Tiphia pedestris*; il lui donne pour caractères : palpes maxillaires beaucoup plus courts que les mâchoires; antennes guère plus longues que la tête, & dont le second article est reçu dans le premier. (*Voyez* Tiphie & Myzine.)

MYRMÉLÉON. *Myrmeleon*. Genre d'insectes de la troisième section de l'Ordre des Névroptères & de la famille des Fourmilions.

Ce genre se distingue de tous ceux du même Ordre, par des antennes courtes, un peu renflées & un peu arquées vers l'extrémité, & composées d'un grand nombre d'articles peu distincts; par six antennules, dont deux assez longues; par des mandibules fortes & cornées; par deux crochets, placés à l'extrémité de l'abdomen dans les mâles; enfin, par cinq articles à tous les tarses.

Linné avoit d'abord confondu les Myrméléons avec les Hémérobes & avec les Ascalaphes, quoique les uns aient les antennes longues & sétacées, & que les autres aient les antennes longues & terminées par un bouton, à peu près comme celles des Papillons. M. Geoffroy fut le premier qui distingua ces insectes & en établit un genre sous le nom de *Fourmilion*; genre qui fut bientôt adopté par Linné & Fabricius, mais dont le nom latin fut traduit en grec.

Les antennes du Myrméléon, guère plus longues que la tête, & composées d'un grand nombre d'articles peu distincts, présentent, comme nous venons de le dire, un caractère très-remarquable; elles vont en grossissant, & s'arquent un peu par les côtés. Leur extrémité néanmoins est plus ou moins pointue. Elles sont insérées à la partie antérieure de la tête, fort près des yeux.

La bouche est composée d'une lèvre supérieure, de deux mandibules, de deux mâchoires, d'une lèvre inférieure & de six antennules.

La lèvre supérieure est membraneuse, large, arrondie & ciliée antérieurement.

Les mandibules sont cornées, grosses, un peu arquées, creusées en cuiller à leur partie interne, terminées en pointe aiguë & armées de deux dents, l'une vers la base du bord supérieur, l'autre vers l'extrémité du bord inférieur.

Les mâchoires sont courtes, presque cornées, comprimées, très-ciliées à leur partie interne.

La lèvre inférieure est membraneuse, large, avancée & échancrée à son bord antérieur.

Les antennules sont filiformes, d'inégale longueur. Les antérieures, à peine plus longues que les mâchoires, sont composées de trois articles, dont le premier & le troisième sont très-courts, & le second est assez long; elles sont insérées au dos des mâchoires.

Les antennules intermédiaires ou extérieures sont un peu plus longues que les antérieures, & composées de cinq articles, dont les deux premiers sont très-courts; le troisième & le dernier sont plus longs que le quatrième : elles ont leur insertion à la base externe des mâchoires, un peu au dessous des antennules antérieures.

Les antennules postérieures, une fois plus longues que les intermédiaires, sont composées de quatre articles, dont les deux premiers sont très-courts; les deux autres fort longs, un peu renflés à leur extrémité; elles ont leur insertion à la base latérale de la lèvre inférieure.

La tête est plus large que longue, inclinée, aplatie sur le devant, un peu pointue en dessous. Les yeux, placés un de chaque côté, sont fort grands, arrondis & saillans.

Le col est grand, aussi long & presqu'aussi large que la tête.

Le corcelet est assez grand, un peu relevé, & formé de deux pièces, dont l'une donne naissance aux deux ailes antérieures, & l'autre aux deux postérieures.

L'abdomen est alongé, cylindrique, assez mince, & composé de plusieurs anneaux qui s'emboîtent les uns dans les autres; il est terminé, dans les mâles, par deux crochets alongés & filiformes, qui doivent faciliter l'accouplement des deux sexes.

Les pattes sont de longueur moyenne. Les deux antérieures semblent partir du col de l'insecte; les intermédiaires de la partie antérieure de la poitrine, & les deux postérieures de la seconde pièce de la poitrine. Les tarses sont filiformes & composés de cinq articles, dont le dernier est armé de deux crochets longs & aigus.

Les Myrméléons ressemblent un peu aux Libellules par la forme du corps & la grandeur des ailes; mais ils n'en ont ni la légéreté ni l'élégance. Leurs ailes, au lieu d'être étendues comme dans celles-ci, sont appliquées contre l'abdomen dans le repos, & disposées en toit. Si l'insecte les déploie, c'est avec lenteur : s'il les agite c'est avec peine; aussi son vol est-il lourd & borné à un petit espace.

En considérant attentivement le Myrméléon lorsqu'il veut faire usage de ses ailes, on reconnoît facilement que les muscles qui doivent les mouvoir n'ont pas une force proportionnée à leur grandeur. Il est vrai que cet insecte se déplace peu, & qu'il ne quitte pas le voisinage des lieux qui l'ont vu naître.

L'accouplement des Myrméléons se fait dans le courant de l'été, & la ponte, qui a lieu aussitôt après, est peu nombreuse. Les œufs sont gros & oblongs. La femelle les dépose sur le sable ou sur une terre pulvérulente, dans des lieux secs & abrités. De ces œufs naît une larve que quelques naturalistes, tels que Poupart, Vallisneri, Réaumur & Roesel ont suivie dans tous les détails de sa vie & de son industrie. Elle a reçu le nom de *Formica Leo* ou de *Fourmi-Lion*, parce qu'on a reconnu qu'elle se nourrissoit plus particuliérement de Fourmis.

Son corps est ovale, un peu déprimé, & formé de plusieurs anneaux assez distincts; il est muni de six pattes articulées, & sa tête est armée de deux grandes & fortes pinces, au moyen desquelles elle doit saisir sa proie; mais au lieu d'aller la chercher, elle doit se mettre en embuscade, & attendre qu'une Fourmi ou tout autre insecte vienne se prendre dans le piége qu'elle a tendu. Ce piége est une fosse en entonnoir, qu'elle a su creuser dans un sable fin, & au fond de laquelle elle se tient, attendant que quelqu'insecte s'y précipite.

Pour parvenir à creuser cette fosse, la larve, marchant à reculons & soulevant le sable avec l'extrémité de son corps, y trace un cercle, la tête & l'extrémité du corps tournées vers le centre & les pinces pliées & croisées. Ce premier cercle tracé, elle en recommence un second concentrique, & le trace lentement. A chaque pas ou à chaque mouvement qu'elle fait en reculant, la première patte du côté du centre du cercle fait tomber, du bord intérieur du sillon, des grains de sable sur les pinces croisées, & les en charge. Alors de forts & puissans muscles tirant la tête en avant, & l'élevant avec force & vitesse, comme un ressort qui se débande, jettent au loin le sable dont ces pinces sont chargées. C'est par un mécanisme semblable, répété un grand nombre de fois, que l'insecte parvient à creuser une fosse telle qu'il en a besoin, dont la figure est toujours un cône renversé, parfaitement circulaire dans son contour, & dont la profondeur égale les deux tiers de l'ouverture ou du plus grand diamètre. Cette fosse est toujours proportionnée à l'âge ou au volume de la larve. C'est par cette raison que l'ouverture des fosses varie, dans nos climats, depuis une ligne jusqu'à trois pouces, & leur profondeur des deux tiers d'une ligne à deux pouces. Cet ouvrage est quelquefois exécuté tout de suite & sans reprise : ce n'est souvent qu'un travail continué pendant une demi-heure. D'autres fois il coûte beaucoup plus de tems. L'ouvrier suspend ses travaux; il recommence, il s'arrête, & l'ouvrage est interrompu & repris plusieurs fois.

La fosse étant achevée, le Fourmilion se retire au fond : il s'enfonce dans le sable; il s'y cache, & laisse seulement déborder l'extrémité de ses pinces ouvertes, prêtes, en se rapprochant, à saisir la proie qui se présentera. Les bords de la fosse sont un glacis, un précipice sur le point de s'écrouler sous les pieds du premier insecte qui y abordera. Le Fourmilion, dans cet état, n'a pas ordinairement long-tems à attendre. La victime qui doit être immolée ne tarde guère à se montrer, & c'est le plus ordinairement une Fourmi qui alloit aux provisions, & qui, préoccupée des besoins de sa république, marchoit sans méfiance. Ses pieds ont à peine touché le terrain mobile, qu'il s'éboule : le sable roule & entraîne l'insecte au fond de l'abîme. Le Fourmilion le saisit aussitôt; il l'entraîne sous le sable, & le suce au moyen de ses deux pinces qui sont creuses, & qui lui servent de trompe. Lorsqu'il ne peut plus rien en tirer, il lance d'un coup de tête hors de son repaire le cadavre inutile & desséché.

Quelquefois c'est un insecte vigoureux, une Guêpe, un Scarabé qui donne dans le piége. Sa force, son adresse, ses ailes aident à le soutenir : il résiste à l'éboulement du terrain; il lutte contre le sable qui s'éboule; il regagne l'ouverture du précipice; il est sur le point d'en franchir les bords : son ennemi, qui s'en apperçoit, lance en l'air, avec ses pinces, des jets de sable qui retombent en pluie sur le malheureux insecte, l'accablent, le blessent, l'empêchent de s'envoler, l'entraînent & décident sa chûte : c'en est fait, il est saisi; mais pourtant il ne se rend pas; il défend sa vie; il fait ses derniers efforts. Un combat long & cruel commence corps à corps entr'eux. Le Fourmilion, joignant la ruse à la force, attend le moment où il pourra saisir son ennemi par le dos pour le soulever en l'air, & rendre par-là inutile le mouvement de ses pattes ou les efforts de son aiguillon s'il en est pourvu. Il bat en même tems le terrain de son corps soulevé en le portant de droite à gauche; il le meurtrit contre le sable; il le met hors de combat; il se retire victorieux au fond de sa retraite, pour le sucer à son aise.

Une autre fois, un gravier a coulé au fond de la fosse, poussé par le vent ou par quelqu'autre accident; il nuiroit à la capture des insectes qui se présenteroient; il est trop lourd pour être lancé dehors. Le Fourmilion le charge sur son dos, &, grimpant à reculons le long des parois de la fosse, sur lesquelles ses longues pattes ont de la prise, il le porte dehors. Rien cependant ne fixe le fardeau; il n'est retenu que par l'équilibre que l'insecte fait conserver; aussi l'entreprise manque-t-elle quelquefois; mais le Fourmilion, aussi patient qu'adroit, recommence son pénible travail jusqu'à ce qu'il ait eu son effet, ou qu'enfin, rebuté de ses peines inutiles, il prenne le parti d'aller établir une nouvelle fosse ailleurs. Cet accident n'est pas le seul motif qui le détermine à changer de lieu. Le terrain mal choisi, le défaut de capture, lui sont aussi abandonner sa première retraite pour en choisir une nouvelle.

Le Fourmilion n'est pas seulement fin, adroit & courageux; il est encore sobre & patient; il peut vivre & vit souvent plusieurs semaines sans prendre de nourriture; il rejette tout animal privé de vie que le vent ou tout autre accident peut lui amener, & ce n'est jamais que tapi au fond de sa fosse qu'il entreprend de saisir sa proie.

Lorsqu'il a pris tout son accroissement, & c'est ordinairement au bout de deux ans dans nos climats, il se retire au fond de la fosse où il s'est tenu si long-tems en embuscade; il réunit ensemble des grains de sable au moyen d'une humeur visqueuse qui sort d'une filière placée à l'extrémité de son corps; il forme, de ces grains de sable réunis, une coque parfaitement ronde; il enduit l'intérieur d'un tissu de soie blanche; il y demeure enfermé environ trois semaines, &, après avoir passé par l'état de nymphe, il perce la coque & prend son vol sous la forme d'insecte à quatre ailes.

MYRMÉLÉON.

MYRMELEO. Linn. Fabr. Latr. FORMICALEO. Geoff.

CARACTÈRES GÉNÉRIQUES.

Antennes courtes, allant en grossissant; extrémité fléchie ou roulée.

Bouche munie de mandibules, de mâchoires et de six antennules.

Antennules postérieures, longues, quadriarticulées.

Abdomen alongé, cylindrique, terminé, dans les mâles, par deux crochets longs, filiformes.

Tarses filiformes, composés de cinq articles, dont le dernier armé de deux ongles longs et aigus.

ESPÈCES.

1. Myrméléon libelluloïde.

Ailes grises, avec des taches noirâtres; corps mélangé de noir et de jaune.

2. Myrméléon spécieux.

Ailes sinuées, grises, avec des taches noirâtres; abdomen bleu, avec de grandes taches rouges.

3. Myrméléon maculé.

Ailes grises; les supérieures avec des points et des taches noirâtres; les inférieures avec des taches et deux bandes arquées.

4. Myrméléon sinué.

Ailes étroites, sinuées; les postérieures noirâtres, tachées de blanc; abdomen fauve, avec l'extrémité noire.

5. Myrméléon occitanique.

Ailes transparentes, sans tache; les nervures mélangées de blanc et de noir.

6. Myrméléon jaune.

Ailes supérieures jaunes, avec des points noirs; les inférieures transparentes, avec des taches noires.

7. Myrméléon bifascié.

Ailes grises; les supérieures mélangées d'obscur; les postérieures avec deux bandes noirâtres, dont la première ondée.

8. Myrméléon Léopard.

Ailes blanches, avec quelques points noirs, épars; cuisses jaunes.

9. Myrméléon Panthère.

Ailes blanches, tachées de noir; corps jaune; abdomen mélangé de noir.

10. Myrméléon Lynx.

Ailes transparentes, avec une tache marginale, noire, marquée d'un point blanc.

MYRMÉLÉON. (Insecte.)

11. Myrméléon Fourmilion.

Ailes avec quelques taches obscures et un point blanc, marginal.

12. Myrméléon rapace.

Ailes transparentes, avec quelques taches obscures; abdomen obscur, avec deux taches jaunes sur chaque anneau.

13. Myrméléon tétragramme.

Ailes transparentes, avec une tache obscure au bord postérieur; corcelet rayé de jaune.

14. Myrméléon orné.

Ailes transparentes, avec un réseau jaune; corps mélangé de jaune et de noir.

15. Myrméléon linéé.

Ailes transparentes, sans tache; nervure marginale, ponctuée de noir et de blanc; corcelet noir, rayé de jaune.

16. Myrméléon Fourmilynx.

Ailes transparentes, sans tache; corps noir.

17. Myrméléon peint.

Ailes transpareutes, sans tache; tête et corcelet jaunes, tachés de noir; abdomen noir, avec une ligne latérale jaune.

18. Myrméléon Herminé.

Ailes transparentes, sans tache; nervure marginale d'un jaune-gris; abdomen noir.

19. Myrméléon appendiculé.

Ailes transparentes, jaunâtres; corps jaune.

20. Myrméléon Chat.

Ailes transparentes, presque tachées d'obscur; nervures tachées de noir.

21. Myrméléon Loup.

Ailes avec quelques points noirs; nervures mélangées de blanc et de noir; abdomen noir, mélangé de testacé,

22. Myrméléon lyonnais.

Ailes transparentes, avec les nervures d'un jaune-pâle; tête et corcelet jaunes, mélangés d'obscur; abdomen noirâtre.

23. Myrméléon ponctué.

Ailes transparentes, avec les nervures ponctuées alternativement de noir et de blanc.

24. Myrméléon Tigre.

Ailes transparentes, sans tache; corps noirâtre, avec le bord du corcelet et les pattes jaunes.

25. Myrméléon alongé.

Ailes transparentes; nervures blanches, tachées de noir; abdomen noir, avec une raie latérale jaune.

26. Myrméléon rubané.

Ailes transparentes, avec un point marginal blanc; abdomen noir, avec une raie latérale jaune.

27. Myrméléon vitré.

Ailes transparenses, vitrées; nervures pâles, sans tache; abdomen noir, avec une ligne latérale jaune.

28. Myrméléon plombé.

Ailes transparentes, sans tache; corcelet mélangé de jaune et de brun-clair; abdomen plombé.

MYRMÉLÉON. (Insecte.)

29. Myrméléon varié.

Ailes mélangées d'obscur, de gris et de blanc, avec un reflet violet.

30. Myrméléon parsemé.

Ailes transparentes; nervures noires, mélangées de blanc; abdomen noir, avec deux taches jaunes sur chaque anneau.

31. Myrméléon flavicorne.

Ailes transparentes, avec un point noir sur le bord interne; abdomen noirâtre, avec une tache jaune sur chaque anneau.

32. Myrméléon irisé.

Ailes transparentes, sans tache, avec un reflet vert, cuivreux et violet.

33. Myrméléon mélanocéphale.

Ailes transparentes, sans tache; corps testacé, avec la tête noire.

34. Myrméléon petite raie.

Ailes supérieures avec deux petites lignes obscures; corps mélangé de jaune et d'obscur.

35. Myrméléon nébuleux.

Ailes avec un réseau noir, des points et des taches obscurs.

36. Myrméléon Belète.

Ailes transparentes, avec les nervures mélangées de noir et de blanc, et des points noirs vers l'extrémité.

37. Myrméléon Ours.

Ailes transparentes, sans tache; corps obscur; tête jaune, tachée de noir.

38. Myrméléon canin.

Ailes transparentes, sans tache; corps noir, avec des taches jaunes sur la tête et le corcelet.

1. Myrméléon libelluloïde.

Myrmeleon libelluloides.

Myrmeléon alis griseis, fusco maculatis; corpore nigro flavoque variegato. Fabr. *Spec. Inf. tom.* 1. *p.* 398. *n°.* 1. — *Syst. Eleut.* 2. *p.* 92. *n°.* 1.

Myrmeleon alis nigro punctatis maculatisque. Linn. *Syst. Nat. p.* 913. *n°.* 1.

Hemerobius libelluloides. Mus. *Lud. Ulr.* 401.

Libella turcica major, alis locustæ. Petiv. *Gazoph.* 6. *tab.* 3. *fig.* 1.

Musca rarissima, ad libellas referenda. Rai, *Inf.* 53.

Sulz. *Hist. Inf. tab.* 25. *fig.* 3.

Drury, *Illustr. of Inf. tom.* 1. *tab.* 46. *fig.* 1.

Villers, *Ent. tom.* 3. *p.* 57. *tab.* 7. *fig.* 9.

Myrmeleon libelluloides. Ross. *Faun. Etr. t.* 2. *p.* 14.

Myrmeleon libelluloides. Latr. *Hist. nat. des Crust. & des Inf. tom.* 13. *p.* 29. — *Gen. Inf. & Crust. t.* 3. *p.* 191.

Il a un peu plus de quatre pouces d'envergure. Les antennes sont noires; elles posent chacune sur un tubercule jaune, garni d'une touffe de poils ou cils noirs. La bouche est jaune. La partie antérieure de la tête, qui est un peu enfoncée, est noire; la supérieure, qui avance un peu, est jaune, avec une raie noire qui s'étend sur le corcelet & sur l'abdomen. Le corcelet est velu, jaune, avec une raie noire au milieu, & un peu de noir à la base des ailes. L'abdomen est noir, avec quatre raies jaunes. Les deux latérales sont plus petites, & ne vont pas jusqu'à l'extrémité. Les appendices du mâle sont très-velues & d'un jaune-obscur. Les ailes sont grises, avec les nervures jaunes; des points & des taches obscurs, plus nombreux sur les supérieures. Les inférieures ont entr'autres deux grandes taches transversales, dont l'une, vers l'extrémité, est arquée. Les pattes sont brunes.

Il se trouve au midi de la France, de l'Italie, dans la Grèce, dans le Levant.

2. Myrméléon spécieux.

Myrmeleon speciosum.

Myrmeleon alis sinuatis, griseis, fusco maculatis; abdomine cœruleo, rubro maculato.

Il ressemble beaucoup au Myrméléon libelluloïde; mais ses ailes sont un peu plus larges, sinuées à leur bord intérieur & vers leur extrémité. Les ailes inférieures ont une suite de taches noirâtres à leur bord antérieur, trois grandes taches transversales à leur milieu, & plusieurs petites taches irrégulières vers le bord interne & à l'extrémité. Le corcelet paroît bleu, mais tout couvert de poils fins, longs, serrés, gris. L'abdomen est bleu, avec deux grandes taches d'un rouge-clair, presque réunies, sur chaque anneau. Les pattes sont velues, obscures.

Il se trouve dans l'Afrique équinoxiale.

3. Myrméléon maculé.

Myrmeleon maculatum.

Myrmeleon alis griseis, superioribus fusco punctatis maculatisque; inferioribus maculis fasciisque duabus incurvis fuscis.

Myrmeleon maculatum *niger; collari luteo; alis griseis, nigro maculatis nervisque flavis.* Deg. *Mem. Inf.* 3. *p.* 565. *n°.* 2. *tab.* 27. *fig.* 9.

Roem. *Gen. Inf. p.* 56. *tab.* 25. *fig.* 3.

Il est un peu plus petit que les précédens, auxquels il ressemble beaucoup. Les antennes sont noires. La tête est noire, avec la partie supérieure & un anneau au dessous de chaque antenne, jaunes. Le col est peu alongé; il est noir, avec le bord antérieur & les côtés jaunes. Le corcelet est velu, noir, un peu taché de jaune. L'abdomen est plus mince que dans les précédens; il est noirâtre à l'extrémité, d'un jaune obscur ou livide à la base. Les pattes sont d'un brun-noir. Les ailes supérieures sont grises, avec les nervures jaunes; une tache jaune près du bord, vers l'extrémité; un grand nombre de points obscurs, & quatre petites taches obscures, bordées de points noirâtres, dont l'une vers la base, deux autres près du milieu. Les ailes inférieures sont plus blanches que les supérieures: les nervures le sont aussi; ces ailes ont deux taches obscures vers la base, dont une grande, l'autre petite; ensuite une large bande arquée ou coudée, plus mince au bord intérieur qu'au bord antérieur; une autre bande irrégulière au-delà du milieu, & des taches vers l'extrémité & sur le bord intérieur.

Il se trouve en Afrique, sur la côte de Barbarie.

4. Myrméléon sinué.

Myrmeleon sinuatum.

Myrmeleon alis angustis, sinuatis; posticis fuscis, albo maculatis; abdomine rufo, apice nigro.

Il est de la grandeur du Myrméléon libelluloïde; mais les ailes sont plus étroites, sinuées tout le long du bord intérieur, presque terminées en faulx. La tête est cendrée, presque lisse. Le corcelet est cendré & velu. L'abdomen est alongé, rougeâtre, presque lisse, avec l'extrémité noire.

Il se trouve au Cap de Bonne-Espérance, & a été décrit & figuré en Hollande, dans le cabinet de feu M. Alberti.

5. MYRMÉLÉON occitanique.

MYRMELEON occitanicum.

Myrmeleon alis hyalinis, immaculatis; nervis albo nigroque variegatis.

Myrmeleon occitanicum, *alis hyalinis, nervis albo nigroque variegatis, abdomine annulato, caudâ maris hirsutâ.* VILL. *Ent. tom.* 3. *pag.* 63. *tab.* 7. *fig.* 10.

Myrmeleon libelluloides, pisanus. ROSS. *Faun. Etr. tom.* 2. *p.* 14. *n°.* 690.

Myrmeleon pisanum. LATR. *Gen. Inf. & Crust. tom.* 3. *p.* 192.

Myrmeleon pisanum. PANZ. *Faun. Inf. Germ. Fasc.* 59. *fig.* 4.

Il est presqu'aussi grand que le Myrméléon libelluloïde. Les antennes sont noires. La tête est jaune antérieurement, & couverte de poils fins, gris. Le corcelet est tout couvert des mêmes poils. Il est d'un rouge-pâle, mélangé de noir. L'abdomen est noir, avec le bord des anneaux légérement pâle. Les pattes sont jaunâtres, très-velues. Les ailes sont transparentes; mais les nervures sont noires, avec des taches blanchâtres. On voit un point noir près du bord antérieur, vers l'extrémité des supérieures.

Il se trouve au midi de la France & sur la côte de Barbarie.

6. MYRMÉLÉON jaune.

MYRMELEON luteum.

Myrmeleon alis anticis flavis, nigro punctatis; posticis albis, nigro maculatis.

Myrmeleon luteum, *alis flavis, nigro punctatis; corpore nigro, femoribus basi flavo maculatis.* THUNB. *Nov. Spec. Inf. pars* 4. *p.* 78. *fig.* 90.

Il est à peu près de la grandeur du Myrméléon Fourmilion; mais ses ailes sont plus larges, & le corps est moins étroit & moins alongé. Les antennes sont noires. Le corps est noir, un peu velu. Les ailes supérieures sont jaunes & couvertes de points noirs. Les ailes inférieures sont d'un blanc un peu jaunâtre, avec des taches & des points noirs. Les pattes sont de la couleur du corps.

Il se trouve au Cap de Bonne-Espérance.

7. MYRMÉLÉON bifascié.

MYRMELEON bifasciatum.

Myrmeleon alis griseis, anticis fusco nebulosis; posticis fasciis duabus fuscis, primâ flexuosâ.

Il ressemble beaucoup au Myrméléon libelluloïde; mais il est deux fois plus petit. Les antennes sont noires. La tête est noire, avec la bouche jaune. Le corcelet est mélangé de jaune & de noir. Les ailes supérieures sont d'un gris-jaunâtre, mélangées d'obscur, avec une suite de points noirs sur le bord antérieur. Les inférieures ont quelques points noirâtres sur le bord antérieur, vers la base; quelques taches vers l'extrémité, & deux bandes noirâtres, dont une au milieu, sinuée ou ondée.

Il se trouve au Cap de Bonne-Espérance, & m'a été communiqué par M. Raye.

8. MYRMÉLÉON Léopard.

MYRMELEON Pardalis.

Myrmeleon alis albis; punctis nigris, sparsis; femoribus flavis. FABR. *Spec. Inf.* 1. *p.* 398. *n°.* 2. — *Ent. Syst. em. tom.* 2. *p.* 92. *n°.* 2.

Il est une fois plus petit que le Myrméléon libelluloïde. Les antennes sont noires. La tête & le corcelet sont mélangés de noir & de jaune. L'abdomen est jaune, taché de noir. Les ailes sont blanches, marquées de quelques taches éparses, noires. Les pattes sont noires, avec les cuisses jaunes.

Il se trouve sur la côte de Coromandel.

9. MYRMÉLÉON Panthère.

MYRMELEON pantherinum.

Myrmeleon alis albis, nigro maculatis; corpore flavo; abdomine nigro variegato. FABR. *Mant. Inf.* 1. *p.* 249. *n°.* 3. — *Ent. Syst. em.* 2. *p.* 93. *n°.* 3.

La tête de cette espèce est jaune, avec le front noir entre les antennes. Le corcelet est jaune, sans tache. L'abdomen est jaune, taché de noir. Les quatre ailes sont transparentes, blanches, marquées de plusieurs taches noires.

Il se trouve en Autriche.

10. MYRMÉLÉON Lynx.

MYRMELEON lynceum.

Myrmeleon alis hyalinis, maculâ marginali apicis nigrâ, medio niveo. FABR. *Mant. Inf.* 1. *p.* 349. — *Ent. Syst. em.* 2. *p.* 93. *n°.* 4.

Les antennes sont presque filiformes, courtes, noires, avec l'extrémité ferrugineuse. Le corps est obscur en dessus, jaunâtre en dessous. Les ailes sont transparentes, marquées, vers leur extrémité, d'une grande tache oblongue, noire, au milieu de laquelle est une autre tache d'un blanc de neige.

Il se trouve à Sierra-Léone en Afrique.

11. MYRMÉLÉON Fourmilion.

MYRMELEON formicarium.

Myrmeleon alis fusco nebulosis, maculâ posticâ marginali albâ. FABR. *Ent. Syst. em.* 2. *p.* 93. *n°.* 5.

Myrmeleon formicarium. LINN. *Syst. Nat. pag.* 914.

Hemerobius Formicaleo. Linn. *Faun. Suec.* n°. 1509. — *Iter oel.* 149. 206.

Formicaleo. Geoffr. *Inf. Par.* 2. *p.* 258. *t.* 14. *fig.* 1.

Vallisn. *Op.* 1. *p.* 77. *t.* 2.

Réaum. *Inf.* 4. *tab.* 11. *fig.* 6. *tab.* 14. *fig.* 18. 19; & *tom.* 6. *tab.* 32. 33. 34.

Roes. *Inf.* 3. *p.* 101. *tab.* 17-20.

Sulz. *Inf. tab.* 17. *fig.* 105.

Poda, *Inf. tab.* 1. *fig.* 8.

Schoef. *Icon. Inf. tab.* 74. *fig.* 1. 2.

Myrmeleon formicarius. Ross. *Faun. Etr. t.* 2. *p.* 15. n°. 691.

Myrmeleon formicarium. Latr. *Gen. Cruft.* & *Inf. tom.* 3. *p.* 191. n°. 2. — *Hift. nat. des Cruft.* & *des Inf. tom.* 13. *p.* 30. *tab.* 98. *fig.* 3.

Myrmeleon formicarium. Panz. *Faun. Germ. Fafc.* 95. *fig.* 11.

Il a environ deux pouces & demi de largeur, les ailes étendues. Les antennes font obfcures. La tête eft noire, tachée de jaune. Le corcelet eft de la même couleur que la tête. L'abdomen eft noirâtre, avec le bord des anneaux jaune. Les pattes font noirâtres. Les ailes font tranfparentes, avec les nervures noires, un peu tachées de blanc, & quelques taches plus ou moins marquées, obfcures, plus nombreufes fur les fupérieures que fur les inférieures. On voit, vers l'extrémité du bord antérieur, une tache blanchâtre.

Il fe trouve en Europe, dans des lieux fablonneux, ordinairement abrités.

12. Myrméléon rapace.

Myrmeleon rapax.

Myrmeleon alis hyalinis, fufco fubmaculatis; abdomine fufco, bifariàm flavo maculato.

Myrmeleon Catta, *alis hyalinis, fufco fubmaculatis, nervis nigro punctatis.* Ross. *Faun. Etr. t.* 2. *p.* 15. n°. 692.

Myrmeleon tetragrammicum. Latr. *Gen. Inf.* & *Cruft. tom.* 3. *p.* 192. n°. 2.

Cette efpèce ne doit pas être confondue avec celle que MM. Pallas & Fabricius ont décrite, l'un fous le nom de *Trigrammum*, & l'autre fous celui de *Tetragrammicum.* La nôtre reffemble beaucoup au Myrméléon Fourmilion pour la forme & la grandeur, & n'en eft peut-être qu'une variété. Les antennes font noires, avec l'extrémité de chaque anneau légérement jaunâtre. La bouche eft jaune, ainfi que la bafe des antennes. La partie antérieure de la tête eft jaune, tranfverfalement rayée de noir. Le col eft noir, avec trois raies jaunes. Le corcelet eft noir, avec un peu de jaune fur la partie antérieure. L'abdomen eft noirâtre, avec deux taches fur chaque anneau, qui font réunies dans les premiers, & qui deviennent plus diftinctes fur ceux qui approchent de l'extrémité. Les pattes font d'un jaune-obfcur; mais les poils roides qui les couvrent, font noirs. Les ailes ont leurs nervures noires, mélangées de blanc. Les fupérieures ont quelques points noirâtres & une tache de la même couleur vers le milieu du bord intérieur, & les inférieures en ont une près du bord intérieur, vers l'extrémité. Toutes ont un point blanc, au-devant duquel eft un point noir, près du bord antérieur, vers l'extrémité.

Il fe trouve au midi de la France, en Italie, dans les îles de l'Archipel.

13. Myrméléon tétragramme.

Myrmeleon tetragrammicum.

Myrmeleon alis hyalinis, maculâ marginis tenuioris fufcâ; thorace flavo lineato. Fabr. *Ent. Syft. em. Suppl. tom.* 5. *p.* 205.

Myrmeleon trigrammum. Pall. *Voy. édition françaife in-4°. tom.* 1. *p.* 729.

Il eft un peu plus grand que le Myrméléon Fourmilion. Les antennes font noires, avec le bout de chaque article jaune. La tête eft noire, avec la bouche jaune. Le corcelet eft noir, avec trois lignes jaunes. L'abdomen eft noir dans l'infecte mort. Il a des anneaux bleus & des anneaux obfcurs dans le vivant, fuivant M. Boeber. Les ailes font tranfparentes. Les fupérieures ont quelques taches obfcures: toutes ont une tache diftincte vers le bord poftérieur, & une petite tache blanche près du bord antérieur, vers l'extrémité. Les pattes font jaunes.

Il fe trouve dans la Ruffie méridionale.

14. Myrméléon orné.

Myrmeleon ornatum.

Myrmeleon corpore flavo nigroque vario; alis hyalinis, flavo reticulatis.

Il eft de la grandeur du Myrméléon Fourmilion. Les antennes font noires. La tête & le corcelet font mélangés de noir & de jaune. L'abdomen eft tout noir. Les quatre ailes font tranfparentes, veinées de jaune. La veine terminale qui règne tout autour, & les deux très-raprochées qui fe trouvent près du bord antérieur, font noires, avec quelques anneaux jaunes fur l'intermédiaire du bord antérieur. Il y a un point oblong, d'un jaune-clair, vers l'extrémité du bord antérieur, & une petite tache noirâtre au milieu des fupérieures, vers l'extrémité. Les pattes font jaunes, avec les genoux noirâtres.

Il se trouve dans les déserts de la Russie méridionale.

Du cabinet de M. Bosc.

15. Myrméléon linéé.

Myrmeleon lineatum.

Myrmeleon alis hyalinis, immaculatis; nervo marginali nigro alboque punctato; thorace nigro, flavo lineato. Fabr. *Ent. Syst. em. Suppl. t.* 5. *p.* 205.

Il ressemble, pour la forme & la grandeur, au Myrméléon Fourmilion. Les antennes sont noires. La bouche est jaune. La tête est noire, avec la partie supérieure mélangée de jaune. Le corcelet est noir, avec une ligne jaune de chaque côté. L'abdomen est noirâtre, sans tache. Les ailes sont transparentes : les nervures antérieures sont ponctuées de noir & de blanc ; les autres sont jaunâtres. On voit un point blanc vers l'extrémité, près du bord antérieur. Les pattes sont jaunes, avec l'extrémité des cuisses noire.

Il se trouve dans la Russie méridionale.

16. Myrméléon Fourmilynx.

Myrmeleon Formicalynx.

Myrmeleon alis immaculatis, corpore fusco. Fabr. *Spec. Inf.* 1. *p.* 399. *n°.* 5. — *Ent. Syst. em. tom.* 2. *p,* 94. *n°.* 8.

Hemerobius Formicalynx, *alis hyalinis, immaculatis; antennis clavatis.* Linn. *Syst. Nat. ed.* 10. *p.* 550. *n°.* 5.

Myrmeleon alis hyalinis, immaculatis; antennis setaceis. Linn. *Syst. Nat. edit.* 13. *pag.* 914. *n°.* 4.

Myrmeleon immaculatum. Deg. *Inf.* 3. *p.* 564. *n°.* 1. *tab.* 27. *fig.* 8.

Roes. *Inf.* 3. *tab.* 21. *fig.* 2.

Formicaleo. Schæff. *Elem. Inf. tab.* 65. — *Icon. Inf. tab.* 22. *fig.* 1. 2.

Il est à peu près de la grandeur du Myrméléon Fourmilion. Les antennes sont noires, avec le premier article jaune. La tête est noire, avec la bouche & une ligne autour des yeux, jaune. Les antennules sont noires, avec quelques anneaux jaunes. Le col est noir, avec un peu des bords & une petite tache sur les côtés, jaunes. Le corcelet & l'abdomen sont noirs. Les pattes sont d'un jaune un peu livide, avec les tarses noirâtres. Les ailes sont transparentes, un peu vitrées, avec les nervures marquées de taches noires & blanches. On apperçoit sur ces nervures, au moyen de la loupe, des poils distans, couchés, un peu plus serrés vers le bord extérieur. On voit aussi sur ce bord, près de l'extrémité, une petite tache oblongue, blanche.

Il se trouve au midi de la France, en Italie, en Afrique.

17. Myrméléon peint.

Myrmeleon pictum.

Myrmeleon alis hyalinis, immaculatis; capite thoraceque flavis, nigro maculatis; abdomine nigro; lineâ laterali flavâ. Fabr. *Ent. Syst. em. Suppl. tom.* 5. *p.* 206.

Il ressemble aux précédens pour la forme & la grandeur. Les antennes sont noires. La tête est jaune, avec une grande tache noire sur le front, & une ligne verticale de la même couleur. Le corcelet est jaune, avec une raie sur le dos, & une petite ligne à la base des ailes, noires. L'abdomen est noir, avec une raie jaune de chaque côté. Les ailes sont transparentes, & ont vers l'extrémité, près du bord antérieur, un point pâle, peu marqué. Les pattes sont jaunes.

Il se trouve dans la Russie méridionale.

18. Myrméléon Hermine.

Myrmeleon ermineum.

Myrmeleon alis hyalinis, immaculatis; nervo marginali flavescente griseo; abdomine nigro. Fabr. *Ent. Syst. em. Suppl. tom.* 5. *p.* 206.

Il est de grandeur moyenne. Les antennes sont grises. La tête & le corcelet sont gris, sans tache. L'abdomen est noir. Les ailes sont transparentes, luisantes, avec la double nervure qui se trouve vers le bord antérieur, testacée.

Il se trouve aux Indes orientales.

19. Myrméléon appendiculé.

Myrmeleon appendiculatum.

Myrmeleon alis hyalinis, nitidis, flavescentibus; corpore flavo, nigro, vittato.

Myrmeleon appendiculatum. Latr. *Gen. Inf. & Crust. tom.* 3. *p.* 193. *n°.* 5.

Il est de la grandeur du Myrméléon Fourmilion. Les antennes sont brunes, avec la base jaune. La tête est jaune, avec une tache brune sur le front, & une raie de la même couleur sur le vertex. Le col est jaune, avec une raie brune au milieu. Le corcelet est jaune, avec trois raies courtes, brunes. L'abdomen est rayé de jaune & de brun-foncé. Les deux ou trois derniers anneaux, dans l'un des deux sexes, ont chacun deux appendices recourbés, velus. Les pattes sont jaunes. Les ailes sont luisantes, transparentes, sans tache, mais avec une légère teinte de jaune, & les nervures entiérement jaunes.

Il se trouve dans les îles de l'Archipel, dans l'Asie mineure, en Perse, en Italie.

20. Myrméléon Chat.

Myrmeleon Catta.

Myrmeleon alis hyalinis, fusco submaculatis;

nervis nigro maculatis. Fabr. *Syst. Ent. p.* 312. *n°.* 3. — *Ent. Syst. em.* 2. *p.* 93. *n°.* 6.

Il ressemble beaucoup au Myrméléon Fourmilion. Le corps est noirâtre, taché de jaune. Les pattes sont jaunes, avec un anneau noir sur les cuisses postérieures. Les ailes sont grandes, transparentes, avec les nervures ponctuées de noir. On voit une tache oblongue, noirâtre vers le bord intérieur des supérieures, & une ou deux autres taches vers l'extrémité. Les ailes postérieures n'ont pas de tache.

Il se trouve dans l'île de Madère.

21. Myrméléon Loup.

Myrmeleon lupinum.

Myrmeleon alis subpunctatis, nervis albo nigroque variis; corpore nigro, testaceo variegato.

Il ressemble, pour la forme & la grandeur, au Myrméléon Fourmilion. Les antennes sont brunes, avec l'extrémité des anneaux plus pâle. La tête est d'un jaune testacé, avec le vertex noirâtre, bordé de jaune testacé. Le col est noir, avec les bords, une petite ligne au milieu & deux points antérieurs, d'un jaune-testacé. Le corcelet est noir, avec une petite ligne sur le milieu, & une autre sur les côtés, d'un jaune-testacé. L'abdomen est noir. Les ailes sont transparentes, marquées chacune d'un point blanc, précédé d'un point noir, placé au bord antérieur, vers l'extrémité : on voit de plus, à la même distance de l'extrémité & vers le milieu, un autre point noirâtre, qui est quelquefois double sur les ailes supérieures. Les nervures sont mélangées de blanc & de noir; mais de la double nervure antérieure, qui est plus blanche que noire, il part deux ou trois nervures entiérement noires, qui paroissent former autant de petites taches. Les pattes sont d'un jaune-testacé.

Il se trouve en Égypte.

22. Myrméléon lyonnois.

Myrmeleon lugdunense.

Myrmeleon alis hyalinis nervis pallidis, capite thoraceque flavis, fusco variegatis; abdomine fusco.

Myrmeleon lugdunense. Villers, *Ent. tom.* 3. *p.* 63. *n°.* 10.

Myrmeleon lineatum. Latr. *Gen. Crust. & Inf. tom.* 3. *p.* 193.

Cette espèce diffère du *Myrmeleon lineatum* de Fabricius, ainsi qu'on peut s'en assurer par la description que M. Latreille a faite de celui-ci. Il est à peu près de la grandeur du Myrméléon Fourmilion. Les antennes sont noirâtres, avec la base jaune. Le devant de la tête est jaune. L'enfoncement qui se trouve au dessus des antennes est noir. Le col est jaune, marqué d'une raie longitudinale, noire, formée par trois taches triangulaires, réunies. Le corcelet est jaune, avec un peu de brun à la partie antérieure & vers l'origine des ailes. L'abdomen est noirâtre. Les ailes sont transparentes, sans tache. Le stigmate ou point qui se trouve sur le bord antérieur, vers l'extrémité, est à peine marqué sur les supérieures. Les nervures sont d'un blanc-pâle, un peu plus obscur aux anastomoses. Les pattes sont d'un jaune-pâle.

Il se trouve au midi de la France.

23. Myrméléon ponctué.

Myrmeleon punctatum.

Myrmeleon alis hyalinis, nervis punctis albis nigrisque alternis. Fabr. *Mant. Inf.* 1. *p.* 249. *n°.* 7. — *Ent. Syst. em.* 2. *p.* 94. *n°.* 7.

Il ressemble, pour la forme & la grandeur, au Myrméléon Fourmilion. La tête est jaune, avec le front noir entre les antennes; une ligne noire à la partie postérieure, avec deux points de la même couleur, de chaque côté de cette ligne. Le corcelet est jaune, marqué de trois lignes noires. L'abdomen est noirâtre. Les ailes sont transparentes, mais les nervures sont marquées de points alternes, blancs & noirs; elles ont une petite tache blanche vers l'extrémité du bord antérieur. Les pattes sont jaunes.

Il se trouve aux Indes orientales.

24. Myrméléon Tigre.

Myrmeleon tigrinum.

Myrmeleon alis hyalinis, immaculatis; corpore fusco, thoracis margine pedibusque flavis. Fabr. *Syst. Ent. p.* 312. *n°.* 5. — *Ent. Syst. em. tom.* 2. *p.* 94. *n°.* 9.

Les antennes sont noires. La tête est noirâtre, avec la bouche jaune. Le corcelet est obscur, avec le bord antérieur & les latéraux jaunes. L'abdomen est obscur. Les pattes sont jaunes. Les ailes sont transparentes, luisantes, sans tache.

Il se trouve dans la Nouvelle-Hollande.

25. Myrméléon alongé.

Myrmeleon elongatum.

Myrmeleon alis hyalinis, nervis albis nigro punctatis, abdomine nigro, vittâ laterali flavâ.

Il est plus petit que le Myrméléon Fourmilion. Le premier article des antennes est jaune; le second noirâtre; les suivans sont d'un jaune-obscur; les derniers sont noirâtres. La tête est jaune, avec une bande brune en dessus des antennes. Le col est jaune, marqué de deux raies brunes. Le corcelet est jaune, irrégulierement rayé de brun. L'abdomen est brun, avec une raie jaune de chaque côté : le dernier anneau est obscur dans les mâles, & terminé par deux crochets velus, & armés intérieurement d'une fuite d'épines droites, très-fines. Les pattes font jaunes. Les ailes font tranfparentes, luifantes, un peu irifées, avec les nervures mélangées de blanc & de noir, & un point blanc, à peine marqué, vers l'extrémité du bord antérieur.

Il fe trouve dans les îles de l'Archipel, au midi de la France, en Italie.

26. Myrméléon rubanné.

Myrmeleon vittatum.

Myrmeleon alis hyalinis, puncto marginali albo, abdomine nigro, vittâ laterali flavâ.

Il diffère peu du précédent. Les antennes font d'un jaune-obfcur, avec les deux premiers articles jaunes. La tête eft jaune, avec quatre points noirâtres fur la partie fupérieure de la tête, dont deux petits, à peine diftincts, & une petite ligne noire, enfoncée, au milieu. Le col eft jaune, marqué de trois raies noirâtres. Le corcelet eft jaune, marqué de trois raies noirâtres. L'abdomen eft velu, jaune fur les côtés, avec une raie fur le dos, & une autre fur le ventre, noirâtres : les deux avant-derniers anneaux font terminés par deux crochets recourbés, très-velus. Les pattes font jaunes, avec quelques poils roides ou épines fines, noires. Les ailes font tranfparentes, avec un léger reflet irifé. Les nervures font blanches, un peu tachées d'obfcur, & on remarque un point blanc, marginal, vers l'extrémité.

Je l'ai trouvé dans le défert de l'Arabie, au mois de juin.

27. Myrméléon vitré.

Myrmeleon hyalinum.

Myrmeleon alis hyalinis, nervis pallidis immaculatis, abdomine nigro, lineâ laterali flavâ.

Il reffemble aux précédens, pour la forme & la grandeur. Les antennes font d'un jaune-obfcur. La tête & le col font jaunes, avec quelques taches noirâtres. Le corcelet eft mélangé de noirâtre & de jaune. L'abdomen eft noirâtre, avec un peu du bord poftérieur des anneaux & une petite ligne latérale, jaunes. Les pattes font jaunes, avec quelques poils roides ou épines fines, noires, & un peu de noirâtre à l'extrémité de chaque article des tarfes. Les ailes font fort tranfparentes, un peu irifées, avec les nervures jaunâtres, fans tache. Le point blanc marginal eft à peine marqué.

Je l'ai trouvé en juin, dans le défert de l'Arabie.

28. Myrméléon plombé.

Myrmeleon plumbeum.

Myrmeleon alis hyalinis immaculatis, thorace flavo teftaceoque vario, abdomine fufco.

Il reffemble beaucoup au Myrméléon lyonnois. Les anneaux des antennes font moitié jaunes, moitié noirs. La tête eft jaune, avec le front, & une raie fur le vertex, d'un brun-clair. Le col & le corcelet font mélangés de jaune & de brun-clair. L'abdomen eft obfcur, plombé, fans tache. Les ailes font tranfparentes, irifées. Les nervures font jaunes, très-peu tachées d'obfcur. Les pattes font pâles, avec les épines des jambes noires.

Il fe trouve dans les îles de l'Archipel.

29. Myrméléon varié.

Myrmeleon variegatum.

Myrmeleon alis fufco, grifeo, alboque variegatis, violaceo nitentibus.

Myrmeleon variegatum. Pal.-Beauv. *Inf. Afric. p.* 20. *Nevrop. tab.* 1. *fig.* 3.

Cette efpèce, felon M. Palifot de Beauvois, a quelque rapport avec le *Myrmeleon libelluloides* & le *Myrmeleon Pardalis;* mais elle eft plus petite que cette dernière, qui elle-même n'égale pas la moitié de la longueur du *Myrmeleon libelluloides;* elle a de plus le duvet brun, le reflet violet fur les ailes, & fur chacune d'elles, vers l'extrémité, une large tache brune & blanche, qui coupe la première nervure latérale à l'endroit où elle s'unit avec celle qui fuit. Cette efpèce a encore un autre caractère qui peut la faire diftinguer : les nervures horizontales qui occupent la diftance entre les bords de l'aile & la première nervure longitudinale font doubles, rameufes dans toutes les efpèces que j'ai eu occafion d'obferver. Elles m'ont paru fimples, & ne commencent à devenir dichotomes qu'à l'extrémité des ailes, à l'endroit où la première nervure longitudinale diminue & fe divife.

Elle fe trouve en Afrique, aux environs de la ville de Benin.

30. Myrméléon parfemé.

Myrmeleon irroratum.

Myrmeleon alis hyalinis, nervis nigris albo variis, abdomine nigro, fegmentis flavo bimaculatis.

Il eft une fois plus petit que le Myrméléon Fourmilion. Les antennes font noires, avec l'extrémité de chaque article jaune. La bouche eft jaune. La tête & le corcelet font jaunes, mélangés de noir. L'abdomen eft noir, avec deux taches jaunes fur chaque anneau. Les nervures des ailes font noires, mélangées de blanc; le noir eft placé aux anaftomofes, & il y a autour de ces anaftomofes, en quelques endroits, un peu de nébulofité : on remarque, vers l'extrémité de chaque aile, un point blanc, peu marqué, précédé d'un point noir. Les pattes font jaunes, avec un peu de noir à l'extrémité des jambes.

Il fe trouve en Italie, dans les îles de l'Archipel.

31. Myrméléon flavicorne.

Myrmeleon flavicorne.

Myrmeleon alis hyalinis, puncto postico nigro; abdomine fusco, flavo maculato.

Myrmeleon flavicornis, *alis hyalinis, abdomine fusco, maculis albis nigrisque alternis.* Ross. *Faun. Etr. tom.* 2. *p.* 16. *n°.* 693. *tab.* 9. *fig.* 2.

Il est plus petit que le Myrméléon Fourmilion. Les antennes sont noires, avec la masse jaune, & un peu de jaune entre chaque article. La tête est jaune, un peu tachée d'obscur au dessus des antennes. Le col, ainsi que le corcelet, est mélangé de jaune & de noirâtre. L'abdomen est noirâtre, avec une grande tache jaune sur chaque anneau. Les ailes sont transparentes; les nervures sont obscures, un peu tachées de jaune : on remarque aux supérieures, une tache noire qui touche au bord interne, vers le milieu, & un point marginal, blanc, vers l'extrémité antérieure. Les pattes sont pâles, avec les tarses noirâtres.

Il se trouve au midi de la France, en Italie.

32. Myrméléon irisé.

Myrmeleon irinum.

Myrmeleon alis immaculatis, viridi, cupreo violaceoque nitentibus.

Myrmeleon irinum. Pal.-Beauv. *Inf. Africæ. p.* 20. *Nevrop. tab.* 1. *fig.* 4.

Il est de la grandeur du Myrméléon flavicorne, & se fait remarquer par les ailes transparentes, à peine velues, brillantes d'un reflet vert-cuivreux & violet.

Il se trouve à Oware en Afrique.

33. Myrméléon mélanocéphale.

Myrmeleon melanocephalum.

Myrmeleon alis hyalinis, immaculatis; corpore testaceo, capite nigro.

Il est plus petit que le Myrméléon Fourmilion. Les antennes sont noires, avec la base testacée. La tête est noire, avec la bouche testacée. Tout le corps & les pattes sont d'une couleur testacée, un peu obscure. Les quatre ailes sont transparentes, sans aucune tache. Les nervures sont blanches, avec des taches obscures à l'endroit de leurs anastomoses.

Il a été apporté des environs de New-York par M. Bosc.

34. Myrméléon petite-raie.

Myrmeleon litturatum.

Myrmeleon alis nigro reticulatis, superioribus litturis duabus fuscis, corpore variegato.

Il ressemble aux précédens pour la forme & la grandeur. La tête est jaune, avec quelques points obscurs sur le vertex. Le col est jaune, marqué de quatre raies obscures, dont deux au milieu, rapprochées. Le corcelet est mélangé de jaune & d'obscur. L'abdomen est obscur. Les pattes sont jaunes, avec un peu d'obscur sur les tarses & sur les cuisses antérieures. Les ailes ont leurs nervures mélangées de blanc & de noir, un point blanc peu marqué, précédé d'un point noir sur le bord antérieur, près de l'extrémité, & deux rayures obscures sur les supérieures, placées, l'une au milieu, près du bord interne, & l'autre vers l'extrémité.

Il se trouve au midi de la France, dans les îles de l'Archipel.

35. Myrméléon nébuleux.

Myrmeleon nebulosum.

Myrmeleon alis hyalinis, fusco reticulatis, punctis maculisque obscuris.

Il a un peu l'apparence du Myrméléon Fourmilion, mais il est une fois plus petit. La tête & le corcelet sont noirs, avec quelques points jaunâtres. L'abdomen est noir, avec la base des anneaux pâle. Les pattes sont d'un jaune-pâle. Les ailes sont transparentes, avec les nervures noires; quelques taches & quelques points obscurs sur les supérieures, & seulement des points sur les inférieures.

Il a été apporté des environs de New-York par M. Bosc.

36. Myrméléon Belète.

Myrmeleon mustelinum.

Myrmeleon alis hyalinis, nervis albo nigroque punctatis, apice fusco punctatis. Fabr. *Ent. Syst. em. Suppl. tom.* 5. *p.* 207.

Il est petit. Les antennes sont courbées comme dans toutes les autres espèces. La tête & le corcelet sont d'une couleur cendrée-obscure, rayés de noirâtre. L'abdomen est noirâtre. Les ailes sont transparentes, & ont leurs nervures ponctuées de noir & de blanc, & de plus deux petites raies vers l'extrémité, formées par une suite de petites taches noirâtres. Il n'y a pas de taches vers le bord antérieur, près de l'extrémité.

Il se trouve aux Indes orientales.

37. Myrméléon Ours.

Myrmeleon ursinum.

Myrmeleon alis hyalinis, immaculatis, fuscum; capite flavo, nigro maculato. Fabr. *Ent. Syst. em. Suppl. tom.* 5. *p.* 207.

Il est petit. Les antennes manquent. La tête est jaune, avec plusieurs petites taches noirâtres sur le vertex. Le corcelet & l'abdomen sont noirâtres, ſans tache. Les ailes ſont tranſparentes, réticulées, ſans tache. Les pattes ſont cendrées.

Il ſe trouve aux Indes orientales.

38. Myrméléon canin.

Myrmeleon caninum.

Myrmeleon alis hyalinis, immaculatis, fuſcum; capite thoraceque flavo maculatis. Fabr. *Ent. Syſt. emend. tom.* 2. *p.* 94. *n°.* 10.

Il eſt petit. Les antennes ſont noires. La tête eſt noirâtre, avec la bouche & des taches ſur le vertex, jaunes. Le corcelet eſt noirâtre, avec des taches jaunes ſur la partie antérieure. Le bord poſtérieur eſt légérement jaune. L'abdomen eſt noirâtre, avec quelques taches en deſſus, jaunes. Les ailes ſont tranſparentes, ſans tache.

Il ſe trouve en Guinée.

MYRMICE. *Myrmica.* Genre d'inſectes de la première ſection de l'Ordre des Hyménoptères, établi par M. Latreille, qui comprend quelques Fourmis, quelques Attes & quelques Myrmécies de M. Fabricius, & qui répond en partie au genre Manique de M. Jurine.

Les caractères que M. Latreille aſſigne à ce genre ſont les ſuivans :

Pédicule de l'abdomen formé de deux nœuds; les neutres & les femelles armés d'un aiguillon; les antennules filiformes, de la longueur des mâchoires ou plus longues, compoſées de ſix articles diſtincts.

Les antennes inſérées au deſſous du milieu de la face ſont, dans pluſieurs eſpèces, preſque moniliformes, un peu plus groſſes vers l'extrémité, & ont leur dernier article ovale. Le chaperon eſt triangulaire. Les ailes ſupérieures ont leur cellule marginale ſouvent ouverte, deux ou trois cellules preſque marginales, dont la première eſt parfaite & reçoit une nervure récurrente; la dernière eſt incomplète. Il y a en outre deux cellules diſcoïdales, dont la ſupérieure eſt petite, parfaite, ſouvent courte, & dans quelques eſpèces effacées; l'inférieure eſt incomplète, grande, terminale.

Ce genre offre deux diviſions. Dans la première, les mandibules ſont très-étroites & très-longues, & les antennes filiformes : elle répond plus particulièrement au genre Myrmécie de M. Fabricius. Dans la ſeconde diviſion les mandibules ſont triangulaires, peu alongées, & les antennes vont en groſſiſſant : telles ſont la Fourmi ſouterraine, la Fourmi rouge, la Fourmi fugace, la Fourmi des gazons, la Fourmi uniſaſciée, la Fourmi tubéreuſe : cette diviſion comprend des Fourmis & des Attes de M. Fabricius.

MYRMOSE. *Myrmoſa.* Genre d'inſectes de la première ſection de l'Ordre des Hyménoptères & de la famille des Mutillaires.

Les Myrmoſes ont les antennes filiformes, droites; les mandibules tridentées; le corcelet arrondi, un peu coupé antérieurement; l'abdomen ovale, légérement déprimé, armé d'un aiguillon, tenant au corcelet par un pédicule ſimple, fort court; les ailes ſupérieures marquées de quatre cellules cubitales.

Ces inſectes paroiſſent tenir le milieu entre les Tiphies & les Mutilles; mais les antennes non coudées, ou dont le premier article n'eſt pas fort long, empêchent de les confondre avec ces dernières, & le troiſième article, ſemblable aux autres, les diſtingue ſuffiſamment des Tiphies, dont ce troiſième article eſt un peu alongé. D'ailleurs, les Tiphies n'ont que deux cellules cubitales aux ailes ſupérieures; les Mutilles en ont trois, & les Myrmoſes quatre.

La bouche des Myrmoſes eſt munie d'une lèvre ſupérieure, de deux mandibules, d'une trompe & de quatre antennules.

La lèvre ſupérieure eſt courte, cornée, antérieurement tronquée.

Les mandibules ſont cornées, fort dures, larges, aſſez grandes, tridentées.

La trompe eſt courte & formée de trois pièces; les latérales ſont courtes, aplaties, coriacées, & répondent aux mâchoires des autres inſectes; elles donnent naiſſance aux antennules antérieures. La pièce du milieu, qui répond à la lèvre inférieure, eſt courte, preſque membraneuſe; elle donne naiſſance aux antennules poſtérieures.

Les antennules antérieures ſont plus longues que les poſtérieures, & compoſées de ſix articles inégaux. Les poſtérieures n'en ont que quatre, dont le troiſième eſt un peu dilaté.

La tête eſt un peu plus étroite que le corcelet, arrondie en avant; elle a deux yeux à réſeau, arrondis ou un peu ovales & entiers, & trois petits yeux liſſes placés au ſommet.

Les antennes ſont filiformes, preſque de la longueur du corcelet, & compoſées de treize articles, dont le premier eſt un peu plus long que les autres; le ſecond eſt le plus petit; les ſuivans ſont cylindriques, preſqu'égaux entr'eux; elles ſont inſérées à la partie antérieure de la tête, près de la bouche.

Le corcelet eſt arrondi, preſque cylindrique, un peu convexe, tronqué en-devant, obtus poſtérieurement.

Les ailes ſupérieures ont les nervures bien marquées : on y remarque une cellule radiale aſſez grande & alongée, & quatre cellules cubitales, dont la première eſt irrégulière, la ſeconde preſque triangulaire, la troiſième preſque carrée : la quatrième, la plus grande de toutes, s'étend juſqu'à l'extrémité; la ſeconde & la troiſième reçoivent chacune une nervure récurrente.

Ces inſectes ſont peu nombreux en eſpèces. On les trouve rarement ſur les fleurs, & il n'y a encore de connus que des individus mâles; ce qui peut faire ſoupçonner que l'autre ſexe eſt privé d'ailes.

MYRMOSE.

MYRMOSA. Latr. Jur.

CARACTÈRES GÉNÉRIQUES.

Antennes filiformes, composées de treize articles : premier article peu alongé, presque cylindrique ; le second petit, conique.

Mandibules tridentées.

Quatre antennules : les antérieures plus longues, composées de six articles ; les postérieures de quatre.

Cellule radiale, une, oblongue.

Cellules cubitales, quatre : la première irrégulière ; la seconde presque triangulaire ; la troisième carrée ; la quatrième atteint le bout de l'aile.

ESPÈCES.

1. Myrmose âtre.

Légérement velue, noire, sans tache ; premier anneau de l'abdomen avec une petite épine en dessous.

2. Myrmose sellée.

Noire ; partie antérieure du corcelet rouge.

3. Myrmose macrocéphale.

Velue, noire ; tête grosse ; antennes plus longues que le corcelet.

1. Myrmose âtre.

Myrmosa atra.

Myrmosa nigra, pubescens, abdominis segmento primo subtùs unispinoso.

Myrmosa nigra. Latr. *Gen. Crust. & Ins. t.* 4. *p.* 120. *tab.* 13. *fig.* 8.

Myrmosa atra. Panz. *Faun. Germ. Fasc.* 85. *tab.* 14.

Mutilla nigra. Ross. *Faun. Etr.* — *Mant. p.* 148. *n°.* 334.

Elle a environ quatre lignes de long. Tout le corps est noir, légérement velu. La tête & le corcelet sont pointillés. L'abdomen est ovale, un peu déprimé. Les ailes ont une très-légère teinte obscure. On remarque, sur le premier anneau de l'abdomen, une épine courte, un peu crochue.

Elle se trouve en Europe, sur les fleurs.

M. Latreille regarde cet insecte comme le mâle de la Mutille mélanocéphale.

2. Myrmose sellée.

Myrmosa ephippium.

Myrmosa atra, thorace anticè rufo.

Hylæus thoracicus *niger, thorace anticè ferrugineo.* Fabr. *Ent. Syst. em. tom.* 2. *p.* 304. *n°.* 7. — *Syst. Pyezat. p.* 320. *n°.* 5.

Myrmosa ephippium. Jur. *Hymenopt. p.* 162. *tab.* 9. *fig.* 8.

Myrmosa ephippium. Latr. *Gen. Ins. & Crust. tom.* 4. *p.* 120.

Mutilla ephippium. Panz. *Faun. Germ. Fasc.* 46. *tab.* 20.

Elle a environ quatre lignes & demie de long. Les antennes & la tête sont noires. Le corcelet est noir, avec la partie antérieure du dos rouge. L'abdomen est ovale, à peine déprimé, noir, avec le bord des anneaux très-légérement couvert de cils cendrés. Les ailes sont un peu obscures vers l'extrémité. Les pattes sont noires.

M. Rossi, en décrivant la *Mutilla ephippium*, paroît indiquer, comme variété, la Mutille sellée, qui ressemble d'ailleurs à la Myrmose par les couleurs, mais qui en diffère surtout par la forme de l'abdomen.

Elle se trouve au midi de la France, en Italie, en Allemagne.

3. Myrmose macrocéphale.

Myrmosa macrocephala.

Myrmosa hirta, nigra, capite crasso, antennis thorace longioribus.

Elle est un peu plus grande que la précédente. Les antennes sont filiformes, guère plus longues que le corcelet. La tête est noire, pointillée, légérement couverte de poils gris, un peu plus large que le corcelet. Celui-ci est noir, pointillé, un peu velu. L'abdomen est noir, ovale-alongé, un peu déprimé. Le premier anneau est étroit à sa base, un peu alongé, bien distinct. Les pattes sont noires. Les ailes sont transparentes.

Elle se trouve à Java.

Du cabinet de M. Bosc.

MYSIS. *Mysis.* Genre d'insectes de la troisième section de l'Ordre des Aptères.

Ce genre, indiqué par M. Latreille, d'après la description & la figure de trois Crabres qui se trouvent dans la *Faune du Groënland*, publiée par Othon Fabricius, paroît différer peu de la Squille & de la Crevète. Les quatre antennes sont simples dans la Crevète ; les antérieures sont terminées par deux ou trois soies dans les Squilles, tandis que celles-ci sont bifides dans le Mysis. Le nombre de pattes varie de dix à seize dans la Crevète ; il est de quatorze dans la Squille, & seulement de douze dans le Mysis. Mais une différence plus remarquable, c'est que la queue n'est terminée, dans ce dernier, que par quatre feuillets, dont deux supérieurs, beaucoup plus petits que les deux autres, au lieu qu'on en voit constamment cinq dans les deux autres genres.

Les Mysis ont, comme les Squilles, deux pièces larges, foliacées, qui accompagnent les antennes. Les yeux sont alongés, pédonculés, mobiles. Le corps est alongé, & donne naissance, comme nous l'avons dit, à douze pattes propres à marcher, & à douze autres postérieures propres à la nage : celles-ci sont presque toujours en mouvement, tandis que les autres restent ordinairement immobiles.

Ces insectes sont fort petits, mais assez nombreux dans les mers de Norwège, suivant M. Othon Fabricius, pour être la principale nourriture de la Baleine ordinaire ou du Groënland, *Balæna mysticatus* Linn.

MYSIS.

MYSIS. LATR. *CANCER.* OTHO FABR.

CARACTÈRES GÉNÉRIQUES.

Quatre antennes ; deux simples, sétacées ; deux bifides ; une écaille foliacée accompagnant les extérieures.

Deux yeux mobiles, pédonculés.

Douze pattes, terminées par un ongle.

ESPÈCES.

1. Mysis sauteur.

Corcelet lisse, comprimé; front tronqué.

2. Mysis oculé.

Corcelet lisse, mince, cylindrique ; front arrondi.

3. Mysis bipède.

Corcelet lisse; front subulé; queue mince, bifoliée.

1. Mysis fauteur.

Mysis faltatorius.

Myfis thorace lævi, compreffo; fronte præruptâ.

Cancer pedatus *macrourus, thorace lævi, compreffo; fronte præruptâ, pedibus pectoris duplici ferie, manibus adactylis, caudâ tereti rectâ; apice acculeato, tetraphyllo.* Oth. Fab. *Faun. Groenl. p.* 243. *n°.* 221.

Cancer pedatus. Latr. *Hift. des Cruft. & des Inf. tom.* 6. *p.* 282.

Myfis faltatorius. Latr. *Gen. Cruft. & Inf. tom.* 1. *p.* 56.

Il a à peine un pouce de long & un peu plus d'une ligne d'épaiffeur; ce qui lui donne une forme alongée, linéaire. Le corps eft mou, revêtu d'une peau mince. Le corcelet eft entier, comprimé, liffe; il occupe prefque le tiers du corps, defcend peu fur les côtés, eft tronqué poftérieurement, ainfi que fur le devant. Les yeux font grands, globuleux, noirâtres, portés fur un pédicule mince & long; au deffous d'eux font deux antennes fétacées, diftantes, extérieurement courbées, & deux autres antérieures & inférieures, bifides ou divifées en deux. La divifion extérieure, plus longue que l'autre, mais plus courte que les autres antennes, forme un filet mince, fétacé. Sous ces antennes font deux écailles oblongues, pointues, fortement ciliées à leurs bords. La poitrine offre une double férie de pattes. La férie antérieure eft formée de fix pattes ambulatoires, filiformes, un peu comprimées, femblables entr'elles pour la forme, devenant infenfiblement plus courtes à mefure qu'elles s'éloignent de la partie antérieure du corps, dentées en deffous, & terminées par un ongle blanc, courbé en avant. La rangée poftérieure eft compofée d'un même nombre de pattes qui ne paroiffent propres qu'à la nage, & qui font prefqu'égales entr'elles, fétacées, triarticulées, avec une petite appendice foliacée à leur bafe. Sous la tête font deux bras très-courts, affez gros, articulés, rejetés en arrière, avec une main large, comprimée, & terminée par un ongle menu, courbe & bidenté intérieurement: il y a en outre deux palpes velus & avancés.

La bouche eft fermée par plufieurs parties foliacées. La queue, qui occupe enfuite tout le refte du corps, eft droite, cylindrique, plus étroite que le corcelet, amincie vers l'extrémité, compofée de fept anneaux, dont le premier eft très-petit; les cinq fuivans font grands & égaux entr'eux; le feptième eft beaucoup plus long que les précédens: elle eft terminée par deux épines courtes, réunies à leur bafe, & par deux lames de chaque côté, ciliées, pofées l'une fur l'autre, & dont l'inférieure eft la plus courte. Ces lames font difpofées de manière qu'au premier afpect, la queue paroît entière, bifide.

La couleur de tout le corps eft pâle, & laiffe voir les inteftins, qui font jaunes. Le corcelet eft marqué d'une ligne tranfverfale, noire, d'où partent, en avant & en arrière, des rayons très-légers, arqués: on y voit auffi fur la partie poftérieure, deux taches noires, en forme d'étoiles. Il y a une pareille tache fur chaque anneau de la queue. Les écailles du front & les folioles de la queue ont leur bafe pointillée de noir: on remarque en outre fous chacun des fix premiers anneaux de la queue, une paire de filets très-courts, biarticulés, aigus.

On trouve abondamment ce petit cruftacé vers la furface de la mer du Groënland; il gagne rarement le fond ou le rivage.

Il agite continuellement fes pattes natatoires: les douze autres reftent immobiles, & il nage le dos tourné vers le fond de la mer; il faute de tems en tems comme la Chevrète.

Ce petit cruftacé, ainfi que le fuivant, fait la principale nourriture de la Baleine, nommée par Linné, *Myfticatus.*

2. Mysis oculé.

Mysis oculatus.

Myfis thorace lævi, teretiufculo; fronte rotundatâ.

Cancer oculatus *macrourus, thorace lævi, teretiufculo; fronte rotundatâ, pedibus pectoris duplici ferie, manibus vix ullis, caudâ tereti flexuofâ muticâ tetraphyllâ.* Otho Fabr. *Faun. Groenl. p.* 245. *n°.* 222. *tab.* 1. *fig.* 1. A. B.

Cancer oculatus. Latr. *Hift. des Cruft. & des Infect. tom.* 6. *p.* 285. *tab.* 15. *fig.* 2. 3.

Cette efpèce reffemble beaucoup à la précédente; elle en diffère en ce que fa longueur eft de quatorze lignes, & fa largeur d'une ligne & demie. Le corcelet eft plus aminci, plus alongé; il eft arqué poftérieurement, & il a antérieurement une faillie arrondie, derrière laquelle eft une légère impreffion qui le fait paroître comme biarticulé. Les yeux font noirs, grands, ovales, diftans, pétiolés, placés au deffus des antennes: celles-ci font portées en avant; les fupérieures, placées immédiatement fous les yeux, font amincies à leur bafe, bifides à leur extrémité, la divifion extérieure étant plus longue que l'autre. Au deffous de ces antennes font deux écailles longues, aiguës, ciliées. Les antennes inférieures font longues & fétacées: il n'y a pas de bras apparens. Les pattes natatoires font très-diftantes des pattes ambulatoires, & font portées en arrière. La queue, qui forme les deux tiers du corps, eft mince, fillonnée en deffous, un peu courbée jufqu'au cinquième article, & enfuite droite. Les deux premiers articles font petits & prefque cachés fous le corcelet; les quatre fuivans font plus longs & égaux entr'eux; le dernier eft beaucoup plus long que les autres, & terminé par quatre feuillets oblongs, ciliés, imbriqués, les deux inférieurs étant plus longs que les deux supérieurs. M. Othon Fabricius dit n'avoir point observé d'épines dans la queue de ce crustacé. La couleur de tout le corps est d'un gris-pâle.

Il se trouve, comme le précédent, dans la mer du Groënland, & sert aux mêmes usages.

3. Mysis bipède.

Mysis bipes.

Mysis thorace lævi, rostro subulato, caudâ tereti bisetâ.

Cancer bipes *macrourus, thorace lævi, rostro subulato, pedibus duobus anticis præter decem posticos natatorios; caudâ rectâ tereti bisetâ.* Otho Fabr. *Faun. Groenl. p.* 246. *n°.* 223. *tab.* 1. *fig.* 2.

Cancer bipes. Latr. *Hist. nat. des Crust. & des Inf. tom.* 6. *p.* 286. *n°.* 3. *tab.* 15. *fig.* 1.

Ce crustacé n'appartient pas peut-être à ce genre; il est plus court que les précédens, n'ayant guère que huit lignes de long, & deux lignes de hauteur au corcelet. Le corcelet, qui, avec le bec, occupe presque la moitié du corps, est recouvert d'une membrane dont les bords sont entiers, & qui ressemble assez par sa forme au têt des Monocles. Le front est terminé en un bec subulé ou presque conique, court, droit, membraneux, lisse, voûté en dessous. Les yeux, placés à la base du bec, sont noirâtres, globuleux, sessiles, mais mobiles & non pas implantés dans le têt. Sous ce bec sont deux antennes courtes, triarticulées, avec la base cylindrique, épaisse, & l'extrémité sétacée. A la partie antérieure de la poitrine sont deux pattes rejetées en arrière, presqu'aussi longues que le corcelet, sétacées, quadriarticulées. Viennent ensuite trois autres paires de pattes très-courtes, qui sont destinées à retenir les œufs de ce crustacé, & ne paroissent pas propres à marcher : plus loin on remarque cinq paires de pattes natatoires, rejetées en arrière, insensiblement plus longues, biarticulées, bifides à leur extrémité. La queue est cylindrique, relevée, beaucoup plus mince que le corps, composée de six segmens ou articles, dont les trois derniers, égaux entr'eux, sont trois fois plus longs que les premiers. A l'extrémité il y a, de chaque côté, un style simple, biarticulé, sétacé à son extrémité.

La couleur du corps est d'un rouge-pâle, verdâtre dans quelques-uns, le canal intestinal qui aboutit au troisième article de la queue se dessinant à travers comme une ligne noirâtre. On le trouve rarement sur les rivages sabloneux, & principalement vers les embouchures des fleuves qui se jettent dans la mer du Groënland.

La femelle porte ses œufs durant tout l'hiver : ils sont de la couleur du corps, & ils commencent à se développer au mois d'avril. Les petits naissent en mai, sont très-vifs, & adhèrent à la mère, qui alors est à moitié morte.

Il a coutume de nager, au moyen des pattes postérieures, renversé sur le dos, & de se fixer avec celles de devant. Il est moins vivace que les précédens.

MYZINE. Genre d'insectes de l'Ordre des Hyménoptères, placé d'abord, par M. Latreille, dans la famille des Mutillaires, & ensuite dans celle des Scolièles.

Les Myzines ont les antennes courtes, roulées à l'extrémité; la trompe courte; les mandibules unidentées; l'abdomen ovale, un peu déprimé, tenant au corcelet par un pédicule mince, très-court; un aiguillon caché dans l'abdomen; quatre ailes veinées, inégales.

Fabricius a placé les Myzines parmi les Tiphies, avec lesquelles elles ont effectivement les plus grands rapports, & dont elles ne sont distinguées qu'en ce que les antennes des femelles paroissent n'avoir qu'onze articles, attendu que le second est si court & si implanté dans le premier, qu'on ne l'apperçoit presque pas, tandis qu'on en compte très-bien douze dans les antennes des Tiphies. Les ailes présentent encore quelques différences. La cellule extérieure ou radiale est incomplète ou n'est pas fermée dans les Tiphies; elle est fermée & un peu distante du bord dans les Myzines.

M. Jurine a établi ce même genre sous le nom de Plésie, *Plesia*, & lui a assigné des caractères tirés de la disposition des nervures des ailes supérieures, qui sont très-exacts & très-faciles à saisir.

M. Latreille regarde les Élis de Fabricius comme les mâles des Myzines. Il se fonde sur ce que les parties de la bouche lui ont paru semblables; cependant les ailes présentent des différences assez remarquables, ainsi que nous le dirons à l'article Élis, pour devoir séparer les deux genres, en attendant que l'observation vienne nous mieux éclairer.

Les Myzines ont la tête presqu'aussi large que le corcelet. Le front est pointillé, & il présente une éminence un peu échancrée, placée au dessus de l'insertion des antennes. Les yeux, à réseau, sont grands, ovales, entiers, placés à la partie latérale. Les petits yeux lisses sont au sommet de la tête, & paroissent à peine.

Les antennes ne sont guère plus longues que la tête : elles sont filiformes, un peu roulées & presqu'en spirale à l'extrémité; elles sont composées de douze articles, dont le premier est assez long & cylindrique; le second à peine distinct; le troisième est court, aminci à sa base; les suivans sont presqu'égaux, entr'eux & cylindriques : elles sont assez distantes l'une de l'autre, & insérées sous cette partie du front que nous avons dit former un avancement un peu échancré.

La bouche est composée d'une lèvre supérieure, de deux mandibules, d'une trompe & de quatre antennules.

La lèvre supérieure est courte, arrondie, cornée.

1. Myzine maculée.

Myzine maculata.

Myzine atra, thorace maculato, abdominis segmentis maculis duabus flavis, antennis pedibusque rufis.

Tiphia maculata. Fabr. *Ent. Syst. em. tom.* 2. *p.* 224. *n°.* 4. — *Syst. Pyezat. p.* 233. *n°.* 5.

Tiphia maculata. Coqueb. *Illustr. Inf.* 2. *tab.* 13. *fig.* 2.

Myzine. Latr. *Gen. Crust. & Inf. tom.* 4. *pag.* 112.

Plesia. Jur. *Hymen. p.* 151.

Elle a environ sept lignes de long. Les antennes font fauves. La tête est noire, avec un peu de jaune sur le front. Le corcelet est noir, marqué de plusieurs taches jaunes, dont deux de chaque côté, à la partie antérieure, une à l'origine des ailes, deux sur l'écusson, & une de chaque côté, postérieurement. L'abdomen est noir, avec une tache jaune de chaque côté des anneaux, dont quelques-unes se joignent à la base par une ligne. Les pattes sont rougeâtres. Les ailes ont une teinte rousseâtre.

Elle se trouve en Géorgie.

2. Myzine obscure.

Myzine obscura.

Myzine atra, thorace punctis duobus anticis lineolâque scutelli flavis, abdomine nigro, segmentis utrinquè maculâ flavâ.

Tiphia obscura. Fabr. *Syst. Pyezat. p.* 233. *n°.* 8.

Myzine. Latr. *Gen. Crust. & Inf. tom.* 4. *pag.* 112.

Elle ressemble à la précédente. Les antennes sont noires. La tête est noire, ponctuée, un peu velue. Le corcelet est ponctué, un peu velu, noir, avec deux points ou une ligne interrompue, jaune, à sa partie antérieure, & une petite ligne transverse, courte, sur l'écusson. L'abdomen est noir, avec deux taches jaunes sur chaque anneau, une de chaque côté. Les pattes sont noires. Les ailes sont noirâtres.

Elle se trouve dans la Caroline, d'où elle a été apportée par M. Bosc.

3. Myzine namée.

Myzine namea.

Myzine nigra, thorace flavo variegato; abdominis segmento secundo punctis duobus reliquis fasciâ flavis.

Tiphia namea. Fabr. *Syst. Pyezat. p.* 233. *n°.* 9.

Elle est de la grandeur de la Myzine maculée. Les antennes sont noires. Les mandibules sont jaunes à leur base, noires à leur extrémité. La tête est noire, avec la lèvre & deux points jaunes entre les antennes. Le corcelet est noir, avec trois points jaunes à la partie antérieure, une petite raie près de l'origine des ailes, une autre sur le dos, & deux lignes transverses sur l'écusson. L'abdomen est noir, luisant, avec une large bande jaune sur le premier anneau, deux points sur le second, & une légère bande sur les autres. Les ailes sont transparentes. Les pattes sont rougeâtres.

Elle se trouve en Caroline, d'où elle a été apportée par M. Bosc.

4. Myzine flavipède.

Myzine flavipes.

Myzine nigra, pedibus abdominisque segmentis maculis duabus flavis.

Elle ressemble aux précédentes. Les antennes sont noires, avec un peu de jaune sur le premier anneau. La tête est ponctuée, noire, avec deux points jaunes entre les antennes. Le corcelet est ponctué, noir, avec une petite ligne transverse, jaune, à la partie antérieure, & une autre petite sur l'écusson. L'abdomen est noir, avec une tache de chaque côté, sur chaque anneau; la première est réniforme. Les pattes sont jaunes, avec la majeure partie des cuisses noire. Les ailes sont un peu obscures.

Elle se trouve dans la Caroline.

Du cabinet de M. Bosc.

5. Myzine sérène.

Myzine serena.

Myzine nigra, capite rufo, thorace vario, abdomine flavo fasciato.

Tiphia serena. Fabr. *Syst. Pyezat. pag.* 234. *n°.* 14.

Elle est un peu plus petite que les précédentes. Les antennes sont noires, avec le premier article rouge. La tête est noire avec le front & une raie autour des yeux, d'un jaune fauve. La bouche est fauve, avec l'extrémité des mandibules noire. Le corcelet est noir, taché de jaune à sa partie antérieure, sur l'écusson, à l'origine des ailes & sur les côtés. L'abdomen est noir, avec une bande jaune sur chaque anneau, interrompue sur le second. Les pattes sont rougeâtres. Les ailes ont une légère teinte rousseâtre, un peu plus foncée sur le bord extérieur.

Elle se trouve en Caroline, d'où elle a été apportée par M. Bosc.

6. Myzine sellée.

Myzine ephippium.

Myzine nigra, thorace maculâ dorsali, rufâ.

Tiphia

Tiphia ephippium. FABR. *Ent. Syst. em. tom.* 2. *p.* 225. *n°.* 10. — *Syst. Pyezat. p.* 234. *n°.* 14.

Plesia ephippium. JUR. *Hymen. p.* 152.

Elle doit être un peu plus grande que les deux précédentes, & tout aussi grande que les trois premières espèces. Tout le corps est noir, excepté une tache carrée, rouge, qu'on voit au milieu du corcelet. Les ailes sont obscures.

Elle se trouve dans l'Amérique méridionale.

7. MYZINE aptère.

MYZINE aptera.

Myzine aptera, picea, abdominis segmentis maculis quatuor flavis.

Elle paroît différer peu de la Tiphie pédestre, décrite par Fabricius dans le Muséum de M. Banks. Elle est de la grandeur de la Myzine maculée, & l'abdomen est plus renflé. Les antennes sont courtes, de la couleur du corps. Le second article est enchâssé dans le premier, & est à peine apparent. Tout le corps est brun, avec quatre taches jaunes sur chaque anneau de l'abdomen. Les taches latérales sont un peu plus petites que les deux dorsales. La tête est pointillée. Les yeux sont petits, ovales, un peu distans des antennes. Le corcelet est pointillé, un peu étranglé au milieu par deux lignes transverses, enfoncées. Le sixième anneau de l'abdomen n'a point de tache; il est strié, & terminé par une valvule arrondie & par deux épines placées une de chaque côté. Les pattes sont courtes, velues. Les jambes sont un peu épineuses.

Elle se trouve à la Nouvelle-Hollande.

Du cabinet de M. Labillardière.

Cet insecte appartient au genre Myrmécode de M. Latreille, indiqué dans ses *Considérations générales sur l'ordre naturel des Crustacés, des Arachnides & des Insectes*, p. 315.

N A B

NABIS. *Nabis*. Genre d'insectes de la seconde section de l'Ordre des Hémiptères & de la famille des Cimicides.

Les Nabis ont les antennes filiformes, presque de la longueur du corps, insérées sur les côtés de la tête; le bec arqué, alongé; la tête unie au corcelet; le corcelet en trapèze; les cuisses antérieures & postérieures plus longues que les intermédiaires.

Ces insectes diffèrent très-peu des Réduves : il n'y a guère que l'insertion des antennes, qui se trouve un peu plus basse dans les Nabis que dans les Réduves; la ligne transversale, qui semble séparer en deux le corcelet des Réduves, & qu'on ne voit point aux Nabis; le col plus ou moins alongé, au moyen duquel la tête des Réduves est implantée au corcelet, & qui manque aux autres, qui peut les faire distinguer. Ces caractères sont, comme on voit, si peu saillans, que M. Fabricius n'avoit pas jugé convenable de séparer ces insectes, d'ailleurs fort peu nombreux, & c'est à M. Latreille que nous devons ce nouveau genre.

Les antennes des Nabis sont filiformes, un peu plus courtes que le corps, & composées de quatre articles, dont le premier est presque cylindrique, un peu plus gros & un peu plus court que les autres. Les suivans sont minces, cylindriques, égaux. Le dernier est un peu plus court que ceux-ci. Elles sont insérées au milieu d'une ligne qui seroit tirée des yeux à la base de la trompe.

La trompe est arquée, de la longueur de la moitié du corps, composée de six pièces, dont la plus grosse & la seule apparente sert de gaîne à quatre soies déliées, longues, & contenues par une languette courte, bifide, placée à la base supérieure de la gaîne.

Les yeux sont grands, arrondis, bien saillans : il y a sur le vertex deux petits yeux lisses bien apparens.

La tête est étroite, peu alongée, implantée dans le corcelet; elle n'a pas le col plus ou moins long, plus ou moins étroit qu'on remarque aux Réduves; & qui les fait reconnoître au premier aspect.

Le corcelet a la forme d'un trapèze, aussi étroit que la tête, d'un côté; aussi large que la base de l'abdomen, de l'autre.

Les élytres sont croisées, ainsi que les ailes, dans les espèces qui sont pourvues des unes & des autres.

L'abdomen ressemble à celui des Réduves; il est très-convexe en dessous, concave en dessus, un peu avancé par les côtés.

Les pattes sont assez longues : les antérieures sont portées en avant, & paroissent destinées à saisir la proie. Les cuisses de ces pattes sont un peu renflées, & leur longueur égale à peu près celle des intermédiaires. Les cuisses postérieures sont les plus longues & les plus minces. Les tarses sont composés de trois articles, dont le premier est très-court; le dernier est terminé par deux ongles crochus, fort grands.

Les Nabis paroissent avoir les habitudes carnassières des Réduves, & se nourrir, comme eux, d'autres insectes qu'ils atrapent au vol ou à la course au moyen de leurs pattes antérieures.

NABIS.

NABIS. LATR. *REDUVIUS.* FABR.

CARACTÈRES GÉNÉRIQUES.

Antennes filiformes, presqu'aussi longues que le corps, quadriarticulées; premier et dernier articles plus courts que les intermédiaires.

Trompe arquée, triarticulée, s'avançant jusqu'aux cuisses intermédiaires; premier article aussi long que le second.

Languette bifide.

Suçoir formé de quatre soies égales, de la longueur de la gaîne.

Tête implantée au corcelet.

ESPÈCES.

1. NABIS aptère.

Aptère, gris, ponctué de noir; abdomen obscur, avec les bords tachés de fauve.

2. NABIS cendré.

Ailé, cendré; abdomen pâle, avec une ligne latérale, noire.

3. NABIS guttule.

Noir, luisant; élytres et pattes rouges; ailes avec un point blanc.

1. Nabis aptère.

Nabis aptera.

Nabis aptera, grisea, fusco punctata, abdomine fusco margine rufo maculato.

Nabis. Latr. *Gen. Crust. & Inf. tom.* 3. *p.* 127.

Reduvius apterus, *corpore griseo, abdomine nigro, margine rufo maculato.* Fabr. *Ent. Syst. em. Suppl. p.* 546. — *Syst. Rhyng. p.* 281. *n°.* 72.

Reduvius apterus. Coqueb. *Illustr. Inf. decas* 3. *p.* 94. *tab.* 21. *fig.* 8.

Cimex subapterus. Deg. *Mem. Inf. tom.* 3. *p.* 287. *n°.* 27. *tab.* 15. *fig.* 10.

Il a depuis trois lignes un quart, jusqu'à quatre lignes & demie de long. Les antennes sont à peine velues, grises, avec l'extrémité du premier, du second & tout le quatrième article, noirâtres. La tête est grise. Le corcelet est gris, avec quelques points noirâtres sur la partie postérieure : on y remarque une ligne longitudinale enfoncée, qui ne s'étend pas jusqu'au bord postérieur. Les élytres sont courtes, grises, plus ou moins pointillées d'obscur. Les ailes sont encore plus courtes que les élytres, & ne peuvent servir à voler. L'abdomen est soyeux, obscur, avec les bords latéraux élevés, alternativement tachés d'obscur & de rouge-pâle. Les pattes sont grises, marquées de points noirâtres.

Il se trouve assez fréquemment, vers la fin de l'été, sur les arbres, aux environs de Paris.

2. Nabis cendré.

Nabis cinerea.

Nabis alata, cinerea, abdomine pallido, lineâ laterali fuscâ.

Miris. Schell. *Cimic. tab.* 3. *fig.* 1. a. b.

Il a trois lignes de long, & n'en a pas tout-à-fait une de large. Les antennes sont cendrées. La tête est cendrée, avec quelques légères rayures noires. Le corcelet est cendré, avec quelques rayures noires à sa partie antérieure. L'abdomen est pâle, avec une ligne noire sur les côtés. Les élytres sont cendrées, marquées de deux ou trois points noirs sur leur partie coriacée, & de veines noires sur la partie membraneuse. Les ailes sont blanches, avec un reflet irisé. Le dessous du corps est gris, avec quelques points obscurs sur les pattes.

Il se trouve assez fréquemment dans les bois, aux environs de Paris, vers la fin de l'été.

3. Nabis guttule.

Nabis guttula.

Nabis atra, nitida, elytris pedibusque sanguineis, alis puncto albo.

Nabis guttula. Latr. *Hist. nat. des Crust. & des Inf. tom.* 12. *p.* 256. *pl.* 97. *fig.* 2. — *Gen. Crust. & Inf. tom.* 3. *p.* 128.

Reduvius guttula. Fabr. *Ent. Syst. em. tom.* 4. *p.* 208. *n°.* 54. — *Syst. Rhyng. p.* 281. *n°.* 70.

Reduvius guttula. Panz. *Faun. Germ. Fasc.* 101. *fig.* 21.

Cet insecte n'appartient pas au même genre que les deux précédens, & doit en former un particulier. Les antennes sont noires, guère plus longues que le corcelet, filiformes, composées de cinq articles; & insérées à la partie latérale, un peu inférieure de la tête, fort près de la base de la trompe. Le premier article est court, cylindrique. Le second est fort court, aminci à sa base, arrondi à son extrémité. Le troisième grossit un peu vers son extrémité; il est d'ailleurs cylindrique comme les deux suivans. Le corcelet est marqué vers sa base, d'une ligne à peine enfoncée. Le corps est noir, avec les élytres & les pattes rouges. La partie membraneuse des élytres est noire, avec un petit point blanc vers la base latérale.

Il se trouve en France, en Allemagne; il est rare aux environs de Paris. Je l'ai trouvé dans la Mésopotamie.

NACRÉ. C'est le nom qu'on donne vulgairement à des Lépidoptères, qui appartiennent au genre Argynne, & qui se font remarquer par des taches argentées ou d'un brillant-nacré qu'ils portent à la partie inférieure de leurs ailes. (*Voy.* Papillon, *& dans les Supplémens*, Argynne.)

NASICORNE. C'est le nom vulgaire d'un Scarabé, désigné autrefois sous le nom de *Scarabœus nasicornis*, & actuellement sous celui de *Geotrupes nasicornis*.

NAUCORE. *Naucoris*. Genre d'insectes de la seconde section de l'Ordre des Hémiptères & de la famille des Hydrocorises.

Les Naucores ont le corps ovale, déprimé; la tête unie au corcelet; la trompe courte; les antennes très-courtes, à peine apparentes; les cuisses antérieures grosses, terminées par un fort onglet qui tient lieu de jambes & de tarses.

Ces insectes ont été confondus avec les Nèpes par Linné. En effet, ils ont les plus grands rapports avec ces derniers, & ils n'en diffèrent que par les antennes composées de quatre articles dans les uns, & de trois seulement dans les autres; par la disposition des pattes de devant, & par le nombre des articles des tarses, qui est distinctement de deux dans les Naucores, & paroît n'être que d'un dans les Népes.

Les antennes des Naucores sont plus courtes que la tête, cachées sous les yeux, & composées de quatre articles, dont le premier est très-court; le second est un peu plus gros & une fois plus long; le troisième est aussi long que le second, mais plus mince; le dernier est le plus mince de tous.

La tête est fortement unie au corcelet; elle est

assez large, arrondie à sa partie antérieure, munie en dessous d'une trompe courte, de forme conique, triarticulée, formée de cinq pièces, dont une à la base supérieure, large, courte, arrondie, contient trois soies d'inégale longueur, reçues dans la gaîne qui se trouve au dessous.

Les yeux sont alongés, presque triangulaires, déprimés, & placés à la partie latérale de la tête, s'appuyant sur le corcelet.

Le corcelet est court, légérement échancré en avant pour recevoir la tête, & coupé droit en arrière. Il est tranchant sur les côtés.

L'écusson est assez grand & triangulaire.

Les élytres sont flexibles, assez minces, un peu croisées, aussi grandes que l'abdomen; elles cachent deux ailes membraneuses, croisées comme les élytres.

L'abdomen est en scie dans son pourtour, c'est-à-dire que chaque anneau se termine en pointe sur les côtés.

Les pattes sont assez remarquables. Celles de devant sont très-courtes, & formées seulement de deux pièces, dont l'une est fort grosse, & l'autre ressemble à un ongle long, fort, un peu crochu. Les autres pattes ne diffèrent pas de celles des autres insectes; elles ont des cils ou épines tenues & longues, & les tarses ne sont composés que de deux articles. Les pattes de derrière sont un peu plus longues que les intermédiaires.

Les Naucores sont des insectes de moyenne grandeur, qui habitent les eaux douces, & qui y vivent de rapine. Ils atrapent, au moyen de leurs pinces, les petits insectes qui vivent, comme eux, dans les eaux, & les sucent avec leur trompe. Ils nagent avec assez de vitesse, au moyen des quatre pattes postérieures qui leur servent d'aviron, & quittent assez ordinairement, la nuit, leur demeure aquatique pour voler dans les airs & faire la guerre à d'autres petits insectes.

La larve & la nymphe ne diffèrent de l'insecte parfait, que parce qu'ils sont encore privés d'ailes: celle-ci en a les fourreaux, d'où les ailes ne sortent qu'après la dernière mue. L'une & l'autre habitent les eaux douces, & ne sont pas moins voraces que l'insecte parfait.

NAUCORE.

NAUCORIS. GEOFF. FABR. LATR. *NEPA.* LINN. DEG.

CARACTÈRES GÉNÉRIQUES.

Antennes très-courtes, filiformes, quadriarticulées, cachées sous les yeux.

Trompe très-courte, conique, triarticulée.

Trois soies inégales.

Pattes antérieures très-courtes, terminées par un ongle très-fort, long, un peu arqué.

Deux articles aux tarses des quatre pattes postérieures.

ESPÈCES.

1. NAUCORE cimicoïde.

Bords de l'abdomen dentelés; tête et corcelet mélangés de jaune et d'obscur.

2. NAUCORE maculée.

Bords de l'abdomen dentelés; tête et corcelet d'un jaune-verdâtre, tachés de brun; élytres obscures.

3. NAUCORE estivale.

Bords de l'abdomen dentelés; tête et corcelet blanchâtres.

4. NAUCORE Nèpe.

Bords de l'abdomen entiers; cuisses antérieures dilatées, avec la base noire.

5. NAUCORE ravisseur.

Bords de l'abdomen entiers; corps obscur; pattes antérieures en pince.

6. NAUCORE népéoïde.

Bords de l'abdomen entiers; corcelet et élytres glauques, sans tache.

7. NAUCORE coureuse.

Bords de l'abdomen entiers; abdomen noir; pattes propres à la course.

1. Naucore cimicoïde.

Naucoris cimicoides.

Naucoris abdominis margine ferrato, capite thoraceque fuſco flavoque variis. Fabr. *Ent. Syſt. em. tom.* 4. *p.* 66. *n°.* 1. — *Syſt. Rhyng. p.* 110. *n°.* 1.

Nepa cimicoides. Linn. *Syſt. Nat. p.* 714. *n°.* 6. — *Faun. Suec. n°.* 907.

Naucoris. Geoff. *Inſ. Pariſ. tom.* 1. *p.* 474. *n°.* 1. *tab.* 9. *fig.* 5.

Frich. *Inſ. p.* 31. *tab.* 14.

Roes. *Inſ. tom.* 3. *tab.* 28.

Nepa Naucoris *ovata, ſuprà viridi variegata, abdominis margine ſerrato.* Deg. *Mem. Inſ. tom.* 3. *p.* 375. *n°.* 3. *tab.* 19. *fig.* 8 & 9.

Schæff. *Elem. Inſ. tab.* 87. — *Icon. Inſ. tab.* 33. *fig.* 3. 4.

Schellenb. *Cim. Helv. tab.* 12.

Sulz. *Hiſt. Inſ. tab.* 10. *fig.* 3.

Stoll. *Cimic. tom.* 2. *tab.* 12. *fig.* 8. B.

Naucore cimicoïde. Latr. *Hiſt. nat. des Cruſt. & des Inſ. tom.* 12. *p.* 285. *pl.* 97. *fig.* 3. — *Gen. Cruſt. & Inſ. tom.* 3. *p.* 146.

Elle a environ ſix lignes de long & quatre de large. La tête eſt d'un jaune-obſcur, avec les yeux noirs. Le corcelet eſt mélangé de jaune-obſcur & de brun, finement pointillé de noir. L'écuſſon & les élytres ſont obſcurs, de couleur uniforme. Le deſſous du corps eſt d'un jaune-obſcur. Le bord latéral de l'abdomen eſt en ſcie.

Elle ſe trouve dans les eaux douces de toute l'Europe.

2. Naucore maculée.

Naucoris maculata.

Naucoris abdominis margine ſerrato, capite thoraceque vireſcentibus fuſco maculatis, elytris fuſcis. Fabr. *Ent. Syſt. Suppl. p.* 525. — *Syſt. Rhyng. p.* 110. *n°.* 2.

Elle eſt preſqu'une fois plus petite que la précédente. Les yeux ſont noirâtres. La tête & le corcelet ſont d'un jaune-verdâtre, mélangés de brun. Les élytres ſont obſcures, & les ailes manquent à tous les individus que j'ai eu occaſion d'obſerver. Le deſſous du corps eſt d'un jaune un peu verdâtre.

Elle ſe trouve dans les eaux, aux environs de Paris.

3. Naucore eſtivale.

Naucoris eſtivalis.

Naucoris abdominis margine ſerrato, capite thoraceque albis. Fabr. *Ent. Syſt. em. tom.* 4. *p.* 66. *n°.* 2. — *Syſt. Rhyng. p.* 111. *n°.* 3.

Naucoris eſtivalis. Coqueb. *Illuſtr. Inſ. decas* 1. *p.* 38. *tab.* 10. *fig.* 4.

Elle reſſemble à la précédente. La tête eſt d'un jaune-blanchâtre, ſans tache. Le corcelet eſt d'un jaune-blanchâtre, avec une petite raie obſcure vers le bord antérieur & vers le bord poſtérieur. L'écuſſon, les élytres & les ailes ſont obſcurs ; mais le bord de celles-ci eſt blanchâtre. L'abdomen eſt obſcur, avec le bord blanchâtre.

Elle ſe trouve dans les eaux, aux environs de Paris.

4. Naucore Nèpe.

Naucoris nepæformis.

Naucoris abdominis margine integro, femoribus anticis dilatatis, baſi atris. Fabr. *Ent. Syſt. em. tom.* 4. *p.* 67. *n°.* 3. — *Syſt. Rhyng. p.* 111. *n°.* 4.

Elle eſt plus petite que la Naucore cimicoïde. Le chaperon eſt preſque cilié. La tête & le corcelet ſont d'un jaune-obſcur. L'écuſſon eſt obſcur. Les élytres ſont d'un jaune-obſcur, & les ailes ſont obſcures. Le deſſous du corps eſt noir, avec les pattes jaunes. Les cuiſſes antérieures ſont très-renflées, comprimées, noires à leur baſe.

Elle ſe trouve dans les îles de l'Amérique méridionale.

5. Naucore raviſſeur.

Naucoris raptoria.

Naucoris abdominis margine integro, fuſca, pedibus raptoriis. Fabr. *Syſt. Rhyng. p.* 111. *n°.* 6.

Elle eſt beaucoup plus petite que les précédentes. La tête & le corcelet ſont inégaux, obſcurs, & les yeux ſont ſaillans. Les élytres ſont obſcures. Le corps eſt obſcur, avec les pattes jaunes. Les cuiſſes antérieures ſont très-groſſes, cannelées. Les jambes ſont courbées, aigues, & appuyées ſur le bord des cuiſſes.

Elle ſe trouve dans les eaux douces de l'Amérique méridionale.

6. Naucore népeoïde.

Naucoris nepoides.

Naucoris abdominis margine integro, thorace elytriſque glaucis immaculatis. Fabr. *Syſt. Rhyng. p.* 111. *n°.* 7.

Elle reſſemble beaucoup à la Naucore cimicoïde. La tête & le corcelet ſont glauques, ſans tache. Les ailes ſont blanches. Les pattes poſtérieures ſont alongées, tachées de noir.

Elle ſe trouve dans les eaux, en Guinée.

7. Naucore coureuse.

Naucoris curſitans.

Naucoris abdomine atro, margine integro, pedibus omnibus curſoriis. Fabr. *Ent. Syſt. em. tom.* 4. *p.* 67. *n°.* 4. — *Syſt. Rhyng. p.* 111. *n°.* 8.

Elle a la forme déprimée de la Naucore Nèpe, mais elle eſt trois ou quatre fois plus petite. Le chaperon eſt arrondi, entier, obſcur. Les antennes ſont noires & inſérées ſous les yeux, comme dans les autres eſpèces. Le corcelet eſt tranſverſe, obſcur. L'écuſſon & les élytres, qui ſont de la longueur de l'écuſſon, ſont obſcurs. Les ailes ſont blanchâtres. Le deſſous du corps eſt obſcur, avec l'abdomen noir.

Elle ſe trouve à Kiel.

Nota. L'inſecte décrit par Fabricius, ſous le nom de *Naucoris oculata*, forme un nouveau genre nommé *Galgulus. (Voyez ce mot dans les Supplémens.)*

NÉBRIE. *Nebria.* Genre d'inſectes de la première ſection de l'Ordre des Coléoptères & de la famille des Carabiques.

Les Nébries ont les antennes ſétacées, de la longueur de la moitié du corps; ſix antennes filiformes, tronquées; les mandibules à peine dentées à leur baſe; le corcelet court, aſſez large; le corps oblong, déprimé; les jambes antérieures ſimples.

Ces inſectes, de grandeur moyenne, très-voiſins des Loricères, des Pogonophores & des autres genres de la famille des Carabiques, ne préſentent, au premier aſpect, des différences un peu remarquables que dans le corcelet & les jambes antérieures : il faut diſſéquer la bouche pour appercevoir les caractères qui les diſtinguent réellement des autres genres de cette nombreuſe famille.

Les antennes ſont ſétacées, preſque filiformes, à peu près de la longueur de la moitié du corps & compoſées d'onze articles, dont le premier eſt le plus gros, & le ſecond eſt le plus court. Elles ſont inſérées à la partie latérale de la tête, un peu au-devant des yeux.

La tête eſt de moyenne groſſeur. Les yeux ſont petits, arrondis & ſaillans.

La bouche eſt formée d'une lèvre ſupérieure, de deux mandibules, de deux mâchoires, d'une lèvre inférieure & de ſix antennules.

La lèvre ſupérieure eſt coriacée, large, échancrée, ciliée à ſa partie antérieure.

Les mandibules ſont cornées, arquées, aiguës, légérement dentées à leur baſe interne, à peine dilatées à leur baſe extérieure.

Les mâchoires ſont fortes, cornées, arquées, très-aiguës, fortement ciliées à leur partie interne.

La lèvre inférieure eſt membraneuſe, avancée, arrondie, plus étroite que la lèvre ſupérieure. Le menton eſt trilobé, les lobes extérieurs ſont grands, arrondis, munis d'une petite dent ou épine à leur bord interne; le lobe moyen eſt plus petit, tronqué.

Les antennnles antérieures ſont courtes, filiformes, de la longueur des mâchoires, compoſées de deux articles auſſi longs l'un que l'autre. Elles ont leur inſertion au dos des mâchoires, & s'appliquent dans une rainure qui ſe trouve à la partie extérieure des mâchoires.

Les antennules moyennes ou extérieures, preſqu'une fois plus longues que les autres, ſont filiformes & compoſées de quatre articles, dont le premier eſt très-court, à peine apparent; le ſecond eſt long, aminci à ſa baſe; le troiſième eſt plus court & plus mince; le dernier eſt plus long que celui-ci, & tronqué à ſon extrémité; elles ſont inſérées à côté des antennules antérieures.

Les antennules poſtérieures, auſſi longues que les moyennes, ſont filiformes, compoſées de trois articles, dont le premier eſt court, le ſecond fort long & cylindrique; le dernier, un peu plus court que le ſecond, eſt tronqué à ſon extrémité; elles ont leur inſertion à la baſe de la lèvre inférieure ou à l'extrémité du lobe moyen du menton.

Le corcelet eſt proportionnellement plus court dans les Nébries que dans les autres Carabiques; il eſt plus large que la tête, figuré en cœur, tronqué poſtérieurement, largement échancré à ſa partie antérieure.

Les élytres ne préſentent rien de remarquable; mais les jambes antérieures ſont ſimples, terminées, comme les quatre autres, par deux épines droites; elles ſont entaillées ou ſinuées vers l'extrémité dans preſque tous les autres genres de cette famille.

Ces inſectes vivent à la manière des Carabes. On les trouve ordinairement dans les lieux ſablonneux & humides, ſous les pierres, au pied des arbres. Leur larve nous eſt inconnue.

NÉBRIE.

NÉBRIE.

NEBRIA. LATR. *CARABUS.* LINN. FABR. *BUPRESTIS.* GEOFF.

CARACTÈRES GÉNÉRIQUES.

Antennes sétacées, de la longueur de la moitié du corps.

Six antennules filiformes; les intermédiaires et les postérieures de longueur égale; le dernier article tronqué.

Mandibules grandes, arquées, un peu dentées à leur base interne.

Jambes antérieures simples.

Corcelet court, large, en cœur, postérieurement coupé.

ESPÈCES.

Première famille. Espèces ailées.

1. NÉBRIE arénaire.

Ailée, pâle; élytres avec deux taches dorsales, noires.

2. NÉBRIE sablonneuse.

Pâle; tête et tache sur les élytres, noires.

3. NÉBRIE aplatie.

Ailée, pâle; élytres avec deux taches ondulées, noires.

4. NÉBRIE livide.

Ailée, noire; corcelet et pattes ferrugineux; élytres noires, avec les bords ferrugineux.

5. NÉBRIE multiponctuée.

Ailée, d'un bronzé-noirâtre; élytres avec des points enfoncés, irrégulièrement placés.

6. NÉBRIE érythrocéphale.

Ailée, noire; tête d'un rouge-brun; antennes et pattes fauves.

7. NÉBRIE brévicolle.

Ailée, noire, avec les antennes ferrugineuses.

8. NÉBRIE testacée.

Ailée, testacée, avec la poitrine et la base de l'abdomen noires.

9. NÉBRIE obscure.

Ailée, couleur de poix; élytres avec des stries pointillées; jambes brunes.

10. NÉBRIE de Balbi.

Ailée, noire; pattes couleur de poix; les quatre cuisses antérieures rougeâtres; élytres avec des stries simples.

11. NÉBRIE psammode.

Ailée; tête et corcelet fauves; élytres noires, avec le bord fauve.

Deuxième famille. Espèces aptères.

12. NÉBRIE de Hellwig.

Aptère, noire; antennes et pattes fauves; élytres striées.

NÉBRIE. (Insecte.)

13. Nébrie tibiale.

Aptère, noire, d'un brun de poix en dessous; base des antennes et pattes fauves; élytres avec des stries pointillées.

14. Nébrie jayet.

Aptère, très-noire, luisante; antennes et pattes d'un fauve-obscur; élytres profondément striées.

15. Nébrie d'un brun-marron.

Aptère, d'un brun-marron; antennes, bouche et pattes fauves; élytres avec des stries pointillées.

16. Nébrie angusticolle.

Aptère, noire; antennes et pattes d'un fauve-obscur; corcelet étroit.

Première famille. Espèces ailées.

Les insectes déjà décrits parmi les Carabes, que M. Latreille place parmi les Nébries, sont : 1°. le Carabe arénaire, n°. 62. — 2°. le Carabe sablonneux, n°. 63. — 3°. le Carabe aplati, n°. 64. — 4°. le Carabe livide, n°. 85. — 5°. le Carabe multiponctué, n°. 111, & le Carabe brévicolle, dont nous devons donner ici la description : il faut ajouter, 6°. le Carabe érythrocéphale, n°. 102, que quelques auteurs ont ensuite nommé *Picicorne*, dont les antennes sont effectivement d'un brun fauve, ainsi que la tête, & quelques autres dont nous donnerons ici la description à la suite du Brévicolle. Nous ajoutons, à la suite des Nébries, quelques espèces aptères, dont M. Bonelli avoit fait son genre Alpée.

7. Nébrie brévicolle.

Nebria brevicollis.

Nebria alata atra, antennis ferrugineis.

Carabus brevicollis. Fabr. *Ent. Syst. em. tom.* 1. *p.* 150. *n°.* 113. — *Syst. Eleut. t.* 1. *p.* 191. *n°.* 114.

Illig. *Cor. Bor. tom.* 1. *p.* 190. *n°.* 69.

Panz. *Faun. Germ. Fasc.* 11. *tab.* 8.

Carabus infidus. Ross. *Faun. Etr. Mant.* 1. *page* 88. *n°.* 198.

Nebria brevicollis *nigra, nitida, antennis, palpis, tibiis tarsisque brunneis.* Latr. *Hist. nat. des Crust. & des Ins. tom.* 8. *p.* 276. — *Gen. Crust. & Ins. tom.* 1. *p.* 222. *n°.* 3.

Elle est de la grandeur de la Nébrie multiponctuée. Les antennes & les antennules sont d'un brun ferrugineux. Tout le corps est très-noir, luisant. Le corcelet est en cœur, coupé postérieurement, lisse au milieu, un peu rugueux vers les bords, marqué sur le dos d'une ligne longitudinale, enfoncée. Les élytres ont des stries bien prononcées. Les pattes sont d'un brun ferrugineux, avec les cuisses noires.

Elle se trouve dans toute l'Europe.

8. Nébrie testacée.

Nebria testacea.

Nebria testacea, pectore abdominisque basi nigris.

Elle est à peu près de la grandeur de la Nébrie brévicolle. Tout le corps est d'une couleur testacée, avec l'extrémité des élytres tirant un peu sur le jaune ; la poitrine & la base de l'abdomen noires. Le corcelet n'est guère plus large que la tête ; il a au milieu une ligne longitudinale, enfoncée, courte ; une autre arquée, assez profonde, près du bord antérieur, & une transversale, moins marquée, près du bord postérieur. Les élytres sont fortement striées, & on remarque de petits points enfoncés, très-rapprochés dans chaque strie.

Je l'ai trouvée, courant par terre, près du rivage de la mer, dans l'île de Scio.

9. Nébrie obscure.

Nebria fuscata.

Nebria alata picea, elytris punctato-striatis tibiisque dilutioribus. Bonelli. *Obs. Ent. pag.* 44. *n°.* 2.

Elle ressemble beaucoup à la Nébrie brévicolle, dont elle n'est peut-être qu'une variété, n'en différant que par la couleur, qui, au lieu d'être noire, est tantôt d'un châtain tirant plus ou moins au noir, tantôt d'une couleur presque roussâtre, avec les jambes & les élytres toujours d'une teinte plus claire; les stries se terminent de la même manière, & les points enfoncés des élytres sont aussi les mêmes.

Elle se trouve sur les Alpes.

10. Nébrie de Balbi.

Nebria Balbi.

Nebria nigra, pedibus piceis, femoribus quatuor anticis rufis, elytris striis lævibus.

Nebria Balbi. Bon. *Obs. Ent. pag.* 45. *n°.* 3.

Elle ressemble à la Nébrie érythrocéphale, mais elle est une fois plus petite. Les antennes sont grisâtres, un peu velues, avec les quatre premiers articles noirs & lisses. La tête est lisse, noire, luisante. Le corcelet est d'un noir luisant, plus large que long, très-étroit postérieurement, tronqué en ligne droite, tant à sa partie antérieure qu'à sa partie postérieure, rebordé sur les côtés, marqué d'un enfoncement transversal vers sa base. Les élytres sont noires, luisantes, marquées de stries très-enfoncées, sans pointillures remarquables. L'espace qui est entre la deuxième & la troisième strie porte trois points médiocrement enfoncés. Les trois stries voisines de la suture atteignent le bout des élytres où elles paroissent se réunir ; les suivantes se perdent séparément avant d'y arriver. Les pattes sont rousses, mais les cuisses postérieures, les jambes & les tarses ont une couleur beaucoup plus terne, & paroissent même quelquefois tout-à-fait noires.

Elle se trouve sur les Alpes, vers le Mont-Cenis.

11. Nébrie psammode.

Nebria psammodes.

Nebria alata, capite thoraceque rufescentibus, elytris nigris, margine rufo.

Carabus psammodes *niger, subdepressus, capite, thorace, limbo elytrorum, antennis pedibusque livide rufis.* Ross. *Faun. Etr. Mant. p.* 85. *n°.* 193.

Nebria psammodes. Bonell. *Obs. Ent. p.* 47. *n°.* 4.

Elle ressemble à la Nébrie arénaire, mais elle est plus petite. Les antennes, la tête, le corcelet, les pattes & le bord extérieur des élytres sont d'un fauve-pâle. L'abdomen, la partie postérieure de la poitrine & les élytres sont d'un noir-luisant. Celles-ci sont striées, & les stries paroissent simples. Le corcelet est en cœur, & est proportionnellement plus étroit que dans la Nébrie arénaire. La tête est marquée de deux enfoncemens longitudinaux à sa partie antérieure.

Elle se trouve en Italie.

Seconde famille. Aptères.

12. Nébrie de Hellwig.

Nebria Hellwigii.

Nebria aptera atra, antennis pedibusque rufescentibus, elytris striatis.

Carabus Hellwigii. Panz. *Faun. Germ. Fasc.* 89. *fig.* 4.

Alpeus Hellwigii. Bonell. *Obs. Ent. p.* 53.

Elle ressemble beaucoup à la Nébrie érythrocéphale, mais elle est un peu plus petite. Les antennes & les antennules sont d'un fauve-obscur. La tête est d'un fauve-noirâtre plus ou moins foncé. Le corcelet est noir, luisant, en cœur, rebordé, marqué d'une ligne enfoncée, courbe, vers sa partie antérieure, d'une autre droite vers la partie postérieure, & d'une ligne longitudinale qui les unit. Les élytres sont noires, luisantes, avec la suture quelquefois d'un fauve plus ou moins obscur; elles sont striées, & les stries paroissent simples ou très-foiblement ponctuées. Le dessous du corps est noir. Les pattes sont d'un fauve-obscur. Elle est aptère.

Elle se trouve en Autriche.

13. Nébrie tibiale.

Nebria tibialis.

Nebria aptera nigra, subtùs picea, antennarum basi pedibusque rufescentibus, elytris puncta-to-striatis.

Alpeus tibialis. Bonell. *Obs. Ent. p.* 54.

Elle est à peu près de la grandeur de la Nébrie de Hellwig, mais un peu plus large. Les antennes sont noires, avec les quatre premiers articles d'un brun-fauve. Les antennules sont d'un brun-fauve. La tête est noire, luisante, marquée à sa partie antérieure de deux enfoncemens longitudinaux. Le corcelet est noir, luisant, figuré comme dans les espèces précédentes. Les élytres sont striées, & les stries marquées de petits points enfoncés, très-rapprochés. Le dessous du corps est noir ou d'un brun-noir. Les pattes sont d'un fauve-obscur, avec les cuisses plus obscures.

Elle se trouve sur les montagnes de la Ligurie.

14. Nébrie jayet.

Nebria gagates.

Nebria aptera, atra, nitida, antennis palpisque fusco-rufescentibus, elytris profundè striatis.

Alpeus gagates. Bonell. *Obs. Ent. p.* 54.

Elle est de la grandeur des précédentes. Les antennes & les antennules, dans l'espèce que j'ai sous les yeux, & qui m'a été communiquée par M. Bonelli, sont d'un brun-fauve; elles étoient noires dans l'individu qu'il a décrit. Tout le corps est noir, luisant. La tête a deux impressions longitudinales à sa partie antérieure. Le corcelet est en cœur; ses bords latéraux sont un peu plus élevés & un peu plus rugueux que dans les autres espèces, & la ligne longitudinale du milieu est bien marquée. Les élytres sont profondément striées, & au fond des stries on remarque, avec la loupe, de très-petits points enfoncés. Elle est aptère.

Elle se trouve sur les Alpes.

15. Nébrie d'un brun-marron.

Nebria castanea.

Nebria aptera castanea, antennis, ore pedibusque rufis, elytris punctato-striatis.

Alpeus castaneus. Bonell. *Obs. Ent. p.* 55.

Elle ressemble beaucoup à la Nébrie ferrugineuse, mais le corcelet est un peu plus étroit & ses bords sont un peu plus élevés. Les antennes & la bouche sont rougeâtres. Le corps est d'un brun-marron, & quelquefois d'un brun de poix, avec les rebords du corcelet un peu plus clairs. Les élytres ont des stries finement pointillées. Les pattes sont d'un fauve-obscur. Elle est aptère comme les précédentes.

Elle se trouve sur les Alpes.

16. Nébrie angusticolle.

Nebria angusticollis.

Nebria aptera, nigra, antennis pedibusque obscurè rufis, thorace angusto.

Alpeus angusticollis. Bonell. *Obs. Ent. p.* 59. n°. 5.

Elle est un peu plus grande que la Nébrie d'un brun-marron, & elle a le corcelet proportionnellement plus étroit que les espèces qui précèdent. Les élytres sont aussi un peu plus étroites à leur base. Le corps est noir, luisant, avec les antennes, la bouche & les pattes d'un fauve-obscur. La tête n'a pas les deux impressions que l'on remarque à la plupart des autres espèces, & la ligne longitudinale du corcelet est peu marquée. Ses bords latéraux sont aussi peu élevés & lisses. Les élytres ont des stries dans lesquelles on remarque de petits points enfoncés. Elle est aptère.

Elle se trouve sur les Alpes.

NÉCROBIE. *Necrobia.* Genre d'insectes de la troisième section de l'Ordre des Coléoptères & de la famille des Clairones.

Les Nécrobies ont les antennes courtes, en masse; les mandibules courtes, aiguës, arquées, intérieurement dentées; la tête large, à moitié enfoncée dans le corcelet; les élytres assez dures; quatre articles aux tarses, assez larges, presque bilobés.

Presque tous les insectes qui attaquent les substances animales, ainsi que la plupart de ceux qui vivent dans le bois mort, ou qui détruisent nos meubles & nos provisions, ont été pendant longtems désignés sous le nom générique de *Dermeste.* Linné, qui créa pour ainsi dire la science entomologique, n'ayant à nous présenter qu'un petit nombre d'insectes, crut devoir les réunir dans des cadres peu nombreux, faciles à distinguer. Les genres que ce célèbre naturaliste établit, étant clairs & précis, suffirent, pendant quelque tems, aux recherches qu'on avoit à faire; mais depuis que cette science est plus généralement cultivée, depuis que les mœurs & la manière de vivre des insectes nous ont offert une infinité de merveilles qu'on ne soupçonnoit pas auparavant, depuis qu'on a eu le bon esprit de voir que l'étude de ces petits animaux avoit ses applications dans les arts & dans la médecine, & qu'elle se lioit à l'économie végétale & animale; depuis surtout que leur nombre surpasse, dans nos collections, celui des plantes, on a été obligé de former, de tems en tems, de nouvelles subdivisions, & de multiplier les genres en raison des découvertes que l'on a faites.

Geoffroy sépara de bonne heure des Dermestes les insectes dont il est ici question, pour les réunir aux Clairons, avec lesquels ils ont effectivement bien plus de rapport. Degeer & Fabricius en firent de même, & j'ai suivi dans ce Dictionnaire l'exemple qui m'étoit donné. M. Latreille est le premier qui ait senti que ces insectes devoient être séparés des uns & des autres, & former un genre particulier, auquel il a donné le nom de *Nécrobie*, formé du mot grec *necros*, qui signifie *un mort, un cadavre*, parce que c'est dans les charognes qu'on les trouve ordinairement. Je me suis empressé d'adopter ce genre dans mon *Entomologie*; mais, à peu près dans le même tems, M. Paykul établissoit le même genre sous le nom de *Corynètes*, qui a été adopté par Fabricius dans son dernier ouvrage.

Les Nécrobies s'éloignent des Dermestes par le nombre des articles des tarses, puisque ceux-ci en ont cinq, & que les autres n'en ont que quatre. Quelques différences dans les parties de la bouche séparent les Nécrobies des Clairons; dans les premières, les antennules antérieures sont presque sécuriformes, tandis qu'elles sont terminées par un article ovale & tronqué dans les derniers.

Les antennes sont placées à la partie latérale antérieure de la tête, un peu au-devant des yeux: elles sont composées d'onze articles, dont le premier est alongé, assez gros; les suivans sont grenus, égaux entr'eux; les trois derniers sont en masse, & ont une forme triangulaire.

La bouche est composée d'une lèvre supérieure, de deux mandibules, de deux mâchoires, d'une lèvre inférieure & de quatre antennules.

La lèvre supérieure est cornée, large, assez courte, échancrée & ciliée.

Les mandibules sont cornées, aiguës, unidentées intérieurement.

Les mâchoires sont cornées à leur base, coriacées & bifides à leur extrémité: les divisions sont inégales; l'extérieure est large & ciliée; l'intérieure est courte, un peu arquée, à peine ciliée.

La lèvre inférieure est petite, courte, presque membraneuse, un peu échancrée.

Les antennules antérieures sont une fois plus longues que les mâchoires: elles sont composées de quatre articles, dont le premier est très-petit, à peine apparent; le second est alongé, conique; le troisième est court, arrondi; le dernier est alongé, un peu plus large à son extrémité, presque sécuriforme. Les antennules postérieures, un peu plus courtes que les antérieures, sont composées de trois articles, dont le premier est très-petit, à peine apparent; le second est étroit, alongé, presque conique; le dernier est large, triangulaire, sécuriforme.

La tête est un peu moins enfoncée dans le corcelet que celle du Clairon. Les yeux sont arrondis, un peu saillans.

Le corcelet est arrondi, un peu déprimé: il est aussi large en arrière qu'en avant; ce qui distingue, au premier coup-d'œil, ce genre d'insecte du Clairon, dont le corcelet est presqu'en cœur.

Les pattes sont de longueur moyenne. Les tarses nous ont paru, dans les trois premières espèces que nous avons observées, composés seulement de quatre articles assez distincts; le second & le troisième sont presque triangulaires, légérement garnis en dessous de houpes de poils.

Ces insectes sont ornés de couleurs assez belles: leur démarche est lente, & leur vol est peu rapide. On les trouve quelquefois sur les arbres & sur les fleurs; mais ils fréquentent plus particuliérement les charognes & les dépouilles desséchées d'animaux. La larve, qui se nourrit de ces dernières substances, a le corps alongé, ovale, formé de plusieurs anneaux: elle a six pattes écailleuses & deux crochets vers l'anus, également écailleux; elle prend son accroissement assez vîte, & subit sa métamorphose dans les mêmes lieux où elle a vécu.

NÉCROBIE.

NECROBIA. LATR. *DERMESTES.* LINN. *CLERUS.* GEOFF. DEG.

CORYNETES. PAYK. FABR.

CARACTÈRES GÉNÉRIQUES.

Antennes courtes, en masse; premier article, gros; les suivans, grenus; les trois derniers formant une masse triangulaire.

Mandibules arquées, aiguës, intérieurement dentées.

Quatre antennules; les postérieures sécuriformes; le dernier article des antérieures tronqué.

Tête enfoncée en grande partie dans le corcelet.

Quatre articles aux tarses; le troisième large, triangulaire.

ESPÈCES.

1. NÉCROBIE violette.

Velue, bleue, luisante; antennes et pattes noires.

2. NÉCROBIE rufipède.

D'un noir-bleu; corcelet velu; base des antennes et pattes rouges.

3. NÉCROBIE ruficolle.

Violette; corcelet et base des élytres rouges.

4. NÉCROBIE abdominale.

D'un noir-bleuâtre; abdomen rouge.

5. NÉCROBIE sanguinicolle.

Velue, d'un bleu-violet; corcelet et abdomen rouges.

1. NÉCROBIE violette.

NECROBIA violacea.

Necrobia. LATR. *Hist. nat. des Crust. & des Inf. tom.* 9. *p.* 156. *pl.* 77. *fig.* 5. — *Gen. Crust. & Inf. tom.* 1. *p.* 274.

Nécrobie violette. OLIV. *Ent. tom.* 4. *genre* 76 *bis. tab.* 1. *fig.* 1. a. b. c.

Corynetes violaceus. PAYK. *Faun. Suec. tom.* 1. *p.* 275.

Corynetes violaceus. FABR. *Syst. Eleut. tom.* 1. *p.* 285. *n°.* 1.

Voyez dans ce Dictionnaire, pour la description & les autres synonymes, l'art. CLAIRON, *n°.* 24.

2. NÉCROBIE rufipède.

NECROBIA rufipes.

Necrobia rufipes. OLIV. *Ent. tom.* 4. *genre* 76 *bis. tom.* 1. *fig.* 2. a. b.

Corynetes rufipes. FABR. *Syst. Eleut. tom.* 1. *pag.* 286. *n°.* 2.

Voyez, dans ce Dictionnaire, l'article CLAIRON, *n°.* 25.

3. NÉCROBIE ruficolle.

NECROBIA ruficollis.

Necrobia ruficollis. LATR. *Hist. nat. des Crust. & des Inf. tom.* 9. *p.* 156. — *Gen. Crust. & Inf. tom.* 1. *p.* 274.

Necrobia ruficollis. OLIV. *Ent. tom.* 4. *genre* 76 *bis. tab.* 1. *fig.* 3. a. b.

Corynetes ruficollis. FABR. *Syst. Eleut. tom.* 1. *p.* 286. *n°.* 3.

Voyez l'article CLAIRON, *n°.* 26.

4. NÉCROBIE abdominale.

NECROBIA abdominalis.

Necrobia nigro-cœrulescens, abdomine rufo.

Corynetes abdominalis. FAB. *Syst. Eleut.* 1. *pag.* 286. *n°.* 4.

Elle ressemble aux précédentes, mais elle en diffère par le corps moins velu & par l'abdomen rouge. Elle se trouve aux Indes orientales.

5. NÉCROBIE sanguinicolle.

NECROBIA sanguinicollis.

Dermestes sanguinicollis. PANZ. *Naturf.* 24. *pag.* 10. *n°.* 13. *tab.* 1. *fig.* 13.

Corynetes sanguinicollis. FAB. *Syst. Eleut. tom.* 1. *p.* 287. *n°.* 5.

Cet insecte a été placé parmi les Dermestes. *Voyez* DERMESTE, *n°.* 16.

NÉCROPHAGES. *Necrophagi.* Huitième famille de l'Ordre des Coléoptères, établie par M. Latreille, dont les caractères, tirés du dernier ouvrage de cet auteur, sont les suivans : cinq articles aux tarses, palpes très-apparens ; antennes ne se logeant point dans une cavité particulière du corcelet, & n'étant point en massue solide, cette massue formée de deux articles au moins.

Cette famille est composée des genres suivans : Nécrophore, Bouclier, Agyrte, Scaphidie, Cholève, Mylœque, Ips, Dacné, Colobique, Thymale, Nitidule, Byture, Cerque & Micropèple. (*Voyez ces mots dans le Dictionnaire ou dans les Supplémens.*)

Les Nécrophages se nourrissent tous, dans leur premier état, de matière animale plus ou moins décomposée, & de la sanie putride qui découle des plaies des arbres ou qui est le produit de la putréfaction des Champignons : quelques-uns aussi paroissent attaquer les substances végétales avant même leur décomposition.

NÉCROPHORE. *Necrophorus.* Genre d'insectes de la première section de l'Ordre des Coléoptères & de la famille des Nécrophages.

Les Nécrophores ont deux antennes courtes, terminées par une masse grosse, ovale ou presque ronde, perfoliée; la tête distincte du corcelet; celui-ci fort grand, presqu'aplati, rebordé; les élytres plus courtes que l'abdomen; les pattes de devant dentées; cinq articles aux tarses, dont les antérieurs ciliés.

Les Nécrophores ont été placés, par Linné & la plupart des entomologistes, parmi les Bouciers. Scopoli & M. Geoffroy les ont rangés parmi les Dermestes. Gleditsch avoit donné à un de ces insectes le nom latin *Vespillo,* qui signifie *Fossoyeur,* parce qu'il l'avoit trouvé occupé à cacher dans la terre les cadavres des petits animaux qu'il destine à sa nourriture, & M. Fabricius, ayant trouvé des caractères propres à établir un genre, lui a donné le nom de *Nécrophore,* qui signifie aussi *Fossoyeur,* & qui se rapporte de même aux habitudes de ces insectes.

Les antennes courtes, en masse grosse, presqu'arrondie, & les mâchoires composées de deux pièces, dont l'une externe, longue, amincie à sa base, & presque semblable à une antennule, distinguent suffisamment les Nécrophores des Bouciers & des Dermestes.

Les antennes des Nécrophores sont à peu près de la longueur de la tête, & composées d'onze articles, dont le premier est long & un peu renflé ; le second est petit, très-court ; les suivans sont arrondis; les quatre derniers forment une masse assez grosse, presqu'arrondie, perfoliée.

La bouche est composée d'une lèvre supérieure, de deux mandibules, de deux mâchoires, d'une lèvre inférieure & de quatre antennules.

La lèvre ſupérieure eſt cornée, échancrée & ciliée.

Les mandibules ſont cornées, arquées, pointues, ſans dents.

Les mâchoires ſont preſque cornées, compoſées de deux pièces, dont l'une externe eſt arrondie, mince à ſa baſe, un peu arquée, preſque de la longueur de l'antenne; l'autre pièce eſt courte & aſſez large.

La lèvre inférieure eſt avancée, cornée à ſa baſe, membraneuſe à ſon extrémité, amincie, légérement échancrée.

Les antennes antérieures ſont filiformes & compoſées de quatre articles, dont le premier eſt très-petit; les deux ſuivans ſont égaux & coniques; le dernier eſt un peu plus étroit & preſque cylindrique. Elles ont leur inſertion à la baſe de la pièce extérieure des mâchoires. Les poſtérieures, preſqu'auſſi longues que les antérieures, ſont filiformes, & compoſées de trois articles preſqu'égaux. Elles ſont inſérées à la partie latérale, un peu antérieure de la lèvre inférieure.

La tête de ces inſectes eſt aſſez grande, un peu inclinée & diſtincte du corcelet. Les yeux ſont oblongs & point du tout ſaillans.

Le corcelet eſt un peu aplati, rebordé tout autour, plus ou moins échancré antérieurement.

Les élytres ſont ordinairement plus courtes que l'abdomen, & cachent deux ailes membraneuſes, repliées, dont l'inſecte fait quelquefois uſage. L'écuſſon eſt aſſez grand, triangulaire, un peu obtus à ſa pointe.

Le corps a une forme un peu alongée. L'abdomen eſt aſſez court, terminé en pointe, & compoſé de ſix anneaux. Les pattes ſont groſſes & aſſez fortes. Les cuiſſes poſtérieures ſont un peu renflées; elles ont à leur baſe une appendice ou pièce ſurnuméraire, ordinairement terminée en épine aiguë. Les jambes antérieures ont une forte dent latérale, & ſont terminées par deux épines aſſez fortes.

Les tarſes ſont filiformes, & compoſés de cinq articles, dont les quatre premiers vont en diminuant de longueur; le dernier eſt alongé, & terminé par deux crochets aſſez forts. Les tarſes antérieurs ſont plus courts & beaucoup plus larges que les autres. Les quatre premiers articles ſont en cœur, & très-velus à leur partie inférieure.

Les Nécrophores ſont des inſectes dont l'odeur forte & déſagréable annonce les lieux qu'ils habitent, & les matières dont ils ſe nourriſſent. Ils ſervent, comme bien d'autres inſectes, à abſorber les chairs pourries, les ſubſtances excrémentitielles dont l'air pourroit être inſecté. L'inſtinct, toujours d'accord avec l'organiſation, leur fait rechercher avec empreſſement les corps morts des petits animaux pour en faire leur curée: & un ſpectacle vraiment intéreſſant, c'eſt de les voir, attirés d'aſſez loin par une odeur cadavéreuſe, s'aſſocier dans leur entrepriſe, combiner leurs efforts, & jouir enſuite paiſiblement du fruit de leurs travaux. Ainſi à peine la corruption d'une taupe ou d'une ſouris ſe fait ſentir, qu'ils accourent en plus ou moins grand nombre, ſe gliſſent, & creuſent avec beaucoup d'activité la terre en rond ſous l'animal, qui s'enfonce inſenſiblement, &, ſans voir les ouvriers, on voit l'ouvrage s'achever & tout diſparoitre. Quatre ou cinq de ces inſectes peuvent enſevelir de cette manière une taupe dans l'eſpace de vingt-quatre heures. C'eſt alors qu'à l'abri de toute eſpèce de crainte, ils entrent dans le corps qu'ils ont enterré, & s'en repaiſſent à loiſir. C'eſt auſſi dans ces cadavres qu'ils dépoſent leurs œufs, & que leurs larves doivent vivre.

Les larves des Nécrophores ſont longues, d'un blanc griſâtre, avec la tête brune. Leur corps eſt compoſé de douze anneaux garnis antérieurement, à leur partie ſupérieure, d'une petite plaque écailleuſe, d'un brun ferrugineux; les plaques des derniers anneaux ſont munies de petites pointes élevées. Leur tête eſt dure, écailleuſe, armée de mandibules aſſez fortes & tranchantes. Elles ont ſix pattes écailleuſes, très-courtes, attachées aux trois premiers anneaux du corps. Parvenues à toute leur croiſſance, elles s'enfoncent dans la terre à plus d'un pied de profondeur, ſe forment une loge ovale, qu'elles enduiſent d'une matière glutineuſe pour en conſolider les parois, & s'y changent en nymphe. L'inſecte parfait en ſort au bout de trois ou quatre ſemaines.

NÉCROPHORE.

NECROPHORUS. *Fabr.* *Oliv.* *Latr.* *SILPHA.* *Linn.* *Deg.*

DERMESTES. *Geoff.*

CARACTÈRES GÉNÉRIQUES.

Antennes courtes, en masse; masse grande, ovale, formée de quatre articles perfoliés.

Mandibules arquées, pointues, simples.

Mâchoires bifides.

Quatre antennules filiformes.

Cinq articles aux tarses; les antérieurs ciliés.

ESPÈCES.

1. Nécrophore fossoyeur.

Noir; élytres avec deux bandes rouges; masse des antennes rouge.

2. Nécrophore des cadavres.

Noir; élytres avec deux bandes rouges; antennes entièrement noires.

3. Nécrophore américain.

Noir; corcelet rouge, bordé de noir; élytres avec quatre taches rouges.

4. Nécrophore moyen.

Noir; masse des antennes et trois taches sur les élytres, rouges.

5. Nécrophore velouté.

Noir; corcelet couvert d'un duvet roussâtre; élytres avec deux bandes rouges.

6. Nécrophore marginé.

Noir; élytres avec le bord extérieur, l'extrémité et une tache suturale vers la base, rouges.

7. Nécrophore germanique.

Noir, avec le bord latéral des élytres ferrugineux.

8. Nécrophore inhumeur.

Noir; élytres sans tache, avec trois lignes peu élevées.

1. Nécrophore fossoyeur.

Necrophorus vespillo.

Necrophorus ater, elytris fasciâ duplici ferrugineâ; antennarum clavâ rufâ. Ent. ou Hist. nat. des Inf. t. 2. *genre* 10. *n°.* 1. *tab.* 1. *f.* a. b. c. d.

Necrophorus vespillo. Fabr. *Ent. Syst. em. tom.* 1. *p.* 247. *n°.* 4. — *Syst. Eleut. t.* 1. *pag.* 335. *n°.* 7.

Silpha vespillo *oblonga, atra, clypeo orbiculato, inæquali; elytris fasciâ duplici ferrugineâ.* Linn. *Syst. Nat. p.* 569. *n°.* 2. — *Faun. Suec. n°.* 444.

Dermestes thorace marginato; elytris abscissis, nigris; fasciis duabus transversis, undulatis, luteis. Geoffr. *Inf. tom.* 1. *p.* 98. *n°.* 1. *pl.* 1. *fig.* 5.

Necrophorus vespillo. Latr. *Hist. nat. des Crust. & des Inf. tom.* 9. *p.* 270. *tab.* 78. *fig.* 9. — *Gen. Crust. & Inf. tom.* 2. *p.* 5.

Panz. *Faun. Inf. Germ. Fasc.* 2. *tab.* 21.

Herbst. *Coleopt.* 5. *tab.* 50. *fig.* 4.

Illig. *Cor. Bor. tom.* 1. *p.* 354. *n°.* 3.

Silpha nigra, elytris truncatis, abdomine brevioribus; fasciâ latâ, duplici, ferrugineâ, transversâ, undatâ. Degeer, *Mem. Inf. tom.* 4. *p.* 168. *pl.* 6. *fig.* 1.

Scarabœus fœtidus primus Aldrovandi. Raj. *Inf. p.* 106.

Scarabœus moschi odore. Frisch. *Inf.* 12. *pag.* 28. *tab.* 3. *fig.* 2.

Roesel. *Inf. tom.* 4. *tab.* 1. *fig.* 1. 2.

Scarabœus majusculus, niger, duabus luteis fasciis undulatis transversìm ductis supra alarum thecas. List. *Loq. p.* 381. *n°.* 2.

Vespillo. Gleditsch, *Act. Berol.* 1752. *p.* 53.

Pollinctor vulgaris, major & minor. Voet. *Coleopt. p.* 53. *tab.* 30. *fig. I & III.*

Bergstr. *Nomenclat.* 1. 10. 14. *tab.* 1. *fig.* 14.

Silpha. Schœff. *El. Inf. tab.* 114. — *Icon. Inf. tab.* 9. *fig.* 4.

Dermestes vespillo. Scop. *Ent. Carn. n°.* 33.

Silpha vespillo. Pod. *Muf. Græc. p.* 23.

Silpha vespillo. Schrank, *Enum. Inf. Austr. n°.* 74.

Silpha vespillo. Laichart, *Inf. tom.* 1. *p.* 87. *n°.* 1.

Dermestes vespillo. Fourc. *Ent. Parif.* 1. *p.* 17. *n°.* 1.

Silpha vespillo. Vill. *Ent. tom.* 1. *p.* 73. *n°.* 2.

Les antennes sont noires, avec les trois derniers articles ferrugineux. La tête est noire. Le corcelet est noir, couvert, sur ses bords, de poils rousseâtres; il est rebordé, coupé antérieurement, arrondi postérieurement, & marqué d'une ligne longitudinale, peu enfoncée. L'écusson est assez grand, triangulaire, noir. Les élytres sont plus courtes que l'abdomen, noires, avec deux bandes ondées, jaunes ou fauves. Le dessous du corps est noir, & la poitrine est couverte de poils courts, très-serrés, rousseâtres.

Il se trouve dans presque toute l'Europe, dans les cadavres. Il répand une odeur très-fétide.

2. Nécrophore des cadavres.

Necrophorus mortuorum.

Necrophorus ater, elytris fasciâ duplici ferrugineâ; antennarum clavâ nigrâ. Fabr. *Ent. Syst. em. tom.* 1. *pag.* 248. *n°.* 5. — *Syst. Eleut. t.* 1. *p.* 335. *n°.* 8.

Illig. *Cor. Bor. tom.* 1. *p.* 354. *n°.* 4.

Panz. *Faun. Germ. Fasc.* 41. *tab.* 3.

Herbst. *Coléopt.* 5. *tab.* 50. *fig.* 6.

Payk. *Faun. Suec. tom.* 1. *p.* 324. 2.

Il ressemble beaucoup au précédent, dont il n'est peut-être qu'une variété, & dont il ne diffère qu'en ce que les antennes sont entiérement noires.

Il se trouve en Allemagne, dans les cadavres.

3. Nécrophore américain.

Necrophorus americanus.

Necrophorus niger, thorace ferrugineo, nigro marginato; elytris maculis quatuor ferrugineis. Ent. ou Hist. nat. des Inf. tom. 2. *genre* 10. *n°.* 2. *tab.* 1. *fig.* 3.

Necrophorus grandis. Fabr. *Ent. Syst. em. t.* 1. *p.* 247. *n°.* 3. — *Syst. Eleut. tom.* 1. *p.* 334. *n°.* 3.

Voet. *Coleopt. tab.* 30. *fig. II.*

Silpha vespillo. Linn. *Muf. Lud. Ulr. p.* 37.

Il ressemble beaucoup au Nécrophore fossoyeur, mais il est plus grand. Les antennes sont noires, avec la masse grosse, ovale, ferrugineuse. La tête est noire, avec une tache au front, cordiforme, d'un rouge-ferrugineux. Le corcelet est rouge, un peu élevé, avec les bords noirs, déprimés; il est coupé antérieurement & arrondi postérieurement. L'écusson est assez grand & triangulaire. Les élytres sont plus courtes que l'abdomen; elles sont lisses, noires, avec quatre taches transversales, rougeâtres. Le dessous du corps est noir, & la poitrine est couverte de poils roux. Les pattes sont noires.

Il se trouve dans l'Amérique septentrionale.

4 Nécrophore moyen.

Necrophorus medianus.

Necrophorus ater, antennarum clavâ, elytrorumque maculis tribus ferrugineis. Fabr. *Syst. Eleut. tom.* 1. *p.* 334. *n°.* 4.

Il est un peu plus grand que le Nécrophore fossoyeur, auquel il ressemble beaucoup. Le corcelet est plus arrondi, plus convexe, plus lisse. Les antennes sont noires, avec la masse presque globuleuse, ferrugineuse. Les élytres sont noires, avec deux bandes rouges, sinuées, interrompues à la suture, & n'atteignant pas le bord extérieur, & une tache de la même couleur à l'angle de la base. La poitrine est noire, couverte d'un duvet doré. L'abdomen est noir, avec un duvet doré sur ses bords latéraux. Les pattes sont noires.

Il se trouve en Caroline, d'où il a été apporté par M. Bosc.

5. Nécrophore velouté.

Necrophorus velutinus.

Necrophorus ater, thorace auro holoserifeo, elytris fasciis duabus rufis. Fab. *Syst. Eleut. t.* 1. *p.* 334.

Il ressemble beaucoup, pour la forme, la grandeur & les couleurs, au Nécrophore fossoyeur. Les antennes & la tête sont entiérement noires. Le corcelet est noir, & couvert d'un duvet serré, roussâtre. Les élytres sont noires, avec deux bandes sinuées, rouges, à peine interrompues à la suture. Le bord extérieur est d'un rouge-pâle. Le dessous du corps est noir, avec un duvet roussâtre sur la poitrine.

Il se trouve en Géorgie, en Caroline.

6. Nécrophore marginé.

Necrophorus marginatus.

Necrophorus ater, elytris margine exteriore apiceque maculâque communi transversâ rufis. Fabr. *Syst. Eleut. tom.* 1. *p.* 334. *n°.* 6.

Il est de la grandeur du Nécrophore fossoyeur. Les antennes manquoient à l'individu décrit par Fabricius. La tête est noire, avec une tache en croissant, près du chaperon. Le corcelet est plane, noir, sans tache. Les élytres sont noires, avec le bord extérieur, une tache à l'extrémité, qui se réunit à la couleur du bord, mais ne va pas jusqu'à la suture; une tache commune, transverse, au dessous de l'écusson, rouges. Le dessous du corps est noir, avec la poitrine couverte d'un duvet d'un roux-doré.

Il se trouve en Amérique.

7. Nécrophore germanique.

Necrophorus germanicus.

Necrophorus ater, elytrorum margine laterali ferrugineo. Ent. ou Hist. nat. des Inf. tom. 2. *genre* 10. *n°.* 3. *tab.* 1. *fig.* 2. a. b.

Silpha germanica *oblonga, atra, clypeo obrotundo inæquali marginato; elytris obtusissimis, margine laterali ferrugineis.* Linn. *Syst. Nat. pag.* 569. *n°.* 1.

Necrophorus germanicus *ater, thorace obrotundo, inæquali.* Fabr. *Ent. Syst. em. tom.* 1. *p.* 247. *n°.* 1. — *Syst. Eleut. t.* 1. *p.* 333. *n°.* 1.

Silpha nigra major *tota atra, elytris truncatis, abdomine brevioribus.* Deg. *Mem. Inf. tom.* 4. *p.* 173. *n°.* 2. *pl.* 6. *fig.* 4.

Aldrov. *Inf. p.* 454. *tab.* infer. *fig.* 1.

Pollinctor niger. Voet. *Coleopt. t.* 30. *f.* 4. 5.

Schœff. *Icon. Inf. tab.* 218. *fig.* 1.

Sulz. *Inf. tab.* 2. *fig.* 10.

Naturf. 6. *tab.* 4.

Bergst. *Nomenclat.* 1. *tab.* 10. *fig.* 9.

Dermestes cisterianus. Four. *Ent. Par.* 1. *p.* 17. *n°.* 2.

Vill. *Ent. tom.* 1. *p.* 73. *n°.* 1.

Paik. *Faun. Suec. tom.* 1. *p.* 322. *n°.* 1.

Illig. *Cor. Bor. tom.* 1. *p.* 353. *n°.* 2.

Panz. *Faun. Germ. Fasc.* 41. *tab.* 1.

Herbst. *Coleopt.* 5. *tab.* 50. *fig.* 2.

Il est plus grand que le Nécrophore fossoyeur. Les antennes sont noires, & la masse qui les termine, est arrondie & ferrugineuse à son extrémité. La tête est grosse, noire, avec une tache ferrugineuse au front. Le corps est noir, luisant. Le corcelet est élevé, un peu inégal, rebordé, arrondi postérieurement. L'écusson est triangulaire, assez grand. Les élytres sont tronquées à leur extrémité, plus courtes que l'abdomen, pointillées, avec trois lignes longitudinales, élevées, très-peu marquées, & le bord extérieur courbé, ferrugineux. La poitrine est couverte de quelques poils roux. Les pattes sont assez grosses. Les antérieures ont une forte dent latérale, & deux épines mobiles à leur extrémité.

Il se trouve en Allemagne, au nord de l'Europe, & aux environs de Paris, dans les cadavres.

8. Nécrophore inhumeur.

Necrophorus humator.

Necrophorus ater, elytris immaculatis, lineis

tribus elevatis. Ent. ou Hist. nat. des Inf. tom. 2. *genre* 10. *n°*. 4. *tab.* 1. *fig.* 2. c. d. e.

Necrophorus humator. Fabr. *Ent. Syst. em. t.* 1. *p.* 247. *n°.* 2. — *Syst. Eleut. t.* 1. *p.* 333. *n°.* 2.

Scarabœus antennis clavatis, clavis in annulos divisis. Rai, *Inf. p.* 107. *n°.* 1.

Dermestes thorace marginato, elytris abscissis, totus niger. Geoffr. *Inf. tom.* 1. *p.* 99. *n°.* 2.

Scarabœus majusculus, ex toto niger. List. *p.* 381.

Gleditsch, *Abhandl.* 3. B. *p.* 224. *n°.* 2. *t.* 1. *fig.* B.

Silpha humator. Goeze, *Beytr. p.* 190. *n°.* 2.

Illig. *Cor. Bor. tom.* 1. *p.* 352. *n°.* 1.

Panz. *Faun. Germ. Fasc.* 41. *tab.* 2.

Herbst. *Coleopt.* 5. *tab.* 50. *fig.* 3.

Payk. *Faun. Suec.* 1. *p.* 323. *n°.* 1. *β*.

Il ressemble beaucoup au précédent, mais il est plus petit. La tête est en proportion plus petite & sans tache. Le corcelet est plus arrondi, plus inégal. Les lignes élevées des élytres sont un peu plus marquées, & le bord extérieur est noir.

Il diffère quelquefois en ce qu'il est un peu plus petit, & que tout le corps est d'un brun-marron.

Il se trouve en Allemagne, aux environs de Paris, dans les cadavres.

NÉCYDALE. *Necydalis.* Genre d'insectes de la troisième section de l'Ordre des Coléoptères & de la famille des Cérambycins.

Les Nécydales ont les antennes filiformes, plus courtes que le corps; les yeux antérieurement échancrés ou en forme de reins; les élytres courtes, tronquées ou subulées; les cuisses renflées vers leur extrémité; quatre articles aux tarses, dont le dernier est large & bilobé.

On commence à trouver le mot de Nécydale dans Aristote, *Hist. nat. lib.* 5. *cap.* 19; mais le passage où il en fait mention est si obscur, que les discussions des plus habiles critiques n'ont pu encore l'éclaircir. Il est probable que ce grand-homme a moins voulu nommer un insecte, que désigner une métamorphose, une nouvelle manière d'être de celui qu'il avoit en vue. Ne serait-ce pas un Bombix, considéré dans l'état de nymphe ou quittant cette enveloppe? On filoit, suivant Aristote, la coque qui renfermoit cette nymphe : tels sont les premiers vestiges d'un usage, semblable à celui que nous faisons de la coque du ver à soie.

Dans les actes d'Upsal, le nom de Nécydale fut appliqué vaguement à des insectes de plusieurs genres, très-différens les uns des autres. Le célèbre Linné en restreignit la dénomination, & si l'on en excepte un seul insecte, notre Téléphore nain, ses Nécydales furent d'abord les mêmes que les nôtres; mais, trompé par quelques ressemblances dans les élytres & dans la forme du corps, il joignit aux vraies Nécydales des insectes d'un autre genre, ceux que nous avons rangés sous le nom d'*Œdemère*.

L'historien des insectes des environs de Paris ne connut, des Nécydales de Linné, que deux espèces, le Téléphore dont nous avons parlé ci-dessus, & la Nécydale fauve, qu'il a placée parmi les Leptures.

Les Œdemères ou les Nécydales de la seconde division de Linné furent, aux yeux de M. Fabricius, les seules Nécydales; & les véritables, celles dont Linné avoit d'abord formé son genre, trouvèrent leur place parmi les Leptures. Cette réunion disparate a cessé d'avoir lieu dans les dernières éditions de ses ouvrages.

Mais pourquoi appelle-t-il *Molorchus* ce que Linné nomme *Nécydale?* Pourquoi ne pas respecter l'autorité de ce grand naturaliste? Pourquoi se permettre de changer, sans nécessité, les noms qu'il a employés? Quant à nous, fidèles à la loi que nous nous sommes imposée, de conserver religieusement les dénominations des premiers entomologistes, nous avons appelé Nécydales les insectes que Linné a fait connoître comme tels, ou ceux qu'il a eus particulièrement en vue. Quant aux Nécydales de M. Fabricius, voyez le mot Œdemère.

En examinant avec attention les caractères des Nécydales, on voit qu'elles appartiennent évidemment à la famille des Capricornes, & à la division de ceux qui ont leurs antennes posées sur une échancrure ou entaille que l'on remarque à la partie antérieure des yeux. L'organisation de leur bouche a de grands rapports avec celles des Capricornes proprement dits & des Saperdes; mais les antennes de ceux-ci sont sétacées, & celles des Nécydales sont filiformes. Leur lèvre inférieure est profondément échancrée; ce qui ne se remarque pas dans les Saperdes. La plupart des Callidies ont à la vérité leurs antennes filiformes; mais leurs antennules sont renflées à leur extrémité, & elles diffèrent en cela de celles des Nécydales, qui les ont filiformes. Nous ne les comparons pas aux Priones & aux Spondyles, que leurs antennes en scie ou à articles grenus, leurs mâchoires simples ou à deux divisions très-petites & coniques, séparent facilement des autres genres de cette grande famille.

Les élytres des Nécydales, beaucoup plus courtes que le corps, ou fort rétrécies & terminées en pointe, laissant à découvert une partie des ailes, nous fournissent un dernier caractère distinctif, & qui achève d'isoler ce genre de ses voisins.

Les antennes des Nécydales sont filiformes, plus courtes que le corps, composées de onze articles, dont le premier est grand, courbé, renflé & arrondi à son extrémité; le second très-petit; les suivans sont presque cylindriques, un peu amincis à leur base. Les derniers sont plus courts & cylindriques.

Elles ont leur insertion dans une échancrure ou entaille formée à la partie antérieure des yeux.

La bouche est composée d'une lèvre supérieure, de deux mandibules, de deux mâchoires, d'une lèvre inférieure & de quatre antennules.

La lèvre supérieure est petite, coriacée, presque carrée, avec le bord antérieur droit & entier.

Les mandibules sont cornées, courtes, déprimées, triangulaires, sans dentelures, avec la pointe légérement crochue.

Les mâchoires sont coriacées, cylindriques, comprimées, terminées par deux divisions petites, presque membraneuses, dont l'extérieure plus avancée, obtuse; l'intérieure plus courte & finissant en pointe.

La lèvre inférieure est courte, membraneuse, très-évasée au bord supérieur : son support est coriacé, large, arrondi latéralement.

Les antennules sont courtes, égales, filiformes, & terminées par un article plus long que les autres, & obtus ou tronqué. Les antérieures sont composées de quatre articles, dont les trois premiers sont courts; elles ont leur insertion sur le dos des mâchoires, vers leur extrémité. Les postérieures sont composées de trois articles, dont les deux premiers sont plus petits que le dernier; elles ont leur insertion sur les côtés de la lèvre inférieure, vers leur milieu.

Le corps des Nécydales est étroit, alongé, presque cylindrique.

La tête est presqu'aussi large que le corcelet, pointue & un peu inclinée en devant, arrondie ou presque cylindrique postérieurement. Les yeux, placés sur les côtés, sont assez grands, en forme de reins ou en croissant.

Le corcelet est arrondi ou presque cylindrique, inégal, à peine moins large que la base de l'abdomen ou l'insertion des élytres.

L'écusson est fort petit & presqu'arrondi.

Les élytres sont, ou très-courtes, arrondies, tronquées, ou rétrécies & terminées en pointe divergente. Dans quelques espèces, les ailes sont ordinairement presqu'entiérement à nu, & légérement plissées à leur extrémité; dans les autres, elles ne sont découvertes que vers le bout & dans l'entre-deux des élytres; elles sont presqu'aussi plissées que celles des autres Coléoptères.

La poitrine est assez forte, & l'abdomen est alongé, rétréci à son origine, quelquefois presque en fuseau ou en massue.

Les pattes ont leurs cuisses alongées, rétrécies depuis leur base jusqu'au milieu, & terminées par un renflement arrondi ou ovale. Les pattes postérieures sont plus longues que les autres, & leur masse est alongée, plus étroite que celle des autres. Les tarses ont quatre articles, dont le premier est alongé, le second triangulaire, le troisième bifide, & le dernier armé de deux crochets de grandeur moyenne.

Nous n'avons point d'observations sur les métamorphoses des Nécydales. Nous présumons que la larve vit dans la substance du bois, & qu'elle n'en sort que sous la forme d'insecte parfait. Le tuyau conique que Degeer a remarqué à l'anus d'une espèce, rend très-vraisemblable cette supposition.

NÉCYDALE.

NECYDALIS. LINN. DEG. FABR. OLIV. LATR. *LEPTURA.* GEOFF.

MOLORCHUS. FABR.

CARACTÈRES GÉNÉRIQUES.

Antennes filiformes, un peu plus courtes que le corps, insérées sur une entaille des yeux.

Quatre antennules filiformes.

Élytres courtes, tronquées ou terminées en pointe divergente.

Quatre articles aux tarses; le troisième large, bifide.

ESPÈCES

1. NÉCIDALE majeure.

Noire; élytres courtes, ferrugineuses; antennes guère plus longues que la moitié du corps.

2. NÉCYDALE mineure.

Noirâtre; élytres courtes, marquées d'une ligne blanche.

3. NÉCYDALE des Ombellifères.

Noire; élytres courtes, testacées, sans tache.

4. NÉCYDALE bigarrée.

Élytres courtes, obscures, avec l'extrémité noire; abdomen noir, avec des bandes jaunes.

5. NÉCYDALE anale.

Noire; élytres courtes; pattes et extrémité de l'abdomen fauves.

6. NÉCYDALE abdominale.

Mélangée de noir et de jaune; abdomen et pattes postérieures rouges; élytres subulées.

7. NÉCYDALE fauve.

Élytres subulées; corps noir; antennes et élytres rougeâtres.

8. NÉCYDALE sanguinicolle.

Noire; corcelet rouge; élytres subulées, obscures.

9. NÉCYDALE fasciée.

Fauve; corcelet arrondi, avec des bandes noires, jaunes et fauves.

10. NÉCYDALE nigricorne.

Fauve; antennes et extrémité de l'abdomen noirs; élytres rétrécies, noires, avec la base fauve.

1. Nécydale majeure.

Necydalis major.

Necydalis nigra, elytris abbreviatis ferrugineis, antennis brevioribus. Ent. tom. 4. genre 74. *n°.* 1. *tab.* 1. *fig.* 1. a. b.

Necydalis major. Linn. *Syst. Nat. p.* 641. *n°.* 1. — *Faun. Suec. n°.* 838.

Necydalis ichneumonea *nigra, elytris abbreviatis rufo-fuscis, pedibus rufis, antennis corpore brevioribus.* Deg. *Mem. Inf. tom.* 5. *p.* 148. *tab.* 5. *fig.* 1.

Leptura abbreviata, *elytris dimidiatis, ferrugineis, immaculatis antennis brevibus.* Fabr. *Syst. Ent. p.* 199. *n°.* 18. — *Mant. Inf. tom.* 1. *p.* 160. *n°.* 35.

Molorchus abbreviatus. Fabr. *Ent. Syst. em. tom.* 1. *pars* 2. *p.* 356. *n°.* 1. — *Syst. Eleut. tom.* 2. *p.* 374. *n°.* 1.

Musca cerambyx major. Schœff. *Monogr.* 1753. *fig.* 1. 2. — *Elem. Inf. tab.* 13. *fig.* 2. & *tab.* 88. — *Icon. Inf. tab.* 10. *fig.* 10. 11.

Necydalis major. Laick. *tom.* 2. *p.* 173. *n°.* 1.

Necydalis major. Vill. *Ent. tom.* 1. *p.* 277.

Necydalis major. Fourc. *Ent. Par.* 1. *p.* 174. *n°.* 2.

Panz. *Faun. Germ. Fasc.* 41. *tab.* 20.

Payk. *Faun. Suec. tom.* 3. *p.* 129. *n°.* 1.

Elle a environ un pouce de longueur. Elle est noire, fort alongée, ressemblant au premier coup-d'œil à un Ichneumon. Les antennes sont d'un roux-jaunâtre, avec le quatrième article plus court que ceux qui lui sont contigus. La lèvre supérieure & les antennules sont rousseâtres. La tête a une ligne enfoncée sur le front. Le corcelet est pubescent, luisant, presque cylindrique, un peu rétréci antérieurement, avec un sillon longitudinal au milieu. L'écusson est d'un roux-jaunâtre. Les élytres sont fauves, très-courtes, arrondies à leur extrémité, rebórdées, finement pointillées, un peu élevées près du bord extérieur. Les ailes sont ordinairement découvertes, de la longueur de l'abdomen, avec quelques plis vers leur extrémité, & plusieurs nervures jaunâtres. L'abdomen est fort long, très-étroit, aminci vers son origine. La poitrine est pubescente. Les pattes sont d'un roux-jaunâtre : les postérieures sont beaucoup plus longues, & les cuisses sont noires à leur extrémité.

Elle se trouve dans toute l'Europe, très-rarement autour de Paris.

2. Nécydale mineure.

Necydalis minor.

Necydalis fusca, elytris abbreviatis, apice lineolâ albâ. Ent. tom. 4. *genre* 74. *n°.* 2. *tab.* 1. *fig.* 2. a. b.

Necydalis minor *elytris testaceis, apice lineolâ albâ, antennis corpore longioribus.* Linn. *Syst. Nat. p.* 641. *n°.* 2. — *Faun. Suec. n°.* 837.

Necydalis ceramboides fusca, elytris abbreviatis, lineolâ obliquâ albâ, capite thoraceque nigris; antennis rufis, corpore longioribus. Deg. *Mem. Inf. tom.* 5. *p.* 151. *n°.* 2.

Leptura dimidiata. Fabr. *Mant. Inf. tom.* 1. *p.* 100. *n°.* 37.

Molorchus dimidiatus. Fabr. *Ent. Syst. em. tom.* 1. *pars* 2. *p.* 357. *n°.* 3. — *Syst. Eleut. tom.* 2. *p.* 375. *n°.* 3.

Necydalis minor. Scop. *Ent. Carn. n°.* 179.

Necydalis minor. Laichart, *Inf. tom.* 2. *p.* 175. *n°.* 2.

Schœff. *Monogr.* 1753. *fig.* 6. 7. — *Icon. Inf. tab.* 95. *fig.* 5.

Sulz. *Hist. Inf. tab.* 7. *fig.* 51.

Necydalis minor. Vill. *Ent. tom.* 1. *p.* 278. *tab.* 1. *fig.* 32.

Panz. *Faun. Germ. Fasc.* 41. *tab.* 21.

Payk. *Faun. Suec. tom.* 3. *p.* 130. *n°.* 2.

Elle a environ quatre lignes de long. Les antennes sont d'un fauve-obscur. La tête & le corcelet sont noirs. Les élytres sont courtes, d'une couleur testacée-obscure, avec une petite ligne blanche, oblique, vers l'extrémité. Le dessous du corps est noirâtre, avec le bord des anneaux argenté. Les pattes sont d'un fauve-obscur, avec la partie renflée des cuisses, noirâtre.

Elle se trouve en Europe sur les fleurs.

3. Nécydale des Ombellifères.

Necydalis Umbellatarum.

Necydalis nigra, elytris abbreviatis, testaceis, immaculatis. Ent. tom. 4. *genre* 74. *n°.* 3. *tab.* 1. *fig.* 3. a. b.

Necydalis Umbellatarum. Linn. *Syst. Nat. p.* 641. *n°.* 3.

Leptura Umbellatarum. Fabr. *Syst. Ent. p.* 192. *n°.* 21. — *Mant. Inf. tom.* 1. *p.* 160. *n°.* 38.

Molorchus Umbellatarum. Fabr. *Ent. Syst. em. tom.* 1. *pars* 2. *p.* 357. *n°.* 4. — *Syst. Eleut. tom.* 2. *p.* 375. *n°.* 4.

Necydalis minima. Scop. *Ent. Carn. n°.* 180.

Schœff. *Icon. Inf. tab.* 95. *fig.* 4.

Sulz. *Hist. Inf. tab.* 6. *fig.* 1.

Payk. *Faun. Suec. tom.* 3. *p.* 131. *n°.* 3.

Elle eſt petite, noire, un peu velue. Les antennes ſont d'un brun-noirâtre, preſque de la longueur du corps. Le corcelet eſt preſque cylindrique, légérement inégal. Les élytres ſont très-courtes, pointillées, d'un brun-jaunâtre. Les ailes ſont étendues, noirâtres. Les pattes ſont d'un brun-noirâtre, avec l'origine des cuiſſes & les tarſes d'une couleur plus claire.

Elle ſe trouve en Europe, ſur les fleurs en Ombelle.

4. Nécydale bigarrée.

Necydlis variegata.

Necydalis abdomine atro, faſciis fulvis, elytris abbreviatis, fuſcis apice nigris.

Molorchus variegatus, *elytris abbreviatis, abdomine atro, faſciis fulvis.* Fabr. *Ent. Syſt. em. tom.* 1. *pars* 2. *p.* 357. *n°.* 2. — *Syſt. Eleut. tom.* 2. *p.* 375. *n°.* 2.

Les antennes ſont noirâtres, de la longueur du corps. La tête eſt noire, avec le front jaunâtre. Le corcelet eſt noir, avec le bord antérieur, le bord poſtérieur, & une ligne tranſverſe au milieu, d'un jaune-fauve. L'écuſſon eſt jaune-fauve. Les élytres ſont courtes, noirâtres, avec la ſuture griſe & l'extrémité noire. La poitrine eſt noire, tachée de jaune-fauve. L'abdomen eſt noir, avec une bande d'un jaune-fauve à la baſe ſupérieure, une autre enſuite en deſſous; un anneau vers l'extrémité, qui l'entoure entiérement; après l'anneau, une bande dorſale, & enſuite l'anus terminé par un point fauve. Les pattes ſont ferrugineuſes, avec les tarſes noirâtres.

Elle ſe trouve dans la Nouvelle-Hollande.

5. Nécydale anale.

Necydalis analis.

Necydalis nigra, elytris abbreviatis, pedibus abdominiſque apice fulvis. Ent. tom. 4. *genre* 74. *n°.* 4. *tab.* 1. *fig.* 4.

Elle eſt un peu plus grande que la Nécydale fauve. Les antennes ſont fauves, filiformes, de la longueur de la moitié du corps. La tête eſt noire. Le corcelet eſt noir, arrondi, un peu inégal. Les élytres ſont très-courtes, fauves, avec un peu de l'extrémité noire. La poitrine eſt noire. L'abdomen eſt noir, avec l'extrémité fauve. Les pattes ſont fauves.

Elle ſe trouve dans l'Amérique méridionale. ?

6. Nécydale abdominale.

Necydalis abdominalis.

Necydalis flavo nigroque varia, abdomine pedibuſque poſticis rufis, elytris ſubulatis. Ent. tom. 4. *genre* 74. *n°.* 5. *tab.* 1. *fig.* 5.

Elle eſt un peu plus grande que la Nécydale fauve. Les antennes ſont noires, de la longueur de la moitié du corps. La tête, le corcelet, les élytres & la poitrine ſont mélangés de noir & de jaune-rouſſeâtre. Les élytres ſont ſubulées & plus courtes que l'abdomen. Les cuiſſes ſont renflées. Les quatre pattes antérieures ſont noires, avec la baſe des cuiſſes fauve. Les pattes poſtérieures & l'abdomen ſont fauves, ſans tache.

Elle ſe trouve à Cayenne.

7. Nécydale fauve.

Necydalis rufa.

Necydalis elytris ſubulatis, nigra, elytris antenniſque rufis. Ent. tom. 4. *genre* 74. *n°.* 6. *tab.* 1. *fig.* 6. a. b.

Necydalis rufa. Linn. *Syſt. Nat. p.* 642. *n°.* 6.

Necydalis rufa. Fabr. *Ent. Syſt. em. tom.* 1. *pars* 2. *p.* 353. *n°.* 17. — *Syſt. Eluet. tom.* 2. *p.* 372. *n°.* 22.

Leptura nigra, elytris pedibuſque rubeſcentibus lividis, coleoptris attenuatis. Geoff. *Inſ. tom.* 1. *p.* 220. *n°.* 22.

Leptura attenuata. Fourc. *Ent. Pariſ. tom.* 1. *p.* 84. *n°.* 28.

Schœff. *Icon. Inſ. tab.* 94. *fig.* 8.

Elle eſt une fois plus petite que la Nécydale majeure. Le corps eſt noir, avec un duvet obſcur. Les antennes ſont plus ou moins fauves, avec le premier article & quelquefois l'extrémité des autres, noirs. Le corcelet eſt arrondi, avec un tubercule luiſant de chaque côté, & une tache blanche aux angles. L'écuſſon eſt blanchâtre. Les élytres ſont rouſſeâtres ou d'un rouge-teſtacé, ſubulées, un peu plus courtes que l'abdomen, ponctuées, avec une ligne élevée vers l'extrémité : la baſe, le bord extérieur & l'extrémité ſont noirs. La poitrine & l'abdomen ont ſur les côtés des taches ſoyeuſes, blanches. Les pattes ſont fauves. Les cuiſſes des quatre antérieures ſont renflées, noires.

Elle ſe trouve dans preſque toute l'Europe, ſur les fleurs en Ombelle.

8. Nécydale ſanguinicolle.

Necydalis ſanguinicollis.

Necydalis nigra, thorace rubro, elytris ſubulatis fuſcis. Ent. tom. 4. *genre* 74. *n°.* 7. *tab.* 1. *fig.* 7.

Elle eſt un peu plus grande que la Nécydale mineure. Les antennes ſont noires, un peu plus courtes que le corps. La tête eſt noire. Le corcelet eſt inégal, d'un rouge-ſanguin. Les élytres ſont amincies, noirâtres. Le corps eſt noir en deſſous, avec la baſe des cuiſſes poſtérieures & les jambes rougeâtres.

Elle ſe trouve dans l'Amérique ſeptentrionale, d'où elle a été apportée par M. Boſc.

9. Nécydale

9. Nécydale fasciée.

Necydalis fasciata.

Necydalis rufescens, thorace rotundato, nigro, flavo rufoque fasciato. Ent. tom. 4. genre 74. n°. 9. tab. 1. fig. 9.

Elle ressemble à la Nécydale fauve. Les antennes sont d'un brun-ferrugineux. La tête est roussâtre, avec le tour des yeux jaune. Le corcelet est arrondi & orné de quatre bandes noires, de deux jaunes, & d'une au milieu, fauve. Les élytres sont fauves, rétrécies, de la longueur de l'abdomen. Le dessous du corps & les pattes sont fauves. L'extrémité de l'abdomen est noirâtre.

Elle se trouve dans l'Amérique méridionale.

Du cabinet de M. Van-Lennep.

10. Nécydale nigricorne.

Necydalis nigricornis.

Necydalis rufa, antennis apiceque abdominis nigris, elytris angustatis nigris, basi rufis. Ent. genre 74. n°. 8. tab. 1. fig. 8.

Elle est de la grandeur de la Nécydale majeure. Les antennes sont noires, de la longueur du corps. La tête & le corcelet sont fauves. Les élytres sont amincies au milieu, noires, avec la base fauve. Les ailes sont noires. La poitrine & la base de l'abdomen sont fauves. La partie postérieure de celui-ci est noire, avec deux taches fauves. Les pattes sont fauves, avec les tarses & les jambes postérieures noires.

Cette espèce, que je n'ai pu assez examiner, appartient peut-être au genre Saperde. Elle se trouve à Surinam.

Du cabinet de M. Raye.

NÉIDE. *Neides.* Genre d'insectes de la seconde section de l'Ordre des Hémiptères & de la famille des Corises.

Les Néides se font remarquer par les antennes longues, coudées au milieu; par la trompe colée contre la poitrine; par la tête terminée en pointe.

Fabricius avoit, dans son pénultième ouvrage, placé les Néides parmi les Gerris; il les en a séparés dans le dernier, en changeant, sans nécessité, le nom que M. Latreille leur avoit déjà donné, en celui de *Berytus*. Comme M. Latreille est le premier qui ait établi ce genre, le nom qu'il lui a donné doit, à notre avis, être religieusement conservé, lorsqu'il n'y a d'ailleurs aucune raison de le changer.

Les antennes des Néides paroissent, au premier coup-d'œil, n'être composées que de deux articles, à peu près égaux en longueur; mais, si on les examine attentivement, on en distingue cinq; savoir: un premier, très-court & cylindrique; un second, fort long, cylindrique & renflé à son extrémité; un troisième, court, aminci à sa base; un quatrième, long & cylindrique; un dernier, court & ovale. Ces antennes sont portées en avant & sont ordinairement coudées au milieu; elles ont leur insertion un peu au-devant des yeux.

La trompe est colée au dessous de la tête, & s'avance entre les premières pattes. Elle est formée de quatre articles, dont le premier est plus gros & à peine plus long que les suivans; le dernier est terminé en pointe. Elle renferme, suivant Fabricius, trois soies égales.

La tête est plus étroite que le corcelet, & se termine en avant en pointe émoussée, ou pour mieux dire, il y a à la partie supérieure de la tête une protubérance qui s'avance en arc & dépasse l'origine de la trompe. Les yeux sont arrondis & saillans, & on n'apperçoit point de petits yeux lisses.

Le corcelet est plus étroit à sa partie antérieure, qu'à celle qui touche aux élytres; il est plane en dessus, & marqué de trois lignes élevées, dont deux forment les angles latéraux.

Les élytres dépassent un peu l'abdomen ou sont au moins aussi longues que lui.

L'écusson est petit & triangulaire.

Le corps est étroit, alongé, & les pattes sont tenues, assez longues. Les cuisses sont un peu renflées à leur extrémité. Les jambes sont cylindriques, & les tarses ont trois articles, dont le dernier est armé de deux petits ongles crochus.

Le corps des Néides est alongé, fort mince & d'une petite dimension. La larve & l'insecte parfait vivent sur les plantes & sur les arbres, & diffèrent en cela des Gerris, qu'on ne trouve que sur la surface des eaux douces.

NÉIDE.

NEIDES. Latr. *BERYTUS.* Fabr. *CIMEX.* Linn.

CARACTÈRES GÉNÉRIQUES.

Antennes presqu'aussi longues que le corps, coudées au milieu, composées de cinq articles, dont le premier très-court; le second long, en masse; le dernier court et ovale.

Trompe quadriarticulée, collée au dessous de la tête.

Trois soies égales.

Pattes longues, minces; extrémité des cuisses en masse.

ESPÈCES.

1. Néide tipulaire.

Grise; masse des antennes et des cuisses postérieures, noire.

2. Néide culiciforme.

D'un gris-clair, sans tache; dernier article des antennes noir.

3. Néide clavipède.

Cendrée; pattes courtes; cuisses en masse.

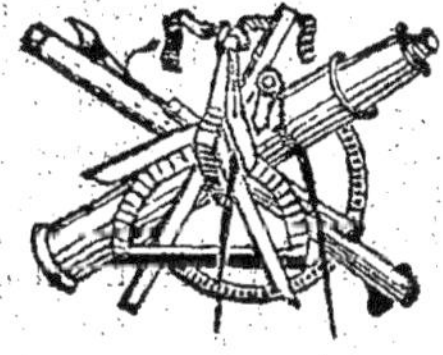

1. Néide tipulaire.

Neides tipularia.

Neides grisea, clava antennarum femorumque posticorum nigra.

Neides tipularia. Latr. *Hist. nat. des Crust. & des Inf. tom.* 12. *p.* 209. — *Gen. Crust. & Inf. tom.* 3. *p.* 120.

Cimex tipularius. Linn. *Syst. Nat. pag.* 733. *n°.* 120. — *Faun. Suec. n°.* 973.

Gerris tipularius. Fabr. *Ent. Syst. em. tom.* 4. *p.* 192. *n°.* 18.

Berytus tipularius. Fabr. *Syst. Rhyng. p.* 264. *n°.* 1.

Frisch. *Inf. tom.* 7. *p.* 28. *tab.* 20.

Elle a un peu plus de deux lignes de long. Les antennes sont grises, avec le milieu & l'extrémité noirs. Le corps est gris, avec quelques points noirs sur les élytres. Les pattes sont grises, avec la partie renflée des cuisses postérieures noirâtre. Les élytres ont quelques lignes élevées: le corcelet en a trois.

Elle se trouve en Europe, sur les arbres.

2. Néide culiciforme.

Neides culiciformis.

Neides cinerea immaculata, antennarum apice nigro.

Elle ressemble beaucoup, pour la forme & la grandeur, à la Néide tipulaire. Les antennes sont cendrées, avec le dernier article seulement noir. Tout le corps, ainsi que les pattes, est d'un jaune-cendré sans tache. L'abdomen est un peu plus jaune que le reste du corps. Les élytres ont quelques lignes élevées: le corcelet en a trois, & la tête deux.

Elle se trouve à l'île de la Trinité, & m'a été donnée par feu M. Badier.

3. Néide clavipède.

Neides clavipes.

Neides cinerea, pedibus brevibus, femoribus clavatis.

Berytus clavipes. Fabr. *Syst. Rhyng. p.* 265. *n°.* 2.

Gerris clavipes *cinereus, femoribus clavatis, antennis biclavatis.* Fabr. *Ent. Syst. em. tom.* 4. *p.* 192. *n°.* 20.

Elle ressemble à la Néide tipulaire, mais elle est beaucoup plus petite, & les pattes sont assez courtes.

Elle se trouve en Suède.

NÉMAPOGON. (*Voy.* Œcophore & Teigne.)

NÉMATE. *Nematus.* Genre d'insectes de la première section de l'Ordre des Hyménoptères & de la famille de Tenthrédines.

Les Némates ont deux antennes longues, sétacées, composées de neuf articles; les mandibules assez fortes, unidentées vers leur base; quatre ailes veinées, dépassant l'abdomen, ayant une cellule radicale fort grande, & quatre cellules cubitales.

Ce genre, établi par M. Jurine, aux dépens des Tenthrèdes, me paroît devoir être conservé, tant à cause des différences que présentent les insectes parfaits, que par celles qu'il y a entre les larves. La différence essentielle qui existe entre les Némates, les Dolères & les Allantes, repose sur le nombre des cellules radiales & cubitales, qui n'est pas le même dans ces trois genres. Les Némates ont une cellule radiale & quatre cubitales; les Dolères ont deux cellules radiales & trois cubitales; & les Allantes, auxquels nous conservons le nom de *Tenthrède*, ont deux cellules radiales & quatre cubitales. Cette différence, dit M. Jurine, qui paroîtra peut-être légère à ceux qui ne voient les choses que superficiellement, acquerra toute la force dont elle est susceptible aux yeux de l'observateur qui desire d'en connoître la cause, lorsqu'il découvrira que les larves des Némates ont vingt pattes, tandis que celles des autres en ont dix-huit & vingt-deux.

Les antennes des Némates sont sétacées, presque aussi longues que le corps, & composées de neuf articles, dont les deux premiers sont très-courts; le second surtout est à peine apparent; les autres sont cylindriques, mais vont un peu en diminuant d'épaisseur; elles sont insérées sur le front, entre les deux yeux.

La tête est plus large que longue, guère plus étroite que le corcelet. Les yeux sont grands, ovales, placés à la partie latérale: on voit trois petits yeux lisses sur le vertex, disposés en triangle.

La bouche est composée d'une lèvre supérieure, de deux mandibules, d'une trompe & de quatre antennules.

La lèvre supérieure est large, coriacée, échancrée ou arrondie à sa partie antérieure, & ciliée.

Les mandibules sont cornées, arquées, creusées intérieurement, aiguës à leur extrémité, munies d'une forte dent vers leur base interne.

La trompe est courte, formée de trois pièces, dont les deux latérales, qui tiennent lieu de mâchoires, sont courtes, coriacées, entières; la pièce du milieu est peu avancée, membraneuse, trifide.

Les antennules antérieures, une fois plus longues que les postérieures, sont formées de six articles, dont le premier est très-court, le troisième & le quatrième sont longs & assez gros; le cinquième est long, plus mince que les précédens; le dernier est le plus mince de tous; elles ont leur insertion au dos des pièces extérieures de la trompe.

Les antennules postérieures ont le troisième article un peu renflé, & le dernier petit, obtus; elles ont leur insertion vers la base inférieure de la pièce intermédiaire de la trompe.

Le corcelet est arrondi & inégal. L'abdomen est presque cylindrique.

Les ailes sont un peu plus longues que l'abdomen ; les supérieures ont leur point marginal bien marqué, oblong ; une très-grande cellule à la suite de ce point, que M. Jurine nomme *cellule radiale*, & M. Latreille *cellule marginale*, & ensuite quatre cellules, dont la première est petite, carrée ; la seconde est beaucoup plus grande, & forme un carré long ; la troisième est plus petite, & la quatrième atteint l'extrémité de l'aile : de la seconde cellule partent deux nervures que M. Jurine nomme *récurrentes*.

Les pattes sont de longueur moyenne, & ne présentent rien de remarquable. Les jambes sont terminées par deux épines peu fortes. Les tarses sont filiformes, composés de cinq articles, dont les quatre premiers diminuent progressivement de longueur ; le dernier est terminé par deux ongles un peu fourchus & par deux petites pelotes spongieuses.

La larve de ces insectes, désignée sous le nom de *Fausse-Chenille*, a constamment vingt pattes, dont six écailleuses & quatorze membraneuses ; ce qui la distingue suffisamment des véritables Chenilles, qui n'ont jamais ce même nombre de pattes membraneuses. Les larves de Némates vivent sur différentes plantes, dont elles rongent les feuilles. Leur métamorphose s'opère de différentes manières : les unes entrent dans la terre & y filent des coques ovales, d'un tissu peu serré, dans lesquelles elles se changent en chrysalide, & d'où elles sortent sous la forme d'insecte parfait ; d'autres forment des espèces de galle, où elles subissent toutes leurs métamorphoses, & dans lesquelles elles filent aussi une petite coque d'un tissu encore plus lâche que celles qui entrent en terre. (*Voyez* FAUSSE-CHENILLE & TENTHRÈDE.)

NÉMATE.

NEMATUS. JUR. PANZ. *TENTHREDO.* LINN. FABR.

CARACTÈRES GÉNÉRIQUES.

Antennes filiformes ou sétacées, plus longues que le corcelet, composées de neuf articles, dont les deux premiers fort courts.

Antennules sétacées; troisième article des postérieures un peu renflé.

Mandibules unidentées.

Ailes supérieures avec une cellule radiale simple, fort grande, et quatre cellules cubitales.

ESPÈCES.

1. NÉMATE du Saule-Marceau.

Jaune; tête, corcelet et abdomen noirs en dessus; ailes avec le point ordinaire jaune.

2. NÉMATE du Saule.

Jaune; tête et corcelet noirs en dessus; ailes avec le point ordinaire noir.

3. NÉMATE blonde.

Jaune; abdomen comprimé, presque transparent.

4. NÉMATE septentrionale.

Noire; pattes postérieures comprimées et dilatées.

5. NÉMATE lucide.

Noire, luisante; base de l'abdomen avec quatre taches fauves; pattes fauves.

6. NÉMATE jaune.

Ferrugineuse; poitrine avec deux taches noires; base des ailes jaunâtre.

7. NÉMATE miliaire.

Jaune; abdomen avec une rangée de taches noires.

8. NÉMATE noire.

Noire; partie antérieure du corcelet et pattes jaunes.

9. NÉMATE ruficorne.

Noire; antennes et pattes fauves; tarses postérieurs noirs.

10. NÉMATE flavipède.

Noire, avec les pattes jaunes.

1. Némate du Saule-Marceau.

Nematus Capreæ.

Nematus flavus, capite, thorace abdomineque suprà nigris, alis puncto ordinario flavo.

Tenthredo Capreæ. Fabr. *Ent. Syst. em. t.* 2. *p.* 118. *n°.* 54. — *Syst. Pyezat. p.* 35. *n°.* 30.

Tenthredo Capreæ. Linn. *Syst. Nat. pag.* 928. *n°.* 55. — *Faun. Suec. n°.* 1572.

Tenthredo Capreæ. Panz. *Faun. Germ. Fasc.* 65. *tab.* 8.

Nematus Capreæ. Jur. *Hymen. p.* 60.

Elle a de trois à quatre lignes de long. Les antennes sont noires, de la longueur des deux tiers du corps. La tête est jaune, avec les yeux & le vertex noirs. Le corcelet est noir en dessus, jaune en dessous. L'abdomen est jaune, avec le dos seulement noir. Les côtés sont jaunes. Les pattes sont jaunes. Les ailes sont transparentes, avec les nervures noires; mais l'origine, le bord extérieur & le point marginal sont jaunes.

Elle se trouve dans toute l'Europe. La larve vit sur les Saules, les Groseillers.

2. Némate du Saule.

Nematus Salicis.

Nematus flavus, capite thoraceque suprà nigris, alis puncto ordinario nigro.

Tenthredo Salicis, *antennis septemnodiis, corpore flavo, vertice capitis thoracisque nigro.* Linn. *Syst. Nat. p.* 924 *n°.* 21. — *Faun. Suec. n°.* 1548.

Tenthredo flava, capite thoraceque suprà nigro. Geoff. *Inf. Parif. tom.* 2. *p.* 281. *n°.* 20.

Tenthredo Salicis. Fabr. *Ent. Syst. em. tom.* 2. *p.* 112. *n°.* 30. — *Syst. Pyezat. p.* 40. *n°.* 52.

Tenthredo. Deg. *Mem. Inf. tom.* 2. *pars* 2. *pag.* 999. *n°.* 17. *pl.* 38. *fig.* 1. Larva.

Frisch. *Inf. Germ.* 6. *tab.* 4.

Goed. *Inf. tom.* 1. *tab.* 18.

List. Goed. 125. *tab.* 49.

Albin. *Inf. tab.* 5. *fig.* g. h.

Reaum. *Mem. Inf. tom.* 1. *tab.* 1. *fig.* 18. Larva. — *Tom.* 5. *tab.* 11. *fig.* 10.

Elle est un peu plus grande que la précédente. Les antennes sont noires, presque de la longueur du corps. La tête est noire en dessus, jaune en dessous. L'abdomen est entiérement jaune. Le bord extérieur de l'aile supérieure, ainsi que le point, est noirâtre. Le dessous du corps est jaune. Les pattes sont jaunes, avec les tarses postérieurs d'un jaune-obscur.

Elle se trouve dans toute l'Europe. La larve vit sur le Saule; elle a vingt pattes, dont six écailleuses, & quatorze membraneuses. Le corps est d'un bleu-verdâtre, avec les trois premiers anneaux & les trois derniers d'un jaune-fauve, & neuf rangées longitudinales de points noirs.

3. Némate blonde.

Nematus flavus.

Nematus flavus, abdomine compresso subpellucido.

Tenthredo flava. Fabr. *Syst. Pyez. p.* 37. *n°.* 39.

Nematus flavus. Jur. *Hym. p.* 60.

Elle est plus grande que les précédentes. Les antennes sont jaunes, avec les derniers anneaux un peu obscurs. Le corcelet est jaune. L'abdomen est comprimé, presque transparent, jaune, sans tache. Les ailes sont jaunâtres. Les pattes sont jaunes.

Elle se trouve dans l'Amérique méridionale.

4. Némate septentrionale.

Nematus septentrionalis.

Nematus niger, pedibus posticis compressis, dilatatis.

Tenthredo septentrionalis. Linn. *Syst. Nat. pag.* 926. *n°.* 36. — *Faun. Suec. n°.* 1558.

Tenthredo septentrionalis. Fabr. *Ent. Syst. em. tom.* 2. *p.* 119. *n°.* 56. — *Syst. Pyez. p.* 42. *n°.* 63.

Tenthredo septentrionalis. Deg. *Mem. Inf. tom.* 2. *pars* 2. *p.* 995. *n°.* 16.

Schœffer, *Icon. Inf. tab.* 167. *fig.* 5. 6.

Panz. *Faun. Germ. Fasc.* 64. *tab.* 11.

Elle est de la grandeur des précédentes. Les antennes sont noires, presqu'aussi longues que le corps. La tête & le corcelet sont noirs, L'abdomen est rougeâtre au milieu, mais la base & l'extrémité sont noirs. Les cuisses sont rousses; les quatre jambes antérieures sont blanches à leur base, & rousses dans le reste de leur étendue; les tarses sont d'un brun-jaunâtre. Les pattes postérieures sont fort longues. La jambe est blanche, avec l'extrémité un peu dilatée, aplatie & noire. Les tarses postérieurs sont noirs. Le premier article est grand, dilaté, aplati.

Elle se trouve au nord de l'Europe. La larve vit en société sur l'Aulne, le Bouleau; elle a près d'un pouce de longueur & porte vingt pattes. La couleur du corps est d'un vert de mer ou d'un vert céladon; mais le premier & le dernier anneau sont d'un jaune-orange. Les pattes membraneuses sont du même jaune, mais les écailleuses sont vertes comme le reste du corps. La tête est toute noire & luisante. De chaque côté du corps, au dessus des ſtigmates, on voit une ſuite de onze taches noires, circulaires, aſſez grandes; & plus bas que les ſtigmates il y a deux ſuites de taches ovales, noires, élevées, luiſantes, écailleuſes, & plus petites que les précédentes. Sur le deſſus du derrière on voit une plaque écailleuſe, noire, luiſante, qui couvre l'ouverture de l'anus. Tout le long du dos il y a une ligne d'un vert plus obſcur que celui du corps.

5. Némate lucide.

Nematus lucidus.

Nematus niger, nitidus, abdominis baſi maculis quatuor pedibuſque rufis.

Nematus lucidus. Jurine, *Hymen. p.* 60.

Tenthredo lucida. Panz. *Faun. Germ. Faſc.* 82. *tab.* 10.

Les antennes ſont noires, ſétacées, preſque de la longueur du corps. La tête eſt noire, avec la bouche jaune. Le corcelet eſt noir, avec une tache triangulaire, rougeâtre, placée de chaque côté, à la partie antérieure. L'abdomen eſt noir, marqué, vers la baſe, de quatre taches rougeâtres. Les pattes ſont rougeâtres, avec les tarſes poſtérieurs noirs. Les ailes ſont tranſparentes, avec le point ordinaire noir.

Elle ſe trouve en Allemagne.

6. Némate jaune.

Nematus luteus.

Nematus ferrugineus, pectore nigro bimaculato, alis baſi flaveſcentibus.

Nematus luteus. Jurin. *Hymen. p.* 60.

Nematus luteus. Panz. *Faun. Germ. Faſc.* 90. *tab.* 10.

Les antennes ſont de la longueur du corcelet, jaunes, avec la baſe obſcure en deſſus. Tout le corps eſt d'un jaune-fauve, avec deux taches noires ſur la poitrine. Les pattes ſont de la couleur du corps. Les ailes ſont tranſparentes, avec le point ordinaire jaune, & la baſe marquée d'une teinte jaune.

Elle ſe trouve en France, en Allemagne.

7. Némate miliaire.

Nematus miliaris.

Nematus flavus, abdominis dorſo maculis ſeriatis nigris.

Nematus miliaris. Jurin. *Hymen. p.* 60.

Tenthredo miliaris, *antennis ſeptemnodiis flava, abdomine lineâ longitudinali punctorum nigrorum, alis puncto flavo.* Panz. *Faun. Germ. Faſc.* 45. *tab.* 13.

Elle a environ quatre lignes de long. Les antennes ſont plus longues que le corcelet, jaunes, avec les deux premiers articles & la partie ſupérieure des autres noirs. La tête eſt jaune, avec une tache ſur le front, & un point à la baſe de chaque antenne, noir. Les yeux ſont noirs. Le corcelet eſt jaune, avec une ligne courte & deux petites taches noires. L'abdomen eſt jaune, avec une tache noire ſur le milieu de chaque anneau, excepté ſur le dernier. Les pattes ſont d'un jaune-pâle. Les ailes ſont tranſparentes & ont le point ordinaire jaune.

Elle ſe trouve en Allemagne.

8. Némate noire.

Nematus niger.

Nematus niger, thorace antice pedibuſque flavis.

Nematus niger. Jurin. *Hymen. p.* 60. *tab.* 6. *gen.* 5.

Elle a environ quatre lignes de long. Les antennes ſont noires, un peu plus longues que le corcelet. La tête eſt noire, avec l'extrémité des mandibules rougeâtre. Le corcelet eſt noir, avec la partie antérieure jaune. L'écuſſon eſt marqué d'un point jaune. L'abdomen eſt noir. Les pattes ſont d'un jaune-obſcur.

Elle ſe trouve en France.

9. Némate ruficorne.

Nematus ruficornis.

Nematus niger, antennis pedibuſque rufeſcentibus, tarſis poſticis nigris.

Elle n'a pas trois lignes de long. Les antennes ſont preſqu'auſſi longues que le corps, d'un fauve-obſcur, avec les deux premiers anneaux noirs. Les antennules ſont jaunâtres. Tout le corps eſt noir, avec un point calleux jaune à l'origine des ailes. Les pattes ſont jaunâtres, avec la baſe des quatre cuiſſes antérieures, les cuiſſes poſtérieures en entier, & les tarſes poſtérieurs, noirs. Les ailes ſont tranſparentes, avec le point ordinaire noir.

Elle ſe trouve aux environs de Paris.

10. Némate flavipède.

Nematus intercus.

Nematus niger, pedibus flavis. Panz. *Faun. Germ. Faſc.* 90. *tab.* 11.

Nematus intercus. Jurin. *Hymen. p.* 60.

Tenthredo intercus *nigra, pedibus flavis, antennis ſubclavatis.* Linn. *Syſt. Nat.* 2. *p.* 927. *n°.* 50. — *Faun. Suec. n°.* 1568.

Elle a à peine deux lignes de long. Les antennes ſont filiformes, de la longueur du corcelet. Tout le corps eſt noir, avec les pattes & la bouche jaunes, & un point calleux de la même couleur à la base des ailes.

La larve vit sur différentes plantes, & notamment sur le Saule; elle y forme une galle rougeâtre sur les feuilles, dans laquelle elle prend son accroissement & s'y transforme en insecte parfait.

Elle se trouve en France, en Allemagne, en Suède.

NÉMESTRINE. *Nemestrina*. Genre d'insectes de l'Ordre des Diptères & de la famille des Anthraciens.

Un insecte remarquable par la longueur de la trompe & la forme des ailes, que j'ai apporté d'Egypte, & que j'ai communiqué depuis long-tems à M. Latreille, a donné occasion à ce savant, d'établir, dans l'Ordre des Diptères, un nouveau genre d'insectes, sous le nom de *Némestrine*, qu'il place avec raison dans la famille des Anthraciens, quoique la forme de la trompe dût le rapprocher des Bombyliers.

Ce genre paroît devoir être nombreux en espèces; car j'en ai rapporté six de mes voyages: la collection de M. Bosc m'en a fourni une septième, & M. Latreille en a reçu depuis peu une huitième des bords de la Caspienne, qu'il a bien voulu me communiquer. Les Némestrines néanmoins sont encore très-rares dans les collections, & il faut croire que Fabricius n'a jamais eu occasion d'en observer; car il n'eut certainement pas manqué, d'après les caractères bien tranchés qu'offrent les antennes & la trompe, d'en établir un genre, à moins qu'il n'eût préféré de les joindre à ses Cythérées, dont elles diffèrent pourtant à bien des égards, mais dont elles se rapprochent par la forme & l'insertion des antennes.

Les caractères que M. Latreille assigne à ce genre, sont très-exacts; mais n'ayant eu sous les yeux qu'un très-petit nombre d'individus, il n'a pu observer & décrire les pièces qui forment la trompe; & c'est dans cet organe si important, si varié & si apparent dans les Diptères, qu'il faut nécessairement chercher les caractères essentiels d'un genre. Nous suppléerons à ce que cet infatigable entomologiste a omis, les circonstances dans lesquelles nous nous sommes trouvés nous ayant permis d'observer un plus grand nombre de ces insectes, qu'il n'a pû le faire.

Les Némestrines ont les antennes courtes, fort distantes l'une de l'autre; une trompe très-longue, pointue, portée en avant; les ailes réticulées à leur extrémité; les tarses terminés par trois pelotes & deux crochets.

Ces insectes diffèrent des Anthrax par la longueur de la trompe, & la distance qu'il y a d'une antenne à l'autre; ils diffèrent des Mulions de M. Latreille, ou des Cythérées de Fabricius, par les antennes composées de six articles, dont trois gros & trois fort minces. Ils diffèrent des uns & des autres par la disposition des nervures des ailes, & par le corps beaucoup moins velu.

Les antennes des Némestrines sont composées de six articles, dont trois sont assez gros: le premier est fort court, le second presque globuleux; le troisième, un peu plus gros & un peu plus long que les deux autres, est terminé en pointe. Les trois autres articles ressemblent à un fil fort menu; le dernier des trois est le plus long. Elles sont insérées fort près des yeux, & sont beaucoup plus distantes l'une de l'autre, que dans aucun autre genre de Diptères.

La trompe, aussi longue que la moitié ou les deux tiers du corps, ressemble un peu à celles des Bombilles: elle est déliée, pointue, portée en avant dans un plan un peu incliné; elle est formée de cinq pièces; savoir: la gaîne, trois soies & la languette. Celle-ci est un peu plus courte que la gaîne, & aussi longue que les deux soies latérales. Les soies sont d'inégale longueur: l'une d'elles, celle du milieu, est un peu plus courte que les deux autres. La gaîne est creusée en gouttière à sa partie supérieure, & est bifide à son extrémité.

A la base inférieure de la trompe sont insérées deux antennules filiformes, triarticulées, qui se relèvent un peu & viennent se coller contre la partie latérale, un peu supérieure de la gaîne.

La tête est aussi large que le corcelet, un peu conique à l'origine de la trompe, munie sur le vertex, de trois petits yeux lisses, & sur les côtés, de deux grands yeux à réseaux, fort distans l'un de l'autre dans les deux sexes.

Le corcelet est presque cylindrique, peu convexe. L'abdomen est presque triangulaire, un peu convexe en dessus, un peu concave en dessous, terminé en pointe plus ou moins alongée, où sont placés deux petits crochets, en forme d'épines un peu recourbées.

Les pattes sont assez longues, un peu grêles. Le premier article des tarses est long; les trois suivans sont courts, presqu'égaux; le dernier est terminé par trois pelotes assez longues & égales, & par deux crochets assez forts.

Les ailes sont grandes, ordinairement ouvertes & étendues par les côtés; elles ont plusieurs nervures bien marquées, & la partie qui se trouve à l'extrémité, est régulièrement réticulée. Il n'y a que les deux dernières espèces que nous publions ici, dont l'extrémité ne soit pas réticulée. Les nervures longitudinales, dans ces deux espèces, sont disposées de même; mais il manque les nervures transversales pour produire le même réseau que dans les autres.

Le balancier est long, fort mince, & terminé par un très-petit bouton.

Les Némestrines, comme tous les insectes de la famille des Anthraciens, volent avec la plus grande légéreté, se transportent à de grandes distances, & ne se reposent pas long-tems sur les mêmes fleurs. Il ne leur faut que quelques instans pour introduire leur longue trompe au fond des calices, & en retirer tout le suc mielleux qui s'y trouve répandu. Souvent même, après avoir voltigé au-devant d'une fleur, & reconnu qu'elle ne leur offroit point de provisions, ils la quittent brusquement pour en aller flairer une seconde, une troisième & quelquefois un grand nombre. Elles ne se reposent que sur celles dont le nectar n'a pas été enlevé par quelqu'autre insecte.

Nous ne connoissons point encore les métamorphoses & la larve des Némestrines.

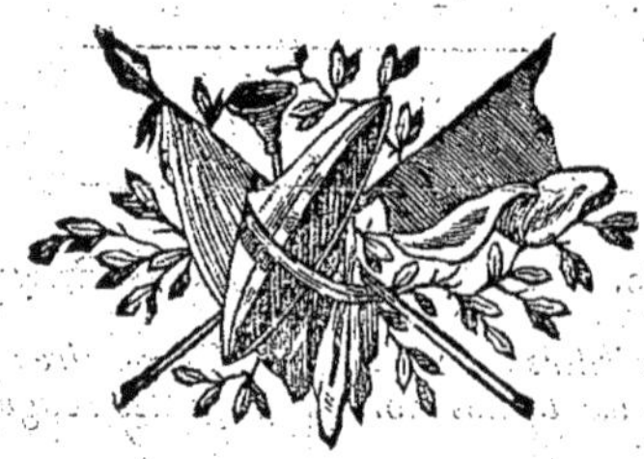

NÉMESTRINE.

NEMESTRINA. LATR.

CARACTÈRES GÉNÉRIQUES.

Antennes très-distantes, composées de six articles, dont trois assez gros, et les trois derniers fort minces.

Trompe longue, droite, avancée, formée de cinq pièces : soies d'inégale longueur; deux aussi longues que la lèvre supérieure, une un peu plus courte.

Deux antennules filiformes, recourbées.

Ailes chargées de nervures, ordinairement réticulées à l'extrémité.

ESPÈCES.

1. Némestrine réticulée.

Cendrée ; abdomen noirâtre, avec le bord des anneaux et deux taches dorsales, blanches.

2. Némestrine cendrée.

Cendrée ; corcelet rayé ; abdomen avec deux taches transverses, noirâtres.

3. Némestrine âtre.

Très-noire, sans tache ; ailes noirâtres.

4. Némestrine abdominale.

Très-noire ; abdomen rouge, avec une raie dorsale, noire.

5. Némestrine rufipède.

Très-noire ; front, côtés de l'abdomen et pattes rouges.

6. Némestrine pallipède.

Noirâtre, velue de gris ; pattes pâles, avec les cuisses noires.

7. Némestrine fasciée.

Cendrée, un peu rousseâtre ; abdomen noir, avec des bandes blanches.

8. Némestrine anale.

Velue, cendrée ; abdomen noir, avec trois bandes blanches et l'anus fauve.

1. Némestrine réticulée.

Nemestrina reticulata.

Nemestrina cinerea, abdomine nigro, segmentorum margine maculisque duabus dorsalibus albis.

Nemestrina reticulata. Latr. *Hist. nat. des Crust. & des Ins. tom.* 14. *p.* 319. — *Gen. Crust. & Ins. tom.* 4. *p.* 307. *tab.* 15. *fig.* 5. 6.

Elle a près de sept lignes de long. La trompe est noire, de la longueur des deux tiers du corps. Les antennes sont noires. Le front & la base de la trompe sont couverts d'un duvet cendré, & on voit, entre le front & le vertex, une tache brune, presque lisse, triangulaire ou en cœur. Le corcelet est couvert de poils fins, cendrés, & on remarque, sur le dos, quelques lignes longitudinales plus claires. L'abdomen est noirâtre, avec le premier anneau, le bord des autres; une tache au milieu du second; une autre sur le troisième, qui manque quelquefois, d'un gris très-clair. Les cuisses sont noirâtres, avec l'extrémité fauve. Les jambes & les tarses sont fauves. On voit des poils blanchâtres sur les cuisses. Les ailes ont, dans les deux tiers de leur longueur, une teinte obscure; le tiers restant est vitré & réticulé.

Je l'ai trouvée dans les îles de l'Archipel, en Syrie, en Égypte.

2. Némestrine cendrée.

Nemestrina cinerea.

Nemestrina cinerea, thorace lineato; abdomine maculis duabus transversis, fuscis.

Elle ressemble à la précédente pour la forme & la grandeur. La trompe est noire, de la longueur des deux tiers du corps. Les yeux sont bruns, un peu dorés. La tête est d'un gris-cendré, sans tache. Les trois petits yeux lisses sont noirs. Le corcelet est gris, avec quelques lignes longitudinales plus claires. L'abdomen est d'un gris-cendré, avec une tache transverse, brune, de chaque côté du second anneau. Les pattes sont d'un jaune-fauve. Les ailes ont une très-légère teinte obscure, avec le bord interne & l'extrémité vitrés. L'extrémité de l'aile est réticulée comme dans la précédente.

Je l'ai trouvée en Arabie, sur des fleurs.

3. Némestrine âtre.

Nemestrina atra.

Nemestrina atra, immaculata, alis fuscis.

Elle est à peu près de la grandeur des précédentes. La trompe est noire, un peu plus courte que le corcelet. Les yeux sont noirâtres. Tout le corps est très-noir, peu velu, luisant. On voit au dessus de la base des antennes, une petite ligne blanchâtre. Les ailes ont une teinte brune dans toute leur étendue, & sont un peu plus réticulées que les deux premières espèces.

Je l'ai trouvée en Égypte, sur des fleurs.

4. Némestrine abdominale.

Nemestrina abdominalis.

Nemestrina atra, abdomine rufo, vittâ dorsali nigrâ.

Elle a six lignes de long. La trompe est noire, un peu plus courte que le corcelet. Les yeux sont bruns. La tête est noire, avec une petite bande blanche sur le front. Le corcelet est très-noir, peu velu, luisant. L'abdomen est rouge, avec une raie noire sur le dos, qui va en diminuant un peu de largeur. Les pattes sont très-noires. Les ailes sont réticulées, & ont une teinte brune qui s'éclaircit vers l'extrémité.

Je l'ai trouvée en Égypte, sur différentes fleurs.

5. Némestrine rufipède.

Nemestrina rufipes.

Nemestrina nigra, fronte, abdominis lateribus pedibusque rufis.

Elle a environ six lignes de long. La trompe est noire, de la longueur du corcelet. Les antennes sont rouges. La tête est brune, couverte d'un duvet roux, avec le front rouge. Le corcelet est noir, avec des poils roux en dessous, sur les côtés, & fort peu en dessus. L'abdomen est rouge, avec tout le dos noir. Les pattes sont d'un rouge-fauve. Les ailes sont brunes, avec la partie réticulée transparente.

Je l'ai trouvée sur des fleurs, en Égypte.

6. Némestrine pallipède.

Nemestrina pallipes.

Nemestrina fusca, cinereo-villosa, pedibus pallidis, femoribus nigris.

Elle ressemble aux précédentes. La trompe est noire, presque de la longueur du corps. Les antennes sont noires, avec le premier article brun. Le corcelet est noirâtre, couvert d'un duvet fin, long, cendré. L'abdomen est de la même couleur, avec un duvet cendré sur le bord des anneaux. Les jambes & les tarses sont d'un ferrugineux-pâle. Les cuisses sont noires, avec l'extrémité d'un ferrugineux-pâle.

Elle se trouve à Java.

Du cabinet de M. Bosc.

7. Némestrine fasciée.

Nemestrina fasciata.

Nemestrina rufo-cinerescens, abdomine nigro, albo fasciato.

Elle ressemble à la Némestrine réticulée pour la forme & la grandeur. La trompe est noire, de la longueur de la moitié du corps. Les antennes sont noires. Les yeux sont bruns, avec un léger reflet cuivreux. La tête est grise, tomenteuse. Le corcelet est tomenteux, d'un gris un peu rousseâtre. L'abdomen est noirâtre, avec le premier anneau d'un gris rousseâtre; les autres ont une bande au milieu, d'un gris fort clair. Le dessous de l'abdomen est couvert de poils rousseâtres. Les pattes sont noirâtres, avec quelques poils cendrés sur les cuisses. Les ailes sont transparentes, avec les nervures noires: on n'y remarque pas les nervures transversales qui forment le réseau des espèces précédentes.

Je l'ai trouvée en Égypte, sur différentes fleurs.

8. Némestrine anale.

Nemestrina analis.

Nemestrina cinereo villosa, abdomine nigro, fasciis tribus albis anoque rufescente.

Elle ressemble à la précédente pour la forme & la grandeur. La trompe est noire, plus longue que la moitié du corps. Les antennes sont noires. Les yeux sont noirâtres. La tête, le corcelet & la poitrine sont noirâtres, mais couverts de poils fins, serrés, gris. L'abdomen est noir, avec trois bandes d'un gris-blanc, placées à la base des anneaux. L'anus est d'un jaune-fauve. Les pattes sont noires, avec un léger duvet gris.

Elle se trouve aux environs de la mer Caspienne, & m'a été communiquée par M. Latreille.

NÉMOGLOSSATES. *Nemoglossata.* Nom que M. Latreille avoit donné à sa seconde division des insectes de l'Ordre des Hyménoptères, & répondant, en grande partie, au genre Apis de Linné. La lèvre inférieure est en forme d'une langue étroite, linéaire & fort longue: les palpes labiaux ressemblent à des soies écailleuses. Cette division formoit aussi sa vingt-neuvième famille, devenue aujourd'hui sa vingt-huitième, celle des Apiaires. *(Voy. ce mot dans les Supplémens.)*

NÉMOGNATHE. *Nemognatha.* Genre d'insectes de la seconde section de l'Ordre des Coléoptères & de la famille des Cantharidies.

Les Némognathes ont deux antennes filiformes, plus courtes que le corps; la tête inclinée; la bouche munie de mâchoires très-alongées, en forme de trompe; les élytres de largeur égale, & les tarses filiformes, terminés par quatre crochets.

Ces insectes ont été placés, par Fabricius, parmi les Zonites, auxquels ils ressemblent beaucoup, & dont ils ne diffèrent essentiellement que par le prolongement des mâchoires & par le second article des antennes, qui est à peu près aussi grand que les autres. M. Latreille est le premier qui en ait indiqué le genre dans ses *Considérations générales sur l'ordre naturel des Crustacés, des Arachnides & des Insectes.*

La bouche des Némognathes est composée d'une lèvre supérieure, de deux mandibules, de deux mâchoires, d'une lèvre inférieure & de quatre antennules.

La lèvre supérieure est coriacée, avancée, arrondie, fortement ciliée à son bord antérieur.

Les mandibules sont cornées, avancées, arquées, terminées en pointe, un peu creusées intérieurement, & munies d'une petite dent vers leur base. A la base interne est attachée une pièce coriacée, plate, presque transparente, ciliée le long de son bord interne, qui ne s'avance qu'aux deux tiers de la mandibule.

Les mâchoires sont cornées, prolongées, minces, terminées en pointe fine. A leur base interne, elles sont sinuées & fortement ciliées.

La lèvre inférieure est coriacée, étroite, un peu avancée, en cœur ou bilobée à son extrémité.

Les antennules antérieures sont filiformes, quadriarticulées. Le premier article est court, presque cylindrique. Le second est fort long. Le troisième l'est un peu moins. Le dernier est aussi long que le troisième, & tronqué à son extrémité. Elles sont insérées à la base externe des mâchoires.

Les antennules postérieures sont composées de trois articles, dont le premier est court & cylindrique. Le second est presque conique. Le troisième, aussi long ou même un peu plus long que le second, est presque cylindrique ou très-peu renflé vers son milieu.

Les antennes sont filiformes, plus courtes que le corps, composées de onze articles, dont le premier est à peine plus renflé que les autres, à son extrémité. Le second est presqu'aussi long, & les autres sont à peu près égaux entr'eux. Elles sont insérées à la partie latérale antérieure de la tête, très-près des yeux.

Les yeux sont assez grands, peu saillans, presque réniformes; c'est-à-dire qu'ils ont une légère entaille à leur partie antérieure, vis-à-vis l'insertion des antennes.

La tête est inclinée, un peu déprimée, de la largeur du corcelet; elle tient à celui-ci par un col fort court & étroit.

Le corcelet est peu convexe, arrondi sur les côtés, plus étroit que les élytres.

L'écusson est petit & triangulaire. Les élytres sont coriacées, un peu flexibles, de largeur presque égale; elles couvrent deux ailes membraneuses, repliées.

Le corps a une forme alongée, presque cylindrique.

Les pattes sont de longueur moyenne : les hanches des quatre antérieures sont assez grandes. Les cuisses & les jambes sont simples, & les tarses sont filiformes ; ils sont composés de cinq pièces aux quatre antérieurs, & de quatre aux deux postérieurs. Le premier article est fort long. Les suivans vont en diminuant de longueur. Le dernier est un peu alongé, & terminé par quatre crochets, dont les deux inférieurs sont plus minces que les deux autres.

Ces insectes, dont on ne connoit jusqu'à présent que deux espèces étrangères à l'Europe, fréquentent les fleurs dans la belle saison, & s'y tiennent fixés ordinairement comme les Cantharides, les Mylabres & les Cérocomes, dont ils ont à peu près la même manière de vivre. Nous n'avons rien à dire sur leurs larves, dont nous ignorons la manière de vivre & les métamorphoses.

NÉMOGNATHE.

NEMOGNATHA, LATR. *ZONITIS*. FABR.

CARACTÈRES GÉNÉRIQUES.

Antennes filiformes, plus courtes que le corps, composées de onze articles presque égaux.

Quatre antennules filiformes.

Mâchoires cornées, très-prolongées et sétiformes.

Tarses filiformes, terminés par quatre crochets; les quatre antérieurs de cinq articles, les postérieurs de quatre.

ESPÈCES.

1. NÉMOGNATHE rostré.

Testacé; poitrine et trois taches sur les élytres, noires.

2. NÉMOGNATHE rayé.

Noir en dessous, testacé en dessus; élytres avec une large raie noire.

1. Némognathe rostré.

Nemognatha rostrata.

Nemognatha testacea, pectore elytrorumque punctis tribus nigris.

Zonitis rostrata. Fabr. *Ent. Syst. em. tom.* 1. *pars* 2. *p.* 50. *n°.* 7. — *Syst. Eleut. tom.* 2. *p.* 24. *n°.* 10.

Nemognatha. Latr. *Consid. sur les Ins. p.* 216. *genre* 216.

Il est de la grandeur du Némognathe rayé. La tête est testacée, & les mâchoires sont plus longues qu'elle; mais beaucoup plus courtes que dans l'espèce qui suit. Le corcelet est testacé. Les élytres sont lisses, testacées, avec un petit point noir à la base; un autre plus grand vers le milieu, & un troisième à l'extrémité. Le dessous du corps est testacé, avec la poitrine & la base de l'abdomen noires.

Il se trouve sur la côte de Barbarie, d'où il a été apporté par M. Desfontaines.

2. Némognathe rayé.

Nemognatha vittata.

Nemognatha subtùs nigra, suprà testacea, elytris vittâ latâ nigrâ.

Zonitis piezata *ferruginea, elytris testaceis; vittâ latâ atrâ.* Fabr. *Ent. Syst. Suppl. p.* 104.

Zonitis vittata. Fabr. *Syst. Eleut. tom.* 2. *p.* 24. *n°.* 11.

Il a cinq lignes de longueur. Les antennes sont noires. La tete est pointillée, testacée, avec une tache sur le vertex; les antennules, la lèvre supérieure & les mâchoires, noires. Les mâchoires sont presque de la longueur du corps. Le corcelet est pointillé, testacé, avec une tache sur le dos, noire. L'écusson est noir. Les élytres sont pointillées, noires, avec la base, le bord extérieur & la suture, testacés. Le corps & les pattes sont noirs.

Il a été apporté de la Caroline par M. Bosc.

NÉMOPTÈRE. *Nemoptera.* Genre d'insectes de la troisième section de l'Ordre des Névroptères & de la famille des Panorpiens.

Les Némoptères ont quatre ailes, dont deux supérieures, réticulées, & deux inférieures, longues, linéaires; deux antennes filiformes ou sétacées; la tête avancée en forme de bec, conique; six antennules filiformes, & les tarses composés de cinq pièces.

Ce genre, détaché par M. Latreille, de celui de Panorpe, se fait remarquer surtout par la forme des ailes inférieures, que nous avons dit être linéaires, & par la différence que présentent les parties de la bouche, qui sont portées au bout d'un bec cylindrique, long & corné dans les Panorpes, & qui sont au bout d'un avancement conique & presque membraneux dans les Némoptères.

Les antennes sont filiformes ou sétacées, plus courtes ou aussi longues que le corps, composées d'un grand nombre d'articles très-courts, cylindriques, un peu velus; elles sont insérées entre les yeux, & sont assez rapprochées à leur base.

La bouche forme un museau conique, incliné: on y remarque une lèvre supérieure, deux mandibules, deux mâchoires, une lèvre inférieure & six antennules.

La lèvre supérieure est membraneuse, alongée, conique, émoussée ou un peu arrondie à son extrémité, creuse en dessous.

Les mandibules sont presque cornées, avancées, droites, pointues, & à peine courbées à leur extrémité, de la longueur de la lèvre supérieure.

Les mâchoires sont membraneuses, avancées, presque linéaires, coudées à leur base, un peu plus longues que les mandibules, finement ciliées à leur bord interne.

La lèvre inférieure est membraneuse, velue, avancée, de la longueur des mandibules, plus courte que les mâchoires, terminée en pointe.

Les antennules antérieures sont courtes, minces, filiformes, biarticulées, insérées vers l'extrémité de la mâchoire, qu'elles ne dépassent pas, & contre laquelle elles sont collées.

Les antennules intermédiaires sont filiformes, guère plus longues que les mâchoires, composées de quatre articles, dont le premier est le plus long; les autres sont presqu'égaux & cylindriques: elles sont insérées à quelque distance du coude que fait la mâchoire.

Les antennules postérieures sont filiformes, & composées de trois articles, dont le premier & le second sont un peu plus longs que le dernier; elles sont insérées vers le milieu de la lèvre inférieure, & la dépassent un peu.

La tête n'est pas aussi large que le corcelet, dont elle est séparée par un col plus étroit & cylindrique. Les yeux sont saillans, arrondis & placés à la partie latérale. On ne voit point de petits yeux lisses.

Le corcelet est peu convexe, de forme presque ovale. On y remarque un enfoncement cruciforme, & un segment postérieur, fort court, d'où partent les deux ailes inférieures.

L'abdomen est alongé, cylindrique, composé de plusieurs anneaux ou segmens. Les pattes sont simples, grêles, de longueur moyenne. Les tarses sont filiformes & composés de cinq articles, dont le premier est très-long ; les trois suivans sont courts, égaux entr'eux ; le dernier est plus long que ceux-ci, & terminé par deux ongles crochus.

Les ailes supérieures sont d'un ovale plus ou moins alongé : les nervures qu'on y remarque, forment un réseau très-régulier. Les inférieures sont très-longues, fort minces, un peu contournées & un peu renflées vers leur extrémité.

Ces insectes, dont nous ne connoissons point les métamorphoses & la manière de vivre, volent fort mal, se transportent lentement & en agitant péniblement leurs ailes, à de petites distances ; de sorte qu'on peut les saisir avec la plus grande facilité. Je les ai vus infiniment multipliés, & m'ont paru avoir une existence fort courte. Huit jours après leur première apparition, je n'en retrouvois plus, si ce n'est lorsque j'ai été de Bagdad en Perse : comme j'allois d'un pays brûlant vers une région plus tempérée, j'ai vu, pendant plus de vingt jours de suite, presque toujours aussi abondamment la quatrième espèce que je décris.

NEMOPTÈRE.

NÉMOPTÈRE.

NEMOPTERA. LATR. *PANORPA.* LINN. FABR.

CARACTÈRES GÉNÉRIQUES.

Antennes filiformes ou sétacées; articles très-nombreux, peu distincts.

Bouche inclinée, avancée, conique, pourvue de mandibules, de mâchoires et de six antennules filiformes.

Ailes inférieures longues, linéaires, contournées à leur extrémité.

Cinq articles aux tarses; les trois intermédiaires fort courts.

ESPÈCES.

1. NÉMOPTÈRE de Cos.

Ailes jaunâtres, avec un grand nombre de points et quelques taches, noirs.

2. NÉMOPTÈRE sinuée.

Ailes jaunes, avec quatre bandes sinuées, noires.

3. NÉMOPTÈRE à balanciers.

Ailes transparentes, avec une ligne jaunâtre vers le bord extérieur.

4. NÉMOPTÈRE étendue.

Ailes transparentes, sans tache; les inférieures avec deux expansions noires.

5. NÉMOPTÈRE pâle.

D'un jaune-pâle; ailes transparentes; les postérieures linéaires, blanches, avec une bande noirâtre.

6. NÉMOPTÈRE blanche.

Blanche, sans tache; les inférieures sétacées.

1. Némoptère de Cos.

Nemoptera coa.

Nemoptera alis flavescentibus, punctis numerosis maculisque plurimis nigris.

Panorpa coa, *alis erectis, posticis sublinearibus longissimis.* Linn. *Syst. Nat. p.* 915. *n°.* 4.

Panorpa coa. Fabr. *Syst. Ent. p.* 314. *n°.* 5.

Panorpa halterata. Fabr. *Gen. Ins.* — *Mant. p.* 245. — *Mant. Ins. tom.* 1. *p.* 251. *n°.* 6.

Panorpa coa. Fabr. *Ent. Syst. Suppl. p.* 208.

Ephemera coa. Hasselq. *Iter. Ins. Class.* 5. *n°.* 90. *p.* 462. *edit. Germ.*

Acta Stockh. 1747. *p.* 176. *tab.* 6. *fig.* 1.

Nemoptera coa. Latr. *Hist. nat. des Crust. & des Ins. tom.* 13. *p.* 20. *pl.* 97 bis. *fig.* 2. — *Gen. Crust. & Ins. tom.* 3. *p.* 186.

Panorpa coa. Coqueb. *Illustr. Ins. Decas* 1. *p.* 15. *tab.* 3. *fig.* 3.

Petiv. *Gaz.* 1. *tab.* 73. *fig.* 1.

On ne fait pas précisément quelle est l'espèce que Linné a eue en vue. Sa phrase est peu caractéristique, mais les citations annoncent que c'est celle-ci.

Quant à Fabricius, il paroît, par ses citations, qu'il a confondu ensemble deux ou trois espèces, même dans ses derniers ouvrages. La Némoptère de Cos est pourtant très-distincte de toutes les autres, si ce n'est de la seconde, avec laquelle elle a les plus grands rapports. Les antennes sont noires, filiformes, plus courtes que le corps. La tête, le corcelet & l'abdomen sont mélangés de jaune & de noir. Les ailes sont grandes, larges, presqu'ovales, d'un jaune-pâle, avec un grand nombre de points & quelques taches d'un noir peu foncé. Les inférieures sont linéaires, obscures depuis la base jusqu'au-delà du milieu; elles s'élargissent peu, & ont trois taches blanches & deux noires, alternes, la première & la dernière étant blanches. Les pattes sont pâles, avec des poils roides ou piquans noirs, & les tarses obscurs.

Elle se trouve dans les îles de l'Archipel, dans la Morée. Je l'ai trouvée abondamment en juin, dans l'île de Négrepont & aux environs d'Athènes.

2. Némoptère sinuée.

Nemoptera sinuata.

Nemoptera alis flavis; punctis fasciisque quatuor sinuatis, nigris.

Elle est un peu plus grande que la précédente, l'une ayant, les ailes étendues, de vingt-une à vingt-quatre lignes de largeur, & l'autre de vingt-six à vingt-huit. Les antennes sont noires, presque de la longueur du corps. La tête & le corcelet sont noirs, peu tachés de jaune. L'abdomen est noir, avec une ligne dorsale jaune. Les ailes supérieures sont grandes, larges, ovales, un peu oblongues, d'un jaune un peu verdâtre, avec quelques points noirs vers la base & quatre bandes très-sinuées, quelquefois interrompues, de la même couleur. Les ailes inférieures sont linéaires, longues, blanchâtres à leur base, noires au milieu, terminées, comme dans la précédente, par trois bandes ou taches blanches, & deux noires alternes. Les pattes sont pâles, avec les genoux & les tarses obscurs.

Je l'ai trouvée abondamment le 2 de juin, dans toute la plaine de Troye, qu'arrose le Scamandre.

3. Némoptère à balanciers.

Nemoptera halterata.

Nemoptera alis hyalinis, lineâ costali flavescente.

Panorpa halterata, *alis albidis reticulatis, halteribus triclavatis, corpore triplo longioribus.* Forsk. *Descript. Anim. p.* 97. *tab.* 25. *fig.* E.

Elle diffère beaucoup des précédentes. Les antennes sont filiformes, brunes, un peu plus courtes que le corps. La tête & le corcelet sont d'un jaune-brun, mélangés de jaune. L'abdomen est brun, avec une ligne dorsale jaune. Les pattes sont d'un jaune-brun. Les ailes supérieures sont oblongues, transparentes, avec le bord légérement obscur, & une ligne près de ce bord, jaunâtre, qui ne va pas jusqu'à l'extrémité. Les ailes inférieures sont brunes, depuis la base jusqu'au-delà du milieu, ensuite blanchâtres, avec une bande obscure.

Je l'ai trouvée fréquemment aux environs d'Alexandrie d'Égypte, dans les lieux incultes, au commencement du printems.

4. Némoptère étendue.

Nemoptera extensa.

Nemoptera alis hyalinis immaculatis; posticis biextensis, apice nigris.

Panorpa halterata, *alis erectis pallidis, costâ fuscâ, posticis linearibus longissimis subbiclavatis.* Fabr. *Ent. Syst. em. Suppl. p.* 208.

Elle a de vingt à vingt-quatre lignes de largeur, les ailes étendues. Les antennes sont noires, filiformes, de la longueur de la moitié du corps. La tête, le corcelet & l'abdomen sont mélangés de jaune & de brun. Les pattes sont jaunes. Les ailes supérieures sont oblongues, transparentes, avec un réseau noir, sans tache. Les inférieures sont linéaires, d'un blanc-obscur, depuis la base jusqu'au-delà du milieu; ensuite blanches, avec deux larges dilatations noires. La partie resserrée est blanche, & l'extrémité dilatée est noire.

Je l'ai trouvée abondamment dans les lieux arrosés, depuis Bagdad jusqu'au-delà de Kermanchak, dans le mois de mai & de juin.

5. Némoptère pâle.

Nemoptera pallida.

Nemoptera pallidè flava, alis hyalinis immaculatis, posticis linearibus albis, fasciâ fuscâ.

Elle ressemble à la Némoptère à balanciers. Les antennes sont noirâtres, sétacées, un peu plus longues que le corps. La tête est d'un jaune-clair. Le corcelet est jaune, avec le dos mélangé de brun-clair. L'abdomen est jaune, avec la partie supérieure mélangée de brun. Les ailes supérieures sont oblongues, transparentes, sans tache, avec les nervures jaunâtres, & un petit point blanc près du bord extérieur, vers l'extrémité. Les ailes inférieures sont très-longues, très-minces, à peine plus larges vers l'extrémité, avec une seule bande large, un peu obscure à quelque distance de l'extrémité. Les pattes sont jaunes.

Je l'ai trouvée abondamment dans le désert, à quinze lieues nord-ouest de Bagdad.

6. Némoptère blanche.

Nemoptera alba.

Nemoptera alba immaculata, alis posticis setaceis.

Elle a sept ou huit lignes de largeur, les ailes étendues. Tout le corps est blanc, sans tache. Les yeux seuls sont noirs. Les ailes supérieures sont transparentes, & ont leurs nervures blanches. Les ailes inférieures sont longues, sétacées, d'un blanc un peu obscur

Je l'ai trouvée abondamment à Bagdad, vers la fin de mai, le soir, dans les maisons.

NÉMOSOME. *Nemosoma.* Genre d'insectes de la troisième section de l'Ordre des Coléoptères & de la famille des Xilophages.

Ces insectes sont remarquables par une forme alongée, cylindrique; la tête grande, aussi large ou même plus large que le corcelet; les antennes en masse, à peine aussi longues que la tête; les pattes simples, assez courtes; les tarses filiformes, composés de quatre pièces.

Les Némosomes ressemblent aux Platypes & aux Hylurgues par la forme alongée du corps; mais ils en diffèrent, même au premier coup-d'œil, par les antennes, dont la masse alongée n'est composée que de trois articles bien distincts. Ces antennes, dont la longueur n'excède pas la tête, sont composées de dix articles, dont le premier est fort gros; les six qui suivent sont grenus; les trois derniers forment une masse alongée.

La bouche est composée d'une lèvre supérieure, de deux mandibules, de deux mâchoires, d'une lèvre inférieure & de quatre antennules.

La lèvre supérieure est cornée, courte, échancrée, & fortement ciliée à sa partie antérieure.

Les mandibules sont grandes, cornées, terminées en pointe aiguë, arquée, & munies, à leur partie interne, d'une ou de deux dents peu saillantes.

Les mâchoires sont cornées, entières, un peu arquées, légérement velues, & ciliées tout le long de leur partie interne.

La lèvre inférieure est cornée, courte, très-étroite, à peine apparente.

Les antennules antérieures sont une fois plus longues que les postérieures, & composées de quatre articles, dont le premier est mince & très-court; le troisième est un peu renflé, & le dernier est un peu plus mince & ovale. Elles ont leur insertion à la base extérieure des mâchoires.

Les antennules postérieures sont très-courtes, & composées de trois articles, dont le premier est peu apparent, & le second est un peu plus grand que le dernier. Elles ont leur insertion à la partie antérieure de la lèvre inférieure.

La tête est fort grande, cylindrique, peu inclinée, presqu'aussi longue que le corcelet. Les yeux sont petits, arrondis, très-peu saillans, & placés vers le milieu de la partie latérale.

Le corcelet est alongé, presque cylindrique, un peu plus étroit à sa jonction aux élytres, qu'à sa partie antérieure.

Les élytres sont dures, étroites, alongées. L'écusson est très-petit & triangulaire.

Les pattes sont simples, assez courtes : les antérieures ne sont ni plus grosses ni plus longues que les autres. Les tarses sont filiformes, & composés de quatre articles, dont les trois premiers sont les plus courts & égaux entr'eux; le quatrième est alongé, & terminé par deux petits crochets.

Les Némosomes habitent, dans leur dernier état, sous l'écorce morte des arbres, & il est probable que la larve vit dans le bois & se nourrit de sa substance.

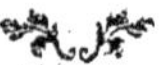

NÉMOSOME.

NEMOSOMA. LATR. *COLYDIUM.* HELLW. PANZ. HERBST.

CARACTÈRES GÉNÉRIQUES.

Antennes de la longueur de la tête, en masse alongée : premier article gros ; les suivans petits et grenus ; les trois derniers fort gros et distincts.

Mandibules grandes, avancées, intérieurement dentées.

Quatre antennules courtes, filiformes.

Tarses filiformes, composés de quatre pièces.

Corps alongé, étroit et cylindrique.

ESPÈCE.

NÉMOSOME alongé.

Alongé, noir ; antennes, pattes et base des élytres rougeâtres.

Némosome alongé.

Nemosoma elongatum.

Nemosoma nigrum nitidum, antennis pedibus basique elytrorum rufis.

Nemosoma elongatum. Latr. *Gen. Crust. & Ins. tom.* 3. *p.* 13. *tab.* 11. *fig.* 4. — *Hist. nat. des Crust. & des Ins. tom.* 11. *p.* 239.

Colydium fasciatum. Panz. *Faun. Germ. Fasc.* 31. *tab.* 22.

Colydium fasciatum. Herbst, *Coleopt.* 7. *t.* 112. *fig.* 12.

Il a deux lignes de longueur, & un tiers de ligne de largeur. Tout le corps est noir-luisant, avec les antennes, les pattes & presque la moitié des élytres d'un rouge peu foncé. La tête est finement pointillée, & marquée à sa partie antérieure d'un sillon assez grand, qui s'étend jusqu'au milieu. Les élytres sont à peine pointillées, & n'ont qu'une strie peu marquée le long de la suture. L'extrémité est quelquefois brune.

Il a été trouvé aux environs de Paris, sous l'écorce morte d'un Orme.

NÉMOTÈLE. Genre d'insectes de l'Ordre des Diptères, établi par Degeer, & adopté dans l'introduction à ce Dictionnaire, qui a reçu postérieurement le nom d'*Anthrax* par tous les auteurs. (*Voy. dans les Supplémens*, Anthrax.)

NÉMOTÈLE. *Nemotelus.* Genre d'insectes de l'Ordre des Diptères & de la famille des Stratiomydes.

Les Némotèles ont deux antennes articulées, grenues, rapprochées à leur base, & insérées sur un prolongement de la tête, en forme de bec; l'abdomen court, large, déprimé; deux ailes transparentes, ayant leurs nervures très-peu marquées.

Geoffroy est le premier qui ait distingué ce genre d'insectes. Linné avoit placé, parmi les Mouches, la seule espèce qu'il eût connue, & Fabricius en avoit rangé une autre parmi les Stratiomes. Nous avions suivi l'exemple de ce dernier, & avions nommé, comme Degeer, *Némotèle* les Diptères qui portent actuellement le nom d'*Anthrax*, & qu'on trouvera décrits dans les Supplémens.

Les Némotèles sont remarquables par la forme & la position des antennes : elles sont un peu plus courtes que la tête, filiformes, légérement renflées au milieu; composées de huit articles, dont le premier est court, terminé en pointe; les quatre suivans sont distincts, grenus, presqu'égaux entr'eux : le second pourtant est aminci à sa base; le sixième est plus étroit que les quatre qui précèdent; les deux suivans sont très-minces, peu distincts. Elles sont très-rapprochées à leur base, & insérées sur la partie supérieure & vers le milieu d'un prolongement conique, en forme de bec, qui se trouve à la partie antérieure de la tête.

Au dessous de ce prolongement conique on voit une gouttière, dans laquelle se place la trompe : celle-ci ne dépasse pas la tête dans le repos; mais lorsque l'insecte en fait usage & qu'il la porte en avant, elle la dépasse un peu, attendu qu'elle est coudée vers la base & repliée sur elle-même. M. Latreille dit qu'elle est formée d'une seule soie placée en dessous, un peu plus courte que la gaîne dans laquelle elle est reçue, & qu'il y a deux palpes très-courts, insérés à la base latérale. Je n'ai pu appercevoir ces palpes, ni séparer de la trompe ou de sa gaîne la soie ou les soies qui y sont logées, ni voir non plus la languette qui probablement les contient.

La tête est arrondie, un peu plus étroite que le corcelet, dans les espèces ou peut-être dans les individus dont les yeux ne l'embrassent pas entiérement. Elle est à peu près aussi large que le corcelet, dans celles dont les yeux sont fort grands, arrondis, & séparés, à la partie supérieure, par une simple ligne. Les yeux, dans les premières, sont assez distans l'un de l'autre, & placés à la partie latérale. On voit sur le vertex trois petits yeux lisses, rapprochés, & la partie antérieure, ainsi que nous l'avons dit, est prolongée en cône.

Le corcelet est arrondi, un peu relevé, & terminé par un écusson saillant, mais sur lequel on ne voit point les épines, qui se font remarquer dans les espèces des genres congénères.

L'abdomen est aussi large que long, un peu déprimé, avec les côtés tranchans.

Les pattes sont de longueur & de grosseur moyenne, & ne présentent, dans leur forme, rien de bien remarquable.

Ces insectes sont fort petits, & assez peu connus. On les trouve pendant l'été, sur les fleurs qui croissent dans les prés humides, autour des marécages, & sur le bord des rivières & des canaux. On n'a point encore observé leurs larves ni suivi leurs métamorphoses.

NÉMOTÈLE.

NEMOTELUS, GEOFF. LATR. FABR. *MUSCA*, LINN.

CARACTÈRES GÉNÉRIQUES.

Antennes grenues, rapprochées à leur base, insérées sur un prolongement conique, composées de huit articles, dont cinq bien distincts, presque fusiformes ; les trois derniers fort minces.

Trompe coudée à sa base, rétractile, cachée sous le prolongement de la tête.

Antennules.....

Abdomen déprimé, aussi large que long.

ESPÈCES.

1. NÉMOTÈLE uligineuse.

Noire ; abdomen blanc, avec la base et une bande vers l'extrémité, noires.

2. NÉMOTÈLE marginée.

Noire ; bords de l'abdomen et pattes blanchâtres.

3. NÉMOTÈLE nilotique.

Noire ; abdomen et extrémité du bec blancs.

4. NÉMOTÈLE fasciée.

Noire ; abdomen rougeâtre, avec des bandes festonnées, noires.

5. NÉMOTÈLE ponctuée.

Noire ; abdomen avec trois rangées de points jaunâtres.

6. NÉMOTÈLE pusille.

Noire ; abdomen blanc, avec une tache noire à la base.

7. NÉMOTÈLE frontale.

Noire, luisante ; balanciers et genoux blancs.

1. Némotèle uligineuse.

Nemotelus uliginosus.

Nemotelus niger, abdomine niveo basi fasciâque apicis atris.

Stratiomys mutica. Fabr. *Gen. Inf. Mant. p.* 305.

Nemotelus niger, abdomine niveo, apice atro. Fabr. *Ent. Syst. em. tom.* 4. *p.* 269. *n°.* 1. — *Syst. Antl. p.* 87. *n°.* 1.

Musca uliginosa. Linn. *Syst. Nat.* 2. *p.* 983. *n°.* 22.

Nemotelus niger, abdomine niveo, fasciis duabus nigris. Geoff. *Inf. tom.* 2. *p.* 543. *n°.* 1. *tab.* 18. *fig.* 4.

Nemotelus uliginosus. Panz. *Faun. Germ. Fasc.* 49. *tab.* 21.

Nemotelus uliginosus. Meig. *Dipt. tom.* 1. *p.* 139. *n°.* 1. *tab.* 8. *fig.* 7.

Nemotelus uliginosus. Schell. *Dipt. tab.* 25.

Nemotelus uliginosus. Latr. *Gen. Crust. & Inf. tom.* 4. *p.* 276.

Elle a environ deux lignes de long. Les antennes sont noires, un peu renflées à leur milieu. Le bec est noir en dessous, blanc en dessus. Les yeux sont noirâtres & occupent toute la tête. Le corcelet est noir-luisant. L'abdomen est plus large que long, d'un blanc-luisant, avec la base, & une large bande vers l'extrémité, d'un noir-luisant. La bande ne va pas jusqu'aux bords latéraux, & le noir de la bande prend une forme triangulaire. Les pattes sont blanches, avec le milieu des cuisses noir : on voit aussi du noir au milieu des jambes postérieures.

Elle se trouve en Europe, dans les prés ombragés & humides.

2. Némotèle marginée.

Nemotelus marginatus.

Nemotelus niger, abdominis margine tibiisque albidis. Fabr. *Ent. Syst. em. tom.* 4. *p.* 270. *n°.* 3. — *Syst. Antl. p.* 88. *n°.* 3.

Stratiomys marginata *inermis nigra, abdominis margine tibiisque albidis.* Fabr. *Syst. Ent. p.* 761. *n°.* 10.

Nemotelus niger, abdomine punctis albis. Geoff. *Inf. tom.* 2. *p.* 543. *n°.* 2.

Nemotelus marginatus. Panz. *Faun. Germ. Fasc.* 49. *tab.* 22.

Nemotelus uliginosus fem. Meig. *Dipt. tom.* 1. *tab.* 8. *fig.* 8.

Cet insecte n'est peut-être que la femelle du précédent, ainsi que le pense M. Meigen. Les antennes sont noires. La tête est noire, & les yeux sont arrondis, peu saillans, & beaucoup plus petits que dans la Némotèle uligineuse. Le corcelet est noir. Les balanciers sont blancs. L'abdomen est noir, avec un peu du bord & une suite de points sur le milieu, d'un blanc-jaune. Les pattes sont jaunes, avec le milieu des jambes postérieures & des six cuisses, noir.

Elle se trouve en Europe, dans les prés ombragés & humides.

3. Némotèle nilotique.

Nemotelus niloticus.

Nemotelus niger, abdomine apiceque rostri albis.

Elle a deux lignes de long. Les antennes sont noires. La tête est noire, avec l'extrémité du bec blanche. Le corcelet est noir, pubescent; le duvet qui le couvre est court, gris. Les balanciers sont blancs ou d'un jaune-blanchâtre. L'abdomen est d'un jaune-blanc, avec une tache tridentée, noire, à la base. Les pattes sont d'un jaune-pâle, avec la base des cuisses noirâtre.

Elle se trouve en Égypte, sur les bords du Nil & des canaux qui en dérivent.

4. Némotèle fasciée.

Nemotelus fasciatus.

Nemotelus niger, abdomine rufescente, fasciis abbreviatis nigris.

Elle est de la grandeur des précédentes. La tête est noire, légérement pubescente, avec l'extrémité ou la moitié du bec jaune. Les yeux sont noirâtres, & n'occupent que les côtés de la tête. Le corcelet est noir, pubescent. Les balanciers sont jaunes. L'abdomen est d'un jaune-fauve ou rougeâtre, avec deux taches à la base de chaque anneau, arrondies postérieurement, & réunies de manière à former une bande courte, festonnée. Les pattes sont d'un jaune-fauve.

Elle se trouve en Égypte, sur les bords du Nil & des canaux qui en dérivent.

5. Némotèle ponctuée.

Nemotelus punctatus.

Nemotelus niger, abdomine lineis tribus punctorum flavescentium. Fabr. *Ent. Syst. em. tom.* 4. *p.* 271. *n°.* 4. — *Syst. Antl. p.* 88. *n°.* 4.

Nemotelus punctatus. Coqueb. *Illustr. Inf. Decas* 3. *tab.* 23. *fig.* 6.

Elle est un peu plus grande que la Némotèle uligineuse. Les antennes sont noires. La tête & le corcelet sont noirs, luisans. L'abdomen est noir, luisant, marqué de trois rangées de taches jaunes, plus ou moins grandes. Les pattes sont jaunâtres, avec les jambes & la base des cuisses, noires.

Elle a été apportée de la côte de Barbarie par M. Desfontaines.

6. Némotèle pusille.

Nemotelus pusillus.

Nemotelus niger, abdomine niveo, maculâ baseos atrâ. Fabr. *Ent. Syst. em. tom.* 4. *p.* 271. *n°.* 5. — *Syst. Antl. p.* 89. *n°.* 5.

Elle ressemble beaucoup à la Némotèle uligineuse. La tête est noire, avec la bouche blanchâtre. Le corcelet est noir, luisant, sans tache. L'écusson est noir, avec le bord blanc. L'abdomen est déprimé, blanc, marqué d'une tache noire à sa base. Les ailes sont transparentes, sans tache. Les pattes sont noires, avec les genoux blancs.

Elle se trouve à Tranquebar.

7. Némotèle frontale.

Nemotelus frontalis.

Nemotelus ater nitidus, halteribus geniculisque albidis.

Elle a une ligne de long. Tout le corps est noir, luisant, avec les balanciers blancs, les genoux, les tarses & les jambes antérieures, d'un jaune-blanchâtre. Les ailes sont transparentes, & les nervures à peine marquées. L'insecte que je décris est une femelle. Les yeux n'occupent qu'une partie de la tête, & le front a un enfoncement assez large & peu profond.

Je l'ai trouvé aux environs de Paris, dans une prairie humide.

Notā. Némotèle velue, *Nemotelus villosus.* Fabr. Cet insecte, décrit par Fabricius dans la collection de M. Bosc, appartient au genre Odontomye. *(Voyez ce mot.)*

NÉMOURE. *Nemoura.* Genre d'insectes de la première section de l'Ordre des Névroptères.

Les Némoures ont quatre ailes réticulées, de longueur égale; deux antennes sétacées, de la longueur du corps; la bouche armée de mandibules larges, voûtées, inégalement dentées; quatre antennules filiformes; l'abdomen terminé par deux filets fort courts, à peine visibles; les pattes assez longues, & les tarses composés de trois pièces.

Au premier aspect ces insectes ressemblent beaucoup aux Perles, mais ils en diffèrent par les antennules filiformes, les mandibules larges & dentées, la longueur du premier & du troisième article des tarses, les nervures des ailes, & en ce que l'abdomen n'est pas terminé par les deux filets sétacés qu'on remarque aux Perles.

M. Geoffroy, en séparant les Perles des Friganes, n'avoit pas fait attention aux caractères dont nous venons de parler, ou n'avoit pas jugé à propos de former deux genres des insectes si peu nombreux, & d'ailleurs si semblables sous bien des rapports. Fabricius a réuni, sous le nom de *Semblis*, non-seulement les Némoures & les Perles, mais l'Hémérobe pectinicorne, dont M. Latreille a formé un genre sous le nom de *Chauliode*, & l'Hémérobe aquatique, dont il a formé celui de Sialis.

Les antennes des Némoures sont plus longues que le corps, & un peu plus courtes que les ailes. Elles sont sétacées, & composées d'un grand nombre d'articles courts, cylindriques, peu distincts. Le premier de ces articles est fort grand, le second l'est un peu moins; mais il est le double des suivans. Elles sont insérées à la partie antérieure & latérale de la tête, un peu au-devant des yeux.

La bouche est formée d'une lèvre supérieure, de deux mandibules, de deux mâchoires, d'une lèvre inférieure & de quatre antennules.

La lèvre supérieure est coriacée ou presque membraneuse, assez large, un peu avancée, antérieurement tronquée.

Les mandibules sont cornées, assez larges, courtes, intérieurement creusées en cuiller, & terminées par des dentelures inégales.

Les mâchoires sont divisées en deux pièces; l'extérieure est presque membraneuse, entière; l'interne est cornée, étroite, bifide.

La lèvre inférieure est large, presque carrée; ses angles antérieurs sont arrondis, cornés; la partie interne est presque membraneuse.

Les antennules antérieures sont filiformes, composées de quatre articles, dont le second est le plus long; elles sont insérées à la partie extérieure des mâchoires. Les postérieures sont filiformes, triarticulées; elles sont insérées à la partie antérieure & latérale de la lèvre.

La tête de ces insectes est un peu penchée, aplatie, de la largeur du corps. Les yeux, à réseau, sont arrondis, saillans, placés à la partie latérale. On apperçoit sur le front trois petits yeux lisses, disposés en triangle.

Le corcelet est aplati, un peu rebordé, ordinairement plus large que long, un peu plus étroit que le corps & la tête; il donne naissance, en dessous, aux deux pattes antérieures.

Le dos, qui donne naissance aux quatre ailes, est peu élevé, & n'est guère plus large que l'abdomen. Celui-ci est un peu déprimé, composé de plusieurs anneaux, & terminé, dans les mâles, par deux crochets ou filets très-courts, qu'on n'apperçoit bien qu'en pressant un peu l'abdomen.

Les pattes sont plus longues que dans les Perles, & les tarses ont trois articles, dont le premier est fort long, le second est ordinairement fort court, & le troisième est à peu près de la longueur du premier. Il est terminé par deux petits crochets, & par un petit corps spongieux qui se trouve au milieu.

Les Némoures fréquentent les endroits humides & les bois ombragés, & ne paroissent guère qu'au printems & au commencement de l'été. Il est rare qu'on les apperçoive en automne. La larve, qui vit probablement dans l'eau, n'a point encore été remarquée, parce que ces insectes avoient toujours été confondus avec les Perles & les Friganes.

NÉMOURE.

NEMOURA. Latr. *PERLA.* Geoff. Deg. *PHRYGANEA.* Linn.

SEMBLIS. Fabr.

CARACTÈRES GÉNÉRIQUES.

Antennes sétacées, de la longueur du corps.

Mandibules cornées, voûtées, irrégulièrement dentées sur les bords.

Quatre antennules filiformes.

Trois articles aux tarses; le premier et le dernier alongés.

Abdomen du mâle, terminé par deux filets très-courts.

ESPÈCES.

1. Némoure nébuleuse.

Pubescente, noire; pattes obscures; ailes cendrées.

2. Némoure cendrée.

Noire; pattes livides; ailes d'un cendré-obscur.

3. Némoure bigarrée.

Mélangée d'obscur et de pâle; pattes pâles.

4. Némoure cylindrique.

Noire; partie supérieure de l'abdomen pâle; les côtés ponctués de noir.

5. Némoure noire.

Noire, luisante; pattes pâles; ailes d'un cendré-obscur.

1. Némoure nébuleuse.

Nemoura nebulosa.

Nemoura pubescens, nigra, pedibus fuscis, alis cinereis.

Nemoura fusco-nigra, pubescens, abdomine pedibusque rufescentibus; alis cinereis, immaculatis; nervis obscuris. Latr. *Gen. Cruſt. & Inſ. tom.* 3. *p.* 210.

Semblis nebulosa. Fabr. *Ent. Syſt. em. tom.* 2. *p.* 74. *n°.* 9.

Perla nigro-fusca, alis subcinereis, pallidis; caudæ setis truncatis. Geoff. *Inſ. Pariſ. tom.* 2. *p.* 232.

Perla. Schœff. *Icon. Inſ. tab.* 37. *fig.* 2. & 3.

Elle a sept lignes de longueur depuis la bouche jusqu'à l'extrémité des ailes. Les antennes sont noirâtres, un peu plus courtes que les ailes. Le corps, dans l'animal mort, est noirâtre, pubescent. La tête est un peu moins large que le corcelet. Celui-ci est un peu plus étroit en avant qu'en arrière. Les pattes sont d'un brun-obscur. Les ailes sont grises, avec les nervures obscures.

Elle se trouve en Europe. Je l'ai trouvée, en mars, assez abondante dans un jardin.

2. Némoure cendrée.

Nemoura cinerea.

Nemoura nigra, pedibus lividis, alis fusco-cinereis.

Phryganea nebulosa *nigra, alis incumbentibus subcinereo-nebulosis, caudæ setis truncatis.* Linn. *Syſt. Nat.* 2. *pag.* 908. *n°.* 2. — *Faun. Suec. n°.* 1499.

Fausse Frigane cendrée. Deg. *Mem. Inſ. t.* 2. *pars* 2. *p.* 730. *tab.* 23. *fig.* 16 & 17.

Elle a un peu plus de quatre lignes de longueur, de la bouche à l'extrémité des ailes. Le corps est noirâtre, luisant. Les pattes sont d'un brun-livide. La tête est un peu plus large que le corcelet, & celui-ci est plus large que long. Les ailes sont d'un gris-obscur, avec les nervures noires. Le premier article des tarses est long, & le second fort court.

Elle se trouve en Europe. Je l'ai trouvée en mai, dans des lieux humides.

3. Némoure bigarrée.

Nemoura variegata.

Nemoura fusco pallidoque varia, pedibus pallidis.

Elle est de la grandeur de la précédente. Les antennes sont noires, de la longueur des ailes. La tête & le corcelet sont mélangés de noir & de jaunâtre. Les pattes sont jaunâtres. Les ailes sont grises, avec les nervures noires. La tête est un peu plus large que le corcelet, & celui-ci est à peine plus large que long. Le second article des tarses est fort court.

Je l'ai trouvée à la fin de mai, dans le bois de Boulogne près Paris.

4. Némoure cylindrique.

Nemoura cylindrica.

Nemoura nigra, abdominis dorso pallido, lateribus nigro-punctatis.

Perla cylindrica *oblonga cylindrica nigra, alis fuscis, costis nigris, abdomine fulvo maculis lateralibus nigris.* Deg. *Mem. Inſ. tom.* 7. *p.* 599. *n°.* 6.

Elle a environ cinq lignes de long. Le corps est noir. L'abdomen est d'un jaune-livide, fauve en dessus, avec l'extrémité noire, & une petite tache noire de chaque côté des anneaux. Les anneaux en dessous sont noirâtres, bordés de jaune. Les ailes sont un peu obscures, & ont leurs nervures noires.

Elle se trouve en Suède tout l'été, & plus particulièrement l'automne.

5. Némoure noire.

Nemoura nigra.

Nemoura nigra, nitida, pedibus pallidis, alis fusco-cinereis.

Elle n'a que trois lignes de longueur. Les antennes sont noires, de la longueur du corps. Le corps est noir, luisant. Les pattes sont livides. Les ailes sont d'un gris-foncé, & ont un reflet irisé. Les nervures sont noirâtres. Le corcelet est plus étroit que dans les espèces précédentes. Le second article des tarses est fort court.

Je l'ai trouvée dans des prés aquatiques, près de Versailles.

NÈPE *Nepa.* Genre d'insectes de la seconde section de l'Ordre des Hémiptères & de la famille des Hydrocorises.

Les Nèpes ont deux antennes très-courtes, à peine apparentes, cachées sous les yeux; le bec court, formé de trois articles; les yeux saillans; les pattes antérieures en crochet; un ou deux articles aux tarses; l'abdomen terminé par deux filets sétacés.

Ces insectes, vulgairement connus sous le nom de *Scorpion aquatique*, viennent d'être séparés des Ranatres, parce que leur bec est incliné & non porté droit en avant; parce que la première pièce des pattes antérieures est courte, & non pas longue & cylindrique; parce que leur corps est ovale ou oblong & déprimé, & non pas alongé & cylindrique comme dans les Ranatres. Ils diffèrent des

Corises & des Notonectes, par les yeux plus ou moins saillans & par les pattes antérieures en crochet, & des Naucores, par ces mêmes yeux saillans, par la tête distincte du corcelet, par le nombre des articles dont les antennes sont composées; enfin, par les filets sétacés dont le corps est terminé.

Les antennes des Nèpes, dont Degeer a donné une bonne figure, sont plus courtes que la tête, & cachées dans une rainure qui se trouve au dessous des yeux. Elles n'ont que trois articles, dont le premier est fort court, à peine apparent; le second est peu alongé, un peu renflé, & muni d'une appendice presque cylindrique qui le dépasse un peu; le troisième est plus mince que le second, & obtus.

La tête est petite, placée dans une échancrure que l'on voit à la partie antérieure du corcelet. Les yeux sont arrondis, plus ou moins saillans, & il n'y a point de petits yeux lisses.

La bouche est en forme de trompe ou de bec courbé, fort court, divisé en trois articles, dont le premier est gros, & le dernier plus mince & pointu. Ce bec sert de gaîne à trois soies déliées & de consistance cornée, qui sont le véritable suçoir de l'insecte.

Le corcelet est presque carré, un peu plus large en arrière qu'en avant, inégal en dessus, aplati. Il donne naissance en dessous aux deux pattes de devant.

Les élytres sont coriaces en grande partie, & n'ont de membraneux que celle qui doit être croisée. Les ailes sont membraneuses, étendues, croisées, n'ayant que le bord interne qui soit plié.

Les pattes antérieures, que nous avons dit prendre naissance à la partie inférieure du corcelet, sont formées de cinq pièces; savoir: la hanche, qui est fort courte; une pièce intermédiaire, courte, qui unit la hanche à la cuisse; & qui en facilite les mouvemens; la cuisse, qui est alongée, un peu renflée, creusée en dessous pour recevoir la jambe & le tarse; la jambe, qui est plus mince que la cuisse, un peu courbée, & le tarse composé d'une seule pièce terminée en pointe aiguë. Les autres pattes sont simples, & le tarse n'a qu'un seul article ou seulement deux, & alors le premier est fort court, peu distinct du second. Ce tarse est terminé par deux ongles crochus & mobiles. Dans les espèces dont les tarses postérieurs sont composés de deux articles, celui des pattes antérieures est également formé de deux pièces.

L'abdomen est aplati, un peu concave en dessus, très-peu convexe en dessous, vers le milieu, terminé par deux filets sétacés, plus ou moins longs, qui, par leur réunion, forment un canal par lequel on croit que les Nèpes introduisent dans leur corps l'air qui est nécessaire à leur respiration.

Les Nèpes habitent les eaux dormantes des fossés, des canaux, des marais, des lacs d'eau douce; elles nagent lentement, & plus souvent elles marchent de même sur la vase qui se trouve au fond, cherchant à saisir avec leurs pinces ou crochets les petits insectes & les autres petits animaux qui s'y trouvent, & dont elles se nourrissent. La nuit elles quittent assez ordinairement les eaux, & font alors usage de leurs ailes, dont elles se servent avec assez d'agilité.

La larve, qui se trouve dans les mêmes eaux, ne diffère de l'insecte parfait que par le défaut d'ailes; elle est, comme lui, très-carnassière, ne vivant que d'autres petits animaux, dont elle pompe les sucs au moyen de sa trompe. Cette larve sort d'un œuf qui a une forme assez singulière: ils sont ovales, un peu oblongs, & sont munis, à l'un des bouts, de sept filets déliés, qui lui donnent en quelque sorte la figure d'une graine de quelque genre de la classe des Syngénèses. Swammerdam, qui a fort bien décrit & représenté les œufs, parle en détail de leur arrangement dans les ovaires, qui sont au nombre de cinq de chaque côté du ventre de l'insecte femelle. L'arrangement de ces œufs est tel que les filets de celui qui est le plus voisin de l'orifice, embrassent l'œuf qui vient après; les filets de celui-ci embrassent le troisième, & ainsi de suite jusqu'au dernier. Swammerdam a également décrit & figuré les parties de la génération du mâle, qui sont encore plus remarquables & plus compliquées que celles de la femelle. Il faut en lire les détails dans l'auteur même, car la figure est nécessaire pour entendre la description.

NÈPE.

NEPA. LINN. FABR. DEG. LATR. *HEPA.* GEOFF.

CARACTÈRES GÉNÉRIQUES.

Antennes très-courtes, triarticulées, cachées sous les yeux : second article fourchu.

Trompe inclinée, courte, triarticulée ; gaîne contenant trois soies, sans languette ou lèvre supérieure.

Tête distincte, placée dans une échancrure du corcelet.

Abdomen terminé par deux filets sétacés.

Un ou deux articles aux tarses.

ESPÈCES.

1. NÈPE grande.

D'un gris-obscur, tachée de jaunâtre.

2. NÈPE annelée.

Sans filets, presqu'arrondie, d'un pâle-obscur ; jambes antérieures pâles, avec des anneaux obscurs.

3. NÈPE rustique.

Sans filets, obscure ; bord du corcelet et des élytres pâle.

4. NÈPE obscure.

Deux filets à l'abdomen ; écusson raboteux ; ailes blanches.

5. NÈPE grosse.

Deux filets à l'abdomen ; corps ovale ; abdomen jaunâtre, avec l'extrémité noire.

6. NÈPE rouge.

Obscure ; dessus de l'abdomen et nervures des ailes, rouges.

7. NÈPE noire.

Deux filets à l'abdomen ; corps noir ; abdomen de la même couleur.

8. NÈPE cendrée.

Filets de l'abdomen de la longueur de la moitié du corps ; corps oblong, cendré.

9. NÈPE maculée.

Deux filets à l'abdomen ; noire ; corcelet et écusson tachés de ferrugineux.

1. Nèpe grande.

Nepa grandis.

Nepa fuſca, flavo-maculata. Fabr. *Ent. Syſt. em. tom.* 4. *p.* 61. *n°.* 1. — *Syſt. Rhyng. p.* 106. *n°.* 1.

Nepa teſtacea, ſcutello lævi, alis albis maculis veniſque nigris. Linn. *Syſt. Nat. p.* 713. *n°.* 1. — *Muſ. Lud. Ulr. p.* 164.

Nepa ſurinamenſis *griſea, fuſco-nebuloſa, corpore oblongo, plano; thorace lævi, pedibus maculatis.* Deg. *Mem. Inſ. tom.* 3. *p.* 379. *n°.* 4.

Inſectum magnitudine Bruſci. Marcgr. *Braſ.* 258. *fig.* 259.

Mérian, *Inſ. Sur. tab.* 56.

Roes. *Inſ. tom.* 3. *tab.* 26.

Stoll. *Cim. tom.* 2. *tab.* 7. *fig.* 4.

Naucoris abdominis margine integro, ano biſpinoſo. Gronov. *Zooph. p.* 182. *n°.* 685.

Il a environ deux pouces & demi de long. Tout le corps en deſſus eſt d'un gris-brun, avec quelques taches plus obſcures ſur le corcelet & les élytres. La tête eſt un peu enfoncée dans le corcelet, & les yeux ſont grands, oblongs, peu ſaillans. Le corcelet a une ligne tranſverſale, enfoncée, un peu au-delà du milieu. L'abdomen eſt terminé par deux filets fort courts. Les cuiſſes antérieures ſont grandes, renflées, & les tarſes de toutes les pattes ont deux articles. Les quatre jambes poſtérieures ſont un peu aplaties, & ont des poils longs, ſerrés, à leur partie interne. Le deſſous de l'animal eſt d'un gris-brun, plus clair que le deſſus.

Je n'ai point vu les antennes de cet inſecte, mais je ſoupçonne, d'après ce qu'en diſent Linné & Fabricius, qu'il appartient au genre Béloſtome de M. Latreille.

2. Nèpe annelée.

Nepa annulata.

Nepa ecaudata, ſubrotunda, pallidè fuſca, tibiis anticis pallidis, fuſco annulatis. Fabr. *Ent. Syſt. em. tom.* 4. *p.* 61. *n°.* 2. — *Syſt. Rhyng. pag.* 106. *n°.* 2.

Elle eſt plus arrondie & plus large que les autres eſpèces; elle eſt déprimée, plane, d'un pâle-obſcur, avec le corcelet & la partie antérieure de l'écuſſon plus obſcurs. Les pattes ſont mélangées d'obſcur & de pâle. Les jambes antérieures ſont pâles, marquées d'anneaux obſcurs.

Elle ſe trouve ſur la côte de Coromandel.

3. Nèpe ruſtique.

Nepa ruſtica.

Nepa ecaudata, fuſca, thoracis elytrorumque margine antico albido. Fabr. *Ent. Syſt. em. tom.* 4. *p.* 62. *n°.* 3. — *Syſt. Rhyng. p.* 106. *n°.* 3.

Nepa plana. Sulz. *Hiſt. Inſ. tab.* 10. *fig.* 2.

Stoll. *Cimic. tom.* 2. *tab.* 7. *fig.* 6.

Le corps eſt ovale, déprimé, long de ſept ou huit lignes, & large d'environ cinq lignes, de couleur jaune-brune, avec les côtés du corcelet & des élytres plus pâles. L'abdomen a deux appendices très-courtes.

Elle ſe trouve ſur la côte de Coromandel.

4. Nèpe obſcure.

Nepa fuſca.

Nepa caudâ biſetâ, ſcutello rugoſo, alis niveis. Linn. *Syſt. Nat. pag.* 713. *n°.* 3. — *Muſ. Lud. Ulr.* 166.

Nepa fuſca. Fabr. *Ent. Syſt. em. tom.* 4. *p.* 62. *n°.* 4. — *Syſt. Rhyng. p.* 107. *n°.* 4.

Elle eſt une fois plus grande que la Nèpe cendrée, toute obſcure, avec les ailes blanches. L'abdomen eſt terminé par deux ſoies auſſi longues que le corps.

Elle ſe trouve aux Indes orientales.

5. Nèpe groſſe.

Nepa groſſa.

Nepa caudâ biſetâ, corpore ovato, abdomine flaveſcente, apice nigro. Fabr. *Ent. Syſt. em. tom.* 4. *p.* 62. *n°.* 5. — *Syſt. Rhyng. p.* 107. *n°.* 5.

Elle eſt plus grande que les ſuivantes. Le corps eſt cendré. L'abdomen eſt jaunâtre, avec l'extrémité noire. Le corcelet a deux lignes élevées en carène. L'abdomen eſt terminé par deux filets velus, plus longs que le corps. Les cuiſſes ſont diviſées en anneaux noirs & cendrés.

Elle ſe trouve en Guinée.

6. Nèpe rouge.

Nepa rubra.

Nepa fuſca, abdomine ſuprà alarumque nervis rubris. Linn. *Syſt. Nat. p.* 713. *n°.* 2. — *Muſ. Lud. Ulr.* 165.

Nepa rubra, *caudâ biſetâ, corpore ovato, abdominis lateribus rufis.* Fabr. *Ent. Syſt. em. t.* 4. *p.* 62. *n°.* 6. — *Syſt. Rhyng. p.* 107. *n°.* 6.

Stoll. *Cim.* 2. *tom.* 2. *tab.* 7. *fig.* 5.

Elle eſt plus grande & plus alongée que la Nèpe cendrée. Le corps eſt déprimé, obſcur. Les yeux ſont ſaillans. La tête eſt élevée en carène au milieu. Le corcelet eſt inégal & marqué d'une ligne tranſverſale, enfoncée, un peu au-delà du milieu. L'écuſſon eſt inégal. L'abdomen eſt rouge en deſſus, avec une ligne-dorſale, noire ; il eſt terminé par deux filets auſſi longs que le corps.

Elle ſe trouve ſur la côte de Coromandel, à Tranquebar.

7. Nèpe noire.

Nepa nigra.

Nepa caudâ biſetâ, nigrâ ; abdomine concolore. Fabr. *Syſt. Rhyng. p.* 107. *n°.* 7.

Nepa atra, thorace inæquali, corpore oblongo. Linn. *Syſt. Nat. p.* 713. *n°.* 4.

Elle reſſemble, pour la forme & la grandeur, à la Nèpe rouge. La tête & le corcelet ſont raboteux par des points élevés. L'abdomen eſt noir, & les ailes ſont blanches.

Elle ſe trouve en Guinée.

8. Nèpe cendrée.

Nepa cinerea.

Nepa caudâ biſetâ, corpore dimidio breviore; corpore oblongo, cinereo.

Nepa cinerea *cinerea, thorace inæquali ; corpore oblongo, ovato.* Linn. *Syſt. Nat. p.* 714. *n°.* 5. — *Faun. Suec. n°.* 906.

Nepa cinerea. Fabr. *Ent. Syſt. em. tom.* 4. *p.* 63. *n°.* 7. — *Syſt. Rhyng. p.* 107. *n°.* 8.

Hepa corpore ovato. Geoff. *Inſ. Par. tom.* 1. *p.* 481. *n°.* 2.

Nepa Scorpio aquaticus *griſea, corpore ovato depreſſo, thorace inæquali.* Deg. *Mem. Inſ. t.* 3. *p.* 361. *n°.* 1. *tab.* 18. *fig.* 1-13.

Nepa cinerea. Scop. *Ent. Carn. n°.* 350.

Scorpio paluſtris. Mouff. *Theatr. Inſ. p.* 321. *fig.* 2. 3. 4.

Petiv. *Gazoph. tab.* 74. *fig.* 4.

Swamm. *Bibl. Nat. t.* 1. *p.* 229. *tab.* 3. *f.* 4.

Bradley, *Works of Nat. tab.* 26. *fig.* 2. C.

Frisch. *Inſ. tom.* 7. *tab.* 15.

Roes. *Inſ. tom.* 3. *tab.* 22. *fig.* 1-12.

Sulz. *Hiſt. Inſ. tab.* 10. *fig.* 68.

Schœff. *Elem. Inſ. tab.* 69. — *Icon. Inſ. tab.* 33. *fig.* 7. 8. 9.

Stoll. *Cim. tom.* 2. *tab.* 1. *fig. II, & fig.* a.

Schell. *Cim. Helv. tab.* 14.

Nepa cinerea. Latr. *Hiſt. nat. des Cruſt. & des Inſ. tom.* 12. *p.* 284. *pl.* 95. *fig.* 8. — *Gen. Cruſt. & Inſ. tom.* 3. *p.* 148.

Elle eſt longue de huit à dix lignes, & large de trois à quatre. Tout le corps eſt d'un gris-obſcur ; mais la partie ſupérieure de l'abdomen, lorſque les ailes ſont écartées, paroît d'un beau rouge. Les tarſes n'ont qu'un ſeul article, & les filets de la queue ſont ſétacés, de la longueur de la moitié du corps.

Elle ſe trouve dans toute l'Europe.

9. Nèpe maculée.

Nepa maculata.

Nepa caudâ biſetâ, nigrâ ; thorace ſcutelloque ferrugineo maculatis. Fabr. *Ent. Syſt. em. t.* 4. *p.* 63. *n°.* 8. — *Syſt. Rhyng. p.* 108. *n°.* 9.

Elle eſt une fois plus petite que la Nèpe cendrée. La tête eſt noire, avec une grande tache brune ſur le vertex. Le corcelet eſt inégal, obſcur, avec des taches rouges. L'écuſſon eſt marqué, au milieu, d'une tache rouge, dans laquelle on apperçoit une ligne ferrugineuſe. Les ailes ſont d'un pâle-obſcur. Le deſſous du corps eſt noir.

Elle ſe trouve aux Indes orientales.

NÉPHROTOME. *Nephrotoma.* Genre d'inſectes de l'Ordre des Diptères & de la famille des Tipulaires.

Ces inſectes, détachés depuis peu des Tipules, ont les antennes filiformes, peu velues, plus longues que la tête ; le corcelet fort élevé ; deux antennules longues, ſétacées ; les pattes fort longues ; les ailes veinées, marquées d'une cellule centrale, preſque carrée, d'où partent deux cellules preſqu'égales, qui vont parallélement ſe terminer à la pointe.

Les Néphrotomes ne ſe diſtinguent guère des Tipules & des autres genres qui en ont été détachés, que par l'arrangement des nervures des ailes. Il y a dans ces premières, deux nerfs qui, près du point marginal, partent du bord & vont aboutir à la première cellule radiale, tandis qu'on n'en remarque qu'un aux vraies Tipules ; de plus, comme nous l'avons dit, de la cellule parfaite, preſque carrée, qui ſe trouve vers le milieu, partent, dans les Néphrotomes, deux cellules égales, qui vont à l'extrémité de l'aile : dans les Tipules, l'une des deux cellules ſe ſubdiviſe, ou, pour mieux dire, l'une a un pétiole qui part de cette cellule carrée.

M. Meigen a donné pour caractères aux Néphrotomes, des antennes compoſées de dix-neuf articles, dont le premier & le troiſième ſont cylindriques, le ſecond cyathiforme, en forme de taſſe ou de gobelet, & les autres réniformes. Nous n'avons trouvé cette diſpoſition d'antennes dans aucun inſecte qui reſſemblât aux Tipules ; & ceux qui ont les ailes telles que les a figurées M. Meigen, ne m'ont conſtamment préſenté que douze articles aux antennes ; ſavoir : le premier aminci à ſa baſe, un peu renflé à son extrémité ; le second très-court, un peu aminci à sa base ; le suivant un peu plus long que le premier, un peu aplati, légérement renflé à la base, donnant naissance, sur ce renflement, à quelques poils longs. Les articles suivans sont semblables à celui-ci, si ce n'est qu'ils diminuent insensiblement de longueur & d'épaisseur, surtout dans les femelles. Elles atteignent à peu près, en longueur, la moitié du corcelet, & sont insérées au-devant de la tête, entre les deux yeux & sous une éminence qui se trouve placée sur le front.

La tête est petite, inclinée, placée à la partie antérieure & inférieure du corcelet, & séparée de celui-ci par un col court & étroit. On remarque à sa partie supérieure une éminence obtuse, située entre les trois petits yeux lisses, & à sa partie antérieure une sorte de museau, au bout duquel on voit les différentes parties de la bouche. Ce museau est terminé, à sa partie supérieure, en une pointe cornée, aiguë, avancée au dessus de la bouche, ordinairement un peu velue. Les yeux, à réseau, sont placés sur les côtés ; ils sont grands, proportionnellement à la tête, arrondis & saillans. Les trois petits yeux lisses sont disposés en triangle ; les deux antérieurs sont placés tout auprès des yeux à réseau ; le troisième est au bas de l'éminence dont nous avons parlé. Ces yeux lisses manquent aux vraies Tipules.

La bouche ne ressemble point à celle des autres familles de Diptères ; elle paroît composée de deux pièces principales, qui ressemblent à deux grandes lèvres qui se meuvent latéralement, & sont articulées à leur base. Lorsqu'on les sépare, on voit d'autres lèvres qu'on distingue à peine : au milieu se trouve une fente difficile à appercevoir, par où s'introduisent dans le corps les alimens que les lèvres ont préparés. On n'apperçoit à cette bouche rien qui ressemble aux soies ou suçoirs des autres Diptères. A la base extérieure de ces lèvres sont placées deux longues antennules, une de chaque côté, composées de plusieurs articles, dont les trois premiers sont les plus longs & les plus distincts ; les suivans sont courts, quelquefois à peine distincts.

Le corcelet est ovale ou oblong, très-élevé, divisé en quatre parties : la première, nommée aussi *col, collier, épaulettes*, est courte, un peu relevée, séparée du corcelet par une ligne enfoncée ; elle donne naissance, en dessous, aux deux pattes antérieures. La seconde pièce ou le dos paroît séparée de la troisième par une ligne enfoncée ; elle donne naissance, en dessous, aux deux pattes intermédiaires. La troisième est celle où sont attachées les deux ailes & d'où partent les pattes postérieures. La quatrième prend le nom d'*écusson* ; c'est à celles-ci que sont attachés les balanciers.

L'abdomen n'est pas figuré de même dans les deux sexes. Il est un peu renflé dans le milieu, & terminé en pointe dans les femelles ; il est plus court, presque cylindrique, un peu renflé à son extrémité dans les mâles. Dans les premières le dernier anneau est muni de plusieurs pièces écailleuses, pointues, déliées, fort dures, qui servent à percer la terre pour y déposer les œufs qu'elles pondent : deux de ces pieces sont plus longues, plus dures que les autres, & placées supérieurement. Le dernier anneau du mâle est garni de crochets & de lames écailleuses qu'on ne voit bien qu'en pressant le ventre. Nous entrerons dans quelques détails sur les organes de la génération, tant du mâle que de la femelle, aux articles Tipule & Tipulaires.

Les pattes de ces insectes sont très-longues & très-déliées. La hanche est courte, mais la cuisse est fort longue, ainsi que la jambe & les tarses : ceux-ci sont composés de cinq pièces, dont la première est très-longue, presqu'aussi longue que la jambe ; la seconde pièce n'a pas la moitié de la longueur de la première ; les trois autres vont en diminuant de longueur ; la dernière, qui est fort courte, est terminée par deux petits crochets & deux petites pelottes spongieuses.

Les ailes, au nombre de deux, sont étroites, à peu près aussi longues que l'abdomen, ou même un peu plus courtes ; elles ont leurs nervures bien marquées, & on y remarque, vers le milieu, près de l'extrémité, une cellule parfaite, presque carrée, d'où partent deux cellules presqu'égales, incomplètes, qui vont se terminer, presque parallélement, à la pointe de l'aile.

Les balanciers sont nus ou à découvert : le bouton qui les termine, est arrondi & porté sur un pédicule assez long.

L'histoire des Néphrotomes se lie à celle des Tipules : c'est, à peu de chose près, la même organisation extérieure, la même forme, les mêmes habitudes dans le dernier état, & probablement la même manière de se nourrir & de se transformer dans le premier. Réaumur & Degeer nous ont donné une histoire détaillée de quelques-unes d'elles, qui appartiennent aux genres Tipule & Cténophore, & ce dernier en a suivi très-exactement une autre, qui nous paroît appartenir au genre Néphrotome, & dont nous allons transcrire les observations. C'est la dernière des espèces que nous mentionnons. Sa larve ressemble beaucoup, au premier coup-d'œil, à une Chenille épineuse, mais, pour peu qu'on la considère, on voit qu'elle en diffère essentiellement : elle n'a point de pattes. Le corps, qui est alongé & cylindrique, est divisé en onze anneaux, dont le premier, qui est plus gros que les autres, a une figure triangulaire à angles arrondis, & dont les deux suivans sont les plus courts de tous.

La tête, qui est très-petite, par rapport au volume du corps, est ovale, écailleuse, & munie de deux petites antennes. La bouche est armée de très-petites mâchoires dentelées. A la lèvre inférieure se trouvent attachés quelques petits barbillons très-courts, & de chaque côté de la tête on croit voir un petit œil noir.

Quand on touche la larve, ou quand elle se tient en repos, elle retire entiérement la tête dans le premier anneau, en sorte qu'elle disparoît tout-à-fait, parce que les bords antérieurs de cet anneau s'approchent alors & bouchent exactement la cavité où la tête se trouve enfoncée. Dans cette situation la larve paroît comme décapitée, & elle ne la fait reparoître que lorsqu'elle se remet en mouvement.

Le corps de ces larves est tout couvert de filets alongés & pointus, en forme d'épines; ils sont flexibles, & couverts de très-petits poils qui ne sont visibles qu'au microscope. Ces filets sont de deux espèces; les uns sont simples & les autres fourchus, tous terminés en pointe très-fine. Les derniers sont composés d'une petite tige courte, qui jette deux longues branches un peu courbées en dedans. Quelques-uns de ces filets sont dirigés vers la tête de la larve, & les autres vers l'anus, & se trouvent placés & arrangés avec ordre & régularité. Les trois premiers anneaux n'en ont que de simples; mais le quatrième, le cinquième & les suivans, jusqu'au dixième inclusivement, ont chacun, outre des filets simples, deux filets fourchus; ceux du onzième ou dernier anneau sont simples. Tous ces filets sont placés à la partie supérieure du corps & sur les côtés. Il y en a d'autres au dessous, mais beaucoup plus courts & plus flexibles.

Vus au microscope, ces filets paroissent creux comme des tuyaux: on y voit intérieurement un vaisseau blanc, très-délié, qui s'étend d'un bout à l'autre dans les simples; mais les filets fourchus ont deux vaisseaux semblables, placés parallélement, ou l'un à côté de l'autre, dans la tige, & qui se rendent ensuite séparément dans les deux branches. Degeer est porté à croire que ces filets sont les ouies de la larve, & qu'ils ne diffèrent pas de ceux qu'il a observés sur une Chenille aquatique, dont il a donné ailleurs une histoire détaillée.

A l'extrémité du dernier anneau il y a quatre crochets écailleux, deux grands & deux petits, d'un brun-marron, que la larve peut fixer sur les plantes où elle se promène. Les deux grands crochets, qui sont placés parallélement l'un à côté de l'autre, sont gros & massifs à leur base: ils diminuent de volume à quelque distance de là, & se vont terminer en deux pointes courbées, l'une plus grande que l'autre. La grosse pièce à laquelle tiennent ces doubles crochets, est comme divisée longitudinalement en deux portions, dont la supérieure, qui est terminée par les crochets, est brune comme eux; mais l'autre portion ou l'inférieure est d'une couleur transparente, ayant au bout un petit trait brun, qu'on prendroit aisément pour un troisième crochet si on n'y regardoit de près, & s'il ne faisoit corps avec la masse même. Les deux petits crochets, placés à côté des grands, & plus près des bords de l'anneau, sont courts, coniques, & courbés en pointe mousse; ils sont moitié bruns & moitié d'une couleur transparente.

Ces larves, ainsi que nous l'avons dit, n'ont point de pattes. Pour marcher, ou plutôt pour changer de place, elles alongent & raccourcissent alternativement les anneaux du corps, se fixant, dans les intervalles, aux plantes aquatiques, tantôt avec leurs mâchoires, & tantôt avec les crochets du derrière. On conçoit aisément qu'elles n'avancent que très-lentement par un mouvement semblable. Ces larves, observées par Degeer, passèrent l'hiver, au nombre de quatre, dans un verre d'eau glacée; deux y périrent, & les deux autres se transformèrent en nymphe, l'une le 12 de mai, & l'autre le 15.

La couleur de ces nymphes est d'un brun tirant un peu sur le vert, plus pâle en dessous du corps qu'en dessus, & parsemé de points noirs. La tête & le corcelet sont d'un brun-obscur. Tout le long du dos on voit une large raie obscure, & au dessous du ventre il y a trois autres raies de la même couleur, mais plus étroites. Le ventre, qui est très-souple, & que la nymphe peut courber de tous côtés, & même plier en deux, est alongé, & divisé en anneaux garnis de très-petites pointes à peine sensibles.

Au-devant du corcelet il y a deux pièces filiformes, semblables à deux cornes qui se trouvent aussi aux nymphes des Tipules, & que Réaumur a regardées comme les organes de la respiration, avec d'autant plus de fondement, qu'elles communiquent avec les trachées de l'intérieur du corps. Dans celles-ci ces pièces sont plus grosses à leur origine qu'à leur extrémité, & à cette extrémité, qui est arrondie, il y a une ouverture qui paroît distinctement au moyen d'une loupe, & dans l'intérieur on apperçoit un vaisseau brun qui se rend dans le corcelet, & qui sans doute est une trachée qui donne passage à l'air. Ce qui le prouve, c'est que la nymphe, qui tient le corps horizontalement près de la surface de l'eau, place le bout de ces cornes un peu au dessus de cette même superficie; c'est aussi la raison pourquoi elle n'aime pas à être couchée sur le dos, puisqu'alors les cornes ne pouvant sortir de l'eau, la respiration se trouveroit interrompue.

On remarque à cette nymphe les différentes parties que doit avoir l'insecte parfait, & qui se trouvent sous l'enveloppe qu'elle doit quitter. On apperçoit très-bien, au-devant de la tête, les yeux, à côté desquels sont placées les antennes, appliquées guées contre les côtés du corcelet, & fur la poitrine les fix jambes & les deux ailes.

Les trois derniers anneaux font munis de crochets, placés par paires, au nombre de dix, qui fervent à la nymphe pour s'accrocher aux tiges des mouffes & autres plantes qui croiffent dans l'eau; car elle ne refte pas toujours fufpendue à la furface de l'eau, &, lorfqu'elle defcend au fond, elle femble avoir befoin de s'attacher aux plantes qui s'y trouvent, puifque fa gravité fpécifique étant moindre que celle de l'eau, elle feroit toujours portée à la furface fi elle n'avoit pas un pareil point d'appui.

Six jours fuffifent à la nymphe pour quitter fon enveloppe. Il fe fait une fente fur le devant du corcelet, fur la tête & fur une petite portion de la poitrine, par où s'échappe l'infecte parfait.

L'accouplement des Néphrotomes ne différant pas de celui des Tipules, nous renvoyons à celles-ci les détails qui concernent les unes & les autres.

NÉPHROTOME.

NEPHROTOMA. MEIG. LATR. *TIPULA.* LINN. GEOFF. DEG. FABR.

CARACTÈRES GÉNÉRIQUES.

Antennes filiformes, de la longueur du corcelet : douze articles; le premier aminci à sa base; le second très-court; les suivans alongés, un peu comprimés.

Deux antennules longues, courbées, composées d'un grand nombre d'articles, dont les trois premiers plus grands, plus distincts.

Trois petits yeux lisses.

Deux ailes, ayant vers l'extrémité une cellule complète, carrée, d'où partent deux cellules égales, qui aboutissent à l'extrémité.

ESPÈCES.

1. NÉPHROTOME safranée.

Ailes avec une tache noire; abdomen très-noir, avec des bandes fauves, dont les dernières interrompues.

2. NÉPHROTOME des prés.

Corcelet mélangé; abdomen noirâtre, avec les côtés tachés de jaune; front fauve.

3. NÉPHROTOME cornicine.

Corcelet mélangé; abdomen jaunâtre, avec trois raies obscures; ailes avec un petit point marginal, obscur.

4. NÉPHROTOME dorsale.

Jaune; corcelet avec trois lignes; abdomen avec une rangée de points noirs sur le dos.

5. NÉPHROTOME rayée.

Jaune; corcelet mélangé de noir; abdomen avec trois lignes noires; ailes avec une bande et l'extrémité obscures.

6. NÉPHROTOME repliée.

Cendrée; abdomen brun, avec le dos obscur; ailes sans tache, intérieurement repliées.

1. Néphrotome safranée.

Nephrotoma crocata.

Nephrotoma alis maculâ nigrâ, abdomine atro; fasciis fulvis, ultimis interruptis.

Tipula crocata *alis maculâ fuscâ, abdomine atro, fasciis tribus fulvis.* Fabr. *Ent. Syst. t.* 4. *p.* 234. *n°.* 5. — *Syst. Antl. p.* 25.

Tipula crocata. Linn. *Syst. Nat.* 2. *pag.* 971. *n°.* 4. — *Faun. Suec. n°.* 1739.

Tipula flavo-fasciata, *alis maculâ fuscâ, abdomine fasciis transversis flavis, antennis filiformibus, pedibus punctoque alarum fuscis.* Deg. *Mem. Inf. t.* 6. *p.* 349. *n°.* 10.

Tipula. Schœff. *Icon. Inf. tab.* 126. *fig.* 4.

Tipula crocata. Vill. *Ent. tom.* 3. *pag.* 354. *n°.* 4. *tab.* 9. *fig.* 2.

La femelle a environ huit lignes de long, de la bouche à l'extrémité de l'abdomen. Les antennes font noires, avec les deux premiers articles rouges; elles font quelquefois entiérement noires. La tête eft tantôt rouge, avec les yeux noirs, ainfi que les antennules; tantôt noire, avec la protubérance du front rouge. Le collier, ou partie antérieure du corcelet, eft noir en deffous, d'un rouge-pâle en deffus. Le corcelet a fur le dos deux lignes longitudinales, jaunes, qui s'élargiffent en avant, & fe réuniffent à une tache irrégulière de la même couleur, qui fe trouve placée de chaque côté. Après la ligne qui fépare le dos du corcelet en deux, il y a une autre tache prefqu'en y grec : il y a deux autres taches, une de chaque côté, qui fe réuniffent poftérieurement fur la protubérance, ou même fouvent cette protubérance refte noire. Sur l'écuffon font deux taches prefque réunies. L'abdomen eft noir, avec des bandes fauves, dont les dernières font interrompues. L'extrémité eft fauve ou d'un rouge-brun. Les balanciers font noirâtres, avec l'extrémité jaune. Les ailes ont une légère teinte de jaune depuis la bafe jufqu'au-delà du milieu. Les nervures font noires & bien marquées, & on voit une tache noire fur le bord extérieur, qui s'étend un peu tranfverfalement en fuivant les nervures.

Le mâle ne diffère guère de la femelle, que par l'abdomen. Il eft noirâtre, avec une fuite de taches jaunes fur les côtés. La protubérance de la tête eft rouge, & le collier du corcelet eft jaune en deffus. Les antennes font entiérement noires. Dans les deux fexes les pattes font noires, avec la bafe des cuiffes d'un rouge-obfcur.

Elle fe trouve en Europe, dans les lieux humides.

2. Néphrotome des prés.

Nephrotoma pratenfis.

Nephrotoma thorace variegato, abdomine fusco, lateribus flavo-maculatis, fronte fulvâ.

Tipula pratenfis. Linn. *Syst. Nat.* 2. p. 972. *n°.* 10. — *Faun. Suec. n°.* 1745.

Tipula pratenfis. Fabr. *Ent. Syst. em. tom.* 4. *p.* 237. *n°.* 15. — *Syst. Antl. p.* 27. *n°.* 17.

Tipula variegata. Deg. *Mem. Inf. tom.* 6. *pag.* 346. *n°.* 8.

Tipula pratenfis. Scop. *Ent. Carn. n°.* 848.

Tipula. Schœff. *Icon. Inf. tab.* 15. *fig.* 5.

Elle a au moins huit lignes de long. La femelle a les antennes noires, peu velues. La tête eft noire, avec la protubérance qui fe trouve à la partie fupérieure, d'un jaune fauve. Le corcelet eft noir, avec la partie fupérieure du collier jaune; deux lignes jaunes fur le dos; trois taches entre les ailes; deux fur l'écuffon, & une de chaque côté, près de l'origine des balanciers. L'abdomen eft noir, avec une rangée, de chaque côté, de taches jaunes. L'anus eft brun. L'abdomen a en deffous deux raies jaunes plus ou moins marquées. Les pattes font noires, avec la bafe des cuiffes d'un jaune-fauve, & la bafe des jambes brune. Les ailes ont les nervures noires, bien marquées; un point marginal noir, avec un peu d'obfcur autour de la nervure qui part de ce point.

Elle fe trouve dans toute l'Europe.

3. Néphrotome cornicine.

Nephrotoma cornicina.

Nephrotoma thorace variegato, abdomine flavefcente, vittis tribus fuscis, alis puncto parvo marginali fufcefcente.

Tipula cornicina *alis hyalinis, puncto marginali fusco, abdomine flavo, lineis tribus fuscis.* Linn. *Syst. Nat. tom.* 2. *pag.* 972. *n°.* 12. — *Faun. Suec. n°.* 1747.

Tipula cornicina. Fabr. *Ent. Syst. em. t.* 4. *p.* 238. *n°.* 21. — *Syst. Antl. p.* 29. *n°.* 25.

Tipula. Raj, *Inf. p.* 73. *n°.* 7.

Tipula flavo-maculata. Deg. *Mem. Inf. t.* 6. *p.* 347. *n°.* 9. *tab.* 19. *fig.* 2. 3.

Roes. *Inf. tom.* 2. *Musc. & Culic. tab.* 1.

Tipula flava, alis fubfuscis, puncto marginali fusco; thorace caracteribus nigris; abdomine lineâ longitudinali, nigrâ. Geoff. *Inf. Parif. tom.* 2. *p.* 557. *n°.* 6.

Tipula. Schœff. *Icon. Inf. tab.* 183. *fig.* 4. 5.

Elle eft de la grandeur de celle qui fuit, à laquelle elle reffemble beaucoup. La femelle a les antennes noirâtres, un peu velues, avec le premier article jaune. La tête eft jaune, avec la pointe avancée, les yeux & une grande tache fur le vertex, noirs. Le corcelet eft jaune, avec trois taches noires, larges, oblongues, à la partie antérieure;

deux entre les ailes, & une fur l'écuffon. L'abdomen eft jaunâtre, marqué de trois raies longitudinales, noirâtres, dont une fur le dos, beaucoup plus large que les autres. L'anus eft noir à la bafe, d'un brun-fauve à l'extrémité. Les pattes font d'un jaune-obfcur, avec les genoux & les tarfes noirâtres. Les balanciers font d'un jaune-obfcur. Les ailes font tranfparentes, avec le point ordinaire petit, d'un gris-obfcur.

Le mâle a les antennes toutes noires. Le corcelet a, de plus que celui de la femelle, quelques taches noires fur les côtés, au deffous des ailes, & trois taches fur l'écuffon. Le point ordinaire de l'aile eft moins marqué.

Elle fe trouve dans toute l'Europe.

4. Néphrotome dorfale.

Nephrotoma dorfalis.

Nephrotoma flava, thorace lineis tribus, abdominis dorfo punctis feriatis, nigris; alis immaculatis.

Nephrotoma dorfalis. Meig. *Dipt. tom.* 1. *p.* 80. *tab.* 4. *fig.* 6. 9. ?

Nephrotoma dorfalis. Latr. *Gen. Cruft. & Inf. tom.* 4. *p.* 256.

Tipula alis fubfufcis, thorace flavo caracteribus nigris, abdomine luteo punctorum nigrorum, lineis tribus longitudinalibus. Geoff. *Inf. tom.* 2. *p.* 556. *n°.* 5.

Tipula. Raj. *Inf. p.* 73. *n°.* 7. *Varietas.*

La femelle a fept lignes de long. La tête eft jaune, avec la pointe avancée qui fe trouve au deffus de la tête, les yeux & une tache triangulaire à la nuque, d'un noir-foncé. Le corcelet eft jaune, avec cinq taches oblongues, noires; trois à la partie antérieure; deux entre les ailes, & une fur l'écuffon. Il y a trois autres taches noires de chaque côté du corcelet, entre les ailes & la bafe des cuiffes. L'abdomen eft jaune, avec une rangée de points noirs à la partie fupérieure, & une à peine marquée fur les côtés. Les pattes font obfcures, avec la bafe des cuiffes jaune. Les balanciers font d'un jaune-obfcur. Les ailes font tranfparentes; le point ordinaire eft petit, grifâtre, à peine marqué.

Le mâle diffère de la femelle en ce que l'abdomen a une raie dorfale, noire, à peine interrompue à la jonction des anneaux, quelques points fur les côtés inférieurs, & une ligne fouvent interrompue, le long de la partie inférieure. Le point ordinaire des ailes eft d'un gris plus obfcur.

Elle fe trouve affez fréquemment dans les bois, aux environs de Paris.

Nota. Nous doutons que cette efpèce foit celle de M. Meigen, par cela feulement qu'il a remarqué dix-neuf articles aux antennes de celle qu'il décrit.

5. Néphrotome rayée.

Nephrotoma vittata.

Nephrotoma flava, thorace nigro variegato; abdomine lineis tribus nigris, alis fafciâ apiceque fufcis.

Elle reffemble beaucoup à la précédente. La femelle a les antennes un peu velues, obfcures, avec les trois ou quatre premiers anneaux jaunes. La tête eft d'un jaune-fauve, avec les yeux, un point fur la nuque, & la pointe avancée, noirs. Le corcelet eft jaune, avec une raie noire fur le milieu, deux fur les côtés, & une fur l'écuffon. La partie latérale du corcelet eft marquée de taches noires. L'abdomen eft d'un jaune-pâle, avec trois raies noires; une fur le dos, & deux fur les côtés inférieurs. Les balanciers font jaunes. Les ailes font tranfparentes, avec le point ordinaire noir, & une bande obfcure, peu marquée, qui part de ce point & fuit la nervure tranfverfale. L'extrémité eft un peu obfcure. Les pattes font d'un jaune-obfcur, avec les genoux & les tarfes plus obfcurs. Je ne connois pas le mâle.

Elle fe trouve aux environs de Paris.

6. Néphrotome repliée.

Nephrotoma replicata.

Nephrotoma cinerea, abdomine brunneo, dorfo fufco, alis immaculatis, margine tenuiore recurvo.

Tipula replicata, *alis hyalinis, margine tenuiore recurvato, corpore fufco, antennis fimplicibus.* Linn. *Syft. Nat. pag.* 973. *n°.* 22. — *Faun. Suec. n°.* 1755.

Tipula replicata. Fabr. *Ent. Syft. em. tom.* 4. *p.* 242. *n°.* 41. — *Syft. Antl. p.* 32. *n°.* 43.

Tipula fufca, antennis filiformibus, alis pallidè fufcis, margine tenuiore recurvato. Degeer, *Mem. Inf. tom.* 6. *p.* 351. *n°.* 12. *tab.* 20. *fig.* 1-16.

Tipula fufca, antennis fimplicibus, alis longitudinaliter plicatis. Nov. Act. Soc. Scient. Upf. tom. 1. *p.* 66. *tab.* 6.

Limonia replicata. Meig. *Dipt. tom.* 1. *p.* 63. *n°.* 24.

Elle eft de la grandeur des précédentes. Les antennes font noires, filiformes. La tête eft grife, avec les antennules & les yeux noirs. Le corcelet eft gris. L'abdomen eft brun, avec le dos obfcur dans toute fa longueur. Les pattes font noirâtres. Les ailes font tranfparentes, fans tache, avec les nervures noires. Elles ont cela de remarquable, que le bord interne eft relevé, & comme replié lorfque l'infecte n'en fait pas ufage.

Elle fe trouve au nord de l'Europe.

NÉRIE. *Nerius.* Genre d'insectes de l'Ordre des Diptères.

Fabricius assigne à ce genre les caractères suivans : trompe coudée à sa base ; bord élevé, membraneux ; antennules avancées, comprimées, allant en grossissant ; antennes avancées, quadriarticulées ; dernier article plus gros, comprimé, portant une soie à son extrémité.

Ce genre paroît être voisin des Calobates, car Fabricius est incertain si la troisième espèce qu'il décrit, n'appartient pas plutôt à ces derniers, qu'aux Néries. Quant au nom que cet entomologiste lui a donné, nous nous permettrons de dire qu'il est trop voisin de celui de Nérium, que porte depuis long-tems un genre de plantes : il n'y a, comme on voit, que la terminaison masculine & neutre qui en fasse la différence.

La bouche des Néries n'est point avancée : on voit, à la partie inférieure de la tête, une ouverture petite, oblongue, d'où sortent la trompe, le suçoir & les antennules.

La trompe est alongée, avancée, coudée à sa base, cornée, creusée en goutière au dos ; le bord est élevé, membraneux avant le coude ; elle est terminée en une petite tête ovale, bilabiée. Les lèvres sont égales, aiguës. Le suçoir n'a pu être apperçu par M. Fabricius, qui est le seul jusqu'à présent qui ait fait mention de ce genre, & des trois espèces qui le composent.

Les antennules, au nombre de deux, sont avancées, plus courtes que la trompe, comprimées, allant en grossissant, triarticulées, à articles presqu'égaux, insérées, l'une de chaque côté de la trompe, avant sa courbure.

Les antennes sont avancées, alongées, quadriarticulées. Le premier article est gros ; le second court, globuleux ; le troisième infundibuliforme ; le quatrième est plus grand que les autres, comprimé, & muni, à son extrémité, d'une petite soie. Elles sont insérées à l'extrémité de la tête.

Les trois espèces de Néries, décrites par Fabricius, sont étrangères à l'Europe, & ne se trouvent que dans l'Amérique méridionale ; de sorte que nous ne connoissons jusqu'à présent ni les larves ni les habitudes de l'insecte parfait.

NÉRIE.

NERIUS. FABR.

CARACTÈRES GÉNÉRIQUES.

Antennes avancées, quadriarticulées : dernier article plus gros, comprimé, muni d'une soie à son extrémité.

Trompe avancée, coudée à sa base, terminée par une petite tête bilabiée.

Antennules allant en grossissant, comprimées, triarticulées ; articles presqu'égaux.

ESPÈCES.

1. NÉRIE pilifère.

Noir ; front sillonné ; pattes alongées.

2. NÉRIE filifère.

Front sillonné, fauve ; corps plombé ; pattes testacées.

3. NÉRIE longipède.

Noir ; ailes obscures avec la base, une bande au milieu et trois points blancs.

1. Nérie pilifère.

Nerius pilifer.

Nerius niger, fronte sulcatâ, pedibus elongatis. Fabr. *Syst. Antl. p.* 264. *n°.* 1.

La tête est avancée, ovale. Le front est avancé, plane, marqué d'une cannelure profonde. Les yeux sont grands, globuleux, testacés, placés sur les côtés. Le corcelet est rétréci antérieurement; il est noir, rayé de blanc. L'abdomen est noirâtre, alongé, conique. Les pattes sont longues, noires, avec les cuisses presqu'en scie.

Il se trouve dans l'Amérique méridionale.

2. Nérie filifère.

Nerius filosus.

Nerius fronte sulcatâ, rufâ, plumbeus, pedibus testaceis. Fabr. *Syst. Antl. p.* 265. *n°.* 2.

Il ressemble beaucoup au précédent pour la forme du corps, mais il est plus petit. Les antennes sont très-noires, avec la soie du dernier article blanche. La tête est fauve. Le front est plane, profondément sillonné. Le corcelet est aminci antérieurement. Il est d'un gris de plomb, avec deux lignes longitudinales. L'abdomen est d'un gris de plomb. Les pattes sont pâles, testacées, avec les cuisses en scie. Les ailes sont un peu obscures, sans tache.

Il se trouve dans l'Amérique méridionale.

3. Nérie longipède.

Nerius longipes.

Nerius ater, alis fuscis, basi fasciâ punctisque albis, pedibus testaceis. Fabr. *Syst. Antl. p.* 265. *n°.* 3.

Musca longipes. Fabr. *Ent. Syst. em. tom.* 4. *p.* 338. *n°.* 110.

La tête est grande, globuleuse, noire. Le corcelet est noir, sans tache. L'abdomen est alongé, cylindrique, noir, luisant, courbé & crochu à son extrémité. Les ailes sont obscures avec la base; une bande au milieu, & trois points postérieurs, blancs. Les pattes sont alongées; les antérieures sont noires, les quatre postérieures sont blanches un peu avant leur extrémité.

Il se trouve à Cayenne.

NÉVROPTÈRES. *Nevroptera.* On a donné ce nom aux insectes qui ont quatre ailes membraneuses nues, ou sans écailles, & dont les nervures forment une sorte de réseau. C'est le second Ordre de notre division méthodique des Insectes, présentée dans l'Introduction à ce Dictionnaire, le quatrième Ordre de la classe des Insectes de Linné. Il forme une partie de la quatrième section des Insectes à ailes nues de M. Geoffroy; il comprend les Synistates & les Odonates de M. Fabricius, si nous en exceptons les genres Lépisme & Podure, que ce célèbre entomologiste a cru devoir placer parmi les Synistates, & qui se trouvent naturellement parmi nos Aptères. Degeer a également placé les Névroptères dans deux classes, dont l'une ne renferme que les genres Frigane & Ephémère, & l'autre comprend tous les autres.

Les ailes des Névroptères sont étendues, ordinairement fort grandes & égales entr'elles, nues ou couvertes de poils fins, clair-semés, bien différens, par leur forme & leur arrangement, des petites écailles serrées & imbriquées qui couvrent entiérement les ailes des Lépidoptères. Ces poils, lorsqu'ils existent, sont placés plus particuliérement le long des nervures, qui forment, par leur disposition, ainsi que nous l'avons dit plus haut, une sorte de réseau à mailles plus ou moins grandes. Ce caractère suffit pour reconnoître, au premier coup-d'œil, un Névroptère; & l'on peut même, par ce moyen, facilement distinguer, dans cet Ordre, un genre d'un autre, ainsi qu'on l'a fait déjà avec succès pour les Hyménoptères & les Diptères. En effet, si on considère les nervures principales qui vont de la base à l'extrémité de l'aile, on verra qu'elles offrent des différences dans les différens genres, & qu'elles sont constamment disposées de même dans les espèces d'un même genre. Il en est de même des nervures transversales; elles présentent des différences assez remarquables & assez constantes pour servir également de caractères dans la plupart des genres de cet Ordre, ainsi que nous le ferons remarquer dorénavant à l'article de chacun d'eux.

Les ailes des Névroptères sont ordinairement presqu'égales entr'elles; c'est-à-dire que les supérieures ne sont ni plus longues ni plus larges que les inférieures, ainsi qu'on le remarque dans les Libellules, les Hémerobes, les Ascalaphes, les Myrméléons, les Panorpes, les Psoques, les Termès, &c.; mais quelquefois aussi les inférieures sont plus petites que les supérieures, ou manquent même totalement, comme dans les Ephémères. Dans le genre Némoptère, les ailes inférieures prennent une forme très-singulière; elles sont très-étroites, presque linéaires, & dépassent une ou deux fois en longueur les supérieures. On les prendroit pour un véritable balancier, dont il sembleroit que l'insecte auroit besoin pour diriger son vol.

Dans les Friganes les ailes inférieures ne sont pas étendues comme les supérieures, mais un peu plissées dans leur longueur.

Ces exceptions n'empêchent pas de reconnoître un Névroptère au premier coup-d'œil, & de le distinguer facilement d'un Lépidoptère, d'un Hyménoptère & d'un Hémiptère, qui, indépendamment de la différente contexture des ailes, ont encore une bouche différemment organisée, ainsi que nous le ferons remarquer plus bas.

Les Orthoptères ne peuvent pas non plus être confondus avec les Névroptères ; car, outre que les ailes supérieures ont en général de la consistance, & qu'elles servent plutôt d'étui aux inférieures qu'elles ne sont employées au vol, celles-ci ont beaucoup plus d'ampleur que ces étuis, & sont plissées dans toute leur longueur, de la même manière qu'un éventail.

Cependant on a généralement placé parmi les Orthoptères un genre qui appartient évidemment aux Névroptères : c'est le Mantispa de M. Latreille, le *Mantis pagana* de Fabricius. Trompé par la forme des pattes antérieures, semblables à celles des Mantes, on n'a pas fait attention aux autres caractères que présentoit ce genre : on n'a pas remarqué que les ailes inférieures sont étendues comme les supérieures, qu'elles sont toutes égales en longueur & en largeur, & régulièrement réticulées. Poda, qui le premier, je crois, a décrit cet insecte, n'étoit pourtant pas tombé dans cette erreur ; il en avoit fait une Raphidie, qui est effectivement le genre avec lequel le Mantispa a le plus de rapport.

Les ailes des Névroptères sont claires, transparentes, & présentent souvent des reflets irisés, comme dans la plupart des Hémérobes, des Myrméléons, des Ephémères. Souvent elles sont chargées de différentes taches colorées, peu transparentes, ainsi qu'on le voit dans quelques Libellules, les Panorpes, les Ascalaphes, les Friganes.

Quant à leur direction, elles sont ordinairement en toit ou penchées sur les côtés, comme dans les Friganes, les Psoques, les Hémerobes, les Myrméléons, les Raphidies ; ou écartées du corps & étendues horizontalement, comme dans les Libellules ; ou rapprochées verticalement les unes à côté des autres, ainsi qu'on le voit dans les Agrions. Les Perles & les Termès ont leurs ailes horizontalement placées les unes sur les autres ; de sorte que, lorsque l'insecte est en repos, on n'en apperçoit qu'une seule, & l'abdomen reste entiérement caché.

Un second caractère qui distingue les Névroptères des autres Ordres, c'est que la bouche est munie de mandibules & de mâchoires distinctes ; ainsi, à l'inspection de cet organe, on ne peut confondre un Névroptère avec un Lépidoptère, qui porte une trompe roulée en spirale, & un Hémiptère, qui a une sorte de bec éfilé & aigu. Les Hyménoptères en diffèrent encore par cette même bouche. Les mâchoires, dans ces insectes, s'unissent, comme on sait, à la lèvre inférieure, & forment une sorte de trompe plus ou moins alongée. Dans les Libellules, qui font continuellement la guerre aux autres insectes, la bouche est armée de deux fortes mandibules & de deux mâchoires à plusieurs dents très-aiguës, tandis que ces parties sont très-petites & presqu'imperceptibles dans les Ephémères, qui ne prennent aucune nourriture, qui ne passent à leur dernier état que pour s'accoupler, faire leur ponte & périr. Les mandibules du Corydale, qui sont simples, fort longues, & qui ressemblent en quelque sorte à des cornes, semblent plutôt destinées à la défense de l'insecte, qu'à faire la guerre aux autres.

Quant aux antennules, elles présentent, dans cet Ordre, encore plus de différences que dans les autres. Par exemple, les Libellules n'en ont que deux fort courtes, tandis que les Perles, les Corydales, les Raphidies, les Termès, en ont quatre, & les Némoptères, les Ascalaphes, les Myrméléons en ont six, dont deux même sont quelquefois assez longues.

La tête est en général bien distincte du corcelet, & munie de deux antennes longues, filiformes ou sétacées, composées d'un grand nombre d'articles peu ou point distincts ; néanmoins les Libellules & les Ephémères les ont fort courtes, fort menues, & composées seulement de cinq ou six articles. Celles des Termès sont grenues ou moniliformes, & composées d'une quinzaine d'articles. Le Myrméléon a les siennes courtes, grossissant insensiblement, & latéralement arquées à l'extrémité.

Les petits yeux lisses dont quelques genres sont pourvus, manquent à quelques autres. Les Libellules, les Agrions, en ont trois transversalement posés. Les Ephémères, les Corydales, les Raphidies, les Termès, les ont disposés en triangle. Les Némoptères, les Ascalaphes, les Myrméléons, n'en ont point, ou les ont si petits, qu'on ne peut les appercevoir.

Le corcelet est formé de trois pièces ou trois segmens, dont l'antérieur ressemble ordinairement à une sorte de col plus ou moins étroit, plus ou moins alongé ; il donne naissance en dessous aux deux pattes antérieures. Le second segment, qui constitue plus particuliérement le dos, donne naissance aux deux ailes antérieures & aux deux pattes intermédiaires. Le troisième donne naissance aux deux ailes inférieures & aux deux pattes postérieures.

L'abdomen est ordinairement alongé, cylindrique, composé de plusieurs anneaux ou segmens, & terminé, dans quelques mâles, par des crochets qui leur servent à saisir la femelle dans l'accouplement : souvent, au lieu de crochets, on apperçoit, dans les deux sexes, deux ou trois filets sétacés, dont l'usage n'est pas assez exactement connu.

L'abdomen de la Panorpe est terminé par une sorte de queue articulée, armée, dans le mâle, de deux petits crochets cornés, arqués & aigus. Celui de la Raphidie femelle est terminé par une longue tarière recourbée, comprimée par les côtés, formée de deux pièces appliquées l'une contre l'autre, & qui lui sert probablement à déposer ses œufs dans le bois où la larve vit & fait sa demeure.

Les pattes sont ordinairement de longueur moyenne, & sont formées, comme dans tous les autres insectes, de la hanche, de la cuisse, de la jambe

jambe & du tarse. Les trois premières pièces n'offrent rien de remarquable, si ce n'est dans le Mantispe. Les pattes antérieures, dans ce genre, sont portées en avant, & servent en quelque sorte de mains ou de pinces. La hanche est plus longue que dans les autres genres. La jambe est renflée, & armée, en dessous, de deux rangées d'épines. La dernière pièce, ou le tarse, est en forme de crochet très-fort, corné & aigu, propre à saisir la proie & la presser contre la double rangée d'épines dont la jambe est armée. Cette forme singulière, & semblable aux pattes antérieures des Mantes, en a imposé, comme nous l'avons dit plus haut, & a porté beaucoup de naturalistes à ranger les Mantispes parmi les Mantes, tandis qu'un léger examen des ailes eût suffi pour leur assigner la place qui leur convient parmi les Névroptères.

Quant aux tarses, ils varient dans cet Ordre, par le nombre des pièces dont ils sont composés; ce qui nous a servi, ainsi que l'avoit déjà fait M. Geoffroy, à diviser en trois sections tous les genres de cet Ordre. Ainsi, par exemple, la Libellule & la Perle, qui n'ont que trois articles aux tarses, forment la première section. La Raphidie & la Mantispe qui en ont quatre, forment la seconde. L'Hémerobe, le Myrméléon, l'Ascalaphe, la Panorpe, la Frigane, l'Éphémère, le Termès, qui en ont cinq, forment la troisième. Il seroit bien à desirer que, dans chaque Ordre, les tarses pussent fournir, par leur nombre, un caractère aussi certain pour la subdivision des genres, que celui qu'ils présentent dans les Coléoptères & dans les Névroptères.

Les larves des Névroptères sont munies de six pattes, & s'éloignent plus ou moins, pour la forme du corps, de l'insecte parfait. La plupart vivent dans l'eau, & n'en sortent que lorsqu'elles ont subi leur dernière métamorphose : telles sont les Libellules, les Friganes, les Éphémères. Les autres vivent dans les champs. Parmi celles-ci, les unes habitent sous l'écorce des arbres, comme la Raphidie; les autres font la guerre aux Pucerons, comme l'Hémerobe; d'autres, cachées dans le sable, sont occupées à tendre des piéges aux Fourmis, comme le Myrméléon. Leur métamorphose n'est pas la même dans toutes. Quelques nymphes sont immobiles; les autres se meuvent, & se nourrissent, comme leurs larves, d'insectes qu'elles attrapent par différens moyens.

Les larves qui vivent dans l'eau ont des organes qu'on croit analogues aux ouïes des poissons. Quelques-unes, lorsqu'elles sont prêtes à se transformer en nymphe, se construisent des fourreaux à la manière des Teignes, avec différentes espèces de matériaux, & les transportent partout avec elles; elles y ménagent deux ouvertures qu'elles bouchent avant de se changer en nymphe, & n'en sortent que sous leur dernière forme.

M. Latreille avoit d'abord distribué les Névroptères en huit familles; savoir : les *Libellulines*, les *Fourmilions*, les *Hémérobiens*, les *Mégaloptères*, les *Perlaires*, les *Termitines*, les *Panorpates* & les *Papilionacés*. Dans son dernier ouvrage, il ne les a distribués qu'en cinq; savoir : les *Libellulines*, les *Panorpates*, les *Fourmilions*, les *Hémérobiens* & les *Perlaires*. (*Voyez* ces articles, qui renverront à ceux des genres que ces familles contiennent.)

NICROPHORE. (*Voyez* Nécrophore.)

NILION. *Nilio*. Genre d'insectes de la seconde section de l'Ordre des Coléoptères & de la famille des Hélopiens.

Le Nilion a la forme hémisphérique des Coccinelles; les antennes courtes, filiformes; les mandibules fort courtes & dentées; les antennules courtes & filiformes; les tarses des quatre pattes antérieures composés de cinq pièces, & les postérieures de quatre.

M. Latreille, qui le premier a établi ce genre, le place dans la famille des Hélopiens, à la suite des Lagries. Nous ne sommes pas à cet égard de son avis : le Nilion nous paroît avoir plus de rapport avec les Diapères qu'avec les Lagries, & s'il ne forme pas une famille particulière, dont les autres individus nous sont inconnus, je lui assignerois plutôt une place parmi les Diapériales, que parmi les Hélopiens.

Les antennes sont filiformes, de la longueur du corcelet, composées d'onze articles, dont le premier est un peu alongé & renflé; le second est court, arrondi, plus petit que les suivans; le troisième est un peu alongé; les autres sont grenus, égaux entr'eux; le dernier est obtus. Elles sont insérées à la partie antérieure, un peu latérale de la tête, très-près des yeux.

La tête est petite, enfoncée dans le corcelet. Les yeux sont réniformes, un peu entaillés à leur partie antérieure pour le jeu des antennes.

La bouche est composée d'une lèvre supérieure, de deux mandibules, de deux mâchoires, d'une lèvre inférieure & de quatre antennules.

La lèvre supérieure est coriacée, large, courte, arrondie antérieurement.

Les mandibules sont courtes, cornées, presque triangulaires, pointues, intérieurement dentées.

Les mâchoires sont cornées, bifides; les divisions sont égales en longueur. L'extérieure est conique; l'intérieure est un peu aplatie & ciliée.

La lèvre inférieure est cornée, avancée, presque triangulaire, terminée en pointe émoussée.

Les antennules antérieures sont à peine plus longues que les mâchoires, & composées de quatre articles, dont le premier très-court, à peine apparent; le second peu alongé, conique; le troisième fort court; le dernier oblong. Elles sont insérées à la base extérieure des mâchoires.

Les antennules postérieures sont très-courtes, coniques, & composées d'articles peu distincts; elles sont insérées à la base latérale de la lèvre inférieure.

Le corcelet eſt fort court, arrondi ſur les côtés, échancré antérieurement pour recevoir la tête.

L'écuſſon eſt petit & triangulaire.

Les élytres ſont très-convexes, aſſez dures; elles ont en deſſous, comme les Coccinelles, les Erotyles & quelques autres, un large bord & un petit avancement qui embraſſe les côtés de l'abdomen. Les ailes, qui ſe trouvent au deſſous, ſont membraneuſes, repliées.

Les pattes ſont courtes, & dépaſſent à peine les élytres. Les cuiſſes & les jambes ſont ſimples. Les tarſes ſont filiformes. Les quatre antérieurs ont cinq articles peu diſtincts, & les poſtérieurs n'en ont que quatre. Le dernier article de tous eſt armé de deux ongles crochus, aſſez forts.

Le corps du Nilion eſt, comme nous l'avons dit, très-convexe en deſſus, plat en deſſous, auſſi large que long; de ſorte qu'il a, encore plus que les Coccinelles, une forme hémiſphérique. Habitant des contrées méridionales de l'Amérique, ſes habitudes nous ſont inconnues, & nous ignorons même ſi c'eſt ſur le tronc des arbres ou ſur les fleurs qu'on le trouve.

NILION.

NILIO. LATR. *COCCINELLA.* FABR.

CARACTÈRES GÉNÉRIQUES.

Antennes courtes, moniliformes; troisième article un peu alongé.

Mandibules courtes, dentées.

Antennules très-courtes; les antérieures grosses, filiformes; les postérieures coniques.

Tarses filiformes; articles peu distincts.

Corps hémisphérique.

ESPÈCE.

---

1. NILION velu.

D'un jaune-obscur; élytres d'un noir-foncé, bleuâtre, avec la suture et les bords jaunâtres.

1. Nilion velu.

Nilio villosus.

Nilio obscurè flavus, elytris atro-cœruleis, suturâ margineque flavis.

Nilio villosus. Latr. *Hist. nat. des Crust. & des Inf. tom.* 10. *p.* 333. — *Gen. Crust. & Inf. tom.* 2. *p.* 199. *tab.* 10. *fig.* 2.

Coccinella villosa *nigra, coleoptrorum marginibus flavis.* Fabr. *Ent. Syst. em. tom.* 1. *p.* 286. *n°.* 95. — *Syst. Eleut. tom.* 1. *p.* 378. *n°.* 121.

Il est hémisphérique, & a environ quatre lignes. Les antennes sont velues, noires, avec les quatre premiers articles d'un jaune-obscur. La tête est d'un jaune-obscur. Le corcelet est noir au milieu; mais les côtés sont couverts d'un duvet serré, jaune-obscur. Les élytres sont lisses, marquées de stries pointillées; elles sont d'un noir-luisant, un peu bleu, avec la suture & les bords d'un jaune-obscur. Le dessous du corps & les pattes sont d'un jaune-obscur.

Il m'a été envoyé de Cayenne par M. Tugni.

NITÈLE. *Nitela.* Genre d'insectes de la première section de l'Ordre des Hyménoptères & de la famille des Crabronites.

Les Nitèles ont les antennes filiformes, plus courtes que le corcelet; les yeux oblongs, sans entailles; la tête égale en largeur au corcelet; l'abdomen armé d'un aiguillon; les ailes supérieures avec une cellule radiale & une seule cellule cubitale.

Les Nitèles ressemblent aux Tachybules par la forme du corps; mais on ne sauroit les confondre avec ces insectes si on considère que les ailes des premiers n'ont qu'une seule cellule cubitale, tandis que les seconds en ont trois. On seroit bien plutôt porté à les rapprocher des Tripoxylons, qui ont les ailes à peu près semblables à celles des Nitèles, mais dont ils diffèrent surtout par l'entaille profonde qui se trouve à la partie antérieure des yeux. Les Oxybèles diffèrent entr'autres des Nitèles, par la cellule radiale des ailes supérieures, un peu appendicée.

Ce genre, établi par M. Latreille, n'est composé, jusqu'à présent, que d'une seule espèce. Ses antennes sont filiformes, un peu plus longues que la tête, ordinairement arquées, composées de douze articles dans la femelle, dont le premier est un peu alongé, cylindrique; les suivans sont presque égaux entr'eux. Elles sont insérées fort près de la lèvre supérieure, dans une cavité large & peu profonde. Les yeux sont grands, oblongs, entiers ou sans entailles, placés sur les côtés de la tête, & assez distans l'un de l'autre. On apperçoit sur le vertex, trois petits yeux lisses, disposés en triangle. Le chaperon est peu avancé, antérieurement tronqué. Les antennules maxillaires ou antérieures ont six articles, dont les deux derniers sont fort courts. Les mandibules paroissent courtes, arquées, pointues, sans dents. La lèvre inférieure est courte, échancrée, presqu'en cœur.

Le corcelet est ovale, à peu près aussi large que la tête, marqué d'un enfoncement transversal entre la base des ailes. Le premier segment du corcelet a une ligne transversale, enfoncée, interrompue au milieu, & placée très-près du bord postérieur.

L'abdomen est ovale, terminé en pointe postérieurement, attaché au corcelet par un pédicule court, & armé d'un aiguillon caché dans l'intérieur du ventre.

Les pattes sont de longueur moyenne. Les cuisses sont un peu renflées, & sont un peu plus longues que les jambes.

Les ailes ne dépassent guère l'abdomen. Les supérieures ont une cellule radiale, triangulaire, oblongue, terminée par une appendice à peine marquée, & placée près du bord. On ne voit qu'une seule cellule cubitale, dont la figure est presque celle d'un carré-long.

Cet insecte, que M. Latreille a bien voulu me communiquer, lui a été envoyé du midi de la France. Sa larve & sa manière de vivre nous sont encore inconnues.

NITÈLE.

NITELA, LATR.

CARACTÈRES GÉNÉRIQUES.

Antennes filiformes, plus courtes que le corcelet, latéralement arquées : premier article peu alongé ; les autres presqu'égaux entr'eux.

Yeux oblongs, grands, entiers, assez distans.

Abdomen ovale, armé d'un aiguillon caché.

Ailes supérieures avec une cellule radiale triangulaire, presqu'appendicée, et une cellule cubitale carrée.

ESPÈCE.

1. NITÈLE de Spinola.

Toute noire, luisante ; ailes avec un reflet irisé.

1. Nitèle de Spinola.

Nitela Spinolæ.

Nitela atra nitida.

Nitela Spinolæ. Latr. *Gen. Crust. & Inf. tom. 4. p. 77.*

Elle a environ deux lignes de long. Le chaperon est marqué d'une ligne élevée. Tout le corps est noir-luisant. Les ailes sont transparentes, & ont un léger reflet irisé.

Elle se trouve au midi de la France.

NITIDULAIRES. *Nitidulariæ.* M. Latreille avoit donné ce nom à une famille d'insectes de l'Ordre des Coléoptères, qu'il a ensuite désignée sous celui de Nécrophages. Les Nitidulaires ne forment plus aujourd'hui qu'une sous-division, dans laquelle sont renfermés les genres Thymale, Colobique, Nitidule, Cerque & Byture. (*Voy. ces mots.*)

NITIDULE. *Nitidula.* Genre d'insectes de la première section de l'Ordre des Coléoptères & de la famille des Nécrophages.

Les Nitidules sont reconnoissables à leur corps ovale, plus ou moins déprimé; à leurs antennes courtes, terminées en masse grosse, arrondie ou ovale; à leurs antennules filiformes; à leurs tarses filiformes, composés de cinq pièces.

Linné & Degeer ont placé les Nitidules parmi les Boucliers. M. Geoffroy les a rangées parmi les Dermestes. M. Fabricius a distingué ces insectes, & en a formé un genre sous le nom de *Nitidula*, du mot *Nitidus*, qui signifie brillant. M. Laicharting a changé le nom donné par M. Fabricius, & lui a substitué, sans nécessité, celui d'*Ostoma*.

Les Nitidules ont beaucoup de rapport avec les Boucliers; elles en sont distinguées par les antennes terminées en masse grosse, ovale, presqu'arrondie, & par les mâchoires dépourvues d'onglets. Les mâchoires bifides & les antennes terminées en masse alongée, empêchent de confondre les Dermestes avec les Nitidules.

Les antennes sont courtes, & composées d'onze articles, dont le premier est assez gros; les suivans sont petits, grenus, égaux entr'eux; le huitième s'élargit un peu; les trois derniers forment une masse grosse, ovale, presqu'arrondie; elles ont leur insertion au-devant des yeux.

La bouche est composée d'une lèvre supérieure, de deux mandibules, de deux mâchoires, d'une lèvre inférieure & de quatre antennules.

La lèvre supérieure est coriacée, courte, assez large.

Les mandibules sont cornées, arquées, terminées par deux petites dentelures.

Les mâchoires sont presque membraneuses, cylindriques, entières, sans dents.

La lèvre inférieure est membraneuse, à peine apparente, insérée sur une grande pièce cornée, coupée antérieurement.

Les antennules antérieures sont filiformes, un peu plus longues que les postérieures, composées de quatre articles, dont le premier est petit, & les autres presqu'égaux entr'eux; elles sont insérées au dos des mâchoires. Les antennules postérieures sont filiformes, & composées de trois articles presqu'égaux entr'eux; elles sont insérées à la base latérale de la lèvre inférieure.

La tête est petite, & à moitié enfoncée dans le corcelet. Les yeux sont petits, arrondis, saillans.

Le corcelet est presqu'aussi large que les élytres, ordinairement échancré antérieurement, & coupé droit à sa partie postérieure.

Les élytres sont peu convexes, assez dures, peu rebordées; elles couvrent deux ailes membraneuses, repliées.

Les pattes sont de longueur moyenne. Les tarses sont filiformes, & composés de cinq articles, dont les quatre premiers sont courts, égaux entr'eux, un peu velus en dessous. Le dernier est alongé, un peu arqué, terminé en masse, & muni de deux crochets assez forts.

On trouve les Nitidules dans les charognes, sur les substances animales desséchées, sous l'écorce pourrie des vieux arbres, & même sur les fleurs. Elles ont en général le corps ovale-alongé, ordinairement déprimé. Quelques espèces ont la partie supérieure de leur corps plus convexe & plus lisse que les autres: celles-ci méritent d'être plus amplement examinées; car il est probable qu'elles forment un genre qui paroit se rapprocher des Ips. M. Fabricius en a placé une espèce parmi les Ips, & une autre parmi les Tritomes. Ce sont celles que nous avons décrites depuis le n°. 11, jusques & y compris le n°. 16. Les unes & les autres ont deux ailes membraneuses, repliées, dont elles se servent quelquefois. Les espèces qui fréquentent les fleurs dans leur dernier état, volent plus souvent que celles qui se trouvent dans les cadavres ou sous l'écorce des arbres. Les couleurs sombres, obscures, peu brillantes du plus grand nombre des Nitidules, contrastent un peu avec le nom générique qu'on leur a donné; mais nous croyons qu'il vaut mieux conserver un nom peu convenable, que d'en substituer un autre qui, sans ajouter à nos connoissances, augmente toujours la confusion de la nomenclature.

Les larves ressemblent beaucoup à celles des Boucliers. Leur corps est aplati, d'une forme ovale alongée, composé de douze anneaux terminés latéralement par un angle assez aigu. Le dernier anneau, semblable à celui des Boucliers, est garni de deux petites appendices coniques. Elles ont six pattes courtes, écailleuses. Parvenues à tout leur accroissement, elles s'enfoncent dans la terre pour y subir leur métamorphose.

NITIDULE.

NITIDULA, Fab. Latr. *SILPHA*. Linn. Deg. *DERMESTES*. Geoff.

OSTOMA. Laich.

CARACTÈRES GÉNÉRIQUES.

Antennes courtes, en masse grosse, ovale, formée de trois ou quatre articles.

Mandibules terminées par deux dents aiguës, égales.

Mâchoires cylindriques, entières.

Quatre antennules filiformes.

Corps ovale-oblong, un peu déprimé.

ESPÈCES.

1. Nitidule bipustulée.

Ovale, déprimée, noire; élytres avec un point rouge.

2. Nitidule grosse.

Ovale, noire; élytres sillonnées, marquées de deux taches transverses, ferrugineuses.

3. Nitidule biponctuée.

Ovale, déprimée, ferrugineuse; élytres noires, avec le bord et deux taches dentées, ferrugineuses.

4. Nitidule ciliée.

Ovale, un peu convexe, noire, avec quelques points ferrugineux; bords du corcelet et des élytres ciliés.

5. Nitidule Colon.

Ovale, déprimée, noirâtre; corcelet et élytres mélangés d'obscur et de ferrugineux.

6. Nitidule pustulée.

Ovale, obscure; élytres avec deux taches rouges sur chaque.

7. Nitidule obscure.

Ovale, noire, obscure; pattes d'un brun-foncé.

8. Nitidule raccourcie.

Ovale, noire, obscure; élytres lisses, courtes, obtuses.

9. Nitidule bimaculée.

Ovale-oblongue, déprimée, noire; élytres courtes, marquées de deux taches jaunes.

10. Nitidule sinuée.

Ovale, déprimée, noire; pattes, bords du corcelet et tache sinueuse sur l'élytre, jaunes.

11. Nitidule fasciée.

Ovale, noire; élytres jaunes, avec une bande et l'extrémité jaunes.

NITIDULE. (Insecte.)

12. NITIDULE sanguinolente.

Ovale, noire; élytres rouges, avec un point et l'extrémité noirs; abdomen rouge.

13. NITIDULE quadripustulée.

Oblongue, déprimée, noire; élytres avec deux points rouges sur chaque.

14. NITIDULE quadriponctuée.

Ovale-oblongue, noire, luisante; élytres lisses, avec deux points rouges sur chaque.

15. NITIDULE quadrimouchetée.

Ovale-oblongue, noire, luisante; élytres avec deux taches blanches sur chaque; la première sinuée.

16. NITIDULE dix points.

Noirâtre, luisante, un peu déprimée; élytres avec cinq points blancs sur chaque.

17. NITIDULE marginée.

Ovale, déprimée, brune; tête auriculée; élytres sillonnées, avec deux taches d'un jaune-fauve.

18. NITIDULE immaculée.

Ovale, déprimée, d'un brun-ferrugineux; milieu du corcelet plus obscur.

19. NITIDULE variée.

Ovale, déprimée; corcelet et élytres mélangés de noirâtre et de ferrugineux.

20. NITIDULE sordide.

Ovale, noire; corcelet et élytres d'un brun-ferrugineux.

21. NITIDULE ponctuée.

Obscure; élytres bronzées, marquées de stries ponctuées.

22. NITIDULE bicolore.

Ferrugineuse; élytres noires, avec une bande à la base et un point à l'extrémité, ferrugineux.

23. NITIDULE rayée.

Ovale, noirâtre; élytres avec un point et une raie ondée, jaunes.

24. NITIDULE ondée.

Ovale, noirâtre; bords du corcelet ferrugineux; élytres avec deux raies ondées, pâles.

25. NITIDULE mouchetée.

Ovale, déprimée, obscure; bords du corcelet et cinq points sur chaque élytre, pâles.

26. NITIDULE ferrugineuse.

Ovale, légérement tomenteuse, ferrugineuse; élytres à peine striées.

27. NITIDULE striée.

Ovale, pubescente, d'un brun-ferrugineux; élytres fortement striées.

28. NITIDULE à cornes.

Ovale, ferrugineuse; mandibules avancées, extérieurement dentées.

29. NITIDULE fervide.

Ovale, ferrugineuse; élytres lisses, avec l'extrémité obscure.

30. NITIDULE discoïde.

Ovale, noire; bords du corcelet et disque des élytres d'un jaune-fauve.

31. NITIDULE hémorrhoïdale.

Ovale, déprimée, noire; élytres postérieurement ferrugineuses.

NITIDULE. (Insecte.)

32. Nitidule pâle.

Ovale, pâle, avec les pattes jaunâtres.

33. Nitidule unicolore.

Ovale-oblongue, déprimée; corps d'un brun-marron clair, sans tache.

34. Nitidule six taches.

Noire; élytres tronquées, avec trois points, l'anus et les pattes, rouges.

35. Nitidule unifasciée.

Corcelet testacé, avec une tache noire; élytres testacées, avec une bande au milieu, noire, marquée de points testacés.

36. Nitidule petite ligne.

Testacée; élytres avec une petite raie arquée, noirâtre.

37. Nitidule verdâtre.

D'un vert-bronzé; corcelet rebordé; pattes rouges.

38. Nitidule âtre.

Ovale, noire; élytres lisses; antennes et pattes rouges.

39. Nitidule lunulée.

Noirâtre; corcelet rebordé, cilié; élytres avec une tache commune, blanche, en croissant.

40. Nitidule hémiptère.

Ferrugineuse; élytres courtes, testacées, sans tache.

41. Nitidule bordée.

Ferrugineuse; dessous du corps, disque du corcelet et des élytres, un peu obscurs.

42. Nitidule dorsale.

Noire; élytres testacées, avec tout le bord noir; pattes fauves.

43. Nitidule humérale.

Noire, luisante; élytres courtes, marquées d'un point rouge à leur base.

44. Nitidule brisée.

Ferrugineuse; élytres courtes, noires à leur extrémité.

45. Nitidule carrée.

Noire; élytres courtes, pâles, avec une ligne commune, obscure.

46. Nitidule cadaverine.

D'un brun-ferrugineux; élytres courtes, marquées d'une tache jaune à leur extrémité.

47. Nitidule macroptère.

Noire, luisante; pattes d'un brun-foncé; élytres courtes.

48. Nitidule mi-partie.

Noire; élytres courtes, obscures; pattes ferrugineuses.

49. Nitidule tronquée.

Testacée; élytres tronquées, avec une tache à la base, commune, noire.

1. Nitidule bipustulée.

Nitidula bipustulata.

Nitidula ovata nigra, elytris puncto rubro. Fabr. *Ent. Syst. em. tom.* 1. *p.* 255. *n°.* 1. — *Syst. Eleut. tom.* 1. *p.* 347. *n°.* 2.

Nitidula bipustulata. Ent. ou Hist. nat. des Inf. tom. 2. 12. *n°.* 1. *tab.* 1. *fig.* 2. a. b.

Silpha bipustulata *oblonga nigra, elytris singulis puncto unico rubro.* Linn. *Syst. Nat. p.* 570. *n°.* 4. — *Faun. Suec. n°.* 445.

Dermestes niger, coleoptris punctis rubris binis. Geoff. *Inf. tom.* 1. *p.* 100. *n°.* 3.

Silpha nigra, corpore obtuso, elytris singulis maculâ unicâ rubrâ. Deg. *Mem. tom.* 4. *p.* 186. *n°.* 13. *pl.* 6. *fig.* 22 & 23.

Ostoma bipustulata. Laich. *Inf. tom.* 1. *p.* 106. *n°.* 3.

Dermestes bipunctatus. Fourc. *Ent. pars* 1. *pag.* 18. *n°.* 3.

Illig. *Col. Bor. tom.* 1. *p.* 382. *n°.* 6.

Panz. *Faun. Germ.* 3. *tab.* 10.

Nitidula bipustulata. Latr. *Hist. nat. des Crust. & des Inf. tom.* 10. *p.* 29. — *Gen. Crust. & Inf. tom.* 2. *p.* 12.

Herbst, *Coleopt.* 5. *p.* 229. *n°.* 1. *tab.* 53. *fig.* 1.

Payk. *Faun. Suec. tom.* 1. *p.* 249. *n°.* 4.

Elle a une forme ovale-alongée, déprimée. Les antennes sont noires, avec la masse qui les termine, ovale, assez grosse, comprimée. Le corps est noir, peu luisant. Le corcelet est un peu échancré antérieurement. Les élytres sont de la longueur de l'abdomen, & ont chacune un point rougeâtre au milieu, vers la suture. Le dessous du corps est d'un noir un peu brun. Les pattes sont d'un brun-rougeâtre.

On la trouve en Europe, dans les charognes & sur les substances animales desséchées.

2. Nitidule grosse.

Nitidula grossa.

Nitidula ovata depressa, nigra, elytris sulcatis, maculis transversis ferrugineis. Fabr. *Syst. Eleut. tom.* 1. *p.* 347. *n°.* 1.

Elle est deux ou trois fois plus grande que la Nitidule bipustulée. Les antennes sont d'un brun ferrugineux. Le premier article est très-gros, & les trois derniers forment une masse assez grosse, arrondie. La tête est d'un brun-foncé & pointillée. Le corcelet est pointillé, d'un brun-foncé, avec les bords latéraux d'un brun-ferrugineux. L'écusson est petit & brun. Les élytres sont pointillées, légèrement sillonnées, d'un brun-foncé, avec quelques taches transverses, d'un brun plus clair : l'une de ces taches, placée entre le milieu & l'extrémité, forme une petite bande sinuée. Le dessous du corps est brun-foncé, & les pattes sont d'un brun-clair.

Elle a été apportée de la Caroline, par M. Bosc.

3. Nitidule bipontuée.

Nitidula bipunctata.

Nitidula ovata, depressa, ferruginea; elytris nigris margine maculisque duabus dentatis ferrugineis.

Elle est un peu plus grande que la Nitidule bipustulée. La tête est pointillée, ferrugineuse, avec les yeux noirs. Le corcelet est pointillé, noir au milieu, avec les côtés ferrugineux, marqués d'un point noir. Les élytres sont pointillées, noires, avec le bord, une tache dentée ou en zigzag, vers la base, une autre transverse, supérieurement dentée au-delà du milieu, d'un rouge-fauve. Le dessous du corps & les pattes sont ferrugineux.

Elle se trouve en Caroline, sous l'écorce des arbres, d'où elle a été apportée par M. Bosc.

4. Nitidule ciliée.

Nitidula ciliata.

Nitidula ovata nigra, ferrugineo punctata, thoracis elytrorumque margine ciliato.

Elle est un peu plus grande & un peu plus convexe que la Nitidule bipustulée. La tête est noire, avec la bouche d'un brun-ferrugineux. Le corcelet est noir, avec le bord latéral, & un point vers le bord postérieur, peu marqué, d'un brun-ferrugineux-obscur. Les élytres sont noires, avec quelques points peu marqués vers la base, & un sur le bord latéral, vers l'extrémité, d'un brun-ferrugineux. Les bords du corcelet & des élytres ont des cils courts, serrés. Le dessous du corps est brun. Les pattes sont pâles.

Elle se trouve sur les ulcères du Liquidambar en Caroline, d'où elle a été apportée par M. Bosc.

5. Nitidule Colon.

Nitidula Colon.

Nitidula ovata depressa nigra, ferrugineo varia, elytris vix sulcatis.

Nitidula variegata. Ent. ou Hist. nat. des Inf. tom. 2. *genre* 12. *n°.* 2. *tab.* 1. *fig.* 1. a. b. c.

Dermestes nigro fuscoque nebulosus, elytris vix striatis. Geoff. *Inf. tom.* 1. *p.* 104. *n°.* 13.

Dermestes variegatus. Fourc. *Ent. Par.* 1. *p.* 20. *n°.* 13.

Silpha Colon *nigra, elytris ferrugineo variis, thorace emarginato, tergo duplici puncto impresso.*

Linn. *Syst. Nat.* p. 573. n°. 27. — *Faun. Suec.* n°. 462.

Nitidula Colon *nigra, elytris ferrugineo variis, thorace emarginato*. Fabr. *Syst. Ent.* p. 78. n°. 4. — *Sp. Inf.* tom. 1. p. 92. n°. 9. — *Mant. Inf.* tom. 1. p. 52. n°. 10. — *Syst. Eleut.* tom. 1. p. 351. n°. 20.

Silpha rufo-fusca, nigro maculata, thorace duplici puncto impresso, corpore subtus toto fusco. Deg. *Mem. Inf.* tom. 4. p. 187. n°. 14.

Nitidula Colon. Illig. *Col. Bor.* tom. 1. p. 380. n°. 3.

Ostoma Colon. Laich. *Inf.* tom. 1. p. 107. n°. 4.

Elle varie beaucoup pour la grandeur. Le corps est ovale, déprimé. Les antennes sont ferrugineuses, avec la masse obscure. Tout le dessus du corps est mélangé de noirâtre & de jaune-fauve. On apperçoit quelquefois un point jaune, transversal, sur la suture, un peu au-delà du milieu. Les élytres sont à peine fillonnées. Le dessous du corps est obscur. Les pattes sont ferrugineuses.

Elle se trouve en Europe, dans les cadavres & sous l'écorce des arbres.

6. Nitidule pustulée.

Nitidula pustulata.

Nitidula ovata fusca, elytris maculis duabus rubris.

Nitidula quadripustulata. Fabr. *Ent. Syst. em.* tom. 1. p. 255. n°. 2. — *Syst. Eleut.* tom. 1. p. 348. n°. 3.

Elle est un peu plus grande que la Nitidule bipustulée. Les antennes sont noires. La tête & le corcelet sont obscurs, point du tout luisans, sans tache. Les élytres sont obtuses, obscures, avec deux taches rougeâtres sur chaque. On voit quelquefois aussi plusieurs petits points rougeâtres sur les bords. Les pattes sont ferrugineuses.

Elle se trouve en Allemagne.

7. Nitidule obscure.

Nitidula obscura.

Nitidula ovata nigra obscura, pedibus piceis. *Ent. ou Hist. nat. des Inf.* tom. 2. n°. 3. tab. 1. fig. 3. a. b.

Nitidula obscura. Fabr. *Ent. Syst. em.* tom. 1. p. 255. n°. 3. — *Syst. Eleut.* tom. 1. p. 348. n°. 4.

Dermestes niger oblongus, elytris punctatis, pedibus fulvis. Geoff. *Inf.* tom. 1. p. 108. n°. 21.

Silpha rufipes *suprà nigra, subtùs fusca, pedibus rufis, elytris lævibus*. Deg. *Mem.* tom. 4. p. 188. n°. 15.

Fuesl. *Archiv. Inf.* 4. p. 36. n°. 2. tab. 20. fig. 23.

Dermestes fulvipes. Fourc. *Ent. Par.* 1. p. 22. n°. 21.

Illig. *Col. Bor.* tom. 1. p. 383. n°. 7.

Herbst, *Coleopt.* 5. tab. 53. fig. 2.

Payk. *Faun. Suec.* tom. 1. p. 349. n°. 3.

Elle varie beaucoup pour la grandeur. Elle est quelquefois aussi grande que la Nitidule bipustulée, & souvent elle est deux fois plus petite. Les antennes sont d'un brun-ferrugineux, avec la masse grosse, ovale, comprimée, noire. La bouche est d'un brun-ferrugineux. Tout le corps est noir, point du tout luisant. Les pattes sont ferrugineuses.

Elle se trouve en Europe, dans les cadavres & sous l'écorce pourrie des arbres.

8. Nitidule raccourcie.

Nitidula abbreviata.

Nitidula ovata nigra, obscura, elytris lævibus, obtusis, abbreviatis. Fabr. *Ent. Syst. em.* tom. 1. p. 256. n°. 4. — *Syst. Eleut.* tom. 1. p. 348. n°. 5.

Nitidula abbreviata. *Ent. ou Hist. nat. des Inf.* tom. 2. 12. n°. 4. tab. 1. fig. 5. a. b.

Elle ressemble, pour la forme & la grandeur, à la Nitidule obscure. Les antennes sont brunes, & terminées en masse ovale. Tout le dessus du corps est noirâtre, & couvert de poils courts. L'écusson est brun, & arrondi postérieurement. Les élytres & le corcelet sont très-finement chagrinés. Le dessous du corps est brun. Les pattes sont d'un rouge-brun, quelquefois noirâtres.

Elle se trouve dans la Nouvelle-Zélande.

Du cabinet de M. Banks.

9. Nitidule bimaculée.

Nitidula bimaculata.

Nitidula oblongo-ovata depressa nigra, elytris abbreviatis, maculis duabus flavis. *Ent. ou Hist. nat. des Inf.* tom. 2. 12. n°. 5. tab. 2. fig. 11. a. b.

Silpha bimaculata *ovata nigra, antennarum capitulis globosis, pedibus ferrugineis*. Linn. *Syst. Nat.* p. 569. n°. 3.

Elle ressemble entiérement, pour la forme & la grandeur, à la Nitidule obscure; mais elle est un peu plus petite. Les antennes sont ferrugineuses, terminées par une masse ovale, assez grande. La tête est noirâtre. Le corcelet est noirâtre, avec les bords extérieurs d'un rouge-brun. Les élytres sont courtes, noirâtres, avec une tache jaune à l'angle extérieur de la base, & une autre plus grande, presqu'en lunule, à l'extrémité. La poitrine & le dessous du corcelet sont noirâtres. L'abdomen est d'un brun-ferrugineux. Les pattes font ferrugineuſes.

Elle ſe trouve ſur la côte de Barbarie.

Du cabinet de M. Smith, dans lequel ſe trouve la collection de Linné.

10. Nitidule ſinuée.

Nitidula flexuoſa.

Nitidula depreſſa nigra, pedibus, thoracis marginibus elytriſque maculâ flexuoſâ flavis. Ent. ou Hiſt. nat. des Inſ. tom. 2. 12. *n°.* 6. *tab.* 1. *fig.* 6. a. b.

Nitidula flexuoſa. Fabr. *Ent. Syſt. em. tom.* 1. *pag.* 258. *n°.* 14. — *Syſt. Eleut. tom.* 1. *p.* 351. *n°.* 18.

Herbst, *Coleopt.* 5. *p.* 246. *n°.* 21. *tab.* 54. *fig.* 5.

Payk. *Faun. Suec. tom.* 1. *p.* 354. *n°.* 9.

Elle eſt plus petite que la Nitidule bipuſtulée. Les antennes ſont fauves, avec la maſſe qui les termine, noire. La tête eſt noire, ſans tache. Le corcelet eſt noir, avec les bords latéraux d'un jaune-pâle. Les élytres ſont noires, avec une tache ſinuée, jaune, qui s'étend depuis la baſe juſqu'au milieu, à côté de la ſuture. Le deſſous du corps eſt noir. Les pattes ſont d'un jaune-pâle.

Elle m'a été envoyée de Manoſque en Provence, par M. Danthoine.

11. Nitidule faſciée.

Nitidula faſciata.

Nitidula ovata nigra, elytris flavis, faſciâ apiceque nigris. Ent. ou Hiſt. nat. des Inſ. tom. 2. 12. *n°.* 7. *tab.* 2. *fig.* 13.

Elle reſſemble entiérement, pour la forme & la grandeur, à la Nitidule ſanguinolente. Les antennes ſont noires, en maſſe. Tout le corps eſt noir. Les élytres ſont jaunes, avec une bande noire au milieu, l'extrémité noire, & une petite tache noire à l'angle extérieur de la baſe. Les pattes ſont noires.

Elle ſe trouve dans la Géorgie, la Caroline.

Du cabinet de M. Francillon.

12. Nitidule ſanguinolente.

Nitidula ſanguinolenta.

Nitidula ovata nigra, elytris rubris, puncto apiceque nigris, abdomine rufo. Ent. ou Hiſt. nat. des Inſ. tom. 2. 12. *n°.* 8. *tab.* 2. *fig.* 14.

Elle eſt un peu plus grande que la Nitidule bipuſtulée. Le corps eſt luiſant, un peu convexe. Les antennes ſont noires. La tête eſt noire. Le corcelet eſt noir & bordé. L'écuſſon eſt petit, noir, arrondi poſtérieurement. Les élytres ſont d'un rouge de ſang, avec une tache ronde, noire au milieu, l'extrémité noire, & un peu de noir à la baſe extérieure. La poitrine & l'abdomen ſont rougeâtres. Les pattes ſont noires. Les tarſes ſont compoſés de cinq articles, dont les trois premiers ſont aſſez larges, garnis de poils longs en deſſous, le quatrième eſt petit & arrondi; le cinquième eſt alongé, en maſſe, garni de deux crochets.

Elle ſe trouve dans la Géorgie, la Caroline.

Du cabinet de M. Francillon.

13. Nitidule quadripuſtulée.

Nitidula quadripuſtulata.

Nitidula oblonga depreſſa nigra, elytris punctis duobus ferrugineis. Ent. ou Hiſt. nat. des Inſ. tom. 2. 12. *n°.* 9. *tab.* 3. *fig.* 22. a. b.

Silpha quadripuſtulata *oblonga nigra, elytris punctis duobus ferrugineis.* Linn. *Syſt. Nat. pag.* 570. *n°.* 5. — *Faun. Suec. n°.* 446.

Ips quadripuſtulata. Fabr. *Gen. Inſ. Mant. p.* 213. — *Sp. Inſ. tom.* 1. *p.* 80. *n°.* 2. — *Mant. Inſ. tom.* 1. *p.* 45. *n°.* 5.

Tritoma quadripuſtulata. Fabr. *Ent. Syſt. em. tom.* 2. *p.* 512. *n°.* 6. — *Syſt. Eleut. tom.* 2. *pag.* 579. *n°.* 11.

Silpha nigra oblonga depreſſa, elytris ſingulis maculis duabus rubris. Degeer, *Mem. tom.* 4. *p.* 185. *n°.* 12. *pl.* 6. *fig.* 20 & 21.

Payk. *Faun. Suec. tom.* 3. *p.* 341. *n°.* 1.

Herbst, *Coleopt.* 4. *tab.* 42. *fig.* 1.

Ips quadripuſtulata. Naturf. 24. *p.* 12. *tab.* 1. *fig.* 18.

Elle eſt un peu plus alongée que les autres eſpèces. Les antennes ſont noires, terminées en maſſe ovale aſſez groſſe. Les mandibules ſont noires, bidentées à leur extrémité. Le corps eſt noir, luiſant, un peu déprimé. Le corcelet eſt pointillé, rebordé. Les élytres ſont finement pointillées, & ont chacune deux taches ferrugineuſes, l'une preſque triangulaire, placée à la baſe; l'autre preſqu'arrondie, placée au-delà du milieu. Les pattes ſont noires.

Elle ſe trouve au nord de l'Europe.

14. Nitidule quadriponctuée.

Nitidula quadripunctata.

Nitidula ovato-oblonga nigra nitida, elytris lævibus punctis quatuor rubris. Ent. ou Hiſt. nat. des Inſ. tom. 2. 12. *n°.* 10. *tab.* 3. *fig.* 19. a. b.

Elle a une figure ovale-oblongue, un peu convexe. Les antennes ſont d'un brun-noirâtre, avec le premier article gros, alongé, noirâtre, & la maſſe groſſe, ovale, comprimée & noire. Les mandibules ſont bidentées à l'extrémité. La tête eſt noire, pointillée. Le corcelet est noir, sans tache, pointillé, rebordé. L'écusson est petit, triangulaire, plus large que long. Les élytres sont finement pointillées, rebordées, noires, avec deux taches d'un rouge-fauve, l'une vers la base, & l'autre un peu au-delà du milieu de chaque élytre. Le dessous du corps & les pattes sont noirs. Tout le corps est luisant.

Elle se trouve en Europe, sous l'écorce des arbres.

15. Nitidule quadrimouchetée.

Nitidula quadriguttata.

Nitidula ovato-oblonga atra nitida, elytris maculis duabus albis, anteriore sinuatâ. Ent. ou Hist. nat. des Inf. tom. 2. 12. *n°.* 11. *tab.* 3. *fig.* 25. a. b.

Ips quadriguttata. Fabr. *Gen. Inf. Mant. pag.* 214. — *Spec. Inf. tom.* 1. *p.* 81. *n°.* 4. — *Mant. Inf. tom.* 1. *p.* 46. *n°.* 14. — *Syst. Eleut. tom.* 2. *p.* 580. *n°.* 16.

Elle est un peu plus petite que la Nitidule quadriponctuée, à laquelle elle ressemble beaucoup. Les antennes sont noires, terminées en masse ovale, assez grosse. Le corps est noir-luisant. Le corcelet est pointillé, rebordé. Les élytres sont lisses, finement pointillées, avec deux taches sur chaque, d'un blanc-jaunâtre, l'une sinuée, placée à la base; l'autre plus petite, transversale, placée un peu au-delà du milieu. Les pattes sont noires.

Elle se trouve aux environs de Paris, sous l'écorce des arbres.

16. Nitidule dix points.

Nitidula decemguttata.

Nitidula ovato-oblonga depressa, nigricans, elytris punctis decem albis. Ent. ou Hist. nat. des Inf. tom. 2. 12. *n°.* 12. *tab.* 5. *fig.* 24. a. b.

Elle est un peu plus petite que la Nitidule quadrimouchetée. Les antennes sont fauves, avec la masse grosse, ovale, obscure. Le corps est ovale-oblong, un peu déprimé, d'un brun noirâtre. Le corcelet est pointillé, rebordé. Les élytres sont pointillées, & ont chacune cinq points d'un blanc-jaunâtre, dont un à la base, deux sur une ligne transversale, un peu au dessous, & deux autres au-delà du milieu. Les pattes sont fauves.

Elle se trouve à Nuremberg.

Du cabinet de M. Dantic.

Nota. Cet insecte diffère de la Nitidule *decempunctata* de M. Fabricius.

17. Nitidule marginée.

Nitidula marginata.

Nitidula ovata, depressa, fusco-ferruginea, capite auriculato; elytris sulcatis, maculis duabus rufescentibus. Ent. ou Hist. nat. tom. 2. *genre* 12. *n°.* 13. *tab.* 2. *fig.* 15. a. b.

Nitidula marginata *ovata, elytris sulcatis, margine punctisque disci ferrugineis.* Fabr. *Spec. Inf. tom.* 1. *p.* 91. *n°.* 4. — *Mant. Inf. tom.* 1. *p.* 51. *n°.* 4. — *Syst. Eleut. tom.* 1. *p.* 348. *n°.* 6.

Elle est de la grandeur de la Nitidule bipustulée. Les antennes sont d'un brun-ferrugineux. La tête est brune, & munie de deux espèces d'oreilles, une de chaque côté, au dessus des antennes. Le corcelet est obscur, avec les bords latéraux ferrugineux. Les élytres sont légérement sillonnées, obscures, avec les bords ferrugineux, & une ou deux taches d'un jaune-ferrugineux sur chaque élytre. Le dessous du corps & les pattes sont d'un brun-ferrugineux.

Elle se trouve en Italie.

18. Nitidule immaculée.

Nitidula immaculata.

Nitidula ovata, depressa, fusco-ferruginea, thoracis dorso obscuriore. Ent. ou Hist. nat. des Inf. tom. 2. 12. *n°.* 14. *tab.* 2. *fig.* 16. a. b.

Elle ressemble, pour la forme & la grandeur, à la Nitidule bipustulée. Les antennes sont d'un brun-ferrugineux. La tête est noirâtre. Le corcelet est noirâtre au milieu, & d'un brun-ferrugineux de chaque côté. L'écusson est noirâtre. Les élytres sont d'un brun-ferrugineux. Le corps, en dessous, est noirâtre, & les pattes sont d'un brun ferrugineux.

Elle se trouve aux environs de Paris.

Du cabinet de M. Bosc.

19. Nitidule variée.

Nitidula varia.

Nitidula ovata, thorace elytrisque nigro ferrugineoque variis. Fabr. *Spec. Inf. tom.* 1. *p.* 92. *n°.* 7. — *Ent. Syst. em. tom.* 1. *p.* 258. *n°.* 12. — *Syst. Eleut. tom.* 1. *p.* 350. *n°.* 15.

Nitidula varia. Ent. ou Hist. nat. des Inf. t. 2. 12. *n°.* 15. *tab.* 2. *fig.* 10. a. b.

Silpha depressa, ferruginea, elytris lævibus, thorace emarginato. Linn. *Syst. Nat. pag.* 573. *n°.* 29. — *Faun. Suec. n°.* 463.

Nitidula varia. Fuesl. *Archiv. Inf.* 4. *p.* 36. *n°.* 4. *tab.* 20. *fig.* 25.

Illig. *Col. Bor. tom.* 1. *p.* 380. *n°.* 2.

Herbst, *Coleopt.* 5. *tab* 53. *fig.* 4.

Payk. *Faun. Suec. tom.* 1. *p.* 347. *n°.* 1.

Elle ressemble, pour la forme & la grandeur, à la Nitidule ferrugineuse. Le corps, en dessous, est d'un brun-noir. Les antennes sont brunes & terminées en masse ovale. La tête est noire. Le corcelet est noir au milieu, & ferrugineux sur les côtés. L'écusson est noir & petit. Les élytres sont mélangées de noir & de ferrugineux. Les pattes sont ferrugineuses ou brunes.

Elle se trouve aux environs de Paris, en Allemagne.

20. NITIDULE fordide.

NITIDULA sordida.

Nitidula ovata, nigra, thorace elytrisque obscurè ferrugineis. FABR. *Ent. Syst. em. tom.* 1. *p.* 258. *n°.* 13. — *Syst. Eleut. tom.* 1. *pag.* 351. *n°.* 16.

ILLIG. *Col. Bor. tom.* 1. *p.* 379. *n°.* 1.

HERBST, *Coleopt.* 5. *tab.* 54. *fig.* 9.

PAYK. *Faun. Suec. tom.* 1. *p.* 348. *n°.* 2.

Elle ressemble, pour la forme & la grandeur, à la Nitidule variée, dont elle n'est peut-être qu'une variété. La tête est noire. Le corcelet est rebordé, d'un brun-ferrugineux, avec une ou deux taches plus pâles sur le dos. Les élytres sont d'un brun-ferrugineux. Le corps, en dessous, est noir, avec les jambes ferrugineuses.

Elle se trouve en Allemagne.

21. NITIDULE ponctuée.

NITIDULA punctata.

Nitidula obscura, elytris punctato-striatis æneis. FABR. *Syst. Eleut. tom.* 1. *p.* 351. *n°.* 17.

Elle ressemble, pour la forme & la grandeur, à la Nitidule fordide. Les antennes sont terminées en masse grosse, arrondie, comme dans toutes les espèces de ce genre. Le corcelet est obscur, un peu rebordé. Les élytres sont bronzées & ont des stries fortement ponctuées. Le corps, en dessous, est obscur.

Elle se trouve à Sumatra.

22. NITIDULE bicolore.

NITIDULA bicolor.

Nitidula ferruginea, elytris nigris, fasciâ baseos punctoque apicis ferrugineis. FABR. *Ent. Syst. em. tom.* 1. *p.* 259. *n°.* 15. — *Syst. Eleut. tom.* 1. *p.* 351. *n°.* 19.

HERBST, *Coleopt.* 5. *pag.* 240. *n°.* 4. *tab.* 53. *fig.* 10. K. K.

Les antennes sont rougeâtres. La tête & le corcelet sont ferrugineux, sans tache. Les élytres sont glabres, noires, avec une large bande à la base, & un point vers l'extrémité, ferrugineux. L'abdomen est obscur, & les pattes sont ferrugineuses.

Elle se trouve à Kiel.

23. NITIDULE rayée.

NITIDULA strigata.

Nitidula ovata, fusca, elytris puncto baseos strigâque posticâ, undatâ, fulvâ. Ent. ou Hist. nat. des Inf. tom. 2. 12. *n°.* 17. *tab.* 2. *fig.* 12. a. b.

Nitidula strigata *fusca, thoracis margine, elytris margine, lineolâ baseos strigâque apicis fulvis.* FABR. *Mant. Inf. tom.* 1. *p.* 51. *n°.* 7. — *Ent. Syst. em. t.* 1. *p.* 257. *n°.* 9. — *Syst. Eleut. tom.* 1. *p.* 350. *n°.* 12.

Strongylus strigatus. HERBST. *Coleopt.* 4. *tab.* 43. *fig.* 7.

PAYK. *Faun. Suec. tom.* 1. *p.* 356. *n°.* 13.

Elle est ovale, presqu'une fois plus petite que la Nitidule bipustulée, & le dessus du corps est plus convexe. Les antennes sont testacées. Le corcelet est pointillé, luisant, d'un rouge-brun sur les bords latéraux. Les élytres sont pointillées, luisantes, avec un point oblong, fauve, à la base, & une raie transversale, ondée, interrompue à la suture, placée vers l'extrémité. Le dessous du corps est brun, & les pattes sont testacées.

Elle se trouve à Paris, sous l'écorce des arbres.

24. NITIDULE ondée.

NITIDULA undata.

Nitidula ovata, nigra, thoracis margine ferrugineo, elytris strigis duabus undatis, pallidis. Ent. ou Hist. nat. des Inf. tom. 2. *genre* 12. *n°.* 18. *tab.* 3. *fig.* 17. a. b.

Nitidula imperialis *ovata, nigra, elytris maculis connatis, acutis, albis margineque rufo.* FABR. *Ent. Syst. em. tom.* 1. *p.* 257. *n°.* 10. — *Syst. Eleut. tom.* 1. *p.* 350. *n°.* 13.

PAYK. *Faun. Suec. tom.* 1. *p.* 355. *n°.* 12.

Elle ressemble, pour la forme & la grandeur, à la Nitidule discoide. Le corps est ovale & noirâtre. Les antennes sont brunes. Les bords latéraux du corcelet & des élytres sont d'un brun-ferrugineux. Les élytres ont deux raies transversales, ondées, placées, l'une vers la base, l'autre un peu au-delà du milieu. Les pattes sont brunes.

Elle se trouve aux environs de Paris.

25. NITIDULE mouchetée.

NITIDULA guttata.

Nitidula ovata, depressa, fusca, thoracis margine elytrorumque punctis quinque pallidis.

Nitidula decemguttata. FABR. *Ent. Syst. em. tom.* 1. *p.* 258. *n°.* 11. — *Syst. Eleut. tom.* 1. *pag.* 350. *n°.* 14.

Illig. *Col. Bor. tom.* 1. *p.* 382. *n°.* 5.

Herbst, *Coleopt.* 5. *p.* 249. *n°.* 26.

Payk. *Faun. Suec. tom.* 1. *p.* 354. *n°.* 10.

Elle est à peine plus grande que la Nitidule hémorrhoïdale. Le corps est ovale, déprimé. Les antennes sont ferrugineuses. La tête est obscure, avec la bouche ferrugineuse. Le corcelet est obscur, avec le bord ferrugineux. Les élytres sont lisses, à peine pointillées, obscures, avec cinq points pâles sur chaque; deux obliquement placés à la base; un vers le milieu, près du bord extérieur; deux obliquement placés, mais en sens inverse des premiers, un peu au-delà du milieu. Le dessous du corps est obscur, avec les pattes ferrugineuses.

Elle se trouve en Allemagne.

26. Nitidule ferrugineuse.

Nitidula ferruginea.

Nitidula ovata, subtomentosa, ferruginea, elytris substriatis. Fabr. *Ent. Syst. em. tom.* 1. *pag.* 257. *n°.* 8. — *Syst. Eleut. tom.* 1. *p.* 349. *n°.* 10.

Dermestes ferrugineus *oblongus, ferrugineus, semicylindricus, elytris abbreviatis.* Linn. *Syst. Nat. p.* 564. *n°.* 21. — *Faun. Suec. n°.* 433.

Ostoma ferruginea. Laich. *Inf. tom.* 1. *p.* 104. *n°.* 2.

Strongylus æstivus. Herbst. *Coleopt.* 4. *p.* 186. *n°.* 6.

Payk. *Faun. Suec. tom.* 1. *p.* 356. *n°.* 14.

La tête est obscure, sans tache. Le front a une légère impression. Le corcelet est rebordé, antérieurement échancré, ferrugineux. Les élytres ont des points en stries peu marqués; elles sont ferrugineuses, avec l'extrémité obscure. L'abdomen est terminé en pointe avancée dans quelques-uns. Le dessous du corps est noir, avec les pattes ferrugineuses.

Elle se trouve en Angleterre, au nord de l'Europe, dans les *Vesseloups.*

27. Nitidule striée.

Nitidula striata.

Nitidula ovata pubescens fusco-ferruginea, elytris striatis, apice fuscis. Ent. ou Hist. nat. des Inf. tom. 2. *genre* 12. *n°.* 19. *tab.* 1. *fig.* 7. a. b.

Elle est un peu plus petite & un peu plus convexe que la Nitidule bipustulée. Tout le corps est d'un brun-ferrugineux, pubescent. Les élytres sont fortement striées, & ont la suture & l'extrémité noirâtres. Elles sont quelquefois d'une couleur plus claire, sans tache. Les pattes sont de la couleur du corps.

Elle se trouve aux environs de Paris.

28. Nitidule à cornes.

Nitidula cornuta.

Nitidula ovata ferruginea, mandibulis porrectis, dorso dentatis. Fabr. *Syst. Eleut. tom.* 1. *p.* 349. *n°.* 11.

Elle est de la grandeur de la Nitidule ferrugineuse, & forme peut-être un genre particulier. Les antennes sont ferrugineuses, & la masse qui les termine est perfoliée, obscure. Les mandibules sont avancées, de la longueur de la tête, bifides à leur extrémité, munies à leur dos d'une dent élevée, très-forte. Le corcelet est plane, large, ponctué, ferrugineux. Les élytres sont striées, ferrugineuses.

Elle se trouve dans l'Amérique méridionale.

29. Nitidule fervide.

Nitidula fervida.

Nitidula ovata ferruginea, elytris lævibus apice fuscis. Ent. ou Hist. nat. des Inf. tom. 2. *genre* 12. *n°.* 20. *tab.* 4. *fig.* 32. a. b.

Elle ressemble à la Nitidule ferrugineuse, mais elle est un peu plus grande. Les antennes & la tête sont ferrugineuses, un peu obscures. Le corps est ferrugineux. Les élytres sont finement pointillées, un peu obscures à l'extrémité. Les pattes sont de la couleur du corps.

Elle se trouve aux environs de Paris.
Du cabinet de M. Lermina.

30. Nitidule discoïde.

Nitidula discoidea.

Nitidula thorace marginato nigro, elytrorum disco-ferrugineo. Fabr. *Syst. Ent. p.* 78. *n°.* 5. — *Sp. Inf. tom.* 1. *p.* 92. *n°.* 11. — *Mant. Inf. tom.* 1. *p.* 52. *n°.* 13. — *Syst. Éleut. tom.* 1. *p.* 352. *n°.* 23.

Nitidula discoidea. Ent. ou Hist. nat. des Inf. tom. 2. 12. *n°.* 21. *tab.* 2. *fig.* 8. a. b.

Ostoma discoidea. Laichart, *Inf. tom.* 1. *p.* 108. *n°.* 5.

Illig. *Col. Bor. tom.* 1. *p.* 381. *n°.* 4.

Herbst, *Coleopt.* 5. *tab.* 53. *fig.* 7.

Elle est plus petite que la Nitidule Colon. Les antennes sont fauves, avec la masse noire. La tête est noire, sans tache. Le corcelet est noirâtre-obscur, avec les bords ferrugineux-pâles. Les élytres sont d'un jaune-fauve au milieu, avec les côtés & l'extrémité noirs, mélangés de jaune-fauve. Le dessous du corps est noir. Les pattes sont brunes.

Elle se trouve aux environs de Paris & en Angleterre, sur les charognes.

31. Nitidule hémorrhoïdale.

Nitidula hemorrhoidalis.

Nitidula ovata depressa nigra, elytris posticè ferrugineis.

Nitidula Colon. Ent. ou Hist. nat. des Inf. tom. 2. 12. *n°.* 16. *tab.* 1. *fig.* 4. a. b.

Nitidula hemorrhoidalis. Fabr. *Ent. Syst. em. tom.* 1. *p.* 259. *n°.* 18. — *Syst. Eleut. tom.* 1. *p.* 352. *n°.* 22.

Herbst, *Coleopt.* 5. *tab.* 53. *fig.* 6.

Payk. *Faun. Suec. tom.* 1. *p.* 352. *n°.* 7.

Elle ressemble, pour la forme & la grandeur, à la Nitidule discoïde. Les antennes sont d'un brun-ferrugineux. Le corcelet a les bords ferrugineux, & deux points enfoncés vers le bord postérieur. Les élytres sont noires, lisses, sans stries, avec quelques points & la partie postérieure ferrugineux. Le dessous du corps est noir. Les pattes sont d'un brun-ferrugineux.

Elle se trouve aux environs de Paris, dans les cadavres presque desséchés.

32. Nitidule pâle.

Nitidula pallida.

Nitidula ovata pallida, pedibus flavescentibus. Fabr. *Ent. Syst. em. Suppl. p.* 73. — *Syst. Eleut. tom.* 1. *p.* 349. *n°.* 9.

Elle est petite, lisse, glabre, pâle, avec les pattes jaunâtres.

Elle se trouve aux Indes orientales.

33. Nitidule unicolore.

Nitidula unicolor.

Nitidula ovato-oblonga, depressa, corpore castaneo immaculato. Ent. ou Hist. nat. des Inf. tom. 2. *genre* 12. *n°.* 24. *tab.* 2. *fig.* 9. a. b.

Nitidula obsoleta *ovata testacea, elytris lævibus, thorace emarginato.* Fabr. *Ent. Syst. em. tom.* 1. *p.* 256. *n°.* 7. — *Syst. Eleut. tom.* 1. *p.* 349. *n°.* 9.

Illig. *Col. Bor. tom.* 1. *p.* 384. *n°.* 9.

Herbst, *Coleopt.* 5. *p.* 240. *n°.* 11. *tab.* 53. *fig.* 10.

Payk. *Faun. Suec. tom.* 1. *p.* 351. *n°.* 6.

Elle est un peu plus petite & un peu plus alongée que la Nitidule discoïde. Le corps est déprimé, & entiérement d'une couleur ferrugineuse-marron, point luisante. Le corcelet & les élytres ont un rebord assez marqué.

Elle se trouve aux environs de Paris.

34. Nitidule six taches.

Nitidula sex pustulata.

Nitidula nigra, elytris truncatis; punctis tribus, ano pedibusque rufis. Fabr. *Ent. Syst. em. tom.* 1. *p.* 260. *n°.* 21. — *Syst. Eleut. tom.* 1. *p.* 352. *n°.* 25.

Elle est petite. La masse des antennes paroît solide. La tête & le corcelet sont noirs, sans tache. Les élytres sont courtes, tronquées, noires, avec un petit point rouge à la base, un plus grand au milieu, & un troisième oblong, près de la suture. L'anus est rouge en dessous. Les taches des élytres sont quelquefois peu marquées ou effacées.

Elle se trouve en Allemagne.

35. Nitidule unifasciée.

Nitidula unifasciata.

Nitidula thorace testaceo; maculâ atrâ, elytris testaceis; fasciâ mediâ nigrâ, testaceo punctatâ.

Nitidula fasciata. Fabr. *Ent. Syst. em. Suppl. p.* 74. — *Syst. Eleut. tom.* 1. *p.* 353. *n°.* 26.

Elle est aussi petite que la suivante. La tête est testacée, sans tache. Le corcelet est testacé, avec une grande tache noire à la base. Les élytres sont testacées, glabres, avec une large bande noire au milieu, marquée d'un ou deux points testacés.

Elle se trouve en Alsace.

36. Nitidule petite ligne.

Nitidula litura.

Nitidula testacea, elytris liturâ arcuatâ, nigrâ. Fabr. *Ent. Syst. em. tom.* 1. *p.* 260. *n°.* 22. — *Syst. Eleut. tom.* 1. *p.* 353. *n°.* 27.

Coccinella litura. Illiger, *Col. Bor. tom.* 1. *p.* 419. *n°.* 10.

Panz. *Faun. Germ.* 36. *tab.* 5.

Herbst, *Coleopt.* 5. *tab.* 59. *fig.* 2.

Elle est petite, ovale, convexe, très-légérement pubescente. La tête est testacée. Le corcelet est testacé, sans tache, ou testacé, avec le milieu noirâtre. Les élytres sont lisses, testacées, quelquefois sans tache, & marquées quelquefois d'une ou deux lignes obscures, arquées. L'abdomen est noirâtre. Les pattes sont testacées.

Nota. Cet insecte me paroît appartenir plutôt au genre Scymnus de M. Herbst.

Elle se trouve en Allemagne, au nord de l'Europe.

37. Nitidule

37. Nitidule verdâtre.

Nitidula viridescens.

Nitidula thorace marginato viridi-œnea, pedibus rufis. Fabr. *Mant. Inf. tom.* 1. *p.* 52. *n°.* 18. — *Ent. Syst. em. tom.* 1. *p.* 261. *n°.* 25. — *Syst. Eleut. tom.* 1. *p.* 353. *n°.* 29.

Nitidula viridescens. Ent. ou Hist. nat. des Inf. tom. 2. 12. *n°.* 26. *tab.* 4. *fig.* 30. a. b.

Nitidula viridescens. Herbst, *Coleopt.* 5. *tab.* 54. *fig.* 1.

Elle ressemble entiérement, pour la forme & la grandeur, à la Nitidule bronzée. Tout le corps est d'un vert-bronzé. Les antennes & les pattes sont fauves.

Elle se trouve aux environs de Paris, en Allemagne, sur les fleurs.

38. Nitidule âtre.

Nitidula atrata.

Nitidula ovata nigra, elytris lœvibus, antennis pedibusque rufis. Ent. ou Hist. nat. des Inf. tom. 2. *genre* 12. *n°.* 27. *tab.* 4. *fig.* 31. a. b.

Nitidula atrata. Latr. *Gen. Crust. & Inf. t.* 2. *p.* 13.

Elle est un peu plus grande que la Nitidule pédiculaire, & le corcelet & les élytres sont un peu moins rebordés. Le corps est ovale, noir-luisant, peu convexe. Les élytres sont lisses. Les pattes sont fauves.

Elle se trouve aux environs de Paris.

Du cabinet de M. Lermina.

39. Nitidule lunulée.

Nitidula lunata.

Nitidula fusca, thorace marginato ciliato; elytris maculâ communi lunatâ albidâ. Ent. ou Hist. nat. des Inf. tom. 2. 12. *n°.* 29. *tab.* 3. *fig.* 26. a. b.

Elle est de la grandeur de la Nitidule discoïde. Les antennes sont ferrugineuses brunes. La tête est noirâtre-obscure. Le corcelet est noirâtre-obscur, avec les bords latéraux relevés & ciliés. Les élytres sont striées, noirâtres, avec une tache commune en croissant, blanchâtre. Le dessous du corps est noirâtre, & les pattes sont brunes.

Elle se trouve en Italie.

Du cabinet de M. Bosc.

40. Nitidule hémiptère.

Nitidula hemiptera.

Nitidula ferruginea, elytris abbreviatis, testaceis immaculatis. Fabr. *Ent. Syst. em. tom.* 1. *p.* 261. *n°.* 26. — *Syst. Eleut. tom.* 1. *p.* 353. *n°.* 30.

Elle ressemble, pour la forme & la grandeur, à la Nitidule mi-partie; mais elle en diffère entiérement par les couleurs. Tout le corps est ferrugineux. Les élytres sont courtes, testacées, sans tache.

Elle se trouve dans les îles de l'Amérique méridionale.

41. Nitidule bordée.

Nitidula limbata.

Nitidula ferruginea, corpore subtùs thoracis elytrorumque disco fuscis. Ent. ou Hist. nat. des Inf. tom. 2. 12. *n°.* 31. *tab.* 3. *fig.* 18. a. b.

Nitidula limbata *nigra, thoracis margine elytrorum limbo ferrugineis.* Fabr. *Mant. Inf. tom.* 1. *p.* 52. *n°.* 11. — *Ent. Syst. em. tom.* 1. *p.* 259. *n°.* 17. — *Syst. Eleut. tom.* 1. *p.* 352. *n°.* 21.

Herbst, *Coleopt.* 5. *tab.* 53. *fig.* 6.

Illig. *Col. Bor. tom.* 1. *p.* 383. *n°.* 8.

Elle est plus petite que la Nitidule discoïde. Elle est ovale & testacée; mais le milieu du corcelet & des élytres & le dessous du corps sont un peu obscurs. Les pattes sont testacées.

Elle se trouve aux environs de Paris.

42. Nitidule dorsale.

Nitidula dorsalis.

Nitidula nigra, elytris lœvibus testaceis margine omni nigro, pedibus rufis. Ent. ou Hist. nat. des Inf. tom. 2. 12. *n°.* 32. *tab.* 4. *fig.* 29. a. b.

Elle est un peu plus petite que la Nitidule bronzée. Les antennes sont fauves. Le corps est noir, luisant. Les élytres sont lisses, testacées au milieu, avec la suture & les bords noirs. Les pattes sont fauves.

Elle se trouve aux environs de Paris.

Du cabinet de M. Lermina.

43. Nitidule humérale.

Nitidula humeralis.

Nitidula nigra, nitida, elytris dimidiatis, puncto baseos rufo. Fabr. *Ent. Syst. em. Suppl. p.* 74. — *Syst. Eleut. tom.* 1. *p.* 354. *n°.* 31.

Elle ressemble aux précédentes. La tête & le corcelet sont pointillés, noirs, luisans. Les élytres sont courtes, noires, avec un petit point rougeâtre à la base. Le corps est noir. Les pattes sont pâles.

Elle se trouve au Cap de Bonne-Espérance.

44. Nitidule brisée.

Nitidula rupta.

Nitidula ferruginea, elytris dimidiatis, apice nigris. Fabr. *Syst. Eleut. tom.* 1. *p.* 354. *n°.* 32.

Elle est plus grande que la Nitidule hémiptère. La tête, le corcelet & le dessous du corps sont ferrugineux, sans tache. Les élytres ne voint qu'au milieu de l'abdomen ; elles sont ferrugineuses, avec le bord postérieur noir.

Elle se trouve dans l'Amérique méridionale.

45. Nitidule carrée.

Nitidula quadrata.

Nitidula nigra, elytris dimidiatis pallidis, liturâ communi fuscâ. Fabr. *Ent. Syst. em. Suppl. p.* 74. — *Syst. Eleut. tom.* 1. *p.* 354. *n°.* 33.

Elle est petite. La tête & le corcelet sont noirs, sans tache. Les élytres sont courtes, pâles, avec une petite raie commune, noirâtre. Les pattes sont rougeâtres.

Elle se trouve à Cayenne.

46. Nitidule cadaverine.

Nitidula cadaverina.

Nitidula obscurè ferruginea, elytris dimidiatis, maculâ apicis flavâ. Fabr. *Syst. Eleut. tom.* 1. *p.* 354. *n°.* 34.

Elle est petite. Les antennes sont terminées en masse solide en apparence. La tête & le corcelet sont obscurs, ferrugineux, sans tache. Les élytres sont courtes, lisses, ferrugineuses, avec une petite raie à la base, & une tache à l'extrémité, jaunes.

Elle se trouve dans les animaux conservés, qui nous viennent de l'Amérique.

47. Nitidule macroptère.

Nitidula macroptera.

Nitidula atra, nitida, pedibus piceis, elytris dimidiatis. Fabr. *Syst. Eleut. tom.* 1. *p.* 354. *n°.* 35.

Elle ressemble à la Nitidule brisée ; mais elle est un peu plus petite, & son corps est noir, luisant. Les élytres sont courtes, lisses. Les pattes sont de couleur de poix.

Elle se trouve dans l'Amérique méridionale.

48. Nitidule mi-partie.

Nitidula dimidiata.

Nitidula nigra, elytris abbreviatis fuscis, pedibus ferrugineis. Fabr. *Ent. Syst. em. tom.* 1. *p.* 261. *n°.* 27. — *Syst. Eleut. tom.* 1. *p.* 354. *n°.* 36.

Elle est très-petite. La tête & le corcelet sont noirs, sans tache. Les élytres sont noirâtres, beaucoup plus courtes que l'abdomen. Le dessous du corps est noir, avec les pattes ferrugineuses.

Elle se trouve dans les îles de l'Amérique méridionale.

49. Nitidule tronquée.

Nitidula truncata.

Nitidula testacea, elytris truncatis, maculâ communi baseos nigrâ. Fabr. *Ent. Syst. em. tom.* 1. *p.* 261. *n°.* 28. — *Syst. Eleut. tom.* 1. *p.* 354. *n°.* 37.

Elle est petite. Les antennes sont testacées, avec la masse obscure, solide. La tête, le corcelet & les élytres sont glabres, lisses, d'une couleur testacée obscure, avec une tache suturale noire à la base des élytres. Le corps est noir en dessous, avec les pattes testacées.

Elle se trouve en Allemagne.

NOCTUA. (*Voyez* Noctuelle.)

NOCTUÉLITES. *Noctuælitæ.* Huitième famille de l'Ordre des Lépidoptères, établie par M. Latreille, qui renferme le genre Erèbe & le genre Noctuelle. Cette famille ne présentoit que ce dernier genre dans le *Genera Crustaceorum & Insectorum* de cet auteur, & y formoit la septième famille. C'est la huitième dans ses *Considérations générales*, & il a détaché des Noctuelles quelques grandes espèces étrangères, telles que l'*Odora* & le *Crepuscularis*, pour en faire un genre sous le nom d'Erèbe, dont le caractère est d'avoir le dernier article des antennules nu & plus long que le précédent.

NOCTUELLE. *Noctua.* Genre d'insectes de l'Ordre des Lépidoptères & de la famille des Noctuélites.

Les Noctuelles ont les antennes sétacées, presque toujours simples, rarement pourvues, dans leur longueur, de petits filets latéraux, très-courts ; une trompe longue, roulée en spirale, de consistance assez dure ou cornée ; deux antennules courtes, un peu comprimées ; le corps assez gros ; les ailes triangulaires, alongées, & les pattes épineuses.

Ces insectes, confondus d'abord avec les Bombix, les Hépiales, les Phalènes, les Teignes, les Alucites, les Pyrales & quelques autres, sous le nom générique de *Phalènes* ou Papillons de nuit, ont pourtant plusieurs caractères qui leur sont propres, & qui ont été remarqués par Réaumur, Linné, Degeer, Geoffroy & tous les Entomologistes qui ont écrit après eux. Réaumur, qui le premier nous a donné une histoire très-détaillée d'un grand nombre d'insectes, a tenté d'établir, pour les Lépidoptères nocturnes, une division méthodique, fondée sur la forme des antennes, la longueur de la trompe, l'absence ou la forme des ailes. Il divise en sept classes tous les insectes qui de son tems étoient nommés *Phalènes* ou Papillons de nuit. Il comprend dans la première classe, ceux dont les antennes sont prismatiques, & la trompe est plus ou moins longue : tels sont les Sphinx. Dans la seconde, ceux dont les antennes sont à filets coniques, c'est-à-dire, qui diminuent insensiblement de diamètre, depuis la base jusqu'à l'extrémité, & qui ont une trompe plus ou moins longue : ce sont les Noctuelles proprement dites. Dans la troisième viennent se placer ceux dont les antennes sont comme dans la classe précédente, mais qui n'ont pas de trompe, tels que le Cossus. Dans la quatrième sont rangées les Phalènes, dont les antennes sont à barbes ou pectinées, & qui ont une trompe bien apparente. Dans la cinquième, ceux dont les antennes sont pectinées & qui n'ont pas de trompe : tels sont les Bombix. Dans la sixième sont placés ceux dont les antennes sont pectinées, qui manquent de trompe, & dont la femelle est privée d'ailes : ce sont quelques Bombix. Dans la septième enfin se trouvent ceux dont les ailes imitent celles des oiseaux, tels que les Ptérophores.

Linné a fait dans ses Phalènes une division sous le nom de *Phalæna Noctua*, qu'il subdivise en deux. Dans la première, il place celles qui n'ont point de trompe ; il les nomme *Elingues* : ce sont les Hépiales. Dans la seconde, celles à trompe *Spirilingues*, telles que les Noctuelles, les Lithosies & les Callimorphes.

Geoffroy ayant séparé le genre Phalène en deux familles, les Bombix sont placés dans la première, & les Noctuelles se trouvent mêlées dans la seconde, avec quelques Phalènes & quelques Pyrales.

Les Noctuelles sont désignées sous le nom de *Phalènes-Hiboux* dans l'ouvrage des *Papillons d'Europe*, rédigé par divers auteurs, ouvrage le plus complet que nous ayions jusqu'à présent sur les espèces d'Europe, tant à cause des descriptions & des figures qui s'y trouvent réunies, que des variétés nombreuses qui y sont représentées, & dont la plupart ont été ensuite regardées comme espèces. Il est vrai que l'ouvrage de M. Hübner, publié en Allemagne sous le nom de *Lepidoptera*, renferme plus d'espèces figurées que celui des *Papillons d'Europe* ; mais le texte n'en a point encore paru : & le *Catalogue systématique des Papillons des environs de Vienne* n'offre que des généralités & des divisions très-utiles sans doute, très-exactes, & faites pour jeter un grand jour sur l'étude de ces insectes, déjà trop nombreux dans les collections, & trop peu variés dans les formes & les couleurs pour les distinguer facilement les uns des autres, & leur assigner à tous la place qu'ils doivent occuper.

Cet ouvrage, écrit en allemand, & qui a pour objet de classer les Lépidoptères d'après le nombre & la disposition des pattes des Chenilles, leur manière de marcher & leur transformation, peut nous aider à subdiviser, encore plus qu'on n'a fait, la plupart des genres de l'Ordre des Lépidoptères, si toutefois, comme on peut le présumer, il y a une sorte de concordance dans les Chenilles, ainsi que dans les Insectes parfaits qui appartiennent évidemment à la même subdivision ; car, dans le genre Noctuelle surtout, il devient indispensable, pour en faciliter l'étude, de faire de nouvelles subdivisions ou d'établir de nouveaux genres. Ce travail n'est pas peut-être bien difficile, & nous l'aurions entrepris si les cabinets de Paris avoient été plus complets qu'ils ne le sont en espèces étrangères, & si les espèces d'Europe y avoient été aussi multipliées qu'elles le sont dans ceux de l'Allemagne.

Il nous semble qu'on pourroit établir un genre de la plupart des grandes espèces étrangères dont les antennules se font remarquer par la longueur de leur dernier article, ainsi que vient de faire M. Latreille dans ses *Considérations générales*. Celles dont le mâle porte des antennes pectinées, pourroient également en former un autre. On trouveroit également des caractères dans les antennules, les antennes & les ailes des espèces désignées sous les noms de *Verbasci*, *Tanaceti*, *Lactucæ*, *Exoleta*, *etc.* ; pour les séparer des autres Noctuelles : nous en dirons autant de quelques autres dont le dernier article des antennules est fort court & un peu velu, telles que la Pronube, la Frangée, la Janthine, l'Orbonne. Elles nous paroissent beaucoup différer des Noctuelles du *Frêne*, *Epouse*, *Epione*, *Maure*, &c.

Les antennes des Noctuelles sont sétacées, un peu plus courtes que le corps, composées d'un grand nombre d'articles si courts, si peu distincts, qu'il seroit impossible de les compter. Le premier seulement est plus gros que les autres, de forme cylindrique, mais tout couvert de poils fins, serrés, plus ou moins longs. Elles sont insérées à la partie supérieure de la tête, près des yeux. Quelques espèces ont les antennes un peu pectinées dans les mâles seulement, mais beaucoup moins que dans les Bombix.

La bouche est formée d'une trompe & de deux antennules. La trompe est longue, mince, formée de deux pièces réunies par les côtés, qu'on sépare aisément, que l'insecte roule en spirale & tient cachée entre les antennules. Celles-ci sont coudées ou arquées à leur base, relevées & portées en avant. La première pièce qui est coudée, est courte, velue ; la seconde est plus longue, plus grande, plus velue, très-comprimée ; la troisième ou la dernière est plus ou moins longue, plus ou moins mince, nue ou un peu velue. C'est cette dernière pièce qui présente des différences assez remarquables pour établir de nouvelles coupures dans ce genre.

La tête est petite, velue, unie au corcelet. Les yeux sont saillans, arrondis, assez grands, & placés sur les côtés.

Le corcelet eſt grand, couvert de poils fins, longs, qui ſe détachent facilement, & qui forment, dans la plupart des eſpèces, une ſorte de crête diverſement figurée, & placée à la partie antérieure ou ſur les épaulettes dans les unes, & à la partie poſtérieure dans les autres.

L'abdomen prend ordinairement une forme conique, plus ou moins alongée; il eſt moins couvert de poils que le corcelet; ce qui permet de compter les anneaux.

Les pattes ſont de longueur moyenne; les poſtérieures ſont un peu plus longues que les intermédiaires, & celles-ci le ſont un peu plus que les antérieures. Les cuiſſes ſont ordinairement très-velues, & les jambes ſont terminées par deux piquans dont l'un eſt un peu plus long que l'autre. Outre ces piquans que l'on remarque à toutes les eſpèces, il y en a encore d'autres ſur les jambes de quelques-unes. Les pattes de devant varient dans leur forme encore plus que les autres : elles ſont en général plus groſſes, plus fortes, plus velues; elles ſont quelquefois ſimples, & ſouvent elles ſont armées d'épines en crochets, cornées, très-dures. Ces pattes méritent d'être obſervées & doivent être exactement décrites; car elles peuvent aſſez ſouvent bien mieux ſervir à caractériſer les eſpèces, que les couleurs fugaces ou trop peu variées des ailes.

Les tarſes ſont filiformes, rarement épineux, couverts d'un duvet très-court & très-ſerré, & compoſés de cinq articles, dont le premier eſt le plus long, & le dernier eſt le plus court. Celui-ci eſt terminé par deux crochets très-petits, à peine apparens.

Les ailes ſont membraneuſes, veinées, & couvertes de petites écailles imbriquées, très-ſerrées & diverſement colorées. Les ſupérieures ſont en général un peu plus longues que les inférieures, & celles-ci ſont un peu plus larges & un peu moins chargées d'écailles. Leur bord poſtérieur eſt auſſi un peu plus arrondi que celui des ſupérieures. Ce bord eſt quelquefois denté avec régularité, d'autres fois il eſt comme déchiré irrégulièrement, mais il eſt toujours terminé par une ſorte de frange. Le bord interne des ailes inférieures eſt garni de poils longs & très-fins.

Les Noctuelles ont en général le corps plus gros & les ailes moins étendues que la plupart des autres Lépidoptères. Leur corcelet eſt plus velu, & leurs ailes ſont couvertes d'écailles plus ſerrées, plus groſſièrement placées & plus faciles à ſe détacher. La couleur de ces ailes, ſi nous en exceptons quelques eſpèces qui ſe ſont remarquer par des taches métalliques, ſont communément plus ſombres, & ſemblent par-là mieux convenir à leurs habitudes. On ſait que c'eſt plus particulièrement la nuit que ces inſectes prennent leur eſſor, & cherchent à ſe nourrir & à s'accoupler. Ils reſtent ordinairement cachés pendant le jour; ils fuyent la lumière & paroiſſent en être incommodés. Quand on les force à s'envoler, on s'apperçoit que leur vol eſt court, rapide & incertain. Ce n'eſt guère qu'au ſoleil couchant que les mâles commencent à voltiger & à chercher leurs femelles. Celles-ci ſe montrent un peu plus tard, & volent beaucoup moins que les mâles. Leur accouplement n'a lieu que durant la nuit, & c'eſt auſſi dans l'obſcurité que les Noctuelles volent de fleur en fleur pour en extraire, au moyen de leur trompe, les ſucs mielleux répandus au fond du calice.

La durée de leur vie eſt en général fort courte, comme celle de preſque tous les inſectes; elles ſemblent n'atteindre à leur dernier état que pour ſe reproduire & diſparoître. La plupart d'entr'elles vivent ſi peu, qu'elles n'ont pas beſoin de nourriture, & celles mêmes dont l'exiſtence eſt un peu plus longue en prennent toujours fort peu. Leur unique but, la fin vers laquelle elles tendent toutes, c'eſt leur reproduction; c'eſt la multiplication de leur eſpèce. Auſſi, dès que l'accouplement eſt terminé, le mâle meurt, & la femelle ne ſurvit que pour faire ſa ponte dans le lieu qu'elle ſait être le plus convenable aux larves qui doivent en ſortir.

Ces larves, plus connues ſous le nom de Chenilles, ſont pourvues de douze, quatorze ou ſeize pattes, dont ſix écailleuſes, & les autres membraneuſes. Elles diffèrent peu des autres Chenilles; mais elles ont cela de particulier avec celles des Sphinx, que, parvenues à tout leur accroiſſement, preſque toutes entrent dans la terre, y filent une coque pour laquelle elles emploient plus de matière gommeuſe ou gommo-réſineuſe, que de la véritable ſoie.

La conſtruction de ces coques eſt néanmoins aſſez ſolide pour que ni les inſectes deſtructeurs, ni les petits quadrupèdes, ni la pluie ne puiſſent nuire à la Chryſalide qui s'y eſt enfermée. Et, ſuivant qu'elles ſe métamorphoſent dans la terre, au pied des arbres, ſous des pierres, parmi des débris de végétaux, ou ſur les plantes mêmes qui leur ont ſervi de nourriture, les Chenilles des Noctuelles emploient toujours, pour la conſtruction de leurs coques, les matériaux qui ſont à leur portée; elles les lient & les conſolident avec la ſoie qu'elles filent & la matière gommo-réſineuſe qu'elles font ſortir des réſervoirs qui la contiennent. Nous n'entrerons ici dans aucun détail à leur égard : nous nous contenterons de renvoyer à l'article Chenille, où l'on trouvera tout ce qui les concerne.

Ce genre eſt ſi nombreux, qu'il a néceſſairement fallu le ſubdiviſer en pluſieurs familles, afin d'en faciliter l'étude & favoriſer la recherche des eſpèces; mais nous avouerons que tout ce qui a paru à cet égard juſqu'à préſent, nous paroît encore très-imparfait, & nous aurions tenté de faire mieux ſi nous en avions eu les moyens. Pour cela il auroit fallu poſſéder ou avoir ſous les yeux un très-grand nombre d'eſpèces tant indigènes qu'exotiques, & les avoir vues telles qu'elles ſont naturellement, & non avec les ailes étendues, ainſi qu'elles ſe trouvent toujours dans les collections. Il auroit fallu au moins avoir obſervé les Chenilles de celles d'Europe & en avoir élevé un très-grand nombre. Nous avons suivi les divisions qu'a proposées Fabricius, quoiqu'elles nous aient souvent paru fautives, parce que c'est jusqu'à présent l'auteur qui a présenté & décrit le plus d'espèces, & nous ne nous sommes pas permis de changemens un peu importans, parce que, ne pouvant être que partiels, ils auroient plutôt embrouillé qu'éclairci la matière.

Fabricius a divisé ce genre en cinq familles, d'après le port supposé ou apparent des ailes, & la présence ou l'absence des poils qui s'élèvent en une sorte de huppe ou de crête sur le corcelet. Dans la première, il place les grandes espèces étrangères qu'il suppose porter naturellement les ailes étendues, dans le repos; ce qui nous paroît fort douteux. Dans la seconde sont placées celles qu'il a cru avoir, dans le repos, les ailes placées en recouvrement, c'est-à-dire, le bord interne des unes s'avançant jusqu'à moitié & même davantage sur les autres, le corcelet étant lisse ou sans crête. Dans la troisième on voit les espèces qui ont les ailes penchées sur les côtés, & dont le corcelet est lisse. Dans la quatrième, les ailes sont supposées être en recouvrement, & le corcelet avoir, ou dans sa partie antérieure, ou dans sa partie postérieure, ou sur le dos, des poils élevés en crête. Dans la cinquième, les ailes sont penchées sur les côtés, & le corcelet est orné d'une ou de plusieurs crêtes.

NOCTUELLE.

NOCTUA. Fabr. Latr. *PHALÆNA.* Geoff. Degeer.

PHALÆNA NOCTUA. Linn. Cram.

CARACTÈRES GÉNÉRIQUES.

Antennes sétacées, rarement un peu pectinées dans le mâle, plus longues que le corcelet.

Trompe longue, roulée en spirale et placée entre les antennules.

Deux antennules courtes, arquées à leur base, dirigées en avant.

Second article plus grand que les autres, comprimé et velu; le dernier presque nu, cylindrique.

Chenille de douze à seize pattes.

Chrysalide cachée dans une coque peu serrée, ordinairement construite dans la terre.

ESPÈCES.

PREMIÈRE FAMILLE.

Ailes étendues.

1. Noctuelle Zénobie.

Ailes étendues, mélangées en dessus, ferrugineuses en dessous, avec des bandes ondées, noirâtres.

2. Noctuelle Strix.

Ailes étendues, de la même couleur, blanches, avec un grand nombre de raies ondées, noires.

3. Noctuelle Grand-Duc.

Ailes étendues, dentées, obscures, avec des raies ondées, noires; les supérieures marquées d'une grande tache oculée, brune.

4. Noctuelle Iphianasse.

Ailes étendues, dentées, obscures, avec des raies ondées, ferrugineuses; les inférieures noires à leur base, avec une bande bleue.

5. Noctuelle Hullotte.

Ailes étendues, dentées, brunes, avec des raies ondées, noires, et trois taches marginales, obscures.

6. Noctuelle Engoulevent.

Ailes étendues, dentées, obscures, avec des raies ondées, noires; les supérieures marquées d'une tache oculée, bleue.

7. Noctuelle odorante.

Ailes étendues, dentées, obscures, avec des raies ondées, noires; les supérieures marquées d'une tache oculée, noire, avec la prunelle bleue.

NOCTUELLE. (Insecte.)

8. NOCTUELLE Hérilie.

Ailes étendues, obscures; les supérieures avec une bande blanche, et deux taches, la première annulaire, la seconde en croissant.

9. NOCTUELLE obscure.

Ailes étendues, marquées de plusieurs raies ondées, noires, les supérieures ayant une tache oculée, noirâtre.

10. NOCTUELLE Mycerine.

Ailes étendues, dentées; les supérieures avec des raies ondées, noires, et des taches en croissant, bleues; les inférieures avec deux bandes blanches, et une bleue.

11. NOCTUELLE hiéroglyphique.

Ailes étendues, dentées, noires; les supérieures avec une bande courte, blanche, et une tache presqu'oculée; les inférieures avec deux échancrures.

12. NOCTUELLE Chouette.

Ailes étendues, dentées, ondées de noir; les supérieures avec une bande courte, blanche, et une tache presqu'oculée.

13. NOCTUELLE muable.

Ailes étendues, dentées, obscures, ondées de noir; anus ferrugineux.

14. NOCTUELLE Itynx.

Ailes étendues, dentées, obscures, avec des raies ondées, ferrugineuses, et le milieu fauve, marqué d'une double tache noire, oculée, ayant la prunelle blanche.

15. NOCTUELLE Hibou.

Ailes étendues, obscures, avec des raies ondées, noires; les inférieures avec l'extrémité blanche, marquée d'une tache noire.

16. NOCTUELLE Chalcis.

Ailes étendues, rayées d'obscur; les inférieures marquées en dessous d'une rangée de points blancs.

17. NOCTUELLE spirale.

Ailes étendues, rayées de gris et d'obscur; les supérieures marquées d'une ligne noire, en spirale.

18. NOCTUELLE Marmorides.

Ailes étendues, dentées; les supérieures pâles, avec une tache transversale, blanche; les inférieures avec la base noire, et une tache postérieure bleue.

19. NOCTUELLE crépusculaire.

Ailes étendues, obscures, avec une bande et une tache marginale, blanches; les supérieures avec une tache oculée.

20. NOCTUELLE Acron.

Ailes étendues, d'un gris obscur, avec des raies ondées, noires, et une suite de points blancs près du bord postérieur.

21. NOCTUELLE Dolon.

Ailes étendues, d'un violet-foncé, avec une raie blanche; les supérieures avec une tache cendrée à l'extrémité.

22. NOCTUELLE carenée.

Ailes étendues, dentées, obscures, avec une bande postérieure, blanche, marquée de points noirs.

23. NOCTUELLE Hélime.

Ailes étendues; les supérieures noires, avec des points et une large raie d'un gris-obscur.

NOCTUELLE (Insecte.)

24. Noctuelle troglodyte.

Ailes étendues, obscures, avec des raies noires, et une raie commune, blanche; les supérieures marquées d'une tache oculée, luisante.

25. Noctuelle Vampire.

Ailes étendues, d'un gris-foncé, marquées de trois raies plus obscures; la postérieure formée par des points.

26. Noctuelle squalide.

Ailes étendues; les supérieures obscures à la base, cendrées à l'extrémité, toutes ayant une raie en dessous, blanche, ondée.

27. Noctuelle Pandrose.

Ailes étendues, noirâtres; les supérieures marquées d'une lunule et d'une raie blanches.

28. Noctuelle Umminea.

Ailes étendues, entières, obscures; les supérieures marquées d'une tache didyme, blanche, ayant un anneau fauve.

29. Noctuelle Chauve-Souris.

Ailes étendues, cendrées, marquées de points noirs au centre, et d'une raie ondée, postérieurement.

30. Noctuelle retorse.

Ailes étendues; les supérieures brunes à la base et à l'extrémité, noires au milieu, avec une grande tache lunaire, retorse.

31. Noctuelle Macarée.

Ailes étendues, en faulx, brunes, avec une bande commune, pâle.

32. Noctuelle Agate.

Ailes étendues, d'un vert-obscur, avec une large bande au milieu, blanche, et le bord cendré, et un point noir à l'angle interne.

33. Noctuelle Pritanis.

Ailes étendues, obscures, avec une bande marginale, pâle; les supérieures marquées d'un point pâle au milieu.

34. Noctuelle lumineuse.

Ailes étendues; les supérieures d'un noir-violet, avec des raies ondées et une tache oculée, noire.

35. Noctuelle sans tache.

Ailes étendues, obscures, avec une tache noire à l'angle antérieur.

DEUXIÈME FAMILLE.

Corcelet lisse; ailes planes, en recouvrement; le bord interne des unes recouvrant le bord interne des autres.

36. Noctuelle de l'Igname.

Ailes en recouvrement, dentées; grises; les inférieures jaunes, avec une lunule et le bord noirs.

37. Noctuelle Salamine.

Corcelet postérieurement en crête; ailes supérieures blanches, d'un vert-brillant au milieu, avec la nervure fauve; les inférieures fauves.

38. Noctuelle Cyllaris.

Lisse; ailes en recouvrement; les supérieures obscures, avec l'extrémité cendrée, marquée de quatre points noirs; les inférieures noires, avec trois taches blanches.

39. Noctuelle Materne.

Lisse; ailes en recouvrement; les inférieures fauves; avec une tache et le bord noirs, et des points blancs sur ce bord.

NOCTUELLE. (Insecte.)

40. NOCTUELLE Hypermnestre.

Lisse; ailes en recouvrement; les supérieures vertes, tachées de blanc; les inférieures jaunes, avec deux taches et une bande postérieure, noires.

41. NOCTUELLE servante.

Lisse; ailes en recouvrement, d'un gris-foncé, avec trois raies plus obscures; les inférieures jaunes, avec deux larges bandes courtes, noires.

42. NOCTUELLE Procrus.

Lisse; ailes en recouvrement; les supérieures mélangées; les inférieures jaunes, avec deux bandes sinuées, noires.

43. NOCTUELLE Microrhée.

Lisse; ailes en recouvrement, cendrées; les inférieures rougeâtres, avec une tache noire.

44. NOCTUELLE de Stoll.

Lisse; ailes en recouvrement; les inférieures d'un noir-bleu, marquées d'une bande courte, fauve.

45. NOCTUELLE serf.

Lisse; ailes en recouvrement, grises, avec des points et quatre raies obscures; les inférieures noires à l'extrémité, avec des points blancs.

46. NOCTUELLE collusoire.

Lisse; ailes en recouvrement; les supérieures obscures; les inférieures jaunes, avec deux bandes courtes, noires.

47. NOCTUELLE Tirrhée.

Lisse; ailes en recouvrement; les supérieures vertes, avec l'extrémité obscure; les inférieures jaunes, avec une tache noire.

48. NOCTUELLE Juturne.

Lisse; ailes en recouvrement; les supérieures d'un gris-brun, avec des bandes et deux anneaux pâles; les inférieures obscures.

49. NOCTUELLE Orode.

Lisse; ailes en recouvrement; les supérieures d'un gris-foncé, avec une bande et trois raies noires; les inférieures obscures, avec une tache postérieure bleue.

50. NOCTUELLE Paphos.

Lisse; ailes en recouvrement; les supérieures obscures, veinées de blanc; les inférieures mélangées de blanc et de noir.

51. NOCTUELLE Chioné.

Lisse; ailes en recouvrement, blanches; les supérieures sans tache; les inférieures avec quelques lignes d'un noir-verdâtre à l'extrémité.

52. NOCTUELLE Astrée.

Lisse; ailes en recouvrement, obscures, avec le milieu transparent; corcelet blanc, marqué de points noirs.

53. NOCTUELLE Eugénie.

Lisse; ailes en recouvrement, blanches, avec le milieu transparent; abdomen rouge en dessus.

54. NOCTUELLE Éridan.

Lisse; ailes en recouvrement, blanches; abdomen blanc, avec des bandes jaunes.

55. NOCTUELLE Liris.

Lisse; ailes en recouvrement, d'un vert-pâle, marquées, au milieu, d'une tache argentée.

NOCTUELLE. (Insecte.)

56. NOCTUELLE laiteuse.

Lisse; ailes en recouvrement, blanches; bord antérieur des supérieures rouge; les inférieures avec des taches noires.

57. NOCTUELLE Narcisse.

Lisse; ailes en recouvrement, obscures, avec une raie longitudinale, blanche; les inférieures jaunes, avec l'extrémité bleue.

58. NOCTUELLE Monique.

Lisse; ailes en recouvrement, obscures, avec le milieu blanc; les supérieures marquées, à la base, d'une tache blanche, avec des points noirs.

59. NOCTUELLE porte-faix.

Lisse; ailes en recouvrement; les supérieures obscures, avec une raie et deux taches blanches; les inférieures jaunes, tachées de noir.

60. NOCTUELLE modeste.

Lisse; ailes en recouvrement, brunes; les supérieures avec une tache rouge à leur extrémité.

61. NOCTUELLE agréable.

Lisse; ailes en recouvrement, brunes, avec des raies jaunes; la postérieure plus large, marquée de points bruns.

62. NOCTUELLE lisse.

Lisse; ailes en recouvrement, d'un rouge-brun, avec des raies brunes, et une rangée de points bruns près du bord.

63. NOCTUELLE sombre.

Lisse; ailes en recouvrement, noirâtres, avec quatre points blancs sur le bord antérieur; ailes inférieures, d'un gris-ferrugineux.

64. NOCTUELLE livide.

Lisse; ailes en recouvrement, noires; les inférieures ferrugineuses, avec le bord postérieur obscur.

65. NOCTUELLE parsemée.

Lisse; ailes en recouvrement, cendrées, parsemées de points noirs, marquées postérieurement d'une raie jaunâtre.

66. NOCTUELLE du Chêne.

Lisse; ailes en recouvrement, d'un gris-jaune, avec trois ou quatre raies brunes.

67. NOCTUELLE marquée.

Lisse; ailes en recouvrement, cendrées, marquées de trois taches jaunes entre trois raies de la même couleur.

68. NOCTUELLE quadriponctuée.

Lisse, ailes en recouvrement, grises, avec des raies ondées, obscures, et quatre point noirs sur le bord antérieur.

69. NOCTUELLE blême.

Lisse; ailes en recouvrement, pâles; les bords postérieurs marqués de points noirs, en dessous.

70. NOCTUELLE domestique.

Lisse; ailes en recouvrement, cendrées, avec des raies noires; le bord antérieur avec des points noirs à la base, et des points blancs à l'extrémité.

71. NOCTUELLE sillonnée.

Lisse; ailes en recouvrement, lancéolées, d'un gris-obscur, avec des stries pâles.

NOCTUELLE. (Insecte.)

72. NOCTUELLE de l'Abutilon.

Lisse; ailes en recouvrement; les supérieures cendrées à leur base, avec des points noirs; obscures à l'extrémité, avec des stries cendrées; les inférieures fauves.

73. NOCTUELLE de l'Airelle.

Lisse; ailes en recouvrement, d'un gris-brun, avec trois raies grises et une rangée de points noirs.

74. NOCTUELLE bicolore.

Lisse; ailes en recouvrement, jaunes, avec la partie postérieure obscure.

75. NOCTUELLE criblée.

Lisse; ailes en recouvrement; les supérieures cendrées, avec des points noirs à la base; les inférieures jaunes.

76. NOCTUELLE du Saule-Marceau.

Lisse; ailes en recouvrement, d'un cendré-obscur, avec trois raies obliques et les deux taches ordinaires, blanchâtres.

77. NOCTUELLE narbonnoise.

Lisse; ailes planes; les supérieures cendrées, avec deux raies jaunes et un point obscur, postérieur.

78. NOCTUELLE du Bolet.

Lisse; ailes déprimées, planes, couvertes de points et de taches obscurs; antennes pectinées.

TROISIÈME FAMILLE.

Corcelet lisse; ailes penchées de chaque côté.

79. NOCTUELLE du Figuier à grappes.

Ailes penchées, cendrées, veinées de blanc, avec la base fauve, tachée de blanc et de noir.

80. NOCTUELLE du Figuier commun.

Ailes penchées, cendrées, avec des stries et un point au milieu blancs; la base fauve, avec cinq points noirs.

81. NOCTUELLE couronnée.

Ailes penchées, obscures, avec trois raies plus obscures, et la tache ordinaire postérieure marquée de points noirs.

82. NOCTUELLE Maulie.

Ailes penchées, brunes; les inférieures avec une bande bleue, et le bord postérieur noir.

83. NOCTUELLE Bouc.

Ailes penchées, obscures, avec le milieu plus clair; les inférieures noires, avec l'angle antérieur jaune.

84. NOCTUELLE Ésée.

Ailes penchées; les supérieures obscures, avec un reflet violet, des raies et des points noirs; les inférieures noires, avec l'angle antérieur jaune.

85. NOCTUELLE Périthée.

Ailes penchées, d'un brun-violet; les supérieures avec une bande courte et le bord interne, jaunes.

86. NOCTUELLE javanoise.

Ailes penchées, jaunâtres, avec des points noirs à la base, et le disque brun, marqué de deux taches blanches.

87. NOCTUELLE Gérion.

Ailes penchées, noires, avec des taches jaunes; les inférieures rouges, avec le bord noir.

NOCTUELLE. (Insecte.)

88. Noctuelle léonine.

Ailes penchées, brunes, avec des stigmates gris; les inférieures jaunes, avec deux taches noires.

89. Noctuelle Inare.

Ailes penchées; les supérieures blanchâtres à leur base, avec quatre points noirs; d'un gris-brun à leur extrémité.

90. Noctuelle Daim.

Ailes penchées, obscures, avec des stries blanches: les inférieures blanches, avec le bord postérieur noir.

91. Noctuelle marginelle.

Ailes penchées, mélangées; les inférieures noires, avec le bord postérieur blanc.

92. Noctuelle du Roseau.

Ailes penchées, cendrées, avec des points et des lunules marginales, noirs, et une tache centrale, obscure, en dessous.

93. Noctuelle verdâtre.

Ailes penchées, verdâtres, avec trois raies d'un vert-foncé.

94. Noctuelle Batis.

Ailes penchées; les supérieures obscures, avec cinq taches d'un blanc un peu rougeâtre; les inférieures blanchâtres.

95. Noctuelle Silène.

Ailes penchées, d'un fauve-pâle; tache réniforme, avec des points noirs.

96. Noctuelle luisante.

Ailes penchées, presque striées, ferrugineuses, avec des raies jaunâtres; les inférieures obscures.

97. Noctuelle élégante.

Ailes penchées; les supérieures jaunâtres, avec quatre taches contiguës, blanches; les inférieures rouges.

98. Noctuelle écrite.

Ailes penchées; les supérieures blanches, avec la base marquée de lignes jaunes et bleues, et trois rangées postérieures de points noirs.

99. Noctuelle rubigineuse.

Ailes penchées, jaunâtres, avec des raies ondées, ferrugineuses, et des points noirs, épars.

100. Noctuelle rousseâtre.

Ailes penchées, rougeâtres, avec des raies obscures, dont la quatrième plus large; le dessous rougeâtre.

101. Noctuelle martiale.

Ailes penchées, d'un fauve-pâle, mélangées de cendré; les inférieures ferrugineuses.

102. Noctuelle rayée.

Ailes penchées, mélangees d'obscur et de cendré, et marquées de trois petites lignes près du bord.

103. Noctuelle Fulvie.

Ailes penchées, jaunes, toutes de la même couleur, avec le bord postérieur noir.

104. Noctuelle oculée.

Ailes penchées; les supérieures verdâtres, avec des raies noires et une tache oculée au milieu; les inférieures noires, avec une tache marginale jaune.

NOCTUELLE. (Insecte.)

105. Noctuelle écussonnée.

Ailes penchées, mélangées de blanc et d'obscur; les inférieures blanches à la base, avec une tache obscure, et obscures à l'extrémité, avec des taches blanches.

106. Noctuelle glyphique.

Ailes penchées, mélangées d'obscur et de cendré; les inférieures jaunes, avec une bande noire.

107. Noctuelle de la Cardère.

Ailes penchées, pâles, avec une large bande obscure; les inférieures mélangées de jaunâtre et de noir.

108. Noctuelle de la Bugrane.

Ailes penchées, cendrées, avec un reflet rose et des bandes obscures; les inférieures noires, avec trois taches blanches.

109. Noctuelle Mi.

Ailes penchées, mélangées d'obscur et de cendré, marquées en dessous de la lettre M.

110. Noctuelle triangulaire.

Ailes penchées, cendrées, avec des taches noires, dont l'une triangulaire; les inférieures jaunes, avec une raie noirâtre.

111. Noctuelle point blanc.

Ailes penchées, dentées, obscures, rayées de brun, marquées d'une petite tache au milieu, blanche.

112. Noctuelle belle.

Ailes penchées, pâles, avec deux taches noires sur le bord antérieur.

113. Noctuelle avide.

Ailes penchées, obscures, luisantes, avec une tache et une bande postérieure, ferrugineuse; les inférieures blanches.

114. Noctuelle du Roure.

Ailes penchées, cendrées, avec deux raies ondées, blanches, une tache centrale, blanche, et une lunule noire.

115. Noctuelle mixte.

Ailes penchées, pâles, avec des bandes obscures, peu marquées; les inférieures pâles à leur base, obscures à leur extrémité.

116. Noctuelle porte-croix.

Ailes penchées, cendrées, avec une raie au milieu et une bande postérieure, noires.

117. Noctuelle salie.

Ailes penchées, cendrées, avec des raies ondées, obscures, et une bande presque ferrugineuse au milieu.

118. Noctuelle albicolle.

Ailes penchées, blanches à la base, obscures à l'extrémité, avec une double petite ligne blanche.

119. Noctuelle italique.

Ailes penchées, noirâtres, avec une grande tache transversale, blanche.

120. Noctuelle barbue.

Ailes penchées, pâles, avec trois raies blanches, et un point obscur au milieu.

121. Noctuelle mantelée.

Ailes penchées; les supérieures ferrugineuses, avec un point ferrugineux à l'extrémité; les inférieures noires, avec le bord fauve.

NOCTUELLE. (Insecte.)

122. Noctuelle Hypatie.

Ailes penchées, blanches; les supérieures avec le milieu noir, marqué d'une bande oblique blanche, et une raie blanche à la base.

123. Noctuelle Céphise.

Ailes penchées, cendrées, avec le disque noir, marqué d'une bande oblique, blanche.

124. Noctuelle triangle.

Ailes penchées, cendrées, avec le milieu noir, marqué d'un triangle blanc.

125. Noctuelle Ammonie.

Ailes penchées, obscures, avec un reflet violet; les supérieures avec le disque noir, marqué de deux bandes blanches.

126. Noctuelle palmée.

Ailes penchées, presque ferrugineuses, avec deux raies ondées, obscures, peu marquées, et une tache blanche au milieu.

127. Noctuelle arquée.

Ailes penchées, blanchâtres, avec une tache en croissant au milieu, et une marginale, noires.

128. Noctuelle vulpine.

Ailes penchées; les antérieures d'un cendré-obscur, sans tache; les inférieures avec l'extrémité noire, tachée de blanc.

129. Noctuelle notée.

Ailes penchées, cendrées, avec deux bandes noirâtres et un point noir au bord intérieur.

130. Noctuelle destituée.

Ailes penchées, grises, tachées d'obscur, marquées d'une raie blanche, bordée d'obscur.

131. Noctuelle tigrée.

Ailes penchées; les supérieures mélangées; les inférieures noires, avec une bande et trois taches marginales, blanches.

132. Noctuelle Lynx.

Ailes penchées; les supérieures mélangées d'obscur et de jaune, et marquées d'un point blanc; le dessous jaune, avec des raies ondées, obscures.

133. Noctuelle géométrique.

Ailes penchées, obscures, avec une grande tache noire, marquée de deux bandes, dont l'une antérieure, blanche.

134. Noctuelle Orosie.

Ailes penchées; les supérieures blanchâtres, avec une grande tache marginale, noire, et l'extrémité noirâtre.

135. Noctuelle Mézenterie.

Ailes penchées, noires; les supérieures parsemées de bleu; les inférieures avec l'extrémité blanche.

136. Noctuelle stolide.

Ailes penchées, obscures, avec deux bandes blanches, dont la postérieure unidentée.

137. Noctuelle d'un blanc de neige.

Ailes penchées, blanches; corps blanc; antennes et trompe testacées.

138. Noctuelle Joviane.

Ailes penchées, cendrées, avec une tache transversale, noire, postérieurement sinuée, et bordée de blanchâtre.

139. Noctuelle parallèle.

Ailes penchées, obscures; disque noir, traversé de deux bandes blanches.

NOCTUELLE. (Insecte.)

140. Noctuelle sanglée.

Ailes penchées, obscures; les supérieures traversées de deux bandes blanchâtres, et les inférieures d'une seule.

141. Noctuelle algérienne.

Ailes penchées, d'un gris-obscur, avec une bande et l'extrémité cendrées.

142. Noctuelle linéaire.

Ailes penchées, de la même couleur brune; les supérieures avec cinq bandes obscures, et une suite de points noirs.

143. Noctuelle fluctuaire.

Ailes penchées, dentées, de la même couleur brune, avec plusieurs raies ondées, noirâtres, et une suite de points blancs.

144. Noctuelle stupeuse.

Ailes penchées, noires, avec une bande blanche au milieu, et l'extrémité cendrée.

145. Noctuelle remarquable.

Ailes penchées, obscures, traversées de trois raies bleuâtres s'appuyant sur du brun.

146. Noctuelle vermillon.

Ailes penchées, d'un gris-ferrugineux, traversées de trois bandes et marquées de deux taches d'un rouge vermillon.

147. Noctuelle ursine.

Ailes penchées, obscures; les inférieures d'un blanc transparent, avec le bord noir.

148. Noctuelle canine.

Ailes penchées, cendrées, mélangées d'obscur; les inférieures d'un blanc transparent, sans tache.

149. Noctuelle trapèze.

Ailes penchées, jaunâtres, avec une large bande plus foncée, un point noir au milieu, et une rangée de points vers le bord.

150. Noctuelle du Cerisier.

Ailes penchées, d'un gris-ferrugineux, avec deux taches et une raie postérieure jaunâtres, et une rangée de points noirs près du bord.

151. Noctuelle inconstante.

Ailes penchées, grises, avec une raie ferrugineuse placée au milieu.

152. Noctuelle humble.

Ailes penchées, grises, traversées de trois raies jaunâtres, et d'une quatrième obscure, placée au milieu.

153. Noctuelle centrale.

Ailes penchées, d'un cendré-obscur, avec un point central noir.

154. Noctuelle lychnide.

Ailes penchées, d'un brun-ferrugineux, avec des stries jaunâtres.

155. Noctuelle fixe.

Ailes penchées; les supérieures pâles à leur base, verdâtres à leur extrémité, avec une raie cendrée; les inférieures jaunes, avec le bord noir.

156. Noctuelle monile.

Ailes penchées, brunes, marquées de quatre points blancs, rapprochés; antennes pectinées.

157. Noctuelle électrique.

Ailes penchées, grises, marquées, vers l'extrémité, de deux raies ondées, noires.

NOCTUELLE. (Insecte.)

158. NOCTUELLE ondée.

Ailes penchées, grises, avec quelques raies ondées, obscures; les inférieures cendrées, avec une bande marginale, noire.

159. NOCTUELLE rubanée.

Ailes penchées, dentées, cendrées, avec des raies ondées, obscures; les inférieures jaunâtres, avec une raie longitudinale, marginale, noire.

160. NOCTUELLE Puera.

Ailes penchées; les supérieures bleues, avec des points noirâtres; les inférieures noires, avec trois taches jaunes, entourées de rouge.

161. NOCTUELLE annelée.

Ailes penchées, noirâtres, luisantes; les inférieures grises en-dessous, avec un point et une raie obscurs; jambes antérieures noires, avec des anneaux blancs.

162. NOCTUELLE proprète.

Ailes penchées, cendrées, avec une raie postérieure jaune, marquée de deux points noirs.

163. NOCTUELLE doucette.

Ailes penchées, d'un cendré-obscur, avec une raie postérieure plus claire.

164. NOCTUELLE ambiguë.

Ailes penchées, cendrées, avec quelques points à la base et une raie au-delà du milieu, noirs.

165. NOCTUELLE mince.

Ailes penchées, d'un cendré-obscur, avec une raie ondée, noirâtre à la base, une jaunâtre à l'extrémité, et une rangée de points noirs, intermédiaire.

166. NOCTUELLE recourbée.

Ailes penchées, jaunâtres, avec deux raies postérieures obscures, l'une recourbée, l'autre formée par des points.

167. NOCTUELLE versicolore.

Ailes penchées, grises ou pourprées; les supérieures avec une bande courte, blanche.

168. NOCTUELLE de la Corète.

Ailes penchées, anguleuses, cendrées, avec une large bande au milieu plus obscure, postérieurement anguleuse.

169. NOCTUELLE discolore.

Ailes penchées, obscures; les supérieures avec une bande postérieurement unidentée, plus claire; les inférieures avec deux taches marginales, blanches.

170. NOCTUELLE sordide.

Ailes penchées, jaunâtres, avec une raie commune aux deux, des points près de l'extrémité obscurs, et une tache blanche en croissant, en dessous.

171. NOCTUELLE frugale.

Ailes penchées, cendrées, avec une bande oblique noirâtre, et une rangée de points noirs.

172. NOCTUELLE jaune.

Ailes penchées, jaunes, avec des raies ondées, ferrugineuses.

173. NOCTUELLE à stigmate.

Ailes penchées, anguleuses, jaunes, avec des raies plus obscures et un point blanc au milieu.

174. NOCTUELLE dorsale.

Ailes penchées, vertes, avec une grande tache obscure, commune aux deux supérieures.

NOCTUELLE. (Insecte.)

175. NOCTUELLE cendrée.

Ailes penchées, cendrées, avec une rangée postérieure de points noirs.

176. NOCTUELLE rejetée.

Ailes penchées, blanchâtres, avec une tache postérieure, verdâtre.

177. NOCTUELLE fortifiée.

Ailes penchées, grises, tachées d'obscur; les inférieures jaunes, avec une raie et le bord noirs.

178. NOCTUELLE exaltée.

Ailes penchées; les supérieures nébuleuses, avec une ligne au milieu et une tache cendrées; les inférieures noires.

179. NOCTUELLE lancéolée.

Ailes penchées, lancéolées, cendrées; les supérieures parsemées d'obscur.

QUATRIÈME FAMILLE.

Ailes en recouvrement; corcelet en crête.

180. NOCTUELLE fiancée.

Ailes supérieures cendrées, avec des raies ondées, obscures; les inférieures rouges, avec deux bandes noires; abdomen cendré.

181. NOCTUELLE Ilie.

Ailes supérieures mélangées, marquées d'une tache carrée, blanche; les inférieures rouges, avec deux bandes noires.

182. NOCTUELLE épouse.

Ailes supérieures grises, avec des raies ondées et des points près du bord, noirs; les inférieures rouges, avec deux bandes noires.

183. NOCTUELLE mariée.

Ailes supérieures cendrées; les inférieures rouges, avec deux bandes noires; abdomen blanchâtre en dessus, blanc en dessous.

184. NOCTUELLE choisie.

Ailes supérieures cendrées, avec des raies ondées, anguleuses, noires; les inférieures rouges, avec deux bandes noires, la première flexueuse.

185. NOCTUELLE accordée.

Ailes supérieures grises, avec des raies presqu'ondées, noires; les inférieures rouges, avec deux bandes noires; abdomen rouge en dessus.

186. NOCTUELLE promise.

Ailes supérieures dentées, mélangées d'obscur et de cendré, avec des raies dentées, noires; les inférieures rouges, avec deux bandes noires.

187. NOCTUELLE conjointe.

Ailes supérieures d'un cendré-obscur, avec une bande plus claire au milieu, et une raie postérieure dentée, blanche; les inférieures rouges, avec deux bandes noires.

188. NOCTUELLE ravie.

Ailes mélangées; corps noir en dessus, marqué d'une raie longitudinale, blanche.

189. NOCTUELLE veuve.

Ailes supérieures cendrées, avec des raies noires; les inférieures noires, avec le bord postérieur blanc.

190. NOCTUELLE Épione.

Ailes supérieures mélangées, marquées de deux points blancs; les inférieures noires, avec le bord postérieur blanc.

NOCTUELLE. (Insecte.)

191. NOCTUELLE du Frêne.

Ailes supérieures dentées, mélangées de cendré et d'obscur; ailes inférieures noires en dessus, avec une bande bleue.

192. NOCTUELLE maure.

Ailes supérieures dentées, mélangées de noir et de cendré; les inférieures noirâtres, avec une bande et le bord gris.

193. NOCTUELLE spectre.

Ailes supérieures d'un cendré-obscur, avec des raies ondées plus obscures.

194. NOCTUELLE dotée.

Ailes supérieures dentées, obscures, avec le bord postérieur bleuâtre; les inférieures noires, avec une raie courte, bleuâtre.

195. NOCTUELLE néogame.

Ailes supérieures mélangées de blanc et d'obscur, avec des raies flexueuses, noires; les inférieures jaunes, avec deux bandes noires.

196. NOCTUELLE Cocalus.

Ailes supérieures mélangées de vert et de noir, et marquées d'une raie noire; les inférieures jaunes, avec le bord postérieur noir.

197. NOCTUELLE compagne.

Ailes supérieures mélangées de cendré et de testacé, et marquées de deux raies obscures; les inférieures jaunes, avec deux bandes flexueuses, noires.

198. NOCTUELLE formose.

Ailes supérieures purpurescentes, avec une raie longitudinale et deux taches jaunes; les inférieures fauves, avec une tache et le bord noirs.

199. NOCTUELLE hyménée.

Ailes supérieures grises, avec des raies anguleuses, noires; les inférieures jaunes, avec deux bandes arquées, noires.

200. NOCTUELLE Amasie.

Ailes supérieures mélangées de cendré et de blanchâtre, avec une raie postérieure fauve; les inférieures jaunes, avec deux bandes noires; la postérieure interrompue.

201. NOCTUELLE paranymphe.

Ailes supérieures obscures, avec des raies ondées et anguleuses, blanches et noires; les inférieures jaunes, avec deux bandes arquées, noires.

202. NOCTUELLE Pasithée.

Ailes supérieures mélangées; les inférieures noires, avec la base noirâtre et une bande jaune au milieu.

203. NOCTUELLE converse.

Ailes supérieures mélangées, avec une bande postérieure ondée, blanche; les inférieures jaunes, avec deux bandes noires.

204. NOCTUELLE nymphe.

Ailes supérieures avec des bandes noires, grises et jaunes; les inférieures jaunes, avec deux bandes noires.

205. NOCTUELLE nymphagogue.

Ailes supérieures avec des bandes noires et grises; les inférieures jaunes, avec deux bandes noires; la seconde interrompue.

206. NOCTUELLE Grinée.

Ailes supérieures mélangées de noir, d'obscur et de cendré; les inférieures fauves, avec deux bandes arquées, noires.

NOCTUELLE. (Insecte.)

207. Noctuelle Parthenie.

Ailes supérieures mélangées de noir, d'obscur et de cendré, avec une tache transversale et une raie postérieure ondée, blanchâtres.

208. Noctuelle pucelle.

Ailes supérieures d'un gris-obscur, avec une bande et raie plus obscures.

209. Noctuelle pronube.

Ailes inférieures d'un jaune-testacé, avec une bande noire presque marginale.

210. Noctuelle mi-partie.

Ailes supérieures cendrées à la base, avec des points noirs, obscures à l'extrémité, avec des lignes blanches; les inférieures jaunes, avec le bord postérieur noir.

211. Noctuelle Cythérée.

Ailes supérieures mélangées, avec une raie blanche; les inférieures jaunes, avec le bord postérieur noirâtre.

212. Noctuelle suivante.

Ailes supérieures d'un rouge-brun; les inférieures jaunes, avec une tache en croissant et une bande postérieure noires.

213. Noctuelle orbone.

Ailes supérieures d'un rouge-brun, avec une raie postérieure jaune; les inférieures jaunes, avec le disque noir.

214. Noctuelle conséquente.

Ailes supérieures brunes, avec quatre raies pâles; les inférieures fauves, avec une tache en croissant et une raie postérieure noires.

215. Noctuelle du Solanum.

Ailes supérieures mélangées de verdâtre et de gris; les inférieures rouges, avec une large bande noire, presque marginale.

216. Noctuelle gris de lin.

Ailes supérieures dentées, mélangées, d'un brun ferrugineux vers le bord postérieur; les inférieures jaunes, avec le bord postérieur noirâtre.

217. Noctuelle couverte.

Ailes supérieures mélangées d'obscur et de verdâtre, avec deux bandes ondées, blanches; les inférieures jaunes, avec une tache en croissant et une bande postérieure noires.

218. Noctuelle frangée.

Ailes supérieures avec des bandes grises; les inférieures d'un jaune-souci, avec une très-large bande noire.

219. Noctuelle janthine.

Ailes supérieures d'un gris purpurescent, avec une petite raie blanchâtre; les inférieures noires, avec une tache au milieu et le bord jaunes.

220. Noctuelle nourrice.

Ailes supérieures obscures, avec une raie jaune sur le bord antérieur; les inférieures jaunes à la base, noires à l'extrémité.

221. Noctuelle courtisane.

Ailes supérieures grises, avec une lunule obscure au centre, entre deux raies blanches; les inférieures blanchâtres à leur base.

NOCTUELLE. (Insecte.)

222. Noctuelle aliénée.

Ailes supérieures fauves, avec des taches oculées, jaunes; les inférieures jaunes, avec une tache et le bord postérieur noirs.

223. Noctuelle Paphie.

Ailes supérieures cendrées, avec des raies noires; les inférieures fauves à leur base, noires à leur extrémité.

224. Noctuelle lunaire.

Ailes supérieures dentées, obscures, avec le milieu plus clair, marqué d'un point noir et d'une lunule noirâtre.

225. Noctuelle augure.

Ailes supérieures obscures, avec des caractères noirs.

226. Noctuelle du Froment.

Ailes supérieures cendrées, avec deux raies obscures et une tache alongée, noirâtre.

227. Noctuelle moissonneuse.

Ailes supérieures ferrugineuses, avec des raies ondées, plus obscures; les inférieures blanchâtres.

228. Noctuelle brûlée.

Ailes supérieures d'un gris-obscur, avec trois raies et un anneau jaunâtre au milieu, et une raie postérieure ondée.

229. Noctuelle soumise.

Ailes d'un cendré-obscur, avec quatre raies et trois anneaux jaunâtres.

230. Noctuelle rétuse.

Ailes supérieures presqu'échancrées, d'un gris-obscur, avec trois raies plus claires.

231. Noctuelle marchande.

Ailes supérieures ferrugineuses, avec des raies ondées, obscures; les inférieures postérieurement noires, avec des taches blanches.

232. Noctuelle partagée.

Ailes supérieures presque dentées, grises, avec une tache noire à la base; les deux taches ordinaires brunes, et une raie blanche au milieu.

233. Noctuelle tricheuse.

Ailes supérieures glauques, avec une lunule noire; bande noire à la partie antérieure du corcelet.

234. Noctuelle de la Vesce.

Ailes supérieures striées, cendrées, avec un point blanchâtre et une lunule ponctuée, obscure; bande noire à la partie antérieure du corcelet.

235. Noctuelle découpure.

Ailes supérieures dentées et déchirées, d'un rouge-gris, marquées de deux points blancs.

236. Noctuelle cordon blanc.

Ailes supérieures obscures, avec le bord antérieur noir.

237. Noctuelle C noir.

Ailes supérieures d'un cendré-obscur, avec une tache noire, extérieurement blanchâtre, et une petite ligne noire à l'extrémité.

238. Noctuelle signalée.

Ailes supérieures marquées de trois taches noires; bord antérieur cendré à la base; corcelet obscur, antérieurement brun.

NOCTUELLE. (Insecte.)

239. Noctuelle nun-âtre.

Ailes supérieures obscures, avec des raies cendrées et deux lignes centrales, noires.

240. Noctuelle gothique.

Ailes supérieures obscures, avec une tache arquée et un point au milieu, noirs.

241. Noctuelle I noir.

Ailes supérieures obscures, avec une tache grise au milieu, une ligne flexueuse et une pupille noires.

242. Noctuelle rectangle.

Ailes supérieures obscures, avec quatre taches noires au milieu, dont deux sur le bord antérieur; corcelet avec une bande noire.

243. Noctuelle polymite.

Ailes supérieures nébuleuses de cendré et d'obscur; angle interne marqué d'une tache noire.

244. Noctuelle brassicaire.

Ailes supérieures d'un gris obscur, mélangé de noirâtre; crochet noir derrière la première tache.

245. Noctuelle incendiée.

Ailes supérieures grises, avec une ligne flexueuse, noire, à la base; corcelet avec une bande noire.

246. Noctuelle des Gazons.

Ailes supérieures obscures, avec trois raies ondées, blanchâtres, accolées à du noir.

247. Noctuelle de l'Anserine.

Ailes supérieures cendrées; tachées de noir, avec une raie postérieure bidentée; crête au corcelet, courte, bifide.

248. Noctuelle grise.

Ailes supérieures d'un cendré obscur, avec un petit point blanc au milieu.

249. Noctuelle contiguë.

Ailes supérieures mélangées de clair, de cendré et d'obscur, avec une raie postérieure bidentée, blanche; crête au corcelet, bifide.

250. Noctuelle pupille.

Ailes supérieures d'un brun-pâle, avec la tache ordinaire antérieure marquée d'une prunelle jaune.

251. Noctuelle dentine.

Ailes supérieures mélangées de cendré et d'obscur, avec une tache au bord interne et une raie postérieure, jaunes.

252. Noctuelle bimaculée.

Ailes d'un blanc-gris; les supérieures un peu nébuleuses; les inférieures avec deux taches noires.

253. Noctuelle exclamation.

Ailes supérieures obscures, avec une petite ligne et une tache en cœur, noires; les inférieures noires.

254. Noctuelle distincte.

Ailes supérieures d'un jaune-gris, avec deux taches centrales, noires, et l'extrémité obscure.

255. Noctuelle subterranée.

Ailes supérieures obscures, avec la base antérieure et le bord postérieur cendrés.

256. Noctuelle épanchée.

Ailes supérieures obscures, avec l'extrémité plus claire; une petite ligne au milieu et deux à l'extrémité, noires, marquées d'un point blanc.

NOCTUELLE. (Insecte.)

257. Noctuelle signifère.

Ailes supérieures cendrées, avec des raies ondées obscures, une ligne noire à la base, et un point blanc, entouré de noir vers l'extrémité.

258. Noctuelle valligère.

Ailes supérieures mélangées de cendré et d'obscur, avec une tache oblongue, noirâtre à la base, marquée d'un point ferrugineux.

259. Noctuelle aveugle.

Ailes supérieures dentées, grises, avec deux points noirs à la base et deux raies cendrées.

260. Noctuelle L blanc.

Ailes supérieures grises, avec une tache blanche, en forme de L.

261. Noctuelle de l'Osier.

Ailes supérieures obscures à la base, avec des raies ondées, fauves, et l'extrémité cendrée.

262. Noctuelle villageoise.

Ailes d'un gris obscur, avec cinq points noirâtres et trois blancs au bord antérieur; les postérieures blanches, avec une bande noire.

CINQUIÈME FAMILLE.

Ailes penchées; corcelet en crête.

263. Noctuelle fauve.

Ailes penchées; les supérieures jaunes, avec des raies ferrugineuses, dont la postérieure ponctuée; les inférieures blanches.

264. Noctuelle safranée.

Ailes penchées; les supérieures ferrugineuses, avec des raies obscures et le bord antérieur marqué de points blancs.

265. Noctuelle blanche.

Ailes penchées; les supérieures jaunes, avec un point ocellaire blanc, placé entre des raies ondées, obscures.

266. Noctuelle éblouissante.

Ailes penchées; les supérieures un peu obscures, avec une petite raie à la base et une large bande au milieu, d'un jaune-orangé.

267. Noctuelle sulfurée.

Ailes penchées; les supérieures jaunes, avec un grand nombre de points et quelques raies obscures.

268. Noctuelle cirée.

Ailes penchées; les supérieures jaunes, avec des raies plus obscures; les inférieures blanches.

269. Noctuelle éclatante.

Ailes penchées; les supérieures jaunes, avec des raies ferrugineuses; une bande à la base et une autre à l'extrémité, obscures.

270. Noctuelle citronelle.

Ailes penchées, jaunes; les supérieures avec trois raies ferrugineuses, obliques.

271. Noctuelle jaunâtre.

Ailes penchées; les supérieures jaunes, avec deux raies dentées, obscures.

272. Noctuelle rouillée.

Ailes penchées; les supérieures ferrugineuses, avec une tache au milieu obscure, marquée d'un point blanc.

273. Noctuelle drap d'or.

Ailes penchées; les supérieures d'un beau jaune, avec des points et une large bande obscurs.

NOCTUELLE. (Insecte.)

274. Noctuelle clairette.

Ailes penchées; les supérieures jaunes, avec un point obscur au milieu, et une rangée postérieure de points noirs.

275. Noctuelle pâle.

Ailes penchées; les supérieures pâles, avec un point blanc au milieu, placé dans un cercle noir.

276. Noctuelle chrysite.

Ailes penchées; les supérieures d'un brun-ferrugineux, avec deux bandes dorées, ordinairement réunies par leur milieu.

277. Noctuelle C d'or.

Ailes penchées; les supérieures presque pourpres, avec deux taches et des points à l'extrémité, dorés.

278. Noctuelle topaze.

Ailes penchées; les supérieures obscures, avec une grande tache presque carrée, d'un brillant métallique.

279. Noctuelle lamine.

Ailes penchées; les supérieures cendrées, avec une tache marginale, noire, bordée d'or de chaque côté, et une autre tache dorée.

280. Noctuelle bractée.

Ailes penchées; les supérieures mélangées, marquées au milieu d'une grande tache dorée, brillante.

281. Noctuelle de la Fétuque.

Ailes penchées; les supérieures mélangées de jaune et d'obscur, avec trois taches argentées.

282. Noctuelle chalsite.

Ailes penchées; les supérieures pourpres, mélangées d'obscur et de doré.

283. Noctuelle circonflexe.

Ailes penchées; les supérieures un peu obscures, marquées d'une tache alongée, circonflexe, argentée.

284. Noctuelle de l'Armoise.

Ailes penchées; les supérieures vertes, avec plusieurs taches argentées, éparses.

285. Noctuelle gamma.

Ailes penchées, dentées; les supérieures obscures, marquées d'une tache dorée, en forme d'y.

286. Noctuelle montagnarde.

Ailes penchées; les supérieures mélangées d'obscur et de cendré; le milieu obscur, avec une ligne blanche, courte, bifurquée.

287. Noctuelle monnoie.

Ailes penchées; les supérieures dorées, avec des raies ondées grises, et une double tache argentée au milieu.

288. Noctuelle divergente.

Ailes penchées, entières; les supérieures grises, avec le milieu obscur, marqué d'un trait blanc; les inférieures fauves, avec le bord obscur.

289. Noctuelle émule.

Ailes penchées, dentées; les supérieures mélangées de noir et de cendré, avec une petite ligne double, argentée, placée au milieu.

NOCTUELLE. (Insecte.)

290. Noctuelle argentine.

Ailes penchées; les supérieures grises, avec une large raie courte, presque marginale, argentée.

291. Noctuelle interrogation.

Ailes penchées; les supérieures mélangées d'obscur et de cendré, marquées, au milieu, du signe d'interrogation blanc.

292. Noctuelle signalée.

Ailes penchées; les supérieures obscures, avec des points noirs à la base, et du signe d'interrogation doré, au milieu.

293. Noctuelle question.

Ailes penchées, mélangées de doré et de cendré, avec le signe d'interrogation argenté, placé au milieu.

294. Noctuelle du Pepon.

Ailes penchées; les supérieures grises, avec une tache à l'extrémité, et une autre dorsale, d'un brun-doré.

295. Noctuelle iota.

Ailes penchées; les supérieures d'un gris-ferrugineux, avec un V renversé de couleur d'or, placé vers le milieu.

296. Noctuelle vcirue.

Ailes penchées; les supérieures mélangées d'obscur et de doré, avec un point argenté, placé au milieu.

297. Noctuelle lunée.

Ailes penchées; les supérieures mélangées d'obscur et de cendré, avec une tache en arc, bordée de jaune au milieu.

298. Noctuelle échancrée.

Ailes penchées; les supérieures mélangées, ayant le bord interne échancré; tête et partie antérieure du corcelet d'un jaune-orangé.

299. Noctuelle appauvrie.

Ailes penchées; les supérieures mélangées d'obscur et de cendré; les inférieures d'un blanc transparent.

300. Noctuelle méticuleuse.

Ailes penchées; les supérieures postérieurement dentées et déchirées, d'un rouge-pâle à la base, marquées, au milieu, d'une grande tache obscure, triangulaire.

301. Noctuelle ciliée.

Ailes penchées, dentées; les supérieures vertes, avec le bord postérieur cendré.

302. Noctuelle résonante.

Ailes penchées; les supérieures verdâtres, luisantes; avec deux raies doubles, blanches, dont l'antérieure fléchie, et deux taches fauves à l'extrémité.

303. Noctuelle illustre.

Ailes penchées, entières; les supérieures mélangées de rougeâtre, de vert et de cendré, avec trois taches ferrugineuses, distinctes.

304. Noctuelle déchirée.

Ailes penchées; les supérieures mélangées d'obscur et de ferrugineux, et échancrées au bord interne; front fauve.

305. Noctuelle double O.

Ailes penchées; les supérieures cendrées, rayées de ferrugineux, et marquées de deux O rapprochés.

NOCTUELLE. (Insecte.)

306. NOCTUELLE cuivrée.

Ailes penchées ; les supérieures d'un brun-cuivreux, avec des bandes obscures et une raie postérieure dentée, grise.

307. NOCTUELLE embrasée.

Ailes penchées ; les supérieures mélangées de ferrugineux et de jaune, avec les deux taches ordinaires confluentes.

308. NOCTUELLE ratissée.

Ailes penchées ; les supérieures avec deux bandes et le bord antérieur blancs ; le milieu ferrugineux, jaspé.

309. NOCTUELLE renaissante.

Ailes penchées ; les supérieures un peu obscures, avec deux O et une raie postérieure, cendrés.

310. NOCTUELLE fileuse.

Ailes penchées ; les supérieures blanches, avec trois raies noires ; les inférieures jaunes, avec des points et une raie noirs.

311. NOCTUELLE or.

Ailes penchées ; les supérieures cendrées, avec des raies ondées, obscures, et une tache grise au milieu.

312. NOCTUELLE délayée.

Ailes penchées ; les supérieures cendrées, avec deux bandes ferrugineuses, peu marquées, et un point blanc au milieu.

313. NOCTUELLE ruficolle.

Ailes penchées ; les supérieures d'un cendré-obscur, avec deux bandes plus obscures ; corcelet antérieurement brun.

314. NOCTUELLE octogésime.

Ailes penchées ; les supérieures d'un cendré-obscur, avec plusieurs raies plus obscures, et la tache réniforme interrompue.

315. NOCTUELLE satellite.

Ailes penchées, dentées, brunes ; les supérieures avec un point jaune entre deux points blancs, plus petits.

316. NOCTUELLE nacarat.

Ailes penchées ; les supérieures ferrugineuses, avec trois taches blanches sur le bord antérieur, et deux points noirs, postérieurs.

317. NOCTUELLE analogue.

Ailes penchées ; les supérieures ferrugineuses, avec deux points noirs à l'angle extérieur ; les inférieures noires.

318. NOCTUELLE triptère.

Ailes penchées ; les supérieures cendrées, avec trois taches arrondies, placées sur une ligne longitudinale, et quelques points sulfureux.

319. NOCTUELLE marginée.

Ailes penchées ; les supérieures jaunâtres, avec des raies ferrugineuses et le bord postérieur obscur.

320. NOCTUELLE de l'Absinthe.

Ailes penchées, blanchâtres ; les supérieures avec deux doubles raies ondées, noires, et quatre points noirs, disposés en carré.

321. NOCTUELLE de l'Auronne.

Ailes penchées ; les supérieures d'un cendré-obscur, avec des raies ondées, noires, et quatre points blancs sur le bord antérieur.

322. NOCTUELLE oculte.

Ailes penchées ; les supérieures nébuleuses, avec l'extrémité cendrée et trois taches noires.

NOCTUELLE. (Insecte.)

323. NOCTUELLE patibulaire.

Ailes penchées ; les supérieures cendrées, avec un petit point et une tache dorsale, commune, appuyée sur une raie obscure, noirs.

324. NOCTUELLE albipède.

Ailes penchées ; les supérieures glauques, avec des raies ondées, obscures ; pattes d'un blanc de neige.

325. NOCTUELLE de l'Aune.

Ailes penchées ; les supérieures fuligineuses, avec deux taches cendrées, dont l'une oblongue, à la base, marquée d'un point noir.

326. NOCTUELLE incarnat.

Ailes penchées ; les supérieures d'un rose-pourpre, avec deux bandes blanchâtres ; les inférieures obscures.

327. NOCTUELLE purpurine.

Ailes penchées ; les antérieures d'un rose un peu pourpré, avec la base jaune.

328. NOCTUELLE du Pteris.

Ailes penchées ; les supérieures obscures, avec des taches blanches et deux bandes pourprées.

329. NOCTUELLE jouventine.

Ailes penchées ; les supérieures un peu anguleuses, brunes à leur base, ferrugineuses à l'extrémité, avec une raie noire et une pâle.

330. NOCTUELLE glauque.

Ailes penchées ; les supérieures d'un gris-verdâtre, avec deux bandes et une raie postérieure blanchâtres.

331. NOCTUELLE peinte.

Ailes penchées ; les supérieures pourpres, avec des raies et des points blancs, dont quelques-uns bordés de noir.

332. NOCTUELLE géographique.

Ailes penchées ; les supérieures mélangées d'obscur, avec deux raies blanches réunies au bord interne, et des stries blanches à l'extrémité.

333. NOCTUELLE du Millepertuis.

Ailes penchées ; les supérieures presque striées de noir, mélangées d'obscur et de cendré, avec une tache oblongue, blanchâtre à la base.

334. NOCTUELLE clairvoyante.

Ailes penchées ; les supérieures mélangées d'obscur, avec les nervures grises et la tache ordinaire réniforme, solitaire.

335. NOCTUELLE conspicillaire.

Ailes penchées ; les supérieures cendrées, mélangées d'obscur, avec des stries pâles et noires à l'extrémité.

336. NOCTUELLE poule.

Ailes penchées ; les supérieures d'un cendré-obscur, avec des raies dentées, noires, et de petites lignes noires à l'extrémité.

337. NOCTUELLE de la Linaire.

Ailes penchées ; les supérieures d'un cendré-obscur, avec des stries blanches et noires à l'extrémité, et les deux taches ordinaires d'un blanc de neige.

338. NOCTUELLE du Pois.

Ailes penchées ; les supérieures ferrugineuses, avec deux taches grises et une raie postérieure, ondée, pâle.

NOCTUELLE. (Insecte.)

339. Noctuelle mendiante.

Ailes penchées; les supérieures d'un rouge-pâle, avec une tache obscure au milieu, dans laquelle sont deux taches jaunes.

340. Noctuelle de l'Aubépine.

Ailes penchées; les supérieures mélangées de gris et d'obscur, avec le bord interne un peu bleuâtre et une lunule blanche.

341. Noctuelle brune.

Ailes penchées; les supérieures obscures, avec une tache transversale, jaune au milieu, et le bord postérieur brun.

342. Noctuelle soignée.

Ailes penchées; les supérieures obscures, avec des raies ondées, blanches et noires; deux taches blanches, dont la première double; bords du corcelet blancs.

343. Noctuelle arrangée.

Ailes penchées; les supérieures obscures, avec des raies ondées, noires, et une large bande blanche au milieu.

344. Noctuelle arrosée.

Ailes penchées; les supérieures obscures, avec des taches blanches et une raie postérieure ondée, blanche.

345. Noctuelle parée.

Ailes penchées; les supérieures obscures, avec trois raies à la base, et une tache au milieu, blanches.

346. Noctuelle verte.

Ailes penchées; les supérieures mélangées d'obscur et de vert, avec deux raies et une tache blanchâtres; crête du corcelet double.

347. Noctuelle de l'Arroche.

Ailes penchées; les supérieures mélangées d'obscur, avec une tache jaune au milieu, postérieurement bifide.

348. Noctuelle du Dolic.

Ailes penchées, dentées; les supérieures obscures, avec une petite ligne blanchâtre au milieu; abdomen cendré en dessous, avec deux rangées de points noirs.

349. Noctuelle sinuée.

Ailes penchées; les supérieures cendrées à la base, avec une grande tache sinuée, noire.

350. Noctuelle histrion.

Ailes penchées; les supérieures mélangées d'obscur et de cendré; les inférieures blanches, avec une raie marginale noire.

351. Noctuelle du Coton.

Ailes penchées; les supérieures mélangées d'obscur et de cendré; les inférieures transparentes, sans tache.

352. Noctuelle brassicaire.

Ailes penchées; les supérieures dentées, mélangées, avec une grande tache dorsale, testacée, marquée de points blancs.

353. Noctuelle séteuse.

Ailes penchées; les supérieures obscures, avec une tache au milieu, testacée et blanche; genoux antérieurs fasciculés.

354. Noctuelle précoce.

Ailes penchées; les supérieures cendrées, avec quelques points noirs; les inférieures avec une bande marginale d'un roux-obscur.

NOCTUELLE. (Insecte.)

355. Noctuelle hâtive.

Ailes penchées; les supérieures verdâtres, avec quatre raies blanchâtres et noires, et trois taches blanches.

356. Noctuelle pyramide.

Ailes penchées; les supérieures obscures, avec trois raies ondées, jaunâtres; les inférieures ferrugineuses.

357. Noctuelle répandue.

Ailes penchées; les supérieures brunes, avec des raies anguleuses peu marquées, grises; les inférieures ferrugineuses.

358. Noctuelle lucipète.

Ailes penchées; les supérieures d'un cendré-obscur, avec des raies ondées et les deux taches ordinaires jaunâtres.

359. Noctuelle double raie.

Ailes penchées; les supérieures obscures, avec deux raies ondées et trois anneaux jaunes.

360. Noctuelle pyrophile.

Ailes penchées; les supérieures cendrées, avec des lunules et des taches obscures; les inférieures obscures, luisantes.

361. Noctuelle leucophée.

Ailes penchées, dentées, grises; les supérieures avec une tache oblongue au milieu, et des taches triangulaires, postérieures, noires.

362. Noctuelle typique.

Ailes penchées; les supérieures obscures, avec les taches ordinaires bordées de pâle, et des raies réticulées pâles.

363. Noctuelle lucipare.

Ailes penchées; les supérieures d'un cendré-luisant, avec une large bande obscure au milieu.

364. Noctuelle potagère.

Ailes penchées; les supérieures ferrugineuses, avec une lunule jaune et une raie postérieure blanche, bidentée.

365. Noctuelle enfumée.

Ailes penchées; les supérieures obscures, avec une raie postérieure, blanche, sinuée, bidentée.

366. Noctuelle xanthographe.

Ailes penchées; les supérieures testacées, avec les deux taches ordinaires jaunes.

367. Noctuelle alchimiste.

Ailes penchées; les supérieures noires; les inférieures noires, avec la base et une petite raie à l'extrémité, blanches.

368. Noctuelle Pie.

Ailes penchées, noires; les inférieures avec la base blanche.

369. Noctuelle peltigère.

Ailes penchées; les supérieures d'un roux-pâle, avec la tache réniforme noire, et une bande postérieure obscure.

370. Noctuelle convergente.

Ailes penchées, presque dentées, d'un gris-foncé, avec l'extrémité cendrée et une tache jaune à l'angle interne.

371. Noctuelle rivulaire.

Ailes penchées, obscures; les supérieures avec une bande grise, bifide, bordée de jaune.

NOCTUELLE. (Insecte.)

372. Noctuelle capsulaire.

Ailes penchées; les supérieures cendrées, mélangées d'obscur, avec des raies ondées, noires; une ligne blanche postérieurement, et des lunules noires.

373. Noctuelle leucographe.

Ailes penchées; les supérieures d'un gris-violet, avec des raies pâles et une rangée de taches triangulaires, noires, postérieures.

374. Noctuelle sérène.

Ailes penchées, blanchâtres; les supérieures avec une large bande obscure, bordée de jaune, ondé.

375. Noctuelle du Pin.

Ailes penchées; les supérieures noirâtres, avec le bord postérieur et l'angle interne d'un gris-cendré.

376. Noctuelle du Troêne.

Ailes penchées; les supérieures mélangées d'obscur et de verdâtre, avec des raies ondées, noires, et une grande tache postérieure, blanchâtre.

377. Noctuelle ciselée.

Ailes penchées; les supérieures nébuleuses, avec des dentelures sétacées dans une bande blanche, terminale.

378. Noctuelle runique.

Ailes penchées; les supérieures verdâtres, avec des taches noires et des rangées de points triangulaires vers le bord.

379. Noctuelle avrillière.

Ailes penchées; les supérieures verdâtres, avec trois bandes noires, sinuées, interrompues, et une suite de taches postérieures en croissant.

380. Noctuelle verdoyante.

Ailes penchées; les supérieures vertes, avec une lunule blanche au milieu; les inférieures blanches.

381. Noctuelle pudorine.

Ailes penchées; les supérieures testacées, sans tache; les inférieures obscures, avec le bord testacé.

382. Noctuelle céladon.

Ailes penchées; les supérieures mélangées de vert et de cendré, avec des raies ondées, noires, vers le bord postérieur.

383. Noctuelle joyeuse.

Ailes penchées; les supérieures jaunes, avec des raies en zigzag noires; abdomen jaune, avec trois rangées de points noirs.

384. Noctuelle perle.

Ailes penchées; les supérieures blanchâtres, avec des raies ondées, noirâtres, et une bande obscure, antérieurement bifurquée.

385. Noctuelle du Lichen.

Ailes penchées; les supérieures d'un blanc-verdâtre, avec des taches irrégulières, noires, et une suite de petites lunules noires sur le bord postérieur.

386. Noctuelle fulminante.

Ailes penchées; les supérieures comprimées, pâles, avec des dentelures noires et blanches vers le bord postérieur.

387. Noctuelle pariétine.

Ailes penchées; les supérieures obscures, avec deux bandes verdâtres.

NOCTUELLE. (Insecte.)

388. NOCTUELLE Psi.

Ailes penchées; les supérieures blanchâtres, avec une ligne à la base et des caractères noirs; les inférieures blanches.

389. NOCTUELLE trident.

Ailes penchées; les supérieures d'un gris-cendré, avec une ligne à la base et quelques autres trifides; les inférieures obscures.

390. NOCTUELLE chevelure dorée.

Ailes penchées; les supérieures d'un cendré-obscur, avec des raies et des caractères noirs; tarses blancs, avec des anneaux noirs.

391. NOCTUELLE lambda.

Ailes penchées; les supérieures d'un cendré-obscur, avec une petite ligne noire à la base, et deux autres au milieu.

692. NOCTUELLE coupée.

Ailes penchées, dentées; les supérieures cendrées, avec une petite ligne noire à la base, s'appuyant sur une autre blanche, plus mince.

393. NOCTUELLE à ligne noire.

Ailes penchées; les supérieures cendrées, avec une ligne courte, noire, à la base; corcelet avec une raie noire antérieurement.

394. NOCTUELLE louche.

Ailes penchées; les supérieures cendrées, luisantes, avec un point blanc au milieu, et une rangée de points noirs près du bord postérieur.

395. NOCTUELLE Chi.

Ailes penchées, blanchâtres; les supérieures marquées d'un χ noir.

396. NOCTUELLE de l'Érable.

Ailes penchées; les supérieures blanchâtres, avec des raies ondées, noires; base inférieure de l'abdomen brune.

397. NOCTUELLE de l'Arnique.

Ailes penchées; les supérieures obscures, avec des raies ondées; deux points au milieu et la tache réniforme, blancs.

398. NOCTUELLE de l'Euphorbe.

Ailes penchées; les supérieures cendrées, avec des raies ondées, obscures, et les deux taches ordinaires blanches.

399. NOCTUELLE mégacéphale.

Ailes penchées; les supérieures cendrées, avec des raies ondées, noires, et une seule tache orbiculaire, blanche.

400. NOCTUELLE liturée.

Ailes penchées; les supérieures blanches, avec une petite ligne au milieu, marquée d'un point blanc.

401. NOCTUELLE pointée.

Ailes penchées; les supérieures grisâtres, avec des points noirs à la base et une rangée de points noirs vers le bord postérieur.

402. NOCTUELLE pistache.

Ailes penchées; les supérieures d'un gris-pistache, plus obscur vers l'extrémité, avec des raies ondées, noirâtres; les inférieures obscures.

403. NOCTUELLE de la Belladone.

Ailes penchées; les supérieures ferrugineuses, avec un petit point noir à la base et deux autres rapprochés, à l'extrémité.

NOCTUELLE. (Insecte.)

404. NOCTUELLE rubiconde.

Ailes penchées; les supérieures obscures, avec le bord antérieur blanc à la base, marqué de points obscurs, noirâtre à l'extrémité, avec des points blancs.

405. NOCTUELLE érythrocéphale.

Ailes penchées; les supérieures ferrugineuses, avec des raies cendrées et obscures, et la tache postérieure marquée de points noirs; tête rougeâtre.

406. NOCTUELLE grisâtre.

Ailes penchées; les supérieures cendrées, avec les deux taches ordinaires pâles, et une rangée presque marginale de points noirs.

407. NOCTUELLE polygone.

Ailes penchées; les supérieures un peu rayées, mélangées extérieurement d'obscur et de noir, pâles intérieurement; corcelet mélangé.

408. NOCTUELLE barbaresque.

Ailes penchées; les supérieures cendrées, avec une tache obscure au milieu, et une bande postérieure peu marquée.

409. NOCTUELLE de la Persicaire.

Ailes penchées; les supérieures brunes, mélangées d'obscur, avec la tache réniforme blanche et le centre jaune, en croissant.

410. NOCTUELLE du Tragopogon.

Ailes penchées; les supérieures obscures, avec trois points noirs rapprochés; les inférieures livides.

411. NOCTUELLE du Pancrais.

Ailes penchées; les supérieures noires, avec une raie postérieure peu marquée, blanche; les inférieures blanches.

412. NOCTUELLE hépatique.

Ailes penchées; les supérieures d'un gris-obscur, avec une bande plus obscure, et trois points blancs sur le bord antérieur.

413. NOCTUELLE de l'Oseille.

Ailes penchées; les supérieures d'un roux-pâle, avec deux raies obliques, jaunâtres; les inférieures un peu obscures.

414. NOCTUELLE de l'Oxalide.

Ailes penchées; les supérieures grises, avec le milieu plus obscur, entre deux raies obliques, jaunes.

415. NOCTUELLE turque.

Ailes penchées; les supérieures jaunâtres, avec deux raies obscures et une tache en croissant, jaune.

416. NOCTUELLE imbécille.

Ailes penchées; les supérieures d'un roux-pâle, avec deux raies obscures et une tache en croissant, blanche au milieu.

417. NOCTUELLE conigère.

Ailes penchées; les supérieures jaunâtres, avec deux raies obscures et une tache blanche, trigone, au milieu.

418. NOCTUELLE tache blanche.

Ailes penchées; les supérieures cendrées, avec une lunule blanche au milieu, et deux rangées postérieures de points noirs.

419. NOCTUELLE polyodon.

Ailes penchées, dentées; les supérieures nébuleuses, avec une raie postérieure dentée, blanche.

NOCTUELLE. (Insecte.)

420. NOCTUELLE ceinture jaune.

Ailes penchées, dentées; les supérieures mélangées et rayées d'obscur et de cendré, avec une rangée postérieure de taches jaunes.

421. NOCTUELLE hermite.

Ailes penchées; les antérieures ferrugineuses, avec deux raies ondées, blanches; la première peu marquée, la seconde sinuée.

422. NOCTUELLE noirâtre.

Ailes penchées; les supérieures noirâtres, avec les deux taches ordinaires pâles.

423. NOCTUELLE perflue.

Ailes penchées, presque dentées; les supérieures cendrées, avec une large bande noire, marquée d'une tache oculée, grise.

424. NOCTUELLE fumeuse.

Ailes penchées; les supérieures noirâtres, avec une rangée postérieure de points blancs.

425. NOCTUELLE auriculée.

Ailes penchées; les supérieures d'un brun-luisant, avec une bande cendrée, sinuée au milieu; tête avec deux faisceaux cendrés, corcelet avec quatre.

426. NOCTUELLE oculée.

Ailes penchées; les supérieures mélangées de noirâtre et de ferrugineux; tache réniforme pâle.

427. NOCTUELLE myope.

Ailes penchées; les supérieures obscures, avec la tache antérieure fauve, marquée d'un point blanc, et la postérieure réniforme, blanche.

428. NOCTUELLE flavicorne.

Ailes penchées; les supérieures cendrées, avec trois raies noires; antennes jaunes.

429. NOCTUELLE chauve.

Ailes penchées; les supérieures obscures, avec trois raies ondées, cendrées, et une tache au milieu, testacée.

430. NOCTUELLE lunette.

Ailes penchées; les supérieures avec deux raies arquées en sens contraire, et trois taches glauques intermédiaires.

431. NOCTUELLE de l'Asclépiade.

Ailes penchées; les supérieures glauques, plus obscures au milieu, avec deux raies arquées en sens contraire; corcelet avec deux taches antérieures, oculées.

432. NOCTUELLE mélangée.

Ailes penchées, mélangées de roux-pâle et de blanc; tête et corcelet blancs.

433. NOCTUELLE triste.

Ailes penchées; les supérieures cendrées, avec deux raies ondées, obscures, et le bord antérieur marqué de points noirs; dessous des ailes pâle, avec une bande noirâtre.

434. NOCTUELLE de la Patience.

Ailes penchées; les supérieures mélangées de blanc et de noirâtre, avec un trait blanc au bord interne,

435. NOCTUELLE étique.

Ailes penchées; les supérieures noires, avec des raies ondées, blanches, et un anneau blanc autour des taches ordinaires.

NOCTUELLE. (Insecte.)

436. Noctuelle moqueuse.

Ailes penchées ; les supérieures mélangées d'obscur, de vert et de blanc, avec une tache à la base et deux raies ondées, blanches ; antennes jaunâtres.

437. Noctuelle grisette.

Ailes penchées ; les supérieures cendrées, avec deux raies blanches et la tache réniforme jaune.

438. Noctuelle antique.

Ailes roulées, lancéolées ; les supérieures nuancées d'obscur et de cendré, avec quatre points blancs sur le bord antérieur.

439. Noctuelle perdue.

Ailes penchées ; les supérieures pâles, avec le bord extérieur obscur et deux taches pâles.

440. Noctuelle du Bouillon blanc.

Ailes penchées, dentées, presque déchirées ; les supérieures grises, avec le bord antérieur obscur, immaculé.

441. Noctuelle de l'Aster.

Ailes penchées ; les supérieures cendrées, striées, avec les bords noirâtres ; l'antérieur marqué de trois points noirs.

442. Noctuelle de la Camomille.

Ailes penchées ; les supérieures lancéolées, striées, blanchâtres, avec deux petits points noirs au milieu, et le dessous sans tache.

443. Noctuelle de la Tanaisie.

Ailes penchées ; les supérieures lancéolées, striées, blanchâtres, avec deux petites lignes noires ; les inférieures blanches, sans tache en dessous.

444. Noctuelle de la Laitue.

Ailes penchées ; les supérieures lancéolées, striées, blanchâtres, avec des raies peu marquées, obscures, et le dessous obscur ; les inférieures avec le disque blanc.

445. Noctuelle ombrageuse.

Ailes penchées ; les supérieures lancéolées, striées, blanchâtres, avec une tache centrale, ferrugineuse, et deux points noirs.

446. Noctuelle lucifuge.

Ailes penchées ; les supérieures striées, blanchâtres, avec un point et une petite ligne noirs, à la base.

447. Noctuelle laiteuse.

Ailes penchées ; les supérieures d'un blanc de neige luisant, sans tache.

448. Noctuelle putride.

Ailes penchées ; les supérieures testacées, avec le bord extérieur brun, marqué d'une tache ferrugineuse presque oculée.

449. Noctuelle lithoxylée.

Ailes penchées ; les supérieures dentées, cendrées, tachées d'obscur, avec le bord postérieur noirâtre.

450. Noctuelle pétrifiée.

Ailes penchées ; les supérieures dentées, nuancées d'obscur et de gris ; les inférieures obscures ; tête antérieurement quadrifide.

451. Noctuelle de la Massète.

Ailes penchées ; les supérieures grises, avec des stries blanches et une ou deux rangées de points noirs vers le bord postérieur.

NOCTUELLE. (Insecte.)

452. Noctuelle rhizolithe.

Ailes penchées; les supérieures un peu dentées, cendrées, avec une petite ligne noire, à la base et au milieu; crête du corcelet bifide.

453. Noctuelle conforme.

Ailes penchées; les supérieures dentées, grises, avec deux petites lignes noires; abdomen brun en dessous.

454. Noctuelle étrangère.

Ailes penchées; les supérieures dentées, mélangées d'obscur et de cendré; crête du corcelet bifide.

455. Noctuelle basilaire.

Ailes penchées; les supérieures d'un gris-obscur ou ferrugineux, avec une ligne noire, flexueuse, à la base; crête du corcelet bifide.

456. Noctuelle radicée.

Ailes penchées; les supérieures dentées, mélangées de gris et de brun, avec une raie postérieure dentée, blanche; crête du corcelet élevée, bifide.

457. Noctuelle rurale.

Ailes penchées; les supérieures mélangées de gris et d'obscur; les inférieures obscures, avec le bord antérieur blanc.

458. Noctuelle du Myrtille.

Ailes penchées; les supérieures ferrugineuses, tachées de blanc; les inférieures jaunes, avec une large bande marginale, noire.

459. Noctuelle polynome.

Ailes penchées; les supérieures obscures; les inférieures noires, avec une bande jaune.

PREMIÈRE FAMILLE.

Ailes étendues; les quatre ailes étendues horizontalement.

1. NOCTUELLE Zénobie.

NOCTUA Zenobia.

Noctua alis patulis, variegatis, subtùs ferrugineis, nigro undatis. FABR. *Spec. Inf. tom.* 2. *p.* 209. *n°.* 1. — *Mant. Inf. tom.* 2. *p.* 135. *n°.* 1. — *Ent. Syst. em. tom.* 3. *pars* 2. *p.* 8. *n°.* 1.

DRURY, *Illustr. Inf. tom.* 3. *tab.* 39. *fig.* 1. 2.

Phalæna Zenobia. CRAM. *Pap. tom.* 2. *p.* 27. *tab.* 115. *fig.* A. B.

Elle a environ cinq pouces & demi de largeur les ailes étendues. Les antennes font filiformes, obfcures. Le corps eft cendré en deffus, ferrugineux en deffous. Les ailes fupérieures font mélangées de blanc, de bleuâtre & de ferrugineux. On y diftingue quelques raies ondées, noirâtres, & deux taches blanches, placées vers le milieu, dont la poftérieure eft plus grande, réniforme, marquée de quelques points ferrugineux. Les ailes inférieures font mélangées, comme les fupérieures, de blanc, de bleuâtre & de ferrugineux, & marquées de quelques raies noirâtres. En deffous, les quatre ailes font ferrugineufes, avec des bandes ondées noires. Les inférieures ont un point diftinct noir entre les raies & la bafe.

Elle fe trouve à Cayenne, à Surinam.

2. NOCTUELLE Strix.

NOCTUA Strix.

Noctua alis patulis albis, nigro undatis.

Noctua Strix, *alis patulis concoloribus, albo nigroque reticulatis nebulofifque.* FABR. *Spec. Inf. tom.* 2. *pag.* 209. *n°.* 2. — *Mant. Inf.* 2. *pag.* 135. *n°.* 2. — *Ent. Syst. em. tom.* 3. *pars* 2. *pag.* 9. *n°.* 3.

Phalæna Strix, *alis concoloribus, albo nigroque reticulatis nebulofifque.* LINN. *Syst. Nat. t.* 2. *p.* 833. *n°.* 82. — *Muf. Lud. Ulr.* 377.

Phalæna Agrippina. CRAM. *Pap.* 8. *tab.* 87 & *tab.* 88. *fig.* A.

MÉRIAN, *Inf. Sur. p.* 20. *t.* 20.

La figure de Clerck & de Séba, que Linné & Fabricius citent, n'appartient pas à cette Noctuelle, mais au Bombix Strix, n°. 120, de ce Dictionnaire.

Elle a de huit à dix pouces de largeur les ailes étendues. Les antennes font noires, fétacées. Le corps eft blanc en deffus, obfcur en deffous. Les ailes font blanches, traverfées d'un grand nombre de raies noires, avec le bord poftérieur cendré. On remarque fur les fupérieures deux taches vers le milieu : l'une formée d'un cercle noir; l'autre, plus grande, formée d'un pareil cercle, mais obfcure dans l'intérieur du cercle. En deffous, les quatre ailes font obfcures, marquées de plufieurs rangées de taches blanches. On voit aux fupérieures deux taches noires, bordées de ferrugineux, qui répondent aux deux taches que nous avons fait remarquer à la partie fupérieure.

Elle fe trouve à la Guiane françaife & hollandaife.

3. NOCTUELLE Grand-Duc.

NOCTUA Bubo.

Noctua alis patulis, dentatis, fufcis nigro undulatis; anticis maculâ magnâ ocellari, brunneâ. FABR. *Spec. Inf.* 2. *p.* 209. *n°.* 3. — *Mant. Inf.* 2. *p.* 135. *n°.* 3. — *Ent. Syst. em. tom.* 3. *pars* 2. *p.* 9. *n°.* 4.

Phalæna Macrops, *feticornis fpirilinguis, alis fufcis, atro undulatis, fuperioribus fuprà ocello ferrugineo, fubtùs albo maculatis.* LINN. *Syst. Nat.* — *Mant. tom.* 4. *p.* 225.

Phalæna Bubo. SULZ. *Hist. Inf. t.* 22. *fig.* 2.

Phalæna Macrops. CRAM. *tom.* 2. *p.* 14. *t.* 171. *fig.* A. B.

Elle a environ cinq pouces de largeur les ailes étendues. Les antennes font noires, fétacées. Les antennules font avancées, cylindriques & nues à leur extrémité. Le corps eft noirâtre. Les ailes font dentées, obfcures, traverfées de bandes ondées, noires. Les fupérieures ont une grande tache ferrugineufe, entourée d'un cercle noir. En deffous, les quatre ailes font obfcures, avec deux rangées de taches blanches, dont la poftérieure en petits croiffans.

Elle fe trouve en Chine.

4. NOCTUELLE Iphianaffe.

NOCTUA Iphianaffe.

Noctua alis patulis dentatis, fufcis ferrugineo undatis, pofterioribus bafi atris; ftrigâ cœrulefcente. FABR. *Spec. Inf. tom.* 2. *p.* 210. *n°.* 4. — *Mant. Inf. tom.* 2. *p.* 135. *n°.* 4. — *Ent. Syst. em. tom.* 3. *pars* 2. *p.* 9. *n°.* 5.

Phalæna Iphianaffe. CRAM. *Pap.* 15. *tab.* 172. *fig.* A.

Elle a environ quatre pouces & demi de largeur les ailes étendues. Les antennes font noires, fétacées. Le corps eft noirâtre. Les ailes font noirâtres, avec un reflet violet & quelques raies peu marquées, ferrugineufes. On voit fur les fupérieures deux taches prefqu'ocellées, ferrugineufes, & fur les inférieures une raie bleue. Le dessous des quatre ailes est d'un brun-noirâtre, avec des bandes ondées plus obscures.

Elle se trouve à la Guiane française & hollandaise.

5. NOCTUELLE Hulotte.

NOCTUA Aluco.

Noctua alis patulis dentatis, brunneis, nigro undulatis, maculisque tribus marginalibus fuscis. FABR. *Sp. Inf.* 2. *p.* 210. *n°.* 5. — *Mant. Inf.* 2. *p.* 135. *n°.* 5. — *Ent. Syst. em. tom.* 3. *pars* 2. *p.* 10. *n°.* 6.

Phalæna occidua *Attacus, seticornis spirilinguis; alis dentatis, nebulosis; lineâ pallidâ superioribus ocello lunato punctoque.* LINN. *Syst. Nat. tom.* 2. *p.* 812. *n°.* 14. — *Mus. Lud. Ulr. p.* 379.

Phalæna occidua. CRAM. *Pap. tom.* 2. *p.* 116. *tab.* 173. *fig.* A. B.

Phalæna occidua. CLERCK, *Icon. Inf. tab.* 54. *fig.* 1. 2.

Elle a environ quatre pouces de largeur les ailes étendues. Les antennes sont noires, sétacées. Le corps est obscur. Les ailes sont obscures, & ont, dans l'insecte bien conservé, un léger reflet violet; elles sont traversées de quelques raies ondées, noirâtres, & d'autres contiguës, plus claires que le fond. On remarque aux supérieures trois taches noires sur le bord antérieur, &, vers le milieu, deux taches oblongues peu marquées, plus claires, parsemées de points noirs. Les ailes inférieures, en dessous, sont noirâtres, avec trois ou quatre bandes blanches & un point noir, distinct, vers la base. Les pattes sont obscures. Les tarses antérieurs ont quelques anneaux blancs.

Elle se trouve à la Guiane.

6. NOCTUELLE Engoulevent.

NOCTUA Caprimulgus.

Noctua alis patulis dentatis, fuscis, nigro undulatis; primoribus ocello cœrulescente. FABR. *Sp. Inf. tom.* 2. *p.* 210. *n°.* 6. — *Mant. Inf.* 2. *p.* 135. *n°.* 6. — *Ent. Syst. em. tom.* 3. *pars* 2. *pag.* 10. *n°.* 7.

Le corps de cette espèce est obscur, sans tache. Les quatre ailes sont postérieurement dentées; elles sont obscures, avec des lignes transversales, ondées, noires. Au milieu des ailes supérieures on remarque une tache ocellée bleuâtre, avec une double prunelle noire, & en dessous elles sont obscures, avec un arc noir à la base & une ligne à l'extrémité, formée par une suite de points blancs.

Elle se trouve à la Chine.

7. NOCTUELLE odorante.

NOCTUA odora.

Noctua alis patulis dentatis, fuscis, nigro undatis; primoribus ocello atro, lunulâ cœruleâ, strigâque maculari albâ. FABR. *Sp. Inf. tom.* 2. *p.* 210. *n°.* 7. — *Mant. Inf. tom.* 2. *p.* 135. *n°.* 7. — *Ent. Syst. em. tom.* 3. *pars* 2. *p.* 10. *n°.* 8.

Phalæna Attacus odora, *pectinicornis spirilinguis; alis crenatis, nebulosis; superioribus ocello unico, inferioribus sesquialtero.* LINN. *Syst. Nat. tom.* 2. *pag.* 811. *n°.* 11. — *Mus. Lud. Ulr. p.* 374.

SLOAN, *Jam. tom.* 2. *tab.* 236. *fig.* 13. 14.

CLERCK, *Icon. Inf. tab.* 50. *fig.* 1. 2.

DRURY, *Illustr. Inf. tom.* 1. *tab.* 3. *fig.* 1.

Phalæna Noctua odora. CRAM. *Pap. tom.* 2. *p.* 111. *tab.* 169. *fig.* A. B.

Phalæna Noctua Agarista. CRAM. *Pap. tom.* 2. *p.* 112. *tab.* 170. *fig.* A. B.

Elle a environ six pouces de largeur les ailes étendues. Les antennes sont noirâtres, sétacées. Le corps est obscur. Les ailes sont obscures, marquées de quelques raies peu distinctes, noirâtres. On voit sur les supérieures une tache ocellée, noire, entourée d'un cercle ferrugineux, &, à l'extrémité des inférieures, deux taches presque ocellées, l'une à côté de l'autre, coupées postérieurement, placées dans un grand cercle noir. L'autre sexe est distinct par une bande commune aux deux ailes, formée de trois raies rapprochées, ondées, blanches.

Elle se trouve à Surinam, à Cayenne, dans les îles du golfe du Mexique.

8. NOCTUELLE Hérilie.

NOCTUA Herilia.

Noctua alis patulis fuscis, anticis fasciâ albâ maculisque duabus, primâ annulari, secundâ lunatâ.

Phalæna Noctua Herilia. CRAM. *Pap. tom.* 4. *p.* 39. *tab.* 309. *fig.* A. B. C.

Elle a environ quatre pouces de largeur les ailes étendues. Le corps est obscur. Les ailes supérieures sont obscures, avec une large bande irrégulière, blanche ou rousseâtre, rayée d'obscur, & une tache de la même couleur à l'angle postérieur. On voit en outre une tache annulaire, noire, à quelque distance de la base, & une autre réniforme, plus grande, vers le milieu. Les ailes inférieures sont noirâtres, avec du blanc ou du rousseâtre à l'angle antérieur, & une raie ondée près du bord postérieur. Les ailes, en dessous, sont obscures à la base, blanchâtres à l'extrémité, avec les deux taches noires du dessus, mais plus petites & simples, & une suite de taches lunulées vers l'extrémité. Les inférieures sont obscures, avec une tache noire, carrée, entourée de pâle, vers le milieu, & quelques taches blanches.

Elle se trouve à Surinam.

9. Noctuelle obscure.

Noctua obscura.

Noctua alis patulis, strigis plurimis undatis nigris, anticis maculâ ocellari fuscâ.

Phalæna Noctua obscura. Cram. *Pap. tom.* 3. *p.* 146. *tab.* 274. *fig.* B.

Elle a environ trois pouces de largeur les ailes étendues. Le corps est noirâtre. Les ailes sont obscures, avec un grand nombre de raies plus ou moins ondées, noires : on remarque sur les supérieures une tache obscure, entourée d'un cercle un peu violet, ensuite d'un arc noir & d'un arc blanc.

Elle se trouve à Java & sur la côte de Coromandel.

10. Noctuelle Mycerine.

Noctua Mycerina.

Noctua alis patulis dentatis, anticis undatis strigâque cœruleâ, posticis strigis duabus albis cœruleâque. Fabr. *Sp. Inf. tom.* 2. *p.* 210. *n°.* 8. — *Mant. Inf. tom.* 2. *p.* 135. *n°.* 8. — — *Ent. Syst. em. tom.* 3. *pars* 2. *p.* 10. *n°.* 9.

Phalæna Mycerina. Cram. *Inf.* 15. *tab.* 172. *fig.* B.

Les antennes sont obscures, sétacées. Le corps est obscur. Les ailes supérieures sont obscures, marquées de quelques raies ondées, noirâtres, & de deux taches noirâtres placées en avant du milieu, dont la postérieure est plus grande & réniforme. Un peu au-delà du milieu est une raie formée de taches en croissant, bleues, réunies, dont la première & la dernière sont blanches au lieu d'être bleues. Vers l'extrémité il y a une autre raie, ondée, noire. Les ailes inférieures sont noires, de la base au milieu, & traversées de deux bandes blanches ; elles sont obscures ensuite, avec la même bande bleue des supérieures, & deux noires vers l'extrémité.

Elle se trouve à la Guiane hollandaise.

11. Noctuelle hiéroglyphique.

Noctua hieroglyphica.

Noctua alis patulis dentatis atris, anticis fasciâ abbreviatâ albâ maculâque subocellari, posticis biemarginatis. Fabr. *Ent. Syst. em. tom.* 3. *pars* 2. *p.* 11. *n°.* 10.

Phalæna hieroglyphica. Druri, *Illust. of Inf. tom.* 2. *tab.* 2. *fig.* 1.

Phalæna Mygdonia. Cram. *Pap. tom.* 2. *pag.* 119. *tab.* 174. *fig.* F.

Elle a environ trois pouces les ailes étendues. Le corps est noirâtre, avec un reflet violet. Les ailes supérieures sont de la même couleur : on y remarque, vers le milieu, une tache d'un bleu-foncé, entourée de deux cercles bruns, dont il manque un segment, & vers l'extrémité une bande courte d'un jaune blanchâtre : au dessous elles sont noirâtres, avec la bande courte qu'on voit au dessus, & de plus une ou deux autres taches placées vers l'extrémité inférieure. Les ailes inférieures sont noirâtres, sans tache, tant en dessus qu'en dessous.

Elle se trouve sur la côte de Coromandel.

12. Noctuelle Chouette.

Noctua Ulula.

Noctua alis patulis dentatis, nigro undulatis ; anticis fasciâ abbreviatâ albâ maculâque subocellari. Fabr. *Sp. Inf.* 2. *p.* 211. *n°.* 9. — *Mant. Inf.* 2. *p.* 136. *n°.* 9. — *Ent. Syst. em. tom.* 3. *pars* 2. *p.* 11. *n°.* 11.

Phalæna Hermonia. Cram. *Pap. tom.* 2. *pag.* 119. *t.* 174. *fig.* E.

Elle ressemble à la précédente pour la forme & la grandeur. Le corps est brun. Les ailes supérieures sont un peu dentées, obscures, marquées de légères ondulations noires, & d'une grande tache presqu'ocellée, noire, sur les côtés de laquelle est une ligne flexueuse bleue qui entoure une tache brune ; vers l'extrémité est une tache oblongue blanche, & une autre en dessous de la même couleur. Les ailes inférieures sont dentées, obscures, avec des ondulations noires. En dessous les quatre ailes sont obscures ; les supérieures ont une bande blanche interrompue, & les inférieures une tache de la même couleur.

Elle se trouve sur la côte de Coromandel.

13. Noctuelle muable.

Noctua mutabilis.

Noctua alis patulis dentatis, fuscis nigro undatis, ano ferrugineo. Fabr. *Ent. Syst. em. tom.* 3. *pars* 2. *p.* 12. *n°.* 12.

Elle ressemble à la Noctuelle Itynx ; mais elle est un peu plus grande. Les quatre ailes sont dentées, obscures, avec des raies noires, ondées, les postérieures ayant un reflet bleu. Toutes sont obscures en dessous, avec une ligne, au milieu, transversale, peu marquée. Le corps est obscur, & l'anus est velu, ferrugineux.

Elle se trouve aux Indes orientales.

14. Noctuelle Itynx.

Noctua Itynx.

Noctua alis patulis dentatis, fuscis ferrugineo undatis; medio fulvo maculâque geminatâ atrâ, iride albâ. Fabr. *Mant. Inf.* 2. *p.* 136. *n*°. 10. — *Ent. Syst. em. tom.* 3. *pars* 2. *p.* 12. *n*°. 13.

Elle est petite parmi celles de cette division. Les quatre ailes font dentées, obscures, avec des raies ondées, ferrugineuses. Les ailes supérieures ont, au milieu, une tache ocellée, ferrugineuse, & derrière deux autres taches ocellées, jointes, plus grandes, dont l'une, extérieure, est fauve, marquée d'une prunelle noire & blanche. En dessous les quatre ailes font obscures, avec des points blancs sur le bord. Il y a de plus deux taches très-noires vers le bord interne des ailes inférieures.

Elle se trouve sur la côte de Coromandel.

15. Noctuelle Hibou.

Noctua Noctilio.

Noctua alis patulis suberosis fuscescentibus; strigis undatis atris, posticis apice albis; maculâ atrâ. Fabr. *Ent. Syst. em. tom.* 3. *pars* 2. *p.* 12. *n*°. 14.

Elle ressemble, pour la forme & la grandeur, à la Noctuelle Itynx. Le corps est cendré. Les ailes supérieures font obscures, avec le milieu jaune, marqué de raies ondées, & trois points blancs vers le bord antérieur. Les inférieures font noires, avec des raies ondées vers l'extrémité. Les quatre ailes en dessous font grises, ondées, blanchâtres à l'extrémité, les supérieures ayant quelques lignes noires, & les inférieures une tache de la même couleur.

Elle se trouve aux Indes orientales.

16. Noctuelle Chalcis.

Noctua Chalcis.

Noctua alis patulis, fusco strigosis; posticis subtùs strigâ punctorum alborum. Fabr. *Ent. Syst. em. tom.* 3. *pars* 2. *p.* 13. *n*°. 15.

Elle est plus petite que la Noctuelle Itynx. Les antennes font testacées. Le corps est cendré. Les ailes font cendrées, avec une raie commune, peu marquée, pâle; les supérieures ont en outre une raie obscure, ensuite un point noir, puis une raie au milieu, courbe: derrière la raie commune aux quatre, elles font obscures. En dessous elles font plus obscures qu'en dessus, avec une raie commune, plus pâle. Les inférieures ont en outre un point ocellé, noir, au-devant de la raie, & une rangée postérieure de points blancs.

Elle se trouve dans les îles de l'Amérique méridionale.

17. Noctuelle spirale.

Noctua spiralis.

Noctua alis patulis, griseo fuscoque undatis; anticis lineâ spirali convolutâ nigrâ. Fabr. *Sp. Inf.* 2. *p.* 211. *n*°. 10. — *Mant. Inf.* 2. *p.* 136. *n*°. 11. — *Ent. Syst. em. tom.* 3. *pars* 2. *p.* 13. *n*°. 16.

La tête & le corcelet font cendrés, sans tache. Les ailes font étendues, entières, obscures, avec des raies ondées, plus obscures & grises. Au milieu des ailes supérieures on voit une grande ligne roulée en spirale, noire. En dessous les ailes font rougeâtres, marquées d'un point obscur à la base, de trois bandes & de taches en croissant à l'extrémité, de la même couleur. L'abdomen est gris en dessus, avec des bandes obscures; il est rouge en dessous, avec des points noirs sur les côtés.

Elle se trouve à la Chine.

18. Noctuelle Marmorides.

Noctua Marmorides.

Noctua alis patulis dentatis, anticis pallidis maculâ transversâ albâ, posticis basi nigris, fasciâ posticâ cœrulescente.

Phalœna Marmorides. Cram. *Pap. tom.* 1. *p.* 25. *tab.* 16. *fig.* E. F.

Elle a près de quatre pouces de largeur les ailes étendues. La tête est noirâtre. Le corcelet est noirâtre, avec le segment antérieur pâle. L'abdomen est cendré. Les ailes supérieures font pâles, avec le bord postérieur & l'extrémité noirâtres. On remarque, vers le milieu, un point rond & une tache réniforme un peu plus grande, & plus loin une tache blanche, transverse, qui s'étend du bord jusqu'au milieu de l'aile. Les ailes inférieures font noirâtres de la base au milieu, avec plusieurs raies ondées, noires; elles ont ensuite une bande pâle, puis une bande bleuâtre, & l'extrémité est noirâtre. Le dessous des ailes supérieures est d'un gris testacé, obscur, avec deux taches blanches vers l'extrémité. Les inférieures font grisâtres, rayées d'obscur, avec une bande postérieure noirâtre & le bord grisâtre.

Elle se trouve à Surinam.

19. Noctuelle crépusculaire.

Noctua crepuscularis.

Noctua alis patulis fuscis; fasciâ maculâque marginali albis, anticis ocello. Fabr. *Sp. Inf.* 2. *p.* 211. *n*°. 11. — *Mant. Inf.* 2. *p.* 136. *n*°. 12. — *Ent. Syst. em. tom.* 3. *pars* 2. *p.* 13. *n*°. 17.

Phalœna Attacus crepuscularis *seticornis spirilinguis, alis griseis, fasciâ maculâque albis; superioribus ocello fusco.* Linn. *Syst. Nat. tom.* 2. *p.* 811. *n*°. 13. — *Muf. Lud. Ulr. p.* 378.

Clerck, *Icon. tab.* 53. *fig.* 1. 2. 3. 4.

Phalæna crepuſcularis. Cram. *Pap. tom.* 2. *p.* 98 & 99. *tab.* 159. *fig.* A, & *tab.* 160. *fig.* A.

Drury, *Illuſtr. Inſ. tom.* 1. *tab.* 20. *fig.* 1. 2.

Elle a environ quatre pouces de largeur les ailes étendues. Le corps eſt obſcur. Les ailes ſupérieures ſont obſcures à leur baſe; elles ont au milieu une grande tache oculée, & derrière cette tache une large bande blanchâtre, qui ſe bifurque antérieurement : vers l'extrémité il y a quelques taches en croiſſant, blanches & noires. Les ailes inférieures ſont obſcures, & traverſées par une large bande blanchâtre; elles ont, comme les ſupérieures, vers l'extrémité, quelques taches en croiſſant, blanches & noires. En deſſous les quatre ailes ſont obſcures, traverſées d'une large bande blanchâtre, & marquées de quelques taches en croiſſant, de la même couleur.

Elle ſe trouve, ſuivant Cramer, ſur la côte du Bengale, en Chine, aux Moluques.

20. Noctuelle Acron.

Noctua Acron.

Noctua alis patulis, fuſco-cinereis; ſtrigis undatis nigris, margine punctis ſeriatis albis.

Phalæna Noctua Acron. Cram. *Pap. tom.* 3. *p.* 59. *tab.* 227. *fig.* B.

Elle a un peu plus de trois pouces & demi de largeur les ailes étendues. Le corps eſt d'un gris-obſcur. Les ailes ſont de la même couleur, avec une bande plus claire en-delà du milieu; deux lignes rapprochées, ondées, noires, vers le milieu, & une rangée de points blanchâtres près du bord poſtérieur. Les ſupérieures ont en outre quelques raies courtes, noires, un petit anneau de la même couleur vers la baſe, & une tache preſqu'en croiſſant, noire, vers le milieu, près du bord interne. En deſſous, la couleur des ailes eſt la même, mais plus pâle qu'en deſſus.

Elle ſe trouve aux Berbices.

21. Noctuelle Dolon.

Noctua Dolon.

Noctua alis patulis, fuſco-violaceis; ſtrigâ communi albâ, anticis maculâ apicis cinereâ.

Noctua Dolon. Cram. *Pap. tom.* 2. *pag.* 7. *tab.* 101. *fig.* D. E. F.

Elle a environ trois pouces de largeur les ailes étendues. Le corps eſt cendré. Les ailes ſont d'un brun-violet, chatoyant, avec trois raies rapprochées, blanches, ſur le mâle, & une ſeule ſur la femelle; une tache noire au milieu, entourée d'un cercle blanc, & une autre un peu plus grande, oblongue, cendrée, à l'extrémité. Les ailes inférieures ont une large bande bleue vers l'extrémité, marquée d'une rangée de points noirs. Le deſſous des ailes eſt de couleur lilas, avec pluſieurs raies ondées, noirâtres.

Elle ſe trouve à la Guiane françaiſe & hollandaiſe.

22. Noctuelle carénée.

Noctua carenea.

Noctua alis patulis dentatis fuſcis, faſciâ poſticâ communi, albâ, nigro punctatâ.

Phalæna carenea. Cram. *Pap. tom.* 3. *pag.* 140. *tab.* 269. *fig.* E. F.

Elle a environ trois pouces un quart de largeur les ailes étendues. Le corps eſt cendré. Les ailes ſupérieures ſont d'une couleur cendrée-obſcure, avec le bord poſtérieur blanc, marqué d'une ſuite de points noirs. Les inférieures ſont de la même couleur, & ont poſtérieurement une bande blanche, qui fait ſuite à celle des ailes ſupérieures. Le bord eſt dentelé, un peu anguleux, cendré, avec une ſuite de points noirs. En deſſous, les quatre ailes ſont cendrées, avec une ſuite de petites taches noires en croiſſant, placées vers le milieu. Le bord poſtérieur eſt d'une couleur cendrée plus claire, & a les mêmes points noirs qu'en deſſus.

Elle ſe trouve à la côte de Coromandel.

23. Noctuelle Hélime.

Noctua Helima.

Noctua alis patulis, anticis nigris punctis vittâque latâ obſcurè cinereis.

Phalæna Noctua Helima. Cram. *Pap. tom.* 4. *p.* 40. *tab.* 309. *fig.* D.

Elle a près de trois pouces de largeur les ailes étendues. Le dos du corcelet eſt d'une couleur cendrée-brune, avec le devant & la tête noirâtres. Les ailes ſupérieures ſont noirâtres, avec quelques points & une large bande qui va de la baſe à l'extrémité antérieure, d'une couleur cendrée-brune. Les inférieures ſont noirâtres, avec une bande au milieu & une autre vers l'extrémité, de couleur cendrée-brune.

Elle ſe trouve à Sierra-Leona.

24. Noctuelle troglodyte.

Noctua troglodyta.

Noctua alis patulis fuſcis, nigro undatis; ſtrigâ communi albâ, anticis ocello communi micante. Fabr. *Ent. Syſt. em. tom.* 3. *pars* 2. *pag.* 14. *n°.* 18.

Phalæna Latona. Cram. *Pap. tom.* 1. *p.* 20. *tab.* 13. *fig.* B.

Elle reſſemble aux précédentes. Les ailes ſont obſcures à la baſe, marquées de deux raies ondées, noirâtres, ensuite d'une tache, sur les supérieures, ocellée, grande, luisante, ayant des points bleus & une prunelle grande, latérale, très-noire, avec un croissant bleu, & l'iris noir & blanc. Derrière la tache ocellée il y a une raie commune blanche, & ensuite les ailes ont une poussière blanche & une rangée de petites taches en croissant, noires. En dessous les quatre ailes sont obscures, avec une large bande blanche, & derrière la bande elles ont des croissans aigus, blancs, contigus à la bande.

Elle se trouve en Guinée.

25. Noctuelle Vampyre.

Noctua Vampyrus.

Noctua alis patulis, cinereo-fuscis; strigis tribus obscurioribus, posteriore punctatâ. Fabr. *Ent. Syst. em. tom.* 3. *pars* 2. *p.* 14. *n°.* 19.

Le corps est grand, d'un cendré-noirâtre, point du tout luisant. Les quatre ailes sont de la même couleur, avec trois raies ondées sur les supérieures, peu marquées, plus obscures; la postérieure formée de petits points. Les ailes inférieures sont de la même couleur, & ont aussi trois raies plus distinctes, la seconde se trouvant placée dans du blanc, & la troisième étant formée de points plus distincts. En dessous les ailes sont plus pâles, avec un point à la base, une raie au milieu, continue, & des points postérieurs plus obscurs.

Elle se trouve aux Indes orientales.

26. Noctuelle squalide.

Noctua squalida.

Noctua alis patulis; anticis basi fuscis, apice cinereis; omnibus subtùs strigâ undatâ albâ. Fabr. *Mant. Inf.* 2. *p.* 136. *n°.* 13. — *Ent. Syst. em. tom.* 3. *pars* 2. *p.* 14. *n°.* 20.

Le corps est grand, noirâtre. Les ailes supérieures, en dessus, sont noirâtres à la base, cendrées à l'extrémité. En dessous elles sont noirâtres, avec une raie, au milieu, blanche. Les inférieures sont noirâtres, marquées, au milieu, d'une grande tache bleue. En dessous elles sont noirâtres, avec une rangée de taches en croissant, blanches, placées au milieu. Les pattes sont noirâtres, avec un point très-blanc à la base des jambes postérieures. Elles ont, à leur extrémité, deux paires d'épines.

Elle se trouve sur la côte de Coromandel.

27. Noctuelle Pandrose.

Noctua Pandrosa.

Noctua alis patulis nigricantibus; anticis lunulâ vittâque niveis. Fabr. *Sp. Inf.* 2. *p.* 211. *n°.* 12. — *Mant. Inf.* 2. *p.* 136. *n°.* 14. — *Ent. Syst. em. tom.* 3. *pars* 2. *p.* 15. *n°.* 21.

Phalœna Pandrosa. Cram. *Pap. tom.* 1. *pag.* 122. *tab.* 77. *fig.* D.

Elle est un peu plus petite que les précédentes. Les antennes sont pectinées, & les rayons sont ferrugineux. Les antennules sont comprimées à l'extrémité, & marquées d'un point noir. Les quatre ailes sont noirâtres, avec le bord postérieur plus pâle; les supérieures ont une tache en croissant, blanche, au milieu, & une raie longitudinale, de la même couleur, qui ne va pas jusqu'au bord postérieur. En dessous elles sont grises, avec une raie plus pâle, deux points noirs sur les supérieures & un seul sur les inférieures.

Elle se trouve à la Guiane hollandaise.

28. Noctuelle Umminia.

Noctua Umminia.

Noctua alis patulis integris obscuris; anticis maculâ didymâ niveâ; annulo fulvo. Fabr. *Sp. Inf. tom.* 2. *App. p.* 506. — *Mant. Inf.* 1. *pag.* 136. *n°.* 15.

Phalœna Umminia. Cram. *Pap. tom.* 3. *tab.* 267. *fig.* F.

Elle n'a guère au-delà de deux pouces & demi de largeur les ailes étendues. Les antennes sont sétacées. Le corps est obscur. Les ailes sont obscures, avec le bord postérieur plus clair; les supérieures ont un anneau réniforme noir & une ligne arquée postérieure de la même couleur, & de plus une double tache blanche placée près du bord intérieur, dans laquelle sont deux anneaux rouges. Le dessous des ailes est d'un brun-clair, avec trois bandes transversales d'un brun-obscur.

Elle se trouve à Java.

29. Noctuelle Chauve-Souris.

Noctua Vespertilio.

Noctua alis patulis integris cinereis; punctis centralibus nigris, posterius undatis. Fabr. *Mant. Inf. tom.* 2. *p.* 136. *n°.* 16. — *Ent. Syst. em. tom.* 3. *pars* 2. *p.* 15. *n°.* 23.

Elle est grande. La tête est noirâtre. Le corcelet est cendré, avec le lobe antérieur noirâtre. L'abdomen est fauve. Les ailes supérieures sont cendrées, & ont au milieu deux ou trois points noirs. Derrière ces points on voit une raie transverse, pâle, placée dans du noir, & ensuite une autre raie ondée, obscure, & une suite de points noirs. Les ailes inférieures sont de la même couleur, mais sans les points noirs du centre. En dessous les ailes sont fauves, avec une lunule & trois raies noirâtres.

Elle se trouve à Tranquebar.

30. Noctuelle retorse.

Noctua retorta.

Noctua lœvis, alis patulis, anticis basi apiceque brunneis,

brunneis, medio nigris, maculâ magnâ, lunari retortâ.

Phalæna retorta. Clerck, *Icon. Inf. rar. tab.* 54. *fig.* 3. 4.

Phalæna Noctua retorta. Cram. *Pap. tom.* 2. *p.* 29. *tab.* 116. *fig.* D, & *tom.* 3. *p.* 146. *tab.* 274. *fig.* A.

Elle a environ deux pouces neuf lignes de largeur les ailes étendues. Le corps est obscur. Les ailes supérieures sont brunes à la base, noires au milieu, & brunes à l'extrémité : une raie plus claire sépare, à la base, le brun du noir : au milieu de cette dernière couleur est une tache noire en croissant, mais plus renflée par le bas, entourée d'une ligne claire. La partie brune de l'extrémité, qui occupe un tiers de l'aile, est traversée de raies noires. Les ailes inférieures sont d'un brun-noir, avec le bord d'un brun-cendré.

Elle se trouve au Bengale, à la côte de Coromandel.

31. Noctuelle Macarée.

Noctua Macarea.

Noctua alis patulis falcatis brunneis, fasciâ communi pallidâ.

Phalæna Macarea. Cram. *Pap. tom.* 2. *pag.* 17. *tab.* 107. *fig.* F.

Elle a environ deux pouces & demi de largeur les ailes étendues. Le corps est d'un brun-clair. Les ailes supérieures sont un peu en faulx ; elles sont brunes de la base au milieu, ensuite noirâtres, & après le noir est une bande d'un brun-clair, qui part de la pointe & traverse les ailes inférieures dans leur milieu. On voit, vers le milieu des supérieures, près du bord antérieur, un cercle noir peu marqué. Le dessous des quatre ailes est d'un brun-clair, avec la même raie transversale qui part de l'une & l'autre extrémité ; les taches noirâtres qui sont au dessus des supérieures sont bordées de blanc en dessous.

Elle se trouve à la Guiane française & hollandaise.

32. Noctuelle Agate.

Noctua Achatina.

Noctua alis patulis viridi-fuscis ; fasciâ latâ albâ margineque cinereis, angulo ani puncto nigro. Fabr. *Ent. Syst. em. tom.* 4. *pars* 2. *p.* 16. *n°.* 24.

Phalæna Achatina. Cram. *Inf. tom.* 3. *p.* 171. *tab.* 288. *fig.* A.

Elle a environ deux pouces & un quart de largeur les ailes étendues. Le corps est obscur. Les ailes supérieures sont d'un brun un peu verdâtre, traversées, au milieu, d'une large bande blanche & d'une petite raie courte de la même couleur vers l'extrémité. Le bord postérieur est d'un brun-clair ou cendré. Les ailes inférieures sont brunes, avec une bande blanche au milieu, & une tache noire, au dessus de laquelle est une petite ligne blanche à l'angle postérieur interne. Les quatre ailes sont grises en dessous, marquées de raies ondées, obscures, & avec le bord postérieur cendré, ponctué de noir.

Elle se trouve sur la côte de Coromandel.

33. Noctuelle Pritanis.

Noctua Pritanis.

Noctua alis patulis fuscis, fasciâ marginali pallidâ, anticis puncto medio pallido.

Phalæna Noctua Pritanis. Cram. *Pap. tom.* 2. *p.* 28. *tab.* 115. *fig.* D.

Elle a deux pouces de largeur les ailes étendues. Le corps est d'un brun-clair. Les ailes supérieures sont un peu en faucille à leur extrémité ; elles sont d'un brun-clair, avec un point au milieu, & une bande, près du bord, d'un jaune-pâle. Les inférieures sont de la même couleur brune que les supérieures, avec la même bande pâle près du bord.

Elle se trouve à Surinam.

34. Noctuelle lumineuse.

Noctua luminosa.

Noctua alis patulis, anticis nigro-violaceis ; strigis nigris ocelloque nigro.

Phalæna Noctua luminosa. Cram. *Pap. tom.* 3. *p.* 147. *tab.* 274. *fig.* D.

Elle n'a pas au-delà de deux pouces de largeur les ailes étendues. Les ailes supérieures sont noirâtres, avec un beau reflet violet, plus marqué à la base qu'à l'extrémité. On y voit quelques raies ondées, noires, & une grande tache ocellée vers le milieu, circonscrite d'un côté par un arc blanc, & de l'autre par un arc noir : il y a en outre un petit trait blanc vers l'angle antérieur, & une raie blanchâtre entre la tache ocellée & l'extrémité. Les ailes inférieures sont noirâtres, avec des raies plus claires, & trois ondées, noires. Le corps est obscur. En dessous les ailes sont d'un brun-clair, avec trois raies ondées, noires ; une tache noire au milieu de chaque, & trois taches blanches vers le bord postérieur.

Elle se trouve à l'île de Java.

35. Noctuelle sans tache.

Noctua illibata.

Noctua alis patulis fuscis, maculâ apicis nigrâ. Fabr. *Sp. Inf. tom.* 2. *p.* 212. *n°.* 13. —

Mant. Inf. tom. 2. *p.* 136. *n°.* 17. — *Ent. Syst. em. tom.* 3. *pars* 2. *p.* 16. *n°.* 25.

Elle est plus petite que les précédentes. Les ailes sont étendues, obscures, avec une tache noire à l'extrémité du bord antérieur.

Elle se trouve aux Indes orientales.

DEUXIÈME FAMILLE.

Corcelet lisse. Ailes fauves, en recouvrement; le bord interne des unes recouvrant le bord interne des autres.

36. Noctuelle de l'Igname.

Noctua Dioscoreæ.

Noctua alis incumbentibus dentatis griseis, posticis luteis; lunulâ limboque nigris.

Phalæna Attacus fullonia *seticornis spirilinguis, alis flavis, inferioribus concoloribus disco flavis, lunulâ limboque nigris.* Linn. *Syst. Nat. tom.* 2. *p.* 812. *n°.* 16.

Noctua Dioscoreæ. Fabr. *Sp. Inf.* 2. *p.* 212. *n°.* 15. — *Mant. Inf. tom.* 2. *p.* 137. *n°.* 19. — *Ent. Syst. em. tom.* 3. *pars* 2. *p.* 16. *n°.* 26.

Phalæna Cajetta. Cram. *Pap. tom.* 1. *t.* 30. *fig.* A. B. C.

Phalæna fullonia. Clerck, *Ic. tab.* 48. *fig.* 1. 2. 3. 4.

Phalæna Pomona. Cram. *Pap. tom.* 1. *p.* 122. *tab.* 77. *fig.* C.

Elle a environ trois pouces & demi de largeur les ailes étendues. La tête & le corcelet sont d'un jaune-obscur. L'abdomen est jaune. Les ailes supérieures varient beaucoup pour la couleur; elles sont nuancées d'un gris-clair & d'un gris-obscur: on y distingue une tache triangulaire, obscure, placée vers le milieu. Les inférieures sont jaunes, avec une grande tache noire, arquée, vers le milieu, & une large bande sur le bord, qui n'atteint pas l'angle intérieur: sur le bord il y a une suite de taches blanches. En dessous les ailes supérieures sont jaunes à la base; elles ont ensuite une bande noire, puis une bande jaune, ensuite une bande noire, & l'extrémité est noirâtre. Le dessous des inférieures diffère peu du dessus.

Elle se trouve aux Indes orientales, sur la côte de Coromandel. La Chenille vit sur l'Igname.

37. Noctuelle Salaminie.

Noctua Salaminia.

Noctua thorace posticè cristato, alis albidis; disco viridi nitente; nervo rufo, posticis fulvis. Fabr. *Ent. Syst. em. tom.* 3. *pars* 2. *p.* 17. *n°.* 28.

Phalæna Salaminia. Cram. *Inf. tom.* 2. *t.* 174. *fig.* A.

Clerck, *Icon. tab.* 48. *fig.* 5. 6.

Elle ressemble beaucoup, surtout par les ailes inférieures, à la Noctuelle de l'Igname. Le corps est d'un jaune plus ou moins obscur. Les ailes supérieures sont vertes, luisantes, avec les nervures ferrugineuses, & une raie moitié blanche, moitié d'un blanc ferrugineux, qui part de la base interne & descend à l'extrémité, & s'étend ensuite le long du bord postérieur. Les ailes inférieures sont jaunes, avec une tache arquée, noire au milieu, & une large bande sur le bord postérieur, qui n'atteint pas l'angle interne: on voit une suite de petites taches blanches sur le bord. Les ailes supérieures, en dessous, sont d'un jaune-obscur à leur base, ensuite brunes & traversées d'une large bande d'un jaune-pâle. Les inférieures sont à peu près en dessous comme en dessus.

Elle se trouve sur la côte de Coromandel.

Nota. Cette espèce, d'après même la description de Fabricius, appartient à la quatrième famille.

38. Noctuelle Cyllarie.

Noctua Cyllaria.

Noctua lævis, alis incumbentibus, anticis fuscis, apice cinereis punctis quatuor nigris, posticis nigris, maculis tribus albis.

Phalæna Cyllara. Cram. *Pap. tom.* 3. *p.* 100. *tab.* 251. *fig.* C. D.

Elle a environ deux pouces & un quart de largeur les ailes étendues. Le corps est d'un gris-brun. Les ailes supérieures sont mélangées de gris-brun & de noir: on voit à l'angle antérieur une grande tache oblongue, d'un gris-obscur, sur laquelle se trouvent quatre taches ovales, noires. Les ailes inférieures sont noires, avec trois taches blanches disposées en triangle, & la base d'un gris-brun. Les ailes, en dessous, sont d'un gris un peu roussâtre, avec deux bandes noires sur les supérieures, une petite tache, une raie sinueuse, une grande tache transverse & une suite de points noirs.

Elle se trouve sur la côte de Coromandel.

39. Noctuelle Materne.

Noctua Materna.

Noctua lævis, alis incumbentibus, posticis fulvis, maculâ margineque albo punctato atris. Fabr. *Sp. Inf. tom.* 2. *p.* 212. *n°.* 16. — *Mant. Inf. tom.* 2. *p.* 137. *n°.* 20. — *Ent. Syst. em. tom.* 3. *pars* 2. *p.* 16. *n°.* 27.

Phalæna Noctua? Materna spirilinguis cristata, alis deflexis grisescentibus, inferioribus luteis puncto nigro. Linn. *Syst. Nat. tom.* 2. *p.* 840. *n°.* 117.

Noctua hibrida. Fabr. *Syst. Ent. p.* 593. *n°.* 11.

Drury, *Illustr. Inf.* 2. *tab.* 13. *fig.* 4.

Phalæna Materna. Cram. *Pap. tom.* 2. *p.* 118. *tab.* 174. *fig.* B.

Phalæna Materna. Cram. *Pap. tom.* 3. *pag.* 139. *tab.* 267. *fig.* E.

Elle eſt de la grandeur de la Noctuelle Salaminie, à laquelle elle reſſemble beaucoup. Les ailes ſupérieures ſont mélangées, & comme marbrées de gris-verdâtre & d'obſcur. Les inférieures ſont jaunes, avec une tache ronde, noire, au milieu, & une bande à l'extrémité, qui atteint l'angle intérieur; ſur le bord règne une ſuite de points blancs.

Elle ſe trouve ſur la côte de Coromandel.

40. Noctuelle Hypermneſtre.

Noctua Hypemneſtra.

Noctua alis incumbentibus, anticis viridibus albo maculatis; poſticis flavis, maculis duabus faſciâque poſticâ nigris.

Phalæna Hyperinneſtra. Cram. *Pap. tom.* 4. *p.* 69. *tab.* 323. *fig.* A. B.

Elle a environ trois pouces & demi de largeur les ailes étendues. La tête & le dos du corcelet ſont verdâtres. L'abdomen, la poitrine & les pattes ſont jaunes. Les ailes ſupérieures ſont un peu anguleuſes, verdâtres, avec quelques taches & quelques points blancs, & deux raies obſcures, l'une vers la baſe, l'autre un peu au-delà du milieu. Les ailes inférieures ſont jaunes, avec deux petites taches noires, placées vers l'angle interne, & une large bande de la même couleur ſur le bord poſtérieur: il y a une tache, oblongue, blanche, à l'angle antérieur, & enſuite une ſuite de petites taches de la même couleur. Les ailes ſupérieures, en deſſous, ont le bord d'un jaune-obſcur; elles ſont noires, avec un point & une large bande courte, blanche. Les poſtérieures, en deſſous, ſont à peu près comme en deſſus.

Elle ſe trouve à la côte de Coromandel.

41. Noctuelle ſervante.

Noctua ancilla.

Noctua lævis, alis fuſco-cinereis, ſtrigis tribus poſticis flavis; faſciis duabus abbreviatis. Fabr. *Ent. Syſt. em. tom.* 3. *pars* 2. *p.* 17. *n°.* 29.

Elle reſſemble aux précédentes. La tête & le corcelet ſont obſcurs, ſans tache. L'abdomen eſt jaune, avec des anneaux noirs. Les ailes ſupérieures ſont d'un cendré-obſcur, avec trois raies plus obſcures, placées dans du cendré, dont les antérieures ſont obliques & ſe joignent preſque vers le bord interne: entre la ſeconde & la troiſième raie il y a une grande tache marginale, plus obſcure. Les ailes poſtérieures ſont jaunes, marquées de deux larges bandes, courtes, noires. En deſſous les quatre ailes ſont jaunâtres, parſemées de points noirs.

Elle ſe trouve aux Indes orientales.

42. Noctuelle Procus.

Noctua Procus.

Noctua alis incumbentibus, anticis variegatis, poſticis flavis, faſciis duabus ſinuatis nigris.

Noctua Procus. Cram. *Pap. tom.* 2. *p.* 85. *tab.* 149. *fig.* G.

Elle reſſemble aux précédentes. Le corps eſt noirâtre, avec les antennules & l'extrémité de l'abdomen, jaunes. Les ailes ſupérieures ſont mélangées d'obſcur, de gris & de gris-bleuâtre, avec une tache circulaire, noirâtre, au milieu. Les inférieures ſont jaunes, avec deux bandes irrégulières, ſinuées, qui ſemblent formées chacune par trois taches qui ſe réuniſſent. Le bord eſt jaune. En deſſous, les ailes ſont d'un jaune-obſcur, avec des taches brunes, en forme de bandes.

Elle ſe trouve à Surinam.

43. Noctuelle Microrhée.

Noctua Microrhœa.

Noctua alis incumbentibus cinereis; poſticis rufeſcentibus; maculâ atrâ. Fabr. *Sp. Inſ. tom.* 2. *p.* 213. *n°.* 17. — *Mant. Inſ. tom.* 2. *p.* 137. *n°.* 21. — *Ent. Syſt. em. tom.* 3. *pars* 3. *p.* 17. *n°.* 30.

La tête & le corcelet ſont cendrés, ſans tache. L'abdomen eſt rouge en deſſus. Les ailes ſupérieures ſont d'une couleur cendrée obſcure, marquées au milieu d'un arc noirâtre. Les ailes inférieures ſont rougeâtres, avec une tache au milieu, noire. Le bord poſtérieur eſt cendré.

Elle ſe trouve dans la Nouvelle-Hollande.

44. Noctuelle de Stoll.

Noctua Stolliana.

Noctua lævis, alis incumbentibus, poſticis nigro-cœruleis, faſciâ abbreviatâ fulvâ.

Phalæna Noctua Stolliana. Cram. *Pap. tom.* 4. *p.* 41. *tab.* 310. *fig.* A. B.

Elle a un peu plus de deux pouces de largeur les ailes étendues. La tête & le corcelet ſont bruns. Les ailes ſupérieures ſont brunes, avec un reflet violet; une bande plus claire au-delà du milieu; quelques taches tranſverſes, noires, de la baſe au milieu; une raie tranſverſe, de la même couleur, au milieu; une autre arquée & oblique, vers l'extrémité. Les ailes inférieures ſont d'un noir-bleu, avec une large bande fauve, au milieu, qui n'atteint pas les bords. Le bord interne eſt bleu, ainſi que l'abdomen. Le deſſous des ailes ſupérieures eſt brun, avec un reflet bleu, & une bande ſinuée, jaune. Les inférieures ſont ſemblables au deſſus. Le deſſous du corps eſt brun, avec un reflet bleu.

Elle ſe trouve à Surinam.

45. Noctuelle serf.

Noctua serva.

Noctua alis incumbentibus griseis, punctis strigisque quatuor fuscis; posticis apice nigris, albo maculatis. Fabr. *Sp. Inf. tom.* 2. *p.* 213. *n°.* 18. — *Mant. Inf. tom.* 2. *p.* 137. *n°.* 22. — *Ent. Syst. em. tom.* 3. *pars* 2. *p.* 18. *n°.* 31.

Le corps est grand, obscur, plus clair en dessous qu'en dessus. Les ailes supérieures sont grises, avec une raie noirâtre à la base; une autre un peu plus bas; une troisième peu marquée, au milieu; une quatrième plus distincte & plus ondée au-delà du milieu. Au lieu de la tache ordinaire du milieu on voit quatre points noirs, dont un antérieur, solitaire. Les ailes inférieures sont blanchâtres, avec l'extrémité noire, marquée de trois points blancs. Les quatre ailes en dessous sont grises, avec deux raies obscures.

Elle se trouve dans la Nouvelle-Hollande.

46. Noctuelle collusoire.

Noctua collusoria.

Noctua alis incumbentibus, anticis fuscis; posticis flavis, fasciis duabus abbreviatis nigris.

Phalæna collusoria. Cram. *Pap. tom.* 2. *p.* 116. *tab.* 172. *fig.* F.

Elle ressemble aux précédentes, pour la forme & la grandeur. La tête & le corcelet sont bruns. L'abdomen est jaune. Les ailes supérieures sont brunes, avec une raie plus pâle, ondée, qui part de la base postérieure, s'approche du milieu du bord postérieur, & va, en se fléchissant, gagner la pointe. Les ailes inférieures sont jaunes, avec une bande courte ou une tache oblongue, noire, un peu au-delà du milieu, postérieurement dentée, & une autre courte, très-près du bord. En dessous les ailes sont d'un jaune-obscur; l'extrémité des supérieures est brune, avec deux bandes noirâtres.

Elle se trouve à Surinam.

47. Noctuelle Tirrhée.

Noctua Tirrhæa.

Noctua lævis, alis incumbentibus, anticis viridibus apice fuscis, posticis flavis; maculâ atrâ. Fabr. *Sp. Inf. tom.* 2. *p.* 213. *n°.* 19. — *Mant. Inf. tom.* 2. *p.* 137. *n°.* 23. — *Ent. Syst. em. tom.* 3. *pars* 2. *p.* 18. *n°.* 32.

Phalæna Tirrhæa. Cram. *Pap. tom.* 2. *p.* 116. *tab.* 172. *fig.* E.

Elle a à peine deux pouces & demi de largeur les ailes étendues. Le corps est d'un jaune-fauve. Les ailes supérieures sont vertes, avec deux taches noires; l'une presque réniforme, placée vers le milieu; l'autre un peu plus bas, sur le bord antérieur. L'extrémité est brune, & cette couleur est séparée du vert par une raie noirâtre. Les ailes inférieures sont jaunes, avec une tache noire vers l'extrémité.

Elle se trouve au Cap de Bonne-Espérance.

48. Noctuelle Juturne.

Noctua Juturna.

Noctua alis incumbentibus, anticis fusco cinereoque cinctis, strigis quatuor annulisque duobus pallidis, posticis fuscis.

Phalæna Noctua Juturna. Cram. *Pap. tom.* 2. *p.* 48. *tab.* 129. *fig.* E.

Elle a un peu plus de trois pouces de largeur les ailes étendues. Le corps est d'un gris-brun. Les ailes supérieures sont d'un gris-brun, traversées de quatre bandes d'un gris-testacé, & de quatre lignes d'un gris-jaunâtre, & marquées de deux anneaux ovales, de cette dernière couleur, placés au milieu. Les ailes inférieures sont brunes, sans tache. Le dessous des ailes est cendré.

Elle se trouve à Surinam.

49. Noctuelle Orodes.

Noctua Orodes.

Noctua lævis, alis incumbentibus, anticis fusco-cinereis, fasciâ strigisque tribus nigris, posticis fuscis, maculâ posticâ cæruleâ.

Phalæna Noctua Orodes. Cram. *Pap. tom.* 2. *p.* 49. *tab.* 129. *fig.* F.

Elle a deux pouces & demi de largeur les ailes étendues. La tête & le corcelet sont d'un gris-obscur. L'abdomen est brun. Les ailes supérieures sont d'un gris-obscur, avec une bande vers l'extrémité, qui remonte le long du bord interne, & qui reçoit trois autres bandes plus étroites, qui partent du bord antérieur. Les ailes inférieures sont noirâtres, avec une tache oblongue, bleue, près du bord postérieur, à l'angle interne. Le dessous des quatre ailes est d'un gris-foncé.

Elle se trouve à Surinam.

50. Noctuelle Paphos.

Noctua Paphos.

Noctua alis incumbentibus; anticis fuscis, albo venosis; posticis albo nigroque variis. Fabr. *Mant. Inf. tom.* 2. *p.* 137. *n°.* 24. — *Ent. Syst. em. tom.* 3. *pars* 2. *p.* 18. *n°.* 33.

Phalæna Eugenia. Cram. *Pap. tom.* 4. *p.* 235. *tab.* 398. *fig.* M. ?

Elle ressemble beaucoup à la Noctuelle Chione. Les antennes sont simples, noires. Les antennules sont fauves, avec un point à la base & un à l'extrémité, noirs. La tête est fauve. Le corcelet est fauve, avec une rangée de points noirs en dessus, & une de chaque côté, en dessous. Les ailes supérieures sont obscures en dessus, avec le bord intérieur & les nervures, blancs ; elles sont obscures en dessous, avec une tache au milieu, blanche. Les inférieures sont mélangées de blanc & de noir.

Elle se trouve à Siam.

51. Noctuelle Chioné.

Noctua Chione.

Noctua alis incumbentibus albis, anticis immaculatis, posticis apice virescenti striatis. Fabr. *Sp. Inf. tom.* 2. *p.* 213. *n°.* 20. — *Mant. Inf. tom.* 2. *p.* 137. *n°.* 25. — *Ent. Syst. em. tom.* 3. *pars* 2. *p.* 19. *n°.* 34.

Phalœna Dominia. Cram. *Pap. tom.* 3. *p.* 123. *tab.* 263. *fig.* A. B.

La figure de Cramer, citée par Fabricius, n'a aucun rapport avec la description que celui-ci donne du Chioné. Nous croyons plutôt qu'elle appartient à la précédente. La Phalène Eugénie de Cramer a le corps & la base des ailes supérieures rouges, avec des taches noires, & les ailes d'un noir-bleuâtre, striées de blanc. Le Chione, selon Fabricius, a le corps blanc, marqué de points noirs, avec le dessous de l'abdomen fauve. Les ailes supérieures sont blanches, sans tache en dessus, noires en dessous, avec des lignes & quelques taches blanches. Les ailes inférieures sont blanches, avec quelques lignes & quelques taches à l'extrémité, d'un noir-verdâtre, luisant. En dessous ces ailes sont semblables au dessus.

Elle se trouve aux Indes orientales.

52. Noctuelle Astrée.

Noctua Astrea.

Noctua alis incumbentibus concoloribus fuscis; disco hyalino; thorace niveo, nigro punctato. Fabr. *Sp. Inf. tom.* 2. *p.* 213. *n°.* 21. — *Mant. Inf. tom.* 2. *p.* 137. *n°.* 26.

Sphinx Astreus. Drury, *Illustr. Inf. tom.* 2. *tab.* 28. *fig.* 4.

Les antennes sont à peine pectinées, noirâtres, avec la base d'un rouge-sanguin. Les antennules sont d'un rouge-sanguin, avec un point au milieu & l'extrémité noirs. La tête est blanche, avec un point sur le front & un autre sur le vertex, noirs. Le corcelet est blanc, avec quatre points noirs sur le segment antérieur, six ou huit sur le dos, & quatre disposés en carré à la partie postérieure. Les quatre ailes sont obscures, de la même couleur, avec la base blanche, marquée de quelques points noirs. Le disque est presque transparent, marqué d'une tache en croissant, obscure. L'abdomen est rouge en dessus, blanc en dessous, avec deux rangées de points noirs sur les côtés.

Elle se trouve à la Nouvelle-Hollande.

53. Noctuelle Eugénie.

Noctua Eugenia.

Noctua lævis, nigro punctata, alis niveis, disco hyalino, abdominis dorso sanguineo. Fabr. *Ent. Syst. em. tom.* 3. *pars* 2. *p.* 19. *n°.* 36.

Elle ressemble beaucoup à la Noctuelle Astrée ; mais elle est plus petite. La tête est d'un blanc de neige, avec un point noir sur le vertex. Les antennes sont noirâtres, avec un peu de rouge à la base. Le corcelet est blanc, marqué de points noirs. L'abdomen est d'un blanc de neige, avec le dos rouge. Les ailes supérieures sont blanches, avec une tache au milieu, transparente ; les inférieures sont blanches, sans tache. Les pattes sont rouges.

Elle se trouve aux Indes orientales.

54. Noctuelle Éridan.

Noctua Eridanus.

Noctua lævis, alis incumbentibus albis, abdominis dorso, fasciis flavis.

Phalœna Noctua Eridanus. Cram. *Pap. tom.* 1. *p.* 107. *tab.* 68. *fig.* G.

Elle a environ deux pouces & demi de largeur les ailes étendues. Le corps est blanc, avec des bandes d'un jaune-fauve sur l'abdomen. Les ailes sont blanches, avec les nervures apparentes, obscures.

Elle se trouve à Surinam.

55. Noctuelle Liris.

Noctua Liris.

Noctua alis incumbentibus, pallidè viridibus, maculâ mediâ argenteâ.

Phalœna Liris. Cram. *Pap. tom.* 1. *pag.* 98. *tab.* 63. *fig.* F.

Elle a environ deux pouces & demi de largeur les ailes étendues. Les ailes sont d'un vert-pâle, avec une grande tache au milieu, d'un blanc-argenté ; les supérieures ont en outre une petite tache ovale, obscure, placée entre la base & le milieu, près du bord antérieur. Les nervures des ailes sont noirâtres.

Elle se trouve dans l'Amérique méridionale.

56. Noctuelle laiteuse.

Noctua lactinea.

Noctua lævis, alis incumbentibus albis, anticis margine antico sanguineo, posticis maculis nigris.

Phalœna Noctua lactinea. Cram. *Pap. tom.* 2. *p.* 58. *tab.* 133. *fig.* D.

Elle ressemble aux précédentes, pour la forme

& la grandeur. La tête est blanche, avec une tache rouge sur le vertex, en forme d'y. Le corcelet est blanc, avec une ligne transverse, rouge. L'abdomen est jaune en dessus, & blanc en dessous, avec des bandes noires. Les ailes supérieures sont blanches, avec le bord antérieur rouge. Les ailes inférieures sont blanches, avec une tache noire, au milieu, & trois vers le bord. En dessous la couleur des ailes est semblable au dessus.

Elle se trouve à Batavia.

57. Noctuelle Narcisse.

Noctua Narcissus.

Noctua lævis, alis incumbentibus, fuscis; vittâ albâ, posticis flavis, apice cæruleis. Fabr. *Spec. Inf. tom.* 2. *p.* 213. *n°.* 22. — *Mant. Inf. tom.* 2. *p.* 137. *n°.* 27. — *Ent. Syst. em. tom.* 3. *pars* 2. *p.* 20. *n°.* 37.

Phalæna Narcissus. Cram. *Pap. tom.* 1. *pag.* 116. *tab.* 73. *fig.* E. F.

Elle a environ trois pouces de largeur les ailes étendues. La tête est obscure en dessus. Le corcelet est obscur en dessus, avec quelques points noirs. L'abdomen est fauve, avec trois rangées de points noirs. Le dessous du corps est fauve. Les ailes supérieures sont obscures, avec une large raie irrégulière qui se dirige de la base à la pointe. On voit quelques points noirs vers la base, & quelques stries blanches vers l'extrémité postérieure. Les ailes inférieures sont jaunes, avec l'extrémité bleue. Cette couleur est un peu entourée de noir.

Elle se trouve en Chine.

58. Noctuelle Monyque.

Noctua Monycha.

Noctua alis incumbentibus, fuscis, disco albo; anticis basi maculâ albâ, nigro punctatâ.

Phalæna Monycha. Cram. *Pap. tom.* 2. *pag.* 52. *tab.* 131. *fig.* C.

Elle a environ deux pouces & demi de largeur les ailes étendues. Les antennes sont noires, sétacées. La tête est noirâtre, avec les antennules blanches à leur base, noires à leur extrémité. Le corcelet est blanc, avec le segment antérieur noirâtre. L'abdomen est blanc, marqué de légers anneaux jaunes. Les ailes supérieures son obscures, avec une tache blanche à la base, marquée de cinq points noirs; une autre tache alongée, qui s'avance en s'élargissant jusqu'au milieu de l'aile. Les ailes inférieures sont blanches, avec le bord noir. Le dessous des ailes est semblable au dessus, si ce n'est que la tache blanche, ponctuée de noir, manque.

Elle se trouve à la côte de Coromandel.

59. Noctuelle porte-faix.

Noctua bajularia.

Noctua lævis, alis incumbentibus, anticis fuscis; maculis duabus strigâque albis; posticis flavis, nigro maculatis. Fabr. *Spec. Inf. tom.* 2. *p.* 213. *n°.* 23. — *Mant. Inf. tom.* 2. *pag.* 137. *n°.* 28. — *Ent. Syst. em. tom.* 3. *pars* 2. *pag.* 20. *n°.* 38.

Phalæna bajularia. Cram. *Pap. tom.* 2. *pag.* 115. *tab.* 172. *fig.* C.

Phalæna bajularia. Clerck, *Icon. tab.* 54. *fig.* 5. 6.

Elle a deux pouces de largeur les ailes étendues. La tête & le corcelet sont obscurs. L'abdomen est jaune. Les ailes supérieures sont obscures, avec une tache blanche entre la base & le milieu; une autre plus grande au-delà du milieu, & ensuite une raie de la même couleur vers l'extrémité, qui n'atteint pas le bord antérieur. Les ailes inférieures sont jaunes, avec une bande noire vers le milieu, & une rangée de taches de la même couleur, vers l'extrémité. Le dessous des ailes est semblable au dessus.

Elle se trouve à Amboine.

60. Noctuelle modeste.

Noctua modesta.

Noctua alis incumbentibus, brunneis; anticis maculâ apicis rubrâ.

Phalæna Noctua modesta. Cram. *Pap. tom.* 2. *p.* 28. *tab.* 115. *fig.* C.

Elle a environ deux pouces de largeur les ailes étendues. Tout le corps est brun. Les ailes supérieures sont brunes, avec une tache oblongue, d'un rouge-foncé, placée à l'extrémité des supérieures. Les ailes inférieures sont d'un brun plus pâle que les supérieures. Le dessous des ailes est semblable au dessus, si ce n'est que la tache rouge des supérieures manque.

Elle se trouve à Surinam.

61. Noctuelle agréable.

Noctua læta.

Noctua lævis, alis incumbentibus, subtestaceis; strigis flavis, posticâ testaceo-punctatâ. Fabr. *Ent. Syst. em. tom.* 3. *pars* 2. *p.* 20. *n°.* 39.

Elle est de grandeur moyenne. Le corps est cendré. Les ailes supérieures sont d'une couleur testacée obscure, avec plusieurs raies minces, ondées, jaunâtres, & deux au milieu, peu marquées, fulvées, dont la postérieure passe entre les deux taches ordinaires. La raie postérieure jaune est plus large que les autres, & est marquée de huit points testacés. Les ailes inférieures sont obscures.

En dessous les ailes supérieures sont obscures, avec le bord pâle; les inférieures sont cendrées, avec un point & une raie obscurs.

Elle se trouve en France, & a été décrite par Fabricius dans la collection de M. Bosc.

62. Noctuelle lisse.

Noctua polita.

Noctua lævis, alis incumbentibus, fuscis nitidulis, strigâ posticâ punctorum ferrugineorum. Fabr. *Mant. Inf. tom.* 2. *p.* 138. *n°.* 30. — *Ent. Syst. em. tom.* 3. *pars* 2. *p.* 20. *n°.* 40.

Noctua polita. Schmett. *Wienn. Verz. p.* 85. *n°.* 3.

La Lisse. Ernst, *Pap. d'Europe, tom.* 7. *p.* 153. *pl.* 301. *fig.* 514.

Noctua polita. Hubn. *Lepid.* 4. *Noct.* 2. *tab.* 37. *fig.* 178.

Elle est de grandeur moyenne. Le corps est d'un brun-rougeâtre, luisant. Les ailes supérieures sont de la même couleur, traversées de plusieurs lignes ondées, plus brunes, bordées de gris postérieurement; la ligne la plus voisine du bord postérieur est formée d'une suite de points placés sur chaque nervure. La tache en forme de rognon, qu'on remarque au milieu, en porte une brune à la partie inférieure. Les ailes inférieures sont d'un rouge-brun, pâle, parsemées de brun, traversées d'une raie noire, & marquées d'une tache en croissant. Les quatre ailes en dessous sont d'un rouge-brun pâle. Les supérieures ont une teinte verdâtre, & du gris le long du bord intérieur. Elles sont traversées, ainsi que les inférieures, d'une ligne noirâtre; celles-ci ont une tache en croissant, au milieu, noirâtre.

La Chenille, selon Fabricius, est rase, d'une couleur testacée pâle, avec quelques points noirs.

Elle se trouve en Europe.

63. Noctuelle fombre.

Noctua tetra.

Noctua lævis, alis incumbentibus, fusco-nitidulis, punctis quatuor costalibus albis; posticis cinereo-ferrugineis. Fabr. *Mant. Inf. tom.* 2. *p.* 138. *n°.* 31. — *Ent. Syst. em. tom.* 3. *pars* 2. *pag.* 21. *n°.* 41.

Noctua tetra. Hubn. *Lepid.* 4. *Noct.* 2. *tab.* 8. *fig.* 39.

Elle est une fois plus petite que la Noctuelle livide. Les antennes sont pectinées. La tête & le corcelet sont noirâtres, luisans, sans tache. Les ailes supérieures sont de même noirâtres, marquées de trois petits points blancs, placés sur le bord antérieur, vers l'extrémité. Les ailes inférieures sont cendrées, avec un reflet ferrugineux. En dessous les quatre ailes sont cendrées.

Elle se trouve en Autriche. La Chenille vit, suivant Fabricius, sur la Morgeline, *Alsine;* elle est rase, verte, marquée de cinq lignes blanches. Les intermédiaires sont un peu plus petites que les latérales. La tête est d'un vert plus pâle que le corps.

64. Noctuelle livide.

Noctua livida.

Noctua lævis, alis incumbentibus, atris nitidulis, posticis ferrugineis, margine fusco. Fabr. *Mant. Inf. tom.* 2. *p.* 138. *n°.* 32. — *Ent. Syst. Em. tom.* 3. *pars* 2. *pag.* 21. *n°.* 42.

Noctua livida. Schmett. *Wienn. Verz. p.* 83. *n°.* 13.

Ernst, *Pap. d'Eur. tom.* 6. *p.* 97. *tab.* 233. *fig.* 337. g. h.

Hubn. *Beytr.* 3. 1. B. *tab.* 4. *fig.* Z.

Noctua livida. Hubn. *Lepid.* 4. *Noct.* 2. *tab.* 8. *fig.* 38.

Noctua livida. Panz. *Faun. Germ. Fasc.* 93. *tab.* 23.

Elle a environ un pouce neuf lignes de largeur les ailes étendues. Le corps est noir, luisant. Les ailes supérieures sont noires, luisantes, avec quelques traits moins foncés. Les inférieures sont ferrugineuses, avec le bord obscur.

La Chenille est rase, amincie aux deux extrémités, d'un jaune-verdâtre, avec un reflet rouge; la tête pâle; une ligne plus obscure sur le dos, & une autre pâle sur les côtés. Elle vit sur le Pissenlit.

Elle se trouve en Autriche.

65. Noctuelle parsemée.

Noctua irrorata.

Noctua alis incumbentibus, cinereis, nigro-irroratis, posticè strigâ obsoletè rufescente. Fab. *Spec. Inf. tom.* 2. *Append. p.* 506. — *Mant. Inf. t.* 2. *p.* 138. *n°.* 33. — *Ent. Syst. em. tom.* 3. *pars* 2. *pag.* 21. *n°.* 43.

Elle est de grandeur moyenne. Le corps est cendré. Les ailes supérieures sont cendrées, parsemées de petits points noirs. Elles ont, au milieu du bord antérieur, une petite ligne jaunâtre, & postérieurement une petite raie peu marquée, de la même couleur. En dessous, les quatre ailes sont grises.

Elle se trouve aux Indes orientales.

66. Noctuelle du Chêne.

Noctua Quercûs.

Noctua lævis, alis incumbentibus, griseis; strigis tribus fuscis. Fabr. *Spec. Inf. tom.* 2. *pag.*

214. *n°*. 24. — *Mant. Inſ. tom.* 2. *p.* 138. *n°*. 34. — *Ent. Syſt. em. tom.* 3. *pars* 2. *p.* 22. *n°*. 44.

Noctua trilinea. Schmett. *Wienn. Verz. p.* 84. *n°*. 5.

Noctua evidens. Thunb. *Inſ. Suec.* 1784. *p.* 2.

Phalæna Noctua trigramica. Esper. *Papill. d'Europe, tom.* 4. *tab.* 123. *Noct.* 44. *fig.* 6.

L'Évidente. Ernst, *Pap. d'Eur. tom.* 6. *pag.* 106. *tab.* 236. *n°*. 344.

Noctua trilinea. Hubn. *Lepid.* 4. *Noct.* 2. *tab.* 45. *fig.* 216.

Elle a environ dix-ſept lignes de largeur les ailes étendues. Les antennes, la tête & le corcelet ſont d'un gris un peu jaunâtre. L'abdomen eſt d'un gris plus pâle. Les ailes ſupérieures ſont d'un gris-jaunâtre, marquées de quatre lignes tranſverſes, brunes, dont l'une, à la baſe, n'atteint pas le bord interne. On n'apperçoit point à ces ailes les deux taches ordinaires qu'ont preſque toutes les Noctuelles. Les ailes inférieures ſont d'un gris un peu violet.

Elle ſe trouve en Hollande, en Allemagne, en Suède, ſur le Chêne.

67. Noctuelle marquée.

Noctua notacula.

Noctua lævis, alis incumbentibus, cinereis; ſtigmatibus tribus inter ſtrigas duas flaveſcentes. Fabr. *Mant. Inſ. tom.* 2. *p.* 138. *n°*. 35. — *Ent. Syſt. em. tom.* 3. *pars* 2. *p.* 22. *n°*. 45.

Elle reſſemble à la Noctuelle du Chêne. Le corps eſt cendré. Les ailes ſupérieures ſont cendrées, marquées, à la baſe, d'une petite raie courte, jaunâtre, d'une autre en deçà du milieu, & d'une troiſième en delà, de la même couleur jaunâtre. Il y a au milieu trois taches ordinaires, dont la poſtérieure eſt la plus grande & réniforme. Les ailes inférieures ſont jaunâtres en deſſus; en deſſous, les quatre ailes ſont cendrées, parſemées d'obſcur.

Elle ſe trouve....

68. Noctuelle quadriponctuée.

Noctua quadripunctata.

Noctua lævis, alis incumbentibus, griſeis fuſco-undatis; punctis quatuor marginis exterioris nigris. Fabr. *Spec. Inſ. tom.* 2. *p.* 214. *n°*. 25. — *Mant. Inſ. tom.* 2. *p.* 139. *n°*. 35. — *Ent. Syſt. em. tom.* 3. *pars* 2. *p.* 22. *n°*. 46.

Noctua calicularis. Schmett. *Wienn. Verz. p.* 72. *n°*. 6.

Les ailes ſont griſes, avec des raies ondées, peu marquées, obſcures. Les deux taches ordinaires ſont petites, peu marquées; la poſtérieure a des points blancs. On voit quatre points noirs vers le bord antérieur, & le bord poſtérieur eſt plus obſcur que le reſte de l'aile. Les ailes inférieures ont une raie marginale, obſcure, ponctuée.

Elle ſe trouve en Europe. La Chenille vit ſur la Mâche, *Valeriana locuſta.*

69. Noctuelle blême.

Noctua pallens.

Noctua lævis, alis incumbentibus, pallidis, immaculatis, marginibus poſticis ſubtùs nigro punctatis. Fabr. *Spec. Inſ. tom.* 2. *p.* 214. *n°*. 26. — *Mant. Inſ. tom.* 2. *p.* 139. *n°*. 36.

Phalæna Noctua pallens. Linn. *Syſt. Nat. tom.* 2. *p.* 838. *n°*. 107. — *Faun. Suec. n°*. 1175.

Schmett. *Wienn. Verz. p.* 85. *n°*. 10.

Clerck, *Icon. Inſ. rar. tab.* 4. *fig.* 6.

La Blême. *Pap. d'Europe, tom.* 7. *p.* 141. *tab.* 298. *fig.* 505.

Phalæna Noctua pallens. Villers, *Ent. tom.* 2. *p.* 202.

Noctua pallens. Hubn. *Lepid.* 4. *Noct.* 2. *tab.* 48. *fig.* 234.

Noctua pallens. Hubn. *Beytr.* 4. *tab.* 2. *fig.* L.

Le corps de cette Noctuelle eſt d'un gris-jaune. Les ailes ſupérieures ſont d'un jaune-pâle, avec un ou deux points noirâtres, peu marqués. Les ailes inférieures ſont d'un jaune gris-pâle, ſans tache. Les quatre ailes en deſſous ſont d'un blanc-jaune pâle, avec une légère pouſſière noire, & quelques petits points noirs ſur le bord poſtérieur.

La Chenille, ſuivant Fabricius, eſt velue, noire, parſemée de points noirs & marquée de quatre lignes blanches.

Elle ſe trouve en Europe, ſur le Piſſenlit.

70. Noctuelle domeſtique.

Noctua domeſtica.

Noctua lævis, alis incumbentibus, cinereis, nigro ſtrigoſis; coſtâ baſi nigro apice albo punctatâ. Fabr. *Ent. Syſt. em. tom.* 3. *pars* 2. *p.* 23. *n°*. 48.

Elle reſſemble à la Noctuelle quadriponctuée. Le corps eſt velu, cendré. Les ailes ſupérieures ſont cendrées, marquées de raies ondées, noires, & des deux taches ordinaires, au milieu, dont l'une antérieure eſt d'un blanc de neige, & la poſtérieure eſt réniforme. Le bord antérieur eſt marqué de ſept points noirs & de trois blancs. Les ailes inférieures en deſſous ſont blanchâtres, avec un point & une raie obſcurs.

Elle ſe trouve à Kiell.

71. Noctuelle sillonnée.

Noctua nervosa.

Noctua lœvis, alis incumbentibus, lanceolatis, cinereo-fuscis, pallido striatis. Fabr. *Mant. Inf. tom.* 2. *p.* 130. *n°.* 37. — *Ent. Syst. em. tom.* 3. *pars* 2. *p.* 23. *n°.* 49.

Noctua nervosa. Schmett. *Wienn. Verz. p.* 85. *n°.* 12.

La Sillonnée. *Pap. d'Europe, tom.* 6. *p.* 143. *tab.* 247. *fig.* 367.

Noctua nervosa. Hubn. *Lepid.* 4. *Noct.* 2. *tab.* 47. *fig.* 226.

Le corps est d'un gris-brun. Les ailes supérieures sont un peu alongées, d'un gris-obscur, avec des lignes plus pâles. Les inférieures sont grises, sans tache en dessus, plus obscures en dessous, avec la frange grise.

Elle se trouve en Autriche.

72. Noctuelle de l'Abutilon.

Noctua Sidæ.

Noctua lœvis, alis basi cinereis, nigro punctatis, apice fuscis cinereo striatis, posticis fulvis; margine nigro. Fabr. *Ent. Syst. em. tom.* 3. *pars* 2. *p.* 23. *n°.* 50.

Elle ressemble, pour la forme & la grandeur, à la Noctuelle de l'Airelle. La tête est cendrée, marquée de points noirs. Le corcelet est cendré, marqué de deux lignes noires. L'abdomen est fauve, marqué de trois rangées de points noirs. Les ailes supérieures sont cendrées à la base, & ont un grand nombre de points noirs; elles sont obscures à l'extrémité, avec des stries nombreuses, cendrées. Les inférieures sont fauves, avec le bord noir. En dessous les ailes sont de la même couleur, avec un point noir au milieu.

Elle se trouve en Guinée, sur une espèce d'Abutilon, *Sida.*

73. Noctuelle de l'Airelle.

Noctua Vaccinii.

Noctua lœvis, alis incumbentibus, cinereis fusco subfasciatis; posticè punctis nigris. Fabr. *Mant. Inf. tom.* 2. *p.* 139. *n°.* 38. — *Ent. Syst. em. tom.* 3. *pars* 2. *p.* 23. *n°.* 51.

Phalæna Noctua Vaccinii *spirilinguis, alis ferrugineis, obsoletè nebulosis, puncto strigâque posticâ septem punctatâ fuscis.* Linn. *Syst. Nat. tom.* 2. *p.* 852. *n°.* 166. — *Faun. Suec. n°.* 1212.

Noctua Vaccinii. Schmett. *Wienn. Verz. p.* 85. *n°.* 2.

L'Hyacinthe. *Pap. d'Europe, tom.* 7. *p.* 144. *tab.* 299. *n°.* 509.

Noctua Vaccinii. Hubn. *Lepid.* 4. *tab.* 37. *fig.* 177.

Elle est de grandeur moyenne. Le corps est d'un gris-brun. Les ailes supérieures sont de la même couleur, & traversées de trois lignes un peu ondées, d'un gris plus clair : on voit au milieu deux taches, dont l'une plus petite, ronde, & l'autre postérieure, réniforme, entourées d'un cercle gris-clair : il y a vers l'extrémité une ligne marquée d'une rangée de points noirâtres. Les ailes inférieures sont d'un gris-obscur, avec une tache demi-circulaire plus obscure. Le dessous des quatre ailes est d'un gris un peu ferrugineux, avec une bande obscure.

Elle se trouve en Autriche. La Chenille est d'un brun-ferrugineux, avec une ligne latérale plus pâle. Le collier & la queue sont noirs, avec des stries blanches. Elle vit sur l'Airelle, *Vaccinium.*

74. Noctuelle bicolore.

Noctua bicolora.

Noctua lœvis, alis incumbentibus, flavis, margine postico latè fusco. Fabr. *Mant. Inf. tom.* 2. *p.* 14. *n°.* 41. — *Ent. Syst. em. tom.* 3. *pars* 2. *p.* 25. *n°.* 55.

Elle est de grandeur moyenne. La tête & le corcelet sont jaunes, sans tache. Les ailes supérieures sont jaunes, marquées, au milieu, d'un petit point presque ferrugineux. Le bord postérieur est obscur, dans une assez grande étendue. Les quatre ailes en dessous sont obscures, avec le bord plus clair.

Elle se trouve à Sierra-Leona.

75. Noctuelle criblée.

Noctua cribaria.

Noctua lœvis, alis incumbentibus, cinereis, basi nigro punctatis; posticis luteis. Fabr. *Ent. Syst. em. tom.* 3. *pars* 2. *p.* 25. *n°.* 56.

Elle ressemble, suivant M. Fabricius, pour la forme & la grandeur, à la Noctuelle plane, qui est actuellement une Lithosie; ce qui peut faire soupçonner que la Noctuelle criblée appartient aussi au même genre. Les antennules sont cendrées, avec deux points & l'extrémité noirs. La tête est cendrée, avec quatre points noirs. Le corcelet est cendré, marqué de points noirs. Les ailes supérieures sont cendrées, avec des points noirs à la base; une raie ondée à l'extrémité. Les inférieures sont jaunes, sans tache en dessus, marquées en dessous d'un point noir, placé au milieu. L'abdomen est jaune, avec trois rangées de points noirs. La femelle est un peu plus grande & un peu plus obscure que le mâle.

Elle se trouve aux Indes orientales.

76. Noctuelle du Saule Marceau.

Noctua Capreæ.

Noctua lævis, alis incumbentibus, repandis, fusco-cinereis nitidulis; strigis tribus obliquis stigmatibusque albidis. Fabr. *Mant. Inf. tom. 2. p.* 140. *n°.* 43. — *Ent. Syst. em. tom.* 3. *pars* 2. *p.* 26. *n°.* 58.

Noctua Capreæ. Hubn. *Lepid.* 4. *Noct.* 1. *tab.* 4. *fig.* 19.

Elle est de grandeur moyenne. La tête & le corcelet sont velus, de couleur cendrée obscure. Les ailes supérieures ont leur bord postérieur un peu recourbé; elles sont d'une couleur cendrée obscure, avec trois raies blanchâtres, dont deux placées en avant du milieu, & l'autre en arrière. Les deux taches ordinaires sont blanchâtres; l'antérieure est arrondie; la postérieure est plus grande & réniforme. Les ailes inférieures sont obscures, avec le bord cendré. En dessous les ailes sont cendrées, avec une poussière, un point au milieu & une raie postérieure, obscurs.

Elle se trouve à Copenhagne. La Chenille vit sur le Saule Marceau; elle est solitaire, nue, verte.

77. Noctuelle narbonnaise.

Noctua narbonea.

Noctua lævis, alis planis, anticis cinereis, strigis duabus flavis posticèque puncto fusco. Fabr. *Sp. Inf. tom.* 2. *p.* 215. *n°.* 31. — *Mant. Inf.* 2. *p.* 140. *n°.* 45. — *Ent. Syst. em. tom.* 3. *pars* 2. *p.* 26. *n°.* 60.

Phalæna Noctua narbonea *spirilinguis lævis, alis superioribus cinereis, fasciis duabus flavis posticèque puncto fusco.* Linn. *Syst. Nat. tom.* 2. *p.* 837. *n°.* 103.

Elle est de grandeur moyenne. Les ailes supérieures sont planes, cendrées en dessus, marquées de deux petites raies jaunes placées vers le milieu, & d'un point, vers le bord postérieur, obscur, entouré d'un demi-anneau jaune, qui lui donne en quelque sorte la forme d'une tache ocellée. Les ailes inférieures sont d'une couleur cendrée-obscure en dessous, avec une tache noirâtre, linéaire, en croissant, placée derrière un point de la même couleur.

Elle se trouve au midi de l'Europe.

78. Noctuelle du Bolet.

Noctua Boleti.

Noctua lævis, alis depressis, planis, fusco irroratis; antennis pectinatis. Fabr. *Sp. Inf. tom.* 2. *p.* 215. *n°.* 32. — *Mant. Inf. tom.* 2. *pag.* 140. *n°.* 46. — *Ent. Syst. em. tom.* 3. *pars* 2. *pag.* 26. *n°.* 61.

Elle n'est pas plus grande qu'une Teigne. Les antennules sont alongées, épaisses, avec l'extrémité amincie & cylindrique. Les antennes sont un peu pectinées. Les ailes supérieures sont cendrées, avec une poussière & des taches nombreuses obscures. Les inférieures sont obscures, avec le bord antérieur cendré.

Elle se trouve à Kiell, sur une espèce de Bolet, *Boletus versicolor.*

TROISIÈME FAMILLE.

Corcelet lisse. Ailes penchées de chaque côté.

79. Noctuelle du Figuier à grappes.

Noctua Ficus.

Noctua lævis, alis deflexis, cinereis, albo venosis, basi fulvo albo nigroque maculatis. Fabr. *Sp. Inf. tom.* 2. *p.* 215. *n°.* 33. — *Mant. Inf. tom.* 2. *p.* 140. *n°.* 47. — *Ent. Syst. em. tom.* 3. *pars* 2. *p.* 27. *n°.* 62.

Les antennes du mâle sont pectinées, avec l'extrémité sétacée : celles de la femelle sont entièrement sétacées. La tête est fauve, sans tache. Le corcelet est lisse, fauve, avec un point noir de chaque côté. Les ailes sont arrondies, entières; les supérieures sont cendrées, marquées de petites raies blanches, d'une tache longue, marginale, fauve, à la base, dans laquelle tache sont six points noirs & trois blancs, dont le plus grand termine la tache fauve. Vers le bord intérieur il y a deux taches blanches, dont l'antérieure, plus grande que l'autre, est marquée d'un point & d'une tache en croissant, noirs; la postérieure n'a qu'un point. Les ailes inférieures sont jaunes, avec quelques taches noires en dessous; elles sont jaunâtres, tachées de noir. L'abdomen est cendré, avec deux points noirs de chaque côté.

Elle se trouve sur une espèce de Figuier, *Ficus racemosa*, aux Indes orientales.

80. Noctuelle du Figuier commun.

Noctua Caricæ.

Noctua lævis, alis deflexis, cinereis; striis punctoque medio albis, basi fulvis; punctis quinque atris. Fabr. *Sp. Inf. tom.* 2. *p.* 215. *n°* 34. — *Ent. Syst. em. tom* 3. *pars* 2. *pag.* 27. *n°.* 63.

Phalæna Alciphron. Cram. *Pap. tom.* 2. *p.* 58. *tab.* 133. *fig.* E, & *tom.* 3. *p.* 121. *tab.* 262. *fig.* A. B.

Elle est un peu plus petite que la précédente. Les antennes sont noires, sétacées. La tête est fauve, avec un point noir à la base, & un autre à l'extrémité. Le corcelet est fauve, marqué de trois points noirs. Les ailes supérieures sont arrondies, cendrées, avec les nervures & un point au milieu, blancs. La base est fauve, marquée de cinq ou six points noirs. Les ailes inférieures sont jaunes, avec plusieurs taches noires.

Elle se trouve sur le Figuier, aux Indes orientales.

81. Noctuelle couronnée.

Noctua coronata.

Noctua lævis, alis deflexis, fuscis; strigis tribus obscurioribus stigmateque postico nigro punctato. Fabr. *Sp. Inf. tom.* 2. *p.* 215. *n*°. 35. — *Mant. Inf. tom.* 2. *p.* 140. *n*°. 48. — *Ent. Syst. em. tom.* 3. *pars* 2. *p.* 28. *n*°. 64.

La tête & le corcelet sont obscurs, sans tache. Les ailes supérieures sont obscures, marquées de trois raies, formées d'une ligne obscure & d'une plus claire, réunies. Au milieu de l'aile sont les deux taches ordinaires, dont l'antérieure est petite, arrondie; la postérieure est plus grande, réniforme, marquée de sept points noirs. Les ailes inférieures sont jaunes, avec deux bandes noires. En dessous les quatre ailes sont d'un jaune-obscur. L'abdomen est jaune, avec des bandes noires. Les pattes antérieures sont très-velues.

Elle se trouve en Chine.

82. Noctuelle Manlie.

Noctua Manlia.

Noctua lævis, alis deflexis, brunneis; posticis fasciâ cæruleâ margineque nigro. Fabr. *Sp. Inf. tom.* 2. *p.* 216. *n*°. 36. — *Mant. Inf. tom.* 2. *p.* 141. *n*°. 49. — *Ent. Syst. em. tom.* 3. *pars* 2. *p.* 28. *n*°. 65.

Phalæna Manlia. Cram. *Pap. tom.* 1. *p.* 144. *tab.* 92. *fig.* A.

Elle est grande. Le corps est brun. Les ailes supérieures sont légérement en faulx. Leur couleur est brune, avec une bande obscure, courte, au milieu, & les deux taches ordinaires plus claires. Les inférieures sont brunes à leur base, bleues au milieu, & noires à l'extrémité. En dessous la bande bleue des ailes inférieures est plus étroite, plus dentelée, & s'étend sur une partie des ailes supérieures.

Elle se trouve sur la côte de Coromandel.

83. Noctuelle Bouc.

Noctua Hircus.

Noctua lævis, alis deflexis, fuscis, medio pallidioribus, posticis nigris; angulo antico flavo. Fabr. *Ent. Syst. em. tom.* 3. *pars* 2. *p.* 28. *n*°. 66.

Elle est grande. Le corps est d'une couleur cendrée-obscure. Les ailes supérieures sont noirâtres, luisantes, traversées, au milieu, d'une large bande d'un gris-ferrugineux. En dessous elles sont noires, avec une bande courte, blanche. Les ailes inférieures sont noires en dessus, avec l'angle antérieur jaunâtre, & noires en dessous, avec une tache marginale blanche.

Elle se trouve en Guinée.

84. Noctuelle Ézée.

Noctua Ezea.

Noctua lævis, alis deflexis, anticis fuscis violaceo nitidis, punctis strigisque nigris, posticis nigris, angulo anticè flavo.

Phalæna Noctua Ezea. Cram. *Pap. tom.* 3. *p.* 78. *tab.* 239. *fig.* D.

Elle a deux pouces & demi de largeur les ailes étendues. Le corps est d'un gris-foncé, un peu violet. Les ailes supérieures sont de la même couleur, avec une large bande plus claire, au milieu, placée entre plusieurs raies ondées, noires. On voit quelques points noirs sur la bande. Les inférieures sont noires, avec une bande jaune sur le bord, à l'angle extérieur. Le dessous des ailes est grisâtre, avec une bande d'un brun-obscur sur le bord postérieur.

Elle se trouve en Guinée.

85. Noctuelle Périthée.

Noctua Perithea.

Noctua alis deflexis, fusco-violaceis; anticis fasciâ abbreviatâ margineque interno flavis.

Phalæna Noctua Perithea. Cram. *Pap. tom.* 2. *p.* 116. *tab.* 172. *fig.* D.

Elle a près de deux pouces & demi de largeur les ailes étendues. Le corps est d'un jaune-fauve. Les ailes supérieures sont obscures, un peu violettes, presque transparentes, avec une grande tache jaune sur le bord interne, qui s'étend de la base & finit à quelque distance de l'angle interne. On voit une large bande jaune, un peu au-delà du milieu, qui n'atteint pas l'angle interne, vers lequel elle se dirige. Les inférieures sont jaunes jusqu'au-delà du milieu, & d'un violet-obscur de là à l'extrémité.

Elle se trouve à Amboine, l'une des îles Moluques.

86. Noctuelle javanaise.

Noctua javana.

Noctua alis deflexis, flavescentibus, basi punctis nigris, disco brunneo albo bimaculato.

Phalæna Noctua javana. Cram. *Pap. tom* 3. *p.* 146. *tab.* 274. *fig.* C.

Elle a deux pouces & demi de largeur les ailes étendues. La tête & le corcelet sont jaunes, avec deux points noirs sur le dernier. Les ailes supérieures sont jaunes, avec tout le milieu brun; deux taches blanches sur ce brun, & quelques points noirs à la base. Les ailes inférieures sont d'un brun très-foncé, avec le bord d'un jaune-pâle. L'abdomen est jaune, avec le dos brun. L'anus est jaune.

Elle se trouve dans l'île de Java.

87. Noctuelle Géryon.

Noctua Geryon.

Noctua lævis, alis deflexis, atris, flavo maculatis, posticis rubris, margine atro. Fabr. *Sp. Inf. tom.* 2. *p.* 216. *n°.* 37. — *Mant. Inf. tom.* 2. *p.* 141. *n°.* 50. — *Ent. Syst. em. tom.* 3. *pars* 2. *p.* 28. *n°.* 67.

Elle est grande. La tête & le corcelet sont noirs, avec des points blancs. L'abdomen est obscur, avec des anneaux jaunes en dessus, blancs en dessous. L'anus est fauve. Les ailes supérieures sont noires, avec une tache oblongue, jaune, vers la base, près du bord interne, & cinq sur le disque. L'extrémité est un peu blanche. Les ailes inférieures sont rouges, avec le bord noir à une assez grande distance. L'extrémité est pareillement un peu blanche.

Elle se trouve dans l'Afrique équinoxiale.

88. Noctuelle léonine.

Noctua leonina.

Noctua lævis, alis deflexis, brunneis; stigmatibus griseis, posticis flavis, maculis duabus nigris, abdomine cingulis nigris. Fabr. *Sp. Inf. tom.* 2. *p.* 216. *n°.* 38. — *Mant. Inf. tom.* 2. *p.* 141. *n°.* 51. — *Ent. Syst. em. tom.* 3. *pars* 2. *p.* 29. *n°.* 68.

Les antennes sont à peine pectinées. La tête & le corcelet sont bruns, sans tache. L'abdomen est jaune, avec deux bandes noires sur le dos. Les ailes sont entières, brunes, avec quatre raies plus obscures, dont la troisième est marquée de points blancs; la quatrième est jointe à une raie blanche. Les ailes inférieures sont jaunes, avec deux grandes taches noires. En dessous les quatre ailes sont jaunâtres. Les pattes sont très-velues, jaunes.

Elle se trouve aux Indes orientales.

89. Noctuelle Inare.

Noctua Inara.

Noctua lævis, alis deflexis, anticis basi albidis; punctis quatuor nigris, apice cinereo-fuscis.

Phalæna Noctua Inara. Cram. *Pap. tom.* 3. *p.* 76. *tab.* 239. *fig.* E.

Elle a environ deux pouces & demi de largeur les ailes étendues. Le corps est d'un gris-foncé, un peu roussеâtre, avec trois taches blanchâtres sur le corcelet. Les ailes supérieures sont blanchâtres de la base au milieu, avec quatre petites taches irrégulières, noires; ensuite elles sont d'un gris-obscur, un peu roussеâtre, avec le bord plus clair. Il y a une ligne blanchâtre transverse vers le milieu. Les ailes inférieures sont d'un gris-roussеâtre, avec deux bandes noirâtres; une un peu au-delà du milieu, l'autre près du bord.

Elle se trouve sur la côte de Coromandel.

90. Noctuelle Daim.

Noctua Dama.

Noctua lævis, alis deflexis, fuscis albo striatis, posticis albis; margine nigro. Fabr. *Sp. Inf. tom.* 2. *p.* 216. *n°.* 39. — *Mant. Inf. tom.* 2. *pag.* 141. *n°.* 52. — *Ent. Syst. em. tom.* 3. *pars* 2. *p.* 29. *n°.* 69.

Les antennes sont pectinées, noires. La tête est fauve, avec une ligne & l'extrémité des antennules noires. Le corcelet est fauve, avec deux points noirs sur le premier segment, & quatre sur le dos. L'abdomen est fauve, taché de noir. Les ailes supérieures sont entières, obscures, avec des stries blanches, dont celle du milieu est plus grande, dilatée au milieu pour former une tache. En dessous elles sont obscures, avec une tache blanche au milieu. Les ailes inférieures sont blanches en dessus, avec le bord postérieur noir, & blanches en dessous, avec la frange seulement noire.

Elle se trouve dans la Nouvelle-Hollande.

91. Noctuelle marginelle.

Noctua marginella.

Noctua lævis, alis deflexis, variegatis; posticis atris, margine albo. Fabr. *Mant. Inf. tom.* 2. *p.* 141. *n°.* 53. — *Ent. Syst. em. tom.* 3. *pars* 2. *p.* 29. *n°.* 70.

Noctua marginata. Fabr. *Sp. Inf. tom.* 2. *pag.* 216. *n°.* 40.

Elle est de grandeur moyenne. Le corps est gris, avec la partie supérieure de l'abdomen noire. Les ailes supérieures sont penchées, grises, mélangées de ferrugineux, & marquées de deux raies ondées, noires. En dessous elles sont noires, avec deux bandes blanches, dont l'antérieure est courte. Les ailes inférieures sont de la même couleur noire, tant en dessus qu'en dessous, avec le bord postérieur blanc.

Elle se trouve en Amérique.

92. Noctuelle du Roseau.

Noctua Arundinis.

Noctua lævis, alis deflexis, cinereis; punctis lunulisque marginalibus nigris, subtùs maculâ centrali fuscâ. Fabr. *Mant. Inf. tom.* 2. *p.* 14. *n°.* 54. — *Ent. Syst. em. tom.* 3. *pars* 2. *p.* 30. *n°.* 71.

Naturf. 11. *p.* 30. *tab.* 3. *fig.* 1-4.

Noctua Typhæ. Esper. *Pap. tom.* 4. *tab.* 140. 61. *fig.* 3. 4. 5.

La Maſſète. Ernst, *Pap. d'Europe, tom.* 7. *p.* 133. *tab.* 296. *fig.* 502.

Noctua Arundinis. Hubn. *Lepid.* 4. *Noct.* 2. *tab.* 83. *fig.* 386. 387.

Elle a près de deux pouces de largeur les ailes étendues. Le corps eſt cendré, velu, ſans tache. Les ailes ſupérieures ſont d'un gris obſcur, luiſant, parſemées de petits points noirs : on voit ſur le bord antérieur trois petits points plus clairs que le fond, & près du bord poſtérieur huit croiſſans noirs. Les ailes inférieures ſont d'un gris-clair. Les ailes ſupérieures ſont noirâtres en deſſous, & les inférieures ſont pâles, avec une tache au centre, & les bords antérieurs & poſtérieurs obſcurs.

Elle ſe trouve en Europe.

La Chenille eſt d'un vert-terne, avec quelques tubercules noirs ſur chaque anneau, d'où part un poil preſqu'imperceptible ; elle vit dans l'intérieur des tiges du roſeau & de la Maſſète. On croit qu'elle nuit aux chevaux, qui mangent ces plantes lorſqu'elles s'y trouvent en grand nombre ; elles ſe transforment en chryſalide dans l'intérieur des tiges, & n'en ſortent qu'au bout de quelques ſemaines. La chryſalide eſt brune, alongée.

93. Noctuelle verdâtre.

Noctua vireſcens.

Noctua lævis, alis deflexis, vireſcentibus; ſtrigis tribus ſaturatioribus. Fabr. *Sp. Inſ. tom.* 2. *p.* 216. *n°.* 41. — *Mant. Inſ. tom.* 2. *p.* 141. *n°.* 55. — *Ent. Syſt. em. tom.* 3. *pars* 2. *p.* 30. *n°.* 72.

Elle eſt de grandeur moyenne. Le corps eſt verdâtre. Les antennes & la trompe ſont ferrugineuſes. Le premier article des antennules eſt court. Les ailes ſupérieures ſont verdâtres, avec trois raies obliques de la même couleur, plus foncée. Les ailes inférieures ſont blanches, avec une petite raie ferrugineuſe ſur le bord poſtérieur. En deſſous les quatre ailes ſont blanches.

Elle ſe trouve dans les Indes orientales & occidentales.

La Chenille vit dans les ſiliques du Cytiſe des Indes, *Cytiſus cajan*; elle eſt glabre, d'un vert-pâle, avec trois raies longitudinales plus obſcures ſur le dos, & une jaune ſur les côtés. La tête eſt pâle. La chryſalide eſt brune.

94. Noctuelle Batis.

Noctua Batis.

Noctua lævis, alis deflexis, anticis fuſcis, maculis quinque incarnatis, poſticis albidis. Fabr. *Sp. Inſ. tom.* 2. *p.* 216. *n°.* 42. — *Mant. Inſ. tom.* 2. *p.* 141. *n°.* 56. — *Ent. Syſt. em. tom.* 3. *pars* 2. *p.* 30. *n°.* 73.

Phalæna Noctua Batis *ſpirilinguis lævis, alis depreſſis, ſuperioribus fuſcis; maculis ſimul quinque albidis, inferioribus albis.* Linn. *Syſt. Nat. tom.* 2. *p.* 836. *n°.* 97. — *Faun. Suec. n°.* 1158.

Réaum. *Mem. Inſ. tom.* 1. *pl.* 7. *fig.* 2.

Merian. *Inſ. Eur.* 3. *tab.* 21. *fig.* 1.

Roes. *Inſ. tom.* 4. *tab.* 26. *fig.* A. B. C.

Noctua Batis. Schmett. *Wienn. Verz. p.* 71. *n°.* 7.

La Batis. Ernst, *Pap. d'Europe, tom.* 6. *p.* 89. *tab.* 231. *fig.* 333.

Noctua Batis. Hubn. *Lepid.* 4. *Noct.* 2. *tab.* 14. *fig.* 65.

Elle a de quinze à dix-huit lignes de largeur les ailes étendues. La tête eſt d'un gris-foncé. Le corcelet eſt de la même couleur, avec quelques lignes tranſverſes d'un gris-clair. Les ailes ſupérieures ſont d'un gris-foncé, marquées de quelques taches blanchâtres, dont le milieu eſt plus obſcur : on en voit une à la baſe, plus grande que les autres, qui ſemble formée de trois taches réunies : il y en a deux ovales, l'une à la ſuite de l'autre, vers l'extrémité antérieure ; une un peu plus grande & ovale, vers l'extrémité poſtérieure, ſuivie d'une très-petite ; la cinquième eſt ſur le bord interne. Les ailes inférieures ſont d'un gris-obſcur, avec la baſe, une raie au milieu, & la frange du bord, d'un gris plus clair. L'abdomen eſt gris.

Elle ſe trouve en Europe.

La Chenille vit ſur la ronce dont elle ſe nourrit : on la trouve en juin, juillet & août. Elle eſt remarquable par la forme de ſes anneaux ; dont pluſieurs reſſemblent à une pyramide à quatre faces ; la première, placée ſur le ſecond anneau, eſt fourchue à ſon ſommet. On voit auſſi, vers la queue, une élévation à peu près ſemblable aux autres, mais qui n'eſt pas bifurquée. Sa couleur eſt d'abord verdâtre; mais elle change en ſe développant, & elle prend une teinte de plus en plus brune. A la fin de ſeptembre ou en octobre, elle ſe file une coque légère d'un jaune-brun, dans laquelle elle paſſe l'hiver en chryſalide : l'inſecte n'en ſort guère qu'en mai ou en juin. Quelquefois cependant la transformation en chryſalide ſe fait dans le mois d'août, & alors la Noctuelle paroît avant la fin de ſeptembre.

95. Noctuelle Silène.

Noctua Silene.

Noctua lævis, alis deflexis, helvolis; maculâ poſticâ, nigro punctatâ. Fabr. *Mant. Inſ. tom.* 2. *p.* 141. *n°.* 57. — *Ent. Syſt. em. tom.* 3. *pars* 2. *p.* 31. *n°.* 74.

Noctua Silene. Schmett. *Wienn. Verz. p.* 85. *n°.* 1.

Noctua Silene. Hubn. *Lepid.* 4. *Noct.* 2. *tab.* 37. *fig.* 175.

Elle est de la grandeur de la précédente. La tête & le corcelet sont d'un fauve-pâle, sans tache. Les ailes supérieures sont de la même couleur, avec une raie courte, plus obscure, placée au milieu. Il y a les deux taches ordinaires, dont l'une postérieure réniforme, marquée de points noirs.

Elle varie par une demi-lune noire dans la tache antérieure.

Elle se trouve en Europe.

La Chenille vit sur le Chou champêtre; elle est rase, obscure, avec un collier noir, bordé de blanc, & les stigmates noirs.

96. Noctuelle luisante.

Noctua nitida.

Noctua lævis, alis deflexis, substriatis, ferrugineis; strigis flavescentibus, posticis fuscis. Fabr. *Mant. Inf. tom.* 2. *p.* 141. *n°.* 58. — *Ent. Syst. em. tom.* 3. *pars* 2. *p.* 31. *n°.* 75.

Noctua nitida. Schmett. *Wienn. Verz. p.* 86. *n°.* 4.

La Nette. Ernst, *Pap. d'Europe, tom.* 7. *p.* 144. *tab.* 299. *fig.* 508. a. b. c.

Noctua nitida. Hubn. *Lepid.* 4. *Noct.* 2. *tab.* 38. *fig.* 180.

Elle ressemble à la Noctuelle de l'Airelle. Les ailes sont ferrugineuses, avec des stries ou des nervures longitudinales & des raies transverses, ondées, jaunâtres. Au milieu on voit les deux taches ordinaires; & vers le bord postérieur une rangée de points noirs. Les ailes inférieures sont noirâtres.

Elle se trouve en Europe.

La Chenille vit sur la Véronique des champs, *Veronica arvensis*; elle est rase, obscure, mélangée de gris & de rougeâtre, avec la tête pâle & un collier noir.

97. Noctuelle élégante.

Noctua elegans.

Noctua lævis, alis deflexis, anticis flavescentibus, maculis quatuor contiguis albis, posticis rubris.

Phalæna Noctua nitida. Cram. *Pap. tom.* 3. *p.* 147. *tab.* 274. *fig.* F.

Elle est de la grandeur des précédentes. La tête & le corcelet sont d'un jaune un peu fauve. L'abdomen est d'un rouge-clair. Les ailes supérieures sont d'un jaune un peu fauve, avec quelques raies obscures, & quatre taches blanches qui se touchent, l'une à la suite de l'autre. Les ailes inférieures sont d'un rouge clair. En dessous le corps, les pattes & les ailes sont de couleur de rose.

Elle se trouve à Surinam.

98. Noctuelle écrite.

Noctua scripta.

Noctua lævis, alis deflexis; anticis albis, basi flavo cæruleoque lituratis, posticè nigro punctatis.

Phalæna Noctua hieroglyphica. Cram. *Pap. tom.* 2. *p.* 81. *tab.* 147. *fig.* D.

Elle a un pouce & demi de largeur les ailes étendues. Le corcelet est rayé de blanc, de jaune & de bleu. L'abdomen est obscur. Les ailes supérieures, depuis la base jusqu'un peu au-delà du milieu, sont rayées en divers sens, de blanc, de jaune & de bleu; elles sont blanches ensuite, avec trois rangées de points noirs. Les ailes inférieures sont noirâtres, sans tache. En dessous les quatre ailes sont brunes.

Elle se trouve à Curaçao.

99. Noctuelle rubigineuse.

Noctua rubiginea.

Noctua lævis, alis deflexis, flavis, ferrugineo undatis; punctis nigris sparsis. Fabr. *Mant. Inf. tom.* 2. *p.* 142. *n°.* 59. — *Ent. Syst. em. tom.* 3. *pars* 2. *p.* 31. *n°.* 76.

Noctua rubiginea. Schmett. *Wienn. Verz. p.* 86. *n°.* 8.

La Tigrée. Ernst, *Pap. d'Eur. tom.* 7. *p.* 150. *tab.* 300. *fig.* 512.

Noctua rubiginea. Hubn. *Lepid.* 4. *Noct.* 2. *tab.* 38. *fig.* 183.

Les antennes sont obscures. La tête & le corcelet sont d'un jaune-fauve, sans tache. Les ailes supérieures sont du même jaune, marquées de plusieurs lignes ondées, ferrugineuses, & de plusieurs points noirs, placés principalement vers l'extrémité. Les ailes inférieures sont obscures, avec le bord fauve.

Elle se trouve en Europe. La Chenille vit sur le Poirier & le Pommier.

100. Noctuelle rousseâtre.

Noctua rufina.

Noctua lævis, alis deflexis, rufis; fasciis fuscescentibus, posticâ latiore, subtùs rufescentibus. Fabr. *Ent. Syst. em. tom.* 3. *pars* 2. *p.* 32. *n°.* 77.

Phalæna Bombyx rufina. Linn. *Syst. Nat. p.* 830. *n°.* 72. — *Faun. Suec. n°.* 1142.

Phalæna helvola. Clerck, *Icon. Inf. tab.* 4. *fig.* 8.

Noctua rufina. Schmett. *Wienn. Verz. p.* 86. *n°.* 9.

La Robuste. Ernst, *Pap. d'Europe, tom.* 7. *p.* 154. *tab.* 301. *fig.* 515.

Noctua rufina. Hubn. *Lepid.* 4. *Noct.* 2. *tab.* 38. *fig.* 184.

Linné place cette espèce parmi les Bombix, & dit qu'elle ressemble au Bombix ensanglanté (*B. rufula*). En effet, elle en a le port dans la figure de Clerck. Les antennules sont rougeâtres. Le corps est rougeâtre. Les ailes supérieures sont de cette couleur, avec trois bandes obscures, dont la postérieure est la plus large. Les ailes inférieures & les quatre ailes en dessous sont rougeâtres.

Elle se trouve au nord de l'Europe.

La larve, suivant Fabricius, est d'une couleur de foie, ponctuée de blanc, marquée d'une ligne latérale blanche.

101. Noctuelle martiale.

Noctua martia.

Noctua lævis, alis deflexis, helvolis, cinereo mixtis; posticis ferrugineis. Fabr. *Ent. Syst. em. tom.* 3. *pars* 2. *p.* 32. *n°.* 78.

Elle est de grandeur moyenne. Le corps est d'un rouge-pâle, sans tache. Les ailes supérieures sont presque dentées, d'un rouge-pâle, avec des taches & une poussière cendrées, principalement vers le bord postérieur. Les ailes inférieures sont ferrugineuses, sans tache. Les quatre ailes en dessous sont cendrées, luisantes, avec un point au milieu & une raie, ferrugineux.

Elle se trouve en Allemagne.

102. Noctuelle rayée.

Noctua strigosa.

Noctua lævis, alis deflexis, fusco cinereoque variis; lineolis tribus atris ante marginem interiorem. Fabr. *Mant. Inf. tom.* 2. *p.* 142. *n°.* 61. — *Ent. Syst. em. tom.* 3. *pars* 2. *p.* 32. *n°.* 79.

Noctua strigosa. Schmett. *Wienn. Verz. p.* 88. *n°.* 15.

Elle est petite. Le corps est cendré. Les ailes supérieures sont mélangées, & ont une raie ondée vers l'extrémité. Le bord interne est un peu obscur, avec trois lignes longitudinales, noires. Les ailes inférieures sont cendrées.

Elle se trouve en Autriche.

103. Noctuelle Fulvie.

Noctua Fulvia.

Noctua lævis, alis deflexis, concoloribus, fulvis margine nigris. Fabr. *Sp. Inf. tom.* 2. *p.* 217. *n°.* 43. — *Mant. Inf. tom.* 2. *p.* 142. *n°.* 62. — *Ent. Syst. em. tom.* 3. *pars* 2. *p.* 32. *n°.* 80.

Phalæna Noctua Fulvia. Linn. *Syst. Nat. p.* 836. *n°.* 96. — *Mus. Lud. Ulr. p.* 383.

Phalæna Fulvia. Clerck, *Icon. Inf. tab.* 55. *fig.* 11. 12.

Elle a un pouce & demi de largeur les ailes étendues. Les ailes supérieures sont d'un beau jaune, avec le bord antérieur & postérieur, & une raie transverse, un peu arquée vers l'extrémité, d'un beau noir. L'abdomen est noir, avec le dessous jaune.

Elle se trouve dans l'Amérique méridionale, à Cayenne.

104. Noctuelle oculée.

Noctua oculata.

Noctua lævis, alis deflexis, anticis virescentibus; strigis nigris ocelloque medio; posticis nigris, maculâ marginali flavâ.

Phalæna Noctua oculata. Cram. *Pap. tom.* 4. *p.* 71. *tab.* 324. *fig.* F.

Elle a plus d'un pouce & demi de largeur. La tête & le corcelet sont verdâtres. Les ailes supérieures sont verdâtres, marquées d'un grand nombre de raies transverses, noires, dont les dernières sont plus ondées que celles de la base : on voit en outre une tache ocellée noire, entourée d'un cercle fauve, ayant deux pupilles blanches. Les ailes inférieures sont noires, avec une grande tache marginale jaune. L'abdomen & le dessous du corps sont bruns. Les ailes en dessous sont d'un brun-clair, & la tache jaune qu'on voit au dessus des inférieures est beaucoup plus petite.

Elle se trouve à Surinam.

105. Noctuelle écussonnée.

Noctua scutosa.

Noctua lævis, alis deflexis, fusco alboque variis; posticis basi albis; maculâ fuscâ; apice fuscis, albo maculatis. Fabr. *Mant. Inf. tom.* 2. *p.* 142. *n°.* 63. — *Ent. Syst. em. tom.* 3. *pars* 2. *p.* 33. *n°.* 81.

Noctua scutosa. Schmett. *Wienn. Verz. p.* 89. *n°.* 1.

La Noble. Ernst, *Pap. d'Europe, tom.* 8. *p.* 40. *pl.* 315. *fig.* 552.

Noctua scutosa. Hubn. *Lepid.* 4. *Noct.* 3. *tab.* 63. *fig.* 309.

Elle a quinze ou seize lignes de largeur les ailes étendues. Le corps est d'un gris-obscur. Les ailes supérieures sont obscures, blanchâtres au milieu, avec deux grandes taches & une bande postérieure, noirâtres. L'extrémité est marquée d'une ligne blanche & d'une ligne noire, ondée. Le dessous est blanchâtre, avec deux taches & une bande noirâtres. Les ailes inférieures sont blanchâtres à leur base, avec une tache noirâtre, & noirâtres à l'extrémité, avec une raie peu marquée & deux taches blanchâtres. En dessous elles sont blanchâtres, avec un point au milieu, une raie & une tache noirâtres, à l'extrémité.

La Chenille est verdâtre, marquée de points noirs & de trois raies plus obscures.

Elle se trouve en Europe, sur l'Armoise.

106. NOCTUELLE glyphique.

NOCTUA glyphica.

Noctua lævis, alis deflexis, cinereo fuscoque variegatis, subtùs luteis, fusco fasciatis. FABR. *Sp. Inf. tom.* 2. *p.* 217. *n°.* 44. — *Mant. Inf. tom.* 2. *p.* 243. *n°.* 64. — *Ent. Syst. emend. tom.* 3. *pars* 2. *p.* 33. *n°.* 82.

Phalæna Noctua glyphica *spirilinguis lævis, alis patulis fucescentibus; maculis hieroglyphicis nigris, subtùs fasciâ atrâ.* LINN. *Syst. Nat. tom.* 2. *p.* 838. *n°.* 103. — *Faun. Suec. n°.* 1161.

Noctua glyphica. SCHMETT. *Wienn. Verz. p.* 94. *n°.* 5.

La Doublure jaune. GEOFF. *Inf. Par. tom.* 2. *p.* 136. *n°.* 55.

ESPER. *Pap. d'Europe, tom.* 4. *p.* 73. *tab.* 89. *fig.* 1. 2. 5-9.

La Doublure jaune. ERNST, *Pap. d'Europe, tom.* 8. *p.* 151. *tab.* 342. *fig.* 604.

Noctua glyphica. HUBN. *Lepid.* 4. *Noct.* 3. *tab.* 75. *fig.* 347.

Elle a environ quinze lignes de largeur les ailes étendues. Les antennes & la tête, sont d'un gris-brun. Le corcelet est de la même couleur, avec une ligne transverse, grise, à sa partie antérieure. Les ailes supérieures sont d'un gris-brun, avec deux bandes brunes qui se réunissent ordinairement en approchant du bord interne. La deuxième bande est séparée par une ligne très-claire, d'une autre raie brune qui n'est bien marquée qu'au bord externe, où elle forme une tache presqu'isolée. L'aile est plus claire ensuite, & s'obscurcit un peu près du bord. Les inférieures sont obscures à la base, jaunes au milieu, avec une bande noire.

La Chenille se nourrit des feuilles du Trèfle. Elle est jaunâtre, quelquefois d'un jaune-rougeâtre ou brun, avec quelques raies longitudinales obscures. Elle a quatorze pattes, & se métamorphose dans un cocon ovale, d'un blanc-sale, qu'elle file entre les feuilles du Trèfle; elle se montre à deux époques différentes, en juin & en septembre.

Elle se trouve dans toute l'Europe.

107. NOCTUELLE de la Cardère.

NOCTUA dipsacea.

Noctua lævis, alis deflexis, pallidis; fasciâ latè fuscâ, posticis albo nigroque variis. FABR. *Sp. Inf. tom.* 2. *p.* 217. *n°.* 45. — *Mant. Inf. tom.* 2. *p.* 143. *n°.* 65. — *Ent. Syst. em. tom.* 3. *pars* 2. *p.* 33. *n°.* 83.

Phalæna Noctua dipsacea *spirilinguis, alis superioribus glaucescentibus, punctis maculisque fuscis, inferioribus nigro alboque variis.* LINN. *Syst. Nat. tom.* 2. *p.* 856. *n°.* 185.

MERIAN. *Inf. Eur.* 2. *tab.* 49.

Noctua dipsacea. SCHMETT. *Wienn. Verz. p.* 89. *n°.* 3.

SCHŒF. *Icon. Inf. tom.* 2. *tab.* 173. *fig.* 2. 3.

ESPER. *Pap. d'Europe, tom.* 4. *tab.* 172. *Noct.* 93. *fig.* 1-3.

La Dipsacée. ERNST, *Pap. d'Europe, tom.* 8. *p.* 43. *tab.* 316. *fig.* 553.

Noctua dipsacea. HUBN. *Lepid.* 4. *Noct.* 3. *tab.* 63. *fig.* 311.

Elle est de la grandeur de la précédente. Le corcelet est d'un gris un peu fauve ou verdâtre, plus clair à sa partie antérieure que sur le dos. Les ailes supérieures sont du même gris, avec des nuances plus claires; quelques légères rayures vers la base; une bande large, obscure au milieu, & une suite de points noirs près du bord postérieur. Les inférieures sont jaunâtres, avec une grande tache noire à la base, & une bande vers le bord, marquée d'une tache jaunâtre.

La Chenille vit sur la Centaurée, le Plantain, le Chardon à foulon, le Lychnis dioïque, l'Arrête-bœuf & plusieurs autres plantes. Elle est rouge, avec des lignes blanches interrompues sur le corps, & la tête cendrée.

Elle se trouve dans toute l'Europe.

108. NOCTUELLE de la Bugrane.

NOCTUA Ononidis.

Noctua lævis, alis deflexis, cinereis, carneo-nitentibus fusco fasciatis, posticis atris; maculis tribus albis. FABR. *Mant. Inf. tom.* 2. *p.* 143. *n°.* 66. a. — *Ent. Syst. em. tom.* 3. *pars* 2. *p.* 34. *n°.* 84.

Noctua Ononis. SCHMETT. *Wienn. Verz. p.* 89. *n°.* 4.

HUBN. *Beytr.* 2. *tab.* 4. *fig.* W.

ESPER. *Pap. d'Eur. tom.* 4. *tab.* 172. *Noct.* 93. *fig.* 4-6.

L'Ononé. ERNST, *Pap. d'Europe, tom.* 8. *p.* 46. *tab.* 316. *fig.* 554.

Noctua

Noctua Ononis. HUBN. *Lepid.* 4. *Noct.* 3. *tab.* 63. *fig.* 312.

Elle ressemble beaucoup à la précédente. Les ailes supérieures sont cendrées à la base, marquées au milieu d'une large bande obscure, ensuite cendrée. Le bord postérieur est obscur, coupé d'une petite raie cendrée. Elles ont, indépendamment de ces couleurs, un reflet rose ou couleur de chair. Les ailes inférieures sont noires, avec trois taches blanches.

La Chenille est solitaire, rase, pourpre, marquée de stries alternativement roses & pourpres, avec de petits points noirs; elle vit sur la Bugrane épineuse, *Ononis spinosa.*

Elle se trouve en Europe.

109. NOCTUELLE Mi.

NOCTUA Mi.

Noctua lævis, alis deflexis, fusco cinereoque variegatis; subtùs W *nigro.* FABR. *Sp. Inf. tom.* 2. *p.* 217. *n°.* 46. — *Mant. Inf. tom.* 2. *p.* 143. *n°.* 66. b. — *Ent. Syst. em. tom.* 3. *pars* 2. *p.* 34. *n°.* 85.

Phalæna Noctua Mi *spirilinguis lævis, alis deflexis, cinereis, signo securis pallido marginato, subtùs* M *nigro.* LINN. *Syst. Nat. tom.* 2. *p.* 838. *n°.* 106. — *Faun. Suec. n°.* 1162.

Noctua Mi. SCHIFF. *Wienn. Verz. p.* 49. *n°.* 4.

Phalæna Noctua Mi. HUBN. *Beytr.* 3. *tab.* 2. *fig.* N.

L'M noire. ERNST, *Pap. d'Europe, tom.* 8. *p.* 149. *tab.* 341. *fig.* 603.

Noctua Mi. HUBN. *Lepid.* 4. *Noct.* 3. *tab.* 75. *fig.* 346.

Elle est de grandeur moyenne. Les antennes & la tête sont noirâtres. Le corcelet est noirâtre, avec quatre lignes longitudinales, peu marquées. L'abdomen est noirâtre, avec le bord des anneaux blanchâtre. Les ailes supérieures sont noirâtres, avec une légère poussière grise; plusieurs raies irrégulières, blanches; un point noir, distinct, avant le milieu; une tache au milieu & d'autres plus grandes, que les raies blanches entourent. Les ailes inférieures sont noires, tachées de blanchâtre ou de jaunâtre, au milieu, & marquées ensuite de deux rangées fort serrées de petites taches blanches. Les ailes en dessous sont blanchâtres, avec des taches & des bandes noires. On remarque aux inférieures une tache en arc, & une bande qui forme en quelque sorte la lettre M.

La Chenille vit sur le Trèfle, la Luserne.

Elle se trouve dans toute l'Europe.

110. NOCTUELLE triangulaire.

NOCTUA triquetra.

Noctua lævis, alis deflexis, cinereis; maculis quatuor fuscis, anterioribus triquetris, posterioribus flavis, fusco fasciatis. FABR. *Mant. Inf. tom.* 2. *p.* 143. *n°.* 67. — *Ent. Syst. emend. tom.* 3. *pars* 2. *p.* 34. *n°.* 86.

Noctua triquetra. SCHIFF. *Wienn. Verz. p.* 94. *n°.* 6.

La Triangulaire. ERNST, *Pap. d'Europe, tom.* 8. *p.* 154. *tab.* 342. *fig.* 605.

Noctua triquetra. HUBN. *Lepid.* 4. *Noct.* 3. *tab.* 75. *fig.* 348.

Phalæna Noctua triquetra. HUBN. *Beytr.* 3. *tab.* 2. *fig.* I.

Elle est un peu plus petite que la précédente. Le corps est cendré, rayé de noirâtre. Les ailes supérieures sont d'un gris nuancé de brun, avec une tache triangulaire noire, près du milieu, & deux autres réunies, au-delà du milieu. Les ailes inférieures sont jaunâtres, avec une bande obscure vers le bord postérieur. En dessous les quatre ailes sont jaunâtres, avec trois taches obscures sur les supérieures, une tache & une bande sur les inférieures.

Elle se trouve en Autriche.

111. NOCTUELLE point blanc.

NOCTUA punctum.

Noctua lævis, alis deflexis, dentatis, fuscis brunneo subundatis; stigmate medio niveo. FABR. *Ent. Syst. em. tom.* 3. *pars* 2. *p.* 34. *n°.* 87.

Elle est de grandeur moyenne. La tête & le corcelet sont obscurs, sans tache. Les ailes supérieures sont dentées à leur bord, obscures à leur surface, avec quelques raies ondées, peu marquées, brunes, & un point blanc, assez grand, au milieu. Les ailes inférieures & les quatre ailes en dessous sont obscures.

Elle se trouve aux Indes orientales.

112. NOCTUELLE belle.

NOCTUA pulchra.

Noctua lævis, alis deflexis, pallidis; maculis duabus costalibus atris. FABR. *Ent. Syst. em. tom.* 3. *pars* 2. *p.* 35. *n°.* 88.

Elle est petite. Les antennes sont obscures. La tête est pâle. Le corcelet est pâle, avec la partie antérieure, près du bord, noire. L'abdomen est pâle. Les ailes supérieures sont pâles, avec deux taches noires, sur le bord antérieur, dont la première, placée au milieu, est plus grande que l'autre, transverse & presqu'en croissant; la seconde est placée à l'extrémité. Les ailes inférieures en dessus & les quatre ailes en dessous sont jaunâtres, sans tache.

Elle se trouve aux Indes orientales.

113. Noctuelle avide.

Noctua avida.

Noctua lævis, alis deflexis, fusco nitidulis; stigmate fasciâque posticâ ferrugineis, posticis albis. Fabr. *Mant. Inf. tom.* 2. *p.* 144. *n°.* 68. — *Ent. Syst. em. tom.* 3. *pars* 2. *p.* 35. *n°.* 89.

La tête & le corcelet sont noirâtres. L'abdomen est blanc en dessus, obscur en dessous. Les ailes supérieures sont noirâtres, luisantes, avec une tache ferrugineuse vers le milieu, & derrière la tache une ligne ondée, peu marquée, noire. Vers le bord postérieur, on voit une large bande ferrugineuse qui n'atteint pas le bord antérieur, & des taches en croissant, jaunâtres. Près du bord on voit une ligne ondée, noire. Les ailes inférieures sont blanches. En dessous les ailes supérieures sont obscures, & les inférieures blanches.

Elle se trouve aux Indes orientales.

114. Noctuelle du Roure.

Noctua Roboris.

Noctua lævis, alis deflexis, cinereis; strigis duabus undatis albis, maculâ centrali niveâ, lunulâ nigrâ. Fabr. *Sp. Inf. tom.* 2. *p.* 217. *n°.* 47. — *Mant. Inf. tom.* 2. *p.* 144. *n°.* 69. — *Ent. Syst. em. tom.* 3. *pars* 2. *p.* 35. *n°.* 90.

Cette espèce ne diffère pas du Bombix Chaonie que nous avons décrit à l'article Bombix (n°. 168), si la citation de Fabricius est juste. Il cite Roesel, tom. 1, Phal. 2, tab. 50, qui représente le Bombix Chaonie; cependant la description l'en éloigne un peu. Celle-ci, suivant Fabricius, est de grandeur moyenne. Les antennes sont simples. Les ailes sont cendrées, & ont deux raies ondées, blanches, bordées d'obscur; une tache blanche, placée au milieu, & une lunule noire.

Elle se trouve en Allemagne. La Chenille vit, comme l'autre, sur le Chêne.

115. Noctuelle mixte.

Noctua mixta.

Noctua lævis, alis deflexis, pallidis, fusco subfasciatis; posticis basi pallidis, apice fuscis. Fabr. *Mant. Inf. tom.* 2. *p.* 144. *n°.* 70. — *Ent. Syst. em. tom.* 3. *pars* 2. *p.* 36. *n°.* 91.

Elle est de moyenne grandeur. Le corps est blanc, sans tache. Les ailes supérieures sont pâles, presque marquées de bandes noirâtres. Les inférieures sont pâles à leur base, noirâtres à leur extrémité. En dessous les quatre ailes sont pâles.

Elle se trouve en Saxe.

116. Noctuelle porte-croix.

Noctua crucis.

Noctua lævis, alis deflexis, cinereis, nitidulis; strigâ mediâ fasciâque posticâ fuscis. Fabr. *Ent. Syst. em. tom.* 3. *pars* 2. *p.* 36. *n°.* 92.

Elle ressemble, pour la forme & la grandeur, à la Noctuelle albicolle. Le corps est cendré, sans tache. Les ailes sont cendrées, avec une ligne noirâtre, peu marquée, au milieu; une bande oblique, noirâtre, près du bord, & ensuite une raie formée par de petits points noirs. Les inférieures en dessus, & les quatre ailes en dessous sont jaunâtres.

Elle se trouve dans les îles de l'Amérique méridionale.

117. Noctuelle salie.

Noctua inquinata.

Noctua lævis, alis deflexis, cinereis, fusco undatis; fasciâ mediâ subferrugineâ, puncto atro. Fabr. *Syst. em. tom.* 3. *pars* 2. *p.* 36. *n°.* 93.

Elle ressemble, pour la forme & la grandeur, à la Noctuelle albicolle. La tête & le corcelet sont cendrés. Les ailes sont cendrées, avec une poussière & une ligne postérieure, noirâtres. Au milieu on voit une large raie, presque ferrugineuse, sur laquelle est un petit point distinct, noir. Il y a un autre point très-petit en avant de la bande. En dessous elles sont noirâtres, avec la base & une tache, fauves. Les ailes inférieures sont noirâtres, avec la base jaune. En dessous elles sont jaunes, avec le bord postérieur obscur.

Elle se trouve aux Indes orientales.

118. Noctuelle albicolle.

Noctua albicollis.

Noctua lævis, alis deflexis, basi albis, apice fuscis; liturâ duplici albâ. Fabr. *Sp. Inf. tom.* 2. *p.* 218. *n°.* 48. — *Mant. Inf. tom.* 2. *p.* 144. *n°.* 71. — *Ent. Syst. em. tom.* 3. *pars* 2. *p.* 36. *n°.* 94.

Noctua solaris. Schmett. *Wienn. Verz. p.* 90. *n°.* 8.

Noctua solaris. Hubn. *Lepid.* 4. *Noct.* 3. *tab.* 62. *fig.* 307. 368.

Le Collier blanc. Ernst, *Pap. d'Europe, tom.* 8. *p.* 56. *tab.* 318. *fig.* 559.

Noctua solaris. Hubn. *Beytr.* 4. *tab.* 4. *fig.* W.

Elle est un peu plus grande que la Noctuelle italique. La tête & le corcelet sont gris. Les ailes supérieures sont blanches à leur base, avec un point noir & quelques taches obscures; elles sont ensuite obscures, avec une tache sur le bord & une autre à l'angle postérieur, sur laquelle se trouvent trois points noirs & une ligne de la même couleur. Les ailes inférieures sont blanches à la base, tachées de noirâtre, & ensuite noirâtres, avec la frange blanche.

La Chenille, suivant Fabricius, est rase, grise,

ſtriée, amincie en avant & en arrière, avec la tête teſtacée & deux points blancs ſur chaque anneau. Elle vit ſur le Piſſenlit, l'Anſerine, *Chenopodium*.
Elle ſe trouve dans toute l'Europe.

119. NOCTUELLE italique.

NOCTUA italica.

Noctua lævis, alis deflexis, fuſcis; ſtrigis ferrugineis maculâque tranſverſâ marginali albâ. FABR. *Sp. Inſ. tom.* 2. *p.* 218. *n°.* 49. — *Mant. Inſ. tom.* 2. *p.* 144. *n°.* 72. — *Ent. Syſt. em. tom.* 3. *pars* 2. *p.* 37. *n°.* 95.

Noctua luctuoſa. SCHMETT. *Wienn. Verz. p.* 90. *n°.* 7.

La Funèbre. ERNST, *Pap. d'Eur. tom.* 8. *p.* 54. *tab.* 317 & 318. *fig.* 558.

Noctua luctuoſa. HUBN. *Lepid.* 4. *Noct.* 3. *tab.* 62. *fig.* 305 & 306.

SCHŒFF. *Icon. Inſ. tab.* 51. *fig.* 11. 12.

Elle a environ un pouce de largeur les ailes étendues. La tête & le corcelet ſont noirâtres. L'abdomen eſt noirâtre, avec le bord des anneaux gris. Les ailes ſupérieures ſont noirâtres, avec une tache blanche, & quelquefois d'un blanc-jaunâtre qui part du bord antérieur, un peu au-delà du milieu. Les inférieures ſont noires, avec une bande blanche au milieu, qui ne touche ni le bord antérieur ni le bord interne. En deſſous les quatre ailes ſont obſcures, avec une grande tache blanche ſur les ſupérieures, & une bande ſur les inférieures.
Elle ſe trouve en France, en Italie, en Autriche. La Chenille vit, ſuivant Fabricius, ſur le Plantain.

120. NOCTUELLE barbue.

NOCTUA barbata.

Noctua lævis, alis deflexis, pallidis; ſtrigis tribus albis punctoque medio fuſco. FABR. *Ent. Syſt. em. tom.* 3. *pars* 2. *p.* 37. *n°.* 96.

Elle eſt petite. Le corps eſt pâle. Les ailes ſont pâles & ont trois petites raies tortueuſes, blanches, bordées chacune d'une autre petite raie obſcure : on voit en outre un point diſtinct, obſcur, au milieu, entre la première raie & la ſeconde. Le bord poſtérieur eſt un peu brun. Les ailes ſont pâles en deſſous. Les quatre cuiſſes antérieures, dans l'un des deux ſexes, ſont couvertes de poils longs, noirs.
Elle ſe trouve dans les îles de l'Amérique méridionale.

121. NOCTUELLE mantelée.

NOCTUA palliata.

Noctua lævis, alis anticis, ferrugineis; puncto apicis atro, poſticis atris margine fulvo. FABR. *Mant. Inſ. tom.* 2. *p.* 144. *n°.* 73. — *Ent. Syſt. em. tom.* 3. *pars* 2. *p.* 38. *n°.* 97.

Elle eſt de la grandeur des précédentes. La tête & le corcelet ſont d'une couleur ferrugineuſe obſcure. L'abdomen eſt obſcur en deſſus, cendré en deſſous. Les ailes ſupérieures ſont ferrugineuſes, avec une raie poſtérieure, peu marquée, cendrée, & un point diſtinct, noir, placé au-delà. Les ailes inférieures ſont noires, avec le bord fauve. En deſſous les quatre ailes ſont noires, avec les bords jaunes.
Elle ſe trouve en Allemagne.

122. NOCTUELLE Hypatie.

NOCTUA Hypatia.

Noctua lævis, alis deflexis, albidis; anticis diſco atro, faſciâ obliquâ ſtrigâque baſeos niveis. FABR. *Ent. Syſt. em. tom.* 3. *pars* 2. *p.* 38. *n°.* 98.

Phalæna Noctua Hyppaſia. CRAM. *Pap. tom.* 3. *p.* 99. *tab.* 250. *fig.* E.

Elle a de vingt à vingt-deux lignes de largeur les ailes étendues. Le corps eſt cendré. Les ailes ſupérieures ſont griſes, avec une grande tache triangulaire, noire, au milieu, coupée par une bande blanche. A peu de diſtance de la baſe de ce triangle, il y a une petite bande noire, appuyée ſur une ligne blanche. Les ailes inférieures en deſſus & les quatre ailes en deſſous ſont griſâtres.
Elle ſe trouve ſur la côte de Coromandel.

123. NOCTUELLE Céphiſe.

NOCTUA Cephiſe.

Noctua lævis; alis deflexis, cinereis; anticis diſco atro, faſciâ obliquâ albâ.

Phalæna Noctua Cephiſe. CRAM. *Pap. tom.* 3. *p.* 59. *tab.* 227. *fig.* C.

Elle eſt plus grande que la précédente. Les ailes ſupérieures ſont d'un gris un peu rouſſeâtre ſur les bords : tout le milieu eſt noir, & cette couleur eſt traverſée par une bande blanchâtre. On voit une ſuite de points noirs, près du bord poſtérieur. Les ailes inférieures ſont de la même couleur griſe, un peu rouſſeâtre, avec une bande courte, au milieu, & une autre près du bord poſtérieur, blanchâtres. En deſſous les ailes ſont d'un gris-brun, avec une bande brune.
Elle ſe trouve aux Indes orientales.

124. NOCTUELLE triangle.

NOCTUA triangulum.

Noctua lævis, alis deflexis, cineraſcentibus; diſco atro, triangulo niveo. FABR. *Mant. Inſ. tom.* 2. *p.* 145. *n°.* 74. — *Ent. Syſt. em. tom.* 3. *pars* 2. *p.* 38. *n°.* 99.

Phalæna Noctua Mygdon. Cram. *Pap. tom.* 2. *p.* 94. *tab.* 156. *fig.* G.

Elle eſt un peu plus petite que la précédente. Le corps eſt cendré. Les ailes ſupérieures ſont noires au milieu, marquées d'un triangle blanc. Le bord poſtérieur eſt cendré, avec une ligne ondée noire & une blanche, réunies. Les ailes poſtérieures en deſſus & le deſſous des quatre ailes ſont cendrés.

Elle ſe trouve à Tranquebar.

125. Noctuelle Ammonie.

Noctua Ammonia.

Noctua lævis, alis deflexis, fuſcis violaceo nitidis, anticis diſco nigro, faſciis duabus albis.

Phalæna Noctua Ammonia. Cram. *Pap. tom.* 3. *p.* 98. *tab.* 250. *fig.* D.

Elle reſſemble un peu aux précédentes. Le corps eſt d'un gris-foncé un peu violet. Les ailes ſont de la même couleur. On apperçoit une grande tache noire ſur les ſupérieures, traverſée par une bande blanche, & terminée par une ligne de la même couleur : il y a enſuite une ligne noire, un peu ondée, & une ſuite de petites taches noires près du bord. Les ailes inférieures ſont traverſées d'une bande blanche, qui fait ſuite à celle de l'aile ſupérieure. En deſſous les ailes ſont d'un gris-brun, avec des raies tranſverſes & des taches blanches.

Elle ſe trouve ſur la côte de Coromandel.

126. Noctuelle palmée.

Noctua palmata.

Noctua lævis, alis deflexis, ſubferrugineis; ſtrigis undatis, obſoletis, maculâque mediâ niveâ. Fabr. *Ent. Syſt. em. tom.* 3. *pars* 2. *p.* 38. *n°.* 100.

Elle eſt petite, cendrée. Les ailes ſupérieures ſont un peu ferrugineuſes, avec une raie très-ondée, obſcure, placée en avant du milieu; un point très-petit au milieu, & une tache palmée, blanche : au-delà de la tache on voit une autre raie obſcure, très-ondée & tortueuſe. En deſſous elles ſont pâles, avec des raies ferrugineuſes.

Elle ſe trouve dans l'Amérique méridionale. La Chenille vit ſur le Coton.

127. Noctuelle arquée.

Noctua arcuata.

Noctua lævis, alis deflexis, albidis; arcu medio maculâque poſticâ marginali atris. Fabr. *Mant. Inſ. tom.* 2. *p.* 145. *n°.* 75. — *Ent. Syſt. em. tom.* 3. *pars* 2. *p.* 39. *n°.* 101.

Elle reſſemble, pour la forme & la grandeur, à la Noctuelle albicolle. Les antennes ſont pectinées, avec l'extrémité nue. Les ailes, comme tout le corps, ſont blanches, luiſantes, avec une tache au milieu, qu'un croiſſant noir entoure, & qui eſt un peu plus renflée vers le bord extérieur : il y a vers le bord poſtérieur une grande tache marginale, noire.

Elle ſe trouve à Tranquebar.

128. Noctuelle vulpine.

Noctua vulpina.

Noctua lævis, alis deflexis; anticis obſcurè cinereis immaculatis; poſticis apice nigris, albo maculatis. Fabr. *Sp. Inſ. tom.* 2. *p.* 218. *n°.* 50. — *Mant. Inſ. tom.* 2. *p.* 145. *n°.* 76. — *Ent. Syſt. em. tom.* 3. *pars* 2. *p.* 39. *n°.* 102.

Elle eſt un peu plus grande que les précédentes. La tête, le corcelet & les ailes ſupérieures ſont d'une couleur cendrée obſcure, ſans tache. Les ailes inférieures ſont cendrées à leur baſe, noires à leur extrémité, avec une tache blanche à l'angle poſtérieur, & deux ſur le bord.

Elle ſe trouve aux Indes orientales.

129. Noctuelle notée.

Noctua notata.

Noctua lævis, alis deflexis, cinereis, fuſco faſciatis, punctoque marginis interioris atro. Fabr. *Ent. Syſt. em. tom.* 3. *pars* 2. *p.* 39. *n°.* 103.

Elle eſt de grandeur moyenne. Les antennes ſont nues. Le corcelet eſt obſcur. Les ailes ſupérieures ſont cendrées, avec un point noir, diſtinct, placé à la baſe, près du bord antérieur; enſuite une bande oblique, noirâtre, placée en avant du milieu : au-delà du milieu il y a une autre bande plus large, plus pâle, enſuite une rangée de petits points noirs. L'extrémité de l'aile eſt un peu obſcure. En deſſous elles ſont cendrées, avec une lunule au milieu & une bande poſtérieure, obſcures. Les ailes inférieures ſont blanchâtres, avec une raie au milieu & une bande poſtérieure, obſcures. Le deſſous eſt ſemblable au deſſus.

Elle ſe trouve aux Indes orientales.

130. Noctuelle deſtituée.

Noctua deſtituta.

Noctua lævis, alis incumbentibus griſeis, fuſco maculatis; ſtrigâ albâ fuſcæ innatâ ſubmarginali. Fabr. *Sp. Inſ. tom.* 2. *p.* 218. *n°.* 51. — *Mant. Inſ. tom.* 2. *p.* 145. *n°.* 77. — *Ent. Syſt. em. tom.* 3. *pars* 2. *p.* 40. *n°.* 104.

Les ailes ſont d'un gris-obſcur, avec de petites taches irrégulières, noirâtres, & une raie blanchâtre, bordée d'obſcur, preſque marginale : on voit en outre une bande peu marquée, obſcure, qui part du milieu du bord interne & ſe dirige à la pointe. Les ailes inférieures ſont de la même

couleur, mais plus ondées. En dessous elles sont grises, avec deux raies obscures, dont l'une antérieure, ondée, & l'autre formée d'une suite de taches. Les cuisses & les jambes sont très-velues.
Elle se trouve dans la Chine.

131. Noctuelle tigrée.

Noctua tigrina.

Noctua lævis, alis deflexis, anticis variegatis, posticis nigris; fasciâ maculisque tribus marginalibus albis. Fabr. *Sp. Inf. tom.* 2. *p.* 218. *n°.* 52. — *Mant. Inf. tom.* 2. *p.* 145. *n°.* 78. — *Mant. Inf. tom.* 3. *pars* 2. *p.* 40. *n°.* 105.

Phalæna Melicerta. Cram. *Pap. tom.* 1. *p.* 96. *tab.* 62. *fig.* C. D. — *Tom.* 4. *p.* 70. *tab.* 323. *fig.* C. D. E.

Phalæna Melicerta. Druri, *Illustr. Inf. tom.* 1. *tab.* 23. *fig.* 1.

Elle a environ deux pouces & un quart de largeur les ailes étendues. Le corps est cendré. Les ailes supérieures sont d'un gris-brun, un peu plus foncé à la base. Cette dernière couleur est terminée au tiers de l'aile par une raie noirâtre, quelquefois accompagnée d'un peu de blanc. Les ailes inférieures sont d'un gris-brun à leur base, ensuite noires, & traversées par une bande blanche. L'extrémité est marquée de trois taches blanches. Les ailes supérieures en dessous sont grises à leur base, ensuite noires, avec une bande blanche, & cendrées à leur bord postérieur. Les inférieures sont grises, avec quelques raies obscures.
Elle se trouve sur la côte de Coromandel.

132. Noctuelle Lynx.

Noctua lyncea.

Noctua lævis, alis deflexis, anticis fusco variis; puncto medio niveo, subtùs flavis fusco undatis. Fabr. *Sp. Inf. tom.* 2. *App. p.* 506. — *Mant. Inf. tom.* 2. *p.* 145. *n°.* 79. — *Ent. Syst. em. tom.* 3. *pars* 2. *p.* 41. *n°.* 106.

Elle ressemble, pour la forme & la grandeur, à la Noctuelle tigrée. La tête & le corcelet sont obscurs, sans tache. Les ailes supérieures sont mélangées d'obscur & de jaune, & ont des raies plus obscures & un petit point blanc, placé au milieu. Les ailes inférieures en dessus & les quatre ailes en dessous sont jaunes, avec des raies ondées, obscures.
Elle se trouve aux Indes orientales.

133. Noctuelle géométrique.

Noctua geometrica.

Noctua lævis, alis deflexis, fuscis; maculâ magnâ atrâ, fasciis duabus, anteriore niveâ. Fabr. *Sp. Inf. tom.* 2. *p.* 218. *n°.* 53. — *Mant. Inf. tom.* 2. *pars* 2. *p.* 145. *n°.* 80. — *Ent. Syst. em. tom.* 3. *p.* 41. *n°.* 107.

Le corps est obscur. Les ailes sont un peu obscures, avec une grande tache au milieu, carrée, noire, qui ne va pas jusqu'au bord antérieur, & sur le milieu de laquelle on remarque une large bande blanche, & une autre sur le bord, brune, terminée antérieurement par une raie blanche. Les ailes inférieures en dessus & les quatre ailes en dessous sont noires, avec une bande & le bord blancs.
Elle se trouve aux Indes orientales.

134. Noctuelle Orosie.

Noctua Orosia.

Noctua lævis, alis deflexis, anticis albidis, maculâ magnâ marginali atrâ, apice fuscis.

Phalæna Noctua Orosia. Cram. *Pap. tom.* 3. *p.* 149. *tab.* 275. *fig.* D.

Elle a un pouce & demi de largeur les ailes étendues. La tête est blanchâtre, pointillée de noir. Le corcelet est blanchâtre, marqué de petits points noirs, & de deux lignes longitudinales de la même couleur. Les ailes supérieures sont blanchâtres, pointillées de noir, avec une grande tache presque triangulaire, noire, qui part du bord antérieur, & qui est entourée, sur ses deux côtés internes, d'une ligne blanche. L'extrémité de l'aile est noirâtre. Les ailes inférieures sont jaunes, avec le bord postérieur noir. En dessous les ailes sont jaunes, avec les bords bruns.
Elle se trouve sur la côte de Coromandel.

135. Noctuelle Mézenterie.

Noctua Mezenteria.

Noctua lævis, alis deflexis, nigris; anticis cæruleo irroratis, posticis apice albis. Fabr. *Ent. Syst. em. tom.* 3. *pars* 2. *p.* 41, *n°.* 108.

Phalæna Mezentia. Cram. *Pap. tom.* 4. *p.* 70. *tab.* 323. *fig.* F.

Elle ressemble à la Noctuelle tigrée. Le corps est obscur en dessus, cendré en dessous. Les ailes supérieures sont obscures, parsemées de points bleus, marquées de deux taches transverses, brunes. Les ailes inférieures sont d'un bleu-foncé à leur base, ensuite noires, avec une grande tache blanche à l'extrémité. En dessous les ailes sont d'un brun-fauve, avec trois raies ondées, obscures, & une tache blanche au bord des inférieures, moins grande que celle de dessus.
Elle se trouve à la côte de Coromandel.

136. Noctuelle stolide.

Noctua stolida.

Noctua lævis, alis deflexis, fuscis; fasciis duabus

niveis, posteriore unidentatâ. FABR. *Sp. Inf. tom.* 2. *p.* 218. *n°.* 54. — *Mant. Inf. tom.* 2. *p.* 145. *n°.* 81. — *Ent. Syst. em. tom.* 3. *pars* 2. *pag.* 41. *n°.* 109.

Le corcelet & l'abdomen sont cendrés. Les ailes sont obscures, avec deux bandes blanches, dont la postérieure est marquée d'une dent. Les ailes inférieures sont obscures, avec une bande & un point à l'angle interne, blancs.

Elle se trouve aux Indes orientales.

137. NOCTUELLE d'un blanc de neige.

NOCTUA nivea.

Noctua lævis, alis deflexis corporeque albis, antennis linguâque testaceis. FABR. *Sp. Inf. tom.* 2. *p.* 219. *n°.* 55. — *Mant. Inf. tom.* 2. *p.* 145. *n°.* 82. — *Ent. Syst. em. tom.* 3. *pars* 2. *p.* 42. *n°.* 110.

Phalæna Noctua nivea. LINN. *Syst. Nat. tom.* 2. *p.* 838. *n°.* 108.

Elle ressemble, suivant Linné, au Bombix du Saule, si ce n'est qu'elle est entiérement blanche, excepté les antennes & la trompe qui sont testacées. Le bord extérieur des ailes supérieures paroît un peu obscur à un certain jour.

Elle se trouve en Norwège.

138. NOCTUELLE Joviane.

NOCTUA Joviana.

Noctua lævis, alis deflexis, cinereis; maculâ transversâ nigrâ posticè inæquali albo marginatâ. FABR. *Ent. Syst. em. tom.* 3. *pars* 2. *p.* 42. *n°.* 111.

Noctua sinuata. FABR. *Mant. Inf. tom.* 2. *p.* 145. *n°.* 83.

Phalæna Joviana. CRAM. *Pap. tom.* 4. *p.* 237. *tab.* 399. *fig.* B.

Elle a près de deux pouces de largeur les ailes étendues. Les ailes supérieures sont cendrées, avec deux raies blanchâtres & noirâtres réunies à la base; une grande tache transverse, arrondie en avant, sinuée postérieurement, entourée de blanchâtre. Après la tache vient une raie formée de taches obscures, & on voit trois points blancs vers le bord antérieur. En dessous elles sont cendrées, suivant Fabricius; d'un violet brunâtre, pointillées de brun, suivant Cramer, avec du blanc aux bords inférieurs. L'abdomen est cendré, marqué de trois points blancs de chaque côté.

Elle se trouve à la côte de Coromandel.

139. NOCTUELLE parallèle.

NOCTUA parallelaris.

Noctua lævis, alis deflexis, anticis fuscis, disco nigro, albo bifasciato.

Noctua parallelaris. HUBN. *Lepid.* 4. *Noct.* 3. *tab.* 66. *fig.* 324.

Elle ressemble, pour la forme & la grandeur, à la Noctuelle algérienne. La tête & le corcelet sont d'un gris très-foncé, un peu bleuâtre. Les ailes supérieures sont de la même couleur, & ont une grande tache triangulaire, noirâtre, qui s'appuie sur le bord interne, & qui est traversée par deux bandes droites, blanches, dont la première est simple, & la seconde bordée de jaunâtre inférieurement. La couleur jaune forme une ligne qui quitte la bande blanche antérieurement, & va, en sinuant, se perdre à l'angle antérieur. Le bord est un peu dentelé, & à peu de distance il y a une rangée de points noirs. Les ailes inférieures sont dentelées, noires, avec une bande d'un gris-obscur au milieu, & la frange blanchâtre, interrompue.

Je ne sais dans quelle partie de l'Europe elle se trouve.

140. NOCTUELLE sanglée.

NOCTUA cingularis.

Noctua lævis, alis deflexis, fuscis; anticis fasciis duabus, posticis unicâ albis.

Noctua cingularis. HUBN. *Lepid.* 4. *Noct.* 3. *tab.* 76. *fig.* 352.

Elle est un peu plus petite que la Noctuelle algérienne, à laquelle elle ressemble beaucoup. La tête, le corcelet & l'abdomen sont d'un gris très-foncé, un peu bleuâtre. La base des ailes supérieures est de la même couleur; vient ensuite une bande noirâtre, qui se rétrécit antérieurement; puis une bande d'un blanc-jaunâtre, qui se rétrécit au milieu; puis une bande noire, qui s'élargit au milieu, & qui est sinuée inférieurement; elle est suivie d'une bande d'un blanc-jaune, sinuée. On voit deux taches ensuite sur le bord antérieur, dont la première est plus grande que la seconde. Les ailes inférieures sont obscures, traversées d'une bande blanche, & marquées d'un point blanc vers le bord. La frange est blanchâtre.

Je ne sais de quelle partie de l'Europe M. Hubner a reçu cette espèce.

141. NOCTUELLE algérienne.

NOCTUA algira.

Noctua lævis, alis deflexis, grisescentibus; fasciâ limboque posteriore cinereis, apice maculâ sesquialterâ nigrâ.

Phalæna Noctua algira. LINN. *Syst. Nat. tom.* 2. *p.* 836. *n°.* 98.

Phalæna Noctua achatina. SULZ. *Hist. Inf. tom.* 1. *p.* 160. *n°.* 4. *tab.* 22. *fig.* 4.

La Bande blanche. ERNST, *Pap. d'Europe*, *tom.* 8. *p.* 8. *tab.* 307. *fig.* 531.

Noctua triangularis. HUBN. *Lepid.* 4. *Noct.* 3. *tab.* 66. *fig.* 323.

Elle a ordinairement de vingt à vingt-deux lignes de largeur les ailes étendues. Les antennes sont grises, sétacées. La tête & le corcelet sont d'un gris-brun. Les ailes supérieures sont d'un gris-brun à leur base ; elles ont ensuite une large bande grise qui se rétrécit un peu au milieu ; vient ensuite une large bande, d'un gris-brun, qui s'élargit au milieu, du côté de sa partie inférieure, & y forme deux angles à sommets arrondis. De cette bande à l'extrémité l'aile prend une teinte grise, qui va en s'élargissant. On y remarque des stries blanches, une suite de très-petits points noirs, une ligne à peine marquée, noirâtre, sur laquelle les points s'appuient, & à l'angle antérieur on voit deux taches triangulaires, brunes, dont une plus grande que l'autre, qui se touchent à leur base. Lorsque l'insecte est nouvellement sorti de son enveloppe la couleur brune a un reflet verdâtre. Les ailes inférieures sont brunes, avec la frange & une bande vers le milieu, d'un gris-clair.

Elle se trouve au midi de la France, en Italie, dans le Levant, sur la côte de Barbarie.

142. NOCTUELLE linéolaire.

NOCTUA lineolaris.

Noctua lævis, alis deflexis, concoloribus brunneis ; anticis fasciis quinque obscurioribus punctisque posticis seriatis nigris.

Noctua lineolaris. HUBN. *Lepid.* 4. *Noct.* 3. *tab.* 96. *fig.* 454.

Elle ressemble à la Noctuelle algérienne pour la forme & la grandeur. Le corps est d'un brun-clair. Les ailes supérieures sont de la même couleur, & sont traversées de cinq bandes plus obscures, presque droites. La cinquième est la plus large, & est bordée supérieurement, ainsi que la première, de jaune-obscur : après cette cinquième bande on voit une rangée de points obscurs. Les ailes inférieures sont de la même couleur que les supérieures, avec la partie postérieure plus foncée.

Je ne connois pas sa patrie; mais elle est probablement du midi de l'Europe.

143. NOCTUELLE fluctuaire.

NOCTUA fluctuaris.

Noctua lævis, alis deflexis, dentatis, concoloribus brunneis ; strigis plurimis undatis, fuscis, postice punctis seriatis albis.

Noctua fluctuaris. HUBN. *Lepid.* 4. *Noct.* 2. *tab.* 95. *fig.* 449.

Cette espèce remarquable a un port étranger, & pourroit bien appartenir à la première famille. Le corps est brun. Les quatre ailes sont de la même couleur brune, traversées d'un grand nombre de raies ondées, noirâtres : on en apperçoit une sur les supérieures, un peu au-delà du milieu, qui est très-sinuée : on y voit aussi un point blanc au milieu, une rangée de points de la même couleur près du bord extérieur, & une raie jaune qui suit ce bord. Les ailes inférieures présentent aussi à leur bord les mêmes points & la même raie jaune : celles-ci sont beaucoup plus dentées que les supérieures.

J'ignore de quelle partie de l'Europe M. Hubner a reçu cette Noctuelle.

144. NOCTUELLE stupeuse.

NOCTUA stuposa.

Noctua lævis, alis deflexis, nigris ; fasciâ mediâ albâ, apice cinereis ; maculâ geminatâ, atrâ. FAB. *Ent. Syst. em. tom.* 3. *pars* 2. *p.* 42. *n°.* 112.

Phalæna achatina. CRAM. *Inf. tom.* 3. *p.* 145. *tab.* 273. *fig.* E.

Cramer regarde cette espèce comme la femelle de la Noctuelle agate. Le corps est obscur. Les ailes supérieures sont noirâtres à leur base ; elles ont ensuite une large bande blanchâtre, dans laquelle on distingue un petit point obscur. Après cette bande il y en a une autre noire. L'extrémité est cendrée, avec une tache marginale, double, noire. Les ailes inférieures sont noirâtres, avec une bande blanche au milieu. L'extrémité est grise, & cette couleur est séparée de l'autre par du noir. En dessous les ailes sont cendrées, avec des bandes brunes.

Elle se trouve sur la côte de Coromandel.

145. NOCTUELLE remarquable.

Noctua inclyta.

Noctua lævis, alis deflexis, fuscis ; strigis tribus cœrulescentibus brunneæ adnatis. FABR. *Sp. Inf. tom.* 2. *p.* 219. *n°.* 56. — *Mant. Inf. tom.* 2. *p.* 145. *n°.* 84. — *Ent. Syst. em. tom.* 3. *pars* 2. *p.* 42. *n°.* 113.

Elle est petite. Le corps est obscur & les antennes sont simples. Les ailes sont penchées, obscures : les supérieures ont un point bleu, luisant, vers la base, près du bord antérieur ; ensuite trois raies bleuâtres, dont la première pose postérieurement, & les deux autres antérieurement, sur une raie brune. Les ailes inférieures sont obscures, avec une tache bleue à l'angle postérieur. En dessous elles sont obscures, sans tache.

Elle se trouve au Brésil.

146. NOCTUELLE vermillon.

NOCTUA miniosa.

Noctua lævis, alis deflexis, strigis tribus undatis maculisque ordinariis miniaceis. FABR.

Mant. Inf. tom. 2. *p.* 145. *n°.* 85. — *Ent. Syst. em. tom.* 3. *pars* 2. *p.* 43. *n°.* 114.

Noctua miniosa. SCHMETT. *Wienn. Verz. p.* 88. *n°.* 14.

Noctua miniosa. HUBN. *Lepid.* 4. *Noct.* 2. *tab.* 36. *fig.* 174.

La Trapèze. ERNST, *Pap. d'Europe, tom.* 8. *tab.* 313. *fig.* 546. e.

Elle ressemble beaucoup à la Noctuelle trapèze, avec laquelle le rédacteur des *Papillons d'Europe* paroît l'avoir confondue. Les antennes du mâle sont pectinées. Les ailes sont d'un gris ferrugineux, avec trois raies ferrugineuses & deux taches de la même couleur vers le milieu, dont l'une ronde, & l'autre un peu plus grande, réniforme. Il y a en outre, vers le bord, une suite de petits points noirâtres. Les ailes inférieures sont blanchâtres, avec une raie presque marginale, obscure.

Elle se trouve en Allemagne.

147. NOCTUELLE ursine.

NOCTUA ursina.

Noctua lævis, alis deflexis, obscuris; posticis albo hyalinis, margine nigro. FABR. *Ent. Syst. em. tom.* 3. *pars* 2. *p.* 43. *n°.* 115.

Le corps est cendré, avec l'abdomen blanc. Les ailes supérieures sont d'un gris-obscur, avec une ou deux taches cendrées, à peine marquées. Les ailes inférieures sont d'un blanc un peu transparent, avec le bord postérieur noir, laquelle couleur noire pourtant ne s'étend pas jusqu'à l'angle postérieur. Les quatre ailes, en dessous, sont blanches, avec le bord postérieur noir.

Elle se trouve dans les îles de l'Amérique méridionale.

148. NOCTUELLE canine.

NOCTUA canina.

Noctua lævis, alis deflexis, cinereis, fusco variis; posticis albo hyalinis immaculatis. FABR. *Ent. Syst. em. tom.* 3. *pars* 2. *p.* 43. *n°* 116.

Elle ressemble à la précédente. Elle en diffère par les ailes supérieures, qui sont d'une couleur plus pâle; par les inférieures en dessus & les quatre ailes en dessous, qui sont blanches, sans tache.

Elle se trouve dans les îles de l'Amérique méridionale.

149. NOCTUELLE trapèze.

NOCTUA trapezina.

Noctua lævis, alis deflexis, albidis; fasciâ latissimâ saturatiore; puncto nigro, margine nigro punctato. FABR. *Sp. Inf. tom.* 2. *pag.* 219. *n°.* 57. — *Mant. Inf. tom.* 2. *p.* 146. *n°.* 86. — *Ent. Syst. em. tom.* 3. *pars* 2. *p.* 44. *n°.* 117.

Phalæna Noctua trapetzina. LINN. *Syst. Nat. p.* 836. *n°.* 99. — *Faun. Suec. n°.* 1157.

MERIAN, *Inf. Europ. tab.* 3.

Noctua trapezina. SCHMETT. *Wienn. Verz. p.* 88. *n°.* 13.

La Trapèze. ERNST, *Pap. d'Europe, tom.* 8. *p.* 28. *tab.* 313. *fig.* 546.

Noctua trapezina. HUBN. *Lepid.* 4. *Noct.* 2. *tab.* 42. *fig.* 200.

Elle est de grandeur moyenne. Le corps est jaunâtre. Les ailes supérieures sont planes, en recouvrement, jaunâtres, avec une légère bande plus foncée, de la figure d'un trapèze, ayant un point noir au milieu, & une suite de points noirs près du bord. Les ailes inférieures, en dessous, sont un peu fauves vers le bord postérieur.

La Chenille est rase, verdâtre, avec des raies cendrées, blanchâtres & jaunes, & quelques points noirs sur chaque anneau. Elle vit sur le Coudrier, le Hêtre, l'Érable, l'Osier, le Chêne, & attaque quelquefois les autres Chenilles, sans épargner sa propre espèce.

Elle se trouve dans toute l'Europe.

150. NOCTUELLE du Cerisier.

NOCTUA Cerasi.

Noctua lævis, alis deflexis, griseo-ferrugineis; maculis strigâque posteriori flavescentibus; margine nigro punctato. FABR. *Sp. Inf. tom.* 2. *pag.* 219. *n°.* 58. — *Mant. Inf. tom.* 2. *p.* 146. *n°.* 87. — *Ent. Syst. em. tom.* 3. *pars* 2. *p.* 44. *n°.* 118.

Noctua stabilis. SCHMETT. *Wienn. Verz. p.* 76. *n°.* 2.

ROES. *Inf. tom.* 1. *Phal.* 2. *t.* 53.

Noctua stabilis. HUBN. *Lepidopt.* 4. *Noct.* 2. *tab.* 36. *fig.* 171.

La Constante. ERNST, *Pap. d'Europe, tom.* 7. *p.* 16. *tab.* 264. *fig.* 415.

Elle est de grandeur moyenne. Le corps est d'un gris ferrugineux. Les ailes supérieures sont de la même couleur, avec une raie jaunâtre vers le bord postérieur, & une suite de points près du bord; elles ont deux taches au milieu, dont l'une ronde, & l'autre presque réniforme. Les ailes inférieures sont grises, & en dessous elles sont marquées d'une tache en croissant, noirâtre.

La Chenille vit sur le Cerisier, le Tilleul; elle est d'un vert-pâle ou jaune, avec trois raies d'un jaune de soufre.

Elle se trouve en Angleterre, en Allemagne.

151. NOCTUELLE

151. Noctuelle inconstante.

Noctua instabilis.

Noctua lævis, alis deflexis griseis; fasciâ mediâ ferrugineâ. Fabr. *Mant. Inf. tom.* 2. *p.* 146. *n°.* 88. — *Ent. Syst. em. tom.* 3. *pars* 2. *pag.* 44. *n°.* 119.

Noctua instabilis. Schmett. *Wienn. Verz. p.* 76. *n°.* 1.

Noctua instabilis. Hubn. *Lepid.* 4. *Noct.* 2. *tab.* 35. *fig.* 165.

L'Inconstante. Ernst, *Pap. d'Europe, tom.* 7. *p.* 14. *tab.* 263. *fig.* 414.

Elle est de grandeur moyenne. Le corps est d'un gris ferrugineux. Les ailes supérieures sont d'un gris un peu ferrugineux, & marquées au milieu d'une raie ferrugineuse, sinuée, sur laquelle se trouve la seconde tache, presque réniforme. Les ailes inférieures sont d'un gris-obscur en dessus, cendrées en dessous, avec une tache en croissant, noirâtre.

Elle se trouve en Allemagne. La Chenille vit sur l'Amandier.

152. Noctuelle humble.

Noctua humilis.

Noctua lævis, alis deflexis griseis; strigis tribus flavescentibus mediâque fuscâ; margine punctato. Fabr. *Mant. Inf. tom.* 2. *p.* 146. *n°.* 89. — *Ent. Syst. em. tom.* 3. *pars* 2. *p.* 45. *n°.* 120.

Noctua humilis. Schmett. *Wienn. Verz. p.* 76. *n°.* 3.

Noctua humilis. Hubn. *Lepidopt.* 4. *Noct.* 2. *tab.* 36. *fig.* 170.

La Modeste. Ernst, *Pap. d'Europe, tom.* 7. *pag.* 4. *tab.* 258. *fig.* 399. ?

Les antennes sont ferrugineuses. Le corps est gris. Les ailes sont grises, avec les deux taches ordinaires, entourées d'un anneau jaunâtre : il y a en outre trois raies jaunâtres, dont deux vers l'extrémité & une vers la base, & de plus une quatrième au milieu, qui traverse la tache postérieure. Les ailes inférieures sont obscures en dessus, blanches en dessous, avec un point obscur au milieu.

Elle se trouve en Allemagne, sur le Pissenlit.

153. Noctuelle centrale.

Noctua centralis.

Noctua lævis, alis deflexis, obscurè cinereis; puncto centrali nigro. Fabr. *Ent. Syst. em. tom.* 3. *pars* 2. *p.* 45. *n°.* 121.

Elle est petite. Tout le corps est d'un gris-obscur. Les ailes supérieures ont quelques raies ondées, peu marquées, jaunâtres. La postérieure est plus marquée que les autres. Les taches ordinaires sont à peine apparentes, & on voit au-delà un point assez grand, noir, bien distinct. Les ailes inférieures sont pâles en dessous, avec un point au milieu & une raie postérieure obscure.

Elle se trouve à Kiell.

154. Noctuelle Lychnide.

Noctua Lychnidis.

Noctua lævis, alis deflexis ferrugineo-fuscis, flavo striatis. Fabr. *Mant. Inf. tom.* 2. *p.* 146. *n°.* 90. — *Ent. Syst. em. tom.* 3. *pars* 2. *p.* 45. *n°.* 122.

Noctua Lychnidis. Schmett. *Wienn. Verz. p.* 76. *n°.* 5.

La Lychnide. Ernst, *Pap. d'Europe, tom.* 7. *p.* 3. *tab.* 258. *fig.* 398.

Noctua Lychnidis. Hubn. *Lepid.* 4. *Noct.* 2. *tab.* 98. *fig.* 464.

Le corps est gris, & les antennes sont ferrugineuses. Les ailes supérieures sont d'une couleur ferrugineuse-obscure, avec six ou sept stries jaunâtres, qui vont de la base au-delà des taches, mais qui n'atteignent pas la dernière raie. On voit, vers l'extrémité, deux raies, dont l'une, antérieure, termine presque les stries, & au milieu les deux taches ordinaires. Le bord est presque ponctué. Les ailes inférieures sont obscures.

La Chenille est verte, avec des points ferrugineux & une raie latérale de la même couleur.

Elle se trouve en Europe.

155. Noctuelle fixe.

Noctua fixa.

Noctua lævis, alis deflexis; anticis basi pallidis, apice virescentibus; strigâ pallidâ, posticis flavis, margine nigro. Fabr. *Mant. Inf. tom.* 2. *p.* 147. *n°.* 81. — *Ent. Syst. em. tom.* 3. *pars* 2. *p.* 46. *n°.* 123.

Elle est petite. Le corps est obscur en dessus, jaune en dessous. Les ailes supérieures sont cendrées à la base, ont une bande obscure au milieu, sont verdâtres à l'extrémité, avec une raie cendrée. Les ailes inférieures sont jaunes, avec des raies avant le bord & le bord noirs.

Elle se trouve à Gibraltar.

156. Noctuelle monile.

Noctua monilis.

Noctua lævis, alis deflexis brunneis; punctis quatuor approximatis albis, antennis pectinatis. Fabr. *Sp. Inf. tom.* 2. *p.* 219. *n°.* 59. — *Mant. Inf. tom.* 2. *p.* 147. *n°.* 92. — *Ent. Syst. em. tom.* 3. *pars* 2. *p.* 46. *n°.* 124.

Elle est de grandeur moyenne. Les antennes sont pectinées, ferrugineuses. La tête & le corcelet sont ferrugineux. L'abdomen est d'une couleur plus pâle. Les ailes supérieures sont brunes, avec un point obscur au milieu, & quatre points blancs, rapprochés, placés transversalement vers le bord interne, dont un & ensuite trois plus petits. On voit en outre, vers l'extrémité, quatre points jaunâtres, peu marqués. Les ailes inférieures sont d'un fauve-pâle, avec une raie obscure en dessous.

Elle se trouve en Angleterre.

157. Noctuelle électrique.

Noctua electrica.

Noctua lævis, alis deflexis griseis; strigis duabus undatis, apice nigris. Fabr. *Ent. Syst. em. tom.* 3. *pars* 2. *p.* 46. *n°.* 125.

Elle est de grandeur moyenne. La tête & le corcelet sont gris, sans tache. L'abdomen est d'un gris plus pâle. Les ailes supérieures sont grises, obscures, marquées de deux taches au milieu, dont l'une petite, ronde, & l'autre postérieure, plus grande, réniforme. Vers l'extrémité on voit deux raies très-ondées, noires. La frange est alternativement cendrée & noirâtre. Les ailes inférieures en dessus, & les quatre ailes en dessous, sont blanches, sans tache.

Elle se trouve à Kiell.

158. Noctuelle ondée.

Noctua undata.

Noctua lævis, alis deflexis griseis; strigis undatis fuscis, posticis cinereis; fasciâ marginali nigrâ. Fabr. *Sp. Inf. tom.* 2. *p.* 210. *n°.* 60. — *Mant. Inf. tom.* 2. *p.* 147. *n°.* 93. — *Ent. Syst. em. tom.* 3. *pars* 2. *p.* 47. *n°.* 126.

Elle est de grandeur moyenne. Les antennes sont ferrugineuses. La tête & le corcelet sont un peu verdâtres. Les ailes supérieures sont grises, avec les deux taches ordinaires en dessus, & quelques raies ondées, presqu'effacées, noirâtres, & en dessous avec deux taches & une bande postérieure noires, laquelle bande ne va pas jusqu'au bord interne. Les ailes inférieures sont cendrées, avec une bande marginale noirâtre des deux côtés.

Elle se trouve aux Indes orientales.

159. Noctuelle rubanée.

Noctua vittata.

Noctua lævis, alis deflexis dentatis cinereis; strigis fuscis, posticis flavescentibus; vittâ marginali atrâ. Fabr. *Sp. Inf. tom.* 2. *p.* 219. *n°.* 61. — *Mant. Inf. tom.* 2. *p.* 147. *n°.* 94. — *Ent. Syst. em. tom.* 3. *pars* 2. *p.* 47. *n°.* 127.

Phalæna Clytia. Cram. *Pap. tom.* 4. *p.* 238. *tab.* 399. *fig.* G.

Elle a environ deux pouces & un quart de largeur les ailes étendues. Les antennes sont rousseâtres, sétacées, presque de la longueur du corps. Les ailes supérieures sont cendrées, marquées de raies ondées, obscures : on y apperçoit, vers la base, un anneau noirâtre, & vers le milieu une tache un peu plus grande, réniforme. Les ailes inférieures sont jaunâtres, marquées vers l'extrémité, de trois raies ondées, noirâtres, & d'une large raie longitudinale, vers le bord interne. Le dessous des ailes est cendré, parsemé d'obscur & traversé d'une raie obscure. Le bord des supérieures est d'un jaune-pâle, marqué d'une tache brune. Les cuisses & les pattes des jambes antérieures sont très-velues.

Elle se trouve à la côte de Coromandel.

160. Noctuelle Puera.

Noctua Puera.

Noctua lævis, alis deflexis, anticis cærulescentibus, fusco punctatis; posticis nigris, maculis tribus flavis rubro cinctis.

Phalæna Noctua Puera. Cram. *Pap. tom.* 2. *p.* 10. *tab.* 103. *fig.* D. E.

Elle a environ dix-sept lignes de largeur les ailes étendues. La tête & le corcelet sont bleuâtres. Les ailes supérieures sont bleuâtres, marquées de points d'un rouge-obscur. Les inférieures sont noires, avec trois taches irrégulières, jaunes, entourées de rouge. La frange est jaune. Le dessous des ailes supérieures est rouge sur les bords, jaune au milieu, avec deux taches transverses, noires, qui se confondent avec une raie longitudinale, postérieure, de la même couleur. Le dessous des inférieures est rouge. L'abdomen est jaune en dessus, avec des raies noires; bleu en dessous, avec des raies rouges. La poitrine & les pattes sont jaunes.

Elle se trouve à Surinam.

161. Noctuelle annelée.

Noctua annulata.

Noctua lævis, alis deflexis, fusco nitidulis; posticis subtùs griseis; puncto medio strigâque posticâ fuscis; tibiis anticis albo annulatis. Fabr. *Ent. Syst. em. tom.* 3. *pars* 2. *p.* 47. *n°.* 128.

Elle est de grandeur moyenne. Le corps est obscur. Les ailes supérieures sont noirâtres, luisantes, presque rayées, avec des points blancs. Les postérieures sont noirâtres, avec le bord antérieur blanc. En dessous les ailes supérieures sont noirâtres. Les inférieures sont grises, avec un point & une bande postérieure, noirs. Les pattes sont cendrées. Les antérieures sont noires, avec des anneaux blancs sur les jambes.

Elle se trouve à Tranquebar.

162. NOCTUELLE proprète.

NOCTUA munda.

Noctua lævis, alis deflexis cinereis; strigâ posteriore flavescente, punctis duobus atris. FABR. *Mant. Inf. tom.* 2. *p.* 14. *n°.* 95. — *Ent. Syst. em. tom.* 3. *pars* 2. *p.* 48. *n°.* 129.

Noctua munda. SCHMETT. *Wienn. Verz. p.* 16. *n°.* 7.

La Proprète. ERNST, *Pap. d'Eur. tom.* 7. *p.* 1. *tab.* 258. *n°.* 396.

Noctua lota. HUBN. *Lepid.* 4. *Noct.* 2. *tab.* 35. *fig.* 166.

Il paroît qu'il y a eu transpofition de nom ou de numéro dans la planche de Hubner.

Elle eſt d'une couleur griſe, un peu fauve. Les deux taches du milieu, dont l'une eſt ronde & l'autre réniforme, ſont peu marquées. Il y a une raie plus claire, peu marquée, vers la baſe, & une autre preſque jaune, vers l'extrémité : ſur celle-ci s'appuient deux points noirs, rapprochés : il y en a quelquefois deux autres vers l'angle poſtérieur. Les ailes inférieures ſont d'un gris légérement fauve.

La Chenille eſt raſe, mélangée de gris & de noir, avec une raie latérale, fauve; elle vit ſur le Poirier.

Elle ſe trouve dans toute l'Europe.

Pour ce qui regarde la *Noctua lota*, que nous croyons être figurée par Hubner au n°. 167, ſous le nom de *Noctua munda*, voyez BOMBIX modeſte, *n°.* 183.

163. NOCTUELLE doucette.

NOCTUA blanda.

Noctua lævis, alis deflexis cinereo-fuſcis; strigâ poſticâ albidiore. FABR. *Mant. Inf. tom.* 2. *p.* 144. *n°.* 96. — *Ent. Syst. em. tom.* 3. *pars* 2. *p.* 48. *n°.* 130.

Noctua blanda. SCHMETT. *Wienn. Verz. p.* 77. *n°.* 8.

La Cannelée. ERNST, *Pap. d'Europe, tom.* 7. *p.* 2. *tab.* 258. *fig.* 397. ?

Noctua blanda. HUBN. *Lepid.* 4. *Noct.* 2. *tab.* 34. *fig.* 162.

La tête & le corcelet ſont d'un gris légérement fauve. Les ailes ſupérieures ſont de la même couleur, avec une tache petite, ronde, au milieu; une ſeconde preſque réniforme, & une raie poſtérieure plus claire. Les ailes inférieures ſont griſes.

Elle ſe trouve en Autriche.

164. NOCTUELLE ambiguë.

NOCTUA ambigua.

Noctua lævis, alis deflexis cinereis; atomis strigâque ponè medium nigris. FABR. *Mant. Inf. tom.* 2. *p.* 148. *n°.* 97. — *Ent. Syst. em. tom.* 3. *pars* 2. *p.* 48. *n°.* 131.

Noctua ambigua. SCHMETT. *Wienn. Verz. p.* 77. *n°.* 10.

Noctua ambigua. HUBN. *Lepid.* 4. *Noct.* 2. *tab.* 36. *fig.* 173.

L'Ambiguë. ERNST, *Pap. d'Eur. tom.* 7. *p.* 13. *tab.* 262. *fig.* 412.

Le corps eſt cendré, un peu rouſſeâtre. Les ailes ſupérieures ſont de la même couleur, & ont quelques points noirs à la baſe, & une raie au-delà du milieu, de la même couleur. Au milieu ſont les deux taches ordinaires, peu marquées. Les ailes inférieures ſont cendrées.

Elle ſe trouve en Europe. La Chenille vit ſur le Laitron, le Piſſenlit.

165. NOCTUELLE mince.

NOCTUA gracilis.

Noctua lævis, alis deflexis, fuſco-cinereis; strigâ undatâ fuſcâ baſeos flaveſcenteque apicis, intermediâ punctatâ. FABR. *Mant. Inf. tom.* 2. *p.* 148. *n°.* 98. — *Ent. Syst. em. tom.* 3. *pars* 2. *p.* 48. *n°.* 132.

Noctua gracilis. SCHMETT. *Wienn. Verz. p.* 76. *n°.* 4.

Noctua gracilis. HUBN. *Lepid.* 4. *Noct.* 2. *tab.* 35. *fig.* 168.

La Gracieuſe. ERNST, *Pap. d'Europe, tom.* 7. *p.* 13. *tab.* 262. *fig.* 411.

Le corps eſt d'un gris-rouſſeâtre obſcur. Les ailes ſupérieures ſont de la même couleur, & ont une raie noirâtre vers la baſe, les deux taches ordinaires au milieu, peu marquées, & au-delà une raie formée par des points noirs.

Elle ſe trouve en Europe. La Chenille eſt raſe, verdâtre, avec les côtés jaunâtres & les inciſions jaunes : ſur chaque anneau on voit quatre points obſcurs, & une tache antérieure, noire.

166. NOCTUELLE recourbée.

NOCTUA repanda.

Noctua lævis, alis deflexis flaveſcentibus; strigis poſticis duabus fuſcis, alterâ repandâ, alterâ punctatâ. FABR. *Ent. Syst. em. tom.* 3. *pars* 2. *p.* 49. *n°.* 133.

Elle reſſemble beaucoup, pour la forme & la grandeur, à la Noctuelle frugale. Le corps eſt jaunâtre. Les ailes supérieures sont jaunâtres, marquées d'un point noir, distinct, placé vers le bord interne. Avant le milieu il y a une raie courbe, peu marquée : au milieu sont les deux taches ordinaires; ensuite vient une raie oblique, brune, qui n'atteint pas les bords; puis une autre raie formée de points noirâtres. Les ailes inférieures sont jaunes, avec une raie postérieure & une tache à l'extrémité, noirâtres. Les quatre ailes sont jaunes en dessous. Les pattes postérieures sont très-velues de jaune. Les jambes antérieures sont noires. L'autre sexe n'a pas le point noir du bord interne, & les pattes postérieures sont simples.

Elle se trouve dans les îles de l'Amérique méridionale.

167. Noctuelle versicolore.

Noctua versicolor.

Noctua lævis, alis deflexis griseis sive purpurescentibus; anticis fasciâ abbreviatâ albâ. Fabr. *Ent. Syst. em. tom.* 3. *pars* 2. *p.* 49. *n°.* 134.

Elle est de grandeur moyenne. La couleur des ailes varie : tantôt elle est grise, avec un reflet fauve : tantôt elle est pourpre, avec des raies plus obscures & des points blancs; mais on voit toujours une bande courte, blanche, vers le bord antérieur. En dessous elles sont presque de la même couleur, avec une seule raie obscure, au milieu.

Elle se trouve dans les îles de l'Amérique méridionale.

168. Noctuelle de la Corète.

Noctua Corchori.

Noctua lævis, alis angulatis cinereis; fasciâ mediâ latâ, postice angulatâ obscuriore. Fabr. *Ent. Syst. em. tom.* 3. *pars* 2. *p.* 50. *n°.* 135.

Le corps est cendré, de moyenne grandeur. Les ailes supérieures sont anguleuses, cendrées, avec une large bande au milieu & un point central, noir; laquelle bande est postérieurement dilatée depuis le milieu jusqu'au bord antérieur. Le bord postérieur est frangé, taché de noir, & forme un angle au milieu. Les ailes inférieures sont noirâtres, avec le bord postérieur frangé, blanc. En dessous elles sont brunes, avec le bord interne blanchâtre.

Elle se trouve dans l'Amérique méridionale. La Chenille vit sur la Corète siliqueuse; elle est rase, verte, avec une raie latérale ondée, jaune & pourpre. La tête est jaune.

169. Noctuelle discolore.

Noctua discolor.

Noctua lævis, alis deflexis fuscis; anticis fasciâ posticè unidentatâ pallidiori, posticis maculis duabus marginalibus albis. Fabr. *Ent. Syst. em. tom.* 3. *pars* 2. *p.* 50. *n°.* 136.

Le corps est de moyenne grandeur, d'un gris-obscur, avec une tache noire à la partie antérieure du corcelet. Les ailes sont d'un gris-obscur, avec une large bande au milieu, d'où part postérieurement un petit rameau. Dans l'un des sexes cette bande est brune, avec une grande tache de chaque côté, noire; dans l'autre, elle est verdâtre, avec un point noir, au milieu. Près du bord on voit une ligne peu marquée, blanche. Les ailes inférieures sont obscures, avec deux petites taches marginales, blanches. Les quatre ailes en dessous sont obscures, avec un point noir au milieu des inférieures.

On la voit rarement avec une bande au milieu, presque toute effacée.

Elle se trouve à Tranquebar.

170. Noctuelle sordide.

Noctua sordida.

Noctua lævis, alis deflexis flavescentibus; strigâ communi punctisque submarginalibus fuscis, subtùs lunulâ mediâ niveâ. Fabr. *Ent. Syst. em. tom.* 3. *pars* 2. *p.* 50. *n°.* 137.

Elle ressemble aux précédentes. Le corps est jaunâtre. Les ailes sont jaunâtres; les antérieures ont une raie presqu'effacée, à la base; un petit point presqu'oculé avant le milieu; ensuite la tache réniforme; puis une raie oblique, & une autre formée par une suite de points noirâtres. Les ailes en dessous sont plus claires, avec un point blanc au milieu & deux raies postérieures, dont l'une antérieure, courbée, & la postérieure ponctuée.

Elle se trouve à Tranquebar.

171. Noctuelle frugale.

Noctua frugalis.

Noctua lævis, alis deflexis cinereis; fasciâ obliquâ strigâque punctorum nigrorum. Fabr. *Sp. Ins. tom.* 2. *p.* 220. *n°.* 62. — *Mant. Ins. tom.* 2. *p.* 148. *n°.* 99. — *Ent. Syst. em. tom.* 3. *pars* 2. *p.* 51. *n°.* 138.

Elle est de grandeur moyenne & de couleur cendrée. Les ailes supérieures ont un petit point noirâtre au centre; une bande peu marquée, oblique, noirâtre, qui part du milieu du bord interne & va à l'angle antérieur : derrière la bande il y a une rangée de points noirs. L'autre sexe a les pattes postérieures jaunes, très-velues.

Elle se trouve aux Indes orientales.

172. Noctuelle jaune.

Noctua flava.

Noctua lævis, alis deflexis flavis; strigis undatis ferrugineis. Fabr. *Sp. Ins. tom.* 2. *p.* 220. *n°.* 63. — *Mant. Ins. tom.* 2. *p.* 148. *n°.* 100. — *Ent. Syst. em. tom.* 3. *pars* 2. *p.* 51. *n°.* 139.

Elle eſt petite, toute jaune, avec pluſieurs raies ondées ferrugineuſes ſur les ailes ſupérieures. Les ailes inférieures ſont plus pâles, ſans tache.

Elle ſe trouve aux Indes orientales.

173. Noctuelle ſtigmate.

Noctua ſtigmatiſans.

Noctua lævis, alis deflexis angulatis flavis; ſtrigis obſcurioribus ſtigmateque niveo. Fabr. *Sp. Inſ. tom.* 2. *p.* 220. *n°.* 64. — *Mant. Inſ. tom.* 2. *p.* 148. *n°.* 101. — *Ent. Syſt. em. tom.* 3. *pars* 2. *p.* 51. *n°.* 141.

Elle eſt petite. Les antennes ſont cendrées. La tête & le corcelet ſont jaunes. Les ailes ſupérieures ſont anguleuſes, jaunes, marquées de trois raies ondées, obſcures, & d'un point blanc au milieu. Les ailes inférieures ſont cendrées. Les quatre ailes en deſſous ſont obſcures, avec une raie ondée, noirâtre.

Elle ſe trouve aux Indes orientales.

174. Noctuelle dorſale.

Noctua dorſalis.

Noctua lævis, alis deflexis viridibus; maculâ magnâ communi fuſcâ. Fabr. *Mant. Inſ.* 2. *p.* 148. *n°.* 103. — *Ent. Syſt. em. tom.* 3. *pars* 2. *p.* 52. *n°.* 141.

Elle eſt petite. La tête & le corcelet ſont verdâtres. Les ailes ſupérieures ſont vertes, marquées d'une grande tache obſcure, commune aux deux, qui forme preſqu'une bande.

Elle ſe trouve à Tranquebar.

175. Noctuelle cendrée.

Noctua cinerea.

Noctua lævis, alis deflexis cinereis; ſtrigâ poſticâ punctorum nigrorum. Fabr. *Ent. Syſt. em. tom.* 3. *pars* 2. *p.* 52. *n°.* 142.

Elle eſt petite. Les antennes ſont obſcures, avec la baſe blanchâtre. La tête & le corcelet ſont blanchâtres. Les ailes ſupérieures ſont cendrées, luiſantes, marquées, au-delà du milieu, d'une rangée de points noirs. Les ailes inférieures ſont un peu obſcures, avec la baſe blanchâtre.

Elle ſe trouve en Suède.

176. Noctuelle rejetée.

Noctua rejecta.

Noctua lævis, alis deflexis albidis; maculâ poſteriore vireſcente. Fabr. *Sp. Inſ. tom.* 2. *p.* 220. *n°.* 66. — *Mant. Inſ. tom.* 2. *p.* 149. *n°.* 105. — *Ent. Syſt. em. tom.* 3. *pars* 2. *p.* 52. *n°.* 143.

Elle eſt petite. Les ailes ſont blanches; les antérieures ont une grande tache en croiſſant, verdâtre, vers le bord poſtérieur. Les inférieures ſont ſans tache.

Elle ſe trouve aux Indes orientales.

177. Noctuelle fortifiée.

Noctua fortificata.

Noctua lævis, alis deflexis griſeis, fuſco maculatis, poſticis flavis; ſtrigâ margineque poſtico fuſcis. Fabr. *Mant. Inſ. tom.* 2. *p.* 149. *n°.* 106. — *Ent. Syſt. em. tom.* 3. *pars* 2. *p.* 52. *n°.* 144.

Elle eſt petite. Les ailes ſupérieures ſont griſes, avec une tache à la baſe, une autre ſinuée au milieu, une troiſième vers le bord antérieur, qui forme preſqu'une raie. Les ailes inférieures ſont jaunes, avec une raie près du bord, & le bord même, noirs. En deſſous elles ſont jaunâtres.

Elle ſe trouve en Allemagne.

178. Noctuelle exaltée.

Noctua elata.

Noctua lævis, alis deflexis; anticis fuſco nebuloſis; liturâ maculâque cinereis, poſticis nigris. Fabr. *Ent. Syſt. em. tom.* 3. *pars* 2. *p.* 52. *n°.* 145.

Noctua litura. Fabr. *Syſt. Entom. pag.* 601. *n°.* 50.

Noctua elata. Fabr. *Sp. Inſ. tom.* 2. *p.* 220. *n°.* 67. — *Mant. Inſ. tom.* 2. *p.* 149. *n°.* 107.

Elle eſt de grandeur moyenne, & reſſemble à la Noctuelle de l'Atriplex. Le corcelet eſt cendré, avec la partie antérieure obſcure. Les ailes ſupérieures ſont nébuleuſes, avec une grande ligne au milieu & une tache en deſſous, cendrées; enſuite vient une bande d'un bleu-pâle. Le bord poſtérieur eſt rayé de gris. Les ailes inférieures ſont blanches, ſans tache.

Elle ſe trouve aux Indes orientales.

179. Noctuelle lancéolée.

Noctua lanceolata.

Noctua lævis, alis deflexis lanceolatis cinereis; anticis fuſco irroratis. Fabr. *Sp. Inſ. tom.* 2. *p.* 220. *n°.* 68. — *Mant. Inſ. tom.* 2. *p.* 149. *n°.* 108. — *Ent. Syſt. em. tom.* 3. *pars* 2. *p.* 53. *n°.* 147.

Elle eſt petite. Les antennes ſont de la longueur du corps, noires, avec l'extrémité blanche. Le corps eſt gris. Les ailes ſont lancéolées, aiguës, cendrées; les ſupérieures ſont parſemées de petits points noirâtres; les inférieures ſont ſans tache.

Elle ſe trouve en Allemagne.

QUATRIÈME FAMILLE.

Ailes en recouvrement. Corcelet en crête.

180. Noctuelle fiancée.

Noctua sponsa.

Noctua cristata, alis planis cinerascentibus, fusco undulatis, posticis rubris; fasciis duabus nigris, abdomine undiquè cinereo. Fabr. *Sp. Inf. tom.* 2. *p.* 220. *n°.* 69. — *Mant. Inf. tom.* 2. *p.* 140. *n°.* 109. — *Ent. Syst. em. tom.* 3. *pars* 2. *p.* 53. *n°.* 147.

Phalæna Noctua sponsa *spirilinguis cristata; alis griseis; inferioribus sanguineis; fasciis duabus nigris, abdomine undiquè cinereo.* Linn. *Syst. Nat. tom.* 2. *p.* 841. *n°.* 118.

Réaum. *Inf. tom.* 1. *tab.* 32. *fig.* 1. 7.

Merian, *Inf. Eur.* 2. *tom.* 14.

Roes. *Inf. tom.* 4. *tab.* 19.

La Likenée rouge. Geoff. *Inf. tom.* 2. *p.* 150. *n°.* 82.

Noctua sponsa. Schmett. *Wienn. Verz. p.* 90. *n°.* 5.

La Likenée rouge. Ernst, *Pap. d'Eur. tom.* 8. *p.* 81. *tab.* 325. *fig.* 568.

Noctua sponsa. Hubn. *Lepid.* 4. *Noct.* 3. *tab.* 71. *fig.* 333.

Elle varie pour la grandeur & pour les couleurs; elle a de deux pouces & un quart, à deux pouces trois quarts de largeur les ailes étendues. Le corps est d'un gris-cendré. Les ailes supérieures sont d'un gris-obscur, avec quelques raies très-ondées, noires, & d'un gris plus clair. On en distingue plus particuliérement une de cette dernière couleur, vers le bord postérieur : au milieu on voit une tache blanchâtre, sur laquelle sont quelques traits noirs. Les ailes inférieures sont rouges, avec une bande très-sinuée, noire, qui atteint presque le bord interne, & une autre plus large, très-près du bord. Le bord est marqué de taches blanches & noirâtres, alternes.

Elle se trouve dans toute l'Europe. La Chenille vit sur le Chêne; elle est grise, avec quelques taches irrégulières, obscures, & est couverte de petits tubercules. Le huitième anneau a une bosse sur laquelle est une plaque jaune, & le onzième porte deux petites cornes droites, aigues.

181. Noctuelle Ilie.

Noctua Ilia.

Noctua alis planis incumbentibus, anticis variegatis; maculâ quadratâ albâ, posticis rubris; fasciis duabus nigris.

Phalæna Ilia. Cram. *Pap. tom.* 1. *p.* 53. *tab.* 33. *fig.* B. C.

Elle ressemble beaucoup à la Noctuelle mariée d'Europe. Le corps est cendré, plus clair en dessous qu'en dessus. Les ailes supérieures sont mélangées de blanchâtre, de cendré, d'obscur & de noirâtre, avec quelques raies ondées, & une tache blanchâtre, carrée, vers le milieu. Les ailes inférieures sont rouges, avec une bande noire au milieu, qui s'amincit vers le bord interne, & qui touche à ce bord, & une autre sur le bord. La frange est légérement grise. En dessous les ailes supérieures sont noires, avec deux bandes rouges & le bord cendré. Les inférieures sont à peu près, en dessous, de la même couleur qu'en dessus.

Elle se trouve à la Jamaïque.

182. Noctuelle épouse.

Noctua uxor.

Noctua cristata, alis incumbentibus, anticis griseis, strigis undatis punctisque marginalibus nigris, posticis rubris, fasciis duabus nigris.

La Déplacée. Ernst, *Pap. d'Europe, tom.* 8. *p.* 68. *tab.* 322. *fig.* 564.

Noctua uxor. Hubn. *Lepid.* 4. *Noct.* 3. *tab.* 69. *fig.* 328.

Elle a de deux pouces & demi à deux pouces trois quarts les ailes étendues. La tête & le corcelet sont gris. L'abdomen est d'un gris-clair en dessus, blanchâtre en dessous. Les ailes supérieures sont d'un gris-clair avec quelques raies ondées, obscures ou noirâtres, & une suite de points distincts, noirâtres, près du bord postérieur. Les ailes inférieures sont rouges, avec deux bandes noires. Le bord est gris, & on apperçoit une suite de petites taches rouges qui entrent dans le noir, du côté du bord; & ce qui distingue encore mieux cette espèce, c'est qu'à l'angle antérieur il y a deux taches rouges, rondes, presque réunies, plus grandes que les suivantes.

Elle se trouve en Europe. La Chenille est d'un gris-obscur, avec des raies longitudinales, irrégulières, noires, & la tête d'un jaune-gris; elle se nourrit de feuilles de Saule.

183. Noctuelle mariée.

Noctua nupta.

Noctua cristata, alis planis cinerascentibus, posticis rubris, fasciis nigris; abdomine cano subtùs albo. Fabr. *Sp. Inf. tom.* 2. *pag.* 221. *n°.* 70. — *Mant. Inf. tom.* 2. *p.* 149. *n°.* 110. — *Ent. Syst. em. tom.* 3. *pars* 2. *p.* 53. *n°.* 148.

Noctua nupta. Schmett. *Wienn. Verz. p.* 90. *n°.* 4.

Raj. *Inf. p.* 152. *n°.* 4.

UDDM. *Diss.* n°. 73. *tab.* 1. *fig.* 10.

SCHÆFF. *Icon. Inf. tom.* 2. *tab.* 151. *fig.* 1. 2.

La Mariée. ERNST, *Pap. d'Europe, tom.* 8. *p.* 71. *tab.* 323. *fig.* 565.

Noctua nupta. HUBN. *Lepid.* 4. *Noct.* 3. *tab.* 69. *fig.* 330.

Elle a de deux pouces & demi à trois pouces de largeur les ailes étendues. La tête & le corcelet sont cendrés. L'abdomen est cendré en dessus, d'un gris plus clair en dessous. Les ailes supérieures sont cendrées, marquées de raies noirâtres, ondées, d'une tache peu marquée, en croissant, au milieu, & d'une autre moins marquée, à côté. Les ailes inférieures sont rouges, avec deux bandes noires, dont la première n'atteint pas le bord interne. Le bord postérieur est gris.

Elle se trouve dans toute l'Europe. La Chenille se nourrit de feuilles de Saule; elle est rase, mélangée de gris, de gris-fauve & de noirâtre.

184. NOCTUELLE choisie.

NOCTUA electa.

Noctua cristata, alis anticis cinereis, strigis undato-angulatis, nigris; posticis rubris, fasciis duabus nigris, primâ flexuosâ.

Noctua pacta. SCHMETT. *Wienn. Verz. p.* 90. *n°.* 3.

ROES. *Inf. tom.* 1. *Class.* 2. *Pap. Noct. tab.* 15.

L'Accordée. ERNST, *Pap. d'Europe, tom.* 8. *p.* 76. *tab.* 324. *fig.* 566.

Noctua electa. HUBN. *Lepid.* 4. *Noct.* 3. *tab.* 70. *fig.* 331.

Elle ressemble aux précédentes. La tête est cendrée. Le corcelet est cendré, rayé de noirâtre. L'abdomen est cendré en dessus, un peu plus clair en dessous. Les ailes supérieures sont d'une couleur cendrée, avec une raie blanchâtre & noirâtre, anguleuse, à quelque distance de la base; une tache en croissant, au milieu; une autre raie blanchâtre & noirâtre au-delà, qui s'avance, par deux angles très-aigus, vers l'extrémité. Les ailes inférieures sont rouges, avec deux bandes noires, dont la première très-sinuée n'atteint pas le bord interne; l'autre est festonnée, très-large. Le bord est gris.

Elle se trouve en Europe. La Chenille vit sur le Saule blanc; elle est d'un gris-brun, légérement couverte de poils fins, très-courts; elle a une bosse très-saillante, jaune, vers le huitième anneau, & deux pointes sur le onzième. On voit quelques tubercules sur les côtés.

185. NOCTUELLE accordée.

NOCTUA pacta.

Noctua cristata, alis grisescentibus subundatis, posticis rubris; fasciis duabus nigris, abdomine suprà rubro. FABR. *Sp. Inf. tom.* 2. *p.* 221. *n°.* 71. — *Mant. Inf. tom.* 2. *p.* 149. *n°.* 111. — *Ent. Syst. em. tom.* 3. *pars* 2. *p.* 54. *n°.* 149.

Phalæna Noctua pacta. LINN. *Syst. Nat. t.* 2. *p.* 841. *n°.* 120. — *Faun. Suec. n°.* 1166.

Noctua pacta. FUESL. *Archiv. Inf.* 3. *tab.* 15. *fig.* 3.

La Fiancée. ERNST, *Pap. d'Europe, tom.* 8. *p.* 79. *tab.* 324. *fig.* 567.

Noctua pacta. HUBN. *Lepid.* 4. *Noct.* 2. *tab.* 70. *fig.* 332.

Cette espèce ne doit pas être confondue avec la précédente, dont elle diffère essentiellement par l'abdomen rouge en dessus, cendré en dessous. La tête & le corcelet sont cendrés, rayés de noirâtre. Les ailes supérieures sont cendrées, marquées, vers la base, d'une raie noire & blanchâtre: viennent ensuite deux taches un peu en croissant, l'une à côté de l'autre; une raie ondée, noirâtre & blanchâtre, & une autre à peu de distance, blanchâtre. On voit, vers la frange, une suite de petites lunules noirâtres, appuyées sur une ligne blanchâtre. Les ailes inférieures sont rouges, avec deux bandes noires; la première courte, arquée, simple; l'autre n'atteint pas la frange. Le bord & la frange sont gris.

Elle se trouve au nord de l'Europe.

186. NOCTUELLE promise.

NOCTUA promissa.

Noctua cristata, alis dentatis, fusco cinereoque variis; strigis dentatis atris, posticis rubris; fasciis duabus nigris FABR. *Mant. Inf. tom.* 2. *pag.* 149. *n°.* 112. — *Ent. Syst. em. tom.* 3. *pars* 2. *pag.* 54. *n°.* 150.

Noctua promissa. SCHMETT. *Wienn. Verz. p.* 90. *n°.* 6.

La Promise. ERNST, *Pap. d'Europe, tom.* 8. *p.* 85. *tab.* 326. *fig.* 569.

Noctua promissa. HUBN. *Lepid.* 4. *Noct.* 3. *tab.* 71. *fig.* 334.

Elle se distingue à peine des précédentes. La tête & le corcelet sont cendrés, légérement rayés de noirâtre. L'abdomen est cendré. Les ailes supérieures sont grises, nuancées de cendré & de noir; ont une bande irrégulière, obscure, vers la base; une tache ovale, presqu'en croissant, au milieu, avec une petite tache peu distincte à côté: viennent ensuite deux raies ondées, blanchâtres &

noires, & une suite de taches vers le bord, dont la moitié supérieure est noire, & la moitié inférieure est blanche. Les ailes inférieures sont rouges, avec deux bandes noires : la première est étroite, peu sinuée, & n'atteint pas le bord interne ; la seconde est large, & s'étend presque jusqu'à la frange.

Elle se trouve en Europe. La Chenille vit sur le Chêne ; elle est blanchâtre, avec des taches irrégulières, noires.

187. NOCTUELLE conjointe.

NOCTUA conjuncta.

Noctua cristata, alis anticis fusco-cinereis, fasciâ mediâ pallidiore strigâque posticâ dentatâ, albidâ; posticis rubris, fasciis duabus nigris.

L'Inséparable. ERNST, *Pap. d'Europe, tom.* 8. *p.* 89. *tab.* 327. *fig.* 570.

Noctua conjuga. HUEN. *Lepid.* 4. *Noct.* 3. *tab.* 71. *fig.* 335.

Elle diffère peu des précédentes. La tête & le corcelet sont d'un gris-obscur, rayés de noir. L'abdomen est cendré. Les ailes supérieures sont d'un gris-obscur, avec une bande au milieu, d'un gris-clair, renfermée supérieurement par une raie noire. Au dessous de la bande sont les deux taches ordinaires, l'une à côté de l'autre ; l'antérieure un peu en croissant, & la postérieure ou interne plus claire & ovale : au-delà est une raie ondée, qui a deux pointes aiguës qui se dirigent vers l'extrémité : vient ensuite une autre raie ondée, blanche & noire, & une autre noire & blanche près du bord. Les ailes inférieures sont rouges, avec deux bandes noires ; la première mince, à peine sinuée, irrégulière ; l'autre large, s'avançant jusqu'auprès du bord.

Elle se trouve en Italie, au midi de la France.

188. NOCTUELLE ravie.

NOCTUA rapta.

Noctua cristata, alis incumbentibus variegatis, corpore suprà nigro ; vittâ dorsali albâ. FABR. *Mant. Inf. tom.* 2. *p.* 150. *n°.* 120. — *Ent. Syst. em. tom.* 3. *pars* 2. *p.* 58. *n°.* 162.

Elle est grande. Les antennes sont ferrugineuses, avec la tige blanche. Les antennules sont grandes, blanches. La tête & le corcelet sont marqués d'une ligne blanche, au milieu. L'abdomen est cendré, avec le dos obscur, marqué d'une raie longitudinale pâle. Les ailes supérieures sont mélangées de pâle & de noir. En dessous elles sont jaunâtres, avec une tache transverse, obscure, placée à l'angle interne.

Elle se trouve à Tranquebar.

189. NOCTUELLE veuve.

NOCTUA vidua.

Noctua cristata, alis anticis cinereis, strigis nigris, posticis atris, margine albo.

Phalæna Noctua vidua *spirilinguis cristata, alis dentatis cinereo-nebulosis ; posticis suprà nigris, margine denticulato albo.* ABBOT-SMITH, *Lepid. Georg. tom.* 2. *p.* 181. *tab.* 91.

Elle a près de trois pouces de largeur les ailes étendues, & elle ressemble un peu à la Noctuelle Epione. La tête & le corcelet sont cendrés. L'abdomen est d'une couleur plus sombre en dessus. Les ailes supérieures sont d'un gris cendré, avec quelques raies noirâtres ; les deux taches ordinaires au milieu, l'une à côté de l'autre, peu marquées ; une raie noire, dentée, anguleuse ; une autre moins dentée, & une près du bord, de la même couleur. Les ailes inférieures sont noires, avec le bord blanc. Le noir s'avance en feston sur la couleur blanche.

Elle se trouve dans la Géorgie de la Nouvelle-Angleterre. La Chenille vit sur le Chêne à feuilles de Saule, *Quercus phallos* ; elle est d'un gris-blanchâtre, marquée de traits noirâtres.

190. NOCTUELLE Épione.

NOCTUA Epione.

Noctua cristata, alis incumbentibus variegatis, punctis duobus albis, posticis atris, margine albo. FABR. *Sp. Inf. tom.* 2. *p.* 222. *n°.* 74. — *Mant. Inf. tom.* 2. *p.* 151. *n°.* 121. — *Ent. Syst. em. tom.* 3. *pars* 2. *p.* 58. *n°.* 163.

Phalæna Epione. CRAM. *Pap. tom.* 2. *pag.* 9. *tab.* 102. *fig.* E. F.

Phalæna Epione. DRURI, *Illustr.* 3. *tom.* 1. *tab.* 23. *fig.* 2.

Elle a environ deux pouces & demi de largeur les ailes étendues. Le corps est noirâtre. Les ailes supérieures sont mélangées de noir & de bleuâtre ; avec deux points blancs rapprochés, placés vers le milieu, & une large bande vers l'extrémité, mélangée de noir & de rouge, bordée & traversée de raies ondées, noires. Les ailes inférieures sont noires, bordées de blanc postérieurement. Les ailes supérieures en dessous sont noires, avec une tache près du milieu, & une raie au-delà du milieu, blanches. Les inférieures sont noires, avec la base & l'extrémité d'un brun-clair.

Elle se trouve en Virginie, à la Nouvelle-Yorck.

191. NOCTUELLE du Frêne.

NOCTUA Fraxini.

Noctua cristata, alis dentatis, cinereo-nebulosis ; posticis suprà nigris, fasciâ cœrulescente. FABR. *Sp.*

Sp. Inſ. t. 2. *p.* 221. *n°.* 72. — *Mant. Inſ. t.* 2. *p.* 150. *n°.* 113. —*Ent. Syſt. em. tom.* 3. *pars* 2. *p.* 55. *n°.* 152.

Phalæna Noctua Fraxini. Linn. *Syſt. Nat. tom.* 2. *p.* 843. *n°.* 125. — *Faun. Suec. n°.* 1165. — *Muſ. Lud. Ulr.* 387.

Noctua Fraxini. Schmett. *Wienn. Verz. p.* 90. *n°.* 2.

Roes. *Inſ. tom.* 4. *tab.* 28. *fig.* 1.

Seb. *Theſ. tom.* 4. *tab.* 49. *fig. ultima.*

Ammir. *Inſ. t.* 25.

Wilk. *Pap.* 45. *t.* 1. a. 2.

La Lichenée bleue. Geoff. *Inſ. Par. tom.* 2. *p.* 151. *n°.* 83.

La Lichenée bleue. Ernst, *Pap. d'Europe, tom.* 8. *p.* 64. *tab.* 320 & 321. *fig.* 563.

Noctua Fraxini. Hubn. *Lepid.* 4. *Noct.* 3. *tab.* 68. *fig.* 327.

Elle a environ trois pouces & demi de largeur les ailes étendues. La tête & le corcelet ſont gris, rayés de noirâtre. L'abdomen eſt bleuâtre en deſſus, blanc en deſſous. Les ailes ſupérieures ſont griſes, mélangées de gris-blanchâtre, avec des raies ondées, noirâtres, & des raies blanchâtres ou d'un blanc-jaunâtre. On voit au milieu une tache en croiſſant, peu marquée, & près d'elle intérieurement une tache diſtincte, blanche ou d'un blanc-jaunâtre : près du bord on voit une rangée de taches noirâtres. Les ailes inférieures ſont noires, avec une large bande au milieu, & le bord d'un bleu plus ou moins clair.

Elle ſe trouve dans toute l'Europe. La Chenille vit ſur le Frêne, le Peuplier, &, ſelon quelques auteurs, ſur l'Érable, le Noiſetier, le Châtaignier, l'Orme & le Bouleau ; elle eſt cendrée, parſemée de très-petits points noirs ; elle fait un cocon très-lâche entre des feuilles.

192. Noctuelle maure.

Noctua maura.

Noctua criſtata, alis incumbentibus dentatis, cinereo nigroque variis, ſubtùs margine albo. Fabr. *Sp. Inſ. tom.* 2. *p.* 224. *n°.* 81. — *Mant. Inſ. t.* 2. *p.* 153. *n°.* 134. — *Ent. Syſt. em. t.* 3. *pars* 2. *p.* 63. *n°.* 177.

Phalæna Noctua maura ſpirilinguis criſtata, alis depreſſis dentatis ; faſciis duabus nigris, inferioribus nigris, faſciâ albâ. Linn. *Syſt. Nat. tom.* 2. *p.* 843. *n°.* 124.

Schœff. *Icon. Inſ. tab.* 1. *fig.* 5. 6.

Noctua maura. Schmett. *Wienn. Verz. p.* 90. *n°.* 1.

Harr. *Inſ. Angl. tab.* 1. *fig.* a. b.

Phalæna Lemur. Naturſ. 6. *tab.* 5. *fig.* 1.

La Maure. Ernst, *Pap. d'Europe, t.* 8. *p.* 59. *tab.* 319. *fig.* 561.

Noctua maura. Hubn. *Lepid.* 4. *Noct.* 3. *tab.* 67. *fig.* 326.

Elle a ordinairement de deux pouces & demi à deux pouces trois quarts les ailes étendues. Le corps eſt d'un gris très-foncé. Les ailes ſupérieures ſont du même gris, avec une ſuite de taches noirâtres le long du bord antérieur. On voit deux raies peu marquées, l'une vers la baſe, & l'autre un peu au-delà du milieu : au-delà de cette dernière, l'aile s'éclaircit un peu, ainſi que vers l'extrémité. Au milieu il y a les deux taches ordinaires, aſſez grandes, peu diſtinctes. Les ailes inférieures ſont noirâtres, avec une raie griſe au milieu, & le bord griſâtre.

Elle ſe trouve dans toute l'Europe. La Chenille vit, ſuivant Ernſt, ſur l'Aubépine ; elle eſt raſe, noirâtre, avec une raie griſe ſur les côtés.

193. Noctuelle ſpectre.

Noctua ſpectrum.

Noctua criſtata, alis incumbentibus, obſcurè cinereis ; ſtrigis undatis obſcurioribus. Fabric. *Ent. Syſt. em. tom.* 3. *pars* 2. *p.* 54. *n°.* 151.

Noctua Geniſtæ. Vill. *Ent. tom.* 2. *p.* 272. *n°.* 339. *tab.* 5. *fig.* 14. 15.

Le Spectre. Ernst, *Pap. d'Europe, tom.* 8. *p.* 62. *tab.* 320. *fig.* 562.

Noctua ſpectrum. Hubn. *Lepid.* 4. *Noct.* 3. *tab.* 67. *fig.* 325.

Elle reſſemble à la Noctuelle maure. Tout le corps eſt d'un gris-cendré. Les ailes ſupérieures ſont cendrées, & ont trois raies ondées, obſcures ; la troiſième touche à une raie d'un gris-clair. Au milieu on voit une tache preſque réniforme, peu marquée. Les ailes inférieures ſont d'un gris-cendré plus clair. En deſſous les quatre ailes ſont cendrées, avec une raie au milieu, obſcure.

Elle ſe trouve au midi de l'Europe. La Chenille, ſuivant M. de Villers, eſt raſe, verte, avec des lignes longitudinales, noires ; elle ſe nourrit probablement du Genêt.

194. Noctuelle dotée.

Noctua dotata.

Noctua criſtata, alis dentatis, obſcuris ; margine poſtico cæruleſcente, poſticis nigris ; ſtrigâ abbreviatâ, cæruleſcente. Fabr. *Ent. Syſt. em. tom.* 3. *pars* 2. *p.* 55. *n°.* 153.

Elle reſſemble à la Noctuelle du Frêne, mais

elle est plus petite. Les antennes sont brunes. La tête & le corcelet sont noirâtres. Les ailes supérieures sont obscures, avec une bande large, pâle, au milieu, & le bord postérieur bleuâtre, rayé de noir. Les ailes inférieures sont noires, avec une raie courte, bleuâtre. En dessous elles sont noirâtres.

Elle se trouve aux Indes orientales.

195. NOCTUELLE néogame.

NOCTUA neogama.

Noctua cristata, alis anticis cano fuscoque variis, strigis flexuosis nigris, posticis flavis, fasciis duabus nigris.

Phalæna Noctua neogama. ABBOT-SMITH, *Hist. Lepid. Georg. tom. 2. p. 175. tab. 88.*

Elle a environ trois pouces de largeur les ailes étendues. La tête & le corcelet sont gris. L'abdomen est jaune. Les ailes supérieures sont mélangées d'obscur, de cendré & de blanchâtre, avec quelques raies flexueuses, noirâtres, & une dentée qui s'avance en deux angles aigus vers l'extrémité. Les ailes inférieures sont jaunes, avec deux bandes noires. Le bord est également jaune.

Elle se trouve dans la Géorgie américaine. La Chenille vit sur le Noyer noir, *Juglans nigra;* elle est obscure, avec des traits noirâtres.

196. NOCTUELLE Cocalus.

NOCTUA Cocalus.

Noctua cristata, alis incumbentibus; anticis viridi nigroque variis strigâque mediâ nigrâ, posticis flavis, margine nigro.

Phalæna Noctua Cocalus. CRAM. *Pap. t. 2. p. 59. tab. 134. fig. B.*

Elle ressemble aux précédentes. La tête & le corcelet sont verdâtres. Les ailes supérieures sont verdâtres, mélangées ou jaspées de noir, avec la base & l'extrémité plus obscures, & une raie noire au-delà du milieu. Les inférieures sont jaunes, avec le tiers noir, & la frange légérement blanche. Les ailes supérieures, en dessous, sont brunes, mélangées de jaune, avec une tache blanche, au milieu. Les inférieures, en dessous, sont semblables au dessus.

Elle se trouve aux Indes orientales.

197. NOCTUELLE compagne.

NOCTUA consors.

Noctua cristata, alis cinereo testaceoque nebulosis, strigis duabus fuscis, posticis flavis, fasciis duabus flexuosis nigris.

Phalæna Noctua consors. ABBOT-SMITH, *Hist. Lepid. Georg. tom. 2. p. 177. tab. 89.*

Elle a deux pouces & demi de largeur les ailes étendues. La tête & le corcelet sont cendrés. L'abdomen est jaune. Les ailes supérieures sont nuancées de gris-clair, de gris-foncé, de gris-fauve & d'obscur; elles ont une raie peu sinuée près du milieu; une autre ondée, anguleuse, au-delà du milieu, noirâtres. Les ailes inférieures sont jaunes, avec deux raies sinuées, noires. Le bord est jaune, avec des taches obscures.

Elle se trouve dans la Géorgie américaine. La Chenille vit sur l'Indigo bâtard, *Amorpha fruticosa*, le Myrthe odorant, différentes espèces de Chênes; elle est d'un jaune-fauve, avec de très-petits points noirs.

198. NOCTUELLE formose.

NOCTUA formosa.

Noctua cristata, alis purpurascentibus, vittâ maculisque duabus flavis, posticis fulvis, maculâ margineque nigris. FABR. *Mant. Inf. tom. 2. p. 150. n°. 114. — Ent. Syst. em. tom. 3. pars 2. p. 55. n°. 154.*

Elle est de la grandeur de la Noctuelle pronube. La tête est noirâtre, marquée de deux raies blanches. Le corcelet est un peu pourpre. L'abdomen est jaune. Les ailes supérieures ont une raie longitudinale, interrompue, jaune, vers le bord interne, qui ne descend pas jusqu'à l'extrémité, & deux taches de la même couleur, dont la postérieure transversale; au dessous elles sont jaunes, avec l'extrémité noirâtre, & deux taches jaunes. Les ailes inférieures sont fauves, avec une tache transverse au milieu, & le bord postérieur, noirs. En dessous elles sont semblables au dessus.

Elle se trouve à Sierra-Leona en Afrique.

199. NOCTUELLE hyménée.

NOCTUA hymenæa.

Noctua cristata, alis incumbentibus, griseis; strigis angulatis, nigris; posticis flavis; fasciis duabus arcuatis atris. FABR. *Mant. Inf. tom. 2. p. 151. n°. 119. — Ent. Syst. em. tom. 3. pars 2. p. 58. n°. 161.*

Noctua hymenæa. SCHMETT. *Wienn. Verz. p. 91. n°. 8.*

Phalæna Noctua hymenæa. HUBN. *Beytr. 3. tab. 3. fig. S.*

Noctua hymenæa. HUBN. *Lepid. 4. Noct. 3. tab. 73. fig. 340.*

L'Hyménée. ERNST, *Pap. d'Europe, tom. 8. p. 96. tab. 329. fig. 574.*

Elle diffère peu des précédentes. La tête & la

partie antérieure du corcelet font d'un gris-foncé. Le dos est d'un gris plus clair, & l'abdomen d'un gris-pâle. Les ailes supérieures sont d'un gris-foncé, avec une très-légère raie noire à la base, qui s'arrête au milieu ; une autre plus bas, plus large vers le bord antérieur, que vers le bord postérieur ; une tache ronde, annulaire, au milieu, au-devant de laquelle sont quelques traits noirs ; ensuite une raie anguleuse, noire. Les inférieures sont jaunes, avec une raie sinuée, noire, au milieu ; une autre près du bord, interrompue à l'angle interne. On remarque de plus une tache jaune à l'angle antérieur.

Elle se trouve en Europe. La Chenille vit sur le Prunier épineux ; elle est d'un jaune-verdâtre, avec deux rangées de tubercules, & une dent élevée, avancée, au milieu.

200. Noctuelle Amasie.

Noctua Amasia.

Noctua cristata, alis anticis cinereo albidoque variis ; strigâ posticâ fulvâ, posticis flavis, fasciis duabus nigris, posticâ interruptâ.

Phalæna Noctua Amasia. Abbot-Smith, *Hist. Lepid. Georg. tom.* 2. *p.* 179. *tab.* 90.

Elle ressemble, pour la forme & la grandeur, à la Noctuelle hyménée. La tête & le corcelet sont d'un gris-fauve-clair. L'abdomen est jaune. Les ailes supérieures sont mélangées de cendré & de blanchâtre, avec quelques traits obscurs ; une rangée de taches fauves, après laquelle vient une raie noirâtre, ondée, & deux rangées de points noirâtres, placées près de l'extrémité. Les ailes inférieures sont jaunes, avec deux bandes noires, dont la seconde est interrompue près de l'angle interne.

Elle se trouve dans la Géorgie américaine. La Chenille vit sur le *Melia azedarach ;* elle est mélangée de blanc, de vert & de noirâtre.

201. Noctuelle paranymphe.

Noctua paranympha.

Noctua cristata, alis planis, anticis fuscis ; strigis angulatis albis nigrisque, posticis flavis ; fasciis duabus arcuatis, atris. Fabr. *Sp. Inf. tom.* 2. *pag.* 222. *n°.* 75. — *Mant. Inf. tom.* 2. *p.* 151. *n°.* 122. — *Ent. Syst. em. tom.* 3. *pars* 2. *p.* 59. *n°.* 164.

Phalæna Noctua paranympha *alis deflexis, cano fuliginosoque undulatis, inferioribus luteis; fasciis duabus arcuatis atris.* Linn. *Syst. Nat. tom.* 2. *p.* 842. *n°.* 122.

Phalæna fulminea. Scop. *Ent. Carn. n°.* 510.

Roes. *Inf. tom.* 4. *tab.* 18. *fig.* 1. 2.

La Paranymphe. Ernst, *Pap. d'Europe, t.* 8. *pag.* 93. *tab.* 329. *fig.* 573.

Noctua paranympha. Hubn. *Lepid.* 4. *Noct.* 3. *tab.* 72. *fig.* 336.

Elle diffère peu de la Noctuelle hyménée. Les ailes supérieures sont grises, mélangées d'obscur, & marquées de raies ondées & anguleuses, noires. Les inférieures sont jaunes, avec deux raies noires ; l'une arquée près du bord, interrompue vers l'angle interne ; l'autre au milieu, coudée & s'appuyant sur deux raies qui remontent droit à la base.

Elle se trouve en Europe. La Chenille vit sur le Prunier ; elle est d'un gris plus ou moins foncé, & porte, sur le huitième anneau, une épine assez élevée, un peu courbée, & deux autres plus courtes, droites, sur le douzième.

202. Noctuelle Pasithée.

Noctua Pasithea.

Noctua cristata, alis incumbentibus, anticis variis, posticis nigris basi fuscis, fasciâ mediâ flavâ.

La Converse. Ernst, *Pap. d'Europe, tom.* 8. *p.* 90. *tab.* 328. *fig.* 571. c. d.

Noctua Pasithea. Hubn. *Lepid.* 4. *Noct.* 3. *tab.* 72. *fig.* 338.

Le rédacteur de l'ouvrage des *Papillons d'Europe* confond deux espèces sous le n°. 571. Celle-ci se distingue pourtant de l'autre par la couleur des ailes, tant en dessus qu'en dessous. Les supérieures sont d'un gris-foncé à la base, & ont une petite raie noire qui s'arrête au milieu ; un peu plus bas il y a une autre raie noire, peu ondée, double. Vient ensuite la tache réniforme formée par deux lignes noires ; à côté, intérieurement, se trouve une ligne presqu'en cœur. Entre ces taches & le bord postérieur est une raie noire en zigzag, & une autre grise qui la touche. Les ailes inférieures sont obscures à leur base ; elles ont ensuite une bande noire qui va jusqu'au bord interne, & après une bande jaune. Toute l'extrémité de l'aile est noire, excepté la frange, qui est grise. En dessous les ailes supérieures sont obscures à leur base, ont une tache grisâtre, puis une large bande noire, qui ne va pas jusqu'au bord interne ; ensuite une bande blanchâtre, étroite : elles sont ensuite noires, avec l'extrémité obscure. Les ailes inférieures sont obscures à leur base, ensuite noires, avec une bande blanchâtre près du bord antérieur, ensuite obscures.

Elle se trouve au midi de la France, en Italie.

203. Noctuelle converse.

Noctua conversa.

Noctua cristata, alis incumbentibus, anticis

variis, fasciâ posticâ undatâ albâ, posticis flavis, fasciis duabus nigris.

La Converse. Ernst, *Pap. d'Europe, tom.* 8. *p.* 90. *tab.* 327. *fig.* 571. a. b, & *tab.* 327. *fig.* 571. f. e.

Phalæna Noctua conversa. Esper. *Pap. d'Europe, tom.* 4. *tab.* 105. *Noct.* 26. B.

Elle ressemble à la Noctuelle nymphe. La tête & le corcelet sont gris ; celui-ci a deux raies obscures à sa partie antérieure. L'abdomen est d'un rouge-pâle, un peu grisâtre. Les ailes supérieures sont mélangées de blanchâtre, de gris & de cendré, & ont une raie sinuée noire, à quelque distance de la base ; une raie noire en zigzag, après les deux taches ordinaires ; puis une bande ondée, blanche ; ensuite une raie fine, noire, & une raie fine, blanche, près de la frange qui est grise. Les ailes inférieures sont jaunes ou d'un jaune-fauve, avec une bande peu large, entière, un peu arquée au milieu, & une plus large près du bord. Ce bord est légérement gris, & a une tache oblongue, jaune, à l'angle antérieur. Les ailes supérieures en dessous sont noirâtres, avec une tache blanchâtre à quelque distance de la base, & une bande blanche au milieu. L'angle antérieur est brun, & la frange est grise.

Elle se trouve au midi de la France, en Italie.

204. Noctuelle nymphe.

Noctua nymphæa.

Noctua cristata, alis incumbentibus, anticis nigro griseo luteoque undatis, posticis flavis, fasciis duabus nigris.

La Nymphe. Ernst, *Pap. d'Europe, tom.* 8. *p.* 92. *tab.* 328. *fig.* 572.

Noctua nymphæa. Hubn. *Lepid.* 4. *Noct.* 3. *tab.* 73. *fig.* 339.

Esper. *Pap. d'Europe, tom.* 4. *p.* 158. *tab.* 105. *Noct.* 26. *fig.* 4.

Elle ressemble beaucoup aux précédentes. La tête & le corcelet sont cendrés. Les ailes supérieures sont d'un gris-jaunâtre, nuancées de gris-cendré & d'obscur. On y remarque, à quelque distance de la base, une raie ondée, jaunâtre, bordée de chaque côté d'une raie noire. La tache en rognon a derrière elle une petite tache blanche ; vient ensuite une raie moitié noire, moitié blanche, ondée, anguleuse. Les ailes inférieures sont jaunes, & ont deux bandes noires sinuées, peu larges, qui ne vont pas jusqu'au bord interne. La frange est jaune. En dessous les quatre ailes sont jaunâtres, avec deux bandes noires, l'une au milieu, & l'autre, plus large, à l'extrémité.

Elle se trouve au midi de la France, en Italie.

205. Noctuelle nymphagogue.

Noctua nymphagoga.

Noctua cristata, alis incumbentibus, anticis nigro griseoque undatis ; posticis flavis, fasciis duabus nigris, secundâ subinterruptâ.

La Nymphagogue. Ernst, *Pap. d'Eur. tom.* 8. *p.* 98. *tab.* 330. *fig.* 575.

Phalæna Noctua nymphagoga. Esper. *Pap. d'Europe, tom.* 4. *tab.* 105. *Noct.* 26. *fig.* 5.

Phalæna Noctua uxor. Hubn. *Beytr.* 3. *tab.* 4. *fig.* X.

Noctua nymphagoga. Hubn. *Lepid.* 4. *Noct.* 3. *tab.* 72. *fig.* 337.

Elle est un peu plus petite que les précédentes. La tête & le corcelet sont cendrés. Les ailes supérieures sont mélangées de gris, de cendré & d'obscur, & on y remarque une raie jaunâtre, placée entre deux raies peu ondées, vers la base ; ensuite une tache en rognon ; puis une raie ondée, noire & jaunâtre, d'où part un trait de la même couleur qui va s'unir à la seconde tache placée derrière la première. On distingue ensuite, à quelque distance du bord, une raie blanchâtre, peu ondée. Les ailes inférieures sont jaunes, avec deux bandes noires ; la première est étroite, sinuée, un peu plus rétrécie vers le bord interne ; la seconde est moins large que dans la plupart des autres espèces, & se trouve presqu'interrompue près du bord interne. La frange est jaune, & la bande y forme, par son rétrécissement, comme deux taches jaunes, l'une à l'angle antérieur, & l'autre près de l'angle interne. Le dessous des quatre ailes est jaune, avec deux bandes noires, l'une au milieu, & l'autre, plus large, vers l'extrémité.

Elle se trouve dans la France méridionale, l'Italie.

206. Noctuelle Grinée.

Noctua Grinea.

Noctua cristata, alis incumbentibus, anticis nigro fusco cinereoque variis, posticis fulvis, fasciis duabus arcuatis, nigris.

Phalæna Noctua Grinea. Cram. *Pap. tom.* 3. *p.* 29. *tab.* 208. *fig.* H.

Elle ressemble aux précédentes pour la forme & la grandeur. Le corps est d'un gris un peu bleuâtre. Les ailes supérieures sont de la même couleur, avec quelques taches irrégulières, noires, & quelques raies d'un gris plus clair. On apperçoit vers l'extrémité une ligne noire, ondée. Les ailes inférieures sont fauves, avec deux bandes noires, dont la première est très-arquée. En dessous les ailes sont jaunes au milieu, avec une bande & l'extrémité obscures.

Elle se trouve dans la Virginie.

207. Noctuelle Parthenie.

Noctua Parthenias.

Noctua cristata, alis incumbentibus, anticis nigro fusco cinereoque variis, maculâ transversâ strigâque posticâ undatâ albis.

Phalæna Noctua Parthenias *spirilinguis, alis deflexis, fusco alboque variis; inferioribus luteis, punctis duobus nigris.* Linn. *Syst. Nat.* 2. *p.* 835. *n°.* 94. — *Faun. Suec. n°.* 1160.

Noctua Parthenias. Schmett. *Wienn. Verz. p.* 91. *n°.* 9.

L'Intruse. Ernst, *Pap. d'Eur. tom.* 8. *p.* 101. *tab.* 331. *fig.* 577.

Noctua Parthenias. Hubn. *Lepid.* 4. *Noct.* 3. *tab.* 74. *fig.* 341. 342.

Deg. *Mém. Inf. tom.* 1. *p.* 377. *tab.* 21. *fig.* 10. 11. 12. *Larva.*

Elle est plus petite que les précédentes, & n'a guère que de quinze à dix-sept lignes de largeur les ailes étendues. Le corps est obscur. Les ailes supérieures sont obscures ou quelquefois d'un gris-foncé, un peu ferrugineux, avec deux raies noires, vers la base; une bande blanche ou grise vers le milieu, qui ne forme souvent qu'une tache transversale placée au bord antérieur; une raie ondée, noire, placée après la tache, qui est quelquefois suivie d'une raie blanche. La frange est noire, avec des points blancs. Les ailes inférieures sont d'un jaune-fauve, avec tout le bord noir; une tache de la même couleur, qui descend, en s'élargissant, de la base le long du bord interne, & quelquefois une ou deux autres petites taches noires, isolées. Le dessous des ailes est jaune, taché de noir.

Elle se trouve dans toute l'Europe.

La Chenille vit sur le Bouleau, le Chêne, le Châtaignier. Elle a, comme toutes celles des Noctuelles précédentes, les deux premières paires de pattes membraneuses, plus courtes que les autres; ce qui la fait marcher à la manière des Arpenteuses. Elle est verte, marquée dans sa longueur de trois raies d'un vert plus foncé, bordées de lignes jaunes, & est parsemée de quelques petits points blancs.

208. Noctuelle pucelle.

Noctua puella.

Noctua cristata, alis incumbentibus, anticis fusco-griseis, fasciâ strigâque fuscis.

Phalæna Noctua puella. Esper. *Pap. d'Eur. tom.* 4. *p.* 163. *tab.* 106. *fig.* 2. 3.

Phalæna Noctua cælebs. Hubn. *Beytr.* 4. *tab.* 3. *fig.* Q.

Noctua spuria. Hubn. *Lepid.* 4. *Noct.* 3. *tab.* 74. *fig.* 345.

La Pucelle. Ernst, *Pap. d'Europe, tom.* 8. *p.* 99. *tab.* 330. *fig.* 576.

Elle est un peu plus petite que la précédente, à laquelle elle ressemble beaucoup. Le corps est d'un gris-brun. Les ailes supérieures sont d'un gris plus ou moins foncé, poudré d'obscur, avec une bande obscure à quelque distance de la base; la tache ordinaire en rognon, qui est petite & noire; une raie un peu sinuée, noire, qui vient ensuite. Les inférieures sont jaunes, avec la base obscure, & deux bandes sinuées & courbées, noires.

Elle se trouve en Autriche.

209. Noctuelle pronube.

Noctua pronuba.

Noctua cristata, alis incumbentibus, posticis testaceis; fasciâ nigrâ submarginali. Fabr. *Sp. Inf. tom.* 2. *p.* 221. *n°.* 73. — *Mant. Inf. tom.* 2. *p.* 150. *n°.* 115. — *Ent. Syst. em. tom.* 3. *pars* 2. *p.* 56. *n°.* 155.

Phalæna Noctua pronuba *spirilinguis cristata, alis incumbentibus griseis, inferioribus luteis; fasciâ atrâ submarginali.* Linn. *Syst. Nat. tom.* 2. *p.* 842. *n°.* 121. — *Faun. Suec. n°.* 1167.

Phalæna pronuba. Scop. *Ent. Carn. n°.* 518.

Goed. *Inf. tom.* 1. *tab.* 14.

List. Goed. *Fig.* 41.

Raj. *Inf. p.* 137. *n°.* 18.

Albin. *Inf. tab.* 72. *fig.* C. D.

Réaum. *Inf. tom.* 1. *tab.* 14. *fig.* 4-10.

Blank, *Inf. tab.* 6. *fig.* D. E.

Frisch. *Inf. tom.* 10. *tab.* 15. *fig.* 4.

Mérian, *Inf. Eur. tab.* 49.

Roes. *Inf. tom.* 4. *tab.* 32.

La Phalène hibou. Geoff. *Inf. Parif. tom.* 2. *p.* 146. *n°.* 76.

Degéer, *Inf. tom.* 1. *tab.* 5. *fig.* 17. 18, & *tom.* 2. *p.* 399. *n°.* 1.

Ammir. *Tab.* 8.

Wilk. *Pap.* 1. *t.* 1. a. 1.

Schæf. *Icon. t.* 196. *fig.* 1. 2.

Noctua pronuba. Schmett. *Wienn. Verz. p.* 79. *n°.* 20.

La Fiancée. Ernst, *Pap. d'Europe, tom.* 7. *p.* 40. *tab.* 270 & 271. *fig.* 434.

Noctua pronuba. Hubn. *Lepid. Noct.* 2. *tab.* 22. *fig.* 103.

Elle a environ deux pouces un quart de largeur les ailes étendues. La tête & la partie antérieure du corcelet sont d'un gris-clair. La partie supérieure du corcelet est d'un gris très-foncé. L'abdomen est d'un gris un peu fauve. Les ailes supérieures sont mélangées de cendré, de gris & d'obscur, & on y remarque une ou deux raies d'un gris-clair, vers la base; une tache ronde, grise, & plus bas une autre tache réniforme, obscure; une tache noire, transverse, sur le bord, près de l'extrémité. Les ailes inférieures sont jaunes, avec une bande presque marginale, noire.

Elle se trouve dans toute l'Europe. La Chenille vit sur l'Oseille, la Laitue, le Laiteron, le Seneçon & plusieurs autres plantes; elle est tantôt d'un beau vert, tantôt d'un vert-jaunâtre, tantôt brune, avec deux traits noirs, assez larges, sur chaque anneau, & une raie longitudinale jaune sur les côtés.

210. Noctuelle mi-partie.

Noctua dimidiata.

Noctua cristata, alis incumbentibus; anticis basi cinereis, nigro punctatis; apice fuscis albo lineatis, posticis flavis, margine nigro. Fabr. *Ent. Syst. em. tom.* 3. *pars* 2. *p.* 56. *n°.* 156.

Elle ressemble à la précédente. La tête & le corcelet sont gris. L'abdomen est jaune, avec trois rangées de points noirs. Les ailes supérieures sont cendrées à la base, avec des points noirs, obscures à l'extrémité, avec les nervures blanches; elles sont obscures en dessous, avec la base jaune. Les ailes inférieures sont jaunes, avec l'extrémité noire. En dessous elles ont en outre un point noir, au milieu. Les pattes sont obscures en dessus, jaunes en dessous.

Elle se trouve en Guinée.

211. Noctuelle Cythérée.

Noctua Cytherea.

Noctua cristata, alis incumbentibus variegatis; strigâ albâ, posticis flavis, margine fusco. Fabr. *Ent. Syst. em. tom.* 3. *pars* 2. *p.* 57. *n°.* 157.

Noctua connexa. Hubn. *Lepid.* 4. *Noct.* 2. *tab.* 23. *fig.* 109.

Elle est un peu plus petite que la Noctuelle pronube. Les ailes supérieures sont mélangées de cendré & d'obscur, & ont au milieu les deux taches ordinaires: au-delà des taches il y a une raie ondée, blanche, bien distincte. Les ailes inférieures sont jaunes, avec le bord postérieur noirâtre. En dessous les ailes supérieures sont obscures, & les postérieures pâles.

Celle qui est figurée par Hubner, sous le nom de *Connexa*, nous paroît être la même que celle décrite par Fabricius sous le nom de *Cytherea*; elle a trois raies peu marquées, blanches, une vers la base, une au dessous des taches ordinaires, & la troisième à peu de distance du bord. On voit une raie noire sur ce bord, surmontée par une ligne blanche peu marquée.

Elle se trouve en Suède, en Allemagne.

212. Noctuelle suivante.

Noctua subsequa.

Noctua cristata, alis incumbentibus hepaticis, posticis flavis, lunulâ strigâque posticâ fuscis.

Noctua orbona. Fabr. *Mant. Ins. tom.* 2. *pag.* 150. *n°.* 116. — *Ent. Syst. em. tom.* 3. *pars* 2. *p.* 57. *n°.* 158.

Noctua subsequa. Schmett. *Wienn. Verz. p.* 79. *n°.* 21.

Noctua phalæna orbona. Naturf. Fasc. 9. *p.* 125. *n°.* 57.

La Suivante. Ernst, *Pap. d'Europe, tom.* 7. *p.* 45. *tab.* 272. *fig.* 435.

Noctua subsequa. Hubn. *Lepid. Noct.* 2. *tab.* 23. *fig.* 106.

Esper, *Pap. d'Europe, tom.* 4. *p.* 149. *tab.* 104. *Noct.* 25. *fig.* 1. 2. 3.

Elle est un peu plus petite que la Noctuelle frangée. La tête & le corcelet sont d'un gris légérement rousseâtre. Les ailes supérieures sont de la même couleur, & marquées de quelques petits points noirs, surtout vers l'extrémité. La première des deux taches est un peu ovale, de la couleur du fond, & ne se distingue que par un anneau gris qui la forme; l'autre est réniforme, de couleur un peu plus foncée, & entourée d'une légère ligne grise. Les ailes inférieures sont jaunes, avec une tache noirâtre en croissant, & une bande près du bord. Le bord est jaune.

Elle se trouve en Europe; elle n'est pas rare aux environs de Paris. La Chenille vit sur la Morgeline.

213. Noctuelle orbone.

Noctua orbona.

Noctua cristata, alis incumbentibus, anticis hepaticis, strigâ posticâ flavâ, posticis flavis, disco nigro.

Noctua orbona. Hubn. *Lepid.* 4. *Noct.* 2. *tab.* 22. *fig.* 104.

Ernst, *Pap. d'Europe, tom.* 7. *tab.* 271. *fig.* 434. K.

Cette espèce, que le rédacteur des *Papillons d'Europe* a confondue avec la Noctuelle pronube, en diffère pourtant beaucoup; elle ne peut pas non plus être confondue avec la précédente. La tête & le corcelet sont d'un gris-ferrugineux, plus ou moins foncé. Les ailes supérieures sont de la même couleur, & ont deux raies peu sinuées, obscures, & une troisième obscure & jaune. Les deux taches ordinaires sont plus grandes que dans l'espèce précédente, & il y a près du bord postérieur une rangée de points noirs. Les ailes inférieures sont jaunes, avec tout le disque noir. Cette couleur s'affoiblit en s'avançant vers la base. L'abdomen est d'un gris-fauve, avec des bandes noires.

Elle se trouve en Europe.

214. Noctuelle conséquente.

Noctua consequa.

Noctua cristata, alis incumbentibus fusco-hepaticis, strigis quatuor pallidis, posticis fulvis, lunulâ fasciâque posticâ nigris.

Noctua consequa. Hubn. *Lepid.* 4. *Noct.* 2. *tab.* 23. *fig.* 105.

Phalæna Noctua subsequa. Hubn. *Beytr.* 3. *tab.* 4. *fig.* Y.

Elle est un peu plus petite que la Noctuelle pronube. La tête & le corcelet sont d'un brun couleur de foie. Les ailes supérieures sont de la même couleur, & sont traversées par quatre raies peu marquées, peu sinuées, grisâtres. Les deux taches ordinaires sont placées entre les raies. Les ailes inférieures sont d'un jaune-fauve, avec une tache arquée, placée vers le milieu, & une bande postérieurement dentée, noire. Le bord est jaune.

Elle se trouve en Europe.

215. Noctuelle du Solanum.

Noctua Solani.

Noctua cristata, alis incumbentibus, virescente griseoque variis; posticis rufis, fasciâ latâ submarginali. Fabr. *Mant. Inf.* tom. 2. pag. 150. n°. 117. — *Ent. Syst. em. tom.* 3. *pars* 2. *p.* 57. n°. 159.

Hubn. *Naturf.* 9. *tab.* 1. *fig.* 3.

Cette espèce, que nous n'avons pas vue, paroît différer des deux qui suivent; elle ressemble, suivant Fabricius, à la Noctuelle pronube, mais elle en diffère par les ailes supérieures tirant sur le vert. On voit vers l'extrémité quelques points blancs, placés sur le bord antérieur, & près d'eux une petite tache noire. Les ailes inférieures sont rougeâtres, avec une large bande noire. En dessous les quatre ailes sont plus claires.

Elle se trouve en Europe. La Chenille vit sur le Solanum qui fournit la pomme de terre, sur la Féve, & attaque les autres Chenilles. Elle est grosse, raboteuse, cendrée. La chrysalide est brune.

216. Noctuelle gris de lin.

Noctua linogrisea.

Noctua cristata, alis incumbentibus dentatis, variegatis, apice ferrugineis, posticis flavis, margine fusco. Fabr. *Mant. Inf. tom.* 2. *pag.* 151. n°. 118. — *Ent. Syst. em. tom.* 3. *pars* 2. *p.* 58. n°. 160.

Noctua linogrisea. Schmett. *Wienn. Verz.* p. 79. n°. 22.

La Lignée. Ernst, *Pap. d'Europe, tom.* 7. *p.* 74. *tab.* 272. *fig.* 436.

Noctua linogrisea. Hubn. *Lepid. Noct.* 2. *tab.* 21. *fig.* 101.

Elle ressemble aux précédentes pour la forme & la grandeur. La tête & le corcelet sont gris. Ce dernier est rayé antérieurement de gris-clair & d'obscur. Les ailes supérieures sont mélangées de gris-clair & d'obscur, ont quelques raies noirâtres; une tache ronde, & l'autre réniforme, formées par un anneau noirâtre, & l'extrémité ferrugineuse: c'est cette dernière couleur qui distingue le plus cette espèce. Les ailes inférieures sont jaunes, avec une bande noire près du bord postérieur. En dessous les ailes inférieures sont jaunes, avec le bord antérieur fauve; une tache en croissant, noire, au milieu, & une bande noire près du bord, qui se rétrécit à l'angle antérieur. Cet angle est fauve.

Elle se trouve en Europe.

217. Noctuelle couverte.

Noctua sericata.

Noctua cristata, alis incumbentibus, fusco viridique variis, strigis duabus undatis albis, posticis flavis, lunulâ fasciâque posticâ nigris.

Phalæna Noctua sericata. Esper. *Pap. d'Europe, tom.* 4. *tab.* 108. *Noct.* 29. *fig.* 4.

Phalæna Noctua linogrisea. Hubn. *Beytr.* 2. *tab.* 4. *fig.* X.

Noctua prospicua. Hubn. *Lepid.* 4. *Noct.* 2. *tab.* 23. *fig.* 108.

La Couverte. Ernst, *Pap. d'Europe, tom.* 7. *p.* 34. *tab.* 268. *fig.* 431.

Fabricius paroît avoir confondu cette espèce avec la précédente. La tête & le corcelet ont une teinte verdâtre. Les ailes supérieures sont verdâtres, mélangées d'obscur, & marquées de deux raies ondées, blanchâtres, l'une vers la base, l'autre au dessous des taches ordinaires. L'aile est plus obscure après cette dernière, & s'éclaircit près du bord. On voit une ligne noire, légérement ondée, à ce bord. La frange est grisâtre. Les ailes inférieures sont jaunes, avec une tache obscure, en croissant, au milieu, & une bande de la même couleur au bord postérieur. La frange est jaune.

Elle se trouve en France, en Italie.

218. Noctuelle frangée.

Noctua fimbria.

Noctua cristata, alis planis, griseo fasciatis; posticis helvolis, maculâ lineari atrâ. Fabr. *Sp. Inf. tom.* 2. *p.* 223. *n°.* 76. — *Mant. Inf. tom.* 2. *p.* 151. *n°.* 123. — *Ent. Syst. em. tom.* 3. *pars* 2. *p.* 59. *n°.* 165.

Phalæna Noctua fimbria. Linn. *Syst. Nat.* 2. *p.* 842. *n°.* 123.

Noctua fimbria. Schmett. *Wienn. Verz. p.* 78. *n°.* 18.

Schreb. *Inf.* 12. *fig.* 9.

La Frangée. Ernst, *Pap. d'Europe, tom.* 7. *p.* 35. *tab.* 269. *fig.* 432.

Noctua fimbria. Panz. *Faun. Germ. Fasc.* 12. *tab.* 17. 18.

Noctua fimbria. Hubn. *Lepid.* 4. *Noct.* 2. *tab.* 22. *fig.* 102.

Elle est presque de la grandeur de la Noctuelle pronube. Les antennes sont grises. La tête & le corcelet sont d'un gris légérement fauve. L'abdomen est jaune en dessus. Les ailes supérieures sont de la couleur du corcelet, avec trois lignes transverses, & une quatrième vers la base, qui ne va pas jusqu'au milieu, & deux taches annulaires blanchâtres. Les ailes inférieures sont d'un jaune-souci, avec une très-large bande noire. Tout le bord postérieur est jaune-souci. Le dessous du corps est blanchâtre. Le dessous des ailes supérieures est blanchâtre, avec le milieu jaune & noir. Le dessous des ailes inférieures est semblable au dessus.

La Chenille est d'un gris un peu fauve, avec une ligne dorsale blanchâtre & des points noirs sur les côtés, entourés d'un cercle blanchâtre; elle vit dans la terre humide, & se nourrit de racines de Primevère, de Pomme de terre.

Elle se trouve en Europe.

219. Noctuelle janthine.

Noctua janthina.

Noctua cristata, alis incumbentibus griseis; liturâ albidâ; posticis atris, maculâ mediâ margineque ferrugineis. Fabr. *Mant. Inf. tom.* 2. *p.* 152. *n°.* 124. — *Ent. Syst. em. tom.* 3. *pars* 2. *p.* 59. *n°.* 166.

Phalæna domiduca. Fuessli, *Archiv. Inf.* 3. *tab.* 16. *fig.* 1-5.

Phalæna domiduca. Knoch. *Beytr.* 1. *tab.* 4. *fig.* 5.

Noctua janthina. Schmett. *Wienn. Verz. p.* 78. *n°.* 9.

Le Casque. Ernst, *Pap. d'Europe, tom.* 7. *p.* 38. *tab.* 270. *fig.* 433.

Noctua janthina. Panz. *Faun. Germ. Fasc.* 42. *tab.* 23.

Noctua janthina. Hubn. *Lepid.* 4. *Noct.* 2. *tab.* 21. *fig.* 100.

Elle ressemble aux précédentes; mais elle est plus petite. La tête & la partie antérieure du corcelet sont d'un gris-blanc. Le dos est d'un gris légérement teint de violet. L'abdomen est gris. Les ailes supérieures sont grises, avec une légère teinte de violet; deux anneaux au milieu, blanchâtres, & deux bandes plus claires, vers l'extrémité. Les ailes inférieures sont noirâtres à leur base, jaunes au milieu, ensuite elles ont une large bande noire qui s'étend le long du bord antérieur. L'extrémité est jaune. En dessous les ailes supérieures sont noires, bordées de jaunâtre. Les inférieures sont jaunes, avec une bande large, courte, sinuée, noire.

La Chenille est blanchâtre, rayée d'obscur; elle se nourrit de la plante nommée *Pied-de-Veau, Arum maculatum*; mais elle est difficile à trouver, parce qu'elle quitte la plante dès qu'elle est rassasiée, pour n'y revenir que lorsqu'elle a besoin de manger.

Elle se trouve dans toute l'Europe.

220. Noctuelle nourrisse.

Noctua nutrix.

Noctua cristata, alis incumbentibus, anticis fuscis, vittâ marginali flavâ, posticis basi flavis, apice nigris.

Phalæna Noctua nutrix. Cram. *Pap. tom.* 4. *p.* 46. *tab.* 312. *fig.* B.

Elle est de la grandeur de la Noctuelle janthine. Le dos du corcelet est brun. L'abdomen est jaune en dessus. Le dessous du corps est couvert de poils blancs. Les ailes supérieures sont brunes, avec le bord antérieur jaune. Cette couleur s'écarte un peu du bord vers la base, qui est brune comme le reste de l'aile. Les inférieures sont moitié jaunes, moitié noires, avec la frange jaune. Le dessous des ailes diffère peu du dessus. Les pattes sont jaunes.

Elle se trouve à Surinam.

221. Noctuelle courtisane.

Noctua meretrix.

Noctua cristata, alis incumbentibus griseis; lunulâ centrali fuscâ inter strigas albidas, posticis basi albidis. Fabr. *Sp. Inf. tom.* 2. *App. pag.* 507. — *Mant. Inf. tom.* 2. *p.* 152. *n°.* 125. — *Ent. Syst. em. tom.* 3. *pars* 2. *p.* 60. *n°.* 167.

Le corps de cette espèce est cendré. Les ailes supérieures sont grises, avec un point obscur à la base; ensuite une raie blanchâtre, un point très-petit au milieu, & une grande tache en croissant, obscurs. On voit après une autre raie blanchâtre.

Le bord postérieur est obscur, avec une rangée de points noirs. Les ailes inférieures sont blanchâtres à la base, & obscures à leur bord postérieur.

Elle se trouve à Hambourg.

222. Noctuelle aliénée.

Noctua alienata.

Noctua cristata, alis incumbentibus fulvis; maculis ocellaribus flavis, posticis luteis; maculâ margineque nigris. Fabr. *Mant. Inf. tom.* 2. *pag.* 152. *n°.* 126. — *Ent. Syst. em. tom.* 3. *pars* 2. *p.* 60. *n°.* 168.

Elle est petite. Le corps est jaune. Les ailes supérieures sont fauves, avec deux taches réunies qui occupent la base; trois au milieu, qui forment presqu'une bande; trois grandes & trois petites réunies, placées vers l'extrémité, toutes de couleur jaune, entourées d'un cercle noir. Les ailes inférieures sont jaunes, avec un point au milieu & le bord noirs.

Elle se trouve à Sierra-Leona en Afrique.

223. Noctuelle Paphie.

Noctua Paphia.

Noctua cristata, alis incumbentibus cinereis, nigro strigosis; posticis basi fulvis, apice nigris. Fabr. *Ent. Syst. em. tom.* 3. *pars* 2. *pag.* 60. *n°.* 169.

Elle est petite. Le corps est gris. L'abdomen est blanc en dessous, avec un point brun de chaque côté, vers le milieu. Les ailes supérieures sont grises, avec deux raies à la base, rapprochées, peu marquées, demi-circulaires, noires; deux autres, au-delà du milieu, jointes ensemble, dont la postérieure est courte & anguleuse. Les ailes inférieures sont fauves à la base, noires à l'extrémité. En dessous les quatre ailes sont obscures, avec la base des inférieures jaune.

Elle se trouve dans les îles de l'Amérique méridionale.

224. Noctuelle lunaire.

Noctua lunaris.

Noctua cristata, alis incumbentibus, dentatis, fuscescentibus, in medio griseis; puncto atro lunulâque fuscâ. Fabr. *Mant. Inf. tom.* 2. *p.* 153. *n°.* 135. — *Ent. Syst. em. tom.* 3. *pars* 2. *p.* 63. *n°.* 178.

Noctua lunaris. Schmett. *Wienn. Verz. p.* 94. *n°.* 1.

Phalæna Noctua lunaris. Hubn. *Beytr.* 1. *tab.* 2. *fig.* I.

La Lunaire. Ernst, *Pap. d'Europe, tom.* 8. *pag.* 143. *tab.* 340. *fig.* 599.

Noctua lunaris. Panz. *Faun. Germ. Fasc.* 43. *tab.* 22.

Noctua lunaris. Hubn. *Lepid. tab.* 66. *fig.* 322.

Elle a un peu plus de deux pouces de largeur les ailes étendues. La tête, le corcelet & l'abdomen sont d'un gris-clair, uniforme. Les ailes supérieures sont grises, marquées d'un petit point noirâtre à la base, d'une ligne plus claire que le fond, d'un point & d'une tache réniforme noirâtre, d'une ligne semblable à la première, après laquelle la couleur grise devient plus obscure ou d'un gris rousseâtre: on apperçoit ensuite une ligne irréguliérement dentée, obscure, & près du bord une suite de points noirâtres. Les ailes inférieures sont obscures à l'extrémité, d'un gris rousseâtre à la base.

La Chenille vit sur le Chêne; elle est rase, de couleur brune, marquée de taches blanches.

Elle se trouve dans toute l'Europe.

225. Noctuelle augure.

Noctua augur.

Noctua cristata, alis incumbentibus fuscis; characteribus atris. Fabr. *Sp. Inf. tom.* 2. *pag.* 223. *n°.* 77. — *Mant. Inf. tom.* 2. *p.* 152. *n°.* 127. — *Ent. Syst. em. tom.* 3. *pars* 2. *p.* 61. *n°.* 170.

Noctua augur. Hubn. *Lepid.* 4. *Noct.* 2. *tab.* 31. *fig.* 148.

La tête & le corcelet sont obscurs, sans tache. La partie antérieure du corcelet est élevée, en crête. Les ailes supérieures sont obscures, marquées de divers caractères & d'une raie postérieure formée par une suite d'arcs noirs. Les ailes inférieures sont obscures, sans tache. Les quatre ailes en dessous sont grises, avec un point central noirâtre, & une raie postérieure de la même couleur.

Elle se trouve en Allemagne.

226. Noctuelle du Froment.

Noctua Tritici.

Noctua cristata, alis anticis cinereis, strigis duabus obscurioribus maculâque oblongâ nigricante.

Phalæna Noctua Tritici *spirilinguis cristata cinerea, alis maculis duabus pallidioribus unâque nigricante.* Linn. *Syst. Nat.* 2. *p.* 855. *n°.* 179. — *Faun. Suec. n°.* 1211.

Bierkand, *Act. Stockh.* 1778. 4. *n°.* 13.

Noctua Tritici. Hubn. *Lepid.* 4. *Noct.* 2. *tab.* 32. *fig.* 151.

Elle ressemble à la Noctuelle moissonneuse. Les antennes du mâle sont un peu pectinées. La tête & le corcelet sont cendrés. L'abdomen est blanchâtre. Les ailes supérieures sont cendrées, & ont une ligne plus claire, à quelque distance de la base, bordée d'obscur, sur laquelle s'appuie une tache alongée, noire, plus claire dans son milieu. La première tache ordinaire est petite, oblongue ; l'autre est presque réniforme, formée par un anneau noir : sous cette tache est une ligne blanchâtre, bordée supérieurement de noir ; entre cette ligne & le bord on voit une rangée de traits noirs. Les ailes inférieures sont blanches.

Elle se trouve en Europe. La Chenille vit sur les épis de Froment ; elle est rase, jaune, marquée de trois raies longitudinales, blanches.

227. Noctuelle moissonneuse.

Noctua Segetis.

Noctua cristata, alis incumbentibus ferrugineis ; strigis undatis obscurioribus, posticis albidis. Fabr. *Sp. Inf. tom.* 2. *p.* 223. *n°.* 78. — *Mant. Inf. tom.* 2. *p.* 152. *n°.* 128. — *Ent. Syst. em. tom.* 3. *pars* 2. *p.* 61. *n°.* 171.

Noctua Segetum. Schmett. *Wienn. Verz. pag.* 252. *t.* 1. a. 3. & *t.* 1. 6. 3.

La Moissonneuse. Ernst, *Pap. d'Europe, tom.* 7. *p.* 63. *tab.* 278. *fig.* 454.

Noctua Segetis. Hubn. *Lepid.* 4. *Noct.* 2. *tab.* 31. *fig.* 146.

Elle est de grandeur moyenne. La tête est d'un gris ferrugineux. La partie antérieure du corcelet est grise, avec une raie plus obscure. Le corcelet est d'un gris ferrugineux. Les ailes supérieures sont de la même couleur, avec quatre raies plus claires ; une petite tache oblongue, claire, vers le milieu, & une autre plus grande, réniforme, noirâtre, entourée de gris-ferrugineux. Les ailes inférieures sont blanches. Les antennes du mâle sont légérement pectinées.

Elle se trouve en Allemagne.

La Chenille vit dans la terre & attaque la racine de diverses plantes, & notamment celle des blés. Son corps est rayé longitudinalement de brun & de gris-sombre, qui se confondent assez souvent, & il y a sur le dos une raie plus claire. Chaque anneau est marqué de quatre points noirs, & les derniers ont souvent des taches jaunâtres.

228. Noctuelle brûlée.

Noctua ambusta.

Noctua cristata, alis incumbentibus griseofuscis ; strigis tribus annuloque medio flavescentibus, strigâ posticâ undatâ. Fabr. *Mant. Inf. tom.* 2. *p.* 152. *n°.* 129. — *Ent. Syst. em. tom.* 3. *pars* 2. *p.* 61. *n°.* 172.

Noctua ambusta. Schmett. *Wienn. Verz. p.* 88. *n°.* 16.

Noctua ambusta. Hubn. *Lepid.* 4. *Noct.* 2. *tab.* 44. *fig.* 215.

Elle est plus petite que les précédentes. Les antennes sont ferrugineuses, avec la base blanche. La tête & le corcelet sont d'un gris-fauve. Les ailes supérieures sont d'un gris-obscur, avec trois raies & un anneau oblong, jaunâtres. Les ailes inférieures sont blanchâtres, avec le bord postérieur obscur.

Elle se trouve en Europe.

La Chenille est nue, obscure, rayée de blanc ; elle se trouve sur le Lichen des murailles.

229. Noctuelle soumise.

Noctua subtusa.

Noctua cristata, alis incumbentibus fuscocinereis ; strigis quatuor annulisque tribus flavescentibus. Fabr. *Mant. Inf. tom.* 2. *p.* 152. *n°.* 130. — *Ent. Syst. em. tom.* 3. *pars* 2. *p.* 62. *n°.* 173.

Noctua subtusa. Schmett. *Wienn. Verz. p.* 88. *n°.* 17.

Noctua subtusa. Hubn. *Lepid.* 4. *Noct.* 2. *tab.* 44. *fig.* 213.

La Soumise. Ernst, *Pap. d'Europe, tom.* 7. *p.* 7. *tab.* 259. *fig.* 402.

Elle est de la grandeur de la précédente. Les antennes sont d'un jaune-pâle. Le corps est cendré. Les ailes supérieures sont d'une couleur cendrée-obscure, marquées de quatre raies & de trois anneaux jaunes. Les ailes inférieures sont un peu obscures.

La Chenille vit sur le Tremble.

Elle se trouve en Europe.

230. Noctuelle rétuse.

Noctua retusa.

Noctua cristata, alis incumbentibus fuscogriseis submarginatis ; strigis tribus pallidioribus. Fabr. *Mant. Inf. tom.* 2. *p.* 153. *n°.* 131. — *Ent. Syst. em. tom.* 3. *pars* 2. *p.* 62. *n°.* 174.

Phalæna Noctua retusa *spirilinguis cristata, alis griseis retusis ; strigis tribus pallidioribus.* Linn. *Syst. Nat.* 2. *p.* 858. *n°.* 193. — *Faun. Suec. n°.* 1218.

Noctua retusa. Schmett. *Wienn. Verz. p.* 88. *n°.* 18.

Noctua retusa. Hubn. *Lepid.* 4. *Noct.* 2. *tab.* 44. *fig.* 214.

Elle diffère peu des précédentes. Le corps est cendré. Les ailes supérieures sont cendrées, & marquées de trois raies plus claires, dont une à la base, une autre un peu plus bas, & la troisième vers le bord ; celle-ci est accompagnée d'une seconde raie plus courte & moins marquée : entre la seconde & la troisième raie sont les deux taches ordinaires, dont une ovale, & l'autre réniforme. L'extrémité de l'aile est un peu entaillée. Les ailes inférieures sont cendrées.

La Chenille vit sur le Saule; elle est rase, verte, avec trois lignes sur le dos & une de chaque côté.

Elle se trouve en Europe.

231. Noctuelle marchande.

Noctua mercatoria.

Noctua cristata, alis incumbentibus ferrugineis; strigis fuscis undatis; posticis apice nigris, albo maculatis. Fabr. *Sp. Inf. tom.* 2. *p.* 223. *n°.* 79. — *Mant. Inf. tom.* 2. *p.* 153. *n°.* 132. — *Ent. Syst. em. tom.* 3. *pars* 2. *p.* 62. *n°.* 175.

Elle a environ deux pouces de largeur les ailes étendues. Le corps est cendré. Les ailes supérieures sont ferrugineuses, avec les deux taches ordinaires & quelques lignes ondées, obscures, derrière les taches. Les postérieures sont cendrées, avec l'extrémité noire, marquée d'une raie transverse, blanche, & de deux taches, sur le bord, blanches. En dessous elles sont cendrées, avec des raies ondées plus obscures.

La figure de Drury & de Cramer, citée par Fabricius, appartient à la Noctuelle tigrée.

Elle se trouve aux Indes orientales.

232. Noctuelle partagée.

Noctua partita.

Noctua cristata, alis incumbentibus subdentatis griseis; maculâ baseos atrâ, stigmatibus duobus brunneis strigâque mediâ albâ. Fabr. *Sp. Inf. tom.* 2. *p.* 223. *n°.* 80. — *Mant. Inf. tom.* 2. *p.* 153. *n°.* 133. — *Ent. Syst. em. tom.* 3. *pars* 2. *p.* 63. *n°.* 176.

Les antennes sont brunes. La tête & le corcelet sont cendrés. Les ailes supérieures sont grises, marquées à leur base d'une tache circulaire noire, ou plutôt de trois taches réunies par une petite ligne : au milieu elles ont deux taches rapprochées, brunes, dont une plus petite que l'autre. On voit ensuite une raie cendrée, qui ne va pas jusqu'au bord extérieur. L'extrémité est plus obscure, & sur le bord il y a une raie sinuée, rougeâtre. Les ailes inférieures sont cendrées, avec l'extrémité obscure. Les quatre ailes en dessous sont cendrées.

Elle se trouve aux Indes orientales.

332. Noctuelle tricheuse.

Noctua lusoria.

Noctua cristata, alis incumbentibus glaucis; lunulâ thoraceque anticè atris. Fabr. *Ent. Syst. em. tom.* 3. *pars* 2. *p.* 64. *n°.* 179.

Phalæna Bombyx lusoria *spirilinguis, alis incumbentibus; superioribus glaucis, lunulâ thoraceque anticè ferrugineis.* Linn. *Syst. Nat.* 2. *pag.* 831. *n°.* 74.

Noctua lusoria. Schmett. *Wienn. Verz. p.* 94. *n°.* 2.

Réaum. *Mem. tom.* 1. *tab.* 14. *fig.* 10.

La Tricheuse. Ernst, *Pap. d'Europe, tom.* 8. *p.* 146. *tab.* 391. *fig.* 600.

Noctua lusoria. Hubn. *Lepid.* 4. *Noct.* 3. *tab.* 65. *fig.* 318.

Le corcelet est d'un gris un peu bleuâtre, avec la partie antérieure brune. Les ailes supérieures sont d'un gris-jaunâtre dans le mâle, & d'un gris-bleuâtre dans la femelle, avec un point & une tache noirâtres vers le milieu, & une autre tache transverse sur le bord antérieur, près de l'extrémité, qui s'affoiblit en couleur & forme une bande. Les ailes inférieures sont d'un gris-jaunâtre.

La Chenille vit sur l'Astragale à feuilles de Réglisse, *Astragalus glycyphillus;* elle est cendrée, marquée de points noirs, avec deux lignes noires & une intermédiaire interrompue, jaune.

Elle se trouve en France, en Allemagne.

234. Noctuelle de la Vesce.

Noctua Craccæ.

Noctua cristata, alis striatis cinereis; puncto albido, lunulâ punctatâ thoraceque anticè atris. Fabr. *Mant. Inf. tom.* 2. *p.* 154. *n°.* 137. — *Ent. Syst. em. tom.* 3. *pars* 2. *p.* 64. *n°.* 180.

Noctua Craccæ. Schmett. *Wienn. Verz. p.* 94. *n°.* 3.

Phalæna Noctua Craccæ. Hubn. *Beytr.* 3. *pag.* 30. *tab.* 4. *fig.* W.

Noctua Craccæ. Hubn. *Lepid.* 4. *Noct.* 3. *tab.* 65. *fig.* 320.

La Multiflore. Ernst, *Pap. d'Europe, tom.* 8. *p.* 148. *tab.* 391. *fig.* 601.

Elle ressemble beaucoup à la Noctuelle tricheuse. Le corcelet est d'un gris-bleuâtre ou jaunâtre, avec la partie antérieure d'un brun très-foncé. Les ailes supérieures sont d'un gris-jaunâtre ou légérement bleuâtre, avec trois ou quatre taches brunes sur le bord antérieur, vers la base, & une tache de la même couleur, entourée de noir, vers le milieu. Les ailes inférieures sont d'un gris-clair à la base, & d'un gris-obscur à l'extrémité.

La Chenille vit sur la Vesce, *Vicia cracca;* elle est mélangée d'obscur & de gris, & elle porte une queue fourchue.

Elle se trouve en Europe.

Nota. La figure 602 d'Ernst paroît se rapporter à celle 319 qu'Hubner nomme *Ludicra.*

235. NOCTUELLE découpure.

NOCTUA libatrix.

Noctua cristata, alis incumbentibus, dentato-erosis, rufo-griseis; punctis duobus albis. FABR. *Mant. Inf. tom.* 2. *p.* 154. *n°.* 138. — *Ent. Syst. em. tom.* 3. *pars* 2. *p.* 64. *n°.* 181.

Phalæna Bombyx libatrix. LINN. *Syst. Nat.* 2. *p.* 831. *n°.* 78. — *Faun. Suec. n°.* 1143.

Phalæna pectinicornis elinguis, alis cinereo flavoque rufis, margine laceris. GEOFF. *Inf. Parif. tom.* 2. *p.* 121. *n°.* 26.

GOED. *Belg.* 1. *p.* 155. *tab.* 67. — *Gall. tom.* 1. *p.* 155. *tab.* 67.

LIST. GOED. *p.* 81. *tab.* 30.

Phalæna libatrix. SCOP. *Ent. Carn. n°.* 516.

ROES. *Inf. tom.* 4. *tab.* 20.

Phalæna Bombyx libatrix. DEG. *Mem. tom.* 2. *pars* 1. *p.* 332. *tab.* 5. *fig.* 5.

SCHŒFF. *Icon. Inf. tab.* 124. *fig.* 1. 2.

SULZ. *Hist. Inf. tab.* 21. *fig.* 7.

Noctua libatrix. SCHMETT. *Wienn. Verz. p.* 62. *n°.* 1.

La Découpure. ERNST, *Pap. d'Europe, tom.* 5. *p.* 95. *tab.* 195. *fig.* 258.

Noctua libatrix. HUBN. *Lepidopt.* 4. *Noct.* 2. *tab.* 93. *fig.* 436.

Elle est de grandeur moyenne. Les antennes sont d'un gris-fauve, avec un point blanc à leur base. La tête & le corcelet sont ferrugineux. Les ailes supérieures sont mélangées de gris-brun & de ferrugineux : on y remarque un point blanc à la base; ensuite une raie sinuée, grise; puis un ou deux points blancs. A quelque distance de ces points il y a une double raie grise, & vers le bord une autre raie moins marquée, sinueuse. Le bord est irrégulièrement découpé. Les ailes inférieures sont d'un gris-brun. L'abdomen est d'un brun ferrugineux. Les pattes sont de la même couleur, avec les tarses blancs, rayés de brun.

La Chenille vit sur l'Osier, le Saule, le Rosier : elle est d'un vert plus ou moins foncé, avec une ligne sur le dos, d'un vert-obscur, & une ligne très-fine, noire, sur les côtés, un peu au dessus des stigmates; elle n'entre point dans la terre, mais rapproche quelques feuilles par le moyen de quelques fils de soie qu'elle file, & y subit sa métamorphose.

Elle se trouve dans toute l'Europe.

236. NOCTUELLE cordon blanc.

NOCTUA plecta.

Noctua cristata, alis incumbentibus fuscis; margine crassiori albo. FABR. *Mant. Inf. tom.* 2. *p.* 154. *n°.* 139. — *Ent. Syst. em. tom.* 3. *pars* 2. *p.* 65. *n°.* 182.

Phalæna Noctua plecta spirilinguis subcristata, alis brunneis, lineâ nigrâ margineque crassiori albido. LINN. *Syst. Nat.* 2. *p.* 851. *n°.* 157. — *Faun. Suec. n°.* 1216.

KLEEM. *Inf.* 1. *tab.* 23.

Noctua plecta. SCHMETT. *Wienn. Verz. p.* 77. *n°.* 6.

Le Cordon blanc. ERNST, *Pap. d'Europe, tom.* 7. *p.* 20. *tab.* 265. *fig.* 419.

Noctua plecta. HUBN. *Lepid.* 4. *Noct.* 2. *tab.* 25. *fig.* 117.

Elle est plus petite que les précédentes. La tête & la partie antérieure du corcelet sont ferrugineuses. Le corcelet est brun. Les ailes supérieures sont brunes, avec le bord antérieur, depuis la base jusqu'au-delà du milieu, blanchâtre. Cette couleur est séparée du brun de l'aile par une ligne plus obscure. Les deux taches ordinaires sont petites, entourées d'un anneau blanchâtre; & il y a une ligne de la même couleur près du bord postérieur. Les ailes inférieures sont blanchâtres.

La Chenille vit sur le Caille-lait; elle est verte, avec la tête brune.

Elle se trouve en Europe.

237. NOCTUELLE C noir.

NOCTUA C nigrum.

Noctua cristata, alis planis, fusco-cinereis; maculâ nigrâ extùs albidâ lineolâque apicis atrâ. FABR. *Mant. Inf. tom.* 2. *p.* 154. *n°.* 140. — *Ent. Syst. em. tom.* 3. *pars* 2. *p.* 65. *n°.* 183.

Phalæna Noctua C nigrum. LINN. *Syst. Nat.* 2. *p.* 852. *n°.* 162. — *Faun. Suec. n°.* 1193.

CLERCK, *Icon. Inf. tab.* 1. *fig.* 3.

Noctua C nigrum. SCHMETT. *Wienn. Verz. p.* 77. *n°.* 7.

Le C noir. ERNST, *Pap. d'Europe, tom.* 7. *p.* 27. *tab.* 267. *fig.* 424.

Noctua C nigrum. HUBN. *Lepid.* 4. *Noct.* 2. *tab.* 24. *fig.* 111.

Elle est de grandeur moyenne. Le corcelet est obscur, avec la partie antérieure blanchâtre, marquée d'une raie ferrugineuse. Les ailes supérieures sont d'un gris-foncé; elles ont au milieu une tache noire formant un C, au-devant de laquelle est une tache plus claire. La tache réniforme qui se trouve au dessous de la noire est d'un gris-jaunâtre : il y a deux raies grises, peu marquées, qui viennent après, & une autre noirâtre près du bord. Les ailes inférieures sont blanches.

Elle se trouve en Europe.

La Chenille vit sur l'Épinard ; elle est mélangée de gris & de brun, avec de petites lignes transversales noires, & une raie longitudinale de chaque côté.

238. Noctuelle signalée.

Noctua signum.

Noctua cristata, alis maculis tribus fuscis; costâ baseos cinerascente, thorace fusco anterius brunneo. Fabr. *Mant. Inf. tom.* 2. *p.* 154. *n°.* 141. — *Ent. Syst. em. tom.* 3. *pars* 2. *pag.* 65. *n°.* 184.

Noctua sigma. Schmett. *Wienn. Verz. p.* 78. *n°.* 8.

Noctua sigma *spirilinguis cristata, alis deflexis, superioribus moschatinis, Σ fusco nigro inscriptis.* Panz. *Faun. Germ. Fasc.* 43. *tab.* 24.

La Sigma. Ernst, *Pap. d'Europe, tom.* 7. *pag.* 30. *tab.* 267. *fig.* 427.

Noctua sigma. Hubn. *Lepid.* 4. *Noct.* 2. *tab.* 26. *fig.* 122.

Elle ressemble à la précédente. Les ailes supérieures sont obscures, avec le bord antérieur cendré jusqu'au-delà du milieu, marqué d'une ondulation obscure, ponctuée de blanc à l'extrémité. Entre les taches ordinaires sont deux demi-lunes réunies, noires. Le bord postérieur a une rangée de points blancs. Les ailes inférieures sont obscures.

Elle se trouve en Europe. La Chenille vit sur l'Arroche de jardin, *Atriplex hortensis.*

239. Noctuelle nun-atre.

Noctua nun-atrum.

Noctua cristata, alis incumbentibus fuscis, cinereo strigosis; lineolis duabus centralibus atris; anteriore arcuatâ. Fabr. *Mant. Inf. tom.* 2. *pag.* 155. *n°.* 142. — *Ent. Syst. em. tom.* 3. *pars* 2. *p.* 66. *n°.* 185.

Noctua nun-atrum. Schmett. *Wienn. Verz. p.* 78. *n°.* 9.

La Gothique. Ernst, *Pap. d'Europe, tom.* 7. *p.* 23. *tab.* 266. *fig.* 422. c. d.

Noctua nun-atrum. Hubn. *Lepid.* 4. *Noct.* 2. *tab.* 24. *fig.* 112.

Le rédacteur des *Papillons d'Europe* n'a pas distingué cette Noctuelle de la Gothique de Linné; mais Fabricius & Hubner en font deux espèces; Fabricius même les éloigne l'une de l'autre, comme si elles n'avoient entr'elles aucune ressemblance. Voici la description qu'il donne de celle-ci. Les antennes sont pectinées, ferrugineuses. Les ailes supérieures sont obscures, avec quelques raies blanchâtres. Au milieu elles ont deux lignes, dont l'une antérieure, plus grande, arquée. Sur le bord antérieur, jusqu'au-delà du milieu, sont quelques points noirs, postérieurement cendrés. Les ailes inférieures sont obscures, & ont en dessous un point blanc vers le centre.

Elle se trouve en Europe. La Chenille vit sur le Gaillet, *Galium aparine.*

240. Noctuelle gothique.

Noctua gothica.

Noctua cristata, alis deflexis, anticis fuscescentibus, arcu punctoque medio atris. Fabr. *Sp. Inf. tom.* 2. *p.* 229. *n°.* 102. — *Mant. Inf. tom.* 2. *p.* 164. *n°.* 199. — *Ent. Syst. em. tom.* 3. *pars* 2. *p.* 85. *n°.* 249.

Phalæna Noctua gothica *spirilinguis cristata, alis deflexis, superioribus fuscescentibus, arcu nigro lineâ albâ marginato.* Linn. *Syst. Nat.* 2. *p.* 851. *n°.* 159. — *Faun. Suec. n°.* 1192.

Phalæna gothica. Clerck, *Icon. Inf. tab.* 1. *fig.* 1.

Knoch, *Beytr.* 3. *p.* 86. *tab.* 4. *fig.* 4. 5. 6.

Phalène C noir. Deg. *Mem. Inf. tom.* 2. *p.* 338. *n°.* 3. *tab.* 5. *fig.* 10.

La Gothique. Ernst, *Pap. d'Europe, tom.* 7. *p.* 23. *tab.* 266. *fig.* 422.

Noctua gothica. Panz. *Faun. Germ. Fasc.* 43. *tab.* 23.

Elle ressemble beaucoup à la Noctuelle C noir; elle est un peu plus petite. La tête & le corcelet sont d'un gris un peu rouillé, avec une ligne transverse, plus claire. Les ailes sont du même gris, & ont deux points noirs à la base; un autre vers le milieu, postérieurement; une tache en C ou en arc vers le milieu, antérieurement bordée de blanchâtre, & quelques raies peu marquées. Les ailes inférieures sont d'un gris un peu foncé.

La Chenille, selon Knoch, vit sur l'espèce de Caille-lait nommée *Galium aparine*: elle est rase, d'un vert-jaunâtre, parsemée de points jaunes; elle a une ligne jaunâtre sur le dos, & de chaque côté, sous les stigmates, une raie blanche, qui s'amincit aux deux extrémités.

Elle se trouve au nord de l'Europe.

241. Noctuelle I noir.

Noctua cincta.

Noctua cristata, alis incumbentibus fuscis; maculâ mediâ griseâ; lineâ flexuosâ, atrâ, cinctâ pupillâque atrâ. Fabr. *Mant. Inf. tom.* 2. *p.* 155. *n°.* 143. — *Ent. Syst. em. tom.* 3. *pars* 2. *p.* 66. *n°.* 186.

Noctua I cinctum. Schmett. *Wienn. Verz. p.* 78. *n°.* 10.

Noctua I cinctum. Hubn. *Lepid.* 4. *Noct.* 2. *tab.* 30. *fig.* 144.

Elle reſſemble aux précédentes. Les antennes ſont obſcures, un peu pectinées dans le mâle. La tête & le corcelet ſont cendrés. Les ailes ſupérieures ſont obſcures de la baſe juſqu'au-delà du milieu, & ont, dans le milieu, une tache griſe, dans laquelle on voit une petite tache tranſverſe, noire. Cette tache griſe eſt entourée d'une ligne ſinueuſe, courbe, interrompue vers la baſe. L'extrémité de l'aile eſt griſe, avec des taches noires ſur le bord. Les ailes inférieures ſont un peu obſcures.

Elle ſe trouve en Allemagne.

242. Noctuelle rectangle.

Noctua rectangula.

Noctua criſtata, alis ſubincumbentibus fuſcis; maculis quatuor medii atris; duabus coſtalibus, thorace anticè atro. Fabr. *Mant. Inſ. tom.* 2. *p.* 155. *n°.* 144. — *Ent. Syſt. em. tom.* 3. *pars* 2. *p.* 67. *n°.* 187.

Noctua rectangula. Schmett. *Wienn. Verz. p.* 78. *n°.* 15.

Le Pâté noir. Ernst, *Pap. d'Europe, tom.* 7. *p.* 26. *tab.* 266. *fig.* 423.

Noctua rectangula. Hubn. *Lepid.* 4. *Noct.* 2. *tab.* 24. *fig.* 110.

Elle reſſemble beaucoup aux précédentes. La tête eſt ferrugineuſe. Le corcelet eſt ferrugineux, avec la partie antérieure noire. Les ailes ſupérieures ſont brunes, avec trois raies tranſverſales, plus claires; une tache noire, preſque carrée, un peu arquée antérieurement, placée entre les deux taches ordinaires, & deux points noirs ſur le bord antérieur. Les ailes inférieures ſont blanchâtres.

Elle ſe trouve en Europe. La Chenille vit ſur le Mélilot.

243. Noctuelle polymite.

Noctua polymita.

Noctua criſtata, alis planis, fuſco cinereoque nebuloſis; angulo ani maculâ atrâ. Fabr. *Sp. Inſ. tom.* 2. *p.* 225. *n°.* 84. — *Mant. Inſ. tom.* 2. *p.* 155. *n°.* 145. — *Ent. Syſt. em. tom.* 3. *pars* 2. *p.* 67. *n°.* 188.

Phalæna Noctua polymita *ſpirilinguis criſtata, alis cinereis, faſciatis, maculâ atrâ minimâ marginis tenuoris.* Linn. *Syſt. Nat.* 2. *p.* 855. *n°.* 180. — *Faun. Suec. n°.* 1217.

Noctua polymita. Schmett. *Wienn. Verz. p.* 72. *n°.* 4.

Le Semi-deuil. Ernst, *Pap. d'Europe, tom.* 7. *p.* 89. *tab.* 284. *fig.* 470.

Noctua polymita. Hubn. *Lepid.* 4. *Noct.* 2. *tab.* 10. *fig.* 48.

La tête eſt cendrée. Le corcelet eſt cendré, avec deux arcs contigus, noirs, à la partie antérieure, & trois taches blanches à la partie poſtérieure. Les ailes ſupérieures ſont cendrées, marquées de quatre raies ondées, blanchâtres, & d'autant de raies noirâtres, accolées les unes aux autres. Les deux taches ordinaires ſont bordées de noirâtre. Le bord poſtérieur eſt marqué d'une ſuite de points noirs. Les ailes inférieures ſont blanchâtres.

Elle ſe trouve en Europe.

244. Noctuelle du Chou.

Noctua Braſſicæ.

Noctua criſtata, alis incumbentibus cinereo-nebuloſis; unco nigro ad maculam priorem. Fabr. *Sp. Inſ. tom.* 2. *p.* 205. *n°.* 85. — *Mant. Inſ. tom.* 2. *p.* 155. *n°.* 146. — *Ent. Syſt. em. tom.* 3. *pars* 2. *p.* 67. *n°.* 189.

Phalæna Noctua Braſſicæ. Linn. *Syſt. Nat.* 2. *p.* 852. *n°.* 163. — *Faun. Suec. n°.* 1205.

Noctua Braſſicæ. Schmett. *Wienn. Verz. p.* 81. *n°.* 21.

Goed. *Inſ. tom.* 3. *tab.* F.

List. Goed. *p.* 79. *n°.* 29.

Albin. *Inſ. tab.* 28.

Réaum. *Inſ.* 1. *t.* 40. *f.* 16. 17. & *t.* 41. *f.* 1. 3.

Mérian, *Inſ. Eur. tab.* 81.

Frisch. *Inſ. tom.* 10. *tab.* 16.

Roes. *Inſ.* 1. *Phal.* 2. *tab.* 29. *fig.* 1-5.

Phalène brune-griſâtre du Chou. Deg. *Inſ. tom.* 2. *pars* 1. *p.* 438. *n°.* 9.

Noctua Braſſicæ. Scop. *Ent. Carn. n°.* 522.

La Braſſicaire. Ernst, *Pap. d'Europe, tom.* 7. *p.* 67. *tab.* 279. *fig.* 456.

Noctua Braſſicæ. Hubn. *Lepidopt.* 4. *Noct.* 2. *tab.* 18. *fig.* 88.

Les antennes ſont obſcures. La tête & le corcelet ſont d'un gris-obſcur. L'abdomen eſt cendré. Les ailes ſupérieures ſont d'un gris-obſcur, mélangées de noirâtre. On diſtingue un crochet noir derrière la première des deux taches ordinaires, & un peu de blanc au deſſous de la ſeconde. Vers le bord il y a une raie ondée, blanchâtre, qui poſe en partie ſur du noir, & près du bord une autre raie blanchâtre en zigzag. Les ailes inférieures ſont d'un gris-obſcur.

Elle ſe trouve dans toute l'Europe.

La Chenille vit ſur le Chou; elle eſt raſe, d'un

vert-obscur ou brun en dessus, d'un vert-clair en dessous, avec une ligne plus foncée sur le dos, & une ligne jaune qui sépare, sur les côtés, le vert-clair du brun.

245. NOCTUELLE incendiée.

NOCTUA flammatra.

Phalæna cristata, alis incumbentibus griseis; lineâ flexuosâ baseos nigrâ; thorace fasciâ atrâ. FABR. *Mant. Inf. tom.* 2. *p.* 155. *n°.* 147. — *Ent. Syst. em. tom.* 3. *pars* 2. *p.* 67. *n°.* 190.

Noctua flammatra. SCHMETT. *Wienn. Verz. p.* 80. *n°.* 1.

Noctua flammatra. HUBN. *Lepid.* 4. *Noct.* 2. *tab.* 26. *fig.* 124.

Elle ressemble à la Noctuelle exclamation. Le corps est cendré, avec la partie antérieure du corcelet noire. Les ailes supérieures sont grises, marquées, à la base, d'une ligne assez large, flexueuse, noire, & d'une tache de la même couleur, placée entre les deux taches ordinaires.

Elle se trouve en Autriche.

La Noctuelle représentée, tom. 7, planche 376, fig. 444 des *Papillons d'Europe*, paroît se rapporter à cette espèce.

246. NOCTUELLE des Gazons.

NOCTUA Cespitis.

Noctua cristata, alis incumbentibus fuscis; strigis tribus undatis albidis, nigro innatis, posticis albis. FABR. *Mant. Inf. tom.* 2. *p.* 156. *n°.* 148. — *Ent. Syst. em. tom.* 3. *pars* 2. *p.* 68. *n°.* 191.

Noctua Cespitis. SCHMETT. *Wienn. Verz. pag.* 82. *n°.* 2.

Noctua Cespitis. HUBN. *Lepid.* 4. *Noct.* 2. *tab.* 91. *fig.* 428.

Elle est de grandeur moyenne. La tête & le corcelet sont obscurs, sans tache. Les ailes supérieures sont d'un gris-brun, luisant, avec trois raies ondées, pâles, dont une seule avant les taches, & les deux autres entre la dernière & le bord. Ces raies sont accolées intérieurement à une autre raie noire. Au milieu sont les deux taches ordinaires, entourées de blanc. Les ailes inférieures sont blanches, avec le bord obscur.

Elle se trouve, en Europe, sur une espèce de Canche, *Aira cespitosa*; elle est rase, obscure, marquée de trois lignes rapprochées, pâles.

247. NOCTUELLE de l'Anserine.

NOCTUA Chenopodii.

Noctua cristata, alis planis, cinereis, nigro maculatis; strigâ posticâ bidentatâ, thoracis cristâ brevi bifidâ. FABR. *Mant. Inf. tom.* 2. *p.* 146. *n°.* 149. — *Ent. Syst. em. tom.* 3. *pars* 2. *p.* 68. *n°.* 192.

Noctua Chenopodii. SCHMETT. *Wienn. Verz. p.* 82. *n°.* 6.

Noctua Chenopodii. HUBN. *Lepid.* 4. *Noct.* 2. *tab.* 18. *fig.* 86. ?

Elle est de grandeur moyenne. La tête & le corcelet sont cendrés, sans tache. L'abdomen est cendré. Les ailes supérieures sont cendrées, avec quelques points noirs & quelques raies peu marquées, blanchâtres & noirâtres, & une un peu plus distincte vers le bord, ayant au milieu deux angles aigus. Les deux taches ordinaires sont peu marquées. Les ailes inférieures sont d'un gris-blanchâtre, avec le bord postérieur un peu plus obscur.

Nota. La figure de Hubner paroît représenter une autre Noctuelle; & la figure de l'ouvrage des *Papillons d'Europe*, qui paroît le plus se rapprocher de la Noctuelle de l'Anserine, est celle qu'on voit tom. 7, planche 289, n°. 485.

Elle se trouve en Europe, sur l'Anserine, *Chenopodium.*

248. NOCTUELLE grise.

NOCTUA grisea.

Noctua cristata, alis planis, obscurè cinereis; puncto medio minuto albo. FABR. *Ent. Syst. em. tom.* 3. *pars* 2. *p.* 69. *n°.* 193.

Tout le corps est d'une couleur cendrée-obscure. Les ailes supérieures sont planes, en recouvrement, d'un gris-obscur, avec un petit point blanc au milieu, & après lui une rangée formée de très-petits points noirs. Les ailes inférieures sont obscures, avec le bord extérieur blanc.

Elle se trouve à Kiell.

249. NOCTUELLE contiguë.

NOCTUA contigua.

Noctua cristata, alis planis, fusco cinereoque nebulosis; strigâ posticâ bidentâ albâ, thoracis cristâ bifidâ. FABR. *Mant. Inf. tom.* 2. *p.* 156. *n°.* 150. — *Ent. Syst. em. tom.* 3. *pars* 2. *p.* 69. *n°.* 194.

Noctua antiqua. SCHMETT. *Wienn. Verz. pag.* 87. *n°.* 7.

Le double Feston. ERNST, *Pap. d'Europe, tom.* 7. *p.* 107. *tab.* 289. *fig.* 484. ?

Noctua contigua. HUBN. *Lepid.* 4. *Noct.* 2. *tab.* 18. *fig.* 85.

Elle ressemble à la Noctuelle de l'Anserine : ses couleurs sont plus obscures. La raie du bord postérieur des ailes supérieures a pareillement deux angles rapprochés, aigus; & ces ailes sont plus mélangées de clair & d'obscur.

Elle se trouve en Europe. La Chenille vit sur l'Anserine, *Chenopodium bonus Henricus*; elle est verte, avec la tête & deux taches sur le premier anneau, brunes, & les stigmates noirs.

250. Noctuelle pupille.

Noctua pupilla.

Noctua cristata, alis planis, fusco-helvolis; maculâ anteriore ordinariâ, pupillâ flavâ. Fabr. *Ent. Syst. em. tom.* 3. *pars* 2. *p.* 69. *n°.* 195.

Elle est de grandeur moyenne. La tête & le corcelet sont d'un gris très-foncé, luisant. Les ailes sont planes, d'un brun-pâle, avec les taches ordinaires cendrées; l'antérieure est arrondie, petite, avec une grande prunelle fauve; l'autre est plus grande, réniforme. Les ailes inférieures sont blanchâtres, & sont marquées en dessous d'une raie obscure, placée vers le bord postérieur.

Elle se trouve à Kiell.

251. Noctuelle dentine.

Noctua dentina.

Noctua cristata, alis planis, cinereo fuscoque variis; maculâ marginis interioris strigâque posticâ flavis. Fabr. *Mant. Inf. tom.* 2. *pag.* 156. *n°.* 151. — *Ent. Syst. em. tom.* 3. *pars* 2. *pag.* 69. *n°.* 196.

Noctua dentina. Schmett. *Wienn. Verz. p.* 82. *n°.* 8.

Noctua dentina. Hubn. *Lepidopt.* 4. *Noct.* 2. *tab.* 87. *fig.* 408.

Elle est à peu près de la grandeur des précédentes. La tête & le corcelet sont mélangés de gris & de cendré. Les ailes supérieures sont mélangées de gris-clair & de noirâtre, & sont distinguées par une tache blanchâtre, bidentée, qui traverse la première tache ordinaire, & descend un peu obliquement. Les ailes inférieures, ainsi que l'abdomen, sont cendrés.

Elle se trouve en France, en Allemagne.

252. Noctuelle bimaculée.

Noctua bimaculosa.

Noctua cristata, alis albido cinerascentibus; anticis subnebulosis, posticis nigro bimaculatis. Fabr. *Mant. Inf. tom.* 2. *p.* 157. *n°.* 152. — *Ent. Syst. em. tom.* 3. *pars* 2. *p.* 70. *n°.* 197.

Phalæna Noctua bimaculosa. Linn. *Syst. Nat.* 2. *p.* 856. *n°.* 184.

Noctua bimaculosa. Schmett. *Wienn. Verz. p.* 82. *n°.* 5.

La Bimaculée. Ernst, *Pap. d'Europe, tom.* 6. *p.* 79. *tab.* 229. *fig.* 327.

Noctua bimaculosa. Panz. *Faun. Germ. Fasc.* 91. *tab.* 23.

Elle a depuis un pouce neuf lignes, jusqu'à deux pouces de largeur les ailes étendues. La tête & le corcelet sont d'un gris-blanchâtre, rayés d'obscur. Les ailes supérieures sont mélangées de blanc, de gris-blanchâtre & de noirâtre. On remarque, vers le bord, une suite de petites taches à trois pointes aiguës. Les inférieures sont grises, avec deux taches noirâtres, l'une au milieu, & l'autre près de l'angle interne, & une ligne de la même couleur près du bord.

La Chenille est rase, grise, avec des points blancs & deux cornes vers l'extrémité du corps.

Elle se trouve en Allemagne.

253. Noctuelle exclamation.

Noctua exclamationis.

Noctua cristata, alis incumbentibus fuscis; lineolâ atrâ maculâque cordatâ, posticis atris. Fabr. *Sp. Inf. tom.* 2. *p.* 225. *n°.* 86. — *Mant. Inf. tom.* 2. *p.* 157. *n°.* 153. — *Ent. Syst. em. tom.* 3. *pars* 2. *p.* 70. *n°.* 198.

Phalæna Noctua exclamationis, *alis incumbentibus fuscis; lineolâ atrâ maculâque cordatâ, inferioribus albis.* Linn. *Syst. Nat.* 2. *pag.* 850. *n°.* 155. — *Faun. Suec. n°.* 1190.

Noctua exclamationis. Schmett. *Wienn. Verz. p.* 80. *n°.* 2.

Schæff. *Icon. Inf. tab.* 112. *fig.* 1. 2.?

Phalæna Noctua exclamationis. Clerck, *Icon. Inf. tab.* 1. *fig.* 4.

Phalène gris de Souris, à quatre taches noires. Deg. *Mem. tom.* 2. *pars* 1. *p.* 406. *n°.* 3. *tab.* 6. *fig.* 22.

La double tache. Geoff. *Inf. Parif. tom.* 2. *p.* 161. *n°.* 101.

La double tache. Ernst, *Pap. d'Europe, tom.* 7. *p.* 55. *tab.* 275. *fig.* 442.

Noctua exclamationis. Hubn. *Lepid.* 4. *Noct.* 2. *tab.* 31. *fig.* 149.

Les antennes sont grises : celles du mâle sont légérement pectinées, & celles de la femelle sont filiformes. La tête & le corcelet sont d'un gris de souris : celui-ci a quelquefois une bande noirâtre à la partie antérieure. Les ailes supérieures sont du même gris, & marquées de deux ou trois taches noires; savoir : la première tache ordinaire, qui tantôt est formée d'un cercle ou d'un demi-cercle noir, & tantôt est presqu'effacée; derrière & un peu plus haut est un trait noir qui pose, par sa partie supérieure, sur une ligne transverse, obscure, peu marquée; la seconde tache est noire, réniforme,

réniforme, assez large. Les ailes inférieures sont cendrées dans la femelle, blanches dans le mâle.

Elle se trouve dans toute l'Europe. La Chenille vit sur le Seneçon.

254. Noctuelle distincte.

Noctua distincta.

Noctua cristata, alis incumbentibus luteo-cinereis; maculis duabus centralibus atris, apice obscuris. Fabr. *Mant. Inf. tom.* 2. *p.* 157. *n°.* 154. — *Ent. Syst. em. tom.* 3. *pars* 2. *p.* 70. *n°.* 199.

Elle ressemble beaucoup à la précédente. La tête & le corcelet sont velus. Les antennules sont obscures en dessous. Les ailes supérieures sont d'un jaune-cendré, depuis la base jusqu'au-delà du milieu, avec quelques raies obscures, peu marquées. On voit, au milieu, une tache oblongue, noire, divisée en deux par la première tache ordinaire. Le bord postérieur est obscur, & marqué d'une raie grise, où se trouve près du bord une rangée de points noirs. Les ailes inférieures, en dessous, sont cendrées, avec un point obscur au milieu & une raie postérieure de la même couleur.

Elle se trouve aux environs de Copenhague.

255. Noctuelle subterranée.

Noctua subterranea.

Noctua cristata, alis incumbentibus fuscis; costâ baseos margineque postico cinereis. Fabr. *Ent. Syst. em. tom.* 3. *pars* 2. *p.* 70. *n°.* 200.

Elle est de grandeur moyenne. La tête & le corcelet sont obscurs, avec un double arc noir à la partie antérieure de celui-ci. L'abdomen est cendré. Les ailes sont obscures, avec le bord antérieur pâle vers la base: le bord postérieur est également pâle, marqué quelquefois d'une petite ligne obscure. Les ailes inférieures sont blanchâtres.

Elle se trouve dans les îles de l'Amérique méridionale.

La Chenille est polyphage; elle se cache sous terre, suivant l'observation de M. V. Rohr; ne monte jamais sur les plantes dont elle fait sa nourriture, mais les attaque & les coupe à leur base, pour se nourrir ensuite des feuilles. Elle est grise, marquée de taches confluentes, pâles & brunes.

256. Noctuelle épanchée.

Noctua suffusa.

Noctua cristata, alis incumbentibus fuscis, apice pallidioribus; lineolâ mediâ duabusque apicis puncto albo notatis atris. Fabr. *Mant. Inf. tom.* 2. *p.* 157. *n°.* 155. — *Ent. Syst. em. tom.* 3. *pars* 2. *p.* 71. *n°.* 201.

Noctua suffusa. Schmett. *Wienn. Verz. p.* 80. *n°.* 4.

Noctua suffusa. Hubn. *Lepid.* 4. *Noct.* 2. *tab.* 28. *fig.* 134.

Le corps est d'une couleur cendrée-obscure, avec la partie antérieure du corcelet marquée d'une raie noire. Les ailes antérieures sont obscures, mélangées quelquefois de gris, avec l'extrémité plus claire. On apperçoit, à quelque distance de la base & de l'extrémité, une double raie noire, & vers l'extrémité une suite de petites taches triangulaires, précédées d'une rangée de points blancs. Les deux taches ordinaires sont assez grandes, entourées d'une légère ligne noire derrière la première, & à la base de la première raie on voit un petit anneau oblong, noir. Les ailes inférieures sont blanchâtres.

Elle se trouve en Allemagne. La Chenille vit sur le Laiteron, *Sonchus arvensis.*

257. Noctuelle signifère.

Noctua signifera.

Noctua cristata, alis cinereis fusco-undatis; lineâ baseos atrâ; pupillâ apicis oblongo albidâ. Fabr. *Mant. Inf. tom.* 2. *p.* 157. *n°.* 156. — *Ent. Syst. em. tom.* 3. *pars* 2. *p.* 71. *n°.* 202.

Noctua signifera. Schmett. *Wienn. Verz. p.* 80. *n°.* 8.

L'Enseigne. Ernst, *Pap. d'Europe, tom.* 7. *pag.* 60. *tab.* 277. *fig.* 449.

Noctua signifera. Hubn. *Lepid.* 4. *Noct.* 2. *tab.* 28. *fig.* 132.

La tête & le corcelet sont gris, sans tache. Les ailes antérieures sont grises, légérement ondées d'obscur, marquées d'une raie longitudinale noire, qui va de la base vers le milieu, & qui se dilate un peu vers l'extrémité, pour former un point oblong blanc entouré de noir. Les deux taches ordinaires sont, l'une, oblongue, blanche, entourée de noir; l'autre réniforme. Il y a, près du bord, une rangée de points noirs. Les ailes inférieures sont blanchâtres. L'abdomen est blanchâtre.

Elle se trouve en Europe. La Chenille vit sur le Cranson dravier, *Cochlearia draba.*

258. Noctuelle valligère.

Noctua valligera.

Noctua cristata, alis incumbentibus, cinereo fuscoque variis; maculâ oblongâ baseos nigricante; puncto ocellari ferrugineo. Fabr. *Mant. Inf. tom.* 2. *p.* 157. *n°.* 156. — *Ent. Syst. em. tom.* 3. *pars* 2. *p.* 72. *n°.* 203.

Noctua valligera. Schmett. *Wienn. Verz. p.* 80. *n°.* 9.

La Pointillée. Ernst, *Pap. d'Europe, tom.* 7. *p.* 59. *tab.* 276. *fig.* 447.

Noctua valligera. Hubn. *Lepid.* 4. *Noct.* 2. *tab.* 32. *fig.* 150.

Les antennes sont cendrées: celles du mâle sont

un peu pectinées. Le corps est grisâtre. Les ailes supérieures sont grisâtres, avec les deux taches ordinaires & quelques points obscurs. On voit, vers la base, une tache oblongue, noirâtre, dans laquelle se trouve un point ferrugineux, entouré d'un anneau blanc. Le bord antérieur est obscur, marqué de trois points noirs.

Elle se trouve en Allemagne.

259. NOCTUELLE aveugle.

Noctua cœcimacula.

Noctua cristata, alis incumbentibus dentatis griseis; punctis duobus baseos nigris strigisque duabus cinereis FABR. *Mant. Inf. tom.* 2. *p.* 158. *n°.* 158. — *Ent. Syst. em. tom.* 3. *pars* 2. *p.* 72. *n°.* 204.

Noctua cœcimacula. SCHMETT. *Wienn. Verz. p.* 81. *n°.* 14.

Noctua cœcimacula. HUBN. *Lepid.* 4. *Noct.* 2. *tab.* 29. *fig.* 137.

Elle est de grandeur moyenne. Les antennes sont obscures. Le corps est gris. Les ailes supérieures sont grises à la base, marquées de deux points noirs, dont l'un à la base, l'autre avant le milieu, sur la raie ondée, cendrée, qui s'y trouve. Le milieu, où se trouvent les deux taches ordinaires, est un peu plus obscur que le reste. Un peu plus bas il y a une autre raie cendrée. Le bord postérieur est gris, marqué d'une rangée de points noirs.

Elle se trouve en Europe. La Chenille vit sur la Berle faucillière, *Sium falcaria*; elle est couleur de chair, marquée de petits points noirs, avec la tête & les côtés du corps jaunâtres.

260. NOCTUELLE L blanc.

NOCTUA *L album.*

Noctua cristata, grisea, alis incumbentibus L albo notatis. FABR. *Sp. Inf. tom.* 2. *pag.* 226. *n°.* 87. — *Mant. Inf. tom.* 2. *p.* 158. *n°.* 159. — *Ent. Syst. em. tom.* 3. *pars* 2. *p.* 72. *n°.* 205.

Phalæna Noctua L album *cristata spirilinguis subgrisea, alis superioribus litterâ L albâ notatis.* LINN. *Syst. Nat.* 2. *p.* 850. *n°.* 154.

Noctua L album. SCHMETT. *Wienn. Verz. p.* 15. *n°.* 9.

Le Crochet blanc. ERNST. *Pap. d'Europe*, *t.* 7. *p.* 136. *tab.* 297. *fig.* 503.

Noctua L album. HUBN. *Lepid.* 4. *Noct.* 2. *tab.* 47. *fig.* 227.

HUBN. *Beytr.* 4. *tab.* 2. *fig.* k.

SCHÆFF. *Icon. Inf. tab.* 92. *fig.* 4.

ESPER. *Pap. d'Europe, tom.* 4. *tab.* 90. *Noct.* 11. *fig.* 3. 4.

Elle est de la grandeur des précédentes, mais ses ailes supérieures ont une forme un peu plus alongée. Le corps est d'un gris un peu jaunâtre. Les ailes supérieures sont de la même couleur, avec les nervures blanches, & des raies obscures, longitudinales, entre ces nervures. De la base au-delà du milieu règne une raie blanche, faisant le crochet à son extrémité, & représentant assez bien la lettre L. Les ailes inférieures sont blanchâtres, bordées de brun-clair.

Elle se trouve en Europe.

261. NOCTUELLE de l'Osier.

NOCTUA *viminalis.*

Noctua cristata, alis incumbentibus, basi fuscis; strigis undatis fulvis, apice cinereis. FABR. *Sp. Inf. tom.* 2. *p.* 226. *n°.* 89. — *Mant. Inf. tom.* 2. *p.* 158. *n°.* 160. — *Ent. Syst. em. tom.* 3. *pars* 2. *p.* 72. *n°.* 206.

ROES. *Inf. tom.* 3. *t.* 11. *fig.* 1. 2. 3. 4.

Elle est de la grandeur des précédentes. La tête & le corcelet sont d'une couleur cendrée-obscure. Les ailes supérieures sont moitié obscures, moitié cendrées, avec une raie fauve vers la base, un point de la même couleur, une autre raie fauve, & ensuite une rangée de points noirs près de l'extrémité. Les ailes inférieures sont d'un gris-blanchâtre.

Elle se trouve en Europe. La Chenille vit sur l'Osier; elle est verdâtre, avec cinq raies longitudinales & quelques lignes transverses, blanches. La chrysalide est brune.

262. NOCTUELLE villageoise.

NOCTUA *pagana.*

Noctua cristata, alis incumbentibus, griseo-fuscis; punctis marginalibus fuscis quinque, albis tribus, posticis albis; fasciâ nigrâ. FABR. *Sp. Inf. tom.* 2. *p.* 226. *n°.* 90. — *Mant. Inf. tom.* 2. *p.* 158. *n°.* 161. — *Ent. Syst. em. tom.* 3. *pars* 2. *p.* 73. *n°.* 207.

Elle est de grandeur moyenne. La tête & le corcelet sont gris. Les ailes supérieures sont d'un gris-obscur, marquées de cinq points noirâtres, & de trois blanchâtres vers le bord antérieur. Les ailes inférieures & les quatre ailes en dessous sont blanches, avec une large bande marginale, noire.

Elle se trouve aux Indes orientales.

CINQUIÈME FAMILLE.

Ailes penchées. Corcelet en crête.

263. NOCTUELLE fauve.

NOCTUA *fulvago.*

Noctua cristata, alis deflexis, flavis, strigis

ferrugineis, posteriore punctatâ, posticis albis. Fabr. *Mant. Inf. t.* 2. *p.* 159. *n°.* 162. — *Ent. Syst. em. tom.* 3. *pars* 2. *p.* 73. *n°.* 208.

Phalæna Noctua fulvago *spirilinguis cristata, alis flavis, fasciis ferrugineis, inferioribus albis.* Linn. *Syst. Nat.* 2. *p.* 858. *n°.* 190. — *Faun. Suec. n°.* 1173.

Noctua fulvago. Schmett. *Wienn. Verz. p.* 86. *n°.* 1.

Noctua fulvago. Clerck, *Icon. Inf. t.* 6. *fig.* 15.

La Paillée. Ernst, *Pap. d'Eur. tom.* 7. *pag.* 170. *tab.* 305. *fig.* 526.

Noctua fulvago. Hubn. *Lepid.* 4. *Noct.* 2. *tab.* 41. *fig.* 198 & 199.

Elle a environ un pouce & demi de largeur les ailes étendues. La tête & le corcelet sont d'un jaune-fauve dans le mâle, d'un jaune-pâle dans la femelle. Les ailes supérieures sont du même jaune, traversées de plusieurs raies un peu anguleuses, ferrugineuses. On voit une rangée de petits points presque triangulaires ou en lunules, près du bord, & la tache réniforme est ordinairement marquée d'un point noir. Les ailes inférieures sont pâles. L'abdomen est d'un gris-jaunâtre.

Elle se trouve en Europe. La Chenille vit sur le Bouleau; elle est rase, pâle, avec la tête brune.

264. Noctuelle safranée.

Noctua croceago.

Noctua cristata, alis deflexis, ferrugineis; strigis fuscis, costâ albo punctatâ. Fabr. *Mant. Inf. tom.* 2. *p.* 159. *n°.* 163. — *Ent. Syst. em. t.* 3. *pars* 2. *p.* 73. *n°.* 209.

Noctua croceago. Schmett. *Wienn. Verz. p.* 86. *n°.* 2.

Noctua fulvago. Hubn. *Beytr.* 1. *tab.* 1. *fig.* F.

Noctua croceago. Hubn. *Lepid.* 4. *Noct.* 2. *tab.* 40. *fig.* 189.

La Safranée. Ernst, *Pap. d'Europe, tom.* 7. p. 159. *tab.* 302. *fig.* 518.

Elle ressemble à la précédente pour la forme & la grandeur. La tête & le corcelet sont d'un jaune-fauve. Celui-ci a sa crête bien marquée, élevée, comprimée. L'abdomen est d'un gris-jaune. Les ailes supérieures sont d'un jaune-fauve, traversées par trois raies obscures, & marquées de six petits points blancs sur le bord antérieur, dont deux vers la base, & quatre vers le milieu. Les ailes inférieures sont blanches, marquées d'un point & d'une petite raie courte, rougeâtre. Cette raie est mieux marquée en dessous, & traverse l'aile.

Elle se trouve en Europe. La Chenille vit sur le Chêne; elle est jaunâtre, avec une raie obscure le long du dos, & des lignes obliques, d'un jaune-orange sur les côtés.

265. Noctuelle blanche.

Noctua albago.

Noctua cristata, alis deflexis, flavis; puncto medio ocellari inter strigas undatas fuscas. Fabr. *Ent. Syst. em. tom.* 3. *pars* 2. *p.* 74. *n°.* 210.

Elle ressemble à la Noctuelle safranée. Les antennes sont un peu obscures. La tête & le corcelet sont jaunâtres. Les ailes supérieures sont jaunes, marquées de raies ondées, obscures, & d'une petite tache bleuâtre, au milieu de laquelle est un point noirâtre, placée entre les premières raies. La bord antérieur est un peu obscur. Les ailes inférieures sont obscures, avec le bord antérieur blanchâtre.

Elle se trouve à Tranquebar.

266. Noctuelle éblouissante.

Noctua aurago.

Noctua cristata, alis deflexis, fuscescentibus; liturâ baseos fasciâque mediâ latâ flavis. Fabr. *Mant. Inf. tom.* 2. *p.* 159. *n°.* 164. — *Ent. Syst. em. tom.* 3. *pars* 2. *p.* 74. *n°.* 211.

Noctua aurago. Schmett. *Wienn. Verz. p.* 86. *n°.* 7.

Noctua rutilago. Hubn. *Beytr.* 1. *tab.* 2. *fig.* L.

Noctua aurago. Hubn. *Lepid.* 4. *Noct.* 2. *tab.* 41. *fig.* 196 & 197.

L'Éblouissante. Ernst, *Pap. d'Eur. tom.* 7. *p.* 161. *tab.* 303. *fig.* 520.

Noctua prætexta. Esper. *Pap. d'Eur. t.* 4. *tab.* 124. *Noct.* 45. *fig.* 2.

Elle ressemble aux précédentes. La tête & la partie antérieure du corcelet sont d'un jaune légérement fauve. Le dos du corcelet est d'un jaune-orangé. Les ailes supérieures sont d'un jaune-ferrugineux à la base & à l'extrémité, couleur qui est coupée dans les deux endroits par une raie jaune-orange. Le milieu est d'un jaune-orange. La tache réniforme & le contour de l'autre sont d'un jaune-rouge. Les ailes inférieures sont blanchâtres, avec une teinte ferrugineuse du côté du bord. En dessous les ailes supérieures sont jaunes au milieu, d'un jaune-brun un peu verdâtre à la base & à l'extrémité, marquées, à l'angle extérieur, d'une tache jaune, d'où part une raie de la même couleur qui les traverse. Les inférieures ont une teinte rouge, un point obscur au milieu, & une raie du même couleur, un peu au dessous.

Elle se trouve en France, en Allemagne. La Chenille vit sur le Peuplier; elle est rase, grise, marquée de lignes obliques, obscures.

267. Noctuelle sulphurée.

Noctua sulphurago.

Noctua cristata, alis deflexis, flavis; punctis numerosis strigisque fuscis. Fabr. *Mant. Inf. t.* 2. *p.* 159. *n°.* 165. — *Ent. Syst. em. tom.* 3. *pars* 2. *p.* 74. *n°.* 212.

Noctua sulphurago. Schmett. *Wienn. Verz. p.* 86. *n°.* 8.

La Sulphurée. Ernst, *Pap. d'Europe, t.* 7. *p.* 165. *tab.* 304. *fig.* 523.

Noctua sulphurago. Hubn. *Lepid.* 4. *Noct.* 2. *tab.* 4. *fig.* 194.

Elle ressemble aux précédentes. La tête & le corcelet sont d'un jaune-pâle, avec une raie jaune-fauve sur celui-ci. Les ailes supérieures sont d'un jaune-pâle, traversées de plusieurs raies ondées, rougeâtres, & marquées de quelques taches plus obscures. On voit une rangée de petits points noirs à quelque distance du bord postérieur. Les ailes inférieures sont blanches, sans tache. En dessous les quatre ailes sont blanchâtres. Les supérieures ont une tache obscure à l'angle extérieur.

Elle se trouve en Allemagne. La Chenille vit sur le Bouleau; elle est rase, blanchâtre, avec la tête jaune.

268. Noctuelle cirée.

Noctua cerago.

Noctua cristata, alis deflexis, flavis fusco subfasciatis, posticis albis. Fabr. *Mant. Inf. t.* 2. *p.* 159. *n°.* 166. — *Ent. Syst. em. tom.* 3. *pars* 2. *p.* 75. *n°.* 213.

Noctua cerago. Schmett. *Wienn. Verz. p.* 86. *n°.* 9.

La Cirée. Ernst, *Pap. d'Eur. tom.* 7. *pag.* 168. *tab.* 305. *fig.* 525.

Noctua cerago. Hubn. *Lepid.* 4. *Noct.* 2. *tab.* 40. *fig.* 190, & *tab.* 94. *fig.* 444 & 445.

Elle diffère peu de la précédente. La tête & la partie antérieure du corcelet sont jaunes. Le dos de celui-ci est d'un jaune-fauve. Les ailes supérieures sont nuancées de jaune-clair & de jaune-fauve, avec des taches noires vers la base; ensuite quelques raies ondées & quelques taches transverses, brunes ou noirâtres. Dans la partie plus claire, qui se trouve à quelque distance du bord postérieur, il y a une suite de points noirs. La tache réniforme est marquée d'un point noir, placé postérieurement. Les ailes inférieures sont blanches, sans tache.

Elle se trouve en Allemagne. La Chenille vit sur le Saule.

269. Noctuelle éclatante.

Noctua rutilago.

Noctua cristata, alis deflexis, ferrugineo-strigosis; fasciâ baseos apicisque fuscâ. Fabr. *Mant. Inf. tom.* 2. *p.* 160. *n°.* 167. — *Ent. Syst. em. tom.* 3. *pars* 2. *p.* 75. *n°.* 214.

Noctua rutilago. Schmett. *Wienn. Verz. p.* 86. *n°.* 4.

Noctua rutilago. Hubn. *Lepid.* 4. *Noct.* 2. *tab.* 39. *fig.* 185. ?

La Chrysographe. Ernst, *Pap. d'Europe, t.* 7. *pag.* 105. *tab.* 288. *fig.* 480.

Elle est de la grandeur des précédentes. Le corps est obscur, avec l'abdomen blanchâtre. Les ailes supérieures sont jaunes, marquées de plusieurs raies & de petits points ferrugineux. Les deux taches ordinaires sont bien distinctes. Il y a une bande à la base, & une autre à l'extrémité, obscures : la première est large, & occupe toute la base au bord interne.

Elle se trouve en Europe. La Chenille vit sur le Peuplier.

Nota. La description que donne Fabricius de cette espèce, s'accorde peu avec la figure qu'en donnent Hubner & Ernst; mais les deux figures s'accordent très-bien entr'elles. J'ai reçu d'Allemagne cette espèce sous le nom de *cerago.*

270. Noctuelle Citronelle.

Noctua Citrago.

Noctua cristata, alis deflexis, luteis; primoribus strigis tribus ferrugineis obliquis. Fabr. *Sp. Inf. tom.* 2. *pag.* 226. *n°.* 88. — *Mant. Inf. t.* 2. *p.* 160. *n°.* 168. — *Ent. Syst. em. tom.* 3. *pars* 2. *p.* 75. *n°.* 215.

Phalœna Noctua citrago *spirilinguis cristata, alis depressis, luteis; superioribus fasciis tribus ferrugineis obliquis.* Linn. *Syst. Nat.* 2. *p.* 857. *n°.* 189. — *Faun. Suec. n°.* 1174.

Noctua Citrago. Schmett. *Wienn. Verz. p.* 86. *n°.* 3.

Phalène jaune, à raies rousses. Deg. *Mem. Inf. tom.* 2. *pars* 1. *p.* 429. *pl.* 7. *fig.* 25.

Albin. *Inf. tab.* 33.

Wilk, *Pap.* 5. *tab.* 1. a. 8.

Esper. *Pap. d'Europe, t.* 4. *tab.* 175. *Noct.* 96. *fig.* 5. 6.

La Citronelle. Ernst, *Pap. d'Europe, tom.* 7. *p.* 171. *tab.* 305. *fig.* 527.

Noctua Citrago. Hubn. *Lepid.* 4. *Noct.* 2. *tab.* 39. *fig.* 188.

La tête & le corcelet sont d'un jaune ferrugineux. Les ailes supérieures sont du même jaune, traversées de quatre raies d'un jaune-rouge, presque droites : la première, ou celle de la base, n'atteint pas le bord interne. La première tache, qui est annulaire, est placée entre la seconde & la troisième raie, & celle en rognon est entre la troisième & la quatrième. Les ailes inférieures sont d'un blanc-jaunâtre, sans tache. Les quatre ailes en dessous sont d'un blanc-jaunâtre, avec une teinte ferrugineuse sur le bord antérieur & le postérieur, & quelques raies brunes qui les traversent.

Elle se trouve en Europe. La Chenille, suivant Fabricius, vit sur le Prunier à grappes, le Saule; elle est rase, obscure, avec les côtés jaunes. Degeer, qui l'a trouvée sur le Tilleul, dit qu'elle est rase, d'un gris-brun, avec plusieurs taches noirâtres.

271. Noctuelle jaunâtre.

Noctua luteago.

Noctua cristata, alis deflexis, flavis; strigis duabus dentatis, fuscis. Fabr. *Mant. Inf. tom.* 2. *p.* 160. *n°.* 169. — *Ent. Syst. em. tom.* 3. *pars* 2. *p.* 75. *n°.* 216.

Noctua luteago. Hubn. *Lepid.* 4. *Noct.* 2. *tab.* 39. *fig.* 184.

Elle ressemble aux précédentes. Les antennes sont ferrugineuses, avec la tige blanche. Les ailes supérieures sont jaunâtres, marquées de deux raies fortement dentées, obscures, qui vont presque se réunir vers le milieu du bord interne. Les ailes inférieures sont blanchâtres.

Elle se trouve dans la Russie méridionale.

272. Noctuelle rouillée.

Noctua ferrago.

Noctua cristata, alis deflexis, ferrugineis; maculâ mediâ fuscâ, lunulâ albâ. Fabr. *Mant. Inf. tom.* 2. *p.* 160. *n°.* 170. — *Ent. Syst. em. tom.* 3. *pars* 2 *p.* 76. *n°.* 217.

Elle ressemble aux précédentes. Les ailes supérieures sont ferrugineuses, marquées d'une tache obscure, placée au milieu, dans laquelle se trouve une lunule blanche; après vient une bande & ensuite une rangée de points noirs, à peine apparens. Les ailes inférieures sont obscures. En dessous les quatre ailes sont d'une couleur argentine, luisante.

Elle se trouve à Kiell.

273. Noctuelle drap-d'or.

Noctua flavago.

Noctua cristata, alis deflexis, flavissimis; punctis fasciâque latâ fuscis. Fabr. *Mant. Inf. tom.* 2. *p.* 160. *n°.* 171. — *Ent. Syst. em. tom.* 3. *pars* 2. *p.* 76. *n°.* 218.

Noctua flavago. Schmett. *Wienn. Verz. p.* 86. *n°.* 5.

Sepp. *Inf.* 4. *p.* 13. *tab.* 3. *fig.* 1-8.

Le Drap-d'or. Ernst; *Pap. d'Europe, tom.* 7. *p.* 156. *tab.* 302. *fig.* 517.

Noctua ochracea. Hubn. *Beytr.* 1. *tab.* 2. *f.* M.

Noctua flavago. Hubn. *Lepid.* 4. *Noct.* 2. *tab.* 39. *fig.* 186. 187.

Esper. *Pap. d'Europe, tom.* 4. *p.* 213. *tab.* 112. *Noct.* 33. *fig.* 2. 3. 4.

Il n'est pas certain que l'espèce de Fabricius soit la même que celle des synonymes que nous rapportons. Il y a tant de ressemblance entre la plupart des Noctuelles, & la description que donne Fabricius est toujours si incomplète, que, même avec l'objet sous les yeux, il reste souvent des doutes. Elle ressemble beaucoup, dit cet auteur, à la Noctuelle cirée. La tête est obscure. Le corcelet est obscur antérieurement, jaune & en crête postérieurement. Les ailes supérieures sont très-jaunes, marquées de quelques points obscurs. On voit à la base une grande tache qui est obscure vers le bord interne. Au-delà du milieu est une large bande sinuée, obscure, dans laquelle sont trois points jaunes, placés sur le bord antérieur; après la bande, il y a une rangée de petits points obscurs. Les ailes inférieures sont cendrées.

Elle se trouve en Europe. La Chenille, suivant l'observation de Sepp, vit de la moëlle du Glouteron. Dans sa jeunesse elle est jaunâtre, avec des arêtes brunes. La tête est noire, ainsi que le bouclier du col. Elle marche d'abord à la manière des Arpenteuses, ne se servant que de douze pattes; mais après sa première mue, elle marche avec les seize pattes. Elle ne touche point aux feuilles de la plante, & ne se nourrit que de la moëlle. Elle s'introduit dans la tige par un petit trou rond, &, tout en se nourrissant, elle s'y pratique un logement. A mesure qu'elle gagne le haut de la tige, le bas se remplit de ses excrémens. Lorsqu'elle n'a plus rien à manger, elle passe à une autre tige, dans laquelle elle s'introduit de la même manière, ne restant jamais au dehors, pas même pour changer de peau. Après la dernière mue, la tête est d'un jaune-pâle. Le bouclier du col & le chaperon de l'anus sont noirs. Le corps est en partie couleur de terre, & en partie blanchâtre, & tous les anneaux sont chargés de points noirs, placés régulièrement.

Ces Chenilles ne quittent point la tige dont elles se nourrissoient; elles se contentent d'élargir leur cellule suivant la place dont elles ont besoin, & s'y transforment en une chrysalide alongée, d'un rouge-clair. L'Insecte parfait en sort au bout de trois ou quatre semaines, ordinairement dans le mois d'août.

274. Noctuelle clairette.

Noctua gilvago.

Noctua cristata, alis deflexis luteis; puncto medio fusco strigâque posticâ punctorum nigrorum. Fabr. *Mant. Inf. tom.* 2. *p.* 161. *n°.* 172. — *Ent. Syst. em. tom.* 3. *pars* 2. *p.* 76. *n°.* 219.

Noctua gilvago. Schmett. *Wienn. Verz. p.* 87. *n°.* 10.

La Clairette. Ernst, *Pap. d'Europe, tom.* 7. *p.* 164. *tab.* 303. *fig.* 522.

Noctua gilvago. Hubn. *Lepid.* 4. *Noct.* 2. *tab.* 40. *fig.* 195, & *tab.* 94. *fig.* 443.

Elle ressemble aux précédentes. La tête & le corcelet sont jaunes. Les ailes supérieures sont jaunes, à peine rayées, marquées d'un grand point obscur, placé au milieu, & ensuite d'une rangée de six points noirs. Les ailes inférieures sont blanches.

Elle se trouve en Allemagne.

275. Noctuelle pâle.

Noctua palleago.

Noctua cristata, alis deflexis pallidis, puncto medio albo nigro cincto.

Noctua palleago. Hubn. *Lepid.* 4. *Noct.* 2. *tab.* 40. *fig.* 192, & *tab.* 94. *fig.* 442.

Elle ressemble aux précédentes. La tête & le corcelet sont d'un gris-pâle, légérement ferrugineux. Les ailes supérieures sont de la même couleur, & marquées de deux raies plus claires, entre lesquelles sont les deux taches ordinaires, peu apparentes. La seconde, ou celle en rognon, est marquée, à sa partie inférieure, d'un point rond, blanc, placé dans un cercle noirâtre. Après la seconde raie on voit une rangée de points noirâtres. Le bord de l'aile est marqué d'une raie plus claire. Les ailes inférieures sont blanchâtres.

Cette espèce paroît se rapprocher de la Noctuelle rouillée, ou peut-être est-ce la même.

Elle se trouve en Allemagne.

276. Noctuelle chrysite.

Noctua chrysitis.

Noctua cristata, alis deflexis orichalceis; margine fasciâque griseis. Fabr. *Sp. Inf. tom.* 2. *p.* 226. *n°.* 91. — *Mant. Inf. tom.* 2. *p.* 161. *n°.* 173. — *Ent. Syst. em. tom.* 3. *pars* 2. *p.* 76. *n°.* 220.

Phalæna Noctua chrysitis *spirilinguis cristata, alis deflexis; superioribus orichalceis, fusciâ griseâ.* Linn. *Syst. Nat. p.* 843. *n°.* 126. — *Faun. Suec. n°.* 169.

Phalæna chrysitis. Scop. *Ent. Carn. n°.* 517.

Raj. *Inf. p.* 182. *n°.* 45, & *p.* 183.

Albin. *Inf. tab.* 71. *fig.* a. b. c. d.

Mérian, *Inf. Eur. tab.* 39.

Le Vert-doré. Geoff. *Inf. Parif. tom.* 2. *p.* 149. *n°.* 81.

Schœff. *Icon. Inf. tab.* 101. *fig.* 2. 3.

Noctua chrysitis. Schmett. *Wienn. Verz. p.* 92. *n°.* 2.

Phalène à bandes dorées. Deg. *Mem. Inf. tom.* 2. *pars* 1. *p.* 428. *n°.* 2.

Le Vert-doré. Ernst, *Pap. d'Europe, tom.* 8. *p.* 122. *tab.* 335. *fig.* 588.

Noctua chrysitis. Hubn. *Lepid.* 4. *Noct.* 3. *tab.* 56. *fig.* 272.

Sepp. *Inf.* 1. *p.* 5. *fig.* 1. *t.* 1. *fig.* 7-12.

Hubn. *Naturf.* 6. *t.* 3. *fig.* 5. 6.

Noctua chrysitis. Panz. *Faun. Germ. Fasc.* 40. *tab.* 23.

La tête & le dessus du corcelet sont d'un brun ferrugineux. Les ailes supérieures sont de la même couleur à leur base; elles ont ensuite une bande dorée, ensuite une bande brune souvent interrompue, puis une bande dorée qui s'unit à l'autre lorsque la bande brune est interrompue. L'extrémité de l'aile est d'un brun plus clair que la bande & la base. Les ailes inférieures sont obscures, avec la base plus claire. Le corps est gris.

La Chenille vit solitaire sur l'Ortie, les Chardons, le Galéopsis, la Menthe; elle est de la famille des demi-Arpenteuses, & n'a que quatre pattes membraneuses. Sa couleur est d'un vert-pâle, avec des raies ou lignes longitudinales plus claires.

Elle se trouve dans toute l'Europe.

277. Noctuelle C d'or.

Noctua concha.

Noctua cristata, alis deflexis purpurascentibus; maculis duabus punctisque apicis aureis. Fabr. *Mant. Inf. tom.* 2. *p.* 161. *n°.* 174. — *Ent. Syst. em. tom.* 3. *pars* 2. *p.* 77. *n°.* 221.

Phalæna C aureum. Knoch, *Beytr.* 1. *t.* 1. *f.* 2.

Le C d'or. Ernst, *Pap. d'Europe, tom.* 8. *p.* 120. *tab.* 335. *fig.* 587.

Noctua concha. Panz. *Faun. Germ. Fasc.* 41. *tab.* 22.

Noctua concha. Hubn. *Lepid.* 4. *Noct.* 3. *tab.* 59. *fig.* 287, & *tab.* 97. *Noct.* 2. *fig.* 458.

Elle ressemble à la précédente pour la forme & la grandeur. Les antennes sont d'un jaune-pâle. La tête & la partie antérieure du corcelet sont d'un brun un peu ferrugineux. Le dos est d'un brun plus clair, rayé de brun-foncé. L'abdomen est d'un gris ferrugineux. Les ailes supérieures sont d'un pourpre-foncé, avec une petite ligne droite, courte, dorée, à la base; une autre courbe, en forme de C, au milieu; deux taches transverses de la même couleur à l'angle interne, & une bande vers le bord postérieur, de la même couleur d'or. Les ailes inférieures sont d'un gris-brun.

Knoch est le premier qui nous ait fait connoître cette Noctuelle, ainsi que sa Chenille; il avoit trouvé celle-ci sur la Livèche, *Ligusticum levisticum*, & avoit négligé de la décrire, parce qu'il s'attendoit à voir sortir la Noctuelle iota.

Elle se trouve en Europe.

278. Noctuelle topaze.

Noctua orichalcea.

Noctua cristata, alis deflexis fuscis; maculâ magnâ lunatâ orichalceâ. Fabr. *Sp. Inf. tom.* 2. *p.* 227. *n°.* 92. — *Mant. Inf. tom.* 2. *p.* 161. *n°.* 175. — *Ent. Syst. em. tom.* 3. *pars* 2. *p.* 77. *n°.* 122.

La Topaze. Ernst, *Pap. d'Europe, tom.* 8. *p.* 125. *tab.* 336. *fig.* 589.

Noctua orichalcea. Hubn. *Lepid.* 4. *Noct.* 3. *tab.* 57. *fig.* 278.

Elle est un peu plus grande que les précédentes. Les antennes, la tête & la partie antérieure du corcelet sont d'un jaune-fauve. Les ailes supérieures sont d'un brun-pourpre du côté du bord antérieur, d'un brun-foncé du côté du bord interne, avec une grande tache métallique presque carrée, placée au dessous de la tache réniforme. Cette tache métallique se rétrécit un peu postérieurement, & est terminée par une bande noire. Les ailes inférieures sont obscures.

Elle se trouve en Hongrie, & non pas aux Indes, comme le dit Fabricius.

279. Noctuelle lamine.

Noctua lamina.

Noctua cristata, alis deflexis, cinereis; maculâ marginali, atrâ, utrinque auro marginatâ, maculâque aureâ. Fabr. *Mant. Inf. t.* 2. *p.* 161. *n°.* 176. — *Ent. Syst. em. tom.* 3. *pars* 2. *p.* 77. *n°.* 223.

Noctua lamina. Schmett. *Wienn. Verz. p.* 314. *n°.* 8.

Elle ressemble beaucoup à la Noctuelle bractée; mais elle est plus petite. La tête & le corcelet sont gris. L'abdomen a quelques faisceaux de poils noirs à sa base. Les ailes supérieures sont cendrées, & marquées, au milieu du bord interne, d'une tache grande, noire, terminée de chaque côté par une ligne dorée. On voit en outre, sur l'angle extérieur, une grande tache dorée, dans laquelle il y en a une autre noire.

Elle se trouve en Autriche.

280. Noctuelle bractée.

Noctua bractea.

Noctua cristata, alis deflexis, variegatis; maculâ magnâ mediâ aureâ, nitidâ. Fabr. *Mant. Inf. tom.* 2. *p.* 161. *n°.* 177. — *Ent. Syst. emend. tom.* 3. *pars* 2. *p.* 78. *n°.* 224.

Noctua bractea. Schmett. *Wienn. Verz. p.* 314. *n°.* 7.

La Feuille d'or. Ernst, *Pap. d'Europe, tom.* 8. *p.* 126. *tab.* 336. *fig.* 590.

Noctua bractea. Hubn. *Lepid.* 4. *Noct.* 3. *tab.* 57. *fig.* 279.

Phalæna Noctua securis spirilinguis, alis incumbentibus brunneis, securi auratâ in medio. Vill. *Ent. tom.* 2. *p.* 271. *n°.* 335. *tab.* 5. *fig.* 10.

Elle ressemble aux précédentes. Les antennes, la tête & la partie antérieure du corcelet sont d'un rouge-fauve. Le dos de celui-ci est brun. Les ailes supérieures sont mélangées de cendré & de brun, & ont au milieu une tache presque triangulaire, qui a l'éclat de l'or lorsque l'insecte sort de sa chrysalide, & qui prend ensuite une teinte argentée. L'aile est d'un brun plus clair autour de cette tache, & le bord postérieur est d'un gris-luisant. Les ailes inférieures sont d'un gris-jaune, avec l'extrémité un peu obscure.

Elle se trouve dans le Dauphiné, le Piémont, la Stirie.

281. Noctuelle de la Fétuque.

Noctua Festucæ.

Noctua cristata, alis deflexis, anticis flavo fuscoque variis; maculis tribus argenteis. Fabr. *Spec. Inf. tom.* 2. *p.* 227. *n°.* 93. — *Mant. Inf. tom.* 2. *p.* 161. *n°.* 178. — *Ent. Syst. em. tom.* 3. *pars* 2. *p.* 78. *n°.* 225.

Phalæna Noctua Festucæ. Linn. *Syst. Nat. p.* 845. *n°.* 131. — *Faun. Suec. n°.* 1170.

Albin. *Inf. tab.* 84. *fig.* G. H.

Petiv. *Gazoph. t.* 7. *fig.* 7.

Wilk, *Pap.* 8. *tab.* 1. a. 17.

Kleem. *Inf.* 1. *t.* 30. *fig.* A.

Act. Stockh. 1748. *tab.* 6. *fig.* 3. 4.

Deg. *Mem. Inf. tom.* 2. *pars* 1. *p.* 429. *n°.* 3.

Noctua Festucæ. Schmett. *Wienn. Verz. p.* 92. *n°*. 1.

La Riche. Ernst, *Pap. d'Eur. tom.* 8. *p.* 117. *tab.* 334. *fig.* 585.

Noctua Festucæ. Hubn. *Lepid.* 4. *Noct.* 3. *tab.* 57. *fig.* 277.

Noctua Festucæ. Panz. *Faun. Germ. Fasc.* 8. *tab.* 19.

La tête & le corcelet sont d'un roux-canelle. Les ailes supérieures sont de la même couleur, mêlée de taches & de nuances d'un jaune-doré brillant, avec trois taches alongées, argentées, très-brillantes, dont deux au milieu de l'aile, & la troisième vers l'angle extérieur : celle-ci se termine par une nuance de couleur d'or très-brillante. Les ailes inférieures sont d'un gris-obscur ou noirâtre. Le dessous des supérieures est d'un gris un peu rose, avec le disque obscur. Les inférieures sont grises à la base, avec un point obscur au milieu, ensuite d'un gris-rose; mais ces deux couleurs sont séparées par une raie obscure.

La Chenille est verte, rase; elle vit sur la Fétuque flottante, *Festuca fluitans*.

Elle se trouve dans toute l'Europe.

282. Noctuelle chalsite.

Noctua chalsytes.

Noctua cristata, alis deflexis; anticis purpurascentibus, fusco aureoque variegatis.

Noctua chalsytes. Esper. *Pap. d'Eur. tom.* 4. *tab.* 141. *fig.* 3.

La Chalsyte. Ernst, *Pap. d'Europe, tom.* 8. *p.* 119. *tab.* 334. *fig.* 586.

Noctua chalsytes. Hubn. *Lepid.* 4. *Noct.* 3. *tab.* 57. *fig.* 276.

Elle ressemble beaucoup à la précédente, dont elle diffère surtout par le fond des ailes supérieures, qui tire sur le pourpre ou sur le violet; par les taches dorées, qui sont plus irrégulières & moins distinctes; par les taches argentées moins apparentes, plus petites, & seulement au nombre de deux. Les antennes, la tête & la partie antérieure du corcelet sont d'un jaune-fauve. Le dos est violet. L'abdomen est d'un gris-obscur, & les ailes inférieures sont noirâtres.

Elle se trouve au midi de la France & de l'Italie.

283. Noctuelle circonflexe.

Noctua circumflexa.

Noctua cristata, alis deflexis; anticis fuscescentibus, charactere flexuoso argenteo. Fabr. *Mant. Inf. tom.* 2. *pag.* 162. *n°*. 179. — *Ent. Syst. em. tom.* 3. *pars* 3. *p.* 78. *n°*. 226.

Phalæna Noctua circumflexa. Linn. *Syst. Nat.* 2. *p.* 844. *n°*. 128.

Noctua circumflexa. Schmett. *Wienn. Verz. p.* 93. *n°*. 4.

L'Accent circonflexe. Ernst, *Pap. d'Europe, tom.* 8. *p.* 127. *tab.* 336. *fig.* 591.

Noctua circumflexa. Hubn. *Lepid.* 4. *Noct.* 3. *tab.* 58. *fig.* 285.

Elle ressemble à la Noctuelle gamma, mais elle est un peu plus petite. La tête & la partie antérieure du corcelet sont d'un gris légérement ferrugineux. La partie supérieure de celui-ci est d'un gris-brun. Les ailes supérieures sont brunes, avec la base & la partie antérieure d'un brun-gris, & une tache alongée, circonflexe, entière, argentée, placée au milieu. Cette tache ne jette pas deux rameaux comme dans la Noctuelle gamma, mais se prolonge quelquefois en une ligne très-fine, & s'étend en remontant jusqu'au bord interne. Les ailes inférieures sont un peu obscures.

Elle se trouve en France, en Italie, en Allemagne. La Chenille vit sur la Millefeuille, *Achillea millefolium*; elle est rase, verte, marquée sur les côtés d'une ligne plus obscure.

284. Noctuelle de l'Armoise.

Noctua Artemisiæ.

Noctua cristata, alis deflexis; anticis viridibus, maculis argenteis sparsis. Fabr. *Mant. Inf. tom.* 2. *p.* 162. *n°*. 180. — *Ent. Syst. em. tom.* 3. *pars* 2. *p.* 78. *n°*. 227.

Knoch, *Beytr.* 1. *p.* 45. *tab.* 3. *fig.* 1. 2.

Noctua argentea. Fabr. *Sp. Inf. tom.* 2. *App. p.* 507.

Phalæna argentea. Fuessli, *Arch. Inf.* 1. *tab.* 5. *fig.* 7.

Noctua Artemisiæ. Schmett. *Wienn. Verz. p.* 92, & *p.* 312. *n°*. 9.

L'Artemise. Ernst, *Pap. d'Eur. tom.* 6. *p.* 127. *tab.* 244. *fig.* 360.

Esper. *Europ.* 3. *tab.* 109. *fig.* 6-9.

Noctua Artemisiæ. Panz. *Faun. Germ. Fasc.* 40. *tab.* 24.

Noctua Artemisiæ. Hubn. *Lepid.* 4. *Noct.* 2. *tab.* 53. *fig.* 259.

Elle est un peu plus petite que les précédentes. La tête & le corcelet sont mélangés de blanc & de vert. L'abdomen est blanc. Les ailes supérieures sont vertes, avec plusieurs taches d'un blanc-argenté. Les ailes inférieures sont blanches, avec l'extrémité un peu obscure & la frange blanche.

La Chenille vit sur l'Armoise; elle est un peu velue,

velue, verte, avec des taches blanches, une ligne dorfale, & une de chaque côté, formées par une fuite de tubercules rouges.

Elle fe trouve en Europe.

285. Noctuelle gamma.

Noctua gamma.

Noctua criftata, alis deflexis dentatis; anticis fufcis, γ aureo infcriptis. Fabr. *Sp. Inf. tom.* 2. *pag.* 227. *n°.* 94. — *Mant. Inf. tom.* 2. *pag.* 162. *n°.* 181. — *Ent. Syft. em. tom.* 3. *pars* 2. *p.* 79. *n°.* 228.

Phalæna Noctua gamma. Linn. *Syft. Nat.* 2. *p.* 843. *n°.* 127. — *Faun. Suec. n°.* 1171.

Noctua gamma. Schmett. *Wienn. Verz. p.* 93. *n°.* 5.

Goed. *Inf. tom.* 2. *tab.* 21.

List. Goed. *Fig.* 14.

Raj. *Inf. p.* 163. *n°.* 16.

Petiv. *Gazoph. tab.* 64. *fig.* 6.

Albin. *Inf. tab.* 79. *fig.* G. H.

Réaum. *Inf. tom.* 2. *tab.* 26. *fig.* 5.

Blank. *Inf. tab.* 8. *fig.* N. P.

Mérian, *Inf. d'Europe, tab.* 82.

Frisch, *Inf. tom.* 5. *tab.* 15.

Roes. *Inf. tom.* 1. *Claff.* 3. *Pap. Noct. tab.* 5. *fig.* 1-4.

Wilk. *Pap.* 34. *t.* 2. a. 1.

Sepp. *Inf.* 1. *p.* 5. *fig.* 1. *tab.* 1. *fig.* 5. 6.

Schœff. *Icon. Inf. tab.* 84. *fig.* 5.

Phalæna feticornis fpirilinguis, alis deflexis, exterioribus fufcis, lambda græco infcriptis. Geoff. *Inf. Par. tom.* 2. *p.* 156. *n°.* 92.

Phalæna gamma. Scop. *Ent. Carn. n°.* 523.

Le Lambda. Ernst, *Pap. d'Europe, tom.* 8. *p.* 134. *tab.* 338. *fig.* 594.

Noctua gamma. Hubn. *Lepid.* 4. *Noct.* 3. *tab.* 58. *fig.* 283.

Les antennes font fétacées, d'un gris-pâle. La tête & le corcelet font d'un gris-foncé. L'abdomen eft d'un gris plus clair. Les ailes fupérieures font mélangées de gris & de noirâtre, finement rayées de gris à la bafe & vers l'extrémité, marquées au milieu d'une tache argentée ou dorée, ayant la forme du lambda grec. Le bord poftérieur eft légérement denté, & on remarque une ligne blanche, un peu ondée, très-près de ce bord. Les ailes inférieures font moitié grifâtres, moitié noirâtres, avec toutes les nervures noirâtres, & la frange blanchâtre, marquée de quelques petites taches noirâtres.

Elle fe trouve dans toute l'Europe. La Chenille vit fur un grand nombre de plantes, telles que l'Ortie, les plantes potagères, la plupart des légumineufes. Elle eft demi-arpenteufe, n'a que quatorze pattes membraneufes & eft d'un vert-d'herbe, avec des lignes blanchâtres fur le dos, & une jaune de chaque côté. La tête & les pattes écailleufes font obfcures.

286. Noctuelle montagnarde.

Noctua montana.

Noctua criftata, alis deflexis; anticis fufco cinereoque variis, medio fufco, lineolâ albâ bifurcâ.

La Montagnarde. Ernst, *Pap. d'Europe, tom.* 8. *p.* 138. *tab.* 339. *fig.* 596.

Noctua ain. Hubn. *Lepid.* 4. *Noct.* 3. *tab.* 59. *fig.* 290.

Act. Hift. nat. Berol. tom. 6. *p.* 337. *tab.* 7. *fig.* 8.

Cette efpèce reffemble beaucoup à la Noctuelle gamma. Les antennes & la tête font grifes. Le corcelet eft gris, rayé de noirâtre. Les ailes fupérieures font d'un gris-foncé, marquées de raies noirâtres & cendrées, avec une grande tache prefque carrée, noirâtre, qui s'étend depuis le milieu jufqu'au bord interne, fur laquelle eft une petite ligne finuée, blanche, qui fe bifurque antérieurement, & repréfente, moins bien que dans l'efpèce précédente, un y grec. Les ailes inférieures font jaunes, avec une bande noire vers le bord poftérieur. Le bord eft jaune, avec des taches noires.

Elle fe trouve fur les montagnes de la Styrie.

287. Noctuelle monnoie.

Noctua moneta.

Noctua criftata, alis deflexis aureis; ftrigis undatis annuloque geminato argenteo. Fabr. *Mant. Inf. tom.* 2. *p.* 162. *n°.* 182. — *Ent. Syft. em. tom.* 3. *pars* 2. *p.* 79. *n°.* 229.

Phalæna Noctua moneta. Hubn. *Beytr. tom.* 1. *tab.* 3. *fig.* P.

Noctua flavago, mas. Esper. *Pap. d'Eur. tom.* 4. *tab.* 112. *fig.* 1.

L'Écu. Ernst, *Pap. d'Europe, tom.* 8. *p.* 115. *tab.* 334. *fig.* 584.

Noctua moneta. Hubn. *Lepid.* 4. *Noct.* 3. *tab.* 59. *fig.* 289.

Elle reffemble aux précédentes pour la forme & la grandeur. La tête & le corcelet font grifâtres, marqués de points noirs. L'abdomen eft gris. Les ailes font agréablement mélangées de gris, de brun-clair & de jaunâtre, vers les extrémités, un peu dorées au milieu, & rayées, vers la base & vers l'extrémité, de gris & de noirâtre. On apperçoit au milieu une double tache argentée qui prend quelquefois la forme d'un S, &, très-près du bord, une ligne ondée, noire. Les ailes inférieures sont d'un gris-foncé, avec une bande plus obscure vers le bord, & le bord plus clair.

Elle se trouve sur les montagnes de l'Autriche, de la Styrie.

288. Noctuelle divergente.

Noctua divergens.

Noctua cristata, alis deflexis integris; anticis griseis medio fuscis signo albo inscriptis, posticis fulvis; margine fusco. Fabr. *Mant. Inf. tom.* 2. *p.* 162. *n°.* 184. — *Ent. Syst. em. tom.* 3. *pars* 2. *p.* 80. *n°.* 231.

Phalæna Hohenwartii. Act. Soc. Berol. tom. 6. *tab.* 7. *fig.* 2.

Noctua divergens. Panz. *Faun. Germ. Fasc.* 6. *tab.* 20.

La Divergente. Ernst, *Pap. d'Europe, tom.* 8. *p.* 179 *tab.* 339. *fig.* 597.

Noctua divergens. Hubner, *Lepid.* 4. *Noct.* 3. *tab.* 59. *fig.* 186.

Elle est un peu plus petite que les précédentes. Le corps est d'un gris-brun. Les ailes supérieures sont de la même couleur, & sont marquées d'une tache brune au milieu, qui part du bord interne, & au-devant de laquelle se trouve un trait blanc, ressemblant un peu à un y : on voit une raie ondée, obscure, entre cette tache & le bord postérieur, & une ligne de la même couleur près du bord. Les ailes inférieures sont jaunes, avec une raie noire près du bord. En dessous les ailes sont jaunes, avec une raie & une ligne noirâtres placées près du bord.

Elle se trouve sur les montagnes de la Suisse & de l'Autriche.

289. Noctuelle émule.

Noctua æmula.

Noctua cristata, alis deflexis dentatis nigro cinereoque variis; lineolâ mediâ duplicatâ argenteâ. Fabr. *Mant. Inf. tom.* 2. *p.* 162. *n°.* 183. — *Ent. Syst. em. tom.* 3. *pars* 2. *p.* 80. *n°.* 230.

Noctua æmula. Hubn. *Lepid.* 4. *Noct.* 3. *tab.* 57. *fig.* 280. ?

Elle ressemble beaucoup à la Noctuelle lambda; mais les ailes supérieures sont plus mélangées de noir & de cendré. La lettre grecque du milieu est moins bien marquée, moins distincte, plus petite. Les ailes inférieures sont cendrées à la base, obscures à l'extrémité.

Elle se trouve en Autriche.

Nota. Cette espèce paroît bien mieux se rapporter à la *Noctua Ni*, figurée dans Hubner, *Lepidoptera* 4, *Noctuæ* 3, *tab.* 58, *n°.* 284, & dans l'ouvrage des *Papillons d'Europe, tom.* 8, *p.* 137. L'Ajoutée, *Pl.* 338, *n°.* 595.

290. Noctuelle argentine.

Noctua argentina.

Noctua cristata, alis deflexis griseis; vittâ latâ abbreviatâ argenteâ. Fabr. *Mant. Inf. tom.* 2. *p.* 162. *n°.* 185. — *Ent. Syst. em. tom.* 3. *pars* 2. *p.* 80. *n°.* 232.

Le corps de cette espèce est petit, blanc, velu. Les ailes supérieures sont grises, marquées d'une large raie, presque marginale, argentée, luisante, qui de la base s'étend au-delà du milieu. Les ailes inférieures sont d'un blanc de neige.

Elle se trouve dans la Russie méridionale.

291. Noctuelle interrogation.

Noctua interrogationis.

Noctua cristata, alis deflexis; anticis fusco cinereoque variis, signo ? albo inscriptis. Fabr. *Sp. Inf. tom.* 2. *p.* 228. *n°.* 95. — *Mant. Inf. tom.* 2. *p.* 163. *n°.* 186. — *Ent. Syst. em. tom.* 3. *pars* 2. *p.* 80. *n°.* 233.

Phalæna Noctua interrogationis. Linn. *Syst. Nat.* 2. *p.* 844. *n°.* 129. — *Faun. Suec. n°.* 1172.

Phalæna Noctua interrogationis. Clerck, *Icon. Inf. tab.* 6. *fig.* 7.

Noctua interrogationis. Schmett. *Wienn. Verz. p.* 93. *n°.* 3.

L'Interrogation. Ernst, *Pap. d'Europe, tom.* 8. *p.* 132. *tab.* 337. *n°.* 593.

Noctua interrogationis. Hubn. *Lepid.* 4. *Noct.* 3. *tab.* 58. *fig.* 281.

Les antennes & la tête sont grises. Le corcelet est gris, rayé de noirâtre. Les ailes supérieures sont mélangées de gris, de cendré & de noirâtre, & sont rayées à la base & vers l'extrémité. On voit au milieu une petite tache blanche, que Linné dit représenter un point de doute ou d'interrogation, & près du bord une ligne ondée, noire. Le bord est gris, avec des taches noirâtres. Les ailes inférieures sont d'un gris-jaunâtre, avec une bande obscure près du bord & le bord pâle.

Elle se trouve au nord de l'Europe & sur les montagnes de la Styrie.

292. Noctuelle signalée.

Noctua signata.

Noctua cristata, alis deflexis obscuris basi nigro

punctatis signo medio ? aureo inscriptis. Fabr. *Sp. Inf. tom.* 2. *p.* 228. *n°.* 93. — *Mant. Inf. tom.* 2. *p.* 163. *n°.* 187. — *Ent. Syst. em. tom.* 3. *pars* 2. *p.* 81. *n°.* 134.

Elle ressemble à la précédente, mais elle est un peu plus petite. Les ailes supérieures sont grises, marquées de trois points noirs à la base, & du signe ? de couleur dorée-brillante, au milieu. Le bout de l'aile est un peu relevé. L'abdomen a deux faisceaux de poils élevés, dont l'un postérieur est plus petit.

Elle se trouve aux Indes orientales.

293. Noctuelle question.

Noctua quæstionis.

Noctua cristata, alis deflexis aureo cinereoque variis signo medio ? argenteo inscriptis. Fabr. *Ent. Syst. em. tom.* 3. *pars* 2. *p.* 81. *n°.* 235.

Elle ressemble beaucoup, pour la forme & la grandeur, à la Noctuelle interrogation. Le corps est cendré & l'anus est très-velu. Les ailes supérieures sont cendrées à la base & à l'extrémité, & ont un reflet doré : on voit au milieu, comme dans les précédentes, le signe ? de belle couleur argentée.

Elle se trouve aux Indes orientales, dans les îles de la mer Pacifique.

294. Noctuelle du Pepon.

Noctua Peponis.

Noctua cristata, alis deflexis griseis; maculâ apicis dorsalique brunneo-aureâ. Fabr. *Sp. Inf. tom.* 2. *p.* 228. *n°.* 97. — *Mant. Inf. tom.* 2. *p.* 163. *n°.* 188. — *Ent. Syst. em. tom.* 3. *pars* 2. *p.* 81. *n°.* 236.

Elle ressemble aux précédentes. Les ailes supérieures sont grises, marquées d'une grande tache brune, ayant un reflet doré à l'extrémité, & d'une autre de la même couleur vers le bord interne.

Elle se trouve aux Indes orientales. La Chenille vit sur une espèce de Courge.

295. Noctuelle iota.

Noctua iota.

Noctua cristata, alis deflexis; anticis ferrugineo-griseis, i resupinato aureo inscriptis. Fabr. *Sp. Inf. tom.* 2. *p.* 228. *n°.* 98. — *Mant. Inf. tom.* 2. *p.* 163. *n°.* 130. — *Ent. Syst. em. tom.* 3. *pars* 2. *p.* 81. *n°.* 237.

Phalæna Noctua iota. Linn. *Syst. Nat.* 2. *p.* 844. *n°.* 130.

Phalæna iota. Naturf. Cah. 10. *p.* 94. *tab.* 2. *fig.* 5. 6.

Le V d'or. Ernst, *Pap. d'Eur. tom.* 8. *p.* 129. *tab.* 337. *fig.* 592.

Noctua iota. Hubn. *Lepid.* 4. *Noct.* 3. *tab.* 58. *fig.* 282.

Les antennes & la tête sont brunes. Le corcelet est brun, rayé de ferrugineux. Les ailes supérieures sont mélangées de gris, de ferrugineux & de brun, & marquées, vers le milieu, d'un I ou d'un V renversé, de couleur d'or, & de deux raies courtes, de la même couleur, placées vers le bord postérieur. Les ailes inférieures sont d'un jaune-brun, avec le bord noirâtre & la frange d'un jaune-brun, plus pâle que le fond.

Elle se trouve en Allemagne. La Chenille vit sur l'Ortie, la Bardane; elle est d'un vert-foncé, avec le dos rayé de blanc.

296. Noctuelle verrue.

Noctua verruca.

Noctua cristata, alis deflexis auro fuscoque variis; puncto medio argenteo. Fabr. *Ent. Syst. em. tom.* 3. *pars* 2. *p.* 81. *n°.* 238.

Elle est plus petite que les précédentes. La tête est cendrée, avec le bord postérieur fauve. Le corcelet & l'abdomen sont cendrés. Les ailes sont penchées, obscures à leur base, dorées au milieu, marquées d'un grand point bien distinct, argenté; elles sont ensuite obscures, puis dorées, avec la frange du bord obscure. Elles sont cendrées en dessous, avec une raie noirâtre.

Elle se trouve dans les îles de l'Amérique méridionale.

297. Noctuelle lunée.

Noctua lunata.

Noctua cristata, alis deflexis fusco cinereoque variis; arcu medio flavo marginato. Fabr. *Mant. Inf. tom.* 2. *p.* 163. *n°.* 190. — *Ent. Syst. em. tom.* 3. *pars* 2. *p.* 82. *n°.* 239.

Elle ressemble beaucoup aux précédentes. Le corcelet est cendré & fortement élevé en crête. Les ailes supérieures sont mélangées d'obscur & de cendré : on voit au milieu une grande tache arquée, cendrée, bordée de jaune. Les ailes inférieures sont cendrées à leur base, obscures à leur extrémité.

Elle se trouve au Cap de Bonne-Espérance.

298. Noctuelle échancrée.

Noctua emarginata.

Noctua cristata, alis deflexis variegatis; margine tenuiori emarginato, capite thoracisque anticâ aurantiis. Fabr. *Ent. Syst. em. tom.* 3. *pars* 2. *p.* 82. *n°.* 240.

Elle ressemble beaucoup aux précédentes pour la forme & la grandeur. Les antennules sont très-renflées & avancées. Les antennes sont pectinées, avec l'extrémité sétacée. La tête & la partie antérieure du corcelet sont d'un jaune-orangé, ou mélangées de jaune & de fauve. Le dos du corcelet est cendré. L'abdomen est blanchâtre. Les ailes supérieures sont mélangées d'obscur, de couleur de chair & de couleur d'or, avec une raie postérieure, blanchâtre, peu marquée. Le bord interne est fort échancré. Les ailes inférieures sont cendrées, sans tache. En dessous les ailes supérieures sont obscures, & les postérieures sont blanchâtres.

Elle se trouve à Tranquebar.

299. NOCTUELLE appauvrie.

NOCTUA pauperata.

Noctua cristata, alis deflexis fuscis cinereo variegatis; posticis albo hyalinis. FABR. *Sp. Inf. tom.* 2. *p.* 228. *n°.* 99. — *Mant. Inf. tom.* 2. *p.* 163. *n°.* 191. — *Ent. Syst. em. tom.* 3. *pars* 2. *p.* 82. *n°.* 241.

Elle est de la grandeur de la Noctuelle chrysite. Le corcelet est obscur, marqué de raies cendrées. Les ailes supérieures sont mélangées d'obscur & de cendré, &, à quelque distance de l'extrémité, elles sont un peu obscures, avec quelques raies courtes, noires. Le bord est cendré, mélangé d'obscur. Les ailes inférieures sont blanches, un peu transparentes, avec une raie marginale obscure.

Elle se trouve en Chine.

300. NOCTUELLE méticuleuse.

NOCTUA meticulosa.

Noctua cristata, alis deflexis eroso-dentatis pallidis; anticis basi incarnatâ triangulo fusco. FABR. *Sp. Inf. tom.* 2. *p.* 228. *n°.* 100. — *Mant. Inf. tom.* 2. *p.* 163. *n°.* 192. — *Ent. Syst. em. tom.* 3. *pars* 2. *p.* 83. *n°.* 242.

Phalæna Noctua meticulosa. LINN. *Syst. Nat. p.* 845. *n°.* 132. — *Faun. Suec. n°.* 1164.

Noctua meticulosa. SCHIFF. *Wienn. Verz. p.* 83. *n°.* 1.

Phalæna meticulosa. SCOP. *Ent. Carn. n°.* 512.

GOED. *Inf. tom.* 1. *tab.* 56.

LIST. GOED. *Fig.* 44.

ALBIN. *Inf. tab.* 13.

RÉAUM. *Mem. Inf.* 1. *tab.* 8. *fig.* 25. 26, *& tab.* 14. *fig.* 12. 13.

MÉRIAN, *Inf. Eur. tab.* 34.

ROES. *Inf.* 4. *tab.* 9.

La Méticuleuse. GEOFFR. *Inf. Paris. tom.* 2. *p.* 151. *n°.* 84.

Phalæna Noctua meticulosa. DEGEER, *Inf. tom.* 1. *tab.* 5. *fig.* 14, *& tom.* 2. *pars* 1. *p.* 427. *n°.* 1.

WILK. *Pap.* 3. *tab.* 1. a. 3.

La Craintive. ERNST, *Pap. d'Europe, tom.* 7. *p.* 110. *tab.* 290. *fig.* 487.

Noctua meticulosa. HUBN. *Lepid.* 4. *Noct.* 2. *tab.* 14. *fig.* 67.

Elle diffère beaucoup des précédentes. Les antennes, la tête & le corcelet sont gris : celui-ci est finement rayé de brun-clair à sa partie antérieure, & fortement relevé en crête à sa partie postérieure. Les ailes supérieures sont grises, ordinairement nuancées d'incarnat, marquées d'une grande tache verdâtre, triangulaire, placée au milieu, ayant le sommet appuyé sur le bord interne, & étant ouverte vers le bord antérieur pour donner place à une autre tache de la même couleur, entourée de gris-incarnat. Il y a une autre tache de la même couleur le long du bord interne, près de la base. Le bord postérieur est festonné, un peu échancré près de l'angle interne, & il règne le long de ce bord une double raie noirâtre. L'aile a une teinte verdâtre près de ce bord. Les inférieures sont d'un gris-blanchâtre, marquées de quelques raies ou lignes transverses, brunes.

Elle se trouve dans toute l'Europe. La Chenille vit sur un grand nombre de plantes, telles que les Giroflées, l'Ortie, la Mercuriële, l'Absynthe, la Pimprenelle, la Lavande, la Primevère, &c. Elle est rase, d'un vert-foncé, marquée sur le dos d'une raie fine d'un blanc-jaunâtre, & d'une autre jaune de chaque côté; elle se montre assez souvent dans nos jardins avant la fin de l'hiver, & même pendant l'hiver, & entre en terre pour se métamorphoser en février, mars ou avril, suivant la température. La Noctuelle se montre en mai ou en juin.

301. NOCTUELLE ciliée.

NOCTUA ciliata.

Noctua cristata, alis deflexis dentatis viridibus; margine postico cinereo. FABR. *Mant. Inf. tom.* 2. *p.* 163. *n°.* 193. — *Ent. Syst. em. tom.* 3. *pars* 2. *p.* 83. *n°.* 243.

Elle est de la grandeur de la Noctuelle déchirée. Les antennes sont pectinées, avec l'extrémité sétacée. Le corps est cendré, avec la partie antérieure du corcelet un peu brune. Les ailes supérieures sont d'un vert-obscur, point du tout luisant, avec l'extrémité cendrée. Le bord postérieur est denté. Les ailes inférieures sont obscures; elles ont des faisceaux de poils sur le bord antérieur, & elles ont le bord postérieur denté. Les quatre ailes en dessous sont obscures. Les jambes antérieures sont très-velues.

Elle se trouve à Cayenne.

302. Noctuelle réſonnante.

Noctua conſona.

Noctua criſtata, alis deflexis integris vireſcentibus nitidulis; ſtrigis duplicatis albis, anteriore inflexâ maculiſque duabus apicis fulvis. Fabr. *Mant. Inſ. tom.* 2. *p.* 163. *n°.* 194. — *Ent. Syſt. em. tom.* 3. *pars* 2. *p.* 83. *n°.* 244.

Phalæna Noctua conſona. Hubn. *Beytr. tom.* 2. *p.* 15. *tab.* 2. *fig.* K.

Noctua conſona. Hubn. *Lepid.* 4. *Noct.* 3. *tab.* 56. *fig.* 273.

Elle reſſemble beaucoup à la Noctuelle illuſtre; mais elle eſt plus petite. Les ailes ſont entières, d'un brun-clair, verdâtre, luiſant, marquées de deux doubles raies blanchâtres, l'une fléchie ou anguleuſe, vers la baſe, & l'autre à quelque diſtance de l'extrémité. On voit en outre deux taches fauves près de l'extrémité, vers l'angle interne.

Elle ſe trouve en Autriche.

303. Noctuelle illuſtre.

Noctua illuſtris.

Noctua criſtata, alis deflexis integris viridi cinereoque nitidulis; maculis tribus ferrugineis diſtinctis. Fabr. *Mant. Inſ. tom.* 2. *p.* 164. *n°.* 185. — *Entom. Syſt. em. tom.* 3. *pars* 2. *pag.* 84. *n°.* 245.

Noctua illuſtris. Hubn. *Lepid.* 4. *Noct.* 3. *tab.* 56. *fig.* 274.

L'Illuſtre. Ernst, *Pap. d'Europe, tom.* 8. *p.* 113. *tab.* 333. *fig.* 583.

Noctua illuſtris. Panz. *Faun. Germ. Faſc.* 2. *tab.* 12.

Phalæna Noctua cuprea. Esper. *Pap. d'Europe, tom.* 4. *p.* 199. *tab.* 110. *Noct.* 31. *fig.* 4.

Elle reſſemble à la Noctuelle méticuleuſe; mais elle eſt plus petite, & le bord poſtérieur des ailes eſt entier. La tête & la partie antérieure du corcelet ſont un peu ferrugineux. Le dos de celui-ci eſt d'un gris très-foncé, & la partie poſtérieure eſt élevée en crête. L'abdomen eſt cendré. Les ailes ſupérieures ſont mélangées de brun-clair, de vert-pâle & de rougeâtre, & traverſées vers le bord poſtérieur, par deux raies blanchâtres, un peu ſinuées, parallèles, dont l'une eſt plus large que l'autre: on en voit une autre à quelque diſtance de la baſe. Les ailes inférieures ſont obſcures, avec la frange pâle.

Elle ſe trouve dans les provinces méridionales de l'Allemagne.

304. Noctuelle déchirée.

Noctua lacera.

Noctua criſtata, alis deflexis fuſco ferrugineoque variegatis dorſo emarginatis, fronte fulvâ. Fabr. *Sp. Inſ. tom.* 2. *p.* 229. *n°.* 101. — *Mant. Inſ. tom.* 2. *p.* 164. *n°.* 196. — *Ent. Syſt. em. tom.* 3. *pars* 2. *p.* 84. *n°.* 246.

Le front eſt fauve. Le corcelet eſt cendré, avec la partie antérieure fauve. L'abdomen eſt cendré. Les ailes ſupérieures ſont mélangées de brun & de ferrugineux, & ont une tache jaune à l'angle interne, marquée d'une lunule noire. Le bord poſtérieur, vers le même angle, a une large échancrure. Les ailes inférieures ſont cendrées, ainſi que les quatre ailes en deſſous.

Elle ſe trouve en Chine.

305. Noctuelle double O.

Noctua Oo.

Noctua criſtata, alis deflexis cineraſcentibus, ferrugineo ſtrigoſis, oo notatis. Fabr. *Mant. Inſ. tom.* 2. *p.* 164. *n°.* 197. — *Ent. Syſt. em. tom.* 3. *pars* 2. *p.* 84. *n°.* 247.

Phalæna Bombyx Oo ſpirilinguis criſtata, alis depreſſis cineraſcentibus, oo notatis. Linn. *Syſt. Nat.* 2. *p.* 832. *n°.* 81. — *Faun. Suec. n°.* 1139.

Noctua Oo. Schmett. *Wienn. Verz. p.* 87. *n°.* 1.

Roes. *Inſ. tom.* 1. *Claſſ.* 2. *Pap. Noct. tab.* 63. *fig.* 1-4.

L'Oo ou le double O. Ernst, *Pap. d'Europe, tom.* 8. *p.* 1. *tab.* 306. *fig.* 528.

Elle eſt de la grandeur des précédentes. Les antennes ſont blanchâtres, un peu pectinées dans le mâle. La tête & le corcelet ſont d'un blanc-jaunâtre. Les ailes ſupérieures ſont d'un blanc-jaunâtre: on y remarque deux raies noirâtres, l'une preſque droite, près de la baſe, & l'autre ondée à quelque diſtance; enſuite viennent deux taches ovales, dont l'une antérieure un peu plus grande que l'autre; au deſſous ſe trouve la tache réniforme. Après les taches il y a deux autres raies ondées & une ligne près du bord. Les ailes inférieures ſont blanches.

Elle ſe trouve en Europe. Les Chenilles de cette Noctuelle, ſuivant l'auteur des *Papillons d'Europe*, ſe trouvent, aux mois d'avril & de mai, entre deux feuilles de Chêne, jointes avec quelques fils; elles ſont tantôt d'un rouge-brun, quelquefois d'un rouge plus clair; tantôt d'un brun-noirâtre. Chacun des anneaux du corps eſt chargé de taches blanches, les unes rondes, les autres alongées. Les Chenilles, de couleur rouge, ont la tête & le col noirs, les pattes écailleuſes noires, & les membraneuſes blanches, ainſi que le ventre; une ligne blanche, de chaque côté, au dessous des stigmates, & une sur le dos, aux quatre premiers anneaux seulement. Les Chenilles, brunes, ont la tête & les pattes de même couleur que le corps. Kleeman, selon le même auteur, a trouvé de ces Chenilles dont le fond étoit d'un vert-brun.

306. Noctuelle cuivrée.

Noctua ærea.

Noctua cristata, alis deflexis, anticis æneis, fusco fasciatis; strigâ posticâ dentatâ, griseâ.

La Cuivrée. Ernst, *Pap. d'Eur. tom.* 8. *p.* 113. *tab.* 333. *fig.* 582.

Noctua ærea. Hubn. *Lepid.* 4. *Noct.* 3. *tab.* 56. *fig.* 271.

Elle est un peu plus petite que la Noctuelle illustre. La tête & le corcelet sont d'un brun-clair, un peu cuivreux. Les ailes supérieures sont de la même couleur, avec deux bandes obscures & trois raies grises, dont la troisième, placée vers le bord postérieur, à deux dentelures au milieu. La première des deux taches est petite, & paroît à peine. La seconde est alongée, ferrugineuse. Les ailes inférieures sont d'un gris un peu rousseâtre à la base, obscures à l'extrémité, avec la frange grise.

Elle se trouve au midi de l'Europe.

307. Noctuelle embrasée.

Noctua flamma.

Noctua cristata, alis deflexis ferrugineo flavoque variis; maculis ordinariis confluentibus. Fabr. *Mant. Inf. tom.* 2. *p.* 164. *n°.* 198. — *Ent. Syst. em. tom.* 3. *pars* 2. *p.* 85. *n°.* 248.

Phalæna Bombyx flammea. Esper, *Inf. Eur. tom.* 3. *p.* 269. *tab.* 53. *fig.* 3.

La Flamme. Ernst, *Pap. d'Eur. tom.* 7. *p.* 29. *tab.* 267. *fig.* 426.

Noctua empirea. Hubn. *Lepid.* 4. *Noct.* 2. *tab.* 13. *fig.* 63.

Il n'est pas bien certain que la Noctuelle de Fabricius soit la même que celle des auteurs que nous citons. Celle de Fabricius est plus petite que la précédente. Les ailes supérieures sont mélangées de ferrugineux & de jaune, & l'extrémité est rayée de blanchâtre. Les taches ordinaires, placées au milieu, sont confluentes ou réunies par une ligne interne, blanche. Dans les auteurs cités la tache réniforme est alongée, sinuée, un peu relevée intérieurement, mais n'atteint pas l'autre tache. Les ailes inférieures, selon Fabricius, sont obscures, un peu rougeâtres en dessous, avec un point & une raie obscurs.

Elle se trouve en Autriche, suivant Fabricius, & à Florence, suivant l'auteur des *Papillons d'Europe.*

308. Noctuelle ratissée.

Noctua derasa.

Noctua cristata, alis deflexis, anticis suprà decorticatis. Fabr. *Sp. Inf. tom.* 2. *p.* 229. *n°.* 103. — *Mant. Inf. tom.* 2. *p.* 164. *n°.* 200. — *Ent. Syst. em. tom.* 3. *pars* 2. *p.* 85. *n°.* 250.

Phalæna Noctua derasa. Linn. *Syst. Nat.* 2. *p.* 851. *n°.* 158.

Naturf. 2. *tab.* 1. *fig.* 7.

Schmett. *Wienn. Verz. p.* 87. *n°.* 2.

La Ratissée. Ernst, *Pap. d'Eur. tom.* 8. *p.* 5. *tab.* 307. *fig.* 530.

Noctua derasa. Hubn. *Lepid.* 4. *Noct.* 2. *tab.* 14. *fig.* 66.

Noctua derasa. Panz. *Faun. Germ. Fasc.* 12. *tab.* 19.

Phalæna Noctua derasa. Vill. *Ent. tom.* 2. *p.* 229. *n°.* 220.

Elle est de grandeur moyenne. La tête & le corcelet sont d'un gris-fauve, avec une ligne transverse, blanche, sur la partie antérieure du corcelet, & une autre sur le dos. Les ailes supérieures sont d'un gris-ferrugineux, avec une bande blanche, de laquelle part une ligne qui s'étend vers la base, une tache de la même couleur qui se trouve près du bord antérieur, & une autre raie vers l'extrémité. La couleur de l'aile est plus claire entre les deux bandes, qui forment en quelque sorte un triangle, & on y apperçoit des veines très-ondées, obscures comme celles de quelques bois. Les ailes inférieures sont d'un gris-obscur.

La Chenille vit sur le Framboisier; elle est rase, d'un rouge-brun, avec trois taches blanches de chaque côté.

Elle se trouve en France, en Allemagne.

309. Noctuelle renaissante.

Noctua renata.

Noctua cristata, alis deflexis fuscescentibus; oo strigâque posticâ cinereis. Fabr. *Syst. em. tom.* 3. *pars* 2. *p.* 85. *n°.* 251.

Elle ressemble beaucoup à la Noctuelle Oo; mais les ailes antérieures sont obscures, avec les taches ordinaires, au milieu, représentant un double O, & une raie postérieure de couleur cendrée.

Elle se trouve en Danemarck. La Chenille vit sur le Coudrier; elle est rase, verte, avec une ligne dorsale jaune, & une de la même couleur sur les côtés. Les anneaux postérieurs ont une raie oblique, jaune.

310. Noctuelle fileuse.

Noctua Serici.

Noctua cristata, alis deflexis; anticis albis; strigis tribus nigris, posticis luteis; punctis strigâque nigris. Fabr. *Mant. Inf. tom.* 2. *p.* 164. *n°.* 201. — *Ent. Syst. em. tom.* 3. *pars* 2. *p.* 85. *n°.* 252.

Noctua Serici. Thunb. *Act. Holm.* 1781. *p.* 243. *tab.* 5. *fig.* 12.

Elle est de la grandeur du Bombyx du Mûrier ou du Ver à soie. Le corps est blanc, avec le collier d'un rouge de sang. Les ailes supérieures sont blanches, marquées de trois raies arquées, noires.

Elle se trouve au Japon. La Chenille, élevée dans les maisons, fournit une très-bonne soie.

311. Noctuelle or.

Noctua or.

Noctua cristata, alis deflexis cinereis fusco undatis; maculâ mediâ griseâ. Fabr. *Mant. Inf. tom.* 2. *p.* 165. *n°.* 202. — *Ent. Syst. em. tom.* 3. *pars* 2. *p.* 86. *n°.* 253.

Noctua or. Schmett. *Wienn. Verz. p.* 87. *n°.* 5.

L'Octogésime. Ernst, *Pap. d'Eur. tom.* 8. *p.* 10. *tab.* 308. *fig.* 532. c. d.

Phalæna Noctua consobrina. Scrib. *Beytr.* 1. *p.* 66. *tab.* 6. *fig.* 4. b.

Noctua or. Hubn. *Lepid.* 4. *Noct.* 2. *tab.* 43. *fig.* 210.

Elle ressemble à la Noctuelle ruficolle. La tête & le corcelet sont cendrés. Les ailes supérieures sont d'un gris-cendré, un peu rougeâtre, traversées par plusieurs doubles raies noirâtres. La base & l'extrémité sont plus claires, & le milieu où se trouvent les deux taches ordinaires forme une large bande, beaucoup plus claire que le reste de l'aile. Les ailes inférieures sont d'un gris-obscur.

Elle se trouve en Europe. La Chenille vit sur le Peuplier noir; elle est verdâtre, avec la tête brune, & le bord antérieur noir.

312. Noctuelle délayée.

Noctua diluta.

Noctua cristata, alis deflexis cinereis; fasciis duabus ferrugineis obsoletis punctoque medio albo. Fabr. *Mant. Inf. tom.* 2. *p.* 165. *n°.* 203. — *Ent. Syst. em. tom.* 3. *pars* 2. *p.* 86. *n°.* 254.

Noctua diluta. Schmett. *Wienn. Verz. p.* 87. *n°.* 6.

Noctua diluta. Hubn. *Lepid.* 4. *Noct.* 2. *tab.* 43. *fig.* 206.

Elle est de grandeur moyenne. La tête & le corcelet sont cendrés. Les ailes supérieures sont cendrées, & ont deux bandes d'un ferrugineux pâle, bordées de noirâtre & de cendré, & un point blanchâtre au milieu. Les ailes inférieures sont cendrées, marquées d'une bande noirâtre.

Elle se trouve en Allemagne. La Chenille est pâle, avec la tête noire & le dos marqué d'une ligne obscure.

313. Noctuelle ruficolle.

Noctua ruficollis.

Noctua cristata, alis deflexis obscurè cinereis; fasciis duabus obscurioribus, thorace anticè brunneo. Fabr. *Mant. Inf. tom.* 2. *p.* 165. *n°.* 204. — *Ent. Syst. em. tom.* 3. *pars* 2. *p.* 86. *n°.* 255.

Noctua ruficollis. Schmett. *Wienn. Verz. p.* 87. *n°.* 7.

La Double bande brune. Ernst, *Pap. d'Eur. tom.* 8. *p.* 12. *tab.* 308. *fig.* 533.

Noctua ruficollis. Hubn. *Lepid.* 4. *Noct.* 2. *tab.* 43. *fig.* 207.

Elle est de grandeur moyenne. La tête & la partie antérieure du corcelet sont ferrugineux. Le dos de celui-ci est d'un gris-foncé. Les ailes supérieures sont d'un gris-foncé, traversées de deux larges bandes obscures. Le milieu, où se trouvent les deux taches ordinaires, est d'un gris-clair; ce qui forme une troisième bande claire entre deux obscures: ces bandes sont séparées les unes des autres par des raies ondées, noires & grises. Les ailes inférieures sont obscures, avec une bande plus claire au milieu, & une plus obscure entre la bande claire & la frange.

Elle se trouve en France, en Allemagne. La Chenille vit sur le Chêne.

314. Noctuelle octogésime.

Noctua octogesima.

Noctua cristata, alis deflexis obscurè cinereis; strigis plurimis fuscis maculâ reniformi interruptâ.

Phalæna Noctua octogena. Esper, *Pap. d'Europe, tom.* 4. *tab.* 128. *Noct.* 49. *fig.* 4.

Phalæna octogesima. Hubn. *Beytr.* 1. *tab.* 1. *fig.* G.

Noctua octogesima. Hubn. *Lepid.* 4. *Noct.* 2. *tab.* 43. *fig.* 209.

L'Octogésime. Ernst, *Pap. d'Eur. tom.* 8. *p.* 10. *tab.* 308. *fig.* 532. a. b.

Fabricius & l'auteur de l'ouvrage des *Papillons d'Europe* ont regardé cette Noctuelle comme une variété de la Ruficolle, & en effet elle lui ressemble beaucoup, ainsi qu'aux deux autres qui la précèdent. Celle-ci a la tête & la partie antérieure du corcelet d'un gris-clair, un peu roussâtre. Le dos du corcelet est d'un gris-cendré. Les ailes supérieures sont d'un gris-cendré obscur, marquées de plusieurs raies noirâtres. Le milieu, où se trouvent les deux taches ordinaires, eſt à peine plus clair que le reſte de l'aile, & on y voit trois petites taches noires, entourées d'un cercle blanc, qui repréſentent un 8 accompagné d'un zéro, le 8 étant formé par la tache réniforme interrompue ou étranglée au milieu. Les ailes inférieures ſont d'un gris-clair, avec l'extrémité un peu obſcure.

Elle ſe trouve en Allemagne.

315. Noctuelle ſatellite.

Noctua ſatellitia.

Noctua criſtata, alis deflexis dentatis brunneis; primoribus puncto flavo inter punctulâ duo albâ. Fabr. *Sp. Inſ. tom.* 2. *p.* 230. *n°.* 104. — *Mant. Inſ. tom.* 2. *pag.* 165. *n°.* 205. — *Ent. Syſt. em. tom.* 3. *pars* 2. *p.* 87. *n°.* 256.

Phalæna Noctua ſatellititia. Linn. *Syſt. Nat.* 2. *p.* 855. *n°.* 176.

Noctua ſatellitia. Schmett. *Wienn. Verz. p.* 86. *n°.* 5.

Roes. *Inſ. tom.* 3. *tab.* 50. *fig.* 1-4.

La Satellite. Ernst, *Pap. d'Europe, tom.* 7. *p.* 148. *tab.* 300. *fig.* 511.

Noctua ſatellitia. Hubn. *Lepid.* 4. *Noct.* 2. *tab.* 38. *fig.* 182.

Elle eſt de la grandeur des précédentes. La tête & le corcelet ſont d'un gris-foncé, rouſſeâtre. Les ailes ſupérieures ſont d'un brun-clair ou rouſſeâtre, marquées, vers la baſe, d'une ligne noirâtre qui ne va que juſqu'au milieu, & d'une autre double plus bas qui les traverſe. Le milieu eſt un peu plus foncé que la baſe, & on y remarque une petite tache jaune, placée entre deux petits points de la même couleur. A quelque diſtance de ces points il y a une autre raie un peu ondée, noirâtre, & une près de l'extrémité : celle-ci eſt accompagnée de petites lunules blanchâtres. Les ailes inférieures ſont obſcures, avec la frange griſe. En deſſous les ailes ſupérieures ſont obſcures, avec les bords ferrugineux & une tache blanchâtre, en croiſſant, au milieu.

Elle ſe trouve dans toute l'Europe. La Chenille vit ſur le Groſeiller, le Poirier, le Chêne, l'Orme; elle eſt noire ou d'un brun-noir, avec une petite ligne blanche de chaque côté du corps, interrompue à chaque inciſion, & une autre ſur le col. Elle vit ſeule, eſt très-vorace, & attaque quelquefois les autres Chenilles, ſans épargner celles de ſa propre eſpèce. Elle ſe métamorphoſe dans la terre.

316. Noctuelle nacarat.

Noctua diffinis.

Noctua criſtata, alis deflexis ferrugineis; maculis tribus coſtalibus albis, poſticè punctis nigris duobus. Fabr. *Sp. Inſ. tom.* 2. *p.* 230. *n°.* 105. — *Mant. Inſ. tom.* 2. *p.* 165. *n°.* 206. — *Ent. Syſt. em. tom.* 3. *pars* 2. *p.* 87. *n°.* 257.

Phalæna Noctua diffinis *ſpirilinguis criſtata, alis ferrugineis margine exteriore maculis tribus albis, poſticè puncto nigro.* Linn. *Syſt. Nat. tom.* 2. *p.* 848. *n°.* 146.

Harr. *Inſ. angl. tab.* 5. *fig.* 8.

Noctua diffinis. Schmett. *Wienn. Verz. p.* 88. *n°.* 10.

Phalæna ſeticornis ſpirilinguis, alis roſeo purpureoque variegatis, ſuperioribus maculâ duplici marginali albâ. Geoffroy, *Inſ. tom.* 2. *p.* 164. *n°.* 108.

Le Nacarat. Ernst, *Pap. d'Eur. tom.* 8. *p.* 23. *tab.* 311. *fig.* 543.

Scrib. *Beytr.* 2. *p.* 164. *tab.* 12. *fig.* 1. 2.

Noctua diffinis. Panz. *Faun. Germ. Faſc.* 61. *tab.* 21.

Noctua diffinis. Hubn. *Lepid.* 4. *Noct.* 2. *tab.* 42. *fig.* 202.

Phalæna Noctua affinis. Hubn. *Beytr.* 1. *tab.* 1. *fig.* E.

Elle eſt un peu plus petite que les précédentes. Les antennes & la tête ſont ferrugineux. Les yeux ſont noirâtres. La partie antérieure du corcelet eſt ferrugineuſe, bordée de gris. Le dos du corcelet eſt ferrugineux. L'abdomen eſt gris. Les ailes ſupérieures ſont ferrugineuſes, avec trois taches blanches ſur le bord antérieur, d'où partent autant de lignes griſes, un peu ſinueuſes. On voit une quatrième ligne vers le bord poſtérieur, & deux petits points noirs près de l'angle antérieur. Les ailes inférieures ſont obſcures, avec la frange griſe.

La Chenille vit ſur l'Orme, le Charme; elle eſt verte, rayée de blanc, avec la tête & les pattes antérieures, noires.

Elle ſe trouve dans toute l'Europe.

317. Noctuelle analogue.

Noctua affinis.

Noctua criſtata, alis deflexis ferrugineis; angulo exteriori puncto nigro gemino, poſticis nigris. Fabr. *Sp. Inſ. tom.* 2. *p.* 230. *n°.* 106. — *Mant. Inſ. tom.* 2. *p.* 165. *n°.* 207. — *Ent. Syſt. em. tom.* 3. *pars* 2. *p.* 87. *n°.* 258.

Phalæna Noctua affinis. Linn. *Syſt. Nat.* 2. *p.* 848. *n°.* 144.

Noctua affinis. Schmett. *Wienn. Verz. p.* 88. *n°.* 11.

Phalæna Noctua diffinis. Hubn. *Beytr.* 4. *p.* 24. *tab.* 4. *fig.* T.

Esper,

ESPER, *Pap. d'Eur. tom.* 4. *tab.* 134. *Noct.* 55. *fig.* 1.

L'Analogue. ERNST, *Pap. d'Eur. tom.* 8. *p.* 25. *tab.* 312. *fig.* 544.

Noctua affinis. HUBN. *Lepid.* 4. *Noct.* 2. *tab.* 42. *fig.* 201.

Elle reſſemble beaucoup à la précédente. La tête & le corcelet ſont d'un gris-rouſſeâtre, quelquefois ferrugineux, & marquées d'une raie ſinueuſe, blanchâtre, près de la baſe, qui ne va que juſqu'au milieu; d'une autre un peu plus bas, également ſinueuſe, qui les traverſe. Au milieu on voit, au lieu des taches ordinaires, deux points noirs, entourés d'un cercle gris, peu apparent; vient enſuite une raie coudée, blanchâtre; une autre moins marquée, près du bord; deux petites taches noires à l'angle extérieur, & une ſuite de points noirs le long du bord. Les ailes inférieures ſont noires, avec la frange griſe.

Elle ſe trouve en France, en Allemagne. La Chenille vit ſur le Peuplier; elle eſt preſque raſe, d'un blanc-verdâtre, avec des lignes ſur les derniers anneaux, d'un vert plus clair ou d'un vert plus obſcur, & des points élevés, noirs, portant quelques poils. On remarque auſſi au deſſus des ſtigmates une ligne arquée, noire. Cette Chenille eſt quelquefois d'un vert-pâle, avec des points blancs & noirs.

318. NOCTUELLE triptère.

NOCTUA triptera.

Noctua criſtata, alis deflexis; maculis tribus longitudinalibus, rotundatis, atomiſque ſulphureis adſperſis. FABR. *Spec. Inſ. tom.* 2. *p.* 230. *n°.* 107. — *Mant. Inſ. tom.* 2. *p.* 166. *n°.* 208. — *Ent. Syſt. em. tom.* 3. *pars* 2. *p.* 87. *n°.* 259.

Elle eſt un peu plus grande que les deux précédentes. Les antennes ſont un peu plus groſſes que dans la plupart des autres Noctuelles. Les ailes ſupérieures ſont cendrées, marquées de petites raies noires, & parſemées de petits points d'un jaune de ſoufre. On remarque près du bord antérieur trois taches pâles, aſſez grandes, bordées d'une ligne noire, dont la première, placée vers la baſe, eſt ovale; la ſeconde eſt orbiculaire & plus petite; la troiſième, preſqu'en cœur, forme avec la ſeconde les deux taches ordinaires. L'extrémité eſt d'un blanc-pâle. Les ailes inférieures ſont blanchâtres, & n'ont en deſſous ni point ni tache en croiſſant.

Elle ſe trouve au midi de l'Europe.

319. NOCTUELLE marginée.

NOCTUA marginata.

Noctua criſtata, alis deflexis, flaveſcentibus; ſtrigis ferrugineis, poſticè fuſcis. FABR. *Sp. Inſ. tom.* 2. *p.* 230. *n°.* 108. — *Mant. Inſ. tom.* 2. *p.* 166. *n°.* 209. — *Ent. Syſt. em. tom.* 3. *pars* 2. *p.* 88. *n°.* 260.

Elle eſt de grandeur moyenne. La tête & le corcelet ſont jaunâtres. Les ailes ſupérieures ſont jaunes, marquées de trois raies ondées, ferrugineuſes. Les taches ordinaires ſont ferrugineuſes, & le bord poſtérieur eſt obſcur, avec une raie ondée, plus obſcure.

Elle ſe trouve au nord de l'Europe.

320. NOCTUELLE de l'Abſinthe.

NOCTUA Abſinthii.

Noctua criſtata, alis deflexis, canis; faſciis punctiſque in tetragonum poſitis, nigris. FABR. *Spec. Inſ. tom.* 2. *p.* 230. *n°.* 109. — *Mant. Inſ. tom.* 2. *p.* 166. *n°.* 210. — *Ent. Syſt. em. tom.* 3. *pars* 2. *p.* 88. *n°.* 261.

Phalæna Noctua Abſinthii *ſpirilinguis criſtata, alis cineraſcentibus, nigricante faſciatis punctatiſque; inferioribus albidis.* LINN. *Syſt. Nat. tom.* 2. *p.* 845. *n°.* 133. — *Faun. Suec. n°.* 1182.

Noctua Abſinthii. SCHMETT. *Wienn. Verz. p.* 73. *n°.* 1.

ROES. *Inſ.* 1. *Phal.* 2. *tab.* 61. *fig.* 1-5.

Phalæna abſinthiata. CLERCK, *Ic. Inſ. tab.* 8. *fig.* 9.

SCHŒFF. *Icon. Inſ. tab.* 215. *fig.* 4. 5.

ESPER, *Pap. d'Eur. tom.* 4. *tab.* 116. *Noct.* 37. *fig.* 1. 3.

La Pointillée. ERNST, *Pap. d'Eur. tom.* 6. *pag.* 131. *tab.* 245. *fig.* 361.

Noctua Abſinthii. HUBN. *Lepid.* 4. *tab.* 53. *fig.* 258.

Elle diffère des précédentes, & doit être placée avec les Noctuelles à ailes ſupérieures alongées, telles que celles de la Camomille, du Bouillon-Blanc, de l'Aſter & autres ſemblables. Les antennes ſont longues, ſétacées, & ſe collent ſur les côtés de la poitrine. La tête & le corcelet ſont d'un gris-blanchâtre. Les ailes ſupérieures ſont griſes, marquées de deux doubles raies ondées, noires, dont l'une moins apparente, vers la baſe, & l'autre un peu plus bas. Sur les taches ordinaires ſont quatre points noirs, ordinairement diſpoſés en carré. On voit, près du bord, une rangée de points noirs bien marqués. Les ailes inférieures ſont blanchâtres, avec le bord un peu obſcur & la frange blanche.

Elle ſe trouve dans toute l'Europe. La Chenille vit ſur l'Abſinthe; elle eſt preſque raſe, d'un jaune-verdâtre, avec une ligne dorſale blanche, deux raies rougeâtres qui l'accompagnent, & une autre ſur les côtés. Les inciſions des anneaux ſont profondes, & les raies font interrompues aux incifions. Elle entre dans la terre pour fe métamorphofer.

321. Noctuelle de l'Auronne.

Noctua Abrotani.

Noctua criftata, alis deflexis, fufco-cinereis; ftrigis undatis, nigris; coftâ punctis quatuor albis. Fabr. *Mant. Inf. tom.* 2. *p.* 166. *n°.* 211. — *Ent. Syft. em. tom.* 3. *pars* 2. *p.* 88. *n°.* 262.

Noctua Abrotani. Schmett. *Wienn. Verz. p.* 73. *n°.* 2.

Roes. *Inf. tom.* 3. *tab.* 51. *fig.* 1-4.

Phalæna Noctua Artemifiæ. Esp. *Pap. d'Eur. tom.* 4. *tab.* 127. *Noct.* 49. *fig.* 1. 2.

L'Épineufe. Ernst, *Pap. d'Eur. tom.* 6. *p.* 134. *tab.* 245. *fig.* 362.

Noctua Abrotani. Hubn. *Lepid.* 4. *Noct.* 2. *tab.* 53. *fig.* 257.

Elle reffemble à la précédente. Les antennes font ferrugineufes. Le corcelet eft bien élevé en crête à fa partie antérieure; il eft gris, avec une légère ligne noirâtre en avant, & une tache ordinairement de la même couleur fur le dos. Les ailes fupérieures font mélangées de gris & d'obfcur. Les deux taches ordinaires font d'un gris-obfcur, bordées de gris-clair. On remarque quatre points blanchâtres fur le bord antérieur, vers l'extrémité; une ligne noirâtre, à peine marquée, près du bord, & une fuite de points blanchâtres fur la frange. Il y a quelques ftries courtes qui viennent aboutir à la ligne noirâtre. Les ailes inférieures font d'un gris-obfcur.

Elle fe trouve en Europe. La Chenille vit fur l'Armoife Citronelle ou Armoife Auronne, *Artemifia Abrotanum*, & fur l'Armoife champêtre; elle eft verdâtre, & porte quelques épines courtes, aiguës, rougeâtres, fur chaque anneau, & deux points de la même couleur fur les côtés.

322. Noctuelle oculte.

Noctua occulta.

Noctua criftata, alis deflexis, nebulofis, apice cinereis; maculis tribus nigris. Fabr. *Mant. Inf. tom.* 2. *p.* 166. *n°.* 212. — *Ent. Syft. em. tom.* 3. *pars* 2. *p.* 88. *n°.* 263.

Phalæna Noctua occulta *fpirilinguis criftata, alis deflexis, fufco-nebulofis, inferioribus brevioribus, margine albis.* Linn. *Syft. Nat. tom.* 2. *p.* 849. *n°.* 147. — *Faun. Suec. n°.* 1203.

Phalæna Noctua occulta. Clerck, *Icon. Inf. tab.* 1. *fig.* 6.

L'Oculte. Ernst, *Pap. d'Eur. tom.* 6. *p.* 95. *tab.* 232. *fig.* 336.

Noctua occulta. Hubn. *Lepid.* 4. *Noct.* 2. *tab.* 17. *fig.* 79.

Elle eft grande, & diffère beaucoup des précédentes par la forme des ailes. La tête & le corcelet font d'une couleur cendrée-obfcure, avec une légère ligne noire fur le bord du collier. Les ailes fupérieures font mélangées d'obfcur & de cendré, marquées de plufieurs raies blanchâtres, ondées, dont une plus diftincte, près de la bafe; une autre interrompue, un peu plus bas; une troifième après les taches ordinaires, & la quatrième, fur laquelle s'appuie une raie noire qui y forme des taches, à peu de diftance du bord poftérieur. Ce bord eft cendré, & traverfé par une ligne noire. Les ailes inférieures font noirâtres, avec la frange grife.

Elle fe trouve en Suède.

323. Noctuelle patibulaire.

Noctua patibulum.

Noctua criftata, alis deflexis, cinereis; puncto parvo maculâque communi dorfali, ftrigæ obfcuriori connatâ, atris. Fabr. *Ent. Syft. em. tom.* 3. *pars* 2. *p.* 89. *n°.* 264.

Elle eft de grandeur moyenne. Le corcelet eft fort élevé en crête; il eft cendré, & marqué antérieurement d'une raie noire. Les ailes fupérieures font cendrées, ont quelques raies obfcures peu marquées, un point noir vers le bord interne, & une grande tache triangulaire, noire, au milieu, qui, les ailes étant ployées, atteint, par fon fommet, la tache de l'autre aile, & les deux repréfentent une forte de potence. Cette tache eft contiguë à une raie blanchâtre, qui, du milieu du dos, defcend jufqu'à l'extrémité. Derrière cette raie, l'aile paroît plus obfcure. Les quatre ailes en deffous font jaunâtres, avec une bande & des points noirs. L'abdomen eft pâle, marqué de points noirs fur les côtés.

Elle fe trouve aux Indes orientales.

324. Noctuelle albipède.

Noctua albipes.

Noctua criftata, alis deflexis, glaucis, fufco-undatis; pedibus niveis. Fabr. *Ent. Syft. emend. tom.* 3. *pars* 2. *p.* 89. *n°.* 265.

Elle eft de grandeur moyenne. La tête & le corcelet font d'un glauque-obfcur, fans tache. Les ailes fupérieures font d'un glauque-ferrugineux, marquées de deux raies ondées, obfcures, placées avant & après la tache ordinaire. Les ailes inférieures & les quatre ailes en deffous font cendrées. Le deffous de l'abdomen & les pattes font d'un blanc de neige.

Elle fe trouve aux Indes orientales.

325. Noctuelle de l'Aune.

Noctua Alni.

Noctua cristata, alis deflexis, fuliginosis; areïs duabus cinerascentibus, priore puncto marginali, nigro. Fabr. *Spec. Inf. tom.* 2. *p.* 231. *n°.* 110. — *Mant. Inf. tom.* 2. *p.* 166. *n°.* 213. — *Ent. Syst. em. tom.* 3. *pars* 2. *p.* 89. *n°.* 266.

Noctua degener. Schmett. *Wienn. Verz. p.* 70. *n°.* 4.

Phalæna Noctua Alni. Linn. *Syst. Nat.* 2. *p.* 845. *n°.* 134.

Deg. *Mem. Inf. tom.* 1. *p.* 280. *tab.* 11. *fig.* 25-28, & *tom.* 2. *pars* 1. *p.* 412. *n°.* 6.

Fuesl. *Magaz.* 2. *tab.* 1. *fig.* 5-8.

Naturf. 12. *p.* 58. *tab.* 1. *fig.* 14-16, & 14. *p.* 91. *t.* 4. *fig.* 11.

L'Aunette. Ernst, *Pap. d'Eur. tom.* 6. *p.* 164. *tab.* 254. *fig.* 386.

Noctua Alni. Panz. *Faun. Germ. Fasc.* 100. *tab.* 23.

Noctua Alni. Hubn. *Lepid.* 4. *Noct.* 1. *tab.* 1. *fig.* 3.

Elle est de grandeur moyenne. La tête & le corcelet sont cendrés. Les ailes supérieures sont d'un brun-noirâtre, avec deux grandes taches d'un gris-clair le long du bord antérieur, dont l'une, oblongue, à la base, marquée d'un point marginal noir, l'autre, appuyée par sa partie supérieure à la tache réniforme, est presque ronde. Le bord postérieur est cendré, & on voit sur la frange une suite de points noirs. Ces ailes en dessous sont d'un gris-nébuleux. Les ailes inférieures sont blanches, tant en dessus qu'en dessous, & ont un point noir en dessous.

Elle se trouve dans toute l'Europe. La Chenille vit sur l'Aune, le Noyer, le Coudrier, le Tilleul; elle est noire, marquée, sur chacun des anneaux, d'une tache transversale, jaune, d'où partent deux poils noirs, longs, terminés par un bouton alongé & comprimé. Lorsqu'elle veut se transformer, elle file une coque fort dure, dans laquelle elle fait entrer divers matériaux, des rognures de bois, par exemple, ou autres corps qui la rendent très-solide. La Noctuelle en sort la même année ou y passe l'hiver, suivant que la saison est plus ou moins avancée lorsqu'elle subit sa première transformation.

326. Noctuelle incarnat.

Noctua Delphinii.

Noctua cristata, alis deflexis, purpurascentibus; fasciis duabus albidis, posticis obscuris. Fabr. *Sp. Inf. tom.* 2. *p.* 231. *n°.* 111. — *Mant. Inf. tom.* 2. *p.* 167. *n°.* 214. — *Ent. Syst. emend. tom.* 3. *pars* 2. *p.* 90. *n°.* 267.

Phalæna Noctua Delphinii. Linn. *Syst. Nat. p.* 857. *n°.* 188.

Mérian, *Inf. Eur. tom.* 1. *tab.* 40.

Roes. *Inf. tom.* 1. *Phal.* 2. *t.* 12.

Wilk. *Pap.* 3. *t.* 1. a. 4.

L'incarnat. Geoff. *Inf. Paris. tom.* 2. *p.* 164. *n°.* 109.

Noctua Delphinii. Schmett. *Wienn. Verz. p.* 87. *n°.* 8.

L'Incarnat. *Pap. d'Eur. tom.* 8. *p.* 15. *tab.* 310. *fig.* 538.

Noctua Delphinii. Panz. *Faun. Germ. Fasc.* 7. *tab.* 17.

Noctua Delphinii. Hubn. *Lepid.* 4. *Noct.* 2. *tab.* 42. *fig.* 204.

La tête & le corcelet sont gris, rayés de gris-verdâtre. L'abdomen est gris, avec une légère teinte rose en dessous. Les ailes supérieures sont roses à leur base, laquelle couleur est terminée par un rose-foncé, ondé, bordé d'un rose-gris, après lequel est une large bande d'un blanc un peu rose, sur laquelle est une tache obscure, placée vers le bord antérieur. Après la bande d'un blanc-rose vient une autre bande d'un rose-foncé, puis une autre d'un rose-clair, puis la frange, qui est grise. Les ailes inférieures sont d'un gris un peu rose, avec une bande obscure vers le bord postérieur.

La Chenille est lisse, d'un jaune-blanchâtre, ponctuée de noir, avec deux raies d'un jaune de soufre sur le dos, entre lesquelles sont des taches noires irrégulières, souvent réunies; elle se nourrit de la plante nommée *Pied d'alouette (Delphinium).*

Elle se trouve dans toute l'Europe.

327. Noctuelle purpurine.

Noctua purpurina.

Noctua cristata, alis deflexis, purpurascentibus, basi flavis. Fabr. *Mant. Inf. tom.* 2. *p.* 167. *n°.* 215. — *Ent. Syst. em. tom.* 3. *pars* 2. *p.* 90. *n°.* 268.

Noctua purpurina. Schmett. *Wienn. Verz. p.* 88. *n°.* 9.

Phalæna Noctua purpurina. Hubn. *Beytr.* 2. *tab.* 2. *fig.* G.

Noctua purpurina. Hubn. *Lepid.* 4. *Noct.* 3. *tab.* 61. *fig.* 298.

La Purpurine. Ernst, *Pap. d'Eur. tom.* 8. *p.* 19. *tab.* 310. *fig.* 539.

Esper, *Pap. d'Eur. tom.* 4. *tab.* 163. *Noct.* 84. *fig.* 4.

Elle est un peu plus petite que la précédente. Les antennes, la tête & le corcelet sont d'un jaune-clair. Les ailes supérieures sont jaunes à leur base, ensuite d'un rose-tendre un peu pourpré, plus clair à l'extrémité. Le rose est séparé du jaune par une ligne brune, & on en voit une autre moins marquée vers le milieu : il y a une pareille ligne sur le bord. La frange est grise. Les ailes inférieures sont noirâtres.

Elle se trouve dans l'Autriche, la Hongrie.

328. Noctuelle du Ptéris.

Noctua Pteridis.

Noctua cristata, alis deflexis, fuscis, albo maculatis, fasciisque duabus purpureis. Fabr. *Ent. Syst. em. tom.* 3. *pars* 2. *p.* 90. *n°.* 269.

Phalæna lagopus. Esper, *tom.* 4. *tab.* 125. *fig.* 7.

Noctua Pteridis. Hubn. *Lepid.* 4. *Noct.* 2. *tab.* 13. *fig.* 65.

La Juventine. Ernst, *Pap. d'Eur. tom.* 6. *p.* 91. *tab.* 231. *fig.* 334.

Elle est de la grandeur de la Noctuelle incarnat. La tête & le corcelet sont d'un gris-brun. L'abdomen est cendré. Les ailes supérieures sont noirâtres à leur base, avec quelques points gris; elles ont ensuite une bande arquée, rougeâtre, séparée du noirâtre de la base par une ligne grise & une noire. Le milieu de l'aile est noirâtre; mais on distingue antérieurement une tache triangulaire, fort grande. La première des deux taches ordinaires est petite, & forme un anneau d'un ovale-alongé, obliquement placé, blanchâtre. La seconde est blanchâtre, grande, un peu sinuée. Après cette tache vient une autre bande rougeâtre, puis une bande noirâtre, sur laquelle est une grande tache blanchâtre, alongée, qui part de l'angle extérieur. Les nervures sont bien apparentes, & paroissent grisâtres. Les ailes inférieures sont obscures, avec la frange rougeâtre. Les jambes antérieures sont roussâtres, très-velues.

Elle se trouve en Allemagne. La Chenille vit sur le Ptéris aquilin.

329. Noctuelle jouventine.

Noctua juventina.

Noctua cristata, alis deflexis, anticis angulatis, basi fuscis, apice ferrugineis, strigâ posticâ nigrâ.

Phalæna Noctua juventina. Cram. *Lepid. tom.* 4. *p.* 245. *tab.* 400. *fig.* N.

Elle ressemble à la précédente. La tête & le corcelet sont d'un brun-ferrugineux. Les ailes supérieures sont brunes à leur base, d'un brun-ferrugineux à leur extrémité, avec une raie plus claire vers la base, une noire & une pâle vers l'extrémité. Le bord postérieur est un peu anguleux vers le milieu. Les ailes inférieures sont brunes, avec le bord plus clair. Les jambes antérieures sont velues, d'un brun-ferrugineux.

Elle se trouve à Surinam.

330. Noctuelle glauque.

Noctua glauca.

Noctua cristata, alis deflexis, glaucis; fasciis duabus strigâque posticâ albidis.

Noctua modesta. Hubn. *Lepid.* 4. *tab.* 76. *fig.* 354.

Phalæna Noctua modesta. Hubn. *Beytr.* 1. *tab.* 1. *fig.* A.

Elle est de la grandeur des précédentes. La tête est cendrée. Le corcelet est d'un gris un peu verdâtre, avec une raie ferrugineuse à la partie antérieure. Les ailes supérieures sont d'un gris un peu verdâtre, avec une raie simple, blanchâtre, près de la base; deux fléchies au milieu, un peu plus bas, qui forment une bande; deux au-delà des taches ordinaires, & une simple vers le bord postérieur. Les taches ordinaires, dont l'une ovale & l'autre réniforme, un peu étranglée, sont entourées d'une ligne plus claire. Les ailes inférieures sont obscures, avec la frange grise.

Elle se trouve en Allemagne.

Nota. J'ai changé le nom donné par M. Hubner à cette Noctuelle, parce qu'il y en avoit une autre décrite & figurée par Cramer, qui se nommoit de même.

331. Noctuelle peinte.

Noctua picta.

Noctua cristata, alis deflexis, purpureis; strigis punctisque albis, quibusdam nigro marginatis. Fabr. *Ent. Syst. em. tom.* 3. *pars* 2. *p.* 91. *n°.* 270.

Elle est de grandeur moyenne. Le corps est gris, avec l'abdomen pourpre & le pénultième anneau jaune. Les ailes supérieures sont pourpres, avec plusieurs taches & plusieurs points blancs, bordés de noir. Après la tache ordinaire, réniforme, sont placées trois raies blanches, dont les deux dernières sont formées par une suite de taches de cette couleur, marquées de points noirs. Les ailes inférieures sont obscures en dessus, cendrées & mélangées de pourpre en dessous.

Elle se trouve en Allemagne.

332. Noctuelle géographique.

Noctua geographica.

Noctua cristata, alis deflexis, fusco-variis; strigis duabus posticè coëuntibus, niveis, apice striatis. Fabr. *Mant. Inf. tom.* 2. *p.* 167. *n°.* 216. — *Ent. Syst. em. tom.* 3. *pars* 2. *p.* 91. *n°.* 271.

Elle est petite. Le corcelet est cendré, marqué de deux points blancs. Les ailes supérieures sont obscures, avec une tache blanche à la base, & deux raies dentées, blanches, au milieu, qui vont se réunir vers le bord interne. Le bord postérieur est rayé de blanc.

Elle se trouve en Autriche.

333. Noctuelle du Millepertuis.

Noctua Hyperici.

Noctua cristata, alis deflexis, nigro substriatis, fusco cinereoque variis; maculâ baseos oblongâ, albidâ. Fabr. *Mant. Inf. tom.* 2. *p.* 167. *n°.* 217. — *Ent. Syst. em. tom.* 3. *pars* 2. *p.* 91. *n°.* 272.

Noctua Hyperici. Schmett. *Wienn. Verz. p.* 76. *n°.* 10.

Noctua Hyperici. Hubn. *Lepid. tab.* 51. *fig.* 250.

Elle est petite. Les antennes sont noirâtres. La tête & le corcelet sont cendrés. L'abdomen est d'un gris plus obscur en dessous qu'en dessus. Les ailes supérieures sont mélangées de gris-clair & de gris-obscur, & on remarque une tache blanchâtre, oblongue à la base, terminée, du côté interne, par une ligne noire. Après la tache en vient une autre, petite, ovale, blanchâtre; ensuite une autre un peu plus grande, en croissant, de la même couleur. L'extrémité de l'aile est d'un gris-obscur, avec quelques lignes longitudinales, noirâtres. Les ailes inférieures sont d'un gris-blanchâtre, avec les nervures légérement obscures, surtout vers le bord.

Elle se trouve en France, en Allemagne. La Chenille vit sur le Millepertuis; elle est violette, & marquée, sur le dos, de trois lignes longitudinales, interrompues, blanches.

334. Noctuelle clairvoyante.

Noctua perspicillaris.

Noctua alis deflexis, exusto-striatis, posticè bis bidentatis; maculâ ordinariâ solitariâ, reniformi. Fabr. *Mant. Inf. tom.* 2. *p.* 167. *n°.* 218. — *Ent. Syst. em. tom.* 3. *pars* 2. *p.* 92. *n°.* 273.

Phalæna Noctua perspicillaris *spirilinguis cristata, alis deflexis, exusto-striatis, posticè bis bidentatis; capite umbraculato.* Linn. *Syst. Nat.* 2. *p.* 849. *n°.* 148. — *Faun. Suec. n°.* 1198.

Phalæna polyodon. Clerck, *Icon. Inf. tab.* 2. *fig.* 3.

Noctua perspicillaris. Schmett. *Wienn. Verz. p.* 76. *n°.* 11.

Phalæna Noctua perspicillaris. Hubn. *Beytr.* 1. 4. *tab.* 3. *fig.* N.

Noctua perspicillaris. Hubn. *Lepid.* 4. *Noct.* 2. *tab.* 51. *fig.* 249.

La Camomillière. Ernst, *Pap. d'Eur. tom.* 6. *pag.* 107. *tab.* 236. *fig.* 345.

Elle a le port de la précédente. La tête & le corcelet sont mélangés de gris, de rougeâtre & de noir, & on remarque une raie noire sur la partie antérieure du corcelet. Les ailes supérieures sont mélangées de gris, d'obscur & de noirâtre, avec les nervures grises, deux lignes noires qui descendent de la base, & quelques traits noirs vers le bord postérieur. Ces traits sont entourés de blanc; ce qui les fait mieux distinguer. Les ailes inférieures sont blanches à leur base, obscures à leur extrémité, avec la frange blanchâtre. Le dessous des ailes inférieures est blanchâtre, avec une teinte rouge sur les bords.

Elle se trouve en Europe. La Chenille vit sur l'Astragale, l'Erable, le Prunier, &, selon l'auteur de l'ouvrage des *Papillons d'Europe*, sur la Camomille. Celui-ci a rapporté le *perspicillaris* à une autre espèce, désignée ci-après sous le nom de *Poule*, & a regardé celle-ci comme étant inconnue aux auteurs qui l'avoient précédé.

335. Noctuelle conspicillaire.

Noctua conspicillaris.

Noctua cristata, alis deflexis, cinereis, fusco-nebulosis, apice striis pallidis nigrisque.

Phalæna Noctua conspicillaris *spirilinguis cristata, alis incumbentibus pallidè griseis, oculorum operculis orbiculatis.* Linn. *Syst. Nat.* 2. *p.* 849. *n°.* 149. — *Faun. Suec. n°.* 1183.

Noctua conspicillaris. Schmett. *Wienn. Verz. p.* 75. *n°.* 5.

La Conspicillaire. Ernst, *Pap. d'Eur. tom.* 6. *p.* 382. *tab.* 253. *fig.* 382.

Noctua conspicillaris. Hubn. *Lepid.* 4. *Noct.* 2. *tab.* 49. *fig.* 236. 237.

Phalæna Noctua conspicillaris. Esper, *Pap. d'Eur. tom.* 4. *tab.* 134. *Noct.* 55. *fig.* 5. 6.

Elle est un peu plus grande que les précédentes. La tête & le corcelet sont cendrés, & on voit une légère ligne transversale, noire, à la partie antérieure de ce dernier. Les ailes supérieures varient en couleur; elles sont ordinairement d'un gris plus ou moins foncé, avec quelques lignes longitudinales, noires, & les nervures pâles. Vers l'extrémité, les lignes noires & les nervures paroissent mieux. La partie de l'aile qui touche au bord interne est quelquefois d'un gris plus clair. Les ailes inférieures sont blanches, avec les nervures obscures.

Linné a observé, derrière chaque œil de cette Noctuelle, une lame presque ronde, cendrée, qui, fléchie en avant, le couvre presqu'entiérement, & ne permet à l'insecte de voir les objets que pardessous; il ajoute qu'on prendroit facilement cette lame pour l'œil même si on ne l'écartoit aisément.

Elle se trouve en Allemagne. La Chenille vit sur l'Astragale esparcette, *Astragalus onobrichis*.

336. Noctuelle poule.

Noctua pulla.

Noctua cristata, alis deflexis, fusco-cinereis; strigis dentatis, apiceque lineolis nigris.

Noctua pulla. Schmett. *Wienn. Verz. p.* 76. *n°.* 8.

La Perspicillaire. Ernst, *Pap. d'Eur. tom.* 6. *p.* 161. *tab.* 253. *fig.* 383.

Noctua pulla. Hubn. *Lepid.* 4. *Noct.* 2. *tab.* 49. *fig.* 238.

Elle diffère peu de la Noctuelle conspicillaire. La tête & le corcelet sont cendrés. Les ailes supérieures sont d'un gris-obscur, & on y distingue à peine, à quelque distance de la base, deux raies noires ondées ou même dentées en zigzag. Il y a, vers l'extrémité, une rangée de lignes courtes, noires, séparées par les nervures, qui sont un peu plus pâles que le fond. Les ailes inférieures sont blanches, avec les nervures un peu obscures.

Elle se trouve en Allemagne. La Chenille vit sur le Chêne.

337. Noctuelle de la Linaire.

Noctua Linariæ.

Noctua cristata, alis deflexis, fusco-cinereis, apice albo nigroque striatis; maculis ordinariis niveis. Fabr. *Mant. Inf. tom.* 2. *p.* 167. *n°.* 219. — *Ent. Syst. em. tom.* 3. *pars* 2. *p.* 92. *n°.* 274.

Noctua fticica *cristata, alis deflexis, albo fuscoque variis, apice nigro striatis; stigmatibus subocellatis, posteriori reniformi.* Fabr. *Mant. Inf. tom.* 2. *p.* 173. *n°.* 250.

Noctua Linariæ. Schmett. *Wienn. Verz. pag.* 73. *n°.* 6.

La Linariette. Ernst, *Pap. d'Eur. tom.* 6. *p.* 109. *tab.* 237. *fig.* 347.

Noctua Linariæ. Hubn. *Lepid.* 4. *Noct.* 2. *tab.* 52. *fig.* 252.

Réaum. *Mem. Inf. tom.* 1. *pag.* 336. *tab.* 37. *fig.* 4. *Larva. fig.* 6. 7. *Imago.*

Phalène de la Linaire. Deg. *Mem. Inf. tom.* 2. *pars* 1. *p.* 430. *n°.* 5. *tab.* 8. *fig.* 5. 6.

Elle ressemble aux précédentes. La tête & le corcelet sont d'un gris-clair. La partie antérieure de celui-ci est marquée d'une très-petite ligne transversale noire. L'abdomen est gris. Les ailes supérieures sont grises, avec une ligne blanche, qui descend de la base; un point oblong blanc, entouré de noir; une tache réniforme, blanche, moins entourée de noir que le point; quelques traits noirs & quelques points irréguliers blancs. La frange est grise, avec une rangée de points blancs. Les ailes inférieures sont un peu obscures, surtout vers le bord postérieur, & ont leur frange blanche.

Elle se trouve en Europe. La Chenille vit sur la Linaire, *Antirrhinum Linaria*; elle est rase, & a une raie jaune, assez large, sur le dos; une raie grise de chaque côté, coupée par des taches noires; une raie jaune au dessous de celle-ci, &, plus bas, une raie noire plus étroite que la première.

338. Noctuelle du Pois.

Noctua Pisi.

Noctua cristata, alis deflexis, ferrugineis, bimaculatis; strigâ posticâ undatâ, pallidâ. Fabr. *Spec. Inf. tom.* 2. *p.* 231. *n°.* 112. — *Mant. Inf. tom.* 2. *p.* 168. *n°.* 220. — *Ent. Syst. em. tom.* 3. *pars* 2. *p.* 93. *n°.* 275.

Phalæna Noctua Pisi. Linn. *Syst. Nat.* 2. *p.* 854. *n°.* 172. — *Faun. Suec. n°.* 1206.

Noctua Pisi. Schmett. *Wienn. Verz. p.* 83. *n°.* 14.

Raj, *Inf. p.* 160. *n°.* 10.

Mérian, *Inf. Eur. tab.* 50.

Roes. *Inf. tom.* 1. *Claff.* 2. *Pap. Noct. tab.* 52. *fig.* 1-5.

Wilk. *Pap.* 4. *tab.* 1-7.

Phalène rousse, à raie blanche, en zigzag. Deg. *Mem. Inf. tom.* 2. *pars* 1. *p.* 440. *n°.* 10.

La Pisivore. Ernst, *Pap. d'Eur. tom.* 7. *p.* 98. *tab.* 287. *fig.* 477.

Noctua Pisi. Hubn. *Lepid.* 4. *Noct.* 2. *tab.* 91. *fig.* 429.

Elle est plus grande que les précédentes, & elle en diffère par la forme des ailes. La tête & le corcelet sont d'un brun-ferrugineux. L'abdomen est cendré, & marqué, sur le dos, de touffes noires. Les ailes supérieures sont d'un brun-ferrugineux, marquées de quatre raies ondées, blanchâtres ou jaunâtres, dont la dernière, placée près du bord, s'élargit près de l'angle interne, & y forme une tache. Les taches ordinaires, dont l'une orbiculaire & l'autre réniforme, sont entourées d'une ligne grise. Les ailes inférieures sont pâles à leur base, obscures à l'extrémité.

Elle se trouve dans toute l'Europe. La Chenille se nourrit du Pois & de la plupart de nos plantes légumineuses : elle se trouve aussi sur le Genêt ; elle est rase, brune, marquée de quatre raies longitudinales jaunes. La tête est rouge, & elle a seize pattes.

339. NOCTUELLE mendiante.

NOCTUA mendica.

Noctua cristata, alis deflexis, pallidè incarnatis ; maculâ mediâ fuscâ, stigmatibus flavis. FABR. *Sp. Inf. tom.* 2. *p.* 231. *n°.* 113. — *Mant. Inf. tom.* 2. *p.* 168. *n°.* 221. — *Ent. Syst. emend. tom.* 3. *pars* 2. *p.* 93. *n°.* 276.

Le corcelet est obscur, avec le bord antérieur blanchâtre. Les ailes supérieures sont d'un rouge-pâle, & marquées de plusieurs raies ondées, obscures. Au milieu il y a une grande tache obscure, dans laquelle sont placées les deux taches ordinaires, qui sont d'un beau jaune, & dont l'une, antérieure, est orbiculaire, & la postérieure réniforme. En dessous elles sont d'un beau jaune, avec une raie obscure.

Elle se trouve en Allemagne.

340. NOCTUELLE de l'Aubépine.

NOCTUA Oxyacanthæ.

Noctua cristata, alis deflexis, bimaculatis ; margine tenuiore cœrulescente, lunulâ albâ. FABR. *Sp. Inf. tom.* 2. *p.* 232. *n°.* 114. — *Mant. Inf. tom.* 2. *p.* 168. *n°.* 222. — *Ent. Syst. em. tom.* 3. *pars* 2. *p.* 93. *n°.* 277.

Phalæna Noctua Oxyacanthæ. LINN. *Syst. Nat.* 2. *p.* 852. *n°.* 165. — *Faun. Suec. n°.* 1207.

ALBIN. *Inf. tab.* 14.

ROES. *Inf. tom.* 1. *Phal.* 2. *tab.* 33.

WILK. *Pap.* 12. *t.* 1. *c.* 1.

L'Aubépinière. ERNST, *Pap. d'Eur. tom.* 6. *pag.* 81. *tab.* 229. *n°.* 328.

Noctua Oxyacanthæ. PANZ. *Faun. Germ. Fasc.* 91. *tab.* 24.

Noctua Oxyacanthæ. SCHMETT. *Wienn. Verz. p.* 70. *n°.* 3.

Noctua Oxyacanthæ. HUBN. *Lepid.* 4. *Noct.* 2. *tab.* 7. *fig.* 31.

Elle est de grandeur moyenne. La tête est grise, & on voit une petite crête à sa partie postérieure. Le corcelet est gris, marqué d'une raie noire à sa partie antérieure. Les épaulettes sont un peu élevées, bordées de noirâtre à leur partie inférieure. Les ailes supérieures sont mélangées de gris & de cendré, & ont une légère teinte verdâtre. On apperçoit une ligne noire qui part de la base, & une blanche, arquée, près du bord interne, à quelque distance de l'angle. Le bord postérieur est un peu denté. La frange est d'un gris-obscur, avec une suite de points blancs. Les ailes inférieures sont un peu obscures.

Elle se trouve dans toute l'Europe. La Chenille vit sur l'Aubépine, le Prunellier, le Poirier ; elle est rase, porte une élévation tronquée à son pénultième anneau, & est d'une couleur obscure, mélangée de cendré.

341. NOCTUELLE brune.

NOCTUA brunnea.

Noctua cristata, alis deflexis, fuscis ; maculâ mediâ transversâ, flavâ, margine brunneo. FABR. *Ent. Syst. em. tom.* 3. *pars* 2. *p.* 94. *n°.* 278.

Noctua brunnea. SCHMETT. *Wienn. Verz. p.* 83. *n°.* 15.

Noctua brunnea. HUBN. *Lepid.* 4. *Noct.* 2. *tab.* 26. *fig.* 121.

Elle est de grandeur moyenne. Le corcelet est brun. L'abdomen est cendré en dessus. Le corps est d'un brun-clair en dessous. Les ailes supérieures sont brunes, marquées de taches & de points jaunes, placés surtout vers le bord antérieur. La tache réniforme est entourée d'une ligne jaune. On remarque quelques raies obscures, bordées de cendré. Les ailes inférieures sont blanches, avec une raie obscure au bord postérieur. La frange est blanche.

Elle se trouve en Europe. La Chenille vit sur le Pois sauvage.

342. NOCTUELLE soignée.

NOCTUA culta.

Noctua cristata, alis deflexis, undatis, fuscescentibus ; maculis duabus albis, anteriore duplicatâ, thoracis marginibus albis. FABR. *Mant. Inf. tom.* 2. *p.* 168. *n°.* 224. — *Ent. Syst. em. tom.* 3. *pars* 2. *p.* 94. *n°.* 279.

Noctua culta. SCHMETT. *Wienn. Verz. p.* 70. *n°.* 4.

Phalæna Noctua culta. HUBN. *Beytr.* 2. *tab.* 3. *fig.* R.

Noctua culta. HUBN. *Lepid.* 4. *Noct.* 2. *tab.* 7. *fig.* 34.

La Soignée. ERNST, *Pap. d'Eur. tom.* 6. *p.* 83. *tab.* 229. *fig.* 329.

ESPER, *Pap. d'Eur. tom.* 4. *tab.* 120. *Noct.* 41. *fig.* 4.

Elle est de la grandeur des précédentes. Les antennes sont sétacées, ferrugineuses. Les antennales sont blanches en dessous. La tête est blanche, avec une ligne & des points noirs. Le corcelet est noirâtre, avec des points, le bord antérieur & ceux des côtés blancs. L'abdomen est cendré. Les ailes supérieures sont obscures, marquées de raies ondées, blanches & noires. On remarque un peu de blanc à la base, avec quelques points noirs, &, au milieu, sont les deux taches ordinaires, dont la première est double, blanche, & la seconde est simple, presque réniforme; ce qui forme trois taches blanches : il y a quelques autres taches blanches le long du bord antérieur. La frange est marquée de points noirs & de points blancs. Les ailes inférieures sont blanches, avec une petite raie noirâtre près du bord postérieur. Les pattes antérieures sont velues, blanchâtres. Les tarses ont des anneaux noirs & blancs, alternes.

Elle se trouve dans toute l'Europe. La Chenille vit sur le Poirier sauvage; elle est rase, mélangée d'obscur, avec deux raies ondées, noires, de chaque côté, & l'anus quadridenté.

343. Noctuelle arrangée.

Noctua compta.

Noctua cristata, alis deflexis, fuscis, nigro undatis; fasciâ mediâ latâ, albâ. Fabr. *Mant. Inf. tom.* 2. *p.* 169. *n°.* 225. — *Ent. Syst. emend. tom.* 3. *pars* 2. *p.* 95. *n°.* 280.

Noctua compta. Schmett. *Wienn. Verz. p.* 70. *n°.* 5.

Phalæna Noctua compta. Esper, *Pap. d'Eur. tom.* 4. *tab.* 119. *Noct.* 40. *fig.* 6.

L'Arrangée. Ernst, *Pap. d'Eur. tom.* 6. *p.* 85. *tab.* 230. *fig.* 332. a. b.

Noctua compta. Hubn. *Lepid.* 4. *Noct.* 2. *tab.* 11. *fig.* 53.

Elle est plus petite que les précédentes. Les antennes sont sétacées, obscures. La tête & le corcelet sont blancs, mélangés de noir. L'abdomen est cendré. Les ailes supérieures sont obscures, marquées de raies ondées, noires, d'un peu de blanc à la base, d'une large bande irrégulière, blanche, au milieu, & d'une petite raie ondée, interrompue, blanche, vers le bord postérieur. Les ailes inférieures sont grises à leur base, obscures à leur extrémité, avec la frange blanchâtre.

Elle se trouve en Europe, aux environs de Paris. La Chenille vit sur le Poirier.

344. Noctuelle arrosée.

Noctua conspersa.

Noctua cristata, alis deflexis, anticis fuscis, albo maculatis; strigâ posticâ undatâ, albâ.

Noctua conspersa. Schmett. *Wienn. Verz. p.* 71. *n°.* 6.

Phalæna Noctua conspersa. Esper, *Pap. d'Eur. tom.* 4. *tab.* 119. *Noct.* 40. *fig.* 5.

L'Arrosée. Ernst, *Pap. d'Eur. tom.* 6. *pag.* 86. *tab.* 230. *fig.* 332. c. e. f.

Noctua conspersa. Hubn. *Lepid.* 4. *Noct.* 2. *tab.* 11. *fig.* 52.

Elle ressemble beaucoup à la précédente. Les antennes sont obscures, sétacées. La tête & le corcelet sont mélangés de blanc & d'obscur. Les ailes supérieures sont obscures, avec quelques raies ondées, noires, quelques taches & quelques raies blanches. La base est blanche, rayée de noir. On voit une tache blanche au bord interne, au dessous de laquelle est une raie de la même couleur : il y a une autre tache irrégulière au milieu, une autre au bord interne & une vers l'angle antérieur, d'où part une raie blanche. La frange est blanchâtre, avec des points obscurs. Les ailes inférieures sont obscures, avec la base grisâtre.

Elle se trouve en Europe. La Chenille vit sur le Saule, selon le rédacteur de l'ouvrage des *Papillons d'Europe.*

345. Noctuelle parée.

Noctua concinna.

Noctua cristata, alis deflexis, fuscis; strigis tribus basi maculâque mediâ albis.

La Parée. Ernst, *Pap. d'Eur. tom.* 6. *pag.* 84. *tab.* 230. *fig.* 331.

Noctua concinna. Hubn. *Lepid.* 4. *Noct.* 2. *tab.* 11. *fig.* 51.

Elle ressemble aux précédentes. Les antennes sont fauves. La tête & le corcelet sont d'un brun-ferrugineux, mélangés de blanc. Les ailes supérieures sont d'un brun-obscur, avec quelques raies ondées, noires & blanches. La base est blanche, rayée de noir. Les taches ordinaires, placées entre deux raies ondées, blanches, sont blanches, & la première est accompagnée d'une tache de la même couleur. On voit aussi quelques points blancs sur le bord antérieur. La troisième raie blanche est placée vers l'extrémité. La frange est d'un brun-ferrugineux, marquée de points blancs. Les ailes inférieures sont cendrées à la base, obscures à l'extrémité.

Elle se trouve en Allemagne.

346. Noctuelle verte.

Noctua prasina.

Noctua cristata, alis deflexis, fusco viridique variis; lituris duabus albis, thoracis cristâ duplici. Fabr. *Mant. Inf. tom.* 2. *p.* 169. *n°.* 226. — *Ent. Syst. em. tom.* 3. *pars* 2. *p.* 95. *n°.* 281.

Noctua prasina. Schmett. *Wienn. Verz. p.* 82. *n°.* 11.

La

La Verte. Ernst, *Pap. d'Eur. tom.* 7. *pag.* 83. *tab.* 282. *fig.* 465.

Elle a deux pouces de largeur les ailes étendues. La tête & la partie antérieure du corcelet sont vertes. Le dos est mélangé de vert & d'obscur. Les ailes supérieures sont mélangées de vert-clair & de vert-obscur, & ont quelques raies ondées, noires. On remarque une raie blanchâtre à la base, une avant le milieu, une troisième après les taches ordinaires, & une quatrième, moins marquée, vers le bord postérieur. Ces raies sont bordées, des deux côtés, d'une raie noire, ondée. Les taches ordinaires sont brunes, bordées de noir. Après la tache réniforme il y a une tache blanchâtre, assez grande, irrégulière. La frange est grise, avec des points noirs. Les ailes inférieures sont un peu obscures; elles sont plus pâles en dessous, & marquées d'une tache en croissant & d'une petite bande, noirâtres.

Elle se trouve en Allemagne. La Chenille est presque violette, avec la tête obscure, le dos taché de noir & les stigmates blancs.

347. Noctuelle de l'Arroche.

Noctua Atriplicis.

Noctua cristata, alis deflexis, anticis fusco nebulosis; liturâ mediâ flavâ, bifidâ. Fabr. *Spec. Inf. tom.* 2. *p.* 232. *n°.* 115. — *Mant. Inf. tom.* 2. *p.* 169. *n°.* 227. — *Ent. Syst. em. tom.* 3. *pars* 2. *p.* 95. *n°.* 282.

Phalæna Noctua Atriplicis. Linn. *Syst. Nat.* 2. *p.* 854. *n°.* 173. — *Faun. Suec. n°.* 1206.

Noctua Atriplicis. Schmett. *Wienn. Verz. pag.* 82. *n°.* 6.

Roes. *Inf. tom.* 1. *classis* 2. *Pap. Noct. tab.* 31. *fig.* 1-4.

Wilk. *Pap.* 3. *tab.* 2. a. 2.

Le Volant doré. Geoff. *Inf. tom.* 2. *pag.* 159. *n°.* 97.

Schœff. *Icon. Inf. tom.* 3. *tab.* 225. *fig.* 2. 3.

L'Arrochière. Ernst, *Pap. d'Eur. tom.* 7. *p.* 81. *tab.* 282. *fig.* 464.

Noctua Atriplicis. Hubn. *Lepid.* 4. *Noct.* 2. *tab.* 17. *fig.* 83.

Elle est un peu plus petite que la précédente. La tête & le corcelet sont d'un gris-verdâtre, un peu obscur. Les ailes supérieures sont obscures, mélangées de cendré & de verdâtre, avec quelques raies noires. On remarque une tache plus verte, qui, de la tache réniforme, s'étend jusqu'au bord antérieur, & une tache d'un gris-jaunâtre, postérieurement bidentée, qui part de la première tache & descend obliquement. Plus bas il y a une bande verdâtre, qui s'élargit au bord interne; elle est bordée inférieurement d'une ligne blanche. Le bord est verdâtre, avec une suite de taches noires sur la frange. Les ailes inférieures sont obscures.

Elle se trouve dans toute l'Europe. La Chenille vit sur l'Arroche, l'Oseille, la Patience; elle est rase, d'un brun-clair, avec une raie sur le dos & quelques points blancs. Sur le dernier anneau sont deux petites taches quadrangulaires, qui la font reconnoître facilement.

348. Noctuelle du Dolic.

Noctua Dolichos.

Noctua cristata, alis deflexis, dentatis, fuscis; liturâ mediâ albidâ; abdomine subtùs cinereo, utrinquè nigro punctato. Fabr. *Ent. Syst. em. tom.* 3. *pars* 2. *p.* 95. *n°.* 283.

Elle est assez grande. La tête & le corcelet sont mélangés d'obscur & de cendré. Les ailes supérieures sont obscures, un peu mélangées de cendré, avec une tache ou petite ligne blanchâtre; elles sont cendrées en dessous. Les ailes inférieures sont blanches, avec une petite raie marginale, noire. L'abdomen est cendré, & marqué en dessous de deux rangées de points noirs, une de chaque côté.

Elle se trouve dans l'Amérique méridionale. La Chenille vit sur le Dolic & sur le Papayer; elle est rase, d'un brun-pourpre, avec deux rangées de taches noires sur le dos, & les côtés blanchâtres.

349. Noctuelle sinuée.

Noctua sinuosa.

Noctua cristata, alis deflexis, basi cinereis; maculâ magnâ sinuatâ, nigrâ. Fabr. *Spec. Inf. tom.* 2. *pag.* 232. *n°.* 116. — *Mant. Inf. tom.* 2. *p.* 169. *n°.* 228. — *Ent. Syst. em. tom.* 3. *pars* 2. *p.* 96. *n°.* 284.

Elle est petite. Le corcelet est brun à sa partie antérieure, & cendré à sa partie postérieure. Les ailes supérieures sont cendrées à la base, & ont une grande tache noire, sinuée, au bord interne; elles sont obscures à l'extrémité; mais le bord est plus clair, & est marqué d'une rangée de points noirs. Les ailes inférieures sont obscures. En dessous les quatre ailes sont cendrées, avec une raie ondée, obscure.

Elle se trouve aux Indes orientales.

350. Noctuelle histrion.

Noctua histrionica.

Noctua cristata, alis deflexis, variegatis, posticis albis; strigâ marginali nigrâ. Fabr. *Sp. Inf. tom.* 2. *pag.* 232. *n°.* 117. — *Mant. Inf. tom.* 2. *p.* 169. *n°.* 229. — *Ent. Syst. em. tom.* 3. *pars* 2. *p.* 96. *n°.* 285.

Elle eſt de grandeur moyenne. Les ailes ſupérieures ſont mélangées d'obſcur & de cendré, & ſont poſtérieurement ſtriées. Les ailes inférieures ſont d'un blanc de neige, avec une petite raie noire vers le bord poſtérieur.

Elle ſe trouve aux Indes orientales.

351. Noctuelle du Coton.

Noctua Goſſypii.

Noctua criſtata, alis deflexis, fuſco cinereoque variis, poſticis hyalinis immaculatis. Fabr. *Ent. Syſt. em. tom.* 3. *pars* 2. *p.* 96. *n°.* 286.

Elle reſſemble beaucoup à la précédente. Les antennes ſont obſcures. Le corcelet eſt mélangé de cendré & d'obſcur; il eſt élevé poſtérieurement en crête, & le lobe antérieur eſt diſtinct. L'abdomen eſt cendré. Les ailes ſupérieures ſont tantôt obſcures, tantôt cendrées, marquées d'une tache oblongue, noirâtre, placée ſur le bord antérieur, près de l'extrémité. Le bord antérieur eſt marqué de points blancs. Les ailes inférieures ſont d'un blanc tranſparent, ſans tache. Les jambes ſont obſcures.

Elle ſe trouve dans l'Amérique méridionale. La Chenille vit ſur le Parthène multifide, *Parthenium hyſterophorus*, ſur le Coton : elle eſt polyphage, & détruit les feuilles & les tiges des plantes; elle eſt dévorée à ſon tour par le Coq d'Inde.

352. Noctuelle braſſicaire.

Noctua braſſicaria.

Noctua criſtata, alis deflexis, dentatis, variegatis; maculâ dorſali teſtaceâ, punctis albis. Fab. *Ent. Syſt. em. tom.* 3. *pars* 2. *p.* 97. *n°.* 287.

Elle reſſemble beaucoup aux précédentes. Le corcelet eſt cendré, & a, de chaque côté, une crête & une tache arquée, obſcures. Les ailes ſont mélangées, & ont, ſur le bord interne, une grande tache d'un roux-doré, qui eſt commune aux deux. Les ailes inférieures ſont blanches.

Elle ſe trouve dans l'Amérique méridionale. La Chenille vit ſur le Chou cultivé. La chryſalide eſt noire, avec le bord des anneaux d'un rouge de ſang.

353. Noctuelle ſéteuſe.

Noctua ſetoſa.

Noctua criſtata, alis deflexis, fuſcis; maculâ mediâ teſtaceâ albâque, genubus anticis faſciculatis. Fabr. *Ent. Syſt. em. tom.* 3. *pars* 2. *p.* 97. *n°.* 288.

Elle reſſemble aux précédentes. Le corps eſt cendré en deſſus, blanc en deſſous. Les ailes ſupérieures ſont obſcures, avec une grande tache teſtacée, vers le bord interne, & une autre grande, blanche, un peu plus bas, vers le bord antérieur. Le bord poſtérieur eſt cendré. Les pattes ſont cendrées. Les genoux antérieurs ont un grand faiſceau de poils ſerrés, blanchâtres. Les tarſes ſont noirs, avec des anneaux blancs.

Elle ſe trouve dans les îles de l'Amérique méridionale.

354. Noctuelle précoce.

Noctua præcox.

Noctua criſtata, alis deflexis, cinereis, bimaculatis; poſticis faſciâ rufâ, abbreviatâ. Fabr. *Spec. Inſ. tom.* 2. *p.* 232. *n°.* 118. — *Mant. Inſ. tom.* 2. *p.* 169. *n°.* 230. — *Ent. Syſt. em. tom.* 3. *pars* 2. *p.* 97. *n°.* 289.

Phalæna Noctua præcox. Linn. *Syſt. Nat.* 2. *p.* 854. *n°.* 174.

Noctua præcox. Hubn. *Lepid.* 4. *Noct.* 2. *tab.* 77. *fig.* 359.

Cette eſpèce a été confondue avec celle qui ſuit par Linné & Fabricius, quoiqu'elles diffèrent beaucoup par les couleurs. La tête & le corcelet ſont cendrés. Les ailes ſupérieures ſont cendrées, marquées de quelques points noirs. L'extrémité eſt ferrugineuſe, marquée d'une raie blanche. La tache réniforme eſt jaune, étranglée au milieu & comme double. Les ailes inférieures ſont cendrées, & ont une bande marginale d'un roux-obſcur, qui s'amincit vers l'angle interne.

Elle ſe trouve en Europe. La Chenille vit ſur le Laiteron, *Sonchus oleraceus*. ?

355. Noctuelle hâtive.

Noctua præceps.

Noctua criſtata, alis deflexis vireſcentibus, ſtrigis quatuor albis nigriſque, maculiſque tribus albis.

Noctua præceps. Schmett. *Wienn. Verz. p.* 82. *n°.* 12.

Roes. *Inſ. tom.* 1. *claſſis* 2. *Pap. Noct. tab.* 51.

Noctua præceps. Hubn. *Lepid.* 4. *Noct.* 2. *tab.* 15. *fig.* 70.

La Précoce. Ernst, *Pap. d'Eur. tom.* 7. *p.* 84. *tab.* 283. *fig.* 466.

Noctua præcox. Panz. *Faun. Germ. Faſc.* 8. *tab.* 20.

Elle eſt de grandeur moyenne. La tête & le corcelet ſont d'un gris-verdâtre. Le lobe antérieur de celui-ci eſt légérement bordé de noir. Les ailes ſupérieures ont une teinte de vert, & on y remarque quatre raies blanches, bordées de noir, une près de la baſe, une autre avant les taches ordinaires, la troiſième après ces taches, & la quatrième, moins marquée, vers le bord postérieur: celle-ci forme, en s'élargissant, une tache à l'angle externe. Les taches ordinaires sont entourées de blanc, & on en voit une plus petite derrière la première. Les ailes inférieures sont d'un gris-obscur.

Elle se trouve en Europe. La Chenille figurée par Roesel est rase, d'un gris-jaunâtre, avec une raie blanchâtre sur le dos.

356. NOCTUELLE pyramide.

NOCTUA pyramidea.

Noctua cristata, alis deflexis fuscis; strigis tribus undatis, flavescentibus, repandis, posticis ferrugineis. FABR. *Sp. Inf. tom.* 2. *p.* 232. *n°.* 119. — *Mant. Inf. tom.* 2. *pag.* 169. *n°.* 231. — *Ent. Syst. em. tom.* 3. *pars* 2. *p.* 98. *n°.* 290.

Phalœna Noctua pyramidea *spirilinguis cristata, alis cinerascentibus; superioribus strigis tribus undatis, flavescentibus, repandis, maculâque fuscâ.* LINN. *Syst. Nat.* 2. *p.* 856. *n°.* 181.

Noctua pyramidea. SCHMETT. *Wienn. Verz. p.* 71. *n°.* 1.

RAJ. *Inf. p.* 159. *n°.* 9.

RÉAUM. *Mem. Inf. tom.* 1. *tab.* 15. *fig.* 1. 5.

MÉRIAN, *Inf. Eur.* 2. *p.* 23. *tab.* 9.

ROES. *Inf. tom.* 1. *classis* 2. *Pap. Noct. tab.* 11.

AMMIR. 2. *tab.* 11.

Phalœna seticornis spirilinguis, alis deflexis, superioribus fuscis, lineis transversis undulatis, nigris, inferioribus ferrugineis. GEOFF. *Inf. Parif. tom.* 2. *p.* 160. *n°.* 99.

La Pyramide. ERNST, *Pap. d'Europe, tom.* 6. *p.* 96. *tab.* 233. *fig.* 337.

Noctua pyramidea. HUBN. *Lepid.* 4. *Noct.* 2. *tab.* 8. *fig.* 36.

Elle a environ deux pouces de largeur les ailes étendues. Les antennes sont sétacées, obscures. La tête & le corcelet sont d'un gris-noirâtre. Les ailes supérieures sont de la même couleur, & ont trois raies ondées, plus claires que le fond, légérement bordées de noir, & le commencement d'une quatrième, près de la base; elles sont un peu plus obscures à la place que devoit occuper la tache réniforme qu'on n'apperçoit point, & la première est petite, grise, avec un point noir au milieu. On apperçoit près du bord postérieur une rangée de très-petites lunules noires & blanches. Les ailes inférieures sont d'un brun-ferrugineux, avec le bord antérieur plus obscur.

Elle se trouve dans toute l'Europe. La Chenille vit sur le Chêne, le Prunier, le Noyer, l'Aubépine, le Saule; elle est rase, verte, avec quelques petits points noirs & trois lignes longitudinales, blanches. La partie supérieure du dernier anneau s'élève en pyramide; ce qui a fait donner à l'insecte parfait le nom de *Pyramidea.*

357. NOCTUELLE répandue.

NOCTUA perfusa.

Noctua cristata, alis deflexis fuscis, strigis obsoletis, angulatis, pallidis; posticis ferrugineis, immaculatis.

La Conique. ERNST, *Pap. d'Europe, tom.* 6. *p.* 100. *tab.* 234. *fig.* 339.

Noctua perfusa. HUBN. *Lepid.* 4. *Noct.* 2. *tab.* 8. *fig.* 37.

Elle ressemble à la précédente. Les antennes sont d'un fauve-obscur. La tête & le corcelet sont d'un brun-clair. Les ailes supérieures sont de la même couleur, avec quelques raies peu marquées, grises, très-anguleuses, & une suite de petites taches oblongues, blanches, sur le bord postérieur. Les taches ordinaires ne paroissent pas ou se distinguent à peine. Les ailes inférieures sont ferrugineuses, sans tache. L'abdomen est d'un brun-ferrugineux.

Elle se trouve dans toute l'Europe. La Chenille vit sur l'Orme; elle est d'un vert-obscur, avec une ligne longitudinale, blanche, sur le dos, & une brune, sur les côtés. Parvenue à toute sa grosseur, vers le milieu de juillet, elle plie une feuille de l'Orme, & s'y fait une coque mince, d'un blanc très-luisant, & qui a la transparence du vernis. Au bout de douze jours elle s'y change en une chrysalide qui est d'abord toute verte, mais qui devient bientôt d'un brun-rougeâtre. L'insecte parfait en sort dans les premiers jours de septembre.

358. NOCTUELLE lucipète.

NOCTUA lucipeta.

Noctua cristata, alis deflexis obscurè cinereis; strigis undatis maculisque ordinariis flavescentibus. FABR. *Mant. Inf. tom.* 2. *p.* 169. *n°.* 232. — *Ent. Syst. em. tom.* 3. *pars* 2. *p.* 98. *n°.* 291.

Noctua lucipeta. SCHMETT. *Wienn. Verz. p.* 71. *n°.* 2.

Phalœna Noctua lucipeta. ESPER, *Pap. d'Eur. tom.* 4. *tab.* 120. *Noct.* 41.

La Lucipète. ERNST, *Pap. d'Europe, tom.* 6. *p.* 103. *tab.* 235. *fig.* 341.

Noctua lucipeta. HUBN. *Lepid.* 4. *Noct.* 2. *tab.* 9. *fig.* 41.

Elle est un peu plus petite que la précédente. La tête & le corcelet sont d'un gris-foncé. L'abdomen est d'un gris-brun. Les ailes supérieures sont d'un gris-obscur, avec trois raies ondées, jaunâtres, bordées de noir, & une quatrième vers la base, qui s'arrête au milieu. Les deux taches ordinaires sont bordées de jaune, & on voit une autre tache jaune à côté de la première. Le bord est légérement marqué d'une ligne jaunâtre. Les ailes inférieures sont d'un brun-clair.

Elle se trouve en Autriche.

359. Noctuelle double raie.

Noctua birivia.

Noctua cristata, alis deflexis fuscis, strigis duabus undatis annulisque tribus flavis.

Noctua birivia. Schmett. *Wienn. Verz. p.* 71. *n°.* 3.

Noctua birivia. Hubn. *Lepid.* 4. *tab.* 9. *fig.* 42.

Elle ressemble un peu à la précédente. La tête & le corcelet sont obscurs. Les ailes supérieures sont obscures, marquées de deux raies ondées, jaunâtres, l'une avant, & l'autre après les taches ordinaires. On voit le commencement d'une troisième raie près de la base. Les taches ordinaires sont entourées d'une ligne jaunâtre, & il y a une troisième tache peu marquée, bordée de jaunâtre, à côté de la première. On voit une ligne noire sur le bord, & une grise, peu marquée, à peu de distance. Les ailes inférieures sont d'un gris-obscur.

Elle se trouve en Allemagne.

360. Noctuelle pyrophile.

Noctua pyrophila.

Noctua cristata, alis deflexis cinereis, lunulis maculisque fuscis; posticis fuscis, nitidulis. Fab. *Mant. Inf. tom.* 2. *p.* 170. *n°.* 233. — *Ent. Syst. em. tom.* 3. *pars* 2. *p.* 98. *n°.* 292.

Noctua pyrophila. Schmett. *Wienn. Verz. p.* 71. *n°.* 4.

La Pyrophile. Ernst, *Pap. d'Eur. tom.* 6. *p.* 104. *tab.* 235. *fig.* 342.

Noctua pyrophila. Hubn. *Lepid.* 4. *Noct.* 2. *tab.* 9. *fig.* 43.

Elle diffère un peu des précédentes. Les antennes sont obscures, sétacées. La tête & le corcelet sont cendrés, & on voit à celui-ci une légère raie obscure, interrompue. Les ailes supérieures sont cendrées, & ont trois raies formées par une suite de lunules noires. Les deux taches ordinaires sont peu marquées. Le bord postérieur a une rangée de points noirs. Les ailes inférieures sont d'un gris-brun luisant, sans tache, en dessus, plus pâles en dessous, avec une lunule & une raie obscures.

Elle se trouve en Allemagne.

361. Noctuelle leucophée.

Noctua leucophœa.

Noctua cristata, alis deflexis dentatis, griseis; anticis maculâ mediâ oblongâ, maculisque posticis trigonis nigris.

Noctua leucophœa. Schmett. *Wienn. Verz. p.* 82. *n°.* 5.

La Coureuse. Ernst, *Pap. d'Eur. tom.* 5. *p.* 60. *tab.* 188. *fig.* 245.

Phalœna vestigialis. Esper, *Pap. d'Eur. tom.* 3. *tab.* 53. *fig.* 4. 5.

Noctua leucophœa. Hubn. *Lepid.* 4. *Noct.* 2. *tab.* 17. *fig.* 80.

Elle paroît différer du *Bombyx fulminea* de Fabricius, décrit à l'article Bombix, n°. 265. Les antennes sont sétacées, grises, dans la femelle, un peu pectinées & d'un gris-rousseâtre, dans le mâle. La tête & le corcelet sont gris, avec une raie blanchâtre, accompagnée d'une noirâtre, à la partie antérieure de celui-ci. Les ailes sont grises, nuancées d'obscur, avec une raie ondée, grise & noire, au dessus de la première tache. A cette raie vient s'attacher une tache oblongue, presque conique, noirâtre, placée derrière la première tache, formée par un anneau ovale, blanc, extérieurement noir. La tache réniforme est de même formée par un anneau blanc extérieurement, & noir en dedans. Au dessous est une raie formée par une suite de petites lunules noires. Plus bas sont quelques taches oblongues, triangulaires : il y a une petite ligne noire sur le bord, & ce bord est denté. Les ailes inférieures sont grises, avec une ligne noire le long du bord postérieur.

Elle se trouve en Europe. La Chenille vit sur la Millefeuille, *Achillea millefolium.*

362. Noctuelle typique.

Noctua typica.

Noctua cristata, alis deflexis fuscis, stigmatibus marginatis strigisque pallidis, reticulatis. Fabr. *Spec. Inf. tom.* 2. *p.* 233. *n°.* 120. — *Mant. Inf. tom.* 2. *p.* 170. *n°.* 234. — *Ent. Syst. em. tom.* 3. *pars* 2. *p.* 99. *n°.* 293.

Phalœna Noctua typica. Linn. *Syst. Nat.* 2. *p.* 857. *n°.* 186.

Roes. *Inf. tom.* 1. *Phal.* 2. *tab.* 56.

Noctua typica. Schmett. *Wienn. Verz. p.* 82. *n°.* 4.

La Typique. Ernst, *Pap. d'Eur. tom.* 7. *p.* 77. *tab.* 281. *fig.* 461.

Noctua typica. Hubn. *Lepid.* 4. *Noct.* 2. *tab.* 12. *fig.* 58.

Elle a de dix-huit à dix-neuf lignes de largeur

les ailes étendues. Les antennes sont grises. La tête & le corcelet sont d'un gris très-foncé, luisant. Les ailes supérieures sont de la même couleur, nuancées de noirâtre, avec quelques taches à la base; une ligne fine, claire, bordée de noirâtre; une tache presque ronde, & une autre réniforme guère plus grande, grises, bordées d'une ligne plus claire. Vient ensuite une raie fine, ondée, claire, bordée de noirâtre; une autre près du bord, & de très-petites taches en croissant, noires, au bord même. Les ailes inférieures sont noirâtres. Le dessous des quatre ailes est d'un gris-noirâtre, avec une bande noire vers le milieu, & une tache en croissant sur les inférieures.

La Chenille vit sur le Saule; elle est rase, grise, avec les côtés blanchâtres & une raie noire.

Elle se trouve dans toute l'Europe.

363. Noctuelle lucipare.

Noctua lucipara.

Noctua cristata, alis deflexis cinereo-nitidis; fasciâ mediâ latâ, fuscâ. Fabr. *Spec. Inf. tom.* 2. *p.* 233. *n°.* 121. — *Mant. Inf.* 2. *p.* 170. *n°.* 235. — *Ent. Syst. em. tom.* 3. *pars* 2. *p.* 99. *n°.* 294.

Phalœna Noctua lucipara *spirilinguis cristata; alis purpurascentibus lucidis; fasciâ nigrâ, stigmate postico flavo.* Linn. *Syst. Nat.* 2. *pag.* 857. *n°.* 187. — *Faun. Suec.* 1201.

Bombyx flavomacula, *alis deflexis obscurè cinereis; fasciâ mediâ latâ, angulatâ, nigrâ; maculâ marginali flavâ.* Fabr. *Mant. Inf. tom.* 2. *p.* 119. *n°.* 104.

Noctua lucipara. Schmett. *Wienn. Verz. pag.* 84. *n°.* 3.

La Brillante. Ernst, *Pap. d'Europe, tom.* 7. *p.* 118. *tab.* 292. *fig.* 491.

Noctua lucipara. Hubn. *Lepid.* 4. *Noct.* 2. *tab.* 11. *fig.* 55.

Elle a environ quinze lignes de largeur les ailes étendues. Les antennes & la tête sont d'un brun-noirâtre. Le corcelet est brun, avec un reflet cuivreux. L'abdomen est cendré, avec quelques touffes de poils noirs. Les ailes supérieures sont d'un gris-brun, avec un reflet cuivreux. On voit au milieu une large bande noirâtre, qui se rétrécit postérieurement. La première tache ordinaire est orbiculaire, peu apparente. La seconde est réniforme, jaune: il y a quelques raies obscures vers le bord postérieur. Les ailes inférieures sont blanchâtres à leur base, d'un brun-obscur à leur extrémité.

Elle se trouve dans toute l'Europe. La Chenille vit sur la Ronce, ainsi que sur l'Oseille, la Camomille, la Buglosse, la Chélidoine; elle est verte, marquée de raies obliques, noires. Sa peau est veloutée, & elle porte une petite élévation conique sur le dernier anneau. Dans son repos elle cache presque toute sa tête sous le premier anneau, & retire ses pattes membraneuses de façon qu'elle ressemble à la moitié d'un cylindre. Quand on la tracasse, elle jette, pour sa défense, un suc verdâtre qu'elle exprime en pressant son col. Ce suc a une légère âcreté sur la langue.

Nota. Cette espèce paroît être la même que le Bombyx tache jaune, n°. 147, dont nous avions donné, d'après Fabricius, une description peu exacte.

364. Noctuelle potagère.

Noctua oleracea.

Noctua cristata, alis deflexis; anticis ferrugineis; lunulâ lutescente strigâque albâ, posticè bidentatâ. Fabr. *Sp. Inf. tom.* 2. *p.* 233. *n°.* 122. — *Mant. Inf. tom.* 2. *pag.* 170. *n°.* 236. — *Ent. Syst. em. tom.* 3. *pars* 2. *p.* 99. *n°.* 295.

Phalœna Noctua oleracea. Linn. *Syst. Nat.* 2. *p.* 853. *n°.* 171. — *Faun. Suec. n°.* 1219.

Raj. *Inf. p.* 166. *n°.* 21.

Albin. *Inf. tab.* 27.

Frisch. *Inf.* 7. *tab.* 21.

Roes. *Inf. tom.* 1. *Phal.* 2. *tab.* 32.

Ammir. *Inf. t.* 7.

Noctua oleracea. Schmett. *Wienn. Verz. pag.* 83. *n°.* 19.

La Potagère. Ernst, *Pap. tom.* 7. *p.* 102. *tab.* 288. *fig.* 479.

Noctua oleracea. Hubn. *Lepid.* 4. *Noct.* 2. *tab.* 18. *fig.* 87.

Elle a de seize à dix-sept lignes de largeur les ailes étendues. Les antennes sont grises. La tête & le corcelet sont d'un gris un peu ferrugineux. Les ailes supérieures sont de la même couleur, & se font remarquer par un petit anneau ovale, blanchâtre, placé vers le milieu; une tache presque réniforme, jaune, un peu plus bas, & une ligne transverse, blanche, près du bord, qui forme une M à son milieu. Les ailes inférieures sont grises, avec le bord obscur & une ligne courte, arquée, peu marquée, vers le milieu.

Elle se trouve dans toute l'Europe. La Chenille vit sur l'Arroche, l'Epinard, l'Oseille, la Féve, le Pois, le Bouillon-blanc, le Groseillier & plusieurs autres; elle est verte dans son jeune âge, d'un gris livide dans un âge plus avancé, avec des points & une raie noire sur le dos, & une raie jaune sur les côtés.

365. Noctuelle enfumée.

Noctua suasa.

Noctua cristata, alis deflexis, anticis fuscis; strigâ posticâ albâ, sinuatâ, bidentatâ.

Noctua suasa. Schmett. *Wienn. Verz. p.* 83. *n°.* 18.

Phalæna Noctua dissimilis. Knoch, *Suppl. Fasc.* 1. *tab.* 4. *fig.* 1, 4.

L'Enfumée. Ernst, *Pap. d'Eur. tom.* 7. *p.* 100. *tab.* 287. *n°.* 478.

Noctua suasa. Hubn. *Lepid.* 4. *Noct.* 2. *tab.* 91. *fig.* 426.

Elle ressemble beaucoup à la précédente; mais elle est ordinairement un peu plus grande. La couleur de la tête & du corcelet sont d'un gris très-foncé. Les ailes supérieures sont d'un gris très-foncé, nuancé de noirâtre, avec quelques raies noires peu prononcées. La première des deux taches est orbiculaire, entourée de gris & de noirâtre. La seconde est presque réniforme, entourée de blanc. On voit, comme à la précédente, une raie blanche, bidentée, placée vers le bord; mais dans celle-ci cette raie est plus sinuée, & se réfléchit davantage vers l'angle antérieur. Les ailes inférieures sont grisâtres à la base, obscures à l'extrémité, avec la frange grise.

Elle se trouve dans toute l'Europe. La Chenille vit sur le Mélilot officinal; elle est verdâtre dans son jeune âge, d'un rouge-clair jaunâtre dans un âge plus avancé, avec une ligne latérale, jaune, sur les côtés; de très-petits points d'un blanc-jaunâtre sur tout le corps, & des points noirs un peu plus grands & mieux marqués.

366. Noctuelle xanthographe.

Noctua xanthographa.

Noctua cristata, alis deflexis testaceis, maculis ordinariis flavis. Fabr. *Mant. Inf. tom.* 2. *p.* 170. *n°.* 237.

Noctua xanthographa. Schmett. *Wienn. Verz. p.* 83. *n°.* 20.

Noctua xanthographa. Hubn. *Lepid.* 4. *Noct.* 2. *tab.* 29. *fig.* 138.

Elle ressemble aux deux précédentes; mais elle est un peu plus petite. La tête & le corcelet sont d'un brun-ferrugineux. Les ailes supérieures sont de la même couleur, avec les deux taches ordinaires jaunes, & une rangée de points noirs près du bord postérieur. Les ailes inférieures sont cendrées, ainsi que l'abdomen.

Elle se trouve en Allemagne.

367. Noctuelle alchimiste.

Noctua alchymista.

Noctua cristata, alis deflexis, anticis atris, posticis basi strigâque apicis albis.

Noctua alchymista. Schmett. *Wienn. Verz. p.* 85. *n°.* 5.

Phalæna seticornis spirilinguis, alis deflexis undulato-nigris, inferioribus basi albis. Geoff. *Inf. Paris. tom.* 1. *p.* 149. *n°.* 80.

Noctua alchymista *cristata, alis deflexis dentatis, nigris, atro-undatis, apice cinerascentibus, posticis basi maculisque duabus marginalibus albis.* Fabr. *Mant. Inf. tom.* 2. *pag.* 171. *n°.* 240.

Phalæna Noctua leucomelas. Naturf. Fasc. 14. *p.* 90. *tab.* 4. *fig.* 10.

Phalæna Noctua leucomelas. Esp. *Pap. d'Eur. tom.* 4. *tab.* 107. *Noct.* 28. *fig.* 2.

L'Alchimiste. Ernst, *Pap. d'Europe, tom.* 8. *p.* 49. *tab.* 317. *fig.* 556.

Noctua alchymista. Hubn. *Lepid.* 4. *Noct.* 3. *tab.* 62. *fig.* 303.

Elle a de quinze à seize lignes de largeur les ailes étendues. Les antennes sont noires, sétacées. La tête & le corcelet sont très-noirs. L'abdomen est d'un noir un peu moins foncé. Les ailes supérieures sont noires, avec des raies ondées encore plus noires; les deux taches ordinaires un peu plus claires, ainsi que l'extrémité, dont la couleur est d'un gris-noirâtre. Les ailes inférieures sont blanches à leur base, marquées d'une petite ligne noire en croissant, & noires dans tout leur bord, avec une tache blanche à l'angle extérieur, & une autre à quelque distance de l'angle interne: celle-ci est précédée d'une raie courte un peu arquée, blanche. Le dessous des ailes & du corps est d'un noir moins foncé que le dessus.

Elle se trouve en Europe. La Chenille vit sur le Chêne. Sa couleur est, comme celle de l'insecte parfait, en partie blanche, en partie noire. Elle a sur le premier anneau une raie jaune, & ses pattes antérieures sont pareillement jaunes.

368. Noctuelle Pie.

Noctua leucomelas.

Noctua cristata, alis deflexis atris, posticis basi niveis. Fabr. *Sp. Inf. tom.* 2. *p.* 234. *n°.* 123. — *Mant. Inf. tom.* 2. *p.* 170. *n°.* 238.

Phalæna Noctua leucomelas *spirilinguis cristata, alis nigricante nebulosis, maculâ albâ, inferioribus anticè niveis.* Linn. *Syst. Nat.* 2. *p.* 856. *n°.* 183. — *Faun. Suec. n°.* 1184.

Noctua leucomelas. Schmett. *Wienn. Verz. p.* 90. *n°.* 6.

Phalæna Noctua alchymista. Esp. *Pap. d'Eur. tom.* 4. *tab.* 135. *Noct.* 56. *fig.* 3.

La Pie. Ernst, *Pap. d'Europe, tom.* 8. *p.* 49. *tab.* 317. *fig.* 557.

Noctua leucomelas. Hubn. *Lepid.* 4. *Noct.* 3. *tab.* 62. *fig.* 304.

Elle est plus petite que la précédente. Les antennes sont sétacées, noires. Tout le corps est noir. Les ailes supérieures sont noires, marquées de quelques stries ondées, un peu plus claires, & d'une grande tache blanchâtre, placée sur le bord antérieur, à quelque distance de l'extrémité. Cette tache est marquée elle-même d'une autre plus petite, noire. Les ailes inférieures sont blanches à leur base, noires dans tout leur bord, avec la frange blanche, tachée de noir. Les ailes supérieures sont noires en dessous, avec une tache blanche au milieu. Les inférieures ont le dessous semblable au dessus.

Elle se trouve en Europe.

369. Noctuelle peltigère.

Noctua peltigera.

Noctua cristata, alis deflexis pallidè testaceis, maculâ reniformi nigrâ fasciâque posticâ fuscâ.

Noctua peltigera. Schmett. *Wienn. Verz. p.* 89. *n°.* 2.

La Peltigère. Ernst, *Pap. d'Europe, tom.* 8. *p.* 47. *tab.* 316. *n°.* 555.

Noctua peltigera. Hubn. *Lepid.* 4. *Noct.* 3. *tab.* 63. *fig.* 310.

Elle a de dix-sept à dix-huit lignes de largeur les ailes étendues. La tête & le corcelet sont d'une couleur testacée pâle. Les ailes supérieures sont de la même couleur, traversées de lignes noires & d'autres rougeâtres, & d'une bande obscure, placée entre la tache réniforme & le bord postérieur. La première tache, ordinairement orbiculaire, paroît à peine, & la seconde, réniforme, est presque toute noire. Les ailes inférieures sont d'un gris légérement rougeâtre, avec une bande assez large à l'extrémité, quelquefois marquée d'une tache grisâtre. La frange est grise.

Elle se trouve en France, en Italie, au midi de l'Allemagne.

370. Noctuelle convergente.

Noctua convergens.

Noctua cristata, alis deflexis subdentatis, griseo-fuscis, apice cinereis; angulo ani maculâ fulvâ. Fabr. *Mant. Ins. tom.* 2. *p.* 170. *n°.* 239.

Noctua convergens. Schmett. *Wienn. Verz. p.* 84. *n°.* 8.

Noctua convergens. Hubn. *Lepid.* 4. *Noct.* 2. *tab.* 18. *fig.* 84.

Elle est de la grandeur des précédentes. La tête & le corcelet sont bruns. Les ailes supérieures sont mélangées de gris, d'obscur & de brun, avec une petite ligne noire, à la base, & trois raies plus claires, ondées, dont la seconde très-sinueuse, & remontant vers le bord interne. La seconde tache réniforme est marquée d'une ligne blanche en croissant. L'extrémité de l'aile est plus claire que le milieu, & on distingue une tache ferrugineuse à l'angle interne, & une suite de points noirs sur le bord. Les ailes inférieures sont obscures.

Elle se trouve en Europe. La Chenille vit sur le Chêne; elle est bleuâtre, avec la tête brune & des lignes & des points blancs sur le corps.

371. Noctuelle rivulaire.

Noctua rivularis.

Noctua cristata, alis deflexis fuscis; fasciâ griseâ, apice bifidâ, flavo marginatâ. Fabr. *Sp. Ins. tom.* 2. *p.* 234. *n°.* 124. — *Mant. Ins. tom.* 2. *p.* 171. *n°.* 241. — *Ent. Syst. em. tom.* 3. *pars* 2. *p.* 101. *n°.* 300.

Noctua Cucubali. Schmett. *Wienn. Verz. p.* 84. *n°.* 5.

La Sinuée. Ernst, *Pap. d'Eur. tom.* 7. *p.* 80. *tab.* 281. *fig.* 463.

Noctua Cucubali. Hubn. *Lepid.* 4. *Noct.* 2. *tab.* 12. *fig.* 56.

Noctua triangularis. Thunb. *Dissert. Ent.* 3.

La tête & le corcelet sont mélangés de gris & de noir. Les ailes supérieures sont mélangées de gris-roussâtre & de noir. Les deux taches ordinaires sont oblongues, entourées d'une ligne jaune, & sont placées obliquement en sens inverse, de manière qu'elles vont se confondre ou se réunir postérieurement. L'aile est plus claire dans cette partie, & ce clair se réunit à une bande chargée de petits croissans noirs. La tache réniforme est un peu sinueuse : il y a une petite raie jaune en zigzag vers l'extrémité, &, au dessous, de petites lunules noires, surmontées par du jaune. On voit trois ou quatre points jaunes sur le bord antérieur au-delà du milieu. Les ailes inférieures sont d'un gris-obscur.

Elle se trouve dans toute l'Europe. La Chenille vit sur le Cucubale béhen, & se loge dans les capsules de cette plante pour en manger les semences; elle est rase, mélangée de verdâtre & de cendré, marquée de points obscurs.

372. Noctuelle capfulaire.

Noctua capfincola.

Noctua criftata, alis deflexis cinereis, fufco variis; ftrigis undatis nigris, pofticè lineâ albâ lunulifque nigris.

Noctua capfincola. Schmett. *Wienn. Verz. p.* 84. *n°.* 6.

La Capfulaire. Ernst, *Pap. d'Europe, tom.* 7. *p.* 76. *tab.* 280. *fig.* 460.

Phalæna Noctua capfincola. Hubn. *Beytr.* 4. *tab.* 3. *fig.* P. 1. 2. 3.

Noctua capfincola. Hubn. *Lepid.* 4. *Noct.* 2. *tab.* 12. *fig.* 57.

Fabricius a confondu cette efpèce avec la précédente, quoiqu'elles diffèrent fous bien des rapports. La tête & le corcelet font d'un gris plus ou moins obfcur. Les ailes fupérieures font du même gris, & traverfées par des raies ondées, noires, & par d'autres plus claires que le fond. Les deux taches ordinaires ne vont pas fe réunir, comme dans la précédente, par leur partie poftérieure, quoiqu'elles obfervent la même oblicité; elles font entourées d'une ligne blanchâtre. On obferve une pareille ligne vers le bord poftérieur, & une fuite de lunules noires très-près du bord. Les ailes inférieures font grifes à leur bafe, obfcures à leur extrémité.

Elle fe trouve en Europe. La Chenille vit fur la Lychnide dioïque, & fe nourrit, comme la précédente, des capfules de la plante; elle eft rafe, mélangée de verdâtre, de jaune & de noirâtre.

373. Noctuelle leucographe.

Noctua leucographa.

Noctua criftata, alis deflexis cinereo-violaceis; ftrigis pallidis, pofticè maculis trigonis feriatis, nigris.

Noctua leucographa. Schmett. *Wienn. Verz. p.* 83. *n°.* 21.

La Leucographe. Ernst, *Pap. d'Eur. tom.* 7. *p.* 79. *tab.* 281. *fig.* 462.

Noctua leucographa. Hubn. *Lepid.* 4. *Noct.* 2. *tab.* 88. *fig.* 411.

Elle eft de grandeur moyenne. La tête & le corcelet font d'un gris un peu rouffeâtre, avec une légère raie obfcure au lobe antérieur de celui-ci. L'abdomen eft d'un gris plus clair. Les ailes fupérieures font d'un gris-rouffeâtre, avec un reflet violet; elles ont quatre raies plus claires, & une rangée de taches trigones, oblongues, à quelque diftance du bord, & qui aboutiffent à la quatrième raie blanchâtre. Les deux taches, dont l'une orbiculaire & l'autre en rognon, font entourées d'une ligne jaunâtre. Les ailes inférieures font d'un gris-rouffeâtre, avec l'extrémité obfcure, une raie obfcure un peu au-delà du milieu, & une petite ligne en croiffant au milieu.

Elle fe trouve dans toute l'Europe. La Chenille vit fur la Millefeuille, *Achillea millefolium.*

374. Noctuelle férène.

Noctua ferena.

Noctua criftata, alis deflexis albidis; fafciâ latâ fufcâ, utrinquè flavo maculatâ. Fabr. *Mant. Inf. tom.* 2. *pag.* 171. *n°.* 242. — *Ent. Syft. em. tom.* 3. *pars* 2. *p.* 101. *n°.* 301.

Noctua perlata. Schmett. *Wienn. Verz. p.* 84. *n°.* 4.

Noctua ferena. Hubn. *Lepid.* 4. *Noct.* 2. *tab.* 11. *fig.* 54.

La Joconde. Ernst, *Pap. d'Europe, tom.* 6. *p.* 117. *tab.* 240. *fig.* 352.

Elle eft petite. Le corps eft blanc, avec une pouffière noirâtre. Les ailes fupérieures font blanches à la bafe, avec quelques points noirs; elles ont au milieu une large bande noirâtre, terminée des deux côtés par une raie jaunâtre, ondée. Dans cette bande fe trouvent les deux taches ordinaires, qui font blanches. L'extrémité de l'aile eft blanche, avec une raie noire & une obfcure. Le bord antérieur a des taches noires & des taches blanches.

Elle fe trouve en Europe.

375. Noctuelle du Pin.

Noctua Pinaftri.

Noctua criftata, alis deflexis nigris, margine tenuiore anguloque ani obfcurè cinereis. Fabr. *Mant. Inf. tom.* 2. *p.* 171. *n°.* 243. — *Ent. Syft. em. tom.* 3. *pars* 2. *p.* 101. *n°.* 302.

Phalæna Noctua Pinaftri *fpirilinguis criftata, alis deflexis nigris, margine dorfali pofticèque pallidis.* Linn. *Syft. Nat.* 2. *p.* 851. *n°.* 160. — *Faun. Suec. n°.* 1188.

Phalæna Noctua fcabriufcula. Clerck, *Icon. Inf. rar. tab.* 1. *fig.* 8.

Noctua Pinaftri. Schmett. *Wienn. Verz. p.* 82. *n°.* 1.

La Phalène du Pin. Ernst, *Pap. d'Europe, tom.* 7. *p.* 72. *tab.* 280. *fig.* 458.

Noctua Pinaftri. Hubn. *Lepid.* 4. *Noct.* 2. *tab.* 51. *fig.* 246.

Elle eft de grandeur moyenne. Les antennes, la tête & le corcelet font noirâtres. Le dos du corcelet eft d'un gris-rouffeâtre. Les ailes fupérieures font d'un brun-noirâtre, avec le bord interne & une grande tache bilobée à l'angle interne, d'un gris-rouffeâtre.

gris-rousseâtre. Les deux taches ordinaires paroissent à peine, & sont entourées d'une ligne noire. La frange est marquée de points jaunâtres. Les ailes inférieures sont d'un gris-brun clair.

Elle se trouve dans toute l'Europe. Suivant Linné & les auteurs du *Catalogue systématique des Papillons des environs de Vienne*, la Chenille vit sur le Pin; elle vit sur l'Oseille & autres plantes acides, suivant Ernst. On la trouve dans les prairies de plantes graminées, suivant Fabricius. Elles sont d'un brun-sombre dans leur jeune âge, & ensuite d'un brun-clair, parsemé de points d'un brun-sombre. Les stigmates sont blancs, entourés de noir. Parvenues à tout leur accroissement vers le milieu d'octobre, elles se retirent sous des feuilles humides & déjà fanées, & se font, à la superficie de la terre, un tissu assez mou, dans lequel elles prennent, au bout de quinze jours, la forme de chrysalide. L'insecte parfait en sort à la fin de juin de l'année suivante.

376. NOCTUELLE du Troëne.

NOCTUA Ligustri.

Noctua cristata, alis deflexis fusco virescentique variis, nigro subundatis; maculâ magnâ posteriori albidâ. FABR. *Mant. Inf. tom.* 2. *p.* 172. *n°.* 244. — *Ent. Syst. em. tom.* 3. *pars* 2. *p.* 102. *n°.* 303.

Noctua Ligustri. SCHMETT. *Wienn. Verz. p.* 70. *n°.* 1.

ESPER, *Pap. d'Europe, tom.* 4. *tab.* 119. *Noct.* 40. *fig.* 1-4.

La Troënière. ERNST, *Pap. d'Europe, tom.* 6. *p.* 66. *tab.* 225. *n°.* 320.

Noctua Ligustri. HUBN. *Lepid.* 4. *Noct.* 1. *tab.* 5. *fig.* 21.

Elle est de grandeur moyenne. La tête & le corcelet sont mélangés de blanc & de noir. Les ailes supérieures sont obscures, mélangées de gris & marquées de quelques raies ondées, noires. La première des deux taches est orbiculaire, entourée de blanc. L'autre est réniforme, & pose sur une grande tache blanche, un peu mélangée d'obscur. Le bord est blanc, mélangé d'obscur, avec une suite de points noirs.

Elle se trouve en Europe. La Chenille est verte, avec un anneau jaune sur la tête; elle vit sur le Troëne.

377. NOCTUELLE ciselée.

NOCTUA strigilis.

Noctua alis deflexis nebulosis, denticulis setaceis intra fasciam albam terminalem. FAB. *Mant. Inf. tom.* 2. *p.* 172. *n°.* 245. — *Ent. Syst. em. tom.* 3. *pars* 2. *p.* 102. *n°.* 304.

Phalæna Noctua strigilis. LINN. *Syst. Nat. p.* 851. *n°.* 161. — *Faun. Suec. n°.* 1199.

Phalæna Noctua strigilis. CLERCK, *Icon. Inf. rar. tab.* 9. *fig.* 6.

La Ciselée. ERNST, *Pap. d'Eur. tom.* 8. *p.* 38. *tab.* 315. *fig.* 551.

Elle est petite. Les antennes sont obscures. La tête & le corcelet sont d'un gris-obscur, avec une raie plus obscure sur le lobe antérieur du corcelet. Les ailes supérieures sont d'un gris plus ou moins obscur, avec une petite raie blanche vers la base, qui remonte un peu le long du bord interne, & une bande de la même couleur vers le bord postérieur : celle-ci est marquée de lignes longitudinales noires, sur chacune desquelles est un point noir. Les taches ordinaires sont peu marquées, & entourées d'une ligne grisâtre. Le bord postérieur est noirâtre, mais la frange est blanche, avec une suite de points noirs.

Elle se trouve au nord de l'Europe. Je l'ai trouvée le 30 mai aux environs de Paris, autour de la glacière de Gentilly.

378. NOCTUELLE runique.

NOCTUA runica.

Noctua cristata, alis deflexis, anticis virescentibus, maculis variis atris, posticè utrinquè punctis trigonis. FABR. *Mant. Inf. tom.* 2. *pag.* 172. *n°.* 246. — *Ent. Syst. em. tom.* 3. *pars* 2. *p.* 102. *n°.* 305.

Phalæna Noctua aprilina. LINN. *Syst. Nat. p.* 847. *n°.* 138. — *Faun. Suec. n°.* 1178.

Noctua runica. SCHMETT. *Wienn. Verz. p.* 70. *n°.* 1.

ROES. *Inf. tom.* 3. *Class.* 2. *Pap. Noct. tab.* 39. *fig.* 4.

Phalæna ludifica. SULZ. *Hist. Inf. tom.* 2. *tab.* 22. *fig.* 8.

Phalæna Noctua aprilina. ESPER, *Pap. d'Eur. tom.* 4. *tab.* 118. *Noct.* 39. *fig.* 1. 2. 3.

La Runique. ERNST, *Pap. d'Eur. tom.* 6. *p.* 77. *tab.* 228. *fig.* 326.

Noctua runica. HUBN. *Lepid.* 4. *Noct.* 2. *tab.* 15. *fig.* 71.

Cette Noctuelle ressemble si fort à la suivante, qu'il n'est pas surprenant qu'elle ait été souvent confondue avec elle. Les antennes sont grises. La tête & le corcelet sont blanchâtres ou d'un blanc un peu verdâtre, avec une raie noire à la partie antérieure de celui-ci, une ligne courte à la partie latérale des épaulettes, & quelques points noirs à la partie postérieure du dos. L'abdomen est gris. Les ailes supérieures sont d'un blanc plus ou moins verdâtre, traversées d'un grand nombre de taches en croissant, dont quelques-unes, contiguës, paroissent former des bandes. On compte ordinairement quatre rangées de pareilles taches, dont les trois premières ont leur convexité dirigée vers la partie postérieure, & la quatrième a la sienne dirigée en sens contraire. Entre ces deux dernières l'aile est plus foncée; ce qui forme en quelque sorte une bande. Les dernières taches en croissant, simples au bord interne, forment une seconde bande, qui descend obliquement & se dirige vers le bord externe. Au dessous & près du bord postérieur sont deux rangées de taches tricuspidées, noires. Les ailes inférieures sont un peu obscures, avec une tache en croissant, noirâtre, placée au milieu, & une bande plus claire un peu au dessous. La frange est grise, tachée de noir.

Elle se trouve dans toute l'Europe, & n'est pas rare aux environs de Paris. La Chenille diffère beaucoup de la précédente; elle est rase, & vit solitaire sur le Chêne. Celle du mâle diffère de celle qui doit produire la femelle. La première est brune, marquée, sur les côtés, de taches longues, blanches, formant des raies longitudinales, &, sur le dos, à chaque anneau, d'une grande tache ronde, blanche, entourée de quatre petits points blancs. La tête est couleur de paille. La Chenille de la femelle est grisâtre, avec des taches longues, blanches, irrégulièrement placées sur les côtés, & deux lignes noires en zigzag sur le dos, qui forment un losange à chaque anneau. Les extrémités sont d'un jaune-fauve.

379. Noctuelle avrillière.

Noctua aprilina.

Noctua cristata, alis deflexis viridibus, maculâ fasciâque atris, apice punctorum trigonum serie unicâ. Fabr. *Sp. Inf. tom.* 2. *p.* 234. *n°.* 125. — *Mant. Inf. tom.* 2. *p.* 172. *n°.* 246. — *Ent. Syst. em. tom.* 3. *pars* 2. *p.* 163. *n°.* 306.

Noctua aprilina. Schmett. *Wienn. Verz. p.* 70. *n°.* 6.

L'Avrillière. Ernst, *Pap. d'Eur. tom.* 6. *p.* 74. *tab.* 227. *fig.* 325.

Noctua aprilina. Panz. *Faun. Germ. Fasc.* 4. *tab.* 21.

Noctua aprilina. Hubn. *Lepid.* 4. *Noct.* 1. *tab.* 5. *fig.* 22.

Phalæna Orion. Sepp. *Nederl. Inf.* 4. *pag.* 41. *tab.* 9. *fig.* 1-8.

Phalæna Noctua Orion. Esper, *Pap. d'Eur. tom.* 4. *tab.* 118. *Noct.* 39. *fig.* 4-7.

Schæff. *Icon. Inf. tom.* 1. *tab.* 92. *fig.* 3.

Elle est de grandeur moyenne. Les antennes sont sétacées, d'un gris un peu roussâtre. La tête est d'un blanc-verdâtre. Le corcelet est de la même couleur, avec une bande noire, entière, à sa partie antérieure, & une autre interrompue à sa partie postérieure. L'abdomen est gris. Les ailes supérieures sont d'un blanc-verdâtre, avec des taches blanches, & trois bandes irrégulières, sinuées, interrompues, noires, dont l'une à quelque distance de la base, la seconde au milieu, & la troisième à quelque distance du bord postérieur: il y a sur ce bord une suite de taches noires, en croissant, surmontées par du blanc. La frange est d'un gris-verdâtre, avec une suite de taches noirâtres, qui s'appuient sur les taches en croissant. Les ailes inférieures sont un peu obscures, avec une tache blanche à l'angle interne, & une raie courte, de la même couleur, un peu plus haut.

Elle se trouve dès le mois d'avril dans toute l'Europe. La Chenille vit sur le Chêne; elle est velue, d'un noir-bleuâtre, avec une suite de taches rougeâtres entre les anneaux, & trois taches d'un blanc-jaunâtre sur le dos.

380. Noctuelle verdoyante.

Noctua virens.

Noctua cristata, alis deflexis, anticis viridibus; lunulâ mediâ albâ, posticis albis, immaculatis. Fabr. *Mant. Inf. tom.* 2. *p.* 173. *n°.* 248. — *Ent. Syst. em. tom.* 3. *pars* 2. *p.* 103. *n°.* 307.

Phalæna Noctua virens. Linn. *Syst. Nat.* 2. *p.* 847. *n°.* 139.

Noctua virens. Schmett. *Wienn. Verz. p.* 85. *n°.* 8.

Esper, *Pap. d'Eur. tom.* 4. *tab.* 122. *Noct.* 43. *fig.* 1.

Knoch. *Suppl. Ent. Fasc.* 2. *tab.* 1. *fig.* 1.

La Verdoyante. Ernst, *Pap. d'Eur. tom.* 7. *p.* 124. *tab.* 293. *fig.* 495.

Noctua virens. Hubn. *Lepid.* 4. *Noct.* 2. *tab.* 48. *fig.* 235, & *tab.* 79. *fig.* 368.

Elle s'éloigne des précédentes par la forme des ailes, & paroît se rapprocher des Noctuelles nerveuse, L blanc, pâle, &c. La tête & le corcelet sont d'un vert-pâle. L'abdomen est blanchâtre. Les ailes supérieures sont d'un vert-pâle, avec une tache en croissant, blanche, placée au milieu. La frange est blanche. Les ailes inférieures sont blanches. Le dessous des quatre ailes est verdâtre, avec une tache blanchâtre, en croissant, au milieu.

Elle se trouve en Europe.

381. Noctuelle pudorine.

Noctua pudorina.

Noctua cristata, alis deflexis, anticis testaceis immaculatis, posticis fuscis, limbo testaceo.

Noctua pudorina. SCHMETT. *Wienn. Verz. p.* 85. *n°.* 11.

Noctua pudorina. HUBN. *Lepid.* 4. *Noct.* 2. *tab.* 86. *fig.* 401.

Elle est un peu plus petite que la Noctuelle verdoyante. La tête, le corcelet & les ailes supérieures sont testacés ou d'un brun-pâle. Les nervures des ailes sont apparentes & noirâtres. Les ailes inférieures sont obscures, avec la frange testacée.

Elle se trouve en Allemagne.

382. NOCTUELLE céladon.

NOCTUA seladonia.

Noctua cristata, alis deflexis viridi cinereoque variis, posticè strigis undatis, nigris. FABR. *Ent. Syst. em. tom.* 3. *pars* 2. *p.* 103. *n°.* 308.

Phalène à antennes filiformes, à trompe, à ailes rabattues, d'un brun-verdâtre, avec des raies ondées blanches & noires, & deux taches blanchâtres au milieu. DEG. *Mem. Inf. tom.* 2. *p.* 412. *tab.* 6. *fig.* 24.

Elle est de grandeur moyenne. La tête est verdâtre. Le corcelet est verdâtre, marqué de trois taches blanches. Les ailes supérieures sont mélangées de verdâtre & d'obscur, & ont les deux taches ordinaires distinctes, cendrées, & quelques raies ondées, blanches & noires. L'extrémité est blanchâtre, marquée de raies ondées, noires, & d'une suite de petites taches triangulaires, noires. Les ailes inférieures & le dessous des quatre ailes sont d'un blanc-grisâtre, avec une tache en croissant, obscure, placée au milieu.

Elle se trouve en Suède.

383. NOCTUELLE joyeuse.

NOCTUA ludifica.

Noctua cristata, alis deflexis, anticis abdomineque trifariàm nigro punctato flavis. FABR. *Sp. Inf. tom.* 2. *p.* 235. *n°.* 126. — *Mant. Inf. tom.* 2. *p.* 173. *n°.* 249. — *Ent. Syst. em. tom.* 3. *pars* 2. *p.* 103. *n°.* 309.

Phalœna Noctua ludifica. LINN. *Syst. Nat. p.* 848. *n°.* 143. — *Faun. Suec. n°.* 1177.

Noctua ludifica. SCHMETT. *Wienn. Verz. p.* 311.

Phalœna Noctua ludifica. ESPER, *Pap. d'Eur. tom.* 4. *tab.* 120. *Noct.* 41. *fig.* 1. 2.

Naturf. Fasc. 14. *p.* 65. *tab.* 3. *fig.* 4.

La Joyeuse. ERNST, *Pap. d'Europe, tom.* 6. *p.* 71. *tab.* 226. *fig.* 323.

Noctua ludifica. HUBN. *Lepid.* 4. *Noct.* 1. *tab.* 5. *fig.* 23.

Elle ressemble à la Noctuelle avrillière. La tête est d'un blanc-jaunâtre. Le corcelet est de la même couleur, avec plusieurs taches noires. Les ailes supérieures sont d'un blanc-jaune, marquées d'un grand nombre de raies en zigzag, noires, & d'une suite de taches noires, placées sur la frange. Les ailes inférieures sont tantôt blanches, avec le bord interne pâle; tantôt noirâtres, avec le bord interne jaune. La frange est toujours blanche, avec une suite de taches noires. L'abdomen est jaune, avec trois rangées de points noirs, une sur le dos, & deux en dessous, sur les côtés.

Elle se trouve en Europe; elle n'est pas rare aux environs de Paris. La Chenille vit sur le Chêne, &, selon Fabricius, sur le Saule; elle est tuberculée, velue, rayée de bleu & de jaune, avec le col & la queue tachés de blanc. La chrysalide est noire, avec des angles rouges; elle s'enferme dans un cocon qu'elle file.

384. NOCTUELLE perle.

NOCTUA perla.

Noctua cristata, alis deflexis cinereis, nigro undatis; maculis duabus fuscis. FABR. *Mant. Inf. tom.* 2. *p.* 173. *n°.* 251. — *Ent. Syst. em. tom.* 3. *pars* 2. *p.* 104. *n°.* 310.

Phalœna perla. SCHMETT. *Wienn. Verz. p.* 70. *n°.* 3.

La Glandifère. ERNST, *Pap. d'Europe, tom.* 6. *p.* 68. *tab.* 225. *fig.* 321.

Noctua perla. HUBN. *Lepid.* 4. *Noct.* 1. *tab.* 5. *fig.* 25.

Il paroît que c'est le rédacteur de l'ouvrage des *Papillons d'Europe*, & non Fabricius, qui s'est trompé au sujet de cette espèce & de la suivante dans ses citations. Celle-ci est un peu plus petite que la Noctuelle glandifère ou du Lichen. La tête & le corcelet sont blanchâtres. Les ailes supérieures sont blanchâtres, avec la base, une large bande au milieu, qui se bifurque antérieurement, & une autre à l'extrémité, d'un gris-obscur. Ces taches & ces bandes sont bordées de raies ondées, noires. La bande du milieu, qui se bifurque antérieurement, ne va pas jusqu'au bord; ce qui la fait paroître comme formant deux taches. Le bord antérieur a des points noirs sur toute sa longueur, & l'on voit une suite de petites lunules sur le bord postérieur. Les ailes inférieures sont d'un gris-blanchâtre, avec une tache au milieu & deux raies un peu obscures.

Elle se trouve en Europe, sur les murs. La Chenille se trouve de même sur les murs; elle se nourrit de Lichens.

385. NOCTUELLE du Lichen.

NOCTUA Lichenis.

Noctua cristata, alis deflexis, anticis viridibus;

maculis variis atris, subtùs fuscis. Fabr. *Sp. Inf. tom.* 2. *pag.* 235. *n°.* 127. — *Mant. Inf. tom.* 2. *p.* 173. *n°.* 252. — *Ent. Syst. em. tom.* 3. *pars* 2. *p.* 104. *n°.* 312.

Noctua glandifera. Schmett. *Wienn. Verz. p.* 70. *n°.* 2.

La Perle. Ernst, *Pap. d'Eur. tom.* 6. *p.* 69. *tab.* 226. *fig.* 322.

Noctua glandifera. Hubn. *Lepid.* 4. *Noct.* 1. *tab.* 5. *fig.* 24.

Elle est plus petite que la Noctuelle runique, à laquelle elle ressemble beaucoup. Les antennes sont d'un gris-obscur. La tête & le corcelet sont d'un blanc un peu verdâtre. Les ailes supérieures sont de la même couleur, & ont des raies noires, irrégulières, entre lesquelles la couleur est plus obscure; ce qui forme en quelque sorte trois bandes, l'une à la base, la seconde avant le milieu, & la troisième à quelque distance du bord. La raie qui borde celle-ci supérieurement est ondée, plus régulière que les autres. La première est unie à la seconde le long du bord interne : il y a sur le bord une petite raie noire, surmontée par une suite de taches de la même couleur, un peu en croissant. Les raies noires sont séparées des bandes obscures par du blanc. La première tache ordinaire est placée dans la seconde bande, & est peu apparente. La seconde, placée entre la seconde & la troisième bande, est plutôt ovale que réniforme; elle est un peu obscure, entourée d'une ligne noire & d'un peu de blanc. Les ailes inférieures sont tantôt blanchâtres, tantôt légérement obscures, avec une légère raie plus obscure, à quelque distance du bord.

Elle se trouve en Europe. La Chenille se nourrit des Lichens qui croissent sur les murs.

386. Noctuelle fulminante.

Noctua fulminans.

Noctua cristata, alis deflexis compressis, pallidis, posticè denticulis nigris albisque. Fabr. *Ent. Syst. em. tom.* 3. *pars* 2. *p.* 104. *tab.* 311.

Elle est petite. Le corps est pâle. Les ailes supérieures sont pâles, & marquées de petites dentelures blanches & noires, placées au-delà du milieu. Les pattes sont alongées, blanches.

Elle se trouve en Allemagne.

387. Noctuelle pariétine.

Noctua Algæ.

Noctua cristata, alis deflexis, anticis fuscis; fasciis duabus viridibus. Fabr. *Sp. Inf. tom.* 2. *p.* 235. *n°.* 128. — *Mant. Inf. tom.* 2. *p.* 173. *n°.* 253. — *Ent. Syst. em. tom.* 3. *pars* 2. *p.* 104. *n°.* 313.

Elle ressemble aux précédentes. La tête & le corcelet sont d'un cendré-obscur. Les ailes supérieures sont obscures, avec une large bande verte, à la base, & une autre moins marquée, sinuée, à l'extrémité. Les ailes inférieures sont cendrées, & ont en dessous, vers le milieu, un point noir.

Elle se trouve en Allemagne, sur les Lichens qui croissent sur les murs, *Lichen saxatilis.*

388. Noctuelle Psi.

Noctua Psi.

Noctua cristata, alis deflexis canis, lineolâ baseos characteribusque nigris, posticis albis.

Phalæna Noctua Psi *spirilinguis cristata, alis deflexis canis, superioribus characteribus nigris.* Linn. *Syst. Nat. p.* 846. *n°.* 135. — *Faun. Suec. n°.* 1181.

Noctua tridens *cristata, alis deflexis cinereis; maculis atris trifidis, posticis albidis.* Fabr. *Mant. Inf. tom.* 2. *pag.* 173. *n°.* 254. — *Ent. Syst. em. tom.* 3. *pars* 2. *p.* 105. *n°.* 314.

Noctua tridens. Schmett. *Wienn. Verz. p.* 67. *n°.* 1.

Goed. *Inf.* 1. *tab.* 22.

List. Goed. *fig.* 92.

Raj, *Inf. p.* 350.

Albin. *Inf. tab.* 86.

Réaum. *Mem. Inf.* 1. *tab.* 42. *fig.* 6-12.

Merian, *Inf. Eur.* 3. *tab.* 42.

Frisch. *Inf.* 2. *tab.* 2.

Roes. *Inf. tom.* 2. *Phal.* 2. *tab.* 7. *fig.* 1-5.

Ammir. *Inf. tab.* 13.

Wilk. *Pap.* 28. *tab.* 3. 5. 4.

Le Psi. Geoff. *Inf. Par. tom.* 2. *p.* 155. *n°.* 91.

Le Psi. Ernst, *Pap. d'Europe, tom.* 6. *p.* 5. *tab.* 212. *fig.* 286.

Noctua tridens. Panz. *Faun. Germ. Fasc.* 90. *tab.* 24.

Noctua tridens. Hubn. *Lepid.* 4. *Noct.* 1. *tab.* 1. *fig.* 4.

Cette espèce diffère si peu de celle qui suit, que ce n'est guère que par les Chenilles qu'on peut les distinguer. La Noctuelle Psi est pourtant d'un gris plus blanc que l'autre, & les ailes inférieures sont de même plus blanches. Les antennes sont grises. La tête & le corcelet sont d'un gris-blanchâtre, & il y a une ligne noire sur les côtés, qui descend sur les ailes, & qui jette sur celles-ci trois rameaux. Les ailes supérieures sont blanches, avec une légère poussière noire; ce qui les fait paroître d'un gris-clair; elles ont en outre la ligne noire qui descend de la base, un anneau noir, ovale, terminé en dessous par une petite ligne droite, de la même couleur, qui est coupée par une autre petite ligne un peu arquée. A quelque distance du bord postérieur il y a une raie sinuée, sur laquelle sont deux lignes noires qui semblent former deux fois le Psi des Grecs. Les ailes inférieures sont plus blanches que les supérieures; mais les nervures s'obscurcissent un peu près du bord postérieur, & ce bord est très-légérement obscur. La frange reste blanche.

Elle se trouve en Europe, & est très-commune aux environs de Paris. La Chenille vit sur l'Abricotier, le Prunier; elle est noire, un peu velue, & a sur le dos une large raie jaune, interrompue au quatrième anneau par une élévation conique, noire, un peu velue. Les côtés sont marqués par une seule tache alongée, rouge, sur les trois premiers anneaux, & par deux sur les suivans. Cette Chenille entre en terre pour se métamorphoser, suivant l'observation de Réaumur.

389. Noctuelle trident.

Noctua tridens.

Noctua cristata, alis deflexis cinereis, maculis atris trifidis, posticis fuscis.

Noctua Psi. Fabr. *Mant. Inf. tom.* 2. *p.* 173. *n°.* 255. — *Ent. Syst. em. tom.* 3. *pars* 2. *p.* 105. *n°.* 315.

Noctua Psi. Schmett. *Wienn. Verz. p.* 67. *n°.* 2.

Le Trident. Ernst, *Pap. d'Europe, tom.* 6. *p.* 10. *tab.* 212. *fig.* 287.

Roes. *Inf. tom.* 1. *Phal.* 2. *tab.* 8. *fig.* 1-5.

Noctua Psi. Panz. *Faun. Germ. Fasc.* 90. *tab.* 24.

Noctua Psi. Hubn. *Lepid.* 4. *Noct.* 1. *tab.* 1. *fig.* 5.

Elle paroît avoir été confondue avec la précédente; ce qui fait qu'il y a une grande confusion dans la synonymie. Ses couleurs, comme nous avons dit, sont plus foncées. La ligne noire, qui descend des yeux & s'avance sur les ailes, est plus large. La première des deux taches ordinaires est formée par un anneau noir, presque rond, & la tache réniforme, formée par une ligne grise, est un peu plus apparente que dans l'autre. Cette tache est bordée supérieurement par une petite ligne noire un peu arquée, & est unie à la première tache par une ligne noire, droite. Les ailes inférieures sont d'un gris un peu obscur.

Elle se trouve en Europe. La Chenille vit sur l'Aubépine: elle est noire, un peu velue; elle a sur le dos une raie jaune, séparée en deux par une petite ligne noire. Les côtés sont marqués de points blancs & de points rouges, & il règne, un peu plus bas, une raie rouge. Le dos a, comme l'autre, une élévation conique, velue.

390. Noctuelle chevelure dorée.

Noctua auricoma.

Noctua cristata, alis deflexis, anticis cinereo fuscis; strigis characteribusque nigris, pedibus apice albo annulatis. Fabr. *Mant. Inf. tom.* 2. *p.* 174. *n°.* 256. — *Ent. Syst. em. tom.* 3. *pars* 2. *p.* 105. *n°.* 316

Noctua auricoma. Schmett. *Wienn. Verz. p.* 67. *n°.* 6.

Roes. *Inf. tom.* 1. *Class.* 2. *Pap. Noct. tab.* 44.

La Chevelure dorée. Ernst, *Pap. d'Europe, tom.* 6. *p.* 16. *tab.* 213. *fig.* 289.

Noctua auricoma. Panz. *Faun. Germ. Fasc.* 100. *tab.* 24.

Noctua auricoma. Hubn. *Lepid.* 4. *Noct.* 1. *tab.* 2. *fig.* 8.

Phalæna Noctua auricoma. Esp. *Pap. d'Eur. tom.* 4. *tab.* 117. *fig.* 4. 5. 6.

Elle est un peu plus petite que la précédente. La tête & le corcelet sont cendrés. Les ailes supérieures sont cendrées, un peu plus claires au milieu, marquées de plusieurs raies ondées, rapprochées, noires & d'un gris-clair, placées à quelque distance du bord postérieur. La couleur est obscure au dessous de cette raie, & on y apperçoit, vers l'angle interne, un Psi assez mal formé. Les taches ordinaires, dont l'une est orbiculaire & l'autre réniforme, sont entourées d'une ligne noire, & il y a une petite ligne noire, arquée, au centre de la dernière. Les ailes inférieures sont d'un gris-obscur.

Elle se trouve en Europe. La Chenille vit sur la Ronce; elle est noire, avec les pattes d'un rouge-fauve & une suite de verrues de la même couleur sur chaque anneau, d'où partent des faisceaux de poils fauves.

391. Noctuelle Lambda.

Noctua Lambda.

Noctua cristata, alis deflexis fusco-cinereis, lineolâ baseos duabusque in medio atris. Fabr. *Mant. Inf. tom.* 2. *p.* 174. *n°.* 257. — *Ent. Syst. em. tom.* 3. *pars* 2. *p.* 106. *n°.* 317.

Elle ressemble aux précédentes. La tête & le corcelet sont très-élevés, en crête, & d'une couleur cendrée obscure. Les ailes sont d'un cendré-foncé, luisant, avec une bande à la base & une au milieu peu marquées, plus foncées; une ligne noire à la base & deux au milieu, dont l'antérieure est plus longue que l'autre.

Elle se trouve en Allemagne.

392. Noctuelle coupée.

Noctua comma.

Noctua cristata, alis deflexis dentatis, cinereis; lineolâ baseos nigrâ adjacente tenuiori albæ. Fabr. *Ent. Syst. em. tom.* 3. *pars* 2. *p.* 106. *n°.* 318.

Noctua comma. Linn. *Syst. Nat. p.* 850. *n°.* 156. — *Faun. Suec. n°.* 1191.

Noctua comma. Schmett. *Wienn. Verz. p.* 76. *n°.* 9.

La Coupée. Ernst, *Pap. d'Eur. tom.* 6. *p.* 159. *tab.* 253. *fig.* 381.

Noctua comma. Hubn. *Lepid.* 4. *Noct.* 2. *tab.* 52. *fig.* 251.

La tête & le corcelet sont cendrés. Les ailes supérieures sont presque dentées, cendrées, un peu mélangées d'obscur. On y remarque une ligne noire qui descend de la base jusqu'au milieu, & s'appuie sur une autre ligne plus mince, plus longue, blanche, qui part du bord interne. Les taches ordinaires sont peu apparentes, & il y a quelques lignes longitudinales, obscures, qui font paroître ces ailes comme striées. Les ailes inférieures sont blanchâtres, avec le bord postérieur obscur.

Elle se trouve en Europe.

393. Noctuelle à ligne noire.

Noctua linea.

Noctua cristata, alis deflexis, cinerascens, thoracis strigâ alarumque lineolâ baseos atris. Fabr. *Ent. Syst. em. tom.* 3. *pars* 2. *pag.* 106. *n°.* 318.

Elle ressemble à la précédente. La tête est cendrée. Le corcelet est cendré, avec une raie noire à la partie antérieure. Les ailes sont cendrées, marquées, à la base, d'une petite ligne courte, noire. Les ailes inférieures sont d'un blanc un peu transparent.

Elle se trouve dans les îles de l'Amérique méridionale.

394. Noctuelle louche.

Noctua lusca.

Noctua cristata, alis deflexis cinereis, nitidulis; puncto medio albo strigâque posticâ punctorum nigrorum. Fabr. *Ent. Syst. em. tom.* 3. *pars* 2. *p.* 106. *n°.* 320.

Elle se rapproche de la précédente. Le corps est cendré. Les ailes supérieures sont cendrées, marquées d'un point blanc, placé au milieu, & d'une rangée postérieure de petits points noirs. Les ailes inférieures & le dessous des quatre ailes est cendré.

Elle se trouve à Kiell.

395. Noctuelle Chi.

Noctua Chi.

Noctua cristata, alis deflexis canis, superioribus χ nigro notatis. Fabr. *Sp. Inf. tom.* 2. *p.* 236. *n°.* 130. — *Mant. Inf. tom.* 2. *pag.* 174. *n°.* 258. — *Ent. Syst. em. tom.* 3. *pars* 2. *p.* 107. *n°.* 321.

Phalæna Noctua Chi. Linn. *Syst. Nat.* 2. *p.* 846. *n°.* 136. — *Faun. Suec. n°.* 1180.

Noctua Chi. Schmett. *Wienn. Verz. pag.* 72. *n°.* 3.

Albin. *Inf. tab.* 83. *fig.* C. D.

Roes. *Inf. tom.* 1. *Class.* 2. *Pap. Noct. tab.* 13. *fig.* 1-5.

Phalæna seticornis spirilinguis, alis deflexis cinereis, superioribus fasciâ decussatâ fuscâ, puncto nigro lineisque transversis albidis. Geoff. *Inf. Par.* 2. *p.* 162. *n°.* 103.

La Glouterone. Ernst, *Pap. d'Europe, tom.* 6. *p.* 119. *tab.* 241. *fig.* 354.

Noctua Chi. Hubn. *Lepid.* 4. *Noct.* 2. *tab.* 10. *fig.* 49.

Elle ressemble un peu à la Noctuelle Psi. Les antennes sont noirâtres. La tête & le corcelet sont d'un gris-blanchâtre. Les ailes supérieures sont du même gris, marbrées & rayées d'obscur, avec une petite ligne noire vers la base, antérieurement unidentée; une autre derrière les taches ordinaires, que l'on a cru représenter le χ des Grecs, & qui nous paroît bifide aux deux extrémités : il y a vers l'extrémité une suite de taches tricuspidées, dont celles du milieu sont plus apparentes & mieux formées, & une autre suite de taches plus petites, noires, sur le bord. Les deux taches ordinaires sont grandes, peu marquées. Les ailes inférieures sont blanchâtres ou légérement obscures, avec une raie noirâtre sur le bord même, & une un peu plus claire, au-delà du milieu.

Elle se trouve en Europe; elle n'est pas rare aux environs de Paris. La Chenille vit sur l'Ancolie vulgaire, le Laiteron, le Glouteron; elle est rase, verte, avec deux raies blanchâtres de chaque côté.

396. Noctuelle de l'Érable.

Noctua Aceris.

Noctua cristata, alis deflexis canis, nigro undatis, abdomine subtùs basi brunneo. Fabr. *Mant. Inf. tom.* 2. *p.* 174. *n°.* 259. — *Ent. Syst. em. tom.* 3. *pars* 2. *p.* 107. *n°.* 322.

Phalæna Noctua Aceris *spirilinguis cristata, alis deflexis canis, superioribus lineolis undatis annuloque ovali nigris.* Linn. *Syst. Nat.* 2. *p.* 846. *n°.* 137. — *Faun. Suec. n°.* 1179.

Noctua Aceris. Schmett. *Wienn. Verz. p.* 67. *n°.* 7.

Phalæna Aceris. Scop. *Ent. Carn. n°.* 524.

Albin. *Inſ. tab.* 83.

Réaum. *Mem. Inſ.* 1. *tab.* 34. *fig.* 11.

Frisch. *Inſ.* 1. *tab.* 5.

Wilk. *Pap.* 32. *tab.* 3. a. b.

L'Omicron ardoiſé. Ernst, *Pap. d'Eur. tom.* 3. *p.* 24. *tab.* 216. *fig.* 295.

Noctua Aceris. Hubn. *Lepid.* 4. *Noct.* 1. *tab.* 3. *fig.* 13. 14.

Elle eſt à peine plus grande que la Noctuelle Pſi. Les antennes ſont obſcures. La tête & le corcelet ſont d'un gris-blanchâtre. Les ailes ſupérieures ſont du même gris, un peu nuancées & rayées d'obſcur, & marquées d'une ligne noire, un peu rameuſe, qui part de la baſe, & d'une raie blanche, ſinuée, un peu ondée, bordée de noir inférieurement, & placée au-delà des taches ordinaires : celles-ci ſont peu marquées, de la couleur du fond, entourées d'une ligne noirâtre. La première de ces deux taches eſt petite, preſque ronde. La ſeconde eſt grande, preſqu'en cœur. Le bord poſtérieur a une ſuite de taches noires qui s'avancent ſur la frange. Les ailes inférieures ſont blanches, avec une ſuite de points noirs ſur la frange : quelquefois il y a une ligne noire ſur le bord, & les nervures s'obſcurciſſent en s'approchant de ce bord.

Elle ſe trouve dans toute l'Europe. La Chenille vit ſur l'Érable, le Marronier d'Inde ; elle eſt très-velue. Ses poils ſont longs, pour la plupart jaunes, & d'autres rouges ; ils ſont diſtribués par touffes, & ſont implantés immédiatement ſur la peau, ſans tubercule. Quelquefois ces touffes ſont compoſées de poils qui partent de deux anneaux différens ; elles ont, tout le long du dos, une rangée de taches blanches & noires.

Parvenues à toute leur grandeur vers le milieu de juillet, elles quittent l'arbre ſur lequel elles ont vécu, & vont ſe cacher, ou dans des trous de murs, ou ſous l'égout de quelque toit, pour y filer une coque dont la couche extérieure eſt toute de ſoie ; elles arrachent enſuite avec leurs dents les touffes de poils dont elles ſont couvertes, & les entre-mêlent dans leur tiſſu pour en augmenter l'épaiſſeur & la force ; de ſorte que la Chenille y reſte abſolument nue. Au bout de quelques jours elle s'y transforme en une chryſalide d'un brun-rougeâtre ; elle reſte dans cet état pendant tout l'hiver, & elle n'éclot qu'au printems ſuivant.

397. Noctuelle de l'Arnique.

Noctua Arnicæ.

Noctua criſtata, alis deflexis fuſcis, albo undatis; punctis duobus medii maculâque reniformi albis. Fabr. *Ent. Syſt. em. tom.* 3. *pars* 2. *p.* 107. *n°.* 323.

Elle eſt petite. Le corps eſt cendré, & l'anus eſt couvert de poils rougeâtres. Les ailes ſupérieures ſont d'un cendré-obſcur ; avec une petite ligne noire à la baſe, enſuite une raie ondée, blanche. Plus bas, vers le milieu, ſont deux points blancs, dont l'un eſt orbiculaire, ſimple, & l'autre pointu, bordé de noir. Après ce dernier on voit la tache réniforme, & enſuite deux ou trois raies ondées, blanchâtres. Les ailes inférieures & les quatre ailes en deſſous ſont d'un cendré-obſcur.

Elle ſe trouve en Suède. La Chenille vit ſur l'Arnique.

398. Noctuelle de l'Euphorbe.

Noctua Euphorbiæ.

Noctua criſtata, alis deflexis cinereis, fuſco undatis; maculis ordinariis, anteriore orbiculatâ, poſteriore reniformi, albidis. Fabr. *Mant. Inſ. tom.* 2. *p.* 174. *n°.* 260. — *Ent. Syſt. em. tom.* 3. *pars* 2. *p.* 108. *n°.* 324.

Noctua Euphorbiæ. Schmett. *Wienn. Verz. p.* 67. *n°.* 4.

Phalæna Noctua Euphorbiæ. Esper, *Papill. d'Eur. tom.* 4. *tab.* 117. *fig.* 1. 2. 3.

L'Omicron gris. Ernst, *Pap. d'Eur. tom.* 6. *p.* 20. *tab.* 215. *fig.* 293.

Noctua Euphorbiæ. Hubn. *Lepid.* 4. *Noct.* 1. *tab.* 3. *fig.* 12.

Elle eſt de grandeur moyenne. La tête & le corcelet ſont cendrés. Les ailes ſupérieures ſont cendrées, un peu nébuleuſes, avec une raie noirâtre vers la baſe, qui ne va pas juſqu'au bord interne ; une autre ondée, entière, avant le milieu, & une troiſième courbe, au-delà du milieu. Ces ailes ſont un peu plus claires au milieu, où ſe trouvent les deux taches ordinaires, qui ſont diſtinctes & entourées d'une ligne noirâtre. Le bord poſtérieur a une ſuite de petites taches noirâtres. Les ailes inférieures ſont obſcures, avec la frange blanche, marquée d'une ſuite de petites taches noirâtres.

Elle ſe trouve en Europe. La Chenille vit ſur le Tithymale ; elle eſt velue, verdâtre, avec des taches noires ſur le dos, & une tache en croiſſant, ferrugineuſe, ſur le premier anneau.

399. Noctuelle mégacéphale.

Noctua megacephala.

Noctua criſtata, alis deflexis cinereis, nigro undatis; maculâ unicâ orbiculatâ, albidâ. Fabr. *Mant. Inſ. tom.* 2. *p.* 175. *n°.* 261. — *Ent. Syſt. em. tom.* 3. *pars* 2. *p.* 108. *n°.* 325.

Noctua megacephala. Schmett. *Wienn. Verz. p.* 67. *n°.* 5.

La grosse Tête. Ernst, *Pap. d'Europe, tom.* 6. *p.* 22. *tab.* 215. *fig.* 294.

Noctua megacephala. Scrib. *Beytr.* 1. *p.* 51. *tab.* 6. *fig.* 1.

Noctua megacephala. Hubn. *Lepid.* 4. *Noct.* 1. *tab.* 3. *fig.* 11.

Phalène grosse tête. Deg. *Mem. Inf. tom.* 2. *pars* 1. *p.* 413. *n°.* 7. *tab.* 7. *fig.* 6-9.

Elle ressemble à la précédente. Les antennes sont obscures, sétacées. La tête & le corcelet sont cendrés. L'abdomen est un peu plus clair. Les ailes supérieures sont cendrées, nébuleuses, marquées de raies ondées, noirâtres, peu distinctes, si ce n'est celle qui se trouve au-delà des taches ordinaires, & qui est inférieurement dentée sur chaque nervure. Ces nervures deviennent noirâtres de là à l'extrémité : il y a sur le bord une suite de points noirs. La première des deux taches est formée d'un anneau blanchâtre, ovale. La seconde est moins distincte. Les ailes inférieures sont blanches, avec un peu d'obscur sur le bord postérieur.

Elle se trouve dans toute l'Europe, & n'est pas rare aux environs de Paris. La Chenille vit sur le Saule, le Tremble, le Bouleau; elle a seize pattes, est demi-velue, avec de longs poils, disposés sur les côtés de manière à ne point cacher les couleurs de la peau. Sa tête est grise, avec des bandes & des taches noires; elle est très-grosse relativement au corps. Le fond de celui-ci est gris, rayé de noir irrégulièrement & parsemé de points blancs, avec quatre tubercules rouges sur chaque anneau, & une tache jaune sur le dixième, bordée de noir. Les pattes sont jaunâtres.

400. Noctuelle liturée.

Noctua litura.

Noctua cristata, alis deflexis canis, liturâ mediâ atrâ, puncto albo. Fabr. *Spec. Inf. tom.* 2. *p.* 236. *n°.* 131. — *Mant. Inf. tom.* 2. *pag.* 175. *n°.* 262. — *Ent. Syst. em. tom.* 3. *pars* 2. *p.* 108. *n°.* 326.

Phalæna Noctua litura *spirilinguis cristata, alis canis, fasciâ fuscâ, liturisque tribus marginalibus nigris.* Linn. *Syst. Nat.* 2. *p.* 858. *n°.* 192. — *Faun. Suec. n°.* 1213.

Noctua litura. Schmett. *Wienn. Verz. p.* 77. *n°.* 2.

Noctua litura. Hubn. *Lepid.* 4. *Noct.* 2. *tab.* 27. *fig.* 127.

Elle est de grandeur moyenne. Le corcelet est cendré, mélangé d'obscur. Les ailes supérieures sont d'un gris-blanchâtre, avec un point noir, distinct, à la base; une tache noire, marquée d'un point blanc, au milieu, & une rangée de points noirs vers le bord.

Elle se trouve en Europe. La Chenille vit sur le Saule, le Prunier; elle est rase, verte, avec une ligne pâle sur le dos & une sur les côtés, mélangée de blanc & de jaune. La tête est pâle.

401. Noctuelle pointée.

Noctua depuncta.

Noctua cristata, alis deflexis grisescentibus, punctis baseos nigris strigâque posticâ punctatâ. Fabr. *Ent. Syst. em. tom.* 3. *pars* 2. *pag.* 109. *n°.* 327.

Phalæna Noctua depuncta *spirilinguis cristata, alis grisescentibus, lituris marginalibus nigricantibus, strigâque posticâ punctatâ.* Linn. *Syst. Nat.* 2. *p.* 858. *n°.* 191. — *Faun. Suec. n°.* 1214.

Elle est de grandeur moyenne. La tête & le corcelet sont grisâtres. Les ailes supérieures sont de la même couleur, avec deux points noirs à la base, ensuite trois presque réunis vers le bord antérieur. Plus bas sont la tache ovale & la tache réniforme, au dessous desquelles se trouve une raie obscure peu marquée, & une suite de petits points noirs sur le bord postérieur. Le dessous des ailes est pâle, marqué d'un point noirâtre & d'une raie linéaire de la même couleur.

Elle se trouve en Suède, dans les bois.

402. Noctuelle pistache.

Noctua pistacina.

Noctua cristata, alis deflexis cinereis, apice obscurioribus undatis, posticis fuscis. Fabr. *Mant. Inf. tom.* 2. *pag.* 175. *n°.* 162. — *Ent. Syst. em. tom.* 3. *pars* 2. *p.* 109. *n°.* 328.

Noctua pistacina. Schmett. *Wienn. Verz. p.* 77. *n°.* 1.

Noctua pistacina. Hubn. *Lepid.* 4. *Noct.* 2. *tab.* 28. *fig.* 131.

Elle est de grandeur moyenne. La tête & le corcelet sont d'un gris tirant un peu sur le vert-pâle. Les ailes sont de la même couleur, plus pâles à la base qu'à l'extrémité, avec quelques points noirs à la base, ensuite une raie obscure, une autre raie ondée, pâle, au-delà du milieu, & une suite de points noirs sur le bord. Les ailes inférieures sont obscures.

Elle se trouve en Europe. La Chenille est rase, raboteuse, verte, avec des points & une ligne sur les côtés blanchâtres; elle vit sur la Scabieuse.

403. Noctuelle de la Belladone.

Noctua Baja.

Noctua cristata, alis deflexis ferrugineis, puncto

parvo baseos geminatoque apicis nigris. Fabr. *Mant. Inf. tom.* 2. *p.* 175. *n°.* 264. — *Ent. Syst. em. tom.* 3. *pars* 2. *p.* 109. *n°.* 329.

Noctua Baja. Schmett. *Wienn. Verz. p.* 77. *n°.* 3.

La Belladone. Ernst, *Pap. d'Europe, tom.* 8. *p.* 20. *tab.* 311. *fig.* 540.

Noctua Baja. Hubn. *Lepid.* 4. *Noct.* 2. *tab.* 25. *fig.* 119.

Elle est de grandeur moyenne. Les antennules sont ferrugineuses, avec l'extrémité pâle. Le corcelet est ferrugineux. L'abdomen est cendré. Les ailes supérieures sont ferrugineuses, avec un point noir, distinct, vers la base. Le milieu est plus obscur, & l'on y voit les deux taches ordinaires, marquées chacune par un anneau blanchâtre. Vers l'angle antérieur sont deux points rapprochés, noirs, & le bord est marqué d'une suite de petits traits de la même couleur. Les ailes inférieures sont un peu obscures, avec la frange ferrugineuse.

Elle se trouve en Europe. La Chenille vit sur la Belladone, *Atropa Belladona;* elle est mélangée de cendré & d'obscur, avec trois raies dorsales, dont l'une blanche, & les deux latérales jaunâtres.

404. Noctuelle rubiconde.

Noctua rubricosa.

Noctua cristata, alis deflexis fuscescentibus, costâ albâ, fusco maculatâ, apice fuscis, punctis albis. Fabr. *Mant. Inf. tom.* 2. *p.* 176. *n°.* 265. — *Ent. Syst. em. tom.* 3. *pars* 2. *p.* 110. *n°.* 330.

Noctua rubricosa. Schmett. *Wienn. Verz. p.* 77. *n°.* 4.

Noctua rubricosa. Hubn. *Lepid.* 4. *Noct.* 2. *tab.* 91. *fig.* 43.

Elle est de grandeur moyenne. La tête & le corcelet sont velus, jaunâtres. Les ailes supérieures sont un peu obscures, avec des raies ondées, cendrées, & le bord interne rougeâtre à la base. Le bord antérieur est blanc de la base au-delà du milieu, marqué de trois taches noires; il est obscur à l'extrémité, avec deux petits points blancs. Le dessous de ces ailes est obscur. Les ailes inférieures sont blanchâtres.

Elle se trouve en Europe, sur une espèce de Patience, *Rumex acuta.* La Chenille est grise, avec une ligne dorsale pâle, & deux points blancs sur chaque anneau.

405. Noctuelle érythrocéphale.

Noctua erythrocephala.

Noctua cristata, alis deflexis ferrugineis, cinereo fuscoque undatis; maculâ posteriori nigro punctatâ; capite rufo. Fabr. *Mant. Inf. tom.* 2. *p.* 176. *n°.* 266. — *Ent. Syst. em. tom.* 3. *pars* 2. *p.* 110. *n°.* 331.

Noctua erythrocephala. Schmett. *Wienn. Verz. p.* 77. *n°.* 5.

Noctua erythrocephala. Hubn. *Lepid.* 4. *Noct.* 2. *tab.* 37. *fig.* 176.

L'Érythrocéphale. Ernst, *Pap. d'Eur. tom.* 7. *p.* 151. *tab.* 301. *fig.* 513.

Elle est de grandeur moyenne. La tête est rougeâtre. Le corcelet est brun, presqu'en crête. Les ailes sont rougeâtres, avec des raies ondées, cendrées & obscures. Le bord antérieur est cendré à la base. Les taches ordinaires sont placées vers le milieu, & on voit sur la seconde quelques points noirs, placés sur ses bords. Les ailes inférieures sont obscures, avec la frange cendrée. Les ailes supérieures ont en dessous le bord cendré, & les inférieures sont cendrées, avec un point & une raie ondée, obscurs.

Elle se trouve en Europe. La Chenille vit sur le Plantain.

406. Noctuelle grisâtre.

Noctua grisescens.

Noctua cristata, alis deflexis cinereis, maculis ordinariis pallidis strigâque submarginali punctorum atrorum. Fabr. *Ent. Syst. emend. tom.* 3. *pars* 2. *p.* 110. *n°.* 332.

Elle est de grandeur moyenne. Le corps est cendré, sans tache. Le lobe antérieur du corcelet est élevé & marqué d'une raie obscure. Les ailes supérieures sont cendrées, obscures, avec les deux taches ordinaires pâles, & une rangée postérieure, presque marginale, de petits points noirs.

Elle se trouve à Kiell.

407. Noctuelle polygone.

Noctua polygona.

Noctua cristata, alis deflexis subundatis, extùs fusco nigroque variis, intùs pallidis, thorace variegato. Fabr. *Mant. Inf. tom.* 2. *p.* 176. *n°.* 267. — *Ent. Syst. em. tom.* 3. *pars* 2. *p.* 111. *n°.* 333.

Noctua polygona. Schmett. *Wienn. Verz. p.* 78. *n°.* 16.

Noctua polygona. Hubn. *Lepid.* 4. *Noct.* 2. *tab.* 27. *fig.* 125.

Elle est plus grande que les précédentes. Le corcelet est mélangé d'obscur & de ferrugineux, & a de chaque côté postérieurement une ligne oblique, noire. Les ailes supérieures sont mélangées d'obscur & de ferrugineux, avec des raies ondées plus obscures, & les deux taches ordinaires plus pâles; elles sont intérieurement cendrées, avec des raies ondées obſcures. Le bord antérieur eſt marqué de quelques points noirs. Les ailes inférieures ſont blanchâtres.

Elle ſe trouve en Europe. La Chenille vit ſur le Plantain.

408. Noctuelle barbareſque.

Noctua barbara.

Noctua criſtata, alis cineraſcentibus, maculâ mediâ faſciâque poſticâ obſoletâ fuſcis. Fabr. *Ent. Syſt. em. tom.* 3. *pars* 2. *p.* 111. *n°.* 334.

Elle eſt de grandeur moyenne. Les antennules ſont cendrées, & la trompe eſt teſtacée. Le corcelet eſt cendré, en crête. Les ailes ſont cendrées, tantôt plus pâles, tantôt plus claires, avec une grande tache obſcure qui s'avance juſqu'au bord antérieur. Derrière cette tache eſt une bande obſcure, moins marquée vers le bord antérieur que dans le reſte de ſon étendue. Entre la tache & la bande ſont deux ou trois points blancs, placés ſur le bord antérieur. En deſſous les ailes ſont de la même couleur, mais plus blanchâtre. Les ailes inférieures ſont blanchâtres, avec une bande obſcure.

Elle ſe trouve ſur la côte de Barbarie, d'où elle a été apportée par M. Desfontaines.

409. Noctuelle de la Perſicaire.

Noctua Perſicariæ.

Noctua criſtata, alis deflexis fuſco-nebuloſis, ſtigmate reniformi albo, pupillâ lunari flavâ. Fabr. *Sp. Inſ. tom.* 2. *p.* 236. *n°.* 132. — *Mant. Inſ. tom.* 2. *p.* 177. *n°.* 268. — *Ent. Syſt. emend. tom.* 3. *pars* 2. *p.* 111. *n°.* 335.

Phalæna Noctua Perſicariæ. Linn. *Syſt. Nat.* 2. *p.* 847. *n°.* 142. — *Faun. Suec. n°.* 1208.

Noctua Perſicariæ. Schmett. *Wienn. Verz. p.* 71. *n°.* 8.

Roes. *Inſ. tom.* 1. *Claſſ.* 2. *Pap. Noct. tab.* 30. *fig.* 1-5.

Ammir. *Inſ. tab.* 157.

Phalæna ſeticornis ſpirilinguis, alis deflexis, ſuperioribus fuſcis lineis undatis & omicro albis, inferioribus cinereis. Geoff. *Inſ. Pariſ. tom.* 2. *p.* 157. *n°.* 94.

Esper, *Pap. d'Eur. tom.* 4. *tab.* 129. *Noct.* 50. *fig.* 1. 2. 3.

La Polygonière. Ernst, *Pap. d'Eur. tom.* 6. *p.* 92. *tab.* 232. *fig.* 335.

Noctua Perſicariæ. Hubn. *Lepid.* 4. *Noct.* 2. *tab.* 13. *fig.* 64.

Elle eſt de grandeur moyenne. La tête & le corcelet ſont bruns : celui-ci eſt coupé par des lignes & des raies noires. L'abdomen eſt cendré, terminé par des poils rouſſeâtres, avec une ſuite de houppes noires ſur le dos. Les ailes ſupérieures ſont brunes, avec quatre raies ondées, d'un gris-pâle ou jaunâtre, & une petite ligne blanche, accompagnée de points de la même couleur ſur le bord poſtérieur. La première des deux taches ordinaires eſt ovale, griſe, peu marquée; la ſeconde eſt preſque réniforme, blanche, avec le centre jaunâtre. Les ailes inférieures ſont griſes à leur baſe, obſcures à leur extrémité, avec un peu du bord & la frange blanchâtres.

Elle ſe trouve dans toute l'Europe. La Chenille vit ſur la Perſicaire, la Renouée, l'Arroche, le Chou, &, ſelon Fabricius, ſur les arbres fruitiers : elle eſt raſe, verte ou griſâtre, avec une ligne longitudinale, blanche, ſur le dos; une double tache noirâtre ſur le premier, le quatrième & le cinquième anneau; elle a ſur le dernier une élévation conique.

Selon le rédacteur de l'ouvrage des *Papillons d'Europe*, les jardiniers allemands regardent cette Chenille comme le plus grand fléau de leurs potagers, & la nomment *Ver de cœur*, parce qu'elle attaque le cœur du Chou; elle remplit de ſes excrémens le vide qu'elle y forme, & ces excrémens, fermentant par la pluie, font pourrir la plante, de manière que les beſtiaux mêmes n'en veulent pas manger.

410. Noctuelle du Tragopogon.

Noctua Tragopogonis.

Noctua criſtata, alis deflexis, anticis fuſcis; punctis nigris tribus approximatis, poſticis lividis. Fabr. *Sp. Inſ. tom.* 2. *pag.* 237. *n°.* 133. — *Mant. Inſ. tom.* 2. *p.* 177. *n°.* 270. — *Ent. Syſt. em. tom.* 3. *pars* 2. *p.* 112. *n°.* 336.

Phalæna Noctua Tragopogonis. Linn. *Syſt. Nat.* 2. *p.* 855. *n°.* 177. — *Faun. Suec. n°.* 1189.

Frisch. *Inſ.* 2. *p.* 33. *tab.* 7.

Noctua Tragopogonis. Schmett. *Wienn. Verz. p.* 85. *n°.* 14.

Phalène griſe, tête jaune. Deg. *Inſ. tom.* 2. *p.* 418. *n°.* 10. *tab.* 7. *fig.* 15.

La Triponctuée. Ernst, *Pap. d'Eur. tom.* 6. *p.* 99. *tab.* 234. *fig.* 338.

Noctua Tragopogonis. Hubn. *Lepid.* 4. *Noct.* 2. *tab.* 8. *fig.* 40.

Noctua Tragopogonis. Panz. *Faun. Germ. Faſc.* 93. *tab.* 24.

Elle eſt de grandeur moyenne. La tête & le corcelet ſont d'un gris-foncé, luiſant. Les ailes ſupérieures ſont de la même couleur, & ſont marquées au milieu de trois petites taches oblongues, noires, diſpoſées en triangle. Les ailes inférieures ſont d'un gris un peu rouillé.

Elle se trouve dans toute l'Europe. La Chenille vit sur le Salsifis, l'Épinard, la Patience, le Chou & plusieurs autres plantes; elle est rase, d'un vert-clair, avec cinq lignes longitudinales blanches.

411. NOCTUELLE du Pancrais.

NOCTUA Pancratii.

Noctua cristata, alis deflexis, anticis nigris, strigâ posticâ albicante, posticis albis.

Noctua Pancratii. HUBN. *Lepid.* 4. *Noct.* 2. *tab.* 84. *fig.* 391.

Elle ressemble à la précédente pour la forme & la grandeur. Les antennes sont d'un gris un peu roussâtre. La tête & le corcelet sont noirs. L'abdomen est noir, avec la base blanche. Les ailes supérieures sont noires, avec une petite raie plus noire au dessous de la tache réniforme; une autre à peine marquée, blanchâtre, près du bord, & une très-noire sur le bord. Les ailes inférieures sont blanches, avec le bord antérieur un peu parsemé de noir.

Elle se trouve au midi de l'Europe. La Chenille vit sur le Pancrais, *Pancratium.*

412. NOCTUELLE hépatique.

NOCTUA hepatica.

Noctua cristata, alis deflexis obscurè griseis; maculâ fuscâ punctisque tribus costalibus albis. FABR. *Sp. Inf. tom.* 2. *p.* 237. *n°.* 134. — *Mant. Inf. tom.* 2. *p.* 177. *n°.* 271. — *Ent. Syst. em. tom.* 3. *pars* 2. *p.* 112. *n°.* 337.

Phalæna Noctua hepatica *spirilinguis cristata, alis glaucescentibus, fasciâ ferrugineâ abbreviatâ terminalique plicatâ.* LINN. *Syst. Nat.* 2. *p.* 853. *n°.* 169. — *Faun. Suec. n°.* 1209.

Phalæna Noctua hepatica. CLERCK, *Icon. Inf. tab.* 8. *fig.* 3.

Noctua hepatica. SCHIFF. *Wienn. Verz. p.* 83. *n°.* 16.

La Cachée. ERNST, *Pap. d'Eur. tom.* 7. *p.* 86. *tab.* 283. *fig.* 467.

Noctua hepatica. HUBN. *Lepid.* 4. *Noct.* 2. *tab.* 16. *fig.* 77.

Elle est un peu plus grande que les précédentes. Les antennes sont sétacées, d'un gris un peu roussâtre. La tête & la partie antérieure du corcelet sont d'un gris un peu glauque. Le corcelet est d'un brun-ferrugineux, rayé d'obscur. Les ailes supérieures sont d'un gris un peu glauque, avec quelques raies ondées, noires & blanchâtres; une bande plus obscure, au milieu, beaucoup plus large à sa partie antérieure, & allant à peine jusqu'au bord interne, & trois points blancs sur le bord antérieur, vers l'extrémité. Le bord postérieur est marqué d'une rangée de petites lunules noires qui se touchent. Les ailes inférieures sont obscures, avec une tache au milieu & le bord postérieur noirâtres.

Elle se trouve dans toute l'Europe.

413. NOCTUELLE de l'Oseille.

NOCTUA Acetosellæ.

Noctua cristata, alis deflexis helvolis; strigis duabus obliquis, cinereis, posticis fuscescentibus; margine brunneo. FABR. *Mant. Inf. tom.* 2. *p.* 177. *n°.* 272. — *Ent. Syst. em. tom.* 3. *pars* 2. *p.* 112. *n°.* 338.

Noctua Acetosellæ. SCHIFF. *Wienn. Verz. p.* 84. *n°.* 1.

Noctua Acetosellæ. HUBN. *Lepid.* 4. *Noct.* 2. *tab.* 45. *fig.* 220.

Elle est de grandeur moyenne. Les antennes sont rougeâtres. La tête & le corcelet sont roussâtres. Les ailes supérieures sont roussâtres, avec la base plus obscure, & deux raies d'un gris-jaunâtre, un peu obliques, qui se rapprochent l'une de l'autre, au bord interne. Entre ces raies sont les deux taches ordinaires, dont l'une orbiculaire & l'autre presque réniforme, entourées d'une ligne d'un gris-jaunâtre. Après la deuxième raie on voit une rangée de points noirâtres. La frange est jaune. Les ailes inférieures sont d'un jaune-obscur, avec le bord postérieur noirâtre & la frange jaune.

Elle se trouve dans toute l'Europe. La Chenille vit sur l'Oseille; elle est rase. La tête est rouge, avec deux lignes pourpres, marquées de points noirs. Le dos est fauve, marqué de deux lignes longitudinales obscures, & les côtés sont rougeâtres.

414. NOCTUELLE de l'Oxalide.

NOCTUA oxalina.

Noctua cristata, alis deflexis griseis, medio fusco-cinereis; strigis duabus obliquis, flavis.

Noctua oxalina. HUBN. *Lepid.* 4. *Noct.* 2. *tab.* 45. *fig.* 219.

Elle ressemble à la précédente. Les antennes sont roussâtres, très-légérement pectinées. La tête & le corcelet sont d'un gris-cendré. Les ailes supérieures sont de la même couleur à la base & à l'extrémité. Le milieu est d'un gris plus obscur, laquelle couleur est bordée par deux lignes jaunâtres qui se rapprochent l'une de l'autre, au bord interne. Les deux taches ordinaires sont formées par une ligne grise. On voit une raie obscure, peu marquée, un peu ondée, vers le bord postérieur. Les ailes inférieures sont grises, avec deux bandes peu marquées, plus obscures.

Elle se trouve en Europe. La Chenille vit sur l'Oxalide.

415. Noctuelle turque.

Noctua turca.

Noctua cristata, alis deflexis flavescentibus, strigis duabus fuscis lunulâque luteâ. Fabr. *Spec. Inf. tom.* 2. *p.* 237. *n°.* 135. — *Mant. Inf. tom.* 2. *p.* 177. *n°.* 273. — *Ent. Syst. em. tom.* 3. *pars* 2. *p.* 113. *n°.* 339.

Phalæna Noctua turca *spirilinguis cristata, alis cinereo-rufis, strigis duabus fuscis lunulâque albâ.* Linn. *Syst. Nat.* 2. *p.* 847. *n°.* 140. — *Faun. Suec. n°.* 1221.

Noctua turca. Schmett. *Wienn. Verz. p.* 84. *n°.* 2.

La Turque. Ernst, *Pap. d'Eur. tom.* 7. *p.* 127. *tab.* 294. *fig.* 497.

Noctua turca. Hubn. *Lepid.* 4. *Noct.* 2. *tab.* 45. *fig.* 218.

Phalæna volupia. Naturf. Fasc. 9. *p.* 123.

Espér, *Pap. d'Eur. tom.* 4. *tab.* 122. *Noct.* 43. *fig.* 5. 6.

Elle est de la grandeur des précédentes. Les antennes sont fauves, sétacées. La tête & le corcelet sont d'un jaune-fauve, plus ou moins obscur. Les ailes supérieures sont de la même couleur, un peu jaspées d'obscur, & marquées de deux raies noirâtres, dont l'une à quelque distance de la base, & l'autre à quelque distance du bord postérieur. La première des deux taches ordinaires manque ou n'est guère apparente; la seconde est alongée, transversale, jaune, entourée de noirâtre. Les ailes inférieures sont obscures, avec la frange fauve. Le dessous des quatre ailes est d'un jaune-brun, avec une bande noirâtre, au milieu.

Elle se trouve en Europe. La Chenille vit sur une espèce de jonc, *Juncus pilosus :* elle est d'un rouge-brun, parsemé de petits points d'un brun-sombre; elle a, de chaque côté une large bande d'un brun-clair, &, sur le dos, de semblables petites bandes. On voit en outre, de chaque côté du dos, une ligne serpentante de même nuance. La tête est d'un brun-foncé.

Cette Chenille éclot en automne, se tient dans la terre pendant l'hiver, & on la trouve à la moitié de sa croissance dans les premiers jours du printems; elle se nourrit d'herbe, probablement du jonc, & séjourne dans les prairies, tout près de la terre. Au commencement de juin elle se transforme entre des brins d'herbe enlacés ensemble, & la Noctuelle se montre au commencement de juillet.

416. Noctuelle imbécille.

Noctua imbecilla.

Noctua cristata, alis deflexis helvolis, strigis duabus fuscis lunulâque mediâ albâ. Fabr. *Ent. Syst. em. tom.* 3. *pars* 2. *p.* 113. *n°.* 340.

Elle est de grandeur moyenne. La tête & le corcelet sont d'un roux-pâle. L'abdomen est cendré. Les ailes supérieures sont d'un roux-pâle, avec deux raies presque droites, obscures. Au milieu se trouve une tache obscure, marquée d'une lunule blanche. Les ailes inférieures sont obscures.

Elle se trouve à Kiell.

417. Noctuelle conigère.

Noctua conigera.

Noctua cristata, alis deflexis flavescentibus, strigis duabus fuscis punctoque medio albo, trigono. Fabr. *Mant. Inf. tom.* 2. *p.* 178. *n°.* 275. — *Ent. Syst. em. tom.* 3. *pars* 2. *p.* 113. *n°.* 341.

Noctua conigera. Schmett. *Wienn. Verz. p.* 84. *n°.* 3.

Phalæna Noctua conigera. Hubn. *Beytr.* 4. *tab.* 4. *fig.* Z.

La Conigère. Ernst, *Pap. d'Eur. tom.* 7. *p.* 121. *tab.* 292. *fig.* 492.

Noctua conigera. Panz. *Faun. Germ. Fasc.* 11. *tab.* 24.

Noctua conigera. Hubn. *Lepid.* 4. *Noct.* 2. *t.* 46. *fig.* 222.

Elle est de grandeur moyenne, d'un jaune un peu fauve. Les ailes supérieures sont de la même couleur, avec un point blanc irrégulier, au milieu, & deux lignes transverses, peu marquées, obscures : il y a une troisième ligne ondée près de la frange. Les ailes inférieures sont d'un jaune-fauve, plus pâle que les supérieures.

Elle se trouve en Autriche. La Chenille est grise, rayée de blanc & de noir, avec la tête noirâtre & le premier anneau très-noir, marqué de trois lignes blanches.

418. Noctuelle tache blanche.

Noctua albipunctata.

Noctua cristata, alis deflexis cinereis, lunulâ mediâ albâ strigisque duabus lunularum fuscarum. Fabr. *Mant. Inf. tom.* 2. *p.* 178. *n°.* 275. — *Ent. Syst. em. tom.* 3. *pars* 2. *p.* 114. *n°.* 342.

Noctua albipunctata. Schmett. *Wienn. Verz. p.* 84. *n°.* 4.

Le Point blanc. Ernst, *Pap. d'Eur. tom.* 7. *p.* 129. *tab.* 294. *fig.* 498.

Noctua albipunctata. Hubn. *Lepid. Noct.* 2. *tab.* 46. *fig.* 225.

Elle ressemble à la précédente. La tête & le corcelet sont d'un gris-roussâtre. L'abdomen est gris.

Les ailes supérieures sont d'un gris un peu roussâtre, avec deux rangées de petites lunules noirâtres, contiguës, & un point blanc, au milieu. Les ailes inférieures sont d'un gris-clair à la base, ensuite d'un gris-obscur.

Elle se trouve en France, en Allemagne. La Chenille vit sur le Plantain; elle est grise, rayée de blanc & pointillée de noir, avec le premier anneau obscur, marqué de trois lignes blanches.

419. Noctuelle polyodon.

Noctua polyodon.

Noctua cristata, alis deflexis dentatis, nebulosis; strigâ posticâ dentatâ, albâ. Fabr. *Sp. Inf. tom.* 2. *p.* 237. *n°.* 136. — *Mant. Inf. tom.* 2. *p.* 178. *n°.* 276. — *Ent. Syst. em. tom.* 3. *pars* 2. *p.* 114. *n°.* 343.

Phalæna Noctua polyodon *spirilinguis cristata, cinereo-nebulosa, margine postico multidentato.* Linn. *Syst. Nat.* 2. *p.* 853. *n°.* 170. — *Faun. Suec. n°.* 1219.

Noctua polyodon. Schmett. *Wienn. Verz. p.* 72. *n°.* 1.

Noctua polyodon. Hubn. *Lepid.* 4. *Noct.* 2. *tab.* 78. *fig.* 365.

Elle est un peu plus grande que les précédentes. La tête, le corcelet & l'abdomen sont d'un gris-cendré. Les ailes supérieures sont de la même couleur, avec quatre raies ondées, blanchâtres & noirâtres, dont deux avant les taches ordinaires & deux après. La dernière, placée près du bord, est mieux marquée, & ses ondulations sont pointues. On voit une ligne blanchâtre sur le bord, surmontée par de petites lunules noires. Le bord est un peu denté. Les ailes inférieures sont d'un gris-pâle, avec une bande & le bord obscurs. La frange est pâle. Le dessous des ailes est cendré, avec un point & une ligne en arc, noirâtres.

Elle se trouve en Europe. La Chenille vit sur le Bouleau; elle est obscure, avec les côtés pâles & des lignes obliques, noires.

420. Noctuelle ceinture jaune.

Noctua flavocincta.

Noctua cristata, alis deflexis dentatis, fusco cinereoque variis, fulvo punctatis. Fabr. *Mant. Inf. tom.* 2. *p.* 178. *n°.* 277. — *Ent. Syst. em. tom.* 3. *pars* 2. *p.* 114. *n°.* 344.

Noctua flavocincta. Schmett. *Wienn. Verz. p.* 72. *n°.* 2.

Roes. *Inf. tom.* 1. *Class.* 2. *Pap. Noct. tab.* 55. *fig.* 1. 2. 3.

La Ceinture jaune. Ernst, *Pap. d'Eur. tom.* 6. *p.* 112. *tab.* 238. *fig.* 349.

Noctua flavicincta. Hubn. *Lepid.* 4. *Noct.* 2. *tab.* 10. *fig.* 46.

Elle est de grandeur moyenne. Les antennes sont sétacées, obscures. La tête & le corcelet sont cendrés, parsemés d'une poussière noire & fauve, avec une raie obscure à la partie antérieure de celui-ci. Les ailes supérieures sont d'un gris plus ou moins obscur, marquées de raies peu régulières, noires & blanchâtres, & de quelques taches fauves. On voit une raie plus régulière, dentée ou à ondulations aiguës, noire & blanche, au dessous des taches ordinaires, &, un peu plus bas, une rangée de taches jaunes, surmontées d'un peu de noir. La frange est grise, tachée de noirâtre. Les ailes inférieures sont grises, avec deux bandes noirâtres, l'une au milieu, & l'autre un peu plus large, près du bord. La frange est grise. Le dessous des ailes est d'un gris-nébuleux, avec une bande noirâtre, & de plus une tache en croissant, au milieu des inférieures.

Elle se trouve dans toute l'Europe. La Chenille vit sur le Cerisier; elle est rase, verte, avec une raie latérale jaune.

421. Noctuelle hermite.

Noctua eremita.

Noctua cristata, alis deflexis ferrugineis, strigis duabus undatis, albis, anteriore obsoletâ, posteriore repandâ. Fabr. *Spec. Inf. tom.* 2. *p.* 170. *n°.* 236. — *Mant. Inf. tom.* 2. *p.* 178. *n°.* 278. — *Ent. Syst. em. tom.* 3. *pars* 2. *p.* 115. *n°.* 345.

Elle est de grandeur moyenne. Les ailes supérieures sont ferrugineuses, marquées, entre la base & le milieu, d'une raie ondée, blanche & obscure, & d'une autre vers le bord postérieur, flexueuse. Avant cette raie, la couleur de l'aile est plus foncée. Le bord postérieur est marqué de points noirs. Les ailes inférieures sont cendrées. Le dessous des ailes est cendré, avec l'extrémité des supérieures obscure, un point au milieu & une raie postérieure obscurs, sur les inférieures.

Elle se trouve à Leipsick.

422. Noctuelle noirâtre.

Noctua nigricans.

Noctua cristata, alis deflexis nigricantibus, stigmatibus ordinariis pallidioribus. Fabr. *Spec. Inf. tom.* 2. *pag.* 238. *n°.* 138. — *Mant. Inf.* 2. *p.* 178. *n°.* 279. — *Ent. Syst. em. tom.* 3. *pars* 2. *p.* 115. *n°.* 346.

Phalæna Noctua nigricans. Linn. *Syst. Nat.* 2. *p.* 855. *n°.* 178. — *Faun. Suec. n°.* 1220.

Noctua nigricans. Schmett. *Wienn. Verz. p.* 81. *n°.* 19.

Esper, *Pap. d'Eur. tom.* 4. *tab.* 107. *Noct.* 28. *fig.* 3.

La Noirâtre. Ernst, *Pap. d'Europe*, *tom.* 7. *p.* 65. *tab.* 278. *fig.* 455.

Elle est de grandeur moyenne. Les antennes sont noires, sétacées. La tête & le corcelet sont noirâtres. L'abdomen est cendré. Les ailes supérieures sont noirâtres, avec quelques raies ondées, noires. La première des deux taches est peu apparente, formée par un cercle noir. La seconde est réniforme, formée par une ligne un peu plus claire, jaunâtre à sa partie inférieure. Le bord postérieur est marqué d'une légère ligne grise ou jaunâtre. Les ailes inférieures sont blanches, avec le bord postérieur un peu obscur.

Elle se trouve en France, en Allemagne, en Italie. La Chenille vit sur la Chicorée sauvage; elle est rase, d'un cendré-obscur, marquée de points noirs & d'une ligne dorsale pâle.

423. Noctuelle perflue.

Noctua perflua.

Noctua cristata, alis deflexis subdentatis, cinereis; fasciâ latâ atrâ; puncto ocellari. Fabr. *Mant. Inf. tom.* 2. *p.* 179. *n°.* 280. — *Ent. Syst. em. tom.* 3. *pars* 2. *p.* 115. *n°.* 347.

Noctua perflua. Hubn. *Lepid.* 4. *Noct.* 2. *tab.* 8. *fig.* 35.

Elle a plus de deux pouces de largeur les ailes étendues. La tête & le corcelet sont d'une couleur cendrée, foncée. Les ailes supérieures sont presque dentées à leur bord postérieur; elles sont cendrées, avec une large bande noirâtre, placée au milieu, bordée de chaque côté d'une raie blanchâtre, en zigzag. Au milieu de cette bande est un seul point noir, entouré d'un anneau gris. Le bord postérieur est obscur, marqué de petites lunules noires. Les ailes inférieures sont obscures.

Elle se trouve en Allemagne.

424. Noctuelle enfumée.

Noctua fumosa.

Noctua cristata, alis nigricantibus, strigâ posticâ punctorum alborum. Fabr. *Mant. Inf. tom.* 2. *p.* 179. *n°.* 281. — *Ent. Syst. em. tom.* 3. *pars* 2. *p.* 115. *n°.* 348.

Noctua fumosa. Schmett. *Wienn. Verz. p.* 81. *n°.* 18.

Noctua fumosa. Hubn. *Lepid.* 4. *Noct.* 2. *tab.* 32. *fig.* 153.

Elle ressemble beaucoup à la Noctuelle noirâtre. Les antennes sont noires. La tête & le corcelet sont noirâtres. L'abdomen est brun. Les ailes supérieures sont noirâtres, marquées de quelques raies noires & d'une rangée de points blancs pointus, placés près du bord postérieur. Les ailes inférieures sont obscures, avec une tache noire, placée au milieu.

Elle se trouve en Allemagne.

425. Noctuelle auriculée.

Noctua aurita.

Noctua cristata, alis deflexis fusco-nitidulis, fasciâ mediâ repandâ, cinereâ; capite bi-thorace quadridentato. Fabr. *Mant. Inf. tom.* 2. *p.* 179. *n°.* 282. — *Ent. Syst. em. tom.* 3. *pars* 2. *p.* 116. *n°.* 349.

Elle est de grandeur moyenne. La tête est cendrée, velue, ornée de deux faisceaux de poils droits, relevés. Le corcelet est de même cendré, & orné de quatre faisceaux. Les ailes supérieures sont brunes, luisantes, marquées au milieu d'une large bande sinuée, cendrée; elles ont ensuite, vers l'extrémité, des stries blanches & noires.

Elle se trouve en Espagne.

426. Noctuelle oculée.

Noctua oculea.

Noctua cristata, alis deflexis fusco ferrugineoque variis, stigmate reniformi pallido. Fabr. *Spec. Inf. tom.* 2. *p.* 238. *n°.* 139. — *Mant. Inf. tom.* 2. *p.* 179. *n°.* 283. — *Ent. Syst. em. tom.* 3. *pars* 2. *p.* 116. *n°.* 350.

Elle ressemble, pour la forme & la grandeur, à la Noctuelle flavicorne. Les ailes supérieures sont rougeâtres au bord interne, obscures au bord antérieur. La tache ordinaire réniforme est pâle.

Elle se trouve en Suède.

427. Noctuelle myope.

Noctua myopa.

Noctua cristata, alis deflexis fuscescentibus, maculis ordinariis, anteriore fulvâ; iride albâ, posteriori reniformi albâ. Fabr. *Ent. Syst. em. tom.* 3. *pars* 2. *p.* 116. *n°.* 351.

Elle est petite. Le corps est gris. Les ailes supérieures sont un peu obscures, luisantes, marquées d'un point blanc distinct, fauve, avec le centre blanc, placé au milieu, & la tache réniforme, placée plus bas, blanche, avec une lunule noirâtre au centre. En dessous les quatre ailes sont cendrées.

Elle se trouve en Danemarck.

428. Noctuelle flavicorne.

Noctua flavicornis.

Noctua cristata, alis deflexis, anticis cinereis, strigis tribus atris, antennis luteis. Fabr. *Spec. Inf. tom.* 2. *p.* 238. *n°.* 140. — *Mant. Inf. tom.* 2. *p.* 179. *n°.* 284. — *Ent. Syst. em. tom.* 3. *pars* 2. *p.* 116. *n°.* 352.

Phalæna Noctua flavicornis. Linn. *Syst. Nat.* 2. *p.* 856. *n°.* 182. — *Faun. Suec. n°.* 1204.

Phalæna Noctua flavicornis. Clerck, *Ic. Inf. tab.* 6. *fig.* 9.

Noctua flavicornis. Schmett. *Wienn. Verz. p.* 72. *n°.* 6.

La Flavicorne. Ernst, *Pap. d'Europe, tom.* 6. *p.* 125. *tab.* 243. *fig.* 359.

Noctua flavicornis. Hubn. *Lepid.* 4. *Noct.* 2. *tab.* 43. *fig.* 208.

Elle est de grandeur moyenne. Les antennes sont jaunes. La tête & le corcelet sont d'un gris-cendré. Les ailes supérieures sont d'un gris-cendré, mêlé quelquefois d'une légère poussière jaunâtre; elles ont plusieurs raies peu ondées, noirâtres, dont les deux qui contiennent les taches ordinaires sont plus apparentes ou mieux marquées. Ces taches n'en forment ordinairement qu'une alongée, irrégulière, jaunâtre; elles sont quelquefois distinctes. La première alors est grande, orbiculaire; la seconde est réniforme, peu apparente. Les ailes inférieures sont grises à la base, un peu obscures à l'extrémité. Le dessous des quatre ailes est gris, traversé de deux raies un peu obscures.

Elle se trouve dans toute l'Europe. La Chenille vit sur les arbres fruitiers, le Chêne, le Peuplier; elle est rase, verdâtre, avec la tête rouge & des points blancs sur les côtés.

429. Noctuelle chauve.

Noctua calvaria.

Noctua cristata, alis deflexis fuscis, strigis tribus undatis, cinereis, maculâque mediâ testaceâ. Fabr. *Mant. Inf. tom.* 2. *p.* 179. *n°.* 285. — *Ent. Syst. em. tom.* 3. *pars* 2. *p.* 117. *n°.* 353.

Noctua calvaria. Schmett. *Wienn. Verz. p.* 71. *n°.* 9.

Pyralis calvarialis. Hubn. *Lepid.* 6. *Pyral.* 2. *tab.* 4. *fig.* 23.

Elle est de grandeur moyenne. Le corps est gris. Les antennules sont grandes, réfléchies. Les ailes supérieures sont d'un gris-obscur, marquées de trois raies ondées, noirâtres, & de deux taches blanchâtres, placées sur le bord antérieur. On voit, entre la première & la seconde raie, un point jaune, & entre celle-ci & la troisième, une tache jaune, assez grande, dans laquelle sont placés deux points noirs. Les ailes inférieures sont obscures; en dessous elles ont des raies ondées, blanches.

Elle se trouve en Autriche.

430. Noctuelle lunette.

Noctua triplacia.

Noctua cristata, alis deflexis, anticis arcu duplici contrario maculisque tribus glaucis intermediis. Fabr. *Sp. Inf. tom.* 2. *p.* 238. *n°.* 141. — *Mant. Inf. tom.* 2. *pag.* 180. *n°.* 286. — *Ent. Syst. em. tom.* 3. *pars* 2. *p.* 117. *n°.* 354.

Phalæna Noctua triplacia. Linn. *Syst. Nat.* 2. *p.* 854. *n°.* 175. — *Faun. Suec. n°.* 1202.

Mérian, *Inf. Eur. tab* 97.

Roes. *Inf. tom.* 1. *Phal.* 2. *tab.* 34.

Noctua triplacia. Schmett. *Wienn. Verz. p.* 91. *n°.* 1.

Phalæna seticornis spirilinguis, alis deflexis fuscis, superioribus lineis rufis basique maculâ fulvâ. Geoff. *Inf. Parif. tom.* 2. *p.* 152. *n°.* 85.

Réaum. *Mem. tom.* 1. *p.* 535. *pl.* 37. *fig.* 1. 2. 3.

Deg. *Mem. tom.* 1. *p.* 123. *tab.* 6. *fig.* 13-21, & *tom.* 2. *pars* 1. *p.* 442.

Les Lunettes. Ernst, *Pap. d'Europe, tom.* 8. *p.* 105. *tab.* 332. *fig.* 578.

Noctua triplacia. Panz. *Faun. Germ. Fasc.* 61. *tab.* 22.

Noctua triplacia. Vill. *Ent. tom.* 2. *p.* 238. *n°.* 237.

Noctua triplacia. Hubn. *Lepid.* 4. *Noct.* 2. *tab.* 55. *fig.* 269.

Esper, *Pap. d'Eur. tom.* 4. *tab.* 169. *Noct.* 90. *fig.* 1. 2. 3.

Les antennes & la tête sont d'un gris-obscur. La partie antérieure du corcelet est d'un gris légérement lilas, bordé de noir. Le corcelet est d'un gris un peu lilas. Les ailes supérieures sont de la même couleur à leur base, laquelle couleur est bordée ou terminée par une ligne arquée ferrugineuse, & une autre noirâtre. Le milieu de l'aile est d'un gris-brun, avec trois anneaux plus ou moins marqués, noirâtres ou d'un brun-foncé. A quelque distance de l'extrémité il y a une autre ligne arquée, en sens inverse de la première, ferrugineuse & noirâtre. L'aile est terminée par une ligne noirâtre qui touche à la frange. Les ailes inférieures sont obscures, avec la base plus claire.

Elle se trouve dans toute l'Europe. La Chenille est rase, verte, avec deux gibbosités sur le dos & une vers l'anus; elle vit sur l'Ortie, le Laiteron, le Mouron, le Houblon.

431. Noctuelle de l'Asclépiade.

Noctua Asclepiadis.

Noctua cristata, alis deflexis glaucis, in medio obscurioribus; arcu duplici contrario, thorace anticè maculis duabus ocellaribus. Fabr. *Ent. Syst. em. tom.* 3. *pars* 2. *p.* 117. *n°.* 355.

Noctua Asclepiadis. Schmett. *Wienn. Verz. p.* 91. *n°.* 2.

L'Asclépiade. Ernst; *Pap. d'Europe, tom.* 8. *tab.* 332. *fig.* 579.

Esper, *Pap. d'Europe, tom.* 4. *p.* 169. *Noct.* 90. *tab.* 4. 5.

Noctua Asclepiadis. Hubn. *Lepid.* 4. *Noct.* 2. *tab.* 55. *fig.* 268.

Elle ressemble beaucoup à la précédente, dont elle n'est bien distinguée, selon Fabricius, que par deux taches blanches, oculées, placées à la partie antérieure du corcelet. Les ailes sont aussi plus obscures à l'extrémité.

Elle se trouve en Europe. La Chenille vit sur l'Asclépiade blanche, *Asclepias vincetoxicum*; elle est rase, d'un vert-pâle taché de noir, avec une ligne latérale jaune.

432. Noctuelle mélangée.

Noctua mixta.

Noctua cristata, alis deflexis helvolo alboque variis, capite thoraceque niveis. Fabr. *Ent. Syst. em. tom.* 3. *pars* 2. *p.* 118. *n°.* 356.

Elle ressemble aux précédentes. Les antennes sont blanches en dessus, d'un roux-pâle en dessous. La tête & le corcelet sont d'un blanc de neige, sans tache. Les ailes supérieures sont mélangées de blanc & de roux-pâle. Les ailes inférieures sont cendrées à la base, obscures à l'extrémité.

Elle se trouve en Italie.

433. Noctuelle triste.

Noctua tristis.

Noctua cristata, alis deflexis cinereis, fusco subundatis margineque exteriori punctato, subtùs pallidis; fasciâ fuscâ. Fabr. *Spec. Inf. tom.* 2. *pag.* 238. *n°.* 142. — *Mant. Inf. tom.* 2. *pag.* 180. *n°.* 287. — *Ent. Syst. em. tom.* 3. *pars* 2. *p.* 118. *n°.* 357.

Noctua simulans *cristata, alis deflexis cinereis, nitidulis; strigis undatis fuscis, posteriore punctatâ.* Fabr. *Mant. Inf. tom.* 2. *pag.* 177. *n°.* 269.

Les ailes supérieures sont cendrées, luisantes, marquées de raies ondées, obscures. La tache ordinaire réniforme représente une lunule obscure. Le bord antérieur est marqué de points noirs. En dessous les ailes sont pâles, avec une bande noire.

Elle se trouve en Suède.

434. Noctuelle de la Patience.

Noctua Rumicis.

Noctua cristata, alis cinereo fuscoque variis, liturâ marginis tenuioris albâ. Fabr. *Spec. Inf. tom.* 2. *p.* 238. *n°.* 143. — *Mant. Inf. tom.* 2. *p.* 180. *n°.* 288. — *Ent. Syst. em. tom.* 3. *pars* 2. *p.* 118. *n°.* 358.

Phalæna Noctua Rumicis *spirilinguis cristata, alis deflexis cinereis, bimaculatis; liturâ marginis tenuioris albâ.* Linn. *Syst. Nat.* 2. *pag.* 852. *n°.* 164. — *Faun. Suec. n°.* 1200.

Noctua Rumicis. Schmett. *Wienn. Verz. p.* 67. *n°.* 3.

Albin. *Inf. tab.* 32.

Roes. *Inf. tom.* 1. *Class.* 2. *Pap. Noct. tab.* 27. *fig.* 1-5.

Wilk, *Pap.* 26. *tab.* 56. a. 1.

Réaum. *Mem. Inf. tom.* 1. *pag.* 302. *tab.* 15. *fig.* 6. — *Ibid. p.* 539. *tab.* 37. *fig.* 11, & *tom.* 2. *p.* 426 & 461. *tab.* 34. *fig.* 8. *Larva.*

Phalæna Noctua Rumicis. Deg. *Mem. Inf. tom.* 2. *pars* 1. *p.* 411. *n°.* 4, & *tom.* 1. *p.* 185. *tab.* 9. *fig.* 14.

La Cendrée noirâtre. Ernst, *Pap. d'Europe, tom.* 6. *p.* 13. *tab.* 213. *fig.* 288.

Noctua Rumicis. Hubn. *Lepid.* 4. *Noct.* 1. *tab.* 2. *fig.* 9.

Elle est de grandeur moyenne. Les antennes sont obscures, sétacées. La tête & le corcelet sont d'un gris-noirâtre. L'abdomen est d'un gris plus clair. Les ailes supérieures sont d'un gris-noirâtre, mélangé de gris-clair, avec quelques raies ondées, noires, & une raie blanche, placée vers le bord postérieur. On voit aussi une tache blanche près du bord interne, sur la ligne de la tache réniforme, & une suite de petites taches noires au bord postérieur. La première des deux taches est orbiculaire, formée par un anneau noir, avec un point noir au centre. La seconde tache est formée par deux anneaux noirs. Les ailes inférieures sont d'un gris un peu obscur. Le dessous des quatre ailes est d'un gris un peu rousseâtre.

Elle se trouve dans toute l'Europe. La Chenille vit sur la Patience, l'Ortie, le Laiteron, &, selon Degeer, sur l'Aune, le Saule & le Bouleau. Ernst ajoute qu'elle vit aussi sur les Mauves, le Lilas, le Rosier & les différens arbres fruitiers; elle est velue, & a seize pattes. Sa couleur est noire, avec des taches rouges & des taches blanches. On voit une ligne jaune sur les côtés, immédiatement au dessus des pattes, qui est blanche dans quelques individus, & sur laquelle sont des tubercules rouges, garnis de poils. Sur le reste du corps sont aussi d'autres tubercules, d'où partent autant d'aigrettes de poils roux, entre-mêlés, sur les cinq anneaux du milieu, d'une espèce de laine blanchâtre, qui, vue à la loupe, n'est qu'un amas de petits poils hérissés de barbes ou d'autres poils extrêmement déliés.

Ces

Ces Chenilles marchent fort lentement, & se roulent en cercle quand on les touche. Parvenues à toute leur grosseur, elles n'entrent point en terre pour se transformer en insecte parfait, mais font leur coque sur une branche d'arbre, entre-mêlant, dans le tissu, des brins d'écorce ou de feuilles sèches : l'intérieur seulement est tapissé de soie.

435. NOCTUELLE étique.

NOCTUA hecta.

Noctua cristata, alis deflexis nigris, albo undatis; maculis ordinariis annulo albo cinctis. FABR. *Ent. Syst. em. tom.* 3. *pars* 2. *p.* 119. *n°.* 359.

Elle est de grandeur moyenne. Le corcelet est gris. Les ailes supérieures sont noires, marquées de diverses raies blanches, dont la dernière, placée près du bord postérieur, est dentée. Les deux taches ordinaires, dont l'une est orbiculaire & l'autre réniforme, sont formées par un anneau blanc.

Elle se trouve à Kiell.

436. NOCTUELLE moqueuse.

NOCTUA ridens.

Noctua cristata, alis deflexis viridi fusco alboque variis; maculâ baseos strigisque duabus undatis, albis; antennis flavescentibus. FABR. *Mant. Inf. tom.* 2. *p.* 180. *n°.* 289. — *Ent. Syst. em. tom.* 3. *pars* 2. *p.* 119. *n°.* 360.

Noctua ridens. HUBN. *Lepid.* 4. *Noct.* 1. *tab.* 4. *fig.* 20.

La Tête rouge. ERNST, *Pap. d'Eur. tom.* 6. *p.* 18. *tab.* 214. *fig.* 291.

Elle ressemble à la Noctuelle de la Patience. Les antennes sont jaunes. La tête & le corcelet sont d'un gris-foncé un peu verdâtre, parsemé de blanc. L'abdomen est d'un gris-pâle. Les ailes supérieures sont mélangées de verdâtre, d'obscur & de blanc, avec une tache blanche, vers la base, près du bord antérieur, au dessous de laquelle est une raie ondée, blanche. Au milieu sont les deux taches ordinaires, formées par une ligne blanche. Après les taches il y a une seconde raie ondée, blanche, & une troisième moins marquée, près du bord postérieur, accompagnée de lunules noires. Les ailes inférieures sont grises, avec une bande obscure près du bord postérieur. La frange est grise, avec de petites taches noirâtres.

Elle se trouve en France, en Allemagne. La Chenille vit sur le Chêne.

437. NOCTUELLE grisette.

NOCTUA favillacea.

Noctua cristata, alis deflexis cinereis, strigis duabus albis maculâque reniformi flavâ.

La Grisette. ERNST, *Pap. d'Europe, tom.* 6. *p.* 5. *tab.* 211. *fig.* 285.

Phalæna Noctua favillacea. ESP. *Pap. d'Eur. tom.* 4. *tab.* 127. *fig.* 4.

Noctua favillacea. HUBN. *Lepid.* 4. *Noct.* 1. *tab.* 1. *fig.* 2.

Elle a de treize à quatorze lignes de largeur les ailes étendues. La tête & le corcelet sont d'un gris-cendré. Les ailes supérieures sont du même gris, avec une raie longitudinale, interrompue, noirâtre, à quelque distance du bord interne, & quelques taches de la même couleur sur le bord antérieur. On voit deux raies grises, bordées de noir, l'une en deçà, l'autre en delà des taches ordinaires. La première de ces deux taches est orbiculaire & grise; la seconde est réniforme & jaune. Les ailes inférieures sont blanchâtres, avec une raie & le bord postérieur légérement obscurs. Le dessous des ailes est d'un gris-blanchâtre, avec un point & une raie noirâtres.

Elle se trouve en Europe.

438. NOCTUELLE antique.

NOCTUA exoleta.

Noctua cristata, alis lanceolatis convolutis, fusco cinereoque nebulosis; punctis quatuor marginalibus, albis. FABR. *Sp. Inf. tom.* 2. *p.* 239. *n°.* 144. — *Mant. Inf. tom.* 2. *p.* 180. *n°.* 290. — *Ent. Syst. em. tom.* 3. *pars* 2. *p.* 119. *n°.* 361.

Phalæna Noctua spirilinguis cristata, alis lanceolatis convolutis, exoletis, dorso fuscescentibus, collari compresso. LINN. *Syst. Nat. tom.* 2. *p.* 849. *n°.* 151. — *Faun. Suec. n°.* 1186.

Noctua exoleta. SCHMETT. *Wienn. Verz. p.* 75.

FRISCH. *Inf.* 5. *tab.* 11. *fig.* 1. 2.

ROES. *Inf. tom.* 1. *Phal.* 2. *tab.* 24.

SULZ. *Inf. tab.* 16. *fig.* 95.

DEG. *Inf. tom.* 2. *p.* 401. *n°.* 2. *tab.* 7. *fig.* 1-4.

WILK. *Pap.* 8. *tab.* 1. a. 18.

L'Antique. ERNST, *Pap. d'Eur. tom.* 6. *p.* 149. *tab.* 249. *fig.* 370.

Noctua exoleta. PANZ. *Faun. Germ. Fasc.* 61. *fig.* 23.

Noctua exoleta. HUBN. *Lepid.* 4. *Noct.* 2. *tab.* 50. *fig.* 244.

La forme de cette espèce & des suivantes les éloigne des précédentes; elle est cylindrique. Les antennes & les pattes sont collées contre le corps, & les ailes sont un peu plissées. La tête & la partie antérieure du corcelet sont d'un jaune-fauve. Le corcelet est d'un brun-foncé, & l'abdomen d'un brun plus ou moins clair. Les ailes supérieures sont mélangées de fauve, de gris & de brun; mais cette dernière domine vers la partie interne. Les ailes inférieures sont noirâtres, avec la frange pâle.

La Chenille vit sur l'Arroche, la Patience, le Framboisier, le Sureau, le Tilleul : elle est rase, verte, marquée de quelques points d'un vert-blanchâtre & d'une ligne latérale blanchâtre; elle se métamorphose dans la terre.

Elle se trouve dans toute l'Europe.

439. NOCTUELLE perdue.

NOCTUA deperdita.

Noctua cristata, alis deflexis pallidis, margine exteriori fusco, maculis duabus pallidis. FABR. *Ent. Syst. em. tom.* 3. *pars* 2. *p.* 120. *n°.* 362.

Elle ressemble, pour la forme & la grandeur, à la Noctuelle antique. Les antennes sont avancées, pectinées, avec l'extrémité sétacée. La tête est cendrée, en crête. Le corcelet est cendré, un peu en crête, avec une tache noirâtre, de chaque côté. Les ailes sont penchées, pâles. Le bord antérieur est obscur, avec une tache au milieu & à l'extrémité, pâles. On remarque des points pâles entre les taches ordinaires, & une rangée de points noirs vers le bord postérieur. Les ailes inférieures sont pâles, avec le bord noir. L'abdomen est cendré, avec le dessous pâle & l'anus velu. Les pattes antérieures sont velues.

Elle se trouve à Kiell.

440. NOCTUELLE du Bouillon-blanc.

NOCTUA Verbasci.

Noctua cristata, alis deflexis dentato-erosis, margine laterali fusco immaculato. FABR. *Spec. Inf. tom.* 2. *p.* 239. *n°.* 145. — *Mant. Inf. tom.* 2. *p.* 180. *n°.* 291. — *Ent. Syst. em. tom.* 3. *pars* 2. *p.* 120. *n°.* 363.

Phalæna Noctua Verbasci *spirilinguis cristata, alis deflexis obsoletis, marginibus lateralibus fuscis.* LINN. *Syst. Nat.* 2. *p.* 850. *n°.* 153. — *Faun. Suec. n°.* 1186.

Phalæna seticornis spirilinguis, alis deflexis fusco-cinereis, superioribus fuscis, longitudinaliter striatis. GEOFF. *Inf. Parif. tom.* 2. *p.* 158. *n°.* 96.

Phalæna Verbasci. SCOP. *Ent. Carn. n°.* 521.

Noctua Verbasci. SCHMETT. *Wienn. Verz. p.* 73. *n°.* 4.

ALDROV. *Inf. tab.* 13.

RAJ, *Inf. p.* 168. *n°.* 25, & *p.* 352. *n°.* 31.

RÉAUM. *Mém. Inf.* 1. *p.* 576. *tab.* 43. *fig.* 9-11.

FRISCH. *Inf.* 6. *tab.* 9. *fig.* 1-8.

MÉRIAN, *Inf. Eur.* 3. *tab.* 29.

ROES. *Inf. tom.* 1. *Class.* 2. *Pap. Noct. tab.* 23. *fig.* 1-5.

WILK. *Pap.* 7. *tab.* 15.

SULZ. *Hist. Inf. tab.* 22. *fig.* 7.

HARR. *Aurel. tab.* 8. *fig.* a. d.

SCHŒFF. *Icon. Inf. tab.* 24. *fig.* 7.

ESPER, *Pap. d'Eur. tom.* 4. *tab.* 189. *Noct.* 60. *fig.* 1-4.

La Brêche. ERNST, *Pap. d'Eur. tom.* 6. *p.* 136. *tab.* 246. *fig.* 363.

Noctua Verbasci. HUBN. *Lepid.* 4. *Noct.* 2. *tab.* 55. *fig.* 266.

Noctua Scrophulariæ. HUBN. *Lepid.* 4. *Noct.* 2. *tab.* 55. *fig.* 267.

Les antennes sont sétacées, d'un jaune-fauve. La tête est grise, bordée de brun-clair. La partie antérieure du corcelet est grise, très-élevée en crête, bordée de brun-clair postérieurement. Le dos est gris, avec quelques houppes brunes. L'abdomen est d'un gris-jaunâtre, avec une rangée de houppes brunes, sur le dos. Les ailes supérieures sont d'un gris-jaunâtre, bordées de brun-clair. L'extrémité est dentelée, & il règne une ligne blanche sur le bord. Les nervures sont un peu élevées. Les ailes inférieures sont d'un gris-jaunâtre, avec les nervures un peu élevées, brunes, ainsi que le bord postérieur.

Elle se trouve dans toute l'Europe. La Chenille vit sur le Bouillon-blanc, la Scrophulaire; elle est rase, & a seize pattes. Sa couleur est d'un gris-verdâtre, avec des taches noires & d'autres jaunes. Parvenue à toute sa grosseur, elle descend au pied de la plante qui l'a nourrie, & y reste quelques jours sans manger; elle entre ensuite dans la terre pour y construire son cocon, ou quelquefois elle reste à la superficie, & le forme avec des feuilles & des écorces, qu'elle mâche & fixe avec la soie qu'elle file. La chrysalide y passe l'hiver, & n'en sort qu'au printems, sous la forme d'insecte parfait.

441. NOCTUELLE de l'Aster.

NOCTUA Asteris.

Noctua cristata, alis deflexis striatis, cinereis; marginibus nigris, exteriore punctis tribus nigris. FABR. *Mant. Inf. tom.* 2. *p.* 180. *n°.* 192. — *Ent. Syst. em. tom.* 3. *pars* 2. *p.* 121. *n°.* 364.

Noctua Asteris. SCHMETT. *Wienn. Verz. p.* 312. *n°.* 10.

L'Astrée. ERNST, *Pap. d'Eur. tom.* 6. *p.* 139. *tab.* 246, & *tab.* 247. *fig.* 364.

Noctua Asteris. HUBN. *Lepid.* 4. *Noct.* 2. *tab.* 55. *fig.* 260.

Elle diffère de la précédente par le bord postérieur des ailes, qui n'est point dentelé. Les antennes sont grises en dessus, ferrugineuses en dessous. La tête & le corcelet sont d'un gris un peu violet. Les ailes supérieures sont du même gris-violet, avec le bord antérieur & le bord interne bordés de jaune-brun : il y a trois points jaunes sur le bord antérieur, & une tache en croissant près du bord interne. Les nervures sont élevées comme dans la précédente. Les ailes inférieures sont blanchâtres, avec le bord postérieur obscur. La frange est blanchâtre.

Elle se trouve dans toute l'Europe. La Chenille vit sur l'Aster.

442. Noctuelle de la Camomille.

Noctua Chamomillæ.

Noctua cristata, alis deflexis lanceolatis, striatis, canis; punctis duobus centralibus minutissimis, nigris, subtùs immaculatis. Fabr. *Mant. Inf. tom.* 2. *pag.* 180. *n°.* 293. — *Ent. Syst. em. tom.* 3. *pars* 2. *p.* 121. *n°.* 365.

Noctua Chamomillæ. Schmett. *Wienn. Verz. p.* 73. *n°.* 3.

Noctua Chamomillæ. Hubn. *Lepid.* 4. *Noct.* 2. *tab.* 54. *fig.* 261.

Elle ressemble beaucoup à la Noctuelle ombrageuse; mais les Chenilles diffèrent beaucoup l'une de l'autre. Les antennes sont ferrugineuses. La tête est obscure, avec des raies cendrées. Le corcelet est velu, cendré, avec une raie noire à la partie antérieure. L'abdomen est gris, avec quelques houppes noires, à la base. Les ailes supérieures sont d'un gris-blanchâtre, avec les nervures élevées, deux points velus vers le centre, & trois points cendrés sur le bord antérieur. En dessous elles sont cendrées, avec trois points blancs, placés sur le bord antérieur. Les ailes inférieures sont striées, cendrées, avec la frange blanche. En dessous elles sont de la même couleur, avec un point central, obscur.

Elle se trouve en Europe. La Chenille vit sur la Camomille, *Matricaria chamomilla ;* elle est rase, cendrée, avec deux petites lignes courbes, ferrugineuses, sur chaque anneau. Dans les premiers jours de sa naissance elle a des taches jaunes & blanches.

443. Noctuelle de la Tanaisie.

Noctua Tanaceti.

Noctua cristata, alis deflexis lanceolatis, striatis, canis; lineolis duabus atris, posticis albis, subtùs immaculatis. Fabr. *Mant. Inf. tom.* 2. *p.* 181. *n°.* 294. — *Ent. Syst. em. tom.* 3. *pars* 2. *p.* 121. *n°.* 366.

Noctua Tanaceti. Schmett. *Wienn. Verz. p.* 73. *n°.* 5.

La Cendrée. Ernst, *Pap. d'Europe, tom.* 6. *p.* 141. *tab.* 247. *fig.* 366.

Noctua Tanaceti. Hubn. *Lepid.* 4. *Noct.* 2. *tab.* 54. *fig.* 265.

Knoch, *Inf.* 2. *p.* 29. *tab.* 2. *fig.* 1-9.

Elle ressemble aux précédentes. Les antennes sont ferrugineuses, avec la base blanchâtre. La tête est d'un gris-blanchâtre. Le corcelet est de la même couleur, avec une légère raie obscure à la partie antérieure. L'abdomen est blanchâtre. Les ailes supérieures sont d'un gris-blanc, avec une petite ligne noire qui va de la base vers le milieu; une autre plus courte, au milieu, un peu fléchie à l'extrémité, & trois points noirs sur le bord antérieur. En dessous elles sont un peu obscures & luisantes. Les ailes inférieures sont blanches en dessus, avec le bord postérieur noirâtre, & entièrement blanches en dessous.

Elle se trouve dans toute l'Europe. La Chenille vit sur la Tanaisie, *Tanacetum vulgare ;* elle ressemble beaucoup à celle du Bouillon-blanc; mais elle en diffère en ce que les taches noires sont plus petites, & qu'elle a deux raies jaunes sur le dos.

444. Noctuelle de la Laitue.

Noctua Lactucæ.

Noctua cristata, alis deflexis striatis, lanceolatis, canis, fusco obsoletè undatis, subtùs fuscis, posticis disco albo. Fabr. *Mant. Inf. tom.* 2. *p.* 181. *n°.* 295. — *Ent. Syst. em. tom.* 3. *pars* 2. *p.* 122. *n°.* 367.

Noctua Lactucæ. Schmett. *Wienn. Verz. p.* 74. *n°.* 7.

Roes. *Inf. tom.* 1. *Class.* 2. *Pap. Noct. tab.* 42. *fig.* 1-5.

L'Hermite. Ernst, *Pap. d'Europe, tom.* 6. *p.* 144. *tab.* 248. *fig.* 368.

Esper, *Pap. d'Eur. tom.* 4. *tab.* 137. *Noct.* 58. *fig.* 4-6.

Noctua Lactucæ. Hubn. *Lepid.* 4. *Noct.* 2. *tab.* 54. *fig.* 264.

Elle ressemble beaucoup à la Noctuelle ombrageuse. Les antennes sont sétacées, grises. La tête est cendrée. Le corcelet est cendré, marqué d'une raie obscure à sa partie antérieure. Les ailes supérieures sont cendrées, un peu mélangées de gris-clair, avec quelques lignes longitudinales, courtes, irrégulières, obscures, & une ou deux raies peu marquées, ondées, obscures; elles sont d'un gris-brun en dessous, avec la base & le bord plus pâles, & trois points blanchâtres sur le bord antérieur. Les ailes inférieures sont un peu obscures, avec le milieu & la base plus clairs.

Elle se trouve dans toute l'Europe. La Chenille vit sur la Laitue, le Laiteron, la Chicorée amère;

elle est rase, & a seize pattes. Sa couleur est d'un beau noir bleuâtre, avec une suite de taches jaunes, contiguës, sur le dos; une raie latérale, blanche, sur chaque anneau, & une ligne longitudinale, blanche, sur les côtés, au dessus des pattes. La tête est noire, avec une ligne jaune, antérieurement bifurquée; elle se tient ordinairement sur le haut des tiges, ne se nourrissant que des petites feuilles qui s'y trouvent. Parvenue à toute sa grosseur, elle entre dans la terre, s'y enfonce à trois ou quatre pouces, y creuse une voûte alongée, qu'elle tapisse de soie, & forme une coque, dans la construction de laquelle elle emploie de la terre.

445. Noctuelle ombrageuse.

Noctua umbratica.

Noctua cristata, alis deflexis striatis, lanceolatis, canis; maculâ centrali ferrugineâ, punctis duobus nigris. Fabr. *Mant. Inf. tom.* 2. *p.* 182. *n°.* 296. — *Ent. Syst. em. tom.* 3. *pars* 2. *p.* 122. *n°.* 368.

Phalæna Noctua umbratica *spirilinguis cristata, alis lanceolatis, canis, striatis; thoracis valvulis lunatis.* Linn. *Syst. Nat.* 2. *pag.* 849. *n°.* 150. — *Faun. Suec. n°.* 1184.

Noctua umbratica. Schmett. *Wienn. Verz. p.* 74. *n°.* 8.

Roes. *Inf. tom.* 1. *Claff.* 2. *Pap. Noct. tab.* 25. *fig.* 1-6.

Schæff. *Icon. Inf. tab.* 212. *fig.* 4. 5.

L'Ombrageuse. Ernst, *Pap. d'Eur. tom.* 6. *p.* 146. *tab.* 248. *fig.* 369.

Noctua umbratica. Hubn. *Lepid.* 4. *Noct.* 2. *tab.* 54. *fig.* 263.

Elle a environ deux pouces de largeur les ailes étendues. Les antennes sont jaunâtres, sétacées. La tête & le corcelet sont d'un gris-cendré, avec une légère raie obscure à la partie antérieure de celui-ci. Les ailes supérieures sont d'un gris-blanchâtre, avec quelques lignes longitudinales, courtes, noires, & deux raies ondées, obscures, peu marquées, placées au milieu. Entre ces raies, la couleur grise prend une teinte jaunâtre ou ferrugineuse, plus ou moins marquée, qui y forme comme une tache assez grande, dans laquelle on apperçoit quelquefois un ou deux points noirs. Les nervures, comme dans toutes les espèces congénères, sont un peu élevées. Les ailes inférieures sont blanchâtres, avec le bord postérieur un peu obscur & la frange blanche. Les ailes supérieures sont d'un gris-obscur en dessous.

Elle se trouve dans toute l'Europe. La Chenille vit sur le Laiteron; elle est rase, & a seize pattes. Sa couleur est noire, avec trois rangées de taches rouges.

446. Noctuelle lucifuge.

Noctua lucifuga.

Noctua cristata, alis deflexis striatis, canis; basi puncto lineolâque nigris.

Noctua lucifuga. Schmett. *Wienn. Verz. pag.* 312. *n°.* 11.

Noctua lucifuga. Hubn. *Lepid.* 4. *Noct.* 2. *tab.* 54. *fig.* 262.

Elle ressemble si fort à la précédente, que Fabricius l'a regardée comme une simple variété; elle en diffère pourtant en ce que la tache ferrugineuse & les points noirs du milieu manquent toujours, & qu'on voit une ligne noire & un point plus distincts à la base. Les ailes inférieures sont d'un gris-obscur.

Elle se trouve en Allemagne. La Chenille vit sur une espèce de Patience, *Rumex scutatus.*

447. Noctuelle laiteuse.

Noctua lactea.

Noctua cristata, alis deflexis niveis, nitidis, immaculatis. Fabr. *Mant. Inf. tom.* 2. *p.* 182. *n°.* 297. — *Ent. Syst. em. tom.* 3. *pars* 2. *p.* 123. *n°.* 369.

Noctua lactea. Hubn. *Lepid.* 4. *Noct.* 2. *tab.* 95. *fig.* 448.

Elle ressemble aux précédentes, mais elle est presqu'une fois plus petite. Les antennes, la tête & le corcelet sont blancs, sans tache. Les ailes sont d'un blanc de neige, sans raies apparentes & sans tache.

Elle se trouve dans la Russie méridionale.

448. Noctuelle putride.

Noctua putris.

Noctua cristata, alis deflexis obsoletis, subpunctatis; margine exteriore fusco, adjectâ maculâ subocellari. Fabr. *Spec. Inf. tom.* 2. *p.* 240. *n°.* 147. — *Mant. Inf. tom.* 2. *p.* 182. *n°.* 298. — *Ent. Syst. em. tom.* 3. *pars* 2. *p.* 123. *n°.* 370.

Phalæna Noctua putris. Linn. *Syst. Nat.* 2. *p.* 850. *n°.* 152. — *Faun. Suec. n°.* 1187.

Noctua putris. Schmett. *Wienn. Verz. p.* 75. *n°.* 4.

Esper, *Pap. d'Eur. tom.* 4. *tab.* 138. *Noct.* 59. *fig.* 4. 5.

La Putride. Ernst, *Pap. d'Eur. tom.* 6. *p.* 151. *tab.* 251. *fig.* 376.

Noctua putris. HUBN. *Lepid.* 4. *Noct.* 2. *tab.* 50. *fig.* 241.

Elle a une forme moins alongée que les précédentes. La tête & la partie antérieure du corcelet sont d'une couleur testacée pâle. Le dos du corcelet est d'un brun-clair. Les ailes supérieures sont nuancées de brun-pâle & de testacé, avec le bord antérieur plus brun, marqué d'une tache ferrugineuse, ayant un point bleu au centre. On voit, à quelque distance de la base, une raie un peu obscure, ondée, & une ou deux rangées de points obscurs, au-delà du milieu. Les ailes inférieures sont un peu obscures.

Elle se trouve en Europe. La Chenille vit sur les Graminées; elle est rase, avec des points noirs & des raies jaunes, blanchâtres & brunes. Sa tête est noire.

449. NOCTUELLE lithoxylée.

NOCTUA lithoxylœa.

Noctua cristata, alis deflexis dentatis, cinereis, fusco-maculatis; margine posteriori fusco. FABR. *Mant. Inf. tom.* 2. *p.* 182. *n°.* 299. — *Ent. Syst. em. tom.* 3. *pars* 2. *p.* 123. *n°.* 371.

Noctua lithoxylœa. SCHMETT. *Wienn. Verz. p.* 75. *n°.* 2.

La Citrine. ERNST, *Pap. d'Eur. tom.* 6. *p.* 155. *tab.* 251. *fig.* 378.

Noctua lithoxylea. HUBN. *Lepid.* 4. *Noct.* 2. *tab.* 49. *fig.* 240.

Elle est presque de la grandeur de la Noctuelle du Bouillon-blanc, mais ses ailes sont moins étroites. La tête & le corcelet sont d'un gris-jaune. L'abdomen est d'un gris-jaunâtre, plus clair. Les ailes supérieures sont d'un gris-jaune un peu nébuleux, marquées de trois raies en zigzag, jaunes, dont l'une à quelque distance de la base, la seconde au-delà des taches ordinaires, & la troisième vers le bord postérieur : il y a une rangée de points noirs après la seconde raie, & le bord, qui est légérement dentelé, a deux rangées de petites lunules noires, l'une sur le bord, l'autre sur la frange. Les deux taches ordinaires sont peu distinctes. La première est oblongue & oblique; la seconde est réniforme. Les ailes inférieures sont d'un gris-clair un peu jaune, avec le bord postérieur légérement obscur.

Elle se trouve en Europe. La Chenille vit sur le Poirier commun.

450. NOCTUELLE pétrifiée.

NOCTUA petrificata.

Noctua cristata, alis deflexis dentatis, griseo fuscoque nebulosis; posticis fuscis; capite anterius quadrifido. FABR. *Mant. Inf. tom.* 2. *p.* 182. *n°.* 300. — *Ent. Syst. em. tom.* 3. *pars* 2. *p.* 123. *n°.* 372.

Noctua petrificata. SCHMETT. *Wienn. Verz. p.* 75. *n°.* 3.

La Tachée. ERNST, *Pap. d'Eur. tom.* 6. *p.* 152. *tab.* 250. *fig.* 371.

Noctua petrificosa. HUBN. *Lepid.* 4. *Noct.* 2. *tab.* 49. *fig.* 239.

Elle ressemble à la précédente pour la forme & la grandeur. Les antennes sont obscures. La tête a quatre dentelures à sa partie antérieure. Le corcelet a sa crête bifide. Leur couleur est d'un gris un peu jaunâtre. Les ailes supérieures sont mélangées de gris-jaunâtre & d'obscur, & leur bord est un peu dentelé. Les taches ordinaires sont plus pâles que le reste de l'aile.

Elle se trouve en Autriche. La Chenille vit sur le Chêne; elle est rase, verte, avec une ligne blanche sur le dos, quelques petites lignes blanches, éparses, & les stigmates pareillement blancs, mais entourés d'un anneau noir. La tête est toute verte.

451. NOCTUELLE de la Massète.

NOCTUA Typhœ.

Noctua cristata, alis deflexis griseis, albo striatis, posticè punctis seriatis nigris.

Phalœna Typhœ, alis canis, fusco-striatis; margine posteriori nigro, punctato. GMEL. *Syst. Nat. p.* 2536. *n°.* 1005.

BERGSTR. *Inf. Suec.* 1. *p.* 3.

La Doucette. ERNST, *Pap. d'Eur. tom.* 6. *p.* 155. *fig.* 379.

Noctua Typhœ. HUBN. *Lepid.* 4. *Noct.* 2. *tab.* 88. *fig.* 415.

Elle ressemble aux précédentes pour la forme & la grandeur. Les antennes sont grises, sétacées. La tête & le corcelet sont d'un gris-clair un peu roussâtre. Les ailes supérieures sont de la même couleur, un peu nuancées d'obscur, avec les nervures élevées, blanchâtres, & une ou deux rangées de points noirs, placés vers le bord postérieur. Les ailes inférieures sont blanchâtres, avec le bord postérieur légérement obscur.

Elle se trouve en Europe. La Chenille vit dans les tiges de la Massète à feuilles étroites, *Typha angustifolia.*

452. NOCTUELLE rhizolithe.

NOCTUA rhizolitha.

Noctua cristata, alis subdentatis, cinereis; lineolâ baseos intermediâque atris, thoracis cristâ bifidâ. FABR. *Mant. Inf. tom.* 2. *p.* 182. *n°.* 301. — *Ent. Syst. em. tom.* 3. *pars* 2. *p.* 124. *n°.* 373.

Noctua rhizolitha. Schmett. *Wienn. Verz.* p. 75. n°. 6.

La Nébuleuse. Ernst., *Pap. d'Europe*, *tom.* 6. p. 4. *tab.* 211. *fig.* 284.

Noctua rhizolitha. Hubn. *Lepid.* 4. *Noct.* 2. *tab.* 50. *fig.* 242.

Elle est de grandeur moyenne. La tête est cendrée, transversalement bifide. Le corcelet est velu, cendré, avec une lunule marginale, antérieure, noire. Sa crête est bifide. Les ailes supérieures sont grises, avec une petite ligne noire, à la base; des lunules & une ligne noire, au milieu, & une rangée de points noirs au bord postérieur. Les ailes inférieures sont obscures en dessus, cendrées en dessous, avec un point au milieu & une raie vers le bord postérieur, noirâtres.

Elle se trouve en Europe. La Chenille vit sur le Chêne; elle est un peu velue, verte, parsemée de points blancs, avec une ligne bleuâtre, sur le dos.

453. Noctuelle conforme.

Noctua conformis.

Noctua cristata, alis deflexis dentatis, griseis; lineolis duabus atris, abdomine subtùs brunneo. Fabr. *Mant. Inf. tom.* 2. *p.* 183. *n°.* 291. — *Ent. Syst. em. tom.* 3. *pars* 2. *p.* 124. *n°.* 374.

Noctua conformis. Schmett. *Wienn. Verz.* p. 76. n°. 7.

Noctua conformis. Hubn. *Lepid.* 4. *Noct.* 2. *tab.* 50. *fig.* 245.

Elle est de grandeur moyenne. Les antennes sont noirâtres. La tête & le corcelet sont velus, obscurs. L'abdomen est velu, brun, surtout en dessous. Les ailes supérieures sont grises, avec quelques raies ondées, à peine marquées. Au milieu sont deux petites lignes noires, bifides des deux côtés. L'extérieure touche à une tache rougeâtre. Les ailes inférieures sont obscures. En dessous les quatre ailes sont cendrées, avec un reflet rougeâtre, un point au milieu & une raie postérieure, obscurs.

Elle se trouve en Europe. La Chenille vit sur l'Aune.

454. Noctuelle étrangère.

Noctua advena.

Noctua cristata, alis deflexis dentatis, cinereo fuscoque variis, thoracis cristâ bifidâ. Fab. *Mant. Inf. tom.* 2. *pag.* 184. *n°.* 306. — *Ent. Syst. em. tom.* 3. *pars* 2. *p.* 125. *n°.* 375.

Noctua advena. Schmett. *Wienn. Verz. p.* 77. n°. 11.

Noctua advena. Hubn. *Lepid.* 4. *Noct.* 2. *tab.* 17. *fig.* 81.

Elle est grande. Le corcelet est cendré. Sa crête est élevée, bifide, presque creusée en gouttière. Les ailes supérieures sont mélangées de cendré & d'obscur, avec une raie postérieure courte, noire. Au milieu sont les deux taches ordinaires. Les ailes inférieures sont un peu obscures.

Elle se trouve en Europe. La Chenille vit sur le Bouleau blanc, *Betula alba*.

455. Noctuelle basilaire.

Noctua basilinea.

Noctua cristata, alis deflexis fusco-griseis, undatis; lineolâ baseos atrâ, thoracis cristâ bifidâ. Fabr. *Mant. Inf. tom.* 2. *p.* 183. *n°.* 305. — *Ent. Syst. em. tom.* 3. *pars* 2. *p.* 125. *n°.* 376.

Noctua basilinea. Schmett. *Wienn. Verz. p.* 78. n°. 12.

Noctua basilinea. Hubn. *Lepid.* 4. *Noct.* 2. *tab.* 91. *fig.* 427.

La couleur de cette espèce, suivant Fabricius, varie du ferrugineux au gris; elle est pourtant distincte des autres par une petite ligne noire, flexueuse, qu'on remarque toujours à la base. Les antennes sont blanchâtres.

456. Noctuelle radicée.

Noctua radicea.

Noctua cristata, alis deflexis dentatis, variegatis; strigâ posticâ dentatâ, albâ; thoracis cristâ elevatâ, bifidâ. Fabr. *Mant. Inf. tom.* 2. *p.* 184. *n°.* 306. — *Ent. Syst. em. tom.* 3. *pars* 2. *p.* 125. *n°.* 377.

Noctua radicea. Schmett. *Wienn. Verz. p.* 81. n°. 15.

La Monoglyphe. Ernst, *Pap. d'Eur. tom.* 6. *p.* 156. *tab.* 252. *fig.* 380, & *tom.* 5. *p.* 60. *tab.* 188. *fig.* 145. a. b. *Larva*.

Roes. *Inf. tom.* 3. *tab.* 48. *fig.* 4. *Larva*.

Phalæna Noctua monoglypha. Knoch, *Inf.* 3. *p.* 102. *tab.* 5. *fig.* 3-6.

Phalæna Noctua occulta. Esper, *Pap. d'Eur. tom.* 4. *tab.* 132. *Noct.* 53. *fig.* 3. 4.

Noctua radicea. Hubn. *Lepid.* 4. *Noct.* 2. *tab.* 17. *fig.* 82.

Elle a près de deux pouces de largeur les ailes étendues. Les antennes sont grises, sétacées. La tête & le corcelet sont gris: celui-ci est un peu rayé d'obscur. Les ailes supérieures sont grises, un peu nuancées de gris-brun, avec une ligne longitudinale, noire, à la base; une autre près du bord interne, ensuite une raie en zigzag, plus claire que le fond; une autre presque semblable, au-delà des taches ordinaires, & une troisième près du bord postérieur : celle-ci a deux angles aigus au milieu, un peu plus avancés que les autres, qui forment une M renversée. On voit quelques taches alongées, trigones, noires, au dessus de cette dernière raie. Entre la première & la seconde raie il y a une ligne noire qui aboutit à l'une & à l'autre. Les deux taches ordinaires sont placées entre ces deux raies, un peu en avant de la ligne noire : l'une d'elles est oblongue, un peu obliquement placée; l'autre est réniforme. Les ailes inférieures sont d'un gris un peu obscur.

Elle se trouve dans toute l'Europe, & n'est pas très-rare aux environs de Paris. La Chenille est rase, cendrée, avec des taches élevées, noires; la tête, les pattes & la queue noires; elle vit de la racine de quelques graminées, &, selon quelques auteurs, des bois pourris, & surtout de ceux d'Orme & de Sapin. Celle que Roesel a figurée lui avoit été apportée par un fossoyeur, qui l'avoit trouvée dans le bois d'un cercueil pourri. Kleeman en a rencontré une mangeant les racines de l'Oseille.

457. Noctuelle rurale.

Noctua rurea.

Noctua cristata, alis deflexis, griseo fuscoque variis, posticis fuscis; margine crassiori albo. Fabr. *Sp. Inf. tom.* 2. *p.* 240. *n*°. 148. — *Mant. Inf. tom.* 2. *pag.* 184. *n*°. 307. — *Ent. Syst. em. tom.* 3. *pars* 2. *p.* 125. *n*°. 378.

La tête est fauve, avec les yeux noirs. Les antennules sont obscures, avec l'extrémité blanchâtre. Le corcelet & l'abdomen sont cendrés. Les ailes supérieures sont grises, avec une petite ligne longitudinale, obscure, à la base, près du bord interne; une grande tache obscure, au milieu, près du bord antérieur, dans laquelle sont placées les deux taches ordinaires. Plus bas sont trois petits points blancs, sur le bord antérieur, & quelques points obscurs, épars, sur le disque. Enfin, le bord postérieur est obscur, ainsi qu'une tache qu'on apperçoit à l'angle interne. Les ailes inférieures sont obscures en dessus, avec le bord antérieur & le bord postérieur blancs; elles sont pâles en dessous, avec un point & une tache en arc, obscurs.

Elle se trouve en Angleterre.

458. Noctuelle du Myrtille.

Noctua Myrtilli.

Noctua cristata, alis deflexis ferrugineis, albo maculatis, posticis luteis; fasciâ latâ nigrâ, submarginali. Fabr. *Spec. Inf. tom.* 2. *pag.* 240. *n*°. 149. — *Mant. Inf. tom.* 2. *p.* 184. *n*°. 308. — *Ent. Syst. em. tom.* 3. *pars* 2. *p.* 126. *n*°. 379.

Phalæna Noctua Myrtilli *spirilinguis cristata, alis griseis albo variis, inferioribus anticè albis posticèque nigris.* Linn. *Syst. Nat.* 2. *pag.* 853. *n*°. 167. — *Faun. Suec. n*°. 1168.

Roes. *Inf. tom.* 4. *tab.* 11. *fig.* A. B. C.

Noctua Myrtilli. Schmett. *Wienn. Verz. p.* 79. *n*°. 23.

La Myrtille. Ernst, *Pap. d'Eur. tom.* 7. *p.* 48. *tab.* 273. *fig.* 437.

Noctua Myrtilli. Hubn. *Lepid.* 4. *Noct.* 2. *tab.* 21. *fig.* 98.

Elle n'a pas plus de neuf à dix lignes de largeur les ailes étendues. La tête & le corcelet sont mélangés de rouge & de gris. L'abdomen est noir, avec le bord des anneaux jaune, & l'anus couvert de poils jaunes. Les ailes supérieures sont d'un rouge-ferrugineux, marquées de raies noires & de raies pâles, avec une tache au milieu & trois sur le bord antérieur plus petites, blanches; une raie jaunâtre, sinuée, près du bord postérieur, & la frange marquée de points blancs & de points noirs alternes. La première des deux taches est ronde, grise; la seconde est réniforme, grise, avec une ligne noire, courte, arquée, au milieu. Les ailes inférieures sont noires, avec le disque jaune & la frange grise.

Elle se trouve dans toute l'Europe. La Chenille vit sur le Myrtille, l'Airelle uligineuse, la Bruyère; elle est verte, chargée de taches noires très-régulières & de points blancs. On compte sur chaque anneau, excepté sur le premier, cinq tubercules, dont la base est en pyramide carrée; elle s'enveloppe dans les feuilles mêmes de la plante lorsqu'elle veut se transformer, &, au bout d'un mois ou environ, on en voit sortir l'insecte parfait.

459. Noctuelle polynome.

Noctua Arbuti.

Noctua cristata, alis deflexis fuscis, posticis nigris; fasciâ flavâ. Fabr. *Sp. Inf. tom.* 2. *p.* 241. *n*°. 150. — *Mant. Inf. tom.* 2. *p.* 184. *n*°. 309. — *Ent. Syst. em. tom.* 3. *pars* 2. *p.* 126. *n*°. 380.

Phalæna domestica. Hubn. *Naturf. Fasc.* 3. *tab.* 1. *fig.* 8, & *Fasc.* 9. *p.* 186. *n*°. 83.

Noctua heliaca. Schmett. *Wienn. Verz. p.* 94. *n*°. 7.

Phalæna Noctua fasciola. Esper, *Pap. d'Eur. tom.* 4. *tab.* 163. *Noct.* 84.

La Polynome. Ernst, *Pap. d'Europe, tom.* 8. *p.* 156. *tab.* 342. *fig.* 606.

Noctua heliaca. Hubn. *Lepid.* 4. *Noct.* 3. *tab.* 64. *fig.* 316.

Elle est un peu plus petite que la précédente. La tête & le corcelet sont bruns. L'abdomen est noir, avec le bord des anneaux jaune. L'anus est jaune. Les ailes supérieures sont brunes, marquées de trois ou quatre raies ondées, noires. La frange est jaune, tachée de noir. Les ailes inférieures sont noires, avec une bande jaune, au milieu, & la frange grise. Le dessous des quatre ailes est obscur, avec une bande jaune.

Elle se trouve dans toute l'Europe, dans les prairies voisines des forêts, sur les fleurs de l'Ortie, du Trèfle, & plus souvent sur celles de la Mille-feuille. La Chenille est encore inconnue.

NOCTUO-BOMBYCITES. C'est le nom que M. Latreille a donné à une famille de Lépidoptères, la sixième de ses *Considérations générales*, comprenant les genres Arctie & Callimorphe. Cette famille étoit formée en outre, dans le *Genera Crustaceorum & Insectorum* du même auteur, des genres Lithosie, Iponomeute, Æcophore, Euplocame, Teigne & Adèle. Les six derniers forment aujourd'hui une nouvelle famille, sous le nom de *Tinéites*.

NOMADE. *Nomada*. Genre d'insectes de la seconde section de l'Ordre des Hyménoptères & de la famille des Apiaires.

Les Nomades ont les antennes filiformes, presque de la longueur du corcelet; une trompe assez longue, à trois inflexions; trois petits yeux lisses, disposés en triangle; l'abdomen ovale, presque lisse, marqué d'un sillon à la base, & armé, dans la femelle, d'un aiguillon caché.

Ces insectes avoient d'abord été placés parmi les Abeilles, avec lesquelles ils ont effectivement quelque rapport par la longueur & l'inflexion de la trompe, mais qui en sont fort éloignés par la forme des antennules & celle des mâchoires; par la forme du corps, & surtout des pattes postérieures. Geoffroy avoit rangé les Nomades avec les Guêpes, auxquelles elles ressemblent à la vérité un peu plus qu'aux Abeilles par le corps alongé & l'abdomen presque glabre, mais qui en sont fort éloignées par les parties de la bouche & la forme des antennes, les Guêpes ayant la langue fort évasée & échancrée à son extrémité, & les antennes brisées. Fabricius, en séparant les Nomades des genres dont nous venons de parler, avoit néanmoins encore laissé parmi elles des espèces qui, leur étant étrangères, ont formé ensuite les genres Mélecte, Epéole, Pasite, dont les caractères, tirés des antennes, des parties de la bouche & des nervures des ailes, sont assez tranchés pour justifier ces coupures, ainsi que nous le ferons bientôt observer.

Les antennes des Nomades sont filiformes, un peu plus courtes que le corcelet, composées de treize articles dans le mâle, & de douze dans la femelle. Le premier de ces articles est presque cylindrique, plus gros & un peu plus long que les autres. Le second est très-court, implanté dans le premier, & moins apparent dans le mâle que dans la femelle. Le troisième est aminci à sa base. Les suivans sont cylindriques, & vont un peu en diminuant de longueur. Le dernier est arrondi à son extrémité. Les Mélectes & les Épéoles ont les antennes un peu plus courtes que les Nomades, & le troisième article est proportionnellement un peu plus long. Les Pasites ont les antennes encore plus courtes, & grossissant insensiblement vers l'extrémité.

La bouche des Nomades est composée d'une lèvre supérieure, de deux mandibules, d'une trompe & de quatre antennules.

La lèvre supérieure est presque cornée, assez grande, arrondie antérieurement, convexe supérieurement, & concave en dessous.

Les mandibules sont cornées, assez grandes, arquées, simples, pointues à l'extrémité, un peu dilatées & presque dentées à leur base.

La trompe est formée de trois pièces, dont deux latérales aussi longues que l'intermédiaire, deux fois fléchies, cornées, aplaties, & munies chacune d'une antennule posée à la seconde inflexion. La pièce intermédiaire, fléchie de même deux fois, est cornée, luisante de la base à la seconde inflexion, coriacée, simple & pointue de là à l'extrémité; elle porte à cette seconde inflexion les deux antennules postérieures.

Les antennules antérieures, aussi longues que les deux dernières pièces latérales, sont composées de six articles, dont le premier est court; les trois suivans sont un peu alongés, presqu'égaux entr'eux; le cinquième & le dernier sont à peu près aussi longs, mais un peu plus minces que les précédens. Les antennules postérieures sont aussi longues que les autres, & composées seulement de quatre articles, dont le premier est très-long; le second l'est beaucoup moins; les deux derniers sont un peu plus courts que le second, & de longueur égale entr'eux.

La tête est aussi large que le corcelet, courte, aplatie antérieurement, ordinairement un peu velue, & garnie sur le front d'un duvet ou de poils couchés, plus serrés que sur les autres parties.

Les yeux à réseau sont grands, ovales, entiers, un peu saillans, placés à la partie latérale de la tête. On voit sur le vertex trois petits yeux lisses, disposés en triangle.

Le corcelet est arrondi, convexe, peu velu, ordinairement pointillé comme la tête, & muni d'un tubercule lisse, luisant & coloré, placé sur les côtés, un peu au dessous de l'origine des ailes. On voit une petite écaille, colorée de même, à l'origine des ailes, & deux ou plusieurs tubercules sur l'écusson. Le segment antérieur est très-court, & paroît à peine dans la plupart des espèces. Le segment postérieur est très-peu marqué, ou, pour mieux dire, la ligne qui le sépare du dos est peu apparente.

L'abdomen est ovale, à peine déprimé, presque lisse & luisant, terminé, dans la femelle, par un aiguillon

aiguillon caché, beaucoup moins fort que dans les Abeilles ou les Guêpes, & attaché au corcelet par un pédicule fort court. On remarque constamment à la base du premier anneau, dans les deux sexes, un sillon longitudinal, assez large.

Les pattes sont de longueur moyenne. La hanche & la pièce intermédiaire qui l'unit à la cuisse, sont assez grandes. Les cuisses sont simples, peu renflées. Les jambes sont presqu'anguleuses, un peu raboteuses extérieurement, terminées à leur partie interne par une épine droite assez forte, aux quatre antérieures, & par deux aux postérieures. Le premier article des tarses est très-alongé, légérement cilié des deux côtés. Les suivans sont courts, & le dernier est terminé par deux petits crochets & deux petites pelottes spongieuses.

Les ailes sont au nombre de quatre. Les nervures sont bien marquées, & on apperçoit aux supérieures une cellule radiale ou marginale alongée, pointue à son extrémité, cette pointe touchant au bord. Les cellules cubitales sont au nombre de trois. La première est alongée, pentagone. Les deux suivantes sont petites, presqu'égales, carrées, mais un peu rétrécies à leur partie antérieure : ces deux-ci reçoivent chacune, vers leur milieu, une nervure que M. Jurine nomme *récurrente*.

Les ailes des Mélectes & des Épéoles se distinguent par la première cellule, plus petite, ovale, arrondie à son extrémité. Les Pasites ont cette cellule appendicée, & n'ont que deux cellules cubitales.

Les Nomades sont de très-jolis insectes, de grandeur moyenne, peu connus dans leur dernier état, & qui n'ont point encore été observés dans celui de larve. On les trouve dans le courant de l'été, & même dans les premiers jours de printems, sur diverses fleurs. On les rencontre aussi, suivant M. Latreille, dans les lieux sablonneux exposés au soleil, ceux où les Andrènes & les Apiaires solitaires font leur nid; ce qui le porte à croire qu'elles détruisent la postérité de ces insectes en déposant leurs œufs dans les habitations que ceux-ci préparoient à leurs petits.

Les Nomades vivent solitaires, & on ne voit parmi elles que deux sortes d'individus, des mâles & des femelles, qui se ressemblent par le port & la manière de vivre, mais dont les couleurs varient quelquefois au point de faire regarder & décrire les deux sexes comme deux espèces différentes. Ce qui ne contribue pas peu aussi à jeter de l'incertitude dans la distinction des espèces de ce genre, c'est que les couleurs auxquelles il faut nécessairement avoir recours pour les signaler ne sont ni assez constantes ni assez uniformes. En effet, le jaune passe quelquefois au rouge & au ferrugineux, & les taches de la tête, du corcelet & de l'abdomen sont plus ou moins nombreuses.

NOMADE.

NOMADA. FABR. LATR. JUR. *APIS.* LINN. *VESPA.* GEOFF.

CARACTÈRES GÉNÉRIQUES.

Antennes filiformes, presque de la longueur du corcelet, de treize articles dans les mâles, de douze dans les femelles ; second article très-court.

Mandibules alongées, arquées, simples, pointues.

Trompe alongée, à trois inflexions, formée de trois pièces.

Quatre antennules de longueur égale, filiformes ; les antérieures de six articles ; les postérieures de quatre.

Aiguillon simple, caché, dans la femelle.

Ailes supérieures avec une cellule marginale alongée, pointue, et trois cellules cubitales, dont la première est grande, et les deux autres sont presqu'égales, petites, carrées, et reçoivent chacune une nervure récurrente.

ESPÈCES.

1. NOMADE agreste.

Velue, ferrugineuse ; abdomen avec le bord des anneaux noir.

2. NOMADE lutéole.

Mélangée de jaune et de brun ; abdomen jaune, avec la base et quatre bandes brunes.

3. NOMADE bifasciée.

Tête et corcelet noirs, tachés de ferrugineux ; abdomen ferrugineux, avec deux bandes brunes.

4. NOMADE rubiconde.

D'un brun-ferrugineux ; abdomen postérieurement noirâtre, avec deux bandes blanches.

5. NOMADE scutellaire.

Noire ; écusson avec trois points ; abdomen avec six bandes jaunes.

6. NOMADE oblique.

Noire ; écusson avec deux points obliques, jaunes ; abdomen avec six bandes ; les trois premières interrompues.

7. NOMADE ruficorne.

Corcelet noir, avec des lignes ferrugineuses ; antennes et pattes rougeâtres.

8. NOMADE fardée.

Antennes et pattes rougeâtres ; corcelet noir ; abdomen rouge, mélangé de noir et de jaune.

9. NOMADE annulaire.

Noire ; abdomen avec quatre bandes et deux points jaunes, un anneau et une bande à la base, d'un brun-ferrugineux.

NOMADE. (Insecte.)

10. NOMADE jaune.

Corcelet noir, avec un duvet gris ; abdomen jaune, avec le bord des anneaux rouge.

11. NOMADE linéole.

Noire ; abdomen avec une raie rouge, quatre taches et deux bandes jaunes.

12. NOMADE versicolore.

Noire ; antennes, pattes et base de l'abdomen ferrugineux ; abdomen avec six taches et une bande postérieure, jaunes.

13. NOMADE rufipède.

Noire ; écusson, quatre taches et deux bandes sur l'abdomen, jaunes.

14. NOMADE de Roberjeot.

Noire ; abdomen avec cinq taches jaunes et la base rouge.

15. NOMADE à six bandes.

Noire ; abdomen avec six bandes jaunes, les trois premières interrompues ; pattes jaunes.

16. NOMADE labiée.

Noire ; abdomen avec quatre taches et trois raies jaunes ; la première interrompue.

17. NOMADE du Seneçon.

Noire ; écusson avec deux points velus, jaunes ; abdomen avec une raie interrompue, six taches et deux bandes jaunes.

18. NOMADE de la Verge d'or.

Noire ; abdomen avec cinq bandes jaunes, les trois premières interrompues ; premier anneau sans tache.

19. NOMADE interrompue.

Noire ; antennes et pattes ferrugineuses ; abdomen avec cinq bandes interrompues, jaunes, et une sixième entière.

20. NOMADE biponctuée.

Corcelet noir ; taché de ferrugineux ; abdomen ferrugineux, avec deux points sur le second anneau et le bord, blancs ; les derniers fauves.

21. NOMADE rouge.

Tête et corcelet noirs, tachés de ferrugineux ; abdomen ferrugineux, sans tache.

22. NOMADE ferrugineuse.

Ferrugineuse ; vertex et raie sur le corcelet noirs ; extrémité de l'abdomen jaune.

23. NOMADE striée.

Ferrugineuse ; corcelet rayé de noir ; abdomen rouge, taché de jaune.

24. NOMADE signalée.

Noire ; corcelet rayé de ferrugineux ; abdomen rouge, avec quatre bandes et l'anus jaunes.

25. NOMADE latérale.

Noire ; abdomen rouge, avec deux taches sur le second et le troisième anneau et le bord des autres, jaunes.

26. NOMADE à zônes.

Noire ; antennes, pattes et deux points sur l'écusson, ferrugineux ; abdomen jaune, mélangé de ferrugineux ; avec quatre bandes noires.

NOMADE. (Insecte.)

27. Nomade de Fabricius.

Noire; abdomen glabre, ferrugineux, avec deux taches jaunes.

28. Nomade stigmate.

Noire; antennes, abdomen et pattes ferrugineux.

29. Nomade bigarrée.

Noire; abdomen jaune, antérieurement rouge, avec trois bandes noires; antennes et pattes ferrugineuses.

30. Nomade fulvicorne.

Noire; antennes et pattes ferrugineuses; écusson avec quatre points, abdomen avec des bandes, jaunes.

31. Nomade nigricorne.

Très-noire, sans tache; abdomen rouge, avec deux points jaunes.

32. Nomade germanique.

Abdomen rouge, avec la base du premier anneau et deux points sur les autres, noirs.

33. Nomade sanglée.

Noire; abdomen jaune, avec la base et quatre bandes noires; jambes et tarses jaunes.

34. Nomade vagabonde.

Noire; abdomen avec six bandes et l'anus, jaunes; pattes jaunes.

35. Nomade naine.

Noire; antennes, quatre points sur l'écusson et abdomen, ferrugineux.

36. Nomade obscure.

Noire; abdomen avec des bandes d'un jaune-obscur; pattes avec des taches jaunes.

1. Nomadi agreste.

Nomada agrestis.

Nomada hirta ferruginea, abdominis segmentis apice nigris. Fabr. *Ent. Syst. emend. tom.* 2. *p.* 347. *n°.* 6. — *Syst. Pyez. p.* 390. *n°.* 1.

Elle varie pour les couleurs; elle ressemble beaucoup à la Nomade ruficorne, mais elle est un peu plus grande. Les antennes sont noires. La tête & le corcelet sont couverts de poils rougeâtres. L'abdomen est rouge, avec la base du premier anneau & l'extrémité des autres, noires.

Elle se trouve en Espagne.

2. Nomade lutéole.

Nomada luteola.

Nomada flavo fuscoque variegata, abdomine flavo, basi fasciisque quatuor fuscis.

Elle est un peu plus grande & plus grosse que la Nomade ruficorne. Les antennes sont de la longueur du corcelet, obscures, avec la base ferrugineuse. La tête est d'un brun-ferrugineux, avec la bouche, le tour des yeux, le dessus de la bouche, un point sur le front & sur le vertex, jaunes. Le corcelet est d'un brun-ferrugineux, avec une ligne à la partie antérieure, une autre à la base des ailes, le point écailleux qui se trouve à l'origine, une autre un peu au dessous, une grande tache sur les côtés, l'écusson, une ligne transverse au dessous, & deux grandes taches plus bas, tous de couleur jaune. L'abdomen est jaune, avec la base & le bord du premier anneau, ainsi que le bord des suivans, ferrugineux. Les pattes sont mélangées de jaune & de jaune-ferrugineux. Les ailes ont une légère teinte roussâtre. Les nervures sont d'un brun-ferrugineux.

Elle se trouve dans la Caroline, d'où elle a été apportée par M. Bosc.

3. Nomade bifasciée.

Nomada bifasciata.

Nomada capite thoraceque nigris, ferrugineo maculatis; abdomine ferrugineo, fasciis duabus fuscis.

Elle est de la grandeur de la Nomade ruficorne. Les antennes sont ferrugineuses. La tête est noire, légérement velue, avec la bouche, la partie inférieure du front & le tour des yeux antérieurement ferrugineux. Le corcelet est noir, un peu velu, avec une petite ligne interrompue à la partie antérieure, un point écailleux à l'origine des ailes, & un autre un peu au dessous, ferrugineux. L'écusson est ferrugineux. L'abdomen est ferrugineux, avec le bord du second & du troisième anneau noirâtre. Les pattes sont entiérement ferrugineuses. Les ailes ont une très-légère teinte obscure, avec un point plus clair vers l'extrémité, & les nervures d'un brun-ferrugineux.

Elle se trouve sur la côte de Barbarie.

Du cabinet de M. Bosc.

4. Nomade rubiconde.

Nomada rubicunda.

Nomada fusco-ferruginea, abdomine posticè fusco, fasciis duabus albis.

Elle ressemble, pour la forme & la grandeur, à la Nomade bifasciée. Les antennes sont d'un brun-ferrugineux. La tête & le corcelet sont d'un brun-ferrugineux, avec un léger duvet gris. L'abdomen est ferrugineux, avec deux points noirs sur le premier anneau. Le troisième est d'un brun-foncé, avec un point jaune de chaque côté. Les deux suivans sont d'un brun-noirâtre, avec une bande blanche au milieu de chaque. La seconde est plus large que la première. Les pattes sont ferrugineuses. Les ailes ont une teinte obscure, avec un point transparent vers l'extrémité. Les nervures sont brunes, & le point marginal est roussâtre.

Elle se trouve dans la Caroline, d'où elle a été apportée par M. Bosc.

5. Nomade scutellaire.

Nomada scutellaris.

Nomada nigra, scutello punctis tribus, abdomine fasciis sex flavis.

Elle a environ six lignes de longueur. Les antennes sont fauves, avec le premier article jaune en dessous. On apperçoit un peu de noir sur quelques articles, vers le milieu de la partie supérieure. La tête est pubescente, noire, avec la bouche, la partie antérieure & les côtés jaunes, & un point de la même couleur sur le front. Le corcelet est noir, pubescent, avec une très-petite ligne transverse, interrompue, à la partie antérieure; un point écailleux à l'origine des ailes, un autre un peu au dessous, & trois sur l'écusson, d'un jaune un peu fauve. Le troisième point de l'écusson est au dessous des deux autres, & forme une petite ligne transverse : il y a même entre les points & la petite ligne, deux autres lignes à peine marquées, de la même couleur. L'abdomen est lisse, finement pointillé, noir, avec six bandes jaunes, dont les deux premières sont presqu'interrompues. Au dessous il y a quatre bandes jaunes, & une tache sur le dernier anneau. Les pattes sont d'un jaune un peu fauve, avec le dessous des cuisses intermédiaires & postérieures noir. Les ailes ont une très-légère teinte brune. Les nervures sont d'un brun un peu ferrugineux.

Elle se trouve au midi de la France.

6. Nomade oblique.

Nomada obliqua.

Nomada nigra, scutello punctis duobus obliquis, abdomine fasciis sex primis tribus interruptis, flavis.

Elle a un peu plus de cinq lignes & demie de longueur. Les antennes sont ferrugineuses, avec un peu de noir en dessus, & le dessous du premier article jaune. La tête est noire, avec la partie antérieure & la bouche jaunes, laquelle couleur est supérieurement trilobée. Le front est couvert de poils argentés, & marqué d'un point jaune, presque contigu à la couleur jaune qui se trouve au dessus de la bouche. Le corcelet est pubescent, noir, avec une ligne jaune à la partie antérieure, un point écailleux à l'origine des ailes, un autre vers la hanche antérieure, deux ovales, un peu obliques, sur l'écusson, tous de couleur jaune. L'abdomen est noir, marqué de six bandes jaunes, dont les trois premières sont à peine interrompues. La seconde n'est guère plus large que les autres. On voit au dessous les mêmes bandes que dessus, si ce n'est la première qui manque. Les pattes sont d'un jaune-fauve, avec un peu de noir au dessous des cuisses intermédiaires & postérieures. Les ailes ont une légère teinte rousseâtre. Les nervures sont d'un brun-clair.

Elle se trouve au midi de la France.

7. Nomade ruficorne.

Nomada ruficornis.

Nomada thorace nigro, ferrugineo lineato; antennis pedibusque rufis.

Nomada ruficornis *antennis, pedibus punctisque quatuor scutelli ferrugineis; abdomine ferrugineo, luteo variegato.* Fabr. *Ent. Syst. emend. tom.* 2. *p.* 347. *n°.* 7. — *Syst. Pyez. pag.* 390. *n°.* 2.

Apis ruficornis. Linn. *Syst. Nat. p.* 958. *n°.* 34. — *Faun. Suec. n°.* 1707.

Vespa rubra, thorace lineolis longitudinalibus nigris, abdomine maculis flavis. Geoff. *Inf. Par. tom.* 2. *p.* 381. *n°.* 18.

Nomada ruficornis. Latr. *Hist. nat. des Crust. & des Inf. tom.* 14. *p.* 50.

Nomada ruficornis. Panz. *Faun. Germ. Fasc.* 55. *tab.* 18.

Elle a depuis trois lignes & demie de longueur jusqu'à cinq. Les antennes sont fauves. La tête est noire, avec le tour des yeux, une tache sur le front & un point derrière la tache, d'un rouge-obscur. La bouche est d'un jaune-fauve. Le corcelet est noir, avec quatre raies sur le dos, l'écusson & quelques taches au dessous de l'écusson & sur les côtés, d'un rouge-obscur. La pièce écailleuse, qui se trouve à la base des ailes, est également d'un rouge-obscur. L'abdomen est d'un rouge plus vif, avec la base du premier anneau noire, deux taches jaunes sur le second, qui quelquefois se réunissent, & forment alors une bande, & le bord des autres jaune. Les pattes sont rouges, avec un peu de noir sur les cuisses. Les ailes sont transparentes, avec l'extrémité très-légérement obscure.

Elle se trouve dans toute l'Europe, sur les fleurs.

8. Nomade fardée.

Nomada fucata.

Nomada antennis pedibusque rufis, thorace nigro; abdomine rufo, nigro flavoque vario. Fabr. *Syst. Pyez. pag.* 390. *n°.* 3.

Nomada fucata. Panz. *Faun. Germ. Fasc.* 55. *tab.* 19.

Elle ressemble beaucoup à la précédente. Les antennes sont fauves. La tête est pointillée, noire, avec le tour des yeux & la bouche ferrugineux. Le corcelet est noir, légérement pubescent, avec deux points jaunes à la partie antérieure, deux autres au-devant des ailes, & un sur l'écusson. L'abdomen est ovale, glabre, luisant, avec le premier anneau ferrugineux, les autres jaunes, tous marqués d'une bande noire. Les pattes sont ferrugineuses. La poitrine est noire, sans tache. Le dessous de l'abdomen est luisant, noir, avec des bandes d'un jaune-obscur. Les ailes sont obscures, avec le bord antérieur plus obscur, noir.

Elle se trouve dans l'Autriche.

9. Nomade annulaire.

Nomada annularis.

Nomada nigra, abdomine fasciis quatuor punctisque duobus flavis, basi annulo fasciâque fusco-ferrugineis.

Elle a quatre lignes & demie de longueur. Les antennes sont ferrugineuses, avec le premier article jaune en dessous, noir en dessus. Le noir s'étend un peu sur le second. La tête est noire, pubescente, avec la bouche & le front jaunes. Le jaune s'avance un peu autour des yeux & au milieu du front. Le corcelet est pubescent, noir, avec une ligne transverse, interrompue, jaune, à la partie antérieure; un point écailleux, jaune, à la base des ailes; un autre un peu en avant, un autre vers la base des cuisses antérieures, & deux sur l'écusson, également jaunes. L'abdomen est légérement pubescent, noirâtre, avec un anneau & une bande d'un brun-ferrugineux sur le premier segment, deux taches jaunes sur le second, unies par une bande d'un brun-ferrugineux, & une légère bande jaune sur les suivans, placée vers la base, dont la première est un peu interrompue. Le dessous est noirâtre, sans tache. Les pattes sont d'un jaune-fauve, avec un peu de noir sous les cuisses antérieures & intermédiaires, & les postérieures presque toutes noires. Les nervures des ailes sont d'un brun-ferrugineux.

Elle se trouve au midi de la France.

10. NOMADE jaune.

NOMADA flava.

Nomada thorace atro, griseo pubescens, abdomine flavo, segmentorum marginibus rufis.

Nomada flava *thorace atro, immaculato, abdomine flavo, fasciis quinque rufis, pedibus ferrugineis.* PANZ. *Faun. Germ. Fasc.* 53. *tab.* 21.

Nomada flava *antennis pedibusque dimidiato-nigris, abdomine flavo segmentorum marginibus nigris.* FABR. *Syst. Pyez. p.* 391. *n°.* 4.

Apis sphegoides. SCHRANK, *Enum. Inf. Austr. n°.* 824.

Elle a quatre lignes de longueur. Les antennes sont fauves en dessous dans toute leur longueur, noires en dessus jusqu'au milieu, & ensuite d'un fauve-obscur. Le premier anneau seul est jaune en dessous au lieu d'être fauve. La tête est noire, pubescente, avec la partie antérieure jaune, couverte de poils blancs, argentés. Cette couleur jaune s'étend un peu autour des yeux, jusque vis-à-vis l'insertion des antennes. Le corcelet est pubescent, noir, avec deux points ferrugineux sur l'écusson, qui manquent quelquefois; un point de la même couleur à l'origine des ailes, & un point jaune, proéminent, sur les côtés antérieurement. L'abdomen est jaune, avec le bord des anneaux d'un rouge-fauve. Le premier anneau est noir à la base, un peu obscur sur le bord. Le jaune est quelquefois séparé du rouge par une ligne obscure. Les pattes sont fauves, avec les cuisses postérieures & une partie des autres cuisses noire. Les ailes sont très-foiblement obscures à leur extrémité.

Elle se trouve en France, en Allemagne.

11. NOMADE linéole.

NOMADA lineola.

Nomada nigra, abdomine lineâ rufâ, maculis quatuor fasciisque duabus flavis.

Nomada lineola *antennis, pedibus, abdominisque segmenti primi lineolâ rufis, abdomine maculis utrinquè, fasciisque duabus flavis.* PANZ. *Faun. Germ. Fasc.* 53. *tab.* 23.

Elle a environ cinq lignes de longueur. Les antennes sont ferrugineuses. La tête est pubescente, noire, avec la partie antérieure de la lèvre & les mandibules ferrugineuses. La trompe est avancée, obscure. Le corcelet est raboteux par des points élevés, pubescent surtout vers l'extrémité, noir, avec une ligne interrompue, jaune, à la partie antérieure; un point sous les ailes, un autre calleux au-devant, & deux élevés, sur l'écusson, tous jaunes. L'abdomen est ovale, noir, luisant, avec une petite raie courte, transverse, rouge, sur le premier anneau; une tache jaune, triangulaire, de chaque côté du second; une petite raie de chaque côté du troisième, & une bande sur les deux suivans, également jaunes. L'abdomen est noir en dessous, avec trois raies rougeâtres. Les pattes sont ferrugineuses, avec les cuisses postérieures noires en dessous. Les ailes sont légérement obscures à l'extrémité.

Elle se trouve en Autriche.

12. NOMADE versicolore.

NOMADA versicolor.

Nomada nigra, antennis, pedibus abdominisque basi ferrugineis, abdomine maculis sex fasciáque posticâ flavis.

Nomada versicolor *antennis, pedibus, abdominisque antico-ferrugineis, scutelli punctis duobus, abdominisque apice maculisque utrinquè tribus flavis.* PANZ. *Faun. Germ. Fasc.* 53. *tab.* 22.

Elle ressemble à la précédente. Les antennes sont ferrugineuses. La tête est chagrinée, noire, avec la partie antérieure & la bouche ferrugineuses. Les yeux sont d'un gris-brun. Le corcelet est ponctué, noir, avec une petite ligne interrompue, jaune, à la partie antérieure; un point sous les ailes, un autre calleux au-devant, & deux élevés sur l'écusson, pareillement jaunes. L'abdomen est noir, avec tout le premier anneau ferrugineux, une tache jaune de chaque côté des trois suivans, & une bande sur le cinquième. L'abdomen est noir, luisant en dessous, ferrugineux à la base, marqué de deux petites lignes transverses, à l'extrémité. Les pattes sont ferrugineuses. Les ailes ont leurs nervures un peu jaunâtres à la base, le bord antérieur noirâtre, & une tache obscure vers l'extrémité.

Elle se trouve en Autriche.

13. NOMADE rufipède.

NOMADA rufipes.

Nomada nigra, scutello abdomineque utrinquè maculis duabus fasciisque duabus flavis. FABR. *Ent. Syst. em. tom.* 2. *p.* 347. *n°.* 8. — *Syst. Pyez. p.* 391. *n°.* 5.

Elle ressemble à la Nomade ruficorne, mais elle est un peu plus petite. Les antennes sont noires, avec la base rougeâtre. La tête est noire, avec le bord de la lèvre un peu rougeâtre. Le corcelet est noir, avec une ligne jaune sur le bord antérieur, deux points calleux & l'écusson pareillement jaunes. Il y a un point calleux, ferrugineux, à l'origine des ailes. L'abdomen est glabre, noir, avec deux taches sur les côtés & deux bandes postérieures, jaunes. La bande postérieure est terminée par une légère raie rougeâtre. Les pattes sont rougeâtres.

Elle se trouve en Allemagne.

14. Nomade de Roberjeot.

Nomada Roberjeotiana.

Nomada nigra, abdomine maculis quinque flavis, basi rufo. Fabr. *Syst. Pyez. p.* 391. *n°.* 6.

Nomada Roberjeotiana *nigra, scutello pedibusque flavis rufisque, abdomine nigro, basi sanguineo, maculis marginalibus apiceque flavis.* Panz. *Faun. Germ. Fasc.* 72. *tab.* 18 & *tab.* 19.

Le mâle diffère un peu de la femelle. Le premier a les antennes rouges, avec le premier article jaune en dessous, noir en dessus. La tête est pointillée, noire, avec le front & la lèvre supérieure jaunes, marqués de deux points noirs. Les yeux sont obscurs. Le vertex est légérement couvert d'un duvet gris. Le corcelet est pointillé, noir, légérement pubescent, avec une raie jaune à la partie antérieure, un point calleux au-devant des ailes, & un autre sous les ailes, une ligne sur l'écusson & une autre plus petite, au dessous, pareillement jaunes. L'abdomen est glabre, luisant, noir, avec une tache rhomboïdale rouge, bordée de noir, à la base. Les autres anneaux ont chacun une tache trigone, jaune, de chaque côté, & une raie dorsale, obscure. Les ailes sont légérement obscures, surtout à l'extrémité, avec les nervures intercurrentes jaunes, le bord antérieur & le point obscurs. Les pattes antérieures sont entiérement jaunes. Les intermédiaires ont les jambes & les cuisses jaunes, avec une tache noirâtre à leur base. Les postérieures ont les cuisses jaunes, avec une tache noire en dessous. Les jambes sont jaunes, avec le dessous noir de la base au milieu. Tous les tarses sont jaunes.

La femelle est un peu plus grande que le mâle. La tête est noire, avec la lèvre supérieure & une ligne autour des yeux antérieurement, rouges. Les antennes sont rouges, avec un côté noir. Le corcelet est noir, avec une raie jaune, un peu interrompue, à la partie antérieure; un point calleux au-devant des ailes, & un autre à la base, de chaque côté, ferrugineux. L'écusson est ferrugineux, & il y a une petite ligne de la même couleur au dessous. L'abdomen a une tache tétragone rouge qui s'étend jusqu'auprès du second anneau, deux taches jaunes sur les côtés, & l'extrémité pareillement jaune. Le reste est noir. Les pattes sont ferrugineuses, avec la base de toutes les cuisses & des jambes postérieures noire.

Elle se trouve en France, en Allemagne.

15. Nomade à six bandes.

Nomada sexfasciata.

Nomada nigra, abdomine fasciis sex flavis, primis tribus interruptis, pedibus flavis.

Nomada sexfasciata *nigra, scutello punctis duobus, abdomine gibbo, fasciis sex flavis, primis tribus interruptis; antennis rufis, pedibus flavis.* Panz. *Faun. Germ. Fasc.* 62. *tab.* 18.

Nomada flavicornis. Ross. *Faun. Etr. tom.* 2. *pag.* 112. *n°.* 934. ?

Elle a plus de cinq lignes de longueur. Les antennes sont rougeâtres, avec le premier article jaune en dessous, noir en dessus : le noir s'étend sur les suivans. La tête est noire, avec le vertex couvert de poils jaunâtres, le front jaune de chaque côté, la lèvre & les mandibules jaunes, & l'extrémité de celles-ci obscure. Le front est couvert de poils argentés. Le corcelet est noir, couvert de poils jaunâtres, avec deux points élevés, jaunes, sur l'écusson, & un point écailleux jaune à l'origine des ailes. L'abdomen est glabre, noir, luisant, avec six bandes jaunes, dont les trois premières sont interrompues. La première de ces bandes interrompues est sinuée; la seconde est large, & la troisième est étroite. L'anus a des poils jaunes. En dessous les cinq premières bandes sont contiguës. Les pattes sont jaunes, ciliées. Les jambes sont un peu dilatées, & les antérieures sont épineuses à leur extrémité. Les cuisses sont rougeâtres, avec la base des intermédiaires & des postérieures noire. Les pattes postérieures sont un peu alongées.

Elle se trouve en Suisse.

16. Nomade labiée.

Nomada labiata.

Nomada nigra, abdomine maculis quatuor strigisque tribus primâ interruptâ flavis.

Elle a cinq lignes de longueur, & elle est un peu plus grosse que la plupart des autres espèces. Les antennes sont ferrugineuses, avec le premier article jaune en dessous, noir en dessus. La couleur noire s'étend un peu sur les cinq ou six articles qui suivent. La tête est noire, un peu velue de gris, avec le front avancé, couvert de poils argentés, la bouche jaune, une petite ligne de la même couleur au dessus du chaperon, qui s'élargit un peu par les côtés, & s'étend autour des yeux antérieurement. Le corcelet est noir, légérement velu de gris, avec un point écailleux à l'origine des ailes, un autre un peu au dessous, & deux sur l'écusson, jaunes. L'abdomen est noir, avec une tache jaune de chaque côté du premier & du second anneau; une raie transverse, interrompue, sur le troisième, ensuite trois raies entières, de la même couleur jaune. L'anus est noir. En dessous il y a deux ou trois raies jaunes, suivant le sexe, placées du milieu à l'extrémité, & une tache sur le dernier anneau. Les pattes sont d'un jaune-fauve, avec le dessous des cuisses intermédiaires & postérieures noir. Les ailes sont transparentes, avec les nervures brunes.

Elle se trouve au midi de la France.

17. Nomade

17. Nomade du Seneçon.

Nomada Jacobœæ.

Nomada nigra, scutello punctis duobus villosis, abdomine strigâ interruptâ, maculis utrinquè tribus fasciisque duabus flavis.

Nomada Solidaginis. Fabr. *Syst. Pyez. p.* 392. *n°.* 7.

Nomada Jacobœæ. Panz. *Faun. Germ. Fasc.* 70. *tab.* 20.

Elle ressemble à la Nomade ruficorne. Les antennes sont fauves, avec la partie supérieure noire, & le premier article jaune en dessous. La tête est noire, velue de gris, avec la bouche jaune & une raie de la même couleur sur le chaperon, qui s'étend un peu autour des yeux antérieurement. Le corcelet est noir, velu de gris, avec une raie jaune à la partie antérieure, un point écailleux à l'origine des ailes, un autre point un peu au-devant, & deux sur l'écusson, pareillement jaunes. L'abdomen est glabre à sa base, légérement velu à sa partie postérieure, noir, avec une petite bande courte, interrompue, jaune, sur le premier anneau; deux grandes taches transverses sur le second, deux plus petites sur le troisième, deux presque réunies sur le quatrième, & une petite bande sur les deux autres. Les pattes sont d'un jaune-fauve, avec le dessous des cuisses noir. L'extrémité des ailes est légérement obscur, & les nervures sont brunes.

Elle se trouve en France, en Allemagne, sur le Seneçon.

18. Nomade de la Verge d'or.

Nomada Solidaginis.

Nomada nigra, abdominis fasciis quinque flavis, primis tribus interruptis, segmento primo immaculato. Panz. *Faun. Germ. Fasc.* 72. *tab.* 21.

Elle diffère beaucoup de la Nomade du Seneçon, avec laquelle Fabricius l'a confondue; elle est un peu plus petite. Les antennes sont noires, avec le dessous un peu ferrugineux. La tête est noire, avec la bouche & une raie sur le chaperon, jaunes. Le front est pubescent. Le corcelet est noir, avec une petite raie à la partie antérieure, un point à l'origine des ailes, & un autre en avant, jaunes. L'écusson a deux points jaunes, réunis. L'abdomen est ovale, luisant, noir, marqué de cinq bandes jaunes, dont les trois premières sont interrompues. Le premier anneau est tout noir. Les pattes sont jaunes, avec la base des cuisses postérieures noire. Les ailes sont légérement obscures à leur extrémité.

Elle se trouve en Allemagne, sur la Verge d'or, *Solidago Virga aurea.*

19. Nomade interrompue.

Nomada interrupta.

Nomada atra, antennis pedibusque ferrugineis, abdomine fasciis quinque interruptis, flavis, sextâque integrâ.

Nomada interrupta. Panz. *Faun. Germ. Fasc.* 53. *tab.* 24, & *Fasc.* 96. *tab.* 22.

Elle a environ quatre lignes & demie de longueur. Les antennes sont ferrugineuses, avec la partie supérieure noire, de la base au milieu, & le dessous du premier article jaune. La tête est pointillée, noire, avec la partie antérieure & la bouche jaunes. Le corcelet est raboteux par des points enfoncés, noir, avec une raie jaune, amincie au milieu, placée sur le segment antérieur; un point au dessous des ailes, un autre calleux au-devant, & deux sur l'écusson, pareillement jaunes. L'abdomen est noir, luisant, avec une tache triangulaire ou une bande interrompue, jaune, sur les cinq premiers anneaux, & une bande entière sur le sixième. Les pattes sont ferrugineuses, sans tache. Les ailes sont légérement obscures, surtout à l'extrémité.

Elle se trouve en France, en Allemagne.

20. Nomade biponctuée.

Nomada bipunctata.

Nomada thorace maculato, abdomine rufo, segmento secundo, punctis duobus margineque albis, ultimis fulvis. Fabr. *Syst. Pyez. pag.* 392. *n°.* 8.

Elle a la forme des précédentes. Les antennes sont rouges. La tête est couverte de poils fauves. Le corcelet est noir, avec le lobe antérieur & la base de l'écusson couverts de poils fauves. L'abdomen est ferrugineux, avec deux points sur le second anneau & le bord, blancs. Les derniers sont couverts de poils fauves. Les ailes sont noires à l'extrémité. Les pattes sont ferrugineuses.

Elle se trouve à Tranquebar.

21. Nomade rouge.

Nomada rufa.

Nomada capite thoraceque nigris, ferrugineo maculatis, abdomine ferrugineo immaculato.

Nomada rufa *glabra, thorace nigro rufoque vario, abdomine antennis ore pedibusque ferrugineis.* Ross. *Faun. Etr. tom.* 2. *p.* 111. *n°.* 932. — *Ed.* Illig. *tom.* 2. *p.* 182.

Elle est un peu plus grande que la Nomade ruficorne. Les antennes sont ferrugineuses, un peu plus longues que le corcelet. La tête est noire, avec la bouche & une ligne au-devant des yeux, ferrugineuses. Le corcelet est noir, avec deux points élevés, ferrugineux, à la partie antérieure; une tache de la même couleur, de chaque côté, au dessous des ailes, vers la poitrine, & deux points contigus, tuberculeux, sur l'écusson. L'abdomen est glabre, ferrugineux, sans tache. Les pattes sont ferrugineuses, avec la base des cuisses noire. Les ailes ont une teinte roussâtre, avec l'extrémité plus obscure.

Elle se trouve en Italie.

22. NOMADE ferrugineuse.

NOMADA ferruginea.

Nomada ferruginea, vertice vittâque dorsali nigris, abdominis apice flavo.

Elle a environ quatre lignes & demie de longueur. Les antennes sont entiérement ferrugineuses. La tête est légérement pubescente, ferrugineuse, avec le vertex noir. Le tour des yeux est ferrugineux. Le corcelet est ferrugineux, avec une raie longitudinale, noire, qui part du segment antérieur, qui est ferrugineux, & va aboutir à l'écusson, qui est pareillement ferrugineux. Derrière celui-ci est une ligne transverse, élevée, ferrugineuse, après laquelle est une tache triangulaire, noire, qui s'étend jusqu'à la pointe. Les côtés du corcelet sont élevés, ferrugineux, avec la partie qui descend obliquement de l'origine des ailes aux deux hanches postérieures, noire & enfoncée. On voit aussi un peu de noir au dessus de la hanche antérieure. L'abdomen est luisant, ferrugineux, avec une bande jaune, presqu'interrompue, sur le quatrième anneau, & les suivans pareillement jaunes. Les pattes sont entiérement ferrugineuses. Les hanches postérieures sont couvertes d'un duvet argenté. Les ailes ont une légère teinte obscure, avec une tache transparente vers l'extrémité.

Je l'ai trouvée en mai aux environs de Bagdad.

23. NOMADE striée.

NOMADA striata.

Nomada ferruginea, thorace nigro lineato, abdomine rufo, flavo maculato. FABR. *Ent. Syst. em. tom.* 2. *p.* 348. *n°.* 9. — *Syst. Pyez. p.* 392. *n°.* 9.

Elle ressemble, pour la forme & la grandeur, à la Nomade de Fabricius. Les antennes sont ferrugineuses. La tête est ferrugineuse, avec une grande tache noire au milieu. Le corcelet est ferrugineux en dessus, avec trois lignes noires; il est noir en dessous, avec des taches ferrugineuses. L'abdomen est glabre, rouge, luisant, avec le premier & le second anneau noirs, sans tache; le troisième & le quatrième avec une tache jaune de chaque côté; le cinquième avec deux points sur le dos; le sixième avec une tache dorsale, carrée. Les pattes sont rougeâtres. Les ailes sont transparentes, avec l'extrémité obscure.

Elle se trouve en Europe.

24. NOMADE signalée.

NOMADA signata.

Nomada nigra, thorace ferrugineo lineato, abdomine rufescente, fasciis quatuor anoque flavis.

Nomada signata. JUR. *Hymenopt. pag.* 223. *tab.* 11. *fig.* 7.

Elle n'a pas cinq lignes de longueur. Les antennes sont ferrugineuses. La tête est noire, avec la partie antérieure & le tour des yeux ferrugineux. Le corcelet est noir, avec une petite raie transversale à la partie antérieure, quatre lignes sur le dos, deux points sur l'écusson, un point écailleux à l'origine des ailes, tous de couleur ferrugineuse. L'abdomen est d'un brun-ferrugineux, avec quatre bandes jaunes, dont la première, placée sur le premier anneau, est interrompue au milieu. Le dernier anneau est marqué d'une tache jaune. Les pattes sont ferrugineuses. Les ailes sont transparentes, avec l'extrémité très-légérement obscure.

Elle se trouve en France.

25. NOMADE latérale.

NOMADA lateralis.

Nomada atra, abdomine rufo, segmento secundo tertioque maculâ utrinquè, reliquis margine flavis.

Nomada lateralis. PANZ. *Faun. Germ. Fasc.* 96. *tab.* 20 & *tab.* 21.

SCHŒFF. *Icon. Inf. tab.* 50. *fig.* 10.

PANZ. *Nomencl.* SCHŒFF. *Inf. n°.* 10. *p.* 67.

Elle ressemble à la Nomade striée, dont elle n'est peut-être qu'une variété. Les antennes sont ferrugineuses, avec le premier article obscur en dessus. La tête est noire, avec la bouche & le tour des yeux ferrugineux, & quelquefois un point de la même couleur sur le front. Le corcelet est noir, avec l'écaille de la base des ailes, un point calleux au-devant, & deux sur l'écusson, ferrugineux: il y a quelquefois une légère raie ferrugineuse sur le segment antérieur. L'abdomen est rouge, avec la base noire, une tache jaune de chaque côté du second & du troisième anneau, deux rapprochées sur le quatrième, & une plus grande carrée sur le cinquième. Les pattes sont ferrugineuses, avec la base des cuisses noire. Les ailes sont légérement obscures, avec un point transparent vers l'extrémité. Le noir de la base de l'abdomen est quelquefois trifide.

Elle se trouve en France, en Allemagne.

26. NOMADE à zônes.

NOMADA zonata.

Nomada nigra, antennis, pedibus punctisque duobus scutelli ferrugineis, abdomine flavo, ferrugineo variegato, cingulis quatuor nigris.

Nomada zonata. PANZ. *Faun. Germ. Fasc.* 53. *tab.* 20.

Apis vespoides. SCHRANK, *Enum. Ins. Austr.* n°. 823.?

Elle a environ trois lignes & demie de long. Les antennes sont ferrugineuses. La tête est pubescente, chagrinée, noire, avec la partie antérieure & le tour des yeux ferrugineux. Le corcelet est noir, avec deux points peu marqués, ferrugineux, à la partie antérieure; deux calleux & élevés sur l'écusson, un au-devant des ailes & un au dessous, pareillement ferrugineux. L'abdomen est ovale. Le premier anneau est entiérement noir; le second est ferrugineux, avec une bande en croissant, noire, sur le bord; le troisième est jaune sur les côtés, ferrugineux au milieu, avec une bande noire sur le bord postérieur; le quatrième est semblable au précédent, seulement il est plus étroit; le cinquième est jaune, avec le bord noir. Le dernier est entiérement jaune, cilié sur ses bords.

Elle se trouve en Allemagne.

27. NOMADE de Fabricius.

NOMADA Fabriciana.

Nomada nigra, abdomine glabro, ferrugineo; maculis duabus flavis. FABR. *Ent. Syst. emend. tom.* 2. *p.* 348. *n°.* 10. — *Syst. Pyez. pag.* 393. *n°.* 10.

Apis Fabriciana. LINN. *Syst. Nat. tom.* 2. *p.* 955. *n°.* 17.

Elle varie beaucoup pour la grandeur. Les antennes sont fauves, avec un peu de noir en dessus. Le premier article est noir en dessus, jaune en dessous. La tête est légérement velue de gris; elle est noire, avec la bouche & une petite raie sur le chaperon, jaunes ou rougeâtres : celle-ci s'avance très-peu autour des yeux. Le corcelet est noir, légérement velu de gris, avec la pièce écailleuse qui se trouve à la base des ailes, & un point au dessous, ferrugineux. L'abdomen est rouge, luisant, avec la base du premier anneau noire; une petite tache jaune de chaque côté du second, & un point de la même couleur de chaque côté du troisième. Les pattes sont ferrugineuses, avec un peu de noir à la base des cuisses. Les ailes sont légérement obscures, avec une tache transparente ou plus claire à peu de distance de l'extrémité.

Elle se trouve dans toute l'Europe.

28. NOMADE stigmate.

NOMADA stigma.

Nomada nigra, antennis, abdomine pedibusque ferrugineis. FABR. *Syst. Pyez. p.* 393. *n°.* 11.

Elle ressemble à la précédente pour la forme & la grandeur. Les antennes sont ferrugineuses. La tête est noire, légérement velue de gris, avec la bouche ferrugineuse. Le corcelet est velu, noir, avec un point calleux, élevé, ferrugineux, placé au-devant des ailes. L'abdomen est ferrugineux, avec la base du premier anneau noire, & en outre quelques points noirs sur les côtés, mais peu distincts, presqu'effacés. Les pattes sont rougeâtres. Les ailes sont obscures, avec un point blanc vers l'extrémité.

Elle se trouve aux environs d'Alger.

29. NOMADE bigarrée.

NOMADA varia.

Nomada nigra, abdomine flavo, anticè rufo, fasciis tribus nigris, antennis pedibusque ferrugineis.

Nomada varia. PANZ. *Faun. Germ. Fasc.* 55. *tab.* 20.

Elle ressemble à la Nomade linéole, mais elle est plus petite. Les antennes sont ferrugineuses, noirâtres au milieu, avec le premier article noir en dessus, ferrugineux en dessous. La tête est pubescente, noire, avec la lèvre, une tache au dessus & le tour des yeux, jaunes. La langue est avancée, obscure. Le corcelet est ponctué, à peine pubescent, noir, avec une petite raie jaune, interrompue, à la partie antérieure; un point écailleux à l'origine des ailes, un autre au-devant, & un seul sur l'écusson, élevé, pareillement jaunes. L'abdomen est glabre, luisant, avec le premier anneau noir, marqué d'une tache transverse, rouge. Les autres sont jaunes, avec une bande noire sur le bord postérieur. L'anus est jaune, pubescent. En dessous l'abdomen est noir, avec le bord des anneaux jaune. Les pattes sont ferrugineuses, avec la base des cuisses intermédiaires & postérieures noire. La poitrine est pubescente, noire, marquée, sur les côtés, d'une petite ligne jaune. Les ailes sont transparentes, avec les nervures jaunâtres.

Elle se trouve en Autriche.

30. NOMADE fulvicorne.

NOMADA fulvicornis.

Nomada nigra, antennis pedibusque ferrugineis, scutello punctis quatuor, abdomineque fasciis flavis. FABR. *Ent. Syst. em. tom.* 2. *p.* 348. *n°.* 11. — *Syst. Pyez. p.* 393. *n°.* 12.

Elle ressemble à la Nomade ruficorne. Les antennes sont d'un rouge-pâle, avec le dessous du premier article jaune. La tête est noire, avec la partie antérieure jaune, laquelle couleur est postérieurement tridentée. Le corcelet est noir, avec le bord antérieur & un point calleux au dessous des ailes, jaunes. L'écusson est marqué de quatre points jaunes. L'abdomen est noir, avec cinq bandes jaunes, dont la seconde est un peu interrompue. Les pattes sont ferrugineuses.

Elle se trouve au midi de la France & de l'Italie.

31. Nomade nigricorne.

Nomada nigricornis.

Nomada atra, immaculata, abdomine rufo, puncto laterali flavo.

Elle ressemble beaucoup à la Nomade germanique. Les antennes sont très-noires. La tête & le corcelet sont très-noirs, sans tache, légérement couverts de poils gris. L'écaille de l'origine des ailes est noire. L'abdomen est rouge, avec une tache presque trilobée, noire, à la base supérieure du premier anneau, & un point jaune de chaque côté du second. Les pattes sont noires, légérement velues de gris, avec les derniers articles des tarses bruns. Les ailes sont légérement obscures, avec une tache transparente vers l'extrémité. Les nervures & le point marginal sont noirs.

Elle se trouve aux environs de Paris.

32. Nomade germanique.

Nomada germanica.

Nomada abdomine rufo, segmento primo basi reliquis utrinquè puncto nigro. Fabr. *Syst. Pyez. p.* 394. *n°.* 18.

Nomada germanica. Panz. *Faun. Germ. Fasc.* 72. *tab.* 17.

Elle a environ quatre lignes de longueur. Les antennes sont ferrugineuses, avec le premier article noir, ou quelquefois entiérement noires, presque de la longueur du corcelet. La tête est noire, avec un duvet gris, plus serré & argenté sur le front. Le corcelet est noir, légérement velu de gris, avec l'écaille qui est à l'origine des ailes, ferrugineuse. L'abdomen est rouge, avec la base du premier anneau noire, & un point de chaque côté des autres, également noir. Ces points sont quelquefois peu marqués ou manquent entiérement. Les derniers anneaux sont un peu pubescens. Les pattes sont ferrugineuses, avec les cuisses noires dans toute leur étendue, excepté à leur extrémité, qui est ferrugineuse. Les cuisses antérieures, dans deux mâles que j'ai, sont dilatées, presque triangulaires, un peu crochues en dessous. Les ailes sont légérement obscures à leur extrémité.

Elle se trouve en France, en Allemagne; elle n'est pas rare aux environs de Paris.

33. Nomade sanglée.

Nomada succincta.

Nomada nigra, abdomine flavo, basi fasciisque quatuor nigris, tibiis tarsisque flavis.

Nomada succincta *antennis ferrugineis, scutelli punctis duobus flavis, abdomine flavo, fasciis quatuor nigris.* Panz. *Faun. Germ. Fasc.* 55. *tab.* 21.

Elle a environ quatre lignes de longueur. Les antennes sont ferrugineuses, avec le premier article noir en dessus, jaune en dessous. La tête est noire, légérement pubescente, avec un point jaune au milieu de la lèvre supérieure, & une tache triangulaire, jaune, de chaque côté du front. Les yeux sont obscurs, tachés de noir. Le corcelet est légérement pubescent, noir, avec une petite raie jaune à la partie antérieure; un point sous les ailes, un autre écailleux à l'origine, deux sur l'écusson, & deux au dessous, également jaunes. L'abdomen est glabre, luisant, avec les anneaux jaunes, marqués postérieurement d'une bande noire. La base du premier est noire, & l'anus, ainsi que le pénultième anneau, est jaune. En dessous l'abdomen est jaune, marqué de bandes noires, plus étroites qu'en dessus. Les jambes antérieures & intermédiaires sont jaunes, sans tache. Les postérieures sont jaunes, avec une tache au milieu, noire. Les cuisses sont noires, avec les genoux jaunes. La poitrine est noire. Les ailes sont transparentes, avec l'extrémité légérement obscure.

Elle se trouve en Autriche.

34. Nomade vagabonde.

Nomada vaga.

Nomada atra, abdomine maculis sex, ano pedibusque flavis.

Nomada vaga *atra, scutello punctis duobus, abdomine maculis utrinquè tribus marginalibus, ano pedibusque flavis.* Panz. *Faun. Germ. Fasc.* 55. *tab.* 22.

Elle n'a guère plus de trois lignes de longueur. Les antennes sont noires en dessus, ferrugineuses en dessous. La tête est grande, ponctuée, un peu pubescente, noire, avec la lèvre, une tache au dessus, & le tour des yeux antérieurement, jaunes. Le corcelet est pubescent, ponctué, noir, avec un point à l'origine des ailes, un autre au-devant & deux sur l'écusson, jaunes. L'abdomen est noir, glabre, luisant, avec trois taches jaunes, triangulaires, de chaque côté, qui vont progressivement en diminuant de grandeur. Le dessous est noir, avec des bandes jaunes. L'anus est jaune. Les pattes sont jaunes, avec une tache noire sur le milieu des cuisses & des jambes. Les ailes sont transparentes, avec l'extrémité légérement obscure.

Elle se trouve en Autriche.

35. NOMADE naine.

NOMADA minuta.

Nomada nigra, antennis scutelli punctis quatuor, abdomineque rufis. FABR. *Syst. Pyez. p.* 394. *n°.* 19.

Elle est plus petite que les précédentes. Les antennes sont rouges, avec le premier article noir. La tête est noire, avec la bouche rouge. Le corcelet est noir, avec trois points calleux, jaunes, au-devant des ailes, & quatre sur l'écusson. On voit, au dessous de celui-ci, quatre points formés par des poils argentés. L'abdomen est rouge, avec la base du premier anneau noire. Les pattes sont rouges, avec les cuisses noires.

Elle se trouve à Kiell.

Nota. Fabricius cite la *Nomada furva* de Panzer, dont la description & la figure diffèrent beaucoup de celle-ci.

36. NOMADE obscure.

NOMADA furva.

Nomada nigra, abdomine obscurè flavo fasciato, pedibus flavo maculatis.

Nomada furva *thorace immaculato, abdomine ovato, nigro, obscurè flavo fasciato; pedibus nigris, flavo maculatis.* PANZ. *Faun. Germ. Fasc.* 55. *n°.* 23.

Cette espèce paroît différer de la Nomade naine; elle n'a pas trois lignes de longueur. Les antennes sont ferrugineuses en dessous, noires en dessus, avec le premier article entiérement noir. La tête est noire, pubescente, avec la lèvre jaune & le front couvert d'un duvet argenté. Les yeux sont obscurs. Le corcelet est noir, sans tache, si ce n'est l'écaille de l'origine des ailes, & un point calleux vers la poitrine, qui sont jaunes. L'abdomen est glabre, luisant, noir, obscurément rayé de jaune en dessus, luisant, jaune en dessous, avec le bord des anneaux noir. L'anus est pubescent. Les pattes sont noires, marquées de taches jaunes. La poitrine est noire. Les ailes sont transparentes, avec l'extrémité un peu obscure.

Elle se trouve en Autriche.

NOMIE. *Nomia.* Genre d'insectes de la seconde section de l'Ordre des Hyménoptères, & de la famille des Andrenètes.

Les Nomies ont les antennes filiformes, plus courtes que le corcelet; la trompe un peu avancée; une écaille à la base supérieure des ailes, ordinairement fort grande; une cellule marginale aux ailes supérieures, alongée, arrondie à son extrémité; trois cellules cubitales ou sous-marginales, dont la seconde est petite & carrée, & les cuisses postérieures renflées dans les mâles.

Ce genre, établi par M. Latreille, est très-voisin des Andrènes & des Halictes : seulement la langue est un peu plus alongée, & les mâles se distinguent par les cuisses postérieures, qui sont plus ou moins renflées, & par l'écaille qui se trouve à la base des ailes, & qui est ordinairement fort grande dans les deux sexes.

Les antennes sont filiformes, un peu plus courtes que le corcelet, composées de treize articles dans les mâles, & de douze dans les femelles. Le premier article est alongé, à peine arqué, presque cylindrique ou légérement aminci à sa base. Le second est court, aminci à sa base. Le troisième n'est guère plus long que les suivans, mais un peu aminci à sa base. Ceux qui viennent après sont cylindriques & de longueur égale. Le dernier s'arrondit à son extrémité. Elles sont insérées à la partie antérieure de la tête, & sont un peu distantes l'une de l'autre.

La tête est de la largeur du corcelet, & la partie antérieure est déprimée. Les yeux, placés sur les côtés, sont entiers, ovales, un peu saillans. On voit trois petits yeux lisses sur le vertex.

La bouche est formée d'une lèvre supérieure, de deux mandibules, d'une trompe & de quatre antennules.

La lèvre supérieure, placée à la suite du chaperon, qui est un peu avancé, est cornée, courte, arrondie & ciliée antérieurement.

Les mandibules sont cornées, simples, arquées, pointues, un peu en gouttière intérieurement.

La trompe est formée de trois pièces apparentes. Les deux extérieures ou mâchoires sont cornées, larges, coudées aux deux tiers de leur longueur, & plus longues que la langue : celle-ci est cornée & cylindrique de la base au milieu; elle est ensuite coriace, peu large, un peu velue & terminée en pointe; elle a deux filets minces, plus courts, qui l'accompagnent, & qui paroissent insérés à peu de distance des antennules.

Les antennules antérieures ou maxillaires sont filiformes, composées de six articles, dont le second est un peu plus long que les autres; ce qui distingue un peu ce genre des Halictes & des Andrènes, qui ont cet article à peu près de la longueur des autres. Les articles suivans sont presque égaux entr'eux & un peu renflés à leur extrémité. Elles sont insérées sur la courbure des pièces latérales, & la dépassent beaucoup en longueur. Les antennules labiales sont courtes, composées de quatre articles, dont le premier est alongé. Les trois suivans sont très-courts, & égaux entr'eux. Elles sont insérées à la base de la partie coriacée, là où se termine la partie cornée, & où la langue se fléchit.

Le corcelet est arrondi, ordinairement pointillé comme la tête, plus ou moins velu, quelquefois couvert, à sa partie supérieure, de petites écailles qui s'enlèvent par le frottement. On remarque dans presque toutes les espèces une grande écaille mince & forte qui recouvre la base des ailes, & qui est un peu relevée pour ne pas en empêcher ou gêner le mouvement.

L'abdomen est ovale, ordinairement pointillé. Les anneaux sont bien distincts, & la femelle est armée d'un aiguillon caché.

Les pattes antérieures & intermédiaires n'ont rien de remarquable ; mais les postérieures prennent ordinairement, dans les mâles, une forme bizarre. La cuisse est plus ou moins grosse, quelquefois bossue vers sa base supérieure, creuse en dessous, & garnie de poils fins très-serrés. La jambe est plus ou moins courte, quelquefois courbée irréguliérement, & munie, vers le milieu ou à l'extrémité latérale, d'une expansion coriacée, en forme de cuiller, ou bien elle est terminée par un ou deux lobes plus ou moins alongés. Les tarses sont un peu plus longs que dans les genres voisins. Le premier article surtout est très-alongé, & est un peu plus gros que les suivans.

Les ailes ont leurs nervures assez bien marquées. Le point marginal est un peu alongé, & la cellule, qui se trouve après ce point, est alongée, arrondie à son extrémité ; ce qui distingue un peu ce genre des Andrènes & des Halictes, qui ont cette cellule plus pointue & moins détachée du bord. Les trois cellules cubitales n'offrent pas des différences bien remarquables. La première & la dernière sont alongées, & la seconde forme un carré presque parfait, & est beaucoup plus petite que les deux autres ; elle a une nervure récurrente, & la troisième en a une autre.

Les Nomies sont peu nombreuses en espèces dans les collections, & fort peu connues des naturalistes ; elles fréquentent les fleurs dans la belle saison, & s'y montrent en petit nombre. Nous ignorons si elles vivent en société ou si elles sont solitaires. L'analogie nous porte à croire qu'elles vivent solitaires comme les Andrènes & les Halictes, & qu'il n'y a parmi elles que des mâles & des femelles. Ce qui m'a paru néanmoins fort remarquable, c'est qu'un soir, après le soleil couché, j'en ai trouvé, aux environs de Téhéran en Perse, une espèce roulée en grand nombre autour de la tige d'une plante ; c'est celle que j'ai nommée *Lobée* : il y avoit plus de soixante individus, tous mâles, qui se laissèrent prendre les uns après les autres sans chercher à s'envoler.

NOMIE.

NOMIA. LATR. *LAZIUS.* PANZ. JUR. *MEGILLA.* FAB. *ENCERA.* FAB.

CARACTÈRES GÉNÉRIQUES.

Antennes filiformes, un peu plus courtes que le corcelet, de treize articles dans les mâles, de douze dans les femelles.

Mandibules arquées, pointues, simples.

Trompe avancée, formée de trois pièces.

Langue accompagnée de deux pièces minces, plus courtes qu'elle.

Quatre antennules; les maxillaires longues, filiformes, composées de six articles; les labiales courtes, composées de quatre articles, dont le premier alongé.

Ailes supérieures avec une cellule marginale, alongée, arrondie à son extrémité, et trois sous-marginales, dont la seconde petite et carrée.

Écaille souvent fort grande à l'origine des ailes supérieures.

ESPÈCES.

1. NOMIE armée.

Noire, avec un duvet cendré et des cils blancs au bord des anneaux de l'abdomen; jambes postérieures terminées par deux lobes.

2. NOMIE unidentée.

Noire, avec un duvet cendré et cinq bandes blanches sur l'abdomen; jambes postérieures terminées par une dent latérale, très-forte.

3. NOMIE difforme.

Noire; front avec un duvet cendré; jambes postérieures jaunes, courbées, terminées par un lobe qui s'élargit à l'extrémité.

4. NOMIE diversipède.

Noire; front avec un duvet cendré; abdomen ponctué; jambes postérieures terminées par un lobe alongé.

5. NOMIE lobée.

D'un brun-ferrugineux, avec un duvet blanchâtre; jambes postérieures garnies d'un lobe latéral, jaune, arrondi.

6. NOMIE curvipède.

Obscure, avec cinq bandes jaunes sur l'abdomen; jambes postérieures courbes, terminées par une forte épine.

7. NOMIE crassipède.

Couverte de poils cendrés; abdomen noir, avec le bord des anneaux verdâtre; jambes postérieures courbes, dentées, jaunes.

1. Nomie armée.

Nomia armata.

Nomia nigra, cinereo-pubescens, abdominis segmentorum margine albo ciliato; tibiis posticis lobis duobus terminatis.

Elle est un peu plus grande que la Nomie diversipède. Les antennes sont fauves. La tête est noirâtre, couverte d'un duvet blanchâtre, très-serré sur le front. Le corcelet est noirâtre, avec un duvet gris sur les côtés; de petites écailles cendrées sur le dos, & deux petites raies transverses grises, l'une au dessus, & l'autre au dessous de l'écusson. On voit sur celui-ci deux petites épines un peu crochues, jaunes à leur extrémité. L'abdomen est pointillé, noirâtre, avec le bord des anneaux garni de poils blanchâtres. Les pattes sont fauves, avec un peu de brun à la base des cuisses, & le premier article des tarses d'un jaune-blanchâtre. Les cuisses postérieures sont très-renflées; elles sont un peu creuses à leur partie inférieure, & ont une dent latérale vers leur extrémité. La partie creuse est légérement garnie d'un duvet blanc. Les jambes sont terminées par deux lobes d'un jaune-blanchâtre, dont l'extérieur est une fois plus long que l'autre. Les ailes sont transparentes, avec une très-légère teinte obscure vers l'extrémité, & les nervures d'un brun-ferrugineux. L'écaille de la base est grande & d'un jaune-pâle.

Je l'ai trouvée sur des fleurs dans le désert de l'Arabie, vers la fin de mai.

2. Nomie unidentée.

Nomia unidentata.

Nomia nigra, cinereo-pubescens, abdomine cingulis quinque albis, tibiis posticis dente laterali valido terminatis.

Elle a quatre lignes de longueur. Les antennes & les pattes sont fauves. La tête est noire, légérement pubescente, avec un duvet gris, très-serré, sur le front. Le corcelet est noir, légérement pubescent. L'abdomen est noir, avec une bande lisse, blanche, sur le bord des cinq premiers anneaux. Les cuisses postérieures sont un peu renflées, creuses en dessous, unidentées vers l'extrémité. Les jambes sont un peu arquées, intérieurement terminées, à l'extrémité, par un lobe pointu. Les ailes sont transparentes, à peine un peu rousseâtres à l'extrémité, avec les nervures ferrugineuses. L'écaille de la base est petite, fauve.

Je l'ai trouvée sur des fleurs, en mai, dans le désert de l'Arabie.

3. Nomie difforme.

Nomia difformis.

Nomia nigra, fronte cinereo-villosâ; tibiis posticis flavis, incurvis, lobo clavato terminatis.

Lasius difformis *pubescens, ater, scutello bidentato, abdomine segmentorum marginibus albis, femoribus posticis crassissimis, apice denticulatis; tibiis posticis difformibus.* Panz. *Faun. Germ. Fasc.* 89. *tab.* 15.

Nomia. Latr. *Gen. Crust. & Ins. tom.* 4. *p.* 155.

Lasius difformis. Jur. *Hym. p.* 238.

Andrena humeralis. Jur. *Hym. p.* 231. *tab.* 14.?

Elle a quatre lignes de longueur. Les antennes sont brunes en dessus, fauves en dessous, avec les deux premiers articles noirs. La tête est noire, avec le vertex pubescent, & le front couvert de poils courts, serrés, cendrés. Le corcelet est noir, légérement couvert de poils rousseâtres ou cendrés, plus serrés à la partie antérieure. L'écusson a de chaque côté une petite épine courte, noire, avec l'extrémité fauve. L'abdomen est ponctué, noir, légérement pubescent, avec le bord des anneaux garni de cils blancs, excepté le premier & le dernier. Les pattes sont jaunes, pubescentes. Les jambes antérieures sont très-peu dilatées. Les cuisses postérieures sont noires, renflées, creuses en dessous, dentées vers l'extrémité. Les jambes sont courtes, courbées, terminées par un lobe jaune, alongé, aplati, un peu dilaté à son extrémité. Tous les tarses sont jaunes. Les ailes sont transparentes, avec une très-légère teinte obscure à l'extrémité, & les nervures brunes. L'écaille de la base est grande, jaunâtre, avec la base obscure.

Elle se trouve en France, en Allemagne.

4. Nomie diversipède.

Nomia diversipes.

Nomia nigra, fronte cinereo-villosâ, abdomine punctato, tibiis posticis lobo elongato terminatis.

Nomia diversipes. Latr. *Gen. Crust. & Insect. tom.* 4. *p.* 155. *tab.* 14. *fig.* 8.

Elle a trois lignes & demie de longueur. Les antennes sont brunes. La tête est noire, avec le front couvert d'un duvet cendré. Le corcelet est noir, légérement couvert d'un duvet cendré ou rousseâtre. L'abdomen est ponctué, noir, avec le bord des anneaux très-légérement cilié de gris. Les pattes sont noirâtres, avec le premier article des tarses blanchâtre, & les autres bruns. Les cuisses postérieures sont peu renflées. La partie inférieure est creuse, couverte d'un duvet assez long, blanc. Les ailes sont transparentes, avec l'extrémité à peine obscure, & les nervures d'un brun-ferrugineux. L'écaille qui se trouve à leur base est grande, jaunâtre.

Elle se trouve au midi de la France, de l'Italie.

5. Nomie lobée.

Nomia lobata.

Nomia fusco-ferruginea, albo-pubescens, tibiis posticis lobo laterali flavo instructis.

Elle est un peu plus petite que la Nomie diversipède. Les antennes sont fauves. La tête est noirâtre, couverte de poils courts, écailleux, serrés, d'un gris-blanchâtre. Le corcelet est couvert d'écailles de la même couleur, & on distingue postérieurement deux petites raies transverses, l'une au dessus, & l'autre au dessous de l'écusson, parce que les écailles y sont plus serrées. L'écusson est armé de deux petites épines jaunes, un peu crochues. L'abdomen est d'un brun-fauve plus ou moins foncé, couvert de poils écailleux, blanchâtres, qui laissent à découvert une bande courte au milieu des deux premiers anneaux. Les pattes sont fauves, légérement couvertes de poils blanchâtres. Les cuisses postérieures sont peu renflées. Les jambes sont munies latéralement d'une palette large, plate, arrondie à son extrémité, d'un jaune-pâle. Le premier article de ces pattes est de la même couleur jaune. Les ailes sont transparentes, & ont leurs nervures d'un brun-clair. L'écaille qui se trouve à la base est grande & jaune.

Je l'ai trouvée le soir, en grand nombre, autour d'une tige de plante, aux environs d'Amadan.

6. Nomie curvipède.

Nomia curvipes.

Nomia fusca, abdomine cingulis quinque flavis; tibiis posticis incurvis, spicâ validâ terminatis.

Andrena curvipes *fusca, abdomine cingulis quinque flavis, pedibus testaceis; femoribus posticis subtùs concavis, unidentatis.* Fabr. *Ent. Syst. em. tom.* 2. *p.* 310. *n°.* 14.

Megilla curvipes. Fabr. *Syst. Pyez. pag.* 330. *n°.* 8.

Elle est de grandeur moyenne. La tête est obscure, avec la bouche jaune. Les antennes sont d'un brun-noir. Le corcelet est obscur, avec un duvet cendré. L'abdomen est obscur, avec une bande jaune sur le bord de chaque anneau. Les pattes sont testacées. Les cuisses postérieures sont creuses en dessous, unidentées vers l'extrémité. Les jambes sont courbées & terminées par une forte épine.

Elle se trouve à Tranquebar.

7. Nomie crassipède.

Nomia crassipes.

Nomia cinereo-hirta, abdomine atro, segmentorum marginibus virescentibus; tibiis posticis incurvis, dentatis, flavis.

Encera crassipes *cinereo-hirta, segmentorum marginibus virescentibus, femoribus posticis incrassatis.* Fabr. *Ent. Syst. em. Suppl. p.* 278. — *Syst. Pyez. p.* 384. *n°.* 10.

Nomia crassipes. Latr. *Gen. Crust. & Ins. t.* 4. *p.* 155.

Les antennes sont d'un brun de poix, cylindriques, plus courtes que le corcelet. La tête & le corcelet sont couverts de poils cendrés. L'abdomen est noir, avec le bord des anneaux verdâtre. Les pattes sont jaunâtres. Les cuisses postérieures sont renflées, dentées, noires. Les jambes sont courbées, dentées, jaunes. Les ailes ont une teinte obscure, avec l'extrémité plus foncée.

Elle se trouve à Tranquebar.

NOSODENDRE. *Nosodendron.* Genre d'insectes de la première section de l'Ordre des Coléoptères, & de la famille des Byrrhiens.

Les Nosodendres ont le corps ovale, très-convexe; les antennes courtes, en masse grosse, de trois articles; quatre antennules courtes, filiformes; les jambes comprimées, extérieurement dentelées; les tarses simples, filiformes, composés de cinq articles.

Ces insectes ont beaucoup de rapport avec les Byrrhes par la forme extérieure du corps, & même par les pattes; mais ils en sont distincts par la masse des antennes, qui n'est que de trois articles; par les tarses, qui sont filiformes, qui n'ont pas ces faisceaux de poils que l'on remarque à ceux des Byrrhes, & qui ne se logent pas dans une rainure pratiquée à la jambe, comme dans ces derniers. On ne peut pas confondre non plus ces insectes avec les Sphéridies, dont le premier article des antennes est très-long, & dont les antennules antérieures sont longues, & ont le second article renflé.

Les antennes des Nosodendres sont un peu plus courtes que le corcelet, & ordinairement logées dans une rainure pratiquée à sa partie latérale inférieure; elles sont composées d'onze articles, dont le premier est gros, peu alongé, presque cylindrique. Le second est plus petit que le premier, & plus gros que les suivans. Le troisième est long, un peu aminci à sa base. Les suivans sont courts, grenus. Les trois derniers forment une masse assez grosse, ovale, perfoliée.

La bouche est composée d'une lèvre supérieure, de deux mandibules, de deux mâchoires, d'une lèvre inférieure & de quatre antennules.

La lèvre supérieure est cornée, très-courte, assez large, arrondie antérieurement.

Les mandibules sont cornées, assez grosses, peu avancées, larges à leur base, obtuses à leur extrémité, presque dentées à leur partie interne.

Les mâchoires sont courtes, coriacées, bifides. Les divisions sont presqu'égales, amincies. L'interne est plus pointue que l'autre.

La lèvre inférieure, placée à l'extrémité interne du menton, qui est fort grand, avancé, arrondi & corné, est membraneuse, courte, fort large, tridentée.

Les antennules antérieures sont filiformes, fort courtes, pas plus longues que les mâchoires, composées de quatre articles, dont le premier est mince, fort petit, à peine apparent. Les deux qui suivent, sont très-courts, presqu'en forme de vase, égaux entr'eux. Le dernier forme un ovale alongé. Elles sont insérées au dos des mâchoires.

Les antennules postérieures sont très-courtes, cylindriques, terminées en pointe. A peine distingue-t-on les deux derniers articles. Elles sont insérées à la partie latérale inférieure de la lèvre.

La tête de ces insectes est à moitié enfoncée dans le corcelet. Les yeux, qui touchent à ce même corcelet, sont petits, peu saillans, & placés à la partie latérale de la tête.

Le corcelet est court, assez large, à peine rebordé sur les côtés, appliqué contre les élytres par sa partie postérieure.

L'écusson est triangulaire, un peu plus long que large, terminé en pointe.

Les élytres sont très-convexes, assez dures; elles recouvrent deux ailes membraneuses, repliées.

Le corps prend la forme d'un ovale, convexe en-dessus, presque plat en dessous.

Les pattes sont courtes. Les cuisses sont comprimées, un peu renflées. Les jambes antérieures sont comprimées, triangulaires, c'est-à-dire, minces à leur base, assez larges à leur extrémité. Le bord extérieur est un peu dentelé. Les autres jambes sont de même comprimées & dentelées à leur bord externe, mais sont moins larges que les deux premières.

Les tarses sont fort courts, filiformes, & composés de cinq articles, dont les quatre premiers sont petits, égaux entr'eux. Le dernier est alongé, & terminé par deux petits crochets.

Cet insecte n'est pas rare aux environs de Paris. On le trouve, vers le milieu du printems, à portée des ulcères qu'on voit sur le tronc des Ormes, & qui ont été occasionnés par sa larve; elle y est souvent en assez grand nombre & y subit ses métamorphoses, ne sortant de ces ulcères que sous la forme d'insecte parfait. Il paroît que celui-ci s'éloigne peu des lieux où il a vécu sous la forme de larve; car ce n'est jamais que dans les ulcères mêmes ou aux environs qu'on le découvre.

La larve est molle, blanchâtre ou d'un blanc-jaunâtre. Son corps est formé de plusieurs anneaux raboteux, & muni, sur les côtés, de poils assez roides. Sa tête est écailleuse, & armée de deux fortes mâchoires.

NOSODENDRE.

NOSODENDRUM. LATR. *BYRRHUS.* OLIV. *SPHÆRIDIUM.* FAB. PANZ.

CARACTÈRES GÉNÉRIQUES.

Antennes un peu plus courtes que le corcelet, terminées en masse assez grosse, oblongue, comprimée.

Quatre antennules filiformes, très-courtes.

Mâchoires bifides; divisions presqu'égales.

Menton très-grand, arrondi, cachant en partie la lèvre inférieure.

Tarses petits, filiformes, simples : cinq articles; les quatre premiers très-courts, égaux entr'eux.

ESPÈCES.

1. NOSODENDRE fasciculé.

Noir; élytres avec cinq rangées de faisceaux de poils d'un brun-ferrugineux.

2. NOSODENDRE hérissé.

Cendré, couvert d'écailles; corcelet et élytres hérissés de poils.

3. NOSODENDRE strié.

Noir, avec quelques poils ferrugineux; élytres striées.

1. Nosodendre fasciculé.

Nosodendron fasciculare.

Nosodendron nigrum, elytris fasciculis seriatis, fusco-ferrugineis.

Nosodendre fasciculé. Latr. *Hist. natur. des Crust. & des Inf. tom.* 9. *p.* 208. — *Gen. Crust. & Inf. tom.* 2. *p.* 44.

Byrrhus fascicularis. Ent. tom. 2. *nos.* 13. 7. *tab.* 2. *fig.* 7. a. b.

Sphæridium fasciculare. Fabr. *Ent. Syst. em. tom.* 1. *p.* 81. *no.* 17.

Sphæridium fasciculare. Panz. *Faun. Germ. Fasc.* 24. *tab.* 2.

Il a environ deux lignes de longueur. Le corps est ovale, très-convexe en dessus, presque plat en dessous. Les antennes sont brunes. La tête & le corcelet sont noirs, très-finement pointillés. Les élytres sont noires, pointillées, marquées chacune de cinq rangées de petits faisceaux de poils courts, d'un brun-ferrugineux, qui s'enlèvent facilement; de sorte qu'il n'est pas rare de trouver l'insecte glabre & tout noir. Le dessous du corps est noir. Les tarses sont bruns.

Il se trouve en Europe, dans les ulcères des Ormes, que sa larve produit, ainsi que nous l'avons dit précédemment.

2. Nosodendre hérissé.

Nosodendron hirtum.

Nosodendron squamosum, cinereum, thorace elytrisque hispidis.

Il est une fois plus petit que le précédent, auquel il ressemble pour la forme du corps. Les antennes sont brunes. La tête, le corcelet & les élytres sont cendrés, couverts de petites écailles & hérissés de poils courts, roides & assez gros. On en compte onze ou douze rangées sur chaque élytre. Le dessous du corps est d'une couleur cendrée, obscure.

Il a été pris par M. Bonelli aux environs de Turin, en hiver, sous l'écorce du noyer, & volant le soir pendant l'été, autour de cet arbre.

3. Nosodendre strié.

Nosodendron striatum.

Nosodendron nigrum, elytris punctato-striatis, pilosis.

Il n'a guère qu'une demi-ligne de longueur. Le corps est d'un ovale un peu plus alongé que les deux précédens. Il est noir, avec quelques poils courts, assez gros, d'un brun-ferrugineux, plus nombreux sur les élytres que sur le corcelet. Les élytres ont des stries pointillées.

Il a été trouvé en Piémont par M. Bonelli, qui a bien voulu me le communiquer.

NOTASPE. *Notaspis.* Genre d'insectes Aptères, établi par M. Herman, qui répond à celui d'Oribate de M. Latreille. (*Voyez* Oribate.)

NOTÈRE. *Noterus.* Genre d'insectes de la première section de l'Ordre des Coléoptères, & de la famille des Hydrocanthares.

Le Notère se fait remarquer par les antennes plus longues que la tête, un peu renflées au milieu; par six antennules, dont quatre filiformes, & les deux postérieures terminées par un article plus gros que les autres, intérieurement denté ou obliquement échancré à son extrémité.

Cet insecte a de si grands rapports avec les Dytiques par la manière de vivre & la forme extérieure du corps, qu'il avoit été constamment confondu avec eux. Entraînés par l'exemple, nous n'avions pas cru, tant dans notre Entomologie que dans ce Dictionnaire, séparer des Dytiques la seule espèce qui nous présentoit, à la vérité, des différences assez remarquables dans quelques-uns des organes les plus essentiels, mais qui n'avoit pas moins les plus grands rapports avec ces insectes, tant par l'habitation, les métamorphoses, la manière de vivre, que par la forme générale du corps. M. Clairville n'a pas cru devoir s'arrêter à ces considérations, & nous pensons qu'il a bien fait. Le genre qu'il a établi doit être adopté par tous les entomologistes, puisqu'il est fondé sur des caractères trop importans & trop bien tranchés pour laisser jamais le moindre doute. Il n'est jusqu'à présent formé que d'une seule espèce; mais il est probable qu'un jour on en découvrira quelqu'autre, soit en Europe, soit dans les autres parties du Globe; ce qui viendra pleinement justifier l'établissement de ce nouveau genre.

Les antennes du Notère diffèrent un peu dans les deux sexes; elles sont plus longues que la tête, plus courtes que le corcelet dans les deux sexes, mais plus renflées au milieu dans le mâle que dans la femelle; elles sont minces par le bas, & vont un peu en grossissant jusqu'au cinquième article dans le premier, & jusqu'au septième dans l'autre. Ce renflement se soutient dans les articles qui suivent; mais le dernier s'amincit & se termine en pointe. On compte onze articles dans les deux sexes. Elles sont insérées, sur les côtés de la tête, un peu au-devant des yeux.

La tête est plus étroite que le corcelet, un peu enfoncée par sa partie postérieure, arrondie antérieurement. Les yeux, placés sur les côtés, sont petits, arrondis, point du tout saillans.

La bouche est composée d'une lèvre supérieure, de deux mandibules, de deux mâchoires, d'une lèvre inférieure & de six antennules.

La lèvre supérieure est grande, transverse, coriacée, tronquée antérieurement, avec les angles latéraux arrondis.

Les mandibules sont cornées, dures, un peu épaisses, à peine arquées, intérieurement en gouttière, terminées par deux dents aiguës, dont la supérieure est plus courte & plus petite.

Les mâchoires sont petites, minces, cornées, arquées, aiguës à leur extrémité, munies de cils intérieurement, depuis la base jusqu'au-delà du milieu.

La lèvre inférieure est un peu saillante, simple, presque carrée, arrondie antérieurement. Le menton, qui se trouve au dessous, est plus court, plus large, corné, tridenté.

Les antennules antérieures sont filiformes, composées de deux articles presqu'égaux, & adossées contre les mâchoires, qu'elles dépassent un peu, & dont il est difficile de les séparer.

Les antennules intermédiaires sont filiformes, composées de quatre articles presqu'égaux. Le troisième est à peine plus gros que les précédens, & le dernier est ovale-oblong.

Les antennules postérieures sont composées de trois articles, dont le premier est petit. Le troisième est le plus long, le plus gros, & obliquement échancré à son extrémité; ce qui le fait paroître comme denté vers le milieu. Elles sont insérées à la base latérale de la lèvre.

Le corcelet est plus large que long, & tout le corps prend la forme d'un ovale un peu oblong, convexe en dessus, presque plat en dessous. Les élytres sont dures. La suture est droite, & on ne voit point d'écusson à leur base. Elles cachent deux ailes membraneuses, repliées.

Les pattes diffèrent peu de celles des Dytiques; elles sont courtes, & les intermédiaires sont assez rapprochées des antérieures. Les tarses sont composés de cinq articles, qui vont un peu en diminuant d'épaisseur. Le premier article des antérieurs, dans le mâle, est un peu dilaté.

Nous ne dirons rien sur la manière de vivre de ces insectes, qui paroît la même que celle des Dytiques, & pour laquelle nous sommes entrés dans quelques détails à l'article Dytique.

NOTÈRE.

NOTERUS. Clairv. Latr. *DYTISCUS.* Geoff. Deg. Fabr.

CARACTÈRES GÉNÉRIQUES.

Antennes en fuseau, un peu plus longues que la tête, insérées au-devant des yeux.

Mandibules terminées par deux dents inégales.

Mâchoires simples, arquées, aiguës, ciliées.

Six antennules ; les quatre antérieures filiformes ; les deux postérieures ayant le dernier article plus gros, obliquement tronqué ou échancré vers son extrémité.

Tarses formés de cinq articles diminuant progressivement d'épaisseur.

ESPÈCE.

1. Notère crassicorne.

Brun ; tête et corcelet d'un brun-fauve ; élytres avec quelques points enfoncés.

1. Notère crassicorne.

Noterus crassicornis.

Noterus fuscus, capite thoraceque fusco-rufescentibus, elytris punctis sparsis impressis. Entom. tom. 3. *nos*. 40. 45. *tab.* 4. *fig.* 34. a. b.

Noterus. Clairv. *Ent. Helv. tom.* 2. *pag.* 224. *tab.* 32.

Noterus. Latr. *Gener. Crust. & Insect. tom.* 4. *p.* 375. — *Cons. gén. sur les Crust. & les Insect. p.* 168.

Dytiscus crassicornis. Fabr. *Entom. Syst. em. tom.* 1. *pag.* 201. *n°.* 66. — *Syst. Eleut. tom.* 1. *p.* 273. *n°.* 81.

Voyez, pour la description, Dytique crassicorne, n°. 59.

NOTHUS. *Nothus.* Genre d'insectes de la seconde section de l'Ordre des Coléoptères, & de la famille des Cantharides.

Le Nothus est facile à reconnoître à ses antennes filiformes, insérées dans une échancrure qui se trouve à la partie inférieure des yeux; aux quatre antennules, dont le dernier article est en forme de croissant; à la tête enfoncée dans le corcelet; au pénultième article des tarses, large & bilobé.

L'insecte qui nous a servi à établir ce genre a été envoyé d'Allemagne à M. Latreille par M. Ziégler, sous le nom de *Nothus.* Je l'avois reçu sous celui de *Zonitis clavipes,* ainsi décrit par M. Megerle; mais il m'a paru ne pas appartenir à ce dernier genre, pas plus qu'à celui d'Œdémère, duquel il se rapproche par la forme des cuisses postérieures, & devoir en former un qui se distingue de tous ceux de la même famille par les antennes filiformes, insérées dans une échancrure des yeux, & surtout par les quatre antennules, qui se terminent par un article large, en forme de croissant. La forme du corcelet, arrondi sur les côtés dans les Œdémères, & tranchant dans les Nothus, suffit pour faire reconnoître celui-ci au premier aspect, & la tête enfoncée en partie sous le corcelet empêche de le confondre avec les Zonites, les Cantharides, les Mylabres, qui l'ont distincte & séparée du corcelet par un col très-court & très-étroit.

Les antennes du Nothus sont filiformes, à peu près de la longueur de la moitié du corps, & composées d'onze articles, dont le premier est un peu alongé, un peu renflé en allant vers son extrémité. Le second est court, peu renflé. Les suivans sont alongés, à peine renflés à l'extrémité. Les derniers, égaux aux précédens en longueur, sont tous de forme cylindrique. Elles sont insérées dans une petite échancrure pratiquée à la partie inférieure des yeux.

La bouche est composée d'une lèvre inférieure, de deux mandibules, de deux mâchoires, d'une lèvre inférieure & de quatre antennules.

La lèvre supérieure est coriacée, presque cornée, assez grande, convexe à sa partie supérieure, arrondie & légèrement ciliée à sa partie antérieure.

Les mandibules sont de grandeur moyenne, cornées, dures, arquées, creusées en gouttière intérieurement, terminées par deux dents égales.

Les mâchoires sont coriacées, presque membraneuses, divisées en deux. Les divisions sont petites, linéaires, assez courtes. La division extérieure est un peu plus longue que l'autre.

La lèvre inférieure est large, mince, membraneuse, un peu avancée, échancrée, à angles arrondis.

Les antennules antérieures sont plus longues que les postérieures, & composées de quatre articles, dont le premier est très-petit; le second alongé, un peu renflé en allant vers l'extrémité. Le troisième est court, plus large que le précédent à son extrémité, de forme triangulaire. Le quatrième est court, large, figuré en croissant. Elles sont insérées à l'origine des deux divisions de la mâchoire.

Les antennules postérieures sont courtes & composées de trois articles, dont le premier est petit; le second mince, peu alongé. Le troisième est grand, dilaté, en forme de croissant. Elles sont insérées à la base antérieure de la lèvre inférieure.

La tête est inclinée, plus étroite que le corcelet, un peu enchâssée par sa partie postérieure. Les yeux sont petits, peu saillans, un peu échancrés pour l'insertion des antennes.

Le corcelet est convexe, un peu rebordé & tranchant par les côtés, presque de la largeur des élytres.

L'écusson est petit & arrondi. Les élytres sont assez dures, presque linéaires ou d'égale largeur dans toute leur longueur, un peu arrondies à leur extrémité; elles cachent deux ailes membraneuses, repliées.

Le corps a une forme alongée, presque cylindrique.

Les pattes sont de longueur moyenne. Les cuisses postérieures sont très-renflées, & semblables à celles des mâles de quelques Œdémères. Les quatre tarses antérieurs sont composés de cinq articles, & les postérieurs seulement de quatre. Le premier article, surtout dans les postérieurs, est alongé, & le pénultième, dans tous, est large, bilobé, garni de houpes en dessous. Le dernier article est terminé par quatre crochets comme ceux des Cantharides.

Ce genre ne nous offre, jusqu'à présent, qu'une seule espèce, dont nous ignorons les habitudes & les métamorphoses.

NOTHUS.

NOTHUS. ZONITIS. MEG.

CARACTÈRES GÉNÉRIQUES.

Antennes filiformes, plus longues que le corcelet, insérées dans une échancrure au bas des yeux.

Mandibules cornées, arquées, bifides.

Mâchoires à deux divisions linéaires.

Quatre antennules terminées en croissant.

Tête inclinée, cachée en partie sous le corcelet.

Tarses terminés par quatre crochets.

ESPÈCE.

1. NOTHUS clavipède.

Noirâtre, couvert d'un duvet gris; cuisses postérieures renflées.

1. Nothus clavipède.

Nothus clavipes.

Nothus nigricans, griseo-pubescens, femoribus posticis clavatis.

Zonitis clavipes. Meg.

Il a un peu plus de quatre lignes de longueur. Les antennes sont noires, avec les trois premiers articles fauves. Les antennules sont fauves. Tout le corps est d'un noir-plombé, avec un léger duvet gris. Les élytres sont très-finement pointillées. Les pattes sont de la couleur du corps.

Il se trouve en Hongrie. ?

Nota. La feuille précédente étoit imprimée lorsque M. Latreille m'a communiqué les deux espèces suivantes, que M. Ziegler venoit de lui envoyer de Vienne en Autriche, avec les noms que j'ai conservés.

2. Nothus brûlé.

Nothus præustus.

Nothus testaceus, capite, pectore, maculis duabus thoracis apiceque elytrorum nigris.

Il n'a pas quatre lignes de longueur. Les antennes sont noires, avec les trois premiers articles & une partie du quatrième testacés. La tête est noire, avec la bouche & la partie antérieure du front fauves. L'extrémité des mandibules est noire. Le corcelet est fauve, avec deux taches dorsales, distinctes, noires. L'écusson est testacé. Les élytres sont pointillées, pubescentes, testacées, avec l'extrémité noire. La poitrine est noire. L'abdomen est fauve, avec tous les côtés des anneaux tachés de noir. Le dernier est tout fauve. Les pattes sont testacées, avec les genoux noirs.

Il se trouve en Hongrie.

3. Nothus bipunctué.

Nothus bipunctatus.

Nothus niger, thoracis marginibus lineâque dorsali rufis.

Il ressemble si fort au précédent, qu'on pourroit soupçonner qu'il n'en est qu'une variété. Les antennes sont noires, avec les trois premiers articles & la base du quatrième testacés. La tête est noire, avec la bouche & la partie antérieure du front fauves. L'extrémité des mandibules est noire. Le corcelet est pubescent, noir, avec tout le bord & une ligne au milieu fauves; ce qui forme deux grandes taches distinctes, noires, sur un fond fauve. L'écusson est testacé. Les élytres sont pubescentes, noires, avec un peu du bord extérieur testacé. L'abdomen est fauve, avec les côtés tachés de noir. Le bord des anneaux & tout le dernier sont fauves. La poitrine est noire. Les pattes sont testacées, avec les genoux noirs. Les cuisses sont simples.

On voit que la principale différence qui se trouve entre celui-ci & le précédent, c'est que les élytres sont noires au lieu d'être testacées, & que le noir du corcelet est un peu plus étendu.

Il se trouve, comme l'autre, en Hongrie.

NOTONECTE. *Notonecta.* Genre d'insectes de la seconde section de l'Ordre des Hémiptères, & de la famille des Hydrocorises.

Les Notonectes, nommées *Punaises à avirons* par M. Geoffroy, ont deux antennes très-courtes, quadriarticulées, cachées sous les yeux; une trompe courte, collée sur la poitrine; le corps arrondi, oblong; deux articles aux tarses.

Ces insectes, qu'on pourroit confondre avec les Nèpes & les Naucores, en diffèrent même au premier aspect par les pattes antérieures, qui ne sont pas en pince ou en crochet, comme on le voit dans ces deux genres; ils diffèrent des Corises en ce que celles-ci n'ont point d'écusson, & qu'elles n'ont qu'un seul article aux tarses.

Les antennes des Notonectes sont plus courtes que la tête, filiformes, & composées de quatre articles, dont le premier est fort court & cylindrique. Le second est le plus long, & un peu renflé. Le troisième est cylindrique, un peu moins long & un peu moins gros que le second. Le dernier est plus court & plus mince que le troisième. Elles sont insérées au dessous des yeux, & cachées dans une rainure qui s'y trouve placée.

La trompe est formée de quatre articles, dont le premier est court & assez large. Le second est plus court & plus étroit que le premier. Le troisième est le plus long de tous, & le dernier est court & fort mince. On y remarque une languette ou lèvre supérieure courte & aiguë, ensuite trois soies égales en longueur & aussi longues que la gaîne, dans laquelle elles sont contenues par la languette.

La tête est grande, presqu'aussi large que le corcelet; elle est munie de deux yeux à réseaux fort grands, oblongs, qui occupent toute la partie latérale. Les petits yeux lisses qu'on remarque à la plupart des insectes de cet Ordre manquent entièrement aux Notonectes.

Le corcelet est plus large que long, terminé supérieurement par un écusson fort grand & triangulaire.

Les élytres sont à peu près de la longueur de l'abdomen ou le dépassent à peine. La partie coriace est fort grande, & s'étend jusqu'à l'extrémité. La partie membraneuse s'étend de cette extrémité jusque vers le milieu du bord interne, & c'est cette partie seulement qui se trouve en recouvrement avec celle de l'autre élytre. Les ailes sont membraneuses, transparentes, fort fines, & aussi longues que les élytres.

Le corps a une forme presque cylindrique, convexe en dessus, presque plate en dessous, un peu rétrécie à l'extrémité. Les côtés & l'extrémité de l'abdomen sont garnis de longs cils qui, étendus, servent à soutenir l'insecte sur l'eau, & qui s'appliquent naturellement contre l'abdomen lorsqu'il nage, vole ou marche. On voit aussi une rangée de ces mêmes poils au milieu de l'abdomen, qui s'élève un peu en carène.

Les pattes ne se ressemblent pas. Les quatre antérieures sont de longueur moyenne, & composées, comme dans presque tous les insectes, de la hanche, de la cuisse, de la jambe & du tarse, divisé en deux articles, & terminé par deux crochets; mais les pattes postérieures sont presqu'une fois plus longues que les autres. On y voit un appendice à la base des cuisses, de longs cils serrés à leur partie interne, & leurs tarses ne sont pas munis de crochets. L'usage de ces pattes n'est pas non plus le même. Lorsqu'il est dans l'eau & qu'il nage, l'insecte tient dans un parfait repos, & appliquées contre la poitrine, les quatre pattes antérieures; il les déploie lorsqu'il marche sur la vase & sur les plantes aquatiques. Les deux pattes postérieures pour lors sont alongées, & ne font que traîner ou suivre le corps sans faire aucun mouvement, tandis que ces deux pattes postérieures sont seules mises en jeu, & servent d'aviron lorsque l'insecte nage.

Ces insectes habitent les eaux dormantes des bassins, des réservoirs, des fossés, des canaux, des marais, des lacs d'eau douce, des rivières dont le cours est lent; ils nagent toujours sur le dos, & sont ordinairement dans une position inclinée, la tête un peu plus élevée que l'extrémité du corps lorsqu'ils remontent à la surface de l'eau, & la tête plus basse lorsqu'ils restent à la surface ou qu'ils s'enfoncent. Cette manière de nager, si différente des autres insectes aquatiques, viendroit-elle de la forme du corps, convexe en dessus, plate en dessous, & garnie latéralement de longs cils, ou tiendroit-elle à l'organisation interne & à l'attache des muscles qui font mouvoir les pattes postérieures?

Les Notonectes se tiennent ordinairement à la surface de l'eau, & si quelqu'objet vient à la troubler, ou si on s'en approche de trop près, elles s'enfoncent aussitôt & disparoissent promptement; mais on les voit bientôt revenir, & fuir aussi subitement que la première fois si la cause de leur frayeur subsiste encore. Néanmoins elles semblent pressées du besoin de respirer l'air, & ce besoin, plus fort que la crainte, les force de rester quelques instans, lors même que le danger n'est point passé.

Souvent les Notonectes marchent sur les plantes aquatiques ou sur la vase, cherchant à saisir avec leurs pattes les petits insectes qui s'y trouvent, & dont elles se nourrissent. La nuit, dans la belle saison, elles quittent assez souvent les eaux, & font alors usage de leurs ailes pour se transporter quelquefois à des distances assez grandes.

Les parties de la génération du mâle, dont Degeer a donné la description & la figure, paroissent assez compliquées. Si on presse fortement le ventre, on voit sortir du dernier anneau une grosse pièce écailleuse, noire & mobile, qui est fendue à son extrémité, étant composée, dans cet endroit, de deux lames, d'où sort une partie membraneuse, qui est celle qui caractérise le sexe. La pièce écailleuse est grosse à son origine, & l'autre bout est recourbé en dessus ou vers le dos de l'insecte. Sur son bord convexe on voit une petite partie velue, composée de deux lames écailleuses, concaves, & d'une pointe. C'est sans doute un instrument au moyen duquel il s'accroche à la femelle dans l'accouplement. La partie du sexe qui sort d'entre les lames de la grosse pièce écailleuse, est membraneuse & dirigée en dessus: elle n'a point de figure constante; elle change de forme suivant que la pression qu'on donne au ventre est plus ou moins forte; elle a en dessus une arête écailleuse, qui semble lui donner la roideur nécessaire. Plus proche du corps on voit une autre partie cylindrique & membraneuse, qui est l'anus. Sur l'anneau du ventre, où sont enfermées toutes ces parties, il y a, des deux côtés, des lames écailleuses, bordées de longs poils.

Dans l'accouplement les Notonectes sont placées, suivant Degeer, l'une à côté de l'autre, le mâle un peu plus bas que la femelle; elles nagent ainsi jointes, avec la même vitesse que quand elles sont seules. Après l'accouplement, la femelle pond un grand nombre d'œufs blancs & alongés, qu'elle place ordinairement sur les tiges & les feuilles des plantes aquatiques. Au commencement du printems, les petits éclosent & se mettent à nager sur le dos, ainsi que leur mère.

Les larves ressemblent à l'insecte parfait, si ce n'est qu'elles sont privées d'ailes: elles ont les mêmes habitudes, & vivent de même d'autres insectes, à qui elles font continuellement la guerre; elles passent à l'état de nymphe au bout de deux mois, &, peu de tems après, elles subissent leur dernière métamorphose, & paroissent avec leurs ailes & leurs demi-élytres.

NOTONECTE.

NOTONECTA. LINN. GEOFF. FABR.

CARACTÈRES GÉNÉRIQUES.

Antennes très-courtes, filiformes, posées au dessous des yeux; quatre articles; le second plus long et plus gros que les autres.

Trompe quadriarticulée; troisième article le plus long.

Trois soies égales, aussi longues que la gaîne.

Deux articles aux tarses; les postérieurs aplatis et ciliés.

ESPÈCES.

1. NOTONECTE glauque.

Élytres d'un gris-verdâtre, avec le bord extérieur ponctué de noir, et l'extrémité bifide.

2. NOTONECTE fourchue.

Élytres noires, avec deux taches oblongues, grises, à leur base.

3. NOTONECTE marbrée.

Glauque; élytres testacées, avec des taches obscures.

4. NOTONECTE maculée.

Élytres obscures, mélangées de ferrugineux; dessus de l'abdomen ferrugineux, avec une bande noire.

5. NOTONECTE ciliée.

Blanchâtre; bords latéraux du corcelet dilatés, penchés et ciliés.

6. NOTONECTE américaine.

Grise, postérieurement noire; écusson noir, avec deux points jaunes, à la base.

7. NOTONECTE australe.

Noirâtre; tête, corcelet et base des élytres d'un gris-verdâtre.

8. NOTONECTE indienne.

Glauque; élytres noires, avec la base glauque.

9. NOTONECTE blanche.

Élytres blanches, sans taches, arrondies à leur extrémité.

10. NOTONECTE pallipède.

Noire; tête et bord antérieur du corcelet glauques.

11. NOTONECTE grise.

Obscure; corcelet et élytres d'un gris-blanchâtre, sans taches.

12. NOTONECTE naine.

Ovale, grise; front marqué d'une ligne brune; corcelet et élytres pointillés.

1. NOTONECTE glauque.

NOTONECTA glauca.

Notonecta elytris griseis, margine fusco punctato, apice bifidis. FABR. *Ent. Syst. em. tom.* 4. *p.* 57. *n°.* 1. — *Syst. Rhyng. p.* 102. *n°.* 1.

Notonecta glauca. LINN. *Syst. Nat. pag.* 712. *n°.* 1. — *Faun. Suec. n°.* 903.

Notonecta glauca. SCOP. *Ent. Carn. n°.* 348. var. 1.

Notonecta capite luteo, elytris fusco croceoque variegatis, scutello atro. GEOFFR. *Inf. tom.* 1. *p.* 476. *n°.* 1. *tab.* 9. *fig.* 6.

Nepa Notonecta. DEGEER, *Mem. Inf. tom.* 3. *p.* 382. *n°.* 5. *tab.* 18. *fig.* 16. 17.

MOUFF. *Theatr. Inf. p.* 321. *fig.* 6.

FRISCH. *Inf. tom.* 6. *tab.* 13.

PETIV. *Gaz. tab.* 72. *fig.* 5.

BRADL. *Works of Nat. tab.* 26. *fig.* 2. E.

JOBLOT, *Obs. micr. tom.* 1. *pl.* 11.

ROES. *Inf. tom.* 3. *tab.* 27.

SCHÆFF. *Elem. Inf. tab.* 90. — *Ic. Inf. tab.* 33. *fig.* 5. 6.

SULZ. *Inf. tab.* 10. *fig.* 67.

STOLL. *Cimic.* 2. *p.* 54. *tab.* 12. *fig.* 10. 11.

SCHELLEMB. *Cim. Helv. tab.* 10.

PANZ. *Faun. Germ.* 3. *tab.* 20.

Notonecta glauca. LATR. *Hist. Nat. des Crust. & des Inf. tom.* 12. *p.* 291. *pl.* 97. *fig.* 41. — *Gen. Crust. & Inf. tom.* 3. *p.* 50.

Elle a environ six lignes de long. La tête est d'un gris un peu verdâtre, avec les yeux d'un brun-clair. Le corcelet est d'un gris-jaune à sa partie antérieure, & d'un gris-obscur à sa partie postérieure. L'écusson est noir. L'abdomen est noir en dessus, avec l'extrémité d'un gris-verdâtre. Les élytres sont d'un gris-verdâtre, avec le bord latéral marqué de quelques points noirs. Les ailes sont blanches. Le dessous du corps est noirâtre, & les pattes sont glauques.

Elle se trouve dans toute l'Europe.

2. NOTONECTE fourchue.

NOTONECTA furcata.

Notonecta elytris nigris, maculis duabus baseos griseis.

Notonecta furcata *elytris fuscis, maculis duabus baseos testaceis, apice bifidis.* FABR. *Ent. Syst. em. tom.* 4. *p.* 58. *n°.* 2. — *Syst. Rhyng. p.* 102. *n°.* 2.

Notonecta furcata. COQUEB. *Illustr. Inf. Dec.* 1. *tab.* 10. *fig.* 2.

Elle ressemble beaucoup à la précédente. La tête & le corcelet sont d'un gris un peu verdâtre. L'écusson est très-noir. Les élytres sont très-noires, couvertes de poils très-courts, fins, d'un gris un peu verdâtre, & marquées, à leur base, de deux taches d'un gris-verdâtre, dont l'une, supérieure ou vers l'écusson, est plus grande, plus alongée que l'autre. La partie de la suture qui répond à cette tache est de la même couleur, & l'espace qui est entre la tache & la suture est d'un noir-brun. Le dessous du corps est d'un gris-verdâtre. La partie supérieure de l'abdomen est noire.

Elle se trouve au midi de la France, aux environs de Paris.

3. NOTONECTE marbrée.

NOTONECTA marmorea.

Notonecta glauca, elytris testaceis, fusco-maculatis. FABR. *Syst. Rhyng. p.* 103. *n°.* 3.

Elle ressemble à la Notonecte glauque. La tête & le corcelet sont glauques, sans taches. L'écusson est très-noir. Les élytres sont testacées, tachées de noirâtre. Le corps est noir. Les pattes sont glauques.

Elle se trouve aux environs d'Alger.

4. NOTONECTE maculée.

NOTONECTA maculata.

Notonecta elytris fusco ferrugineoque variis; abdominis dorso ferrugineo, nigro fasciato.

Notonecta maculata *elytris fuscis, ferrugineo irroratis, apice bifidis.* FABR. *Ent. Syst. emend. tom.* 4. *pag.* 58. *n°.* 3. — *Syst. Rhyng. pag.* 103. *n°.* 4.

Notonecta maculata. COQUEB. *Illustr. Inf. Dec.* 1. *tab.* 10. *fig.* 1.

Notonecta glauca, var. 3. SCOP. *Ent. Carn. n°.* 348.

Elle ressemble beaucoup, pour la forme & la grandeur, à la Notonecte glauque; mais les élytres sont obscures & plus ou moins marquées de taches irrégulières d'un jaune-fauve. Le bord est de cette couleur, & n'a point de taches obscures comme l'autre. L'abdomen, en dessus, est d'un jaune fauve obscur, avec une large bande au milieu, noire. Le dessous est noirâtre.

Elle se trouve dans toute la France.

5. NOTONECTE ciliée.

NOTONECTA ciliata.

Notonecta exalbida, thoracis margine dilatato, deflexo, ciliato. FABR. *Entom. Syst. em. Suppl. p.* 524. — *Syst. Rhyng. p.* 103. *n°.* 5.

Elle est une fois plus grande que la Notonecte blanche. La tête est pâle. Les yeux sont grands, ovales, d'un brun-marron. Le corcelet est transverse, blanchâtre. Ses bords latéraux forment un lobe penché, arrondi, cilié. Les élytres font arrondies, entières, blanchâtres, tranfparentes, fans taches. L'abdomen paroît noir à travers les ailes & les élytres.

Elle fe trouve dans les eaux douces des Indes orientales.

6. NOTONECTE américaine.

NOTONECTA americana.

Notonecta grifea, pofticè nigra, fcutello atro, utrinquè puncto bafeos flavo. FABR. *Entom. Syft. em. tom.* 4. *p.* 58. *n°.* 4. — *Syft. Rhyng. p.* 103. *n°.* 6.

Elle eft une fois plus petite que la Notonecte glauque. La tête, la partie antérieure du corcelet & les pattes font d'un gris-pâle. La partie poftérieure du corcelet eft obfcure. L'écuffon eft obfcur, marqué de deux petits points blancs. Les élytres font grifes, avec le rebord & une large bande noire vers l'extrémité. L'extrémité elle-même eft blanche.

Elle fe trouve dans les eaux douces, à Saint-Domingue.

7. NOTONECTE auftrale.

NOTONECTA auftralis.

Notonecta fufca, capite, thorace elytrorumque bafi grifeo-virefcentibus.

Elle eft de la grandeur de la Notonecte américaine. La tête & le corcelet font d'un gris un peu verdâtre. La partie antérieure du corcelet eft légérement noirâtre. L'écuffon eft noir. Les élytres font noires, avec une tache oblongue irrégulière, qui s'étend le long du bord extérieur jufqu'au milieu de l'élytre. Le deffous du corps eft d'un gris-obfcur.

Elle fe trouve à la Nouvelle-Hollande.

Du cabinet de M. Bofc.

8. NOTONECTE indienne.

NOTONECTA indica.

Notonecta glauca, elytris atris, bafi glaucis. FABR. *Syft. Rhyng. p.* 103. *n°.* 7.

Elle eft une fois plus grande que la Notonecte blanche. La tête eft glauque. Le corcelet eft blanchâtre, tranfverfe, avec le bord latéral lobé, cilié. Les élytres font noires, & leur bafe eft glauque.

Elle fe trouve à Sumatra, dans les eaux douces.

9. NOTONECTE blanche.

NOTONECTA nivea.

Notonecta elytris albis, immaculatis, apice rotundatis. FABR. *Ent. Syft. em. tom.* 4. *pag.* 58. *n°.* 5. — *Syft. Rhyng. p.* 103. *n°.* 8.

Elle eft deux ou trois fois plus petite que la Notonecte glauque. Le corps eft cendré, & les yeux font glauques. L'abdomen eft noir, avec une bande rouge fur le dos, qui paroît à travers les élytres. Les ailes & les élytres font blanches, tranfparentes, arrondies à l'extrémité.

Elle fe trouve dans les eaux douces des Indes orientales.

10. NOTONECTE pallipède.

NOTONECTA pallipes.

Notonecta atra, capite thoracifque margine antico glaucis. FABR. *Syft. Rhyng. p.* 103. *n°.* 9.

Elle eft auffi petite que la Notonecte blanche. La tête eft glauque, fans taches. Le corcelet eft glabre, très-noir, avec le bord antérieur glauque. L'écuffon & les élytres font noirs, fans taches. Les pattes font jaunes.

Elle fe trouve dans les îles de l'Amérique.

11. NOTONECTE grife.

NOTONECTA grifea.

Notonecta fufca, thorace elytrifque grifeis, immaculatis.

Elle eft une fois plus petite, & a la forme plus alongée que la Notonecte américaine. La tête eft d'un gris-obfcur. Le corcelet eft d'un gris un peu glauque. L'écuffon eft gris, avec la bafe noire. Les élytres font grifes, fans taches. Le deffous du corps eft obfcur. Les pattes font grifes.

Elle fe trouve dans les eaux douces de Saint-Domingue.

12. NOTONECTE naine.

NOTONECTA minutiffima.

Notonecta ovata, grifea, fronte lineâ fufcâ, thorace elytrifque fubtiliffimè punctatis.

Notonecta minutiffima *grifea, capite fufco, elytris truncatis.* FABR. *Entom. Syft. em. tom.* 4. *p.* 59. *n°.* 6. — *Syft. Rhyng. p.* 104. *n°.* 10.

Notonecta minutiffima. LINN. *Syft. Nat. p.* 713. *n°.* 3. — *Faun. Suec. n°.* 905.

Notonecta cinerea, anelytra. GEOFF. *Inf. Parif. tom.* 1. *p.* 477. *n°.* 2.

Notonecta minutiffima. FOURC. *Entom. Parif. tom.* 1. *p.* 220. *n°.* 2.

FUESL. *Inf. Helv.* 24. 470.

PANZ. *Faun. Germ.* 2. *tab.* 12.

Notonecta minutiffima. LATR. *Gener. Cruft. & Inf. tom.* 3. *p.* 150.

Elle a environ une ligne & un quart de longueur. Le corps eft ovale, prefque tronqué poftérieurement. La tête eft pointillée, grife, marquée, fur le front, d'une ligne longitudinale, brune. Les yeux font noirs. Le corcelet eft gris, pointillé. Les élytres font pointillées, grifes, un peu élevées à leur jonction, vers la partie postérieure. Le dessous du corps est obscur. Les pattes sont grises. Les postérieures sont moins longues proportionnellement que dans les autres espèces.

Il paroît que M. Geoffroy n'a observé cet insecte que dans l'état de larve.

Elle se trouve assez abondamment dans les marres, aux environs de Paris.

NOTOPÈDE. On a quelquefois désigné sous ce nom les insectes compris dans le genre Taupin. *(Voyez ce mot.)*

NOTOXE. *Notoxus.* Genre d'insectes de la seconde section de l'Ordre des Coléoptères, & de la famille des Pyrochroïdes.

Les Notoxes sont de petits insectes, dont les antennes filiformes grossissent à peine insensiblement, & sont un peu plus longues que le corcelet. La tête est bien distincte & inclinée. Le corcelet est quelquefois armé d'une corne avancée, & les tarses sont composés de cinq articles aux quatre pattes antérieures, & de quatre aux postérieures.

Linné avoit rangé parmi les Attelabes & les Méloës les deux ou trois Notoxes qu'il avoit eu occasion de connoître, & Geoffroy avoit formé un genre de l'un d'eux, auquel il avoit donné le nom de *Cuculle*, en latin *Notoxus*, à cause de la forme singulière du corcelet, qui s'avance en avant & sert de capuchon à la tête. Fabricius, en adoptant d'abord le genre de Geoffroy, y avoit réuni quelques espèces non décrites, & y avoit ajouté plusieurs Clairons; mais ayant ensuite jugé convenable de séparer ces derniers, il leur a conservé le nom de *Notoxe*, & a donné celui d'*Anthicus* aux premiers, quoique ce fût à ceux-ci qu'appartînt véritablement le nom de *Notoxe*, & que ce nom eût été déjà adopté par tous les auteurs qui avoient écrit après Geoffroy.

Ces insectes, placés d'abord par M. Latreille dans la famille des Héliopiens, ont été rangés ensuite dans celle des Pyrochroïdes, quoiqu'au premier aspect ils paroissent avoir plus de rapport avec les Cantharidies; mais ce qui les en sépare le plus, c'est que les tarses ne sont terminés que par deux crochets, tandis qu'on en voit constamment quatre dans les Cantharidies.

Les antennes des Notoxes sont un peu plus longues que le corcelet. Les articles, au nombre de onze, sont bien distincts, un peu grenus, & vont à peine en grossissant vers l'extrémité, depuis le second article. Le premier est un peu plus gros & un peu plus long que ceux qui viennent après. Elles sont insérées à la partie antérieure un peu latérale de la tête, à quelque distance des yeux.

La tête est presque carrée, un peu déprimée, ordinairement inclinée; elle ne tient au corcelet que par un col étroit & assez court. Les yeux sont arrondis, peu saillans, & placés à la partie latérale.

La bouche est composée d'une lèvre supérieure, de deux mandibules, de deux mâchoires, d'une lèvre inférieure & de quatre antennules.

La lèvre supérieure est presque membraneuse, avancée, carrée ou foiblement arrondie à sa partie antérieure; elle tient fortement au chaperon, qui est lui-même carré & un peu avancé.

Les mandibules sont cornées, arquées à leur extrémité, presque dentées vers le milieu de leur partie interne; elles ont à leur partie externe une dilatation qui paroît membraneuse, & qui s'arrête à l'endroit de la courbure.

Les mâchoires sont courtes, membraneuses, bifides. La division extérieure est beaucoup plus grande que l'autre, comprimée & arrondie à son extrémité. L'autre est étroite, un peu plus courte, & terminée en pointe.

La lèvre inférieure est presque membraneuse, un peu avancée, presque carrée, foiblement rétrécie vers sa base.

Les antennules antérieures ont quatre articles, dont le premier est petit, à peine apparent. Les deux suivans sont coniques, presqu'égaux entre eux. Le dernier est plus long, un peu plus gros, obliquement tronqué à son extrémité. Elles ont leur insertion au dos des mâchoires.

Les antennules postérieures sont courtes, composées de trois articles, dont le premier est très-petit, à peine apparent. Le second est conique. Le dernier est plus gros, un peu tronqué. Elles ont leur insertion à la base latérale de la lèvre inférieure.

Le corcelet est arrondi, presqu'en cœur ou un peu rétréci à sa partie postérieure : il est ordinairement un peu plus étroit que la tête dans les espèces où il est simple; il est un peu plus large dans celles où il est armé d'une corne assez forte, qui s'avance sur la tête.

L'écusson est fort petit & triangulaire. Les élytres sont convexes, assez dures, ordinairement pointillées; elles cachent deux ailes membraneuses, repliées.

Le corps a une forme alongée, presque cylindrique.

Les pattes sont de longueur moyenne, & ne présentent rien de bien remarquable. Les tarses sont filiformes, composés de cinq articles dans les quatre pattes antérieures, & de quatre seulement dans les deux postérieures. Dans tous, le pénultième article est un peu plus large & bifide. Le dernier est terminé par deux ongles crochus, simples.

Les Notoxes sont de très-petits insectes qu'on trouve quelquefois sur les fleurs, mais plus souvent par terre ou dans les prairies. C'est sans doute à leur petitesse que l'on doit attribuer l'ignorance dans laquelle se trouvent encore les entomologistes, des habitudes, de la manière de vivre & des métamorphoses de ces insectes, dont le nombre est assez considérable en Europe.

NOTOXE.

NOTOXUS. GEOFF. LATR. PANZ. ILLIG. *MELOE.* LINN. *ANTHICUS.* FABR. PAYK.

CARACTÈRES GÉNÉRIQUES.

Antennes moniliformes, plus longues que le corcelet, grossissant à peine insensiblement.

Mandibules cornées, arquées, presque dentées au milieu.

Mâchoires bifides; division extérieure plus grande.

Quatre antennules, dont le dernier article est un peu plus grand et tronqué.

Tête inclinée, tenant au corcelet par un col court et étroit.

Tarses avec deux crochets simples.

ESPÈCES.

I. *Corcelet armé d'une corne avancée.*

1. NOTOXE Monocéros.

Testacé; corne avancée, crénelée; élytres avec un point et une bande noirs.

2. NOTOXE cornu.

Corne avancée, dentelée; élytres pâles, avec trois bandes noires.

3. NOTOXE Rhinocéros.

Corne avancée, dentelée, pâle; élytres noires, bordées de pâle.

4. NOTOXE Monodon.

Corne avancée, obtuse, testacée; élytres avec une bande noire.

5. NOTOXE lancifère.

Corne avancée, à peine dentelée; corps velu, pâle; élytres avec une tache obscure.

6. NOTOXE Bison.

Corne avancée, dentelée; corps testacé, sans tache.

II. *Corcelet simple.*

7. NOTOXE ruficolle.

Noir; tête et corcelet rouges.

8. NOTOXE fulvicolle.

Noir; corcelet arrondi, rouge.

9. NOTOXE abdominal.

Noir; corcelet rouge; élytres testacées à leur base, noires à leur extrémité.

10. NOTOXE fuscipenne.

Très-noir luisant; élytres obscures.

NOTOXE. (Insecte.)

11. Notoxe fascié.

Pubescent, noir; élytres avec une bande blanche.

12. Notoxe thoracique.

Pubescent, bleu; corcelet rouge, avec le milieu bleu, et un point enfoncé de chaque côté.

13. Notoxe aptère.

Aptère, noir, luisant; élytres ovales-oblongues.

14. Notoxe pédestre.

Noir, luisant; corcelet ferrugineux; cuisses antérieures dentées.

15. Notoxe nectarien.

Noir; corcelet ferrugineux; élytres avec deux bandes jaunes, interrompues.

16. Notoxe anthérin.

Noir; élytres avec deux bandes ferrugineuses.

17. Notoxe trifascié.

Tête et corcelet ferrugineux; élytres jaunâtres, avec deux bandes noires.

18. Notoxe grêle.

Alongé, noir; antennes, élytres et pattes jaunes.

19. Notoxe floral.

Noir; corcelet ferrugineux; élytres obscures, avec la base plus claire.

20. Notoxe sellé.

Noir; élytres ferrugineuses, avec une large bande noire.

21. Notoxe châtain.

Châtain, sans tache; élytres avec des points enfoncés, en stries.

22. Notoxe noir.

Noir, avec les jambes et les tarses bruns.

23. Notoxe âtre.

Très-noir, sans tache; corcelet et élytres pointillés.

24. Notoxe bicolor.

Noir; élytres ferrugineuses.

25. Notoxe biponctué.

Corcelet ferrugineux; élytres testacées, avec un point noir.

26. Notoxe velu.

Velu, noir; corcelet obscur; élytres avec une bande à la base, ferrugineuse.

27. Notoxe bordé.

Noir, luisant; bords du corcelet ferrugineux.

28. Notoxe flavipède.

Obscur, pubescent; élytres d'un brun-ferrugineux, avec une tache à la base et une autre au milieu, noirs; antennes et pattes jaunes.

29. Notoxe mélanocéphale.

Testacé; tête noire; élytres, avec un enfoncement oblique à leur base.

30. Notoxe du Peuplier.

D'un ferrugineux-pâle; tête obscure; élytres pointillées, soyeuses.

I. *Corcelet armé d'une corne avancée.*

1. NOTOXE Monocéros.

NOTOXUS Monoceros.

Notoxus thoracis cornu protenso, testaceus, elytris puncto fasciâque nigris. Entom. tom. 3. *genre* 51. *n°.* 1. *tab.* 1. *fig.* 2. a. b. c.

Notoxus Monoceros. FABR. *Ent. Syst. emend. tom.* 1. *pag.* 211. *n°.* 6.

Anthicus Monoceros. FABR. *Syst. Eleut. tom.* 1. *p.* 288. *n°.* 1.

Meloe Monoceros. LINN. *Syst. Nat.* 2. *p.* 681. *n°.* 14. — *Faun. Suec. n°.* 638.

Notoxus. GEOFF. *Inf. Parif. tom.* 1. *pag.* 356. *n°.* 1. *tab.* 6. *fig.* 8.

Anthicus Monoceros. PAYK. *Faun. Suec. t.* 1. *p.* 254. *n°.* 1.

Notoxus Monoceros. ILLIG. *Coleopt. Bor. t.* 1. *p.* 287.

Notoxus Monoceros. LATR. *Hist. nat. des Crust. & des Inf. tom.* 10. *p.* 353. *tab.* 89. *fig.* 7. — *Gen. Crust. & Inf. tom.* 2. *p.* 202.

Notoxus Monoceros. SCHRANK, *Enum. Insect. Austr. n°.* 421.

Notoxus Monoceros. PANZ. *Faun. Germ. Fasc.* 26. *tab.* 8.

HERBST. *Archiv.* 5. *tab.* 25. *fig.* 4.

Notoxus cucullatus. FOURC. *Ent. Parif. tom.* 1. *p.* 162. *n°.* 1.

Les antennes sont testacées. La tête est testacée, avec la partie supérieure plus obscure & les yeux noirs. Le corcelet est un peu velu, testacé, arrondi, terminé antérieurement en une corne avancée, grosse, arrondie, ayant les bords un peu relevés, crénelés, noirs. L'écusson est testacé. Les élytres sont un peu velues, testacées, avec une tache noire autour de l'écusson, un point sur chaque un peu plus bas, distinct, & une bande au-delà du milieu, qui remonte un peu le long de la suture. La bande ne touche pas au bord extérieur, & diminue d'épaisseur près de la suture. Le dessous du corps & les pattes sont de couleur testacée.

Il se trouve dans toute l'Europe, sur différentes fleurs, sur différentes plantes. Je l'ai trouvé une fois très-abondant au midi de la France, sur différentes plantes qui croissoient aux bords d'une rivière.

2. NOTOXE cornu.

NOTOXUS cornutus.

Notoxus thoracis cornu protenso, denticulato; elytris pallidis, fasciis tribus atris.

Notoxus cornutus. FABR. *Ent. Syst. em. tom.* 1. *p.* 211. *n°.* 7.

Anthicus cornutus. FABR. *Syst. Eleut. tom.* 1. *p.* 289. *n°.* 2.

Notoxus Monoceros, var. β. ROSS. *Faun. Etr. tom.* 1. *p.* 139. *n°.* 354. *tab.* 2. *fig.* 14.

Notoxus trifasciatus. ROSS. *Faun. Etr. Mant.* 1. *p.* 45.

Notoxus cornutus. PANZ. *Faun. Germ. Fasc.* 74. *fig.* 7.

Il est de la grandeur du Notoxe Monocéros, auquel il ressemble beaucoup. Les antennes sont pâles. La tête est noire, avec la bouche pâle. Le corcelet est un peu velu, d'un brun-ferrugineux, armé d'une corne avancée, obtuse, avec les bords & la partie supérieure de la base au milieu, dentelés. Cette corne est un peu creuse du milieu à l'extrémité. Les élytres sont velues, noires, avec deux bandes pâles. Le dessous du corps est noir. Les pattes sont pâles.

Il se trouve au midi de la France & de l'Italie, sur le Noyer; il se trouve aussi sur la côte de Barbarie.

3. NOTOXE Rhinocéros.

NOTOXUS Rhinoceros.

Notoxus thoracis cornu protenso, denticulato, pallido; elytris nigris, pallido-marginatis.

Notoxus Rhinoceros. FABR. *Ent. Syst. Suppl. p.* 66.

Anthicus Rhinoceros. FABR. *Syst. Eleut. t.* 1. *p.* 289. *n°.* 3.

Notoxus serricornis. PANZ. *Faun. Germ. Fasc.* 31. *tab.* 17.

Il est une fois plus petit que les précédens. Les antennes, la tête, le corcelet & les pattes sont d'un jaune-pâle. Le corcelet est armé d'une corne avancée, légérement dentelée sur tous ses bords, un peu plus pointue que dans l'espèce précédente. Les élytres sont légérement pubescentes, noires, avec le rebord d'un jaune-pâle. La poitrine & l'abdomen sont noirs.

Il se trouve au midi de la France, en Allemagne.

4. NOTOXE Monodon.

NOTOXUS Monodon.

Notoxus thoracis cornu protenso, obtuso, testaceus; elytris fasciâ nigrâ.

Anthicus Monodon. FABR. *Syst. Eleut. tom.* 1. *p.* 289. *n°.* 4.

Il ressemble, pour la forme & la grandeur, au

Notoxe Monocéros. Les yeux sont noirs. La tête est pâle, un peu velue. Le corcelet est pâle, un peu velu, armé d'une corne avancée, obtuse, dont les bords sont noirs, à peine dentelés. Les élytres sont légérement velues, pâles, avec une bande au milieu, obscure, plus ou moins marquée, qui manque quelquefois, & est remplacée par un point obscur. On voit quelquefois un autre point vers la base, près de la suture, & une ligne longitudinale vers le bord extérieur, qui ne s'étend guère au-delà du milieu. Le dessous du corps & les pattes sont d'une couleur testacée pâle, comme celle du dessus du corps.

Il se trouve en Caroline, d'où il a été apporté par M. Bosc.

5. Notoxe lancifère.

Notoxus lancifer.

Notoxus thoracis cornu protenso, subdentato; hirtus, pallidè testaceus; elytris maculâ fuscâ.

Il ressemble au Notoxe Monocéros. Tout le corps est velu. Les yeux sont noirs. Les antennes, la tête & le corcelet sont testacés. La corne de celui-ci est avancée, un peu creuse supérieurement du milieu à l'extrémité, avec les bords à peine dentelés, légérement noirs. Les élytres sont d'une couleur testacée, plus pâle que la tête & le corcelet, & marquées d'une tache obscure, placée un peu au-delà du milieu. Le dessous du corps & les pattes sont testacés.

Je l'ai trouvé en juin dans le désert de l'Arabie.

6. Notoxe Bison.

Notoxus Bison.

Notoxus thoracis cornu protenso, denticulato; corpore testaceo, immaculato.

Il est une fois plus petit que le Notoxe Monocéros. Tout le corps est testacé, à peine pubescent. Les yeux seuls sont noirs. La corne du corcelet est avancée, pointue, bien dentelée sur tous ses bords, qui sont légérement noirs. Les pattes sont grêles, & les tarses filiformes, alongés.

Je l'ai trouvé en juin dans le désert de l'Arabie.

II. *Corcelet simple.*

7. Notoxe ruficolle.

Notoxus ruficollis.

Notoxus niger, capite thoraceque rufis.

Anthicus ruficollis. Fabr. *Syst. Eleut. tom.* 1. *p.* 289. *n°.* 5.

Il est deux fois plus grand que le Notoxe floral. La tête est rouge, avec la bouche obscure. Les antennes sont filiformes, noires, & ont le dernier article plus gros, plus long que les autres, & cylindrique. Le corcelet est arrondi, lisse, rouge, luisant, sans tache. Les élytres sont à peine striées, & d'un noir-bleuâtre, luisant. Le dessous du corps est noir.

Il se trouve dans l'Amérique méridionale.

8. Notoxe fulvicolle.

Notoxus fulvicollis.

Notoxus ater, thorace rotundato, rufo.

Anthicus fulvicollis. Fabr. *Syst. Eleut. tom.* 1. *p.* 290. *n°.* 6.

Il ressemble beaucoup au précédent pour la forme & la grandeur. Les antennes & la tête sont très-noires. Le corcelet est arrondi, lisse, rouge, sans tache. Les élytres sont noires, pubescentes. Le dessous du corps est noir.

Il se trouve dans l'Amérique méridionale.

9. Notoxe abdominal.

Notoxus abdominalis.

Notoxus niger, thorace rufo, elytris basi testaceis, apice nigris.

Anthicus abdominalis. Fabr. *Syst. Eleut. t.* 1. *p.* 290. *n°.* 7.

Il ressemble beaucoup aux précédens. Les antennes & la tête sont noires. Le corcelet est arrondi, rouge, sans tache. Les élytres sont pubescentes, testacées à leur base, noires à leur extrémité. Le dessous du corps est noir; mais l'abdomen est testacé, avec l'extrémité noire. Les pattes sont noires, avec la base des cuisses testacée.

Il se trouve dans l'Amérique méridionale.

10. Notoxe fuscipenne.

Notoxus fuscipennis.

Notoxus ater, nitidus, elytris obscuris.

Anthicus fuscipennis. Fabr. *Syst. Eleut. t.* 1. *p.* 290. *n°.* 8.

Il ressemble aux précédens. Les antennes sont obscures. La tête & le corcelet sont noirs, luisans, sans tache. Les élytres sont pubescentes, obscures. Le dessous du corps est noir.

Il se trouve dans l'Amérique méridionale.

11. Notoxe fascié.

Notoxus fasciatus.

Notoxus pubescens, niger, elytris fasciâ albâ.

Anthicus fasciatus. Fabr. *Syst. Eleut. tom.* 1. *p.* 290. *n°.* 9.

Il est petit. La tête & le corcelet sont pubescens, noirs. Les élytres sont pointillées, pubescentes, noires, avec une bande au milieu, blanche. Les pattes sont noires, avec la base des cuisses & les jambes blanches.

Il se trouve dans l'Amérique méridionale.

12. Notoxe thoracique.

Notoxus thoracicus.

Notoxus pubescens, cyaneus, thorace rufo, medio cyaneo, puncto utrinquè impresso.

Anthicus thoracicus. Fabr. *Syst. Eleut. tom.* 1. *p.* 291. *n°.* 10.

Il a environ trois lignes de longueur. Les antennes sont noires, plus courtes que le corcelet, & ont les trois derniers articles en massue. La tête est noire. Le corcelet est d'un rouge-pâle, avec une grande tache au milieu, d'un noir-bleuâtre luisant. Les élytres sont un peu raboteuses, d'un noir-violet. Le dessous du corps & les pattes sont noirs. Tout le corps est velu, & les poils paroissent cendrés.

Il se trouve en Caroline, d'où il a été apporté par M. Bosc.

Nota. Il est fort douteux que les six espèces qui précèdent, appartiennent à ce genre.

13. Notoxe aptère.

Notoxus apterus.

Notoxus apterus, ater, nitidus, elytris ovato-oblongis.

Il est un peu plus grand que le Notoxe pédestre, auquel il ressemble un peu. Tout le corps est très-noir, luisant. Le noir des élytres est un peu bleu. La tête est lisse. Le corcelet est lisse, arrondi, rétréci postérieurement & un peu alongé, plus étroit que la tête. Les élytres sont lisses, convexes, ovales, un peu pointues à l'extrémité. On y apperçoit quelques poils gris très-clair-semés. Les cuisses sont très-renflées : les antérieures sont un peu plus longues & un peu plus grosses que les autres. Il paroît n'avoir point d'ailes, quoique les élytres ne soient pas soudées à leur suture.

Il provient de la collection faite par feu Riche dans son voyage aux Indes orientales & aux mers australes, & m'a été communiqué par M. Brongniart.

14. Notoxe pédestre.

Notoxus pedestris.

Notoxus ater, nitidus, thorace ferrugineo, femoribus anticis dentatis. Fabr. *Ent. Syst. em. Suppl. p.* 66.

Anthicus pedestris. Fabr. *Syst. Eleut. tom.* 1. *p.* 291. *n°.* 12.

Notoxus pedestris *niger, thorace elongato, rufo; elytris pubescentibus, puncto utrinquè baseos subrufo.* Ross. *Faun. Etr. Mant.* 1. *pag.* 45. *n°.* 114.

Notoxus pedestris. Panz. *Faun. Germ. Fasc.* 23. *tab.* 7.

Notoxus equestris. Panz. *Faun. Germ. Fasc.* 74. *tab.* 8.

Il n'a pas deux lignes de longueur. Les antennes sont noires, avec les quatre ou cinq premiers articles d'un rouge-obscur. La tête est noire. Le corcelet est rouge-foncé, très-légérement pointillé. Les élytres sont noires, marquées, vers la base, d'une raie transverse d'un rouge-obscur. La loupe ne laisse voir aucun point, mais seulement un duvet clair-semé gris. La poitrine est d'un rouge-obscur, & l'abdomen est noir. Les pattes sont noirâtres, avec la base des cuisses & les jambes rougeâtres. Les cuisses antérieures, dans l'un des deux sexes, sont armées d'une forte épine, placée au milieu de la partie inférieure.

Il se trouve au midi de la France, de l'Italie & de l'Allemagne, dans les îles de l'Archipel, en Arabie.

15. Notoxe nectarien.

Notoxus nectarinus.

Notoxus niger, thorace fusco-ferrugineo, elytris fasciis duabus flavis interruptis.

Notoxus nectarinus. Panz. *Faun. Germ. Fasc.* 23. *tab.* 8.

Il est plus petit que le Notoxe pédestre. Les antennes sont pâles, avec les derniers articles obscurs. La tête est noire, avec la bouche pâle. Le corcelet est d'un ferrugineux plus ou moins brun. Les élytres sont noires, avec deux petites bandes jaunes, un peu interrompues à la suture.

Il se trouve en France, sur les montagnes des environs de Clermont en Auvergne, en Allemagne.

16. Notoxe anthérin.

Notoxus antherinus.

Notoxus niger, elytris fasciis duabus ferrugineis. Fabr. *Ent. Syst. em. tom.* 1. *p.* 212. *n°.* 9.

Anthicus antherinus. Fabr. *Syst. Eleut. tom.* 1. *p.* 291. *n°.* 13.

Meloe antherinus. Linn. *Syst. Nat.* 2. *p.* 681. *n°.* 16. — *Faun. Suec. n°.* 829.

Notoxus antherinus. Illig. *Coleopt. Bor. t.* 1. *p.* 288.

Notoxus antherinus. Latr. *Hist. nat. des Crust. & des Ins. tom.* 10. *p.* 355. — *Gen. Crust. & Ins. tom.* 2. *p.* 202.

Anthicus antherinus. Payk. *Faun. Suec. t.* 1. *p.* 255. *n°.* 2.

Notoxus antherinus. PANZ. *Faun. Germ. Fasc.* 11. *fig.* 14.

Il a une ligne & demie de longueur. Les antennes sont noires, filiformes, légérement velues. Tout le corps, vu à la loupe, paroît à peine pubescent. La tête est noire. Le corcelet est arrondi, de la largeur de la tête, peu aminci postérieurement. Les élytres sont pointillées, ferrugineuses, avec une tache noirâtre, presque triangulaire, autour de l'écusson, qui descend le long de la suture & va joindre une bande de la même couleur qui les traverse. On voit de plus une tache de la même couleur à l'extrémité. Le dessous du corps est noir.

Il se trouve en France, en Allemagne, en Italie.

17. NOTOXE trifascié.

NOTOXUS trifasciatus.

Notoxus capite thoraceque ferrugineis, elytris flavescentibus, fasciis duabus nigris.

Anthicus trifasciatus. FABR. *Syst. Eleut. t.* 1. *p.* 291. *n°.* 14.

Il est de la grandeur du précédent. La tête & le corcelet sont ferrugineux, sans tache. Les élytres sont courtes, jaunâtres, marquées de deux bandes noires.

Il se trouve dans l'Amérique méridionale.

18. NOTOXE grêle.

NOTOXUS gracilis.

Notoxus elongatus, ater, antennis, elytris pedibusque flavis. PANZ. *Faun. Germ. Fasc.* 38. *tab.* 21.

Il est de la grandeur du Notoxe anthérin; mais il est un peu plus étroit. Les antennes sont testacées. La tête est noire, avec la bouche jaune. Le corcelet est noir, presque globuleux, un peu aminci postérieurement. Les élytres sont pointillées, testacées, avec un peu d'obscur au milieu, vers le bord extérieur. L'abdomen est noir, un peu plus long que les élytres. Les pattes sont testacées.

Il se trouve en Europe.

19. NOTOXE floral.

NOTOXUS floralis.

Notoxus niger, thorace ferrugineo; elytris fuscis, basi pallidioribus.

Notoxus formicarius. Ent. tom. 3. *genre* 51. *n°.* 2. *tab.* 1. *fig.* 3. a. b.

Notoxus floralis *niger, thorace ferrugineo.* FABR. *Ent. Syst. em. tom.* 1. *p.* 212. *n°.* 10.

Anthicus floralis. FABR. *Syst. Eleut. tom.* 1. *p.* 291. *n°.* 15.

Meloe floralis. LINN. *Syst. Nat.* 2. *p.* 681. *n°.* 15. — *Faun. Suec. n°.* 830.?

Cantharis fusca, elytris anticè, thoraceque elongato rubris. GEOFF. *Inf. Paris. tom.* 1. *p.* 344. *n°.* 8.

Meloe pedicularius. SCHRANK, *Enum. Insect. Austr. n°.* 422.

Notoxus floralis. ILLIG. *Coleopt. Bor. tom.* 1. *p.* 288.

Anthicus floralis. PAYK. *Faun. Suec. tom.* 1. *pag.* 256. *n°.* 3.

Cantharis formicoides. FOURC. *Ent. Paris. t.* 1. *p.* 156. *n°.* 8.

Notoxus floralis. PANZ. *Faun. Germ. Fasc.* 23. *tab.* 5.

Il n'a pas une ligne & demie de longueur. Les antennes sont d'un fauve-pâle, avec les quatre ou cinq derniers articles plus ou moins obscurs. La tête est ferrugineuse, avec la partie supérieure plus ou moins obscure, & quelquefois noire; elle est un peu plus large que le corcelet, & très-finement pointillée. Le corcelet est arrondi, rétréci postérieurement, très-finement pointillé, rouge, avec la partie antérieure quelquefois plus obscure. Les élytres sont finement pointillées, plus ou moins obscures, avec la base plus claire, quelquefois roussâtre. Le dessous du corps est noir ou d'un brun-noirâtre. Les pattes sont testacées, avec une partie des cuisses plus ou moins obscure.

Il se trouve en Europe, sur les fleurs.

20. NOTOXE sellé.

NOTOXUS sellatus.

Notoxus ater, capite thoraceque nigris, elytris ferrugineis; fasciâ mediâ latâ, atrâ. PANZ. *Faun. Germ. Fasc.* 38. *tab.* 20.

Il ressemble beaucoup au Notoxe floral. Les antennes sont ferrugineuses. Tout le corps est légérement pubescent. La tête est noire. Le corcelet est plus étroit que la tête, un peu rétréci postérieurement. Les élytres sont pointillées, ferrugineuses, avec une large bande noire, placée au milieu. Le dessous du corps est noir. Les pattes sont ferrugineuses.

Il se trouve en France, en Allemagne.

21. NOTOXE châtain.

NOTOXUS castaneus.

Notoxus castaneus, immaculatus, elytris punctato-striatis. PANZ. *Faun. Germ. Fasc.* 31. *tab.* 16.

Il ressemble beaucoup au Notoxe floral. Tout le corps est d'un brun-marron, uniforme en dessus. Les yeux seuls sont noirs. Le corcelet est pointillé, de la largeur de la tête, un peu rétréci postérieurement. Les élytres ont des points enfoncés, régulièrement rangés en stries. Le dessous du corps est noirâtre. Les pattes sont d'un brun-marron.

Il se trouve au nord de l'Europe.

22. NOTOXE noir.

NOTOXUS niger.

Notoxus niger, tibiis tarsisque piceis.

Il est une fois plus petit que le Notoxe pédestre. Le corps est noir, à peine pubescent. Les pattes sont noires, avec les jambes & les tarses d'un brun-noirâtre. Le corcelet est arrondi, lisse. Les élytres ne paroissent pas non plus avoir de points enfoncés; ce qui nous a fait croire qu'il ne pouvoit être le *Notoxus ater* de Panzer.

Il se trouve en Italie.

Du cabinet de M. Bosc.

23. NOTOXE âtre.

NOTOXUS ater.

Notoxus ater, immaculatus, thorace elytrisque punctatis. PANZ. *Faun. Germ. Fasc.* 31. *tab.* 15.

Il est de la grandeur du Notoxe pédestre. Tout le corps est noir, glabre. La tête est un peu plus large que le corcelet: celui-ci, ainsi que les élytres, est marqué de points enfoncés.

Il se trouve en Allemagne.

24. NOTOXE bicolor.

NOTOXUS bicolor.

Notoxus niger, elytris ferrugineis.

Anthicus bicolor. FABR. *Syst. Eleut. tom.* 1. *p.* 292. *n°.* 16.

Il est de la grandeur du Notoxe floral. La tête & le corcelet sont noirs, antérieurement amincis. Les élytres sont lisses, testacées.

Il se trouve dans l'Amérique méridionale.

25. NOTOXE biponctué.

NOTOXUS bipunctatus.

Notoxus thorace ferrugineo, elytris testaceis, puncto nigro. FABR. *Ent. Syst. em. tom.* 1. *p.* 112. *n°.* 8.

Anthicus bipunctatus. FABR. *Syst. Eleut. t.* 1. *p.* 291. *n°.* 11.

Notoxus bipunctatus. PANZ. *Faun. Germ. Fasc. tab.* 9.

Cet insecte, que je n'ai pas vu, paroît ne pas appartenir à ce genre; il est petit. Les antennes vont un peu en grossissant; elles sont d'un jaune-pâle, avec les derniers articles noirs. La tête est noire. Le corcelet est presque cylindrique, d'un jaune-fauve. Les élytres sont striées, jaunes, avec un point noir placé au-delà du milieu. Le dessous du corps est noir. Les pattes sont jaunes.

Il se trouve en Allemagne, sur les fleurs.

26. NOTOXE velu.

NOTOXUS hirtellus.

Notoxus hirtus, ater, thorace obscuro, elytris fasciâ baseos ferrugineâ.

Notoxus bicolor. Ent. tom. 3. *n°.* 51. 3. *tab.* 1. *fig.* 4. a. b.

Notoxus hirtellus. FABR. *Ent. Syst. em. Suppl. p.* 67.

Anthicus hirtellus. FABR. *Syst. Eleut. tom.* 1. *p.* 292. *n°.* 18.

Notoxus hirtellus. PANZ. *Faun. Germ. Fasc.* 35. *tab.* 3.

Il est un peu plus petit que le Notoxe floral. Les antennes sont pâles. La tête est noire, avec la bouche pâle. Tout le corps est couvert de poils longs, grisâtres. Le corcelet est tantôt rouge, tantôt brun; il est pointillé, arrondi, de la largeur de la tête, rétréci postérieurement. Les élytres sont pointillées, noirâtres, avec une bande d'un ferrugineux-pâle près de la base. Le dessous du corps est noir. Les pattes sont d'une couleur testacée plus ou moins obscure, avec l'extrémité des cuisses plus obscure.

Il se trouve en France, en Allemagne.

27. NOTOXE bordé.

NOTOXUS limbatus.

Notoxus ater, nitidus, thoracis limbo ferrugineo. FABR. *Ent. Syst. Suppl. p.* 67.

Anthicus limbatus. FABR. *Syst. Eleut. tom.* 1. *p.* 292. *n°.* 17.

Il ressemble au Notoxe floral. Tout le corps est très-noir, luisant, excepté le corcelet, qui est bordé de ferrugineux.

Il se trouve à Kiell.

28. NOTOXE flavipède.

NOTOXUS flavipes.

Notoxus obscurus, pubescens, elytris obscurè ferrugineis, maculâ baseos dorsique atris; antennis pedibusque flavis. PANZ. *Faun. Germ. Fasc.* 38. *tab.* 22.

Il est un peu plus petit & un peu plus large que le Notoxe anthérin. Les antennes sont jaunes. La tête & le corcelet sont noirs: celui-ci est arrondi, un peu plus étroit que la tête. Les élytres sont pointillées, brunes, avec une tache presque triangulaire, commune aux deux, à la base, & une autre ovale sur la suture. Le dessous du corps est obscur. Les pattes sont jaunes.

Il se trouve en Europe.

29. NOTOXE mélanocéphale.

NOTOXUS melanocephalus.

Notoxus testaceus, capite nigro, elytris basi obliquè impressis.

Notoxus fulvus. Ent. tom. 3. *n°.* 51. 4. *tab.* 1. *fig.* 5. a. b.

Notoxus populneus *lævis, testaceus, capite nigro.* FABR. *Ent. Syst. Suppl. p.* 67.

Anthicus populneus. FABR. *Syst. Eleut. tom.* 1. *p.* 292. *n°.* 19.

Notoxus melanocephalus. PANZ. *Faun. Germ. Fasc.* 35. *tab.* 5.

Il a une ligne de long. Les antennes sont testacées, & vont un peu en grossissant. La tête est noire, & quelquefois brune. Les yeux sont noirs. Le corcelet est testacé, moins arrondi que dans les espèces précédentes, aussi large en arrière qu'en avant, de la largeur de la tête, marqué postérieurement d'une impression transversale. Les élytres sont testacées, pointillées, & ont une impression oblique un peu arquée, qui part de la base & se dirige vers la suture. La partie qui est voisine de l'écusson paroît par ce moyen un peu en bosse. Le dessous du corps & les pattes sont testacés, avec l'abdomen un peu obscur.

Il se trouve aux environs de Paris, en Allemagne.

30. NOTOXE du Peuplier.

NOTOXUS populneus.

Notoxus pallidè ferrugineus, capite fusco, elytris punctatis holosericeis.

Notoxus populneus *ferrugineus, elytris pallido-subbifasciatis.* PANZ. *Faun. Germ. Fasc.* 35. *tab.* 4.

Il ressemble au précédent; mais ses élytres sont un peu plus pointillées, couvertes d'un léger duvet soyeux, qui y fait paroître, à un certain jour, comme deux bandes, & sont proportionnellement plus grandes & un peu plus convexes. Les antennes sont testacées. La tête est d'un testacé un peu obscur. Les yeux sont noirs. Le corcelet est testacé, de la largeur de la tête & de largeur égale, tant en arrière qu'en avant. Les élytres ont une impression oblique un peu arquée, à la base, moins marquée que dans le précédent. Le dessous du corps & les pattes sont testacés.

Il se trouve en France, en Allemagne.

Nota. L'insecte décrit sous le même nom par Fabricius me paroît mieux se rapporter au précédent qu'à celui-ci.

NYCTÉRIBIE. *Nycteribia.* Genre d'insectes de la première section de l'Ordre des Aptères, & de la famille des Phthiromyies.

Les Nyctéribies ont leur tête unie au corcelet, les antennes nulles ou peu distinctes, la bouche en suçoir, six pattes longues, épineuses; le premier article des tarses mince & fort long; le dernier terminé par deux crochets très-forts.

Linné a placé cet insecte parmi les Mittes, quoiqu'il n'ait que six pattes, & que les Mittes en aient huit. Fabricius a d'abord suivi l'exemple de Linné, & on a imité ces auteurs à l'article MITTE de ce Dictionnaire. M. Latreille, en établissant le premier ce genre, l'avoit placé d'abord à côté des Arachnides, dans l'Ordre des Acéphales; mais il a reconnu ensuite qu'il étoit très-voisin des Hippobosques, dont quelques espèces sont privées d'ailes. M. Herman a donné à ce genre le nom de *Phthiridie.* Celui de *Nyctéribie,* adopté par Fabricius, lui vient de ce que la seule espèce qu'il ait connue & décrite vit aux dépens du Chauve-Souris, nommé *Nycteris* par les Grecs.

Les antennes, qu'on doit supposer exister par analogie, sont si courtes, si peu apparentes, qu'il nous a été impossible de les bien distinguer. M. Latreille dit qu'on voit un très-petit tubercule, presque conique, biarticulé, placé près des yeux, qu'il soupçonne être l'antenne. M. Herman affirme, au contraire, que le Nyctéribie n'a point d'antennes.

La bouche s'avance, & forme un tube relevé, assez épais, cylindrique, coriacé, sétigère, renfermant le suçoir & deux valves filiformes, qu'on doit supposer être les antennules. Les yeux paroissent comme un point noir, presqu'imperceptible.

La tête est unie au corcelet, & celui-ci est inégal, membraneux en dessus, plat & coriace en dessous. On ne voit aucune trace d'ailes ni de balanciers.

L'abdomen est petit, ovalaire & un peu séparé du corcelet.

Les pattes, au nombre de six, partent du corcelet, & sont fort longues & épineuses. La hanche est courte & bien distincte. La cuisse & la jambe, presqu'aussi longues l'une que l'autre, sont un peu comprimées. Le premier article du tarse est remarquable en ce qu'il est très-mince, aussi long que la jambe, un peu arqué. Les trois suivans sont plus gros, très-courts, à peine distincts. Le dernier est terminé par deux crochets très-forts, très-courbés, & par deux pelottes spongieuses.

Les Nyctéribies paroissent peu différer des Hippobosques quant à leur organisation & à leur manière de vivre; mais on les prendroit, au premier aspect, pour des Araignées à six pattes, à cause de la longueur de ces parties; ils s'attachent au corps des Chauve-Souris, & se nourrissent à leurs dépens. M. Latreille soupçonne que ces insectes ne subissent point de métamorphose, attendu qu'il en a vu un grand nombre d'individus de différentes grandeurs, qui avoient tous la même forme.

NYCTÉRIBIE.

NYCTERIBIA. LATR. FABR. *ACARUS.* LINN. *PHTHIRIDIUM.* HERM.

CARACTÈRES GÉNÉRIQUES.

Bouche en forme de tube, portant un suçoir et deux palpes sétiformes.

Antennes formant un tubercule presque conique, biarticulé, à peine apparent.

Tête unie au corcelet; abdomen distinct.

Six pattes longues; premier article des tarses long, mince, courbé.

ESPÈCES.

1. NYCTÉRIBIE du Chauve-Souris.

Abdomen ovale, marqué de huit anneaux, terminé par deux soies penchées.

2. NYCTÉRIBIE biarticulé.

Abdomen oblong, marqué de deux anneaux, terminé par deux filets sétifères.

1. Nyctéribie du Chauve-Souris.

Nycteribia Vespertilionis.

Nycteribia abdomine ovato, segmentis octo, apice setis duabus inflexis.

Cet insecte est mentionné à l'article Mitte, n°. 19. On peut joindre aux synonymes qui y sont rapportés, les suivans.

Nycteribia Vespertilionis. Latr. *Précis des caractères des Ins. p.* 176. — *Hist. nat. des Crust. & des Ins. tom.* 3. *p.* 467, & *tom.* 14. *p.* 403. *pl.* 92. *fig.* 14. — *Gen. Crust. & Ins. tom.* 1. *tab.* 15. *fig.* 11, & *tom.* 4. *p.* 364.

Nycteribia Vespertilionis. Fabr. *Syst. Antliat. p.* 350.

Phthiridium Vespertilionis. Herm. *Apt. p.* 120. *tab.* 5. *fig.* 1.

2. Nyctéribie biarticulé.

Nycteribia biarticulata.

Nycteribia abdomine oblongo, segmentis duobus, apice stilis duobus setosis.

Phthiridium biarticulatum. Herm. *Apt. p.* 124. *tab.* 6. *fig.* 1.

Il diffère du précédent en ce qu'il a la tête très-glabre, l'abdomen alongé, formé seulement de deux articles. L'extrémité est munie de deux filets coniques, terminés par quelques soies. Les jambes sont moins épineuses que dans l'espèce précédente.

Il a été trouvé par M. Herman sur la Chauve-Souris fer à cheval.

NYMPHALE. *Nymphalis.* Genre d'insectes de l'Ordre des Lépidoptères, & de la famille des Papilionides.

M. Latreille avoit établi, dans son ouvrage ayant pour titre *Genera Crustaceorum & Insectorum*, un genre d'insectes dans l'Ordre des Lépidoptères, portant le nom de *Nymphale*, qui répondoit à la division des Nymphes, établie par Linné dans son genre Papillon; mais il a, dans ses *Considérations générales sur l'ordre naturel des Crustacées & des Insectes*, subdivisé ce genre en plusieurs, tels que Argynne, Vanesse, Biblis, Nymphale, Satyre. Fabricius a de même subdivisé en un grand nombre de genres les Nymphes de Linné, & préparé en outre, sur tous les Lépidoptères, un travail considérable, que la mort l'a empêché de publier, & dont M. Illiger doit incessamment nous faire jouir. Nous attendons la publication de ce travail intéressant pour entreprendre le nôtre sur le même objet, & nous croyons, pour le moment, devoir renvoyer à l'article Papillon, tant pour les Nymphales de M. Latreille & les Nymphes de Linné, que pour tous les autres genres créés par différens auteurs aux dépens de celui de Papillon. *(Voyez ce mot.)*

NYMPHE. *Pupa.* C'est le troisième état par lequel passent les insectes avant de parvenir à celui de perfection.

Tous les insectes rangés dans les sept premiers Ordres subissent diverses métamorphoses; ils passent d'abord par l'état d'œuf, ensuite de larve, puis de Nymphe, & sortent de ce dernier pour se montrer dans leur état de perfection. Mais comme leur transformation s'opère de diverses manières, & que la forme sous laquelle ils se présentent dans ces divers états, & notamment dans celui de Nymphe, diffère souvent à plusieurs égards, je ne dirai pas d'un Ordre à un autre, mais dans les genres que la plupart des entomologistes ont regardés jusqu'à présent comme très-voisins les uns des autres, nous croyons devoir faire observer que rien ne peut jeter un plus grand jour sur l'histoire générale de ces petits animaux, que la connoissance exacte de ces divers états. Ainsi donc l'étude de l'Entomologie ne fera de rapides progrès que lorsqu'on sera parvenu à suivre tous les insectes dans leurs métamorphoses, & dans leur manière de vivre & de travailler; qu'on les aura décrits sous les différentes formes qu'ils prennent. Ce ne sera aussi qu'alors que l'on pourra tenter, avec quelqu'espoir de succès, de les réunir en groupes ou familles.

Le nom de *Nymphe* vient probablement de ce que les insectes, dans cet état, sont comme emmaillotés & chargés de bandelettes. On les a comparés assez mal-à-propos à une jeune mariée. Parmi ces Nymphes, les unes sont dorées & brillantes; ce qui les a fait nommer *Chrysalides* ou *Aurélies*. On distingue à celles-ci tous les membres & toutes les parties de l'insecte parfait sous l'enveloppe qui les couvre; mais il y en a qui ne présentent qu'un corps oblong, sur lequel on apperçoit seulement quelques anneaux & quelques éminences; ce qui leur a fait donner le nom de *fève*.

Swammerdam, d'après les observations & les remarques qu'il avoit faites sur les insectes, les a distribués en quatre classes, fondées sur les différens changemens par lesquels ils ont à passer, & qu'il explique dans un long détail. Réaumur, Degeer & Lyonnet ont très-bien développé l'essentiel de ces quatre sortes de changemens.

« On entend, dit Lyonnet, par l'état de Nymphe, un état d'imperfection accompagné souvent d'inactivité, de jeûne & de foiblesse, par où l'insecte passe après être parvenu à une certaine grandeur, & dans lequel son corps reçoit les préparations nécessaires pour être transformé en son état de perfection. Toutes les parties extérieures de l'insecte se trouvent alors revêtues, ou de leur peau naturelle, ou d'une fine membrane, ou bien d'une enveloppe dure & crustacée. »

Dans

Dans la première classe sont compris tous les insectes qui conservent toute leur vie la forme qu'ils reçoivent en sortant de l'œuf; ils muent ou changent de peau en grossissant, mais n'éprouvent aucun changement notable dans leur forme. Linné & Fabricius nomment cette sorte de Nymphe *Completta*.

Dans ces insectes il n'y a pas, à proprement parler, de métamorphose ou transformation. L'animal ne passe donc pas par les deux états intermédiaires de larve & de Nymphe; il se nourrit & prend de l'accroissement pendant toute la durée de sa vie, & n'a pas, pour s'accoupler, une époque aussi bien marquée ou aussi visible que ceux qui ont passé par l'état bien apparent de larve & de Nymphe. On place communément dans cette classe les Arachnides, les Crustacés, & en général tous les Aptères, si nous en exceptons la Puce : cependant quelques-uns de ces insectes éprouvent des changemens qui semblent faire exception à la règle générale. Quelques Mittes, si nous en croyons un observateur très-exact (Degeer), naissent avec six pattes seulement, & en obtiennent ensuite deux autres. Les Jules acquièrent, en se développant, plus de pattes qu'ils n'en ont en naissant. Le Monocle quadricorne, aujourd'hui Cyclops quadricorne, ainsi que la plupart des autres Entomostracés, éprouvent, selon le même auteur, une véritable transformation.

La seconde classe de Nymphes, appelée par Lyonnet *semi-Nymphes* ou *demi-Nymphes*, & par Linné & Fabricius *Metamorphosis semicompleta*, comprend les insectes de l'Ordre des Orthoptères & des Hémiptères. Ces insectes sortent de l'œuf avec six pattes, qu'ils conservent dans l'état de Nymphe; ils se meuvent, & continuent de prendre leur nourriture sous cette troisième forme. Le seul changement qu'ils ont éprouvé en passant de l'état de larve à celui de Nymphe, c'est d'avoir obtenu des moignons d'ailes, c'est-à-dire que les ailes, avec leurs étuis, sont restées sous une enveloppe dont l'insecte se débarrassera en passant à son quatrième état, celui de perfection; mais il faut remarquer que la plupart des Orthoptères & des Hémiptères restent sous l'état de Nymphe, & sont capables, dans cet état, de s'accoupler & de se reproduire. On voit même des espèces de ces deux Ordres, dont les unes restent dans l'état de Nymphe, & les autres parviennent à celui de perfection, & cependant les premières n'en ont pas moins la faculté de se reproduire.

On a rangé dans cette classe de Nymphes les Libellules & la plupart des Névroptères, quoique la transformation de ces insectes diffère, à bien des égards, de celle des Orthoptères & des Hémiptères; ils naissent, à la vérité, comme les autres, avec six pattes. La Nymphe diffère peu de la larve; elle se nourrit & se meut comme elle; mais l'une & l'autre ont un aspect bien différent de l'insecte parfait; & jamais ils ne se reproduisent, comme font les autres, dans leur état de Nymphe.

Les Nymphes des deux autres classes ne ressemblent en rien à celles-ci; elles sont privées de mouvement progressif, & ne prennent point de nourriture. La larve étoit apode ou étoit pourvue de six, huit, dix, douze ou même jusqu'à vingt & vingt-deux pattes. La Nymphe n'en a jamais que six, qui sont collées, avec ses antennes & ses ailes, contre la poitrine, & s'y trouvent comme emmaillotées. Dans l'une d'elles ou la troisième classe sont comprises les Nymphes de tous les Coléoptères, des Hyménoptères & de quelques Diptères. Toutes les parties de l'insecte parfait sont visibles. La Nymphe ne peut marcher; mais elle jouit d'un certain mouvement : elle s'agite lorsqu'on la touche; elle remue fortement la partie postérieure du corps sans pouvoir pourtant se déplacer. Ce mouvement ne lui est probablement accordé que dans la vue d'écarter ce qui peut l'incommoder. Linné & Fabricius nomment cette Nymphe *Metamorphosis incompleta*.

Les Nymphes des Lépidoptères doivent entrer naturellement dans cette troisième classe de Swammerdam; mais il a plu aux naturalistes plus modernes de les distinguer, & d'en faire une quatrième classe. On leur a donné le nom de *Chrysalide* & d'*Aurélie*, ainsi qu'on a donné aux larves celui de *Chenille*, en latin *Eruca*. Linné & Fabricius nomment cette dernière *Metamorphosis obtecta*.

Dans la quatrième classe de Swammerdam, la cinquième de Linné, sont rangées les Nymphes de la plupart des Diptères; elles ne quittent pas, comme les autres, leur peau ou enveloppe de larve; mais cette enveloppe se gonfle, se durcit, & sert alors de coque. La Nymphe est entiérement privée de mouvement, & on la prendroit, sous cette forme, plutôt pour un œuf que pour une Nymphe. Aucune partie de l'animal ne se montre au dehors. L'insecte parfait sort de son enveloppe par une sorte de porte qui s'ouvre à cet effet. Linné & Fabricius nomment cette Nymphe *Metamorphosis coarctata*.

Lyonnet, dans les notes qu'il donne à la *Théologie des Insectes* par Lesser, *tom. I, pag.* 155, s'exprime ainsi : « M. de Réaumur, à qui l'histoire naturelle est redevable de quantité de belles découvertes, a trouvé dans la transformation des insectes de la quatrième classe un nouveau caractère que personne peut-être n'avoit encore observé avant lui, & qui les distingue, ce me semble, plus essentiellement des autres classes que celui de changer en Nymphe sans quitter la peau; il a découvert qu'ils subissent une transformation de plus que les autres insectes; qu'avant de devenir Nymphes ils prennent sous cette peau la forme d'une ellipsoïde ou d'une boule alongée, dans laquelle on ne reconnoît aucune partie de l'animal; que, dans cet état, la tête, le corcelet, les ailes & les jambes de la Nymphe sont renfermés dans la cavité intérieure du ventre, dont elles sortent successivement par le bout antérieur, à peu près de la même manière qu'on feroit sortir l'extrémité d'un doigt de gant qui seroit rentré dans sa propre cavité. Les insectes de cette classe ne se distinguent donc pas des autres, seulement en ce qu'ils se changent en Nymphes sous leur peau, mais surtout en ce que, pour devenir Nymphes, ils subissent une double transformation. Suivant cette idée, on pourroit réduire les différences des quatre Ordres de transformations à des termes plus aisés & plus simples, en disant que les insectes du premier Ordre, après être sortis de l'œuf, parviennent à leur état de perfection sans s'y disposer par aucun changement de forme; que ceux de la seconde classe s'y disposent par un changement de forme incomplet, ceux de la troisième par un changement de forme complet, & ceux de la quatrième par un double changement de forme. »

Les larves qui doivent se transformer en Nymphes de la troisième & de la quatrième classe cessent de prendre des alimens lorsqu'elles sont parvenues à tout leur accroissement, & cherchent un lieu favorable à leur transformation; elles évacuent peu à peu tout le canal intestinal, le débarrassant entiérement de tous les excrémens qu'il contenoit, & se tiennent pendant quelques jours dans un profond repos: après quoi les unes se filent une coque avec diverses matières qu'elles tirent de leur corps ou qu'elles savent prendre autour d'elles. Les autres restent nues, & se fixent contre le tronc ou les rameaux des végétaux, ou quelquefois sur une simple feuille. Les Cassides, les Coccinelles & quelques Chrysomèles sont dans le dernier cas. Leurs Nymphes sont attachées par l'extrémité de l'abdomen, où se trouve encore la peau plissée que la larve vient de quitter.

La plupart des Charansons se filent une coque de soie sur la plante & dans l'endroit même où la larve a vécu. Un grand nombre de Coléoptères se forme dans la terre une coque impénétrable à l'eau, au moyen d'un enduit résineux dont ils revêtent l'intérieur. D'autres restent dans le bois qui les a nourris. On connoît les travaux de la plupart des Hyménoptères, & la manière dont la larve s'enferme dans sa cellule, lorsqu'elle a consommé toute sa pâtée & acquis tout son accroissement.

Les larves des Tenthrèdes & des genres qu'on en a détachés, qu'on désigne sous le nom de *fausses Chenilles*, filent dans la terre, dans le bois ou ailleurs, des coques très-solides, dans lesquelles elles passent l'hiver pour la plupart. Quelques espèces, parmi celles qui passent l'hiver en Nymphe, forment des coques doubles ou enfermées l'une dans l'autre, & y restent pendant long-tems dans l'état de larve, ne passant à celui de Nymphe que peu de tems avant de subir leur dernière métamorphose.

Quoiqu'on ait réduit à un petit nombre de classes les diverses métamorphoses des insectes, il est néanmoins certain que ces métamorphoses présentent des différences très-remarquables, & que les Nymphes diffèrent beaucoup les unes des autres, non-seulement dans leur forme, dans leur habitation, mais dans la manière de quitter leur enveloppe & de se montrer dans l'état de perfection. Nous renvoyons, pour tous les détails connus, aux généralités qui se trouvent à chaque genre, ainsi qu'à l'introduction & aux articles INSECTE, LARVE, CHENILLE, CHRYSALIDE.

NYMPHE. *Nympha.* C'est le nom que Linné a donné à l'une des cinq divisions qu'il a établies dans le genre Papillon, & dont le caractère est d'avoir les ailes dentelées. Il a subdivisé les Nymphes en Nymphes oculées, c'est-à-dire, dont les ailes ont des taches qui ressemblent à des yeux, taches placées, ou sur toutes les ailes, ou seulement sur les supérieures ou sur les inférieures, & en Nymphes aveugles ou qui n'ont point de ces sortes de taches. Cette division avoit été adoptée par tous les entomologistes; mais dans ces derniers tems les Nymphes, ainsi que les quatre autres divisions que Linné avoit établies, ont été subdivisées en plusieurs genres que nous ferons connoître à l'article PAPILLON. *(Voyez ce mot.)*

NYMPHON. *Nymphon.* Genre d'insectes de la troisième section de l'Ordre des Aptères, & de la famille des Pycnogonides, selon Latreille.

Les Nymphons se font remarquer par quatre yeux, deux antennes sétacées, deux antennules en pinces & dix pattes, dont deux antérieures, un peu plus courtes que les autres, sont destinées à servir d'attache aux œufs dans la femelle.

Linné avoit confondu avec les Faucheurs l'espèce qu'il avoit décrite. Fabricius l'avoit d'abord réunie aux Pycnogonons; mais il l'a ensuite séparée pour en faire un genre qu'il a d'abord placé parmi les Antliates, & qu'il paroît ensuite avoir eu l'intention de séparer. MM. Lamarck & Latreille, regardant les antennes de ces insectes comme des antennules, & les deux pattes de devant comme de fausses pattes, les placent avec les Arachnides. Pour moi, je serois bien plus porté à les rapprocher des Crustacés que des Arachnides, tant à cause de leur manière de vivre, que par rapport à leur organisation. En effet, Linné & Othon Fabricius regardent comme des antennes les deux filets qui se trouvent à côté des antennules en pinces qui accompagnent la bouche, filets que Fabricius, Lamarck & Latreille prennent pour des antennules. Quant aux antennules en pince, considérées comme telles par tous les auteurs, M. Latreille les regarde comme des mandibules à peu près semblables à celles des Faucheurs & des Pycnogonons. Si, aux deux antennes dont paroissent pourvus ces insectes, & qui manquent, comme on sait, aux Arachnides, on joint un autre caractère tiré du nombre des pattes, il ne restera plus aucun doute sur la place que les Nymphons doivent occuper. Tous les auteurs sont d'accord sur le nombre des huit pattes postérieures. Quant aux deux antérieures, qu'on regarde comme de fausses pattes, & que Linné dit être deux tentacules filiformes, parallèles au corps, qui s'avancent au-delà de l'anus & sont en pinces au milieu, ce qui leur donne, dit-il, beaucoup d'affinité avec les Crabes, nous ne balançons pas à les regarder comme des pattes, puisqu'elles sont articulées comme les autres, & terminées par un ongle crochu. Ainsi le nombre des pattes excédant celui de huit, nombre auquel se borne celui des Arachnides, nous devons considérer ces insectes comme ayant plus de rapport avec les Crustacés qu'avec les autres; & quant à l'usage de ces pattes, qui est de servir pendant quelque tems d'attache aux œufs que pond la femelle, c'est une analogie de plus que ces insectes ont avec les Crustacés.

NYMPHON.

NYMPHON. Fabr. Latr. *PHALANGIUM.* Linn.

PYCNOGONUM. Mull. Otho Fabr.

CARACTÈRES GÉNÉRIQUES.

Quatre yeux fort petits.

Deux antennes sétacées, courtes.

Deux antennules en forme de pince.

Bouche placée à l'extrémité d'un tube incliné.

Dix pattes fort longues ; les deux antérieures plus courtes, portées en arrière, et servant d'attache aux œufs dans la femelle.

ESPÈCES.

1. Nymphon crassipède.

Corps filiforme, glabre ; pattes très-longues.

2. Nymphon hérissé.

Corps filiforme, hérissé ; pattes longues.

1. Nymphon grossipède.

Nymphon grossipes.

Nymphon corpore filiformi glabro, pedibus longissimis. Fabr. *Ent. Syst. em. tom.* 4. *p.* 417. *n°.* 1.

Pycnogonum grossipes *palpis quaternis, corpore filiformi, pedibus longissimis.* Fabr. *Mant. Inf. tom.* 2. *p.* 368.

Phalangium grossipes *corpore minuto, cylindrico, humeris tuberculato; pedibus longissimis.* Linn. *Syst. Nat.* 2. *p.* 1027. *n°.* 1.

Strœm. *tom.* 1. *p.* 208. *tab.* 1. *fig.* 16.

Pycnogonum grossipes. Mull. *Zool. dan. t.* 2. *p.* & *tab.* 119. *fig.* 5-9.

Pycnogonum grossipes. Otho Fabr. *Faun. Groenl. p.* 229.

Nymphon grossipède. Latr. *Hist. nat. des Crust. & des Inf. tom.* 7. *p.* 333. — *Gen. Crust. & Inf. tom.* 1. *p.* 143.

Cet insecte est décrit par Strœmer & par Othon Fabricius. Voici à peu près la description qu'en donne ce dernier. Le corps est cylindrique, long d'un demi-pouce sur une demi-ligne de largeur; il a, de chaque côté, quatre incisions ou crénelures qui forment, indépendamment de la tête, quatre anneaux mieux distincts au dessous du corps qu'au dessus, & dont le premier est très-grand, & les autres insensiblement plus étroits. Sur le dos du premier anneau s'élève un piquant droit, à la base duquel sont placés, de chaque côté, deux petits yeux noirs, ayant le milieu blanc. Au dernier anneau est attachée une queue courte, horizontale, droite, ou un cylindre dont l'extrémité est un peu amincie, & percée d'un trou qui est probablement l'anus. Les vraies pattes, au nombre de huit, sont longues, minces, presque de même longueur entr'elles : il en part deux de chaque anneau, une de chaque côté, & sont formées de huit articles; savoir : deux petits, globuleux; deux un peu plus longs que les premiers, & presqu'ovales; ensuite trois beaucoup plus longs, un peu comprimés, presqu'égaux ou allant à peine en décroissant. Le dernier, à peine de la longueur du quatrième, mais plus mince, est en croissant, & est terminé par un ongle blanc, mobile, d'un tiers plus court. La tête, qu'on peut regarder comme un cinquième article semblable au suivant, en est séparée par un col postérieurement plus étroit, & elle se prolonge antérieurement en un tube incliné, extérieurement plus épais, terminé par un orifice presque triangulaire. Ces parties égalent ensemble, en longueur, trois articles du corps. A la base du tube sont placées deux antennules en forme de pinces, biarticulées, courbées de manière à s'appliquer sur la bouche. Le premier article est cylindrique, alongé. Le second est plus gros, beaucoup plus court que le premier, terminé en pince. Le doigt inférieur est mobile, & de la longueur de l'autre. En dessous & à la base des antennules, on voit deux antennes aussi longues qu'elles, sétacées, obtuses, recourbées, composées de quatre articles, dont les deux premiers sont alongés, & les deux autres plus courts & presqu'égaux entr'eux. Le premier, considéré attentivement, paroît formé de cinq petits articles. A la base du col sont deux fausses pattes filiformes, plus grêles que les autres, composées de dix pièces, dont les trois premières grosses, très-courtes; les deux suivantes très-longues, minces; deux ensuite beaucoup plus courtes, & trois un peu plus courtes, dont la dernière terminée par un ongle très-aigu. Ces pattes, une fois plus longues que le corps, sont appliquées contre l'abdomen; elles servent aux mêmes usages que les fausses pattes des Crabes & des Ecrevisses, c'est-à-dire, qu'elles sont destinées à servir d'attache aux œufs de l'insecte. Tout le corps est couvert d'une membrane lisse, un peu dure, semblable à celle des Squilles, mais un peu moins solide. La couleur varie; elle est tantôt rougeâtre, tantôt blanchâtre, rarement verdâtre. Celle des œufs est de même rouge, verte, pâle ou semblable à la couleur du corps. Dans quelques individus ces filets manquent; ce qui doit les faire regarder comme des mâles.

M. Othon Fabricius observe qu'il est très-rare qu'on possède un individu parfait, les pattes, les antennes, & surtout les pattes, se détachant facilement, & ayant la faculté de se reproduire comme dans les Crabes.

Le même auteur fait mention d'une variété qui a la tête plus adhérente au corps, & qui manque d'antennes, quoique pourvue d'antennules, & souvent des deux fausses pattes. Cette variété, d'ailleurs en tout semblable à l'autre, lui a paru être un jeune individu, qui acquiert avec l'âge les parties qui lui manquent.

Elle se trouve parmi les Ulves capillaires, les Conferves, & sous les pierres du bord de la mer, en Norwège & dans le Groënland. Les plus grandes espèces sont plus particuliérement au fond de la mer, vers les racines des plus grandes espèces d'Ulves. Elle se nourrit d'insectes & de petits vers marins, &, selon quelques auteurs, elle pénètre dans l'intérieur des coquilles des Moules pour se nourrir de ces mollusques; ce que M. Othon Fabricius dit n'avoir jamais pu observer. Elle se meut lentement, & s'attache avec ses ongles à tous les corps qu'elle rencontre. On la trouve au mois d'octobre, portant ses œufs enfermés dans un sac léger, & fortement attachés aux filets ou fausses pattes dont nous avons parlé. En décembre ces œufs sont devenus plus grands, & faciles à détacher; ce qui fait soupçonner que c'est l'époque où l'animal éclot.

2. Nymphon hérissé.

Nymphon hirtum.

Nymphon corpore filiformi hirto. Fabr. *Ent. Syst. em. tom.* 4. *p.* 417. *n*°. 2.

Cette espèce ressemble beaucoup à la précédente, si ce n'est que le corps est linéaire & entièrement hérissé. Les pattes sont un peu moins longues que dans l'autre, & hérissées comme le corps. Elle se trouve dans la mer de Norwège.

NYSSON. *Nysson.* Genre d'insectes de la première section de l'Ordre des Hyménoptères, & de la famille des Crabronites.

Les Nyssons ont les antennes courtes, les mandibules simples, le corcelet armé postérieurement de deux épines courtes & grosses; le dernier article de l'abdomen pointu dans les femelles, échancré dans les mâles; les ailes supérieures avec une cellule radiale grande, ovale, & trois cellules cubitales, dont la seconde est triangulaire & pétiolée.

Fabricius a placé dans trois genres différens les trois espèces de Nyssons qu'il a connues; il a fait de la première un Frêlon; de la seconde un Sphex & ensuite un Pompile, & de la troisième un Melline, & en dernier lieu un Oxybèle. M. Latreille est le premier qui les ait réunies en un genre qui n'a pas manqué d'être adopté par M. Jurine. En effet, le crochet que présente le dernier article des antennes, les deux petites épines qui se trouvent à la partie postérieure du corcelet, & les trois cellules cubitales des ailes, dont la seconde est pétiolée, sont des caractères qui sont propres aux Nyssons, & qui doivent empêcher de les confondre avec les Oxybèles, les Frêlons & les Pompiles.

Les antennes des Nyssons sont filiformes, à peine renflées au-delà du milieu, plus courtes que le corcelet, composées de douze articles dans les femelles, & de treize dans les mâles. Le premier article est un peu renflé; le second est très-court; le troisième est aminci à sa base. Les autres sont cylindriques. Le dernier, dans les mâles seulement, est un peu crochu. Elles sont insérées à la partie antérieure du front, & l'insecte les recourbe assez ordinairement sur les côtés.

La tête est à peu près de la largeur du corcelet, & aplatie sur le devant. Les yeux à réseau sont grands, entiers, oblongs, peu saillans. On voit trois petits yeux lisses, placés en triangle sur le vertex.

La bouche est composée d'une lèvre supérieure, de deux mandibules, d'une trompe assez courte, & de quatre antennules.

La lèvre supérieure est large, cornée, peu avancée, entière ou à peine échancrée.

Les mandibules sont cornées, dures, un peu arquées, simples. Au dessous des mandibules est une pièce qui répond aux mâchoires des autres insectes; elle est cornée, dure, terminée par deux pièces courtes, dont l'inférieure est beaucoup plus petite que l'autre. A côté d'elles naissent les deux antennules antérieures. La langue ou lèvre inférieure est courte, petite, formée de deux petites pièces qui paroissent membraneuses, & à côté desquelles sont les antennules postérieures.

Les antennules antérieures, un peu plus longues que les autres, sont filiformes, composées de six articles, dont le second & le troisième sont un peu plus gros que les autres. Les postérieures sont filiformes, & composées de quatre articles presque égaux.

Le corcelet est arrondi, un peu convexe. La pièce antérieure ou collier est très-courte, lisse, un peu élevée. La pièce postérieure est terminée de chaque côté par une épine courte.

L'abdomen est ovale, pointu dans les femelles, & armé d'un aiguillon caché dans l'intérieur; il est un peu échancré dans le mâle, & privé de l'aiguillon; il est inséré au corcelet par un pédicule très-court.

Les ailes ne dépassent pas l'abdomen en longueur; elles sont bien veinées. Les supérieures ont leur cellule radiale ou marginale fort grande, inférieurement pointue, & ensuite trois cellules cubitales, dont la première est grande, formant un carré irrégulier. La seconde est petite, triangulaire & pétiolée. La troisième est de grandeur moyenne, rétrécie antérieurement. La seconde donne naissance à deux nervures récurrentes, dont l'une même plus souvent part de la partie inférieure de la première cellule.

Les pattes sont de longueur moyenne, & ne présentent rien de remarquable.

Les Nyssons paroissent appartenir bien plutôt aux régions chaudes qu'à nos climats froids ou tempérés. On trouve les espèces d'Europe sur différentes fleurs, mais plus particulièrement sur les ombellifères. Leur larve & leur manière de vivre nous sont encore inconnues.

NYSSON.

NYSSON. LATR. JUR. *CRABRO. OXYBELUS. POMPYLUS.* FABR.

CARACTÈRES GÉNÉRIQUES.

Antennes courtes, filiformes, à peine renflées vers le milieu; de douze articles dans les femelles; de treize, dont le dernier est crochu, dans les mâles.

Mandibules arquées, simples.

Quatre antennules filiformes; les antérieures de six, les postérieures de quatre articles.

Corcelet armé postérieurement de deux épines courtes.

Ailes supérieures avec une cellule marginale assez grande, et trois cubitales, dont la seconde petite, triangulaire, pétiolée.

ESPÈCES.

1. NYSSON épineux.

Noir; corcelet avec une raie; abdomen avec trois bandes noires.

2. NYSSON interrompu.

Noir; corcelet avec une raie et un point; abdomen avec trois bandes interrompues, jaunes.

3. NYSSON géniculé.

Noir, avec les genoux bruns; abdomen avec trois bandes jaunes, interrompues.

4. NYSSON fascié.

Pubescent, noir; corcelet avec des taches; abdomen avec six bandes jaunes.

5. NYSSON rufipède.

Noir; abdomen avec cinq bandes jaunes, dont trois interrompues; pattes fauves.

6. NYSSON douteux.

Noir, avec un duvet blanchâtre; abdomen avec le bord des anneaux vêlu, blanchâtre.

7. NYSSON moucheté.

Noir; corcelet taché; abdomen avec six points transverses, jaunes, et le premier anneau rouge.

8. NYSSON coupé.

Noir; corcelet avec une raie et deux points; abdomen avec six taches transverses, jaunes.

9. NYSSON miparti.

Noir; abdomen avec les deux premiers anneaux rouges, et une bande interrompue, jaune, sur le troisième.

10. NYSSON maculé.

Pointillé, noir; premier anneau de l'abdomen rouge, et une ligne transverse de chaque côté des autres.

11. NYSSON quadrimoucheté.

Noir, avec les deux premiers anneaux de l'abdomen rouges, marqués de deux points blancs.

1. Nysson épineux.

Nysson spinosus.

Nysson niger, thorace strigâ, abdomine fasciis tribus nigris.

Crabro spinosus. Fabr. *Ent. Syst. em. tom.* 2. *p.* 293. *n°.* 1. — *Syst. Antl. p.* 307. *n°.* 1.

Crabro spinosus. Panz. *Faun. Germ. Fasc.* 62. *tab.* 15.

Nysson spinosus. Latr. *Hist. nat. des Crust. & des Ins. tom.* 13. *p.* 305. — *Gen. Crust. & Insect. tom.* 4. *p.* 91.

Nysson spinosus. Jur. *Hym. p.* 199.

Voyez, pour la description, dans ce Dictionnaire, Frélon, n°. 2.

2. Nysson interrompu.

Nysson interruptus.

Nysson niger, thorace strigâ punctoque, abdomine fasciis tribus interruptis, flavis.

Nysson interruptus. Jur. *Hym. p.* 91.

Mellinus interruptus *ater, nitidus, abdomine fasciis tribus interruptis, albis; pedibus rufis.* Fabr. *Ent. Syst. em. Suppl. p.* 266.

Oxybelus interruptus. Fabr. *Syst. Pyez. p.* 316.

Mellinus interruptus. Panz. *Faun. Germ. Fasc.* 72. *tab.* 13.

Il ressemble beaucoup au précédent pour la grandeur, la forme & les couleurs, & n'en est peut-être qu'une variété, ainsi que l'a pensé M. Latreille. Les antennes & la tête sont noires, avec un léger duvet argenté au-dessus de la bouche. Le corcelet est noir, pointillé, marqué d'une petite raie courte, jaune, à la partie antérieure; d'un point sur les côtés, & d'un autre écailleux à l'origine des ailes. L'abdomen est noir, pointillé, marqué de trois petites bandes jaunes, interrompues. Les pattes sont fauves, avec une partie des cuisses noire.

J'en ai une variété prise dans l'île de Rhodes, dont les pattes sont noires.

3. Nysson géniculé.

Nysson geniculatus.

Nysson ater, geniculis piceis, abdomine fasciis tribus flavis, interruptis.

Il ressemble beaucoup au Nysson interrompu, dont il paroît d'abord n'être qu'une variété. La tête est noire, avec les mandibules d'un rouge-brun. Le corcelet est noir, avec une petite ligne à la partie antérieure, & un point au-devant des ailes, jaunes. L'écaille qui se trouve à l'origine des ailes est noire, ainsi que l'écusson. L'abdomen a trois bandes jaunes interrompues; mais la première est un peu plus grande que dans le Nysson interrompu, & les deux autres sont terminées intérieurement en une pointe qui s'éloigne un peu du bord. Les pattes sont noires, avec les genoux seulement d'un rouge-brun. Les ailes ont une légère teinte obscure.

Je l'ai trouvé dans l'île de Rhodes.

4. Nysson fascié.

Nysson fasciatus.

Nysson pubescens, niger, thorace maculato, abdomine fasciis sex flavis.

Il ressemble, pour la forme & la grandeur, au Nysson épineux. Les antennes sont noires, avec les premiers articles jaunes en devant, & le dernier crochu. La tête est pubescente, noire, avec les antennules & la lèvre supérieure jaunes. Le front est jaune depuis la base des antennes jusqu'à la bouche, avec une tache noire. Le corcelet est pubescent, noir, avec une ligne jaune à la partie antérieure; une autre sur l'écusson, qui s'avance par les côtés & va jusqu'à l'origine des ailes, & une autre postérieurement sur chaque épine. L'abdomen est pubescent, noir, avec six bandes jaunes. Les pattes sont jaunes, avec les cuisses presque entiérement noires, & une partie des jambes également noire. Les ailes sont transparentes.

Il se trouve dans l'Amérique méridionale.

5. Nysson rufipède.

Nysson rufipes.

Nysson niger, abdomine fasciis quinque, primis tribus interruptis, flavis; pedibus rufis.

Il ressemble au Nysson épineux. Les antennes sont noires. La tête est noire, avec les mandibules d'un rouge-brun. Le corcelet est noir, avec une ligne jaune, interrompue à la partie antérieure, & un petit point sur l'écusson. On voit un point écailleux, fauve à l'origine des ailes. L'abdomen est noir, avec cinq bandes jaunes, dont les trois premières sont bien interrompues. Le rebord postérieur de ces anneaux est légérement jaunâtre. Les pattes sont entiérement rougeâtres, excepté la hanche & la pièce intermédiaire, placée entre la hanche & la cuisse, qui sont noires. Les ailes ont une légère teinte d'un roux-obscur, & les nervures sont brunes.

Je l'ai trouvé dans le désert de l'Arabie.

6. Nysson douteux.

Nysson dubius.

Nysson niger, cinereo pubescens, abdomine fasciis villosis, albis.

Il ressemble aux précédens pour la forme & la grandeur. La tête est noire, avec un duvet blanchâtre un peu argenté. Les antennes sont noires. Les yeux sont bruns, légérement entaillés à leur partie antérieure. Le corcelet est de la largeur de la tête, noir, avec un duvet blanchâtre. On ne voit point d'épine à sa partie postérieure. L'abdomen est noir, avec le bord des anneaux couvert d'un duvet blanchâtre. Les pattes sont noires, avec un léger duvet blanchâtre. Les ailes supérieures ont leur cellule marginale oblongue. Les trois cellules cubitales sont en tout semblables à celles des autres espèces, si ce n'est que la seconde est très-petite. L'extrémité de l'aile est un peu obscure.

Je l'ai trouvé en Arabie.

7. NYSSON moucheté.

NYSSON guttatus.

Nysson niger, thorace maculato, abdomine punctis sex transversis flavis, segmentoque primo rufo.

Il ressemble un peu au Nysson interrompu. Les antennes sont noires. La tête est noire, avec les mandibules d'un rouge-brun. Le corcelet est noir, avec une ligne courte, jaune, à la partie antérieure; une autre plus courte sur l'écusson, & un point au-devant des ailes. Les épines postérieures sont couvertes d'un léger duvet un peu doré. Le premier anneau de l'abdomen est rouge, avec une petite tache transversale, jaune, à la partie postérieure. Les autres sont noirs, avec une pareille tache sur le second & le troisième. Les pattes sont rougeâtres, avec les cuisses antérieures & la base des postérieures noires. Les ailes ont une légère teinte obscure.

Il se trouve au midi de la France.

8. NYSSON coupé.

NYSSON dissectus.

Nysson niger, thorace strigâ punctisque duobus, abdomine maculis sex transversis flavis.

Nysson dissectus. JUR. *Hym. p.* 199.

Mellinus dissectus. PANZ. *Faun. Germ. Fasc.* 77. *tab.* 18.

Il ressemble aux précédens. Les antennes sont noires. La tête est noire, sans tache. Le corcelet est noir, avec une petite ligne transverse, jaune, à la partie antérieure; un point de chaque côté, & une petite ligne sur l'écusson. L'abdomen est pointillé, noir, avec trois bandes interrompues jaunes. Les pattes sont noires, avec les jambes testacées.

Il se trouve en France, en Allemagne, en Italie.

9. NYSSON miparti.

NYSSON dimidiatus.

Nysson niger, abdominis segmentis primis duobus rufis, tertio fasciâ interruptâ flavâ.

Nysson dimidiatus. JUR. *Hym. p.* 199. *tab.* 10. *gen.* 22.

Il ressemble au Nysson maculé. Les antennes sont noires. La tête est noire. Le corcelet est noir, avec un point écailleux, jaune, à l'origine des ailes, & un autre à la base de l'épine. L'abdomen est rouge à sa base, ensuite noir, avec une raie transverse, interrompue, jaune. Les pattes sont noirâtres.

Il se trouve en France, en Italie.

10. NYSSON maculé.

NYSSON maculatus.

Nysson punctatus, niger, abdominis segmento primo rufo, reliquis utrinquè lineâ transversâ albâ.

Nysson maculatus. LATR. *Gen. Crust. & Insect. tom.* 1. *tab.* 14. *fig.* 2, & *tom.* 4. *p.* 91.

Nysson maculatus. JUR. *Hym. p.* 199.

Sphex maculata. FABR. *Ent. Syst. em. tom.* 2. *p.* 215. *n°.* 70.

Pompilus maculatus. FABR. *Syst. Pyez. p.* 196. *n°.* 42.

Crabro trimaculatus. Fem. PANZ. *Faun. Germ. Fasc.* 78. *tab.* 17.

Crabro trimaculatus. Mas. PANZ. *Faun. Germ. Fasc.* 51. *tab.* 13.

Crabro trimaculatus. ROSS. *Faun. Etr. tom.* 2. *p.* 95. *n°.* 892.

La femelle diffère beaucoup du mâle; elle est plus petite que les espèces précédentes. Les antennes sont noires. La tête est noire, à peu près de la largeur du corcelet: celui-ci est noir, marqué d'une petite raie antérieure, jaune, qui manque quelquefois; d'un point jaune au-devant des ailes; d'un autre écailleux, brun, à l'origine des ailes; d'un autre transverse, jaune, sur l'écusson. L'abdomen est pointillé, noir, avec le premier anneau d'un rouge-foncé, & une petite ligne jaune de chaque côté des quatre ou cinq premiers. Les pattes sont tantôt fauves, avec la base des cuisses noire; tantôt noires, avec les genoux jaunes & les tarses bruns.

Il se trouve dans toute l'Europe.

11. NYSSON quadrimoucheté.

NYSSON quadriguttatus.

Nysson niger, abdominis segmentis duobus primis rufis, albo bipunctatis.

Il est une fois plus petit que le Nysson maculé. Les antennes, la tête & le corcelet sont noirs, sans tache. On voit seulement un point écailleux, fauve, à l'origine des ailes. L'abdomen a les deux premiers anneaux rouges, marqués d'un petit point blanc de chaque côté, postérieurement. Les autres anneaux sont noirs, sans tache. Les pattes sont d'un rouge-brun, avec les cuisses noires. Les ailes ont une très-légère teinte obscure.

Il se trouve au midi de la France & de l'Italie.

OCHTHÈRE. *Ochthera.* Genre d'insectes de l'Ordre des Diptères, & de la famille des Muscides.

Les Ochthères ont les antennes courtes, munies d'un poil branchu; une trompe courte, rétractile & cachée; la tête triangulaire, vue de face; les yeux distans; les pattes antérieures en forme de pinces.

Ce genre, établi par M. Latreille, n'est composé, jusqu'à présent, que d'une seule espèce, décrite auparavant par Degeer sous le nom de *Mouche Mante*, & ensuite par Fabricius, qui l'a crue inédite, sous le nom de *Musca manicata*. M. Meigen a établi ce même genre sous le nom de *Macrochira*, &, en dernier lieu, Fabricius a placé cet insecte parmi les Téphritis.

Les antennes de l'Ochthère sont très-courtes, assez grosses, formées de trois articles, dont le dernier est plus distinct & de forme ovale. De la base supérieure de celui-ci part une soie un peu barbue. Elles sont insérées à la partie antérieure de la tête, à peu de distance l'une de l'autre.

La trompe est courte, bilabiée, rétractile, munie de deux ou trois soies courtes, contenues par une languette ou lèvre supérieure très-courte, transversale, & accompagnée de deux antennules peu distinctes.

La tête, vue de face, paroît triangulaire, & semblable à celle d'une Mante. Les yeux à réseau sont distans, un peu élevés supérieurement, arrondis, & les trois petits yeux lisses, placés sur le vertex, sont élevés & saillans.

Le corcelet est peu convexe, presque ras. L'abdomen est ovale, un peu déprimé, & tout le corps présente à peu près la forme d'une petite Mouche domestique.

Les quatre pattes postérieures n'offrent rien de remarquable; mais les antérieures sont parfaitement semblables à celles d'une Mante ou mieux encore d'une Naucore. La première pièce ou la hanche est longue, assez grosse. La seconde ou la cuisse est grande, large, presqu'ovale, un peu aplatie; elle a à sa partie inférieure une rainure garnie de quelques pointes sur les bords, dans laquelle est reçue la troisième pièce ou la jambe, qui est mince, presque cylindrique, courbée, & terminée en un long crochet, de la base duquel part le tarse.

La conformation de ces pattes fait juger au premier aspect, que, semblable à la Mante, l'insecte vit de rapine, & qu'il fait la chasse aux autres petits insectes. En effet, si on l'observe quelque tems autour des marres, des étangs, où il se trouve assez ordinairement, on ne tarde pas à le voir courir sur la surface de l'eau après tous les petits Diptères qui s'y trouvent, les saisir de ses pattes, & les sucer ensuite au moyen de sa trompe. Sa larve & ses métamorphoses ne sont point encore parvenues à notre connoissance.

OCHTHÈRE.

OCHTHERA. LATR. *MUSCA.* DEG. *MACROCHIRA.* MEIG.
TEPHRITIS. FABR.

CARACTÈRES GÉNÉRIQUES.

Antennes courtes, à palette; soïe barbue, partant de la base de la palette.

Bouche à trompe courte, bilabiée, rétractile.

Deux ou trois soies courtes, formant le suçoir.

Yeux très-distans, relevés supérieurement.

Pattes antérieures en pince.

ESPÈCE.

1. OCHTÈRE Mante.

Noire; abdomen d'un noir-bronzé; cuisses antérieures renflées.

1. Ochthère Mante.

Ochthera Mantis.

Ochthera nigra, abdomine nigro-æneo nitido, femoribus anticis incrassatis.

Ochthera. Latr. *Gen. Cruſt. & Inſect. tom.* 4. *p.* 347.

Ochthera Mantis. Latr. *Hiſt. nat. des Cruſt. & des Inſ. tom.* 14. *p.* 391.

Muſca Mantis. Deg. *Mem. Inſ. tom.* 6. *p.* 143. *n°.* 7. *tab.* 8. *fig.* 15. 16 & 17.

Muſca manicata *antennis ſetariis, nigra, abdomine maculis marginalibus pallidis, femoribus anticis incraſſatis.* Fabr. *Ent. Syſt. em. tom.* 4. *p.* 334. *n°.* 94.

Tephritis manicata. Fabr. *Syſt. Antl. p.* 323. *n°.* 36.

Muſca manicata. Coqueb. *Illuſtr. Inſ. tom.* 3. *tab.* 24. *fig.* 5.

Cet inſecte eſt à peu près de la grandeur d'une petite Mouche domeſtique. Tout ſon corps eſt noir, preſque ras, avec un très-léger duvet cotoneux, blanc, au deſſus de la bouche. Les yeux ſont bruns. L'abdomen eſt un peu déprimé, & paroît d'un noir-bronzé, avec quelques points argentés peu marqués ſur les côtés. Les balanciers ſont blancs.

Elle ſe trouve dans toute l'Europe.

Ochthère. *Octherus.* C'eſt le nom que M. Latreille avoit donné à un genre d'inſectes Hémiptères, qu'il a enſuite changé en celui de Pélogone, pour ne pas laiſſer trop de conformité dans ce nom avec le précédent. (*Voyez* Pélogone.)

OCYDROME. *Ocydromus.* Nom ſous lequel M. Clairville a établi un genre d'inſectes détachés des Carabes, auquel M. Latreille avoit déjà donné celui de *Bembidion.* (*Voyez*, dans le Supplément, Bembidion.)

OCYPODE. *Ocypode.* Genre d'inſectes de la ſeconde ſection de l'Ordre des Aptères, & de la famille des Cancerides.

Ce genre, établi par Fabricius aux dépens de celui de Crabre, comprend quelques eſpèces qui ſe diſtinguent des autres Crabres par le nombre des antennes, qui paroît n'être que de deux, & par les yeux, portés ſur un pédicule alongé, & pouvant ſe placer dans une foſſe propre à les recevoir. Le pédicule eſt inſéré à l'angle du chaperon.

Les caractères que Fabricius aſſigne à ce genre ſont les ſuivans : bouche ayant des mandibules, des antennules & une mâchoire quadruple.

La mâchoire extérieure eſt cornée, bifide, & cache la bouche. La diviſion intérieure eſt plus grande que l'autre, plane, ovale-oblongue, articulée au-delà du milieu, portant une antennule à ſon extrémité. L'antennule eſt cornée, comprimée, triarticulée. Le premier & le ſecond article ſont plus courts, obconiques. Le troiſième eſt arqué, reſſemblant à un ongle, très-aigu, intérieurement denté. La diviſion extérieure eſt trois fois plus courte, ſétacée, très-mince, roide, très-aiguë.

Les antennules intermaxillaires ſont avancées, preſque coniques, bifides. La diviſion intérieure eſt plus large, quadriarticulée. Le premier article eſt très-court. Le ſecond eſt très-long, déprimé, intérieurement un peu dilaté, cilié. Le troiſième eſt ovale, courbé. Le dernier eſt arrondi, cilié. La diviſion extérieure eſt beaucoup plus longue que l'autre, membraneuſe. Le premier article eſt très-long, aminci, à peine arqué, bifide. La pièce extérieure eſt ſubulée, aiguë, courte. L'interne eſt un peu plus longue, ſétacée, compoſée d'un grand nombre d'articles.

La ſeconde mâchoire eſt bifide. La diviſion intérieure eſt très-courte, arrondie, cornée, ciliée. L'extérieure eſt membraneuſe, plus longue, courbée, en voûte, tronquée à l'extrémité, ciliée, portant une antennule à ſa baſe extérieure. Cette antennule eſt un peu plus longue que la mâchoire. Le premier article eſt très-long, membraneux. Le ſecond eſt bifide. Les diviſions ſont courtes & égales. L'extérieure eſt plus groſſe, plus obtuſe. L'intérieure eſt ſubulée, formée d'un grand nombre d'articles.

La troiſième mâchoire eſt trifide. La diviſion intérieure eſt membraneuſe, dilatée, en voûte, bifide, ayant ſa pièce intérieure arrondie. L'extérieure eſt plus longue, dilatée à l'extrémité, tronquée. La diviſion intermédiaire eſt plus courte, ſemblable à un ongle, cornée, arquée, aiguë. La diviſion extérieure eſt courte, membraneuſe, arrondie.

La quatrième mâchoire, couvrant la baſe des mandibules, eſt bifide. La pièce intérieure eſt en voûte, dilatée à l'extrémité, obliquement tronquée, ciliée. L'extérieure eſt arrondie extérieurement, rétrecie au milieu, largement échancrée à l'extrémité.

La lèvre eſt courte, membraneuſe, fortement adhérente aux mandibules.

Les mandibules ſont oſſeuſes, ſinuées de chaque côté, voûtées à leur extrémité, arrondies, munies d'une antennule. L'antennule eſt comprimée, triarticulée, inſérée dans le ſinus interne. Les articles ſont preſqu'égaux. Le dernier eſt arrondi.

Les antennes, au nombre de deux, ſont très-courtes, inſérées à l'angle interne des yeux. Le premier & le ſecond article ſont plus gros, plus longs & ovales. Les autres ſont nombreux, ſétacés, très-courts.

Ce dernier caractère ſuffiroit en effet pour diſtinguer les Ocypodes des Crabres. Ces antennes ſont ſi petites, qu'on a de la peine à les voir ; elles ont trois articles bien apparens, & enſuite cinq ou ſix autres ſi courts, qu'on ne peut les compter.

Le test est presque carré, & se termine en avant par un chaperon étroit, avancé & fort incliné.

Les pattes sont anguleuses, assez longues, ordinairement raboteuses ou chagrinées. Les deux antérieures sont le plus souvent de forme & de grandeur différentes. L'une d'elles est quelquefois très-petite, tandis que l'autre est d'une grosseur démesurée. Le tarse ou la pièce qui termine les huit autres est alongé, mince, fort aigu.

Les Ocypodes habitent le rivage de la mer ou des rivières près de leur embouchure; ils y sont extrêmement nombreux, & courent avec la plus grande célérité sur le sable, traçant presque toujours une ligne oblique. Lorsqu'ils sont poursuivis ou menacés de quelque danger, ils s'enfoncent dans un trou qu'ils ont creusé assez profondément dans le sable; ils s'y retirent aussi pendant la nuit, & c'est dans cette retraite que l'on peut s'en emparer. J'ai tenté vainement, sur la côte d'Égypte & de Syrie, de les atteindre à la course; je n'ai jamais pu y réussir. Ils couroient vers la mer ou se rendoient dans leurs trous, suivant que l'une ou l'autre étoit plus à leur portée.

Les Ocypodes sont très-voraces. Les cadavres ou charognes de toute espèce, ainsi que les substances animales que la mer rejette sur le rivage, sont dévorés par eux en un instant. Il est curieux de leur voir disputer aux goelands & aux vautours une proie dont ils se sont emparés, & sur laquelle ils accourent par milliers de tous les environs.

Belon parle du même Ocypode que j'ai observé en Égypte & en Syrie, & il le nomme *Chevalier*, nom qui n'est que la traduction de celui d'*Ippeus*, sous lequel le désignoient les Grecs. Les lézards, selon lui, parviennent à les attraper pour en faire leur nourriture. C'est ce que je n'ai jamais eu occasion de voir.

C'est à ce genre qu'il faut rapporter ce que nous avons dit à l'article Crabre, sur le Tourlourou & les autres Crabres de terre observés dans les Antilles, le Brésil, Surinam & Cayenne, & auquel nous renvoyons, ainsi qu'à l'article Crustacé.

MM. Bosc & Latreille ont placé parmi les Ocypodes plusieurs Crustacés que nous avons écartés, parce qu'ils nous ont paru appartenir plutôt aux genres Grapse & Crabe, ou devoir même en former un particulier.

OCYPODE.

OCYPODE. FABR. *LATR.* BOSC. *CANCER.* LINN. FABR. HERBST.

CARACTÈRES GÉNÉRIQUES.

Deux antennes très-courtes ; les trois premiers articles plus gros, distincts.

Deux yeux rapprochés, portés sur un pédicule long, mobile.

Chaperon étroit, courbé.

Test ordinairement carré.

Dix pattes ; les huit postérieures terminées par une pièce mince, aiguë.

ESPÈCES.

1. OCYPODE chevalier.

Corcelet carré, chagriné, antérieurement aigu de chaque côté ; yeux terminés par un faisceau de poils.

2. OCYPODE Saratan.

Corcelet carré, entier ; pinces verruqueuses ; yeux elliptiques.

3. OCYPODE coureur.

Corcelet carré, crénelé ; yeux avancés, terminés en pointe.

4. OCYPODE Uca.

Corcelet lisse, en cœur, marqué de la lettre H.

5. OCYPODE ruricole.

Corcelet en cœur, lisse, muni de deux dents de chaque côté.

6. OCYPODE carré.

Corcelet carré, lisse, avec les côtés crénelés ; pinces raboteuses.

7. OCYPODE blanc.

Corcelet carré, chagriné ; pinces ovales, avec des tubercules presqu'en épine.

8. OCYPODE anguleux.

Corcelet rhomboïdal, lisse, muni de deux dents de chaque côté ; pinces très-longues.

9. OCYPODE vocatif.

Corcelet carré, lisse ; l'une des deux pinces très-grande ; yeux portés sur un pédicule alongé, cylindrique.

10. OCYPODE noir.

Corcelet carré, chagriné ; l'une des deux pinces très-grande, dentée.

11. OCYPODE chagriné.

Corcelet carré, granuleux ; pédicule des yeux court, supérieurement sinué.

12. OCYPODE combattant.

Corcelet rhomboïdal, lisse ; l'une des deux pinces très-grande, simple.

OCYPODE. (Insecte.)

13. Ocypode petites mains.

Corcelet rhomboïdal, lisse; pinces très-petites, lisses, égales.

14. Ocypode rhombe.

Corcelet lisse, armé d'une dent de chaque côté.

15. Ocypode lisse.

Corcelet lisse, armé d'une dent de chaque côté; pinces lisses; la droite plus grande.

16. Ocypode nain.

Corcelet lisse, armé d'une dent de chaque côté; pinces lisses, égales.

17. Ocypode tétragone.

Corcelet antérieurement fasciculé, armé de deux dents de chaque côté.

18. Ocypode plissé.

Corcelet lisse, antérieurement unidenté de chaque côté, plissé à sa partie postérieure.

19. Ocypode rhomboïdal.

Corcelet lisse, rhomboïdal, en angle aigu de chaque côté; pédicule des yeux alongé, cylindrique.

20. Ocypode trident.

Corcelet lisse, antérieurement tridenté de chaque côté; chaperon transversal, entier.

21. Ocypode vieillard.

Corcelet avec un pli transversal; carpes avec une épine; doigts en scie.

1. Ocypode chevalier.

Ocypode Ippeus.

Ocypode thorace quadrato, scabro, anticè utrinquè angulato, oculis penicillo terminatis. Voyage dans l'Emp. othom., l'Égypte, la Perse, tom. 2. p. 234. tab. 30. fig. 1. éd. in-4°.

Le Crabe cavalier. Camus, *Not. sur l'Hist. des Animaux d'Aristote, p.* 160.

Ippeus. Arist. *lib. 4. cap. 2.*

Plin. *Hist. Nat. lib. 9. cap. 31.*

Elien, *de Nat. Anim. lib. 7. cap. 24.*

Belon, *de la Nat. des Poissons, lib. 2. p. 367.*

Hasselq. *Voy. part. 2. p.* 65 & 159.

Le test a ordinairement de dix-huit à vingt lignes de largeur; il est presque carré, convexe, & tout chagriné. Le chaperon est étroit & crénelé. Le bord de la fosse oculaire & la ligne saillante qui règne tout autour du test sont crénelés. Les yeux sont oblongs. Le pédicule qui les porte les embrasse à moitié supérieurement, les dépasse & se termine par un faisceau de poils fins, doux au toucher, soyeux, assez longs. Les pattes antérieures sont plus courtes que les autres, anguleuses, fortement chagrinées. Les autres sont assez longues, presque égales, raboteuses. Les tarses sont minces, & ont plusieurs lignes saillantes.

Il se trouve sur la côte maritime de Syrie, de l'Égypte.

2. Ocypode Saratan.

Ocypode Saratan.

Ocypode thorace quadrato, integerrimo; manibus verrucosis, subpilosis; oculis ellipticis.

Cancer Saratan *brachyurus, thorace lævi, integerrimo, subquadrato, margine carinato; chelis verrucosis, margine carinato-serratis.* Forsk. *Descript. Anim. p. 87. n°. 33.*

J'avois d'abord soupçonné que cet Ocypode pourroit bien n'être qu'une variété du précédent: cependant, après un examen attentif, il m'a paru qu'il devoit en différer, non-seulement parce que M. Forskal ne parle pas du faisceau de poils qui se trouve aux yeux de l'Ocypode chevalier, mais parce que la description qu'il donne ne convient pas à l'autre espèce dans tous ses points. Sa couleur est d'un jaune-rougeâtre. Les yeux sont elliptiques, & entr'eux supérieurement est une pointe obtuse, saillante. Le corcelet est presque carré, probablement chagriné, ou, comme le dit l'auteur cité, couvert de petits points convexes, avec les bords aigus, & la carène latérale descendant obliquement en arrière. La partie antérieure est carénée, sinuée au-dessus des yeux, & le chaperon est obtus. Les pinces sont déprimées, presque velues, verruqueuses, en scie sur les bords & dans la pince. La droite étoit plus petite que l'autre dans le seul individu que M. Forskal a eu occasion de voir. Le carpe est rhomboïdal, convexe, verruqueux, en scie intérieurement & à sa base extérieure. La cuisse est triangulaire, avec les angles inférieurs en scie. La cuisse, dans les autres pattes, est également triangulaire & comprimée, & les doigts sont subulés. La queue est linéaire-lancéolée.

Il se trouve sur les bords de la Mer-Rouge, aux environs de Suez.

3. Ocypode coureur.

Ocypode cursor.

Ocypode thorace quadrato, crenato; oculis porrectis, spinâ terminatis.

Ocypode ceratophtalma. Fabr. *Ent. Syst. em. Suppl. p. 347. n°. 1.*

Ocypode ceratophtalma. Latr. *Hist. nat. des Crust. & des Ins. tom. 6. p. 47. tab. 45. fig. 1. 2. — Gen. Crust. & Ins. tom. 1. p. 32. n°. 4.*

Ocypode cératophtalme. Bosc, *Hist. natur. des Crust. tom. 1. p.* 194.

Voyez, pour la description & les autres synonymes, Crabre coureur, n°. 6.

4. Ocypode Uca.

Ocypode Uca.

Ocypode thorace lævi cordato, litterâ H impresso.

Ocypode Uca. Latr. *Hist. nat. des Crust. & des Ins. tom. 6. p. 37. — Gen. Crust. & Ins. tom. 1. p. 31. n°. 1.*

Voyez, pour la description & les autres synonymes, Crabre Uca, n°. 7.

5. Ocypode ruricole.

Ocypode ruricola.

Ocypode thorace quadrato, lævi, utrinquè bidentato.

Ocypode tourlourou. Latr. *Hist. nat. des Crust. & des Ins. tom. 6. p. 36. — Gen. Crust. & Insect. tom. 1. p. 31. n°. 2.*

Ocypode ruricola. Bosc, *Hist. nat. des Crust. tom. 1. p.* 196.

Voyez, pour les autres synonymes & pour la description, Crabre ruricole, n°. 8.

6. Ocypode carré.

Ocypode quadrata.

Ocypode thorace quadrato, lævi; lateribus crenatis, manibus scabris.

Ocypode

Ocypode quadrata. FABR. *Ent. Syſt. em. Suppl. p.* 347. *n°.* 2.

Ocypode quadrata. Bosc, *Hiſt. nat. des Cruſt. tom.* 1. *p.* 194.

Ocypode quadrata. LATR. *Hiſt. nat. des Cruſt. & des Inſ. tom.* 6. *p.* 49. *n°.* 14.

Voyez, pour la deſcription & les autres ſynonymes, CRABE carré, n°. 5.

7. OCYPODE blanc.

OCYPODE *albicans.*

Ocypode thorace quadrato, ſcabro; manibus ovatis, tuberculato-ſpinoſis.

Ocypode albicans. Bosc, *Hiſt. nat. des Cruſt. tom.* 1. *p.* 196. *tab.* 4. *fig.* 1.

Ocypode albicans. LATR. *Hiſt. nat. des Cruſt. & des Inſ. tom.* 6. *p.* 48. *n°.* 13.

Il eſt de la grandeur de l'Ocypode chevalier. Les yeux ont leur pédicule qui les embraſſe, les dépaſſe, & ſe termine en pointe obtuſe ou arrondie. Le teſt eſt blanchâtre, carré, preſque cubique, chagriné, ſurtout vers ſes bords & en deſſous, à ſa partie antérieure. La foſſe oculaire eſt ſinuée & crénelée ſupérieurement, & terminée en angle aigu. La queue eſt unie. Les pattes ſont blanches, aplaties, garnies de poils ſerrés, aſſez longs, ſur leurs bords. Les pinces ſont hériſſées de tubercules épineux, dirigés en avant. Le premier article eſt triangulaire, & épineux ſur deux de ſes arêtes. Le ſecond eſt arrondi & armé de deux épines antérieurement, dont une plus courte. La main eſt ovale & fortement dentée latéralement. Les doigts ſont courts & tuberculeux en dedans.

Il ſe trouve ſur les côtes de la Caroline, d'où il a été apporté par M. Boſc.

8. OCYPODE anguleux.

OCYPODE *angulata.*

Ocypode thorace rhombeo, lævi, utrinquè bidentato; manibus longiſſimis.

Ocypode angulata. LATR. *Hiſt. nat. des Cruſt. & des Inſ. tom.* 6. *p.* 44.

Ocypode angulata. Bosc, *Hiſt. nat. des Cruſt. tom.* 1. *p.* 198.

Cancer angulatus. FABR. *Entom. Syſt. Suppl. p.* 341.

Voyez, pour les autres ſynonymes & pour la deſcription, CRABE anguleux, n°. 42.

9. OCYPODE vocatif.

OCYPODE *vocans.*

Ocypode thorace quadrato, lævi; chelâ alterâ majori, oculorum pediculo elongato, cylindrico.

Ocypode vocans. LATR. *Hiſt. nat. des Cruſt. & des Inſ. tom.* 6. *p.* 45. *n°.* 8.

Ocypode vocans. Bosc, *Hiſt. natur. des Cruſt. tom.* 1. *p.* 198.

Cancer vocans. FABR. *Ent. Syſt. em. Suppl. p.* 340. *n°.* 24.

Voyez, pour les autres ſynonymes & pour la deſcription, CRABE vocatif, n°. 30.

10. OCYPODE noir.

OCYPODE *heterochelos.*

Ocypode thorace quadrato, ſcabro; chelâ alterâ majori, dentatâ.

Ocypode heterochelos. Bosc, *Hiſt. nat. des Cruſt. tom.* 1. *p.* 197.

Ocypode maracoani. LATR. *Hiſt. nat. des Cruſt. & des Inſ. tom.* 6. *p.* 46. *n°.* 9.

SEBA, *Theſaur. tom.* 3. *tab.* 18. *fig.* 8.

Cancer vocans major. HERBST, *Cancr. p.* 83. *tab.* 1. *fig.* 11.

MARGR. *Braſ. p.* 184. *fig.* 1.

Cette eſpèce, que j'avois rapportée à la précédente, paroît en différer beaucoup. Les yeux ſont portés, comme dans l'Ocypode vocatif, ſur un long pédicule cylindrique; mais le teſt, au lieu d'être liſſe, eſt fortement chagriné, de couleur obſcure; il eſt carré, un peu plus étroit poſtérieurement, ſinué ſur ſon bord antérieur, & marqué ſur le dos de deux impreſſions longitudinales. Les pinces ſont d'inégale longueur: il y en a une toujours beaucoup plus groſſe que l'autre, & fortement raboteuſe ou couverte de tubercules arrondis, dentés ou en ſcie ſur le bord inférieur de la main. Les autres pattes ſont un peu velues.

Selon Seba, les habitans du Bréſil le nomment *Uka una.* Il ſe trouve dans les marais & ſur le rivage des fleuves, vers leur embouchure, dans le Bréſil & dans la Caroline.

11. OCYPODE chagriné.

OCYPODE *granulata.*

Ocypode thorace quadrato, granulato; oculorum pediculo brevi, anticè ſinuato.

Ocypode granulata. Bosc, *Hiſt. nat. des Cruſt. tom.* 1. *p.* 194.

Il eſt plus petit que les précédens, & de couleur blanche. Les yeux ſont grands, ovales, portés ſur un pédicule gros, court, dont une partie s'avance antérieurement en ſe rétréciſſant juſqu'à l'extrémité de l'œil. Le chaperon eſt étroit, légérement rebordé, marqué d'une impreſſion tranſverſale à ſa baſe. Le teſt eſt carré, finement chagriné. Le bord supérieur de la fosse oculaire est sinué, entier. Les angles latéraux sont un peu aigus. Les pinces sont petites, inégales. Les mains sont légérement chagrinées, un peu dentées inférieurement. Les pattes sont comprimées. Les cuisses sont un peu ridées. Les jambes & les tarses sont velus en dessous.

Il se trouve.....

De la collection de M. Bosc.

12. Ocypode combattant.

Ocypode pugilator.

Ocypode testâ rhombeâ, lævi; chelâ alterâ majori, simplici.

Ocypode pugilator. Bosc, *Hist. nat. des Crust. tom.* 1. *pag.* 197.

Cet Ocypode ne doit pas être confondu avec les deux précédens. Les yeux sont portés sur un pédicule fort long, cylindrique. Le corcelet est trapézoïde, sinué antérieurement, plus large que long, lisse, entier en ses bords. Les pinces sont inégales. L'une, ordinairement la droite, est aussi large, & deux fois plus longue que le corps; l'autre est très-petite. Toutes deux sont légérement chagrinées. Les doigts sont très-longs, courbés & unis. Les pattes sont grises, aplaties, un peu ciliées.

Il se trouve en Caroline.

13. Ocypode petites mains.

Ocypode microcheles.

Ocypode thorace rhombeo, lævi; chelis tenuissimis lævibus.

Ocypode microcheles. Bosc, *Hist. nat. des Crust. p.* 199.

Il est de la grandeur de l'Ocypode combattant. Sa couleur est blanchâtre. Le test est lisse, rhomboïdal. Les yeux sont portés sur un pédicule alongé, cylindrique. Le pédicule embrasse un peu l'œil supérieurement. Le chaperon est arrondi, & le bord supérieur de la fosse oculaire est fortement sinué. L'angle latéral est peu saillant. Les pinces sont égales, très-petites, lisses. Les pattes sont comprimées. Les jambes & les tarses sont velus.

Il se trouve.....

Du cabinet de M. Bosc.

14. Ocypode rhombe.

Ocypode rhombea.

Ocypode thorace læviusculo, utrinquè unidentato. Fabr. *Ent. Syst. Suppl. p.* 348. *n°.* 3.

Ocypode rhombea. Latr. *Hist. nat. des Crust. & des Ins. tom.* 6. *p.* 52. *n°.* 21.

Ocypode rhombea. Bosc, *Hist. nat. des Crust. tom.* 1. *p.* 194.

Le test est petit, lisse, de forme rhomboïde, avec l'angle extérieur aigu. Les yeux sont grands, simples. Le chaperon est courbé, entier. Les pattes antérieures ont leur troisième pièce ou bras crénelée, & les carpes sont unidentés.

Il se trouve.....

15. Ocypode lisse.

Ocypode lævis.

Ocypode thorace lævi, utrinquè unidentato; chelis lævissimis, dextrâ majore. Fabr. *Ent. Syst. em. Suppl. p.* 348. *n°.* 4.

Ocypode lævis. Latr. *Hist. nat. des Crust. & des Ins. tom.* 6. *p.* 50. *n°.* 16.

Ocypode lævis. Bosc, *Hist. nat. des Crust. t.* 1. *p.* 194.

Le test est petit, lisse, obscur, terminé en angle aigu de chaque côté. Le chaperon est courbé, entier. Les yeux sont simples, alongés, cylindriques. Les pinces & les pattes sont lisses, ferrugineuses. La pince droite est beaucoup plus grande que le corps.

Il se trouve dans l'Océan indien.

16. Ocypode nain.

Ocypode minuta.

Ocypode thorace lævi, utrinquè unidentato; chelis lævissimis, æqualibus. Fabr. *Ent. Syst. em. Suppl. p.* 348. *n°.* 5.

Ocypode minuta. Bosc, *Hist. nat. des Crust. tom.* 1. *p.* 194.

Ocypode minuta. Latr. *Hist. nat. des Crust. & des Ins. tom.* 6. *p.* 50. *n°.* 16.

Il est plus petit que le précédent, auquel il ressemble. Les yeux sont avancés, plus renflés à l'extrémité, ovales. Les pinces & les pattes sont jaunâtres. Les premières sont égales en grosseur. Un individu qui se trouve dans la collection de M. Bosc, & qui vient de la côte de Gorée, est très-petit. Le test est finement chagriné. Le bord supérieur de la fosse oculaire est obliquement sinué, & l'angle latéral, qui se trouve un peu reculé, est peu aigu. Les pinces & les pattes sont légérement tuberculées.

Il se trouve à l'Isle-de-France.

17. Ocypode tétragone.

Ocypode tetragona.

Ocypode thorace anticè fasciculato, utrinquè bidentato.

Ocypode tetragona. Bosc, *Hist. nat. des Crust. tom.* 1. *p.* 198.

Cancer tetragonus. Fabr. *Ent. Syst. em. Suppl. p.* 341. *n°.* 26.

Fabricius place ce Crustacé & les suivans parmi les Crabes, & M. Bosc parmi les Ocypodes. Voici la description qu'en donne le premier. Il est de grandeur moyenne. Le front est coupé, inégal. Les yeux sont gros, cylindriques. Le corcelet est carré, muni antérieurement de poils noirs, disposés en faisceaux, & armé de chaque côté de deux dents fortes, aiguës. Les pinces sont courtes, grosses, avec les bras crénelés de chaque côté, les carpes raboteux & les mains presque lisses. Les pattes ont leurs jambes comprimées, munies d'une dent vers leur extrémité.

Il se trouve aux Indes orientales.

18. Ocypode plissé.

Ocypode plicata.

Ocypode thorace lœvi, anticè utrinquè unidentato, posticè plicato.

Ocypode quadrata. Bosc, *Hist. nat. des Crust. tom.* 1. *p.* 198.

Ocypode plicata. Latr. *Hist. nat. des Crust. & des Ins. tom.* 6. *p.* 47. *n°.* 11.

Cancer quadratus. Fabr. *Ent. Syst. Suppl. p.* 341.

M. Latreille, en plaçant ce Crustacé parmi les Ocypodes, observe qu'il pourroit appartenir au genre Grapse; il est, suivant Fabricius, une fois plus petit que l'Ocypode tétragone. Le front est coupé, inégal. Le corcelet est carré, lisse, glabre, armé de chaque côté d'une dent aiguë, derrière laquelle le bord est plissé. Les pinces sont courtes, grosses, presque lisses. Les pattes ont leurs jambes comprimées, plissées, unidentées vers l'extrémité.

Il se trouve aux Indes orientales.

19. Ocypode rhomboïdal.

Ocypode rhomboides.

Ocypode thorace lœvi, rhombeo, acutè angulato; pediculo oculorum elongato, cylindrico.

Ocypode longimane. Latr. *Hist. nat. des Crust. & des Ins. tom.* 6. *p.* 44. *n°.* 6. *tab.* 45. *fig.* 3.

Ocypode rhomboides. Bosc, *Hist. natur. des Crust. tom.* 1. *p.* 199.

Cancer rhomboides. Fabr. *Ent. Syst. Suppl. p.* 341.

Voyez, pour les autres synonymes & pour la description, Crabe rhomboïdal, n°. 33.

20. Ocypode trident.

Ocypode tridens.

Ocypode thorace lœvi, anticè utrinquè tridentato; fronte transversâ integrâ.

Ocypode tridens. Bosc, *Hist. nat. des Crust. tom.* 1. *p.* 196.

Ocypode tridens. Latr. *Hist. nat. des Crust. & des Ins. tom.* 6. *p.* 51. *n°.* 20.

Cancer tridens. Fabr. *Ent. Syst. em. Suppl. p.* 340. *n°.* 23.

Il est petit, glabre, armé de trois dents aiguës au-devant de chaque œil. Le chaperon est entier. Les carpes sont unidentés, & les mains sont lisses. Les pattes sont lisses, avec les doigts en scie.

Il se trouve dans l'Océan indien.

21. Ocypode vieillard.

Ocypode senex.

Ocypode thorace plicâ anticâ, carpis unispinosis, digitis serratis.

Ocypode senex. Bosc, *Hist. nat. des Crust. t.* 1. *p.* 197.

Ocypode senex. Latr. *Hist. nat. des Crust. & des Ins. tom.* 6. *p.* 51. *n°.* 19.

Cancer senex. Fabr. *Ent. Syst. em. tom.* 5. *p.* 340. *n°.* 22.

Il est plus petit que l'Ocypode ruricole. Le corcelet est lisse, marqué d'un seul pli transversal, au-devant des yeux. Les pinces sont courtes. Les carpes sont armés d'une dent forte, aiguë, & les doigts sont alongés. Les pattes sont lisses, avec les doigts en scie.

Il varie par le corps d'une seule couleur, & par le corps mélangé de plusieurs couleurs.

Il se trouve dans l'Océan indien.

OCYPTÈRE. *Ocyptera*. Genre d'insectes de l'Ordre des Diptères, & de la famille des Muscides.

Les Ocyptères ont deux antennes fléchies, composées de trois articles, dont le dernier est alongé, cylindrique, & muni, à sa base supérieure, d'une soie. L'abdomen est alongé, ordinairement cylindrique. La trompe est courte, coudée, bilabiée, & les ailes ont deux nervures transversales vers l'extrémité.

Ces insectes ont été confondus avec les Mouches jusqu'à ce que M. Latreille en ait établi un genre, que Fabricius a adopté dans son dernier ouvrage, mais dont il a détaché quelques espèces qu'il a réunies aux Tachines. Ces dernières espèces forment, avec raison, un genre distinct chez M. Meigen, sous le nom de *Gymnosome*, & les Ocyptères proprement dites ont reçu par le même auteur celui de *Cylindromyie*.

Les antennes des Ocyptères les distinguent suffisamment des Mouches, dont le dernier article est à palette, mais les rapprochent des Tachines ou Gymnosomes en ce qu'elles ont le premier article fort court, à peine distinct; le second peu alongé, conique, & le dernier alongé, cylindrique, & muni à sa base d'une petite soie simple, qui le dépasse un peu en longueur; elles sont fort rapprochées à leur base, & viennent se placer dans une rainure qui règne tout le long du front.

La bouche est formée d'une trompe & de deux antennules. La trompe est courte, coudée à sa base, avancée, bilabiée à son extrémité. On y remarque une languette à sa partie supérieure, plate, subulée, courte, qui paroît contenir une ou plusieurs soies renfermées dans la trompe ou gaîne, mais que nous n'avons pas pu séparer. M. Fabricius dit qu'il n'y en a qu'une seule, qui est courte & aiguë.

Les antennules sont filiformes, biarticulées, un peu plus courtes que la trompe. Le premier article est court, & le second est alongé, un peu poilu. Elles sont insérées à la base supérieure de la trompe, très-près de la courbure.

Le corps des Ocyptères est parsemé de poils fort longs, & roides comme les soies du Porc.

La tête est demi-sphérique, inégale. Les yeux à réseau n'occupent que la partie latérale, & les trois petits yeux lisses sont peu distincts, & placés en triangle sur le vertex.

Le corcelet est arrondi, peu renflé, guère plus large que la tête.

L'abdomen est alongé, presque cylindrique, plus étroit que le corcelet, formé de quatre anneaux distincts.

Les ailes ne dépassent pas le corps en longueur; elles ont quatre nervures longitudinales, sans compter celles qui, placées près du bord antérieur, ne vont que jusqu'au milieu de ce bord. Il y a deux nervures transversales entre la seconde & la troisième; l'une courte, droite, près du milieu, & l'autre longue, peu arquée, à peu de distance du bord inférieur : il y a une autre nervure transversale, sinuée près de ce bord, entre la troisième & la quatrième nervure longitudinale.

L'aileron est grand, double, & le balancier forme un petit bouton porté sur un pédicule mince, un peu alongé.

Les pattes sont de longueur moyenne, & n'offrent rien de remarquable.

Les Ocyptères se trouvent assez fréquemment sur les fleurs dans le courant de l'été. Leurs larves sont apodes, alongées, presque cylindriques. Leur corps est mol, divisé en plusieurs anneaux, & la partie antérieure est un peu plus mince que la partie postérieure. La bouche est armée de deux crochets écailleux, qui servent à ronger l'intérieur des racines ou des tiges des plantes dans lesquelles elles vivent, où elles se métamorphosent, & d'où elles sortent sous la forme d'insecte ailé.

OCYPTÈRE.

OCYPTERA. LATR. FABR. *CYLINDROMYIA.* MEIG. *MUSCA.* LINN. DEG.

CARACTÈRES GÉNÉRIQUES.

Antennes fléchies, composées de trois articles, dont le dernier alongé, comprimé, arrondi à l'extrémité, muni d'une soie à sa base.

Trompe courte, coudée à sa base, bilabiée.

Deux antennules filiformes, biarticulées.

Corps alongé, couvert de poils longs, roides, plus ou moins nombreux.

ESPÈCES.

1. OCYPTÈRE liturée.

Noire; corcelet avec trois lignes cendrées; ailes noires, avec une tache sur le bord antérieur, testacée.

2. OCYPTÈRE triquètre.

Noire; front cendré; abdomen d'un brun-ferrugineux, avec des taches triangulaires, noires, sur le dos.

3. OCYPTÈRE bicolore.

Noire; abdomen cylindrique, d'un rouge-sanguin foncé, avec une tache triangulaire, noire, à la base.

4. OCYPTÈRE brassicaire.

Noire; abdomen avec le second et le troisième article rouges.

5. OCYPTÈRE cylindrique.

Noire; abdomen cylindrique, avec les deux premiers anneaux rouges sur les côtés.

6. OCYPTÈRE semblable.

Noire; corcelet antérieurement rayé de jaune; ailes avec le bord antérieur noir.

7. OCYPTÈRE mipartie.

Noire; vertex et base des ailes testacés; abdomen cylindrique, ferrugineux, avec l'extrémité noire.

8. OCYPTÈRE Hérisson.

Noire, hispide; cuisses et côtés de l'abdomen ferrugineux.

9. OCYPTÈRE volvule.

Noire; abdomen avec deux bandes blanchâtres, reluisantes.

10. OCYPTÈRE latérale.

Noire; abdomen ovale, un peu déprimé, avec les premiers anneaux rouges de chaque côté.

11. OCYPTÈRE ciliée.

Noire; base de l'abdomen ferrugineuse; bord interne des ailes blanc.

OCYPTÈRE. (Insecte.)

12. Ocyptère noire.

Noire; abdomen avec deux bandes cendrées, reluisantes.

13. Ocyptère comprimée.

Noire; corcelet rayé; abdomen rougeâtre, avec une ligne dorsale noire; pattes rougeâtres.

14. Ocyptère diaphane.

Noire, avec la base latérale de l'abdomen d'un testacé diaphane; bord antérieur des ailes noir.

15. Ocyptère pubère.

Noire; dernier anneau de l'abdomen courbé, garni d'un duvet relevé.

16. Ocyptère albilabre.

Noire; partie antérieure de la tête d'un blanc de neige; pattes testacées.

17. Ocyptère baril.

Noire; abdomen cylindrique, avec le dernier anneau courbé, garni d'un duvet relevé; pattes rougeâtres.

1. Ocyptère liturée.

Ocyptera litturata.

Ocyptera nigra, thorace lineis tribus cinereis; alis nigris, maculâ costali testaceâ.

Elle a six lignes de longueur. Les antennes sont noirâtres, avec la soie brune, plumeuse. La tête est noire, couverte, sur le front & autour des yeux, d'un duvet argenté. Le corcelet est noir, marqué de trois lignes longitudinales, cendrées. L'abdomen est ovale, oblong, noir, avec la base des anneaux un peu cendrée. La poitrine est noire, avec une bande argentée sur les côtés, qui remonte jusqu'à la ligne latérale cendrée du dos. Les pattes sont noires, avec un peu de brun sur les cuisses. Les hanches sont argentées. Les ailerons sont grands, blanchâtres, transparens, & les balanciers sont obscurs. Les ailes sont noires, avec le bord interne blanc, transparent, & une tache d'un brun-clair, vers le milieu du bord antérieur, qui remonte obliquement & se perd dans le noir. Tout le corps est couvert de quelques piquans assez longs, noirs.

Elle se trouve dans la Caroline, d'où elle a été apportée par M. Bosc.

2. Ocyptère triquètre.

Ocyptera triquetra.

Ocyptera nigra, fronte cinereâ, abdomine fusco-ferrugineo; maculis dorsalibus triquetris, nigris.

Elle ressemble, pour la forme & la grandeur, à l'Ocyptère brassicaire. Les antennes sont d'un brun-obscur. La tête est noire, avec tout le front couvert d'un duvet d'un gris-blanchâtre. Le corcelet est noir, avec l'extrémité de l'écusson un peu grisâtre. L'abdomen est cylindrique, presque conique, d'une couleur brune testacée obscure, avec une tache triangulaire noire sur chaque anneau, & le bord des derniers pareillement noir. Le corps est couvert de piquans, qui se trouvent beaucoup plus nombreux sur l'abdomen. La poitrine est noire, avec un peu de gris sur les côtés. Les pattes sont brunes, avec les tarses noirs. Les ailes sont transparentes, avec une légère teinte de rousseâtre à la base. Les ailerons sont grands, blanchâtres, avec une très-légère teinte rousseâtre. Les balanciers sont pâles.

Elle se trouve dans la Caroline, d'où elle a été apportée par M. Bosc.

3. Ocyptère bicolore.

Ocyptera bicolor.

Ocyptera atra, abdomine cylindrico, obscurè sanguineo; basi maculâ triangulari nigrâ.

Elle est un peu plus grande que l'Ocyptère brassicaire. Les antennes sont noires. La tête est noire, avec le front argenté. Le corcelet est noir, avec un léger reflet argenté, & marqué, à sa partie antérieure, de deux petites lignes enfoncées. L'abdomen est cylindrique, entiérement d'un rouge de sang foncé, avec une tache triangulaire à la base supérieure, qui se prolonge sur tout le premier anneau, & forme un petit point à la base du second. La poitrine est noire, avec un léger reflet argenté sur les côtés. Les pattes sont noires. L'aileron est blanc, & le balancier est jaunâtre. Les ailes sont obscures, avec l'extrémité & le bord interne transparens. Les poils roides sont plus longs & plus nombreux sur le corcelet que sur l'abdomen.

Elle a été trouvée aux environs de Paris par M. Latreille.

4. Ocyptère brassicaire.

Ocyptera Brassicariæ.

Ocyptera nigra, abdominis segmento secundo tertioque rufis. Fabr. *Syst. Antl. p.* 312. *n°.* 1.

Musca Brassicariæ. Fabr. *Ent. Syst. em. t.* 4. *p.* 327. *n°.* 1.

Ocyptera Brassicariæ. Latr. *Gen. Crust. & Ins. tom.* 4. *p.* 344. — *Hist. nat. des Crust. & des Ins. tom.* 14. *p.* 378. *n°.* 2.

Cylindromia Brassicariæ. Meig. *Diptera.*

Musca Brassicariæ. Schellenb. *Dipt. tab.* 3. *fig.* 1. 2.

Voyez, pour les autres synonymes & pour la description, Mouche brassicaire, n°. 65.

5. Ocyptère cylindrique.

Ocyptera cylindrica.

Ocyptera atra, abdomine cylindrico, lateribus basi rufis.

Ocyptera cylindrica. Fabr. *Syst. Antl. p.* 313. *n°.* 2.

Elle ressemble à l'Ocyptère brassicaire; mais elle est une fois plus petite. Les antennes sont noires. La tête est argentée, avec une ligne verticale noire. Le corcelet est noir, à peine marqué de lignes cendrées. L'abdomen est cylindrique, noir, avec les côtés du premier anneau & la moitié du second rouges. Le bord des anneaux a un léger reflet argenté. Le dessous du corps & les pattes sont noirs. Les ailes sont transparentes, & ont une très-légère teinte obscure. L'aileron est blanc.

Elle se trouve en France, en Allemagne.

6. Ocyptère semblable.

Ocyptera simillima.

Ocyptera atra, thorace anticè flavo lineato, alis ad costam atris. Fabr. *Syst. Antl. pag.* 313. *n°.* 3.

Elle ressemble à l'Ocyptère brassicaire, & a, comme elle, environ cinq lignes de longueur. Les antennes sont noires. La tête est très-noire, avec la bouche blanchâtre & le tour des yeux fauve. Le corcelet est très-noir, & marqué au milieu d'une petite raie transverse, jaune. De la raie à l'extrémité sont quatre petites lignes jaunes. L'abdomen est cylindrique, très-noir, avec quelques taches latérales d'un brun-obscur. Les ailes sont transparentes, avec la moitié du bord antérieur noir. Les pattes sont noires, avec la base des jambes postérieures ferrugineuse, & l'extrémité comprimée.

Elle se trouve dans l'Amérique méridionale.

7. Ocyptère mipartie.

Ocyptera dimidiata.

Ocyptera nigra, vertice basique alarum testaceis, abdomine ferrugineo, apice nigro.

Elle ressemble, pour la forme & la grandeur, à l'Ocyptère brassicaire. Les antennes sont noires, avec les deux premiers articles ferrugineux. La tête est argentée dans toute sa partie antérieure & inférieure, & d'un testacé-fauve à sa partie supérieure. Le corcelet est noir, avec les épaulettes un peu argentées. L'abdomen est ferrugineux, presque cylindrique, avec le dernier anneau & presque tout le pénultième noirs. Les ailes sont moitié testacées, moitié noirâtres. La poitrine est noire, avec les côtés un peu argentés. Les pattes sont noires. L'aileron est blanc, avec les balanciers pâles.

Elle se trouve dans le Piémont.

De la collection de M. Latreille.

8. Ocyptère Hérisson.

Ocyptera Hystrix.

Ocyptera atra, hispida, femoribus lateribusque abdominis ferrugineis.

Musca præceps. Scop. *Ent. Carn. n°.* 894.

Musca compressa. Schellemb. *Dipt. tab.* 3. *fig.* 3.

Elle est un peu plus petite que l'Ocyptère brassicaire. Tout le corps est couvert de poils longs & roides, plus nombreux que dans les autres espèces. Les antennes sont noires, avec les deux premiers articles ferrugineux. La tête est noire, avec le front argenté. Le corcelet est cendré, avec deux lignes noires. L'abdomen est noir, avec une grande tache rougeâtre ou ferrugineuse de chaque côté des trois premiers anneaux. Les pattes sont noires, avec les cuisses ferrugineuses. Les ailes ont une légère teinte roussâtre, surtout à leur bord antérieur. L'aileron est blanc, & le balancier est pâle.

Elle se trouve fréquemment sur les fleurs, aux environs de Paris.

9. Ocyptère volvule.

Ocyptera volvulus.

Ocyptera nigra, abdomine fasciis duabus albidis, submicantibus. Fabr. *Syst. Antl. p.* 314. *n°.* 7.

Musca volvulus. Fabr. *Ent. Syst. em. tom.* 4. *p.* 328. *n°.* 67.

Elle ressemble aux précédentes. La tête est blanchâtre, luisante, avec une ligne noire sur le vertex. Le corcelet est noirâtre, presque marqueté. L'écusson est très-noir. L'abdomen est fort poilu, cylindrique, noir, avec deux bandes au milieu, blanchâtres. Les pattes sont noires.

Elle se trouve en Italie.

10. Ocyptère latérale.

Ocyptera lateralis.

Ocyptera nigra, abdomine ovato, depresso; lateribus basi sanguineis.

Ocyptera lateralis. Fabr. *Syst. Antl. pag.* 314. *n°.* 8.

Musca lateralis. Fabr. *Ent. Syst. em. tom.* 4. *p.* 328. *n°.* 68.

Ocyptera lateralis. Latr. *Gen. Crust. & Insect. tom.* 4. *p.* 344. — *Hist. nat. des Crust. & des Ins. tom.* 14. *p.* 378. *n°.* 2.

Eriothrix lateralis. Meig. *Dipt.*

Musca lateralis. Panz. *Faun. Germ. Fasc.* 7. *tab.* 22.

Voyez Mouche latérale, n°. 67.

11. Ocyptère ciliée.

Ocyptera ciliata.

Ocyptera atra, abdominis basi ferruginea, alarum margine tenuiori albo. Fabr. *Syst. Antl. p.* 315. *n°.* 9.

Elle est de grandeur moyenne. Les antennes sont obscures. La tête est obscure, avec la bouche blanche. Le corcelet est noir, poilu. L'abdomen est cylindrique, très-noir, avec la base rouge. Les ailes sont grandes, noires, avec le bord interne blanc. Les ailerons sont blancs. Les pattes sont blanches, & les jambes postérieures sont ciliées.

Elle se trouve dans l'Amérique méridionale.

12. Ocyptère âtre.

Ocyptera atrata.

Ocyptera atra, abdomine fasciis duabus cinereis, micantibus. Fabr. *Syst. Antl. p.* 313. *n°.* 4.

Elle ressemble, pour la forme & la grandeur, à l'Ocyptère brassicaire. La tête est noire, avec la bouche argentée. Les antennes sont rougeâtres, avec l'extrémité un peu noire. Le corcelet est noir, avec un léger reflet cendré. L'abdomen est cylindrique, très-noir, avec deux bandes qui ont un reflet cendré. Les ailes sont transparentes, avec le bord antérieur obscur. Les pattes sont très-noires.

Elle se trouve en Guinée.

13. Ocyptère comprimée.

Ocyptera compressa.

Ocyptera pilosa, nigra, thorace lineato, abdomine rufo, lineâ dorsali nigrâ, femoribus rufis. Fabr. *Syst. Antl. p.* 314. *n°.* 5.

Musca compressa. Fabr. *Ent. Syst. em. tom.* 4. *p.* 327. *n°.* 64.

Voyez Mouche comprimée, n°. 66.

Je l'ai trouvée fréquemment en Égypte. La base des antennes est légérement rougeâtre, & la ligne dorsale de l'abdomen manque quelquefois ou ne se montre qu'au premier anneau.

14. Ocyptère diaphane.

Ocyptera diaphana.

Ocyptera nigra, abdominis lateribus basi testaceo diaphanis, alis costâ nigris. Fabr. *Syst. Antl. p.* 314. *n°.* 6.

Elle ressemble aux précédentes. Les antennes sont noires. La tête est noire, avec la bouche argentée. Les antennules sont testacées. Le corcelet est poilu, noir, avec une ligne latérale cendrée, peu marquée. L'abdomen est cylindrique, un peu comprimé, avec la base testacée & diaphane, une ligne dorsale & l'extrémité noires. Les ailes sont transparentes, avec tout le bord antérieur noir. L'aileron est blanc.

Elle se trouve dans l'Amérique méridionale.

15. Ocyptère pubère.

Ocyptera pubera.

Ocyptera nigra, abdominis ultimo segmento incurvato, pube utrinquè reflexâ. Fabr. *Syst. Antl. p.* 315. *n°.* 10.

Musca pubera. Fabr. *Ent. Syst. em. tom.* 4. *p.* 336. *n°.* 101.

Musca pubera. Linn. *Syst. Nat.* 2. *pag.* 994. *n°.* 95.

Voyez Mouche pubère, n°. 89.

16. Ocyptère albilabre.

Ocyptera albilabris.

Ocyptera atra, labio niveo, pedibus testaceis. Fabr. *Syst. Antl. p.* 315. *n°.* 11.

Les antennes sont noires, comme dans les espèces précédentes, comprimées, munies d'une soie au milieu du dos. La tête est noire, avec la partie supérieure de la bouche argentée. Le corcelet est très-noir, luisant. L'abdomen est cylindrique, très-noir, sans tache, couvert d'un duvet recourbé. Les ailes sont transparentes. Les pattes sont testacées.

Elle se trouve dans l'Autriche.

17. Ocyptère baril.

Ocyptera dolium.

Ocyptera nigra, abdomine cylindrico, segmento ultimo incurvo, pube utrinquè reflexâ, pedibus rufis. Fabr. *Syst. Antl. p.* 315. *n°.* 12.

Elle ressemble à l'Ocyptère pubère; mais elle est un peu plus petite. La tête est petite, orbiculée, noire, couverte en-dessous d'un duvet argenté, luisant. Le dernier article des antennes est comprimé, ferrugineux, & la soie est blanche. Le corcelet est noir. L'abdomen est noir, cylindrique, courbé, garni d'un duvet relevé. Les pattes sont fauves. Les ailes sont transparentes.

Elle se trouve en France, en Allemagne.

ODACANTHE. *Odacantha.* Genre d'insectes de la première section de l'Ordre des Coléoptères, & de la famille des Carabiques.

Ce genre, détaché depuis peu de celui de Carabe, est reconnoissable aux antennes filiformes, presque de la longueur du corps; à la tête presque en losange, de la largeur ou un peu plus large que le corcelet; au corcelet à peine rebordé, presque cylindrique; aux antennules, dont le dernier article est obtus; aux tarses filiformes, à articles entiers.

Linné avoit placé parmi ses Attelabes la seule espèce d'Odacanthe qu'il eût connue, quoiqu'il n'y ait aucun rapport entr'elle & les insectes de ce genre. Fabricius en fit avec plus de fondement un Carabe, qu'il transporta ensuite, avec deux autres espèces, parmi ses Cicindèles. M. Paykul est le premier qui ait établi le genre Odacanthe, qui fut bientôt après adopté par Fabricius, & successivement par les autres entomologistes systématiques.

Les Odacanthes ne peuvent être confondues avec les Cicindèles; elles ressemblent beaucoup plus aux Agres par la forme de la tête & du corcelet; mais dans celles-ci le corcelet est encore plus étroit & plus alongé, & il a à sa partie antérieure un bourrelet qui manque aux premières.

Les caractères que M. Paykul a assignés à ce

genre, ont été très-développés par Fabricius, & sont d'une exactitude qu'on ne retrouve pas dans la plupart des autres genres. Les voici à peu près tels qu'il les a donnés dans son dernier ouvrage.

Les antennes sont filiformes, presque de la longueur du corps. Le premier article est alongé, légérement renflé à son extrémité. Elles sont composées de onze articles, & sont insérées à peu de distance des mandibules.

La bouche est composée d'une lèvre supérieure, de deux mandibules, de deux mâchoires, d'une langue, d'une lèvre inférieure & de six antennules.

La lèvre supérieure est grande, coriacée, entière, droite antérieurement ou légérement échancrée.

Les mandibules sont grandes, cornées, arquées, aiguës, simples ou sans dents.

Les mâchoires sont cornées, alongées, aiguës, armées de plusieurs épines longues, arquées & relevées.

La langue ou lèvre inférieure est courte, membraneuse, tronquée, entière.

La lèvre inférieure ou menton est cornée, transverse, trifide. Les divisions sont arrondies, obtuses.

Les antennules antérieures sont courtes, composées de deux articles, dont le dernier est terminé en pointe; elles sont insérées au dos des mâchoires.

Les antennules intermédiaires ou extérieures sont beaucoup plus longues que les autres, composées de quatre articles, dont le dernier est obtus, presque tronqué; elles sont insérées à la base extérieure des antennules antérieures.

Les antennules postérieures sont composées de trois articles, dont le dernier est obtus & tronqué; elles sont insérées sur les côtés de la langue.

La tête est avancée, détachée du corcelet, un peu plane en dessus, de la forme d'un losange. Les yeux, qui se trouvent aux angles latéraux du losange, sont arrondis & un peu saillans.

Le corcelet est ordinairement un peu plus étroit que la tête; il est presque cylindrique, & a ses bords latéraux à peine relevés.

Le corps est étroit, alongé; les élytres sont étroites, linéaires, arrondies ou pointues à leur extrémité. Elles cachent deux ailes membraneuses, repliées.

Les pattes sont de longueur moyenne. Les tarses sont filiformes, & les articles, au nombre de cinq à chaque patte, sont simples, entiers.

Les Odacanthes ne paroissent pas différer, pour la manière de vivre & les métamorphoses, des autres Carabiques; elles ont, comme eux, leur démarche très-agile & leur vol peu fréquent.

ODACANTHE.

ODACANTHA. PAYK. FABR. LATR. *ATTELABUS.* LINN.

CARACTÈRES GÉNÉRIQUES.

Antennes filiformes, presque de la longueur du corps : premier article alongé, plus gros, légérement renflé à son extrémité.

Mandibules arquées, aiguës, entières.

Mâchoires épineuses.

Six antennules filiformes; les quatre postérieures obtuses.

Tête en losange.

Col étroit, presque cylindrique.

ESPÈCES.

1. ODACANTHE aiguë.

Noire; élytres terminées en pointe, marquées chacune de deux petites taches blanches.

2. ODACANTHE mélanure.

Corcelet bleu; élytres testacées, avec l'extrémité noire.

3. ODACANTHE bifasciée.

Pâle; élytres avec deux bandes noires.

4. ODACANTHE cyanocéphale.

Rouge; tête et deux bandes sur les élytres bleues.

5. ODACANTHE tripustulée.

Noire; élytres avec deux taches à la base, et une bande au milieu, ferrugineuses.

6. ODACANTHE alongée.

Noire; pattes et deux bandes sur les élytres, jaunes.

7. ODACANTHE dorsale.

Noire; élytres striées, testacées, avec la suture noire.

1. Odacanthe aiguë.

Odacantha acuminata.

Odacantha nigra, elytris acuminatis, maculis duabus albis.

Carabus acuminatus. Ent. tom. 3. *n°.* 35. 83. *tab.* 1. *fig.* 8.

Voyez, pour la deſcription, Carabe aigu, n°. 86.

2. Odacanthe mélanure.

Odacantha melanura.

Odacantha thorace cyaneo, elytris teſtaceis apice nigris. Fabr. *Syſt. Eleut. tom.* 1. *p.* 228. *n°.* 1.

Carabus anguſtatus. Ent. tom. 3. *n°.* 35. 159. *tab.* 1. *fig.* 7.

Cicindela anguſtata. Fabr. *Ent. Syſt. em. tom.* 1. *p.* 169. *n°.* 3.

Attelabus melanurus. Linn. *Syſt. Nat.* 2. *p.* 620. *n°.* 6.

Carabus anguſtatus. Payk. *Monogr. n°.* 67.

Odacantha melanura. Payk. *Faun. Suec. t.* 1. *p.* 169. *n°.* 1.

Odacantha melanura. Latr. *Hiſt. nat. des Cruſt. & des Inſ. tom.* 8. *p.* 255. *tab.* 72. *fig.* 6. — *Gen. Cruſt. & Inſ. tom.* 1. *p.* 194.

Cicindela anguſtata. Panz. *Faun. Germ. Faſc.* 10. *tab.* 1.

Voyez, pour la deſcription, Carabe rétréci, n°. 162.

3. Odacanthe bifaſciée.

Odacantha bifaſciata.

Odacantha pallida, elytris faſciis duabus atris. Fabr. *Syſt. Eleut. tom.* 1. *p.* 229. *n°.* 2.

Carabus bifaſciatus. Ent. tom. 3. *n°.* 35. 119. *tab.* 7. *fig.* 80.

Voyez, pour la deſcription, Carabe bifaſcié, n°. 119.

4. Odacanthe cyanocéphale.

Odacantha cyanocephala.

Odacantha rufa, capite elytrorumque faſciis duabus cyaneis. Fabr. *Syſt. Eleut. t.* 1. *p.* 229. *n°.* 3.

Cicindela cyanocephala. Fabr. *Ent. Syſt. em. Suppl. p.* 60.

Elle eſt petite, alongée. Les antennes ſont ferrugineuſes. La tête eſt d'un noir-bleuâtre luiſant. Le corcelet eſt alongé, cylindrique, un peu rétréci antérieurement, entiérement rouge. Les élytres ſont à peine ſtriées, rouges, avec une petite bande bleue à la baſe, & une autre plus large au-delà du milien. Le deſſous du corps eſt couvert de poils cendrés.

Elle ſe trouve dans les Indes orientales.

5. Odacanthe tripuſtulée.

Odacantha tripuſtulata.

Odacantha atra, coleoptris maculis duabus baſeos faſciâque mediâ ferrugineis. Fabr. *Syſt. Eleut. tom.* 1. *p.* 229. *n°.* 4.

Cicindela tripuſtulata. Fabr. *Ent. Syſt. em. tom.* 1. *p.* 169. *n°.* 4.

Elle reſſemble à l'Odacanthe mélanure. Les antennes ſont noires. La tête eſt noire, plane, plus large que le corcelet: celui-ci eſt étroit, cylindrique, noir. Les élytres ſont liſſes, noires, avec une grande tache ferrugineuſe à la baſe, & une bande, au milieu, qui s'élargit un peu à la future. Le deſſous du corps eſt noir.

Elle ſe trouve aux environs de Paris.

6. Odacanthe alongée.

Odacantha elongata.

Odacantha nigra, elytrorum faſciis duabus pedibuſque flaveſcentibus. Fabr. *Syſt. Eleut. t.* 1. *p.* 229. *n°.* 5.

Elle eſt petite. Les antennes ſont obſcures. La tête eſt noire. Le corcelet eſt alongé, cylindrique, noir, ſans tache. Les élytres ſont ſtriées, noires, avec deux bandes jaunes, dont la dernière s'étend le long de la future juſqu'à l'extrémité. Le deſſous du corps eſt noir. Les pattes ſont jaunes.

Elle ſe trouve dans l'Amérique méridionale.

7. Odacanthe dorſale.

Odacantha dorſalis.

Odacantha nigra, elytris ſtriatis teſtaceis, ſuturâ latè nigrâ. Fabr. *Syſt. Eleut. tom.* 1. *p.* 229. *n°.* 6.

Elle eſt preſque de la grandeur de l'Odacanthe mélanure. Les antennes ſont teſtacées. La tête eſt liſſe, noire, luiſante, avec les antennules teſtacées. Le corcelet eſt brun, preſque cylindrique, un peu plus étroit que la tête, avec un rebord latéral à peine marqué. Les élytres ſont ſtriées, & les ſtries ponctuées; elles ſont teſtacées, ſans tache, ou avec un peu de noir le long de la future, qui ne s'avance pas juſqu'à l'extrémité. Le deſſous du corps eſt noir. Les pattes ſont teſtacées.

Elle ſe trouve dans la Caroline, d'où elle a été apportée par M. Boſc.

ODONATES. *Odonata.* Cinquième claſſe du ſyſtème entomologique de Fabricius, dont le caractère eſt d'avoir deux antennules, & les mâchoires cornées & dentées. Elle ne comprend que trois genres, *Libellule*, *Æshne* & *Agrion*, détachés de la claſſe des Unogates, où ne ſont reſtés que les genres Solpugue ou Galéode, Araignée, Faucheur, Tarantule, Scorpion. (*Voyez* NÉVROPTÈRES & UNOGATES.)

ODONTOMYIE. *Odontomyia.* Genre d'inſectes de l'Ordre des Diptères & de la famille des Stratiomydes.

Les Odontomyies ſe reconnoiſſent aux antennes filiformes, terminées en pointe, de la longueur de la tête, rapprochées à leur baſe; à l'écuſſon ordinairement épineux, aux ailes portant une petite cellule, d'où partent pluſieurs nervures peu marquées.

Ces inſectes ne diffèrent guère des Stratiomes, avec leſquelles Linné, Geoffroy, Degeer & Fabricius les ont placés, que par les antennes qui ne ſont pas plus longues que la tête, & dont le premier & le troiſième article ſont proportionnellement beaucoup plus courts que dans les Stratiomes. Du reſte, c'eſt la même conformation dans les organes de la bouche & dans les autres parties du corps.

Les antennes des Odontomyies ſont rapprochées à leur baſe, de la longueur de la tête ou même un peu plus courtes, & compoſées de ſept articles apparens, dont le premier eſt un peu alongé & cylindrique; le ſecond eſt plus court, aminci à ſa baſe; le troiſième eſt cylindrique, un peu plus long que le ſecond. Les autres ſont inſenſiblement plus courts. Les deux derniers ſont plus étroits, & l'extrémité eſt en pointe plus ou moins fine.

Les yeux ſont grands, & occupent tous les côtés de la tête, dans l'un des deux ſexes; ils ſont plus petits dans l'autre, & n'occupent que la partie latérale. Les trois petits yeux liſſes qu'on remarque ſur le vertex, ſont très-rapprochés les uns des autres.

La bouche eſt formée d'une trompe ou gaîne fort courte, relevée vers ſon extrémité, fendue & terminée par deux renflemens; d'une lèvre ſupérieure courte, large, échancrée, & de trois ſoies inégales entr'elles, un peu plus longues que la lèvre. Les antennules, au nombre de deux, ſont courtes, formées de deux articles, dont le dernier eſt un peu en maſſe.

Le corcelet eſt arrondi, un peu convexe. L'écuſſon qui le termine, eſt diſtinct, arrondi ou un peu pointu poſtérieurement, & ordinairement armé de deux épines un peu arquées.

L'abdomen eſt, comme dans les Stratiomes, large, un peu déprimé, tranchant ſur les côtés.

Les pattes ſont de longueur moyenne, & ne préſentent rien de bien remarquable.

Les ailes, au nombre de deux, dépaſſent un peu l'abdomen; elles ſont ordinairement en recouvrement, & on remarque une forte nervure très-près du bord antérieur; enſuite deux cellules fort étroites, fermées par de fortes nervures, au bas deſquelles eſt une autre petite cellule polygone, d'où partent des nervures peu marquées. Ce caractère leur eſt commun avec les Stratiomes & les autres genres qui en ont été détachés.

La larve des Odontomyies vit dans l'eau, comme celles des Stratiomes; elle eſt apode. Son corps eſt alongé, aplati, plus large vers la tête qu'à ſon extrémité poſtérieure. Sa tête eſt petite, oblongue, écailleuſe, munie d'une bouche où l'on remarque deux petits crochets & quelques barbillons. Elle vit de petits inſectes aquatiques, & ſubit ſa métamorphoſe dans l'eau, d'où elle ne ſort que ſous la forme d'inſecte parfait : celui-ci ſe rencontre plus particuliérement ſur les fleurs des plantes qui croiſſent dans les prairies humides, ou ſur celles qui avoiſinent quelque rivière, quelqu'étang ou quelque marre.

ODONTOMYIE.

ODONTOMYIA. Meyg. Latr. *STRATIOMYS.* Geoff. Linn. Deg. Fabr.

CARACTÈRES GÉNÉRIQUES.

Antennes à peine de la longueur de la tête, filiformes, terminées en pointe; articles courts, presqu'égaux.

Trompe courte; gaîne recourbée, fendue et renflée à son extrémité.

Trois soies inégales; lèvre supérieure courte, échancrée.

Antennules courtes, biarticulées, en masse.

Ailes avec une cellule centrale, petite, polygone.

ESPÈCES.

1. Odontomyie fourchue.

Écusson bidenté, noir, bordé de jaune; abdomen noir, avec des taches jaunes sur les côtés.

2. Odontomyie mégacéphale.

Écusson bidenté, noire, avec un duvet cendré; abdomen jaune, avec le dos noir.

3. Odontomyie ceinte.

Écusson bidenté, verte, avec le dos du corcelet noir; abdomen noir, avec trois bandes interrompues, jaunes.

4. Odontomyie jaune.

Écusson bidenté, noire; abdomen rouge, avec une raie longitudinale noire.

5. Odontomyie bleue.

Écusson bidenté, bleue; tête vésiculeuse, blanche.

6. Odontomyie tigrée.

Écusson bidenté, noire; abdomen jaunâtre en dessous.

7. Odontomyie obscure.

Écusson mutique, jaune; corps noir, avec des taches jaunes sur la tête.

8. Odontomyie interrompue.

Écusson bidenté, noire; abdomen avec trois bandes interrompues et l'anus jaunes.

9. Odontomyie flavicorne.

Écusson bidenté, noire; tête et écusson jaunes; abdomen avec des taches latérales, argentées.

10. Odontomyie hydroléon.

Écusson bidenté, noire; abdomen vert, avec une large raie anguleuse, noire.

11. Odontomyie hiéroglyphique.

Écusson mutique, verte; abdomen noir, avec des taches latérales, vertes.

12. Odontomyie velue.

Écusson mutique, noire, avec des poils cendrés; abdomen avec le bord des anneaux blancs sur les côtés.

ODONTOMYIE. (Insecte.)

13. Odontomyie brévipenne.

Écusson presque bidenté, noire; abdomen avec des taches latérales, jaunes, aiguës.

14. Odontomyie argentée.

Écusson presque bidenté, noire; abdomen avec un duvet argenté et des taches jaunes sur les côtés.

15. Odontomyie soyeuse.

Écusson bidenté, noire, avec un duvet soyeux vert; abdomen vert, avec une tache noire.

16. Odontomyie viridule.

Écusson bidenté; abdomen vert, avec une raie noire, dilatée à l'extrémité.

17. Odontomyie canine.

Écusson bidenté; abdomen jaune, avec une raie dilatée au milieu et à l'extrémité.

18. Odontomyie féline.

Écusson bidenté; abdomen jaune, avec une large raie noire, anguleuse.

19. Odontomyie anguleuse.

Écusson bidenté; abdomen vert, avec une large raie noire, anguleuse.

20. Odontomyie vulpine.

Écusson bidenté; abdomen jaune, avec une raie dentée, noire; antennes et pattes jaunes.

21. Odontomyie lunulée.

Écusson bidenté, noire; corcelet couvert d'un duvet soyeux, vert; abdomen avec une tache latérale, jaune.

22. Odontomyie dentée.

Écusson bidenté; abdomen d'un vert-jaune, avec une raie anguleuse, noire, postérieurement semi-orbiculée.

1. Odontomyie fourchue.

Odontomyia furcata.

Odontomyia scutello bidentato nigro, margine flavo, abdomine atro, lateribus flavo maculatis.

Stratiomys furcata. Fabr. *Ent. Syst. em. t.* 4. *p.* 264. *n°.* 5. — *Syst. Antl. p.* 78. *n°.* 3.

Odontomyia furcata. Meyg. *Dipt. t.* 1. *p.* 129. *tab.* 7. *fig.* 22.

Odontomyia furcata. Latr. *Gen. Crust. & Inf. tom.* 4. *p.* 275.

Elle a environ six lignes de longueur. Les antennes sont noires, plus courtes que la tête. La tête & le corcelet sont noirâtres, couverts d'un duvet roussâtre. L'écusson est noir à sa base, jaune à l'extrémité. Les deux épines sont jaunes, avec l'extrémité noire. L'abdomen est noir, avec une suite de taches fauves de chaque côté. Le dessous du corps est livide. Les pattes sont jaunâtres, avec un peu de noir à la base des cuisses & au milieu des jambes. Les ailes sont transparentes, avec une teinte rousse sur le bord extérieur.

Elle se trouve dans toute l'Europe.

2. Odontomyie mégacéphale.

Odontomyia megacephala.

Odontomyia scutello bidentato, nigra, cinereo pubescens, abdomine flavo, dorso nigro.

Elle a un peu plus de cinq lignes de longueur. Les antennes sont plus courtes que la tête, fauves, avec l'extrémité noirâtre. La tête est grande, aussi large que le corcelet, obscure, avec un peu de jaune-obscur & un duvet argenté autour de la trompe. Le corcelet est noirâtre, couvert d'un léger duvet cendré. L'écusson est à peine bidenté, jaune, avec la base noirâtre. L'abdomen est d'un jaune un peu fauve, tant en dessus qu'en dessous, avec une raie noire, courte, un peu anguleuse sur le dos. Les pattes sont d'un jaune-fauve. Les ailes sont blanches, avec les nervures d'un jaune-pâle.

Je l'ai trouvée en Egypte, dans le mois d'avril, sur les bords du Nil.

3. Odontomyie ceinte.

Odontomyia cincta.

Odontomyia scutello bidentato, viridis, thoracis dorso nigro, abdomine nigro, fasciis tribus interruptis, flavis.

Elle est presqu'aussi grande que l'Odontomyie fourchue. Les antennes sont jaunâtres. La tête est verte ou jaunâtre, avec trois points noirs sur le vertex. Le dos du corcelet est noirâtre. Les côtés & l'écusson sont verts ou jaunâtres : celui-ci est armé de deux petites épines. L'abdomen est noir en dessus, avec trois bandes interrompues & un peu amincies au milieu, d'un jaune plus ou moins vert. Le dessous du corps est jaune ou vert. Les pattes sont jaunes. Les ailes sont transparentes, avec les nervures jaunes.

Elle se trouve en Caroline, d'où elle a été apportée par M. Bosc.

4. Odontomyie jaune.

Odontomyia flavissima.

Odontomyia scutello bidentato, atra, abdomine rufo, lineâ longitudinali nigrâ.

Stratiomys flavissima. Fabr. *Ent. Syst. em. tom.* 4. *p.* 265. *n°.* 8. — *Syst. Antl. p.* 79. *n°.* 6.

Stratiomys flavissima. Panz. *Faun. Germ. Fasc.* 35. *tab.* 24.

Odontomyia flavissima. Meyg. *Dipt.* 1. *p.* 131.

Elle est de la grandeur de l'Odontomyie fourchue ; mais l'abdomen est plus large & plus court. Les antennes, la tête & le corcelet sont noirs. Les deux épines de l'écusson sont d'un jaune-obscur. L'abdomen est noir en dessus, avec les côtés & tout le dessous fauves. Les pattes sont noires, avec un peu de jaune sur les jambes. Les ailes sont transparentes, avec la partie extérieure brune jusqu'au-delà du milieu.

Elle se trouve en Italie, au midi de la France.

5. Odontomyie bleue.

Odontomyia cyanea.

Odontomyia scutello bidentato, cyanea, capite vesiculoso, albo.

Stratiomys cyanea. Fabr. *Ent. Syst. em. t.* 4. *p.* 265. *n°.* 11. — *Syst. Antl. p.* 80. *n°.* 11.

Elle est de la grandeur des précédentes. Le premier article des antennes est noir, peu alongé, velu. Le second est noir, court & velu. Les autres manquent dans l'individu que j'ai sous les yeux. La tête est blanche, un peu vésiculeuse. Le corcelet est d'un bleu-foncé, armé de deux épines de la même couleur. L'abdomen est court, plus large que long, d'un brun-foncé. Les pattes sont noires. Les ailes sont noirâtres.

Elle se trouve à Cayenne.

Du cabinet de M. Bosc.

6. Odontomyie tigrine.

Odontomyia tigrina.

Odontomyia scutello bidentato, nigra, abdomine subtùs flavo.

Stratiomys tigrina. Fabr. *Ent. Syst. em. t.* 4. *p.* 267. *n°.* 16. — *Syst. Antl. p.* 82. *n°.* 18.

Stratiomys nigra, tibiis albidis, alarum margine exteriore nigro. Geoffr. *Inf. Parif. tom.* 2. *p.* 481. *n°.* 5.

Stratiomys

Stratiomys albipes. Fourc. *Ent. Parif. tom.* 2. *p.* 468. *n°.* 5.

Stratiomys tigrina. Panz. *Faun. Germ. Fafc.* 58. *tab.* 20.

Odontomyia tigrina. Meyg. *Dipt. t.* 1. *p.* 130. *tab.* 7. *fig.* 24.

Odontomyia tigrina. Latr. *Gen. Cruft. & Inf. tom.* 4. *p.* 275.

Elle a de trois à quatre lignes de longueur. Les antennes font noires. La tête eft noire, couverte d'un duvet noirâtre. Le corcelet & le deffus de l'abdomen font d'un noir-bleuâtre, avec un léger duvet noirâtre. Le deffous de l'abdomen eft d'un jaune-livide. Les cuiffes font noires. Les jambes & les tarfes font jaunes, avec un peu de noir vers le milieu. Le bord extérieur des ailes eft noir.

Elle fe trouve dans toute l'Europe.

7. Odontomyie obfcure.

Odontomyia obfcura.

Odontomyia fcutello flavo mutico, nigra, capite flavo punctato.

Elle eft de la grandeur de l'Odontomyie tigrine. Les antennes font noires, avec la bafe d'un jaune-obfcur. La tête eft noire, avec quelques points & le bord poftérieur jaunes. Le corcelet eft noir, couvert d'un léger duvet d'un gris-rouffeâtre. L'écuffon eft jaune, fans épines. On voit feulement quelques cils qui tiennent lieu d'épines. La poitrine eft noire, avec un peu de jaune fur les côtés. L'abdomen eft noir, avec quelques taches triangulaires peu apparentes fur les côtés, formées par un léger duvet argenté. Le deffous eft noir, avec une tache verte à la bafe. Les cuiffes font noires, avec les genoux jaunes. Les jambes & les tarfes font jaunes. Les ailes font tranfparentes, avec les nervures légérement jaunes.

Elle a été apportée de la Caroline par M. Bofc.

8. Odontomyie interrompue.

Odontomyia interrupta.

Odontomyia fcutello bidentato, nigra, abdomine fafciis tribus interruptis, anoque flavis.

Elle eft de la grandeur de l'Odontomyie tigrine. Les antennes font noires. La tête eft noire, avec une petite tache oblongue, jaune, fur le vertex. Le corcelet eft noir, couvert d'un léger duvet court, argenté. L'écuffon eft de la même couleur, & eft armé de deux petites épines jaunes. L'abdomen eft noir, avec trois petites taches fur les côtés, d'une égale épaiffeur, & une fur l'anus, d'un jaune-verdâtre. Les pattes font jaunes, avec les cuiffes prefqu'entiérement noires. En deffous la poitrine eft noire, & l'abdomen eft verdâtre. Les ailes font tranfparentes, avec les nervures d'un brun-rouffeâtre.

Elle a été apportée de la Caroline par M. Bofc.

9. Odontomyie flavicorne.

Odontomyia flavicornis.

Odontomyia fcutello bidentato, nigra, capite fcutelloque flavis, abdomine maculis lateralibus argenteis.

Elle a un peu plus de trois lignes de longueur. Les antennes font jaunes, avec l'extrémité noire. La tête eft jaune, avec les yeux noirs. Le corcelet eft noir, avec quelques raies formées par un duvet argenté. L'écuffon eft grand, jaune, armé de deux fortes épines de la même couleur. L'abdomen eft large, court, un peu aplati, noir, avec quatre taches de chaque côté, formées par un duvet argenté. Les pattes font noires, avec les genoux & le premier article des tarfes blanchâtres. Les ailes font tranfparentes, avec les nervures d'un jaune-brun. Les balanciers font jaunes.

Elle fe trouve dans l'Amérique feptentrionale.

10. Odontomyie hydroléon.

Odontomyia hydroleon.

Odontomyia fcutello bidentato, nigra, abdomine viridi, nigro, angulato.

Stratiomys hydroleon. Fabr. *Ent. Syft. em. t.* 4. *p.* 267. *n°.* 17. — *Syft. Antl. p.* 82. *n°.* 19.

Mufca hydroleon. Linn. *Syft. Nat.* 2. *p.* 980. *n°.* 5. — *Faun. Suec. n°.* 1782.

Stratiomys fufca, abdomine viridi, fafciâ longitudinali nigrâ. Geoff. *Inf. Parif. t.* 2. *p.* 481. *n°.* 4.

Stratiomys hydroleon. Fourc. *Ent. Parif. t.* 2. *p.* 467. *n°.* 4.

Stratiomys hydroleon. Deg. *Mem. Inf.* 6. *p.* 154. *n°.* 3. *tab.* 9. *fig.* 4.

Stratiomys hydroleon. Panz. *Faun. Germ. Fafc.* 7. *tab.* 21.

Mufca hydroleon. Schrank, *Enum. Inf. Auftr. n°.* 888.

Odontomyia hydroleon. Meyg. *Dipt.* 1. *p.* 131.

Odontomyia hydroleon. Latr. *Gen. Cruft. & Inf. tom.* 4. *p.* 275.

Elle a de trois à quatre lignes de longueur. Les antennes font obfcures. Les yeux, dans l'animal vivant, font traverfés d'une bande pourpre; ils font obfcurs après la mort. La tête & le corcelet font noirâtres, & couverts d'un léger duvet bronzé. L'écuffon eft bordé de vert, & armé de deux petites épines jaunes. L'abdomen eft vert fur les côtés, &

n ir au milieu. Le noir forme une large raie d'égale épaiſſeur, ayant trois dents aiguës ſur les côtés. Le deſſous eſt vert. Les pattes ſont jaunes. Les ailes ſont tranſparentes, avec les nervures extérieures jaunâtres.

Elle ſe trouve dans toute l'Europe.

11. Odontomyie hiéroglyphique.

Odontomyia hieroglyphica.

Odontomyia ſcutello mutico viridi, abdomine nigro, maculis lateralibus viridibus.

Elle eſt de la grandeur de l'Odontomyie hydroléon. Les antennes ſont noires. La tête eſt verte, marquée d'une tache noire, aſſez grande, à la partie antérieure; de deux autres un peu au deſſus, ſinueuſes, & d'une triangulaire, antérieurement dentée, ſur le vertex. Le corcelet eſt noirâtre, avec les côtés & l'écuſſon verts : celui-ci eſt mutique ou armé de deux épines à peine apparentes. L'abdomen eſt noir, avec trois petites taches verdâtres ſur les côtés, & une ſur l'anus. Le deſſous du corps eſt vert ou d'un vert-jaune. Les cuiſſes ſont noires, avec l'extrémité jaune. Les jambes & les tarſes ſont jaunes, tachés de noir. Les ailes ont une légère teinte d'un brun-rouſſeâtre, ſurtout vers le bord extérieur.

Elle ſe trouve en Caroline, d'où elle a été apportée par M. Boſc.

12. Odontomyie velue.

Odontomyia villoſa.

Odontomyia ſcutello mutico, nigra, cinereo hirta, abdominis ſegmentis margine laterali albo.

Nemotelus villoſus. Fabr. *Ent. Syſt. em. t.* 4. *p.* 270. *n°.* 2. — *Syſt. Antl. p.* 88. *n°.* 2.

Nemotelus villoſus. Coqueb. *Illuſtr. Inſ. Dec.* 3. *tab.* 23. *fig.* 3.

Nemotelus villoſus. Panz. *Faun. Germ. Faſc.* 58. *tab.* 16.

Elle eſt un peu plus petite que l'Odontomyie hydroléon. Les antennes ſont noires. Le corps eſt noir, un peu velu, & les poils ſont d'un gris-rouſſeâtre. L'écuſſon eſt ſans épines. L'abdomen eſt arrondi, un peu déprimé, avec une ligne tranſverſale jaune, de chaque côté du bord des anneaux. Les pattes ſont noires.

Elle ſe trouve en Hongrie.

Du cabinet de M. Boſc.

13. Odontomyie brévipenne.

Odontomyia brevipennis.

Odontomyia ſcutello ſubbidentato, nigra, abdomine maculis lateralibus flavis acutis.

Elle reſſemble aux précédentes. Les antennes ſont noires avec les deux premiers articles jaunes. La tête & le corcelet ſont noirâtres, couverts d'un léger duvet d'un gris un peu rouſſeâtre. L'écuſſon eſt noir, & armé de deux petites épines rapprochées, à peine apparentes, jaunes. L'abdomen eſt noirâtre en deſſus, avec une ſuite de petites taches jaunes ſur les côtés, triangulaires, avec leur angle interne très-aigu. Le deſſous eſt d'un jaune un peu livide. Les cuiſſes ſont noires, avec l'extrémité jaune. Les jambes & les tarſes ſont jaunes. Les ailes ſont tranſparentes, avec les nervures légérement jaunes; elles ſont courtes, & dépaſſent à peine l'abdomen.

Elle ſe trouve dans la Caroline, d'où elle a été apportée par M. Boſc.

14. Odontomyie argentée.

Odontomyia argentata.

Odontomyia ſcutello ſubbidentato atra, abdomine argenteo tomentoſo, maculis lateralibus flavis.

Stratiomys argentata. Fabr. *Ent. Syſt. em. tom.* 4. *p.* 266. *n°.* 15. — *Syſt. Antl. pag.* 82. *n°.* 17.

Odontomyia argentata. Meig. *Dipt.* 1. *p.* 131.

Odontomyia argentata. Latr. *Gen. Cruſt. & Inſ. tom.* 4. *p.* 275.

Stratiomys argentata. Panz. *Faun. Germ. Faſc.* 71. *tab.* 20.

Elle a près de quatre lignes de longueur. Les antennes ſont noires. La tête eſt noire, avec des poils cendrés autour de la bouche. Le corcelet eſt noir, couvert d'un duvet cendré. L'écuſſon eſt armé de deux petites épines jaunes. L'abdomen eſt large, aplati, noir, couvert d'un duvet ſerré, gris, avec trois taches jaunes, intérieurement pointues, ſur les côtés; en deſſous, il eſt d'un jaune-teſtacé. Les balanciers ſont jaunes. Les ailes ſont tranſparentes, avec les nervures extérieures jaunes. Les pattes ſont jaunes.

Elle ſe trouve en Saxe.

15. Odontomyie ſoyeuſe.

Odontomyia holoſericea.

Odontomyia ſcutello bidentato, nigra, viridi ſericea, abdomine viridi maculâ apicis nigrâ.

Elle reſſemble, pour la forme & la grandeur, à l'Odontomyie viridule. Les antennes ſont noires, avec les deux premiers articles fauves. La tête eſt noire, couverte d'un duvet ſoyeux, verdâtre, avec un peu de jaune autour de la trompe. Le corcelet eſt noir, couvert d'un duvet ſoyeux, verdâtre. L'écuſſon eſt de la même couleur. Les deux épines dont il eſt armé, ſont petites, droites, jaunes.

L'abdomen est vert, tant en dessus qu'en dessous, avec une petite tache noire à la base, & une autre beaucoup plus grande près de l'extrémité. Les pattes sont jaunes. Les ailes sont blanches, avec les nervures d'un jaune-clair. Les balanciers sont verts.

Je l'ai trouvée, en avril, sur les bords du Tigre, près de Bagdad.

16. ODONTOMYIE viridule.

ODONTOMYIA viridula.

Odontomyia scutello bidentato, abdomine viridi, dorso vittâ nigrâ apice dilatatâ.

Stratiomys viridula. FABR. *Ent. Syst. em. t.* 4. *p.* 267. *n°.* 18. — *Syst. Antl. p.* 84. *n°.* 25.

Stratiomys viridula. PANZ. *Faun. Germ. Fasc.* 58. *tab.* 18

Odontomyia viridula. MEYG. *Dipt.* 1. *p.* 133.

Odontomyia viridula. LATR. *Gen. Crust. & Ins. tom.* 4. *p.* 275.

Elle a environ trois lignes de longueur. Les antennes sont noires. La tête & le corcelet sont noirs, légérement couverts d'un duvet bronzé. L'écusson est de la même couleur, & est armé de deux petites épines droites, jaunes. L'abdomen est d'un vert-clair sur les côtés & en dessus, & marqué, au milieu, d'une raie qui s'élargit vers l'extrémité. Les balanciers sont verts. Les pattes sont jaunâtres. Les ailes sont transparentes, avec les nervures extérieures jaunes.

Elle se trouve dans toute l'Europe.

17. ODONTOMYIE canine.

ODONTOMYIA canina.

Odontomyia scutello bidentato, abdomine flavo, dorso vittâ nigrâ, medio versùsque apicem dilatatâ.

Odontomyia canina. MEYG. *Dipt.* 1. *p.* 132.

Stratiomys canina, scutello bidentato, abdomine flavo, dorso atro, maculis utrinquè lateralibus, baseos majoribus, anoque flavis. PANZ. *Faun. Germ. Fasc.* 58. *tab.* 23.

Elle paroît n'être qu'une variété de sexe de l'Odontomyie viridule. Les antennes sont noirâtres. La tête est noirâtre, avec le tour des yeux & un léger duvet argenté. Les yeux sont petits, & n'occupent que les côtés de la tête. Le corcelet est noir, avec un léger duvet argenté. L'écusson est de la même couleur, & ses deux épines sont d'un jaune-obscur. L'abdomen est jaune sur les côtés & en dessous, avec une raie au milieu, qui s'élargit & forme deux angles postérieurement. Les balanciers sont jaunes. Les ailes sont transparentes, avec les nervures extérieures jaunes. Les pattes sont jaunes.

Elle se trouve dans toute l'Europe.

18. ODONTOMYIE féline.

ODONTOMYIA felina.

Odontomyia scutello bidentato, abdomine flavo, dorso vittâ latâ, nigrâ, angulatâ.

Odontomyia felina. MEYG. *Dipt.* 1. *p.* 132.

Stratiomys felina, scutello bidentato, abdomine viridi; dorso atro, maculis utrinquè triangularibus anoque flavis. PANZ. *Faun. Germ. Fasc.* 58. *tab.* 20.

Elle a quatre lignes de long, & paroît n'être qu'une variété de l'Odontomyie hydroléon. Les antennes sont noirâtres. La tête est noire, avec un duvet argenté autour de la bouche. Le corcelet est noir, pubescent. L'écusson est noir, avec le bord postérieur & les deux épines jaunes. L'abdomen est jaune sur les côtés, noir au milieu. Cette couleur forme, de chaque côté, trois angles aigus, presqu'égaux. Le dessous de l'abdomen est d'un jaune-verdâtre. Les pattes sont jaunes. Les ailes sont transparentes, avec les nervures extérieures jaunes. Les balanciers sont jaunes, ciliés.

Elle se trouve en Allemagne.

19. ODONTOMYIE anguleuse.

ODONTOMYIA angulata.

Odontomyia scutello bidentato, abdomine viridi; dorso vittâ latâ, nigrâ, angulatâ.

Odontomyia angulata. MEYG. *Dipt. tom.* 1. *p.* 133.

Stratiomys angulata *scutello bidentato, abdomine viridi, dorso nigro, margine viridi angulato.* PANZ. *Faun. Germ. Fasc.* 58. *tab.* 19.

Elle ressemble beaucoup à l'Odontomyie hydroléon. Les antennes sont noirâtres. La tête est jaune, avec les yeux obscurs. Le corcelet est couvert d'un duvet verdâtre. L'écusson est jaune, armé de deux épines de la même couleur. L'abdomen est vert sur les côtés, noir au milieu. Cette couleur forme deux ou trois angles aigus. Le dessous est vert. Les pattes sont jaunes. Les ailes sont transparentes, avec les nervures extérieures jaunes. Les balanciers sont d'un jaune-pâle & ciliés.

Elle se trouve en Allemagne.

20. ODONTOMYIE vulpine.

ODONTOMYIA vulpina.

Odontomyia scutello bidentato, abdomine flavo, vittâ dentatâ, nigrâ; antennis pedibusque flavis.

Odontomyia vulpina. MEYG. *Dipt.* 1. *p.* 132.

Stratiomys vulpina *scutello bidentato*, *capite abdomine dorso maculis lateralibus pedibusque flavis*. PANZ. *Faun. Germ. Fasc.* 58. *n°*. 24.

Elle a plus de quatre lignes de longueur. Les antennes sont jaunes. La tête est jaune, avec une tache noire sur le vertex & les yeux noirs. Le corcelet est noir, avec un léger duvet soyeux, verdâtre. L'écusson est noir, avec le bord & deux épines jaunes. L'abdomen est jaune sur les côtés, noir au milieu; cette couleur s'élargit & forme deux angles de chaque côté. Les pattes sont jaunes. Les ailes sont transparentes, avec les nervures extérieures jaunes. Les balanciers sont jaunes, ciliés.

Elle se trouve en Allemagne.

21. ODONTOMYIE lunulée.

ODONTOMYIA lunata.

Odontomyia nigra, *scutello bidentato*, *thorace viridi sericeo*, *abdomine maculâ laterali flavâ.*

Elle est un peu plus petite que l'Odontomyie viridule, à laquelle elle ressemble beaucoup. Les antennes sont noires. La tête est noire, couverte d'un léger duvet bronzé. Les yeux sont noirs, & n'occupent que la partie latérale de la tête. Le corcelet est couvert d'un léger duvet bronzé. L'écusson est de la même couleur, & est armé de deux épines à peine apparentes. L'abdomen est aplati, noir, avec le bord seulement & une tache à la base latérale jaunes. Le dessous est obscur. Les pattes sont d'un jaune testacé. Les ailes sont transparentes, avec les nervures extérieures jaunes. Les balanciers sont jaunes.

Elle m'a été envoyée de la Normandie, par M. de Brébisson.

22. ODONTOMYIE dentée.

ODONTOMYIA dentata.

Odontomyia scutello bidentato, *abdomine viridi-flavescente*, *vittâ dorsali angulatâ*, *nigrâ*, *posticè semiorbiculatâ.*

Odontomyia dentata. MEYG. *Dipt. t.* 1. *p.* 130.

Elle ne nous paroît qu'une variété de l'Odontomyie viridule, dont la raie, qui s'élargit postérieurement, est tantôt arrondie, & tantôt anguleuse.

Elle se trouve dans toute l'Allemagne.

ODYNÈRE. *Odynerus.* Genre d'insectes de la première section de l'Ordre des Hyménoptères, & de la famille des Guépiaires.

Ce genre, établi par Latreille, comprend quelques Guêpes déjà décrites à leur article, telles que la Guêpe pariétine, n°. 82; la Guêpe des murailles, n°. 85; la Guêpe spinipède, n°. 87, & quelques autres. Il offre, selon cet auteur, les caractères suivans : un aiguillon dans les femelles; lèvre inférieure de trois pièces, dont celle du milieu évasée & échancrée au bout; antennes renflées vers leur extrémité, insérées vers le milieu du front, de douze ou treize articles, dont le premier & le troisième alongés; ailes supérieures doublées; mâchoires & lèvre inférieure droites; mandibules formant un bec étroit, alongé; palpes sétacés.

Dans ses *Considérations générales* sur les Crustacés, les Arachnides & les Insectes, le même auteur réunit à celui d'Odynère, les genres Rhynchie & Ptérochile, qu'il avoit précédemment adoptés, & il forme seulement trois divisions principales que voici. Première division. Dernier article des palpes maxillaires ne dépassant presque pas l'extrémité des mâchoires; lobe terminal de ces mâchoires étroit & alongé; palpes labiaux presque glabres, à quatre articles très-distincts. C'est le genre Rhynchie de M. Spinola : il est établi sur l'espèce décrite dans ce Dictionnaire, sous le nom de *Guêpe oculée*, n°. 80.

Deuxième division. Dernier article des palpes maxillaires ne dépassant presque pas l'extrémité des mâchoires; lobe terminal de ces mâchoires, étroit & alongé; palpes labiaux poilus, & dont le quatrième article est obsolète. Tel est le Ptérocheilus Klugii, figuré par Panzer, *Faun. Ins. Germaniæ.*

Troisième division. Les deux ou trois derniers articles des palpes maxillaires dépassant l'extrémité des mâchoires; lobe terminal de ces mâchoires court (brièvement lancéolé). C'est le genre Odynère proprement dit.

Ce genre n'a point été adopté par Fabricius. Les espèces qui le composent, sont toutes renfermées dans son genre *Vespa*; &, en effet, le genre Odynère se distingue encore plus des véritables Guêpes par la manière de vivre, que par les caractères que présentent les parties de la bouche. Cependant si on examine attentivement ces parties, on trouvera que, dans les Odynères, la lèvre supérieure est distincte, & qu'elle est insérée dans une échancrure profonde qui se trouve à la partie antérieure du chaperon, tandis que dans les Guêpes la lèvre supérieure est très-courte, & presque toute cachée sous le chaperon. La lèvre inférieure, dans les Odynères, est un peu alongée & profondément divisée; dans les Guêpes, au contraire, elle est courte & seulement échancrée.

M. Jurine n'a pas cru devoir non plus adopter ce genre ni aucun de ceux formés aux dépens des Guêpes, attendu que les nervures des ailes ne présentent pas des différences assez sensibles. Il a seulement établi cinq divisions d'après la forme assez variée de l'abdomen. Mais, indépendamment des différences que présente cette partie du corps, si on examine attentivement les mandibules, les mâchoires, la lèvre supérieure & la langue de ces insectes, dont les différences sont encore plus remarquables, on conviendra qu'il falloit nécessairement, surtout dans un genre devenu trop nombreux, faire des coupures qui en facilitassent l'étude; & ces coupures ont pu, sans nul inconvénient, devenir autant de genres. (*Voyez* Guêpe.)

ŒCOPHORE. *Œcophora.* Genre d'insectes de l'Ordre des Lépidoptères, & de la famille des Tinéites.

Ce genre, établi par M. Latreille, comprend plusieurs petites espèces de Lépidoptères, toutes renfermées par Fabricius dans son genre Teigne. Nous ferons remarquer, avec plus de détail qu'ici, à l'article Teigne, auquel nous renvoyons, les différences qu'il y a entre les Œcophores & les véritables Teignes.

M. Latreille assigne pour caractère aux Œcophores, deux palpes une fois plus longs que la tête ou même davantage : le second article dépassant la tête, écailleux dans plusieurs espèces; le dernier presque nu, ou moins écailleux que le précédent, obconique, en forme de corne recourbée : les chenilles, tantôt presque nues, ou cachées dans la substance des feuilles qu'elles minent, n'ayant rarement que quatorze pattes, tantôt renfermées dans l'intérieur des graines qu'elles rongent. Les antennes sont simples. Les ailes sont largement frangées, en recouvrement sur le dos, souvent ornées de couleurs brillantes, métalliques; le bord postérieur n'égalant, en longueur, que la moitié du bord externe.

Les espèces que M. Latreille fait entrer dans ce genre sont les Teignes, nommées par Fabricius, *Lineella, Roesella, Leuwenhockella, Bracteella, Oliviella, Brongniardella, Geoffroyella, Flavella* & autres.

ŒDÉMÈRE. *Œdemera.* Genre d'insectes de la seconde section de l'Ordre des Coléoptères, & de la famille des Œdémérites.

Les Œdémères ont les antennes filiformes, presqu'aussi longues que le corps; les yeux arrondis & saillans; les élytres flexibles, quelquefois subulées; les cuisses postérieures renflées dans quelques espèces; le pénultième article des tarses bilobé, & le dernier terminé par deux ongles simples.

Ces insectes avoient été dispersés dans différens genres, par Geoffroy, Fabricius & Linné. Le premier les avoit placés parmi ses Cantharides; le second en avoit fait des Nécydales & des Lagries, & Linné les avoit réunis à ses Cantharides & à ses Nécydales. Les caractères que présentent les antennes, les parties de la bouche & les tarses m'engagèrent à en former un nouveau genre, auquel je donnai le nom d'*Œdémère*, composé de deux mots grecs, dont l'un signifie *renflé*, & l'autre *cuisse*, parce que la plupart des espèces ont les cuisses postérieures extrêmement renflées. Fabricius, à qui je communiquai ce genre en 1792, en même tems que celui de Dryops, & qui copia les caractères dans ma collection, s'est plu, je ne sais pour quelle raison, à nommer *Dryops* mes *Œdémères*, & *Parnus* mes *Dryops*. Ces derniers étoient pourtant déjà imprimés; les autres ne le furent qu'après mon départ pour l'Orient, ce dont on jugera d'après la note qui se trouve à la fin de la deuxième page de mon *Entomologie*, dans laquelle le rédacteur cherche à expliquer ce changement de nom.

Les Œdémères diffèrent des Cicindèles de Geoffroy, qui sont nos Téléphores, & des vraies Nécydales par le nombre des articles des tarses. Les Téléphores ont cinq articles à tous les tarses, & les Nécydales n'en ont que quatre. Elles paroissent se rapprocher un peu des Cantharides & des Lagries; mais elles se distinguent des premières par leurs pattes terminées par des crochets simples, & des dernières par leurs antennes, filiformes, plus longues que le corcelet.

Les antennes des Œdémères sont filiformes, un peu plus courtes que le corps, composées de onze articles, dont le premier est un peu alongé, renflé, quelquefois un peu arqué, aminci à sa base; le second est court, presqu'arrondi. Les suivans sont cylindriques, progressivement un peu plus courts les uns que les autres; elles sont insérées un peu au-devant des yeux, sur une petite protubérance.

La bouche est composée d'une lèvre supérieure, de deux mandibules, de deux mâchoires, d'une lèvre inférieure & de quatre antennules.

La lèvre supérieure est coriacée, assez grande, arrondie, presqu'échancrée, un peu avancée.

Les mandibules sont cornées, un peu arquées, assez larges, bifides ou terminées par deux ou trois dents inégales; elles sont un peu voûtées intérieurement, & ont leur bord inférieur tranchant & plus avancé que le supérieur.

Les mâchoires sont presque cornées, bifides. La division intérieure est courte & entière. La division extérieure est aussi longue que les mandibules, & terminée par trois dents.

La lèvre inférieure est presque membraneuse, avancée, bifide. Les divisions sont distantes, arrondies.

Les antennules antérieures sont longues, filiformes, composées de quatre articles, dont le premier est peu apparent; le second est long, presque cylindrique, un peu aminci à la base; le troisième est un peu moins long; le dernier est plus large à son extrémité, obliquement tronqué, presque sécuriforme. Elles sont insérées vers la base extérieure des mâchoires.

Les antennules postérieures sont filiformes, beaucoup plus courtes & plus petites que les antérieures : elles sont composées de trois articles bien distincts, dont le dernier est tronqué; elles sont insérées sur le menton, à la base antérieure, un peu latérale de la lèvre inférieure.

La tête est étroite, avancée, peu inclinée, enchâssée dans le corcelet par sa partie postérieure seulement. Les yeux sont de grandeur moyenne, arrondis, assez saillans.

Le corcelet est plus ou moins déprimé, ou presque cylindrique, inégal à sa partie supérieure, à peu près de la largeur de la tête, rebordé à sa partie antérieure & à sa partie postérieure, arrondi sur les côtés.

L'écusson est petit, presqu'en cœur, postérieurement arrondi.

Les élytres sont plus ou moins flexibles, de largeur égale dans plusieurs espèces, atténuées postérieurement, ou presque subulées dans les autres. Elles sont en général pointillées & marquées de lignes élevées.

L'abdomen est ordinairement caché, en tout ou en grande partie, par les élytres. Il est petit, terminé en pointe.

Le corps a une forme alongée, presque cylindrique, & les deux ailes ne présentent rien de remarquable.

Les pattes sont de longueur moyenne. Les cuisses sont en général peu renflées, si ce n'est dans les mâles de quelques espèces, où les postérieures seulement sont extrêmement renflées & un peu courbées. Les jambes sont menues, & les tarses sont composés de cinq articles dans les quatre pattes antérieures, & de quatre seulement dans les deux postérieures. Le premier de ces articles est alongé, & le pénultième est un peu plus large que les autres & bilobé; le dernier est terminé par deux crochets simples.

Dans quelques espèces, ainsi que nous l'avons dit plus haut, les mâles ont leurs cuisses postérieures extrêmement renflées & un peu arquées, de sorte qu'on les prendroit, au premier aspect, pour des insectes sauteurs, ou tout au moins pour des insectes dont la démarche doit être fort lourde; mais on se tromperoit. Il n'y a pas de différence pour l'agilité entre le mâle & la femelle; & l'on ne peut guère deviner la cause de ce renflement des cuisses postérieures. Au reste, l'histoire de ces insectes est peu connue: on n'a point encore eu occasion de les suivre dans leurs métamorphoses: on les a même peu observés dans leur dernier état. On sait seulement qu'ils se tiennent assez fréquemment, une partie de l'été, sur les fleurs en ombelle & sur les fleurs composées, & que c'est sur les mêmes fleurs qu'on les trouve quelquefois accouplés.

Nous avons cru devoir réunir à ce genre les Dryops de M. Fabricius, dont la plupart des espèces, que nous avons vues & décrites, appartiennent évidemment au genre Œdémère. Cependant il pourroit se faire que quelques autres formassent un genre qui tiendroit le milieu entre les Lagries & les Œdémères, mais que nous n'avons pas pu établir pour le moment, n'ayant plus les mêmes insectes sous les yeux. Quant aux espèces que nous n'avons pas jugées à propos de rapporter à ce genre, telles que les *Necydalis rufa* & *præusta* de Fabricius, elles appartiennent évidemment à notre genre Nécydale. Le *Longipes* n'est autre chose qu'un Callidie; & l'*Humuralis*, dont M. Latreille avoit d'abord fait un genre sous le nom de *Sitaris*, ne doit pas être séparé, selon cet auteur, des Apales.

ŒDÉMÈRE.

ŒDEMERA. Oliv. Latr. *DRYOPS.* Fabr. *NECYDALIS.* Linn. Fabr. Deg. Payk. *CANTHARIS.* Geoffr.

CARACTÈRES GÉNÉRIQUES.

Antennes filiformes, plus courtes que le corps; premier article alongé, renflé; le second court, arrondi.

Mandibules cornées, arquées, terminées par deux ou trois dents.

Mâchoires bifides.

Quatre antennules; les antérieures terminées par un article plus large, triangulaire, presque sécuriforme.

Cinq articles aux quatre tarses antérieurs; quatre aux deux postérieurs, terminés par deux crochets simples.

ESPÈCES.

1. Œdémère fémorale.

Pâle; front et deux taches sur le corcelet noirs; cuisses postérieures renflées.

2. Œdémère livide.

D'un jaune-pâle, avec les yeux noirs; cuisses postérieures simples.

3. Œdémère cuivreuse.

De couleur bronzée un peu foncée, sans tache.

4. Œdémère linéelle.

Pâle; corcelet avec une ligne; élytres avec une raie, obscures.

5. Œdémère bleuet.

Bleue; antennes et tarses noirs.

6. Œdémère rayée.

Fauve; raie sur les élytres et extrémité de l'abdomen obscurs.

7. Œdémère marginée.

Fauve; élytres obscures, avec les bords et une ligne au milieu, fauves.

8. Œdémère striée.

Bleue; corcelet fauve; élytres avec le bord, la suture et une ligne au milieu, blanches.

9. Œdémère front rouge.

Bleue; tête et corcelet rouges.

10. Œdémère anale.

Corcelet déprimé, fauve, avec une tache noirâtre de chaque côté; élytres testacées, avec l'extrémité noire.

11. Œdémère mélanure.

Noire; corcelet et élytres testacés; extrémité des élytres noire.

12. Œdémère notée.

Tête et corcelet ferrugineux; élytres testacées, avec l'extrémité noire.

OEDÉMÈRE. (Insecte.)

13. OEDÉMÈRE dorsale.

Noire ; corcelet fauve, avec une tache dorsale noire ; élytres testacées.

14. OEDÉMÈRE mélanocéphale.

Noire ; corcelet et abdomen fauves ; élytres testacées.

15. OEDÉMÈRE marginelle.

Testacée ; antennes noires ; bord des élytres et base bleus, luisans.

16. OEDÉMÈRE fulvicolle.

Noire ; corcelet et anus fauves ; élytres bleuâtres.

17. OEDÉMÈRE séladonienne.

Corcelet inégal ; corps d'un vert-bleuâtre luisant ; élytres avec l'extrémité renflée, luisante.

18. OEDÉMÈRE ruficolle.

D'un vert-bronzé ; corcelet et abdomen rouges.

19. OEDÉMÈRE bleuâtre.

D'un vert-bleuâtre luisant ; élytres avec trois lignes élevées.

20. OEDÉMÈRE à collier.

Noire ; corcelet fauve ; élytres testacées, avec l'extrémité noire.

21. OEDÉMÈRE brûlée.

Noire ; base des élytres et suture testacées.

22. OEDÉMÈRE suturale.

Noire ; couverte d'un léger duvet blanchâtre ; élytres avec la suture et deux lignes sur chaque, blanches.

23. OEDÉMÈRE pallipède.

Noire ; couverte d'un léger duvet cendré ; pattes de couleur testacée pâle.

24. OEDÉMÈRE thalassine.

Verdâtre, avec les pattes noires ; corcelet avec une ligne longitudinale, enfoncée.

25. OEDÉMÈRE verte.

Verte, avec les pattes antérieures testacées ; corcelet lisse, cylindrique.

26. OEDÉMÈRE nigripède.

Bleue ; antennes et pattes noires ; corcelet ovale.

27. OEDÉMÈRE notoxoïde.

Noire ; corcelet ovale, fauve, avec deux taches noires à sa base.

28. OEDÉMÈRE thoracique.

Noire ; corcelet aminci, rouge, sans tache.

29. OEDÉMÈRE sanguinicolle.

Noire ; corcelet rouge, marqué de trois enfoncemens disposés en triangle.

30. OEDÉMÈRE triste.

Noire, corcelet aminci, fauve ; base des cuisses fauve.

31. OEDÉMÈRE perlée.

Rougeâtre ; élytres subulées, courtes, nacrées, avec la base rouge et l'extrémité noire.

32. OEDÉMÈRE bleue.

Élytres subulées ; corps bleu ; cuisses postérieures arquées et renflées.

OEDÉMÈRE. (Insecte.)

33. OEDÉMÈRE abdominale.

Élytres subulées; corps d'un vert-bleuâtre bronzé, avec les bords latéraux de l'abdomen rouges et relevés; cuisses postérieures arquées et renflées.

34. OEDÉMÈRE podagraire.

Noire; élytres subulées, testacées; cuisses postérieures arquées, renflées, avec la base testacée.

35. OEDÉMÈRE jaunâtre.

Noire; élytres subulées, testacées, avec le bord noir; cuisses postérieures arquées, renflées et bronzées.

36. OEDÉMÈRE hybride.

Noire, avec le corcelet fauve; élytres subulées, testacées, avec le bord et l'extrémité noirs.

37. OEDÉMÈRE subulée.

Noire; élytres subulées, testacées, avec la base et tout le bord noirs.

38. OEDÉMÈRE verdâtre.

Corcelet inégal; corps d'un vert-obscur; antennes et pattes noires.

39. OEDÉMÈRE barbare.

Élytres amincies; bronzée, avec l'extrémité des élytres et les pattes jaunes.

40. OEDÉMÈRE bicolore.

Bleuâtre; bords du corcelet, abdomen et pattes testacés.

41. OEDÉMÈRE flavipède.

Élytres subulées; bronzée, avec les pattes antérieures jaunes; cuisses postérieures renflées.

42. OEDÉMÈRE testacée.

Noire; corcelet et élytres testacés; pattes fauves.

43. OEDÉMÈRE glauque.

Élytres subulées, glauques; corps noir, avec le bord des anneaux de l'abdomen blanc.

44. OEDÉMÈRE du Chêne.

Élytres subulées; noire, avec l'abdomen et les pattes jaunâtres.

1. Œdémère fémorale.

Œdemera femorata.

Œdemera livida, fronte maculisque duabus thoracis atris, femoribus posticis incrassatis. Ent. tom. 3. *n°.* 50. 1. *tab.* 1. *fig.* 1. a. b.

Dryops femorata. Fabr. *Ent. Syst. em. tom.* 2. *p.* 74. *n°.* 1. — *Syst. Eleut. tom.* 2. *p.* 67. *n°.* 1.

Elle a environ sept lignes de longueur. Les antennes sont pâles, presque sétacées. La tête est pâle, avec le front noir. Les yeux sont noirs, arrondis. Le corcelet est pâle, avec une tache oblongue, noire, de chaque côté. Les élytres sont flexibles, un peu plus longues que l'abdomen, d'une couleur testacée pâle. Le dessous du corps & les pattes sont mélangés d'obscur & de pâle. Les cuisses postérieures sont renflées.

Elle se trouve en Suisse, sur les Alpes.

2. Œdémère livide.

Œdemera livida.

Œdemera livida, oculis nigris, femoribus simplicibus. Ent. tom. 3. *n°.* 50. 2. *tab.* 1. *fig.* 2.

Lagria livida. Fabr. *Syst. Ent. p.* 124. *n°.* 2.

Dryops livida. Fabr. *Ent. Syst. em. tom.* 2. *pag.* 74. *n°.* 3. — *Syst. Eleut. tom.* 2. *pag.* 68. *n°.* 3.

Elle a environ sept lignes de longueur. Tout le corps est d'une couleur jaune-pâle. Les yeux sont noirâtres, arrondis, moins saillans que dans les autres espèces. Les antennes sont filiformes, presque de la longueur du corps. Le corcelet est un peu plus étroit à sa partie postérieure; il est lisse, & à peu près de la largeur de la tête. L'écusson est petit & triangulaire. Les élytres sont lisses, peu flexibles, d'un jaune-obscur. Tout le corps en dessus, vu à la loupe, paroît couvert de poils fins, très-courts. Les cuisses sont simples. Les tarses ont leur pénultième article plus large que les autres, bifide, & garni de houpes en dessous.

Elle se trouve dans l'île d'Otaiti.

3. Œdémère cuivreuse.

Œdemera ænea.

Œdemera obscurè ænea immaculata. Entom. tom. 3. *n°.* 50. 3. *tab.* 1. *fig.* 3.

Dryops ænea. Fabr. *Entom. Syst. em. tom.* 2. *pag.* 75. *n°.* 2. — *Syst. Eleut. tom.* 2. *pag.* 67. *n°.* 2.

Lagria ænea. Fabr. *Syst. Ent. p.* 124. *n°.* 1.

Elle a environ huit lignes de longueur & deux & demie de largeur. Les antennes sont obscures, filiformes, plus courtes que la moitié du corps. Les antennules sont assez longues, & les antérieures ont leur dernier article sécuriforme. La tête est bronzée, un peu avancée. Les yeux sont assez grands, arrondis, peu saillans. Le corcelet est bronzé, pointillé, un peu aplati, tranchant sur les côtés. L'écusson est petit & arrondi postérieurement. Les élytres sont fortement pointillées, bronzées, peu luisantes. Tout le dessous du corps est d'un noir-bronzé, luisant. Les pattes sont d'un brun un peu bronzé. Les tarses sont filiformes & terminés par quatre crochets.

Nota. Un examen plus détaillé assignera probablement une nouvelle place à cet insecte, qui paroît s'éloigner beaucoup des autres Œdémères.

Elle se trouve dans les îles de l'Amérique méridionale.

4. Œdémère linéelle.

Œdemera lineata.

Œdemera livida, thorace lineâ elytris vittâ fuscis. Ent. tom. 3. *n°.* 50. 4. *tab.* 1. *fig.* 4.

Lagria lineata. Fabr. *Syst. Ent. p.* 124. *n°.* 3.

Dryops lineata. Fabr. *Ent. Syst. em. tom.* 2. *p.* 75. *n°.* 4. — *Syst. Eleut. tom.* 2. *p.* 68. *n°.* 4.

Elle est un peu plus grande que l'Œdémère fémorale. Les antennes sont jaunes, filiformes, à peine plus longues que la moitié du corps. La tête est jaune, avec les yeux noirs. Les antennules antérieures sont assez longues, filiformes; le dernier article est plus large, comprimé, coupé à son extrémité; ce qui lui donne une figure triangulaire. Le corcelet est à peu près de la largeur de la tête, presque cylindrique, d'un jaune-livide, avec une ligne longitudinale, noirâtre, au milieu. L'écusson est triangulaire, d'un jaune livide. Les élytres sont d'un jaune livide, marquées chacune d'une raie longitudinale, obscure. Tout le dessus du corps, vu à la loupe, paroît couvert de poils très-courts. Le dessous du corps & les pattes sont jaunes. Les cuisses sont simples.

Elle se trouve dans la Nouvelle-Hollande.

5. Œdémère bleuet.

Œdemera cyanea.

Œdemera cærulea, antennis tarsisque nigris. Ent. tom. 3. *n°.* 50. 5. *tab.* 1. *fig.* 5.

Dryops cyanea. Fabr. *Ent. Syst. em. tom.* 2. *p.* 75. *n°.* 5. — *Syst. Eleut. tom.* 2. *p.* 68. *n°.* 5.

Lagria cyanea. Fabr. *Syst. Ent. pag.* 125. *n°.* 4.

Elle est un peu plus petite que les précédentes. Les antennes sont noires, filiformes, à peine plus longues que la moitié du corps. Les antennules antérieures sont assez longues; le dernier article s'élargit à son extrémité, & est coupé en forme d'S. La tête est d'un bleu-foncé. Le corcelet est de la largeur de la tête, presqu'arrondi, un peu déprimé. L'écusson est petit & triangulaire. Les élytres sont lisses, très-finement pointillées. Tout le dessus du corps, vu à la loupe, paroît couvert de poils rares, très-courts. Le dessous & les pattes sont d'un noir-bleuâtre. Les cuisses postérieures sont un peu renflées, & les tarses sont noirs.

Elle se trouve dans la Nouvelle-Hollande.

6. Œdémère rayée.

Œdemera vittata.

Œdemera rufa, elytris vittâ abdominisque apice fuscis. Ent. t. 3. *n°.* 50. 6. *tab.* 1. *fig.* 6.

Lagria vittata. Fabr. *Syst. Ent. p.* 125. *n°.* 5.

Dryops vittata. Fabr. *Entom. Syst. emend.* 2. *p.* 76. *n°.* 7. — *Syst. Eleut. tom.* 2. *p.* 68. *n°.* 7.

Elle ressemble à l'Œdémère mélanocéphale. Les antennes sont fauves, guère plus longues que la moitié du corps. La tête est fauve, avec les yeux noirs. Le corcelet est fauve, presqu'arrondi, un peu déprimé. L'écusson est petit, fauve. Les élytres sont d'un fauve-pâle, marquées d'une large raie longitudinale, obscure. Le dessous du corps est fauve, avec l'extrémité de l'abdomen noirâtre. Les pattes sont fauves & les cuisses sont simples.

Elle se trouve dans l'Amérique méridionale.

7. Œdémère marginée.

Œdemera marginata.

Œdemera rufa, elytris fuscis marginibus lineâque mediâ rufis. Entom. tom. 3. *n°.* 50. 7. *tab.* 1. *fig.* 7.

Lagria marginata. Fabr. *Spec. Inf. tom.* 1. *p.* 159. *n°.* 5.

Dryops marginata. Fabr. *Ent. Syst. em. t.* 2. *p.* 76. *n°.* 6. — *Syst. Eleut. tom.* 2. *p.* 68. *n°.* 6.

Elle est de la grandeur de l'Œdémère mélanure & plus renflée. Les antennes sont noires, filiformes. La tête est fauve. Les yeux sont arrondis, saillans, d'un noir-bleuâtre. Le corcelet est fauve, presqu'arrondi, un peu déprimé. L'écusson est fauve, assez grand & triangulaire. Les élytres sont obscures, avec la suture, le bord extérieur & une ligne longitudinale au milieu, fauves. Le corps est obscur. Les pattes sont noires, avec une partie des cuisses fauve.

Elle se trouve dans l'Amérique méridionale.

8. Œdémère striée.

Œdemera striata.

Œdemera cyanea, thorace rufo, elytris margine striâque albidis.

Dryops striata. Fabr. *Syst. Eleut. t.* 2. *p.* 68. *n°.* 8.

Elle ressemble à l'Œdémère front-rouge, mais elle est un peu plus grande. Les antennes & les antennules sont noirâtres. La tête est bleue. Le corcelet est lisse, arrondi, fauve. Les élytres sont bleues, avec le bord extérieur, la suture & une petite ligne au milieu, blanchâtres. Le dessous du corps & les pattes sont bleus.

Elle se trouve dans les îles de l'Amérique méridionale.

9. Œdémère front-rouge.

Œdemera rufifrons.

Œdemera cyanea, capite thoraceque rufis.

Dryops rufifrons. Fabr. *Ent. Syst. em. tom.* 2. *p.* 76. *n°.* 8. — *Syst. Eleut. tom.* 2. *p.* 68. *n°.* 9.

Lagria rufifrons. Fabr. *Gen. Inf. Mant. p.* 223.

Les antennes sont presque de la longueur du corps, noirâtres, avec l'extrémité rougeâtre. La tête est rouge, avec les yeux grands & noirs. Les antennules sont avancées, sécuriformes, obscures, avec le dernier article rouge. Le corcelet est rouge, cylindrique. Les élytres sont striées, bleues. Les pattes sont bleues, avec les cuisses antérieures rouges.

Elle se trouve dans l'Amérique septentrionale.

10. Œdémère anale.

Œdemera analis.

Œdemera thorace depresso, rufo, puncto laterali fusco; elytris testaceis apice nigris.

Elle a environ six lignes de longueur. Les antennes sont testacées, de la longueur de la moitié du corps. La tête est d'un jaune un peu fauve, avec les yeux noirs. Le corcelet est un peu aplati, presqu'en cœur, d'un jaune un peu fauve, avec une tache obscure de chaque côté. L'écusson est petit, arrondi postérieurement, de la couleur du corcelet. Les élytres sont très-finement pointillées, & marquées sur le dos de deux lignes saillantes, placées chacune dans un sillon peu profond; elles sont testacées, avec l'extrémité noire. La poitrine & l'abdomen sont noirs. Les pattes sont testacées, avec les cuisses noires. Les cuisses sont simples.

Elle se trouve en France, en Italie, en Espagne, en Portugal.

11. Œdémère mélanure.

Œdemera melanura.

Œdemera nigra, thorace elytrisque testaceis, his apice nigris.

Necydalis melanura. Fabr. *Ent. Syst. em. t.* 1. *pars* 2. *p.* 353. *n°.* 14. — *Syst. Eleut. t.* 2. *p.* 371. *n°.* 17.

Elle a quatre lignes & demie de longueur. Les antennes sont noires, filiformes, un peu plus longues que la moitié du corps. La tête est noire. Le corcelet est fauve, un peu inégal, de la largeur de la tête. Les élytres sont légérement pubescentes, finement pointillées, à peine marquées de deux ou trois lignes élevées; elles sont testacées, avec l'extrémité noire. Le dessous du corps & les pattes sont noirs.

Elle se trouve au midi de la France, en Espagne, en Portugal. Je l'ai trouvée une seule fois au bois de Bondi, près Paris, sur des fleurs en ombelle.

12. Œdémère notée.

Œdemera notata.

Œdemera capite thoraceque ferrugineis, elytris testaceis apice nigris.

Œdemera melanura. Ent. t. 3. 50. *n°.* 8. *tab.* 1. *fig.* 8. a. b.

Necydalis notata. Fabr. *Ent. Syst. em. tom.* 1. *pars* 2. *p.* 353. *n°.* 15. — *Syst. Eleut. t.* 1. *p.* 371. *n°.* 18.

Necydalis notata. Payk. *Faun. Suec. tom.* 3. *p.* 132. *n°.* 1.

Cantharis testacea, elytris apice nigris. Geoffr. *Inf. Parif. tom.* 1. *p.* 344. *n°.* 7.

Cantharis testacea. Fourc. *Entom. Parif.* 1. *p.* 155. *n°.* 7.

Elle ressemble, pour la forme & la grandeur, à l'Œdémère mélanure. Les antennes sont jaunâtres, plus courtes que le corps. La tête est jaune, finement pointillée, avec les yeux noirs. Le corcelet est d'un jaune ferrugineux sans tache, presqu'anguleux sur les côtés. L'écusson est ferrugineux, petit, triangulaire. Les élytres sont très-finement pointillées, jaunes, couvertes d'un très-léger duvet court, avec l'extrémité noire : on y apperçoit trois lignes à peine élevées. La poitrine & l'abdomen sont noirs, avec l'anus jaune. Les pattes sont tantôt noirâtres, tantôt d'un brun-ferrugineux, avec les jambes & les tarses extérieurs jaunâtres.

Elle se trouve en Europe.

13. Œdémère dorsale.

Œdemera dorsalis.

Œdemera nigra, thorace rufo, maculâ dorsali nigrâ; elytris testaceis.

Elle ressemble beaucoup à l'Œdémère mélanocéphale. Les antennes sont filiformes, plus courtes que le corps, noires, avec la base fauve. Les antennules sont fauves. La tête est noire. Le corcelet est un peu déprimé, fauve, avec une tache noire sur le dos. L'écusson est noir. Les élytres sont pointillées, marquées d'une ligne peu élevée au milieu, & d'une autre près du bord; elles sont testacées, sans tache. La poitrine est noire. L'abdomen est fauve, avec un peu de noir autour de l'anus. Les pattes sont noires, avec les genoux & une partie des jambes antérieures d'un fauve-obscur.

Elle se trouve sur les Alpes les plus élevées.

14. Œdémère mélanocéphale.

Œdemera melanocephala.

Œdemera nigra, thorace abdomineque fulvis, elytris testaceis.

Necydalis melanocephala. Fabr. *Ent. Syst. Suppl. tom.* 4. *p.* 453. — *Syst. Eleut. t.* 2. *p.* 370. *n°.* 12.

Necydalis melanocephala. Panz. *Faun. Germ. Fafc.* 36. *tab.* 9.

Elle ressemble à l'Œdémère mélanure. Les antennes sont noires, avec les premiers articles jaunes en dessous. Les antennules sont d'un jaune-obscur, avec l'extrémité noire. La tête est noire, finement pointillée. Le corcelet est aussi large que la tête, d'un jaune-fauve, presque cylindrique. L'écusson est noir. Les élytres sont pointillées, jaunes, marquées de trois lignes, dont l'extérieure est la plus élevée. La poitrine est noire. L'abdomen est fauve, avec l'anus noir. Les pattes sont noires, avec les genoux & une partie des jambes noirs.

Elle se trouve en Italie, au midi de la France, & rarement aux environs de Paris.

15. Œdémère marginelle.

Œdemera marginella.

Œdemera testacea, antennis nigris, elytrorum margine cœruleo, nitido.

Necydalis marginella. Fabr. *Syst. Eleut. t.* 2. *p.* 371. *n°.* 19.

Elle ressemble beaucoup à l'Œdémère mélanure. La tête est testacée, avec le chaperon noir. Les antennes sont noires. Le corcelet est arrondi, testacé. Les élytres ont deux lignes longitudinales élevées; elles sont testacées, avec la base & le bord extérieur bleus, luisans. Le dessous du corps est testacé.

Elle se trouve dans l'Amérique méridionale.

16. Œdémère fulvicolle.

Œdemera fulvicollis.

Œdemera atra, thorace anoque fulvis, elytris subcœrulescentibus.

Necydalis fulvicollis. Fabr. *Ent. Syst. em. t.* 1. *pars* 2. *p.* 353. *n°.* 16. — *Syst. Eleut. t.* 2. *p.* 372. *n°.* 20.

Elle est un peu plus grande que l'Œdémère mélanure. Les antennes sont noires. Le corcelet est presque lisse, fauve, luisant, sans tache. Les élytres sont d'un noir-bleuâtre. Le dessous du corps est noir, avec l'anus fauve. Les pattes sont noires.

Elle se trouve en Allemagne.

17. Œdémère féladonienne.

Œdemera feladonia.

Œdemera thorace inæquali, corpore viridi nitidulo, elytris apice incraſſatis cœruleis.

Necydalis feladonia. Fabr. *Ent. Syſt. em. t.* 1. *pars* 2. *p.* 352. *n°.* 8. — *Syſt. Eleut. t.* 2. *p.* 370. *n°.* 10.

Elle a quatre lignes & demie de longueur. Les antennes font noires, un peu plus courtes que le corps. La tête eſt pointillée, verte, avec la bouche noire, luiſante, & une tache d'un beau bleu fur le front. Le corcelet eſt pointillé, inégal, vert, luiſant, pubeſcent, de la largeur de la tête. Les élytres font verdâtres, & marquées de trois lignes élevées; leur extrémité eſt un peu renflée & de couleur bleue, luiſante. Le corps eſt verdâtre. Les pattes font noires, avec les cuiſſes vertes. Les antérieures font terminées par une dent aiguë.

Elle fe trouve à Kiel, felon Fabricius. Elle eſt très-commune au midi de la France, en Italie, dans les îles de l'Archipel.

18. Œdémère ruficolle.

Œdemera ruficollis.

Œdemera viridi-ænea, thorace abdomineque fulvis. Ent. tom. 3. *n°.* 50. 11. *tab.* 1. *fig.* 11. a. b. c.

Necydalis ruficollis *thorace teretiuſculo abdomineque rufis, capite elytriſque viridi-æneis.* Fabr. *Ent. Syſt. em. t.* 2. *p.* 352. *n°.* 9. — *Syſt. Eleut. tom.* 2. *p.* 370. *n°.* 11.

Elle reſſemble beaucoup à l'Œdémère féladonienne. Les antennes font noires, un peu plus courtes que le corps. La tête eſt d'un vert-bleuâtre. Le corcelet eſt auſſi large que la tête, fauve, un peu déprimé, marqué de quelques enfoncemens. L'écuſſon eſt de la même couleur des élytres: celles-ci font d'un vert-bleuâtre, auſſi larges vers l'extrémité qu'à la baſe, pointillées, & marquées de trois lignes un peu élevées. La poitrine eſt verte. L'abdomen eſt d'un jaune-fauve. Les pattes font noires.

Elle fe trouve au midi de la France, en Italie.

19. Œdémère bleuâtre.

Œdemera cœruleſcens.

Œdemera viridi-cœrulea, elytris lineis tribus elevatis. Ent. tom. 3. *n°.* 50. 14. *tab.* 2. *fig.* 17. a. b. c.

Necydalis cœrulea *thorace teretiuſculo, corpore cœruleo ſubopaco.* Linn. *Syſt. Nat.* 2. *pag.* 650. *n°.* 22. — *Faun. Suec. n°.* 716.

Necydalis cœruleſcens. Fabr. *Ent. Syſt. em. tom.* 2. *pag.* 350. *n°.* 3. — *Syſt. Antl. pag.* 369. *n°.* 3.

Necydalis cœruleſcens. Payk. *Faun. Suec. t.* 3. *p.* 133. *n°.* 2.

Œdemera cœruleſcens. Latr. *Hiſt. Nat. des Cruſt. & des Inſ. tom.* 11. *p.* 10. — *Gen. Cruſt. & Inſ. tom.* 2. *p.* 229.

Elle a environ quatre lignes de longueur. Les antennes font noires, un peu plus courtes que le corps. La tête eſt pointillée, d'un bleu-verdâtre. Le corcelet eſt d'un bleu-verdâtre, déprimé, inégal, pointillé, un peu plus large à fa partie antérieure qu'à fa partie poſtérieure. Les élytres font d'un bleu-verdâtre, pointillées, d'égale largeur, & marquées de quatre lignes élevées, dont une vers le bord, plus élevée que les autres. Le deſſous du corps eſt d'un bleu-verdâtre. Les pattes font noires. Les cuiſſes font bleues.

Elle fe trouve en Europe, fur les fleurs.

20. Œdémère à collier.

Œdemera collaris.

Œdemera atra, thorace fulvo, elytris teſtaceis apice nigris.

Necydalis collaris. Panz. *Faun. Germ. Faſc. tab.* 10.

Elle reſſemble beaucoup à l'Œdémère mélanocéphale. Les antennes font un peu plus courtes que le corps, noires, avec le premier article fauve. La tête eſt noire. Le corcelet eſt d'un jaune-fauve, preſque cylindrique, de la largeur de la tête, à peine rétréci poſtérieurement. Les élytres font pointillées, marquées de trois lignes peu élevées, dont l'une près du bord extérieur; elles font teſtacées, avec un peu du bord extérieur & de l'extrémité noirs. La poitrine eſt noire. L'abdomen eſt jaune, avec l'extrémité noire. Les pattes font noires.

Elle a été trouvée aux environs de Verſailles, en avril, fur des plantes aquatiques, par M. Boſc. Elle fe trouve auſſi à Nuremberg.

21. Œdémère brûlée.

Œdemera uſtulata.

Œdemera nigra, elytris baſi ſuturâque latè teſtaceis. Ent. tom. 3. *n°.* 50. 19. *tab.* 2. *fig.* 19.

Necydalis uſtulata. Fabr. *Entom. Syſt. em. tom.* 2. *pag.* 352. *n°.* 13. — *Syſt. Eleut. tom.* 2. *p.* 371. *n°.* 16.

Elle reſſemble à l'Œdémère mélanocéphale. Les antennes font preſque de la longueur du corps, noires, avec les deux premiers articles jaunes en deſſous ou entiérement noirs. Les antennules font jaunes ou noires. La tête eſt noire. Le corcelet eſt noir, pointillé, inégal, de la largeur de la tête. L'écusson est noir. Les élytres sont pointillées, marquées de trois lignes élevées, dont l'une près du bord extérieur; elles sont jaunes, avec le bord extérieur noir, lequel ne s'avance pas jusqu'à la base. Les pattes sont noires.

Elle se trouve au midi de la France, en Hongrie.

22. Œdémère suturale.

Œdemera suturalis.

Œdemera nigra, albo pubescens, elytris suturâ lineisque quatuor albis.

Elle est un peu plus grande que l'Œdémère bleue. Les antennes sont filiformes, un peu plus courtes que le corps, noires, avec la base d'un fauve-obscur. Les antennules sont d'un fauve-obscur, avec l'extrémité noire. La tête est noire, couverte d'un duvet blanchâtre; elle est un peu enfoncée dans le corcelet. Le corcelet est noir, couvert d'un duvet blanchâtre, un peu plus large en avant qu'en arrière, & un peu avancé sur la tête. L'écusson est petit, arrondi, blanc. Les élytres sont noires, avec un duvet qui forme six lignes élevées, dont une sur la suture, & une sur le bord extérieur. Le dessous du corps est noir, avec un duvet blanchâtre. Les pattes sont d'un fauve-obscur, avec la majeure partie des cuisses noire.

Elle se trouve sur la côte de Barbarie.

23. Œdémère pallipède.

Œdemera pallipes.

Œdemera nigra, cinereo pubescens, pedibus pallidè testaceis.

Elle ressemble à la précédente. Les antennes sont filiformes, guère plus longues que la moitié du corps, obscures, avec la base testacée. Les antennules sont testacées, avec l'extrémité noirâtre. Tout le corps est noir, couvert d'un duvet blanchâtre. La tête est un peu enfoncée dans le corcelet, & celui-ci est arrondi, pointillé. Les élytres sont pointillées, & on y voit quelquefois deux lignes peu marquées, blanchâtres. Les pattes sont d'un fauve-pâle.

Elle se trouve en Égypte, sur les fleurs en ombelle.

24. Œdémère thalassine.

Œdemera thalassina.

Œdemera thorace canaliculato, corpore viridi, pedibus nigris.

Necydalis thalassina. Fabr. *Entom. Syst. em. tom.* 1. *pars* 2. *p.* 350. *n°.* 1. — *Syst. Eleut. t.* 2. *p.* 368. *n°.* 1.

Necydalis thalassina. Panz. *Faun. Germ. Fasc.* 5. *tab.* 15.

Elle a environ quatre lignes de longueur. Les antennes sont noires, à peine plus longues que la moitié du corps. Tout le corps est d'un vert plus ou moins clair. Le corcelet a un petit renflement de chaque côté, & une ligne longitudinale, enfoncée, au milieu. Les élytres sont finement pointillées, & marquées de trois lignes peu élevées. Les pattes sont noires.

Elle se trouve au nord de l'Europe.

25. Œdémère verte.

Œdemera viridissima.

Œdemera thorace cylindrico lævi, corpore viridi, pedibus anticis testaceis. Ent. tom. 3. *n°.* 50. 15. *tab.* 15. *fig.* a. b. c.

Cantharis viridissima. Linn. *Syst. Nat.* 2. *p.* 650. *n°.* 23. — *Faun. Suec. n°.* 717.

Necydalis viridissima. Fabr. *Syst. Ent. p.* 208. — *Ent. Syst. em. tom.* 1. *pars* 2. *p.* 350. *n°.* 2. — *Syst. Eleut. tom.* 2. *p.* 369. *n°.* 2.

Cantharis viridis *viridi-ænea, nitida, antennis nigris, thorace tereti elongato.* Deg. *Mém. Inf. tom.* 5. *p.* 15. *n°.* 3.

Necydalis viridissima. Payk. *Faun. Suec. t.* 3. *p.* 133. *n°.* 3.

Elle est un peu plus petite & un peu plus étroite que l'Œdémère bleuâtre. Les antennes sont noires, avec les trois premiers articles d'un fauve-obscur. Tout le corps est d'un vert-luisant, quelquefois bleuâtre ou bronzé. La tête est très-finement pointillée. Le corcelet est presque cylindrique, plus long que large, finement pointillé. Les élytres sont finement pointillées, d'une égale largeur, marquées de quatre lignes peu élevées, dont l'intérieure plus courte que les autres. Les pattes sont testacées, avec les genoux postérieurs obscurs, ou vertes, avec les jambes antérieures testacées.

Elle se trouve au nord de l'Europe.

26. Œdémère nigripède.

Œdemera nigripes.

Œdemera thorace ovato, cyanea, antennis pedibusque nigris.

Necydalis cyanea. Fabr. *Ent. Syst. em. tom.* 1. *pars* 2. *p.* 351. *n°.* 5. — *Syst. Eleut. t.* 2. *p.* 369. *n°.* 5.

Elle est de la grandeur de l'Œdémère verte. Les antennes sont noires. Tout le corps est bleu. La tête est pointillée, & marquée d'une petite impression sur le vertex. Le corcelet est un peu déprimé, marqué de deux ou trois impressions. Les élytres sont pointillées, & ont quatre lignes peu élevées, dont l'extérieure est très-près du bord. Les pattes sont noires, avec les cuisses bleuâtres.

Elle se trouve en Europe.

27. Œdémère notoxoïde.

Œdemera notoxoides.

Œdemera nigra, thorace ovato, rufo; maculis duabus baseos nigris.

Necydalis notoxoides, *thorace ovato, maculis duabus baseos nigris, corpore fusco.* Fabr. *Syst. Eleut. tom.* 2. *p.* 369. *n°.* 6.

Elle ressemble un peu à l'Œdémère mélanocéphale. Les antennes sont noires, filiformes. La tête est noire, ainsi que les antennules. Le corcelet est presqu'ovale, très-finement pointillé, fauve, avec deux taches noires, placées à la base, & quelquefois deux points de la même couleur vers le bord antérieur. Tout le reste du corps est très-noir. Les élytres sont pointillées, & ont trois lignes peu élevées.

Elle se trouve dans la Caroline, d'où elle a été apportée par M. Bosc.

28. Œdémère thoracique.

Œdemera thoracica.

Œdemera nigra, thorace teretiusculo, rufo, immaculato.

Necydalis thoracica, *thorace teretiusculo, rufo; elytris lævissimis, fuscis.* Fabr. *Syst. Eleut. t.* 2. *p.* 370. *n°.* 8.

Elle est plus petite & plus étroite que la précédente. Les antennes sont noires, filiformes, presque de la longueur du corps. La tête est noire, ainsi que les antennules. Le corcelet est étroit, presque cylindrique, peu déprimé, fauve. Les élytres sont noires, finement pointillées. Le dessous du corps est noir. Les pattes sont noires, avec les jambes d'un fauve-obscur.

Elle se trouve dans la Caroline, d'où elle a été apportée par M. Bosc.

29. Œdémère sanguinicolle.

Œdemera sanguinicollis.

Œdemera nigra, thorace rufo, punctis tribus impressis. Ent. tom. 3. *n°.* 50. 12. *tab.* 1. *fig.* 12. a. b.

Necydalis sanguinicollis, *thorace teretiusculo, rufo, corpore fusco.* Fabr. *Ent. Syst. em. tom.* 2. *p.* 351. *n°.* 6. — *Syst. Eleut. tom.* 2. *p.* 370. *n°.* 7.

Necydalis flavicollis. Panz. *Faun. Germ. Fasc. tab.* 18.

Elle est plus petite que la précédente. Les antennes sont un peu plus courtes que le corps, noires, avec la base d'un fauve-obscur. Les antennules sont d'un fauve-obscur. La tête est noire ou d'un noir un peu bleuâtre. Le corcelet est fauve, déprimé, marqué de trois enfoncemens disposés en triangle. Les élytres sont pointillées, noires, marquées de trois lignes élevées. Le dessous du corps & les pattes sont noirs.

Elle se trouve en France, en Allemagne.

30. Œdémère triste.

Œdemera tristis.

Œdemera nigra, thorace teretiusculo, femorumque basi rufis. Ent. tom. 3. *n°.* 50. 13. *tab.* 2. *fig.* 13.

Necydalis tristis. Fabr. *Ent. Syst. em. tom.* 1. *pars* 2. *pag.* 352. *n°.* 10. — *Syst. Eleut. tom.* 2. *p.* 370. *n°.* 13.

Les antennes sont noires, filiformes, plus courtes que le corps. La tête est noire. Le corcelet est aminci, rougeâtre. L'écusson est noir & arrondi postérieurement. Les élytres sont noirâtres, pointillées, marquées de trois lignes longitudinales, peu élevées. Le dessous du corps est noirâtre. Les pattes sont noirâtres, avec la base des cuisses rougeâtre. Les cuisses postérieures sont simples.

Elle se trouve à la terre de Diémen.

31. Œdémère perlée.

Œdemera margaritacea.

Œdemera rufa, elytris subulatis, abbreviatis, margaritaceis, basi rufis, apice atris. Fabr. *Syst. Eleut. tom.* 2. *p.* 372. *n°.* 24.

Elle ressemble, pour le port, à l'Œdémère bleue. La tête est rouge. Les antennes sont rougeâtres, avec l'extrémité des anneaux noire. Le corcelet est globuleux, rouge, sans tache. Les élytres sont lisses, subulées, presqu'une fois plus courtes que l'abdomen, rouges à la base, nacrées & brillantes au milieu, noires à l'extrémité. L'abdomen est noir, avec l'anus rouge. Les pattes sont rouges, avec toutes les cuisses renflées.

Elle se trouve dans l'Amérique méridionale.

Nota. Cette espèce, que je n'ai point vue, n'appartient pas peut-être à ce genre, mais à celui de Nécydale de cet ouvrage, ou à celui de Callidie.

32. Œdémère bleue.

Œdemera cærulea.

Œdemera elytris subulatis, cærulea, femoribus posticis clavatis, arcuatis. Ent. tom. 3. *n°.* 50. 16. *tab.* 2. *fig.* 16. a. b.

Necydalis cærulea. Linn. *Syst. Nat.* 2. *p.* 642. *n°.* 4.

Cantharis nobilis. Scop. *Ent. Carn. n°.* 146.

Necydalis cærulea. Fabr. *Ent. Syst. em. t.* 1. *pars* 2. *pag.* 354. *n°.* 19. — *Syst. Eleut. tom.* 2. *p.* 372. *n°.* 25.

Cantharis viridi-cærulea, elytris attenuatis, femoribus posticis globosis. Geoffr. *Inf. Parif. tom.* 1. *p.* 342. *n°.* 3.

Cantharis grossipes. Fourc. *Ent. Parif. tom.* 1. *p.* 154. *n°.* 3.

Necydalis cærulea. Schrank, *Enum. Inf. Austr. n°.* 317.

Necydalis cærulea. Ross. *Faun. Etr. tom.* 1. *p.* 175. *n°.* 433.

Elle a quatre lignes de longueur. Les antennes font noires, prefque de la longueur du corps. Les antennules font noires. La tête eft étroite, un peu alongée antérieurement, légérement raboteufe, d'un vert-bleuâtre. Les yeux font noirs, arrondis & faillans. Le corcelet eft un peu raboteux, inégal, prefque cylindrique, d'un vert-bleuâtre. Les élytres font de la même couleur, amincies à l'extrémité, marquées de trois lignes élevées, dont l'intérieure très-courte. Le deffous du corps eft d'un vert-bleuâtre très-luifant, avec les tarfes noirs. Les cuiffes poftérieures, dans le mâle feulement, font très-renflées, un peu arquées.

Elle fe trouve dans tout le midi de l'Europe, & n'eft pas rare aux environs de Paris.

33. Œdémère abdominale.

Œdemera abdominalis.

Œdemera elytris fubulatis, viridi-ænea, abdominis margine rubro, femoribus pofticis incraffatis, arcuatis. Ent. tom. 3. *n°.* 50. 17. *tab.* 2. *fig.* 14. a. b. c. d. e.

Elle reffemble beaucoup à l'Œdémère bleue, dont elle n'eft peut-être qu'une variété, & dont elle ne diffère effentiellement que par le bord latéral de l'abdomen, qui eft un peu relevé & rouge dans les deux fexes. Les cuiffes du mâle font renflées, & celles de la femelle font fimples. Elle varie, pour les couleurs, du beau vert-métallique au vert-foncé & au vert-obfcur.

Elle fe trouve fur les fleurs, au midi de la France.

34. Œdémère podagraire.

Œdemera podagraria.

Œdemera nigra, elytris fubulatis, teftaceis; femoribus pofticis clavatis, bafi teftaceis. Ent. tom. 3. *n°.* 50. 10. *tab.* 1. *fig.* 10. a. b.

Œdemera fimplex. Entom. tom. 3. *n°.* 50. 9. *tab.* 1. *fig.* 9. a. b. c.

Necydalis Podagrariæ. Linn. *Syft. Nat.* 2. *p.* 642. *n°.* 9.

Cantharis femorata. Scop. *Ent. Carn. n°.* 145.

Necydalis Podagrariæ. Fabr. *Ent. Syft. em. tom.* 2. *pag.* 354. *n°.* 20. — *Syft. Eleut. tom.* 2. *p.* 373. *n°.* 26.

Cantharis nigra, elytris attenuatis, fulvis; femoribus pofticis globofis. Geoffr. *Infect. Parif. tom.* 1. *p.* 343. *n°.* 4. *Mas.*

Cantharis fulva. Fourc. *Ent. Parif. tom.* 1. *p.* 155. *n°.* 4.

Necydalis Podagrariæ. Payk. *Faun. Suec. t.* 3. *p.* 134. *n°.* 4.

Cantharis flavefcens, fubvillofa, elytris attenuatis. Geoffr. *Inf. Parif. tom.* 1. *p.* 343. *n°.* 5. *Fem.*

Cantharis villofa. Fourc. *Ent. Parif. tom.* 1. *p.* 155. *n°.* 5.

Necydalis flavefcens. Ross. *Faun. Etr. Mant.* 1. *p.* 56. *n°.* 139.

Necydalis Podagrariæ. Schrank, *Enum. Inf. Auftr. n°.* 314.

Elle a un peu plus de quatre lignes de longueur. Les antennes font de la longueur du corps, noires, avec un peu de jaune au deffous des trois premiers articles. Les antennules font fauves, avec un peu de noir à leur extrémité. La tête & le corcelet font d'un noir-bronzé. Les élytres font fubulées, teftacées, marquées de deux lignes élevées, dont l'une, vers la future, ne va pas jufqu'au milieu. Le deffous du corps eft d'un noir-bronzé. Les quatre pattes antérieures font d'un jaune-fauve, avec les tarfes & l'extrémité des jambes intermédiaires noirs. Les poftérieures font noires. Les cuiffes font très-renflées, d'un noir-bronzé, avec la bafe d'un jaune-fauve. Tout le corps eft couvert d'un léger duvet foyeux.

Dans la femelle les antennes font obfcures, avec les premiers anneaux teftacés. La tête eft noire, avec les antennules teftacées. Le corcelet & les élytres font teftacés, fans tache. La poitrine eft noire ou d'un noir-bronzé. L'abdomen eft d'un jaune-fauve, avec un peu de noir au milieu de la bafe. Les pattes font fimples, teftacées.

Elle fe trouve dans toute l'Europe.

35. Œdémère jaunâtre.

Œdemera flavefcens.

Œdemera nigra, elytris fubulatis, teftaceis; margine nigro; femoribus pofticis incraffatis, æneis.

Necydalis flavefcens. Linn. *Syft. Nat.* 2. *p.* 642. *n°.* 8. *Mas.*

Necydalis

Necydalis simplex. Linn. *Syst. Nat.* 2. *p.* 643. *n°.* 10. *Fem.*

Necydalis Pthysica. Scop. *Ent. Carn. n°.* 144. *Fem.*

Necydalis flavescens. Deg. *Mem. Inf. tom.* 5. *p.* 155. *n°.* 4.

Necydalis simplex. Fabr. *Ent. Syst. em. t.* 1. *pars* 2. *p.* 355. *n°.* 25. — *Syst. Eleut.* 2. *p.* 374. *n°.* 32. *Fem.*

Necydalis flavescens. Payk. *Faun. Suec. t.* 3. *p.* 135. *n°.* 5.

Elle ressemble beaucoup à l'Œdémère podagraire, dont elle ne varie essentiellement que par les cuisses postérieures, qui sont entiérement d'une couleur noirâtre bronzée, & par les élytres, qui ont ordinairement un peu de l'extrémité & du bord extérieur noirs. Les pattes antérieures & intermédiaires ont leurs cuisses bronzées, noirâtres. La femelle a les cuisses postérieures simples. L'abdomen & le corcelet sont noirs ou d'un noir-bronzé.

Elle se trouve dans toute l'Europe.

36. Œdémère hybride.

Œdemera hybrida.

Œdemera nigra, thorace rufo, elytris subulatis testaceis, margine apiceque nigris.

Necydalis hybrida, *thorace teretiusculo rufo, elytris subulatis, basi suturâque testaceis, margine & apice nigris.* Ross. *Faun. Etr. Mant.* 1. *p.* 56. *n°.* 138.

Necydalis hybrida. Faun. Etr. Ross. *Ed.* Hellw. *tom.* 1. *p.* 398. *n°.* 138.

Elle ressemble beaucoup, pour la forme & la grandeur, à l'Œdémère bleue. Les antennes & la tête sont noires. Le corcelet est fauve, aminci, marqué de deux points enfoncés. Les élytres sont subulées, marquées de trois lignes élevées; elles sont testacées à la base & du côté de la suture, jusqu'au milieu, & noires du milieu à l'extrémité & sur tout le bord extérieur. La poitrine est noire. Les cuisses postérieures sont renflées, arquées, entiérement noires, luisantes. Les ailes sont noires.

Elle se trouve en Italie, sur les fleurs du Panais.

37. Œdémère subulée.

Œdemera subulata.

Œdemera nigra, elytris subulatis testaceis, margine omni nigro. Ent. tom. 3. *n°.* 50. 20. *tab.* 2. *fig.* 20. a. b.

Necydalis marginata. Fabr. *Ent. Syst. Suppl. tom.* 5. *p.* 155.

Necydalis femorata. Panz. *Faun. Genn. Fasc.* 36. *tab.* 12.

Elle ressemble à l'Œdémère jaune, mais elle est un peu plus petite. Les antennes, la tête, le corcelet & tout le dessous du corps sont noirs. Le corcelet est raboteux, presque cylindrique. Les élytres sont testacées, entiérement bordées de noir, même à leur base. Les bords latéraux de l'abdomen sont un peu relevés & fauves.

Elle se trouve au midi de la France, d'où elle a été envoyée à M. Bosc.

38. Œdémère verdâtre.

Œdemera virescens.

Œdemera thorace inæquali, corpore virescenti-obscuro, antennis pedibusque nigris.

Necydalis virescens. Fabr. *Ent. Syst. em. t.* 1. *pars* 2. *p.* 351. *n°.* 4. — *Syst. Eleut. t.* 2. *p.* 369. *n°.* 4.

Cantharis virescens. Linn. *Syst. Nat.* 2. *p.* 650. *n°.* 24.

Necydalis virescens. Payk. *Faun. Suec. tom.* 3. *p.* 136. *n°.* 6.

Elle est de la grandeur de l'Œdémère verte. Les antennes sont noires. La tête est d'un vert-obscur, avec le front entier. Le corcelet est d'un vert-obscur, antérieurement aussi large que long, un peu rétréci postérieurement, marqué d'une impression profonde de chaque côté. L'écusson est petit, d'un vert-obscur. Les élytres sont d'un vert-obscur, subulées, mais un peu moins que dans les espèces précédentes, marquées de deux lignes élevées, indépendamment du bord extérieur & de la suture, l'intérieure étant courte. La poitrine & l'abdomen sont d'un vert un peu bronzé. Les pattes sont verdâtres, & les cuisses simples dans la femelle. Les postérieures sont arquées & renflées dans le mâle.

Elle se trouve au nord de l'Europe.

39. Œdémère barbare.

Œdemera barbara.

Œdemera ænea, elytris attenuatis, apice pedibusque flavescentibus.

Necydalis barbara. Fabr. *Ent. Syst. em. tom.* 2. *p.* 351. *n°.* 7. — *Syst. Eleut. t.* 2. *p.* 350. *n°.* 9.

Elle ressemble à l'Œdémère bleue. Les antennes sont d'un jaune-obscur. La tête est bronzée. Les antennules sont d'un jaune-obscur, avec l'extrémité noire. Le corcelet est un peu déprimé, marqué de quelques enfoncemens. Les élytres sont bronzées, amincies postérieurement, avec l'extrémité jaune; elles sont pointillées, & ont quatre lignes élevées, dont deux très-courtes. Le corps est bronzé. Les pattes sont jaunes, avec les cuisses postérieures bronzées, excepté à leur base. Ces cuisses postérieures sont renflées, & arquées dans le mâle.

Elle se trouve sur la côte de Barbarie.

40. Œdémère bicolore.

Œdemera bicolor.

Œdemera cœrulescens, thoracis margine, abdomine pedibusque testaceis.

Necydalis bicolor. Fabr. *Ent. Syst. em. tom.* 1. *pars* 2. *p.* 354. *n°.* 21. — *Syst. Eleut. t.* 2. *p.* 373. *n°.* 27.

Les antennes sont obscures. La tête est bleuâtre. Le corcelet est rouge, avec une large raie longitudinale, bleuâtre. Les élytres sont bleuâtres, à peine striées. L'abdomen est testacé. Les pattes sont testacées. Les cuisses postérieures sont très-renflées.

Elle se trouve au Cap de Bonne-Espérance.

41. Œdémère flavipède.

Œdemera flavipes.

Œdemera elytris subulatis, œnea, pedibus anticis flavis, femoribus posticis incrassatis.

Œdemera œnea. Ent. t. 3. *n°.* 50. 13. *tab.* 2. *fig.* 18. a. b.

Necydalis flavipes *nigra, elytris attenuatis virescentibus, femoribus posticis incrassatis, arcuatis.* Fabr. *Ent. Syst. em. tom.* 2. *p.* 355. *n°.* 22. — *Syst. Eleut.* 2. *p.* 373. *n°.* 28.

Necydalis flavipes. Payk. *Faun. Suec. tom.* 3. *p.* 137. *n°.* 7.

Elle est un peu plus petite que l'Œdémère bleue. Les antennes sont presque de la longueur du corps, noires, avec la base d'un fauve-obscur. Tout le corps est d'un vert-foncé & bronzé. Le corcelet est marqué de quelques impressions. Les élytres sont moins subulées que dans l'Œdémère bleue; elles sont pointillées, & ont deux lignes élevées, dont l'une, interne, ne va pas jusqu'au milieu. Il y a une troisième ligne très-près du bord extérieur. La moitié des cuisses & les jambes antérieures sont jaunes; les autres sont bronzées. Les cuisses postérieures, dans le mâle, sont très-renflées, un peu arquées.

Elle se trouve dans toute l'Europe, & surtout au midi de la France, en Italie, dans les îles de l'Archipel.

42. Œdémère testacée.

Œdemera testacea.

Œdemera nigra, thorace elytrisque testaceis, pedibus rufis.

Necydalis testacea. Fabr. *Ent. Syst. em. t.* 1. *pars* 2. *pag.* 355. *n°.* 23. — *Syst. Eleut. tom.* 2. *p.* 373. *n°.* 29.

Elle ressemble aux précédentes. Les antennes sont noires. La tête est obscure. Le corcelet est plane, testacé. Les élytres sont amincies, un peu plus pâles que le corcelet. Le dessous du corps est noir, avec les pattes rougeâtres.

M. Paykul a cité cette espèce comme n'étant que la femelle de l'Œdémère podagraire; mais, suivant Fabricius, elle a le dessous du corps noir & les pattes rougeâtres. Nous avons fait observer que la femelle de l'Œdémère podagraire avoit l'abdomen d'un jaune-fauve, & les pattes de la couleur du corcelet, qui est raboteux ou inégal, & non pas plane, comme le dit Fabricius, dans l'Œdémère testacée.

Elle se trouve en Allemagne.

43. Œdémère glauque.

Œdemera glaucescens.

Œdemera elytris subulatis, glaucis, corpore nigro, abdominis incisuris albis.

Necydalis glaucescens. Fabr. *Ent. Syst. em. tom.* 1. *pars* 2. *p.* 355. *n°.* 24. — *Syst. Eleut. t.* 2. *p.* 373. *n°.* 31.

Necydalis glaucescens *elytris subulatis glauco-flavescentibus, femoribus clavatis.* Linn. *Syst. Nat.* 2. *p.* 642. *n°.* 7.

Leptura necydalea. Linn. *Syst. Nat. edit.* 10. *tom.* 1. *p.* 399. *n°.* 17.

Les antennes sont filiformes, noires, de la longueur de la moitié du corps. La tête est noire. Le corcelet est noir, presque globuleux. Les élytres sont amincies & presque subulées; elles sont glabres, d'un jaune-glauque, avec le bord pourpre. L'abdomen est noir, aminci, avec le bord des anneaux blanc. Les cuisses sont renflées.

Elle se trouve, suivant Linné, dans l'Amérique méridionale, à Surinam; &, suivant Fabricius, au midi de l'Europe.

44. Œdémère du Chêne.

Œdemera Quercûs.

Œdemera elytris subulatis nigra, abdomine pedibusque flavescentibus.

Necydalis Quercûs. Fabr. *Ent. Syst. em. t.* 1. *pars* 2. *p.* 355. *n°.* 26. — *Syst. Eleut. t.* 2. *p.* 374. *n°.* 33.

Elle est petite. Les antennes sont noires, avec le premier article jaune. La tête est noire, avec la bouche jaune. Le corcelet est noir, sans tache. Les élytres sont obscures. L'abdomen & les pattes sont jaunes.

Elle se trouve sur le Chêne en Danemarck.

ŒNAS. *Œnas.* Genre d'insectes de la seconde section de l'Ordre des Coléoptères, & de la famille des Cantharidies.

Les Œnas ont les antennes courtes, filiformes, coudées entre le second & le troisième article; les mandibules fimples; les antennules filiformes; la tête inclinée, diftincte du corcelet; les tarfes fimples, filiformes, terminés par quatre crochets.

Ce genre, établi par M. Latreille, paroît tenir le milieu entre celui de Cantharide & celui de Mylabre, & il eft diftinct du premier par les antennes grenues, pas plus longues que le corcelet, & du fecond en ce qu'elles ne vont point en groffiffant, & paroiffent comme coudées ou brifées entre le premier & le fecond article; elles font inférées au-devant des yeux, & font compofées de onze articles, dont le premier eft un peu alongé & renflé. Le fecond eft petit, fort court, prefque conique. Le troifième eft aminci à fa bafe, mais à peu près de la longueur & de la groffeur des fuivans, qui font grenus, égaux entr'eux. Le dernier article eft terminé en pointe obtufe.

La bouche eft compofée d'une lèvre fupérieure, de deux mandibules, de deux mâchoires, d'une lèvre inférieure & de quatre antennules.

La lèvre fupérieure eft cornée, large, un peu avancée, arrondie antérieurement.

Les mandibules font cornées, arquées, pointues, fimples, munies d'une partie peu faillante, prefque membraneufe depuis leur bafe interne jufqu'à l'endroit de l'arcure.

Les mâchoires font coriacées, bifides. La divifion extérieure eft comprimée, une fois plus longue que l'interne, mince à fa bafe, arrondie & prefque velue à fon extrémité. La divifion interne eft courte, large à fa bafe, comprimée, un peu pointue.

La lèvre inférieure eft membraneufe, large, avancée, échancrée.

Les antennules antérieures font filiformes, un peu plus longues que les mâchoires, & compofées de quatre articles, dont le premier eft très-petit; les deux fuivans font égaux entr'eux; le quatrième eft un peu plus long, terminé en pointe obtufe. Elles font inférées à la bafe de la divifion extérieure des mâchoires.

Les antennules poftérieures font filiformes & compofées de trois articles, dont le premier eft court; le fuivant prefque conique, un peu alongé; le troifième eft peu alongé, prefque cylindrique. Elles font inférées à la bafe antérieure latérale de la lèvre inférieure.

La tête eft inclinée comme dans les Mylabres, & diftincte du corcelet, dont elle eft féparée par un col très-court; elle eft convexe fupérieurement, terminée en angle un peu aigu inférieurement.

Les yeux font petits, arrondis, peu faillans, placés à la partie latérale un peu antérieure de la tête.

Le corcelet eft arrondi, peu convexe, prefque déprimé, ordinairement un peu plus étroit que la tête.

Les élytres font prefqu'une fois plus larges que le corcelet; elles font coriacées, flexibles, un peu plus longues que l'abdomen, & elles cachent deux ailes membraneufes, repliées.

L'écuffon eft petit, triangulaire, obtus, plus large que long.

Le corps a une forme prefque cylindrique; à peu près femblable à celle des Cantharides.

Les pattes font de longueur moyenne ou même affez longues pour le volume du corps. Les cuiffes font peu renflées, munies, à leur bafe interne, d'un petit trocanter. Les jambes font fimples, un peu grêles. Les tarfes font longs, filiformes. Le pénultième article eft fimple, & le dernier eft terminé par quatre crochets arqués. Les quatre tarfes antérieurs font compofés de cinq articles, & les deux poftérieurs de quatre feulement.

Les Œnas paroiffent avoir les mêmes habitudes & les mêmes métamorphofes que les Cantharides & les Mylabres; ils fréquentent les fleurs, & c'eft là qu'on les trouve quelquefois accouplés.

OENAS.

ŒNAS. LATR. MELOE. LINN. LYTTA. FABR.

CARACTÈRES GÉNÉRIQUES.

Antennes de la longueur du corcelet, filiformes, grenues; premier article alongé, renflé.

Mandibules cornées, arquées, munies, à leur partie interne, d'un petit avancement membraneux.

Mâchoires coriacées, bifides; division extérieure grande, arrondie, comprimée.

Quatre antennules filiformes; dernier article en pointe obtuse.

Tarses simples, terminés par quatre crochets.

ESPÈCES.

1. OEnas africain.

Noir; corcelet fauve.

2. OEnas ruficolle.

Noir; corcelet fauve; élytres testacées.

3. OEnas nigricolle.

Noir; élytres testacées.

1. Œnas africain.

Œnas afer.

Œnas niger, thorace rufo.

Cantharis afra. Ent. tom. 3. *n°.* 46. 19. *tab.* 1. *fig.* 4. a. b.

Lytta afra. Fabr. *Ent. Syst. em. tom.* 1. *pars* 2. *p.* 87. *n°.* 16. — *Syst. Eleut. tom.* 2. *p.* 80. *n°.* 24.

Œnas afer. Latr. *Hist. nat. des Crust. & des Inf. tom.* 10. *p.* 394. — *Gen. Crust. & Inf. tom.* 2. *p.* 218. *tab.* 10. *fig.* 10.

Voyez, pour la defcription & les autres fynonymes, Cantharide africaine, n°. 16.

Nota. Fabricius cite mal-à-propos le *Lytta afra* de Roffy, qui eft bien différent de celui-ci, & qui paroît appartenir au genre Zonite.

2. Œnas ruficolle.

Œnas ruficollis.

Œnas niger, thorace rufo, elytris teftaceis.

Lytta crafficornis *atra, thorace elytrifque teftaceis, antennis incraffatis.* Fabr. *Syft. Eleut. tom.* 2. *p.* 80.

Il reffemble beaucoup au précédent, mais il eft un peu plus petit; il a environ cinq lignes de longueur. Les antennes font noires, un peu plus courtes que le corcelet. La tête eft noire, très-finement pointillée, guère plus large que le corcelet : celui-ci eft fauve, marqué de points enfoncés, moins ferrés & plus grands que ceux de la tête. L'écuffon eft noir. Les élytres font finement pointillées, & ont deux ou trois lignes élevées, à peine marquées. Tout le corps eft très-légérement couvert d'un duvet gris. Le deffous du corps & les pattes font noirs.

Je l'ai trouvé très-abondant fur diverfes fleurs, dans la Troade & aux Dardanelles, dans le mois d'août.

3. Œnas nigricolle.

Œnas nigricollis.

Œnas niger, elytris teftaceis.

Il reffemble beaucoup au précédent pour la forme & la grandeur. Les antennes, la tête, le corcelet, l'écuffon & tout le deffous du corps font noirs, fans tache. Les élytres feules font teftacées.

Je l'ai trouvé fur diverfes fleurs, aux environs de Bagdad.

ŒSTRE. *Œftrus.* Genre d'infectes de l'Ordre des Diptères, & de la famille des Mufcides, felon M. Latreille.

Les Œftres ont deux antennes courtes, à palette arrondie, munies d'une foie, & logées chacune dans une cavité; la tête véficuleufe; trois tubercules à la place de la trompe; le corps oblong, plus ou moins velu.

M. Latreille a placé l'Œftre dans la famille des Mufcides ou des Mouches, dont le caractère eft tiré, tant de la forme de la bouche, que de celle des antennes; mais ces organes diffèrent à tant d'égards, dans les Œftres, de ceux des autres Mufcides, que nous n'héfiterons pas à prononcer que ces infectes doivent former une famille particulière, qui prendra néceffairement de l'extenfion lorfque ces infectes parafites auront été plus obfervés, & feront beaucoup mieux connus qu'ils ne le font à préfent. Déjà l'Œftre du Cheval préfente affez de différences dans les nervures des ailes pour devoir peut-être former un genre diftinct, & il n'eft pas douteux que la plupart des animaux ne nourriffent dans les différentes parties de leur corps des larves de cette famille.

Les Grecs ne paroiffent pas avoir voulu défigner, fous le nom d'οιστρος, un animal particulier, mais plufieurs infectes qui tourmentoient beaucoup les autres animaux. Ariftote, en parlant du Thon & de l'Efpadon (*liv.* 5, *ch.* 31; & *liv.* 8, *ch.* 19), dit que ces poiffons font fujets à être tourmentés par quelques οιστρος de la groffeur d'une araignée, & femblables à un fcorpion, qui s'attache à leurs branchies, & caufe de fi vives douleurs à ces poiffons, qu'il les fait fauter très-haut hors de l'eau. Il eft facile de voir qu'il ne s'agit ni d'un Œftre ni de fa larve, mais probablement d'un Idotée ou d'un Cymothoa. Dans un autre chapitre, ce philofophe parle encore de l'οιστρος, mais comme d'un infecte à deux ailes, qu'il dit vivre dans l'eau, à l'état de larve; il décrit fa bouche, & lui donne un fort aiguillon.

Œlien parle auffi de l'οιστρος comme d'un infecte qui tourmente beaucoup les bœufs, & bourdonne en volant; il lui donne, de même qu'Ariftote, un aiguillon très-fort qui fort de fa bouche.

Ces obfervations fuffifent pour nous convaincre que les Anciens ne vouloient pas défigner par le mot οιστρος les infectes que nous nommons aujourd'hui *Œftres*; elles nous portent, au contraire, plutôt à penfer, comme le font beaucoup de naturaliftes modernes, qu'ils vouloient défigner les Thaons, renommés auffi par les tourmens qu'ils font endurer aux troupeaux. Les Latins traduifoient indifféremment le mot οιστρος par celui d'Afilus ou de Tabanus, & fous ces deux dénominations ils entendoient parler de nos Thaons.

Linné, fans chercher à débrouiller ce chaos, a donné le nom d'*Œftre* à un genre bien diftinct d'infectes à deux ailes, qu'il a caractérifé par l'abfence de la bouche.

Ce caractère eft en effet celui auquel il eft le plus facile de reconnoître les Œftres, mais il n'eft qu'apparent; & fi l'on s'en rapporte à l'examen de Fabricius, on reconnoîtra avec lui, dans les trois petits tubercules que l'on avoit vus seulement d'abord à la partie inférieure de la tête, une trompe ou gaîne très-courte, retirée entre deux lèvres vésiculeuses, sur laquelle sont appuyées trois soies membraneuses & flexibles, courtes, presqu'égales, insérées à l'extrémité de la lèvre. Le même auteur refuse aux Œstres des palpes à la bouche; & cependant M. Clark, dont nous aurons occasion de parler dans la suite de cet article, leur en donne deux, qu'il dit être composés de deux articles, dont le dernier vésiculaire, & inséré dans une dépression des côtés de la bouche, qui ne lui a paru consister que dans une simple ouverture. Nous ne chercherons ni à discuter l'opinion de ces deux auteurs, ni à les faire s'accorder, n'ayant pu appercevoir distinctement dans la bouche des Œstres que nous avons eu occasion d'observer, que les trois points saillans que nous regardons comme le meilleur caractère à donner à ce genre.

Les Œstres ressemblent beaucoup par la forme de leur corps, à de grosses mouches; mais ils sont généralement très-velus, & les couleurs qui les recouvrent, sont ordinairement disposées, comme celles des Bourdons, par bandes fauves, blanches ou noires. Leur tête est grosse, arrondie, antérieurement munie de deux yeux à réseaux assez grands, de forme ovale, se rapprochant par leur extrémité supérieure, & de trois petits yeux lisses, distant également l'un de l'autre, & placés sur le sommet de la tête, vers son bord postérieur.

Les antennes sont composées de trois articles, dont le dernier est renflé & globuleux, ordinairement coloré; il porte, à sa base supérieure, une soie simple, déliée, un peu longue. Elles sont très-courtes, & insérées au milieu du front, chacune dans une cavité triangulaire ou arrondie. Elles se trouvent séparées au point de leur insertion par une sorte de cloison saillante, que l'on a comparée à un nez; ce qui a fait dire à plusieurs auteurs, que la tête des Œstres avoit antérieurement quelque ressemblance avec celle d'un singe ou d'un chat-huant, comparaison, comme on le pense, bien éloignée de la vérité, & telle qu'on peut en établir entre les objets les plus différens.

Le corcelet est ovalaire, assez gros, un peu convexe en dessus, plus ou moins couvert de poils.

Les ailes sont triangulaires, de la longueur de l'abdomen sur lequel elles sont couchées quelquefois, ou dont elles sont écartées horizontalement. Les nervures sont rapprochées près du bord extérieur, & on voit vers le milieu deux cellules fermées, à quelque distance du bord postérieur, par une nervure oblique, un peu ondulée; & la première est coupée en outre, vers le milieu de l'aile, par une nervure transversale, très-courte. Mais dans l'Œstre du Cheval, les deux cellules sont ouvertes par le bas, & chacune des deux est coupée vers le milieu par une nervure transversale. Les ailerons qui sont à la base des ailes, sont arrondis & assez grands, & les balanciers qui se trouvent au dessous sont bien distincts.

L'abdomen est gros, oblong, un peu convexe, très-velu comme le reste du corps, dans la plupart des espèces, & terminé, dans les femelles, par un tube rétractile de plusieurs pièces, qui leur sert à faire leur ponte, & que nous aurons occasion de décrire plus bas.

Les pattes sont de longueur moyenne. Le premier article des tarses est alongé, & le dernier est terminé par deux crochets écartés, entre lesquels sont deux pelotes vésiculeuses.

Les Œstres sont rares à l'état parfait; ils se tiennent plutôt près des bois que dans les grandes plaines, & n'approchent presque jamais des habitations. On les voit quelquefois voler abondamment autour des troupeaux, sur lesquels les femelles cherchent à déposer leurs œufs. Ils ne paroissent pas vivre très-long-tems sous leur dernier état, ni même prendre de nourriture. La conformation de leur bouche, dont les parties ne sont pour ainsi dire que les rudimens des organes que l'on trouve dans les genres voisins, suffiroit seule pour le faire présumer.

Ce qui rend ces insectes remarquables & doit le plus piquer notre curiosité, est la nécessité où ils se trouvent de déposer leurs œufs sur le corps des grands animaux herbivores, afin que leurs larves puissent se nourrir des diverses humeurs de ces animaux. La même espèce d'Œstre ne dépose pas ses œufs indifféremment sur tous les animaux herbivores, & même sur toutes les parties du corps de ces animaux; chacune au contraire est parasite, d'une même espèce, & choisit pour y déposer ses œufs, la partie du corps qui seule puisse convenir à ses larves, soit que celles-ci se développent dans le lieu même où les œufs ont été placés, soit que de cet endroit elles doivent passer dans un autre pour s'y développer. En effet, c'est dans l'estomac des chevaux & dans d'autres parties de leur canal intestinal, que les larves de plusieurs espèces se développent; d'autres vivent dans les sinus frontaux des moutons, des rennes, &c. Plusieurs enfin, sous le cuir épais de diverses espèces de grands ruminans, & principalement en France, sous celui du bœuf, sur le dos duquel elles font venir des tumeurs qui leur servent d'habitation.

Depuis très-long-tems ces tumeurs, auxquelles les bœufs & les vaches principalement des pays de bois & dans certaines saisons sont sujets, ont été observées par les habitans des campagnes: ils savent même qu'elles renferment chacune un ver qui provient d'une mouche & doit se changer lui-même en mouche; ils nomment ce ver *Taon*, ainsi que la mouche à laquelle ils croient qu'il donne naissance, & qui est véritablement notre Taon. Connoissant les Taons par leur acharnement à poursuivre les troupeaux pour les piquer & se nourrir de leur sang, il paroissoit tout naturel de présumer que leurs larves devoient tenir de leur naturel, & vivre sur le corps des mêmes animaux qu'ils tourmentent lorsqu'ils sont à l'état parfait.

Valisnieri paroît être le premier qui ait fait connoître les insectes auxquels appartenoient non-seulement les larves qui habitent sur le dos du bœuf, mais celles du même genre, qui vivent dans les intestins des chevaux & les sinus frontaux des moutons; il a donné, sur leurs mœurs, un grand nombre d'observations curieuses, auxquelles Réaumur & Degeer en ont ajouté beaucoup d'autres.

C'est à ces auteurs que nous emprunterons une grande partie de ce qui nous reste à dire sur les mœurs des Œstres & de leurs larves, profitant aussi des observations que M. Clark a rapportées dans un Mémoire sur le genre Œstre, & qu'il a inséré dans le tome III des *Actes de la Société Linnéenne de Londres*; mais afin de mettre plus de clarté & de ne pas, en généralisant trop, attribuer aux espèces encore peu connues les mœurs de celles qui ont été observées, nous parlerons isolement de celles-ci, laissant aux observateurs à constater ce que l'analogie semble annoncer pour les autres.

Nous observerons seulement avant d'entrer dans ces détails, que l'on peut distinguer d'une manière générale, d'après leurs mœurs, les Œstres en deux sections : 1°. ceux dont les larves sont fixes, c'est-à-dire, habitent sous la peau des animaux, dans une cavité dont elles ont déterminé la formation, & qui est dans l'endroit même où l'œuf a été déposé; 2°. ceux dont les larves, après être écloses dans le lieu où les œufs ont été déposés, se traînent ou sont transportées dans les cavités naturelles de ces mêmes animaux, se nourrissent du fluide sécrété par les membranes qui tapissent ces cavités, & se fixent sur ces mêmes membranes au moyen de deux forts crochets dont leur bouche est armée, & qui manquent aux larves des Œstres de la première section.

I. *De l'Œstre du Bœuf.*

La seule fonction que tous les Œstres paroissent avoir à remplir sous leur état parfait, a rapport à la reproduction de l'espèce; aussi à peine ont-ils cessé d'être chrysalides, qu'ils se recherchent pour s'accoupler; & bientôt après la femelle, dont l'abdomen étoit déjà rempli d'œufs qui n'avoient besoin que d'être fécondés, s'occupe des soins de sa progéniture.

L'Œstre du Bœuf se trouve dans la première section que nous venons d'établir. Sa femelle dépose ses œufs sous la peau des bœufs & sous celle des vaches; elle choisit pour faire sa ponte, les jeunes bœufs de deux ou trois ans au plus, & qui sont les mieux portans, soit pour trouver moins de résistance dans la peau qu'elle doit percer, soit pour donner à ses larves une nourriture plus convenable. Et l'on a si bien observé ce fait, que, dans un troupeau, les bêtes qui nourrissent des larves d'Œstres, sont le plus estimées, comme étant les plus jeunes & les mieux portantes.

L'instrument au moyen duquel la femelle de l'Œstre parvient à percer le cuir sous lequel elle veut placer ses œufs, termine, comme nous l'avons dit, son abdomen. C'est une espèce de cylindre creux, d'un brun-noir & luisant, comme écailleux, composé de quatre tuyaux rentrant l'un dans l'autre comme ceux d'une lunette : celui qui est le plus près du corps de l'Œstre, est le plus gros; le dernier, qui est le plus brun, & n'a environ que le tiers de la longueur de celui qui précède, semble terminé, si on le regarde en dessous, du côté du ventre, par cinq petits boutons qui sont les extrémités de cinq différentes pièces écailleuses. Deux de ces pièces, aussi longues que le tuyau, sont égales, & placées semblablement : il y en a une à chacun de ses côtés. Les trois autres, qui sont chacune un crochet dont on n'apperçoit que le coude, parce que la pointe est courbée en dedans, sont derrière les deux premières, & disposées en fleurs de lis. Ces trois crochets, qui sont durs & solides, & dont la pointe est très-fine, sont les seules parties destinées à ouvrir la peau de l'animal : réunis, ils forment une cavité semblable à une tarrière qui se termine en cuiller, & qui agit peut-être d'une manière analogue.

Modeer (*Mém. de l'Acad. de Stockholm*, 1786) attribue un autre usage à cet organe, qu'il ne croit pas assez solide pour percer le cuir épais des bœufs & des rennes. Il pense que les œufs, qui sont pointus, en forme de lancette à l'une de leurs extrémités, & dont la coque est presqu'osseuse, servent eux-mêmes à percer la peau pour s'y loger; qu'ils sont conduits dans cette opération, & maintenus par les trois écailles recourbées, & que cette coque dure est bientôt ramollie par l'humidité de la liqueur qu'a produite l'inflammation de la piqûre. Réaumur, qui ne paroît avoir vu d'œufs d'Œstres que ceux qu'il a retirés du corps d'une femelle avant qu'ils fussent fécondés & à terme, parle bien de leur forme alongée, mais non de la coque presqu'osseuse qui les recouvre.

Quoi qu'il en soit de la manière dont la femelle de l'Œstre fait parvenir ses œufs sous la peau, elle ne les dépose qu'un à un, & pour ainsi dire en volant. A peine la voit-on s'arrêter quelques secondes sur le dos de l'animal qu'elle a choisi. La douleur que cause sa piqûre, ne paroît pas être en raison de la terreur que la présence des Œstres cause aux bestiaux, ou peut-être cette douleur n'est-elle ressentie par l'animal que quelques instans après que l'œuf a été déposé. Il est en effet facile d'observer, comme l'ont remarqué Réaumur & M. Clark, que les vaches ne chassent pas même avec leur queue les Œstres femelles qui se posent sur leur croupe; & cependant dans un troupeau, non-seulement on voit la bête qui a été piquée, entrer en fureur, courir en mugissant, étendant le cou & la queue, de manière à les mettre sur la même ligne que le corps, & chercher l'eau, le seul refuge contre les Œstres, mais on voit encore tout le troupeau partager son agitation, & donner des marques évidentes de la crainte que lui inspire un seul de ces insectes.

Chaque femelle d'Œstre contient un nombre considérable d'œufs, & tel qu'elle pourroit, comme le dit Réaumur, en déposer sur le corps de tous les bestiaux d'un grand canton. Mais outre que beaucoup ne réussissent pas, il périt une si grande quantité de larves lorsqu'elles veulent se changer en crysalides, soit qu'elles soient foulées aux pieds par les bestiaux ou mangées par les oiseaux, que le nombre des insectes parfaits est très-peu considérable.

Les œufs que nous avons dit être durs, alongés, un peu recourbés sur leur longueur, ont, le long du bord concave, un canal ou gouttière, fermé par une membrane qui s'étend jusqu'auprès de la pointe acérée. La larve ne tarde pas à sortir de chacun de ces œufs, ramolli & échauffé dans le lieu où il a été placé, & elle détermine le développement d'une tumeur qui croît avec elle, dans laquelle elle habite & se nourrit. On ne voit guère de ces tumeurs parvenues à toute leur grosseur avant la mi-mai; elles ont alors seize à dix-sept pouces de diamètre à leur base au moins, & un pouce environ de hauteur. Quoique les œufs aient été déposés pendant l'été de l'année précédente, les tumeurs sont à peine visibles pendant l'hiver.

On trouve quelquefois jusqu'à trente & quarante tumeurs & plus sur le corps d'une même vache; elles n'y sont pas toujours placées dans les mêmes endroits, ni arangées de la même façon. On en voit ordinairement près de l'épine du dos, ou près des cuisses & des épaules, & sur les épaules mêmes. Il y en a qui sont isolées, & d'autres qui, réunies par groupes, se touchent par leur circonférence.

Les bestiaux qui habitent les pays de bois paroissent plus sujets à nourrir des larves d'Œstres, que ceux qui paissent sur des prairies naturelles ou des plaines basses & humides. Chaque bosse ou tumeur est percée d'un trou, qui est celui par lequel l'œuf a été introduit; mais ce trou n'est pas toujours situé au sommet. Il est assez souvent très-proche de quelqu'endroit de sa circonférence. C'est par ce trou que la larve conserve une communication avec l'air extérieur, & respire au moyen des stigmates dont elle est pourvue; aussi tient-elle presque toujours à l'ouverture l'extrémité postérieure de son corps, où sont situés les principaux organes de sa respiration, que l'on apperçoit facilement à l'œil nu, parce qu'ils sont marqués par deux croissans assez considérables, qui se regardent par leur concavité, & sont plus bruns que le reste du corps. Sa tête est plongée, & nage dans le pus dont la piqûre & sa présence déterminent continuellement la formation. Cette matière dégoûtante paroît être la seule nourriture qui lui convienne; car sa bouche n'est nullement conformée, comme nous le verrons, pour déchirer la chair. Elle paroit au contraire propre à prendre cette sorte de nourriture liquide & très-substantielle, dont la sécrétion, beaucoup plus que suffisante pour la nouriture de la larve, s'écoule en partie par l'ouverture de la tumeur, & colle les poils qui la surmontent. C'est aussi par cette ouverture que la larve jette ses excrémens, qui ont quelque ressemblance avec le pus, mais qui sont plus liquides & plus jaunâtres.

Ces larves, pendant une grande partie de leur existence sous cet état, sont blanches; mais à mesure qu'elles grossissent, elles prennent une teinte de brun, irréguliérement répartie sur tout leur corps. Parvenues à terme, elles varient pour leur grosseur, soit qu'elles doivent cette différence aux circonstances qui auroient pu favoriser ou diminuer leur accroissement, soit que les larves qui doivent se transformer en femelles soient plus grosses que celles qui doivent devenir des Œstres mâles. Les plus grandes ont de treize à quatorze lignes de long, & sept lignes environ de diamètre dans l'endroit le plus renflé de leur corps. Elles sont dépourvues de pattes, sont alongées à la partie antérieure, & un peu plus pointue que la postérieure. Leur corps est composé de onze anneaux, y compris celui de la bouche; le huitième est celui qui a le plus de diamètre. Ces anneaux ont la moitié de leur circonférence, qui correspond au dos, plus aplatie que celle qui forme le ventre; de sorte que le dos est un peu concave ou au moins plat, tandis que le ventre est convexe. Cette disposition du ventre est beaucoup plus en rapport avec la forme des parois concaves de la tumeur dans laquelle ces larves doivent se mouvoir, que s'il eût été plat comme dans les larves sans pattes, destinées à marcher sur la terre.

Le corps est divisé longitudinalement par huit sillons, dont six sont beaucoup plus profonds que les deux autres. Deux des grands sillons sont sur le dos, & assez écartés l'un de l'autre; & quatre sont distribués deux à deux sur chaque côté, étant très-rapprochés; les deux autres enfin sont sous le ventre. Toute la peau paroît comme chagrinée, mais à grains très-fins; ce qu'elle doit à la grande quantité d'épines triangulaires & jaunâtres qui s'apperçoivent fort bien avec la loupe, & dont elle est en grande partie couverte. Ces épines sont dirigées dans divers sens sur chaque anneau, qui est comme divisé lui-même en deux par une canelure irrégulière & annulaire. Les épines qui sont sur la partie antérieure de chaque anneau, sont dirigées vers le derrière; celles au contraire qui sont sur le bord postérieur, sont dirigées vers la tête; elles sont beaucoup plus petites. Sous le ventre, tous les anneaux, à l'exception des dixième & onzième, sont couverts de ces épines semblablement disposées; sur le dos, les trois antérieurs seulement en possèdent. C'est au moyen de cette merveilleuse disposition, que la larve de l'Œstre du Bœuf, non-seulement se fixe dans la cavité qu'elle habite, mais encore s'y meut, en faisant saillir à volonté les portions des anneaux qui portent des épines dirigées en en avant, ou celles qui en ont dirigées dans le sens contraire. Outre ces épines, on voit sur le corps plusieurs rangées de tubercules très-petits, arrondis, avec une dépression dans le centre, qui paroissent être l'ouverture des stigmates.

La bouche n'est point armée de crochets : c'est une cavité dont la moitié postérieure est entourée de quatre mamelons mousses. On apperçoit à son bord antérieur deux petits boutons écailleux, d'un brun-noir, qui se touchent presque, & à côté de chacun desquels est un mamelon charnu, plus petit que les premiers. Une portion d'anneau garnie d'épines forme à cette bouche une espèce de lèvre supérieure.

L'extrémité postérieure de la larve est terminée par une sorte de plan circulaire, divisé en deux segmens inégaux par une corde transversale. Le plus petit segment est du côté du ventre : c'est dans le plus grand que l'on apperçoit les deux principaux stigmates dont nous avons déjà parlé. Ce sont deux petites ouvertures blanchâtres, placées chacune au centre d'une pièce brune, dure comme de la corne, & saillante, qui est contournée en croissant à pointes mousses. Les deux croissans se regardent par leur concavité, & sont placés perpendiculairement au plan du ventre. Dans le plus petit segment, & sur le bord de la corde qui le forme, sont huit petites ouvertures qui laissent sortir l'air du corps, ainsi que Réaumur, de l'ouvrage duquel nous avons extrait tous ces détails, dit l'avoir vu. C'est dans ce plus petit segment aussi qu'avec un microscope on apperçoit une petite ouverture arrondie, que l'on regarde comme l'anus. On peut encore très-bien l'appercevoir en plaçant la larve dans l'eau chaude : on voit alors s'échapper de cette ouverture, une colonne de pus assez considérable, qui dénote la position & l'usage de cette ouverture. Le canal intestinal qu'elle termine en arrière, est un simple tube membraneux, n'offrant aucun renflement étendu directement de la bouche à l'anus.

Les deux stigmates principaux, dont nous avons décrit plus haut la position, & qui sont à l'extrémité postérieure de la larve, sont les extrémités de deux larges canaux aériens, placés sur chacun de ses côtés. Ces deux trachées se réunissent à leur origine par un tronc latéral, & fournissent un grand nombre de branches qui se ramifient elles-mêmes. Les unes vont à l'intestin, d'autres à la peau, & la plupart s'anastomosent entr'elles. On remarque une semblable disposition dans les trachées des larves des Œstres du Cheval, & Hémorrhoïdal, dont nous parlerons bientôt, & probablement dans les larves de toutes les espèces d'Œstres.

Lorsque la larve a pris tout son accroissement, elle sort à reculons de la tumeur qu'elle habitoit, par l'ouverture que nous y avons remarquée; mais celle-ci, étant trop étroite, a besoin d'être aggrandie; ce que fait la larve par une pression continue pendant plusieurs jours. Ce n'est qu'avec beaucoup d'efforts qu'elle parvient à faire sortir du trou les deux derniers anneaux de son corps, qui lui servent ensuite pour prendre un point d'appui fixe au dehors, & retirer successivement tous les autres. Une fois sortie, cette larve tombe à terre, s'y traîne lentement pour trouver un abri, soit sous une pierre, soit sous une motte de terre & de gazon, où elle reste immobile, & se transforme en chrysalide. Cette transformation consiste, du moins à l'extérieur, dans un raccourcissement du corps de la larve. La peau qui se durcit, devient noire; elle sert de coque au nouvel insecte qui se forme, & qui doit en sortir quarante ou cinquante jours après.

La manière dont s'effectue cette sortie est des plus curieuses. On remarquoit sur la larve, à sa partie antérieure, un cordon blanchâtre qui, passant au dessus de la bouche, s'étendoit de chaque côté sur le second, le troisième & le quatrième anneau, & se recourboit vers le dos pour s'y terminer par un filet. Ce cordon formoit le contour aminci de la pièce triangulaire que l'insecte parvient à faire sauter assez facilement en la pressant de dedans en dehors, avec sa tête, lorsqu'il veut se mettre en liberté. Si l'on ouvre la coque avant que l'Œstre n'en soit sorti, on voit celui-ci enveloppé dans un ou plusieurs sacs membraneux & blanchâtres, dont il se débarrasse lorsqu'il passe à l'état parfait. Les femelles ont déjà l'abdomen renflé par la présence des œufs, dont elles cherchent bientôt, après s'être accouplées, à assurer, comme nous l'avons dit, le développement.

Réaumur a remarqué que les larves ne paroissent pas sortir de la tumeur à toute heure du jour indistinctement, mais qu'elles choisissent plutôt le matin, entre six & huit heures. Les larves que cet observateur a vues se mettre en chrysalide le 29 ou 30 de mai, se sont transformées en Œstres vers la mi-juillet; mais l'époque ne paroît pas être bien déterminée, puisque M. Clark a vu souvent en septembre, sur le dos des vaches, des larves assez avancées pour donner leur Œstre en décembre. Il est vrai que ce dernier cas est beaucoup plus rare.

Peu après que la larve est sortie de la tumeur, celle-ci s'affaisse; le pus en sort, & la plaie se cicatrise quelquefois en moins de vingt-quatre heures. On apperçoit cependant sur les peaux de bœufs tannées, les ouvertures des larves d'Œstres; ce qui en diminue la valeur lorsque ces ouvertures sont en grand nombre.

Les autres espèces d'Œstres dont les larves vivent sous le cuir d'animaux différens du Bœuf, tels que ceux du *Renne*, du *Lièvre*, de l'*Antilope*, &c., me paroissent, d'après l'analogie, ne devoir différer que très-peu, quant à la conformation de leur larve & à ses mœurs, de celles que nous venons de décrire. Nous savons déjà que deux de ces larves, celle de l'Œstre du Renne & celle de l'Œstre du Lièvre, manquent comme elle de crochet à la bouche, dont sont pourvues toutes les larves qui habitent les cavités naturelles des animaux.

On fait que l'Œstre des Rennes ne cause pas moins d'épouvante à ces ruminans, que l'Œstre du Bœuf n'en cause à nos troupeaux ; qu'il est si fréquent en Laponie, où on lui donne le nom de *Kurbma* ou *Gurbma*, que leurs larves font périr beaucoup de Rennes de deux ou trois ans, & que les peaux des plus vieux sont souvent si criblées de piqûres de ces insectes, que l'on a cru que ces animaux étoient sujets à la petite-vérole. Les jeunes d'une année, dont le poil est encore lisse & couché, ne paroissent pas en avoir : ceux qui sont sauvages y sont aussi moins sujets. Linné, dans son voyage en Laponie, eut occasion d'observer la patience d'une femelle de cet Œstre, qui suivit pendant plus d'une journée le Renne qui le conduisoit. Elle tenoit sa tarière tirée avec un œuf au bout, tout prêt à le déposer sur l'animal dès qu'il s'arrêteroit.

Quoique la description de l'insecte dont parle Bruce dans son *Voyage aux sources du Nil*, sous le nom de *Zimb*, ne puisse suffire pour reconnoître, non-seulement si c'est une espèce non décrite d'Œstre, mais même si c'est un insecte de ce genre, les mœurs qu'il lui donne, nous paroissent le faire présumer. Il dit en effet que ces insectes tourmentent tellement les bestiaux & les chameaux, que les pasteurs sont forcés de fuir dans les déserts ; &, ce qui est plus positif, que ces mêmes insectes font naître sur les Chameaux de nombreuses tumeurs purulentes.

Ce même voyageur prétend aussi que le Rhinocéros & l'Eléphant sont quelquefois attaqués par ces mêmes insectes.

Le Cerf, à ce qu'on nous a assuré, nourrit aussi sous sa peau une larve d'Œstre, dont nous n'avons pu encore suivre le dévelopement ni observer l'insecte parfait.

II. *Œstre du Cheval.*

Cet insecte peut être considéré comme le type de ceux que nous avons placés dans la deuxième section, c'est-à-dire, des Œstres dont les larves habitent les cavités naturelles des animaux. C'est dans l'estomac des Chevaux que sa larve habite, ainsi que celle de l'Œstre hémorrhoïdal, avec lequel cette espèce a été confondue pendant long-tems, mais dont elle en a été très-bien distinguée en dernier lieu par Clark, qui a donné sur les mœurs de l'une & de l'autre, les détails les plus curieux. Tous les auteurs anciens & modernes qui ont traité des maladies des Chevaux, ont parlé des vers courts que l'on trouve dans leur estomac ; mais Valisnieri paroît être le premier qui ait démontré que ces vers étoient des larves d'Œstre. Depuis cet auteur, l'opinion généralement accréditée est que ces larves, déposées sur la marge de l'anus par la femelle de l'Œstre, remontent jusque dans l'estomac au moyen des épines dont leur corps est couvert ; & cette opinion paroît fondée sur ce qu'en dit Valisniéri, d'après le docteur Gaspari, qui raconte que, voyant un jour les Chevaux, de tranquilles qu'ils étoient, devenir très-agités, il s'apperçut que leur agitation étoit causée par une espèce de mouche qui voloit autour, & faisoit des tentatives pour parvenir à l'anus de l'un d'eux. Cette mouche n'ayant pu y réussir, ajoute-t-il, il la vit voler vers une jument qui paissoit séparée des autres, & passer sous sa queue pour se poser sur l'anus. Elle n'y excita d'abord qu'une simple démangeaison, qui déterminoit la jument à faire sortir le bord de son intestin, à l'ouvrir, & à en aggrandir l'ouverture : la mouche en fut profiter ; elle pénétra plus avant, & se cacha sous les replis de l'intestin. Ce fut apparemment là qu'elle acheva son opération & fit sa ponte. Peu de tems après, la jument devint furieuse, se mit à courir & à bondir. Ce fait, rapporté par Réaumur, qui n'a pas été à même de le vérifier, ne s'accorde nullement avec ce que dit Clark des mœurs de cet insecte, si toutefois c'est bien la même espèce dont Valisnieri & lui ont voulu parler. Clark cherche à réfuter l'opinion depuis long-tems accréditée, que les larves de cette espèce & même de l'Hémorroïdal ne pénètrent pas par l'anus, & il raconte la manière bien différente dont elles parviennent dans l'estomac. Voici ce qu'en dit cet observateur, dans lequel tout nous porte à avoir la plus grande confiance, tant par les connoissances qu'il possède, que par les occasions fréquentes que sa profession de chirurgien-vétérinaire lui ont données, d'examiner les Œstres du Cheval.

Lorsque la femelle de l'Œstre du Cheval (dit-il) veut effectuer sa ponte, elle s'approche de l'animal qu'elle a choisi, en tenant son corps presque vertical dans l'air. L'extrémité de son abdomen, qui est très-alongé, est recourbé en avant & en haut, & porte un œuf qu'elle dépose, sans presque se poser, sur la partie interne des jambes, sur les côtés & la partie interne de l'épaule, rarement sur le garot du Cheval. Cet œuf, qui est entouré d'une humeur glutineuse, s'attache facilement aux poils. L'Œstre s'éloigne ensuite un peu du Cheval pour préparer un second œuf en se balançant dans l'air ; elle le dépose de la même manière, & répète ainsi ce manège jusqu'à cent fois & plus.

Quelques jours après, les œufs étant mûrs, & la larve prête à éclore, la pellicule des premiers se déchire facilement lorsque le Cheval lèche les parties sur lesquelles ils ont été posés à dessein par l'Œstre. C'est alors que les larves s'attachent à la langue de l'animal, & parviennent par l'œsophage, dans l'estomac.

M. Clark avoit d'abord pensé que les œufs étoient pris par la langue, puis déglutis dans l'estomac où ils éclosoient ; mais des observations plus scrupuleuses l'ont convaincu que les larves sortoient de leurs œufs avant de passer dans l'estomac du Cheval.

On voit combien il est difficile de faire accorder ce récit avec celui du docteur Gaspari, s'il s'agit d'une même espèce. Mais il seroit peut-être possible de concilier deux faits aussi contradictoires, en regardant l'Œstre & la larve dont parlent Gaspari & Réaumur, comme appartenantes à l'espèce que M. Clark a appelée *Vétérinaire*, & dont la larve, comme celle des deux autres, habite l'estomac des Chevaux. Ce qui nous confirmeroit encore dans cette idée, c'est que nous trouverons des différences notables dans les larves vues par les deux auteurs. M. Clark dit clairement que la larve de l'Œstre du Cheval, ainsi que l'Hémorroïdal, a deux crochets égaux, placés de chaque côté de la bouche, tandis que Réaumur, qui dit avoir vu aussi des larves dans lesquelles cette disposition avoit lieu, assure que celles qu'il a décrites, avoient les crochets inégaux, le plus petit étant placé au dessus du plus grand, & tous deux situés au dessus de l'ouverture de la bouche. Si l'on ajoute à cela que la description donnée par Réaumur, de l'insecte parfait, convient mieux à l'Œstre *Vétérinaire* qu'à l'*Hémorroïdal* auquel M. Clark le rapporte, & encore que cet observateur n'a pas connu la larve de son Œstre Vétérinaire, ni la manière dont cet insecte dépose ses œufs, on pourra peut-être partager le doute que nous présentons.

Quoi qu'il en soit, les larves de l'Œstre dont nous parlons, habitent l'estomac du Cheval : on les trouve quelquefois aussi dans celui de l'âne. Elles sont plus communes autour du pylore, & ne se voient que très-rarement dans les intestins : leur nombre est quelquefois si considérable, qu'elles peuvent causer la mort des Chevaux; & c'est à leur grande abondance que le docteur Gaspari attribue la cause d'une maladie épidémique qui fit périr beaucoup de Chevaux dans le Véronois & le Mantouan en 1713. Lorsqu'elles ne passent pas une centaine, elles ne paroissent nullement nuire à la santé des Chevaux. Elles sont suspendues par grappes à la membrane interne de l'estomac au moyen de deux forts crochets recourbés, d'une substance cornée, noirâtre, & qui sont placés de chaque côté de l'ouverture de la bouche, qui est une petite fente verticale, paroissant elle-même bordée par deux petites plaques cornées. Au dessus de chacun des crochets on apperçoit un petit bouton charnu, percé d'un petit trou dans son milieu, & analogue sans doute aux stigmates que nous avons vu placés au même endroit dans la larve de l'Œstre du Bœuf.

La larve de l'Œstre du Cheval est sans pattes, de forme conique, alongée; c'est à sa plus petite extrémité qu'est placée la tête. Son corps est composé de onze anneaux, garnis chacun, à leur bord postérieur, d'une rangée circulaire d'épines triangulaires, solides, jaunâtres dans la plus grande partie de leur longueur, noires à l'extrémité, & dont la pointe, très-aiguë, est dirigée en arrière. Au dessus du corps, les anneaux du bout postérieur & ceux qui en sont les plus proches, n'ont point de ces épines qui existent sur les mêmes anneaux du côté du ventre. L'extrémité postérieure qui est tronquée, figure une espèce de bouche transversale, avec deux lèvres qui peuvent se rejoindre pour fermer l'ouverture qu'elles circonscrivent. On voit, dans l'espèce de cavité profonde que ces lèvres laissent entr'elles lorsqu'elles sont écartées, six doubles sillons couchés transversalement, & courbés en dedans de chaque côté, de manière à se rapprocher en cercle. Ces sillons, formés par une substance écailleuse, sont criblés de petits trous que l'on regarde comme les ouvertures des stigmates. On voit que l'usage de l'espèce de bouche dont ils sont pourvus, est de les protéger contre les alimens liquides, & les sucs qui se trouvent dans l'estomac, & qui pourroient les boucher. On conçoit moins facilement comment des animaux peuvent exister dans l'estomac, exposés à une chaleur aussi élevée, & respirer dans un air aussi vicié. Peut-être est-ce la rareté de l'air respirable, qui a exigé le développement de leurs organes respiratoires, qui, semblables, par la disposition, à ceux que nous avons vu exister dans la larve de l'Œstre du Bœuf, ont encore plus d'étendue, & beaucoup plus que ceux de toutes les autres larves de Diptères.

Cette larve se nourrit, ou du chyme qu'elle trouve dans l'estomac, ou plutôt de l'humeur sécrétée par la membrane interne de cet organe. On trouve souvent dans son canal intestinal, qui est droit, une matière jaune, verdâtre, résidu de la nourriture qu'elle a prise.

Comme la larve de l'Œstre du Bœuf, lorsque celle du Cheval a pris tout son accroissement, il faut qu'elle sorte du corps qu'elle habitoit, pour se changer en chrysalide. Pour cela, elle descend en suivant les intestins, se traînant au moyen de ses épines ou portée par les excrémens, jusqu'à ce qu'elle arrive à l'anus, sur les bords duquel on la trouve souvent suspendue dans les mois de mai & de juin, prête à tomber à terre pour y subir sa transformation. A cette époque, elle est devenue brune, en passant successivement par le blanc-verdâtre, le vert & le jaunâtre.

Tombée à terre, elle se transforme bientôt en chrysalide. La peau se durcit, devient d'un brun-noir, & lui sert de coque. Après être restée six ou sept semaines dans cet état, l'insecte parfait en sort par un moyen semblable à celui employé par l'Œstre du Bœuf, c'est-à-dire, qu'il fait sauter une pièce ovalaire du bout antérieur & supérieur de sa coque, dont on n'appercevoit pas le contour, ni sur la larve ni sur la chrysalide.

L'Œstre *Hémorroïdal*, auquel M. Clark a conservé ce nom, non pas parce que la femelle s'introduit par l'anus du Cheval pour y déposer ses œufs, opinion qu'il combat comme pour l'Œstre du Cheval, mais parce que l'extrémité de son abdomen est d'un beau rouge-orangé, a été, comme nous l'avons dit, confondu avec l'espèce précédente. Sa larve vit de même dans l'estomac du Cheval; elle ressemble presqu'en tout à celle de l'Œstre de cet animal; elle est seulement un peu plus petite, & sa couleur est plus blanche. Les œufs de cette espèce sont aussi d'une teinte plus foncée.

M. Clark rapporte que la femelle dépose ses œufs sur les lèvres du Cheval, qu'il en a été témoin plusieurs fois. Il raconte qu'à la vue de cet insecte, l'animal qu'elle menace, fait mouvoir sa tête d'avant en arrière pour l'éviter; mais quand il en est atteint, il se sauve au galop ou dans l'eau, qui paroît être la meilleure défense que tous les animaux aient à opposer aux Œstres; il frotte ses lèvres contre terre ou sur les autres Chevaux. Quelquefois on voit l'insecte sortir du gazon où il étoit caché, se porter entre les jambes de devant du Cheval qui pâture, pour se poser sur sa lèvre inférieure. On remarque qu'à chaque œuf qu'il dépose, il se balance dans l'air pour le préparer & le porter à l'extrémité de son abdomen, qu'il tient recourbé alors en haut. M. Clark n'a pas observé comment les larves passoient de la lèvre dans l'estomac.

Lorsque ces larves sortent par le rectum du Cheval, vers les mois de juin & juillet, elles sont d'un vert-rouge, qui devient brun-foncé tout-à-fait dans la chrysalide, état sous lequel la larve reste près de deux mois. Quoique nous n'ayions pas d'observation positive à cet égard, il ne nous paroît pas douteux qu'elle ne sorte comme l'Œstre du Cheval.

Œstre du Mouton.

Cet insecte appartient à notre deuxième division. Sa larve habite les sinus maxillaires & frontaux des Moutons, & se tient fixée à la membrane interne qui les tapisse, au moyen de deux forts crochets, dont les côtés de la bouche sont armés, ainsi que nous l'avons vu dans les larves des deux espèces dont nous venons de parler. On trouve dans les auteurs de la plus haute antiquité des témoignages que ces larves étoient connues : on les regardoit comme un remède contre l'épilepsie, qu'on croyoit enseigné par Apollon lui-même. M. Valisnieri est encore l'auteur auquel nous devons la connoissance, tant des larves, que de l'insecte parfait dont il nous a donné une histoire presque complète.

Les Moutons ne craignent pas moins cet Œstre, que les Chevaux ne redoutent les espèces qui les attaquent; & lorsqu'ils en sont menacés par lui, ils cherchent à l'éviter, non pas en se plongeant dans l'eau, mais en se réunissant dans un chemin rempli de poussière, où ils se serrent les uns contre les autres, tenant leur nez presqu'à terre. Ceux qui paroissent en avoir été atteints, s'agitent beaucoup; ils frappent la terre avec leurs pieds, & fuient, tenant le nez bas. C'est en effet sur le bord interne des narines, que la femelle dépose ses œufs, qui bientôt éclosent. Les larves qui en sortent, sont blanches; elles conservent cette couleur presque jusqu'à ce qu'elles aient pris tout leur accroissement. Elles sont alors plus grosses que celles de l'Œstre du Cheval, mais moins que celles de l'Œstre du Bœuf. Leur forme est plus alongée que celle de ces dernières; elles figurent assez bien un cône alongé, à la petite extrémité duquel est la tête. Outre l'ouverture simple de la bouche, & les deux crochets cornés & solides dont nous avons parlé, on voit encore sur cette tête, au dessus de chacun des crochets, un petit bouton saillant & charnu, probablement percé dans son centre. Le corps de ces larves est composé de onze anneaux, & il est terminé par deux plaques brunes, circulaires, placées à côté l'une de l'autre, qui sont les deux principaux stigmates. L'air paroît passer par un espace circulaire, concentrique & blanchâtre, qui partage chacune des plaques en deux parties. Ces plaques peuvent être renfermées, à la volonté de la larve, dans son dernier anneau, comme dans une bourse. Au dessous du même anneau est l'anus, ordinairement caché dans les replis des chairs.

Lorsque la larve a pris tout son accroissement, sa blancheur s'efface en différens endroits. La partie la plus élevée de la plupart des anneaux, & surtout de ceux qui sont depuis le milieu du corps jusqu'au bout postérieur, devient au dessus d'abord d'un blanc-sale, pour passer successivement par des nuances de plus en plus brunes. Sur chaque côté inférieurement on voit une rangée de petits points saillans & mousses, que l'on pourroit prendre pour des stigmates, & qui pourtant n'en sont pas. Ces tubercules servent à la marche de la larve, ainsi que les petites épines très-fines, rougeâtres, dirigées en arrière, qui recouvrent en dessous tout l'espace charnu compris entre deux anneaux.

Ces larves sont très-vives, & s'agitent beaucoup lorsqu'on les tient dans la main : on en trouve rarement plus de trois ou quatre dans la tête d'un Mouton. Lorsqu'elles sont à terme, elles sortent par les narines, & tombent sur la terre, dans laquelle elles s'enfoncent pour se changer en chrysalide. Elles deviennent alors d'un brun-noir. Leur peau se durcit, & leur sert de coque. Elles restent dans cet état environ deux mois, & l'insecte parfait sort comme l'ont fait les Œstres du Bœuf & du Cheval. Les différentes époques pendant lesquelles on trouve, dans les sinus frontaux des Moutons, des larves prêtes à se métamorphoser, ont fait présumer qu'il y avoit deux générations de ces insectes par année. On en voit effectivement depuis le mois d'avril jusqu'à la fin de juillet.

Si les observations de quelques savans & de quelques voyageurs sont exactes, l'homme paroîtroit partager avec les animaux herbivores, la propriété de nourrir des larves d'Œstres. M. de Humboldt a vu des Indiens, dans l'Amérique méridionale, dont l'abdomen étoit couvert de petites tumeurs occasionnées par la présence d'une larve d'Œstre, dont il n'a point suivi les développemens.

M. Wohlfarhrt dit que des vers courts qu'un vieillard rendit par le nez après de violens maux de tête, donnèrent naiſſance à des mouches qu'on pourroit peut-être regarder comme des Œſtres. Ce même auteur cite pluſieurs faits analogues à celui dont il avoit été témoin.

M. Clark rapporte auſſi que le docteur Latham a vu retirer, des ſinus maxillaires d'une femme, des larves d'Œſtre, qu'il a ſuppoſé être celles du Bœuf; mais ces dernières obſervations ne nous paroiſſent pas aſſez préciſes & aſſez détaillées. Ni les vers de M. Wohlfarhrt, ni les larves dont parle le docteur Latham, ni les inſectes ailés qui ſont ſortis des uns & des autres, n'ont été aſſez bien décrits pour qu'il ne nous reſte des doutes à ce ſujet.

On a propoſé beaucoup de remèdes pour préſerver les beſtiaux des larves d'Œſtres. Un des plus uſités en Finlande, en Suède & en Laponie eſt de frotter les animaux avec de la graiſſe de phoque. M. Clark ne connoît d'autres moyens à employer contre les larves de l'eſtomac du Cheval, que de détruire avec une broſſe & de l'eau chaude les œufs lorſqu'ils ſont adhérens aux poils. Au ſurplus, cet obſervateur ajoute que ces larves ſont peut-être moins nuiſibles qu'utiles aux Chevaux lorſqu'elles ne ſont pas en grand nombre; elles forment une eſpèce de cautère preſque perpétuel, qui peut rendre moins fréquentes, comme il croit l'avoir remarqué, les maladies auxquelles ces animaux utiles ſont ſujets.

ŒSTRE.

ŒSTRUS. LINN. GEOFFR. DEG. FABR. LATR.

CARACTÈRES GÉNÉRIQUES.

Antennes courtes, logées dans une cavité; trois articles, le dernier globuleux, muni d'une soie à sa base supérieure.

Bouche sans trompe et sans antennules apparentes.

Trois petits tubercules à la place de la trompe.

Trois petits yeux lisses au sommet de la tête.

Ailes variables.

Corps ordinairement très-velu.

ESPÈCES.

1. ŒSTRE joufflu.

Ailes obscures; corps grisâtre; partie antérieure de la tête blanche, pointillée de noir.

2. ŒSTRE du Lièvre.

Ailes un peu obscures; noir, avec la partie postérieure du corcelet et la base de l'abdomen jaunes.

3. ŒSTRE du Bœuf.

Ailes un peu obscures; corcelet jaune, avec une bande noire; abdomen blanc à la base, fauve à l'extrémité.

4. ŒSTRE du Renne.

Ailes sans tache; corcelet jaune, avec une bande noire; abdomen fauve, avec l'extrémité noire.

5. ŒSTRE de l'Antilope.

Ailes obscures, avec une bande et deux points noirs; abdomen testacé, avec quatre rangées de points noirs.

6. ŒSTRE du Cheval.

Ailes blanchâtres, avec une bande et deux points noirs; abdomen ferrugineux.

7. ŒSTRE hémorrhoïdal.

Ailes sans tache; corcelet noir, avec l'écusson pâle; abdomen noir, avec la base blanche et l'extrémité fauve.

8. ŒSTRE vétérinaire.

Ferrugineux; ailes sans tache; côtés du corcelet et base de l'abdomen avec des poils blancs.

9. ŒSTRE des troupeaux.

Ailes obscures; corcelet cendré, velu; abdomen noir, avec le premier anneau couvert de poils blancs.

10. ŒSTRE trompe.

Ailes blanches; corps noir, couvert de poils cendrés; corcelet avec une bande noire.

ŒSTRE. (Insecte.)

11. ŒSTRE du Mouton.

Ailes transparentes, avec des points noirs, à la base; abdomen blanc, mélangé de noir.

12. ŒSTRE albipède.

Ailes transparentes, sans tache; noir, avec le front blanc; abdomen jaune, avec une ligne longitudinale obscure.

13. ŒSTRE rayé.

Ailes blanches, sans tache; corcelet rayé de noir; abdomen fauve.

14. ŒSTRE fasciculé.

Velu, jaune; anus avec trois faisceaux de poils noirs.

15. ŒSTRE de l'Homme.

Corps entièrement de couleur obscure.

1. Œstre joufflu.

Œstrus buccatus.

Œstrus alis fuscis, corpore griseo, facie albâ, nigro punctatâ.

Œstrus buccatus. Fabr. *Syst. Entom. tom.* 4. *p.* 230. *n°.* 1. — *Syst. Antl. p.* 227. *n°.* 1.

Cette espèce est la plus grande de celles de ce genre; elle est presque glabre. Les antennes sont noires. La tête est un peu renflée en avant, grise, avec quelques points noirs, brillans. Le vertex est noir, avec quelques points gris. Le corcelet est gris sur les côtés, d'une teinte plus foncée ou noirâtre en dessus. L'abdomen est de la même couleur grise, avec quelques lignes blanchâtres & des points noirs. Les ailes sont noirâtres, sans tache, ainsi que les balanciers & les ailerons. Les pattes sont noires, avec un peu de gris sur les cuisses & les jambes. La couleur grise de cet insecte est due à une poussière qui couvre plus ou moins le corps.

Il se trouve dans la Caroline.

La larve vit sous la peau d'une espèce de Lièvre. M. Bosc, pendant son séjour dans cette partie de l'Amérique, a pris deux larves sous la peau de l'animal, qui lui ont donné cette espèce.

2. Œstre du Lièvre.

Œstrus Cuniculi.

Œstrus alis immaculatis, niger, thorace postice abdomineque basi flavescentibus. Fabr. *Syst. Antl. p.* 230.

Œstrus Cuniculi *niger, alis fuscis, thorace ad medium nigro, postice abdominisque basi pilis flavescentibus.* Clark, *Trans. of the Linn. Soc. tom.* 3. *p.* 299.

Nous aurions pris cet Œstre pour le même que le précédent si la description qu'en donne M. Clark, & d'après lui Fabricius, ne paroissoit faire présumer qu'il en diffère. Il est, selon ces auteurs, une fois plus grand que l'Œstre du Bœuf. La tête est noire, avec les yeux obscurs & le front vésiculeux, avancé. Le corcelet est noirâtre antérieurement, jaune sur les côtés, à sa partie postérieure & sur l'écusson. L'abdomen est noir, avec la base & les côtés des anneaux jaunes. Les ailes sont un peu verdâtres ou obscures. Le dessous du corps est noir. Les pattes sont noires.

La larve est obscure, entiérement couverte, comme celle de l'espèce précédente, de pointes aiguës; elle vit de même sous la peau d'une espèce de Lièvre qui habite l'Amérique septentrionale.

3. Œstre du Bœuf.

Œstrus Bovis.

Œstrus alis immaculatis fuscis, thorace flavo, fasciâ nigrâ, abdomine basi albo, apice fulvo. Fabr. *Ent. Syst. em. tom.* 4. *pag.* 231. *n°.* 3. — *Syst. Antl. p.* 228. *n°.* 3.

Valisn. *Opera, tom.* 1. *tab.* 28. *fig.* 10. *Larva* 1. 2.

Réaum. *Mem. Insect. tom.* 4. *pag.* 503. *Pl.* 38. *fig.* 7. 8.

Œstrus Bovis. Deg. *Mem. Ins. tom.* 6. *p.* 297. *pl.* 15. *fig.* 22.

Schœff. *Ins. Ratisbon. tab.* 89. *fig.* 7.

Frisch. *Differt. inaug. tab.* 3. *fig.* 5.

Sulz. *Ins. tab.* 20. *fig.* 127.

Œstrus Bovis. Latr. *Gen. Crust. & Ins. tom.* 4. *p.* 342.

Œstrus Bovis. Clark, *Trans. of the Linn. Soc. tom.* 3. *p.* 325. *tab.* 23. *fig.* 1-6.

Cet Œstre ressemble beaucoup, au premier aspect, à un Bourdon : il a sept lignes de longueur; il est très-velu. Les antennes sont brunes. Le front & la bouche sont couverts de poils blanchâtres. Le corcelet est jaune antérieurement, d'un noir-luisant dans la partie moyenne, & fauve postérieurement. L'abdomen est de trois couleurs en dessus comme en-dessous. Sa partie antérieure est blanche ou jaunâtre; sa partie moyenne noire, & l'extrémité d'un beau jaune-orangé. Les ailes sont brunes, sans tache, moins transparentes vers le bord antérieur. Les ailerons sont grands & très-blancs. Les pattes sont brunes, avec les tarses plus pâles & les cuisses plus foncées.

La femelle a l'abdomen terminé par une tarière que nous avons décrite dans les généralités, & qui est noire. Il est facile de la faire sortir en pressant l'abdomen.

La larve est brune, sans pattes, composée de douze anneaux. Sa bouche n'est point armée de crochets. Elle vit sous le cuir des Bœufs.

On trouve cette espèce en Europe & en France, principalement en juillet & août.

4. Œstre du Renne.

Œstrus Tarandi.

Œstrus alis immaculatis, thorace flavo, fasciâ nigrâ, abdomine fulvo, apice nigro. Linn. *Syst. Nat.* 2. *p.* 969. *n°.* 2. — *Faun. Suec. n°.* 1731. — *Flor. Lapp. p.* 360. *n°.* 517. — *Act. Stockh.* 1739. *tab.* 3. *fig.* 5. 6. — *Act. Ups.* 1736. *p.* 31. *n°.* 23.

Œstrus Tarandi. Fabr. *Ent. Syst. em. tom.* 4. *p.* 231. *n°.* 5. — *Syst. Antl. p.* 229. *n°.* 5.

Il est un peu plus grand que l'Œstre du Bœuf, & a au moins sept lignes de longueur. Les antennes sont noires. La tête est couverte de poils jaunes à sa partie antérieure & postérieure, & noirs sur le vertex. Le corcelet est velu, jaune, avec une bande noire.

noire. L'abdomen eſt très-velu, entiérement fauve, couleur qui n'eſt due qu'aux poils dont il eſt couvert ; car lorſqu'ils ſont enlevés, il paroît tout noir. Les ailes ſont légérement obſcures, ſans tache. Les balanciers ſont noirâtres. Les pattes ſont noires, avec l'extrémité des jambes & les premiers articles des tarſes d'un brun-clair.

Cette eſpèce ſe trouve en Laponie, où elle eſt aſſez commune dans les mois de juin, juillet & août. On la nomme *Curbma*. La femelle dépoſe ſes œufs ſur le dos des Rennes. Sa larve y paſſe l'hiver & s'y nourrit, comme le fait celle de l'Œſtre du Bœuf ſur le dos de cet animal. Ces larves ſont quelquefois en ſi grand nombre ſur un même Renne, qu'elles le ſont périr.

5. Œstre de l'Antilope.

Œstrus Antilopæ.

Œſtrus alis fuſcis, faſciâ punctiſque duobus nigris ; abdomine teſlaceo, triplici ordine punctorum nigricantium. Pall. *Voy. éd. franç. in-4°. tom.* 1. *p.* 737.

Œſtrus Antilopæ. Gmel. *Syſt. Nat. tom.* 1. *pars* 5. *p.* 2811.

Il eſt de grandeur moyenne. Sa tête eſt pâle. Ses yeux ſont bruns. Le corcelet eſt gris, couvert de poils blanchâtres. L'abdomen eſt large, velu, d'un fauve-ferrugineux, avec trois rangées de points triangulaires, noirâtres, en deſſus, & tacheté de brun en deſſous. Les ailes ont une teinte obſcure ; elles ſont partagées tranſverſalement par une bande plus foncée. En dedans de cette bande ſe voit un point de même couleur, & deux vers l'extrémité de chaque aile. Les pattes ſont griſes, & l'abdomen de la femelle eſt terminé par un tube corné, noir, rétractile.

Cette eſpèce a beaucoup d'analogie avec l'Œſtre du Cheval ; mais les mœurs ſont différentes. La femelle dépoſe ſes œufs ſous la peau du dos des Antilopes, où les larves ſe développent ; elles ſont blanches, armées de petites épines cornées, diſpoſées circulairement ſur neuf anneaux de ſon corps.

Il ſe trouve en Aſie.

6. Œstre du Cheval.

Œstrus Equi.

Œſtrus alis albidis, faſciâ punctiſque duobus nigris, abdomine toto ferrugineo. Fabr. *Syſt. Antl. p.* 228. *n°.* 4.

Œſtrus Vituli. Fabr. *Ent. Syſt. em. tom.* 4. *p.* 231. *n°.* 4.

Œſtrus Bovis. Linn. *Syſt. Nat.* 2. *p.* 969. *n°.* 1. — *Faun. Suec. n°.* 1730.

Œſtrus Bovis. Fabr. *Spec. Inſ. tom.* 2. *p.* 398.

Œſtrus hæmorrhoidalis. Gmel. *Syſt. Nat. pag.* 2810.

Œſtrus inteſtinalis. Deg. *Mem. Inſect. tom.* 6. *p.* 291. *n°.* 1. *tab.* 15. *fig.* 16.

Œſtrus thorace flavo, cingulo nigro, alis nigrâ faſciâ, pedibus pallidis. Geoffr. *Inſ. Pariſ. t.* 2. *p.* 456. *n°.* 3.

Œſtrus Vituli. Schellenb. *Dipter. tab.* 21. *fig.* 1. 2.

Œſtrus Equi. Clark, *Tranſ. of the Linn. Soc. tom.* 3. *p.* 326. *n°.* 2. *tab.* 23. *fig.* 8. 9.

Quoique bien diſtincte de l'Œſtre du Bœuf, cette eſpèce a été confondue avec lui par Fabricius & Geoffroy, & avec l'Hémorrhoïdal par Gmelin ; elle a de ſix à ſept lignes de longueur, & eſt moins velue que les précédentes. Les antennes ſont jaunâtres. Le front eſt blanchâtre, peu velu. Ses yeux ſont bruns, & laiſſent entr'eux, au deſſus de la tête, un eſpace aſſez grand, velu, d'un jaune-pâle, rempli en partie par les trois yeux liſſes. Le corcelet eſt brun-clair. Cette couleur s'affoiblit un peu tout autour ſur ſes bords. L'abdomen eſt fauve, ſans tache ou marqué de bandes tranſverſales brunes, formées par le bord des ſegmens. Quelquefois ces bandes ne ſont apparentes que dans la partie moyenne, & forment alors ſeulement une rangée de points. Les ailes ſont blanches. On voit à leur baſe, ſur la ſeconde nervure, un très-petit point noir, dans leur milieu une large bande ſinueuſe tranſverſale, & près de leur extrémité deux autres petits points obſcurs ou noirâtres. Les pattes ſont pâles. La femelle eſt d'une couleur plus foncée que n'eſt le mâle. L'extrémité de ſon abdomen, qui peut s'alonger & ſe recourber lorſqu'elle fait ſa ponte, eſt brune.

L'eſpèce décrite par Fabricius ſous le nom d'*Œſtrus Vituli, Syſtem. Entom.*, n'eſt, comme M. Clark & Fabricius lui-même le penſent, qu'une variété de l'Œſtre du Cheval, qui a l'abdomen couvert de poils touffus, d'un brun-fauve, uniformes. On voit auſſi des individus qui n'ont qu'un point noir à l'extrémité de chaque aile.

On trouve l'Œſtre du Cheval en France, en Angleterre, en Italie, dans l'Orient, & notamment en Perſe, dans les mois de juillet & d'août, près les pâturages. La femelle dépoſe ſes œufs ſur les jambes & les épaules des Chevaux, qui, en ſe léchant, font éclore les œufs, & tranſportent les larves dans leur eſtomac, où elles ſe nourriſſent.

La larve eſt d'un blanc-verdâtre, munie d'épines dirigées en arrière. Sa bouche eſt armée de chaque côté d'un fort crochet corné, qui lui ſert à ſe fixer dans l'eſtomac.

7. Œstre hémorrhoïdal.

Œstrus hæmorrhoidalis.

Œſtrus alis immaculatis, thorace nigro, ſcu-

tello pallido, abdomine nigro, basi albido, apice fulvo. Fabr. *Syst. Antl. p.* 229. *n°.* 7.

Œstrus hæmorrhoidalis. Linn. *System. Nat.* 2. *p.* 970. *n°.* 4. — *Faun. Suec. n°.* 1733.

Œstrus Equi. Fabr. *Syst. Ent. t.* 4. *p.* 232. B.

Œstrus villosus, pallido flavescens, abdominis medio cingulo nigro, apice fulvo. Geoffr. *Insect. Paris. tom.* 2. *p.* 455. *n°.* 1.

Raj. *Inf.* 271.

Frisch. *Inf.* 5. *tab.* 7.

Œstrus Bovis. Gmel. *Syst. Nat. pag.* 2809. *n°.* 1.

Œstrus hœmorrhoidalis. Clark, *Transf. of the Linn. Societ. tom.* 3. *pag.* 327. *n°.* 3. *tab.* 23. *fig.* 12. 13.

Il a environ cinq lignes de longueur. Les antennes sont noires, avec la soie fauve à sa base. La tête est couverte de poils blanchâtres, surtout à sa partie antérieure. Le corcelet est noir, avec quelques poils fauves mieux prononcés ou plus serrés sur les bords. Les côtés de la poitrine sont couverts de poils blanchâtres comme ceux de la tête. L'écusson est couvert de poils blanchâtres ou d'un jaune-pâle. L'abdomen est noir, avec des poils blanchâtres à sa base, & l'extrémité fauve. Les ailes sont transparentes, sans tache, avec une légère teinte obscure, surtout vers leur bord antérieur. Les ailerons sont blancs, & les balanciers sont noirâtres. Les pattes sont noires, avec les jambes & les tarses d'un roux-obscur.

La femelle a, de plus que le mâle, l'abdomen terminé par un tuyau extensible de couleur noire; elle dépose ses œufs sur les lèvres des Chevaux.

La larve, qui ressemble en tout à celles de l'Œstre du Cheval, mais qui est plus petite, vit, comme elles, dans l'estomac de ce solipède.

On la trouve en Europe, en France, en Angleterre.

Nous avons donné, dans les généralités, plusieurs raisons qui nous font rapporter, quoique sans certitude, l'Œstre qui vit dans l'intestin du Cheval, observé par Réaumur, plutôt à l'espèce que nous nommerons *Veterinus*, qu'à l'Hémorrhoïdal. Cet observateur donne en même tems deux descriptions qui pourroient appartenir à ces deux espèces; *tom.* 4, *pag.* 551.

8. Œstre vétérinaire.

Œstrus veterinus.

Œstrus ferrugineus, alis immaculatis, lateribus thoracis abdominisque basi pilis albis. Clark, *Transf. of the Linn. Soc. tom.* 3. *p.* 328. *n°.* 4. — *tab.* 23. *fig.* 18. 19.

Œstrus veterinus. Fabr. *Syst. Antl. pag.* 230. *n°.* 8.

Œstrus nasalis. Linn. *Syst. Nat. p.* 969. *n°.* 3. — *Faun. Suec. n°.* 1722.

Réaum. *Mem. Inf. tom.* 4. *pag.* 550. *tab.* 35, *fig.* 3-5. *Larva, tab.* 34. *fig.* 14. ?

Œstrus Equi. Fabr. *Ent. Syst. em. tom.* 4. *p.* 232. *n°.* 7. a.

Œstrus nasalis. Gmel. *Syst. Nat. pag.* 2810. *n°.* 3.

Il est un peu plus petit que l'Œstre du Cheval. La tête, le thorax & l'abdomen sont couverts de poils d'un roux-ferrugineux. Les ailes n'ont point de taches, mais ont à leur origine quelques poils testacés ou fauves. La base de l'abdomen est aussi couverte de quelques poils de cette couleur, tandis que ceux qui sont vers son extrémité prennent une teinte brune. Le second segment de l'abdomen porte deux touffes de poils d'un brun-rousseâtre. Les pattes sont d'un roux-fauve. L'abdomen de la femelle est brun à son extrémité.

La larve vit dans l'estomac & les intestins des Chevaux. Peut-être est-ce à cette espèce qu'il faut rapporter l'habitude de déposer ses œufs sur la marge de l'anus des Chevaux, dont parlent Gaspari & beaucoup d'autres auteurs qui ont écrit d'après lui.

9. Œstre des troupeaux.

Œstrus pecorum.

Œstrus alis fuscis, thorace cinereo-villoso, abdomine atro, primo segmento pilis albis. Fabr. *Ent. Syst. tom.* 4. *pag.* 230. *n°.* 2. — *Syst. Antl. p.* 228. *n°.* 2.

Nous plaçons cette espèce, décrite par Fabricius, après l'Œstre vétérinaire, dont elle pourroit bien n'être qu'une variété plus brune. La tête est fauve. Le corcelet est velu & cendré. L'abdomen est noir, avec le premier segment couvert de poils blancs. Les ailes sont obscures. Les pattes sont noires.

Sa larve vit, suivant Fabricius, dans les intestins des bestiaux.

Il se trouve en Europe.

10. Œstre trompe.

Œstrus trompe.

Œstrus alis albis, corpore nigro, cinereo, hirto; thorace fasciâ atrâ. Fabr. *Ent. Syst. em. tom.* 4. *p.* 231. *n°.* 6. — *Syst. Antl. p.* 229. *n°.* 6.

Œstrus trompe. Modeer, *Act. Stockh.* 1786. 2. *n°.* 6.

Wern. & Fisch. *Verm. intest. brev. exposit. cont.* 2. *p.* 78.

Œstrus rangiferinus lapponicus, ventre nigro. Linn. *Flor. Lapp. p.* 363.

Act. Upf. 1736. *p.* 31. *n°.* 24.

Œftrus trompe. Gmel. *Syft. Nat. pag.* 2810. *n°.* 7.

Œftrus trompe. Coqueb. *Illuftr. Inf. pag.* 100. *tab.* 23. *fig.* 1.

L'Œftre trompe eft environ de la groffeur de celui du Bœuf, mais plus large, plus trapu; il eft prefqu'entiérement hériffé de poils cendrés, un peu jaunâtres, fur un fond noir. On diftingue cependant fur le corcelet une bande plus foncée. Les poils qui terminent l'abdomen tirent un peu fur le jaune. Les ailes font blanches, avec un point obfcur au milieu, autour de la petite nervure tranfverfale. Les ailerons font gris, & les balanciers noirâtres. Les pattes font noires.

On le trouve en Laponie, où on lui donne le nom de *Trompe*. Sa larve vit dans les finus frontaux des Rennes.

11. Œstre du Mouton.

Œstrus Ovis.

Œftrus alis pellucidis, bafi punctatis; abdomine albo nigroque verficolore.

Œftrus Ovis. Linn. *Syft. Nat.* 2. *p.* 970. *n°.* 5. — *Faun. Suec. n°.* 1734.

Œftrus Ovis. Fabr. *Ent. Syft. em. t.* 4. *p.* 232. *n°.* 8. — *Syft. Antl. p.* 230. *n°.* 10.

Valisn. *Opere, tom.* 1. *tab.* 27.

Réaum. *Mem. Inf. tom.* 4. *pag.* 559. *tab.* 35. *fig.* 22. *Larv.* 8. 9.

Œftrus cinereus, nigro maculatus & punctatus. Geoff. *Hift. Inf. t.* 2. *p.* 456. *n°.* 2. *tab.* 17. *fig.* 1.

Schreb. *Inf.* 15. 12.

Œftrus Ovis. Clark, *Tranf. of the Linn. Soc. tom.* 3. *p.* 329. *n°.* 5. *tab.* 32. *fig.* 16. 17.

Cette efpèce eft bien facile à diftinguer des autres Œftres. Son corps eft moins velu, & n'a guère au-delà de cinq lignes de longueur. Les antennes font noires, avec la foie qui les termine teftacée. Sa tête eft à peine velue, ridée, grifâtre, avec quelques points noirs enfoncés. Les yeux à réfeaux font d'un vert-foncé & changeant dans l'animal vivant, & bruns dans l'animal mort. Le corcelet eft cendré, couvert de points noirs un peu élevés. L'abdomen eft tacheté de brun ou de noir, fur un fond blanc ou jaunâtre, foyeux. Les ailes font blanches, avec quelques points noirâtres vers leur bafe. Les pattes font brunes ou teftacées pâles.

On trouve cette efpèce en Europe, en Arabie, en Perfe, & même aux Indes orientales; elle dépofe fes œufs fur le bord des narines des Moutons.

La larve, qui eft blanche, avec le bord de chaque anneau noir en deffus, a la bouche munie de deux crochets; elle vit dans les finus frontaux & maxillaires des Moutons.

12. Œstre flavipède.

Œstrus flavipes.

Œftrus alis pellucidis immaculatis, fufcus, facie albâ, abdomine flavo, lineâ longitudinali fufcâ.

Cet Œftre eft un des plus petits du genre. Sa taille eft un peu au deffus de celle de la Mouche domeftique. Sa tête eft blanche, avec les yeux à réfeaux & les petits yeux liffes, bruns. Le corcelet eft brun, couvert, ainfi que l'abdomen & tout le deffous du corps, de poils blanchâtres. Le fond de l'abdomen eft fauve, avec une ligne longitudinale brune dans fa partie moyenne, en deffus. Les ailes font tranfparentes, ainfi que les ailerons, fans aucune tache. Les nervures font difpofées comme celles de l'Œftre du Cheval. Les pattes font d'un jaune-pâle.

Il a été décrit dans la collection de M. Brongniart, qui l'a trouvé dans les Pyrénées.

13. Œstre rayé.

Œstrus lineatus.

Œftrus alis albis immaculatis, thorace nigro lineato, abdomine rufo.

Œftrus lineatus. Villers, *Ent. Carn. tom.* 3. *p.* 349. *tab.* 9. *fig.* 1.

Cet Œftre eft très-velu à la partie antérieure de la tête. Le corcelet eft marqué de huit lignes affez larges, noires, luifantes. L'écuffon eft couvert de poils blanchâtres. L'abdomen eft très-velu, rougeâtre. Les pattes font fauves, avec la bafe des cuiffes noirâtre.

Il a été trouvé par M. Villers aux environs de Lyon.

14. Œstre fafciculé.

Œstrus fafciculofus.

Œftrus tomentofus, flavus, ano fafciculis tribus pilorum nigrorum. Lepech. *It.* 1. *p.* 79.

Œftrus fafciculofus. Gmel. *Syft. Nat. p.* 2811. *n°.* 9.

Il eft tout couvert de poils fauves, & fe fait remarquer par trois faifceaux de poils noirs, placés près de l'anus. La tête & les yeux font obfcurs.

Il fe trouve dans la Sibérie, près du fleuve Tfcheremfcha.

15. Œstre de l'Homme.

Œstrus Hominis.

Œftrus totus fufcus. Gmel. *Syft. Nat. p.* 2811. *n°.* 10.

C. Linn. *apud* Pall. *N. nord. Beytr.* 1. *p.* 157.

On trouve cet insecte dans l'Amérique méridionale. Sa taille est celle de la Mouche domestique, & son corps est entiérement noirâtre. On rapporte que sa larve reste pendant six mois sous la peau de l'abdomen de l'Homme, d'où l'on ne peut entreprendre de la retirer sans craindre qu'elle ne s'enfonce plus avant, & ne cause de graves accidens.

OGCODE. *Ogcodes* (1). Genre d'insectes de l'Ordre des Diptères, & de la famille des Vésiculeux.

Une tête petite, globuleuse, presqu'entiérement occupée par les yeux; un corcelet élevé, comme bossu; des ailes rejetées sur les côtés; deux ailerons ou cuillerons très-grands; un abdomen épais, grand, paroissant vide ou vésiculaire; des antennes de deux ou trois pièces, dont la dernière inarticulée; une trompe longue, s'étendant le long de la poitrine dans les uns; les organes de la manducation tout-à-fait cachés ou presque nuls dans les autres : tel est l'ensemble des caractères qui sont propres aux Diptères de cette famille. Les Panops & les Cyrtes ont une trompe; les Astomelles, les Acrocères & les Ogcodes n'en ont point d'apparente. Dans les Astomelles, les antennes sont composées de trois pièces, dont la dernière forme une sorte de bouton alongé, comprimé & sans soie. Dans les deux derniers genres elles sont très-petites, biarticulées & sétigères à leur extrémité. On distinguera maintenant les Ogcodes des Acrocères, en ce que les antennes sont insérées près de la bouche, & non sur le sommet de la tête & près des petits yeux lisses.

L'espèce d'après laquelle j'avois établi le genre Ogcode (*Précis des caractères génériques des Insectes*, pag. 154), fut rangée dans celui de *Musca* par Linné. Schæffer l'associa aux Némotèles, & Fabricius aux Syrphes. Le professeur Illiger avoit jugé qu'un Diptère très-voisin du précédent quant à la forme générale du corps (*Syrphus gibbus* de Fabr.), mais très-différent sous les rapports des organes de la manducation, devoit former un genre, & sans en donner les caractères, & ignorant que je l'eusse établi (*voyez* CYRTE), le désigna sous le nom d'*Hénops*. Meigen & Fabricius, par de fausses applications, ont étendu à cet égard la confusion de la nomenclature. Le premier réunit provisoirement à ses Acrocères l'insecte qui a servi de type au genre Hénops, & il affecta cette dernière dénomination à des Diptères différens, ceux que j'avois appelés *Ogcodes*. Le second, dans son *Systême des Piézates*, adopta & accrut ces changemens; car les Acrocères ou les Hénops de M. Illiger s'éloignent génériquement des véritables Acrocères de M. Meigen. Il eut d'abord l'intention de conserver à ces insectes le nom de *Cyrte* que je leur avois imposé; mais il le rejeta ensuite, sous prétexte qu'il est propre à un genre de poisson. Nous eussions desiré que ce respect religieux pour les noms déjà employés eût animé plus tôt ce célèbre naturaliste; il n'eût pas mérité les justes reproches qu'on lui a faits sur le bouleversement continuel qu'il s'est permis dans la nomenclature, & en s'écartant des principes de sa philosophie entomologique. Nous n'eussions pas vu des noms sous lesquels les Anciens désignoient des poissons, des quadrupèdes, &c., tels que ceux d'*Helops*, d'*Anthia*, de *Manticora*, &c. appliqués à des genres d'insectes. Nous n'aurions pas à gémir sur cette malheureuse discordance qui entrave la science, & dont il est l'auteur, par les substitutions arbitraires qu'il faisoit sans cesse dans les dénominations génériques modernes; de sorte que d'autres savans, pour ne pas augmenter les ténèbres de ce chaos, sont souvent obligés d'abandonner leur propre ouvrage, & de se prêter aux innovations de cette nature, que l'usage a comme sanctionnées.

Les antennes des Ogcodes sont très-petites, insérées sur le devant de la tête, au bord supérieur de la cavité orale, & immédiatement au dessous de deux petites saillies longitudinales, rapprochées, en forme de petites lèvres, convergentes de bas en haut, & occupant une partie de l'espace antérieur compris entre les yeux. M. Fabricius dit qu'elles ne sont composées que d'un seul article, & cela s'accorde avec la figure qu'en a donnée M. Meigen; mais en examinant avec attention ces organes, l'on apperçoit qu'ils sont formés de deux articles, l'un radical, plus épais, en forme de tubercule, presqu'obconique, & l'autre presqu'ovalaire, & se terminant en une soie un peu arquée, & qui paroît foiblement s'élargir près de son sommet.

Je n'ai pu distinguer la trompe ni les antennules. Ces parties peuvent être si petites, & tellement retirées dans la cavité de la bouche, qu'elles échappent à la vue. Fabricius en suppose l'existence d'une manière positive: *Os proboscide haustello palpisque*; il entre même dans quelques détails à cet égard. Suivant lui, la trompe est petite & rétractile. Les palpes sont au nombre de deux, courts & filiformes. Il n'ose prononcer si ce qu'il appelle *suçoir, haustellum*, consiste en une gaîne univalve; il ne renferme qu'une soie. Les Ogcodes étant des Diptères très-petits, on ne peut guère vérifier ces observations que sur le vivant, &, dans le moment où je rédige cet article, je ne suis plus à portée de le faire. Les Ogcodes sont d'ailleurs assez rares aux environs de Paris. Comme on en a pris sur des fleurs, il est à présumer qu'ils ont quelques organes propres à la nutrition.

La tête est petite, presque globuleuse, plus basse

(1) Pour répondre au desir que M. Agasse nous a témoigné de terminer, le plus promptement possible, toutes les parties de l'*Encyclopédie méthodique*, nous avons engagé M. Latreille, dont les travaux sont si connus & si appréciés des Entomologistes, à se charger dorénavant de quelques articles qui seront souscrits des trois premières lettres de son nom.

que le corcelet, & presqu'entiérement occupée par les yeux, qui se touchent en devant, à l'exception des deux extrémités.

Le vertex offre trois petits yeux lisses, très-rapprochés, & disposés en triangle.

Le corcelet est élevé, très-convexe, paroissant presque globuleux vu en dessus, & se termine postérieurement en une sorte d'écusson épais, triangulaire, mais obtus ou arrondi à son extrémité. On remarque aux épaules une pièce arrondie, & qui est formée par l'épanouissement des côtés du rebord antérieur du corcelet.

Les pattes sont de longueur moyenne, mais assez grosses, dépourvues de poils & de piquans. Les cuisses, les jambes & les tarses sont presque cylindriques. Les tarses sont plus grêles, & terminés par deux crochets assez forts, écartés, pointus, simples, & par trois pelotes étroites & alongées.

Les ailes sont rejetées sur les côtés du corps, inclinées, ou ont la forme d'un triangle alongé, & débordent postérieurement le ventre. Leurs nervures, à l'exception de celles qui forment le bord extérieur, sont foibles, longitudinales, en petit nombre, & ne sont pas ou peu réunies; elles m'ont paru, quoique M. Fallèn ait vu autrement, se terminer au bord postérieur, & la figure d'une aile d'Hénops, donnée par Meigen, confirme ce que j'avance. Parmi ces nervures qui atteignent l'extrémité de l'aile, la seconde, à partir de l'angle du sommet, est très-courte.

Les ailerons ou cuillerons sont très-grands, en forme d'écaille transverse, rebordés, arrondis sur les côtés, voûtés & un peu pubescens; ils cachent tout-à-fait les balanciers.

L'abdomen est grand, renflé, de la largeur du corcelet, contre lequel il s'applique à sa base, convexe & arrondi en dessus, plane en dessous, obtus ou arrondi postérieurement, & composé de six à sept anneaux.

Le corps est simplement pubescent ou soyeux, & ordinairement noir, avec des taches blanchâtres ou rousseâtres.

Les Ogcodes ne peuvent être carnassiers dans leur état parfait, puisqu'ils n'ont ni trompe ni suçoir extérieurs. On les rencontre, mais rarement, dans les bois. Leurs métamorphoses sont inconnues.

M. Meigen place les Acrocères & les Hénops immédiatement à la suite des Stratiomydes. M. Fallèn partage la même opinion, en faisant entrer dans cette famille le dernier des deux genres que je viens de mentionner; mais comme je connois trois autres genres analogues aux précédens quant à la forme générale du corps, j'ai cru qu'il étoit convenable de former avec eux tous une famille particulière. Les Cyrtes & les Panops ont une trompe qui ressemble beaucoup à celle des Bombilles & des Empis, & on retrouve la même affinité dans les habitudes de ces derniers & celles des Cyrtes. On doit ainsi, pour suivre un ordre naturel, rapprocher ces divers genres.

OGCODE.

OGCODES. LATR. *HENOPS.* FAB. MEIG. WALCK. FALL. *MUSCA.* LINN. *NEMOTELUS.* SCHÆFF. *SYRPHUS.* PANZ.

CARACTÈRES GÉNÉRIQUES.

Antennes très-petites, insérées près de la bouche, de deux articles, dont le dernier presqu'ovalaire, et terminé en une soie.

Trompe, suçoir et antennules tout-à-fait retirés dans la cavité orale, et point visibles.

Corps court, renflé; tête petite, presque globuleuse, et presqu'entiérement occupée par les yeux; trois petits yeux lisses; corcelet bossu; abdomen paroissant vésiculeux; ailes écartées, inclinées; tarses terminés par trois pelotes.

ESPÈCES.

---

1. OGCODE bossu.

Noir; corcelet sans tache; bord postérieur des anneaux de l'abdomen blanc.

2. OGCODE leucomelas.

Noir; corcelet sans tache; abdomen blanc, avec une tache dorsale sur les deux premiers anneaux, et une bande à la base des autres, noire.

3. OGCODE pallipède.

Noir; corcelet sans tache; ailerons bordés de noir; abdomen brun, avec des cercles blanchâtres; pattes d'un jaunâtre-pâle.

4. OGCODE mélangé.

Noir; corcelet tacheté de rousseâtre; abdomen rousseâtre en dessus, avec une rangée de taches noirâtres au milieu du dos, et le bord postérieur des anneaux blanchâtre.

1. OGCODE boſſu.

OGCODES gibboſus.

Niger, thorace immaculato, ſegmentorum abdominalium margine poſtico albo.

Ogcodes gibboſus. LATR. *Hiſt. Nat. des Cruſt. & des Inſ. tom.* 14. *p.* 315. *n°.* 1. *tab.* 109. *fig.* 10. — *Gen. Cruſt. & Inſ. tom.* 4. *p.* 318.

Muſca gibboſa, *antennis ſetariis, ſubtomentoſa, nigra; abdomine ſubgloboſo, cingulis quatuor albis; ſquamis halterum buccatis.* LINN. *Syſt. Nat. ed.* 12. *tom.* 2. *p.* 987. *n°.* 49. — *Faun. Suec. ed.* 2. *n°.* 1815.

Henops gibboſus, *ſubtomentoſus fuſcus, abdomine ſubgloboſo atro, cingulis quatuor albis.* FABR. *Syſt. Antl. p.* 333. *n°.* 1. *Syrphus gibboſus. Ent. Syſt.* 4. *p.* 311. *n°.* 121.

Henops gibboſus. WALCK. *Faun. Pariſ. tom.* 2. *p.* 384.

Henops gibboſus. MEIG. *Dipt.* 1. *pag.* 151. *n°.* 1.

SCHÆFF. *Icon. Inſ. tab.* 200. *fig.* 1. *Nemotelus.*

Syrphus gibboſus. PANZ. *Faun. Germ. Faſc.* 44. *tab.* 21.

Son corps eſt long d'environ deux lignes, d'un noir-luiſant, particuliérement ſur la tête & ſur l'abdomen, & pubeſcent. Le corcelet n'a point de taches bien apparentes. Le bord poſtérieur des anneaux de l'abdomen & la majeure partie de ſon deſſous ſont blancs. Les pattes ſont noires, avec les genoux, le bout & le côté inférieur des jambes d'un blanc-jaunâtre. Les ailes ſont tranſparentes. Les ailerons ſont blancs.

Il ſe trouve en France, en Allemagne & en Suède.

2. OGCODE leucomelas.

OGCODES leucomelas.

Niger, thorace immaculato, abdomine albo; ſegmentis primis maculâ dorſali; aliis faſciâ anticâ, nigris.

Henops leucomelas, *abdomine albo, punctis nigris.* MEIG. *Dipt.* 1. *pag.* 151. *n°.* 2. *tab.* 8. *fig.* 30.

Il eſt un peu plus grand que le précédent, & lui reſſemble beaucoup. La couleur blanche domine ſur l'abdomen, & ne laiſſe du noir qu'à la baſe ſupérieure des anneaux : il y forme, ſur le milieu des deux premiers, une tache triangulaire, & ſur les autres une bande étroite; celle du troiſième eſt un peu plus large au milieu du dos. J'ai une variété où le noir eſt accompagné, de chaque côté & près des bords, de brun-rouſſeâtre. Les genoux, les jambes, & même les premiers articles des tarſes, ſont d'un blanc-jaunâtre.

Il ſe trouve aux environs de Paris. M. Baumhaver l'a pris, au mois de juin, dans la forêt de Saint-Germain, & ſur les fleurs du *Galium verum*, au rapport de M. Meigen.

3. OGCODE pallipède.

OGCODES pallipes.

Niger, thorace immaculato, ſquamis halterum nigro marginatis, abdomine brunneo, cingulis albidis, pedibus pallido-flavidis.

Il eſt de la taille de l'Ogcode boſſu, noir, luiſant & pubeſcent. Le corcelet eſt ſans tache. L'abdomen eſt d'un brun-foncé, avec le bord poſtérieur du ſecond anneau, & celui des deux ſuivans blanchâtre, tant en deſſus qu'en deſſous. Les pattes, à l'exception des hanches, ſont d'un jaunâtre très-pâle. Les ailes ſont tranſparentes, avec les nervures jaunâtres. Les ailerons ſont blanchâtres & bordés de noir.

Il ſe trouve aux environs de Paris.

4. OGCODE mélangé.

OGCODES varius.

Niger, thorace maculis rufeſcentibus; abdomine ſuprà rufeſcenti, macularum fuſcarum ſerie dorſali; ſegmentorum margine poſtico albido.

J'ai deux individus de cette eſpèce, dont l'un un peu plus grand que la précédente, & l'autre un peu plus petit. Le corps eſt noir, luiſant, un peu pubeſcent ou plutôt ſoyeux. L'extrémité latérale & intérieure du rebord du corcelet, le bord poſtérieur des épaules, le bout de l'écuſſon, & les deux portions dorſales qui avoiſinent les angles de ſa baſe, ſont d'un rouſſeâtre-foncé. L'abdomen eſt d'un brun-rouſſeâtre en deſſus, blanchâtre, avec quelques points noirs & latéraux, en deſſous. Le bord antérieur & ſupérieur des anneaux eſt noirâtre, & le milieu de cette couleur s'étendant en arrière, il en réſulte une ſuite de taches, dont les premières ſont triangulaires. Le bord poſtérieur de ces anneaux eſt blanchâtre, tirant un peu ſur le jaune. Les pattes ſont noires, avec l'extrémité des cuiſſes & les jambes jaunâtres. Les ailes ſont un peu enfumées, avec les nervures noirâtres. Les ailerons ſont blanchâtres.

Il ſe trouve aux environs de Paris.

L'Ogcode que j'ai décrit dans mon *Hiſtoire naturelle des Cruſtacés & des Inſectes*, tom. XIV, pag. 315, n°. 2, appartient au genre Acrocère, qui formera un article de ſupplément. Je penſe que cette eſpèce n'eſt qu'une variété moins foncée de l'*Henops orbiculus* de Fabricius & de M. Meigen. (*LAT.*)

OÏDE. *Oides.* Genre d'insectes de l'Ordre des Coléoptères, établi par M. Weber, auquel Fabricius a donné le nom d'*Adorium.* (*Voyez* Adorie *dans le Supplément.*)

OLÉTÈRE. *Oletera.* Nom que M. Walckenaer a donné à un genre d'insectes de l'Ordre des Aptères & de la famille des Arachnides, genre que M. Latreille avoit déjà établi sous la dénomination d'Atype, *Atypus.* (*Voyez ce mot dans le Supplément.*)

OLIGOTROPHE. *Oligotrophus.* Genre d'insectes établi par M. Latreille dans son *Histoire naturelle des Crustacés & des Insectes*, qu'il a désigné ensuite sous le nom de Cécidomyie. (*Voyez ce mot dans le Supplément.*)

OMALE. *Omalus.* Nom que M. Jurine a donné à un genre d'Insectes de l'Ordre des Hyménoptères, établi par M. Latreille sous le nom de *Bethylus*, & adopté par Fabricius. (*Voy.* Béthyle *dans le Supplément.*)

OMALIE. *Omalium.* Genre d'insectes de la première section de l'Ordre des Coléoptères, & de la famille des Staphylins.

Ce genre, établi par M. Gravenhorst, aux dépens de celui de Staphylin, & adopté par Latreille, est reconnoissable aux antennes qui vont un peu en grossissant, aux antennules filiformes, au corcelet plus ou moins rebordé sur les côtés, aux élytres ordinairement un peu plus longues que dans les autres genres de la même famille.

Les antennes sont ordinairement de la longueur du corcelet, & composées de onze articles, dont le premier est alongé, plus gros que les autres, un peu renflé à son extrémité; le second est presque ovale. Les trois suivans sont plus petits, presqu'en masse. Les autres sont grenus, & vont un peu en grossissant. Le dernier est terminé en pointe. Elles sont insérées au-devant de la tête, à la partie interne, un peu inférieure des yeux.

La tête tient au corcelet par un col très-court & étroit; elle est plus petite que le corcelet, ordinairement un peu raboteuse. Les yeux, qui se trouvent à la partie latérale, sont arrondis & saillans.

La bouche est composée d'une lèvre supérieure, de deux mandibules, de deux mâchoires, d'une lèvre inférieure & de quatre antennules.

La lèvre supérieure est coriacée, un peu plus large que longue, échancrée à sa partie antérieure, & légérement ciliée.

Les mandibules sont cornées, arquées, simples, peu avancées, aiguës à leur extrémité.

Les mâchoires sont cornées à leur base, terminées par deux divisions coriacées, presqu'égales, presque cylindriques; l'interne est à peine plus courte que l'autre. L'extrémité de ces deux pièces est un peu ciliée.

La lèvre inférieure paroît bifide, presque membraneuse. Les divisions sont égales, peu alongées; elles sont insérées à la partie antérieure, un peu interne du menton, qui est corné, assez large, un peu échancré antérieurement.

Les antennules antérieures sont filiformes, composées de quatre articles, dont le premier est très-petit; le second conique; le troisième plus renflé que les autres; le dernier ovale-alongé, presque cylindrique. Elles sont insérées au dos des mâchoires, à la base latérale des deux divisions.

Les antennules postérieures sont courtes, petites, peu apparentes dans ce genre formé de très-petites espèces; elles paroissent filiformes, composées de trois articles, dont le dernier est ovale-alongé, presque cylindrique; elles sont insérées à la partie antérieure un peu interne du menton, à côté de la lèvre.

Le corcelet est plus large que la tête, plus étroit que les élytres, déprimé, un peu rebordé, presque carré. L'écusson est petit, triangulaire, arrondi postérieurement.

Les élytres sont ordinairement plus longues dans ce genre que dans tous ceux de la même famille. Elles recouvrent la majeure partie de l'abdomen dans quelques espèces; elles sont flexibles, rebordées par les côtés, arrondies à l'extrémité; elles cachent deux ailes membraneuses, repliées, dont l'insecte fait très-souvent usage.

Le corps est alongé, presqu'ovale dans quelques espèces, & l'abdomen est un peu terminé en pointe.

Les pattes sont de longueur moyenne, presque égales entr'elles, simples, ou à peine armées de très-petites épines distribuées sur les jambes. Les tarses sont composés de cinq articles dans toutes les pattes. Ceux de devant sont plus courts & un peu plus larges que les autres.

Les Omalies sont de très-petits insectes qu'on trouve dans les mousses, mais plus particulièrement sur les fleurs. Quelques espèces pourtant fréquentent les bouses, & quelques-unes vivent dans les agarics. Du reste, leur manière de vivre diffère peu de celle des autres Staphylins.

OMALIE.

OMALIUM. GRAVENH. LATR. *STAPHYLINUS.* FABR. PAYK. *KATERETES.* HERBST. *DERMESTES.* PANZ.

CARACTÈRES GÉNÉRIQUES.

Antennes de la longueur du corcelet, grossissant insensiblement; premier article un peu alongé et renflé.

Mandibules cornées, arquées, aiguës, simples.

Quatre antennules filiformes; pénultième article des antérieures un peu plus gros que les autres.

Corcelet transverse, rebordé sur les côtés.

Élytres plus longues que le corcelet.

ESPÈCES.

PREMIÈRE FAMILLE.

Élytres à peine plus longues que le corcelet.

1. OMALIE plane.

Plane, noirâtre, luisante; antennes, élytres et pattes pâles; corcelet avec trois impressions peu marquées.

2. OMALIE déprimée.

Rousseâtre, luisante; tête, corcelet et abdomen plus obscurs; corcelet lisse, un peu convexe.

3. OMALIE pusille.

Noire, luisante; corcelet obscur, avec deux impressions; bouche, antennes et pattes testacées.

4. OMALIE pygmée.

Rousse, luisante, un peu convexe; tête plus obscure; élytres pointillées.

5. OMALIE brune.

Rousseâtre, luisante; tête, extrémité de l'abdomen et des élytres plus obscures; dernier article des antennes orbiculé, pointu.

6. OMALIE crénelée.

Noirâtre, luisante; pattes plus pâles; élytres avec des stries crénelées; dernier article des antennes ovale, pointu.

7. OMALIE rousse.

Rousse, luisante; pattes plus pâles; corcelet carré; élytres avec des points en stries.

8. OMALIE châtaigne.

Luisante, d'un châtain-foncé; antennes, pattes et élytres un peu plus claires; corcelet orbiculé.

9. OMALIE brachyptère.

Noirâtre, luisante; antennes, corcelet, élytres et pattes plus pâles; tête noire.

OMALIE. (Insecte.)

10. Omalie coureuse.

Noire, luisante ; élytres et pattes d'un brun de poix.

11. Omalie raboteuse.

Noire, luisante ; antennes et pattes brunes ; élytres striées.

DEUXIÈME FAMILLE.

Élytres une fois plus longues que le corcelet.

12. Omalie rivulaire.

Noire, luisante ; élytres noirâtres ; corcelet sillonné.

13. Omalie de la Viorne.

Noire, luisante ; bouche, élytres et pattes noirâtres ; corcelet à peine imprimé.

14. Omalie florale.

Noire, luisante ; antennes, bouche et pattes rousses ; corcelet lisse.

15. Omalie lisse.

Noire, luisante ; antennules, base des antennes, bords du corcelet, élytres et pattes bruns.

16. Omalie obscure.

Noirâtre, luisante, ponctuée ; antennes et pattes plus pâles.

17. Omalie noire.

Très-noire, luisante ; base des antennes et pattes rousses.

18. Omalie carrée.

Noirâtre ; abdomen noir ; corcelet carré ; antennes presque filiformes.

19. Omalie couverte.

Noire ; élytres noirâtres, couvrant presque l'abdomen ; pattes pâles.

20. Omalie de la Renoncule.

Noire, luisante ; bouche, base des antennes et pattes rousses ; corcelet lisse.

21. Omalie macroptère.

Noirâtre, luisante ; antennes et antennules obscures ; pattes d'un fauve-testacé.

22. Omalie ovale.

Noire, luisante ; pattes, antennules et premier article des antennes pâles ; corcelet lisse.

23. Omalie striée.

Noire, luisante ; pattes roussâtres ; élytres avec des points en stries.

24. Omalie ophthalmique.

Testacée, luisante ; yeux et abdomen noirs.

25. Omalie pâle.

Rousse, luisante ; élytres testacées ; yeux noirs ; corcelet presque lisse.

26. Omalie testacée.

Rousse, luisante ; élytres testacées ; abdomen et yeux noirs ; corcelet lisse.

27. Omalie abdominale.

Rousse, luisante ; élytres testacées ; abdomen et yeux noirs ; corcelet avec deux impressions.

PREMIÈRE FAMILLE.

Élytres à peine plus longues que le corcelet.

1. Omalie plane.

Omalium planum.

Omalium nitidum, deplanatum, nigricans, elytris, antennis pedibusque pallidis; thorace subfoveolato. Gravenh. *Coleopt. Micropt. pag.* 112. *n°.* 1. — *Monogr. Coleopt. Micropt. pag.* 204. *n°.* 1.

Staphylinus planus. Payk. *Faun. Suec. tom.* 3. *p.* 405. *n°.* 48. — *Monogr. Staph. App. pag.* 145. *n°s.* 11. 12.

Elle n'a guère plus d'une ligne de longueur. Les antennes sont fauves, avec la base pâle, de la longueur du corcelet. La tête est noire, triangulaire, presque de la largeur du corcelet, marquée de deux impressions longitudinales entre les antennes. La bouche est fauve. Le corcelet est un peu plus étroit que les élytres, noir ou obscur, avec les bords pâles. Le dos est plane, avec trois impressions souvent peu marquées. Les côtés sont arrondis. Les élytres sont d'un brun-foncé, pointillées, marquées de trois lignes longitudinales, élevées, lisses, luisantes, souvent effacées. Leur longueur est presque le double de celle du corcelet. L'abdomen est d'un noir-obscur. Les pattes sont couleur d'ochre, & les jambes sont un peu ciliées.

Elle varie un peu pour les couleurs; elle est quelquefois noire, avec les élytres noirâtres, la bouche, la base des antennes & les pattes pâles. Souvent elle est noirâtre, avec le corcelet & les élytres d'une couleur de poix, la bouche, la base des antennes & les pattes testacées.

Elle se trouve en Europe.

2. Omalie déprimée.

Omalium depressum.

Omalium nitidulum, rufescens, capite, thorace abdomineque obscurioribus; thorace lævi, convexiusculo. Gravenh. *Coleopt. Micropt. pag.* 113. *n°.* 2. — *Monogr. Coleopt. Micropt. p.* 205. *n°.* 2.

Elle a une ligne & demie de longueur. Les antennes sont rougeâtres, de la longueur du corcelet. La tête est noirâtre, un peu plus étroite que le corcelet. La bouche est rougeâtre. Le corcelet est un peu plus étroit que les élytres, convexe, noirâtre, avec la base & les bords latéraux rougeâtres : ceux-ci sont un peu élevés & plus larges à la base. L'abdomen est obscur, avec l'extrémité plus obscure. La poitrine est noirâtre. Les pattes sont testacées.

Elle se trouve en Europe.

3. Omalie pusille.

Omalium pusillum.

Omalium nitidulum, nigrum, thorace bifoveolato coleoptrisque fuscis; ore, antennis pedibusque testaceis. Gravenh. *Monogr. Coleopt. Micropt. pag.* 205. *n°.* 3.

Elle a à peine une ligne de longueur. Les antennes sont un peu plus courtes que le corcelet, testacées, avec l'extrémité obscure. La tête est presqu'orbiculaire, plus petite que le corcelet, noire, avec la bouche testacée. Le corcelet est obscur, marqué de deux impressions distinctes, ovales. Les élytres sont obscures, finement pointillées. L'abdomen est noirâtre, avec l'anus pâle. Les pattes sont testacées.

Elle se trouve à Brunswick.

4. Omalie pygmée.

Omalium pygmæum.

Omalium nitidum, rufum, convexiusculum, capite plerumque obscuriore, coleptris punctatis. Gravenh. *Monogr. Coleopt. Micropt. pag.* 206. *n°.* 4.

M. Gravenhorst l'avoit d'abord regardée comme une variété de l'Omalie brune, dont elle diffère par la forme & la proportion des parties; elle est un peu plus petite. Les élytres ne sont pas striées, & le corcelet n'a point d'impressions longitudinales. Elle diffère aussi de l'Omalie crénelée, en ce qu'elle est plus petite, & que les élytres n'ont pas des stries crénelées. Sa longueur est d'une ligne.

Elle se trouve au nord de l'Europe.

5. Omalie brune.

Omalium brunneum.

Omalium nitidum, rufescens, capite, elytrorum & abdominis apice plerumque obscurioribus; antennarum articulo ultimo orbiculato, acuto. Gravenh. *Coleopt. Micropt. pag.* 113. *n°.* 3. — *Monogr. Coleopt. Micropt. p.* 206. *n°.* 5.

Staphylinus brunneus. Payk. *Monogr. Staph. pag.* 63. *n°.* 45. — *Faun. Suec. tom.* 3. *pag.* 404. *n°.* 47.

Elle est un peu plus grande que l'Omalie déprimée. Le corps est luisant, pointillé. Les antennes sont d'un brun-fauve, de la longueur du corcelet. Les antennules sont fauves. La tête est noirâtre. Le corcelet est d'un brun-fauve, marqué au milieu de deux petites impressions souvent peu apparentes. Les élytres sont pointillées, & les points sont souvent rangés en stries; elles sont plus larges que le corcelet, & presque de la longueur de celui-ci & de la tête. Leur couleur est d'un brun-fauve, avec l'extrémité plus obſcure ou noirâtre. La poitrine eſt brune. L'abdomen eſt d'un brun-fauve à la baſe, & noirâtre à l'extrémité. Les pattes ſont ou fauves ou teſtacées.

Elle ſe trouve au nord de l'Europe, en Suède, en Pruſſe.

6. Omalie crénelée.

Omalium crenatum.

Omalium fuſcum, nitidulum, pedibus pallidioribus, coleoptris crenato-ſtriatis; antennarum articulo ultimo ovato, acuto. Gravenh. *Coleopt. Micropt. p.* 114. *n°.* 4. — *Monogr. Coleopt. Micr. p.* 207.

Staphylinus crenatus. Payk. *Faun. Suec. t.* 4. *p.* 403. *n°.* 46.

Staphylinus crenatus *nigricans, thorace marginato, elytris crenato-ſtriatis.* Fabr. *Syſt. Eleut. tom.* 2. *p.* 596. *n°.* 34.

Elle varie beaucoup pour la grandeur, ayant depuis une ligne & demie juſqu'à deux lignes un quart. Les antennes ſont brunes, un peu plus longues que le corcelet. La tête eſt pointillée, brune, avec les antennules plus claires. Le corcelet eſt brun, un peu convexe, pointillé, avec les bords latéraux un peu relevés, plus clairs; il eſt coupé antérieurement & poſtérieurement, & les angles ſont arrondis. L'écuſſon eſt brun, triangulaire. Les élytres ſont à peine plus larges que le corcelet, mais un peu plus longues, brunes, marquées de points enfoncés, diſpoſés en lignes plus diſtinctes vers le bord interne. La poitrine & l'abdomen ſont bruns, & l'anus eſt plus clair. Les pattes ſont d'un brun-clair.

Elle ſe trouve en Suède, en Allemagne.

7. Omalie rouſſe.

Omalium rufum.

Omalium rufum, nitidum, pedibus pallidioribus, thorace quadrato, elytris punctato-ſtriatis. Gravenh. *Coleopt. Micropt. pag.* 115. *n°.* 6. — *Monogr. Coleopt. Micropt. p.* 207. *n°.* 7.

Elle a deux lignes & un tiers de longueur; elle reſſemble à l'Omalie brachyptère, ſi ce n'eſt qu'elle a les élytres plus longues, & elle diffère de l'Omalie brune & de l'Omalie crénelée par une forme plus alongée, le corcelet carré, les élytres un peu plus courtes, marquées de points plus gros. Le corcelet eſt rebordé, carré. Les élytres ſont ponctuées. Le milieu ſeulement a des points en ſtries.

Elle ſe trouve à Brunſwick.

8. Omalie châtaigne.

Omalium caſtaneum.

Omalium nitidum, obſcuro-caſtaneum, antennis, pedibus elytriſque paulò pallidioribus; thorace orbiculato. Gravenh. *Monogr. Coleopt. Micropt. p.* 207. *n°.* 8.

Elle a deux lignes & un tiers de longueur; elle reſſemble aux précédentes; mais elle eſt plus amincie, & le corcelet eſt orbiculé. La tête eſt noire, avec les antennes & les antennules rougeâtres. Le corcelet eſt brun, pointillé, orbiculé, avec les côtés rebordés; il eſt plus court que les élytres, & à peine plus étroit. Les élytres ont des ſtries pointillées ou crénelées; elles ſont d'un brun-clair, ainſi que les pattes. Le corps eſt d'un brun plus foncé.

Elle ſe trouve en Allemagne.

9. Omalie brachyptère.

Omalium brachypterum.

Omalium fuſcum, nitidulum, antennis, thorace, elytris pedibuſque pallidioribus; capite nigro. Gravenh. *Coleopt. Micropt. pag.* 114. *n°.* 5. — *Monogr. Coleopt. Micropt. p.* 208. *n°.* 9.

Elle a deux lignes de longueur, & reſſemble beaucoup à l'Omalie crénelée; elle en diffère par le corcelet preſque carré, à peine plus étroit vers la baſe; par les élytres plus courtes, à peine plus longues que le corcelet, à peine ſtriées.

Elle ſe trouve en Allemagne.

10. Omalie coureuſe.

Omalium curſor.

Omalium nigrum, nitidum, elytris pedibuſque pubeſcentibus. Gravenh. *Monogr. Coleopt. Micropt. p.* 208. *n°.* 10.

Elle a une ligne un quart de longueur. Les antennes ſont obſcures, un peu plus longues que le corcelet. La tête eſt orbiculée, un peu plus petite que le corcelet, liſſe, noire, luiſante. Le corcelet eſt un peu convexe, preſqu'orbiculé, un peu plus petit que les élytres, liſſe, noir, luiſant. Les élytres ſont d'un brun-foncé, luiſantes, liſſes. Les pattes ſont de couleur d'ochre.

Elle ſe trouve en Pruſſe.

11. Omalie raboteuſe.

Omalium rugoſum.

Omalium nigrum, nitidum, antennis pedibuſque brunneis, elytris ſtriatis.

Staphylinus rugoſus. Ent. t. 3. *n°.* 42. 42. *tab.* 5. *fig.* 43. a. b.

Omalium rugoſum. Gravenh. *Coleopt. Micropt. pag.* 115. *n°.* 7. — *Monogr. Coleopt. Micropt. p.* 203. *n°.* 11.

Staphylinus niger, thorace elytriſque rugoſis.

FABR. *Ent. Syst. em. tom.* 1. *pars* 2. *pag.* 530. *n°.* 54. — *Syst. Eleut. tom.* 2. *p.* 601. *n°.* 66.

Elle a environ trois lignes de longueur. Les antennes font d'un brun-obscur, de la longueur du corcelet. La tête est un peu plus étroite que le corcelet, noire, marquée de deux petites impressions longitudinales à la partie antérieure, & d'une transversale, peu marquée, sur le vertex. La bouche est d'un brun-fauve. Le corcelet est noir, presque carré, un peu plus étroit à la partie postérieure, rebordé sur les côtés, finement pointillé, marqué au milieu d'une impression longitudinale, & de deux autres plus petites, près du bord postérieur. Les élytres sont striées, noires ou d'un brun-noirâtre, un peu plus larges que le corcelet. L'abdomen est noir. Les pattes sont brunes.

Elle se trouve en France, en Allemagne, en Suède.

DEUXIÈME FAMILLE.

Élytres une fois plus longues que le corcelet.

12. OMALIE rivulaire.

OMALIUM rivulare.

Omalium nigrum, nitidum, elytris fuscis, thorace sulcato.

Staphylinus rivularis. Ent. tom. 3. *n°.* 42, 49. *tab.* 3. *fig.* 27. a. b.

Omalium rivulare. GRAVENH. *Coleopt. Micropt. pag.* 116. *n°.* 8. — *Monogr. Coleopt. Micropt. p.* 209. *n°.* 12.

Staphylinus rivularis. PAYK. *Monogr. Staph. p.* 65. *n°.* 46. — *Faun. Suec. tom.* 3. *pag.* 407. *n°.* 50.

Omalium rivulare. LATR. *Gen. Crust. & Inf. tom.* 1. *p.* 298. — *Hist. Nat. des Crust. & des Inf. tom.* 6. *p.* 373. *tab.* 80. *fig.* 10.

Elle a une ligne un tiers de longueur. Les antennes font de la longueur du corcelet, obscures, avec la base d'un brun-clair. La tête est noire, plus étroite que le corcelet, marquée d'un point enfoncé à l'angle interne de chaque œil, & de deux petites impressions longitudinales à la partie antérieure. Les antennes sont d'un brun-clair. Le corcelet est plus étroit que les élytres, pointillé, marqué de deux sillons vers le milieu. Les bords latéraux sont un peu relevés par un enfoncement qui règne tout le long. Les élytres sont pointillées, deux fois aussi longues que le corcelet, d'un brun-foncé, luisant. Le corps est noir. Les pattes sont testacées.

Elle se trouve en France, en Allemagne, en Suède, & habite, suivant M. Gravenhorst, sur les fleurs, sur les plantes graminées, dans les Bolets, les Agarics, la fiente humaine & celle des bœufs.

13. OMALIE de la Viorne.

OMALIUM Viburni.

Omalium nigrum, nitidum, ore pedibusque fuscescentibus, thorace vix subfoveolato, coleoptris nigricantibus seu fuscis. GRAVENH. *Coleopt. Micropt. pag.* 117. *n°.* 9. — *Monogr. Micropt. p.* 210. *n°.* 13.

Elle a une ligne un quart ou une ligne & demie de longueur. Les antennes sont noires. La tête est noire, & ressemble à celle de l'Omalie rivulaire. Le corcelet est noir, luisant, à peine marqué de deux impressions vers l'écusson. Les élytres & l'abdomen sont, ou noirâtres, ou obscurs, ou d'un brun de poix. Les pattes sont, ou couleur d'ochre, ou d'un brun-testacé, avec les cuisses obscures.

Elle se trouve en Allemagne.

14. OMALIE florale.

OMALIUM florale.

Omalium nigrum, nitidum, antennis, ore pedibusque rufis, thorace lævi. GRAVENH. *Coleopt. Micropt. pag.* 118. *n°.* 12. — *Monogr. Coleopt. Micropt. p.* 210. *n°.* 14.

Staphylinus floralis. PAYK. *Faun. Suec. tom.* 3. *pag.* 406. *n°.* 49. — *Monogr. Staph. pag.* 67. *n°.* 47.

Staphylinus floralis *niger, pedibus flavescentibus.* FABR. *Ent. Syst. em. tom.* 1. *pars* 2. *p.* 536. *n°.* 52.

Stenus floralis. FABR. *Syst. Eleut. tom.* 2. *p.* 604. *n°.* 6.

Staphylinus floralis. PANZ. *Faun. Germ. Fasc. tab.* 20.

Elle a environ une ligne un tiers de longueur. Les antennes font de la longueur du corcelet, d'un fauve-obscur, avec la base plus claire. La tête est presque lisse, noire, avec la bouche d'un brun-fauve. Le corcelet est noir, un peu convexe, presque lisse, très-finement pointillé. Les élytres sont plus larges que le corcelet, finement pointillées, noires ou noirâtres, aussi longues que le corcelet & la tête. L'abdomen est noir. Les pattes sont fauves.

Elle se trouve en France, en Allemagne, en Suède, sur les fleurs.

15. OMALIE lisse.

OMALIUM læve.

Omalium nigrum, nitidum, palpis, antennarum basi, thoracis marginibus lateralibus & inferiore, elytris pedibusque rufo-picescentibus. GRAVENH. *Monogr. Coleopt. Micropt. pag.* 211. *n°.* 15.

Elle a une ligne & deux tiers de longueur, &

ressemble à l'Omalie rivulaire, si ce n'est qu'elle est plus large, & que le corcelet n'est pas silloné. La tête est noire, avec les antennules & les deux premiers articles des antennes rougeâtres. Le corcelet est moins convexe que dans les espèces voisines; il est transverse, avec les côtés arrondis, un peu plus étroit vers l'extrémité, finement pointillé, noir, avec les bords latéraux & la base rougeâtres. Les élytres sont obliquement tronquées, finement pointillées, à peine striées, plus larges que dans les autres espèces, & d'une couleur d'un brun de poix. Le corps est noir, avec l'anus & les pattes bruns.

Elle se trouve en Prusse.

16. Omalie obscure.

Omalium fuscum.

Omalium nitidum, crassè punctatum, fuscum, antennis pedibusque pallidioribus. Gravenh. *Monogr. Coleopt. Micropt. p.* 211. *n°.* 16.

Elle a deux lignes de longueur. Les antennes sont fauves, un peu plus longues que le corcelet, & vont à peine en grossissant. La tête est noirâtre, pointillée, deux fois plus petite que le corcelet, sans lignes enfoncées. Le corcelet est plus large que long, presqu'aussi large que les élytres, convexe, pointillé, d'un noir-obscur, avec les bords latéraux pâles, à peine élevés, & une impression glabre vers l'écusson. Les élytres sont une fois plus longues que le corcelet, convexes, pointillées, d'un noir-obscur. L'abdomen n'est pas une fois plus long que les élytres; il est noir, luisant, avec l'anus rougeâtre. Les pattes sont rougeâtres, avec les cuisses obscures.

Elle se trouve en Allemagne.

17. Omalie noire.

Omalium nigrum.

Omalium nitidum, nigerrimum, basi antennarum pedibusque rufis. Gravenh. *Monogr. Coleopt. Micropt. p.* 212. *n°.* 17.

Elle ressemble pour la grandeur, la forme & la proportion des parties du corps, à l'Omalie rivulaire; mais il n'y a ni sillons ni enfoncemens sur le corcelet, & les élytres sont plus courtes. Elle diffère de même de l'Omalie florale, non-seulement par les couleurs, mais par les élytres plus courtes. Les antennes sont presque de la longueur du corcelet, de couleur obscure, avec les quatre premiers articles rougeâtres. Les antennules sont rougeâtres, avec le dernier article des antérieures obscur. Tout le corps est très-noir. La tête est une fois plus petite que le corcelet: celui-ci est convexe, pointillé, presque de la largeur des élytres, une fois plus court qu'elles, avec le disque à peine marqué de deux impressions. Les élytres ont des stries peu marquées, presque crénelées; elles sont un peu plus longues que larges. L'abdomen est une fois plus long que les élytres.

Elle se trouve en Allemagne.

18. Omalie carrée.

Omalium quadrum.

Omalium fuscescens, abdomine nigro, thorace quadrato, antennis subfiliformibus. Gravenh. *Monogr. Coleopt. Micropt. p.* 213. *n°.* 18.

Staphylinus borealis. Payk. *Faun. Suec. tom.* 3. *p.* 411. *n°.* 57. — *Monogr. Staph. App. p.* 146. *n°.* 47-48. ?

Elle a deux lignes de longueur. Les antennes sont obscures, de la longueur du corcelet, presque filiformes, à articles décroîssant en longueur; le premier fauve, ainsi que les antennules. La tête est noire. Le corcelet est d'un brun-noirâtre, aussi large que long, presque carré, avec les bords latéraux plus clairs. Les élytres sont d'un brun-noirâtre, avec les bords latéraux & l'extrémité pâles. L'abdomen est d'un brun-noirâtre, assez large, pointu. Les pattes sont d'un fauve-testacé, avec la partie renflée des cuisses plus obscure.

Elle se trouve en Allemagne, en Suède.

19. Omalie couverte.

Omalium tectum.

Omalium nigrum, elytris fuscis, abdomine ferè obtegentibus, pedibus pallidioribus.

Staphylinus tectus. Ent. tom. 3. *n°.* 42. 52. *tab.* 3. *fig.* 21. a. b.

Omalium tectum *nigrum, nitidulum, elytris & summis marginibus thoracis fuscis, thorace subcanaliculato.* Gravenh. *Monogr. Coleopt. Micropt. p.* 213. *n°.* 19.

Staphylinus tectus. Payk. *Monogr. Staphylin. p.* 68. *n°.* 48. — *Faun. Suec. tom.* 3. *p.* 411. *n°.* 56.

Elle a une ligne & demie de longueur. Les antennes sont noires, pâles à leur base, progressivement plus grosses, un peu plus longues que le corcelet. La tête est noire, plus étroite que le corcelet. Les antennules sont fauves. Le corcelet est un peu plus large que long, finement pointillé, noir, avec le bord d'un fauve-obscur. Les élytres sont finement pointillées, presque de la longueur de l'abdomen, d'une couleur testacée-obscure. Le corps est noir. Les pattes sont pâles.

Elle se trouve en Suède, dans les plaies des Bouleaux.

20. Omalie de la Renoncule.

Omalium Ranunculi.

Omalium nigrum, nitidum, ore, antennarum

basi pedibusque rufis; thorace subopaco, lævi. Gravenh. *Coleopt. Micropt. pag.* 118. *n°.* 11. — *Monogr. Coleopt. Micropt. p.* 215. *n°.* 20.

Silpha minuta *nigra, antennarum basi pedibusque flavescentibus.* Fabr. *Ent. Syst. em. t.* 1. *p.* 254. *n°.* 26. — *Syst. Eleut. tom.* 1. *p.* 342. *n°.* 25.?

Elle a une ligne de longueur, & ressemble aux précédentes, si ce n'est qu'elle a une forme plus grosse, le corcelet plus convexe, les élytres plus longues, cachant presque tout l'abdomen. Les antennes sont obscures, avec la base fauve. La tête est noire, un peu raboteuse, avec la bouche fauve. Le corcelet est lisse, convexe, finement pointillé, marqué quelquefois sur le disque de points un peu plus grands. Les élytres sont brunes, avec des points presqu'en stries; elles sont presqu'aussi longues que l'abdomen, obliquement tronquées à l'extrémité, terminées intérieurement par une appendice dans quelques individus. Le corps est noir. Les pattes sont fauves.

Elle se trouve sur les fleurs des Renoncules, en France, en Allemagne.

21. Omalie macroptère.

Omalium macropterum.

Omalium nigricans, nitidum, antennis palpisque fuscis, pedibus rufo-testaceis. Gravenh. *Monogr. Coleopt. Micropt. p.* 215. *n°.* 21.

Elle a deux tiers de ligne de longueur. Les antennes vont beaucoup en grossissant; elles sont de la longueur du corcelet, & ont les deux premiers articles rousseâtres, plus gros que les autres; le troisième petit; les quatre suivans grossissant insensiblement; les trois qui viennent après, en forme de patère; le dernier globuleux. La tête est noire. Le corcelet est noir, très-finement pointillé, une fois plus large que long. Les élytres sont noires, pointillées; elles couvrent une grande partie de l'abdomen. Le corps est noirâtre. Les pattes sont d'un roux-testacé.

Elle se trouve en Allemagne.

22. Omalie ovale.

Omalium ovatum.

Omalium nitidum, nigrum, pedibus, palpis & antennarum articulo primo pallidis; thorace lævi. Gravenh. *Monogr. Coleopt. Micr. p.* 215. *n°.* 22.

Dermestes brachypterus *ovatus, ater, nitidus, pedibus piceis, elytris dimidiatis.* Fabr. *Ent. Syst. em. t.* 1. *pars* 1. *p.* 235. *n°.* 46. — *Syst. Eleut. tom.* 1. *p.* 320. *n°.* 45.

Dermestes brachypterus. Payk. *Faun. Suec. tom.* 1. *p.* 288. *n°.* 14.

Dermestes brachypterus. Panz. *Faun. Germ. Fasc.* 4. *tab.* 10.

Kateretes brachypterus. Herbst. *Insect.* 2. *tab.* 45. *fig.* 2.

Elle a une ligne de longueur, & a une forme plus racourcie & plus large que les autres espèces. Les antennes sont d'un brun-obscur, avec le premier article plus grand, plus clair que les autres; elles sont à peine de la longueur du corcelet. La tête est noire, beaucoup plus petite que le corcelet: on y remarque deux points entre les antennes, & deux autres entre les yeux, à peine enfoncés, souvent presqu'effacés. Les antennules sont testacées. Le corcelet est noir, lisse, plus étroit que les élytres, deux fois plus court que le corcelet, une fois plus large que long. Les élytres sont noires, finement pointillées, arrondies à leur extrémité. Le corps est noir. Les pattes sont d'un brun-testacé.

Elle se trouve en France, en Allemagne, en Suède.

23. Omalie striée.

Omalium striatum.

Omalium nigrum, nitidum, pedibus rufescentibus, elytris punctato-striatis. Gravenh. *Coleopt. Micropt. p.* 119. *n°.* 12. — *Monogr. Coleopt. Micropt. p.* 216. *n°.* 23.

Staphylinus minutus *depressus, niger, elytris substriatis. Ent. tom.* 3. *n°.* 42. 56. *tab.* 6. *fig.* 53. a. b.

Elle a à peine une ligne de longueur. Les antennes sont obscures, avec la base quelquefois rousseâtre. Les antennules sont rousseâtres. La tête est noire. Le corcelet est presqu'une fois plus large que long; il est noir, & on y remarque quelquefois deux fosses à peine enfoncées. Les élytres sont noires, ou quelquefois brunes, marquées de points en stries. Le corps est noir. Les pattes sont rousseâtres.

Elle se trouve en France, en Allemagne, sur les fleurs.

24. Omalie ophthalmique.

Omalium ophthalmicum.

Omalium nitidum, testaceum, oculis & abdomine (interdùm solo ano) nigris. Gravenh. *Monogr. Coleopt. Micropt. p.* 216. *n°.* 24.

Staphylinus ophthalmicus. Payk. *Faun. Suec. tom.* 3. *p.* 409. *n°.* 54.

Elle a deux tiers de ligne de longueur. Elle diffère, suivant M. Gravenhorst, des espèces qui suivent, par le corps plus petit & la couleur plus pâle, & elle se rapproche des précédentes, par la forme & la proportion de toutes les parties. Les antennes sont testacées, avec l'extrémité obscure. La tête est testacée, marquée, entre les antennes, d'une ligne transversale enfoncée, & de deux points souvent peu enfoncés entre les yeux. Ceux-ci sont noirs. Le corcelet est testacé, marqué d'un point enfoncé vers l'écusson, & d'une ligne longitudinale moins apparente, sur le dos. Les élytres sont plus pâles que la tête & le corcelet. Le corps est noir, avec la poitrine d'un fauve-testacé, ou testacé avec l'extrémité noirâtre. Les pattes sont testacées.

Elle se trouve en Allemagne.

25. Omalie pâle.

Omalium pallidum.

Omalium nitidum, rufum, elytris testaceis, oculis nigris, thorace sublœvi. Gravenh. *Monogr. Coleopt. Micropt. p.* 217. *n°.* 25.

Elle a depuis une ligne jusqu'à une ligne & un quart de longueur. La base des antennes & les antennules sont testacées. La tête est fauve, marquée, entre les antennes, d'une ligne transversale à peine enfoncée, ou de deux points, & quelquefois de deux autres points enfoncés entre les yeux. Le corcelet est fauve, avec les bords latéraux plus pâles à la base; un point enfoncé vers l'écusson, & une ligne longitudinale à peine marquée. Les élytres sont testacées. L'abdomen & les pattes sont d'un fauve-testacé.

Elle se trouve au nord de l'Europe.

26. Omalie testacée.

Omalium testaceum.

Omalium nitidum, rufum, elytris testaceis, abdomine oculisque nigris, thorace lœvi. Gravenh. *Monogr. Coleopt. Micropt. p.* 218. *n°.* 26.

Dermestes semicoleoptratus. Panz. *Faun. Germ. Fasc.* 24. *tab.* 6.

Elle a une ligne de longueur. Les antennes sont testacées, avec les quatre ou cinq derniers articles noirâtres. La tête est d'un fauve-testacé, avec les yeux noirs. Le corcelet est d'un fauve-testacé, lisse, peu convexe. Les élytres sont pointillées, un peu plus longues que la tête & le corcelet, un peu plus pâles que le reste du corps. L'abdomen est noir, avec l'anus pâle. La poitrine est noire dans l'individu que j'ai; elle est quelquefois fauve, selon M. Gravenhorst. Les pattes sont d'un fauve-testacé.

Elle se trouve sur les fleurs, aux environs de Paris.

27. Omalie abdominale.

Omalium abdominale.

Omalium nitidum, rufum, elytris testaceis, abdomine oculisque nigris, thorace bifoveolato. Gravenh. *Monogr. Coleopt. Micropt. pag.* 219. *n°.* 27.

Elle a depuis une ligne jusqu'à une ligne & demie de longueur. Les antennes sont de la longueur du corcelet, un peu velues, d'un brun-testacé, avec le premier article plus clair, luisant. La tête est une fois plus petite que le corcelet, marquée, entre les antennes, d'une ligne transversale, enfoncée; elle est d'un fauve-testacé, avec les yeux & les mandibules obscurs. Le corcelet est presqu'une fois plus large que long, plus étroit que les élytres, marqué de deux fosses longitudinales, peu arquées, qui n'atteignent ni la base ni l'extrémité : il est d'un fauve-testacé, avec le disque plus obscur. Les élytres sont testacées, une fois plus longues que larges. L'abdomen est noir, large, court, terminé en pointe. La poitrine est roussâtre. Les pattes sont testacées.

Elle se trouve au nord de l'Europe, sur les fleurs.

OMALISE. *Omalisus.* Genre d'insectes de la première section de l'Ordre des Coléoptères, & de la famille des Malacodermes.

Une forme déprimée, unie, a fait donner par M. Geoffroy, à ce genre d'insectes, le nom d'*Omalise*, du mot grec ὀμαλος, qui signifie aplati, uni, lisse. On le reconnoît aux antennes filiformes, plus longues que le corcelet, rapprochées à leur base; aux tarses filiformes, composés de cinq articles, dont le quatrième est très-petit.

Ce genre a quelque rapport avec celui de Lycus; mais il en est distingué par les antennes filiformes, à articles cylindriques, le second & le troisième étant très-petits, & par la bouche point du tout avancée. Les antennes des Lycus sont comprimées & plus ou moins en scie; le troisième article est semblable aux suivans, & la bouche forme une espèce de bec assez avancé.

Les antennes de l'Omalise sont filiformes, rapprochées à leur base, plus longues que le corcelet; & composées de onze articles, dont le premier est un peu renflé. Le second & le troisième sont petits, un peu arrondis. Les autres sont cylindriques & presqu'égaux entr'eux. Elles sont insérées à la partie antérieure de la tête, à quelque distance des yeux.

La bouche est composée d'une lèvre supérieure, de deux mandibules, de deux mâchoires, d'une lèvre inférieure & de quatre antennules.

La lèvre supérieure est petite, cornée, arrondie, légérement ciliée.

Les mandibules sont cornées, assez longues, minces, très-arquées, simples, terminées en pointe aiguë.

Les mâchoires sont cornées à leur base, simples, membraneuses, arrondies à leur extrémité.

La

La lèvre inférieure eſt cornée & échancrée.

Les antennules antérieures, plus longues que les poſtérieures, ſont preſqu'en maſſe, & compoſées de quatre articles, dont le premier eſt très-petit, à peine apparent. Le ſecond & le troiſième ſont coniques; le dernier eſt gros & ovale. Elles ſont inſérées à la partie latérale de la mâchoire. Les antennules poſtérieures ſont courtes, filiformes, & compoſées de trois articles, dont le premier eſt très-petit, & les deux autres ſont preſqu'égaux entr'eux. Elles ſont inſérées à la partie latérale de la lèvre inférieure.

La tête eſt un peu plus étroite que le corcelet. Les yeux ſont arrondis & ſaillans. Le corcelet eſt déprimé, un peu rebordé, preſque carré, un peu plus étroit que les élytres, & terminé poſtérieurement de chaque côté, en pointe aiguë. L'écuſſon eſt aſſez grand. Les élytres ſont dures, un peu déprimées, de la grandeur de l'abdomen; elles cachent deux ailes membraneuſes, repliées.

Les pattes ſont de longueur moyenne. Les tarſes ſont filiformes, & compoſés de cinq articles, dont le premier eſt aſſez long, & le quatrième très-petit; le dernier eſt terminé par deux petits ongles crochus.

L'Omaliſe a le corps déprimé, un peu alongé. Il ſe trouve ſur différentes plantes, & ordinairement ſur les jeunes Charmes. Son vol eſt aſſez léger lorſque le tems eſt chaud & ſec; cependant il fait rarement uſage de ſes ailes. Il ſe laiſſe tomber quand on veut le ſaiſir, & il eſt rare qu'on le retrouve. Caché parmi les plantes, il échappe preſque toujours à la recherche de l'entomologiſte. Sa larve nous eſt encore entiérement inconnue.

OMALISE.

OMALISUS. *Geoffr. Latr. Fabr.*

CARACTÈRES GÉNÉRIQUES.

Antennes filiformes, rapprochées à leur base; second et troisième articles petits; les suivans alongés, cylindriques.

Quatre antennules; les antérieures en masse ovale; les postérieures filiformes.

Mandibules arquées, pointues, simples.

Mâchoires simples.

Tarses filiformes, composés de cinq pièces; la pénultième courte, simple.

ESPÈCE.

---

1. Omalise sutural.

Noir; élytres d'un rouge-brun, noires à leur suture.

1. Omalise futural.

Omalisus futuralis.

Omalifus niger, elytris fufco-fanguineis, futurâ nigrâ. Ent. tom. 2. *n°.* 24. *tab.* 1. *fig.* 1.

Omalifus. Geoffr. *Inf. tom.* 1. *p.* 180. *n°.* 1. *pl.* 2. *fig.* 9.

Omalifus futuralis. Fabr. *Syft. Eleut. tom.* 2. *p.* 108. *n°.* 1.

Omalifus fontis bellaquœi. Fourc. *Ent. Par.* 1. *p.* 64. *n°.* 1.

Omalifus futuralis. Latr. *Gen. Cruft. & Inf. tom.* 1. *p.* 257. — *Hift. Nat. des Cruft. & des Inf. tom.* 9. *p.* 83. *tab.* 75. *fig.* 5.

Omalifus futuralis. Panz. *Faun. Germ. Fafc.* 35. *tab.* 12.

Le corps eft déprimé, long de deux lignes & demie. Les antennes font noires, un peu velues, de la longueur de la moitié du corps. Le corcelet eft noir, terminé en pointe aiguë aux deux angles poftérieurs. Les élytres ont des points enfoncés, très-marqués; elles font d'un rouge-obfcur, avec la future noire. Cette dernière couleur eft beaucoup plus large à la bafe des élytres qu'à l'extrémité. Le deffous du corps & les pattes font noirs.

Il fe trouve dans prefque toute la France, mais plus particuliérement au nord, fur les jeunes Charmes.

OMOPHRON. *Omophron.* Genre d'infectes de la première fection de l'Ordre des Coléoptères, & de la famille des Carabiques.

Une forme ovale, prefqu'arrondie, un peu convexe; des antennes filiformes, un peu plus longues que le corcelet; fix antennules filiformes; les mandibules fimples; les jambes antérieures, latéralement échancrées, font autant de caractères qui diftinguent ce genre des autres Carabiques.

L'Omophron avoit été réuni aux Carabes par tous les entomologiftes qui l'avoient connu, par Fabricius lui-même; mais par la fuite il jugea à propos d'en faire un genre auquel il donna le nom de *Scolytus*, nom qui ne lui convenoit pas, puifqu'il avoit déjà été employé par Geoffroy pour défigner un autre genre d'infectes. M. Latreille, en confervant le genre créé par Fabricius, a cru devoir lui donner un nouveau nom, & reftituer celui de *Scolyte*, comme je l'avois fait auparavant, aux infectes que Geoffroy avoit ainfi nommés.

Les antennes des Omophrons ne diffèrent guère de celles des autres Carabes. Elles font filiformes, plus longues que le corcelet, plus courtes que le corps, & compofées de onze articles, dont le premier eft un peu alongé & renflé; le fecond eft court, auffi gros que les fuivans; le troifième eft un peu plus long que le quatrième, & l'un & l'autre font un peu amincis vers leur bafe. Ceux qui viennent après font prefque cylindriques. Elles font inférées à la partie antérieure latérale de la tête, au-devant des yeux.

La bouche eft compofée d'une lèvre fupérieure, de deux mandibules, de deux mâchoires, d'une lèvre inférieure & de fix antennules.

La lèvre fupérieure eft coriacée, prefque cornée, plus large que longue, échancrée ou légérement arquée antérieurement, & un peu ciliée.

Les mandibules font cornées, affez grandes, arquées, pointues, fimples.

Les mâchoires font grandes, terminées par un crochet aigu, corné, courbé, & munies, tout le long de leur partie interne, de cils longs & roides.

La lèvre inférieure eft petite, coriacée, prefque cornée, un peu avancée, & pointue antérieurement; elle eft placée à la partie antérieure un peu interne du menton.

Le menton eft corné, grand, prefque dilaté. Ses bords latéraux font arrondis & avancés; ce qui forme une large échancrure au milieu de laquelle eft une pointe peu avancée & obtufe.

Les antennules antérieures ou maxillaires internes font à peine plus longues que les mâchoires, & compofées de deux articles prefque cylindriques, dont le premier pourtant eft un peu plus aminci à fa bafe que l'autre. Elles font inférées au dos des mâchoires.

Les antennules moyennes ou maxillaires externes font prefqu'une fois plus longues que les premières, & compofées de quatre articles, dont le premier eft très-court; le fecond eft le plus long; le troifième l'eft moins que le dernier, qui eft alongé & obtus. Elles font inférées au dos des mâchoires, à la bafe extérieure des premières.

Les antennules poftérieures font filiformes, compofées de trois articles, dont le premier eft court; le fecond alongé, intérieurement cilié; le dernier eft alongé & obtus. Elles font rapprochées à leur bafe, & inférées à la partie antérieure de la lèvre inférieure.

La tête n'eft pas diftincte du corcelet, mais bien emboîtée par fa partie poftérieure. Les yeux, placés à la partie latérale, font arrondis, entiers, un peu faillans.

Le corcelet eft plus large que la tête, un peu plus étroit que les élytres, plus large que long, un peu rebordé par les côtés, à peine finué poftérieurement, un peu avancé néanmoins par le milieu. L'écuffon paroît manquer entiérement, & c'eft l'avancement du corcelet qui femble en tenir lieu.

Les élytres font dures, convexes, arrondies, ftriées, un peu rebordées, & un peu plus larges que l'abdomen qu'elles embraffent un peu par les côtés.

Le corps eft ovale, auffi convexe en deffus qu'en deffous.

Les pattes sont assez longues, comme dans presque tous les Carabiques, assez grêles. Les jambes antérieures sont échancrées ou bidentées à leur extrémité. Les tarses de la première, & même de la seconde paire, ont leur premier article assez large. Les autres sont filiformes, un peu épineux. Tous sont composés de cinq articles bien distincts, & terminés par deux crochets assez forts.

Ces insectes vivent au bord des eaux douces, dans le sable, sous les pierres, à la racine des plantes, dans les fissures du terrain, & paroissent ne sortir que la nuit. La larve observée aux environs de Paris, sur les bords de la Seine, par M. Anselme Desmarets, tient, comme le dit ce savant, le milieu entre celle des Dytiques & des Carabes. Son corps est alongé, déprimé, conique, ayant sa plus grande largeur du côté de la tête. Il est composé de douze anneaux ou segmens, & est d'un blanc-sale, à l'exception de la tête, qui est d'un brun de rouille. Elle a deux petits yeux noirs, & deux petites antennes sétacées, formées de cinq articles, & placées au-devant de ces yeux. La bouche est pourvue de deux fortes mandibules arquées & dentelées, de deux mâchoires portant chacune deux antennules, d'une lèvre inférieure, munie également de deux antennules. La tête a la forme d'un trapèze, & est plus étroite que les anneaux suivans. Les trois premiers donnent naissance à trois paires de pattes écailleuses, toutes dirigées en arrière, & terminées par deux ongles aigus. Le dernier anneau est terminé supérieurement par un filet relevé, composé de quatre articles, dont le dernier porte deux poils.

OMOPHRON.

OMOPHRON. LATR. *SCOLYTUS.* FABR. CLAIRV. PANZ.
CARABUS. FABR.

CARACTÈRES GÉNÉRIQUES.

Antennes filiformes, plus longues que le corcelet; premier article renflé; les derniers cylindriques.

Mandibules cornées, arquées, simples.

Mâchoires avancées, intérieurement ciliées, terminées par un crochet arqué.

Six antennules filiformes; dernier article obtus.

Jambes antérieures terminées latéralement par deux petites épines.

Corps ovale, un peu convexe.

ESPÈCES.

1. OMOPHRON sinueux.
Noir; élytres ferrugineuses, avec une tache au milieu, sinuée, et un point à l'extrémité, noirs.

2. OMOPHRON bordé.
Ferrugineux en dessus; corcelet avec une tache; élytres avec deux bandes ondées, d'un vert-métallique.

3. OMOPHRON mélangé.
Testacé-pâle; tête, corcelet et élytres mélangés de vert-métallique.

4. OMOPHRON labié.
Noir; lèvre supérieure et bord des élytres argentés.

1. Omophron ſinueux.

Omophron flexuoſum.

Omophron nigrum, elytris ferrugineis; maculâ mediâ ſinuatâ, punctoque apicis nigris.

Scolytus flexuoſus. Fabr. *Ent. Syſt. em. tom.* 1. *pars* 1. *pag.* 180. *n°.* 1. — *Syſt. Eleut. tom.* 1. *p.* 247. *n°.* 1.

Voyez, pour la deſcription & les autres ſynonymes, Carabe ſinueux, n°. 130.

2. Omophron bordé.

Omophron limbatum.

Omophron ſuprà ferrugineum, thorace maculâ, elytris faſciis undatis, viridi-æneis.

Omophron limbatum. Latr. *Hiſt. Nat. des Cruſt. & des Inſect. tom.* 8. *pag.* 284. *tab.* 73. *fig.* 4. — *Gen. Cruſt. & Inſ. tom.* 1. *p.* 225. *tab.* 7. *fig.* 7.

Scolytus limbatus. Fabr. *Ent. Syſt. em. tom.* 1. *pars* 1. *pag.* 181. *n°.* 2. — *Syſt. Eleut. tom.* 1. *p.* 247. *n°.* 2.

Carabus limbatus. Ross. *Faun. Etr. tom.* 1. *p.* 213. *n°.* 525. *tab.* 6. *fig.* 12.

Scolytus limbatus. Clairv. *Ent. Helv. tom.* 2. *p.* 168. *tab.* 26.

Scolytus limbatus. Panz. *Faun. Germ. Faſc.* 2. *fig.* 9.

Voyez, pour les autres ſynonymes & la deſcription, Carabe bordé, n°. 122.

3. Omophron mélangé.

Omophron variegatum.

Omophron pallidè teſtaceum, capite thorace elytriſque viridi-æneo variegatis.

Il eſt un peu plus grand que l'Omophron bordé, auquel il reſſemble beaucoup. Les antennes, les pattes & tout le deſſous du corps ſont d'une couleur teſtacée très-pâle. La tête eſt pâle, avec deux taches triangulaires, preſque réunies, placées à la partie ſupérieure, & qui ſe perdent ſous le corcelet, d'un vert-métallique. Cette couleur s'avance un peu autour des yeux. Le corcelet eſt pâle, avec une tache linéaire au milieu, & deux oblongues vers la baſe, du même vert-métallique. On voit une petite ligne enfoncée ſur la tache linéaire. Les élytres ſont ſtriées, & les ſtries pointillées; elles ſont pâles, mélangées de vert-métallique. Cette couleur y forme en quelque ſorte trois bandes irrégulières, dentées, interrompues. Les jambes & les tarſes ſont couverts de petits piquans. Le premier article des tarſes antérieurs & intermédiaires eſt très-grand, preſque dilaté.

Il ſe trouve en Eſpagne, ſous les pierres, au bord des ruiſſeaux, des rivières & des eaux ſtagnantes, d'où il a été apporté par M. Duméril.

4. Omophron labié.

Omophron labiatum.

Omophron nigrum, labio, thoracis & elytrorum marginibus argenteis.

Scolytus labiatus. Fabr. *Syſt. Eleut. tom.* 1. *p.* 248. *n°.* 3.

Il eſt un peu plus grand que l'Omophron bordé, auquel il reſſemble beaucoup. Il a trois lignes de longueur & deux de largeur. Les antennes ſont d'un fauve-pâle. La bouche eſt ferrugineuſe, avec la moitié des mandibules noire, & la lèvre ſupérieure d'un blanc-argenté ou nacré. La tête eſt noire poſtérieurement, & brune à ſa partie antérieure; mais ces deux couleurs ſe confondent. Le corcelet eſt noir, avec les bords latéraux d'un jaune-blanchâtre, luiſant; il eſt liſſe au milieu, un peu raboteux vers les bords. Les élytres ſont noires, ſtriées, & les ſtries ſont fortement ponctuées. Les bords latéraux ſont d'un jaune-blanchâtre, & cette couleur forme deux petites taches en s'avançant un peu dans l'intérieur. Le deſſous du corps eſt d'un brun-foncé, avec les bords plus clairs. Les pattes ſont ferrugineuſes. Le premier article des tarſes antérieurs eſt très-grand, un peu dilaté. Les ſuivans ſont petits, & vont un peu en diminuant d'épaiſſeur. Le premier article des intermédiaires eſt également beaucoup plus grand que les autres; mais moins dilaté que l'antérieur. Les quatre ſuivans ſont filiformes. Les tarſes poſtérieurs ſont filiformes, alongés.

Il ſe trouve dans la Caroline, d'où il a été apporté par M. Boſc.

ONITE. *Onitis.* Genre d'inſectes de la première ſection de l'Ordre des Coléoptères, & de la famille des Coprophages.

Les Onites ont les antennes courtes, compoſées ſeulement de neuf articles, dont les trois derniers forment une maſſe ovale, perfoliée; la lèvre ſupérieure entièrement cachée ſous le chaperon; les mandibules très-petites; un écuſſon très-petit, terminé en pointe; les jambes antérieures ordinairement longues, & arquées dans l'un des ſexes.

Ce genre, établi par Fabricius aux dépens des Bouſiers, n'eſt pas aſſez diſtinct, & ne préſente pas, dans les parties de la bouche, des caractères qu'on ne retrouve dans tous les autres Bouſiers; ſeulement il pourroit en être diſtingué par l'écuſſon qui manque dans les Bouſiers, & qu'on apperçoit dans les Onites, quoiqu'il ſoit très-petit. Les pattes antérieures préſentent encore un caractère dans la forme que prend la jambe dans l'un des deux ſexes. Elle eſt plus mince, plus longue, plus arquée que dans l'autre, & ordinairement les dentelures latérales ſont moins fortes.

Les antennes des Onites ne ſont compoſées que de neuf articles apparens. Le premier de ces articles eſt alongé, un peu renflé à ſon extrémité; le second est court & assez gros. Les quatre suivans sont plus petits, plus courts, mais vont un peu en s'élargissant. Les trois derniers forment une masse ovale, lamellée, mais dont les feuillets s'emboîtent un peu l'un dans l'autre; de sorte que le premier de ces feuillets ou le septième article est le plus grand. Elles sont insérées au-devant des yeux, à la partie latérale inférieure de la tête.

La bouche est composée d'une lèvre supérieure, de deux mandibules, de deux mâchoires, d'une lèvre inférieure & de quatre antennules.

La lèvre supérieure est entiérement cachée sous le chaperon; elle est fort mince, assez large, de consistance coriacée, arrondie & ciliée à sa partie antérieure.

Les mandibules sont petites, presqu'ovales, fort minces, coriacées à leur base & à une partie de leur bord interne, transparentes dans leur moitié supérieure, & fortement ciliées à leur bord interne depuis le sommet jusqu'au milieu.

Les mâchoires sont cornées, assez grosses, presque cylindriques depuis leur base jusqu'à l'insertion des antennules; elles sont ensuite bifides : la division extérieure est plate, dilatée, arrondie, coriacée. La division interne est beaucoup plus petite, & est de même forme & de même consistance.

La lèvre inférieure est bifide ou divisée en deux jusqu'à sa base. Les divisions divergent un peu : elles sont coriacées, aplaties, presque transparentes, ciliées à leur bord interne; elles posent sur la partie interne du menton, qui est corné, peu large, fortement échancré, tout couvert de poils longs, assez roides.

Les antennules antérieures sont filiformes, plus longues que les postérieures, composées de quatre articles, dont le premier est petit; les deux suivans sont presqu'égaux; le dernier est un peu alongé, à peine renflé dans sa partie moyenne. Elles sont insérées sur la partie cornée des mâchoires, à côté de la division extérieure.

Les antennules postérieures sont couvertes de poils longs & roides, & composées de trois articles, dont le premier est bien apparent, un peu plus court que le second & un peu dilaté; le second est un peu dilaté, assez grand, & le dernier est très-petit, presque cylindrique. Elles sont insérées sur la partie interne, un peu latérale du menton, au-devant de la lèvre.

La tête s'emboîte postérieurement dans le corcelet; elle a un petit rebord, & est marquée supérieurement par des lignes élevées, transverses, & quelquefois par une petite corne. Les yeux, situés à la partie latérale un peu postérieure, se montrent à peine en dessus, tandis qu'ils sont plus apparens & arrondis en dessous.

Le corcelet est grand, convexe, ordinairement un peu plus large que les élytres, & marqué de quatre fossettes, dont une de chaque côté, près du bord, & deux rapprochées, vers l'écusson.

L'écusson, dans les espèces qui paroissent devoir plus particuliérement former ce genre, est bien apparent, très-petit, terminé en pointe aiguë. Les élytres sont aussi larges à leur milieu qu'à leur base; elles s'arrondissent du milieu à leur extrémité, & sont ordinairement marquées de stries peu profondes, mais dont l'intervalle s'élève assez souvent plus ou moins. Près du bord extérieur, on remarque une ligne très-élevée, tranchante. Au dessous se trouvent deux ailes membraneuses, repliées.

Le corps a une forme moins ovale ou plus oblongue que dans la plupart des Bousiers. Les pattes antérieures offrent quelquefois, dans leurs cuisses ou dans leurs jambes, des épines fort remarquables. Assez souvent, dans l'un des deux sexes, les jambes sont longues, arquées, minces, & ne sont point terminées par des tarses. Ces jambes sont latéralement dentées comme dans les Bousiers. Les quatre autres sont presque triangulaires & un peu épineuses, plus ou moins velues. Les tarses sont composés de cinq articles très-velus, un peu aplatis, & qui vont en diminuant de largeur.

Les Onites paroissent encore moins différer des Bousiers par leur manière de vivre que par la forme du corps. On les trouve, comme eux, dans les fientes des animaux : comme eux, ils creusent des trous dans ces fientes, & s'enfoncent dans la terre pour y déposer leurs œufs & les provisions nécessaires aux larves qui doivent en éclore. (*Voyez* Bousier.)

ONITE.

ONITIS. FABR. WEB. LATR. ILLIG. *SCARABÆUS.* LINN. *COPRIS.* GEOFFR.

CARACTÈRES GÉNÉRIQUES.

Antennes courtes, de neuf articles; le premier alongé; le second assez gros; les trois derniers en masse ovale, feuilletée.

Lèvre supérieure membraneuse, cachée sous le chaperon.

Mandibules très-petites, minces et coriacées.

Quatre antennules; les antérieures filiformes; les postérieures très-velues, dilatées; dernier article très-petit.

Écusson très-petit, pointu.

Jambes antérieures ordinairement longues, arquées dans l'un des deux sexes.

ESPÈCES.

PREMIÈRE DIVISION.

A écusson.

1. ONITE Inuus.

Écussonné; tête avec quatre tubercules; corps d'un vert-bronzé.

2. ONITE Aygule.

Écussonné; tête tuberculée; élytres testacées.

3. ONITE Lophus.

Écussonné; corcelet lisse, dilaté, marqué de quatre enfoncemens; élytres mélangées d'obscur et de cendré.

4. ONITE fourchu.

Écussonné, noir; cuisses antérieures armées d'un lobe avancé, tridenté, et d'une épine simple.

5. ONITE Mæris.

Écussonné, noir; corne de la tête très-courte; élytres avec des lignes élevées.

6. ONITE éperonné.

Écussonné, noir en dessous; élytres striées, testacées, mélangées d'obscur; jambes antérieures armées d'une épine.

7. ONITE Clinias.

Écussonné, noir, avec une tache latérale dorée sur le corcelet; tête avec une corne très-courte.

8. ONITE de Vandel.

Écussonné; corcelet variolé; tête pointue antérieurement, avec une corne courte, postérieure.

9. ONITE Apelle.

Écussonné; tête avec une corne courte; élytres testacées, avec des points élevés, noirs.

ONITE. (Insecte.)

10. ONITE Sphinx.

Écussonné, noir; tête avec une corne courte, et deux lignes transverses, élevées.

11. ONITE Ménalque.

Écussonné, d'un vert-bronzé; tête tuberculée; élytres testacées, avec des lignes élevées, d'un vert-bronzé.

DEUXIÈME DIVISION.

Sans écusson ou avec un écusson à peine apparent.

12. ONITE onglé.

Sans écusson, noir; cuisses dentées; jambes antérieures armées d'un fort onglet.

13. ONITE Bison.

Sans écusson; corcelet antérieurement mucroné; tête avec deux cornes arquées.

14. ONITE Buffle.

Sans écusson; corcelet antérieurement bidenté; tête avec deux cornes arquées.

15. ONITE lisse.

Sans écusson, noir; chaperon arrondi; tête avec deux lignes et un tubercule postérieur; élytres lisses.

16. ONITE Nicanor.

Sans écusson; corcelet simple; tête avec une corne recourbée, bidentée; élytres striées.

17. ONITE Bélial.

Sans écusson; corcelet simple; tête avec deux lignes transverses; cuisses et jambes antérieures fortement dentées.

18. ONITE Philémon.

Sans écusson, bronzé; corcelet simple; tête avec une corne très-courte; élytres sillonnées.

PREMIÈRE DIVISION.

A écuſſon.

1. ONITE Inuus.

ONITIS Inuus.

Onitis ſcutellatus, capite quadrituberculato, corpore viridi-æneo. FABR. *Entom. Syſt. Suppl. p.* 25. *n°.* 1. — *Syſt. Eleut. tom.* 1. *p.* 26. *n°.* 1.

Scarabœus Inuus. JABL. *Coleopt.* 2. *tab.* 11. *fig.* 4.

Voyez, pour les autres ſynonymes & pour la deſcription, BOUSIER Inuus, n°. 95.

2. ONITE Aygule.

ONITIS Aygulus.

Onitis ſcutellatus, capite tuberculato, elytris teſtaceis. FABR. *Ent. Syſt. Suppl. p.* 25. *n°.* 2. — *Syſt. Eleut. tom.* 1. *p.* 27. *n°.* 2.

Voyez, pour les autres ſynonymes & pour la deſcription, BOUSIER Aygule, n°. 94.

3. ONITE Lophus.

ONITIS Lophus.

Onitis ſcutellatus, thorace inermi utrinquè dilatato, quadripunctato; elytris cinereo fuſcoque variis. FABR. *Ent. Syſt. em. Suppl. tom.* 5. *p.* 26. — *Syſt. Eleut. tom.* 1. *p.* 27. *n°.* 3.

Il reſſemble, pour la forme & la grandeur, à l'Onite Inuus. Le chaperon eſt arrondi, noir, avec une tache cendrée au milieu, & un tubercule élevé. Le corcelet eſt noir, avec les bords latéraux dilatés, pâles, & quatre points enfoncés, dont un de chaque côté, & deux poſtérieurs rapprochés. L'écuſſon eſt petit, diſtinct, terminé en pointe. Les élytres ſont cendrées, mélangées de noirâtre; elles ſont quelquefois entiérement noires. Le deſſous du corps eſt noir. Les pattes ſont noires. Les cuiſſes antérieures ſont comprimées, intérieurement unidentées. Les jambes ſont alongées, courbes, munies intérieurement d'une dent placée au milieu, multidentées extérieurement, ſans tarſes. Les pattes intermédiaires ont leurs cuiſſes comprimées, unidentées, & les jambes courtes, extérieurement tridentées.

Il ſe trouve ſur la côte de Barbarie.

4. ONITE fourchu.

ONITIS furcifer.

Onitis ſcutellatus, ater, femoribus anticis lobo elongato, tridentato, ſpinâque ſimplici armatis.

Scarabœus furcifer. ROSS. *Faun. Etr. Mant. tom.* 1. *p.* 7. *n°.* 7.

Il a huit lignes de longueur & quatre de largeur à la baſe des élytres. Tout le corps eſt noir, luiſant. Le chaperon eſt arrondi, preſque bidenté. La tête, dans la femelle, eſt marquée de deux lignes tranſverſes, élevées, dont l'une antérieure, courte : à la ſeconde, on remarque dans le mâle un tubercule élevé. Le corcelet eſt pointillé, un peu plus large que les élytres. Ses bords ſont à peine crénelés, & on y remarque quatre impreſſions, une de chaque côté, & deux rapprochées vers l'écuſſon : celui-ci eſt petit, terminé en pointe. Les élytres ont des ſtries fines, à peine marquées; de très-petits points enfoncés entre les ſtries, & une ligne ſaillante & tranchante près du bord extérieur. A la baſe poſtérieure des cuiſſes antérieures, on remarque dans la femelle deux grandes épines divergentes, un peu arquées & aiguës. Les cuiſſes ſont armées d'un lobe alongé, tridenté ſur les bords, placé au milieu de la partie antérieure : on voit de plus une forte épine vers l'extrémité antérieure. Les jambes ſont longues, arquées, armées, ſur le bord antérieur, de trois ou quatre dents. Les cuiſſes du mâle ſont ſimples. Les jambes ſont plus courtes, & armées de quatre fortes dents, & ils n'ont pas les deux grandes épines que nous avons dit partir de la poitrine ou de la baſe poſtérieure des cuiſſes antérieures. J'ai une variété dont le lobe des cuiſſes antérieures eſt court, & ſe préſente comme une épine fourchue.

Je l'ai trouvé dans la Méſopotamie, dans l'Aſie mineure & dans l'île de Rhodes, dans les bouſes. Il ſe trouve auſſi en Italie.

5. ONITE Mæris.

ONITIS Mœris.

Onitis ſcutellatus, ater, capitis cornu breviſſimo, elytris lineis elevatis.

Scarabœus irroratus. ROSS. *Faun. Etr. tom.* 1. *p.* 7. *n°.* 16.?

Onitis Mœris. LATR. *Gen. Cruſt. & Inſ. tom.* 2. *pag.* 81. *n°.* 1. — *Hiſt. Nat. des Cruſt. & des Inſ. tom.* 10. *p.* 105.

Voyez, pour la deſcription & les autres ſynonymes, BOUSIER Mæris, n°. 93.

6. ONITE éperonné.

ONITIS calcaratus.

Onitis ſcutellatus, ſubtùs niger, elytris ſtriatis teſtaceis, fuſco variis, tibiis calcaratis.

Il reſſemble à l'Onite Apelle. Le mâle a de cinq à ſix lignes de longueur, & la femelle de ſept à huit : celle-ci a le chaperon arrondi, preſque bidenté. La tête eſt teſtacée, luiſante, mélangée d'obſcur : on y voit une petite ligne courte, peu élevée, & derrière cette ligne une autre plus longue. Le mâle a sur celle-ci un petit tubercule. Le corcelet est noirâtre & pointillé au milieu, testacé, luisant sur les côtés, qui se dilatent peu, & sont légérement crénelés sur les bords : on y voit, vers ces bords, un point enfoncé, noirâtre, & un autre au dessous à peine élevé, de la même couleur ; vers l'écusson, il y a deux autres points enfoncés, rapprochés. L'écusson est petit, terminé en pointe. Les élytres sont striées, testacées, avec quelques points obscurs ou testacés, mélangés de noirâtre. Les pattes antérieures, dans la femelle, ont les cuisses creuses antérieurement, ciliées, & munies, sur le bord supérieur, d'une dent placée un peu au-delà du milieu. Les jambes sont arquées, assez longues, munies de quatre dents extérieurement, & d'un crochet en dessous, aigu, un peu arqué, accompagné d'une élévation courte, qui remonte intérieurement, & qui forme une petite dent là où elle finit. Le mâle a les cuisses simples, & les jambes plus courtes, quadridentées. Les pattes intermédiaires ont les cuisses simples, & les jambes armées extérieurement d'un éperon crochu. Celles du mâle sont tridentées. Le dessous du corps & les pattes sont noirs.

Je l'ai trouvé en Égypte, en Mésopotamie, dans les bouses du Bœuf & du Buffle.

7. Onite Clinias.

Onitis Clinias.

Onitis scutellatus, niger, thorace maculâ laterali aureâ, capitis cornu medio brevissimo.

Onitis Clinias. Fabr. *Entom. Syst. em. Suppl. tom.* 5. *p.* 25. *n°.* 3. — *Syst. Eleut. tom.* 1. *p.* 27. *n°.* 4.

Scarabœus Clinias. Fabr. *Ent. Syst. em. t.* 1. *p.* 19. *n°.* 56.

Scarabœus hungaricus. Herbst. *Arch. tab.* 16. *fig.* 4.

Il ne doit point être confondu avec l'Onite Mœris, dont il diffère beaucoup. Il a de six à sept lignes de longueur. Le chaperon est arrondi. La tête est noire, marquée de deux lignes, l'une antérieure, courte; l'autre ayant au milieu un petit tubercule élevé. Le corcelet est pointillé, presque variolé, noir, avec une tache latérale, jaune. Au dessus de la tache est un point enfoncé; & on en voit deux autres rapprochés à la partie postérieure. L'écusson est noir, petit, terminé en pointe obtuse. Les élytres sont noires, pointillées, striées, & l'intervalle entre les stries est à peine élevé. Tout le dessous du corps est noir. Les jambes antérieures ont trois ou quatre dents latérales, peu saillantes.

Il se trouve en Hongrie.

8. Onite de Vandel.

Onitis Vandelli.

Onitis scutellatus, thorace rugoso, capitis clypeo acuto, cornu postico brevissimo.

Onitis Vandelli. Fabr. *Syst. Eleut. t.* 1. *p.* 28. *n°.* 5.

Il a de cinq à six lignes & demie de longueur. Le corps est noir, luisant. Le chaperon est arrondi. La tête est pointillée; celle de la femelle a une ligne transverse, élevée, & postérieurement un très-petit tubercule. Le tubercule est plus élevé dans le mâle, & il y a une seconde ligne courte, peu élevée, à la partie antérieure. Le corcelet est un peu variolé. L'écusson est très-petit. Les élytres ont des stries à peine apparentes, même avec la loupe, & entre ces stries, des lignes élevées, peu marquées, interrompues par des points enfoncés. Les jambes antérieures sont minces, un peu arquées, plus longues dans la femelle, & armées de quatre dents obtuses, latérales; celles du mâle sont plus courtes, & ont trois ou quatre dents obtuses.

Il se trouve en Portugal, en Espagne.

9. Onite Apelle.

Onitis Apelles.

Onitis scutellatus, capitis cornu brevissimo, elytris testaceis; punctis elevatis, atris.

Onitis Apelles. Fabr. *Ent. Syst. em. Suppl. p.* 25. *n°.* 5. — *Syst. Eleut. tom.* 1. *p.* 28. *n°.* 6.

Voyez, pour les autres synonymes & pour la description, Bousier Apelle, n°. 101.

10. Onite Sphinx.

Onitis Sphinx.

Onitis scutellatus, niger, opacus, capite cornuto, lineisque duabus elevatis, transversis.

Onitis Sphinx. Fabr. *Ent. Syst. em. Suppl. p.* 26. *n°.* 6. — *Syst. Eleut. tom.* 1. *p.* 29. *n°.* 9.

Onitis Sphinx. Latr. *Gen. Crust. & Inf. tom.* 2. *p.* 81. *n°.* 2. — *Hist. natur. des Crust. & des Inf. tom.* 10. *p.* 107.

Voyez, pour la description & les autres synonymes, Bousier Sphinx, n°. 91.

11. Onite Ménalque.

Onitis Menalcas.

Onitis scutellatus, capite tuberculato, viridi-æneus, elytris testaceis, lineis elevatis, viridi-æneis.

Onitis Menalcas. Fabr. *Syst. Eleut. tom.* 1. *p.* 30. *n°.* 13.

J'ai une variété dont le corcelet est d'un beau bleu. La tête, le dessous du corps & les lignes élevées des élytres sont d'un bleu très-foncé.

Voyez, pour la description & les synonymes, Bousier Ménalque, n°. 126.

DEUXIÈME DIVISION.

Sans écusson ou avec un écusson à peine apparent.

12. Onite onglé.

Onitis unguiculatus.

Onitis exscutellatus, muticus, niger, femoribus dentatis; tibiis anticis, subtùs unguiculatis.

Onitis unguiculatus. Fabr. *Ent. Syst. emend. Suppl. p.* 27. *n°.* 7. — *Syst. Eleut. tom.* 1. *p.* 27. *n°.* 7.

Voyez, pour la description & les autres synonymes, Bousier onglé, n°. 127.

13. Onite Bison.

Onitis Bison.

Onitis exscutellatus, thorace anticè mucronato, capite cornubus duobus lunatis.

Onitis Bison. Fabr. *Syst. Eleut. tom.* 1. *p.* 28. *n°.* 7.

Scarabæus Bison. Ross. *Faun. Etr. t.* 1. *p.* 12. *n°.* 25.

Voyez, pour les autres synonymes & la description, Bousier Bison, n°. 69.

14. Onite Buffle.

Onitis Bubalus.

Onitis exscutellatus, thorace anticè bidentato, capite cornubus duobus arcuatis.

Il ressemble beaucoup au précédent, dont il paroit d'abord n'être qu'une variété. La tête est parfaitement semblable, si ce n'est que la ligne élevée qui se trouve après le chaperon est un peu plus distante des cornes que dans l'autre. Le corcelet a son sillon un peu plus marqué. La partie antérieure est plus profondément coupée, & au dessus est un avancement échancré ou bidenté. Les dents sont arrondies, assez avancées. Les élytres sont un peu plus lisses que dans l'espèce précédente.

Je l'ai trouvé en Provence & dans l'île de Naxos.

15. Onite lisse.

Onitis lævigatus.

Onitis exscutellatus, ater, clypeo rotundato, capite lineis duabus tuberculòque postico, elytris lævibus.

Il ressemble à l'Onite Bison; mais il est un peu plus petit, & proportionnellement un peu plus étroit. Le corps est noir, luisant. Le chaperon est arrondi, un peu pointu. La tête a deux lignes élevées, dont l'une antérieure est courte : derrière la seconde se trouve placé un tubercule élevé. Le corcelet, vu à la loupe, paroît très-finement chagriné. Ses bords sont simples, ciliés, & on y remarque quatre impressions, dont une de chaque côté, & deux postérieures rapprochées, moins marquées, très-près du bord. L'écusson manque ou n'est presque pas apparent. Les élytres sont très-finement pointillées, à peine striées. Les cuisses sont simples, & les jambes antérieures sont courtes, quadridentées.

Je l'ai trouvé dans la Mésopotamie.

16. Onite Nicanor.

Onitis Nicanor.

Onitis exscutellatus, thorace mutico, capitis cornu recurvo, bidentato; elytris striatis. Fabr. *Syst. Eleut. tom.* 1. *p.* 29. *n°.* 12.

Scarabæus Nicanor. Fabr. *Ent. Syst. em. t.* 1. *p.* 54. *n°.* 175.

Voyez, pour la description & les autres synonymes, Bousier Nicanor, n°. 92.

17. Onite Bélial.

Onitis Belial.

Onitis exscutellatus, thorace mutico, capite lineis duabus transversis, femoribus tibiisque anticis acutè dentatis. Fabr. *Ent. Syst. em. Suppl. pag.* 27. *n°.* 8. — *Syst. Eleut. tom.* 1. *pag.* 29. *n°.* 10.

Fabricius cite mal-à-propos mon Entomologie, *pl.* 7, *fig.* 58. Cette figure appartient à l'Onite Sphinx, ainsi que la figure 57, *a*; & le Scarabé cuivreux, 57, *b*, appartient au genre Ateuchus, & est bien différent de celui-ci. Le Bélial, suivant Fabricius, est un peu plus grand que l'Onite Sphinx. La tête a deux lignes transverses élevées, l'antérieure étant courte. Le bord antérieur est un peu relevé & échancré. Le corcelet est grand, marqué d'un point enfoncé de chaque côté. Les élytres sont lisses, un peu élevées vers l'extrémité. Les cuisses antérieures sont armées d'une forte dent aiguë, au milieu de leur partie interne. Les jambes sont alongées, arquées, multidentées extérieurement, ciliées intérieurement, & munies d'une dent vers le milieu : il n'y a point de tarse. Les cuisses intermédiaires sont comprimées, renflées, munies d'un trocanter alongé, aigu, figurant une dent placée au milieu. Les cuisses postérieures sont comprimées, marquées extérieurement d'une entaille profonde, & munies intérieurement d'un trocanter alongé, presqu'épineux.

Cette description convient assez bien, comme on voit, à l'un des sexes de l'Onite Sphinx.

Il se trouve à Cayenne, suivant Fabricius.

18. Onite Philémon.

Onitis Philemon.

Onitis exscutellatus, obscurè æneus, thorace mutico, capite subcornuto, elytris sulcatis. Fabr. *Syst. Eleut. tom.* 1. *p.* 30. *n°.* 14.

Il ressemble beaucoup à l'Onite Sphinx, dont il a été regardé autrefois par Fabricius comme une variété; il en diffère en ce qu'il est une fois plus petit, que sa couleur est bronzée obscure, & que les élytres ont des sillons mieux marqués.

Il se trouve aux Indes orientales.

Nota. L'*Onitis Jasius* de Fabricius appartient évidemment au genre Bousier; il est décrit sous le n°. 54.

ONTHOPHAGE. *Onthophagus.* Genre d'insectes de la première section de l'Ordre des Coléoptères, & de la famille des Coprophages.

Ce genre, établi par Latreille, renferme toutes les espèces de Bousier de moyenne & de petite taille, dont le corps est presqu'aussi large que long, & dont on trouve un grand nombre d'espèces en Europe, tels que le Bousier Taureau, le Bousier Vache, le Bousier Lémur, le Bousier nuchicorne, &c. Les caractères que cet auteur assigne à ce genre sont les suivans : dernier article des palpes maxillaires ovalaire, par opposition à celui des Bousiers, qui est alongé & presque cylindrique; palpes labiaux terminés par des articles qui paroissent plus grands, & qui sont hérissés de poils; corps presque rond, un peu déprimé; chaperon demi circulaire, alongé; corcelet très-grand, se rapprochant de la figure circulaire, échancré en devant; pattes des Bousiers. (*Voyez* Bousier.)

OPATRE. *Opatrum.* Genre d'insectes de la seconde section de l'Ordre des Coléoptères, & de la famille des Ténébrionites.

Les Opatres ont le corps oblong, ordinairement rugueux; le chaperon profondément entaillé; les antennes courtes, allant un peu en grossissant vers l'extrémité; les antennules antérieures presque en masse tronquée; les tarses filiformes; les quatre antérieurs de cinq articles; les postérieurs de quatre.

Linné, Geoffroy & Degeer n'avoient pas distingué ces insectes des Ténébrions : Linné en avoit même placé une espèce parmi ses Silphes. Fabricius fut le premier qui en forma un genre, d'abord peu nombreux, mais qui s'est enrichi successivement de plusieurs espèces, tant indigènes qu'étrangères. Latreille a séparé avec raison des Opatres, deux espèces qui n'auroient jamais dû y entrer, & en a fait un genre sous le nom de *Élédone*, que Fabricius a changé en celui de *Boletophagus.* Il a aussi extrait quelques espèces, qu'il réunit à son genre Aside, que nous ferons connoître dans le supplément. Fabricius n'a point adopté le genre Aside, & il a continué de laisser parmi les Opatres les espèces qui ne doivent plus en faire partie, puisqu'elles se distinguent, au premier coup-d'œil, par le chaperon entier ou à peine échancré, & par les antennes dont le pénultième article est plus gros que les précédens, & le dernier plus petit. Le chaperon est au contraire profondément entaillé dans les Opatres, & les antennes vont un peu en grossissant jusqu'au dernier article. Ces deux derniers caractères, le premier surtout, leur est commun avec les Pédines de M. Latreille, placés dans la seconde division; & en effet, M. Illiger les réunit aux Opatres; ce qui nous paroît assez fondé. Cependant, si on fait attention aux antennes qui vont moins en grossissant dans les Pédines que dans les Opatres; aux jambes des mâles, qui sont velues en dessous dans la plupart des espèces; aux antennules, qui sont un peu plus longues & plus en masse; aux mandibules, qui sont plus dentées, on pourra se décider à séparer les Pédines des Opatres.

Pour ce qui regarde les Pédines de la première division, ils n'ont aucun rapport avec les Opatres, ni par le chaperon ni même par les antennes.

Les antennes des Opatres sont plus courtes que le corcelet, & composées de onze articles, dont le premier est un peu alongé, plus gros que les suivans; le second est plus petit que celui-ci, assez court; le troisième est un peu alongé. Les quatre suivans sont grenus, presque coniques. Les quatre derniers vont un peu en grossissant. Elles sont insérées à la partie latérale antérieure de la tête, à quelque distance des yeux.

La bouche est composée d'une lèvre supérieure, de deux mandibules, de deux mâchoires, d'une lèvre inférieure & de quatre antennules.

La lèvre supérieure est cornée, petite, un peu échancrée antérieurement, placée dans une échancrure plus profonde du chaperon ou de la partie antérieure de la tête.

Les mandibules sont cornées, courtes, creuses à leur partie interne, échancrées ou presque bidentées à leur extrémité, un peu sinuées à leur bord supérieur.

Les mâchoires sont courtes, bifides. La division extérieure est cornée, presque cylindrique, un peu courbée, terminée par des cils & deux onglets. La division interne est presqu'une fois plus courte, cornée, presque cylindrique, terminée par un onglet aigu.

La lèvre inférieure est très-petite, coriacée, bifide, insérée à la partie antérieure un peu interne du menton : celui-ci est corné, plus large que la lèvre supérieure, coupé, & presqu'échancré antérieurement, arrondi sur les côtés.

Les antennules antérieures sont courtes, composées de quatre articles, dont le premier est petit, le second alongé & conique, le troisième une fois plus court que le second; le dernier court, assez gros, tronqué. Elles sont insérées à la base latérale de la division extérieure.

Les antennules postérieures sont très-courtes, composées de trois articles, dont le premier est très-petit; le second presque conique; le dernier un peu renflé & tronqué. Elles sont insérées sur le menton, à la base latérale de la lèvre.

La tête est petite, un peu enfoncée dans le corcelet, plane à sa partie supérieure, à bords tranchans sur le devant. Les yeux, placés à la partie latérale postérieure, sont petits, arrondis, un peu enfoncés.

Le corcelet est ordinairement aussi large que les élytres; il est peu convexe, échancré à sa partie antérieure pour recevoir la tête, peu sinué à sa partie postérieure, à bords tranchans sur les côtés.

L'écusson est petit, presqu'en cœur, arrondi postérieurement.

Les élytres sont rugueuses, chagrinées, striées, crénelées, rarement lisses; elles sont, ainsi que les autres parties du corps, couvertes assez souvent d'une poussière grise qu'on enlève difficilement.

Les pattes sont de longueur moyenne, ou même sont plus courtes, & plus petites que dans les autres insectes. Les antérieures sont un peu plus grosses que les autres, & les jambes sont extérieurement un peu dentelées. Les autres ont de très-petites épines à la place des dentelures. Les antérieures, dans quelques espèces, sont dilatées, comprimées, presque triangulaires, ou très-élargies par le bas.

Les tarses sont filiformes, & composés de cinq articles dans les quatre pattes antérieures, & de quatre seulement dans les postérieures. Ces articles sont égaux entr'eux. Le dernier est alongé, peu renflé, armé de deux ongles arqués & aigus.

On rencontre les Opatres dans les champs, & plus particuliérement dans les lieux arides, sablonneux : on les trouve aussi sous les cadavres desséchés. Leur démarche est assez lente, & leur course peu précipitée; de sorte qu'on les saisit facilement dès qu'on les apperçoit; mais ils échappent lorsqu'ils sont en repos, parce qu'étant presque tous couverts d'une poussière terreuse, on a de la peine à les découvrir. Leur larve nous est encore inconnue.

OPATRE.

OPATRUM, FABR. LATR. *SILPHA*. LINN. *TENEBRIO*. GEOFFR. DEG.

CARACTÈRES GÉNÉRIQUES.

Antennes courtes, grenues, grossissant un peu vers l'extrémité.

Mandibules courtes, creuses intérieurement, échancrées à l'extrémité.

Mâchoires bifides; divisions presque cylindriques.

Quatre antennules courtes, un peu en masse tronquée.

Chaperon profondément entaillé.

ESPÈCES.

1. OPATRE sabuleux.

Noir, couvert d'une poussière grise; élytres avec trois lignes élevées entre des tubercules lisses.

2. OPATRE variolé.

Noir; élytres presque striées, rugueuses; bord supérieur des yeux relevé.

3. OPATRE viennois.

D'un gris-obscur; corcelet finement chagriné; élytres à peine marquées de sillons pointillés.

4. OPATRE famélique.

D'un gris-obscur; élytres sillonnées, avec les interstices légérement chagrinés.

5. OPATRE renflé.

Obscur; corcelet chagriné, marqué d'une ligne élevée.

6. OPATRE déprimé.

Gris; corcelet et élytres lisses, pubescens.

7. OPATRE rustique.

Obscur: élytres avec des stries pointillées; tête avec une impression transversale.

8. OPATRE arénaire.

Gris; élytres avec des stries pointillées.

9. OPATRE glabre.

Noir; corcelet et élytres lisses, couverts de poils cendrés, écailleux.

10. OPATRE lisse.

Noir; chaperon antérieurement brun; élytres avec des stries presque lisses.

11. OPATRE crénelé.

Noir; bords du corcelet arrondis; élytres avec des stries pointillées.

12. OPATRE oblong.

Oblong, gris; chaperon relevé, bidenté; élytres presque striées.

OPATRE. (Insecte.)

13. Opatre treillé.

Noir; élytres striées; stries fortement ponctuées.

14. Opatre plane.

Déprimé, noir, opaque; élytres avec des stries simples; chaperon entier.

15. Opatre simple.

Noir, opaque; élytres avec des stries simples; chaperon échancré.

16. Opatre granulé.

Bords du corcelet un peu relevés; élytres avec trois stries élevées, et autant de sillons marqués de points enfoncés.

17. Opatre souterrain.

Noir, ponctué; jambes antérieures dilatées et dentées.

18. Opatre ferrugineux.

Corcelet inégal; élytres treillées; jambes antérieures un peu dilatées, triangulaires.

19. Opatre oriental.

Cendré; corcelet et élytres rugueux; jambes antérieures dilatées, triangulaires.

20. Opatre à fossettes.

Cendré; élytres sillonnées; sillons avec deux rangées de points enfoncés, assez grands.

21. Opatre pulvérulent.

Obscur, couvert d'une poussière écailleuse grise; élytres avec des stries lisses.

22. Opatre sillonné.

Noirâtre; corcelet chagriné, avec les bords entiers; élytres avec des stries crénelées; jambes avec une petite dent extérieurement.

23. Opatre picipède.

Noir; antennes et pattes brunes; élytres un peu raboteuses, marquées de stries pointillées.

24. Opatre pourpre.

Ovale-oblong, glabre, d'un brun-purpurescent; élytres avec des stries pointillées.

25. Opatre brun.

Oblong, glabre, brun; corcelet pointillé; élytres chagrinées, striées; interstice des stries un peu élevé.

26. Opatre peint.

Cendré, avec des points blancs; corcelet sillonné, avec deux enfoncemens.

27. Opatre bossu.

Glabre, noir; élytres avec des stries pointillées et des lignes à peine élevées.

28. Opatre tibial.

Noir; élytres pointillées, raboteuses; jambes antérieures comprimées, triangulaires.

29. Opatre hispide.

Noirâtre; corcelet et élytres hispides.

30. Opatre soyeux.

Gris, soyeux; élytres sillonnées; sillons ponctués.

31. Opatre ovale.

Ovale, gris; élytres presque striées, avec le bord mélangé de blanc.

32. Opatre cannelé.

Cendré; élytres striées; stries muriquées.

33. Opatre nain.

Cendré; corcelet rugueux; élytres avec quatre lignes élevées, lisses.

34. Opatre pusille.

Cendré; corcelet chagriné; élytres avec plusieurs stries.

1. OPATRE fabuleux.

OPATRUM sabulosum.

Opatrum nigrum, griseo-pulverulentum; elytris lineis elevatis, tuberculisque nitidis.

Opatrum sabulosum. Ent. tom. 3. 56. *n°.* 5. *tab.* 1. *fig.* 4.

Opatrum sabulosum *fuscum, elytris lineis elevatis tribus dentatis, thorace emarginato.* FABR. *Ent. Syst. em. tom.* 1. *p.* 89. *n°.* 3. — *Syst. Eleut. tom.* 1. *p.* 116. *n°.* 5.

Silpha sabulosa. LINN. *Syst. Nat. t.* 2. *p.* 572. *n°.* 17. — *Faun. Suec. n°.* 456.

Silpha sabulosa. SCOP. *Ent. Carn. n°.* 58.

Opatrum sabulosum. LATR. *Gen. Crust. & Ins. tom.* 2. *p.* 167. — *Hist. Nat. des Crust. & des Ins. tom.* 10. *p.* 286. *tab.* 88. *fig.* 5.

Tenebrio atra, elytris striis quinque utrinquè dentatis. GEOFF. *Ins. Paris. tom.* 1. *pag.* 350. *n°.* 7.

Opatrum sabulosum. ILLIG. *Ins. Pruss. tom.* 1. *p.* 107. *n°.* 2.

Tenebrio rugosus. DEG. *Mem. Ins. tom.* 5. *p.* 43. *n°.* 5. *tab.* 2. *fig.* 21.

Opatrum sabulosum. PANZER, *Faun. Germ. Fasc.* 3. *fig.* 2.

Opatrum sabulosum. HERBST. *Coleopt.* 3. *tab.* 52. *fig.* 5.

Opatrum sabulosum. PAYK. *Faun. Suec. t.* 1. *p.* 81. *n°.* 1.

Opatrum sabulosum. ROSS. *Faun. Etr. tom.* 1. *p.* 56. *n°.* 137.

Il a de trois lignes & demie à quatre lignes de longueur. Les antennes sont noires. Le corps est noir, plus ou moins couvert d'une poussière terreuse, grise. La tête est très-finement chagrinée. Le corcelet est de la largeur des élytres, finement chagriné. Les élytres sont chagrinées, marquées de cinq lignes élevées, dont trois plus apparentes. Ces lignes sont placées chacune entre deux rangées de tubercules peu élevés, lisses. Il y a aussi quelques tubercules le long de la ligne élevée de la suture, & quelques-uns plus clairs-semés vers le bord extérieur. Les ailes qui se trouvent au dessous des élytres sont un peu plus courtes que l'abdomen, & ne sont point repliées; elles ne peuvent servir au vol.

Il se trouve dans toute l'Europe, dans les lieux arides, sablonneux.

2. OPATRE variolé.

OPATRUM variolosum.

Opatrum nigrum, elytris substriatis rugosis, orbita oculorum supernè prominula.

Il est plus étroit que l'Opatre fabuleux. Les antennes sont d'un brun-noirâtre. Le corps est noir. La tête est très-finement pointillée, marquée d'un sillon transversal au milieu, & d'une ligne transversale, peu enfoncée, peu marquée, sur le vertex. Le bord supérieur de l'orbite de l'œil est relevé. Les élytres ont des stries qui forment des lignes peu marquées, souvent interrompues, ou des points irrégulièrement enfoncés. L'intervalle est également interrompu par des enfoncemees irréguliers; ce qui fait paroître ces élytres un peu raboteuses. Le dessous du corps est finement pointillé.

Il se trouve en Espagne, en Portugal.

3. OPATRE viennois.

OPATRUM viennense.

Opatrum fusco-griseum, thorace scabriusculo, elytris vix sulcatis, sulcis subpunctatis.

Il est plus petit & plus étroit que l'Opatre fabuleux, n'ayant que trois lignes de longueur & une & un quart de largeur à la base des élytres. Le dessus du corps est noir, couvert d'une poussière terreuse, grise. Les antennes sont d'un brun-noirâtre. La tête & le corcelet paroissent très-finement chagrinés, & les bords de celui-ci sont entiers. Les élytres ont chacune neuf sillons, peu profonds, peu marqués, dans lesquels sont des points assez gros, peu enfoncés. Le dessous du corps est noir & pointillé. Les pattes sont noires, avec les tarses d'un brun-noir.

Il se trouve en France, en Allemagne. Il nous est venu d'Allemagne, sous le nom de *Viennense*, que j'ai cru devoir lui conserver.

4. OPATRE famélique.

OPATRUM famelicum.

Opatrum fusco-griseum, elytris sulcatis, interstitiis scabriusculis.

Il est un peu plus étroit que l'Opatre fabuleux, ayant quatre lignes de longueur, & une & demie de largeur à la base des élytres. Les antennes sont d'un brun-clair. Le corps est noirâtre, couvert d'une poussière grise, & de poils courts, soyeux. La tête a une impression transversale, peu marquée. Le corcelet paroît pointillé à travers la poussière terreuse dont il est toujours couvert. Les élytres ont chacune neuf sillons qui ne paroissent pas ponctués. L'intervalle est légérement chagriné. Le dessous du corps est noirâtre. Les pattes sont brunes.

Il se trouve en Égypte, sur les terres incultes.

5. OPATRE renflé.

OPATRUM obesum.

Opatrum fuscum, thorace scabriusculo, lineâ mediâ elevatâ.

Il a quatre lignes de longueur, & deux de largeur au milieu des élytres; de forte qu'il a une forme un peu plus ovale que les précédens. Les antennes font brunes. La tête est chagrinée, marquée d'un enfoncement transversal, peu profond. Le corcelet est chagriné, & marqué d'une ligne longitudinale, peu élevée. Les élytres ont chacune neuf sillons, peu enfoncés, presque lisses. L'intervalle est à peine chagriné, & couvert de poils courts, grisâtres, presqu'écailleux. Le dessous du corps est noirâtre, un peu chagriné. Les pattes sont d'un brun très-foncé.

Je l'ai trouvé dans l'île de Scio, sur des terres arides, incultes.

6. Opatre déprimé.

Opatrum depressum.

Opatrum griseum, thorace elytrisque lævibus, pubescentibus.

Opatrum depressum. Fabr. *Entom. Syst. em. Suppl. p.* 41. — *Syst. Eleut. tom.* 1. *pag.* 116. *n°.* 7.

Il a environ cinq lignes de longueur, & il est plus déprimé ou moins convexe que l'Opatre fabuleux. Les antennes font noirâtres. La lèvre supérieure est d'un brun-clair. La tête, le corcelet & les élytres font lisses ou très-finement chagrinés, sans élévation ni stries, de couleur obscure, mais couverts de poils très-courts, grisâtres, presqu'écailleux. Le dessous du corps est noirâtre. L'abdomen est très-finement pointillé, & de chaque point part un poil très-court, prequ'écailleux. Les pattes sont de la couleur du corps.

Il se trouve dans les Indes orientales.

7. Opatre rustique.

Opatrum rusticum.

Opatrum fuscum, elytris striato-punctatis, capite transversè impresso.

Il est plus étroit, & un peu moins convexe que l'Opatre fabuleux. Les antennes font brunes. Le corps est noir ou noirâtre, légérement couvert de poils courts, cendrés. La tête est pointillée, & marquée, dans son milieu, d'une impression transversale, peu profonde. Le corcelet n'est pas tout-à-fait aussi large que les élytres; il est finement pointillé, & ses bords font entiers. Les élytres sont régulièrement striées, & les stries font ponctuées: on voit entre les stries de très-petits points, d'où partent autant de poils très-courts. Les pattes sont brunes.

Il se trouve au midi de la France, dans les îles de l'Archipel, en Grèce, sur les terrains arides, sablonneux. J'en ai un individu beaucoup plus grand, que j'ai pris aux environs de Bagdad.

8. Opatre arénaire.

Opatrum arenarium.

Opatrum griseum, elytris striato-punctatis. Ent. tom. 3. 50. *n°.* 7. *tab.* 1. *fig.* 7.

Opatrum arenarium. Fabr. *Syst. Ent. pag.* 76. *n°.* 3. — *Ent. Syst. em. tom.* 1. *p.* 90. *n°.* 8.

Il ressemble beaucoup à l'Opatre rustique, dont il est difficile de le distinguer, surtout par les élytres; il est un peu plus court, & le corcelet est un peu moins large que les élytres. Le dessus du corps est noirâtre, couvert de poils courts, cendrés. Le corcelet est finement pointillé, & ses bords latéraux font un peu élevés. Les élytres ont des stries ponctuées, & les intervalles font très-finement pointillés; elles font d'un brun-noirâtre. Le dessous du corps est noirâtre. Les pattes font brunes ou d'un brun-noirâtre.

Il se trouve au Cap de Bonne-Espérance.

9. Opatre glabre.

Opatrum glabratum.

Opatrum nigrum, thorace elytrisque lævibus, cinereis, squamosis.

Opatrum glabratum. Fabr. *Entom. Syst. em. tom.* 1. *p.* 90. *n°.* 7. — *Syst. Eleut. t.* 1. *p.* 117. *n°.* 10.

Il est un peu plus petit que l'Opatre fabuleux. Son corps est moins convexe, & le corcelet est plus petit. Les antennes font noirâtres. La tête & le corcelet font à peine chagrinés, couverts de poils courts, presqu'écailleux, cendrés. Les élytres paroissent lisses; mais à la loupe on voit qu'elles font à peine striées, & que les stries font lisses. Elles font couvertes de poils courts, presqu'écailleux, cendrés. Le dessous du corps est noirâtre. L'abdomen & les pattes font pointillés, & de chaque point part un poil très-court.

Il se trouve aux Indes orientales.

10. Opatre lisse.

Opatrum lævigatum.

Opatrum nigrum, clypeo anticè piceo, elytris substriatis. Ent. t. 3. 56. *n°.* 8. *tab.* 1. *fig.* 8. a. b.

Opatrum lævigatum. Fabr. *Ent. Syst. em. tom.* 1. *p.* 89. *n°.* 5. — *Syst. Eleut. tom.* 1. *p.* 117. *n°.* 8.

Il est un peu plus petit que l'Opatre fabuleux. Les antennes & les antennules font d'un brun-clair. La lèvre supérieure est brune, antérieurement ciliée. Le corcelet est noirâtre, pointillé, couvert d'un duvet court, grisâtre. Les élytres font régulièrement striées, & les stries font presque lisses. Entre les stries, on voit de très-petits points, d'où partent autant de poils courts, grisâtres. Le dessous du corps est noirâtre. Les pattes sont brunes. L'abdomen est finement pointillé, & de chaque point part un poil très-court.

Il se trouve dans la Nouvelle-Hollande.

11. Opatre crénelé.

Opatrum crenatum.

Opatrum atrum, thoracis margine rotundato, elytris punctato-striatis. Fabr. *Syst. Eleut. tom.* 1. *p.* 117. *n°.* 9.

Il ressemble aux précédens. Tout le corps est noir. Les bords du corcelet sont arrondis. Les élytres ont des stries pointillées, simples.

Il se trouve aux Indes orientales.

12. Opatre oblong.

Opatrum oblongum.

Opatrum oblongum, griseum, clypeo reflexo bidentato, elytris substriatis. Fabr. *Syst. Eleut. tom.* 1. *p.* 117. *n°.* 13.

Il a une forme plus alongée que les précédens. Tout le corps est gris. Le chaperon est relevé à son extrémité & bidenté. Le corcelet est rebordé. Les élytres sont presque striées.

Il se trouve à Tranquebar.

13. Opatre treillé.

Opatrum clatratum.

Opatrum nigrum, elytris striatis, striis punctatis. Fabr. *Ent. Syst. em. tom.* 1. *p.* 90. *n°.* 9. — *Syst. Eleut. tom.* 1. *p.* 118. *n°.* 14.

Il paroît appartenir plutôt au genre Pédine qu'à celui-ci. Il est un peu plus grand que l'Opatre sabuleux. Les antennes sont noires, obscures. La tête est pointillée, marquée d'une ligne transversale, enfoncée. Le corcelet est pointillé, rebordé, presque crénelé sur les bords, à peu près de la largeur des élytres : celles-ci sont lisses, & marquées de points enfoncés, assez grands, rangés en stries. Tout le corps est noir & lisse.

Il se trouve à Cayenne, à la Guadeloupe.

Du cabinet de M. Bosc.

14. Opatre plane.

Opatrum planum.

Opatrum depressum; nigrum, opacum, elytrorum striis simplicibus, clypeo integro. Fabr. *Ent. Syst. em. tom.* 1. *pag.* 90. *n°.* 10. — *Syst. Eleut. tom.* 1. *p.* 118. *n°.* 15.

Il ressemble aux précédens; mais il est plus déprimé, plane. La tête, le corcelet & les élytres sont noirs, opaques. Les élytres ont des stries lisses. Le chaperon, suivant Fabricius, est entier; ce qui doit l'éloigner de ce genre, & le rapprocher peut-être du Boléthophage.

Il se trouve en Sibérie.

15. Opatre simple.

Opatrum simplex.

Opatrum nigrum, opacum, elytrorum striis simplicibus, clypeo emarginato. Fabr. *Syst. Eleut. tom.* 1. *p.* 118. *n°.* 16.

Il se distingue des précédens par une forme moins déprimée. Le chaperon est échancré. Les élytres sont simplement striées. Tout le corps est d'un noir-obscur.

Il se trouve au Cap de Bonne-Espérance.

16. Opatre granulé.

Opatrum granulatum.

Opatrum thoracis margine subreflexo, elytrorum striis elevatis tribus, sulcis punctatis. Fabr. *Syst. Ent. tom.* 1. *pag.* 90. *n°.* 11. — *Syst. Eleut. tom.* 1. *p.* 118. *n°.* 17.

La tête & le corcelet sont noirs, lisses, avec les bords à peine relevés. Les élytres ont trois stries élevées, entre lesquelles sont des rangées de points enfoncés, qui se réunissent postérieurement.

Je n'ai point vu cet insecte, mais je soupçonne qu'il appartient au genre Aside.

Il se trouve en Barbarie, dans les lieux sablonneux.

17. Opatre souterrain.

Opatrum subterraneum.

Opatrum atrum, punctatum, tibiis anticis dilatatis, dentatis. Fabr. *Entom. Syst. em. Suppl. p.* 41. — *Syst. Eleut. tom.* 1. *p.* 118. *n°.* 18.

Il est une fois plus grand que l'Opatre tibial. Tout le corps est noir, luisant, ponctué. Les pattes antérieures ont leurs jambes dilatées & dentées.

Il se trouve aux Indes orientales.

18. Opatre ferrugineux.

Opatrum ferrugineum.

Opatrum thorace inæquali, elytris clathratis, tibiis anticis dilato-triangularibus. Fabr. *Syst. Eleut. tom.* 1. *p.* 118. *n°.* 19.

Il ressemble, pour la forme & la grandeur, à l'Opatre oriental. Tout le corps est ferrugineux. Le corcelet est inégal, rebordé, avec les bords entiers. Les élytres sont treillées. Les jambes antérieures sont dilatées & de forme triangulaire.

Il se trouve à Java.

19. Opatre oriental.

Opatrum orientale.

Opatrum cinereum, thorace elytrisque rugosis; tibiis anticis dilatatis, triangularibus. Fabr. *Ent. Syst. em. tom.* 1. *pag.* 91. *n°.* 12. — *Syst. Eleut. tom.* 1. *p.* 19. *n°.* 20.

L'Opatre décrit par Forskall sous le nom de *Silpha multistriata*, & cité par Fabricius, appartient à l'espèce qui suit; celui-ci est un peu plus grand & plus alongé. Le corps est cendré-obscur. La tête est chagrinée, marquée, à sa partie antérieure, d'une petite élévation transversale, courte, qui forme derrière elle un sillon après lequel sont deux tubercules à peine élevés. Le corcelet est de la largeur des élytres, légérement crénelé sur ses bords, fortement chagriné, marqué de quelques tubercules peu élevés, presque lisses. Les élytres sont raboteuses, chagrinées, marquées de trois lignes élevées ou plis peu distincts. Les cuisses antérieures sont anguleuses, & les jambes sont dilatées & triangulaires. Toutes les pattes sont d'un brun-noirâtre.

Il se trouve sur les terrains incultes de l'Égypte.

20. Opatre à fossettes.

Opatrum foveolatum.

Opatrum cinereum, elytris sulcatis, sulcis punctis impressis dublici serie.

Silpha multistriata. Forsk. *Descript. Anim. p.* 77. *n°.* 1.

Il ressemble à l'Opatre sabuleux; mais il est un peu plus petit. Les antennes & les antennules sont d'un brun-ferrugineux. La tête est cendrée, chagrinée, inégale, marquée au milieu d'un sillon court, transversal. Le corcelet est cendré, chagriné, convexe, légérement crénelé sur ses bords, marqué de deux enfoncemens peu profonds, aussi large que les élytres: celles-ci sont cendrées, & ont chacune quatre sillons, dans lesquels on remarque deux rangées de points assez grands, enfoncés. Le dessous du corps est noirâtre. Les pattes antérieures ont leur jambe un peu dilatée & triangulaire.

Il se trouve sur le sable & sur tous les terrains incultes de l'Égypte.

21. Opatre pulvérulent.

Opatrum pulverulentum.

Opatrum fuscum, griseo-pulverulentum, elytris striis lævibus.

Il a trois lignes de longueur, & ressemble à l'Opatre rustique; mais il est un peu plus convexe. Le corps est obscur, couvert de poils très-courts, presqu'écailleux. Les antennes sont d'un brun très-foncé. La tête paroît pointillée, & est marquée d'un enfoncement transversal. Le corcelet paroît pointillé comme la tête. Les élytres ont des stries sans points enfoncés. L'intervalle a de très-petits points, d'où partent autant de poils courts, presqu'écailleux. Le dessous du corps est noirâtre, pointillé. Les pattes sont d'un brun-foncé.

Il se trouve au midi de la France, dans les îles de l'Archipel.

22. Opatre sillonné.

Opatrum strigatum.

Opatrum nigricans, thorace scabro, margine integro, elytris crenato-striatis, tibiis omnibus extus subunidentatis. Fabr. *Ent. Syst. em. Suppl. p.* 41. — *Syst. Eleut. tom.* 1. *p.* 119. *n°.* 22.

Il a deux lignes & un tiers de longueur. Les antennes sont brunes. Le corps est d'un gris-foncé obscur. La tête & le corcelet sont fortement chagrinés. Les bords de celui-ci sont très-légérement crénelés. Les élytres ont chacune neuf sillons lisses, & l'intervalle est élevé, crénelé. Les pattes sont brunes. Toutes les jambes sont marquées extérieurement d'une petite dent.

Il se trouve aux Indes orientales.

23. Opatre picipède.

Opatrum picipes.

Opatrum nigrum, antennis pedibusque piceis; elytris scabriusculis, punctato-striatis.

Il est un peu plus convexe que l'Opatre rustique. Les antennes sont brunes. Le chaperon est entaillé, & la lèvre supérieure est brune, ainsi que les antennules. La tête est noire, finement pointillée, marquée d'un enfoncement transversal. Le bord supérieur de l'orbite est un peu élevé. Le corcelet est noir, glabre, pointillé, de la largeur des élytres. Ses bords latéraux sont entiers. Les élytres sont noires, glabres, légérement chagrinées, marquées de stries ponctuées. L'intervalle de ces stries est peu élevé, si ce n'est vers les bords latéraux, où cette élévation est plus sensible. Le dessous du corps est pointillé. Les pattes sont brunes. Les jambes antérieures sont à peine crénelées extérieurement.

Il se trouve au midi de la France, dans les endroits sablonneux.

24. Opatre pourpre.

Opatrum purpurescens.

Opatrum ovato-oblongum, glabrum, fusco-purpurescens, elytris striis punctatis.

Il a un peu plus de deux lignes de longueur, & deux seulement de largeur au milieu des élytres. Tout le corps est glabre & d'un brun-luisant, donnant un peu sur le pourpre. Les antennes sont un peu velues, & vont un peu en grossissant vers l'extrémité. La tête est pointillée, entaillée antérieurement en segment de cercle. Le corcelet est finement pointillé, & ses rebords sont entiers. Les élytres se terminent en pointe; elles ont des pointillures plus fines, plus rapprochées & plus irrégulières que sur le corcelet, & des stries bien marquées, au fond desquelles sont des points enfoncés. Les jambes antérieures s'élargissent un peu à leur extrémité, & les postérieures sont minces, un peu arquées.

J'ai reçu cet insecte de M. Hoffmansegg, sous le nom d'*Opatrum purpurescens;* il tient le milieu entre les Opatres & les Pédines, & pourroit être aussi bien placé parmi ceux-ci que parmi les Opatres.

Il se trouve en Portugal.

25. Opatre brun.

Opatrum piceum.

Opatrum oblongum, glabrum, thorace punctato, elytris scabriusculis striatis, interstitio striarum elevato.

Il a un peu plus de quatre lignes de longueur. Le corps est oblong, glabre, entiérement d'un brun-foncé, luisant. Les antennes sont d'un brun un peu plus clair, & vont très-peu en grossissant vers l'extrémité. Le chaperon est profondément entaillé. La tête est fortement pointillée, & marquée d'une ligne enfoncée, transversale. Le corcelet est fortement pointillé, un peu plus étroit que les élytres, avec les bords latéraux entiers. Les élytres sont un peu chaprinées ou légérement raboteuses, striées, à peine pointillées au fond des stries, avec l'espace compris entre chaque strie un peu élevé. La plus grande largeur de l'insecte est un peu au-delà du milieu des élytres. Les pattes sont d'un brun un peu moins foncé que le corps.

Je l'ai trouvé sur les sables, dans la basse Égypte.

26. Opatre peint.

Opatrum pictum.

Opatrum cinereum, albo punctatum, thorace sulcato, foveolato.

Opatrum pictum *cinereum, elytris albo striatis, striis nigro punctatis.* Fabr. *Syst. Eleut. t.* 1. *p.* 117. *n°.* 12.

Il n'a pas deux lignes de longueur. Le corps en dessus est mélangé de cendré & de blanc; il est cendré en dessous. La tête est marquée de deux sillons peu profonds, un peu divergens. Le corcelet est pour le moins aussi large que les élytres, crénelé sur ses bords, chagriné, marqué d'un sillon au milieu, & d'un enfoncement vers les côtés, qui se termine postérieurement en fosse bien marquée. Les élytres sont sillonnées, & le fond des sillons est ponctué. Les pattes sont d'un brun-ferrugineux, couvertes de poils courts, écailleux, cendrés. Les jambes antérieures sont armées extérieurement de trois dents, dont deux égales vers le milieu, & une longue, en forme d'épine, vers l'extrémité.

Il se trouve dans l'Autriche, la Hongrie.

27. Opatre bossu.

Opatrum gibbum.

Opatrum glabrum, nigrum, elytris punctato-striatis; lineis elevatis, obsoletis.

Opatrum gibbum. Fabr. *Ent. Syst. em. tom.* 1. *p.* 89. *n°.* 4. — *Syst. Eleut. tom.* 1. *p.* 116. *n°.* 6.

Opatrum gibbum. Panz. *Faun. Germ. Fasc.* 39. *tab.* 4.

Opatrum gibbum. Illig. *Inf. Pruss. tom.* 1. *p.* 108. *n°.* 3.

Opatrum convexum. Kugel, *n°.* 3.

Cet insecte me paroît se rapprocher des Pédines; il est une fois plus petit que l'Opatre fabuleux. Les antennes sont noirâtres, un peu plus courtes que le corcelet, & vont un peu en grossissant. Le chaperon est échancré. La tête est pointillée, glabre, noire. Le corcelet est noir, glabre, pointillé, rebordé, aussi large que les élytres, avec ses bords entiers. Les élytres ont des stries pointillées. L'intervalle est à peine élevé entre quelques stries, & très-finement pointillé. Le dessous du corps est noir. Les pattes sont noires. Les jambes antérieures sont comprimées, un peu triangulaires. Les autres jambes, dans l'un des sexes, sont velues le long de leur partie interne.

Il se trouve en France, en Allemagne.

28. Opatre tibial.

Opatrum tibiale.

Opatrum nigrum, elytris punctatis subrugosis, tibiis anticis compresso-triangularibus. Entom. tom. 3. *p.* 56. *n°.* 10. *tab.* 1. *fig.* 10. a. b.

Opatrum tibiale. Fabr. *Ent. Syst. em. tom.* 1. *pag.* 91. *n°.* 13. — *Syst. Eleut. tom.* 1. *pag.* 119. *n°.* 21.

Opatrum tibiale. Illig. *Inf. Pruss. t.* 1. *p.* 107. *n°.* 1.

Opatrum tibiale. Payk. *Faun. Suec. tom.* 1. *p.* 83. *n°.* 3.

Opatrum tibiale. Herbst, *Coleopt.* 5. *p.* 221. *tab.* 52. *fig.* 8.

Opatrum tibiale. Panz. *Faun. Germ. Fasc.* 43. *tab.* 10.

Il a une ligne & demie de longueur. Tout le

corps eſt noir, rarement couvert d'une pouſſière un peu cendrée. La tête eſt légérement chagrinée. Le corcelet eſt de la largeur des élytres, finement chagriné, marqué de quelques tubercules à peine élevés, liſſes. L'écuſſon eſt petit, arrondi poſtérieurement. Les élytres ſont finement pointillées, marquées de quelques enfoncemens irréguliers. Les jambes antérieures ſont un peu dilatées, triangulaires, armées, vers leur baſe extérieure, de deux ou trois dentelures.

Il ſe trouve en France, en Allemagne, en Suède, dans les lieux ſablonneux.

29. Opatre hiſpide.

Opatrum hiſpidum.

Opatrum nigricans, thorace elytriſque hiſpidis. Fabr. *Syſt. Eleut. tom.* 1. *p.* 119. *n*°. 23.

Opatrum hiſpidum. Web. *Obſ. Ent. pag.* 38. *n*°. 1.

Il eſt plus petit que l'Opatre ſabuleux. Les antennes ſont teſtacées. La tête eſt noire, tuberculée. Le corcelet eſt irréguliérement tuberculé, hiſpide, bordé, marqué au milieu d'un enfoncement peu profond. Les élytres ſont noires, munies chacune de neuf lignes élevées, tuberculées, à tubercules hiſpides. L'abdomen eſt noir, couvert de poils cendrés. Les pattes ſont de couleur de poix. Les ailes ſont blanches, marquées de veines rouges.

Il ſe trouve à Sumatra.

30. Opatre ſoyeux.

Opatrum ſericeum.

Opatrum ſericeum, griſeum, elytris ſulcatis, ſulcis punctatis. Fabr. *Syſt. Eleut. tom.* 1. *p.* 120. *n*°. 24.

Opatrum ſericeum. Web. *Obſ. Ent. pag.* 38. *n*°. 2.

Il reſſemble, ſuivant Fabricius, à l'Opatre ferrugineux pour le port & la grandeur. Les antennes ſont moniliformes, d'un brun-foncé, avec quelques poils dorés. La tête eſt noire, ponctuée. Le corcelet eſt bordé, brun, couvert de poils dorés qui le rendent ſoyeux. Les élytres ſont brunes, ſoyeuſes, marquées de ſillons ponctués. Les cuiſſes antérieures ſont ſimples ou armées d'une forte dent. Les ailes ſont blanches, avec les veines brunes.

Il ſe trouve à Sumatra.

31. Opatre ovale.

Opatrum ovatum.

Opatrum ovatum, griſeum, elytris ſubſtriatis; margine albo, vario. Fabr. *Syſt. Eleut. tom.* 1. *p.* 120. *n*°. 25.

Il eſt petit, & de forme plus ovale que les eſpèces précédentes. Les antennes ſont courtes, noires. Le corcelet eſt bordé. Les élytres ſont preſque ſtriées, griſes, avec le bord un peu mélangé de blanc.

Il ſe trouve dans l'Amérique méridionale.

32. Opatre cannelé.

Opatrum canaliculatum.

Opatrum cinereum, elytris ſtriatis, ſtriis muricatis. Fabr. *Ent. Syſt. em. Suppl. p.* 42. — *Syſt. Eleut. tom.* 1. *p.* 120. *n*°. 26.

Il eſt petit, entiérement gris. Le chaperon eſt entier. Le corcelet eſt raboteux, marqué d'un ſillon au milieu. Les élytres ſont ſtriées, & les ſtries ſont muriquées. Les jambes antérieures ſont dentées.

Il ſe trouve à Tranquebar.

33. Opatre nain.

Opatrum minutum.

Opatrum cinereum, thorace rugoſo, elytris lineis elevatis quatuor lœvibus. Ent. t. 3. *n*°. 56. 12. *tab.* 1. *fig.* 12. a. b.

Opatrum minutum. Fabr. *Ent. Syſt. em. t.* 1. *pag.* 91. *n*°. 15. — *Syſt. Eleut. tom.* 1. *pag.* 120. *n*°. 27.

Je n'ai pas vu cet inſecte; ce qui me fait douter qu'il appartienne à ce genre. Le corps, ſuivant Fabricius, eſt petit, entiérement d'une couleur cendrée obſcure. Les élytres ſont liſſes, & ont chacune quatre lignes élevées.

Il ſe trouve en Suède.

34. Opatre puſille.

Opatrum puſillum.

Opatrum cinereum, thorace ſcabro, elytris multò ſtriatis. Fabr. *Ent. Syſt. em. tom.* 1. *p.* 91. *n*°. 16. — *Syſt. Eleut. tom.* 1. *p.* 120. *n*°. 28.

Fabricius cite mal-à-propos Roſſi, qui n'a point décrit d'*Opatrum puſillum*, mais l'*Agricola*, qui eſt un Boléthophage. Le Puſille, ſelon Fabricius, eſt petit comme les précédens, & de couleur cendrée. Le corcelet eſt chagriné, & les élytres ont pluſieurs ſtries.

Il ſe trouve en Hongrie.

Nota. Les Opatres gris, velu, ſoyeux & rugueux de mon *Entomologie* appartiennent au genre Aſide, ainſi que le *fuſcum*, l'*obſcurum* & le *porcatum* de Fabricius. Le Boſſu & le Réticulé ſont le même inſecte. Le dernier n'eſt qu'une variété du premier, de couleur brune claire, que j'avois décrite & figurée dans la collection de Linné, alors entre les mains de M. Smith; il appartient au genre

Bolétophage, ainsi que l'Agaricicole ou Agricole des auteurs.

L'article OPATRE de mon *Entomologie* a été rédigé pendant mon voyage dans l'Orient, ainsi que tous ceux compris depuis le n°. 45 jusqu'au 69e.; ce qui fait qu'il s'y est glissé des fautes que j'aurai soin un jour de corriger.

OPHION. *Ophion*. Genre d'insectes de la première section de l'Ordre des Hyménoptères, & de la famille des Ichneumonides.

Les Ophions ont les antennes sétacées, presque de la longueur du corps; les antennules filiformes; les mandibules bifides; l'abdomen arqué, comprimé, large & tronqué à son extrémité.

Ce genre, établi par Fabricius, n'a point été adopté par Latreille; il forme seulement une division parmi les Ichneumons de ce dernier: ce sont les comprimés ou ceux à abdomen comprimé & en faucille.

M. Jurine fait entrer quelques Ophions dans son genre Ichneumon, & il place les autres parmi ses Anomalons, dont le caractère est de n'avoir aux ailes supérieures, que deux grandes cellules cubitales ou soumarginales, tandis que les Ichneumons en ont trois, dont l'intermédiaire est fort petite.

Les caractères que Fabricius assigne à ce genre ne nous ont pas paru assez précis pour ne pas laisser des incertitudes relativement aux espèces qui doivent y entrer. Par exemple, il assigne six articles aux antennules antérieures, & nous n'en avons pu compter que cinq à toutes celles que nous avons soumises à l'examen le plus scrupuleux. Les antennules postérieures ne partent pas de l'extrémité de la lèvre, comme il le dit, mais de sa base latérale un peu antérieure. Ces caractères, au reste, ainsi que ceux tirés des mandibules & des mâchoires, lui sont communs avec presque tous les autres genres formés aux dépens des Ichneumons. Ceux que M. Jurine tire, pour les Anomalons, des nervures des ailes, seroient excellens s'ils étoient toujours assez constans; mais il se présente des anomalies, comme il l'a remarqué lui-même, qui rendent son genre encore incertain. Le travail de M. Jurine pourtant mérite des éloges, & ne sauroit être trop apprécié. Nous regrettons seulement que cet habile observateur n'ait pas formé, à l'exemple de Fabricius, un plus grand nombre de genres qu'il n'a fait, & qu'il n'ait pas rigoureusement suivi sa méthode en groupant toutes les espèces d'Ichneumons dont les ailes lui présentoient des différences assez notables & assez constantes, si ce n'est dans les cellules cubitales, du moins dans les autres parties de l'aile. En attendant un travail plus étendu & plus rigoureux sur les Ichneumonides, nous croyons que le genre Ophion de Fabricius peut être conservé, en le refondant toutefois & n'y laissant que les espèces qui présenteront, s'il est possible, les mêmes caractères, tant aux parties de la bouche, qu'aux nervures des ailes. Peut-être sera-t-il difficile de faire concorder ces derniers; mais on approchera du moins de la précision qu'exigent les caractères des genres, & on aura facilité l'étude des espèces dans une famille extrêmement nombreuse, dont les antennes, la forme du corps, les nervures des ailes & même les couleurs diffèrent souvent beaucoup du mâle à la femelle, au point qu'on seroit porté quelquefois à les placer bien loin l'un de l'autre.

Les antennes des Ophions sont sétacées, presque aussi longues que le corps, composées d'un grand nombre d'articles cylindriques, peu distincts. Le premier seulement est renflé, un peu plus long que les autres; les deux suivans sont fort courts; le troisième surtout est un peu plus court & un peu plus petit que le second. Elles sont insérées, assez près l'une de l'autre, à la partie antérieure de la tête, entre les deux yeux.

La tête est courte, aussi large que le corcelet, dont elle est bien distincte, quoique portée sur un col très-court ou presque nul. Les yeux sont oblongs, peu saillans, & placés à la partie latérale: il y a trois petits yeux lisses, disposés en triangle, à la partie supérieure de la tête.

La bouche est formée d'une lèvre supérieure, de deux mandibules, d'une trompe fort courte & de quatre antennules.

La lèvre supérieure est cornée, fort courte, arrondie antérieurement, légérement ciliée.

Les mandibules sont cornées, arquées, assez larges, bifides ou bidentées à leur extrémité. La dent supérieure est un peu plus longue que l'inférieure.

La trompe est formée de trois pièces. Les latérales ou mâchoires sont coriacées, larges, minces, presque transparentes, bifides. La division interne est adhérente à l'autre, plus courte, moins large, terminée en pointe. L'autre est grande, large, arrondie à son extrémité. Leur base est plus étroite & cornée.

La pièce intermédiaire ou lèvre inférieure est cornée, étroite, un peu plus large à son extrémité qu'à sa base: c'est le menton proprement dit. Cette pièce est surmontée par la langue ou lèvre inférieure, qui est membraneuse & bifide. Les divisions sont distantes & arrondies.

Les antennules antérieures ou maxillaires sont longues, sétacées, composées de cinq articles, dont le premier est alongé, aminci à sa base. Le second est plus court & plus gros que le premier. Le troisième est alongé, peu renflé à son extrémité. Les deux suivans vont en diminuant de grosseur. Elles sont insérées à l'extrémité de la partie cornée de la pièce latérale de la trompe.

Les antennules postérieures ou labiales sont presqu'une fois plus courtes que les antérieures, & composées de quatre articles, dont les trois premiers sont de grosseur & de longueur presqu'égales. Le dernier est plus étroit. Elles sont insérées à l'extrémité latérale de la partie cornée de la pièce intermédiaire, ou à la base antérieure de la lèvre.

Le premier segment du corcelet est fort court, à peine distinct. Le second ou le dos est élevé, convexe, pas plus large que la tête. L'écusson qui le termine postérieurement est séparé du dos par un enfoncement transversal; il s'élève quelquefois au milieu en pointe de diamant ou en tubercule arrondi, & est souvent coloré de blanc ou de jaune, comme dans les Ichneumons. Le troisième segment est court, plus étroit que le dos, & s'abaisse postérieurement.

L'abdomen est alongé, comprimé, arqué ou en faucille, étroit à sa base, large & tronqué à son extrémité : il est porté sur une sorte de pétiole, c'est-à-dire que le premier article est mince, alongé, à peine renflé à son extrémité; il est terminé, dans les femelles, par un aiguillon plus ou moins alongé, mais ordinairement fort court.

Les pattes sont de longueur inégale. Les postérieures sont plus longues & plus grosses que les intermédiaires, & celles-ci le sont un peu plus que les antérieures. Les jambes des quatre pattes postérieures sont terminées par deux épines droites, & celles de devant par une un peu arquée.

Les ailes sont étendues, veinées, ordinairement plus courtes que l'abdomen; elles ont une cellule radiale ou marginale, grande & fort alongée, & deux cellules cubitales ou soumarginales, dont la première présente des anomalies fort remarquables. Elle est quelquefois complète, & donne naissance, vers son milieu, à une nervure récurrente; mais quelquefois la nervure qui doit la clorre intérieurement s'arrête au-delà de la nervure récurrente, comme dans l'Ophion trompeur, & souvent elle forme un coude, & s'unit alors complétement avec la première cellule intérieure; de sorte que deux n'en forment qu'une, comme on le voit dans l'Ophion jaune. Il arrive aussi assez souvent qu'entre la première cellule cubitale & la seconde, qui aboutit à l'extrémité de l'aile, il y en a une fort petite & irrégulière. Nous aurions noté toutes ces différences si nous avions pour le moment sous les yeux toutes les espèces que nous mentionnons d'après Fabricius. Ce travail est pourtant absolument nécessaire, tant pour la distinction des espèces, que pour établir des subdivisions qui en faciliteront l'étude.

Quant aux mœurs & à la manière de vivre des Ophions, nous n'ajouterons rien ici à ce que nous avons dit à l'article Ichneumon, l'histoire des uns se liant à l'histoire des autres, quoique chacun ait des habitudes qui lui soient particulières, & qui mériteroient des détails qui ne pourroient manquer d'être aussi curieux qu'intéressans.

OPHION.

OPHION.

OPHION. FABR. *ANOMALON.* JUR. PANZ. *ICHNEUMON.* LINN. GEOFFR. DEG. LATR. JUR.

CARACTÈRES GÉNÉRIQUES.

Antennes longues, sétacées; articles cylindriques, peu distincts, très-nombreux; le premier un peu alongé et renflé; les deux suivans fort courts.

Mandibules terminées par deux dents.

Langue arrondie, peu avancée.

Quatre antennules; les antérieures longues, composées de cinq articles, dont les premiers plus gros que les derniers; les postérieures de quatre articles, dont le dernier plus étroit.

Abdomen alongé, latéralement comprimé, en faucille.

Ailes variables.

ESPÈCES.

* *Antennes jaunes.*

1. OPHION jaunâtre.

D'un jaune-testacé pâle; corcelet avec deux lignes jaunes.

2. OPHION pâle.

D'un jaune-testacé pâle; corcelet sans tache.

3. OPHION ramidule.

D'un jaune-testacé pâle, avec l'extrémité de l'abdomen noire.

4. OPHION chloris.

D'un jaune-testacé pâle, sans tache; abdomen dentelé en dessous.

5. OPHION jaune.

Jaune, avec le vertex noir; extrémité de l'abdomen obscure.

6. OPHION ferrugineux.

Fauve; anneaux de l'abdomen marqués d'un point jaune, de chaque côté.

7. OPHION trompeur.

Testacé; abdomen plus obscur, en faucille.

8. OPHION glaucoptère.

Ferrugineux; poitrine et extrémité de l'abdomen noires.

9. OPHION fabricateur.

Ferrugineux; abdomen obscur; corcelet et poitrine avec des rayures enfoncées, noires.

10. OPHION questeur.

Jaune; corcelet avec trois tubercules élevés, ovales, obscurs.

11. OPHION dessinateur.

Ferrugineux; poitrine et extrémité du corcelet et de l'abdomen noires.

OPHION. (Insecte.)

12. Ophion obscur.

Obscur; dos du corcelet jaune, avec trois lignes courtes et un point obscurs; côtés de l'abdomen tachés de jaune.

13. Ophion agresseur.

Noir; antennes, bouche et pattes rouges.

14. Ophion morio.

Très-noir; front taché de jaune; ailes bleues, avec l'extrémité obscure.

15. Ophion atricolor.

Ailes et corps très-noirs, sans tache; antennes jaunes.

16. Ophion front-jaune.

Noir, avec le front jaune, le second et le troisième anneau de l'abdomen rouges.

17. Ophion habillé.

Noir; abdomen, antennes et pattes ferrugineux.

18. Ophion délaissé.

D'un brun-ferrugineux; abdomen noir, avec la base ferrugineuse.

19. Ophion xanthope.

Noir; abdomen ferrugineux, avec l'extrémité noire.

20. Ophion circonflexe.

Noir; abdomen jaune à sa base; pattes postérieures ferrugineuses, avec les genoux noirs; écusson jaune.

21. Ophion maculé.

Ferrugineux, avec l'extrémité du corcelet et de l'abdomen noire.

22. Ophion tricolor.

Noir; bouche et ligne latérale au corcelet jaunes; abdomen ferrugineux, avec le premier article noir.

** *Antennes noires, marquées d'un anneau blanc.*

23. Ophion porte-clef.

Noir; pattes rouges; les postérieures avec l'extrémité blanche; antennes avec un anneau blanc.

24. Ophion abréviateur.

Noir; abdomen rouge, court, en masse, avec l'extrémité tronquée, noire.

25. Ophion exhortateur.

Ferrugineux; tête et extrémité de l'abdomen noires.

26. Ophion à tarse blanc.

Noir; pattes ferrugineuses, avec les tarses postérieurs blancs.

*** *Antennes entièrement noires.*

27. Ophion annonciateur.

Noir; pattes rouges, avec les jambes postérieures noires; aiguillon de médiocre longueur.

28. Ophion exhaustateur.

Noir; abdomen rouge, avec la base et l'extrémité noires; aiguillon recourbé, en faucille.

29. Ophion criailleur.

Noir, avec le second, le troisième, le quatrième anneau de l'abdomen, la bouche et les pattes rouges.

30. Ophion fuscipenne.

Rouge; tête et anus noirs; ailes obscures.

OPHION. (Insecte.)

31. Ophion générateur.

Jaune, avec les antennes noires; ailes transparentes, sans tache.

32. Ophion fomentateur.

Noir; abdomen avec la base du troisième et du quatrième anneau jaunâtre; pattes testacées.

33. Ophion inculcateur.

Noir; abdomen entièrement ferrugineux.

34. Ophion faucheur.

Noir; corcelet presque taché; abdomen avec le second, le troisième et le quatrième anneau rouges.

35. Ophion nidulateur.

Noir; corcelet sans tache; abdomen avec le troisième et le quatrième anneau ferrugineux.

36. Ophion pugilateur.

Corcelet noir, sans tache; abdomen rouge, avec la base et l'extrémité noires; pattes grêles, ferrugineuses.

37. Ophion opérateur.

Noir; front jaune; abdomen pétiolé, comprimé, rouge, avec l'extrémité noire.

38. Ophion dimidiateur.

Jaune, avec les antennes noires; abdomen obscur, avec la base jaune.

39. Ophion quadrateur.

Jaune, avec le second anneau de l'abdomen noir; extrémité des ailes noire.

40. Ophion décharné.

Noir; front jaune; abdomen aminci, comprimé, rouge, avec l'extrémité noire.

41. Ophion grêle.

Noir; front, écusson et deux lignes sur le corcelet jaunes.

42. Ophion modérateur.

Noir; abdomen pétiolé, comprimé; pattes pâles; aiguillon à peine plus court que le corps.

43. Ophion sauteur.

Noir; abdomen en masse, court; aiguillon cylindrique; pattes postérieures alongées.

44. Ophion exténuateur.

Noir; abdomen rouge, avec le dos noir; pattes antérieures ferrugineuses.

45. Ophion denté.

Corcelet mélangé de noir et de jaune; abdomen avec des bandes jaunes et noires; cuisses postérieures dentées.

46. Ophion épineux.

Rouge, avec l'extrémité du corcelet et la base de l'abdomen noires; cuisses postérieures dentées.

47. Ophion érigateur.

Noir; corcelet sans tache; abdomen court, avec le troisième anneau rouge; pattes rouges.

48. Ophion nourrisseur.

Noir; abdomen court, ferrugineux, avec le pétiole noir.

49. Ophion moqueur.

Noir; corcelet sans tache; abdomen ferrugineux, avec le pétiole, le bord du second anneau et la base du troisième noirs.

OPHION. (Insecte.)

50. Ophion compensateur.

Noir; corcelet sans tache; abdomen court, avec le second, le troisième et le quatrième anneau rouges.

51. Ophion marchand.

Noir; corcelet sans tache; abdomen court, avec le bord du second anneau, tout le troisième et la base du quatrième jaunes.

52. Ophion flagellant.

Noir; corcelet sans tache; abdomen court, avec le second et le troisième anneau rouges; cuisses postérieures noires.

53. Ophion frustrateur.

Noir; pattes rouges; jambes et tarses postérieurs noirs; ailes obscures.

54. Ophion pétiolé.

Noir; corcelet sans tache; abdomen pétiolé; en faucille, ayant le troisième anneau rouge.

55. Ophion agréable.

Noir; abdomen en faucille, avec le troisième anneau rouge; pattes rouges.

56. Ophion nègre.

Jaune, avec les antennes noires et les ailes obscures.

57. Ophion fémoral.

Noir, avec les pattes ferrugineuses; cuisses postérieures renflées, unidentées.

58. Ophion écussonné.

Noir, avec la bouche et les pattes d'un jaune-fauve; abdomen rouge, avec la base et l'extrémité noires.

59. Ophion trimaculé.

Noir; bouche, tour des yeux, écusson et lignes ovales sur le corcelet, jaunes.

60. Ophion ensanglanté.

Noir; front, écusson et partie postérieure du corcelet d'un rouge-sanguin; pattes rouges.

61. Ophion des Pucerons.

Jaune, avec la partie postérieure de la tête et du corcelet, et le bord des derniers anneaux de l'abdomen, noirs.

* *Antennes jaunes.*

1. Ophion jaunâtre.

Ophion *luteus.*

Ophion pallidè testaceus, thorace lineis duabus flavis.

Ophion luteus. Fabr. *Ent. Syst. em. Suppl. p.* 235. — *Syst. Pyez. p.* 130. *n°.* 1.

Ichneumon luteus, thorace striato, abdomine falcato. Fabr. *Ent. Syst. em. tom.* 2. *pag.* 178. *n°.* 1.

Les ailes n'ont, dans cette espèce, que deux cellules cubitales. La larve habite dans le corps de diverses Chrysalides.

Voyez, pour la description & les autres synonymes, Ichneumon jaunâtre, n°. 156.

2. Ophion pâle.

Ophion *pallens.*

Ophion pallidè testaceus; thorace immaculato.

Il est une fois plus petit que le précédent, n'ayant guère que cinq ou six lignes de longueur. Les antennes sont testacées, de la longueur du corps. La tête est d'un jaune-testacé, avec les yeux bruns. Le corcelet est testacé-pâle. L'abdomen est de la même couleur; il est plus court, moins aminci à sa base que dans l'espèce précédente, comprimé, tronqué, avec l'aiguillon d'une demi-ligne de longueur, caché dans deux valves assez larges. Le point marginal des ailes est jaune, & on remarque une petite cellule triangulaire, presque pétiolée, entre les deux cellules cubitales.

Il se trouve aux environs de Paris, au midi de la France, aux environs de Bagdad.

3. Ophion ramidule.

Ophion *ramidulus.*

Ophion luteus, abdomine apice nigro. Fabr. *Ent. Syst. em. Suppl. p.* 336. *n°.* 2. — *Syst. Pyez. p.* 131. *n°.* 2.

Ichneumon ramidulus. Fabr. *Ent. Syst. emend. tom.* 2. *p.* 178. *n°.* 187.

Voyez, pour la description & les autres synonymes, Ichneumon ramidule, n°. 173.

4. Ophion chloris.

Ophion *chloris.*

Ophion pallidè testaceus, immaculatus, abdomine falcato, subtùs dentato.

Il ressemble beaucoup, pour la forme & la grandeur, à l'Ophion jaunâtre. Tout le corps est d'une couleur testacée pâle, sans aucune tache. Les antennes sont de la longueur du corps. L'abdomen est pétiolé, en faucille, marqué de deux ou trois dentelures à sa partie inférieure. L'aiguillon a une ligne & demie de longueur; il est d'un brun très-clair. Les deux valves latérales sont de la même longueur & velues. Le point marginal des ailes supérieures est jaune, & plus grand que dans l'Ophion jaunâtre. L'on apperçoit une petite cellule entre les deux cubitales, & le commencement d'une nervure ou cloison à l'angle rentrant de la première cellule cubitale.

Il se trouve dans l'Amérique septentrionale.

5. Ophion jaune.

Ophion *flavus.*

Ophion luteus, vertice atro, abdomine apice fusco. Fabr. *Ent. Syst. em. Suppl. p.* 236. *n°.* 3. — *Syst. Pyez. p.* 131. *n°.* 4.

Ichneumon flavus. Fabr. *Ent. Syst. em. tom.* 2. *p.* 179. *n°.* 188.

Voyez Ichneumon jaune, n°. 157.

6. Ophion ferrugineux.

Ophion *ferrugineus.*

Ophion fulvus, abdominis segmentis utrinquè puncto flavo. Fabr. *Syst. Pyez. p.* 131. *n°.* 3.

Ichneumon ferrugineus. Fabr. *Ent. Syst. Suppl. p.* 228.

Il est grand. La tête est fauve, avec les mandibules & les trois petits yeux lisses, noirs. Les antennes sont jaunes. Le corcelet est fauve, marqué de deux lignes noires, presqu'effacées sur le dos, & d'un point jaune sous les ailes. L'abdomen est pétiolé, fauve, avec quatre, cinq ou six points jaunes de chaque côté. L'aiguillon est noir, de la longueur de l'abdomen. Les ailes sont transparentes, avec le point ordinaire jaune.

Il se trouve en Italie.

7. Ophion trompeur.

Ophion *fallax.*

Ophion testaceus, abdomine falcato, fusco.

Il ressemble, pour la forme & la grandeur, à l'Ophion jaunâtre. Les antennes sont d'un brun-testacé, de la longueur du corps. La tête est testacée, avec les yeux bruns, ainsi que les petits yeux lisses. Le corcelet, la poitrine & les pattes sont testacés, sans tache. L'abdomen est pétiolé, en faucille. Le premier anneau est mince, alongé, testacé; les autres sont d'un brun-testacé, avec l'extrémité plus obscure. Les ailes ont leurs nervures brunes, ainsi que le point marginal. On ne voit que deux cellules cubitales. La première a une ligne qui s'avance jusqu'au milieu, & qui part de l'angle rentrant.

Il se trouve aux environs de Paris.

8. Ophion glaucoptère.

Ophion glaucopterus.

Ophion ferrugineus, pectore abdominisque apice nigris.

Ophion glaucopterus *luteus, pectore nigro, abdomine falcato, ano nigro.* Fabr. *Ent. Syst. em. Suppl. p.* 236. *n°.* 4. — *Syst. Pyez. p.* 133. *n°.* 14.

Voyez, pour les autres synonymes, Ichneumon glaucoptère, n°. 163.

Je donnerai ici la description de cet insecte, que je n'avois pas sous les yeux lorsque je rédigeois l'article Ichneumon; il a neuf lignes de longueur. Les antennes sont d'un jaune-ferrugineux, presque de la longueur du corps. La tête est ferrugineuse, avec la partie supérieure noirâtre. Le corcelet est ferrugineux à sa partie supérieure. L'écusson est un peu conique, & tout le segment postérieur est raboteux. La ligne enfoncée qui sépare ce segment du corcelet paroît noirâtre. La poitrine est noirâtre. L'abdomen est comprimé, tronqué, fauve, avec l'extrémité noire. Les pattes & même les hanches sont entiérement fauves. Les ailes ont une teinte rousse. Les nervures sont rousses. Il y a trois cellules cubitales, dont l'intermédiaire est petite, presque circulaire.

Il se trouve au midi de la France & dans toute l'Europe.

9. Ophion fabricateur.

Ophion fabricator.

Ophion ferrugineus, abdomine fusco, thorace pectoreque lineis impressis nigris.

Il ressemble au précédent. Les antennes sont jaunes, de la longueur du corps. La tête est d'un brun-ferrugineux, avec une tache noire sur le vertex, & les yeux bruns. Le corcelet & la poitrine sont d'un brun-ferrugineux, avec les enfoncemens qui se trouvent autour de l'écusson, à la partie postérieure & sur les côtés, noirâtres. L'abdomen est pétiolé, comprimé, en faucille, avec la base, l'extrémité & la partie inférieure noirâtres. Le dessus est d'un brun-ferrugineux, qui se confond avec le noir du dessous. Les pattes sont ferrugineuses. Les ailes ont une teinture rousseâtre. Les nervures sont rousses, ainsi que le point marginal, qui est alongé, peu marqué. On ne voit que deux cellules cubitales.

Il se trouve au midi de la France.

10. Ophion questeur.

Ophion questor.

Ophion flavus, thorace tuberculis tribus elevatis, ovatis, fuscis. Fabr. *Syst. Pyez. p.* 132. *n°.* 6.

Il est un peu plus petit que l'Ophion jaune. Les antennes sont d'un jaune-obscur, avec le premier article jaune. La tête est jaune. Le corcelet est jaune, marqué, à sa partie antérieure, de trois tubercules élevés, ovales, obscurs. L'abdomen est pétiolé, courbé, jaune, tronqué & obscur à l'extrémité, avec l'aiguillon avancé, très-court. Les ailes sont transparentes. Les pattes sont jaunes.

Il se trouve dans l'Amérique méridionale.

11. Ophion dessinateur.

Ophion lineator.

Ophion ferrugineus, pectore, thoracis abdominisque apice nigris.

Il a dix lignes de longueur. Les antennes sont fauves, de la longueur du corps. La tête est ferrugineuse, avec la partie supérieure noire. L'écusson est ferrugineux. La partie supérieure du corcelet est ferrugineuse, avec trois lignes noires peu distinctes. La partie postérieure du corcelet, les côtés & la poitrine sont très-noirs. L'abdomen est ferrugineux, avec l'extrémité noire. L'aiguillon est ferrugineux, & n'a qu'une demi-ligne de longueur. Les pattes sont entiérement ferrugineuses. Les ailes ont une teinte rousse. Les nervures sont rousses, ainsi que le point marginal, qui est alongé, peu marqué. Il y a une très-petite cellule ovale entre les deux cubitales.

Il se trouve au midi de la France.

12. Ophion obscur.

Ophion obscuratus.

Ophion obscurus, thoracis dorso luteo, lineis tribus abbreviatis punctoque fuscis, abdominis lateribus flavo maculatis. Fabr. *Ent. Syst. em. Suppl. pag.* 237. *n°.* 7. — *Syst. Pyez. pag.* 132. *n°.* 7.

Il ressemble, pour la forme & la grandeur, à l'Ophion jaune. Les antennes sont d'un jaune-obscur. La tête est jaune, sans tache. Le dos du corcelet est jaune, marqué de trois larges lignes obscures. Les latérales n'avancent pas antérieurement autant que l'intermédiaire, & celle-ci est terminée postérieurement par un point. L'abdomen est obscur, avec des taches jaunes sur les côtés. Les pattes sont obscures.

Il se trouve en Saxe.

13. Ophion agresseur.

Ophion aggressor.

Ophion ater, antennis, ore pedibusque rufis. Fabr. *Syst. Pyez. p.* 132. *n°.* 8.

Il ressemble beaucoup à l'Ophion pugilateur; mais il est plus petit. La tête est noire, avec la bouche & les antennes rougeâtres. Le corcelet est noir, ſans tache. L'abdomen eſt court, noir, avec le bord du troiſième ſegment un peu rougeâtre. L'extrémité eſt tronquée, & l'aiguillon eſt avancé, court. Les ailes ſont tranſparentes. Les pattes ſont ferrugineuſes.

Il ſe trouve dans la Zélande.

14. Ophion morio.

Ophion morio.

Ophion ater, fronte flavo maculatâ; alis cyaneis, apice fuſcis.

Ophion morio *ater, alis cyaneis.* Fabr. *Ent. Syſt. emend. Suppl. p.* 237. *n°.* 8. — *Syſt. Pyez. p.* 132. *n°.* 9.

Voyez Ichneumon morio, n°. 161.

15. Ophion atricolor.

Ophion atricolor.

Ophion ater, immaculatus, antennis flavis.

Il eſt très-grand. Les antennes ſont un peu plus longues que la moitié du corps, d'un jaune-fauve, avec le premier article noir & le ſecond brun. Tout le corps eſt très-noir, ſans tache, ainſi que les pattes & les ailes. L'abdomen eſt pétiolé, alongé, comprimé, en faucille. L'aiguillon eſt à peine apparent. Les ailes n'ont que deux cellules cubitales.

Il ſe trouve en Caroline, d'où il a été apporté par M. Boſc.

16. Ophion front-jaune.

Ophion flavifrons.

Ophion niger, abdominis ſegmento tertio quartoque rufis. Fabr. *Ent. Syſt. em. Suppl. p.* 237. *n°.* 9. — *Syſt. Pyez. p.* 133. *n°.* 10.

Il eſt de grandeur moyenne. Les antennes ſont ferrugineuſes. La tête eſt noire, avec la partie antérieure, au deſſous des antennes, jaune. Le corcelet eſt noir, avec un petit point calleux jaune à la baſe des ailes. L'abdomen eſt noir, avec le troiſième & le quatrième ſegment rougeâtres. Les pattes ſont rougeâtres.

Il ſe trouve en Italie.

17. Ophion habillé.

Ophion amictus.

Ophion niger, abdomine falcato, antennis pedibuſque ferrugineis. Fabr. *Ent. Syſt. emend. Suppl. p.* 237. *n°.* 10. — *Syſt. Pyezat. p.* 133. *n°.* 11.

Ichneumon amictus. Fabr. *Ent. Syſt. em. t.* 2. *p.* 181. *n°.* 197.

Voyez Ichneumon habillé, n°. 162.

18. Ophion délaiſſé.

Ophion relictus.

Ophion obſcurè ferrugineus, abdomine falcato nigro, baſi ferrugineo. Fabr. *Ent. Syſt. emend. Suppl. p.* 236. *n°.* 5. — *Syſt. Pyez. p.* 133. *n°.* 12.

Il reſſemble beaucoup à l'Ophion circonflexe. Les antennes, la tête & le corcelet ſont d'une couleur ferrugineuſe, obſcure. L'abdomen eſt courbé, comprimé, noir, luiſant, avec la baſe ferrugineuſe. Les ailes ſont courtes, obſcures. Les pattes ſont ferrugineuſes, avec les jambes poſtérieures noires à leur extrémité.

Il ſe trouve dans l'Amérique ſeptentrionale.

19. Ophion xanthope.

Ophion xanthopus.

Ophion niger, abdomine ferrugineo, apice nigro. Fabr. *Syſt. Pyez. p.* 133. *n°.* 13.

Voyez Ichneumon xanthope, n°. 165.

20. Ophion circonflexe.

Ophion circumflexus.

Ophion niger, abdomine falcato, antice flavo, pedibus poſticis nigro geniculatis, ſcutello flavo. Fabr. *Ent. Syſt. em. Suppl. p.* 236. *n°.* 6. — *Syſt. Pyez. p.* 133. *n°.* 15.

Voyez Ichneumon circonflexe, n°. 164.

21. Ophion maculé.

Ophion maculator.

Ophion ferrugineus, thoracis abdominiſque apice nigro.

Il a de ſix à ſept lignes de longueur. Les antennes ſont d'un jaune-fauve. La tête eſt ferrugineuſe, avec tout le vertex noir, & une ligne de la même couleur ſur le front, bifurquée à ſon extrémité. Les mandibules ſont jaunes, avec l'extrémité noire. Le corcelet eſt ferrugineux, marqué d'une raie longitudinale, courte, à la partie antérieure, & toute la partie poſtérieurement noire. Les côtés ſont ferrugineux; mais la poitrine eſt noire. L'abdomen eſt ferrugineux, avec les derniers anneaux noirs. Les pattes ſont entiérement ferrugineuſes, excepté les hanches poſtérieures, qui ſont noires. Les ailes ont une légère teinte rouſſeâtre, & n'ont que deux cellules cubitales.

Il ſe trouve aux environs de Paris.

22. Ophion tricolor.

Ophion tricolor.

Ophion ater, ore lineâque laterali thoracis flavis; abdomine ferrugineo, baſi nigrâ.

Ophion tricolor *ater, abdomine, antennis pedibusque ferrugineis.* Fabr. *Syst. Pyez. p.* 133. *n°.* 16.

Ichneumon tricolor. Fabr. *Entom. Syst. em. tom.* 2. *p.* 182. *n°.* 203.

Il est de grandeur moyenne. Les antennes sont ferrugineuses, avec le premier article noir. La tête est noire, avec la bouche jaune. Le corcelet est noir, avec une petite ligne jaune de chaque côté antérieurement, & un point de la même couleur au-devant des ailes. L'abdomen est ferrugineux, avec le pétiole noir. Les pattes sont ferrugineuses. Les ailes sont blanches.

Il se trouve en Italie.

** *Antennes noires, marquées d'un anneau blanc.*

23. Ophion porte-clef.

Ophion clavator.

Ophion ater, pedibus rufis, posticis apice albis, antennis fasciâ albâ. Fabr. *Syst. Pyez. p.* 134. *n°.* 17.

Ichneumon clavator. Fabr. *Entom. Syst. em. tom.* 2. *p.* 151. *n°.* 74.

Il a de quatre à cinq lignes de longueur. Les antennes sont de la longueur du corps, noires, avec un anneau blanc assez large. La tête est noire, avec la lèvre supérieure brune. Le corcelet est noir. L'abdomen est noir, pétiolé, renflé & comprimé à l'extrémité, terminé par un aiguillon de la même couleur, d'une demi-ligne de longueur. Les pattes sont rouges, avec la hanche & la pièce qui les unit aux cuisses, noires; & le second, le troisième & le quatrième articles des tarses postérieurs blancs. Les ailes ont une cellule quadrangulaire entre les deux cellules cubitales & le commencement peu marqué d'une cloison, à l'angle rentrant de la première cellule cubitale.

Il se trouve aux environs de Paris, en Danemarck.

24. Ophion abréviateur.

Ophion abreviator.

Ophion niger, abdomine brevissimo clavato rufo, apice truncato nigro. Fabr. *Syst. Pyez. p.* 134. *n°.* 18.

Ichneumon abreviator. Fabr. *Ent. Syst. em. tom.* 2. *p.* 153. *n°.* 83.

Il est de grandeur moyenne. Les antennes sont noires, avec un anneau blanc. La tête & le corcelet sont noirs, sans tache. L'abdomen est court, rougeâtre, avec un long pétiole. L'extrémité est comprimée, tronquée, noire, armée d'un aiguillon court, un peu recourbé. Les pattes sont rougeâtres, avec les jambes postérieures noires, & les tarses blancs.

Il se trouve en Saxe.

25. Ophion exhortateur.

Ophion exhortator.

Ophion ferrugineus, capite abdominisque apice nigris. Fabr. *Syst. Pyez. p.* 134. *n°.* 19.

Ichneumon exhortator. Fabr. *Ent. Syst. em. tom.* 2. *p.* 154. *n°.* 88.

Voyez Ichneumon exhortateur, n°. 75.

26. Ophion à tarse blanc.

Ophion tarsator.

Ophion niger, pedibus ferrugineis, tarsis posticis albis. Fabr. *Syst. Pyez. p.* 134. *n°.* 20.

Il ressemble beaucoup au précédent. Les antennes sont noires, marquées d'un anneau blanc. La tête & le corcelet sont noirs, sans tache. L'abdomen est court, pétiolé, comprimé, noir, avec l'extrémité tronquée, armée d'un aiguillon court, recourbé. Les pattes sont rougeâtres, avec les tarses postérieurs blancs.

Il se trouve en France, en Autriche.

*** *Antennes entièrement noires.*

27. Ophion annonciateur.

Ophion nunciator.

Ophion ater, pedibus rufis, tibiis posticis nigris, abdomine compresso, aculeo mediocri. Fabr. *Syst. Pyez. p.* 134. *n°.* 21.

Ichneumon nunciator. Fabr. *Ent. Syst. em. tom.* 2. *p.* 166. *n°.* 137.

Il est plus petit que les précédens. La tête est noire, avec les antennules seules rougeâtres. Le corcelet est noir, sans tache. L'abdomen est noir, presque comprimé. L'aiguillon est aussi long que l'abdomen. Les pattes sont rouges, avec les jambes postérieures antérieurement noires. Les ailes sont transparentes, avec le point marginal noir.

Il se trouve en Allemagne.

28. Ophion exhaustateur.

Ophion exhaustator.

Ophion niger, abdomine rufo, basi apiceque nigro, aculeo recurvo, falcato. Fabr. *Syst. Pyez. p.* 135. *n°.* 22.

Ichneumon exhaustator. Fabr. *Ent. Syst. em. Suppl. p.* 226.

Il est petit. La tête est noire, avec les mandibules ferrugineuses. Le corcelet est noir, sans tache. L'abdomen est court, pétiolé, comprimé, tronqué,

tronqué, rouge, avec la base & l'extrémité noires. L'aiguillon est noir, arqué, recourbé, de la longueur de l'abdomen. Les pattes sont ferrugineuses, & les cuisses sont comprimées. Les ailes sont obscures, avec une tache marginale noire.

Il se trouve en Danemarck.

29. Ophion criailleur.

Ophion latrator.

Ophion niger, abdominis segmento secundo, tertio, quarto, ore pedibusque rufis; posticis nigris, rufo annulatis. Fabr. *Syst. Pyez. pag.* 135. *n°.* 23.

Ichneumon latrator. Fabr. *Ent. Syst. em. t.* 2. *p.* 167. *n°.* 139.

Voyez Ichneumon criailleur, n°. 123.

30. Ophion fuscipenne.

Ophion pennator.

Ophion rufus, capite anoque nigris, alis fuscis. Fabr. *Syst. Pyez. p.* 135. *n°.* 24.

Il ressemble, pour la forme & la grandeur, à l'Ophion pugilateur. Les antennes & la tête sont noires. Le corcelet est rouge, sans tache. L'abdomen est comprimé, arqué, rouge, avec l'extrémité noire, tronquée. L'aiguillon est court, avancé. Les ailes sont obscures, avec deux petits points transparens, placés à la partie antérieure.

Il se trouve dans l'Amérique méridionale.

31. Ophion générateur.

Ophion generator.

Ophion flavus, antennis nigris, alis hyalinis immaculatis. Fabr. *Syst. Pyez. p.* 135. *n°.* 25.

Il est plus petit que les précédens. Les antennes sont noires. La tête & le reste du corps sont jaunes. L'abdomen est court, tronqué. Les ailes sont entiérement transparentes.

Il se trouve aux Indes orientales.

32. Ophion fomentateur.

Ophion fomentator.

Ophion niger, abdomine falcato, segmento tertio quartoque basi flavescentibus, pedibus testaceis. Fabr. *Syst. Pyez. p.* 135. *n°.* 26.

Ichneumon fomentator. Fabr. *Ent. Syst. em. tom.* 2. *p.* 170. *n°.* 154.

Voyez Ichneumon fomentateur, n°. 137.

33. Ophion inculcateur.

Ophion inculcator.

Ophion niger, abdomine falcato, toto ferrugineo. Fabr. *Syst. Pyez. p.* 135. *n°.* 27.

Ichneumon inculcator. Fabr. *Ent. Syst. em. tom.* 2. *p.* 174. *n°.* 169.

Voyez Ichneumon inculcateur, n°. 144.

34. Ophion faucheur.

Ophion falcator.

Ophion niger, thorace submaculato, abdomine falcato; segmento secundo, tertio quartoque rufis. Fabr. *Ent. Syst em. Suppl. p.* 237. *n°.* 11. — *Syst. Pyez. p.* 136. *n°.* 28.

Ichneumon falcator. Fabr. *Ent. Syst. em. t.* 2. *p.* 174. *n°.* 170.

Voyez Ichneumon faucheur, n°. 145.

35. Ophion nidulateur.

Ophion nidulator.

Ophion niger, thorace immaculato, abdomine falcato, segmento tertio quartoque ferrugineis. Fabr. *Syst. Pyez. p.* 136. *n°.* 29.

Ophion nidulator. Panz. *Faun. Germ. Fasc. tab.* 15.

Il est un peu plus petit que l'Ophion faucheur, & tout-à-fait distinct. Les antennes, la tête & le corcelet sont noirs, sans tache. L'abdomen est pétiolé, courbé, noir, avec le troisième & le quatrième segment ferrugineux. L'aiguillon est avancé, court. Les pattes sont rouges, avec les cuisses postérieures noires.

Il se trouve en Allemagne.

36. Ophion pugilateur.

Ophion pugilator.

Ophion thorace immaculato, abdomine rufo, basi apiceque nigro, pedibus tenuibus ferrugineis. Fabr. *Ent. Syst. em. Suppl. pag.* 238. *n°.* 12. — *Syst. Pyez. p.* 136. *n°.* 30.

Ichneumon pugilator. Fabr. *Ent. Syst. em. tom.* 2. *p.* 174. *n°.* 171.

Voyez Ichneumon pugilateur, n°. 146.

37. Ophion opérateur.

Ophion operator.

Ophion niger, fronte flavâ, abdomine petiolato, compresso, rufo, apice nigro.

Il a de huit à dix lignes de longueur. Les antennes sont noires, avec un peu de jaune au dessous du premier article; elles ne sont guère plus longues que la moitié du corps. La tête est noire, avec toute la partie antérieure jaune. La bouche est jaune. Le corcelet est noir, finement pointillé. L'abdomen est alongé, pétiolé, comprimé, ferrugineux, avec les deux derniers anneaux noirs, &

une ligne de la même couleur sur le second. Les pattes sont d'un jaune-ferrugineux, avec une bonne partie des cuisses postérieures & l'extrémité des jambes postérieures noires. L'aiguillon est ferrugineux, & n'a pas une ligne de longueur. Les ailes sont courtes, & ont une légère teinte roussâtre; elles n'ont que deux cellules cubitales.

Il se trouve au midi de la France, & souvent aux environs de Paris.

38. Ophion dimidiateur.

Ophion dimidiator.

Ophion flavus, antennis nigris, abdomine fusco, basi flavo. Fabr. *Syst. Pyez. pag.* 136. *n°.* 31.

Il ressemble, pour la forme & la grandeur, à l'Ophion jaune. La tête est jaune, avec le vertex noir. Les antennes sont noires. Le corcelet est jaune, sans tache. L'abdomen est pétiolé, arqué, comprimé. Le premier & le second anneau sont ferrugineux, & les autres noirâtres. Les pattes sont jaunes.

Il se trouve dans l'Amérique méridionale.

39. Ophion quadrateur.

Ophion quadrator.

Ophion flavus, abdominis articulo secundo atro, alis apice atris. Fabr. *Syst. Pyez. p.* 137. *n°.* 32.

Il est plus petit que le précédent. Les antennes sont noires, avec le premier article jaune. La tête & le corcelet sont jaunes, sans tache. L'abdomen est pétiolé, arqué, comprimé, mince. Le premier anneau est d'une couleur ferrugineuse obscure; le second est noir; le troisième est noir en dessus, jaune en dessous; les autres sont jaunes. Les ailes sont transparentes, avec l'extrémité noire. Les quatre pattes antérieures sont jaunes, & les deux postérieures noires.

Il se trouve dans l'Amérique méridionale.

40. Ophion décharné.

Ophion macilentus.

Ophion niger, fronte flavâ; abdomine tenui, compresso, rufo; apice nigro.

Il a de cinq à six lignes de longueur. Les antennes sont noirâtres en dessus, brunes en dessous, avec les premiers articles noirs, & le dessous du premier seulement jaune. La tête est noire, avec toute la partie antérieure & la bouche jaunes, & un point brun derrière les yeux. Le corcelet est noir. L'abdomen est alongé, très-effilé à sa base ou dans ses deux premiers anneaux, comprimé dans les suivans; il est tout rouge, avec les deux derniers anneaux noirs ou seulement noirâtres. L'aiguillon est rouge, & n'a pas une demi-ligne de long. Les pattes sont rouges, avec les hanches antérieures jaunes, & les postérieures noires. L'extrémité des jambes postérieures & les tarses sont noirâtres. Les ailes sont courtes. Le point marginal est alongé, jaunâtre, & on ne voit que deux cellules cubitales.

Il se trouve fréquemment aux environs de Paris.

41. Ophion grêle.

Ophion gracilis.

Ophion niger, fronte, scutello lineisque duabus thoracis flavis.

Il ressemble au précédent pour la forme & la grandeur. Les antennes sont plus courtes que le corps, noires, avec le dessous du premier article jaune. La tête est noire, avec tout le front & une ligne autour des yeux jaunes. La ligne est interrompue au sommet de la tête. Le corcelet est noir, avec l'écusson & une ligne latérale jaunes. La ligne est placée au-devant des ailes. L'abdomen est effilé, comprimé, noir en dessus, d'un rouge-obscur en dessous. L'aiguillon est noir, & a plus d'une ligne de long. Les pattes sont rouges, avec la base des cuisses postérieures & l'extrémité des jambes postérieures noirâtres. La pièce de ces mêmes pattes, qui unit la hanche à la cuisse, est assez longue & obscure. Les ailes sont courtes. Le point marginal est alongé, testacé, & on ne voit que deux cellules cubitales.

Il se trouve fréquemment aux environs de Paris.

42. Ophion modérateur.

Ophion moderator.

Ophion niger, abdomine petiolato, compresso; pedibus pallidis, aculeo corpore subbreviori. Fab. *Syst. Pyez. p.* 137. *n°.* 33.

Ichneumon moderator. Fabr. *Ent. Syst. em. tom.* 2. *p.* 175. *n°.* 172.

Voyez Ichneumon modérateur, n°. 132.

43. Ophion sauteur.

Ophion saltator.

Ophion ater, abdomine clavato brevissimo, aculeo cylindrico, pedibus posticis elongatis. Fab. *Ent. Syst. Suppl. p.* 238. *n°.* 13. — *Syst. Pyez. p.* 137. *n°.* 34.

Voyez Ichneumon sauteur, n°. 133.

44. Ophion exténuateur.

Ophion extenuator.

Ophion ater, abdomine falcato rufo, dorso

atro, pedibus anticis ferrugineis. FAB. *Syst. Pyez. p.* 137. *n°.* 35.

Il ressemble à l'Ophion pugilateur ; mais il est deux fois plus petit & plus effilé. Les antennes sont noires. La tête est noire, avec la bouche blanche. Le corcelet est noir, sans tache. L'abdomen est mince, arqué, postérieurement renflé, rouge, avec le dos noir. L'aiguillon est de la longueur de l'abdomen ; mais sa gaine est une fois plus courte. Les ailes sont courtes, transparentes. Les pattes sont ferrugineuses.

Il se trouve dans l'Amérique méridionale.

45. OPHION denté.

OPHION dentator.

Ophion thorace nigro flavoque vario, abdomine fasciato, femoribus posticis unidentatis. FABR. *Syst. Pyez. p.* 138. *n°.* 36.

Il est petit. Les antennes sont noires. La tête est jaune, avec le vertex noir. Le corcelet est mélangé de jaune & de noir ; mais le dos est noir, avec deux lignes jaunes. L'abdomen est pétiolé, arqué, comprimé, mince. Le premier anneau est jaune à la base, noir à l'extrémité ; le second est noir, avec le bord seulement jaune ; les autres sont jaunes à la base, noirs à l'extrémité. Les ailes sont courtes, transparentes, avec le point marginal noir. Les pattes sont jaunes, avec les cuisses postérieures marquées de deux bandes noires, & armées d'une dent élevée, aiguë, vers l'extrémité.

Il se trouve dans l'Amérique méridionale.

46. OPHION épineux.

OPHION spinator.

Ophion rufus, thoracis postico abdominisque basi nigris, femoribus posticis unidentatis. FABR. *Syst. Pyez. p.* 138. *n°.* 37.

Il est plus petit que le précédent. La tête est d'un rouge-brun. Les antennes sont noires. Le corcelet est rougeâtre antérieurement, noir postérieurement. L'abdomen est pétiolé, arqué, comprimé. Le premier & le second anneau sont noirs, & les autres rougeâtres. L'aiguillon est noir, avancé. Les ailes sont transparentes, avec le point marginal noir. Les pattes sont rougeâtres. Les cuisses postérieures sont armées d'une petite dent aiguë.

Il se trouve dans l'Amérique méridionale.

47. OPHION érigateur.

OPHION erigator.

Ophion ater, thorace immaculato, abdomine brevi, segmento tertio pedibusque rufis. FABR. *Ent. Syst. em. Suppl. pag.* 238. *n°.* 14. — *Syst. Pyez. p.* 139. *n°.* 38.

Ichneumon erigator. FABR. *Ent. Syst. em. t.* 2. *p.* 175. *n°.* 174.

Il est petit. Les antennes, la tête & le corcelet sont noirs. L'abdomen est court, en faucille, renflé à l'extrémité, noir, avec le second anneau rouge. L'aiguillon est très-court, à peine avancé. Les ailes sont transparentes, avec le point ordinaire noir. Les pattes sont rouges.

Il se trouve en Allemagne.

48. OPHION nourrisseur.

OPHION nutritor.

Ophion niger, abdomine brevi, ferrugineo ; petiolo atro. FABR. *Syst. Pyez. p.* 139. *n°.* 39.

Il est petit. Les antennes, la tête & le corcelet sont noirs. L'abdomen est pétiolé, comprimé, tronqué, rouge, avec le pétiole noir. L'aiguillon de la femelle est noir, recourbé, de la longueur de l'abdomen. Les pattes sont rouges.

Il se trouve dans l'Autriche.

49. OPHION moqueur.

OPHION jocator.

Ophion niger, thorace immaculato, abdomine ferrugineo, petiolo, segmento secundo margine, tertio basi nigris. FABR. *Ent. Syst. em. Suppl. p.* 238. *n°.* 15. — *Syst. Pyez. p.* 139. *n°.* 40.

Ichneumon jocator. FABR. *Ent. Syst. em. t.* 2. *p.* 175. *n°.* 175.

Il est petit. La tête est noire, marquée d'un duvet argenté, un peu luisant, sur la lèvre supérieure. Le corcelet est noir, avec un seul point jaune à l'origine des ailes. L'abdomen est pétiolé, arqué, comprimé. Le pétiole est mince, tout noir. Le second anneau est noir en dessus, avec le bord ferrugineux ; le troisième n'est noir qu'à la base. Le reste est ferrugineux. Les pattes sont rougeâtres. Les cuisses postérieures ont un anneau blanc à leur base.

Il se trouve à Kiell.

50. OPHION compensateur.

OPHION compensator.

Ophion ater, thorace immaculato, abdomine brevissimo, segmento secundo, tertio quartoque rufis. FABR. *Ent. Syst. em. Suppl. p.* 238. *n°.* 16. — *Syst. Pyez. p.* 139. *n°.* 41.

Ichneumon compensator. FABR. *Ent. Syst. em. tom.* 2. *p.* 176. *n°.* 176.

Il est une fois plus petit que l'Ophion faucheur. Les antennes, la tête & le corcelet sont noirs.

L'abdomen est court, arqué, comprimé, tronqué, noir, avec le second, le troisième & le quatrième anneau rouges. L'aiguillon est court. Les pattes sont rouges, avec l'extrémité des jambes postérieures & les tarses noirs. Les ailes sont blanchâtres, avec le point marginal obscur.

Il se trouve en Allemagne.

51. Ophion marchand.

Ophion mercator.

Ophion ater, thorace immaculato, abdomine brevi falcato, segmento secundo apice, tertio toto quartoque basi flavis. Fabr. *Ent. Syst. em. Suppl. p.* 238. *n°.* 17. — *Syst. Pyez. p.* 139. *n°.* 42.

Ichneumon mercator. Fabr. *Ent. Syst. emend. tom.* 2. *p.* 176. *n°.* 177.

Il ressemble à l'Ophion compensateur, mais il en est distinct; il a environ six lignes de longueur. Les antennes sont noires, presque de la longueur du corps. La tête est noire, un peu pubescente, avec les mandibules & les antennules d'un jaune-obscur. Le corcelet est noir. L'abdomen est pétiolé, comprimé, large, tronqué. Le premier article est tout noir; le second est noir à sa base supérieure, & jaune en dessous & à l'extrémité; le troisième est tout jaune; le quatrième est moitié jaune, moitié noir; les autres sont noirs. L'aiguillon n'a qu'une demi-ligne de longueur; il est d'un rouge-brun, avec la gaîne noire. Les pattes antérieures sont jaunes, avec les hanches noirâtres. Les intermédiaires sont jaunes, avec la majeure partie des cuisses noire & les tarses obscurs. Les postérieures ont les cuisses & les tarses noirs, & les jambes jaunes. Les ailes ont leurs nervures noires, & on apperçoit trois cellules cubitales, dont l'intermédiaire est bien distincte, rétrécie à sa partie antérieure.

Il se trouve en France, en Allemagne, & n'est pas rare aux environs de Paris.

52. Ophion flagellant.

Ophion flagellator.

Ophion ater, thorace immaculato, abdomine brevi, segmento secundo tertioque rufis, femoribus posticis nigris. Fabr. *Ent. Syst. em. Suppl. p.* 239. *n°.* 18. — *Syst. Pyez. p.* 139. *n°.* 43.

Ichneumon flagellator. Fabr. *Ent. Syst. em. tom.* 2. *p.* 176. *n°.* 178.

Il ressemble aux précédens. Les antennes, la tête & le corcelet sont noirs. L'abdomen est pétiolé, comprimé, tronqué, noir, avec le second & le troisième anneau rouges. Les pattes sont rouges, avec les quatre cuisses postérieures noires.

Il se trouve à Kiell.

53. Ophion frustrateur.

Ophion frustrator.

Ophion ater, pedibus rufis, tibiis tarsisque posticis nigris, alis fuscis.

Il a cinq lignes de longueur. Les antennes sont noires, plus courtes que le corps. La tête est noire. Le corcelet est noir, avec un point ferrugineux à l'origine des ailes. L'abdomen est pétiolé, comprimé, & tronqué à l'extrémité. Le pétiole ou premier anneau est mince, alongé, tout noir; le second est aminci, noir en dessus, d'un brun-ferrugineux en dessous & à l'extrémité. Cette couleur s'avance en pointe dans le noir. Le troisième anneau est d'un brun-ferrugineux obscur. Les suivans sont noirs, avec un peu de brun sur leurs bords. L'aiguillon est noir, & a un peu plus d'une ligne & demie de longueur. Les pattes sont ferrugineuses, avec les jambes & les tarses postérieurs d'un brun-noirâtre. Les hanches postérieures sont noires. Les ailes sont obscures depuis leur base jusqu'au-delà du milieu. Le point marginal est petit, alongé & noirâtre, & il n'y a que deux cellules cubitales.

Il se trouve aux environs de Paris.

54. Ophion pétiolé.

Ophion petiolator.

Ophion niger, thorace immaculato, abdomine petiolato falcato, segmento tertio rufo. Fabr. *Syst. Pyez. p.* 140. *n°.* 44.

Il ressemble beaucoup à l'Ophion marchand. Les antennes, la tête & le corcelet sont noirs. L'abdomen a un long pétiole; il est arqué, comprimé, noir, avec le troisième anneau seulement rouge. L'aiguillon est court. Les ailes sont transparentes. Les pattes sont noires, & les antérieures sont un peu jaunâtres.

Il se trouve dans l'Autriche.

55. Ophion agréable.

Ophion festivator.

Ophion ater, abdomine falcato, segmento tertio rufo. Fabr. *Syst. Pyez. p.* 140. *n°.* 45.

Ichneumon festivus. Fabr. *Ent. Syst. em. Suppl. p.* 230.

Il est un peu plus petit que les précédens. Les antennes sont noires. La tête & le corcelet sont noirs, sans tache. L'abdomen est court, en faucille, fortement comprimé, & dilaté à l'extrémité, noir, avec le troisième anneau rouge. Les pattes sont ferrugineuses.

Il se trouve en Saxe.

56. Ophion nègre.

Ophion nigrator.

Ophion flavus, antennis nigris, alis fuſcis. Fabr. *Syſt. Pyez. p.* 140. *n°.* 46.

Il eſt petit. Les antennes ſont noires. La tête eſt jaune, avec les trois petits yeux liſſes, noirs. Le corcelet eſt plane, jaune, ſans tache. L'abdomen eſt jaune, luiſant; il a un long pétiole, & il eſt comprimé à l'extrémité. L'aiguillon eſt court & courbé. Les pattes ſont jaunes. Les ailes ſont obſcures.

Il ſe trouve dans l'Amérique méridionale.

57. Ophion fémoral.

Ophion femoratus.

Ophion ater, pedibus ferrugineis, femoribus poſticis incraſſatis, unidentatis.

Il a trois lignes de longueur. Les antennes ſont auſſi longues que le corps; noires, avec le ſecond & le troiſième article bruns. La tête eſt noire, avec les antennules brunes. Le corcelet eſt noir, terminé poſtérieurement par deux pointes à peine avancées, entre leſquelles eſt une entaille peu profonde. L'abdomen eſt noir, renflé & peu comprimé à l'extrémité. Le premier anneau eſt court, aminci à ſa baſe, un peu arqué. L'aiguillon eſt preſque de la longueur du corps. Les pattes ſont ferrugineuſes. Les cuiſſes ſont renflées. Les poſtérieures le ſont plus que les autres, & ſont armées d'une forte dent au milieu de leur partie inférieure. Les ailes ont une teinte obſcure. Le point marginal eſt noir, aſſez grand. On ne voit que deux cellules cubitales.

Il ſe trouve aux environs de Paris.

58. Ophion écuſſonné.

Ophion ſcutellatus.

Ophion ater, palpis pedibuſque pallidè rufis; abdomine rufo, baſi apiceque atro.

Il n'a guère plus de deux lignes de longueur. Les antennes ſont preſqu'auſſi longues que le corps, obſcures en deſſus, teſtacées en deſſous. La tête eſt noire, avec un point jaune au deſſous des antennes. La bouche eſt jaune. Le corcelet eſt noir, avec un point jaune à l'origine des ailes. L'abdomen eſt court, un peu arqué, comprimé. Le premier article eſt court, large, déprimé, muni, de chaque côté, d'une petite dent peu ſaillante; il eſt très-noir, & ſemble une pièce appliquée ſur la baſe de l'abdomen. Le deſſous de cette pièce & le reſte de l'abdomen ſont d'un rouge-fauve, avec le dernier anneau & la partie ſupérieure du pénultième noirs. L'aiguillon eſt large, court, à peine apparent. Les pattes ſont d'un rouge pâle, avec les hanches jaunes. Les ailes ſont tranſparentes, & n'ont que deux cellules cubitales. Le point marginal eſt brun, aſſez grand.

Il ſe trouve aux environs de Paris.

59. Ophion trimaculé.

Ophion trimaculatus.

Ophion niger, ore, orbitâ oculorum, ſcutello lineiſque ovatis thoracis flavis.

Il a trois lignes de longueur. Les antennes ſont noires, un peu plus courtes que le corps. La tête eſt noire, avec tout le tour des yeux & la bouche jaunes. Le corcelet eſt noir, avec l'écuſſon, un point au-devant des ailes, & des lignes à la partie antérieure, jaunes. Ces lignes forment, par leur circonſcription, trois taches ovales, noires. L'abdomen eſt pétiolé, comprimé, noir, avec le deſſous du ſecond anneau jaune. L'aiguillon a plus d'une ligne de longueur. Les quatre pattes antérieures ſont d'un jaune-teſtacé, avec les tarſes obſcurs. Les deux poſtérieures ſont noirâtres. Les ailes ſont courtes, tranſparentes; elles n'ont que deux cellules cubitales, & le point marginal eſt noirâtre, aſſez grand.

Il ſe trouve aux environs de Paris.

60. Ophion enſanglanté.

Ophion cruentatus.

Ophion niger, fronte, ſcutello metathoraceque ſanguineis; pedibus rufis.

Anomalon cruentatus *fuſcus, abdomine falcato, ſcutello, metathorace ſanguineis; pedibus rufis.* Panz. *Faun. Germ. Faſc.* 94. *tab.* 15.

Il a deux lignes & demie de longueur. Les antennes ſont noires. La tête eſt noire, avec le front, le tour des yeux & les mandibules rouges. Le vertex eſt tranſverſalement ſtrié. Le corcelet eſt noirâtre, rayé de rouge-ſanguin. L'écuſſon eſt de la même couleur, ainſi que la partie poſtérieure du corcelet. L'abdomen eſt comprimé, en faucille, obſcur, avec l'extrémité noire. L'aiguillon eſt de la longueur de l'abdomen, rouge, avec les valves noires. Les pattes ſont rouges, avec les cuiſſes poſtérieures obſcures. Les ailes n'ont que deux cellules cubitales.

Il ſe trouve en Allemagne.

61. Ophion des Pucerons.

Ophion Aphidum.

Ophion luteus, occipite, metathorace, abdominis ſegmentis poſticis apice nigris.

Anomalon Aphidum. Panz. *Faun. Germ. Faſc.* 95. *tab.* 13.

Il a plus d'une ligne de longueur. Les antennes sont noires, plus courtes que le corps. La tête est jaune, avec la bouche d'un jaune-pâle, & le vertex noir. Les yeux sont grands, saillans, obscurs. Le corcelet est jaune, luisant, avec toute la partie postérieure noire. L'abdomen est comprimé, en faucille, jaune, luisant, avec le bord des derniers anneaux noir. Les pattes sont jaunes. Les ailes sont transparentes, & n'ont que deux cellules cubitales. Le point marginal est assez grand & noir.

Il se trouve en Allemagne. La larve vit dans les nymphes du Puceron du Pin silvestre.

OPILE. *Opilo*. Genre d'insectes de la première section de l'Ordre des Coléoptères, & de la famille des Clairones.

Les Opiles ont les antennes filiformes, grossissant à peine par le bout, de la longueur du corcelet ou même plus longues; les antennules sécuriformes; le corps alongé; le corcelet rétréci postérieurement; cinq articles aux tarses, dont le premier court, petit, à peine distinct.

Ces insectes avoient été placés parmi les Attelabes par Linné. Ils avoient été rangés avec les Clairons par Geoffroy & Degeer. Fabricius les avoit distingués des Clairons, pour n'en faire d'abord qu'un même genre avec les Notoxes; mais, dans ses derniers ouvrages, il les en a séparés, & leur a conservé le nom de *Notoxe*, pour donner celui d'*Anthicus* aux insectes qu'on avoit jusqu'alors désignés sous le nom de *Notoxe*. M. Latreille, pour faire cesser cette confusion, a restitué le nom de *Notoxe* aux insectes ainsi désignés par Geoffroy, & a donné un nouveau nom à ce nouveau genre.

Jusqu'à présent nous avions confondu ces insectes avec les Clairons, & nous les avions placés dans la troisième section, c'est-à-dire, parmi ceux qui n'ont que quatre articles à tous les tarses. Geoffroy & Degeer nous en avoient donné l'exemple, & notre propre observation nous y auroit conduit, lors même que nous n'aurions pas eu pour guides des hommes si exacts & si éclairés. Mais M. Latreille a reconnu que ces insectes avoient réellement cinq articles à tous les tarses; que le premier, quoique très-petit, n'en existoit pas moins. Comme il est très-court, qu'il n'est point renflé à son extrémité, ni garni de houpes en dessous, ainsi que les suivans, il se confond avec le second, & ne paroît en être distinct que lorsqu'on les sépare.

Les Opiles se distinguent des Clairons par les antennes plus longues, presque filiformes; par les quatre antennules, dont le dernier article est sécuriforme ou en forme de hache, tandis qu'il est filiforme, ou pas plus large que les autres, dans les antennules antérieures des Clairons: de plus, dans ceux-ci, l'œil est un peu échancré à sa partie antérieure, tandis qu'il est entier dans les Opiles.

Les antennes, dans ces derniers, égalent, au moins en longueur, la tête & le corcelet; elles sont composées de onze articles, dont le premier est un peu alongé & un peu renflé; le second n'est guère plus court que le troisième. Les suivans sont égaux entr'eux, amincis à leur base, peu renflés à leur extrémité. Les trois derniers sont bien distincts, un peu plus gros que les précédens. Le dernier est le plus gros; il est ovale, obliquement tronqué à son extrémité. Elles sont insérées à la partie latérale antérieure de la tête, très-près des yeux.

La bouche est composée d'une lèvre supérieure, de deux mandibules, de deux mâchoires, d'une lèvre inférieure & de quatre antennules.

La lèvre supérieure est courte, assez large, cornée, échancrée antérieurement. Le chaperon, dont elle est bien distincte, est peu avancé, légérement échancré.

Les mandibules sont cornées, dures, arquées, aiguës, armées d'une dent vers le milieu de leur partie interne.

Les mâchoires sont cornées à leur base, coriacées & bifides du milieu à leur extrémité. La division intérieure est courte, petite, pointue, un peu ciliée à son bord interne; l'autre est grande, presqu'arrondie, fortement ciliée à son bord interne.

La lèvre inférieure est avancée, bifide. Les divisions sont divergentes & arrondies; elles ont quelques cils assez longs à leur bord interne.

Les antennules antérieures sont un peu plus longues que les postérieures, & composées de quatre articles, dont le premier est court; le second fort alongé, à peine allant en grossissant; le troisième court & conique; le dernier fort large, triangulaire ou sécuriforme. Elles sont insérées au dos des mâchoires, sur la partie cornée.

Les antennules postérieures sont assez longues, composées de trois articles, dont le premier est fort court; le second un peu alongé, & le troisième fort large, triangulaire ou sécuriforme. Elles sont insérées à la base antérieure de la lèvre, & sont très-rapprochées à leur base.

La tête est un peu enfoncée dans le corcelet. Les yeux sont arrondis, entiers, assez saillans.

Le corcelet est à peu près de la largeur de la tête à sa partie antérieure, & un peu plus étroit postérieurement; il est arrondi & sans rebords par les côtés. L'écusson est fort petit & arrondi.

Les élytres sont dures, peu flexibles, de largeur presqu'égale dans toute leur longueur; elles cachent deux ailes membraneuses, repliées.

Les pattes sont de longueur moyenne. Les cuisses sont simples, peu renflées. Les jambes sont simples, cylindriques, sans crochets apparens à leur extrémité. Les tarses sont composés de cinq articles, dont le premier est peu apparent. Les trois qui suivent, sont spongieux en dessous, bilobés, assez larges; le dernier est alongé, un peu arqué, & muni de deux crochets assez forts.

Les Opiles sont des insectes de moyenne grandeur, dont le corps est alongé, étroit; dont la démarche est assez accélérée, & dont le vol est toujours assez tardif. Leur larve n'a point encore été observée; cependant il est à présumer qu'elle se nourrit de la substance du bois, car on trouve l'insecte parfait dans les forêts, sur le tronc des arbres, & quelquefois sous leur écorce. On les rencontre aussi dans les maisons, & plus particuliérement dans les chantiers. Il vit, selon Latreille & Fabricius, de diverses larves d'insectes.

OPILE.

OPILO. LATR. *NOTOXUS.* FABR. PAYK. PANZ. *CLERUS.* GEOFF. DEG. *ATTELABUS.* LINN.

CARACTÈRES GÉNÉRIQUES.

Antennes filiformes, de la longueur du corcelet ; les derniers articles un peu plus gros que les autres, bien distincts.

Quatre antennules sécuriformes.

Mandibules intérieurement dentées.

Tête un peu enfoncée dans le corcelet.

Cinq articles aux tarses ; le premier court, peu distinct.

ESPÈCES.

1. OPILE sillonné.

D'un brun-noirâtre ; élytres avec des points en stries.

2. OPILE violet.

Pubescent, noir, avec un reflet violet ; élytres lisses, marquées de trois points jaunes.

3. OPILE chinois.

Pubescent, noirâtre ; élytres ponctuées, pâles, avec trois bandes inégales, noires.

4. OPILE indien.

Tête et corcelet obscurs ; élytres pâles, avec des points en stries.

5. OPILE mol.

Pubescent ; élytres obscures, avec trois bandes pâles.

6. OPILE cortical.

Velu, jaunâtre ; dos du corcelet marqué d'une rugosité noire, cornée.

7. OPILE testacé.

D'une couleur testacée pâle ; abdomen fauve.

8. OPILE fascié.

Velu, noir ; élytres avec une bande blanche.

1. Opile filloné.

Opilo porcatus.

Opilo nigro-brunneus, elytris striato-punctatis. Entom. tom. 4. no. 76. 17. tab. 2. fig. 17.

Notoxus porcatus. Fabr. *Ent. Syst. em. tom.* 1. *pag.* 210. *no.* 1. — *Syst. Eleut. tom.* 1. *pag.* 287. *no.* 1.

Voyez Clairon filloné, no. 8.

2. Opile violet.

Opilo violaceus.

Opilo pubescens, niger, violaceo nitidus, elytris lævibus, punctis tribus flavis. Ent. t. 4. p. 76. 18, tab. 2. fig. 18.

Notoxus violaceus. Fabr. *Ent. Syst. em. tom.* 1. *pag.* 210. *no.* 2. — *Syst. Eleut. tom.* 1. *pag.* 287. *no.* 2.

Voyez Clairon violet, no. 9.

3. Clairon chinois.

Opilo chinensis.

Opilo pubescens, fuscus, elytris punctatis pallidis, fasciis inæqualibus nigris.

Notoxus chinensis. Fabr. *Entom. Syst. em. tom.* 4. *Suppl. pag.* 444. — *Syst. Eleut. tom.* 1. *p.* 288. *no.* 5.

Il est un peu plus grand que l'Opile mol. La tête & le corcelet sont pubescens, obscurs, avec le bord antérieur un peu pâle. Les élytres sont pâles, marquées de points enfoncés, noirs, avec une bande noire à la base; une autre vers l'extrémité, & l'extrémité également de couleur noire. Le dessous du corps est d'un brun de poix.

Il se trouve en Chine.

4. Opile indien.

Opilo indicus.

Opilo capite thoraceque obscuris, elytris pallidis punctato-striatis.

Notoxus indicus. Fabr. *Ent. Syst. em. tom.* 4. *Suppl. pag.* 444. — *Syst. Eleut. tom.* 1. *p.* 288. *no.* 4.

Il est un peu plus petit que l'Opile mol. Les antennes & les antennules sont testacées. La tête est obscure, pubescente. Le corcelet est d'un brun-obscur, mélangé de noirâtre. Les élytres sont pâles, & marquées de points noirâtres rangés en stries. Le corps est pâle.

Il se trouve dans l'Inde.

5. Opile mol.

Opilo mollis.

Opilo pubescens, elytris fuscis, fasciis tribus pallidis. Entom. tom. 4. no. 76. 10. tab. 1. fig. 10.

Notoxus mollis. Fabr. *Ent. Syst. em. tom.* 1. *pag.* 211. *no.* 5. — *Syst. Eleut. tom.* 1. *p.* 287. *no.* 3.

Notoxus mollis. Panz. *Faun. Germ. Fasc.* 5. *tab.* 5.

Notoxus mollis. Payk. *Faun. Suec. tom.* 1. *p.* 248. *no.* 1.

Opilo mollis. Latr. *Gen. Crust. & Inf. tom.* 1. *p.* 272. — *Hist. Nat. des Crust. & des Inf. tom.* 9. *p.* 149. *tab.* 77. *fig.* 2. 3.

Voyez, pour les autres synonymes & la description, Clairon mol, no. 20.

6. Opile cortical.

Opilo schedia.

Opilo villosus flavescens, thoracis dorso scabrositate nigrâ corneâ notato.

Notoxus schedia. Rossi, *Faun. Etr. tom.* 1. *p.* 140. *no.* 355.

Il ressemble, pour la forme & la grandeur, à l'Opile mol; il est velu, jaunâtre. Les quatre antennules sont sécuriformes. Le corcelet est marqué d'élévations raboteuses, cornées, noires. Les élytres sont flexibles comme dans l'Opile mol. M. Rossi, qui a décrit cet insecte, croit l'avoir trouvé sur des fleurs de scabieuse en Italie.

7. Opile testacé.

Opilo testaceus.

Opilo pallidè testaceus, abdomine rufescente.

Il ressemble beaucoup à l'Opile mol, & paroît d'abord n'en être qu'une variété; mais les élytres, qui, dans l'autre, ont des points enfoncés, bien marqués, presque rangés en stries, sont presque lisses dans celui-ci, ou ont des points à peine marqués, qui ne sont un peu apparens que depuis la base jusqu'au tiers. Le corcelet est aussi plus lisse. La ligne enfoncée du milieu est courte. Tout le corps est testacé, un peu plus pâle sur les élytres. L'abdomen est fauve.

Il se trouve sur le tronc des arbres, aux environs de Paris.

Du cabinet de M. Latreille.

8. Opile fascié.

Opilo fasciatus.

Opilo villosus niger, elytris fasciâ albâ.

Clerus univittatus *niger, elytris fasciâ mediâ unicâ albâ.* Rossi, *Faun. Etrusc. Mant.* I. *p.* 44. *n°.* 112.

Il a deux lignes de longueur, & une demi-ligne de largeur. Les antennes sont d'un brun-ferrugineux, avec les trois derniers articles bien distincts, un peu plus gros que les autres & noirâtres. Tout le corps est noir, un peu velu, avec une bande blanche un peu au-delà du milieu des élytres : celles-ci sont fortement pointuées, & les points sont presque rangés en stries. Les pattes sont d'un brun-ferrugineux.

Il se trouve au midi de la France.

ORCHÉSIE. *Orchesia.* Genre d'insectes de la seconde section de l'Ordre des Coléoptères, & de la famille des Hélopiens.

Les Orchésies ont le corps oblong; les antennes courtes, en masse alongée, formée de trois articles distincts; les antennules antérieures grandes & sécuriformes; le pénultième article des quatre tarses antérieurs bilobé; les tarses postérieurs alongés, sétacés.

Ces insectes ont été placés par M. Latreille, dans la famille des Hélopiens, qu'il a fondue en dernier lieu dans celle des Ténébrionites. Cependant, si l'on fait attention aux rapports de forme & aux habitudes de ces insectes, on sera bien plus porté à rapprocher les Orchésies des Anaspes, des Mordelles & des Ripiphores, que des Ténébrions. MM. Illiger & Paykul ont désigné ce genre sous le nom d'*Hallomenus*, & Fabricius a fait entrer les Orchésies dans son genre *Dircœa*, formé de onze espèces qui appartiennent presque toutes à des genres différens.

Les antennes des Orchésies sont à peine de la longueur du corcelet, & composées de onze articles, dont le premier est peu alongé, un peu arqué. Les suivans sont presqu'égaux, cylindriques, ou à peine plus gros à leur extrémité qu'à leur base. Les trois derniers sont bien distincts, & forment une masse alongée, terminée en pointe. Elles sont insérées à la partie antérieure de la tête, un peu au-devant des yeux.

La bouche est composée d'une lèvre supérieure, de deux mandibules, de deux mâchoires, d'une lèvre inférieure & de quatre antennules.

La lèvre supérieure est cornée, avancée, plus large que longue, arrondie antérieurement, & légérement ciliée.

Les mandibules sont petites, cornées, arquées, bifides ou bidentées à leur extrémité.

Les mâchoires sont petites, courtes, coriacées, bifides. Les divisions sont inégales. L'extérieure est un peu plus grande, arrondie; l'intérieure est petite, terminée en pointe.

La lèvre est petite, étroite, échancrée, membraneuse.

Les antennules antérieures sont grandes, composées de quatre articles, dont le premier est très-petit; le suivant mince à sa base, fort évasé à son extrémité; le troisième est court & fort large; le quatrième est triangulaire, large à sa base, pointu à son extrémité. Elles sont insérées à la base latérale de la division extérieure.

Les antennules postérieures sont courtes, filiformes, triarticulées; elles sont insérées à la base antérieure de la lèvre.

La tête est petite, inclinée, cachée en partie dans le corcelet. Les yeux sont ovales, entiers, assez grands, peu ou point saillans.

Le corcelet est plus large que long, un peu convexe, sans rebords, mais avec les côtés un peu tranchans; il est plus étroit à sa partie antérieure, & légérement sinué à sa partie postérieure. L'écusson est petit & arrondi.

Les élytres sont alongées, pointuées, un peu flexibles; elles cachent deux ailes membraneuses, repliées.

Les pattes sont de longueur moyenne, ou même assez courtes. Les cuisses sont un peu comprimées, & vont en diminuant de grosseur; de sorte que les intermédiaires sont un peu plus grosses que les antérieures, & un peu plus petites que les postérieures. Les jambes sont terminées par deux épines droites, beaucoup plus longues dans les pattes postérieures que dans les autres.

Les tarses des pattes antérieures sont composés de cinq articles, dont les trois premiers presqu'égaux entr'eux, triangulaires; le quatrième n'est pas plus large que les précédens, mais il est bilobé. Les tarses intermédiaires sont pareillement composés de cinq articles, dont le premier est alongé, & le quatrième est court & bilobé. Les tarses postérieurs sont sétacés, plus longs que les autres, & composés de quatre articles, dont le premier est fort alongé; le second l'est une fois moins; le troisième l'est un peu moins que le second; le quatrième est moins épais que les précédens, qui sont, comme lui, cylindriques.

L'Orchésie est un petit insecte qu'on trouve, suivant quelques auteurs, sous l'écorce des arbres, & qui habite, suivant d'autres, dans les Bolets, ainsi que sa larve. Il a la faculté de sauter à peu près comme les Mordelles; ce qui appuie d'autant l'opinion où nous sommes, qu'elle apppartient bien plus à la famille de ces derniers, qu'à celle des Ténébrions ou des Helops.

ORCHÉSIE.

ORCHESIA. LATR. *DIRCÆA.* FABR. *HALLOMENUS.* PAYK. ILLIG. *MEGATOMA.* HERBST. *MORDELLA.* MARSHAM.

CARACTÈRES GÉNÉRIQUES.

Antennes de la longueur du corcelet; les trois derniers articles plus gros, distincts.

Mandibules bifides.

Quatre antennules; les antérieures longues, ayant le dernier article grand, triangulaire; les postérieures courtes, filiformes.

Cinq articles aux tarses antérieurs, le quatrième étant bilobé; quatre aux postérieurs, le dernier étant aminci.

ESPÈCE.

1. ORCHÉSIE luisante.

D'un brun-clair, luisant, soyeux en dessus, d'un brun plus clair en dessous.

1. Orchésie luisante.

Orchesia micans.

Orchesia suprà fusca sericea, subtùs pallidior.

Orchesia micans. Latr. *Gen. Crust. & Insect. tom.* 2. *p.* 195.

Anaspis clavicornis. Latr. *Hist. Nat. des Crust. & des Ins. tom.* 10. *p.* 417.

Dircæa micans *fusco-holosericea, antennis extrorsùm crassioribus.* Fabr. *Syst. Eleut. tom.* 2. *p.* 91. *n°.* 11.

Megatoma picea. Herbst. *Coleopt.* 4. *p.* 97. 5. *tab.* 39. *fig.* 5.

Mordella Boleti. Marsh. *Ent. Brit. tom.* 1. *Coleopt. p.* 494.

Hallomenus micans. Panzer, *Faun. Germ. Fasc.* 17. *tab.* 18.

Hallomenus micans. Payk. *Faun. Suec. t.* 2. *p.* 181.

Hallomenus micans. Illig. *Coleopt. Bor. t.* 1. *p.* 135. *n°.* 3.

Elle a deux lignes de longueur, & environ une de largeur. Les antennes sont testacées. Le dessus du corps est d'un brun-testacé, plus ou moins foncé, tout couvert de poils fins, courts, couchés, qui le rendent soyeux, luisant. Les élytres ont un léger rebord tout autour, même le long de la suture. Le dessous du corps est d'un brun-testacé, plus clair que le dessus & luisant.

Elle se trouve en France, en Allemagne, en Suède; elle est rare aux environs de Paris.

ORCHESTE. *Orchestes.* Genre d'insectes de la troisième section de l'Ordre des Coléoptères, & de la famille des Charansonites.

Les Orchestes se distinguent des autres Charansons par les antennes à peine coudées, insérées vers la base de la trompe, & par les cuisses postérieures renflées, propres au saut.

Ces insectes avoient été réunis aux Charansons par Linné, & tous les auteurs qui écrivirent après lui. M. Clairville est le premier qui en ait formé un genre sous le nom de *Rhynchænus,* ainsi adopté par M. Latreille, & indiqué sous celui d'*Orchestes* par M. Illiger. Fabricius ayant réuni, sous le nom de *Rhynchænus,* les Charansons sauteurs à ceux à longue trompe, nous avons cru, dans notre Entomologie, devoir adopter le nom que M. Illiger a indiqué, & laisser celui de Rhynchène aux autres.

Les antennes des Orchestes sont insérées un peu au dessous du milieu de la trompe, & paroissent n'avoir que dix articles. Le premier est peu alongé, renflé à son extrémité. Les suivans sont grenus. Les trois derniers forment une masse ovale-oblongue.

La trompe est cylindrique, mince, un peu arquée, inclinée, à peine aussi longue que le corcelet. La bouche, qui se trouve à l'extrémité, est trop petite pour qu'on puisse en séparer les parties dans des insectes qui n'ont pas au-delà d'une ligne & demie de longueur.

La tête est arrondie, emboîtée dans le corcelet. Les yeux, qui se trouvent placés à la partie latérale, sont grands, arrondis, entiers, un peu saillans.

Le corcelet est beaucoup plus étroit que les élytres; il est arrondi, sans rebords par les côtés, un peu plus étroit à sa partie antérieure, qu'à sa jonction aux élytres.

L'écusson est petit, arrondi, un peu proéminent. Les élytres forment, par leur réunion, un demi-ovale. Elles sont dures, ordinairement striées; elles embrassent l'abdomen, & cachent deux ailes membraneuses, repliées.

Les pattes sont de longueur moyenne. Les postérieures sont plus longues que les autres, & les cuisses sont très-renflées, & quelquefois armées d'une dent, vers le milieu, accompagnée d'une suite de petites dentelures.

Ces insectes ont tous la faculté de sauter assez loin & assez promptement; ce qu'ils exécutent par le moyen des pattes postérieures, qui sont pourvues, dans leur intérieur, de muscles très-forts. On les rencontre sur les mêmes arbres & les mêmes plantes qui ont nourri les larves: celles-ci, observées & décrites par Réaumur & Degeer, sont apodes. Leur tête est écailleuse, & la bouche est armée de deux petites mâchoires écailleuses. Leur corps est alongé, & divisé en douze anneaux bien distincts. Les côtés sont un peu ridés, & la partie postérieure est conique. Lorsqu'elles ont bien mangé, on apperçoit, tout le long du dos, à travers la peau, le canal intestinal, qui paroît alors noirâtre.

Parvenues à leur dernier degré d'accroissement, elles filent une petite coque très-mince dans la partie même de la feuille qu'elles ont minée, & s'y transforment en nymphes. Elles ne sortent de cette coque, sous la forme d'insecte parfait, qu'un mois ou cinq semaines après leur première transformation.

ORCHESTE.

ORCHESTES. Illig. *CURCULIO.* Linn. Geoffr. Deg. Fabr.
RHYNCHÆNUS. Clairv. Latr. Fabr.

CARACTÈRES GÉNÉRIQUES.

Trompe cylindrique, arquée, de la longueur du corcelet, portant à son extrémité les parties de la bouche.

Antennes coudées, de dix articles, le premier peu alongé, insérées vers la base de la trompe.

Masse des antennes ovale, de trois articles peu distincts.

Pattes postérieures renflées, propres pour le saut.

ESPÈCES.

1. Orcheste renflé.

Obscur en dessus; corcelet avec quatre tubercules; élytres striées.

2. Orcheste rougeâtre.

Noir, obscur; trompe et pattes rougeâtres.

3. Orcheste de l'Osier.

Velu, testacé; corcelet silloné.

4. Orcheste scutellaire.

Testacé, avec l'écusson blanc et la poitrine obscure.

5. Orcheste de l'Aune.

Velu, noir; élytres testacées, avec deux taches noires sur chaque.

6. Orcheste mélanocéphale.

Velu, d'un rouge-pâle; tête et poitrine noires; cuisses postérieures avec une dent pointue.

7. Orcheste du Chèvre-feuille.

Testacé; élytres et cuisses marquées d'une bande noire.

8. Orcheste fauve.

Velu, fauve; yeux noirs; cuisses postérieures avec une forte dent pointue.

9. Orcheste de l'Yeuse.

Noirâtre; élytres striées, mélangées de noir et de cendré; base de la suture blanche.

10. Orcheste poileux.

Velu, noir, mélangé de cendré.

11. Orcheste éperonné.

Noir; antennes et tarses testacés; cuisses postérieures fortement dentées.

12. Orcheste des jardins.

Noir; base des élytres et bande postérieure courte, cendrées.

ORCHESTE. (Insecte.)

13. ORCHESTE du Saule.

Noir; élytres avec deux bandes ondées, blanches.

14. ORCHESTE Iota.

Noir; élytres striées; base de la suture blanche.

15. ORCHESTE du Hêtre.

Noir; antennes et pattes pâles.

16. ORCHESTE du Fraisier.

Obscur, noirâtre, avec les antennes et les tarses testacés.

17. ORCHESTE des Saussaies.

Noir, avec les jambes testacées.

18. ORCHESTE du Peuplier.

Noir, avec l'écusson blanc; antennes et pattes testacées.

1. Orcheste renflé.

Orchestes crassus.

Orchestes suprà fuscus, thorace quadrituberculato, elytris striatis.

Rhynchœnus crassus. Fabr. *Syst. Eleut. tom.* 2. *p.* 492. *n°.* 257.

Il est grand. Le corcelet est obscur, marqué de quatre tubercules élevés. Les élytres sont striées, obscures, noirâtres. Le dessous du corps est brun, & les cuisses postérieures sont renflées.

Il se trouve dans l'Amérique méridionale.

2. Orcheste rougeâtre.

Orchestes rufescens.

Orchestes niger, obscurus, rostro tibiisque rufis.

Rhynchœnus rufescens. Fabr. *Syst. Eleut. t.* 2. *p.* 493. *n°.* 260.

Il est un peu plus grand que l'Orcheste éperonné. Les antennes sont rougeâtres, avec un anneau obscur sur la masse. La tête est noirâtre, & la trompe est arquée, rouge. Le corcelet & les élytres sont lisses, noirs, obscurs. Les pattes sont noires, & les cuisses postérieures sont renflées, presque dentées.

Il se trouve dans l'Amérique méridionale.

3. Orcheste de l'Osier.

Orchestes viminalis.

Orchestes villosus testaceus, thorace sulcato. Ent. tom. 5. *pag.* 98. *n°.* 35. *tab.* 32. *fig.* 480. a. b.

Curculio viminalis. Fabr. *Ent. Syst. em. t.* 2. *p.* 447. *n°.* 223.

Rhynchœnus viminalis. Fabr. *Syst. Eleut. t.* 2. *p.* 494. *n°.* 265.

Curculio viminalis. Payk. *Monogr. Curc. p.* 19. *n°.* 18. — *Faun. Suec.* 3. *p.* 219. *n°.* 38.

Curculio viminalis. Herbst. *Coleopt.* 6. *tab.* 93. *fig.* 1.

Voyez, pour la description & les autres synonymes, Charanson de l'Osier, n°. 230.

4. Orcheste scutellaire.

Orchestes scutellaris.

Orchestes testaceus, scutello albo, pectore fusco. Ent. tom. 5. *p.* 98. *n°.* 36. *tab.* 32. *fig.* 481. a. b.

Rhynchœnus scutellaris, *pedibus saltatoriis, testaceus, scutello albo.* Fabr. *Syst. Eleut.* 2. *p.* 495. *n°.* 268.

Il ressemble beaucoup à l'Orcheste de l'Osier. Tout le corps est testacé, couvert d'un duvet cendré, avec l'écusson blanc, la poitrine & l'extrémité de la trompe noirâtres. Les élytres sont striées, & elles ont une légère gibbosité vers leur extrémité. Les cuisses postérieures sont renflées, & armées d'une très-petite dent.

Il se trouve en France, en Allemagne.

5. Orcheste de l'Aulne.

Orchestes Alni.

Orchestes villosus, elytris testaceis, maculis duabus nigris. Ent. tom. 5. *p.* 99. *n°.* 37. *tab.* 32. *fig.* 482.

Curculio Alni. Fabr. *Ent. Syst. em. tom.* 2. *p.* 445. *n°.* 216.

Rhynchœnus Alni. Fabr. *Syst. Eleut. tom.* 2. *p.* 492. *n°.* 256.

Curculio Alni. Payk. *Monogr. Curc. Suec. p.* 20. *n°.* 19. — *Faun. Suec. tom.* 3. *p.* 220. *n°.* 39.

Curculio Alni. Herbst. *Coleopt.* 6. *tab.* 93. *fig.* 7.

Voyez, pour les autres synonymes & la description, Charanson, n°. 226.

6. Orcheste mélanocéphale.

Orchestes melanocephalus.

Orchestes villosus rufus, capite pectoreque nigris; femoribus posticis, acutè dentatis. Ent. tom. 5. *p.* 100. *n°.* 38. *tab.* 32. *fig.* 483.

Il ressemble beaucoup à l'Orcheste de l'Aulne. Les antennes sont fauves. La trompe est fauve à son extrémité, noire à sa base. La tête est noire. Le corcelet est fauve, sans tache & sans sillon. Les élytres sont fauves, striées, moins relevées en bosse vers leur extrémité, que dans l'Orcheste de l'Osier. La poitrine est toujours noire. L'abdomen est fauve, avec la base noire. Les pattes sont fauves, avec un peu de noir à l'extrémité des cuisses. Les cuisses postérieures sont renflées, & armées d'une dent & de quelques dentelures.

Il se trouve fréquemment aux environs de Paris & au midi de la France.

7. Orcheste du Chèvre-feuille.

Orchestes Lonicerœ.

Orchestes testaceus, elytris femoribusque fasciâ nigrâ. Ent. tom. 5. *pag.* 100. *n°.* 39. *tab.* 32. *fig.* 484.

Rhynchœnus Lonicerœ. Fabr. *Syst. Eleut. t.* 2. *p.* 495. *n°.* 267.

Rhynchœnus Xyloftei. Clairv. *Ent. Helv.* 1. *p.* 70. *tab.* 4. *fig.* 1. 2.

Curculio Loniceræ. Herbst. *Coleopt.* 5. *tab.* 93. *fig.* 9.

Il reffemble beaucoup à l'Orchefte de l'Aulne. Les antennes font fauves. La trompe eft fauve, guère plus longue que le corcelet. La tête eft fauve, & les yeux font noirs. Le corcelet eft fauve, fans tache. L'écuffon eft petit & blanchâtre. Les élytres font ftriées, teftacées, avec une bande vers le milieu, un peu ondée, noirâtre. Le deffous du corps eft noirâtre, avec l'extrémité de l'abdomen fauve. Les pattes font fauves. On remarque une bande noirâtre vers l'extrémité des cuiffes poftérieures.

Il fe trouve en Europe, fur le Chèvrefeuille.

8. Orcheste fauve.

Orchestes rufus.

Orcheftes villofus, rufus, oculis nigris, femoribus pofticis acutè dentatis. Ent. tom. 5. *p.* 101. *n°.* 40. *tab.* 32. *fig.* 485.

Il eft une fois plus petit que l'Orchefte de l'Aulne. Tout le corps eft un peu velu & d'une couleur fauve. Les yeux font noirs, & la poitrine eft quelquefois noirâtre. La trompe eft un peu plus longue que le corcelet. Les élytres ont des ftries pointillées.

Il fe trouve aux environs de Paris, fur différens arbres.

9. Orcheste de l'Yeufe.

Orchestes Ilicis.

Orcheftes nigricans, elytris ftriatis, nigro cinereoque variis; futurâ bafi albâ. Ent. tom. 5. *p.* 101. *n°.* 41. *tab.* 32. *fig.* 486.

Curculio Ilicis. Fabr. *Ent. Syft. em. tom.* 2. *p.* 447. *n°.* 224.

Rhynchœnus Ilicis. Fabr. *Syft. Eleut.* 2. *p.* 494. *n°.* 266.

Curculio Ilicis. Payk. *Monogr. Curc. pag.* 18. *n°.* 17. — *Faun. Suec.* 3. *p.* 218. *n°.* 37.

Voyez, pour la defcription & les autres fynonymes, Charanson de l'Yeufe, n°. 231.

10. Orcheste poileux.

Orchestes pilofus.

Orcheftes villofus, niger, cinereo variegatus. Ent. tom. 5. *p.* 102. *n°.* 42. *tab.* 32. *fig.* 487.

Rhynchœnus pilofus. Fabr. *Syft. Eleut.* 2. *p.* 493. *n°.* 258.

Voyez, pour la defcription & les autres fynonymes, Charanson poileux, n°. 227.

11. Orcheste éperonné.

Orchestes calcar.

Orcheftes niger, antennis tarfifque teftaceis, femoribus pofticis dentatis. Ent. tom. 5. *p.* 103. *n°.* 43. *tab.* 32. *fig.* 488.

Curculio calcar. Fabr. *Ent. Syft. em. tom.* 2. *p.* 446. *n°.* 219.

Rhynchœnus calcar. Fabr. *Syft. Eleut. tom.* 2. *p.* 493. *n°.* 261.

Curculio Fragariæ. Payk. *Faun. Suec. p.* 217. *n°.* 35.

Curculio calcar. Payk. *Monogr. Curc. p.* 17. *n°.* 16.

Voyez, pour la defcription & les autres fynonymes, Charanson éperonné, n°. 228.

12. Orcheste des jardins.

Orchestes hortorum.

Orcheftes niger, elytris bafi fafciâque pofticâ abbreviatâ cinereis. Ent. tom. 5. *pag.* 103. *n°.* 44. *tab.* 32. *fig.* 489.

Curculio hortorum *longiroftris, pedibus faltatoriis, ater, elytrorum fafciâ fefquialterâ pedibufque teftaceis.* Fabr. *Ent. Syft. em. tom.* 2. *p.* 446. *n°.* 218. ?

Rhynchœnus hortorum. Fabr. *Syft. Eleut. t.* 2. *p.* 493. *n°.* 259. ?

Il reffemble, pour la forme & la grandeur, à l'Orchefte du Saule. Les antennes font fauves. La tête eft noire. Le corcelet eft noir, avec quelques poils cendrés. Les élytres font ftriées, noires, avec la bafe, une partie de la future & une petite bande poftérieure, d'un gris-cendré, obfcur, quelquefois un peu rouffeâtre. Le deffous du corps eft noir. Les pattes font, tantôt entièrement fauves, tantôt teftacées, avec les cuiffes poftérieures noires, & tantôt noires, avec les jambes & les tarfes fauves. On voit quelquefois au milieu des élytres, une rangée tranfverfale de points cendrés, & le corcelet eft quelquefois entièrement d'une couleur cendrée, un peu rouffeâtre.

Il fe trouve affez fréquemment aux environs de Paris.

13. Orcheste du Saule.

Orchestes Salicis.

Orcheftes ater, elytris fafciis duabus undatis, albis. Ent. tom. 5. *pag.* 104. *n°.* 45. *tab.* 32. *fig.* 490.

Curculio

Curculio Salicis. Fabr. *Ent. Syst. em. tom.* 2. *p.* 447. *n°.* 222.

Rhynchœnus Salicis. Fabr. *Syst. Eleut. tom.* 2. *p.* 494. *n°.* 264.

Curculio Salicis. Payk. *Monogr. Curc. p.* 64. *n°.* 62. — *Faun. Suec.* 3. *p.* 269. *n°.* 91.

Curculio Salicis. Panzer, *Faun. Germ.* 18. *tab.* 15.

Curculio Salicis. Herbst, *Coleopt.* 6. *tab.* 93. *fig.* 2.

Voyez, pour la deſcription & les autres ſynonymes, Charanson du Saule, n°. 229.

14. Orcheste Iota.

Orchestes *Iota*.

Orcheſtes niger, elytris ſtriatis, ſuturâ baſi albâ. Entom. tom. 5. *pag.* 105. *n°.* 46. *tab.* 32. *fig.* 491.

Curculio Iota. Fabr. *Ent. Syst. em. tom.* 2. *p.* 448. *n°.* 225.

Rhynchœnus Iota. Fabr. *Syst. Eleut. tom.* 2. *p.* 495. *n°.* 269.

Curculio Iota. Payk. *Monogr. Curc. pag.* 66. *n°.* 63. — *Faun. Suec. tom.* 3. *p.* 271. *n°.* 93.

Curculio Iota. Panz. *Faun. Germ. Faſc.* 18. *tab.* 16.

Curculio Roſæ. Herbst. *Coleopt.* 6. *tab.* 93. *fig.* 10. ?

Voyez, pour la deſcription & les autres ſynonymes, Charanson Iota, n°. 232.

15. Orcheste du Hêtre.

Orchestes *Fagi*.

Orcheſtes niger, antennis pedibuſque pallidis.

Curculio Fagi. Fabr. *Ent. Syst. em. tom.* 2. *p.* 446. *n°.* 226.

Rhynchœnus Fagi. Fabr. *Syst. Eleut. tom.* 2. *p.* 495. *n°.* 270.

Voyez, pour la deſcription & les autres ſynonymes, Charanson du Hêtre, n°. 233.

16. Orcheste du Fraiſier.

Orchestes *Fragariæ*.

Orcheſtes fuſcus, antennis tarſiſque teſtaceis.

Curculio Fragariæ. Fabr. *Ent. Syst. em. t.* 2. *p.* 448. *n°.* 227.

Rhynchœnus Fragariæ. Fabr. *Syst. Eleut. t.* 2. *p.* 495. *n°.* 271.

Curculio Fragariæ. Herbst, *Coleopt.* 6. *tab.* 93. *fig.* 3.

Cet inſecte ne paroît pas différer de l'Orcheſte éperonné.

17. Orcheste des Sauſſaies.

Orchestes *Saliceti*.

Orcheſtes niger; tibiis teſtaceis.

Curculio Saliceti. Fabr. *Ent. Syst. em. tom.* 2. *p.* 446. *n°.* 220.

Rhynchœnus Saliceti. Fabr. *Syst. Eleut. t.* 2. *p.* 493. *n°.* 262.

Curculio Saliceti. Payk. *Monogr. Curcul. Suec. pag.* 66. *n°.* 64. — *Faun. Suec. tom.* 3. *pag.* 271. *n°.* 94.

Curculio Saliceti. Herbst, *Coleopt.* 6. *p.* 192. 430. 418.

Il eſt de la grandeur des précédens. Les antennes ſont teſtacées, avec la maſſe obſcure. La tête eſt noire, & la trompe eſt mince, courbée, de la longueur du corcelet : celui-ci eſt noir, pointillé. L'écuſſon eſt très-petit, noir. Les élytres ſont noires, ſtriées, avec des points enfoncés dans les ſtries. Le deſſous du corps eſt noir. Les pattes ſont noires, avec les jambes teſtacées. Les cuiſſes poſtérieures ſont renſlées, ſans dentelures.

Il ſe trouve en Europe, ſur les Saules.

18. Orcheste du Peuplier.

Orchestes *Populi*.

Orcheſtes ater, ſcutello albo, antennis pedibuſque teſtaceis. Ent. tom. 5. *p.* 105. *n°.* 47. *tab.* 32. *fig.* 491.

Curculio Populi. Fabr. *Ent. Syst. em. tom.* 2. *p.* 448. *n°.* 228.

Rhynchœnus Populi. Fabr. *Syst. Eleut. tom.* 2. *p.* 495. *n°.* 272.

Rhynchœnus Populi. Clairv. *Ent. Helv.* 1. *p.* 72. *tab.* 4. *fig.* 3. 4.

Curculio Populi. Panz. *Faun. Germ. Faſc.* 18. *tab.* 17.

Curculio Fagi. Payk. *Monogr. Curc. Suec. p.* 64. *n°.* 61.

Curculio Populi. Payk. *Faun. Suec. tom.* 3. *p.* 268. *n°.* 90.

Il eſt un peu plus petit que les précédens. Tout le corps eſt noir. Les antennes & les pattes ſont d'un jaune-fauve, & l'écuſſon eſt blanchâtre. La trompe eſt à peine plus longue que le corcelet : celui-ci a de petits points enfoncés, très-rapprochés. Les élytres ont des ſtries bien marquées.

Il ſe trouve en Europe, ſur le Peuplier.

ORIBATE, *Oribata*. Genre d'insectes de la seconde section de l'Ordre des Aptères, & de la famille des Acaridies.

Les Oribates sont de très-petits insectes aptères, qui ont huit pattes bien distinctes, articulées; deux antennules peu apparentes; le dos couvert d'une espèce d'écaille ou de bouclier, semblable aux élytres réunies de quelques Coléoptères.

Ce genre a été établi par M. Latreille, d'après les caractères suivans : corps aptère, dont la tête est confondue avec le corcelet; point d'antennes; huit pattes; les mandibules en pinces, cachées sous un museau; palpes très-petits, coniques.

M. Herman a établi le même genre sous le nom de *Notaspe*, & a réuni une douzaine d'espèces, dont il a donné de fort bonnes figures, & des descriptions qui seroient souvent insuffisantes sans les figures; car on ne sauroit décrire trop minutieusement des insectes qu'on ne trouve point dans les collections, qu'il faut examiner vivans, qui échappent à l'observateur par leur petitesse, dont le nombre des espèces est probablement très-considérable, & qui jouent certainement sur notre globe, comme les autres Acaridies, un rôle beaucoup plus grand qu'on ne le pense communément.

Ce genre comprend la Mitte géniculée & la Mitte coléoptère des auteurs. Elles ont été séparées des autres Mittes, parce que le dos est couvert d'une espèce d'écaille ou carapace, que M. Herman compare aux élytres réunies de quelques Coléoptères qui manquent d'ailes, comparaison qui avoit déjà été faite par Linné & Geoffroy. Cette carapace déborde le ventre de même que les élytres dans les Coléoptères, & fait un repli tout autour, comme Geoffroy l'a très-bien observé. Il se montre très-distinctement dans les Oribates renversées sur le dos, & mieux encore lorsqu'elles sont placées sur un des côtés & pressées convenablement. Dans cette position, l'étui se sépare assez du corps, pour qu'on puisse le bien observer. C'est d'après ce caractère que M. Herman, qui ne connoissoit pas alors les ouvrages de M. Latreille, a cru devoir établir le genre Notaspe. Ce caractère est effectivement bien propre à faire reconnoître ces petits insectes, & à les distinguer des autres Acaridies, & nous devons pour le moment nous en contenter; car on voudroit en vain recourir aux organes de la bouche pour y chercher d'autres caractères : ils sont si petits, si cachés & si difficiles à développer, qu'on ne peut jamais espérer de les soumettre à un examen un peu rigoureux; & la compression qui fait ressortir ces parties dans quelques Acaridies, n'est point applicable aux Oribates. Tout ce qu'on a pu voir dans celles-ci, ce sont deux antennules courtes, articulées.

La tête, qui se confond ordinairement avec le corcelet, ou n'en est séparée que par une légère incision, est conique, terminée en pointe : vue par-dessous, elle a paru être creuse à M. Herman, & renfermer un autre petit cône qui contient sans doute les parties de la bouche, mais qu'il n'a jamais bien pu distinguer à cause de la petitesse de ces insectes.

Degeer a vu dans l'Oribate géniculée ou corticale, au dessous de la tête, deux antennules courtes & déliées, divisées en articulations, & garnies de poils comme les pattes. Elles n'excèdent pas la longueur de la tête, & il est difficile de les appercevoir, parce que l'insecte les tient ordinairement cachées. Cet observateur ne put en venir à bout qu'en le plaçant entre deux petits verres concaves, où, se trouvant un peu à l'étroit, il développa ces parties.

Le corcelet n'est ordinairement pas plus distinct que la tête; cependant il est quelquefois séparé du corps, ainsi que de la tête, par une incision plus ou moins profonde : il forme la base du cône ou de la pyramide, dont la tête est le sommet.

Le corps est ordinairement globuleux ou ovale, & rarement carré. Il a près de son bord, suivant l'observation de M. Herman, une papille oblongue, marquée d'une fente longitudinale, qu'il a regardée comme l'anus de l'insecte.

Les pattes, au nombre de huit, sont composées de plusieurs pièces peu distinctes : on en voit le plus souvent deux petites qui précèdent la cuisse, & deux ou trois autres qui la suivent, & dont la longueur respective varie beaucoup. Deux de ces pattes paroissent attachées à la partie qui répond au corcelet, & les deux autres partent de la partie antérieure du corps. Elles sont toutes terminées par un, deux ou trois ongles crochus, bien distincts, qui ont servi à M. Herman pour former trois divisions dans ce genre.

Les Oribates ne sont pas des insectes parasites, comme la plupart des Acaridies; car on les trouve communément sur les écorces des arbres, sous des pierres, dans les mousses, sur différens végétaux, rarement seules, & très-souvent en société nombreuse.

ORIBATE.

ORIBATA. LATR. *NOTASPIS.* HERM. *ACARUS.* LINN. GEOFF. DEG. FAB. *GAMASUS.* FABR.

CARACTÈRES GÉNÉRIQUES.

Deux antennules très-courtes, articulées.

Tête et corcelet à peine distincts.

Huit pattes articulées, presqu'égales entr'elles.

Corps couvert d'une écaille en forme de carapace.

ESPÈCES.

* *A ongles monodactyles.*

1. ORIBATE clavipède.

Ovale, noire, luisante; pattes géniculées, hispides, beaucoup plus longues que le corps.

2. ORIBATE corynopède.

Ovale, noire, luisante; pattes géniculées, nues, de la longueur du corps.

3. ORIBATE châtaigne.

Ovale, brune, luisante; tête courte, conique; cuisses renflées.

** *A ongles didactyles.*

4. ORIBATE horrible.

Oblongue, raboteuse; abdomen postérieurement terminé par deux appendices et quatre crochets.

*** *A ongles tridactyles.*

5. ORIBATE géniculée.

Ovale, brune, luisante; pattes de la longueur du corps; cuisses peu renflées.

6. ORIBATE théléprocte.

Ovale, noire; dos marqué de quatre ou cinq rides sémi-circulaires.

7. ORIBATE coléoptère.

Ovale, noire; côtés antérieurs avec un prolongement triangulaire.

8. ORIBATE humérale.

Ovale, brune, très-glabre; côtés antérieurs avec un prolongement triangulaire, aigu.

9. ORIBATE ailée.

Ovale, d'un brun-noirâtre, luisant; côtés avec un prolongement détaché en avant et en arrière.

10. ORIBATE tégéocrane.

Ovale-oblongue; tête avec un écusson triangulaire et quatre soies blanches.

11. ORIBATE cassidée.

Corps orbiculaire, écussonné, marron; pattes antérieures en forme de pinces sétifères.

12. ORIBATE paresseuse.

Corps déprimé, parallélogramme, postérieurement coupé, bicornu.

13. ORIBATE bipile.

Globuleuse, d'un brun-marron; tête aiguë, pourvue de trois poils avancés.

*\ A ongles monodactyles.

1. Oribate clavipède.

Oribata clavipes.

Oribata ovata nigra, nitida, pedibus geniculatis hispidis, corpore longioribus.

Notaspis clavipes. Herman, *Apterologia, p.* 88. *n°.* 1. *tab.* 4. *fig.* 7.

Cette espèce ne doit pas être confondue avec l'Oribate géniculée, dont les pattes ne sont pas plus longues que le corps, & terminées par trois ongles. La clavipède est très-petite. Tout le corps est noir, luisant, sphérique ou ovale, arrondi postérieurement. Le corcelet est plus étroit que le corps, & séparé par un enfoncement transversal : on voit, de chaque côté, une apophyse à deux cornes. Le corps se fait remarquer par une suite circulaire de soies placées sur le dos. Les pattes sont une fois plus longues que le corps, & paroissent avoir plusieurs articulations renflées d'où partent quelques soies.

Elle se trouve en Europe, dans les mousses.

2. Oribate corynopède.

Oribata corynopus.

Oribata ovata nigra, nitida, pedibus geniculatis nudis, longitudine corporis.

Notaspis corynopus. Herm. *Apterol. pag.* 89. *n°.* 2. *tab.* 4. *fig.* 2.

Elle est très-petite, comme la précédente, n'ayant guère au-delà d'un quart de ligne de diamètre. Le corps est noir, luisant, presque sphérique ou ovale, à demi pointu postérieurement. Le dos est glabre. Le corcelet est plus étroit que le corps, & distinct par un léger étranglement. La partie antérieure est terminée en pointe. Les pattes sont de la longueur du corps. Les cuisses sont renflées à leur extrémité. Les autres articulations le sont moins, & on ne voit pas les soies qui se font remarquer dans l'espèce précédente.

Elle se trouve en Europe, dans les mousses.

3. Oribate châtaigne.

Oribata castanea.

Oribata ovata castanea, nitida, capite brevi conico, femoribus clavatis.

Notaspis castaneus. Herm. *Apterol. pag.* 89. *n°.* 3. *tab.* 7. *fig.* 4.

Elle est très-petite comme les précédentes. Tout le corps est d'un brun-marron, luisant. Le corps est ovale, presque globuleux, arrondi postérieurement. Le corcelet est peu distinct, & forme, avec la tête ou la partie antérieure, un cône court, à large base. Les pattes sont glabres, de la longueur du corps. Les cuisses sont renflées.

M. Herman dit avoir trouvé cette espèce, au solstice d'été, dans un gazon touffu, parmi des Lichens. Sa marche n'est ni lente ni accélérée. Il croit qu'elle appartient à cette division, sans en être bien certain.

Elle se trouve en Europe.

** A ongles didactyles.

4. Oribate horrible.

Oribata horrida.

Oribata oblonga aspera, abdomine posticè bidentato quadrihamato.

Notaspis horridus. Herm. *Apterol. pag.* 90. *tab.* 6. *fig.* 3.

Oribata horrida. Latr. *Gen. Crust. & Ins. t.* 1. *p.* 150. *n°.* 7.

Le corps est alongé, presque carré, d'un brun-clair, parsemé d'une poussière écailleuse, blanchâtre. Il est terminé postérieurement par deux appendices courtes, obtuses, écartées, & par quatre crochets, dont deux, mobiles, peuvent être écartés ou appliqués contre le corps, ce sont les plus voisins des appendices, & deux autres un peu au dessus de ceux-ci, plus courts, restent toujours dans la même position. Le corcelet est aussi large que l'abdomen, & ne se distingue de lui que par une ligne transversale, enfoncée, qui l'en sépare. Le bec est pointu, transparent, & peut être alongé ou raccourci : on voit à son extrémité un point obscur. Les pattes sont de la longueur du corps, ou même un peu plus courtes, & les articulations sont étranglées & bien distinctes. La troisième paire n'a pas les gros poils que l'on voit aux autres. Chaque patte est terminée par deux crochets assez forts, peu arqués.

Elle se trouve en Europe, dans les mousses.

*** A ongles tridactyles.

5. Oribate géniculée.

Oribata geniculata.

Oribata ovata, fusco-castanea nitida, pedibus longitudine corporis, femoribus subclavatis.

Oribata geniculata. Latr. *Gen. Crust. & Ins. tom.* 1. *p.* 149. *n°.* 1. — *Hist. Nat. des Crust. & des Ins. tom.* 7. *p.* 400.

Acarus petrarum niger, abdomine globoso lucido, femoribus subclavatis. Geoff. *Ins. tom.* 2. *p.* 626. *n°.* 11.

Acarus corticalis. Deg. *Mem. Ins.* 7. *pag.* 131. *n°.* 19. *tab.* 8. *fig.* 1.

Cette espèce est mentionnée, dans ce Dictionnaire, fous le nom de *Mitte géniculée*, n°. 26. Elle a un quart de ligne de diamètre. Son corps eft brun, ovale, arrondi poftérieurement, conique à fa partie antérieure, parfemé de poils courts & très-fins. La tête eft féparée du corcelet, & celui-ci de l'abdomen, par une ligne tranfverfale, enfoncée. Les pattes font d'un brun plus clair que le corps & de longueur moyenne. Celles de devant font un peu plus longues que les quatre qui fuivent, & les poftérieures ne font guère plus longues que les premières. Elles font toutes garnies de quelques foies, & les cuiffes antérieures font renflées. Les huit pattes font terminées par trois ongles bien diftincts.

Elle fe trouve en Europe, fous les pierres & fur les écorces d'arbres.

6. ORIBATE théléproctе.

ORIBATA theleproctus.

Oribata ovata, atra, dorfo rugis femicircularibus notato.

Oribata theleproctus *nigra, dorfo clypeato, clypeolo per circulos concentricos divifo.* LATR. *Gen. Cruft. & Inf. tom.* 1. *p.* 149. *n°.* 2.

Notafpis theleproctus, *abdomine depreffo, pofticè in papillam producto, fuprà rugis femicircularibus.* HERMAN, *Apterol. p.* 91. *n°.* 5. *tab.* 7. *fig.* 5.

Le corps eft ovale, prefqu'orbiculaire, un peu déprimé, terminé poftérieurement en pointe, d'un noir-obfcur, glabre, marqué de quelques rides ou enfoncemens concentriques, ouverts poftérieurement. Le corcelet eft court, diftinct de la tête & de l'abdomen par deux étranglemens. Les pattes font de la longueur du corps. Les articulations font diftinctes, & les cuiffes font peu renflées. La dernière pièce eft armée de trois ongles crochus.

Elle fe trouve en Europe, dans les mouffes.

7. ORIBATE coléoptère.

ORIBATA coleoptrata.

Oribata ovata, atra, lateribus anticis angulato acutis.

Gamafus coleoptratus. FABR. *Syft. Antl. p.* 365. *n°.* 24.

Notafpis acromios, *abdomine nigricante, tuberculato, margine anteriore medio pilis duobus fpathulatis, albis; laterum alis trigonis, anticè truncatis.* HERM. *Apter. p.* 91. *n°.* 6.

Voyez, pour la defcription & les autres fynonymes, MITTE coléoptère, n°. 23. Le corps eft ovale, noirâtre, luifant, marqué, fur le dos & au bord poftérieur, d'une fuite circulaire de poils blancs, linéaires, droits.

8. ORIBATE humérale.

ORIBATA humeralis.

Oribata ovata, brunnea, glaberrima, lateribus anticis productis, angulato-acutis.

Notafpis humeralis. HERM. *Apter. p.* 92. *n°.* 8. *tab.* 4. *fig.* 5.

Oribata humeralis. LATR. *Gen. Cruft. & Inf. tom.* 1. *p.* 150. *n°.* 5.

Elle reffemble beaucoup à la précédente. L'abdomen eft d'un brun-foncé, ovale, prefque globuleux, très-liffe & luifant. Les productions latérales font trigones, tronquées antérieurement. La partie antérieure du corps fe termine en piramyde. La tête & le corcelet fe confondent, & ne font nullement diftincts. Les pattes font de la longueur du corps, munies de foies fort courtes; elles ont leurs articulations peu apparentes.

Elle fe trouve en Europe, dans les mouffes.

9. ORIBATE ailée.

ORIBATA alata.

Oribata ovata, fufco-caftanea nitida, lateribus productis, anticè pofticèque folutis.

Notafpis alatus. HERM. *Apter. pag.* 92. *n°.* 8. *tab.* 4. *fig.* 6.

Acarus aquaticus-marginatus *aquaticus, fubrotundus cruftaceus niger, pedibus rufis, corporis lateribus marginatis.* DEG. *Mem. Inf. t.* 7. *p.* 152. *n°.* 28. *tab.* 11. *fig.* 1.

Elle eft très-petite. Le corps eft d'un brun-noirâtre, glabre, globuleux, arrondi poftérieurement, terminé en piramyde antérieurement. La tête & le corcelet fe confondent. On voit à la partie latérale une production comme dans les efpèces précédentes, mais qui en diffère dans celle-ci, en ce qu'elle fe détache du corps à fa partie antérieure ainfi qu'à fa partie poftérieure. Les pattes font à peine de la longueur du corps, & d'une couleur rouffeâtre ou de marron-clair. Les articulations font peu diftinctes.

Elle fe trouve en Europe, dans les mouffes. Degeer l'a vue en grand nombre, courant fur la furface des eaux de marais, fe tenant toujours à la fuperficie, fans jamais s'y enfoncer : elles s'attachoient aux petits limaçons & aux infectes morts qui flottoient fur l'eau, fans doute pour en tirer leur nourriture en les fuçant. Elles font lentes dans leur démarche, & ne quittent guère leur proie tant qu'elle leur fournit de quoi les nourrir.

10. ORIBATE tégéocrane.

ORIBATA tegeocrana.

Oribata ovato-oblonga, clypeo triangulari, margine anteriore fetis quatuor albis.

Notaspis tegeocrana, *abdomine oblongo, margine anteriore setis quatuor albis ; capite scuto triangulari tecto , squamulâ laterali pellucidâ.* Herman , *Apterol. p.* 93. *n°.* 9. *tab.* 4. *fig.* 3. 4.

Oribata tegeocrana. Latr. *Gen. Crust. & Inf. tom.* 1. *p.* 150. *n°.* 6.

L'abdomen est ovale, oblong, d'un roux-foncé, tuberculé, glabre, terminé antérieurement en piramyde. Le corcelet est distinct du reste du corps par une ligne enfoncée. On voit quatre soies blanches au bord antérieur, & la tête est couverte d'un bouclier détaché, triangulaire, échancré au sommet & garni de deux soies.

Elle se trouve en Europe, dans les mousses.

11. Oribate cassidée.

Oribata cassidea.

Oribata corpore clypeato castaneo , pedibus anticis antenniformibus setiferis.

Notaspis cassideus *castaneus, scuto hyalino, discoideo depresso ; pedibus primi paris antenniformibus, motatoriis , apice setiferis.* Herman , *Apterol. p.* 93. *n°.* 10. *tab.* 6. *fig.* 2.

Elle est petite, parfaitement orbiculaire, presqu'en forme de lentille, couverte d'un bouclier discoïde, élevé au milieu, déprimé & plane sur ses bords, couvrant tout l'abdomen comme dans les Cassides, & transparent comme du verre. Le disque est marqué, sur son contour, de stries écartées, & courtes vers l'intérieur. Les pattes antérieures sont portées droit en avant, pendant la marche, & agitées de côté & d'autres, comme les antennes dans les autres insectes. Elles sont composées d'un fémur renflé, ayant une dent saillante vers l'extrémité antérieure ; ensuite de deux articles courts, & d'un dernier presqu'en massue, un peu en zigzag, & garni de trois soies au sommet. Les autres pattes, qui servent seules à la marche, ont trois articles au fémur & au tibia, & le tarse est simple.

Elle se trouve en Europe, dans les mousses. Elle appartient peut-être à la première division.

12. Oribate paresseux.

Oribata segnis.

Oribata corpore depresso , parallelogramo posticè retuso bicorni.

Notaspis segnis *depressus, abdomine parallelogrammo , posticè retuso bicorni ; thorace trigono halterato.* Herm. *Apterol. p.* 94. *n°.* 11. *tab.* 4. *fig.* 8.

Cette espèce diffère beaucoup des précédentes par la forme du corps, qui est celle d'un carré-long. La partie antérieure est triangulaire & distincte ; elle est séparée du corps par une ligne transversale, enfoncée, & garnie, de chaque côté, d'une sorte de balancier. Les angles postérieurs du corps sont garnis d'un appendice en forme de filet, transparent, un peu arqué ou courbé en dedans. Les pattes sont munies de trois ongles. Tout le corps est d'une couleur cendrée, noirâtre.

Elle se trouve en Europe, dans les mousses. Sa marche est très-lente.

13. Oribate bipile.

Oribata bipilis.

Oribata globosa, castanea, capite acuminato, pilis quatuor porrectis.

Notaspis bipilis. Herm. *Apter. p.* 95. *n°.* 12.

Le corps de ce petit insecte est châtain, globuleux, terminé antérieurement en pointe, pourvu de quatre poils avancés, roides, dont deux extérieurs assez gros, & deux intérieurs plus minces : il y a deux autres poils écartés à l'extrémité du corps, & un autre fort, sur les côtés des cuisses de la troisième paire. Lorsque l'insecte contracte les pattes, on voit, de chaque côté du corps, trois autres poils dirigés en avant, qui appartiennent aux pattes : il y a un autre poil étendu dans une situation droite sur le côté, qui est le poil de la cuisse. Au reste, toutes les cuisses sont nues, suivant l'observation de M. Herman ; mais les jambes & les tarses sont garnis de poils tournés en avant.

Elle a été trouvée en mai, dans une forêt près du Rhin, sur une substance attachée contre l'écorce d'un arbre, qui a paru à M. Herman être de la fiente desséchée de quelque limaçon.

ORITHYIE. *Orithyia.* Genre d'insectes de la troisième section de l'Ordre des Aptères, dans la méthode de M. Olivier, & qui, suivant la nôtre, appartient à la famille des Oxyrinques, classe des Crustacés.

La seule espèce connue de ce genre fut d'abord associée par Herbst aux Crabes *(Cancer bimaculatus)*. Fabricius la réunit aussi avec eux, & la décrivit comme inédite *(Cancer mammillaris)*. Daldorf, dont les travaux opérèrent dans l'Ordre des Crustacés une réforme nécessaire, jugea que celui-ci devoit composer un genre propre, qu'il nomma *Orithuia*. Fabricius, dans le Supplément de son *Entomologie systématique*, l'adopta, ainsi que la plupart des autres genres de cet auteur, à quelques changemens près qu'il fit dans leur nomenclature. Les Crustacés à courte-queue ou les Crabes *brachyures* de Linné forment maintenant, dans le systême de l'entomologiste de Kiell, la classe des *Kleistagnathes*, & où entre le genre d'Orithyie. *Mâchoire* extérieure à division latérale lancéolée, pointue, courte, mutique ; *antennes*, quatre, inégales ; les intérieures plus longues, en forme de palpes : tels sont les caractères essentiels qu'il lui assigna. Les nôtres reposent sur d'autres parties, & qui nous ont paru se prêter plus facilement à l'observation. Les Orithyies ressemblent aux Portunes, aux Podophthalmes quant à la disposition & la forme générale des pattes; c'est-à-dire que les deux antérieures sont en forme de bras, avec des mains didactyles; que les trois paires suivantes finissent par un tarse conique & onguiculé, & que la dernière est natatoire ou se termine en une lame foliacée ou très-comprimée; mais le corps des Portunes & des Podophthalmes, ou leur test, est large, & présente un segment de cercle; celui des Orithyies est en ovoïde tronqué par-devant. Ce caractère les rapproche des Dorippes & des Matutes; mais les Dorippes ont leurs pattes postérieures insérées sur le dos, &, dans les Matutes, toutes les pattes, à l'exception des bras, sont natatoires. N'ayant vu qu'un individu mal conservé de l'Orithyie mamelonnée, il ne m'a pas été possible d'étudier tous ses caractères naturels. Fabricius lui-même n'en a donné qu'une partie, & qui sont exposés de la manière suivante dans le Supplément de son *Entomologie systématique*, pag. 324.

Bouche composée de mandibules, de palpes & de trois mâchoires.

Mâchoire extérieure osseuse, bifide; division intérieure oblongue, plane, ciliée, légèrement cannelée extérieurement, presque concave intérieurement, coudée au milieu, avec le bout palpigère.

Palpe comprimé, osseux, sétacé, un peu cilié, triarticulé; le premier article court; le second plus long; le troisième encore plus alongé, arqué & pointu.

Division interne (de la même mâchoire) lancéolée, aiguë, mutique.

Les autres *organes de la manducation* n'ont pas été suffisamment examinés.

Antennes, quatre, inégales.

Extérieures très-courtes, sétacées, insérées au coin interne de l'œil; le premier article très-long, cylindrique; les autres très-nombreux, fort courts.

Intérieures une fois plus longues, palpiformes, de quatre articles; le premier court, ovoïde; le second & le troisième plus longs, cylindriques; le quatrième très-court, en alène, bifide: division intérieure courte. Ces antennes intérieures sont repliées sur elles-mêmes, comme dans un grand nombre de genres de la division des Crustacés à courte-queue. Il paroîtroit que, quoique leur forme soit essentiellement semblable à celle qu'ont les mêmes organes dans les Crabes, les Dromies, les Portunes, elles seroient néanmoins proportionnellement plus longues, tandis que les antennes extérieures seroient comparativement plus petites.

Je considère, avec M. Olivier, les pièces articulées & disposées sur deux rangs longitudinaux qui forment la bouche des Crustacés, au dessus des mandibules, comme des palpes profondément bifides ou même doubles. Fabricius prend pour mâchoire extérieure le premier article (celui qui est le plus grand) des deux divisions des derniers palpes ou de ceux qui recouvrent extérieurement les autres, & sont placés immédiatement au-devant des deux premières pattes ou des bras. L'article qui sert de support commun aux deux branches du palpe n'est pas compté. J'ai observé sur un individu de la collection du Muséum d'Histoire naturelle de Paris, que la branche extérieure est petite & lancéolée, comme le dit Fabricius; que le second article de la branche interne, & qui, selon sa manière de voir, paroît être le premier article des palpes de la mâchoire extérieure, présente un triangle alongé, échancré ou concave au côté interne & près du bout. La forme de cet article est ainsi différente de celle qu'a la même pièce dans les palpes extérieurs des Crabes, où elle est beaucoup plus courte, plus large & plus arrondie. Les trois articles qui suivent ou qui terminent la branche intérieure de ces palpes, en se repliant le long du bord interne, sont aussi, dans les Orithyies, proportionnellement plus longs & plus grêles que dans les Crabes.

Le test des Orithyies forme un ovoïde déprimé, tronqué en devant, & un peu resserré avant les angles qui terminent les côtés. Le bord antérieur est fortement échancré de chaque côté pour l'emplacement des orbites oculaires. Son milieu est avancé & denté. Les bords latéraux offrent aussi des pointes. Les yeux sont placés à l'extrémité d'un pédicule assez long & cylindrique. Les bras sont courts, graveleux & tuberculés. Les trois paires de pattes suivantes sont terminées par un tarse conique & anguleux; celui de la dernière est très-comprimé & en forme de lame elliptique, très-unie & pointue.

Les habitudes des Orithyies nous sont inconnues. Ces Crustacés paroissent propres aux mers orientales.

ORITHYIE.

ORITHYIA. Fabr. *ORITHUIA.* Dald. *CANCER.* Herbst.

CARACTÈRES GÉNÉRIQUES.

Quatre antennes; les extérieures très-courtes, sétacées; le premier article fort long, cylindrique; les autres très-nombreux et fort petits; les intérieures une fois plus longues, repliées, de quatre articles, dont le second et le troisième plus longs; le dernier très-court, subulé, bifide.

Corps ovoïde, tronqué en devant, déprimé; queue courte, sans feuillets natatoires au bout.

Dix pattes; les deux antérieures en forme de bras, et terminées par une sorte de main didactyle; dernière pièce des trois paires suivantes conique et pointue; celle de la dernière paire en forme de lame ou de nageoire.

ESPÈCE.

1. Orithyie mamelonnée.

Test tuberculé, triépineux de chaque côté, avec deux taches rougeâtres, arrondies, sur le dos; chaperon avancé, triangulaire, ayant cinq dents.

1. Orithyie mamelonnée.

Orithyia mammillaris.

Orithyia testâ tuberculatâ, utrinquè trispinosâ, maculis duabus dorsalibus, rufescentibus, rotundis; clypeo rostriformi, quinquedentato.

Orithyia mammillaris. Fabr. *Suppl. Ent. Syst. p.* 363.

Orithyia mammillaris. Latr. *Hist. natur. des Crust. & des Inf. tom.* 6. *p.* 130. *pl.* 50. — *Gen. Crust. & Inf. tom.* 1. *p.* 42.

Cancer mammillaris; *thorace ovato, aculeato, utrinquè trispinoso; rostro brevi, tridentato.* Fab. *Ent. Syst. em. tom.* 2. *p.* 465.

Cancer bimaculatus. Herbst, *Canc. tom.* 1. *p.* 248. *tab.* 18. *fig.* 101.

Son test a environ quinze lignes de long, & un peu moins en largeur; il est ovoïde, un peu resserré sur les côtés, près des angles antérieurs & latéraux, déprimé, d'un jaunâtre-pâle, couvert en majeure partie de petits grains, avec deux sillons longitudinaux & trois rangées de tubercules, dont une composée de trois & située entre les sillons, & les deux autres latérales, formées chacune de quatre tubercules; les deux postérieurs de chaque rangée sont rousseâtres, & placés sur une tache ronde, presque de la même couleur. Chaque côté du test a trois fortes pointes en forme d'épines, & deux tubercules antérieurs. Son bord antérieur a au milieu un avancement triangulaire, ayant cinq dents pointues, deux de chaque côté, & une au bout, plus longue; chaque angle latéral de ce bord antérieur est bifide ou bidenté; la dent extérieure est plus forte. Le bord inférieur des orbites oculaires a aussi une pointe assez forte près du canthus interne. Les pédicules des yeux sont assez longs & cylindriques. Les bras sont courts & graveleux; les deux premiers articles inférieurs, ceux qui répondent à la hanche, ont chacun deux petites pointes au côté interne; l'article suivant, l'analogue de la cuisse, a, au milieu de l'arête inférieure, une dent ou saillie conique; on en remarque aussi une autre au bord supérieur; le quatrième article ou le carpe offre en dessus deux tubercules, & au côté interne une pointe conique. Les mains sont dilatées, presque triangulaires, graveleuses, avec trois éminences dentiformes au bord supérieur; les doigts sont un peu plus longs que les mains, comprimés & dentelés au bord intérieur; ceux de la main droite, qui paroît plus forte, ont des dents plus grosses. Les trois paires de pattes suivantes sont presqu'également longues, ont une petite dent à l'extrémité supérieure du second & du troisième article, une frange de poils noirâtres au côté interne des deux suivans, & sont terminés par un tarse conique & anguleux. Les angles du tarse de la quatrième paire sont plus dilatés. Les deux premiers articles de la dernière paire sont unidentés au bout, & celui qui la termine, a la figure d'une lame elliptique, très-unie, pointue au bout, avec des poils noirâtres sur les bords. On remarque une dent sur le milieu du premier segment de la queue, & trois au suivant. L'individu que j'ai observé, étoit un mâle.

Elle se trouve dans les parties de l'Océan indien, qui avoisinent la Chine. (Lat.)

ORNÉODE. *Orneodes.* Genre d'insectes de l'Ordre des Lépidoptères, & de la famille des Ptérophorites.

Deux considérations principales m'ont déterminé à séparer génériquement des Ptérophores, l'espèce que Geoffroy avoit nommée le Ptérophore à éventail, & qui est le Ptérorophore *hexadactylus* de Fabricius. Dans les autres Ptérophores, les palpes ne sont pas plus longs que la tête, se recourbent dès leur origine, & sont presqu'uniformément recouverts de petites écailles. Ceux des Ornéodes sont beaucoup plus longs, avancés, avec le second article garni d'écailles nombreuses, & le dernier presque nu ou moins convexe, grêle, cylindrique, pointu au bout, relevé & en forme de corne. Voilà d'abord une première considération prise de la comparaison d'un organe important de l'insecte parfait. Les métamorphoses nous fournissent la seconde. La Chrysalide des Ptérophores est nue, ou point renfermée dans une coque, & suspendue presque verticalement au moyen d'un fil ou d'une soie. Celle des Ornéodes est enveloppée d'un tissu peu fourni, tenant néanmoins lieu de coque.

Ces caractères, à la vérité, ne s'appliquent qu'à une seule espèce de nos catalogues; mais les principes d'une bonne méthode ne nous permettent pas de réunir des objets trop dissemblables, quelque restreint que puisse être le groupe que l'on détache.

Lorsque les observations, à cet égard, seront plus multipliées, le genre d'Ornéode sera probablement moins circonscrit. Nous sommes si peu avancés dans la connoissance des Lépidoptères de la famille des Ptérophorites, que Fabricius n'en a pas décrit une seule espèce d'étrangère à l'Europe.

Par leurs ailes horizontales ou en toit, des antennes sétacées, les Ptérophorites s'associent aux Lépidoptères nocturnes. Ils sont les seuls de cette section dont les ailes, ou du moins deux d'entre elles, ont des fissures imitant une sorte de digitation; ce qui donne à ces ailes une ressemblance grossière avec celle des oiseaux. La famille des Ptérophorites ne comprend que les genres Ptérophore & Ornéode. J'ai exposé ci-dessus les différences qui les caractérisent.

Tous ces petits Lépidoptères ont le corps grêle & alongé; des antennes sétacées, simples, un peu plus courtes que le corps, insérées entre les yeux, près du milieu de leur bord interne; une trompe courte, roulée en spirale, presque membraneuse; des pattes longues & épineuses. Leurs ailes ne présentent que quelques grosses nervures ou côtes longitudinales, plus ou moins séparées entr'elles, couvertes de petites écailles, mais ayant aux deux bords une frange de poils, & imitant ainsi des pennes d'oiseau. Dans l'Ornéode héxadactyle, les ailes ont un plus grand nombre de nervures; & lorsqu'elles sont étendues, elles forment, autour de son corps, un demi-cercle, à la façon d'un éventail, d'où est venu le nom que lui a imposé Geoffroy.

Sa Chenille a seize pattes, & vit sur le Camérisier ou le Chèvre-feuille des buissons *(lonicera xylosteum)*, dont elle mange les fleurs. Frichs me paroît être le premier qui l'ait observée. M. Wilhelm, dans ses *Récréations* tirées de l'Histoire naturelle, ouvrage publié en allemand, mais dont nous avons une traduction française, imprimés à Bâle, dit aussi que la Chenille du Ptérophore héxadactyle ronge les fleurs de cet arbrisseau en passant de l'une à l'autre, & qu'elle se change en Chrysalide dans un tissu à claire-voie; mais dans la figure qu'il donne de l'insecte parfait, chacune de ses ailes n'est divisée qu'en trois. Cet auteur distingue & représente ensuite un autre Ptérophore ou Alucite, qu'il nomme *Dodecadactyle*, parce que le nombre des rayons barbus ou des plumes (pour me servir de ses expressions) des ailes est de douze. Il est clair que cette espèce est le vrai Ptérophore héxadactyle, puisque Linné dit formellement que chaque aile est partagée en six. L'Alucite héxadactyle de M. Wilhelm seroit donc une autre espèce, & peut-être du même genre.

On trouve souvent l'Ornéode héxadactyle dans l'intérieur des appartemens, aux vitres des croisées, en automne.

ORNÉODE.

ORNEODES. LATR. *PHALÆNA ALUCITA.* LINN. SCOP.

PTEROPHORUS. GEOFFR. FABR. *ALUCITA.* DEN. SCHIFF. HUBN.

CARACTÈRES GÉNÉRIQUES.

Antennes sétacées, simples.

Trompe courte, presque membraneuse ou peu cornée.

Deux antennules longues, avancées; le second article très-garni d'écailles; le dernier presque nu, long, grêle, cylindrique, terminé en pointe, recourbé, en forme de corne.

Ailes divisées en rayons barbus (six à chaque).

Chenille ayant seize pattes.

Chrysalide dans une coque peu serrée.

ESPÈCE.

1. ORNÉODE héxadactyle.

Ailes héxadactyles, d'un gris-cendré, entrecoupé de noirâtre.

1. ORNÉODE hexadactyle.

ORNEODES *hexadactylus.*

Orneodes alis hexadactylis, cinereo-griseis, fusco-intersectis.

Orneodes hexadactylus. LATR. *Hist. Nat. des Crust. & des Ins. tom.* 14. *p.* 258. — *Gen. Crust. & Ins. tom.* 4. *p.* 234.

Phalæna Alucita hexadactyla, *alis patentibus fissis, singulis sex-partitis cinereis.* LINN. *Syst. Nat. tom.* 2. *pag.* 900. *n°.* 460. — *Faun. Suec. ed.* 2. *n°.* 1458.

Phalæna Alucita hexadactyla. SCOP. *Entom. Carn. n°.* 676.

Phalæna Alucita hexadactyla. VILL. *Entom. tom.* 2. *p.* 134. *tab.* 6. *fig.* 32.

Phalæna Alucita hexadactyla. BRAHM. *Kal. II.* 1. 89. 34. — 323. 208.

Ptérophore en éventail. GEOFF. *Inf. Par. t.* 2. *p.* 72.

Pterophorus hexadactylus, *alis fissis, cinereis, singulis sexpartitis.* FABR. *Syst. Entom. p.* 672. *n°.* 7. — *Spec. Inf. tom.* 2. *p.* 312. *n°.* 7. — *Mant. Inf. tom.* 2. *p.* 259. *n°.* 11. — *Entom. Syst. em. tom.* 3. *pars* 2. *p.* 349. *n°.* 13.

WALCK. *Faun. Parif. tom.* 2. *p.* 324.

Alucita hexadactyla. SCHMETT. *Wienn. Verz. ed.* 1. *p.* 146. *n°.* 10. — *ed.* 2. *tom.* 2. *p.* 134. *n°.* 10.

Alucita hexadactyla. HUBN. *Lepid. IX. tab.* 2. *fig.* 10. 11. — *Beitr. I.* 1. *tab.* 4. *fig.* R.

RÉAUM. *Inf. tom.* 1. *pl.* 19. *fig.* 19-21.

FRICHS. *Inf. tom.* 3. *tab.* 7.

PETIV. *Gazoph. tab.* 67. *fig.* 7.

HARR. *Inf. Angl. tab.* 2. *fig.* 7.

Il est long d'environ six lignes, d'un gris-cendré & un peu brun. Les ailes, particuliérement les supérieures, sont traversées par des bandes plus obscures ou noirâtres, & ont quelques points d'un gris plus clair. Chacune de ces ailes est divisée, jusqu'à sa naissance, en trois lanières ou côtes principales, dont la première se subdivise en deux rayons, & la seconde en trois; la troisième est simple. La première des inférieures étant presque détachée, a été regardée, par Geoffroy, comme une dépendance des ailes supérieures; & c'est pour cela qu'il dit, dans sa phrase spécifique, que les ailes supérieures sont partagées en huit, & les inférieures en quatre; mais il est plus naturel d'adjuger cette branche intermédiaire aux ailes inférieures, parce qu'elles sont d'ordinaire plus larges & plus divisées dans cette famille.

Il se trouve dans toute l'Europe. (LAT.)

ORNÉPHILES *ou* SYLVICOLES. M. Duméril, dans sa *Zoologie analytique*, a donné ce nom à la treizième famille des insectes Coléoptères de l'Ordre des Hétéromères, c'est-à-dire, dont les quatre tarses antérieurs ont cinq articles, & les postérieurs quatre seulement. Elle a pour caractères : *élytres dures, larges; antennes filiformes, souvent dentées.* Elle renferme les genres Hélops, Serropalpe, Cistèle, Calope, Pyrochre & Horie.

ORNITHOMYIE. *Ornithomyia.* Genre d'insectes de l'Ordre des Diptères, & de la famille des Coriaces.

La trompe des Diptères, désignés, par les auteurs, sous le nom d'*Hippobosques* (*voyez ce mot*), nous présente un caractère unique dans cet Ordre. Elle est composée, 1°. de deux lames presque cartilagineuses, ou deux valvules formant, par leur rapprochement, une sorte de tube (1); 2°. d'un suçoir libre, ne consistant, en apparence, qu'en une soie, & plus ou moins recouvert par les deux lames précédentes qui lui servent de fourreau. Dans les autres Diptères, la trompe est une gaîne univalve ou d'une seule pièce, plus ou moins coudée, & plus ou moins labiée à son extrémité, dont les bords se replient longitudinalement en dessus, pour former un tuyau, & laisser, au point de réunion, une gouttière ou un canal, où se loge le suçoir. Les Hippobosques sont encore les seuls Diptères qui soient constamment parasites dans leur dernier âge. Les tégumens de leur corps sont d'une nature plus solide & plus ferme que ceux des autres Diptères; de sorte qu'on peut le presser très-fortement sans que la peau crève & que l'insecte soit écrasé. Les crochets de leurs tarses, appropriés à la manière de vivre de ces insectes, paroissent doubles ou même trifides; &, comme si la Nature vouloit nous annoncer la fin de l'Ordre, & nous préparer au suivant, quelques espèces sont dépourvues d'ailes & de balanciers. Il étoit donc convenable de former, avec ces insectes, une famille particulière : c'est celle des *Coriaces.* (*Voyez* mon *Genera Crust. & Inf.* tom. 4, p. 360 & suiv.)

J'ai observé, dans les Hippobosques des entomologistes, quelques différences organiques, d'après lesquelles j'ai établi deux autres genres, *Ornithomyie* & *Mélophage.* Il est facile de distinguer les Mélophages en ce qu'ils n'ont ni ailes ni balanciers. La ligne de démarcation, entre les Hippobosques proprement dites & les Ornithomyies, semble d'abord n'être pas bien apparente & bien

(1) C'est donc plutôt un bec, *rostrum*, qu'une trompe. Peut-être faudroit-il appliquer une dénomination particulière à cette partie, afin d'éviter toute équivoque.

déterminée. Les points qui m'ont servi à la tracer avoient cependant déjà été remarqués par Degeer. L'Hippobosque aviculaire lui avoit offert de petits yeux lisses qu'il n'avoit point trouvés dans l'Hippobosque du Cheval. Ces deux petits corps, en forme de boutons, que l'on découvre à l'extrémité antérieure de la tête, dans cette dernière espèce, & que l'on doit considérer comme des antennes, sont remplacés, dans l'autre Hippobosque, par deux pièces coniques, saillantes de chaque côté de la trompe, & chargées de poils longs & roides. Degeer n'a pas osé prononcer sur leurs fonctions; mais la place qu'elles occupent, leur composition, me font croire que ces parties sont toujours des antennes.

Les crochets des tarses ont une conformation particulière, & qui n'a pas échappé à cet excellent naturaliste. Les ailes mêmes ne sont pas entiérement semblables à celles des Hippobosques. J'ajouterai enfin que les Ornithomyies, ainsi que l'indique l'étymologie de ce nom, vivent exclusivement sur les oiseaux, tandis que les Hippobosques ne s'attachent qu'à certains quadrupèdes, tels que les chevaux, les bœufs, &c.

Ce qu'on a dit, à l'article Hippobosque, de la forme générale de ces insectes, convient aussi aux Ornithomyies. Le corps est également aplati, revêtu, à l'exception de l'abdomen, d'une peau écailleuse & luisante, & s'élargit insensiblement de devant en arrière. Les yeux sont ordinairement grands, ovales, latéraux & entiers. L'extrémité antérieure de la tête est échancrée en un demi-cintre, où sont placés les organes de la bouche, fermé en dessous par une membrane, & en dessus par une petite pièce écailleuse ou coriace, en forme de chaperon, échancrée en devant, & portant les antennes. Les côtés de cette pièce ont chacun, dans les Hippobosques, une cavité profonde & alongée, au bout supérieur de laquelle est insérée une antenne qui ressemble à un gros tubercule arrondi & poilu. Les antennes des Ornithomyies occupent la même place, mais elles ont une autre forme. Elles sont composées de deux articles, dont l'un très-court, radical; & l'autre beaucoup plus grand, lamelliforme, alongé, avancé, saillant, très-velu, terminé en pointe obtuse ou arrondi au bout, plane & concave au côté interne, & d'une consistance qui m'a paru assez solide. Dans le même genre, la partie qui a la forme d'un chaperon a, en devant, une petite pièce plus ou moins apparente, suivant les espèces, & imitant une lèvre supérieure & échancrée. C'est de cette échancrure que l'on voit sortir la trompe ou la gaîne du suçoir, de longueur variable, mais ordinairement saillante. Un petit filet écailleux, avancé au-delà de la trompe, un peu arqué, formé de deux soies réunies, constitue le suçoir, de même que dans les Hippobosques. Je n'ai pu voir, dans aucune espèce de cette famille, les palpes que Fabricius attribue aux Hippobosques.

Le milieu de l'extrémité postérieure de la tête offre, dans la plupart des Ornithomyies, & sur un espace dont le contour est comme distinct, trois petits yeux lisses, punctiformes, très-rapprochés, disposés en un triangle équilatéral.

Le corcelet des Ornithomyies, de même que celui des Hippobosques, a, de chaque côté, près du bord antérieur, un stigmate très-distinct, & son dos est divisé transversalement par deux lignes imprimées, disposées en croix. Outre celle qui détermine la portion scutellaire, on voit encore, au dessous de chaque angle antérieur, une impression linéaire & arquée.

Les ailes sont longues, quelquefois très-étroites & peu propres au mouvement, horizontales, & vont en divergeant, du moins dans les individus morts; car Degeer a vu celles de l'Ornithomyie aviculaire croisées l'une sur l'autre lorsque l'insecte n'en faisoit pas usage. Les grandes nervures se prolongent très-sensiblement jusqu'au bord postérieur; mais dans les Hippobosques, elles semblent s'oblitérer un peu au-delà du milieu, & les deux cellules fermées que l'on y remarque, sont plus égales, & se terminent presqu'à la même hauteur. J'ai vu distinctement les deux balanciers dans l'Ornithomyie australasienne.

L'abdomen des Ornithomyies est revêtu d'une peau moins solide ou presque membraneuse, & paroît continue. Il tient au corcelet par un pédicule assez gros. Sa forme varie suivant les sexes : tantôt il est presque triangulaire (les mâles), & terminé par une petite éminence d'où sort un tube; tantôt il ressemble à une sorte de cœur renversé (les femelles), ou dont l'échancrure est postérieure. Dans les uns & les autres, il est court, échancré, ou un peu concave de chaque côté de sa base, avec les angles antérieurs proéminens ou un peu dilatés en arrière. Sa surface est hérissée de petites pointes, ou garnie de duvet, avec des poils longs sur les bords.

Les pattes, quant à la forme & à la grandeur, sont semblables à celles des Hippobosques : leur direction est encore la même, c'est-à-dire, que les Ornithomyies les élèvent peu & les écartent beaucoup. Mais les crochets des tarses ont subi une modification qui procure à ces insectes plus d'aisance pour se cramponner aux objets sur lesquels ils se tiennent. Ces crochets sont proportionnellement plus longs que dans les Hippobosques. Ici, ils paroissent doubles; là, on les croiroit triples, parce qu'ils sont divisés profondément en trois pièces ou trois dents, dont la supérieure plus forte & plus aiguë, & dont l'inférieure plus courte. Les deux pelotes & l'appendice sétiforme & barbu, insérés entre les crochets, sont aussi proportionnellement plus longs dans les Ornithomyies.

Celle que je nomme *Verte* est, au témoignage de Degeer, d'une grande vivacité. Elle court très-vîte, souvent de côté, comme les Crabes, & s'envole facilement. Elle s'accroche fortement, avec ſes ongles, aux objets ſur leſquels elle marche, & particuliérement aux plumes & à la peau des oiſeaux dont elle ſuce le ſang. C'eſt dans leurs nids que la femelle pond ſes œufs, que l'on dit reſſembler à des grains noirs, auſſi luiſans que du jayet. (*Article* HIPPOBOSQUE *de ce Dictionnaire.*)

Réaumur a quelquefois trouvé juſqu'à trente individus de l'Ornithomyie de l'Hirondelle dans un ſeul nid de cet oiſeau. Il y avoit auſſi une grande quantité de Puces, ſoit en état parfait, ſoit en état de larves. Il n'a pas vu cette Ornithomyie ſe ſervir de ſes ailes; &, en effet, elles ne ſont guère propres au mouvement, à raiſon de leur peu d'étendue en largeur.

L'analogie nous porte à ſoupçonner que les métamorphoſes des Ornithomyies ont les plus grands rapports avec celles des Hippoboſques; mais n'ayant pas d'obſervations poſitives à cet égard, nous devons ſuſpendre notre jugement.

L'étude des eſpèces de ce genre n'a pas été aſſez ſuivie, & nous n'en connoiſſons qu'un petit nombre. Il eſt probable que des oiſeaux, très-différens en habitudes, nourriſſent auſſi diverſes ſortes d'Ornithomyies, qui n'ont pas été apperçues ou qu'on aura négligées.

ORNITHOMYIE.

ORNITHOMYIA. Latr. *HIPPOBOSCA.* Linn. Geoffr. Scop. Deg. Fabr. Oliv.

CARACTÈRES GÉNÉRIQUES.

Antennes insérées à la partie antérieure et latérale de la tête, saillantes, et s'avançant parallèlement de chaque côté de la trompe, très-velues, de deux articles, dont le premier très-petit, le second alongé.

Trompe composée de deux valvules coriaces, formant un tube avancé et recouvrant le suçoir.

Suçoir sétiforme, libre, saillant.

Point d'antennules distinctes.

Corps déprimé, à peau solide et coriace; crochets des tarses fortement tridentés, et paroissant triples.

ESPÈCES.

1. Ornithomyie australasienne.

Petits yeux lisses distincts; trompe très-courte et cachée entre les antennes; corps noirâtre.

2. Ornithomyie verte.

Petits yeux lisses distincts; trompe saillante; corps verdâtre, avec le dessus du corcelet noir; ailes presqu'ovales.

3. Ornithomyie de l'Hirondelle.

Petits yeux lisses distincts; trompe saillante; corps jaunâtre; ailes presque linéaires, arquées et subulées.

4. Ornithomyie du Merle.

Petits yeux lisses distincts; trompe saillante; corps d'un brun-foncé, avec la bouche, les angles antérieurs du corcelet et les pattes d'un jaunâtre-pâle.

5. Ornithomyie pâle.

Point de petits yeux lisses; corps pâle; extrémités postérieures des ailes subulées.

6. Ornithomyie brune.

Point de petits yeux lisses; corps brun, avec la partie antérieure de la tête, les angles antérieurs du corcelet et les pattes pâles; ailes presqu'ovales.

1. Ornithomyie australasienne.

Ornithomyia australasiæ.

Ornithomyia ocellis distinctis, proboscide brevissimâ, inter antennas occultatâ; corpore fusco.

Hippobosca Australasiæ, *alis obtusis, obscurè testacea, abdomine fusco.* Fabr. *System. Antl. pag.* 337.

Cette espèce est la plus grande de celles qui me sont connues, ayant un peu plus de six lignes de longueur, depuis la tête jusqu'au bout des ailes. Elle est d'un brun-noirâtre foncé ou presque noire, luisante & velue. Sa trompe est fort courte, & cachée entre les antennes. La partie antérieure de la tête tire sur le brun-noirâtre. Les yeux sont grands, très-luisans, & paroissent très-unis. Les petits yeux lisses sont très-distincts. Le corcelet a ses angles latéraux & antérieurs avancés, en forme de pointes. L'écusson est très-court, tronqué & transversal. Les ailes sont obscures, grandes, en triangle alongé ou presqu'ovales, & dépassent beaucoup le corps. L'abdomen est fort court, large, velu, & échancré postérieurement. La poitrine & le dessous des cuisses sont d'un jaunâtre-pâle.

Elle a été apportée des îles de l'Océan austral par feu Riche & M. Labillardière. Elle se trouve aussi à l'Isle-de-France, & m'a été donnée par M. Mathieu, officier d'artillerie.

2. Ornithomyie verte.

Ornithomyia viridis.

Ornithomyia ocellis distinctis, proboscide exsertâ, corpore virescente; thorace suprà nigro, alis subovalibus.

Ornithomyia viridis. Latr. *Hist. nat. des Crust. & des Ins. tom.* 14. *p.* 402. *tab.* 110. *fig.* 9. — *Gen. Crust. & Ins. tom.* 4. *p.* 362.

Hippobosca avicularia. Fabr. *Ent. Syst. em. t.* 4. *p.* 415. *n°.* 2. — *Syst. Antl. p.* 338. *n°.* 3.

Hippobosca avicularia. Ross. *Faun. Etrusc. tom.* 2. *p.* 338. *n°.* 1593.

Hippobosca avicularia. Walk. *Faun. Paris. tom.* 2. *p.* 416. *n°.* 6.

Schell. *Dipter. tab.* 42. *fig.* 2. 3.

Voyez, pour la suite de la synonymie & pour la description de l'espèce, l'article de l'Hippobosque aviculaire, n°. 2.

3. Ornithomyie de l'Hirondelle.

Ornithomyia Hirundinis.

Ornithomyia ocellis distinctis, proboscide exsertâ, corpore flavescente; alis sublinearibus, arcuatis, subulatis.

Hippobosca Hirundinis. Fabr. *Ent. Syst. em. tom.* 4. *pag.* 415. *n°.* 3. — *Syst. Antl. pag.* 339. *n°.* 5.

Hippobosca Hirundinis. Ross. *Faun. Etrusc. tom.* 2. *p.* 337. *n°.* 1592.

Hippobosca Hirundinis. Walck. *Faun. Paris. tom.* 2. *p.* 416.

Voyez, pour la suite de la synonymie & la description de l'espèce, l'article de l'Hippobosque de l'Hirondelle, n°. 3.

4. Ornithomyie du Merle.

Ornithomyia Turdi.

Ornithomyia ocellis distinctis, proboscide exsertâ, corpore fusco-brunneo, ore, thoracis angulis anticis pedibusque flavido-pallidis.

Elle n'a qu'une ligne de long. Son corps est d'un brun-foncé, avec le devant de la tête & les antennes presque blanchâtres; les angles antérieurs du corcelet, la poitrine & les pattes d'un jaunâtre-pâle. Les antennes sont proportionnellement plus petites que dans les autres espèces, & semblent être membraneuses. Les yeux sont noirâres. L'espace compris entr'eux tire un peu sur le brun-rougeâtre. Les petits yeux lisses m'ont paru être placés sur une petite éminence noirâtre. L'écusson est triangulaire. Les ailes sont grandes, hyalines, presqu'ovales, avec les nervures brunes. Les pattes, dans une variété, sont d'un brun-clair, avec la base des cuisses jaunâtre. La dent intermédiaire des crochets du tarse est courte, large & obtuse.

M. Olivier a trouvé cette espèce sur le Merle solitaire, dans le Levant.

5. Ornithomyie pâle.

Ornithomyia pallida.

Ornithomyia ocellis nudis, corpore pallido, alarum apicibus posticis subulatis.

Hippobosca Hirundinis. Panz. *Faun. Germ.* 7. *tab.* 24.

Schæff. *Elem. Entom. tab.* 70. — *Icon. Ins. Ratisb. tab.* 53. *fig.* 1.

Elle est un peu plus grande que l'Ornithomyie de l'Hirondelle, d'un rousseâtre-pâle, avec les yeux noirs & l'abdomen obscur. La trompe est avancée. Les petits yeux lisses manquent. Les ailes forment un ovale étroit, qui se rétrécit depuis le milieu & se termine en alène. Les nervures sont rousseâtres. Les crochets des tarses sont noirs.

Elle se trouve en Europe.

6. Ornithomyie brune.

Ornithomyia brunnea.

Ornithomyia ocellis nullis, corpore brunneo, ore,

ore, thoracis angulis anticis pedibusque pallidis; alis subovalibus.

Elle a trois lignes de long, depuis la tête jusqu'au bout des ailes, & un peu moins en ne mesurant que le corps. Elle est d'un brun-foncé, avec la bouche, l'occiput, les angles antérieurs du corcelet, la poitrine & les pattes d'un jaunâtre-pâle. Les yeux sont obscurs. La partie jaunâtre de l'occiput y forme une tache échancrée. Le dessus du corcelet a des poils jaunâtres. L'écusson est court, large, tronqué & transversal. Les ailes sont grandes, presqu'ovales, avec les nervures jaunâtres; celles qui avoisinent la côte sont plus foncées.

Elle se trouve en Caroline, d'où elle a été rapportée par M. Bosc.

L'Hippobosque du Corbeau, *Corvi,* décrit par Scopoli, & mentionné dans cet ouvrage, doit être placé parmi les Ornithomyies, à côté de celle de l'Hirondelle ou de l'aviculaire. N'ayant pas vu cet insecte, & Scopoli n'ayant pas donné assez d'étendue à la description qu'il en fait, je n'ai pu exposer les caractères distinctifs de cette espèce.

Les Hippobosques *longipennis, Vespertilionis* de Fabricius sont peut-être des Ornithomyies. (*Lat.*)

ORNITOMYZES *ou* RICINS. C'est ainsi que M. Duméril, dans sa *Zoologie analytique,* a nommé les insectes Aptères qui forment la cinquante-sixième famille, & qui ont pour caractères: *des mâchoires, la tête distincte, six pattes, point de poils à la queue.* Cette famille ne comprend que le Ricin.

ORSODACNE. *Orsodacna.* Genre d'insectes de la troisième section de l'Ordre des Coléoptères, & de la famille des Criocérides.

Les Orsodacnes ont les antennes filiformes, plus longues que le corcelet; les yeux arrondis, saillans, entiers; le corps alongé; le corcelet un peu rétréci postérieurement; quatre articles aux tarses, dont deux triangulaires, & le troisième large & bifide.

Les insectes que M. Latreille a détachés des Criocères, sous le nom d'*Orsodacnes,* présentent des différences si remarquables dans la forme & l'insertion des antennes, dans les parties de la bouche, dans la forme des yeux & du corcelet, qu'on ne peut s'empêcher de convenir qu'ils n'auroient jamais dû être réunis aux Criocères.

Les antennes des Criocères sont moniliformes. Les mandibules sont larges, voûtées & dentées à leur extrémité, & la lèvre inférieure est très-petite. Les yeux sont très-saillans, & marqués, à leur partie latérale interne, d'une entaille qui doit faciliter le jeu des antennes. Le corcelet est cylindrique, ordinairement tuberculé sur les côtés, & plus ou moins étranglé postérieurement.

Les antennes des Orsodacnes sont filiformes, & composées de onze articles, dont le premier est peu renflé. Les deux suivans sont plus minces, peu alongés. Les autres sont coniques ou un peu amincis à leur base. Elles sont insérées au-devant des yeux, & sont un peu plus distantes à leur base, l'une de l'autre, que celles des Criocères.

La lèvre supérieure est membraneuse, assez large, arrondie, un peu ciliée.

Les mandibules sont cornées, comprimées, arquées, aiguës, munies d'une dent à peine marquée, vers l'extrémité.

Les mâchoires sont bifides. La division extérieure est un peu plus grande que l'autre, comprimée, un peu dilatée à l'extrémité, arrondie & ciliée. La division intérieure est pointue, comprimée, ciliée tout le long du bord interne. La lèvre inférieure est avancée, bifide. Les divisions sont grandes, distantes, arrondies à leur extrémité, & ciliées.

Les antennules antérieures sont composées de quatre articles, dont le premier est petit, court; le second est le plus long & conique; le troisième est également conique; le quatrième est le plus large de tous, & tronqué à son extrémité. Elles sont insérées au dos des mâchoires, à la base de la division extérieure.

Les antennules postérieures sont filiformes, & composées de trois articles, dont le premier est court; le second est presque cylindrique, un peu aminci à sa base; le troisième est oblong. Elles sont insérées à la base latérale de la lèvre inférieure.

Les yeux sont arrondis, chagrinés, saillans; ils n'ont point cette entaille que nous avons fait remarquer à ceux des Criocères.

La tête n'est pas distincte du corcelet comme dans les Criocères, mais un peu enfoncée: celui-ci est plus étroit que les élytres, & un peu figuré en cœur.

Les pattes sont de longueur moyenne, & les tarses sont composés de quatre articles, dont les deux premiers sont triangulaires, & le troisième est bilobé.

Ces insectes, dont nous ne connoissons point la larve, & dont on a fort peu de détails sur la manière de vivre, paroissent habiter les feuilles des arbres. On trouve au printems la première espèce sur les Cerisiers, les Pruniers, l'Aube-épine.

ORSODACNE.

ORSODACNA. Latr. *CRIOCERIS.* Fabr. Geoffr. Payk. Panz.

CARACTÈRES GÉNÉRIQUES.

Antennes filiformes, de la longueur de la moitié du corps; articles un peu coniques.

Mandibules cornées, arquées, presque dentées intérieurement.

Yeux arrondis, saillans, entiers.

Quatre antennules; les antérieures un peu en masse; les postérieures filiformes.

Pénultième article des tarses bilobé.

ESPÈCES.

1. Orsodacne du Cerisier.

Tête et corcelet d'un fauve-pâle; élytres ponctuées, testacées.

2. Orsodacne tête noire.

Corcelet et abdomen d'un fauve-pâle; élytres et pattes testacées.

3. Orsodacne nigricolle.

Noire; élytres et pattes testacées.

4. Orsodacne humérale.

D'un noir-bleuâtre; élytres avec une tache humérale, ferrugineuse.

5. Orsodacne bordée.

Noire; pattes testacées; élytres testacées, avec tout le bord noir.

1. Orsodacne du Cerisier.

Orsodacna Cerasi.

Orsodacna capite thoraceque pallidè rufis; elytris punctatis, testaceis. Ent. tom. 6. *n°.* 94 *bis, p.* 752. *tab.* 1. *fig.* 1.

Crioceris Cerasi. Fabr. *Syst. Eleut. t.* 1. *p.* 456. *n°.* 30.

Crioceris ruficollis. Fabr. *Ent. Syst. em. t.* 2. *p.* 5. *n°.* 12.

Crioceris pallida, oculis nigris. Geoffr. *Inf. tom.* 1. *p.* 243. *n°.* 6.

Crioceris fulvicollis. Payk. *Faun. Suec. tom.* 2. *p.* 77. *n°.* 2.

Crioceris fulvicollis. Panz. *Faun. Germ. Fasc.* 83. *tab.* 8.

Orsodacna chlorotica. Latr. *Gen. Crust. & Inf. tom.* 3. *p.* 44. *n°.* 1.

Voyez Criocère chlorotique, n°. 31.

Elle a environ deux lignes & demie de long. Les antennes sont d'un fauve-obscur, avec la base fauve. La tête est d'un fauve-pâle, avec la partie postérieure noire. Le corcelet est fauve-pâle, très-finement pointillé. L'écusson est noirâtre. Les élytres sont finement ponctuées, jaunâtres. La poitrine & l'abdomen sont noirâtres. Les pattes sont pâles.

Elle se trouve dans toute l'Europe, sur le Cerisier.

2. Orsodacne tête noire.

Orsodacna nigriceps.

Orsodacna thorace abdomineque rufis, elytris pedibusque testaceis. Entom. tom. 6. *n°.* 94 *bis, p.* 753. *tab.* 1. *fig.* 2.

Galeruca Cerasi. Fabr. *Ent. Syst. em. tom.* 2. *p.* 22. *n°.* 43.

Crioceris fulvicollis, var. γ. Payk. *Faun. Suec. tom.* 2. *p.* 78.

Orsodacna nigriceps. Latr. *Gen. Crust. & Inf. tom.* 3. *p.* 44. *n°.* 2.

Crioceris lineola. Panz. *Faun. Germ. Fasc.* 34. *tab.* 5.?

Crioceris lineola. Fabr. *Syst. Eleut. tom.* 1. *p.* 462. *n°.* 62.

Elle n'est peut-être qu'une variété de la précédente, ainsi que l'a cru M. Paykul. Les antennes sont obscures, avec la base testacée. La tête est ponctuée, noirâtre, avec la bouche fauve. Le corcelet est ponctué, pubescent, fauve. L'écusson est noirâtre. Les élytres sont légérement pubescentes, ponctuées, testacées pâles, avec la suture légérement noirâtre. La poitrine est noire. L'abdomen est fauve. Les pattes sont testacées, sans tache ou avec une tache obscure sur les cuisses postérieures.

Elle se trouve en Europe, sur le Cerisier, l'Aube-épine.

3. Orsodacne nigricolle.

Orsodacna nigricollis.

Orsodacna nigra, elytris pedibusque testaceis. Ent. tom. 6. *n°.* 94 *bis, p.* 753. *tab.* 1. *fig.* 3.

Elle ressemble à l'Orsodacne du Cerisier. Les antennes sont obscures, avec la base testacée. La tête est noirâtre, avec la bouche d'un brun-fauve. Le corcelet est ponctué, légérement pubescent, noir, avec le bord antérieur & le bord postérieur d'un brun-fauve. L'écusson est fauve. Les élytres sont ponctuées, légérement pubescentes, testacées. Le corps est noir. Les pattes sont testacées, avec une tache noire sur les cuisses postérieures.

Elle se trouve aux environs de Paris.

4. Orsodacne humérale.

Orsodacna humeralis.

Orsodacna nigro-cyanea, elytris puncto humerali ferrugineo. Ent. tom. 6. *n°.* 94 *bis, p.* 754. *n°.* 4.

Orsodacna humeralis. Latr. *Hist. des Crust. & des Inf. tom.* 11. *p.* 350. — *Gen. Crust. & Inf. t.* 3. *p.* 45.

Elle est de la grandeur de l'Orsodacne du Cerisier. Les antennes sont noires, avec la base ferrugineuse. La tête est ponctuée, d'un noir-bleuâtre, avec les antennules ferrugineuses. Le corcelet est ponctué, d'un noir-bleuâtre, avec deux taches ferrugineuses sur le dos. Les élytres sont légérement pubescentes, ponctuées, d'un noir-bleuâtre, avec une tache ferrugineuse, placée à l'angle de la base. Le dessous du corps & les pattes sont noirâtres, avec la base des cuisses ferrugineuse.

Elle se trouve aux environs de Mayence.

5. Orsodacne bordée.

Orsodacna limbata.

Orsodacna nigra, pedibus testaceis, elytris testaceis, margine omni nigro. Ent. tom. 6. *n°.* 94 *bis, p.* 754. *tab.* 1. *fig.* 5.

Elle est un peu plus petite que les précédentes. Les antennes sont d'un fauve-obscur. La tête & le corcelet sont pointillés, noirâtres ou d'un noir de poix. L'écusson est noir. Les élytres sont ponctuées, testacées, avec la suture & le bord latéral noirs. Le dessous du corps est noir. Les pattes sont testacées.

Elle se trouve aux environs de Paris.

ORTHOCÈRE. *Orthocerus.* Genre d'insectes de la seconde section de l'Ordre des Coléoptères, & de la famille des Ténébrionites.

Ce genre est reconnoissable aux antennes fusiformes, velues; au corps alongé, à la tête & au corcelet presque carrés; aux pattes simples, aux tarses filiformes, dont les quatre antérieurs sont composés de cinq articles, & les postérieurs de quatre seulement.

Il ne comprend jusqu'à présent qu'une seule espèce, dont Linné avoit d'abord fait un Dermeste, & qu'il avoit ensuite placée parmi les Hispes. Fabricius l'avoit aussi placée parmi les Hispes, quoique Degeer en eût déjà fait, avec plus de fondement, un Ténébrion. Jugeant qu'il ne pouvoit être rangé parmi les Ténébrions, dont il diffère par la forme & l'insertion des antennes, & encore moins parmi les Hispes, qui n'appartiennent pas à la même section, je me proposois d'en former un genre lorsque mon départ pour l'Orient vint interrompre mes travaux. Je trouvai, à mon retour, que M. Latreille l'avoit établi sous le nom d'*Orthocère*, que M. Illiger l'avoit de même publié sous le nom de *Sarrotrium*, & que Fabricius avoit adopté ce dernier dans son *Systema Eleuteratarum*.

Les antennes des Orthocères sont un peu plus longues que le corcelet, fusiformes ou un peu renflées dans leur milieu, & composées de dix articles, dont le premier est le plus étroit; le suivant l'est un peu moins. Les autres sont plus courts, vont un peu en s'élargissant jusqu'au septième, & décroissent ensuite jusqu'au dernier, qui est un peu plus alongé & arrondi à son extrémité. Tous ces articles sont bien distincts, très-velus, un peu séparés les uns des autres, & enfilés par leur milieu. Elles sont insérées à la partie latérale antérieure de la tête, à quelque distance des yeux.

La tête est inégale, presque carrée. Les yeux sont petits, arrondis, peu saillans, placés à la partie latérale postérieure de la tête.

La bouche est composée d'une lèvre supérieure, de deux mandibules, de deux mâchoires, d'une lèvre inférieure & de quatre antennules.

La lèvre supérieure est cornée, très-courte, assez large, cachée en partie sous le chaperon : celui-ci est coupé carrément & est peu avancé.

Les mandibules sont cornées, assez larges, courtes, un peu arquées, terminées par deux petites dents aigues.

Les mâchoires sont cornées, courtes, bifides. Les divisions sont égales en longueur; mais l'extérieure est plus large que l'intérieure.

La lèvre inférieure est coriacée, peu avancée, échancrée à son extrémité, un peu rétrécie à sa base. Le menton sur lequel elle pose, est corné, court, presque carré.

Les antennules antérieures sont courtes, composées de quatre articles, dont le premier est très-petit; le second peu alongé, conique; le troisième un peu plus court & un peu plus large que le second; le quatrième est ovale, obtus. Elles sont insérées au dos des mâchoires.

Les antennules postérieures sont très-courtes, composées de trois articles, dont le premier est très-petit; le second conique; le dernier ovale, obtus. Elles sont insérées à la base latérale de la lèvre, sur la partie antérieure du menton.

Le corcelet est carré, inégal en dessus, à bords tranchans sur les côtés, un peu plus large que la tête.

Les élytres sont alongées, presque linéaires, guère plus larges que le corcelet; elles cachent deux ailes membraneuses qui ne paroissent pas repliées, & dont l'insecte probablement ne fait guère usage. L'écusson est triangulaire, très-court, à peine distinct.

Les pattes sont simples, sans épine ni dentelure. Les tarses sont filiformes, composés de cinq articles dans les quatre pattes antérieures, & de quatre seulement dans les postérieures. Ces articles sont courts & de longueur égale; le dernier seulement est peu alongé, terminé par deux crochets.

Cet insecte paroît avoir les habitudes des Ténébrionites. On le trouve, comme les Opatres, dans les lieux arides, sablonneux, marchant lentement par terre, & ne faisant aucun effort pour s'envoler lorsqu'on veut le saisir. Sa larve nous est inconnue.

ORTHOCÈRE.

ORTHOCERUS. LATR. *SARROTRIUM.* ILLIG. FABR. *PTILINUS.* FABR. PANZ. PAYK. *HISPA.* LINN. FABR. *TENEBRIO.* DEG.

CARACTÈRES GÉNÉRIQUES.

Antennes velues, fusiformes, un peu plus courtes que le corcelet.

Mandibules cornées, terminées par deux petites dents aiguës.

Chaperon entier ; lèvre transverse, peu avancée.

Quatre antennules courtes ; le dernier article ovale.

Tarses filiformes, à articles courts, égaux.

ESPÈCE.

---

1. ORTHOCÈRE hirticorne.

Noir ; élytres avec quatre sillons ponctués.

1. ORTHOCÈRE hirticorne.

ORTHOCERUS *hirticornis*.

Orthocerus niger, elytris punctatis, quadrisulcatis.

Orthocerus hirticornis. LATR. *Gen. Cruft. & Inf. tom.* 2. *p.* 172. — *Hift. nat. des Cruft. & des Inf. tom.* 10. *p.* 299. *tab.* 89. *fig.* 1.

Hifpa mutica. LINN. *Syft. Nat.* 2. *pag.* 604. *n°.* 4.

Dermeftes clavicornis. LINN. *Faun. Suec. n°.* 413.

Hifpa mutica. FABR. *Syft. Ent. p.* 71. *n°.* 6.

Ptilinus muticus. FABR. *Ent. Syft. em. tom.* 4. *App. p.* 445.

Sarrotrium muticum. ILLIG. *Coleopt. Bor. t.* 1. *p.* 344. *n°.* 1.

Sarrotrium muticum. FABR. *Syft. Eleut. tom.* 1. *p.* 327.

Tenebrio hirticornis. DEG. *Mem. Inf. tom.* 5. *p.* 47. *n°.* 8. *tab.* 3. *fig.* 1.

Ptilinus muticus. PAYK. *Faun. Suec. tom.* 1. *p.* 317. *n°.* 3.

Ptilinus muticus. PANZ. *Faun. Germ. Fafc.* 1. *tab.* 8.

Cet infecte eft remarquable par fes antennes, qui font en forme de fufeau, à articles bien diftincts & velus. Le corps eft noir, long d'une ligne & demie ou d'une ligne & deux tiers, & large d'une demi-ligne ou guère plus. La tête eft enfoncée ou déprimée à fa partie antérieure, avec les côtés un peu élevés au deffus de l'infertion des antennes. Le corcelet eft inégal, & marqué d'une dépreffion longitudinale fur le dos. Les élytres ont chacune quatre fillons, dans chacun defquels on voit deux rangées de points enfoncés. La crête de chaque fillon eft prefque crénelée.

On le trouve dans toute l'Europe. Il n'eft pas très-rare aux environs de Paris.

ORTHOPTÈRES. *Orthoptera.* Ordre cinquième de la divifion méthodique des infectes, dont le caractère principal eft d'avoir quatre ailes, deux inférieures, fervant au vol, droites & pliffées longitudinalement dans l'état de repos; & deux fupérieures, fervant d'étui, flexibles, étendues, un peu en recouvrement par leur bord interne.

Les infectes que renferme cet Ordre avoient été placés par Linné, parmi les Hémiptères. Geoffroy en avoit fait une divifion particulière des Coléoptères, en raifon de la molleffe de leurs élytres. Ils forment la feptième claffe de la méthode propofée par Degeer, qui les caractérifoit auffi par la molleffe de leurs élytres & par la préfence des mâchoires; & la feconde, du fyftème entomologique de Fabricius, dont le caractère eft tiré de cette pièce membraneufe qui couvre les mâchoires.

Dans la claffification que nous avons établie, les ailes de tous ces infectes nous ont fourni un caractère qui fuffit pour les diftinguer de tous les autres, & que nous avons cherché à rappeler en partie par le nom que nous avons donné à cet Ordre, *Orthoptère* venant de deux mots grecs qui fignifient ailes droites.

Avec ce caractère, pris des ailes, marchent beaucoup d'autres rapports qui lient entr'eux, d'une manière très-naturelle, les Orthoptères, & les font diftinguer facilement des infectes de tous les autres Ordres, & notamment de ceux avec lefquels on les avoit confondus. Ce font ces mêmes rapports qui leur affignent, dans l'ordre naturel, une place entre les Coléoptères & les Hémiptères.

Comme les infectes de ces deux Ordres, les Orthoptères ont quatre ailes, dont les deux inférieures feules fervent au vol; mais, ainfi que nous l'avons déjà dit, ces ailes, lorfque l'infecte n'en fait pas ufage, font pliffées longitudinalement en éventail, tandis que dans les Hémiptères, elles font cachées fous les élytres, fans être ni pliffées ni pliées, & que, dans les Coléoptères, elles font de plus pliées tranfverfalement, c'eft-à-dire, fur leur longueur, afin d'être renfermées fous les élytres, qui font généralement plus courtes qu'elles, & toujours plus ou moins dures.

Si le peu de confiftance des élytres des Orthoptères, & furtout les métamorphofes femi-complètes par lefquelles ces infectes paffent avant d'acquérir leur dernier état, les rapproche des Hémiptères, la ftructure de leur bouche les en éloigne confidérablement pour les rendre voifins des Coléoptères. Au lieu d'un bec ou trompe plus ou moins prolongé, courbé fous la poitrine, & renfermant un nombre variable de foies que nous offrent ces infectes fuceurs, avec lefquels nous comparons les Orthoptères, nous trouvons, dans ces derniers, des mandibules, des mâchoires, des antennules articulées; enfin, tous les organes des infectes mafticateurs.

Au refte, les caractères principaux qui diftinguent les Orthoptères, & leur affignent une place fixe dans la férie naturelle des infectes, ne font pas les feuls rapports qu'ils aient entr'eux : nous en trouverons dans chacune de leurs parties comme dans leurs mœurs.

Nous allons jeter un coup-d'œil fur chacune de ces parties, avant d'entrer dans quelques détails fur les métamorphofes & les mœurs de ces infectes.

Leur tête eft groffe, ordinairement perpendiculaire au fol & à l'axe du corps, comme dans les Sauterelles, les Criquets, les Grillons. Elle eft plus alongée en avant dans les Truxales, dont une efpèce a reçu le nom de *Truxale à grand nez* à caufe de cette difpofition.

Les antennes qui surmontent cette tête sont plus ou moins longues, filiformes, sétacées, quelquefois ensiformes ou semblables à une lame d'épée, toujours composées d'un grand nombre d'articles peu distincts. Elles sont insérées ordinairement au-devant des yeux, & quelquefois au dessous : ceux-ci sont au nombre de deux, à facettes, de forme globulaire ou ovale, & saillans. Outre ces deux yeux à facettes, beaucoup d'Orthoptères ont encore plusieurs yeux lisses, très-petits.

La bouche, comme nous l'avons dit, est celle des insectes masticateurs; elle est également grande, & les pièces qui la composent, sont très-distinctes. En avant, on voit toujours une lèvre supérieure arrondie, mobile de haut en bas, qui recouvre plus ou moins les mandibules : celles-ci sont grandes, cornées, très-fortes, & toujours dentées à leur bord interne. Ces dentelures, auxquelles on n'avoit point attaché d'importance, quant à leur nombre & à leur forme, paroissent cependant, d'après un Mémoire de M. Marcel de Serres *sur les organes de la mastication des Orthoptères*, avoir quelqu'analogie avec ce que l'on trouve dans les mammifères, & être en rapport avec le genre de nourriture de ces insectes.

M. Marcel de Serres appelle *dents incisives*, dans les Orthoptères, celles qui sont larges, qui ont la forme d'un coin, & dont la face externe est convexe, & la face interne concave; elles sont évidemment coupantes. Les canines ou lanières, selon cet auteur, sont coniques, souvent plus longues que les autres, très-aiguës, & recourbées en crochets dans les Orthoptères carnassiers. Leur nombre varie, ainsi que celui des incisives. Les molaires sont les plus grandes de toutes, & sont situées très-près du point d'appui : leur usage est évidemment de broyer les alimens découpés par les dents qui les précèdent : on n'en trouve jamais plus d'une à chaque mandibule.

Ces trois sortes de dents n'existent pas toujours, & leur présence ou leur absence, ainsi que des modifications dans la forme de chaque espèce, indique la nature de l'aliment qu'elles doivent préparer. Ainsi les Orthoptères, essentiellement carnassiers, tels que les *Mantes*, les *Empuses*, n'ont que des dents laniaires, qui sont plus longues, plus aiguës que dans les autres Orthoptères, & recourbées, à l'extrémité, en manière de tenailles à branches croisées, tandis que ceux qui sont uniquement herbivores, comme les *Sauterelles*, les *Criquets*, les *Truxales*, le *Taupe-Grillon*, les *Phasmes*, n'ont que des incisives & des molaires : celles-ci sont plus larges que dans les omnivores, & leur concavité, ainsi que l'acuité des incisives, varie encore selon la nature des végétaux dont les espèces se nourrissent.

Les *omnivores*, qui vivent de végétaux, de cadavres ou de proies vivantes, ont des lanières comme les carnassiers, mais moins longues & moins recourbées, & des molaires moins larges & moins grandes que celles des herbivores, mais à tubercules plus saillans.

Toutes ces dents ne sont point implantées dans les mandibules; elles font corps avec elles, & n'en paroissent nullement distinctes à leur base externe; cependant, à leur base interne, elles semblent séparées de la mandibule par une lame coriacée. Afin de permettre les mouvemens, de droite à gauche, des mandibules qui jouent les unes sur les autres, ces dents ne sont pas placées sur le milieu du bord interne de chaque mandibule. Sur la gauche, elles sont plus en dehors de ce bord, & le contraire a lieu sur la droite; de sorte que, lorsque les mandibules se croisent, les dents se joignent.

Les mâchoires, qui sont placées derrière ces mandibules, sont aussi très-fortes & dentées; elles portent chacune une antennule articulée, & un autre organe que l'on peut regarder aussi comme une antennule, mais qui n'est point articulé, & qui est quelquefois assez large pour couvrir & protéger la mâchoire. C'est à cet organe, particulier aux Orthoptères, que Fabricius a donné le nom de *galea*, & sur la considération duquel il a formé son Ordre des *Ulonates*.

Le mot *galea*, qui, traduit littéralement par casque, auroit présenté une idée fausse, a été rendu par le mot galette, qui paroît en quelque sorte mieux convenir à cette petite pièce mince, étroite, membraneuse qui accompagne la mâchoire, & qui se trouve à côté de l'antennule. On voit une pièce à peu près semblable aux mâchoires d'un grand nombre de Coléoptères & même de Névroptères; ce qui feroit confondre ces insectes si on n'avoit pas d'autres caractères pour les distinguer. Le nom de *galea* auroit mieux convenu aux deux lèvres réunies qui couvrent la bouche des Orthoptères, qu'à la pièce qui accompagne l'antennule antérieure, & le caractère de la classe eût été meilleur s'il avoit porté sur l'ensemble des pièces qui couvrent la bouche, qu'à celle seulement qui couvre à peine les mâchoires.

Inférieurement la bouche est fermée par une lèvre qui porte deux antennules articulées, entre lesquelles est une langue, dont les divisions varient beaucoup dans les divers genres de cet Ordre. Ces divisions sont au nombre de quatre, égales & pointues dans les *Mantes*. Les deux du milieu sont beaucoup plus courtes dans les *Spectres*. Les deux externes sont larges & arrondies, & les intermédiaires courtes & pointues dans les *Criquets* & les *Sauterelles*. On n'en trouve que deux oblongues dans les *Blattes*, & deux arrondies dans les *Truxales*.

Les antennules, toujours au nombre de quatre, sont regardées, par M. Marcel de Serres, comme l'organe de l'odorat. Cette opinion, que nous avions émise pour les insectes en général, à l'article Antennule, avec le doute qui convient à toute proposition qui n'est pas appuyée sur des preuves suffisantes, vient d'être présentée par ce naturaliste, dans un Mémoire qui a pour titre : *De l'Odorat, & des organes qui paroissent en être le siége, chez les Orthoptères*, comme un fait à peu près démontré. M. Marcel de Serres a pu distinguer deux nerfs qui pénètrent dans l'intérieur des antennules; il a pu suivre leur division, & les voir se répandre sur la membrane vésiculeuse qui termine le dernier article. Cette membrane, dit-il, reçoit, au moyen de ces nerfs qu'on peut nommer *olfactifs*, la sensibilité convenable pour qu'elle puisse être affectée par l'impression des corps odorans, & ces nerfs d'ailleurs peuvent transmettre au cerveau la sensation qu'ils ont perçue; car ils sont fournis, l'un par la cinquième paire qui part des faces intérieures du cerveau, & l'autre par la première paire des faces latérales & supérieures du premier ganglion situé dans la tête. Entre ces deux nerfs on observe, ajoute-t-il, une trachée qui, avant d'arriver à la membrane vésiculeuse, commence par former une poche pneumatique, qui se développe entièrement lorsqu'elle arrive dans la cavité de l'antennule. De cette poche pneumatique partent des ramifications nombreuses de trachées, qui vont se répandre & se distribuer dans l'intérieur de la cavité de l'antennule, & y verser l'air qu'elles contiennent.

Dans le même Mémoire, l'auteur regarde les antennes comme l'organe du tact, ainsi que nous l'avons dit nous-mêmes autrefois à l'article Antenne.

Le corcelet est généralement grand, un peu avancé en avant sur la tête, & en arrière sur les ailes. Il offre quelquefois des membranes ou des expansions singulières, comme dans les Mantes. Il est plat en dessus, ou élevé en forme de carène dans la plupart des Criquets. Il ressemble à un bouclier dans les Blattes. Il se dilate quelquefois considérablement dans quelques Mantes, ou prend des formes bizarres dans quelques Sauterelles & dans quelques Criquets.

L'abdomen est long, cylindrique dans beaucoup, aplati dans quelques-uns, composé, dans tous, d'un grand nombre d'anneaux, sur les parties latérales desquels on apperçoit distinctement les ouvertures des stigmates. Il est terminé, dans la plupart, par deux ou quatre appendices flexibles, plus ou moins longues dans les mâles comme dans les femelles, &, dans quelques femelles, par une sorte de tarière plus ou moins longue, composée de deux pièces appliquées l'une contre l'autre, qu'elles enfoncent en terre pour y porter leurs œufs, qui glissent entre ces deux pièces alors un peu écartées.

Ces insectes n'ont point d'écusson; ce qui les distingue encore des Coléoptères & des Hémiptères, qui en sont presque tous pourvus.

Les élytres sont coriacées ou membraneuses. Leur bord interne n'est point en ligne droite, mais un peu arqué, & fléchi de manière qu'elles ne peuvent se réunir par une suture, mais forment au contraire, en s'avançant l'une sur l'autre, une sorte de toit. Elles sont garnies de plusieurs nervures : leur extrémité est ordinairement arrondie, & elles sont de la longueur des ailes ou plus courtes qu'elles.

Les ailes sont membraneuses, transparentes, quelquefois colorées, garnies de nervures nombreuses, dont on apperçoit plus distinctement les longitudinales; elles sont plus larges que les élytres lorsqu'elles sont deployées. Dans l'état de repos, elles sont plissées longitudinalement comme l'est un éventail; & lorsque les élytres ne sont pas assez longues pour les recouvrir, le bord externe de ces ailes prend alors plus de consistance, & c'est sous lui que vient se plisser le reste de l'aile. Ces ailes sont quelquefois ornées de couleurs bleues ou rouges très-vives, qui font un très-bel effet lorsque l'insecte vole.

Les pattes sont au nombre de six; elles sont plus grandes, proportionnellement avec la grosseur du corps, dans les Orthoptères, que dans les autres insectes; elles sont aussi plus grosses, offrent des renflemens, des expansions dans quelques-unes de leurs parties. Dans presque tous, elles sont hérissées de piquants très-forts, écartés les uns des autres, & qui sont surtout visibles sur les jambes des Blattes, des Grillons, des Sauterelles, des Criquets. Les deux pattes antérieures sont attachées à la partie inférieure du corcelet : ce sont les plus grosses, dans les Mantes, dans lesquelles ces parties sont terminées par un crochet très-fort. Les deux autres paires de pattes naissent de la poitrine, comme dans tous les insectes pourvus d'ailes. Elles sont longues & grêles dans les Mantes; mais dans les Orthoptères sauteurs, tels que les Criquets, les Sauterelles, les Truxales, les cuisses postérieures sont longues & renflées. Elles sont pourvues intérieurement de muscles très-forts, au moyen desquels ces insectes exécutent des sauts à une très-grande distance. Ces cuisses, dans l'état de repos, s'élèvent au dessus de la ligne du corps, & forment, avec la jambe qui est aussi fort longue, un angle plus ou moins aigu; ce qui donne alors à ces insectes sauteurs un port qui leur est particulier.

Le nombre des articles des tarses varie. On en trouve trois dans les *Grillons*, les *Truxales*, les *Criquets*, quatre dans les *Sauterelles*, & cinq dans les *Mantes* & les *Blattes*. Le dernier article est terminé par deux onglets ordinairement accompagnés d'une pelotte spongieuse.

Les parties internes des Orthoptères, celles surtout destinées à la digestion, n'offrent pas moins de détails curieux que les organes extérieurs qui concourent à la même fonction. On trouve, dans l'estomac de ceux qui se nourrissent de végétaux, une complication qu'on diroit analogue à celle qui rend si remarquables les ruminans parmi les mammifères. On assure même que plusieurs Orthoptères font revenir leurs alimens à leur bouche pour les triturer une seconde fois; ce que nous n'avons jamais pu vérifier.

Après

Après l'œsophage, on trouve, dans la plupart des genres, un estomac membraneux, qui n'est qu'une dilatation de l'œsophage, & qui forme, dans les Achètes, un sac cœcal, n'ayant qu'un orifice pour l'entrée & la sortie. Après cet estomac, on en voit un autre à parois plus épaisses & charnues, de forme ronde, & tapissé, à l'intérieur, d'écailles nombreuses, imbriquées, dirigées en arrière, ou de dents isolées, ayant la même direction. L'orifice pylorique de ce second estomac est entouré de cœcums, dont le nombre varie depuis deux jusqu'à dix.

Avec des organes digestifs si nombreux, les Orthoptères qui en sont pourvus, doivent avoir besoin de prendre une grande quantité de nourriture; aussi la voracité de la plupart surpasse-t-elle celle d'aucun autre insecte. Quelques Sauterelles, quelques Criquets, suffisent pour détruire, en peu de jours, toutes les feuilles d'une plante; &, dans les pays chauds, où ces derniers sont extrêmement nombreux, ils dévorent non-seulement les végétaux qui se trouvent à leur portée, mais se transportent à de grandes distances pour tomber de même sur ceux des contrées voisines. On sait que l'Égypte & la Palestine eurent bien souvent à gémir de ce fléau, & que les voyages modernes dans les régions méridionales, surtout en Asie & en Afrique, sont pleins de récits des désastres occasionnés par les Criquets voyageurs. Leur nombre est si considérable, qu'ils forment, en l'air, des espèces de nuages qui obscurcissent l'air; & lorsqu'ils s'abattent sur un terrain, ils le dépouillent en un instant de toutes ses productions végétales. Ces Criquets de passage, que j'ai vus plusieurs fois, voyagent par un tems calme. Ils viennent toujours des contrées plus méridionales, se dirigeant, de proche en proche, vers le nord, ou plutôt ils quittent les déserts de l'Afrique, de l'Arabie, de la Tartarie pour se répandre sur les terres cultivées ou couvertes de végétaux. On les a vus pénétrer en Espagne, en France, en Italie, en Allemagne, en Hollande & jusqu'en Suède. La famine n'est pas le seul fléau que ces insectes produisent. Périssant bientôt eux-mêmes sur la terre qui les a nourris, leurs corps amoncelés occasionnent des maladies dangereuses par les exhalaisons putrides qui s'en échappent.

Ces Criquets sont de plusieurs sortes : ceux que j'ai observés à Bagdad étoient différens de ceux que j'avois vus précédemment en Égypte; & ceux qui ont paru, à diverses époques, dans les régions européennes appartiennent à une espèce que Linné & Fabricius ont signalée.

L'émigration de ces insectes n'est point inhérente à leur espèce : tant qu'ils trouvent des végétaux à dévorer, ils ne se déplacent point. Les contrées fertiles de l'Amérique méridionale sont couvertes de Criquets, qui jamais ne voyagent; tandis que ceux qui prennent naissance dans l'intérieur de l'Afrique, dans les stériles contrées de l'Arabie, de la Perse méridionale, de la Tartarie, émigrent dès qu'ils ont acquis leurs ailes & consommé la nourriture qu'ils avoient autour d'eux.

Ces émigrations, au reste, sont plus ou moins nombreuses, suivant que la saison a été plus ou moins favorable au développement des Criquets, & que la terre s'est plus ou moins couverte de végétaux. Souvent elles n'ont pas lieu, parce que ces insectes, qui ont pour ennemis un grand nombre de petits quadrupèdes, d'oiseaux & de reptiles, ne sont point assez nombreux pour épuiser les végétaux que ces déserts produisent.

Quelques peuples de l'Afrique, de l'Arabie & de l'Asie les font rôtir & les mangent, si l'on en croit les relations de plusieurs voyageurs, si je dois m'en rapporter à tout ce que m'ont dit les Arabes qui fréquentent Bagdad. Ce mets ne peut être ni savoureux ni substantiel; car les espèces qu'on mange ne diffèrent en rien, pour la grosseur & la consistance, des espèces qui habitent les contrées méridionales de l'Europe. Mais pour des peuples qui ont souvent à lutter contre la faim, tout moyen d'existence est bon; & si les Criquets n'ont pas la propriété de leur donner de l'embonpoint, ils sont du moins propres à soutenir, pour quelque tems, leur foible existence en attendant que des mets plus nourrissans & plus salutaires viennent les rétablir.

Plusieurs autres Orthoptères ne sont pas moins nuisibles à l'homme, que les Criquets & les Sauterelles. Le Taupe-Grillon détruit l'espoir du jardinier & du laboureur en rongeant ou coupant les racines à la manière des Taupes. Les Blattes s'introduisent dans les maisons, & nous incommodent par leur puanteur & par les dégâts qu'elles font dans les cuisines, les armoires, les garde-manger, les sucreries, &c.

Le nombre des œufs pondus par les femelles des Orthoptères varie considérablement. Les Blattes en pondent un ou deux presqu'aussi gros que leur abdomen. La plupart des autres les réunissent, en grand nombre, dans un trou fait dans la terre, comme les Grillons, les Sauterelles, ou les fixent à des tiges de plantes en les enveloppant dans une matière glutineuse, qui, en se desséchant, leur forme des espèces de cellules, comme les *Mantes*.

Dans tous, les larves ne diffèrent de l'insecte parfait, en sortant de l'œuf, que parce qu'elles sont privées d'ailes & d'élytres : du reste, elles sautent ou courent comme l'insecte parfait; elles habitent les mêmes lieux, prennent la même nourriture, ont leur bouche conformée de même. Ces larves changent plusieurs fois de peau, & on dit qu'elles passent à l'état de nymphe lorsqu'elles acquièrent des moignons d'élytres & d'ailes. C'est cette métamorphose sémi-complète qui établit de si grands rapports entre les Orthoptères & les Hémiptères, quoiqu'ils diffèrent, à bien des égards, par la bouche. Ce qu'il y a de bien remarquable, c'est que plusieurs Orthoptères restent dans l'état de nymphe ou même de larve, c'est-à-dire qu'ils n'acquièrent jamais ni les ailes & les élytres, ni quelquefois même des moignons, & cependant sont aptes à s'accoupler & à se reproduire.

Les Orthoptères sont tous des insectes terrestres, qui vivent peu de tems, & dont l'espèce se perpétue, d'un été à l'autre, seulement par les œufs. Plusieurs sont nocturnes, & leurs couleurs en général peu brillantes, si l'on en excepte celles des ailes de quelques Criquets. Ils sont, ou gris, ou bruns comme la terre sur laquelle ils habitent, ou verdâtres comme les herbes & les plantes au milieu desquelles ils se trouvent. Ils sont généralement lisses, n'ont point le corps hérissé de poils touffus, & leur dépouille est facilement attaquée par les autres insectes; aussi sont-ils très-difficiles à conserver dans les cabinets.

C'est dans cet Ordre que l'on trouve des insectes, dont les formes sont les plus bizarres, & qui ont valu à quelques-uns les noms de *Spectre*, de *Mante* ou *Devin*. Les Phasmes pourroient être prises pour des feuilles qui commencent à se dessécher, & les Bulles pour des insectes remplis d'air.

Plusieurs espèces font entendre des bruits monotones qu'ils produisent, soit en frottant leurs élytres l'une sur l'autre, ou celles-ci avec leurs pattes postérieures. Quelques-unes le produisent au moyen des moignons d'ailes & d'élytres, qui pour lors sont coriaces & très-durs.

Les Forficules semblent tenir le milieu entre les Coléoptères & les Orthoptères; ils appartiennent évidemment à ces derniers par leur bouche, le nombre variable des articles des antennes, &, ce qui est plus important, par leurs métamorphoses; mais on doit les ranger parmi les Coléoptères, ainsi que nous l'avions d'abord fait, si on suit rigoureusement les caractères que nous avons assignés à ces deux Ordres. Comme les Coléoptères, les Forficules ont la suture des élytres droite, & les ailes repliées. Comme les Orthoptères, leur larve & leur nymphe ne diffèrent de l'insecte parfait que par le manque d'ailes. La bouche présente la même structure que celle des Orthoptères, & les antennes sont, dans la plupart des espèces, composées d'un grand nombre d'articles. Ces dernières considérations doivent sans doute prévaloir. Ainsi les Forficules seront dorénavant pour nous, comme elles l'ont été pour la plupart des entomologistes, de vrais Orthoptères, surtout si nous faisons attention que les ailes présentent, à quelque chose près, les caractères que nous avons assignés aux Orthoptères, puisqu'elles ne sont pas plissées de la même manière que celles des Coléoptères, mais longitudinalement en éventail, ainsi que celles des Orthoptères; elles dépassent de même les élytres, qui sont très-courtes; elles ont plus de consistance sur la partie extérieure du premier pli, qui doit garantir tout le reste de l'aile; mais ensuite elles se replient sur elles-mêmes, & la suture des élytres est droite; ce qui appartient exclusivement aux Coléoptères.

M. Duméril, dans sa *Zoologie analytique*, a divisé cet Ordre en quatre familles, les Forficules ou Labidoures, les Blattes, les Difformes ou Anomides, & les Grylliformes ou Grylloïdes.

M. Marcel de Serres, dans le Mémoire déjà cité, propose de diviser en deux familles celle des Anomides, parce que les insectes qui la composent, tels que les Mantes, les Phyllies & les Phasmes, ne sont point tous carnassiers; il regarde les derniers, qui sont herbivores, comme devant former une famille particulière, sous le nom de *Némides*, & il croit que le genre Phyllie doit de même être séparé des Mantes, & former une autre famille.

M. Latreille divise les Orthoptères en six familles : la première, sous le nom de *Forficulaires*, ne comprend que le genre Forficule; la seconde, sous celui de *Blattaires*, ne comprend de même que le genre Blatte; dans la troisième ou les Mantides, sont compris les genres Phasme, Phyllie, Empuse & Mante; dans la quatrième, les Gryllones, on voit les genres Courtillière, Tridactyle & Gryllon. La cinquième, les Locustaires, n'est formée que du genre Sauterelle. La sixième enfin, ou les Acrydiens, renferme les genres Pneumore, Truxale, Criquet & Tétrix.

Le genre Mantispe, détaché de celui de Mante, n'appartient point aux Orthoptères, ainsi que nous l'avons déjà observé à l'article Névroptères, quoiqu'il ait, au premier aspect, toute l'apparence des Mantes par la tête inclinée, la longueur du corcelet, & les pattes antérieures en forme de crochets. Si on examine la bouche, on ne la voit pas conformée comme celle des Mantes & des autres Orthoptères. Les ailes inférieures ne sont pas plissées, mais étendues & semblables aux supérieures, & leurs larves, qui nous sont inconnues, auroient été plus souvent rencontrées que l'insecte parfait, qui vole avec la plus grande facilité, si elles n'en différoient pas complétement.

Ce genre a été placé, par M. Marcel de Serres, parmi les Anomides entiérement carnassières. En effet, la forme des pattes antérieures, propres à saisir, doit faire présumer que ces insectes vivent uniquement de proie. J'ai pourtant surpris une fois, vers la fin de juillet, la Mantispe qui se trouve au midi de la France, rongeant une poire sucrée, nommée, dans le pays, *Creméfine* ou *Cramoisie*; ce qui me fait croire que ces insectes, qui ont plus d'analogie avec les Raphidies qu'avec les Mantes, peuvent se nourrir indifféremment de végétaux & d'animaux.

ORTOCHILE. *Ortochile*. Genre d'insectes de l'Ordre des Diptères, & de la famille des Rhagionides.

Ce genre, que j'ai établi d'après une seule espèce, a les antennes & le port des Dolichopes, & la bouche des Rhagions. Les antennes sont très-rapprochées, fort courtes, de trois pièces, disposées en une tête globuleuse, avec une soie longue, presque terminale. La trompe est avancée, très-courte, terminée par deux lèvres, dont l'extrémité forme une pointe, & recouverte en dessus par deux palpes ou antennules de sa longueur, avancés & presque coniques. L'analogie me fait présumer que son suçoir est composé de quatre soies.

Le corps est oblong. La tête est verticale, & a une forme trigone, avec les angles obtus. Les yeux sont grands. Le corcelet est élevé. Les ailes sont couchées horizontalement sur le corps, & ressemblent presque, quant à la disposition des nervures, à celles de *Dolichopes* & de la Mouche domestique. Les balanciers sont découverts. L'abdomen est conique, comprimé, un peu arqué sur le dos. Les pattes sont longues & terminées par deux pelotes. En rapprochant & comparant ces divers caractères, l'on voit que les Ortochiles ne diffèrent essentiellement des Dolichopes que par la forme étroite de leurs palpes.

Les antennes sont insérées entre les yeux, près du milieu de la face antérieure de la tête, plus courtes qu'elle, presque contiguës à leur base, élevées, & de trois articles; le premier est un peu alongé, presque cylindrique, un peu plus gros vers le bout, plus grêle que les suivans, & formant au second une sorte de pédicule : celui-ci est presque cupulaire; le troisième ou le dernier est en cône très-court, avec une soie alongée, avancée, simple, insérée sur le dos & un peu de côté.

La trompe est membraneuse, beaucoup plus courte que la tête, très-petite, avancée, & d'une figure conique.

Les deux palpes sont de sa longueur, la recouvrent en s'avançant & s'inclinant sur elle, & ont une forme étroite, linéaire, allant en pointe.

Les yeux, de même que dans les Dolichopes, occupent une grande partie de la tête, ne laissant, entr'eux & par-devant, qu'un espace linéaire, & sont en ovale court, un peu plus larges postérieurement & assez convexes.

Le corcelet est arrondi & bombé en dessus.

Les ailes sont grandes, triangulaires, & ressemblent à celles des Callomyies de M. Meigen (*tab.* 15, *fig.* 14). Elles sont divisées, dans leur longueur, par cinq nervures qui vont jusqu'au bord postérieur, & forment six grandes cellules longitudinales, dont les trois premières, ou les plus près du bord extérieur, sont très-étroites, presque linéaires; la quatrième & la cinquième sont plus évasées & triangulaires; la quatrième est coupée en deux par une nervure transverse ou récurrente. Toutes les autres ne sont fermées que par le bord postérieur de l'aile. Je n'ai pas compris, dans ce nombre, une petite cellule que l'on remarque près de la base extérieure.

Les pattes sont proportionnellement moins longues & plus grosses que dans les Dolichopes. Le corps, de même que le leur, est peu velu, & a des couleurs brillantes.

Je n'ai pas observé les mœurs de ces Diptères.

ORTOCHILE.

ORTOCHILE, LATREILLE.

CARACTÈRES GÉNÉRIQUES.

Antennes très-courtes, de trois articles, dont les deux derniers forment, réunis, une petite tête presque globuleuse ; une soie longue, simple, insérée sur le dos du dernier.

Trompe très-courte, avancée, droite, conique.

Suçoir de quatre soies. ?

Deux antennules très-petites, presque coniques, de la longueur de la trompe, et couchées sur elle.

Ailes couchées sur le corps.

Balanciers découverts.

ESPÈCE.

1. Ortochile bluet.

D'un bleu-violet ; antennes et pattes noires ; ailes sans tache.

1. Ortochile bluet.

Ortochile nigro-cœruleus.

Ortochile violaceo-cœruleus, antennis pedibusque nigris, alis immaculatis.

Ortochile nigro-cœruleus, *immaculatus, alis, ad luminis reflexum auro-nitentibus.* Latr. *Gen. Crust. & Inf. tom. 4. p.* 289.

Son corps est très-petit, n'ayant qu'un peu plus d'une ligne de long, d'un bleu-foncé, avec une teinte violette, & du vert sur les côtés de l'abdomen. Les antennes sont noires. Le contour inférieur de la tête est bordé de petits poils gris. Les yeux sont grands & d'un brun-noirâtre. L'espace compris entr'eux tire sur le vert, & paroît d'un blanc-soyeux & argenté près de la bouche. Le dessus du corcelet a quelques poils noirs. Les ailes sont sans tache, avec les nervures noires & un reflet doré. Les balanciers sont jaunâtres. L'abdomen est violet en dessus, vert sur les côtés, & garni d'un léger duvet. Les pattes sont noires & un peu poilues.

J'ai trouvé cet insecte, une seule fois, aux environs de Paris & dans les prairies du Petit-Gentilli. *(Lat.)*

ORYCTÈRES. M. Duméril, dans sa *Zoologie analytique*, a donné le nom d'*Oryctères* ou de *Fouisseurs* aux insectes Hyménoptères, formant la vingt-septième famille, & ayant pour caractères : *abdomen pédiculé; lèvre inférieure de la longueur des mandibules; antennes non brisées, de quatorze à dix-sept articles* : elle comprend les genres Tiphie, Larre, Pompile & Sphège.

ORYCTES. *Oryctes.* Genre d'insectes de la première section de l'Ordre des Coléoptères, & de la famille des Scarabæides.

Ce genre, établi par Illiger, & adopté par Latreille, comprend quelques Scarabés détachés de ceux de ma première division, laquelle répond aux Géotrupes des derniers ouvrages de Fabricius. La différence qui existe entre les Oryctes & les Scarabés de Latreille consiste dans les mandibules, dont les côtés sont sans crénelures ni dents, & les mâchoires à un seul lobe dans les premiers, tandis que, dans les seconds, les mandibules sont extérieurement crénelées ou dentées, & les mâchoires dentées. (*Voyez* Scarabé.)

ORYSSE. *Oryssus.* Genre d'insectes de la première section de l'Ordre des Hyménoptères, dans la méthode de M. Olivier, & qui appartient à notre famille des Urocérates, section des Hyménoptères porte-tarière.

Les genres *Tenthredo*, *Sirex* de Linné, & celui d'Orysse, sont les seuls de cet Ordre, où l'on observe un abdomen parfaitement sessile. Les Orysses se rapprochent des *Sirex* ou de nos Urocères, par la forme générale du corps, par celle des mandibules, de la lèvre inférieure; par l'identité du nombre des articles des palpes labiaux, & surtout en ce que la tarière des femelles est filiforme. Sous quelques rapports, ils avoisinent aussi les Xiphydries, dernier genre de notre famille des Tenthrédines, & ils semblent ainsi la lier avec celle des Urocérates; mais ils ont des caractères qui les éloignent de tous ces insectes. Leur tarière est cachée dans l'intérieur de l'abdomen. Leurs palpes maxillaires sont composés de cinq articles. Leurs ailes supérieures ont une cellule radiale, grande, incomplète, & deux cellules cubitales, dont la première reçoit seule une nervure récurrente.

Scopoli fit, le premier, mention de l'espèce qui a servi de type à ce genre, & la plaça parmi les Sphex. Christ appliqua mal-à-propos la dénomination & la synonymie de cet auteur à une sorte de Pompile, que je crois être le *Coccineus* de Fabricius. Il décrivit & figura sous le nom de *Tenthredo degener. (tab.* 51, *fig.* 2), un Hyménoptère qui paroît avoir beaucoup d'affinité avec l'Orysse couronné, ou du moins avec les Xiphydries. Fabricius connut ce même Orysse, & le décrivit, dans son *Entomologie systématique*; sous le nom de *Sirex vespertilio*. L'examen particulier que je fis de cet insecte me détermina à établir un nouveau genre (*Oryssus*, je creuse), dont je développai les caractères dans un Mémoire qui fut présenté à la première classe de l'Institut en l'an IV. Peu de tems après, je les reproduisis, mais plus succinctement, dans mon *Précis des caractères génériques des Insectes*. Fabricius profita de mes observations (*Suppl. Entom. System.* pag. 209 & 210) sans citer ce qu'elles offroient d'essentiel, adoucit la dénomination que j'avois imposée au genre, & fit des deux sexes du même insecte autant d'espèces. MM. Klüg & Jurine ont, depuis cette époque, illustré le genre, l'un dans sa belle Monographie des Sirex, & l'autre dans sa nouvelle Méthode de classer les Hyménoptères. J'y ai ajouté moi-même quelques autres détails. (*Gener. Crust. & Insect.* tom. 3, pag. 245.)

Les antennes des Orysses sont filiformes, comprimées, insérées à la base extérieure & supérieure des mandibules, sous les angles latéraux du bord antérieur du chaperon, avancées, un peu courbes, vibratiles, un peu plus courtes que le corcelet, & composées de onze articles (1) dans les mâles, & de dix dans les femelles. Tous ces articles sont distincts; mais plusieurs d'entr'eux diffèrent, quant aux proportions, suivant les sexes. Dans les mâles, celui de la base est plus épais, presqu'en ovoïde court, avec le côté extérieur droit, & l'intérieur un peu dilaté ou arqué. Le second & le troisième sont obconiques : celui-ci est plus long que les suivans, & celui-là plus court. Les autres, jus-

(1) Fabricius donne un article de plus aux antennes des mâles : c'est une erreur qui a déjà été relevée par M. Klüg.

qu'au dixième inclusivement, sont presqu'égaux, cylindriques, comprimés; le dernier a une forme conique. Dans les femelles, le second article est proportionnellement un peu moins large. Le troisième, le sixième, & surtout le neuvième, sont les plus longs : celui-ci est arqué en dessus; le dixième ou le dernier est petit, grêle, tronqué & un peu creux à son sommet. Vu à la lumière, il semble être d'une consistance différente de celle des précédens, offrant une teinte d'un brun-clair, avec un peu de transparence. M. Klüg dit qu'il est cilié & rétractile. Les disproportions de ces deux derniers articles sont telles, que l'on croiroit d'abord que l'extrémité de l'antenne a été mutilée. J'observerai aussi que ces organes sont un peu plus courts que dans les individus de l'autre sexe.

La bouche est composée d'une lèvre supérieure, de deux mandibules, de deux mâchoires, d'une lèvre inférieure, & de quatre palpes ou antennules.

La lèvre supérieure (ou le labre) est apparente, coriace, petite, plane, arrondie, & ciliée en devant.

Les mandibules sont cornées, saillantes, courtes, épaisses, un peu resserrées près de la base, convexes & arrondies en dehors, terminées par une pointe courte, sans dentelures, velues, avec les côtés internes droits, tombant perpendiculairement, & s'appliquant l'un contre l'autre.

Les mâchoires sont coriaces, en demi-tuyau comprimé, un peu bombé au milieu du côté extérieur, & se terminent par une pièce membraneuse, large, arrondie, un peu concave, un peu velue, & qui recouvre, dans le repos, l'extrémité de la lèvre inférieure. Sur le dos de chacune de ces mâchoires est inséré un palpe fort long, presque sétacé, pendant, de cinq articles, dont le premier, de moyenne grandeur, cylindrique; le second très-court, obconique; le troisième & le quatrième beaucoup plus longs que les autres, cylindrico-obconiques; le troisième est plus épais; le cinquième est plus grêle que les précédens, alongé & cylindrique.

La lèvre inférieure est petite, membraneuse, recouverte, près de sa naissance, d'une pièce coriace, transverse, en forme d'anneau, & se termine en un demi-cercle, n'ayant point d'échancrure apparente. Immédiatement au dessus de la pièce coriace ou de la petite gaîne qui l'enveloppe inférieurement, sont insérés, & latéralement, deux palpes trois fois plus courts que ceux des mâchoires, composés de trois articles, dont le premier obconique; le second moitié plus court, presque cylindrique; & le troisième de la longueur de celui de la base, plus épais, ovalaire.

Le corps des Orysses est cylindrique. La tête est verticale, un peu plus large que le corcelet, comprimée en devant, avec le contour arrondi. La face antérieure tombe brusquement, & finit au dessus des mandibules, par un bord aigu, transversal & presque droit. Les yeux sont latéraux, assez grands, ovales & entiers. Les trois petits yeux lisses sont égaux, écartés, & forment un triangle équilatéral sur le sommet de la tête : cette partie est hérissée de petits tubercules, disposés sur deux lignes qui convergent postérieurement. Un des petits yeux lisses, celui qui fait la pointe du triangle, est placé au milieu des deux lignes. Les deux autres sont en dehors. Le corcelet a la figure d'un ovoïde tronqué. Son segment extérieur est très-court, arqué & presque vertical; sa partie la plus basse se prolonge un peu, & forme un petit cou qui porte la tête. Le second segment est alongé, & offre, à son extrémité postérieure, une espèce d'écusson plan, triangulaire, & dont la base est distinguée par une ligne imprimée, transverse. Le dernier segment, ou le métathorax, est court, figuré à peu près comme dans les Urocères & les Tenthrèdes, ayant, de chaque côté, près de la naissance des ailes inférieures, un enfoncement & deux petites éminences, en forme de grains ou de tubercules, dans l'entre-deux.

Les ailes sont couchées horizontalement, & s'étendent jusqu'à l'extrémité postérieure du corps. Les supérieures ont cette portion marginale & calleuse que M. Jurine nomme le *point*, *punctum*, & que d'autres appellent *stigmate*, *stigma*, très-grande & ovale. Elles n'ont qu'une cellule radiale ou marginale, qui est grande & incomplète. Les cellules cubitales, ou celles que je désigne sous le nom de *sousmarginales*, sont au nombre de deux : leur forme est alongée, presque linéaire. La première est plus courte, n'est distinguée de la seconde que par une foible nervure, & reçoit une nervure récurrente; la seconde est deux fois au moins plus longue, & n'est fermée que par le bord postérieur : aucune nervure récurrente ne va y aboutir. Les ailes supérieures adhèrent au second segment du corcelet par le moyen d'un tubercule; mais on ne voit point au dessus cette petite pièce, en forme de coquille, que l'on observe à la naissance des ailes, dans un grand nombre d'Hyménoptères.

L'abdomen est une fois plus long que le corcelet, cylindrique, un peu rétréci & arrondi postérieurement, & composé de huit à neuf anneaux, plus larges que longs. Il renferme les organes sexuels.

Si on presse, dans le mâle, le bout du ventre, on appercevra, 1°. deux ou quatre pointes latérales, styliformes, cylindriques & obtuses; 2°. une pièce en forme d'un petit tube, blanc, mol, rétractile, placé au dessus de l'anus; 3°. l'organe sexuel proprement dit, formant un corps conico-ovoïde, corné, & composé de deux valvules ou espèces de coquilles réunies à leur base, transparentes, arrondies, dont le sommet présente deux petites pinces en forme de spatule. Ces valvules servent de réceptacle à trois autres pièces assez dures. Celle du milieu est courte, comprimée, arquée, obtuse, & creusée en goutière au milieu de sa face antérieure : on peut la considérer comme le pénis. Les deux autres font l'office de crochets; elles ont aussi un canal, mais situé le long du côté interne, & finissent en une pointe obtuse & échancrée.

Décrivons maintenant les organes sexuels de la femelle. Si on examine le dessous du ventre, nous verrons, 1°. que le milieu de l'avant-dernier demi-segment est coupé, dans sa longueur, par une écaille, en forme d'arête, avancée en pointe, du côté de l'anus; 2°. que le demi-segment terminal, ou celui de l'anus, est composé de deux lames, grandes, longitudinales, parallèles, un peu bombées & carénées au milieu, dans une grande partie de leur longueur, & dont l'ensemble forme un ovale. Ces lames m'ont paru, du moins dans les plus grands individus, comme divisées en trois par des lignes transverses; elles se réunissent & se touchent au bord interne, pouvant néanmoins s'écarter l'une de l'autre, de manière à laisser une coulisse droite & longitudinale pour le passage de la tarière. Cette tarière n'est pas à découvert dans l'inaction, ou on n'en voit tout au plus que la pointe. Elle est engaînée inférieurement dans un fourreau composé de deux demi-tuyaux, coriaces, tronqués obliquement à leur extrémité, & qui semblent être un prolongement des deux gros muscles, entre lesquels elle prend naissance. Comme elle est plus longue que le corps, il est nécessaire qu'elle se roule ou se replie sur elle-même dans l'intérieur du ventre. Son côté inférieur ayant des rainures longitudinales, je présume qu'elle n'est pas simple, & que sa structure est analogue à celle de la tarière des Urocères, des Ichneumons, &c. Elle est grêle, filiforme ou presque capillaire, & finit en une pointe très-acérée, & à laquelle je n'ai point apperçu de dentelures bien distinctes (1). L'insecte l'enfonce dans les fentes ou les crevasses des arbres, afin d'y déposer ses œufs.

Les pattes sont de grandeur moyenne & presque glabres. Les deux antérieures sont plus courtes, mais un peu plus épaisses. Les cuisses forment une sorte de demi-ovale, composé de trois plans, dont l'inférieur convexe ou arqué. Les quatre jambes postérieures sont assez grêles, insensiblement plus épaisses, armées de quelques dentelures au côté extérieur, & terminées par deux petites épines. Les deux antérieures sont plus courtes, plus épaisses & obconiques; leur côté interne ne présente qu'une épine, mais qui est assez forte, & bifide au bout. Dans la femelle, ces jambes ont, au dessous, une espèce d'entaille où ce bout est comme enchâssé, & forme l'apparence d'un article cylindrique. Les tarses sont longs, menus, cylindriques, terminés par deux petits crochets, unidentés à leur base, & deux pelotes ou appendices très-petites dans l'entre-deux. Tous les tarses du mâle ont cinq articles, dont le premier est fort long; mais dans la femelle, les deux antérieurs n'en ont que trois, & celui de la base se prolonge en pointe au dessus du second. Les autres tarses ne diffèrent pas de ceux du mâle. Je ne connois aucun Hyménoptère qui nous offre une telle anomalie sexuelle.

Je n'ai trouvé les Orysses que dans les bois & au printems. Ils se posent sur les vieux arbres exposés au soleil, quelquefois même sur ceux qu'on a déjà coupés & mis en pièces. Ils y courent avec rapidité & sur une même ligne, s'arrêtant un peu lorsqu'ils sont menacés, & prenant aussi une marche latérale ou rétrograde : on peut alors les saisir avec facilité. Le Sapin, le Hêtre & le Chêne sont les arbres qu'ils semblent préférer. Leurs métamorphoses sont inconnues; mais leurs larves vivent certainement dans l'intérieur du bois. Les épingles avec lesquelles on a piqué ces insectes s'oxident promptement, & j'ai fait la même remarque par rapport à la plupart des insectes lignivores dans leur premier âge.

M. Jurine, en plaçant les Orysses entre les Céphaléies & les Trachèles, me semble rompre l'ordre des rapports naturels. Les deux derniers genres, celui des Urocères du même savant, & qui répond aux Xiphydries de Fabricius, ne peuvent s'éloigner, quant aux organes de la mastication, & quant à la forme de la tarière, de la famille des Tenthrédinés. Les Orysses, au contraire, se rapprochent davantage, sous ce point de vue, des Sirex & des Ichneumonides. Peut-être même devroient-ils terminer la famille des Urocérates, & telle avoit été d'abord mon opinion. Nous ne connoissons encore que deux espèces de ce genre, & propres, toutes les deux, à l'Europe.

(1) M. Klug paroît en avoir vu de très-petites, *aculeus subserratus*; il dit encore que cette tarière est simple.

ORYSSE.

ORYSSUS. LATR. FABR. KLUG. JUR.

CARACTÈRES GÉNÉRIQUES.

Antennes filiformes, insérées à la base extérieure des mandibules, de onze articles dans les mâles; de dix, dont le neuvième alongé, et le dixième plus menu et tronqué, dans les femelles.

Mandibules cornées, courtes, sans dents.

Quatre antennules inégales; les antérieures beaucoup plus longues, presque sétacées, de cinq articles; les postérieures de trois, dont le dernier plus gros, ovalaire.

Lèvre inférieure arrondie et entière à son extrémité.

Abdomen sessile.

Femelles ayant une tarière filiforme, très-longue, cachée, et les tarses antérieurs de trois articles.

Cellule radiale, une, incomplète.

Cellules cubitales, deux; la première recevant seule une nervure récurrente.

ESPÈCES.

1. Orysse couronné.

Noir; deux lignes blanches sur le devant de la tête; abdomen fauve, avec la base et l'extrémité inférieure noires.

2. Orysse unicolor.

Noir; tête, corcelet et abdomen sans tache.

1. Orysse couronné.

Oryssus coronatus.

Oryssus niger, capitis facie anticâ lineolis duabus albis; abdomine rufo, basi apiceque infero nigris.

Oryssus coronatus, *thorace immaculato, abdomine apice rufo, puncto anali albo.* Fabr. *Suppl. Entom. Syst. p.* 218. *n°.* 1. Le mâle; *ibid. p.* 219, *oryssus* vespertilio, *thorace immaculato, abdomine basi nigro, apice rufo.* La femelle.

Oryssus coronatus. Fabr. *Syst. Pyez. p.* 47.

Sirex vespertilio. Fabr. *Entom. Syst. tom.* 2. *p.* 129. *n°.* 19. La femelle.

Oryssus coronatus. Latr. *Hist. nat. des Crust. & des Inf. tom.* 13. *p.* 160. — *Gener. Crust. & Inf. tom.* 3. *p.* 248. *n°.* 1. — *Genre* Orusse. *Préc. des caract. génér. des Insect. p.* 111.

Oryssus coronatus. Coqueb. *Illustr. Icon. Insect. Dec.* 1. *tab.* 5. *fig.* 7. A. B. Le mâle; *ibid. tab. ead. fig.* 7. C. La femelle.

Oryssus vespertilio. Klug, *Monogr. Siric. Germ. p.* 7. *tab.* 1. *fig.* 1-3.

Oryssus coronatus. Jur. *Nouv. Méth. de classer les Hyménop. p.* 69. *pl.* 7. *Gen.* 8. Le mâle.

Sphex abietina. Scop. *Entom. Carn. p.* 296. *n°.* 88. La femelle.

Sirex vespertilio. Panz. *Faun. Inf. Germ.* 52. *tab.* 19. La femelle.

Son corps est noir, luisant, presque glabre, & a cinq à six lignes de longueur. Les antennes sont noires, avec l'extrémité supérieure du troisième article, le dessus du quatrième & du cinquième blancs. La tête est chagrinée, avec une petite raie blanche & longitudinale, de chaque côté, près du bord interne des yeux, & des tubercules aigus sur le vertex, disposés, trois par trois, sur deux lignes formant un angle ouvert ou un V renversé. Les yeux sont ovales, entiers & noirâtres; la partie de la tête qui est au dessous, ou ses côtés inférieurs, est un peu élevée dans son milieu, & présente une espèce d'arête écrasée. Les petits yeux lisses sont d'un brun-clair & luisant; l'antérieur est placé au milieu de l'espace compris entre les tubercules, & les deux autres en dehors. Le corcelet est très-ponctué, un peu strié sur la partie antérieure & latérale du dos, tout noir & sans tache dans les femelles. Les mâles ont un point blanc, de chaque côté, près de la naissance des ailes. Les ailes sont transparentes. Les supérieures ont la côte & le point marginal noirs, avec les nervures, une tache au dessous du point, & une bande assez grande, transverse, avant le bout, noirâtres. L'intervalle renfermé entre les deux taches & le bout paroissent blancs. L'abdomen est d'un rouge-fauve, avec les deux premiers segmens & l'extrémité inférieure noirs. Ces deux premiers segmens sont chagrinés, avec de courtes stries à leur bord antérieur. Le dernier segment a, dans les mâles, une tache dorsale, blanche. La tarière est d'un brun-fauve. Les pattes sont noires, avec les genoux & une portion du dessus des jambes blancs. Les tarses, & même une partie du dessous des jambes postérieures, sont roussâtres.

Cette espèce varie pour la grandeur. Je l'ai trouvée aux environs de Brives, département de la Corrèze, sur de vieux Charmes. Je l'ai reçue de Vienne, en Autriche, d'où elle m'a été envoyée par M. Ziégler, administrateur du Cabinet impérial. M. Olivier l'a apportée des îles de l'Archipel.

2. Orysse unicolor.

Oryssus unicolor.

Oryssus niger, capite, thorace abdomineque immaculatis.

Il ressemble, pour la forme, au précédent; mais il est de moitié plus petit. La tête, le corcelet & l'abdomen sont entièrement noirs & sans tache. Les antennes sont noires, avec le dessus du quatrième & du cinquième article, le dessus du sixième, & même d'une partie du quatrième, dans quelques individus, blancs. Les ailes supérieures sont colorées comme dans l'autre espèce; mais la nervure récurrente est presqu'oblitérée. Les pattes, y compris même les tarses, sont noires, avec le bord supérieur des cuisses & une partie du dessus des jambes, blancs.

J'ai pris plusieurs individus de cette espèce au bois de Boulogne, près de Paris; ils étoient tous semblables, aux différences sexuelles près: d'où je présume que cet insecte n'est pas une variété de la précédente. D'ailleurs, je n'ai jamais trouvé celle-ci dans les environs de cette ville. *(Lat.)*

OSCINE. *Oscinis.* Genre d'insectes de l'Ordre des Diptères, de la famille des Muscides dans notre méthode, & de celle des Micromyzides de M. Fallèn.

Les Oscines ont des antennes plus courtes que la tête, insérées à l'extrémité supérieure du front, avancées ou peu inclinées, écartées à leur base, en forme de palette comprimée, dont le premier article à peine distinct, dont le second presque de la longueur du suivant & obconique, & dont le troisième ou dernier plus grand, presqu'ovoïde ou presqu'orbiculaire, arrondi au bout, & ayant sur le dos une soie simple. La trompe de ces Diptères est membraneuse, bilabiée & rétractile; elle porte à sa base deux antennules presque filiformes, & son suçoir n'est composé que de deux soies.

Leur corps est un peu plus alongé que celui de la Mouche domestique; leur tête est moins hémisphérique, & paroît comme trigone, sa partie supérieure étant déprimée presqu'horizontalement, rétrécie & avancée vers le front. Les yeux sont moins étendus que dans les Mouches proprement dites. Les ailes sont grandes, croisées l'une sur l'autre ou peu divergentes. Les balanciers sont nus. L'abdomen est conique ou triangulaire & aplati. Les pattes sont de grandeur moyenne, glabres ou simplement pubescentes.

J'avois pris pour type du genre d'Oscine la Mouche rayée, *Musca lineata* (*Nouv. Dict. d'Hist. natur. tom.* 24, *tab. méthod. pag.* 196). Dans le nombre des espèces de Mouches que je rapportois à cette coupe, celle que Fabricius avoit nommée *planifrons* fut citée par méprise. Je ne tardai pas à réparer l'erreur, & l'insecte qui en avoit été le sujet fut placé avec les Tétanocères (*voyez ce mot*), dont il ne s'éloigne pas essentiellement (*Tetanocera planifrons*; — *Hist. nat. des Crust. & des Ins. tom.* 14, *p.* 385). Fabricius, ne connoissant pas sans doute cette correction, & négligeant les caractères que j'avois donnés primitivement aux Oscines, a établi (*Syst. Antl. pag.* 214) les siens d'après ce même Diptère que j'avois repoussé du genre. Ses Oscines, quoique l'espèce dont j'ai tiré les caractères leur soit associée, ne sont donc plus les miennes. Je suis fâché d'une telle discordance; elle n'auroit pas eu lieu si Fabricius eût été plus soigneux & plus attentif à cet égard.

De grandes difficultés entravent l'étude des genres de la famille des Muscides. On essaiera en vain de les vaincre si l'on ne profite pas des variétés de formes que présentent toutes les parties du corps. Les antennes & la trompe ne fournissent pas assez de caractères, ou si l'on se borne à ces organes, à l'exemple de l'entomologiste que j'ai cité, il faudra restreindre le nombre des genres, & diviser considérablement ceux que l'on conservera.

Les antennes des Oscines sont insérées entre les yeux, & au point où le front & le plan supérieur de la tête se réunissent; elles sont écartées dès la base, avancées ou peu inclinées, notablement plus courtes que la tête, & forment une palette comprimée; elles consistent en trois articles, dont le radical paroît à peine, dont le second est obconique, s'élargissant insensiblement de sa base à l'autre bout, & dont le troisième ou le dernier plus grand, presqu'ovoïde ou comme orbiculaire & arrondi à son extrémité. Sur son dos, & à peu de distance de sa base, est insérée extérieurement une soie assez forte, élevée, qui n'est point barbue, & dont la portion inférieure présente l'apparence d'un article court & cylindrique. Dans les Téphrites, genre très-voisin, la dernière pièce des antennes est en forme de triangle curviligne.

La trompe est cylindrique, membraneuse, longue, coudée près de sa base, ainsi que vers le bout, & terminée par deux lèvres. La cavité qui la renferme dans le repos est grande. Le suçoir est court, & composé de deux soies.

Les antennules sont alongées, un peu velues, & s'élargissent vers leur extrémité supérieure.

La tête est un peu plus large que le corcelet, contre l'extrémité antérieure duquel elle s'applique exactement; elle paroît, ainsi que nous l'avons dit plus haut, comme trigone, le vertex étant déprimé, représentant une sorte de carré ou de triangle tronqué, & faisant, avec le front, un angle, ou presque droit ou aigu. Cette forme de la tête me semble fournir un caractère qui aide à distinguer ces insectes & quelques autres de plusieurs Diptères voisins, tels que les Téphrites, où le vertex est incliné, & forme, avec le front, un arc ou un angle obtus.

Si l'on regarde de profil ces derniers Diptères, leur tête paroît avoir une forme presqu'hémisphérique. Les antennes semblent être insérées vers le milieu de sa hauteur; mais dans les Oscines, les Tétanocères ou les Scatophages de Fabricius, la base de ces organes, considérés sous la même face, est presque de niveau avec le vertex. La tête des Oscines est revêtue d'une peau presque membraneuse, blanche ou d'un brun-rougeâtre & presque nue. Le front est alongé, & marqué de deux sillons. Les yeux sont ovales ou arrondis & entiers. Les yeux, lisses, sont au nombre de trois, très-petits, contigus, & disposés en triangle au milieu de l'extrémité postérieure & supérieure de la tête, où ils forment une petite tache noire.

Le corcelet est court, cylindrique, sans divisions apparentes, & terminé par un écusson triangulaire, saillant, assez épais, & ayant quelques poils roides, en forme de crins.

L'abdomen est conique ou triangulaire, déprimé, & composé de cinq à six anneaux.

Les pattes sont de grandeur moyenne, glabres ou peu velues. Les tarses sont terminés par deux crochets & deux pelotes.

Les ailes sont grandes, en triangle alongé, & croisées horizontalement sur le corps ou peu écartées; leur côte paroît un peu dilatée vers la base; elles ont quatre nervures principales, & qui se terminent au bord postérieur; les deux premières ou les plus voisines de la côte sont réunies vers leur naissance. Une nervure récurrente, placée vers le milieu de l'aile, joint la seconde de ces grandes nervures avec la troisième: celle-ci est également réunie avec la quatrième; mais la nervure récurrente est placée plus bas ou plus près du bord postérieur. On remarque près de la côte une autre nervure longitudinale qui, après l'avoir suivie depuis son origine, se recourbe, & se confond avec elle vers le milieu de sa longueur. De plus, la base intérieure de l'aile offre, dans les plus grandes espèces, une petite nervure liée avec la quatrième des précédentes par le moyen d'une troisième nervure récurrente.

Les cuillerons sont très-petits, arrondis & un peu ciliés. Les balanciers sont ainsi à découvert.

Les Oscines se plaisent sur les arbres & sur les fleurs de différens végétaux. Les larves de quelques espèces sont très-nuisibles par les pertes qu'elles font essuyer à l'agriculture. Elles attaquent les subſtances qui fourniſſent à nos premiers besoins, les plantes céréales. Ainſi ce genre d'insectes, quelqu'obſcur qu'il ſoit, n'eſt que trop digne de l'attention particulière du naturaliſte.

Je réunis maintenant aux Oſcines, les Diptères dont j'avois formé le genre Otite, *Otites*, les caractères qui le diſtinguent du précédent n'étant pas aſſez importans.

Je ne mentionnerai qu'un petit nombre d'Oſcines, celles, en un mot, dont j'ai pu vérifier les caractères. Fabricius peut en avoir décrit pluſieurs autres eſpèces; mais elles me ſont inconnues, & les moyens de les découvrir, dans les genres confus où il les a diſſéminées, me manquent totalement. J'avois rangé avec les Oſcines la Mouche de l'Olivier. Un examen plus approfondi m'a convaincu que cet inſecte devoit être réuni aux *Dacus* de Fabricius ou à mes Téphrites, celles particuliérement dont le dernier article des antennes eſt alongé, & qui ſe rapprochent des Micropèzes.

Le genre *Chlorops* de M. Meigen, & dont Panzer a figuré deux eſpèces (*Faun. Inſect. Germ. Faſc.* 104, *tab.* 21 & 22), paroît bien ſe rapprocher de celui d'Oſcine, & particuliérement des eſpèces qui compoſent ma ſeconde diviſion. C'eſt encore à cette diviſion que ſe rapportent les Oſcines de M. Fallèn.

L'eſpèce d'Oſcine dont j'ai parlé, ſous le nom de *Curvipenne*, dans mon *Hiſtoire générale des Cruſtacés & des Inſectes*, doit former un genre propre. Les Scatophages *craſſipennis* (*Muſca gangrænoſa?* Panz.), *marmorea* (*Muſca hyalinata.* Panz.) de Fabricius, ſont peut-être dans le même cas, & font la nuance des Oſcines aux Téphrites. Elles ont preſque le port extérieur des premières: leurs antennes ont des proportions & une direction ſemblables; mais leur dernière pièce a la forme d'un triangle curviligne, & ſe termine en pointe comme dans les antennes des Téphrites.

Je ne connois pas l'Oſcine *Frit* de Fabricius (*Syſtem. Antl. pag.* 216, *n*°. 5. — *Muſca Frit. ejuſd. Entom. Syſtem. emend. tom.* 4, *pag.* 133, *n*°. 90), & je ne puis aſſurer qu'elle ſoit poſitivement de ce genre. Elle a été décrite à l'article Mouche, eſpèce n°. 82, de ce Dictionnaire. Cet inſecte, ſuivant Linné, détruit, en Suède, le dixième du produit de l'orge, & le dommage qu'il occaſionne eſt évalué à 100,000 ducats d'or.

Je ſuis dans la même incertitude relativement à l'Oſcine *Argus* du même auteur. (*Oſcinis argus piloſa; pallida, abdomine cinereo, nigro-faſciato; alis atris albo-punctatis.* Fabr. *Syſtem. Antl. pag.* 216, *n*°. 7.) Elle ſe trouve en Autriche.

OSCINE.

OSCINIS. Latr. Fabr. Fall. *TEPHRITIS. SCATOPHAGA.* Fabr.
MUSCA. Linn. Schellènb.

CARACTÈRES GÉNÉRIQUES.

Antennes en palette comprimée, beaucoup plus courtes que la tête, insérées au sommet du front, écartées, avancées ou peu inclinées, de trois pièces, dont les deux dernières presque de la même longueur, et dont la terminale presqu'ovoïde ou presqu'orbiculaire, arrondie au bout, et ayant sur le dos une soie simple.

Trompe membraneuse, bilabiée, rétractile.

Suçoir de deux soies.

Deux antennules presque filiformes, insérées sur la trompe.

Corps et pattes peu alongés. Tête presque trigone, plane en dessus, avancée à la partie supérieure du front; front presque nu et membraneux. Balanciers découverts. Ailes grandes, couchées ou peu écartées. Pattes glabres, simplement pubescentes ou peu velues.

ESPÈCES.

* *Tout le dessus de la tête de la même consistance et coriace.*

1. Oscine élégante.

Ailes tachetées; corps noir; des lignes sur le corcelet et des bandes sur l'abdomen cendrées.

2. Oscine à ailes tachées.

Ailes tachetées; corcelet cendré, avec de très-petits points et quatre lignes noirs; abdomen noir, avec des bandes cendrées.

3. Oscine nébuleuse.

Ailes mélangées de noirâtre et de blanchâtre près de la côte; extrémité antérieure et supérieure de la tête arrondie; corps cendré; pattes roussâtres.

4. Oscine mélanoptère.

Ailes noirâtres; corps d'un fauve-obscur; dessus du corcelet cendré et rayé.

** *Le sommet seul de la tête coriace ou écailleux, et en forme de triangle.*

5. Oscine rayée.

Corps presqu'entièrement jaunâtre; corcelet rayé de noir; dernière pièce des antennes presqu'orbiculaire, beaucoup plus grande que la précédente, avec une soie menue et noirâtre.

6. Oscine striée.

Corps mélangé de blanc-jaunâtre et de noirâtre; corcelet noirâtre, rayé de jaunâtre; dessus de l'abdomen noirâtre, avec le bord postérieur des anneaux blanchâtre; dernière pièce des antennes presque ovoïde, guère plus longue que la précédente, avec une soie épaisse et blanchâtre.

1. Oscine élégante.

Oscinis elegans.

Oſcinis capite ſuprà penitùs coriaceo ; alis maculatis ; corpore nigro ; thorace lineis abdomineque faſciis cinereis.

Oſcinis elegans. Latr. *Gen. Cruſt. & Inſ. t.* 4. *p.* 351.

Otites elegans. Latr. *Hiſt. nat. des Cruſt. & des Inſ. tom.* 14. *p.* 383.

Scatophaga ruſiceps *cinerea, thorace nigro lineato, abdomine faſciato, alis maculatis.* Fabr. *Syſtem. Antl. p.* 209. *n°.* 24. ?

Cette eſpèce reſſemble fort au Diptère de la même famille, que Panzer a figuré & nommé *Muſca formoſa (Faun. Inſ. Germ. Faſc.* 59. *tab.* 21*)*; mais ici le front eſt d'un blanc de lait & les pattes ſont noires. Fabricius a penſé, avec raiſon, que cette eſpèce différoit peu de ſon *Dictya gangrænoſa;* il a tort néanmoins de rapporter à cette dernière la Mouche qui, dans Panzer, a le même nom ſpécifique, ſon corcelet n'étant pas rayé. Je ſoupçonne que celle-ci eſt plutôt la Scatophage *craſſipennis* de Fabricius. L'Oſcine élégante a quatre lignes de long. Son corps eſt noir, luiſant & peu velu. Les antennes & la tête ſont d'un fauve-jaunâtre. Le ſecond article des antennes eſt auſſi long que le dernier : la ſoie de celui-ci eſt noire & ſimple. Les yeux ſont noirs, avec une ligne blanche tout autour. Le ſommet de la tête eſt plus foncé, & recouvert, juſqu'aux yeux, d'une peau plus coriace, en forme d'un carré-long, & dont le côté antérieur eſt un peu concave. Quelques individus ont, au deſſus de l'origine des antennes, une caroncule véſiculeuſe & ſaillante; mais ce n'eſt qu'un accident, dont on voit ſouvent des exemples dans d'autres eſpèces, & qui ne tient qu'à la manière dont l'inſecte s'eſt développé en quittant l'état de Nymphe. Les petits yeux liſſes forment un tubercule noir. Le corcelet a des lignes longitudinales cendrées, griſâtres : trois au milieu, plus longues, & allant juſqu'à l'écuſſon, & deux de chaque côté, dont une antérieure, oblique & réunie avec la plus voiſine des précédentes, & dont une poſtérieure, plus interne & courte. L'écuſſon eſt cendré, & a quelques poils roides & noirs, en forme de crins : on en voit auſſi quelques autres ſur le corcelet. L'abdomen eſt triangulaire, aplati, noir, avec la baſe ſupérieure des anneaux d'un cendré-griſâtre; ce qui forme quatre bandes tranſverſes de cette couleur. Les pattes ſont d'un brun-rouſſeâtre, avec les tarſes & quelques autres parties plus obſcurs ou noirâtres. Les ailes ſont grandes, tantôt d'un blanc-tranſparent, tantôt un peu jaunâtres, ſurtout à leur naiſſance; elles ont des taches noirâtres, plus ou moins marquées. Ces taches, dans les individus où elles ont le plus d'étendue, ſont au nombre de ſix : une à quelque diſtance de la baſe, en forme de petite bande, & allant du milieu de l'aile à la côte; deux plus petites ſur cette côte; la quatrième au bout de l'aile, & ſe réuniſſant avec la dernière des deux précédentes pour former une lunule; la cinquième, près du milieu du bord poſtérieur, oblique & alongée; la ſixième, enfin, punctiforme, & ſituée au deſſous de la ſeconde. Les nervures ſont, en grande partie, jaunâtres. Les cuillerons & les balanciers ſont blanchâtres.

J'ai trouvé cette eſpèce aux environs de Paris, dans la forêt de Saint-Germain, au printems, & ſur le tronc des Chênes.

2. Oscine à ailes tachées.

Oscinis maculipennis.

Oſcinis capite ſuprà penitùs coriaceo ; alis maculatis; thorace cinereo, punctis minutiſſimis lineoliſque quatuor nigris; abdomine nigro, faſciis cinereis.

Elle ne diffère de l'Oſcine élégante qu'en ce que ſon corcelet eſt cendré, très-pointillé de noir, avec quatre lignes de la même couleur, très-courtes & peu marquées, au milieu du dos. Les ailes ont des taches preſque ſemblables quant au nombre, leur diſpoſition & leurs figures. La dernière tache du bord extérieur & celle du bout ſont plus petites & ſéparées. Le point central eſt plus grand & alongé. La baſe de l'aile eſt plus foncée que dans l'autre eſpèce. D'ailleurs, les antennes, la tête, l'abdomen & les pattes ſont conformés & colorés de la même manière. Les yeux néanmoins ſont rougeâtres.

Elle ſe trouve aux environs de Turin.

3. Oscinie nébuleuſe.

Oscinis nebuloſa.

Oſcinis capite ſuprà penitùs coriaceo, anticè rotundato ; alis ad coſtam fuſco albidoque variegatis ; corpore cinereo, pedibus ruſeſcentibus.

Otites Porcus. Latr. *Nouv. Dict. d'Hiſt. nat. tom.* 24 *tab. méth. p.* 196.

Elle eſt un peu plus petite que les précédentes. Son corps eſt cendré & légérement poilu. Les antennes & la tête ſont fauves : cette couleur eſt plus foncée ſur le vertex. Les yeux ſont noirâtres & entiérement bordés de cendré. L'extrémité antérieure & ſupérieure de la tête s'avance & s'arrondit au deſſus de l'origine des antennes. Les petits yeux liſſes ſont noirs, & placés ſur un eſpace cendré. Le corcelet a quelques lignes noirâtres, peu tranchées, & dont les latérales ſont courtes. L'abdomen eſt triangulaire, aplati, pubeſcent ſur les côtés, & ſans taches diſtinctes. Les pattes ſont d'un fauve-pâle & un peu velues. Les ailes ont pluſieurs nervures bordées de noirâtre : cette couleur s'étend en quelques endroits, & y forme autant de taches ou nébulosités. On en remarque trois principales, dont la première est à peu de distance de la côte & un peu avant le milieu de l'aile; la seconde un peu plus bas, centrale, en forme d'un petit trait, & dont la troisième, linéaire, située au bout de la côte : entre celle-ci & la première sont deux autres petites taches, arrondies & blanchâtres.

Elle se trouve aux environs de Paris.

4. Oscine mélanoptère.

Oscinis *melanoptera*.

Oscinis capite suprà penitùs coriaceo; alis nigricantibus; corpore obscurè ferrugineo; thoracis dorso cinerascente.

Scatophaga nigripennis, *thorace cinereo, abdomine, alis pedibusque nigris*. Fabr. *Syst. Antl. p.* 205. *n°.* 6. ?

Musca nigripennis. Fabr. *Entom. Syst. emend. tom.* 4. *p.* 346. *n°.* 141. ?

Je soupçonne que cette espèce n'est qu'une variété de la Scatophage nigripenne de Fabricius, qu'il dit se trouver en France, & qu'il a probablement vue dans la collection de M. Bosc, où notre Oscine porte effectivement le nom de *Nigripennis*. Son corps est plus étroit, plus arqué & plus velu que dans les espèces précédentes. Il est long de trois lignes & demie & d'un fauve très-foncé. Le devant de la tête tire un peu sur le jaunâtre. Les yeux sont noirâtres. Le dessus du corcelet est un peu cendré ou grisâtre & rayé de brun. L'abdomen est alongé, presque cylindrique. Les pattes sont de la couleur du corps. Les ailes sont entièrement noirâtres, & les balanciers sont bruns.

Elle se trouve aux environs de Paris.

5. Oscine rayée.

Oscinis *lineata*.

Oscinis capitis vertice summo coriaceo, trigono; corpore toto ferè flavido, thorace lineis nigris; antennarum articulo ultimo suborbiculato, præcedenti multò majore; setâ tenui, fuscâ.

Oscinis lineata. Latr. *Hist. nat. des Crust. & des Ins. tom.* 14. *p.* 383. — *Gen. Crust. & Insect. tom.* 4. *p.* 351.

Oscinis lineata, *suprà nigra, lineis thoracis scutelloque flavis, subtùs flava*. Fabr. *Syst. Antl. p.* 215. *n°.* 4.

Musca lineata. Fabr. *Ent. Syst. em. tom.* 4. *p.* 356. *n°.* 180.

Musca saltatrix, *antennis setariis, nuda flava; abdomine suprà thoraceque lineis tribus fuscis*. Linn. *Syst. Nat. ed.* 12. *tom.* 1. *p.* 983. *n°.* 60. — *Faun. Suec. ed.* 2. *n°.* 2319.

Musca lineata. Schell. *Dipt. tab.* 4. *fig.* 1.

Voyez, pour les autres synonymes, l'article de la Mouche rayée de ce Dictionnaire, espèce 136.

Son corps est long d'environ deux lignes, jaune & un peu pubescent. Le dernier article des antennes est orbiculaire, plus grand que le second, noirâtre au bout, & sa soie est noirâtre & menue. Les yeux sont noirs. L'extrémité postérieure & supérieure de la tête paroît être moins membraneuse, & présente une petite tache noire, triangulaire, luisante, sur laquelle sont les petits yeux lisses : cette tache se prolonge en devant, en forme de trait. Le corcelet a en dessus cinq lignes noires, dont les trois du milieu beaucoup plus grandes, en forme de bandes, & dont les deux latérales fort courtes. La base supérieure des anneaux de l'abdomen & le bout des tarses sont noirâtres. Les ailes sont transparentes & sans tache.

Quelques individus sont plus alongés & ont les cuisses postérieures assez grosses. Je présume que ce sont des mâles, & qu'ils sautillent. Dans la Mouche sauteuse de Linné, ou dans l'Oscine rayée de Fabricius, le dessus de l'abdomen est noir (*voyez* la description de la Mouche rayée de ce Dictionnaire, espèce 136) : cette partie est presqu'entièrement jaune dans nos individus : c'est peut-être une autre espèce. La figure de Schellemberg convient parfaitement à la nôtre.

Elle est très-commune aux environs de Paris.

L'Oscine que Fabricius nomme *Pumilionis* (*Oscinis* pumilionis *nigra, capite thoracis lineis duabus scutelloque flavis*. Fabr. *System. Antl. p.* 216, *n°.* 6), est, suivant lui, très-voisine de cette espèce; & en effet, leurs caractères ont une grande conformité. C'est la *Mouche du Seigle*, n°. 83, de ce Dictionnaire. Sa larve, suivant ce naturaliste, est jaunâtre, avec l'extrémité noire.

6. Oscine striée.

Oscinis *strigula*.

Oscinis capitis vertice summo coriaceo, trigono; corpore flavido-albescente fuscoque variegato; thorace fusco, lineis flavidis; abdomine suprà nigricante; segmentorum margine postico albicante; antennarum articulo ultimo subovato, præcedenti vix longiore; setâ incrassatâ, albidâ.

Oscinis strigula. Latr. *Gen. Crust. & Ins. t.* 4. *p.* 351.

Tephritis strigula, *thorace lineato, abdomine atro; segmentorum marginibus nigris*. Fabr. *Syst. Antl. p.* 324. *n°.* 38.

Musca strigula. Fabr. *Ent. Syst. em. tom.* 4. *p.* 334. *n°.* 95.

Musca strigula. Coqueb. *Illustr. Icon. Insect. Dec.* 3. *tab.* 24. *fig.* 6.

Elle a la forme & la taille de l'Ofcine rayée. Son corps eſt mélangé de blanc-jaunâtre & de noirâtre & pubeſcent. Les antennes ſont un peu plus alongées que dans l'eſpèce précédente, jaunâtres, avec l'extrémité obſcure : leur ſoie eſt groſſe & blanchâtre. Le devant de la tête eſt preſque blanc. La tache noire du vertex eſt beaucoup plus étendue que dans l'autre Ofcine. Les yeux ſont noirâtres. Le corcelet eſt pointillé, d'un noirâtre-cendré & rayé de jaunâtre. La couleur noirâtre eſt diviſée en cinq lignes, dont les trois intermédiaires beaucoup plus grandes, occupant preſque tout le dos, & dont les deux latérales fort courtes. L'écuſſon eſt d'un noirâtre-cendré en deſſus, avec l'extrémité plus pâle. Le deſſus de l'abdomen eſt noirâtre, avec le bord poſtérieur des anneaux blanchâtre. La poitrine a des taches noirâtres. Les pattes ſont rouſſeâtres, avec une grande partie des cuiſſes, une tache annulaire aux jambes poſtérieures & le bout des tarſes noirâtres. Les ailes ſont tranſparentes & ſans tache.

On la trouve dans les bois, aux environs de Paris. *(LAT.)*

OSMIE. *Oſmia.* Genre d'inſectes de la ſeconde ſection de l'Ordre des Hyménoptères, dans la méthode de M. Olivier, & de ma famille des Apiaires.

Les Oſmies ſont des inſectes qui ont quatre ailes nues, membraneuſes, veinées & inégales; des antennes filiformes ou preſque de groſſeur égale, courtes, un peu coudées, de treize articles dans les mâles, & de douze dans les femelles; deux mandibules fortes & dentées; une lèvre ſupérieure grande, en carré-long, & inclinée perpendiculairement; une eſpèce de trompe fléchie en deſſous, & compoſée, 1°. d'une lèvre inférieure, filiforme, accompagnée de deux palpes ou antennules compoſées de quatre articles, dont les deux derniers très-petits, & les deux premiers fort longs & comprimés; 2°. de deux mâchoires ou valvules longues, allant en pointe, & portant chacune un palpe très-court, quadriarticulé. Les femelles des Oſmies ſont armées d'un aiguillon rétractile, & placé à l'extrémité du ventre : ce ventre eſt garni en deſſous d'un grand nombre de poils ſoyeux, qui ſe chargent du pollen des fleurs. Le premier article des tarſes poſtérieurs eſt grand, comprimé, & duveté au côté interne. Les ailes ſupérieures ont une cellule radiale ou marginale, & deux cellules cubitales ou ſouſmarginales, dont la ſeconde reçoit deux nervures récurrentes. Les Oſmies ſont des Apiaires ſolitaires, & qui n'offrent, de même que la plupart des autres inſectes, que deux ſortes d'individus ſexuels, des mâles & des femelles. Dans l'ordre naturel, elles vont ſe réunir à ces Hyménoptères que Réaumur nommoit *Abeilles coupeuſes de feuilles*, *Abeilles tapiſſières*, *Abeilles maçonnes*, & dont on a formé pluſieurs genres. Les Oſmies ont cela de particulier, que leurs palpes maxillaires ont quatre articles. Tels ſont les principaux traits, ſoit communs, ſoit diſtinctifs, qui conviennent à ce genre d'inſectes.

A une époque où le nombre des Apiaires connus n'étoit pas très-conſidérable, quelques grandes coupes ſuffiſoient pour le beſoin de la méthode, & l'on continua de placer les Oſmies avec les Abeilles. Cette marche fut ſuivie dans ce Dictionnaire. Un examen plus approfondi & plus détaillé me fit appercevoir des différences plus ou moins remarquables dans les parties qui compoſent la trompe de ces inſectes. J'établis pluſieurs genres nouveaux, dans un deſquels, celui de Mégachile, les Oſmies furent incorporées. M. Kirby, ſavant naturaliſte anglais, publioit en même tems ſes excellentes obſervations ſur les inſectes de cette famille, & donnoit, par des diviſions nombreuſes, très-bien caractériſées, tous les élémens des genres que l'on pouvoit introduire à l'avenir, par rapport aux eſpèces indigènes qui avoient été le ſujet de ſes recherches. Les Oſmies compoſèrent ſa dixième coupure du genre *Apis*. Fabricius, dans ſon *Syſtème des Pyézates*, adopta la plupart des genres que j'avois formés, &, par un renverſement de noms qui lui étoit ordinaire, les Mégachiles devinrent pour lui des Anthophores. Les Oſmies y entrèrent, quoique le nombre des articles de leurs palpes maxillaires, étant de quatre, & non de deux comme dans les Mégachiles, s'oppoſât à cette réunion. Le docteur Panzer, ayant remarqué cette diſcordance de caractères, ſépara des Anthophores les eſpèces dont les palpes maxillaires étoient quadriarticulés, & compoſa, avec ces eſpèces, le genre d'Oſmie. La réforme néanmoins ne fut pas auſſi parfaite qu'elle auroit pu l'être. De véritables Oſmies, telles que les eſpèces nommées *fulviventris*, *adunca*, reſtèrent avec les Anthophores. Les différences ſexuelles furent méconnues, & occaſionnèrent de doubles emplois. M. Klüg, ſi avantageuſement connu par ſes belles Monographies des *Sirex*, des *Lyda*, &c., diviſe les Oſmies en trois genres : *Anthophora*, *Hoplitis* & *Amblys* : ces deux derniers lui ſont propres. M. Jurine, reſtreignant les baſes de ſa méthode aux ailes, aux mandibules & aux antennes des Hyménoptères, n'auroit pu admettre le genre d'Oſmie qu'autant que ces organes lui euſſent préſenté des caractères particuliers. N'en ayant pas obſervé, les Oſmies, les autres Anthophores de Fabricius, ſes Anthidies, quelques Eucères, les Daſypodes, ont formé un ſeul genre, celui de Trachuſe. Il eſt certain que, nonobſtant la diverſité du nombre des articles des palpes, les Oſmies ont la plus grande affinité avec les Mégachiles, tant par rapport aux formes extérieures du corps, que relativement aux habitudes; mais ces rapprochemens n'ont pas lieu, quant aux Eucères & aux Daſypodes, que M. Jurine aſſocie à ſes Trachuſes.

M. Illiger, dans ſon *Analyſe de la monographie des Abeilles d'Angleterre* de M. Kirby, met la

Xylocope des murs de Fabricius & l'Abeille ficilienne de Rossi, avec les espèces de la division embrassant les Osmies. Ces premiers Apiaires, n'ayant que deux articles à leurs palpes maxillaires, doivent appartenir au genre Mégachile ou à celui d'Anthophore de Fabricius.

Les antennes des Osmies sont insérées entre les yeux, vers le milieu de la hauteur de la face antérieure de la tête, & un peu sur ses côtés. Elles sont filiformes, ou à peine & insensiblement plus grosses vers le bout, coudées ou rejetées sur les côtés, & formant un angle au second article, jamais plus longues que le corcelet, même dans les mâles, & ordinairement leur extrémité ne dépasse pas l'origine des ailes. Le nombre de leurs articles est de treize dans les mâles, & de douze dans les femelles. Le premier est cylindrique, toujours notablement plus long que les autres, particuliérement dans les individus de ce sexe; le second est le plus court de tous; le troisième est un peu plus long que les suivans, aminci à sa base ou presque obconique. Ceux-ci sont cylindriques, courts, très-serrés, & à peu près égaux; le dernier seulement est un peu plus long & très-obtus, ou arrondi à son extrémité. Les antennes des mâles de plusieurs Osmies maçonnes sont plus longues que dans les individus semblables des autres congénères, & paroissent comme noueuses.

La bouche est composée d'une lèvre supérieure, de deux mandibules, d'une trompe, & de quatre palpes ou antennules.

La lèvre supérieure ou le labre est coriace, en forme de carré-long, tombant perpendiculairement au-devant de la trompe.

Les mandibules sont cornées, grandes, avancées ou inclinées, plus ou moins triangulaires, raboteuses & pubescentes en dessus, striées, & souvent velues au côté extérieur, terminées par un fort crochet, croisées à cette extrémité, plus ou moins dentées & tranchantes au côté interne. Il est important, pour la distinction rigoureuse des espèces, de tenir compte du nombre, de la forme & de la grandeur de ces dentelures; mais comme les mandibules des espèces que j'ai décrites n'étoient pas toujours ouvertes, je n'ai cité que les dentelures les plus apparentes. Ces organes de la manducation sont plus petits, plus étroits, & moins dentés dans les mâles.

La trompe est composée de trois pièces principales, dont deux latérales, & la troisième au milieu. Les deux latérales, ou les mâchoires, consistent chacune en une valvule demi-coriace, très-comprimée, plus mince & presque membraneuse sur ses bords, étroite, fort alongée, plus large & en demi-tube à sa base, échancrée au côté extérieur & coudée au-delà, puis terminée par une lame lancéolée, voûtée, & ayant une arête dans le milieu de sa longueur. A l'échancrure est inséré un palpe très-petit, conique ou subulé, de quatre articles, dont les trois premiers cylindriques, & le dernier allant en pointe : celui de la base est un peu plus grand, & le dernier est le plus petit.

La pièce intermédiaire ou la lèvre inférieure a la forme d'une langue très-grêle, longue, sétacée, & dont un peu moins de la moitié inférieure est renfermée dans un tuyau demi-coriace, cylindrique & alongé. De l'extrémité de ce tuyau naissent deux palpes de quatre articles. Les deux premiers sont beaucoup plus grands & comprimés; le second est un peu plus long que celui de la base, & se termine peu à peu en pointe. Les deux derniers sont très-petits, obconiques, & rejetés en dehors, le troisième de ces articles étant inséré au côté extérieur du précédent & près de sa pointe.

Ces trois pièces forment, par leur réunion, une trompe plus ou moins longue, & fléchie en dessous, à quelque distance de son origine.

Le corps des Osmies est oblong, plus étroit dans les mâles que dans les femelles, velu ou pubescent & pointillé. Dans quelques espèces, & toutes maçonnes, les poils sont plus longs & plus épais.

La tête est généralement épaisse, arrondie, de la largeur du corcelet, un peu moins élevée, & dans une direction verticale. Les yeux sont ovales ou elliptiques, & occupent ses côtés. Les petits yeux lisses sont rapprochés sur le vertex, en triangle plus large que long. Les mâles ont la tête moins forte, & leur chaperon offre souvent une touffe de poils plus clairs, blancs ou grisâtres.

Le corcelet est presque globulaire, un peu plus long que large, & tronqué ou coupé aux deux bouts.

L'abdomen est presque trigono-ovoïde, tronqué & un peu encavé à sa base, convexe en dessus, plane en dessous, & plus ou moins courbé à son extrémité. Il est composé, dans les femelles, de six anneaux, & armé d'un aiguillon offensif & rétractile. Leur ventre est tout garni, en dessous, de poils soyeux, épais, droits, mais inclinés en arrière, disposés par rangées transversales, & formant une sorte de brosse que l'insecte passe & repasse sur les étamines des fleurs, & qui se charge ainsi de leur pollen. L'abdomen des mâles est tantôt plus court & presque globuleux, tantôt plus alongé & très-courbé en dessous. Il a un anneau de plus, & cet anneau, ainsi que le pénultième, a quelquefois des formes particulières, dont l'observation est très-utile, ou même nécessaire, pour l'étude des espèces. Les lames ou demi-segmens du dessous de l'abdomen offrent encore ses caractères propres, & qu'il ne faut pas négliger.

Les pattes sont de longueur moyenne, mais assez robustes, & toujours plus ou moins garnies de petits poils. Les jambes sont courtes, obtrigones, & terminées extérieurement par une petite pointe en forme de dent. Les deux postérieures ont deux forts éperons à leur extrémité intérieure; mais il n'y en a qu'un aux quatre autres, & ceux de la première paire ont une forme un peu différente, comme dans tous les Hyménoptères en général.

Les

Les tarses sont longs, avec le premier article beaucoup plus grand, comprimé, en carré long, garni intérieurement de poils plus fins, plus courts & plus nombreux, ou d'une sorte de duvet. L'on observe plus particuliérement cette conformation aux pattes postérieures des femelles.

Les ailes supérieures n'ont qu'une cellule radiale ou marginale, & dont la figure est elliptique. Leurs cellules cubitales ou sousmarginales sont au nombre de deux, & de grandeur à peu près égale; la seconde reçoit les deux nervures récurrentes. Sous ce rapport, les Osmies ne seroient pas distinguées de nos Mégachiles; mais outre que les palpes maxillaires de celles-ci n'ont que deux articles, leur abdomen est plus court, triangulaire & presque plan en dessus; aussi ces insectes ont-ils la facilité de le recresser, & de se servir avec plus d'avantage de leur dard.

Ces divers caractères de formes se retrouvant en général dans toutes les Osmies, j'ai jugé qu'il étoit inutile de les reproduire en décrivant les espèces du genre. Les modifications essentielles que la physionomie de ces insectes peut éprouver, devoient seules fixer mon attention. Si l'on suivoit cette marche, les descriptions seroient plus laconiques & plus claires.

Réaumur, Degeer, M. Spinola, &c. ont recueilli quelques traits de l'histoire des Osmies, & que mes recherches ont en partie constatés ou éclaircis. Le premier, après nous avoir fait connoître les mœurs de cette espèce d'Abeille maçonne, que Fabricius place mal-à-propos avec les Xylocopes, & qu'il nomme *Muraria*, parle de quelques autres espèces de la même famille, & également maçonnes. Le mortier que font celles-ci n'est pas aussi bon que celui de la précédente: ce n'est qu'une terre fine, dont les grains sont liés ensemble par le moyen d'une liqueur. Il seroit inutile de donner à ce mortier plus de dureté, parce que ces insectes savent construire leurs cellules dans des endroits où elles ne sont pas exposées à être détrempées par la pluie: ils cherchent des pierres qui aient des cavités assez profondes & assez spacieuses pour servir d'habitation à une seule de leurs larves; ils recouvrent de terre les parois de cette cavité, la remplissent même en partie, & n'y laissent de vide que l'espace nécessaire pour contenir les provisions de la larve qui doit éclore de l'œuf déposé auprès d'elles, & cette larve, dans ses divers accroissemens & ses métamorphoses; mais pour que le travail soit moins long, ces Abeilles choisissent les cavités qui ne sont pas trop grandes, & dont les entrées n'ont guère plus de diamètre que ce qu'il faut pour qu'elles puissent passer. Lorsque ces ouvertures ne sont pas justes, elles les rétrécissent en attachant de la terre à leur bord intérieur, & laissent au milieu un trou bien circulaire & proportionné à la grosseur de l'insecte. La pâtée que Réaumur tira de quelques-unes de ces cellules avoit la consistance de la bouillie. Le miel qui servoit à délayer la poussière des étamines dont cette bouillie étoit formée, avoit un goût fort agréable. L'insecte, ayant pourvu aux besoins de sa postérité, scelle, avec de la terre préparée à cet effet, l'entrée de la cellule.

Cette Abeille maçonne est mon Osmie cornue, dont j'ai quelquefois moi-même suivi les travaux.

Une autre Abeille maçonne, mentionnée par Réaumur, & probablement une Osmie, fait dans le bois des ouvrages semblables à ceux que l'autre exécute dans la pierre. Ne redoutant point la présence de l'homme, & privée pour ainsi dire, elle nidifie dans les portes, dans les châssis des fenêtres lorsqu'elle y trouve des cavités propres à servir de berceau à ses petits. L'individu observé par Réaumur avoit profité d'un trou qui traversoit un des battans de la porte de sa cuisine. Elle n'étoit point épouvantée par le mouvement des gens qui alloient & venoient continuellement, & dont plusieurs même s'arrêtoient quelquefois pour la voir travailler. Que le battant fût ouvert ou fermé, elle ne continuoit pas moins son ouvrage, entrant dans son trou & en sortant plusieurs fois à chaque heure du jour; elle enduisit de terre les parois de ce trou, & en scella les deux bouts avec la même matière après avoir fait sa ponte. Ce naturaliste ayant attendu trois semaines ou plus avant que de déranger l'intérieur du nid, le trouva vide, l'insecte ayant subi toutes ses métamorphoses dans cet intervalle de tems. L'Osmie bicorne a des habitudes parfaitement semblables.

Le même naturaliste avoit remarqué que l'Abeille maçonne, dont j'ai parlé précédemment, ou l'Osmie cornue, avoit au-devant de la tête deux espèces de cornes. Cette singularité est commune à plusieurs femelles du même genre, & qui font également leurs nids avec de la terre. Ces cornes sont des prolongemens des côtés antérieurs de la tête. L'intervalle qui les sépare, est plus ou moins enfoncé, plus ou moins étendu, ordinairement uni & très-luisant: c'est une espèce d'auge. Il falloit à ces insectes des instrumens propres à leur genre d'industrie, & l'on ne sauroit douter que les parties mentionnées ci-dessus ne leur soient d'une grande utilité ou même nécessaires pour édifier leurs ouvrages. La prévoyance de l'auteur de la Nature a encore fourni à ces Abeilles un grand secours en donnant plus de force à leurs mandibules, & en les couvrant de petites aspérités, de duvet, &c. Il est possible que ces cornes, par le mouvement de la tête, augmentent, si besoin est, la profondeur de la cavité où l'insecte veut nidifier, & en arrondissent les parois ou le centre.

Degeer a exposé l'histoire de l'Osmie bleuâtre; il remarqua plusieurs années de suite, dans les inégalités d'un mur bâti de grosses pierres de granit, des plaques ovales, relevées en bosse, & ayant la couleur de l'argile sèche. En les examinant de près, cet observateur s'apperçut qu'elles étoient composées de terre & de grains de sable mêlés ensemble, qui formoient une masse assez solide, mais qu'on détachoit facilement avec la pointe d'un couteau, & qui, pour peu qu'on la touchât trop rudement, tomboit en poussière. Ces masses étoient des nids de l'Osmie bleuâtre, que Degeer appelle *petite Abeille maçonne bronzée*. Ayant ouvert, au mois de mai, un de ces nids, & qui avoit été construit l'année d'auparavant, il vit dans son intérieur deux ou trois cellules, remplies chacune d'une coque ovale de soie très-mince, d'un blanc-sale, & qui renfermoit une petite Abeille pleine de vie, & qui n'eût pas tardé à quitter sa loge.

Un nid ovale, fait de la même matière, fut trouvé dans une couche épaisse d'argile mêlée de chaux, dont on a coûtume, dans le pays, d'enduire les parois des maisons de bois. Une grande cavité intérieure de ce nid renfermoit une larve apode, d'un blanc-jaunâtre, ayant le corps gros & court, la tête écailleuse, arrondie, également blanche, & munie de deux petites dents, à extrémité brune. Le derrière de cette larve étoit gros, arrondi, & marqué d'un petit trait brun & transversal, que Degeer soupçonne être l'ouverture de l'anus. Cette larve passa tout l'hiver sous cette forme, & ne se transforma en nymphe que le premier du mois de juin de l'année suivante.

Cette nymphe étoit entiérement d'un blanc de lait. Son corps étoit court, gros, dodu, avec le ventre un peu courbé en dessous. On voyoit sur le dessus de son corcelet quatre petites éminences, en forme de tubercules coniques. Les antennes & les pattes étoient arrangées réguliérement sous le dessous du corps, de même que dans la plupart des autres nymphes. Les fourreaux des ailes étoient placés sur les côtés, au dessus des pattes intermédiaires. La trompe s'étendoit entre les pattes, jusqu'au bout du ventre, & son extrémité étoit un peu rejetée sur le côté. Quatre pièces plus courtes, formant une espèce d'étui, étoient placées à l'origine de cet organe.

Feu Daudin me fit voir une coquille d'Hélix renfermant un nid de terre, & duquel étoit sortie une Osmie, qui, autant que je puis m'en ressouvenir, étoit celle que j'ai nommée *bicolor*.

J'ai surpris très-souvent, dans des trous de vieux arbres, l'Osmie à ventre fauve; mais j'ignore de quelle manière elle y fait son nid. Je présume qu'elle y emploie des morceaux de feuilles, puisque j'ai vu cet insecte couper celles de l'Alcée rose.

Une Osmie des plus intéressantes par la nature des matériaux dont elle fait usage lorsqu'elle remplit les devoirs de la maternité, est celle que Réaumur désigne sous le nom d'*Abeille tapissière*, & qui est pour moi l'Osmie du Pavot. Les pétales de ses fleurs, voilà ce qu'elle met en œuvre. On a présenté dans cet ouvrage, à l'article ANDRÈNE tapissière, un extrait des curieuses observations que ce grand naturaliste avoit recueillies sur cet insecte; mais comme il ne l'avoit pas décrit, & que cette espèce avoit depuis échappé aux recherches des entomologistes, on ne pouvoit lui assigner une place certaine; on étoit même forcé, & à regret, de l'exclure de nos méthodes. Plus heureux dans mes tentatives, j'ai enfin découvert cette Osmie, & elle a été le sujet d'un Mémoire qui fait suite aux observations de Réaumur.

On sait que le premier travail de cet insecte est de creuser dans la terre un trou perpendiculaire, profond de quelques pouces, cylindrique à son entrée, plus évasé au fond, & ressemblant à une espèce de bouteille. Des portions en demi-ovale de pétales de fleurs de Coquelicot, que l'insecte a coupées & transportées avec ses mandibules, tapisseront le terrier & préviendront l'éboulement. Pour faire entrer ces pièces, il les plie en deux; ensuite il les développe & les étend le plus uniment possible sur les parois intérieures. La tapisserie déborde souvent de quelques lignes l'ouverture du trou, & forme tout autour un ruban couleur de feu, qui avertit l'œil attentif de l'observateur. Comme cette tenture revêt toute la surface intérieure du souterrain, elle prend naturellement sa forme. L'Abeille, ayant mis au fond une pâtée composée de poussière d'étamines & d'un peu de miel, y pond un œuf, & ferme l'entrée du nid en refoulant l'extrémité supérieure de la tapisserie. Si le trou est assez profond, elle élève un second nid au dessus du premier. Un peu de terre fermera & cachera l'entrée de cette habitation. Le nid a maintenant la forme d'un dez à coudre, & bouché. Si les fleurs de Coquelicot sont rares dans le local que l'insecte a choisi, ou s'il est trop pressé, il emploie celles de navette, du moins en supplément.

Des larves de Bouchiers, de Dermestes s'introduisent quelquefois dans son nid, & détruisent ses espérances. Un fait remarquable, & rendant, comme tant d'autres, un témoignage à cette sage Providence qui veille à la conservation des êtres, c'est que les nymphes de l'Osmie du Pavot n'éclosent qu'au moment où ses fleurs s'épanouissent.

Une espèce de Chêne du midi de la France a souvent ses rameaux chargés de galles fongueuses, presque sphériques, & couronnées de tubercules. Une espèce de Diplolèpe y passe son enfance. A-t-il quitté sa demeure, l'Osmie des galles s'en empare, comme étant au premier occupant, & en fait le domicile de sa postérité. L'habitation n'ayant pas une capacité suffisante pour contenir ses petits, elle l'agrandit considérablement, & en polit l'intérieur. Le local préparé, elle y fait son nid, qui consiste en plusieurs petites cellules presque cylindriques, placées confusément, & dont chacune renferme un œuf. Le nombre de ces cellules est ordinairement de douze à quinze; quelquefois, mais rarement, il est porté à vingt-quatre. De petits brins de feuilles de Chêne, agglutinés par le moyen d'une matière résineuse, en forment les parois. C'eſt à M. Maximilien Spinola que nous ſommes redevables de ces intéreſſantes obſervations.

Concluons, de tous ces faits, que les Oſmies, conſidérées relativement à leurs habitudes, nous préſentent deux principaux modes d'induſtrie. Les unes font des maçonnes; les autres ſont des coupeuſes de feuilles, de pétales, n'importe la matière qui recèle leurs œufs. Il eſt néceſſaire aux Oſmies & aux Mégachiles coupeuſes que la végétation ſoit bien développée, puiſqu'elles n'emploient, dans la conſtruction de leurs nids, que des portions de feuilles, & priſes ſur diverſes ſortes de plantes ou d'arbres; auſſi ne paroiſſent-elles que vers la fin du printems ou en été; mais les Oſmies maçonnes ne dérobant aux fleurs que leur miel & leur pollen, la terre qu'elles mettent en œuvre pour bâtir la maiſon qui renfermera leur progéniture étant toujours à leur diſpoſition, n'ont pas beſoin que la Nature ait étalé de nouveau toute ſa richeſſe; elles peuvent ſe contenter des premières fleurs du printems; & en effet, à peine les arbres fruitiers de nos jardins ont-ils ouvert leurs boutons, qu'elles viennent s'offrir à nos regards en cherchant alors, comme nous, les lieux abrités & expoſés aux rayons du ſoleil.

Les larves & les nymphes des Oſmies, comme celles de tous les autres inſectes, ſont expoſées aux attaques des Ichneumons & des Cynips. L'inſecte parfait lui-même, ſurtout l'Oſmie à ventre fauve, eſt quelquefois couvert d'un nombre prodigieux de Mites.

Pluſieurs de ces faits avoient déjà été expoſés dans les préliminaires hiſtoriques de l'article Abeille; mais ce genre d'inſectes ayant ſubi depuis de nombreux changemens, la diſtinction des faits & leur application particulière étoient indiſpenſables. L'étude que j'ai faite des mœurs des inſectes me permettoit ce travail.

J'ai, autant qu'il m'a été poſſible, coordonné la ſérie des eſpèces à leurs habitudes & à leurs rapports naturels. Je débute par les Oſmies maçonnes, dont le corps eſt ordinairement plus velu, dont les antennes ſont un peu moins courtes, & même preſqu'auſſi longues que le corcelet & noueuſes dans les mâles. L'abdomen de ces individus eſt court & preſque globuleux. Les eſpèces dont les femelles ont le chaperon cornu ouvrent la ſérie; elles ſont auſſi les plus grandes. J'arrive par gradation aux plus petites.

Sur les vingt-quatre eſpèces d'Oſmies décrites dans cet article, il n'y en a pas une du Nouveau-Monde; toutes même ſont indigènes de l'Europe ou des contrées qui l'avoiſinent. Le genre des Oſmies feroit-il donc propre à l'ancien Continent? Voilà une queſtion où m'amène cette remarque, mais que je ne puis réſoudre, nos connoiſſances en inſectes exotiques étant encore trop bornées.

OSMIE.

OSMIA. PANZ. LATR. SPINOL. *APIS*. LINN. GEOFFR. OLIV. KIRB. *ANTHOPHORA*. FABR. *TRACHUSA*. JUR. *MEGACHILE*. LATR. WALCK. SPINOL. *HOPLITIS*, *AMBLYS*. KLUG.

CARACTÈRES GÉNÉRIQUES.

Antennes filiformes ou à peine plus grosses vers leur extrémité, presque coudées, plus courtes que le corcelet, dans les femelles.

Mandibules très-fortes et triangulaires dans les femelles.

Lèvre supérieure en carré long et perpendiculaire.

Mâchoires et lèvre inférieure formant une trompe fléchie en dessous ; lèvre inférieure très-longue et filiforme.

Quatre antennules ; les antérieures fort petites, presque coniques, de quatre articles ; les postérieures imitant des divisions de la lèvre, de quatre articles, dont les deux premiers très-grands, et les deux derniers très-petits ; le troisième inséré sur le côté extérieur du second.

Cellule radiale une et alongée ; deux cellules cubitales, dont la seconde reçoit les deux nervures récurrentes.

Femelles armées d'un aiguillon fort et caché dans l'abdomen ; abdomen presque ovoïde, convexe en dessus, ayant en dessous une brosse soyeuse et pollinigère ; premier article des tarses postérieurs très-grand, comprimé, garni de duvet au côté interne.

ESPÈCES.

* *Chaperon des femelles cornu.*

1. OSMIE tricorne.

Femelle ayant trois cornes sur le chaperon ; corps très-velu, d'un noir-bleuâtre ; extrémités postérieures du corcelet et l'abdomen hérissées de poils roux.

2. OSMIE cornue.

Femelle ayant deux cornes sur le chaperon ; corps très-velu, noir, avec l'abdomen bronzé, tout couvert de poils roux ; cornes du chaperon arquées, pointues, simples ; son bord antérieur relevé.

3. OSMIE bicorne.

Femelle ayant deux cornes sur le chaperon ; corps très-velu, noir, avec l'abdomen bronzé ; corcelet couvert de poils d'un gris-jaunâtre ; abdomen hérissé de poils fauves, plus obscur postérieurement ; cornes du chaperon tronquées obliquement et extérieurement à leur extrémité, presqu'unidentées.

4. OSMIE fronticorne.

Femelle ayant deux cornes sur le chaperon ; corps velu, noir, avec l'abdomen bronzé ; corcelet couvert de poils d'un

OSMIE. (Insecte.)

gris-jaunâtre; abdomen hérissé de poils fauves, plus obscur postérieurement; cornes du chaperon presque droites, presque trigones, un peu échancrées en devant.

5. Osmie de Latreille.

Femelle ayant deux cornes sur le chaperon; corps noir; tête et corcelet couverts de poils jaunâtres; abdomen presque nu et bleuâtre en dessus, hérissé en dessous de poils noirs; mandibules proéminentes à leur base; chaperon ayant deux enfoncemens et deux petites cornes arquées.

*** Chaperon de la femelle mutique et bifide.*

6. Osmie nez-denté.

Corps de la femelle d'un bleu-foncé, pubescent; duvet soyeux et inférieur de l'abdomen noir.

**** Chaperon de la femelle mutique et entier.*

7. Osmie à ventre fauve.

Corps de la femelle noir, pubescent; poils jaunâtres ou grisâtres; abdomen presque nu et d'un noir-bleuâtre en dessus, hérissé en dessous de poils rousseâtres; mandibules un peu élevées à leur base; bord antérieur du chaperon un peu concave : son milieu presqu'unidenté.

8. Osmie bourdon.

Femelle noire; partie supérieure de la tête, dessus du corcelet et de l'abdomen couverts de poils fauves et épais; milieu de l'abdomen moins velu; mandibules fortement tridentées.

9. Osmie ferrugineuse.

Femelle bronzée, avec du rouge-cuivreux; dessus du corps et dessous de l'abdomen hérissés de poils d'un fauve-rouge.

10. Osmie bicolor.

Femelle très-noire, velue; poils de l'abdomen et des tarses roux; les tarses postérieurs et l'extrémité des autres fauves.

11. Osmie à poils fauves.

Femelle alongée, noire, pubescente; poils roux, formant des lignes transverses sur le dessus de l'abdomen; ailes noirâtres.

12. Osmie bleuâtre.

Femelle d'un bleu-foncé ou violet, pubescente; poils blanchâtres; dessus de l'abdomen presque nu, avec des raies blanches, interrompues en partie; son dessous hérissé de poils noirs et épais.

13. Osmie notée.

Femelle noire, pubescente; poils blanchâtres; dessus de l'abdomen presque nu, avec des raies blanches, transverses, interrompues en partie; son dessous couvert de poils noirs et épais.

14. Osmie des Galles.

Femelle d'un vert-foncé, pubescente; poils blanchâtres; dessus de l'abdomen presque nu, avec des raies blanches, transverses, en partie interrompues; son dessous couvert de poils blancs et épais.

15. Osmie à ventre noir.

Femelle noire, pubescente; poils gris ou d'un gris-jaunâtre, formant, sur le dessus de l'abdomen, des raies transverses, dont les premières interrompues; ceux de son dessous épais et noirs.

16. Osmie interrompue.

Corps des deux sexes noir, alongé, pubescent; poils blanchâtres; abdomen courbé en dessous, avec des raies blanches, dont les premières interrompues; femelle ayant la tête épaisse, et la brosse du ventre jaunâtre.

OSMIE. (Insecte.)

17. OSMIE fasciée.

Femelle noire, pubescente; poils blancs; tête épaisse; abdomen court, avec des raies et la brosse blanches.

18. OSMIE spinigère.

Mâle noir, pubescent; poils grisâtres; abdomen alongé, avec des raies grisâtres; une épine forte et bidentée à sa base inférieure; le sixième segment crénelé, échancré et unidenté de chaque côté.

19. OSMIE surdorée.

Corps noir, très-pubescent; poils, brosse du ventre, le bord postérieur de ses anneaux, fauves; les côtés du sixième anneau échancrés, unidentés, et le septième ou le dernier entier et arrondi au bout dans le mâle.

20. OSMIE crochue.

Corps noir, très-pubescent; poils, brosse du ventre, le bord postérieur de ses anneaux, d'un gris-cendré; côtés du sixième anneau échancrés, unidentés, et le septième ou le dernier entier et arrondi dans le mâle.

21. OSMIE du Pavot.

Corps noir, très-pubescent; poils du vertex et du dessus du corcelet jaunâtres ou rousseâtres; les autres, la brosse du ventre, le bord postérieur de ses anneaux, gris: côtés du sixième anneau échancrés, unidentés, et le dernier fourchu dans le mâle; dents obtuses.

22. OSMIE andréniforme.

Noire, légérement pubescente; poils gris; les trois premiers anneaux de l'abdomen d'un rouge-fauve; les autres noirs, bordés de gris; brosse du ventre de la femelle blanchâtre.

23. OSMIE versicolor.

Femelle ayant la tête bronzée, le dessus du corcelet cuivreux et couvert de poils rousseâtres, le dessus de l'abdomen presque nu, d'un vert-foncé, entrecoupé de raies violettes; brosse du ventre d'un brun-rousseâtre.

24. OSMIE annelée.

Mâle noir, pubescent; poils blanchâtres; mandibules d'un fauve-pâle; dessus de l'abdomen presque nu, avec des raies transverses, blanchâtres; le sixième anneau échancré et unidenté de chaque côté; le septième ou le dernier fourchu; dents pointues.

1. Osmie tricorne.

Osmia tricornis.

Osmia femina clypeo tricorni; corpore hirsuto, cærulescenti-nigro; metathorace abdomineque rufo-hirtis.

Anthophora tunensis *hypostomate inermi, pallescente-barbato; antennis thorace longioribus, nodulosis.* Illig. *Magaz. Für. Inf.* 1806. *p.* 127. Mas; *cyaneo-atra, metathorace abdomineque æneo-fulvo-hirtis, hypostomate margine tricorni; cornibus difformibus.* Femina. *Ibid. p. ead.*

Anthophora tunensis *nigra, thorace hirsuto rufo; abdominis segmentis margine rufo, ciliatis.* Fabr. *Syst. Pyez. p.* 376. *n°.* 18. ?

Apis tunensis. Fabr. *Entom. Syst. em. tom.* 2. *p.* 334. *n°.* 87. ?

J'avois rapporté à l'Osmie furdorée, *aurulenta*, de Panzer, l'Anthophore tunisienne de Fabricius. M. Illiger n'admet point cette synonymie, & regarde l'Osmie que nous allons décrire comme étant l'espèce propre du naturaliste de Kiel. J'avouerai cependant que j'ai encore des doutes à cet égard. Fabricius, dans sa *Description de l'Anthophore tunisienne*, ne dit point que sa tête ait des cornes. L'Osmie surdorée, qui, par la couleur de son duvet, se rapproche beaucoup de l'espèce précédente, se trouve aussi en Barbarie, ainsi que je m'en suis assuré en étudiant les insectes recueillis en cette contrée par M. Desfontaines. Dans cette incertitude, j'ai cru devoir donner un nouveau nom (*tricornis*) à l'Osmie que M. Illiger appelle *Tunensis*.

L'Osmie tricorne femelle a près de six lignes de long; elle est d'un noir-bleuâtre, avec les antennes, les mandibules & les pattes noires, & l'abdomen bronzé. Le corps est pointillé & généralement velu. Les poils de la tête, de la portion antérieure du corcelet, sont noirâtres; mais les autres, & particuliérement ceux qui bordent le dessus des anneaux de l'abdomen, la brosse soyeuse de sa partie inférieure, le duvet du côté interne ou postérieur des tarses, sont d'un roux assez vif. Les mandibules sont très-fortes, très-velues en dehors, & leur dessus offre des points enfoncés & deux lignes en relief, dont l'extérieure s'élève, à la base de la mandibule, en forme de crête arrondie; le côté intérieur de ces mandibules est un peu sinué, & unidenté sous la pointe. Le chaperon est armé de trois cornes, une de chaque côté, & la troisième au milieu : celle-ci est formée par le prolongement d'une carène, dont l'extrémité est avancée, un peu inclinée & tronquée. Les deux autres cornes sont plus grandes, se dilatent, s'arrondissent extérieurement vers le bout, & sont striées en dessus. La transparence des ailes est foiblement obscurcie.

Le mâle est un peu plus petit que la femelle. Sa tête est simple, & garnie en devant, & principalement au dessous des mandibules, de poils blancs. Les antennes sont un peu plus longues que dans la femelle, atteignant l'extrémité postérieure du corcelet, & sont comme noueuses. Les différences de formes & de proportions qu'on observe dans ces organes sont communes à toutes les espèces de ce genre, dont les femelles ont des cornes à la tête. Le dernier segment de l'abdomen m'a paru un peu échancré au bout. Les couleurs sont d'ailleurs les mêmes que dans l'individu de l'autre sexe.

M. Hippolyte de Fonscolombe a trouvé cette espèce aux environs d'Aix. Je l'ai encore reçue de Montpellier, d'où elle m'a été envoyée par MM. Marcel de Serres & Dufour.

2. Osmie cornue.

Osmia cornuta.

Osmia femina clypeo bicorni; corpore hirsuto atro; abdomine æneo, penitùs rufo-hirto; clypeo cornibus arcuatis, acuminatis, simplicibus; illius margine anticè reflexo.

Osmia cornuta. Latr. *Gen. Crust. & Insect. tom.* 4. *p.* 164.

Megachile cornuta. Latr. *Hist. nat. des Crust. & des Inf. tom.* 14. *p.* 59.

Osmia cornuta. Spinol. *Insect. Ligur. Fasc.* 2. *p.* 80.

Megachile cornuta femina. Spin. *Ibid. Fasc.* 1. *p.* 146. La femelle. — *Ibid. pag.* 147. *Megachile cornuta, mas.* Le mâle.

Apis bicolor. Vill. *Entom. Linn. t.* 3. *p.* 329. *n°.* 121. *tab.* 8. *fig.* 27. Le mâle. ?

Apis bicornis. Oliv. *Encycl. Méth. Hist. nat. tom.* 4. *p.* 69. *n°.* 47. La femelle.

Apis rufa. Ross. *Faun. Etrusc. tom.* 2. *p.* 103. *n°.* 913. Le mâle.

Apis bicornis. Ibid. Mant. 1. *p.* 143. *n°.* 310. La femelle.

Christ. *Hymenopt. tab.* 12. *fig.* 9. La femelle. ?

Réaum. *Mém. tom.* 6. *p.* 86. *tab.* 8. *fig.* 11. La femelle.

Rossi a pris le mâle de cette espèce, qui paroît propre au midi de l'Europe, pour l'*Apis rufa* de Linné, & la femelle pour son *Apis bicornis*. De cette fausse application, il en est résulté qu'il a décrit comme inédite, & sous le nom d'*Apis cornigera*, la véritable Abeille bicorne du naturaliste suédois. Quelques naturalistes allemands, ne connoissant pas notre Osmie cornue, ont augmenté, à cet égard, la confusion de la nomenclature. Quoique la description de l'Abeille bicorne, donnée par Linné, soit trop succincte, il indique cependant un signalement qui nous fournit le moyen de distinguer cet insecte de la femelle de l'Osmie cornue. Il dit que les petites cornes frontales ont, près de l'extrémité, au côté extérieur, une petite dent (*Faun. Suec. ed.* 2. *n°.* 1691). Or, ce caractère ne se trouve jamais dans la femelle de l'Osmie cornue. Les autres détails où je vais entrer assureront, d'une manière claire & positive, la distinction de ces deux espèces.

La femelle de l'Osmie cornue a environ sept lignes de long. Son corps est pointillé, très-velu, noir, avec l'abdomen bronzé, mais paroissant d'abord entiérement roux, les poils nombreux qui la recouvrent étant de cette couleur. Ceux des autres parties du corps sont noirs ou noirâtres. Les jambes & les tarses en ont plusieurs qui tirent sur le roussеâtre. La tête est proportionnellement plus épaisse que celle de la femelle de l'Osmie bicorne. Les antennes sont noires, brisées, un peu plus courtes que le corcelet. Les mandibules sont très-fortes, velues extérieurement, à peine unidentées sous la pointe, pointillées, irréguliérement striées, & unicarénées en dessus. Le devant de la tête, répondant au chaperon ou à l'hypostome de M. Illiger, est enfoncé, d'un noir-luisant, dépourvu de poils, un peu relevé dans le milieu de sa longueur, & rebordé tout autour. La portion inférieure de ce rebord, ou celle qui se trouve à l'origine de la lèvre supérieure, est plus élevée, semble se dilater un peu au milieu, & va se réunir à deux saillies avançant en forme de cornes, comprimées, arquées, allant en pointe, & placées, une de chaque côté, presqu'à la base des mandibules. Les yeux sont presque noirs. Les poils du milieu du corcelet sont un peu moins noirâtres que ceux des côtés. L'abdomen paroît être proportionnellement plus large que celui de l'Osmie bicorne. Les pattes sont noires, avec le dernier article des tarses roussеâtre. Les ailes ont une foible teinte jaunâtre.

Le mâle est un peu plus petit. Ses antennes sont presque de la longueur du corcelet. Ses mandibules sont petites. La tête n'a pas de cornes, & toute sa partie antérieure est garnie de poils blancs : on en voit aussi de semblables à la première paire de pattes. Les deux derniers anneaux de l'abdomen sont simples.

Cette espèce paroît dès les premiers jours du printems, & fait son nid dans les murs. Elle est commune aux environs de Paris, dans tout le midi de la France & en Italie.

3. Osmie bicorne.

Osmia bicornis.

Osmia femina clypeo bicorni; corpore hirsuto, nigro; thorace flavescenti-griseo hirto; abdomine æneo, rufo-hirto, posticè obscuriori; clypei cornibus ad apicem extùs obliquè truncatis, subunidentatis.

Osmia bicornis. Panz. *Revis. der Hymenopt. p.* 231.

Apis rufa. Panz. *Faun. Germ.* 56. *tab.* 10. Le mâle. — *Apis cornigera. Ibid.* 55. *tab.* 15. La femelle.

Osmia bicornis. Latr. *Gen. Crust. & Ins. t.* 4. *p.* 164. — *Hist. nat. des Crust. & des Ins. tom.* 14. *p.* 59 & 60.

Apis rufa *abdomine rufescente, fronte albâ.* Linn. *Syst. Nat. ed.* 12. *tom.* 2. *p.* 954. *n°.* 9. — *Faun. Suec. ed.* 2. *n°.* 1690. Le mâle.

Apis bicornis *fronte bicorni, capite nigro, abdomine hirsuto.* Linn. *Syst. Nat. ed.* 12. *tom.* 1. *p.* 954. *n°.* 10. — *Faun. Suec. ed.* 2. *n°.* 1691. La femelle.

Osmia bicornis. Spinol. *Insect. Ligur. Fasc.* 2. *p.* 80. La femelle.

Megachile bicornis femina. Spin. *Ibid. Fasc.* 1. *pag.* 147. La femelle.

Anthophora bicornis *fronte bicorni, capite atro; abdomine hirsuto, rufo.* Fabr. *Syst. Pyez. p.* 375. *n°.* 16. La femelle.

Anthophora bicornis, var. β. *ejusd. ibid. p.* 376. Le mâle.

Apis rufa *fusca, abdomine rufescente, fronte albâ.* Fabr. *Entom. Syst. em. tom.* 2. *pag.* 334. *n°.* 88. Le mâle.

Apis bicornis *fronte bicorni, capite nigro, abdomine hirsuto rufo.* Fabr. *Ibid. tom. id. pag. ead. n°.* 86. La femelle.

Apis rufa. Vill. *Entom. Linn. tom.* 3. *p.* 288. *n°.* 8; *ejusd. Apis frontalis. Ibid. p.* 330. *n°.* 127. *tab.* 8. *fig.* 28. Le mâle.

Apis bicornis. Ibid. p. 288. *n°.* 9. *tab.* 8. *fig.* 23. La femelle.

Apis rufa. Oliv. *Encycl. Méth. Hist. nat. t.* 4. *p.* 67. *n°.* 48. Le mâle.

Apis cornigera. Ross. *Faun. Etrusc. tom.* 2. *p.* 108. *n°.* 925. La femelle.

Apis bicornis. Kirb. *Monog. Ap. Angl. tom.* 2. *p.* 271. *n°.* 37.

Sulz. *Insect. tab.* 27. *fig.* 15. Le mâle.

Christ. *Hymen. tab.* 12. *fig.* 10. La femelle. ?

Rai. *Insect. p.* 242. *n°.* 7. Le mâle.

La forme générale du corps de cette espèce, le fond de sa couleur, sont les mêmes que dans l'Osmie cornue; elle en diffère néanmoins sous plusieurs rapports. Elle est constamment plus petite & un un peu moins velue. Les poils du corcelet sont d'un gris-jaunâtre. Ceux du dessus des trois premiers segmens de l'abdomen & le duvet soyeux qui revêt sa partie inférieure sont rousseâtres ; mais les poils de son extrémité postérieure & dorsale sont noirs, & lui donnent une teinte plus foncée. Ces caractères sont communs aux deux sexes. La femelle a, comme celle de l'Osmie cornue, deux pointes avancées au dessus des mandibules ; mais ces espèces de cornes sont plus petites, comme tronquées obliquement au côté extérieur & près du bout : ce côté paroît avoir une dent ou un petit angle. L'espace du chaperon compris entre les cornes n'a pas un enfoncement aussi étendu que dans la femelle de l'espèce précédente. Le bord antérieur de ce chaperon n'est pas relevé ; il a, de chaque côté, une échancrure ou sinus, & son milieu est un peu avancé & terminé par deux ou trois dentelures.

Les mâles ressemblent beaucoup à ceux de l'Osmie cornue ; mais les poils du corcelet sont d'un gris-jaunâtre, & ceux du bout de l'abdomen sont noirs ou plus obscurs, ainsi que je l'ai dit plus haut relativement à la femelle. Ceux de la partie antérieure de la tête ne sont pas aussi blancs que dans les mâles de l'espèce précédente.

L'Osmie bicorne fait son nid dans les trous des vieux arbres, des poutres, des planches, &c. ; elle enduit l'intérieur de ces trous de mortier, & les ferme avec la même matière, après y avoir déposé la quantité de pollen nécessaire à la nourriture de sa génération.

Cette espèce est commune dans toute l'Europe, aux mois de mai & de juin. On la trouve sur les fleurs, dans les jardins & dans les bois ; elle voltige souvent autour des fenêtres.

Cette espèce est le type du genre *Amblys* de M. Klüg.

4. Osmie fronticorne.

Osmia fronticornis.

Osmia femina clypeo bicorni ; corpore villoso, nigro ; thoracis hirsutie flavescenti-grisea ; abdomine villis rufis ; posticè obscuriore ; clypei cornibus subrectis, subtrigonis, antè subemarginatis.

Osmia fronticornis. Panz. *Revis. der Hymenopt. p.* 232. La femelle.

Apis fronticornis. Panz. *Faun. Germ.* 63. *tab.* 20. La femelle.

Osmia bicornis, var. Latr. *Gener. Crust. & Ins. tom.* 4. *p.* 164. — *Hist. nat. des Crust. & des Ins. tom.* 14. *p.* 59.

Osmia fronticornis. Spinol. *Ins. Ligur. Fasc.* 3. *p.* 200. *n°.* 2. La femelle.

Anthophora fronticornis *fronte bicorni, cinereo hirto ; abdomine subtùs villoso, rufo.* Fabr. *Syst. Pyez. p.* 376. *n°.* 17.

Cette espèce ne diffère de la précédente qu'en ce qu'elle est d'un tiers plus petite, qu'elle est moins velue, particuliérement sur le dessus de l'abdomen ; que les cornes de la tête sont plus petites & plus droites, d'une figure presque triangulaire, avec le côté antérieur un peu concave ou échancré. Elles n'ont pas non plus la dent extérieure que l'on remarque, en ces parties, dans l'Osmie bicorne femelle.

Ces différences pourroient bien n'être qu'accidentelles, & dès-lors l'Osmie fronticorne ne seroit qu'une variété de l'Osmie bicorne, ainsi que je l'avois présumé.

On la trouve en même tems que l'autre & dans des localités semblables.

5. Osmie de Latreille.

Osmia Latreillii.

Osmia femina clypeo bicorni ; corpore nigro, capite thoraceque flavido-villosis ; abdomine suprà nigro cœrulescenti, subnudo ; infrà nigro-hirto ; mandibularum basi prominente ; clypeo bifoveolato ; cornibus duobus parvis, arcuatis.

Osmia Latreillii. Spinol. *Ins. Ligur. Fasc.* 3. *p.* 202. Le mâle.

Megachile Latreillii *mandibulis tuberculatis, fronte cornigerâ, ventre lanâ nigrâ. Ibid. Fasc.* 1. *p.* 31. *tab.* 2. *fig.* 12.

La femelle est longue d'environ cinq lignes, pointillée, noire, velue, avec le dessus de l'abdomen d'un bleu-foncé, luisant, & presque nu. La tête, le corcelet, les bords latéraux de l'abdomen sont garnis de poils jaunâtres ou presque gris. La brosse soyeuse du ventre est noire. Le duvet des jambes & des tarses est, en majeure partie, noirâtre. La tête est épaisse. Les mandibules sont très-fortes, très-protubérantes à leur base supérieure, & bidentées à leur extrémité ; elles ont en dessus un duvet d'un brun-rousseâtre, & deux arêtes, dont l'extérieure plus élevée à sa naissance, & y formant une petite saillie ou crête. La partie éminente de la base des mandibules ressemble à un gros tubercule, avancé, anguleux en dessus, terminé en pointe obtuse, & ayant presque la figure d'une corne. Le chaperon a deux enfoncemens, séparés par une petite élévation longitudinale, en forme de carène, & dont le bout antérieur est excavé, avec une échancrure & deux dents terminales. De l'extrémité latérale & extérieure de chaque enfoncement s'élève une corne, petite, un peu arquée, dirigée en avant, & allant en pointe. Le dessus de l'abdomen est d'un bleu-d'acier, légérement pubescent ou presque nu. Les ailes sont un peu enfumées.

Le mâle est plus petit que la femelle, & ressemble beaucoup à celui de l'Osmie à ventre fauve. Il est bronzé, avec les antennes, les mandibules & les pattes noires. Sa tête & son corcelet sont couverts d'un duvet jaunâtre. L'abdomen est peu velu, tant en dessus qu'en dessous. L'avant-dernier segment a trois échancrures, dont celle du milieu plus étroite; le dernier est bidenté. Les antennes sont un peu plus longues que dans la femelle.

Comme dans les espèces analogues, la grandeur des éminences que l'on observe au-devant de la tête des femelles varie.

On trouve cette espèce dans les départemens les plus méridionaux de la France, & en Egypte, d'où M. Olivier l'a apportée.

6. Osmie nez-denté.

Osmia nasidens.

Osmia femina clypeo mutico, bifido, bidentato; corpore nigro-cœruleo, pubescente; abdomine infrà nigro-hirsuto.

Je ne connois que la femelle de cette espèce; elle a la forme & la taille de l'Osmie de Latreille. Son corps est pointillé, d'un bleu-foncé, luisant, avec les antennes, les mandibules & les pattes noires. Il est hérissé d'un duvet court, peu serré, en grande partie noirâtre. Les mandibules sont striées en dessus, unidentées au côté interne, & terminées par un fort crochet. On remarque un tubercule, en forme de dent, un peu au-delà de leur base & près des yeux. L'extrémité antérieure du chaperon a, au milieu, une entaille profonde, carrée, & une dent avancée de chaque côté. Une partie du duvet du dessus du corps paroît, vu à un certain jour, d'un gris-foncé. L'abdomen est assez court, & garni en dessous de poils soyeux & noirs. Les ailes sont légérement enfumées.

Cette espèce m'a été donnée par M. Dufresne, chef des travaux du laboratoire de zoologie du Muséum d'Histoire naturelle. Sa patrie m'est inconnue.

7. Osmie à ventre fauve.

Osmia fulviventris.

Osmia femina clypeo mutico, integro; corpore nigro; capite thoraceque villis griseis vel flavidis; abdomine suprà subnudo, cœrulescente-nigro, infrà rufescenti-hirto; mandibularum basi prominula; clypei margine antico latè subemarginato, medio subunidentato.

Osmia fulviventris. Latr. *Gen. Crust. & Insect. tom.* 4. *p.* 165.

Osmia leiana. Spinol. *Insect. Ligur. Fasc.* 3. *p.* 200. La femelle. — *Osmia n°.* 2. *Ibid. p.* 202. Le mâle.

Anthophora fulviventris *nigra, cinereo-villosa, ventre lana fulva. Syst. Pyez. pag.* 378. *n°.* 27. La femelle.?

Anthophora fulviventris. Panz. *Revis. der Hymenopt. p.* 245. La femelle.

Apis fulviventris. Panz. *Faun. Germ.* 56. *tab.* 18. La femelle.

Osmia œnea. Revis. der Hymenopt. pag. 233. Le mâle.

Andrena œnea. Panz. *Faun. Germ.* 56. *tab.* 3. Le mâle.

Apis leiana. Kirb. *Monogr. Ap. Angl. tom.* 2. *p.* 263. *n°.* 54. La femelle.

Elle est très-voisine de l'espèce décrite par M. Spinola, sous le nom d'*Osmie de Latreille.* 1°. Leurs mâles se ressemblent tellement, qu'on ne les distingue guère que par des différences de proportions. 2°. Les femelles ont la base supérieure de leurs mandibules épaissie, & séparée des angles antérieurs de la tête par un enfoncement plus ou moins marqué, suivant la grandeur des individus. Dans l'Osmie à ventre fauve, cette partie des mandibules offre même quelquefois deux tubercules ou deux éminences comme dans l'Osmie de Latreille; mais ici ce caractère est plus prononcé. D'ailleurs, son chaperon est cornu, & le duvet soyeux de son ventre est noir.

L'Osmie à ventre fauve a ordinairement cinq lignes de long. Son corps est pointillé, noir, & couvert, sur la tête & sur le corcelet, de poils jaunâtres ou grisâtres. La tête est grande. Les antennes sont noires. Le bord extérieur du chaperon est un peu concave & bordé de cils jaunâtres; son milieu, du moins dans la plupart des individus, est foiblement unidenté. Les mandibules sont très-fortes; leur côté interne a deux dents, dont l'inférieure moins avancée & obtuse: l'on voit en dessus, près de ce côté, un duvet roussâtre. L'abdomen est d'un noir-bleuâtre, très-luisant, & presque nu en dessus. Le premier anneau est un peu velu sur les côtés. Les quatre suivans ont, le long du bord postérieur, un duvet très-fin & peu étendu, formant de petites raies jaunâtres ou grisâtres, mais qui le plus souvent s'effacent en tout ou en partie. La brosse soyeuse du dessous du ventre est d'un fauve-pâle. Les pattes ont de petits poils grisâtres; mais ceux de la face interne du premier article des tarses tirent sur le roussâtre. Les ailes ont une teinte noirâtre, avec quelques espaces plus clairs.

Le mâle est d'un vert-foncé ou bronzé, luisant, un peu doré dans quelques individus, & couvert de poils d'un jaune-roussâtre, plus épais sur la tête, plus rares sur l'abdomen & n'y occupant que le bord postérieur des anneaux. Les antennes sont un peu plus courtes que le corcelet, mais évidemment plus longues que celles de la femelle. L'abdomen est presque globuleux. Le bord postérieur de l'avant-dernier segment est tronqué obliquement de chaque côté & échancré au milieu; le dernier anneau est bidenté. Les pattes ont un duvet d'un roux-jaunâtre.

J'ai souvent trouvé les deux sexes réunis. La femelle établit le domicile de sa postérité dans les trous des vieux arbres; & comme je l'ai vue coupant des feuilles de Malvacées, je présume qu'elle les emploie dans la fabrication de son nid. Cette espèce est très-commune, en été, aux environs de Paris; elle se tient, de préférence, sur les fleurs de chardons & des autres plantes composées. J'ai reçu, du midi de la France & de l'Espagne, des individus plus forts que les nôtres.

L'Abeille fauve à ventre cuivreux de Geoffroy a beaucoup d'analogie avec cette espèce, & M. Kirby croit que c'est le même insecte; mais le naturaliste français dit que l'abdomen de son Abeille est cuivreux en dessus. Je n'ai jamais observé cette couleur dans les femelles de l'Osmie à ventre fauve. Un tel caractère conviendroit au mâle si le même naturaliste ne paroissoit pas avoir indiqué une femelle en parlant des poils assez serrés qui garnissent le dessous du ventre. Quoi qu'il en soit, l'espèce de Geoffroy a été décrite dans ce Dictionnaire, à l'article Andrène cuivreuse.

Je ne suis pas encore bien certain que l'Anthophore fulviventre de Fabricius soit l'Abeille à laquelle Panzer a donné le même nom, parce que l'espèce du premier est extrêmement rapprochée de l'Anthophore *centuncularis*, qu'elle est simplement un peu plus petite & sans raies blanches sur le ventre. Or, je connois une Mégachile ou une Anthophore dans la méthode de Fabricius, à laquelle ces observations peuvent s'appliquer. Les Osmies, malgré leur affinité avec les Anthophores, ont néanmoins une physionomie particulière.

Les Apiaires que Panzer a représentés & décrits sous les noms d'*Apis globosa*, d'*Apis ventralis*, sont des Osmies très-voisines de celle dont nous venons de parler, & qui me sont inconnues. Leurs couleurs, celles de leur duvet & de la brosse du ventre, sont les mêmes que dans l'Osmie à ventre fauve; mais le dessus de leur abdomen n'a point de raies formées par du duvet. Dans l'Abeille globuleuse, cette partie du corps a la figure qu'indique son nom spécifique. Dans l'Abeille ventrale, il est ovoïde. L'Abeille fuligineuse du même auteur présente, au premier coup-d'œil, les caractères des Osmies; mais je crois néanmoins qu'elle appartient au genre *Stelis*.

8. Osmie bourdon.

Osmia fuciformis.

Osmia femina clypeo mutico, integro; corpore nigro; capitis vertice dorsoque rufo-hirsutis; abdominis medio minùs hirto; mandibulis validè tridentatis.

La femelle ressemble, pour la taille, à l'Osmie bicorne du même sexe. Son corps est noir, pointillé & tout velu. Les poils de sa partie inférieure, du devant de la tête, des pattes, à l'exception de ceux des jambes, sont noirs ou noirâtres. Le duvet qui garnit l'occiput, le dessus du corcelet & celui de l'abdomen est fauve. Le troisième segment de cette dernière portion du corps, ainsi que les deux suivans, sont moins garnis : les poils que l'on y remarque tirent même sur le noir, & y forment comme une grande bande de cette couleur. Les antennes sont courtes & entièrement noires. Les mandibules sont grandes, fortement tridentées au côté interne, & garnies de duvet en dessus. Les poils soyeux du dessous de l'abdomen sont très-noirs. Ceux de la face postérieure du premier article des tarses sont roussâtres : on en voit des gris à l'extrémité des deux dernières jambes. Le bout des ailes est noirâtre. Les antennes du mâle ne sont pas notablement plus longues que celles de l'autre sexe. Le duvet de la tête & de tout le dessus du corps est roux. Les poils du chaperon sont seulement plus pâles, & les anneaux intermédiaires de l'abdomen sont moins velus à leur base. Les poils des côtés inférieurs de la tête, des pattes, des deux premières surtout, sont gris. L'avant-dernier segment du ventre est arrondi sur les côtés, & un peu échancré au milieu du bord postérieur; le dernier a une entaille profonde, & qui le fait paroître bidenté.

J'ai pris cette espèce, une seule fois, dans le bois de Boulogne, près de Paris. Le docteur Panzer me l'a envoyée d'Allemagne avec son nid, qui est construit en terre, & ressemble à celui de l'Osmie bicorne. D'après les renseignemens que m'a communiqués ce savant naturaliste, elle le placeroit sous le bord des toits.

9. Osmie ferrugineuse.

Osmia ferruginea.

Osmia femina clypeo mutico, integro; corpore purpurascenti-æneo, dorso abdomineque infrà rubro-ferrugineo hirsutis.

Son corps est long de trois lignes & demie, d'un bronzé-doré, brillant, avec une teinte purpurine. Il est tout pointillé, & garni sur la tête, le corcelet, le bord postérieur & supérieur des anneaux de l'abdomen, de poils épais, d'un fauve presque rouge & très-vif. Les antennes sont entièrement noires. Les mandibules sont de la même couleur, & ont en dessus un duvet rougeâtre. Le bord interne de celle qui est la plus découverte, lorsqu'elles sont croisées l'une sur l'autre, a deux dents très-distinctes, dont celle du bout plus forte. Les yeux sont cendrés. Les trois petits yeux lisses sont jaunâtres. La trompe est courte. L'abdomen est court, presque sémi-globuleux; son dessous est chargé de poils soyeux, épais, couchés & roux. Les pattes sont garnies d'un petit duvet de la même couleur. Les cuisses & les jambes ont une teinte purpurine. Les tarses sont roussâtres, avec le premier article noir. Les ailes sont un peu enfumées, avec les nervures noires.

M. Olivier a trouvé cette espèce en Égypte. L'individu que j'ai décrit est une femelle; l'autre sexe m'est inconnu.

10. Osmie bicolor.

Osmia bicolor.

Osmia femina clypeo mutico, integro; corpore atro, subhirsuto; abdominis tarsorumque villis rufis; tarsis posticis, aliorum apice ferrugineis.

Osmia fusca. Panz. *Revis. der Hymenopt. p.* 232. La femelle.

Apis fusca. Panz. *Faun. Germ.* 56. *tab.* 11. La femelle.

Apis hœmatoda. Ibid. 81. *tab.* 20. Le mâle. ?

L'Abeille noire à ventre fauve. Geoff. *Hist. des Insect. tom.* 2. *p.* 419. *n°.* 27. ?

Apis rustica. Fourc. *Ent. Par. pars* 2. *p.* 451. *n°.* 28. ?

Anthophora fusca *villosa, atra, abdomine tibiisque posticis rufo-hirtis.* Fabr. *System. Pyez. p.* 377. *n°.* 20. La femelle.

Apis bicolor. Schrank. *Enum. Insect. Aust. n°.* 806. ?

Apis bicolor. Kirb. *Monogr. Ap. Angl. tom.* 2. *p.* 277. *n°.* 58. La femelle.

Megachile tunensis, var. Spinol. *Insect. Ligur. Fasc.* 1. *p.* 139. ?

Apis fusca. Christ, *Hyménopt. tab.* 14. *fig.* 10. La femelle.

Elle a environ cinq lignes & demie de long. Son corps est très-noir, pointillé, & couvert de poils de la même couleur, à l'exception de ceux de l'abdomen & des tarses, qui sont fauves ou d'un roux assez vif. Les antennes sont courtes & entiérement noires. Le chaperon est un peu tronqué en devant, & les angles latéraux de cette partie du bord m'ont paru un peu relevés. Les mandibules sont unidentées sous la pointe. L'abdomen est luisant, & le bord postérieur & supérieur de ses anneaux est couvert de poils fauves, en forme de bandes transverses, mais dont une partie s'oblitère souvent par l'effet des frottemens. La brosse du dessous du ventre est de la même couleur, ainsi que le duvet des tarses. Les tarses postérieurs eux-mêmes sont fauves; mais, aux quatre antérieurs, les trois ou quatre derniers articles sont seuls de cette couleur. Les ailes sont foiblement rembrunies.

L'individu que je prends pour le mâle de l'espèce est proportionnellement plus étroit & plus alongé que la femelle. Son corps est noir, & garni d'un duvet gris & peu épais; celui du chaperon & du dessous du corps est d'une couleur plus claire. Les antennes sont notablement plus longues que dans la femelle. L'abdomen est presque globuleux & luisant. Sa base & les côtés des segmens voisins ont des poils gris. Ceux des autres sont roux, & forment une raie au bord postérieur de chacun d'eux. Le même bord, dans l'avant-dernier segment, est échancré & unidenté de chaque côté: son milieu offre aussi une autre échancrure, mais très-petite. Le dernier segment est fortement bidenté. Une des plaques du dessous du ventre a son bord postérieur garni de cils longs, roussâtres, & formant une courbe. On remarque un caractère semblable dans les mâles de plusieurs autres espèces du même genre. Les tarses sont bruns à leur extrémité. Le dessous du premier article & le bout des suivans offrent un petit duvet roussâtre.

J'ai observé cette espèce, au printems, dans le bois de Boulogne, près de Paris. Elle fait son nid en terre, & dans les lieux un peu couverts ou ombragés. On la trouve aussi en Allemagne & en Angleterre.

11. Osmie à poils fauves.

Osmia rufo-hirta.

Osmia femina clypeo mutico, integro; corpore elongato, nigro, rufo-pubescente; abdominis villis dorsalibus, per lineas transversus dispositis; alis fuscis.

Osmia byssina. Spinol. *Insect. Ligur. Fasc.* 3. *p.* 201. ?

Anthophora byssina, *rufo-hirta, abdomine cinereo-villoso, subtùs hirto.* Fabr. *Syst. Pyezat, p.* 378. *n°.* 28. La femelle. ?

Anthophora byssina. Panz. *Revis. der Hymenopt. p.* 245. La femelle. ?

Apis byssina. Panz. *Faun. Germ.* 56. *tab.* 21. La femelle. ?

Cette espèce, longue d'environ quatre lignes, a une forme plus étroite & plus alongée que les précédentes. Elle est d'un noir-luisant, pointillée, & couverte, en grande partie, d'un duvet court & fauve. Les antennes sont entiérement noires. Les mandibules ont une forte dent près de leur extrémité. Le duvet supérieur du corcelet est d'un roux plus vif que celui des côtés. L'abdomen est presqu'ovale, peu velu en dessus, à l'exception du bord postérieur des anneaux. Les raies formées par les poils sont grisâtres dans quelques individus. La brosse inférieure du ventre & le duvet des pattes sont fauves. Les ailes, leur milieu excepté, sont noirâtres.

Cette espèce, dont je ne connois que la femelle, se trouve en France & en Allemagne; elle est rare aux environs de Paris.

12. Osmie bleuâtre.

Osmia cœrulescens.

Osmia femina clypeo mutico, integro; corpore intensivè cœruleo aut violaceo, albido-pubescente; abdomine suprà subnudo; lineis albidis, transversis, partim interruptis, infrà nigro-hirsuto.

Osmia cœrulescens. Panz. *Revis. der Hymenopt. p.* 233. La femelle.

Andrena cœrulescens. Panz. *Faun. Germ.* 55. *tab.* 18. La femelle.

Apis cærulescens *fusca, subvillosa, abdomine cœrulescente, incisurarum marginibus albicantibus.* Linn. *Syst. Nat. ed.* 12. *tom.* 1. *pag.* 955. *n°.* 21. — *Faun. Suec. ed.* 2. *n°.* 1596. La femelle.

Apis ænea *grisescente-pubescens.* Linn. *Syst. Nat. edit.* 12. *tom.* 1. *pag.* 955. *n°.* 20. — *Faun. Suec. edit.* 2. *n°.* 1695. Le mâle.

Anthophora cyanea *cyanea, cinereo-villosa.* Fabr. *Syst. Pyez. p.* 381. *n°.* 41. La femelle.

Andrena cærulescens *fusca, subvillosa, abdomine cœrulescente, incisurarum marginibus albicantibus.* Fabr. *Syst. Pyez. pag.* 323. *n°.* 7. — *Entom. System. emend. tom.* 2. *p.* 307. *n°.* 1. La femelle.

Anthophora ænea *œnea, grisescente-pubescens.* Fabr. *Syst. Pyez. p.* 381. *n°.* 40. Le mâle.

Andrena œnea. Fabr. *Entom. System. emend. tom.* 2. *p.* 309. *n°.* 8. Le mâle.

Abeille maçonne, dont la femelle est d'un bleu-violet, à poils cendrés, & le mâle d'un vert-bronzé, luisant, à poils roux. Deg. *Mém. tom.* 2. *p.* 751. *tab.* 30. *fig.* 23. La femelle; *tab.* 32. *fig.* 1. Le mâle.

Apis œnea. Scop. *Entom. Carn. n°.* 809. Le mâle.

Apis cœrulescens. Vill. *Entom. Linn. tom.* 3. *p.* 291. *n°.* 17. La femelle.

Apis œnea. Vill. *Ibid. tom. id. p. ead. n°.* 16. Le mâle.

Andrena cœrulescens. Oliv. *Encycl. Méth. Hist. nat. tom.* 4. *p.* 135. *n°.* 1. La femelle.

Andrena œnea. Oliv. *Ibid. tom. id. pag. ead. n°.* 6. Le mâle.

Andrena cœrulescens. Rossi, *Faun. Etrusc. t.* 1. *p.* 96. *n°.* 893. La femelle.

Andrena œnea. Rossi, *Ibid. tom. id. pag. ead. n°.* 894. Le mâle.

Apis cœrulescens. Kirb. *Monogr. Ap. Angl. tom.* 2. *p.* 264. *n°.* 55. La femelle.

Andrena cyanea. Coqueb. *Illustr. Icon. Insect. Dec.* 2. *tab.* 15. *fig.* 9. La femelle.

M. Illiger, dans son édition de la *Faune étrusque* de Rossi, a avancé que l'Andrène bleuâtre de Fabricius étoit véritablement de ce genre, & différoit ainsi de l'Abeille bleuâtre de Linné. Fabricius n'ayant rien ajouté à la description de cet insecte, donnée par le dernier, & rapportant souvent aux genres qu'il a établis des espèces qui ne leur appartiennent pas, comme, par exemple, l'*Apis œnea* de Linné, dont il a fait long-tems une Andrène, je ne vois pas sur quels motifs M. Illiger fonde son opinion. La Collection de M. Desfontaines, qui fait partie de celle du Muséum d'Histoire naturelle de Paris, offre le type de l'espèce d'Anthophore que Fabricius a décrite sous le nom de *Cyanea.* L'ayant comparée avec l'*Apis cœrulescens* de Linné, je me suis convaincu que ces insectes avoient les mêmes caractères spécifiques, & qu'il falloit rectifier, à cet égard, la synonymie.

L'Osmie bleuâtre femelle a quatre lignes de long. Son corps est d'un bleu-foncé, luisant, tirant quelquefois sur le violet, pointillé & pubescent. Ses poils, à l'exception de ceux du dessous du ventre, sont plus ou moins blanchâtres. La tête & le corcelet sont d'un bleu plus foncé que l'abdomen, quelquefois presque noirs. La tête est forte : ses poils lui forment quelquefois deux taches blanches, une de chaque côté, près du bord interne des yeux. Les antennes sont entiérement noires. L'extrémité antérieure du chaperon est avancée & a des cils roussâtres. Les mandibules en ont aussi, en dessus, de la même couleur près du bord interne; elles sont noires, unidentées sous la pointe, & leur côté extérieur présente, en dessus, deux petites lignes élevées : leur face supérieure est couverte d'un petit duvet. Les yeux sont noirs. Les trois petits yeux lisses sont brillans & jaunâtres. Les poils du vertex & ceux du dessus du corcelet sont d'un gris plus foncé que les autres. L'abdomen est sémi-ovalaire, presque nu en dessus, n'ayant de poils bien apparens que sur les côtés & au bord postérieur des cinq premiers anneaux; ils forment ici de petites raies blanchâtres, mais ordinairement interrompues, au milieu, sur les trois ou quatre premiers anneaux. La brosse soyeuse qui garnit le dessous de l'abdomen est noire. Les pattes sont noires, & ont un duvet grisâtre : celui de la face intérieure du premier article des tarses approche un peu du brun. Le bord postérieur des ailes est un peu noirâtre.

Le mâle est plus petit que la femelle, d'un vert-bronzé, foncé & luisant. Les poils du vertex, de la tête & du dessus du corcelet sont d'un gris-jaunâtre; les autres tirent sur le blanc. Les antennes sont plus longues que dans la femelle, & un peu plus courtes que le corcelet. L'abdomen est presque globuleux, plus luisant & plus nu que les autres parties du corps. Son extrémité offre quelques raies blanchâtres, placées sur le bord postérieur des anneaux, & formées par un petit duvet. Le bord postérieur de l'avant-dernier anneau est arrondi & entier. L'anus est muni de trois épines assez longues, droites, parallèles, écartées & presqu'égales. Les pattes ont des poils gris. L'abdomen est quelquefois un peu cuivreux.

L'insecte que M. Kirby donne pour le mâle de cette espèce doit être rapporté à l'Osmie à ventre fauve. Je soupçonne aussi que l'*Osmia œnea* de Panzer est encore le mâle de cette dernière espèce. La confusion est d'autant plus facile, que, dans ces Osmies, les mâles se ressemblent beaucoup, & qu'on ne peut les distinguer nettement que par des caractères tirés de la forme des derniers anneaux de l'abdomen, & qu'en général on a peu observés. L'Osmie décrite par M. Maximilien Spinola, dans le premier *Fascicule des insectes de Ligurie*, sous le nom de *Mégachile bleuâtre*, m'est inconnue. Celle qu'il mentionne au Fascicule suivant, avec la même désignation, sera pour nous l'Osmie versicolor.

L'Osmie bleuâtre est commune dans toute l'Europe, & se trouve même en Barbarie : elle fait son nid avec de la terre & des grains de sable, dans les cavités & aux angles des murs; elle s'établit encore dans des terrains argileux ou crétacés, coupés à pic ou inclinés.

13. Osmie marquée.

Osmia notata.

Osmia femina clypeo mutico, integro; corpore nigro, albido-pubescente; abdomine suprà subnudo; lineis albidis, transversis, partim interruptis, infrà nigro-hirsuto.

Anthophora notata, *nigra, cinereo-hirta, abdominis segmentis utrinquè maculâ albidâ, subtùs atro hirtis.* Fabr. *Syst. Pyez. p.* 376. *n°.* 19.

Osmia melanippa. Spinol. *Inf. Ligur. Fasc.* 2. *p.* 66. La femelle.

La femelle de cette espèce ne s'éloigne de celle de l'Osmie bleuâtre que par le fond de sa couleur, qui est entièrement noir. La taille, les formes générales & partielles, la pubescence & les taches ou raies qu'elle forme, sont exactement les mêmes dans l'un & l'autre de ces individus. L'on pourroit dès-lors présumer que l'Osmie marquée n'est qu'une variété de la précédente. C'est en comparant les mâles des deux que l'on éclaircira le doute.

Cette espèce se trouve aux environs de Paris & à Kiel.

14. Osmie des galles.

Osmia gallarum.

Osmia femina clypeo mutico, integro; corpore intensivè viridi, albido-pubescente; abdomine suprà nudiusculo, lineis albidis, transversis, partim interruptis, infrà albo-hirsuto.

Osmia gallarum. Spinol. *Inf. Ligur. Fasc.* 2. *p.* 69.

Cette espèce, découverte par M. Maximilien Spinola, & qu'il a eu la complaisance de me communiquer, ressemble tellement à l'Osmie bleuâtre, que je me bornerai à faire connoître les caractères qui les différencient. L'Osmie des galles est un peu plus petite & n'a que trois lignes de long. La femelle est d'un vert-foncé, un peu bleuâtre dans quelques individus, avec les antennes, les mandibules & les pattes noires. La brosse de l'abdomen est blanche. La forme du corps, sa pubescence, les raies qu'elle forme sur l'abdomen, sont d'ailleurs les mêmes que dans la femelle de l'Osmie bleuâtre.

Le mâle est d'un vert-de bronze brillant & doré. Les poils qui garnissent le dessus de son corps, & qui sont plus abondans sur la tête & sur le corcelet, sont jaunâtres : ceux du chaperon & des parties inférieures sont gris. L'abdomen est presque globuleux, avec deux ou trois raies jaunâtres, formées par un petit duvet, & occupant le bord postérieur des derniers segmens. Le pénultième de ces anneaux est arrondi & entier au bout; le dernier est terminé par trois dents courtes, de la même longueur, mais dont les deux latérales plus larges & obtuses, & dont celle du milieu étroite & pointue. La forme de ces dents distingue ce mâle de celui de l'Osmie bleuâtre.

M. Maximilien Spinola a trouvé fréquemment cette espèce sur le mont Oréro, à peu de distance de Gênes. La larve vit solitaire dans les galles fongueuses, rondes & couronnées de tubercules, qui se forment sur les branches du Chêne. J'ai donné, dans les généralités de cet article, un extrait des curieuses observations que ce naturaliste a recueillies sur cet insecte.

15. Osmie à ventre noir.

Osmia melanogaster.

Osmia femina clypeo mutico, integro; corpore nigro; villis griseis aut griseo-flavicantibus, in abdominis dorso per lineas transversas dispositis; primis interruptis; ventre nigro-hirsuto.

Osmia melanogaster. Spin. *Inf. Ligur. Fasc.* 2. *p.* 63. La femelle.

Megachile notata. Spin. *Ibid. Fasc.* 1. *p.* 146. La femelle.

La femelle paroît, au premier coup-d'œil, se rapprocher beaucoup de celles des Osmies marquée & bleuâtre. La comparaison des mâles affoiblit ces rapports, & nous apprend que, dans l'ordre naturel, l'Osmie à ventre noir est encore plus voisine de celle dont Panzer a nommé le mâle *Adunca*.

L'Osmie à ventre noir est longue de cinq lignes, noire, luisante, fortement pointillée & très-pubescente. Les poils sont gris ou cendrés; ceux du sommet de la tête & du dessus du corcelet sont souvent d'un gris-jaunâtre. Les antennes & les yeux sont noirs. Le chaperon est très-ponctué : son bord antérieur est garni de cils roussâtres, & paroît foiblement unidenté au milieu ou légérement sinué. Les mandibules ont en dessus, & près du bord interne, une plaque de petits poils roussâtres. Ce bord offre une dent plus apparente : le côté extérieur a en dessus deux petites lignes élevées. L'abdomen est sémi-ovalaire; sa partie supérieure est presque nue au milieu; ses côtés & le bord postérieur de ses cinq premiers anneaux sont garnis d'un petit duvet grisâtre, y composant des raies transverses, dont les premières ordinairement interrompues. Ce duvet s'étend même, mais plus finement, sur les derniers anneaux. Les poils des premiers sont un peu plus longs. La brosse du ventre est noire ou noirâtre. Le duvet de la face interne du premier article des tarses est brun. Les poils qui couvrent les autres parties des pattes sont gris. Les ailes sont un peu noirâtres, avec quelques espaces plus clairs.

Le mâle ne diffère de la femelle que par des caractères purement sexuels. Ses antennes ne sont guère plus longues que les siennes. Les poils de la partie antérieure de la tête sont plus épais, & presque blancs sur le chaperon. L'abdomen se courbe en dessous; son avant-dernier segment est échancré & unidenté de chaque côté; le dernier se termine en pointe.

On trouve cette espèce dans les départemens les plus méridionaux de la France, & en Espagne, d'où elle m'a été envoyée par M. Léon Dufour, médecin & naturaliste aussi plein de lumières que de zèle.

16. Osmie interrompue.

Osmia interrupta.

Osmia femina clypeo mutico, integro; uterque sexus corpore nigro, elongato, albido-pubescente; abdomine incurvo; lineis albis, primis interruptis; femina capite crasso, scopulâ ventrali flavescente.

Cette espèce se rapproche des Osmies à ventre fauve & crochue; mais elle en diffère particuliérement par l'épaisseur de sa tête & par son abdomen, très-courbé en dessous dans les deux sexes. Le corps de la femelle a un peu plus de quatre lignes de long; il est étroit, alongé, noir, luisant, pointillé, garni d'un duvet court, peu épais & blanc. La tête est plus longue que dans les congénères, & paroît carrée vue en dessus. Les poils latéraux de sa face antérieure y forment deux taches blanches, une de chaque côté. Les antennes sont entiérement noires. Le bord extérieur du chaperon est un peu concave ou échancré au milieu, & garni de cils jaunâtres. Les mandibules en ont de semblables, & dont quelques-uns, près de leur bord interne, sont disposés en faisceaux. Ce bord est dentelé, & le côté extérieur a une strie en dessus. L'abdomen étant replié en dessous, paroît très-convexe & presque globuleux : son dessus est presque nu; le bord postérieur de ses cinq premiers anneaux est couvert d'un petit duvet blanc, qui y forme des raies transverses; les premières sont interrompues au milieu, mais les dernières sont continues. La brosse du dessous du ventre est d'un jaunâtre un peu roux. Les pattes ont des poils blancs. Le duvet de la face interne du premier article des tarses est de la couleur de celui qui revêt le dessous du ventre. Les ailes sont noirâtres, avec quelques traits blancs.

Le mâle ressemble à la femelle. Ses antennes sont un peu plus longues. Les poils du chaperon sont très-blancs. Le sixième anneau de l'abdomen a trois sinus au bord postérieur, & dont celui du milieu plus petit; chaque côté du même anneau est foiblement unidenté; le dernier anneau ou le suivant a au milieu une entaille profonde; ce qui le fait paroître terminé par deux dents.

Cette espèce a été trouvée en Espagne par M. Léon Dufour, médecin.

17. Osmie fasciée.

Osmia fasciata.

Osmia femina clypeo mutico, integro; corpore nigro, albo-pubescente; capite crasso, abdomine brevi, lineis scopulâque albis.

Son corps est long d'environ cinq lignes, noir, pointillé, avec un duvet blanc sur le devant de la tête, les côtés du corcelet, au bord postérieur & supérieur des anneaux de l'abdomen, à sa partie inférieure & aux pattes. Ce duvet forme deux taches blanches & longitudinales sur la face antérieure de la tête, une de chaque côté, près du bord interne des yeux, & une raie transverse aux bords postérieur & supérieur des segmens abdominaux, le dernier excepté. La tête est fort épaisse. Les mandibules ont en dessus une ligne brune, formée par un duvet; une d'elles au moins a deux dents plus apparentes, en comptant la terminale. Le bord antérieur du chaperon avance un peu au dessus de la base des mandibules. Les petits yeux lisses sont d'un jaunâtre-foncé. L'abdomen est court, presque triangulaire. Ses raies blanches sont interrompues au milieu du dos; mais je présume que le duvet y a disparu par une suite des frottemens que cette partie du corps a éprouvés. La brosse qui garnit le dessous du ventre m'a paru plus foncée ou moins blanche dans son milieu. Les pattes sont noires, avec un petit duvet grisâtre. Les ailes sont un peu rembrunies.

Cette espèce, dont je ne connois que la femelle, a été apportée de l'Arabie par M. Olivier.

18. Osmie ſpinigère.

Osmia ſpinigera.

Oſmia mas corpore nigro, griſeo-pubeſcente; abdomine elongato, lineis griſeis; ſpinâ validâ, bidentatâ ad illius baſin inferam; ſegmento ſexto crenulato, utrinquè emarginato, unidentato.

Le mâle de cette eſpèce reſſemble, pour la forme & la grandeur, à celui de l'Oſmie crochue. Son corps eſt long d'environ cinq lignes, d'un noir peu luiſant, pointillé, avec un duvet griſâtre & aſſez fourni ſur la tête, le corcelet, aux pattes & aux bords poſtérieur & ſupérieur des anneaux du ventre, où il forme des raies tranſverſes. Les poils du vertex & ceux du milieu du corcelet ſont d'un gris-jaunâtre. L'abdomen eſt alongé & ſe courbe en deſſous, vers ſon extrémité poſtérieure. Les poils formant les raies griſâtres de ſon dos ſont couchés. Le ſixième ou avant-dernier ſegment eſt coupé tranſverſalement, & à peu de diſtance de ſon bord terminal, par une ligne enfoncée. Chaque côté de ce bord eſt tronqué obliquement ou un peu échancré, & muni d'une dentelure extérieure. Son milieu eſt crénelé, & cilié en deſſous. Le dernier ſegment eſt peu ſaillant, & replié en deſſous; il m'a paru ſe terminer en pointe. La baſe inférieure du ventre offre une ſaillie cornée, en forme d'épine, aſſez forte, preſque conique, perpendiculaire, dont la pointe eſt échancrée & bidentée. Les ailes ſont preſque vitrines.

J'ai vu dans la collection de M. Olivier, qui a pris cet inſecte en Égypte, une Oſmie femelle du même pays, ſemblable à la précédente, aux différences ſexuelles près, c'eſt-à-dire que ſes antennes ſont un peu plus courtes & de douze articles; que ſes mandibules ſont plus grandes, & que ſon abdomen eſt plus fort & ſimple. Les poils ſoyeux de ſa partie inférieure ſont d'un gris-foncé. Je ſoupçonne que cet individu eſt la femelle du mâle que je viens de décrire.

19. Osmie ſurdorée.

Osmia aurulenta.

Oſmia clypeo mutico, integro; corpore utriuſque ſexûs nigro, villoſo; pube, ſcopulâ abdominis, ſegmentorum margine poſtico ferrugineis, ſegmento ſexto maſculi utrinquè emarginato, unidentato; ſeptimi ultimive apice integro, rotundato.

Oſmia aurulenta. Panz. *Reviſ. der Hymenopt. p.* 232. La femelle.

Apis aurulenta. Panz. *Faun. Germ.* 63. *tab.* 22. La femelle.

Oſmia tunenſis. Spinol. *Inſect. Ligur. Faſc.* 2. *p.* 80.

Megachile tunenſis. Spin. *Ibid. Faſc.* 1. *p.* 139. La variété exceptée.

Apis tunenſis. Kirb. *Monogr. Ap. Angl. t.* 2. *p.* 269. *Femina.?*

Megachile tunenſis. Latr. *Hiſt. nat. des Cruſt. & des Inſ. tom.* 14. *p.* 58.

Anthophora griſea ferrugineo-villoſa, abdomine nigro; ſegmentorum marginibus griſeis. Fabr. *Syſt. Pyez. p.* 379. *n°.* 30.?

La femelle eſt longue de près de cinq lignes, pointillée, preſque noire, & couverte, en majeure partie, d'un duvet court, fin, & d'un roux un peu jaunâtre; il eſt plus clair ſur la tête, & particuliérement ſur le deſſus de l'abdomen, où il ne forme que des raies tranſverſes, & occupant le bord poſtérieur de ſes anneaux. Les poils qui garniſſent le deſſus du corcelet & ceux du deſſous du ventre ſont d'un roux plus intenſe. Les antennes ſont noires. Le bord antérieur du chaperon eſt entier & cilié. Les mandibules ſont fortes, veloutées en deſſus, & ont au côté interne une dent obtuſe & échancrée. L'abdomen eſt ſémi-ovalaire, & paroît preſque nu en deſſus, les bords poſtérieurs des anneaux exceptés. Les épines des jambes & le dernier article des tarſes ſont fauves. Les ailes ſont un peu noirâtres.

Le mâle, ou du moins l'individu que je préſume appartenir à l'eſpèce, eſt proportionnellement plus étroit & plus alongé que la femelle. Ses antennes ſont un peu noueuſes, pas plus longues que dans l'autre ſexe, & ont un peu de rouſſeâtre vers le milieu de leur côté inférieur. La tête a un duvet plus épais, ſurtout en devant. Les poils du chaperon ſont d'un rouſſeâtre plus pâle; ceux du deſſous du corps & des pattes ſont griſâtres. L'abdomen eſt alongé & courbé en deſſous. Le ſixième anneau ou l'avant-dernier eſt échancré & unidenté de chaque côté; le dernier eſt arrondi & entier au bout. A ſa partie inférieure ſont ſuſpendus deux petits corps étroits, alongés, ſtyliformes, & qui accompagnent probablement les organes ſexuels. On en voit de ſemblables dans le mâle de l'Oſmie crochue, qui ne diffère de celui de l'Oſmie ſurdorée que par la couleur de ſon duvet. M. Kirby dit que le mâle de cette dernière eſpèce a une échancrure à l'anus. Je ne l'ai pas remarquée. C'eſt en automne qu'il a trouvé cet inſecte, & je ne l'ai jamais pris qu'au printems. Ne pouvant révoquer en doute l'exactitude de ce grand obſervateur, je préſume que les individus qu'il conſidère comme les mâles de l'eſpèce ne ſont pas ceux que je prends pour tels. Il ſeroit poſſible que les ſiens fuſſent ceux que je rapporte à l'Oſmie bicolor, & que ſon Abeille tuniſienne ne fût pas l'Oſmie ſurdorée de Panzer, d'autant qu'il ne cite ſa figure qu'avec doute, mais plutôt notre Oſmie à poils fauves.

L'Oſmie ſurdorée eſt très-commune dans les bois des environs de Paris. Je ſoupçonne qu'elle fait ſon nid en terre.

20. Osmie

20. Osmie crochue.

Osmia adunca.

Osmia femina clypeo mutico, integro; corpore utriusque sexûs nigro, villoso; villis, abdominis scopulâ, segmentorum margine postico cinereo-griseis; segmento sexto masculi utrinquè emarginato, unidentato; septimi ultimive apice integro, rotundato.

Anthophora adunca *nigra, abdomine cylindrico, segmentorum marginibus albis, clypeo hirsuto, ano bihamato.* Fabr. *Syst. Pyez.* p. 380. n°. 36. Le mâle.

Anthophora adunca. Panz. *Revis. der Hymen.* p. 244. Le mâle.

Apis adunca. Panz. *Faun. Germ. Fasc.* 56. *tab.* 5. Le mâle.

Anthophora albiventris. Panz. *Revis. der Hymenopt.* p. 244. La femelle. ?

Apis albiventris. Panz. *Faun. Germ. Fasc.* 56. *tab.* 19. La femelle. ?

Megachile phæoptera femina. Spin. *Inf. Ligur. Fasc.* 1. *p.* 136. La femelle. ?

La description que Panzer a donnée de l'Abeille *albiventris* paroît bien convenir à la femelle de cette espèce; mais, dans sa figure, les ailes supérieures sont représentées avec trois cellules sous-marginales; ce qui indiqueroit un autre genre.

L'Osmie crochue femelle est longue d'environ quatre lignes & demie, pointillée, noire, luisante & couverte d'un duvet court, peu épais & grisâtre: celui du sommet de la tête & du dessus du corcelet est plus foncé & un peu jaunâtre. Les antennes sont entièrement noires. Le bord antérieur du chaperon est presque droit & cilié. Les mandibules sont assez fortes, unidentées vers le milieu de leur bord interne, avec le côté extérieur velu, & ayant deux petites lignes élevées. L'abdomen est presqu'ovoïde, & peu velu en dessus. Le bord postérieur des cinq premiers anneaux, le dessus du sixième ou du dernier sont couverts d'un petit duvet gris, & dont les poils sont couchés. Ce duvet forme, sur les cinq premiers anneaux, autant de raies transverses. La brosse du ventre est grise: telle est encore la couleur du duvet des pattes, à l'exception de celui qui couvre la face intérieure du premier article des tarses. Les ailes sont un peu enfumées à leur extrémité postérieure.

Le mâle est presque semblable à l'autre sexe. Son corps est étroit & alongé. Ses antennes ne sont guère plus longues que celles de la femelle, & le dessous de leur tige est, en grande partie, roussâtre. Les poils du chaperon sont épais & blanchâtres. L'abdomen est alongé & courbé en dessous. Le bord postérieur de son sixième anneau est profondément échancré & unidenté de chaque côté: son milieu a un petit sinus, & la portion de ce bord, compris le sinus & les échancrures latérales, est un peu crénelé. Le dernier segment est arrondi au bout. Le mâle de cette espèce ne diffère de celui de l'Osmie surdorée que par la couleur des poils de son corps.

L'Osmie crochue est commune, en été, aux environs de Paris, & on la trouve plus particulièrement sur les fleurs de la Vipérine. Elle fait son nid dans les murs, quelquefois même dans les vieux arbres. Je l'ai reçue du midi de la France, d'Espagne & d'Allemagne.

M. Klüg a formé, avec cette espèce, le genre *Hoplitis*; mais il n'a fait que l'indiquer. Les antennes pourroient seules, par des différences de proportions, offrir le moyen de couper en deux le genre d'Osmie. De tels caractères néanmoins ne me paroissent pas assez importans, & d'ailleurs ce genre n'est pas assez nombreux pour qu'il soit nécessaire de le démembrer.

21. Osmie du Pavot.

Osmia Papaveris.

Osmia femina clypeo mutico, integro; corpore nigro, villoso; verticis thoracisque superi pubere flavescente aut rufescente; villis aliis, abdominis scopulâ, segmentorum margine postico griseis; segmento sexto masculi utrinquè emarginato, unidentato; septimo ultimove furcato, dentibus obtusis.

Osmia Papaveris. Latr. *Gen. Crust. & Insect. tom.* 4. *p.* 165.

Megachile Papaveris. Latr. *Hist. natur. des Crust. & des Ins. tom.* 14. *p.* 57. *tab.* 104. *fig.* 4. La femelle.

L'Abeille tapissière. Latr. *Hist. nat. des Fourm. & Mém. p.* 302. *tab.* 12. *fig.* 1. La femelle.

Osmia Papaveris. Spin. *Insect. Ligur. Fasc.* 3. *p.* 201.

Apis Papaveris. Coqueb. *Illustr. Icon. Insect. Dec.* 3. *tab.* 21. *fig.* 14. La femelle.

Andrène tapissière. Oliv. *Encycl. méth. Hist. nat. tom.* 4. *p.* 140.

Megachile Papaveris, mas. Panz. *Faun. Germ.* 105. *tab.* 16. La femelle. — *Ibid. tab.* 17. *Femina.* Le mâle.

Anthophora bihamata. Panzer, *Faun. Germ.* 106. *tab.* 19. Le mâle.

Réaum. *Mem. Insect. tom.* 6. *pag.* 131 & *suiv. pl.* 13. *fig.* 1-11.

La femelle a un peu plus de quatre lignes de long. Son corps est d'un noir-luisant & pointillé. La tête & le corcelet sont couverts de poils courts & assez épais. Ceux du vertex, de la tête & du dos sont jaunâtres : les autres sont plus ou moins gris. Les antennes sont entiérement noires. Les mandibules sont fortes, tridentées, finement striées en dessus, avec deux lignes élevées, séparées par un petit sillon au côté extérieur. Les yeux sont noirs ou noirâtres. Les petits yeux lisses sont d'un brun-clair & luisant. L'abdomen est ovoïdo-conique, presque nu en dessus, n'ayant des poils un peu longs que sur les côtés du premier anneau. Ces poils sont gris. Le bord postérieur de cet anneau & celui des quatre suivans sont couverts d'un petit duvet, ou de poils très-courts, serrés & couchés, formant, sur chacun de ces anneaux, une raie grise, fine & transverse. La brosse du ventre est grisâtre. Les pattes sont, en partie, recouvertes de petits poils de la même couleur. Le duvet de la face interne du premier article des tarses est d'un gris-jaunâtre. Les petites épines du bout des jambes sont rousseâtres. Les ailes sont presque transparentes, avec les nervures, le point marginal & la côte noirs.

Le mâle est à peu près de la taille de la femelle; mais il est un peu plus étroit, un peu velu, & tous les poils qui garnissent le dessus de son corps sont jaunâtres. Ceux du chaperon sont gris ou presque blancs. Le bord postérieur du sixième anneau de l'abdomen est échancré & fortement unidenté de chaque côté. Le dernier anneau a une entaille fort grande, & présente ainsi deux dents très-fortes, mais arrondies au bout. Les deux dernières plaques ou demi-segmens du dessous de l'abdomen ont leur bord postérieur échancré & garni de poils longs, rousseâtres, luisans, & disposés comme des cils.

On trouve, dans le midi de la France & en Espagne, une variété un peu plus grande, dont le duvet de la tête & du dessus du corcelet est presque roux, & dont les raies des anneaux du ventre sont jaunâtres.

Cette espèce est commune aux environs de Paris, à l'époque de la floraison du Coquelicot. La femelle en coupe les pétales pour composer son nid, auquel elle donne la forme d'une bouteille à pance arrondie, ou quelquefois celle d'un dez à coudre. Ce nid remplit la cavité d'un trou qu'elle creuse dans la terre, sur les bords des champs & des chemins. (*Voyez* les généralités.)

22. Osmie andréniforme.

Osmia andrenoides.

Osmia femina clypeo mutico, integro; corpore utriusque sexûs nigro, griseo-pubescente; abdominis segmentis tribus primis ferrugineo-rubris, aliis nigris, griseo-marginatis; feminæ scopulâ ventrali albidâ.

Osmia andrenoides. Spinol. *Inf. Ligur. Fasc.* 2. *p.* 61. *tab.* 3. *fig.* 9. a. Le mâle.

La femelle est longue de trois lignes, noire, luisante, pointillée, & légérement couverte de poils très-courts & grisâtres. Ceux du vertex & du dessus du corcelet sont plus obscurs. Les antennes sont tout-à-fait noires. Les mandibules sont unidentées vers le milieu de leur côté interne, & marquées d'une strie, en dessus, près du côté extérieur; ce dessus offre quelquefois une tache fauve & peu apparente. Le dessus de l'abdomen est presque nu. Ses trois premiers anneaux sont d'un rouge-fauve; les autres sont noirs. Le bord postérieur du quatrième & du cinquième, le dessus du sixième ou du dernier sont garnis d'un petit duvet grisâtre. Dans quelques individus, les deux anneaux précédens ont ce même bord un peu fauve. La brosse du dessous du ventre est blanchâtre. Les pattes sont noires, avec des poils gris. Le duvet du côté interne du premier article des tarses est d'un gris-rousseâtre. Dans une variété, le côté postérieur des cuisses & des jambes des dernières pattes, le bout de leurs tarses, sont fauves. Les ailes sont un peu enfumées.

Le mâle est presque de la grandeur de la femelle. Ses antennes sont un peu plus longues que les siennes. Sa tête & son corcelet sont plus velus. Les poils supérieurs sont jaunâtres : ceux du chaperon & des autres parties du corps tirent sur le gris. Le sixième anneau du ventre n'a ni échancrures ni dentelures; le dernier ou le septième est voûté en dessous : considéré en dessus, il paroît presque triangulaire, un peu resserré vers le bout, & se termine par deux dents courtes & obtuses.

Cette espèce se trouve aux environs de Marseille & de Gênes.

23. Osmie versicolor.

Osmia versicolor.

Osmia femina clypeo mutico, integro; capite æneo; thorace suprà cupreo, rufescenti-villoso; abdomine suprà nudiusculo, saturato-viridi, lineis violaceis interfecto; scopulâ ventrali fusco-rufescente.

Megachile cœrulescens, femina. Spinol. *Insect. Ligur. Fasc.* 2. *p.* 79.

La femelle a la taille & la forme de celle de l'Osmie des Galles. Son corps est pubescent, luisant & pointillé. Les antennes sont noires. La tête, vue en dessus, paroît bronzée, avec un mélange de rouge cuivreux; elle est couverte de petits poils. Les uns, savoir, ceux de la face, sont gris, & les autres, ou ceux du vertex, sont rousseâtres. Les yeux sont noirâtres. Les mandibules sont noires, unidentées vers le milieu de leur côté interne, & ont, en dessus, près du bord extérieur, une ou deux petites lignes élevées; ce dessus est couvert de petits poils, dont plusieurs de couleur brune ou rousseâtre. Le corcelet est cuivreux & pubescent. Les poils du dos sont assez serrés & d'un roux-pâle; les autres sont gris. Le dessus de l'abdomen est presque nu, très-luisant, d'un vert-foncé, un peu bleuâtre, entrecoupé de raies violettes & placé à la jonction des anneaux; le premier, ou celui de la base, est d'un rouge-cuivreux. Le bord postérieur & les côtés de quelques-uns de ces anneaux ont un petit duvet grisâtre. La brosse de la partie inférieure de l'abdomen est d'un brun-rousseâtre. Les pattes sont noires, avec des poils gris. Le duvet de la face interne du premier article des tarses est un peu rousseâtre. Les ailes sont légérement enfumées. Je ne connois point le mâle.

J'ai trouvé cette espèce près de Marseille. M. Maximilien Spinola l'a aussi observée dans les environs de Gênes.

24. Osmie annelée.

Osmia annulata.

Osmia mas corpore nigro, albido-pubescente; mandibulis pallido-rufis; abdomine suprà nudiusculo, lineis albidis, transversis; illius segmento sexto utrinquè emarginato, unidentato; ultimo furcato, dentibus acutis.

Je ne connois que le mâle de cette espèce. Son corps est long de trois lignes & demie, noir, luisant, pointillé & pubescent. Les poils sont blanchâtres. Les antennes sont un peu plus longues que la tête, noires, avec une partie du dessous brune. Les mandibules sont dentées, d'un fauve-pâle, avec les deux extrémités & le bord interne noirâtres. Le chaperon est convexe & très-poilu. L'abdomen est presqu'ovalaire, presque nu, avec une raie blanchâtre au bord postérieur des cinq premiers anneaux : le sixième anneau est échancré & unidenté de chaque côté; le dernier a une entaille profonde, qui le divise en deux dents écartées & allant en pointe. A sa partie inférieure sont suspendues deux petites lames alongées, arquées, en forme de crochets. Les pattes ont un duvet grisâtre. Les derniers articles des tarses sont bruns, ainsi que la petite écaille qui est placée à l'origine des ailes. Ces ailes sont transparentes, avec les nervures noirâtres.

Cette espèce m'a été envoyée d'Espagne par M. Léon Dufour, médecin.

Remarque. Parmi les Anthophores de Fabricius, que je n'ai pas citées dans la synonymie, il en est quelques autres, telles que l'*Anthophora niveata*, l'*Anthophora labiata*, &c., qu'il faudra peut-être placer avec les Osmies. N'ayant point vu ces espèces, je n'ai pas cru devoir les rapporter à ce genre, d'après de simples présomptions.

L'*Apis spinosula* de M. Kirby & son *Apis leucomelas*, que cet auteur place dans une division correspondante aux Osmies, me semblent appartenir plutôt, l'une au genre Chélostome, l'autre à celui d'Hériade, articles qui seront traités dans le Supplément. (*Lat.*)

OSMYLE. *Osmylus.* Genre d'insectes de la troisième section de l'Ordre des Névroptères, & de la famille des Hémérobiens.

Ce genre, établi par M. Latreille, a pour type l'Hémérobe maculé, décrit à l'article Hémérobe, n°. 9. Il diffère des autres Hémérobes, principalement en ce qu'il a de petits yeux lisses, distincts, & que ceux-ci n'en ont point. M. Latreille a trouvé encore des différences dans les articles des antennes, qui sont plus cylindriques dans les Osmyles que dans les Hémérobes, & dans l'alongement du dernier article des antennules antérieures. (*Voyez* Hémérobe.)

OSTOME. *Ostoma* : nom donné, par Laicharting, aux insectes qui forment le genre Nitidule. (*Voyez* Nitidule.)

OSTRACINS *ou* BITESTACÉS : nom donné, par M. Duméril, à la famille des Crustacés Entomostracés, qui ont les yeux sessiles, le corps protégé par deux valves de substance calcaire ou cornée, en forme de coquilles. Cette famille comprend les genres Daphnie, Cypris, Cythérée & Lyncée. Elle répond exactement à celle des Ostracodes de M. Latreille.

OSTRACODES. *Ostracoda* : nom donné, par M. Latreille, à une division d'Entomostracés, dont le caractère est d'avoir le corps renfermé dans un têt bivalve. Elle comprend les genres Lyncée, Daphnie, Cypris & Cythérée. (*Voy. ces mots.*)

OTIOPHORES. *Otiophori* : nom donné, par M. Latreille, à une famille d'insectes Coléoptères, qui comprenoit les genres Gyrin & Dryops, mais qui a été supprimée dans son dernier ouvrage. Le premier de ces genres forme actuellement la famille des Tourniquets, & le second a été réuni à celle des Byrrhiens.

OTITE. *Otites.* M. Latreille avoit établi sous ce nom, dans son *Histoire naturelle des Insectes*, un genre qu'il a ensuite réuni à celui d'Oscine. (*Voyez ce mot.*)

OVIPARE. C'est ainsi qu'on désigne les animaux dont la reproduction se fait par le moyen des œufs que la femelle pond après l'accouplement. Tous les insectes sont Ovipares, à quelques exceptions près, qui ne doivent pas empêcher de regarder comme tels ceux-là mêmes qui mettent au jour des petits vivans, comme on le remarque dans quelques Diptères, dans les Pucerons, les Cloportes, les Aselles & quelques autres, chez qui les œufs éclosent au dedans du corps avant de paroître au jour; ce qu'on explique aux articles Aselle, Cloporte, Puceron, Diptères, auxquels nous renvoyons.

OXÉE. *Oxæa*. Genre d'insectes de la seconde section de l'Ordre des Hyménoptères, & de la famille des Apiaires.

Les Oxées ont les antennes courtes, filiformes; les mandibules fortes, intérieurement dentées; la trompe trifide; point d'antennules maxillaires; les deux labiales filiformes & triarticulées; trois cellules cubitales, petites, presque carrées, aux ailes supérieures.

Ce genre ne comprend, jusqu'à présent, qu'une seule espèce, que le docteur Illiger avoit d'abord réunie aux Centris, & dont il avoit ensuite établi son genre Dasyglosse, ainsi nommé à cause de la langue qui s'avance en forme de plume. M. Klüg ayant fait de ce même insecte un genre sous le nom d'*Oxæa*, nom qui exprime, en quelque sorte, la forme du corps postérieurement terminé en pointe, M. Illiger a adopté ce dernier, & reconnu que les deux espèces qu'il avoit déjà décrites dans le *Magasin entomologique*, l'une sous le nom de *Centris aquilina*, & l'autre sous celui de *Centris chlorogaster*, n'étoient que les deux sexes de la même espèce, qui présentent, à la vérité, quelques différences dans la grandeur & les couleurs.

Ce qui est très-remarquable dans cet Hyménoptère, c'est qu'on ne trouve, suivant M. Klüg, que deux antennules. Les antérieures ou maxillaires manquent entièrement; ce qui avoit déjà été observé dans quelques Mélectes; & les labiales ou postérieures sont courtes, & composées seulement de trois articles.

Les antennes sont à peine de la longueur de la tête ou plus courtes qu'elle, & composées de douze articles dans les femelles, & de treize dans les mâles, dont le premier est un peu alongé, presque cylindrique; le second est très-court; le troisième est un peu alongé, aminci à sa base. Les suivans sont courts & cylindriques. Elles sont insérées à la partie antérieure de la tête.

Les yeux sont grands, ovales, & les trois petits yeux lisses sont placés, sur une ligne courbe, à la partie supérieure de la tête.

La bouche, dont M. Klüg a donné la description, est composée d'une lèvre supérieure, de deux mandibules, de deux mâchoires, d'une langue ou lèvre inférieure, & seulement de deux antennules.

La lèvre supérieure est linéaire, comprimée, cornée, un peu plus courte que les mâchoires.

Les mandibules sont cornées, fortes, arquées, pointues, munies d'une dent obtuse vers le milieu de sa partie intérieure.

Les mâchoires ou valves extérieures de la trompe sont droites, cornées, plus longues que la lèvre supérieure, divisées en deux parties, dont la première est une fois plus longue que l'autre, & celle-ci est terminée en pointe. Elles n'ont point d'antennules; ce qui forme, dans ce genre, une exception fort remarquable.

La langue ou lèvre inférieure est également divisée en deux parties, dont l'une, cornée, porte les deux antennules à son extrémité, & l'autre est longue, sétacée, simple, velue, accompagnée de deux filets sétacés, une fois ou une fois & demie plus courts que la pièce précédente.

Les antennules dont nous venons de parler sont courtes & composées de trois articles, dont les deux premiers sont cylindriques, & le dernier est pointu.

Le corcelet est arrondi, convexe, un peu plus large que la tête.

L'abdomen est plus long que le corcelet, presque conique, terminé en pointe.

Les pattes sont de longueur moyenne; celles de derrière sont un peu plus longues que celles de devant, & ne sont ni plus dilatées ni plus velues que les autres.

Les ailes supérieures sont un peu plus longues que l'abdomen; elles ont une cellule radiale ou marginale, alongée & étroite, & trois cellules cubitales ou sousmarginales, petites, presque carrées.

L'Oxée est un insecte du Brésil, dont on ne connoît ni les habitudes, ni le travail, ni la manière de vivre. Sa larve nous est tout-à-fait inconnue.

OXÉE.

OXÆA. KLUG. *CENTRIS.* ILLIGER.

CARACTÈRES GÉNÉRIQUES.

Antennes courtes, filiformes, de douze articles dans les femelles, de treize dans les mâles; premier article alongé; le second très-court; le troisième aminci à sa base.

Mandibules cornées, arquées, pointues, unidentées à leur partie interne.

Point d'antennules maxillaires; les deux labiales courtes, triarticulées.

Ailes supérieures avec une cellule marginale étroite, alongée, et trois sousmarginales petites, presque carrées.

ESPÈCE.

1. OXÉE jaunâtre.

Corps d'un jaune-roux, velu; abdomen d'un vert-bleuâtre dans le mâle, noir dans la femelle, avec le bord des anneaux poli, d'un vert-doré.

1. Oxée jaunâtre.

Oxœa flavescens.

Oxœa villosa helvola, abdominis segmentorum marginibus aurato-viridibus; interstitiis in mare atris, in feminâ viridi cæruleis.

Oxœa flavescens. Klug. *Berlin. Mag. Nat. Cur.* 1807. *p.* 262. *tab.* 7. *fig.* 1. — 1810. *p.* 44 & 45.

Centris aquilina. Illig. *Mag. Ent.* 5. *pag.* 144. *n°.* 12. Mas.

Centris chlorogaster. Illig. *Mag. Ent.* 5. *p.* 144. *n°.* 11. Femina.

Oxœa. Latr. *Consid. génér. sur les Crust. & les Ins. p.* 338. *Gen.* 531.

Le mâle diffère un peu de la femelle. Les antennes du premier sont d'un jaune-testacé à leur base, & noirâtres à leur extrémité. Les mandibules, sont d'un jaune-testacé, avec l'extrémité noire. La tête est couverte de poils d'un jaune-clair. Le corcelet est couvert de poils serrés, fins, d'un jaune-fauve. L'abdomen est d'un noir de velours, avec le bord des anneaux d'une belle couleur bleue, verte, brillante. Il y a, à la base & à l'extrémité, quelques poils d'un jaune-fauve. Les pattes sont d'un brun-ferrugineux. Les cuisses sont bordées de poils jaunes. Les jambes sont un peu courbées; l'intérieur est couvert de poils jaunes.

La femelle est plus grande, plus épaisse que le mâle. Les pattes ne sont pas non plus aussi minces que celles du mâle. La base des antennes & la partie antérieure de la tête, qui sont jaunes dans l'un, sont noirs dans l'autre. Les mandibules sont d'une couleur plus foncée. L'abdomen est plus déprimé, plus large, & terminé en pointe plus obtuse. Il n'a pas la dernière articulation pourvue, dans le mâle, d'un petit crochet qui accompagne l'organe sexuel. Sa couleur est d'un beau bleu-verdâtre, avec le bord des anneaux d'un vert-doré brillant.

Cet insecte se trouve à Bahia de Gomès, dans le Brésil.

OXYBÈLE. *Oxybelus.* Genre d'insectes de la première section de l'Ordre des Hyménoptères, & de la famille des Crabronites.

Les Oxybèles ont les antennes courtes, filiformes, en spirale; les mandibules simples, à peine dentées vers leur base interne; quatre antennules filiformes; l'écusson armé ordinairement d'une épine & de dents en forme de lame avancée; les ailes supérieures avec une cellule radiale, alongée, un peu appendicée, & une très-grande cellule cubitale.

Malgré le port qui leur est propre, & les caractères faciles à saisir que présentent les antennes, la bouche & le corcelet, ces insectes avoient été disséminés dans divers genres. Linné, qui n'en avoit connu qu'une espèce, l'avoit placée parmi les Guêpes; & Fabricius, qui en a décrit plusieurs, les a rangées, les unes parmi les Frêlons, les autres parmi les Abeilles, & ensuite parmi les Nomades. M. Latreille est le premier qui les ait réunies, & en ait formé un genre que Fabricius, Jurine & Panzer ont successivement adopté.

Les antennes des Oxybèles sont filiformes, un peu roulées en spirale, à peine plus longues que la tête, & composées de douze articles dans les femelles, & de treize dans les mâles. Le premier de ces articles est peu alongé, un peu renflé; le second est court, aminci à sa base; le troisième est plus long, & moins aminci à sa base que le second. Les suivans sont presqu'égaux & cylindriques. Elles sont insérées, fort-près l'une de l'autre, à la partie antérieure de la tête, un peu au dessus de la bouche.

La bouche est composée d'une lèvre supérieure, de deux mandibules, d'une trompe & de quatre antennules.

La lèvre supérieure est cornée, fort courte, large, arrondie & ciliée antérieurement.

Les mandibules sont cornées, alongées, arquées, minces, pointues, munies d'une dent peu saillante, vers leur base interne.

La trompe est formée de trois pièces. Les latérales, ou les mâchoires, sont cornées, comprimées à leur base, coriaces, comprimées, minces, fléchies du milieu à l'extrémité. La pièce du milieu, ou la lèvre inférieure, est cornée à sa base, alongée, étroite, presque membraneuse ensuite jusqu'à l'extrémité qui est un peu échancrée.

Les antennules antérieures sont filiformes, composées de cinq articles, dont les trois premiers sont égaux entr'eux, à peine amincis à leur base. Les deux derniers sont un peu plus étroits & un peu plus courts que les trois premiers. Elles sont insérées sur la pièce latérale de la trompe. Les antennules postérieures, presqu'aussi longues que les antérieures, sont composées de quatre articles, dont le premier est le plus long. Les suivans vont un peu en diminuant de longueur & d'épaisseur. Elles sont insérées à la base de la lèvre sur la partie cornée.

La tête est plus large que longue, aplatie antérieurement; elle tient au corcelet par un col fort court & étroit. Les yeux sont oblongs, peu saillans, assez grands, placés à la partie latérale. On voit, sur le vertex, trois petits yeux lisses disposés sur une ligne courbe.

Le corcelet est à peu près de la largeur de la tête ou guère plus large. Le premier segment est fort court, séparé du dos par une légère impression. Le dos est convexe, un peu élevé; l'écusson qui le termine est remarquable par une ou deux lames un peu avancées, qui varient pour la forme, & par une épine qui se trouve au dessous, dont la forme varie de même. C'est à ces parties que nous nous sommes attachés pour la distinction des espèces, plutôt qu'aux couleurs de l'abdomen, dont les taches varient du mâle à la femelle.

L'abdomen est court, de forme conique. Les anneaux sont bien emboîtés les uns dans les autres, & ne présentent pas les incisions qu'on remarque dans les genres voisins de celui-ci.

Les pattes sont de longueur moyenne, assez grosses. Les cuisses sont simples, un peu renflées. Les jambes sont armées de trois rangées d'épines sur toute leur face externe, & sont terminées en outre par deux autres épines beaucoup plus longues dans les deux postérieures que dans les quatre antérieures.

Les tarses sont filiformes, un peu épineux. Le premier article est long. Les trois suivans sont courts & vont en diminuant de longueur; le cinquième est un peu alongé & renflé. Il est terminé par deux crochets au milieu desquels se trouve une pelote spongieuse, ordinairement noire, fendue au milieu, paroissant pouvoir s'ouvrir & se fermer, & qui sert à l'insecte à saisir & retenir les Diptères & autres petits insectes dont il nourrit ses larves.

Les ailes dépassent à peine l'abdomen. Les supérieures ont leur cellule radiale ou marginale, alongée, terminée par un appendice peu marqué. On voit ensuite une grande cellule cubitale ou sous-marginale, d'où part une nervure récurrente. Il y a quelquefois une seconde cellule qui aboutit à l'extrémité de l'aile, c'est-à-dire que cette seconde cellule existe toujours; mais ordinairement les nervures qui la forment sont peu marquées.

Les Oxybèles sont de petits insectes aussi singuliers dans leur forme, que curieux & intéressans dans leur manière de vivre. On les trouve assez ordinairement sur les fleurs, occupés à se nourrir du suc mielleux qu'elles contiennent; mais on les voit aussi faire la guerre à de petits Diptères, les saisir, les tuer & les transporter aux larves qu'ils ont déposées dans la terre. Nous n'avons pu les suivre dans leurs métamorphoses ni observer leur nid; mais nous ne doutons pas qu'une histoire détaillée de ces insectes ne fût pour le moins aussi curieuse que celle des autres Hyménoptères, avec lesquels ils ont des rapports.

OXYBÈLE.

OXYBELUS. LATR. FABR. JUR. *VESPA.* LINN. *SPHEX.* SCHÆFF. *CRABRO.* FABR. ROSS. *APIS. NOMADA.* FABR.

CARACTÈRES GÉNÉRIQUES.

Antennes courtes, filiformes, en spirale, de treize articles dans les mâles, de douze dans les femelles.

Mandibules minces, arquées, aiguës, munies d'une dent peu marquée, vers leur base interne.

Quatre antennules filiformes; les derniers articles à peine plus minces que les précédens.

Écusson armé d'une épine.

Ailes supérieures avec une cellule marginale alongée, un peu appendicée, et une cellule sousmarginale grande, inégale.

ESPÈCES.

1. OXYBÈLE piqueur.

Écusson presqu'échancré, avec une épine courbée; corps noir; abdomen avec quatre points blancs; pattes fauves.

2. OXYBÈLE lancifère.

Écusson armé d'une épine et d'une lame avancée, échancrée; corps noir, avec huit taches jaunes sur l'abdomen et les pattes fauves.

3. OXYBÈLE rayé.

Écusson armé de deux dents et d'une épine; corps noir, avec des lignes jaunes sur le corcelet, et des bandes interrompues sur l'abdomen.

4. OXYBÈLE larron.

Écusson armé de deux dents et d'une épine échancrée; corps noir, avec deux taches transverses, jaunes, sur chaque anneau de l'abdomen.

5. OXYBÈLE armé.

Écusson armé de deux dents et d'une épine échancrée; corps noir, avec deux points transverses, jaunes, sur les anneaux de l'abdomen; tarses et jambes antérieures ferrugineux.

6. OXYBÈLE combattant.

Écusson armé de deux dents et d'une épine obtuse; corps noir, avec dix taches jaunes sur l'abdomen; pattes noires, tachées de jaune.

7. OXYBÈLE lamellé.

Écusson armé d'une lame échancrée et d'une épine large, bifide; corps noir, avec un duvet cendré et des bandes interrompues, jaunes, sur l'abdomen.

8. OXYBÈLE redoutable.

Écusson armé de deux dents et d'une épine obtuse; corps noir, avec deux taches transverses, blanches, sur chaque anneau de l'abdomen.

OXYBÈLE. (Insecte.)

9. Oxybèle belliqueux.

Écusson armé d'une lame bidentée et d'une épine obtuse; corps noir, avec six taches transverses, blanches, sur l'abdomen; pattes mélangées de jaune et d'obscur.

10. Oxybèle mucroné.

Écusson armé de deux dents et d'une épine tronquée; corps noir, taché de jaune; pattes jaunes, avec les cuisses noires.

11. Oxybèle trident.

Écusson armé de deux dents et d'une épine obtuse; corps noir, avec deux taches jaunes sur chaque anneau de l'abdomen; pattes fauves, avec les cuisses noires.

12. Oxybèle nigripède.

Écusson armé de trois épines; corps noir, avec deux points jaunes sur l'abdomen.

13. Oxybèle noté.

Écusson armé de deux dents et d'une épine obtuse; corps noir, pubescent, avec quatorze taches jaunes sur l'abdomen.

14. Oxybèle hémorrhoïdal.

Écusson armé de deux dents et d'une épine aiguë; corps noir, avec quelques points jaunes sur l'abdomen, l'anus et les jambes ferrugineux.

15. Oxybèle triple-épine.

Écusson armé de deux dents et d'une épine; corps noir, avec deux points blancs sur l'abdomen.

16. Oxybèle biponctué.

Écusson armé de deux dents et d'une épine aiguë; corps noir, avec deux petits points jaunes sur l'abdomen.

17. Oxybèle pygmée.

Corcelet armé de deux dents et d'une épine aiguë; corps noir, avec quatre points blancs sur l'abdomen; pattes d'un fauve-obscur, avec les cuisses noires.

1. Oxybèle piqueur.

Oxybelus hastatus.

Oxybelus scutello subemarginato spinâque porrectâ incurvâ, ater, abdomine segmento primo secundoque utrinquè puncto albo; pedibus rufis. Fabr. *Syst. Pyez. p.* 317. *n°.* 4.

Il est un peu plus grand que l'Oxybèle rayé. Les antennes sont noires, avec le premier article ferrugineux. La tête est noire, avec un duvet argenté sous les antennes. Le corcelet est noir, sans tache. L'écusson est avancé, blanc, presqu'échancré, armé d'une épine avancée, courbée. L'abdomen est noir, luisant, avec un point blanc de chaque côté du premier & du second anneau. Les pattes sont entiérement rougeâtres.

Il se trouve à Mogador.

2. Oxybèle lancifère.

Oxybelus lancifer.

Oxybelus scutello mucronato laminâque porrectâ emarginatâ, niger, abdomine maculis octo flavis; pedibus rufis.

Cet insecte n'est peut-être qu'une variété du précédent. Les antennes sont noires, avec très-peu de brun à l'extrémité du premier article & au dessous des derniers. La tête est ponctuée, noire, avec un léger duvet argenté sur le front. Les mandibules sont rouges, avec l'extrémité noire. Les antennules sont noires. Le corcelet est ponctué, noir, avec un peu de jaune sur le premier segment & un point de chaque côté. L'écaille de l'origine des ailes est ferrugineuse, & on voit sur l'écusson une lame avancée, un peu échancrée, jaune, & au dessous une épine noire, creusée en gouttière, un peu courbée, plus longue & plus étroite que dans l'Oxybèle rayé. L'abdomen est pointillé, noir, avec une tache d'un jaune-clair de chaque côté des quatre premiers anneaux. Les pattes sont entiérement ferrugineuses.

Il se trouve en Espagne, & m'a été communiqué par M. Latreille.

3. Oxybèle rayé.

Oxybelus lineatus.

Oxybelus scutello bidentato mucronatoque, niger, thorace flavo lineato, abdomineque fasciis interruptis.

Oxybelus lineatus. Fabr. *Syst. Pyez. p.* 317. *n°.* 3.

Crabro lineatus. Fabr. *Ent. Syst. em. tom.* 2. *p.* 300. *n°.* 24.

Nomada lineata. Fabr. *Mant. Insect. tom.* 1. *p.* 206. *n°.* 3.

Crabro lineatus. Panz. *Faun. Germ. Fasc.* 73. *tab.* 18.

Oxybelus lineatus. Latr. *Gen. Crust. & Insect. tom.* 4. *p.* 79.

Oxybelus lineatus. Jur. *Hym. p.* 217.

Il a près de quatre lignes & demie de longueur. Les antennes sont noires, avec un peu de rouge-brun en dessous. La tête est noire, légérement couverte d'un duvet argenté, un peu plus serré sur le front. Les mandibules sont fauves, avec l'extrémité noire. Les derniers articles des antennules sont fauves. Le corcelet est ponctué, noir, avec deux lignes sur le dos, deux plus courtes près des ailes, une transversale, un peu interrompue, sur le devant, un point, de chaque côté, à la suite de la ligne transversale, le tout d'une couleur jaune. L'écusson a deux points jaunes, ensuite une lame large, échancrée, jaune, & au dessous une épine creusée en gouttière, tronquée, noire. L'abdomen est pointillé, noir, marqué de cinq bandes jaunes, dont les quatre premières sont interrompues; la première est plus large & moins interrompue que les suivantes. Les pattes sont fauves, avec les cuisses jaunes en dessous. Les ailes ont leurs nervures brunes.

Il se trouve en France, en Allemagne, en Italie; il est très-rare aux environs de Paris.

4. Oxybèle larron.

Oxybelus latro.

Oxybelus scutello bidentato mucroneque emarginato, niger, abdominis segmentis maculis duabus transversis, pallidè flavis.

Il ressemble, pour la forme & la grandeur, à l'Oxybèle rayé. Les antennes sont noires, avec un peu de brun en dessous. La tête est noire, avec un très-léger duvet argenté sur le front. Les mandibules sont d'un brun-ferrugineux. Le corcelet est ponctué, noir, avec un petit point jaune à l'extrémité latérale du premier segment. L'écaille de l'origine des ailes est d'un brun-ferrugineux, marquée d'un très-petit point jaune, à peine apparent. On voit sur l'écusson deux dents ou lames jaunes, avancées, & une épine creusée en gouttière, qui s'élargit un peu à l'extrémité, & se termine par deux lobes arrondis ou par une échancrure bien marquée. L'abdomen est pointillé, noir, avec une tache transverse, d'un jaune-blanc sur chaque anneau. Les pattes sont ferrugineuses, avec les cuisses antérieures noires. Les nervures des ailes sont d'un brun-testacé.

Il se trouve au midi de la France, en Italie, aux environs de Paris.

5. Oxybèle armé.

Oxybelus armiger.

Oxybelus scutello bidentato mucroneque emarginato, niger, abdominis segmentis punctis duo-

bus transversis flavis; tarsis tibiisque anticis ferrugineis.

Il ressemble à l'Oxybèle redoutable. Les antennes sont noires, avec l'extrémité brune. La tête est noire, avec un léger duvet argenté sur le front. La bouche est noire. Le corcelet est pointillé, noir, sans tache. L'écusson est armé de deux petites lames avancées, jaunes, & d'une épine noire, creusée en gouttière, qui s'élargit un peu à l'extrémité, & se termine par deux lobes ou par une échancrure bien marquée. L'abdomen est pointillé, noir, avec une petite tache transverse, jaune, de chaque côté des anneaux. Les pattes sont noires, avec les tarses & les jambes antérieures ferrugineux. Les nervures des ailes sont noires.

Il se trouve aux environs de Paris.

6. Oxybèle combattant.

Oxybelus pugnax.

Oxybelus scutello bidentato mucroneque obtuso, niger, abdomine maculis decem flavis; pedibus nigris flavo maculatis.

Il est plus grand que l'Oxybèle redoutable. Les antennes sont noires, avec l'extrémité noirâtre. La tête est noire, légérement couverte d'un duvet argenté. Les antennules & les mandibules sont également noires. Le corcelet est ponctué, noir, avec deux points jaunes de chaque côté du segment antérieur. L'écusson a deux petites lames jaunes & une épine noire, obtuse, creusée en gouttière. L'abdomen est légérement pubescent, pointillé, noir, avec une grande tache jaune de chaque côté des cinq premiers anneaux. Les pattes sont noires, avec la partie antérieure des jambes de devant & une partie des cuisses jaunes. Les pattes intermédiaires ont un peu de jaune au haut des jambes & sous les cuisses. Les postérieures n'ont un peu de jaune qu'au haut des jambes. Les ailes ont leurs nervures noires.

Il se trouve aux environs de Paris.

7. Oxybèle lamellé.

Oxybelus lamellatus.

Oxybelus scutello porrecto emarginato, laminâque fissâ, niger, cinereo pubescens, abdomine fasciis interruptis flavis.

Il a trois lignes & demie de longueur. Les antennes sont d'un brun-ferrugineux. La tête est noire, légérement couverte d'un duvet blanchâtre, plus serré & argenté sur le front. La bouche est ferrugineuse, avec l'extrémité des mandibules noire. Le corcelet est pointillé, noir, légérement couvert d'un duvet blanchâtre, un peu plus serré sur les côtés de la poitrine. Le segment antérieur est jaune, & l'écaille de la base des ailes est brune. On voit deux points jaunes sur l'écusson, une lame avancée, échancrée, jaune, & une autre en dessous beaucoup plus avancée, striée, large, presqu'ovale, fendue ou bilobée à l'extrémité, d'un brun-ferrugineux ou d'un brun très-foncé. L'abdomen est pointillé, noir, avec des bandes jaunes, dont quelques-unes & quelquefois toutes interrompues. Les pattes sont ferrugineuses, avec les cuisses antérieures jaunes. Les ailes ont leurs nervures brunes.

Je l'ai trouvé en Égypte & aux environs de Bagdad.

8. Oxybèle redoutable.

Oxybelus uniglumis.

Oxybelus scutello bidentato mucroneque obtuso, niger, abdominis segmentis utrinquè maculâ transversâ, albâ.

Oxybelus uniglumis. Fabr. *Syst. Pyez. p.* 316. *n°.* 2.

Crabro uniglumis. Fabr. *Ent. Syst. em. tom.* 2. *p.* 300. *n°.* 23.

Oxybelus uniglumis. Latr. *Gen. Crust. & Inst. tom.* 4. *p.* 78. — *Hist. nat. des Crust. & des Insect. tom.* 13. *p.* 307.

Crabro uniglumis. Panz. *Faun. Germ. Fasc.* 64. *tab.* 14. — *Kritisc. Revis. p.* 191.

Oxybelus uniglumis. Jur. *Hym. p.* 217.

Crabro uniglumis. Ross. *Faun. Etrusc. tom.* 2. *p.* 92. — *Illig. tom.* 2. *p.* 151.

Cet insecte paroît avoir été confondu avec quelques autres espèces. Ce qui le distingue, c'est que le corcelet est tout noir. L'écusson a deux petites lames jaunes & une épine noire, avancée, obtuse, creusée supérieurement en gouttière. L'abdomen est lisse ou à peine pointillé, marqué, sur chaque anneau, ou sur les deux ou trois premiers seulement, de deux petites taches d'un jaune-blanc. Les pattes sont ferrugineuses, avec les cuisses noires. L'extrémité des cuisses est quelquefois ferrugineuse, & il y a quelquefois un peu de noir à la partie extérieure des jambes postérieures. (*Voy.* Frêlon redoutable, n°. 34.)

9. Oxybèle belliqueux.

Oxybelus bellicosus.

Oxybelus scutello laminâ bidentatâ mucroneque obtuso, niger, abdomine maculis sex transversis albis, pedibus flavo fuscoque variis.

Il ressemble beaucoup à l'Oxybèle mucroné. Les antennes sont noires. La bouche est noire, avec les mandibules extérieurement jaunes. La tête est noire, avec un très-léger duvet argenté. Le corcelet est pointillé, noir, avec le premier segment jaune, à peine coupé au milieu par une petite ligne noire. On voit un point jaune, de chaque côté, à l'extrémité du segment. L'écaille de l'origine des ailes est ferrugineuse, marquée d'un très-petit point jaune. L'écusson a une lame transverse, bidentée, jaune, & une épine au dessous, creusée en gouttière, obtuse, noire à la base, ferrugineuse à l'extrémité. L'abdomen est finement pointillé, légérement pubescent, noir, avec une petite tache transverse, d'un jaune-blanc, de chaque côté des premiers anneaux. Les pattes antérieures sont jaunes, avec la partie supérieure des cuisses noirâtre, & l'extrémité des jambes d'un jaune un peu obscur. Les intermédiaires sont d'un jaune un peu obscur, avec les jambes jaunes. Les postérieures sont d'un jaune-obscur, avec la partie supérieure des jambes jaune. Les ailes ont leurs nervures noirâtres.

Il se trouve aux environs de Paris, & m'a été communiqué par M. Latreille.

10. OXYBÈLE mucroné.

OXYBELUS mucronatus.

Oxybelus scutello bidentato mucroneque truncato, niger, flavo maculatus; pedibus flavis, femoribus nigris.

Oxybelus mucronatus. FABR. *Systém. Pyezat*, *p.* 318. *n°.* 5.

Crabro mucronatus. FABR. *Ent. Syst. em. t.* 2. *p.* 300. *n°.* 25.

Oxybelus mucronatus. PANZER, *Faun. Germ. Fasc.* 73. *tab.* 19.

Oxybelus mucronatus. LATR. *Gen. Crust. & Inf. tom.* 4. *p.* 79.

Oxybelus mucronatus. JUR. *Hym. p.* 217.

Il ressemble beaucoup, pour la forme & la grandeur, à l'Oxybèle redoutable. Les antennes sont noires, avec l'extrémité un peu ferrugineuse. La tête est noire, avec un léger duvet argenté sur le front. La bouche est noire. Le corcelet est pointillé, noir, avec deux points jaunes, transverses, sur le premier segment, & un autre de chaque côté. L'écaille de l'origine des ailes est obscure, avec un petit point jaune. L'écusson est marqué de deux petites lames jaunes & d'une épine noire, creusée en gouttière, tronquée. L'abdomen est pointillé, noir, avec une tache jaune de chaque côté des quatre ou cinq premiers anneaux. Les pattes sont jaunes, avec les cuisses noires. Une partie des cuisses antérieures est jaune, & il y a un peu de noir aux jambes postérieures. Les nervures des ailes sont noires.

Il se trouve dans toute l'Europe.

11. OXYBÈLE trident.

OXYBELUS tridens.

Oxybelus scutello bidentato mucroneque obtuso, niger, abdominis segmentis utrinquè maculâ flavâ; pedibus rufis, femoribus nigris.

Oxybelus tridens. FABR. *Syst. Pyez. pag.* 318. *n°.* 6.

Crabro tridens. FABR. *Entom. Syst. em. Suppl. tom.* 5. *p.* 270.

Nomada punctata. FABR. *Ent. Syst. em. tom.* 2. *p.* 346. *n°.* 3.

Oxybelus tridens. JUR. *Hym. p.* 217.

Il ressemble beaucoup à l'Oxybèle mucroné; mais il est un peu plus grand. Les antennes sont noires à leur base, ferrugineuses à leur extrémité. La tête est noire, avec un léger duvet argenté sur le front. Le corcelet est noir, sans tache. L'écusson est armé de deux petites dents jaunes & d'une épine creusée en gouttière, noire. L'abdomen est noir, glabre, avec une tache transverse, jaune, de chaque côté des anneaux. Les pattes sont ferrugineuses, avec les cuisses noires.

Il se trouve en France, en Allemagne.

Nota. Le *Nomada punctata*, décrit par Fabricius comme venant du Canada, & cité, par cet auteur, comme étant le même insecte que l'Oxybèle trident, me paroît différer. Il a un petit point calleux, jaune, au-devant des ailes, tandis que le corcelet de l'autre est sans tache.

12. OXYBÈLE nigripède.

OXYBELUS nigripes.

Oxybelus scutello trispinoso, niger, abdominis segmento primo punctis duobus flavis.

Il a un peu plus de trois lignes de longueur. Les antennes sont noires, avec l'extrémité un peu ferrugineuse. La tête est noire. Le corcelet est pointillé, noir, sans tache. On voit sur l'écusson trois épines de la même couleur, dont deux arquées intérieurement, & la troisième un peu plus longue, creusée en gouttière, tronquée, un peu arquée en dessous. L'abdomen est finement pointillé, noir, avec un point jaune de chaque côté du premier anneau, ou quelquefois entiérement noir. Les pattes sont noires, avec les jambes antérieures, à leur partie interne, les tarses des mêmes jambes, & l'extrémité des autres tarses, ferrugineux. Les nervures des ailes sont d'un brun-noirâtre.

Il se trouve au midi de la France, aux environs de Paris.

13. OXYBÈLE noté.

OXYBELUS 14-notatus.

Oxybelus scutello bidentato mucroneque obtuso, niger, argenteo pubescens, abdominis segmentis maculis duabus transversis, flavis.

Oxybelus quatuordecim notatus. Jur. *Hym. p.* 217. *tab.* 11. *fig.* 5.

Oxybelus quatuordecim notatus. Latr. *Gen. Cruſt. & Inſ. tom.* 4. *p.* 79.

Il n'a guère au-delà de deux lignes & demie de longueur. Les antennes ſont noires à leur baſe, ferrugineuſes à leur extrémité. La tête eſt noire, fortement pointillée, légérement couverte d'un duvet blanc, un peu plus ſerré & argenté ſur le front. Les mandibules ſont d'un jaune-fauve, avec l'extrémité noire. Le corcelet eſt fortement pointillé, noir, légérement couvert d'un duvet blanchâtre, avec le ſegment antérieur jaune, & l'écaille de l'origine des ailes brune, marquée d'un point jaune. L'écuſſon a deux points jaunes, deux petites lames jaunes & une épine avancée, creuſée en gouttière, terminée en pointe obtuſe. L'abdomen eſt pointillé, noir, avec deux taches jaunes ſur chaque anneau, qui forment des bandes interrompues. Les pattes ſont jaunes, avec une partie des cuiſſes antérieures & la majeure partie des autres noires. Les ailes ont leurs nervures d'un brun-clair.

Il ſe trouve au midi de la France, en Italie, dans la Grèce, dans les îles de l'Archipel.

14. Oxybèle hémorrhoïdal.

Oxybelus hæmorrhoidalis.

Oxybelus ſcutello bidentato mucroneque acuto, niger, abdomine punctis flavis, ano tibiiſque ferrugineis.

Il a un peu plus de deux lignes de longueur. Les antennes ſont noires, avec l'extrémité ferrugineuſe. La tête eſt pointillée, noire. Les mandibules ſont ferrugineuſes, avec l'extrémité noire. Le corcelet eſt pointillé, noir, avec un peu de jaune ſur le ſegment antérieur. L'écuſſon eſt marqué, comme dans les eſpèces précédentes, de deux dents ou lames avancées, jaunes, & armé d'une épine en deſſous, étroite, creuſée en gouttière. L'abdomen eſt finement pointillé, noir, avec un point jaune, tranſverſal, de chaque côté des trois premiers anneaux; le dernier eſt ferrugineux, ainſi qu'une partie du pénultième. Les pattes ſont ferrugineuſes, avec les cuiſſes noires. Les nervures des ailes ſont d'un teſtacé-pâle.

Il ſe trouve aux environs de Paris.

15. Oxybèle triple-épine.

Oxybelus triſpinoſus.

Oxybelus ſcutello bidentato mucronatoque, niger, abdomine utrinquè punctis duobus flavis. Fabr. *Syſt. Pyez. p.* 318. *n°.* 7.

Crabro triſpinoſus. Fabr. *Ent. Syſt. em. tom.* 2. *p.* 301. *n°.* 26.

Oxybelus triſpinoſus. Latr. *Gen. Cruſt. & Inſ. tom.* 4. *p.* 79. *tab.* 13. *fig.* 13.

Oxybelus triſpinoſus. Jur. *Hym. p.* 217.

Voyez, pour la deſcription & les autres ſynonymes, Abeille triple-épine, n°. 76.

16. Oxybèle biponctué.

Oxybelus bipunctatus.

Oxybelus ſcutello bidentato mucroneque acuto, niger, abdomine punctis duobus minutis flavis.

Il reſſemble au précédent pour la forme & la grandeur. Il a un peu plus de deux lignes de longueur. Les antennes ſont noires. La tête eſt pointillée, noire, avec un léger duvet argenté ſur le front. Les mandibules ſont jaunes, avec l'extrémité noire. Le corcelet eſt pointillé, noir, à peine pubeſcent. On voit ſur l'écuſſon deux dents avancées, noires, & une épine plus avancée, creuſée ſupérieurement en gouttière, & terminée en pointe. L'abdomen eſt liſſe, noir, luiſant, avec un petit point jaune de chaque côté du premier anneau. Les pattes ſont noires, avec la partie antérieure des premières jambes, jaune. Les nervures des ailes ſont teſtacées, pâles.

Il ſe trouve aux environs de Paris, & m'a été communiqué par M. Latreille.

17. Oxybèle pygmée.

Oxybelus pygmæus.

Oxybelus thorace bidentato mucroneque acuto, niger, abdomine punctis quatuor albis; pedibus fuſco-ferrugineis, femoribus nigris.

Il a deux lignes de longueur, & eſt un peu plus étroit que les précédens. Les antennes ſont noires, avec l'extrémité d'un brun-ferrugineux. La tête eſt noire, avec un duvet argenté ſur le front. La bouche eſt noire. Le corcelet eſt finement pointillé, noir, ſans tache. L'écaille de l'origine des ailes eſt brune. L'écuſſon a deux petites lames noires, & une épine de la même couleur, creuſée en gouttière, pointue. L'abdomen eſt à peine pubeſcent, très-finement pointillé, noir, avec un point d'un jaune-blanc de chaque côté des deux premiers anneaux. Les cuiſſes ſont noires. Les jambes & les tarſes ſont d'un ferrugineux obſcur, avec les jambes poſtérieures un peu noirâtres à leur partie extérieure. Les ailes ont leurs nervures teſtacées.

Il ſe trouve aux environs de Paris, & m'a été communiqué par M. Latreille.

OXYCÈRE. *Oxycera.* Genre d'inſectes de l'Ordre des Diptères, & de la famille des Stratiomydes.

Les Oxycères ont les antennes courtes, renflées, terminées par un petit filet ſétacé; la trompe courte, cachée; l'abdomen déprimé, aussi large que long; les nervures des ailes peu apparentes.

Ces insectes ont été confondus, par tous les auteurs, avec les Stratiomes, auxquels ils ressemblent effectivement par la forme du corps & des ailes, mais dont ils diffèrent essentiellement par les antennes, qui sont à articles alongés & distincts dans ceux-ci, tandis que, dans les Oxycères, le premier article est court, assez gros, aminci à sa base. Les quatre suivans sont courts, très-serrés, & forment, à eux quatre, une masse ovale; le dernier donne naissance, à sa partie supérieure, à un petit filet sétacé, de la longueur de tous les autres articles pris ensemble. Elles sont insérées, très-près l'une de l'autre, à la partie antérieure de la tête, un peu au dessus de la trompe.

Celle-ci est courte, coudée à sa base, rétractile, bilabiée à son extrémité; elle renferme des soies que je n'ai pu développer, mais dont le nombre ne m'a pas paru excéder trois: elles sont contenues dans la rainure de la trompe, par une petite languette ou lèvre supérieure. On voit deux antennules fort courtes qui accompagnent la trompe, & qui sont insérées à sa base latérale, un peu supérieure.

La tête est plus large que longue, presqu'aussi large que le corcelet. Elle porte deux grands yeux à réseau placés à la partie latérale, & trois petits yeux lisses, fort rapprochés, disposés en triangle sur le vertex.

Le corcelet est peu élevé, arrondi, presque cylindrique, terminé par un écusson un peu élevé, ordinairement armé de deux épines aiguës, presque droites ou légérement arquées.

L'abdomen est déprimé, tranchant sur les côtés, aussi large que long, ou même plus large, terminé en pointe obtuse.

Les pattes sont simples, de longueur moyenne, terminées par deux ou trois petites pelottes spongieuses & par deux crochets.

Les ailes sont un peu plus longues que l'abdomen. Les nervures marginales sont assez bien marquées; mais on voit, vers le milieu, une cellule presqu'ovale, d'où partent quatre nervures à peine marquées.

Les Oxycères paroissent peu différer des Stratiomes & des Némotèles, tant pour leurs larves, que pour les habitudes & la manière de vivre des insectes parfaits. Les premières habitent les eaux douces, & les derniers fréquentent les fleurs des plantes qui croissent dans les prairies humides, autour des rivières, des étangs, des mares.

OXYCÈRE.

OXYCERA. Meig. Illig. Latr. MUSCA. Linn. Scop. STRATIOMYS. Geoffr. Fabr. Schell.

CARACTÈRES GÉNÉRIQUES.

Antennes courtes, de six articles; le premier obconique; les quatre suivans comprimés, formant une masse ovale; le dernier sétiforme.

Trompe courte, coudée, bilabiée, rétractile.

Deux antennules courtes, peu distinctes, biarticulées.

Ailes avec une cellule ovale vers le milieu, d'où partent quatre nervures peu distinctes.

Écusson ordinairement armé de deux épines.

ESPÈCES.

1. Oxycère hypoléon.

Noire; côtés du corcelet et de l'abdomen avec des taches jaunes.

2. Oxycère rayée.

Verte; corcelet avec des lignes, abdomen avec des bandes, noires.

3. Oxycère variée.

Noire; corcelet avec deux lignes, abdomen avec une bande et des taches, jaunes.

4. Oxycère maculée.

Noire; corcelet avec six lignes, abdomen avec neuf taches, jaunes.

5. Oxycère nigricorne.

Noire; corcelet avec quatre lignes interrompues, jaunes; côtés de l'abdomen jaunes.

6. Oxycère léonine.

Noire; écusson, base et extrémité de l'abdomen jaunes.

1. Oxycère hypoléon.

Oxycera hypoleon.

Oxycera atra, thoracis abdominisque lateribus flavo maculatis.

Oxycera hypoleon. Meig. *Dipt. tom.* 1. *p.* 137. *tab.* 8. *fig.* 3.

Oxycera hypoleon. Latr. *Gen. Cruſt. & Inſect. tom.* 4. *p.* 277.

Muſca hypoleon. Linn. *Syſt. Nat.* 2. *pag.* 980. *n°.* 7.

Stratiomys atra, thorace abdomineque maculis flavis. Geoffr. *Inſ. Par.* 2. *p.* 481. *n°.* 6.

Stratiomys maculata. Fourc. *Ent. Par. t.* 2. *p.* 468. *n°.* 6.

Muſca rara. Scop. *Ent. Carn. n°.* 912.

Stratiomys hypoleon. Panzer, *Faun. Germ. Faſc.* 1. *tab.* 14.

Elle a environ trois lignes de longueur. Les antennes ſont noirâtres. La tête eſt jaune, avec une ligne noire ſur le front, & le vertex noir. Le corcelet eſt noir, avec les côtés, l'écuſſon & une tache, de chaque côté, au deſſus de l'écuſſon, jaunes. L'écuſſon eſt armé de deux épines un peu arquées, jaunes. L'abdomen eſt court, large, noir, avec ſix taches, dont une, à la baſe, preſque carrée, deux oblongues de chaque côté, & une triangulaire à l'extrémité. La poitrine eſt noire, avec une petite tache jaune ſur les côtés. Le deſſous de l'abdomen eſt noir, avec un peu de jaune au milieu.

Elle ſe trouve dans les prairies humides de toute l'Europe.

2. Oxycère rayée.

Oxycera trilineata.

Oxycera viridis, thorace lineis abdomine faſciis nigris.

Oxycera trilineata. Meig. *Dipt. tom.* 1. *p.* 137. *tab.* 8. *fig.* 2.

Oxycera trilineata. Latr. *Gen. Cruſt. & Inſect. tom.* 4. *p.* 278.

Muſca trilineata *antennis filatis clavatis, ſcutello bidentato, corpore viridi, thorace lineis abdomineque faſciis nigris.* Linn. *Syſt. Nat.* 2. *p.* 980. *n°.* 6.

Stratiomys luteo-vireſcens, thorace lineis tribus longitudinalibus, abdomine tribus tranſverſis, arcuatis, nigris. Geoffr. *Inſ. Par. tom.* 2. *p.* 482. *n°.* 7.

Stratiomys faſciata. Fourc. *Ent. Par. tom.* 2. *p.* 468. *n°.* 7.

Stratiomys trilineata. Fabr. *Entom. Syſt. em. tom.* 4. *pag.* 267. *n°.* 19. — *Syſt. Antl. pag.* 85. *n°.* 28.

Stratiomys trilineata. Panzer, *Faun. Germ. Faſc.* 1. *tab.* 13.

Stratiomys trilineata. Schell. *Dipt. tab.* 24. *fig.* 3.

Elle a deux lignes & demie de long. Les antennes ſont noires, avec la baſe jaunâtre. La tête eſt verte, marquée d'une ligne noire, qui va de la baſe des antennes juſqu'aux yeux liſſes. Le corcelet eſt vert, avec trois lignes noires ſur le dos. L'écuſſon eſt vert, armé de deux épines jaunes. L'abdomen eſt vert, marqué de quatre bandes noires. Le balancier eſt vert. Les pattes ſont jaunes. Les ailes ſont tranſparentes, avec les nervures jaunes.

Elle ſe trouve dans toute l'Europe, dans les prés très-humides.

3. Oxycère variée.

Oxycera variegata.

Oxycera nigra, thorace lineis duabus, abdomine faſciâ maculiſque flavis.

Elle reſſemble beaucoup à l'Oxycère rayée. Les antennes ſont d'un jaune-obſcur. La tête eſt jaune, avec une ligne noire ſur le front, & le vertex noir. Le corcelet eſt noir, avec deux lignes jaunes ſur le dos & une ſur les côtés. L'écuſſon eſt jaune, armé de deux épines un peu arquées. L'abdomen eſt noir, avec une tache jaune à la baſe, une tache ſur les côtés, une bande, puis deux taches plus grandes que les premières, qui ſe joignent quelquefois par une petite ligne, & une autre tache à l'extrémité. La poitrine eſt noire, avec quelques taches jaunes ſur les côtés. Les pattes ſont jaunes. Les ailes ſont tranſparentes, avec les nervures blanchâtres.

Elle ſe trouve en Caroline, d'où elle a été apportée par M. Boſc.

4. Oxycère maculée.

Oxycera maculata.

Oxycera nigra, thorace lineis ſex, abdomine maculis novem flavis.

Elle reſſemble aux précédentes. Les antennes ſont jaunes. La tête eſt noire, avec deux lignes ſur le front & le bord poſtérieur jaunes. Le corcelet eſt noir, avec ſix lignes jaunes, dont deux, de chaque côté, ſe réuniſſent par les deux extrémités. L'écuſſon eſt jaune, armé de deux épines preſque droites. L'abdomen eſt noir, avec une tache jaune à la baſe, une autre au milieu, trois de chaque côté & une à l'extrémité. La poitrine eſt noire, avec une tache qui s'élève en écaille ſur les côtés. Le deſſous de l'abdomen eſt noir, bordé de jaune. Les pattes ſont jaunes. Les ailes ſont tranſparentes,

avec

avec les nervures d'un jaune-blanchâtre. Les balanciers sont jaunes.

Elle se trouve en Caroline, d'où elle a été apportée par M. Bosc.

5. Oxycère nigricorne.

Oxycera nigricornis.

Oxycera nigra, thorace lineis quatuor interruptis abdominisque lateribus flavis.

Elle est un peu plus petite que les précédentes. Les antennes sont noires. La tête est jaune, avec une ligne sur le front & le vertex noirs. Le corcelet est noir, avec quatre lignes jaunes, interrompues, au milieu. L'écusson est jaune, armé de deux petites épines presque droites. L'abdomen est noir, bordé d'un jaune-fauve, intérieurement festonné. La poitrine est noire, avec une écaille jaune sur les côtés. Le dessous de l'abdomen est noir, bordé de jaune, laquelle couleur jaune s'étend légérement sur le bord des anneaux. Les pattes sont jaunes. Les ailes sont transparentes, avec les nervures jaunâtres. Les balanciers sont jaunes.

Elle se trouve aux environs de Paris.

Du cabinet de M. Bosc.

6. Oxycère léonine.

Oxycera leonina.

Oxycera atra, scutello, abdominis basi apiceque flavis.

Oxycera leonina. Meigen, *Dipt. tom.* 1. *p.* 138.

Stratiomys leonina. Panzer, *Faun. Germ. Fasc.* 58. *tab.* 21.

Elle a deux lignes & demie de longueur. Les antennes sont noires. La tête est noire, avec la bouche jaune, & une tache de la même couleur derrière les yeux. Le corcelet est noir, luisant, marqué, de chaque côté, d'une petite ligne jaune, & d'un point de la même couleur à l'origine des ailes. L'écusson est jaune, armé de deux épines un peu arquées. L'abdomen est noir, avec une tache jaune à la base & une autre à l'extrémité. Les cuisses sont noires, avec l'extrémité jaune. Les jambes sont jaunes, avec le milieu noir. Les tarses sont noirs, avec le premier article jaune. Les ailes ont leurs nervures jaunâtres. Les balanciers sont noirs, avec le renflement qui les termine jaune.

Elle se trouve en Silésie, sur le bord des eaux.

OXYOPE. *Oxyopes.* Genre d'insectes de la seconde section de l'Ordre des Aptères, & de la famille des Aranéides.

Les Oxyopes sont des Aranéides qui semblent réunir les Araignées *crabes* des auteurs avec celles de la famille des Araignées *loups*. Leurs yeux, au nombre de huit & inégaux, forment une espèce d'héxagone alongé, irrégulier, ou une sorte de triangle, dont la base est courbe ou arquée en devant, & occupe l'extrémité antérieure du corcelet, & dont la pointe est tronquée. Ils sont disposés deux par deux, sur quatre lignes transverses. Ceux de la seconde, & ensuite ceux de la quatrième, sont plus gros. Les pattes sont alongées & grêles. La première paire est la plus longue; la seconde & la quatrième sont presqu'égales, & la troisième est la plus courte.

J'avois d'abord placé la seule espèce qui m'étoit connue, dans la division des Araignées crabes, & je l'avois appelée *Araignée hétérophthalme, Aranea heterophthalma (Hist. nat. des Crust. & des Ins. tom. 7, p. 280).* Je crus, peu de tems après, devoir en former un genre particulier, sous la désignation d'*Oxyope (Nouv. Dict. d'Hist. natur. tom. 24, tabl. méth. p. 135).* M. Walckenaer l'a depuis nommé *Sphase, Sphasus*, & il fait partie de sa tribu des Araignées, division des Arpenteuses, *Exploratoriæ*. Le mot d'*Oxyopes*, signifiant vue perçante, pouvoit très-bien s'appliquer à des animaux que la Nature paroît avoir favorisés à cet égard, puisque le nombre de leurs yeux est de huit, & dans une situation la plus propre à recevoir, en plus de sens possibles, les rayons de lumière. Cette dénomination ne devoit pas être changée, & je la conserve.

Les deux yeux de la première ligne, ou les antérieurs, sont très-petits & rapprochés. Ceux de la seconde ligne sont très-écartés l'un de l'autre; les quatre derniers forment presqu'un carré, dont le côté antérieur est un peu plus large. Deux de ces yeux, savoir, les postérieurs, sont petits; mais les deux autres sont les plus grands, à en juger d'après le dessin de M. Walckenaer, qui a étudié, avec un soin particulier, tout ce qui est relatif à l'organisation & aux mœurs des Aranéides. Ce dessin a été fait sur une espèce exotique. Dans l'Oxyope bigarré, que nous avons en Europe, les yeux de la seconde ligne m'ont paru surpasser les autres en grosseur. Les quatre derniers sont de grandeur moyenne, & presqu'également distans.

La bouche, comme toutes celles des animaux de la même famille, est composée de deux mandibules, d'autant de mâchoires & d'antennules, & d'une lèvre inférieure.

Les mandibules ressemblent, en général, à celles des Araignées proprement dites & des genres voisins. Elles sont assez longues, perpendiculaires, & l'onglet mobile, ou le crochet qui les termine, est petit & replié sur le côté interne.

Les mâchoires sont alongées, presque de la même largeur partout, droites & arrondies à leur extrémité. Leur côté extérieur donne naissance, près de sa base, à une antennule filiforme, de cinq articles, dont le premier très-court, dont le second, & ensuite les deux derniers, plus longs; le terminal a un petit crochet au bout.

La lèvre forme une espèce de carré long, s'élargiffant, & s'arrondiffant un peu vers fon extrémité fupérieure.

Le corps des Oxyopes eft oblong, peu ou médiocrement velu. Le corcelet forme un ovoïde étroit & tronqué antérieurement. L'abdomen eft ovoïdo-conique. Les pattes font longues & fines; la première paire eft la plus longue, & la troifième la plus courte. Les deux autres font prefqu'égales.

Je n'ai rencontré qu'un feul individu de l'Oxyope bigarré; il étoit placé fur l'extrémité defféchée de la plante nommée Carline & au deffus du cocon renfermant fes œufs. Ce cocon eft blanc, orbiculaire & aplati. L'Oxyope foffane, obfervé en Caroline par M. Bofc, court après fa proie, & fe renferme dans des feuilles qu'il rapproche, afin d'y pondre fes œufs.

Ce genre d'Aranéides eft difféminé fur tout le Globe; car, outre les deux efpèces précédentes, dont l'une d'Europe, & l'autre de l'Amérique feptentrionale, nous en connoiffons deux autres, & qui font propres aux Indes orientales. Il paroît néanmoins qu'il faut à ces Aranéides un climat chaud ou très-tempéré. On n'en a pas trouvé dans les environs de Paris. Les individus que j'ai vus avoient tous été envoyés du midi de la France, & ces Aranéides mêmes y font rares.

M. Walckenaer, dans fon *Tableau des Aranéides*, énumère cinq efpèces de Sphafes ou d'Oxyopes, dont celles qu'il nomme *Indien*, *Tranfalpin*, *Foffane* & *Timorien*, n'ont pas encore été décrites. Je donnerai les caractères de la première de ces trois efpèces; la feconde m'eft inconnue, & la publication de la troifième eft réfervée à M. Lefueur, qui acquerra de nouveaux droits à notre reconnoiffance en mettant au jour le fruit de fes recherches, & de celles de fon ami Péron, fur la Zoologie des terres auftrales.

OXYOPE.

OXYOPES. LATR. *SPHASUS.* WALCKENAER.

CARACTÈRES GÉNÉRIQUES.

Yeux, huit, disposés deux par deux sur quatre lignes transverses, et formant, par leur réunion, un triangle dont la base est arquée et occupe l'extrémité antérieure du corcelet, et dont la pointe est tronquée; les yeux de la seconde ligne ou ceux de la troisième plus gros.

Mandibules perpendiculaires, terminées par un crochet replié sur leurs côtés internes.

Antennules, deux, filiformes, insérées près de la base extérieure des mâchoires.

Mâchoires alongées, presque de la même largeur partout, droites, arrondies vers le bout.

Lèvre inférieure en carré long, un peu dilaté et arrondi vers le sommet.

Pattes, huit, longues, grêles; la première paire plus longue; la troisième plus courte, et les deux autres presqu'égales.

ESPÈCES.

1. Oxyope bigarré.

Velu, gris, mélangé de roux et de noir; pattes d'un rousseâtre-pâle, tachetées de noirâtre; piquans des jambes alongés.

2. Oxyope rayé.

Mandibules, corcelet et pattes d'un jaunâtre roux et pâle; une ligne sur les mandibules, et trois longitudinales sur le corcelet, noirâtres; abdomen d'un brun-obscur, rayé longitudinalement de rousseâtre-pâle; ligne dorsale bifide en devant.

3. Oxyope indien.

Rousseâtre, pâle, avec le corcelet et les pattes pointillés de noir; yeux de la troisième ligne, ou le cinquième et le sixième plus grands.

1. Oxyope bigarré.

Oxyopes variegatus.

Oxyopes corpore villoso, griseo, rufo-nigroque vario; pedibus pallido-rufescentibus, fusco-maculatis; spinulis tibialibus elongatis.

Oxyopes variegatus. Latr. *Gen. Cruſt. & Inſ. tom.* 1. *p.* 116. *ſpec.* 1.

Aranea heterophthalma. Latr. *Hiſt. nat. des Cruſt. & des Inſ. tom.* 7. *p.* 280.

Sphaſus heterophthalmus, *thorace griſeo, villoſo; abdomine ovato-conico, ſuprà rufo, faſciâ ovali, dilutiore, ſubtùs griſeo.* Walk. *Hiſt. natur. des Aran. Faſc.* 3. *tab.* 8. — *Tabl. des Aran. p.* 19.

Son corps a environ quatre lignes de long. Il eſt velu, gris, & mélangé de noir & de roux. Ses pattes ſont d'un roux-pâle & tachetées de noirâtre. Les épines des jambes ſont alongées. Les yeux de la ſeconde ligne, ou le troiſième & le quatrième, ſont les plus grands de tous. Les quatre derniers ſont preſqu'égaux. J'ajouterai, d'après la deſcription de M. Walckenaer, que ſon corcelet eſt preſqu'auſſi long que l'abdomen & gris; que cette dernière partie eſt ovoïdo-conique, rougeâtre, ayant, en deſſus, un ovale plus pâle, étroit, peu viſible; que ſes côtés & le ventre ſont recouverts de poils gris, formant quatre raies longitudinales, dont les latérales plus larges, & que ces raies ſont ſéparées par trois lignes étroites, de couleur carmélite. Les pattes ſont preſque dépourvues de poils, mais elles ont des piquans très-longs.

J'ai trouvé cette eſpèce aux environs de Brive, département de la Corrèze, ſur une fleur deſſéchée de Carline; elle recouvroit ſon cocon, qui eſt blanc, orbiculaire & aplati.

2. Oxyope rayé.

Oxyopes lineatus.

Oxyopes mandibulis, thorace pedibuſque pallidè rufo-flaveſcentibus; mandibulis lineâ, thorace faſciis tribus longitudinalibus, fuſcis; abdomine obſcurè brunneo, lineis longitudinalibus pallido-ruſeſcentibus; lineâ dorſali anticè furcatâ.

Oxyopes lineatus. Latr. *Gen. Cruſt. & Inſect. tom.* 1. *p.* 117. *tab.* 5. *fig.* 5.

Cette eſpèce eſt un peu plus petite que la précédente. Ses mandibules, ſon corcelet & ſes pattes ſont d'un jaunâtre-roux & pâle. Les mandibules ont une raie noirâtre. Le corcelet en a trois de la même couleur & longitudinales. L'abdomen eſt d'un brun-foncé, & rayé, dans ſa longueur, de rouſſeâtre-clair. La ligne du milieu du dos eſt bifide en devant.

Cette eſpèce ſe trouve aux environs de Bordeaux, d'où elle m'a été envoyée par M. Dargelas, naturaliſte diſtingué.

3. Oxyope indien.

Oxyopes indicus.

Oxyopes pallido-teſtaceus, thorace pedibuſque nigro punctatis; oculis lineæ tertiæ ſeu quinto & ſexto majoribus.

Sphaſus indicus. Walk. *Tabl. des Aran. p.* 19. *n°.* 1.

Il eſt long de ſix lignes, d'un rouſſeâtre très-pâle, avec de petits points noirs ſur le corcelet & ſur les pattes. Les mandibules ſont longues & perpendiculaires. Le corcelet eſt ovoïde, & tronqué en devant. Les yeux de la troiſième ligne, ou le cinquième & le ſixième, ſont les plus grands de tous, & les deux poſtérieurs les plus petits. L'abdomen eſt conico-ovoïde. Les pattes ont des piquans épars & noirs.

Il ſe trouve au Bengale. Collection du Muſéum d'Hiſtoire naturelle de Paris. *(Lat.)*

OXYPORE. *Oxyporus.* Genre d'inſectes de la première ſection de l'Ordre des Coléoptères, & de la famille des Staphylins.

Les Oxypores ſe diſtinguent des Staphylins par les antennes plus courtes, & dont les cinq ou ſix derniers articles ſont plus larges & perfoliés, & ſurtout par les antennules poſtérieures, dont le dernier article eſt court, large, en forme de croiſſant.

Linné, Geoffroy, Degeer & pluſieurs autres Entomologiſtes, n'ayant connu qu'une ſeule eſpèce d'Oxypore, & ne l'ayant conſidérée que ſous le rapport des antennes & de la forme du corps, l'avoient réunie aux Staphylins, dont elle diffère effectivement fort peu; mais Fabricius, en établiſſant les caractères des genres ſur les parties de la bouche, a dû néceſſairement ſéparer les Oxypores des Staphylins, puiſque les premiers ont les mandibules ſimples & le dernier article des antennules poſtérieures en forme de croiſſant, tandis que les derniers ont les mandibules dentées & les antennules filiformes: cependant il a réuni à ce genre un grand nombre d'eſpèces qui ne devoient en aucune manière en faire partie, & dont M. Gravenhorſt vient de faire deux genres nouveaux, ſous les noms de *Tachypore* & de *Tachyne*. *(Voyez ces mots.)*

Les antennes des Oxypores ſont de la longueur de la tête, & compoſées de onze articles, dont le premier eſt gros, un peu alongé; les ſuivans ſont grenus; les cinq ou ſix derniers ſont plus larges & perfoliés. Elles ſont inſérées à la partie antérieure un peu latérale de la tête, à la baſe ſupérieure des mandibules.

La bouche eſt compoſée d'une lèvre ſupérieure,

de deux mandibules, de deux mâchoires, d'une lèvre inférieure & de quatre antennules.

La lèvre supérieure est cornée, large, courte, antérieurement échancrée & ciliée.

Les mandibules sont cornées, grandes, arquées, très-pointues, simples; elles sont ordinairement croisées lorsque l'insecte les tient en repos.

Les mâchoires sont presque cornées & bifides. La division intérieure est courte & pointue; l'extérieure est beaucoup plus grande, comprimée & arrondie.

La lèvre inférieure est petite, étroite, presque échancrée & coriacée. Le menton sous lequel elle se trouve, est corné, presque carré.

Les antennules antérieures sont filiformes & composées de quatre articles, dont le premier est court; les deux suivans sont alongés, à peine coniques; le dernier est un peu plus court que ceux-ci, cylindrique & obtus. Elles sont insérées à la base de la pièce extérieure des mâchoires.

Les antennules postérieures sont aussi longues que les antérieures, & composées de trois articles, dont le premier est très-court; le second très-alongé, un peu renflé à son extrémité; le dernier est court, très-large, figuré en croissant. Elles sont insérées à l'extrémité latérale de la lèvre inférieure.

La tête est grande & portée en avant, un peu emboîtée dans le corcelet. Les yeux sont arrondis, saillans, & placés à la partie latérale, un peu antérieure de la tête.

Le corcelet est arrondi, peu convexe, plus étroit que les élytres, muni d'un très-léger rebord. L'écusson est très-petit.

Les élytres sont cornées, dures, très-courtes; elles ne couvrent pas la moitié de l'abdomen, & cachent deux ailes membraneuses, repliées.

Les pattes sont de longueur moyenne. Les cuisses sont simples, & les jambes sont pourvues de poils très-courts. Les tarses sont filiformes, & composés de cinq articles, dont le second & le dernier sont les plus longs; celui-ci est terminé par deux ongles crochus.

Les Oxypores sont d'assez petits insectes, dont le corps est alongé, glabre; dont la démarche est accélérée, & dont le vol est ordinairement tardif. Leurs habitudes diffèrent beaucoup de celles des Staphylins, quoique la forme du corps soit à peu près semblable. Au lieu de fréquenter les fumiers, les ordures ou les charognes, comme ces derniers, les Oxypores habitent les Agarics, les Bolets, les Champignons, & c'est là que la larve vit & prend son accroissement.

Fabricius & Panzer ont placé parmi les Oxypores un grand nombre d'espèces qui n'appartiennent point à ce genre, les antennules postérieures n'étant ni en forme de croissant ni en forme de hache, mais filiformes. M. Gravenhorst, comme nous l'avons déjà dit, les range parmi ses Tachipores & ses Tachines, dont les uns ont les antennules terminées en pointe, & les autres les ont obtuses ou simplement filiformes.

OXYPORE.

OXYPORUS. Fabr. Payk. Panz. Latr. Gravenhorst.
STAPHYLINUS. Linn. Geoffr. Deg.

CARACTÈRES GÉNÉRIQUES.

Antennes à peine plus longues que la tête : onze articles ; le premier alongé ; les suivans grenus ; les cinq ou six derniers un peu plus gros et perfoliés.

Mandibules cornées, grandes, arquées, simples.

Quatre antennules ; les antérieures filiformes ; les postérieures en croissant.

Élytres très-courtes.

ESPÈCES.

1. Oxypore majeur.

Noir, luisant ; tarses et deux taches sur chaque élytre, testacés.

2. Oxypore fauve.

Fauve, avec la tête, l'extrémité des élytres et de l'abdomen noires.

3. Oxypore maxillaire.

D'un fauve-pâle, avec la tête, le corcelet et l'angle postérieur des élytres noirs.

4. Oxypore latéral.

Fauve, luisant, avec les côtés du corcelet et de la tête, et l'angle postérieur des élytres noirs.

5. Oxypore rayé.

Noir, luisant ; élytres testacées, avec la suture et le bord latéral noirs.

6. Oxypore fémoral.

Noir, luisant, avec les jambes et les tarses pâles ; élytres testacées, avec la suture et le bord latéral noirs.

7. Oxypore ceint.

Noir ; antennes, antennules et pattes testacées ; élytres testacées, avec la suture et le bord latéral noirs.

8. Oxypore ciselé.

Noir, cicatrisé ; élytres fauves, avec l'angle postérieur noir.

9. Oxypore picipède.

Noir ; bouche et pattes d'un brun-foncé ; tête plus étroite que le corcelet.

1. Oxypore majeur.

Oxyporus major.

Oxyporus niger, nitidus, tarsis & elytrorum maculis duabus magnis, longitudinalibus; testaceis. Gravenh. *Monogr. Coleopt. Micropt. p.* 234. *n°.* 1.

Il a cinq lignes de longueur. Les antennes sont obscures, avec la base du premier article noire. La tête est noire, presqu'une fois plus grande que le corcelet. Le corcelet est noir, transverse, un peu plus étroit vers la base. Les élytres sont noires, avec une tache testacée qui part de l'angle extérieur & descend jusqu'au milieu, & une autre de la même couleur près de la suture, qui descend presque jusqu'à l'extrémité. On voit en outre deux stries & quelques points disséminés sur le disque. Le corps est noir. Les pattes sont noires, avec les tarses fauves. Les jambes antérieures ont un léger duvet soyeux, jaunâtre.

Il se trouve dans l'Amérique septentrionale.

2. Oxypore fauve.

Oxyporus rufus.

Oxyporus rufus, capite, elytrorum abdominisque posticis nigris. Ent. tom. 3. *Gen.* 43. *tab.* 1. *fig.* 1.

Oxyporus rufus. Fabr. *Syst. Ent. p.* 267. *n°.* 1. — *Ent. Syst. em. tom.* 2. *p.* 531. *n°.* 1. — *Syst. Eleut. tom.* 2. *p.* 604. *n°.* 1.

Staphylinus rufus. Linn. *Syst. Nat.* 2. *p.* 684. *n°.* 6. — *Faun. Suec. n°.* 844.

Staphylinus flavus, capite, elytris abdomineque posticè nigris. Geoffr. *Inf. tom.* 1. *pag.* 370. *n°.* 22.

Staphylinus rufus. Fourc. *Ent. Parif. tom.* 1. *p.* 170. *n°.* 22.

Staphylinus rufus. Deg. *Mém. Insect. tom.* 4. *p.* 24. *n°.* 10. *tab.* 1. *fig.* 11, 12.

Staphylinus rufus. Payk. *Monogr. Staph. p.* 18. *n°.* 10.

Oxyporus rufus. Payk. *Faun. Suec. tom.* 3. *p.* 425. *n°.* 1.

Oxyporus rufus. Panz. *Faun. Germ. Fasc.* 16. *tab.* 19.

Staphylinus rufus. Scop. *Ent. Carn. n°.* 307.

Schæff. *Icon. Inf. tab.* 85. *fig.* 3.

Oxyporus rufus. Latr. *Gen. Crust. & Insect. tom.* 1. *p.* 284. — *Hist. nat. des Crust. & des Inf. tom.* 9. *p.* 358. *tab.* 80. *fig.* 3.

Staphylinus rufus. Schrank, *Enum. Inf. Austr. n°.* 438.

Oxyporus rufus. Ross. *Faun. Etrusc. tom.* 1. *p.* 252. *n°.* 624.

Oxyporus rufus. Gravenh. *Coleopt. Micropt. p.* 151. *n°.* 1. — *Monogr. Coleopt. Micr. p.* 235. *n°.* 2.

Il a de trois à quatre lignes de longueur. Les antennes sont fauves à leur base, noirâtres à leur extrémité. Les antennules sont fauves. La tête est noire. Le corcelet est fauve, lisse, légérement rebordé. Les élytres sont noires, avec une grande tache fauve à leur base. L'abdomen est fauve, avec l'extrémité noire. La poitrine est noire. Les pattes sont fauves, avec la base des cuisses noire.

Il se trouve dans toute l'Europe, dans les Bolets, les Agarics.

3. Oxypore maxillaire.

Oxyporus maxillosus.

Oxyporus pallidè rufus, capite, thorace anguloque postico elytrorum nigris.

Oxyporus maxillosus *ater, elytris pallidis, angulo postico nigris; abdomine rufo, ano fusco.* Fabr. *Ent. Syst. em. tom.* 1. *pars* 2. *p.* 531. *n°.* 2. — *Syst. Eleut. tom.* 2. *p.* 605. *n°.* 2.

Oxyporus maxillosus. Panzer, *Faun. Germ. Fasc.* 16. *tab.* 20.

Oxyporus maxillosus. Gravenh. *Coleopt. Micropt. p.* 152. *n°.* 2. — *Monogr. Coleopt. Micropt. p.* 235. *n°.* 5.

Il ressemble beaucoup au précédent pour la forme & la grandeur; mais il varie pour les couleurs. Les antennes sont entiérement fauves, ou fauves avec la moitié extérieure un peu obscure. La tête est noire, un peu plus grande que dans l'Oxypore fauve, avec les mandibules avancées, tantôt noires, tantôt fauves. Les antennules sont fauves. Le corcelet est noir, & quelquefois marqué de deux taches d'un brun-ferrugineux. Les élytres sont testacées, avec une tache noire à l'angle postérieur. On y remarque deux stries rapprochées vers le milieu. L'abdomen est d'un fauve-pâle, sans tache ou avec l'extrémité obscure. Les pattes sont pâles.

Il se trouve en Europe, dans les Bolets, les Agarics.

4. Oxypore latéral.

Oxyporus lateralis.

Oxyporus rufus, nitidus, thoracis capitisque lateribus, anguloque postico elytrorum nigris.

Oxyporus lateralis. Gravenh. *Coleopt. Micropt. p.* 195. *n°.* 1. — *Monogr. Coleopt. Micr. p.* 235. *n°.* 3.

Il a trois lignes & demie de longueur, & reffemble à l'Oxypore fauve ; mais les élytres font beaucoup plus grandes, & le corcelet eft plus large au milieu. La tête eft de la grandeur du corcelet, d'un fauve-pâle ou obfcur, avec le difque, les yeux & les angles poftérieurs noirs. Les antennules font teftacées. Le corcelet eft d'un fauve-pâle ou d'un fauve-obfcur, avec les côtés arrondis, noirs ; il eft une fois plus court & une fois plus étroit que les élytres : celles-ci font prefque carrées, un peu plus larges vers l'extrémité, teftacées, avec l'angle poftérieur noir. La future eft quelquefois noire. On voit au milieu deux ftries qui ne vont pas jufqu'à l'extrémité. L'abdomen eft entiérement fauve ou marqué de deux points noirs fur chaque anneau. Les pattes font teftacées.

Il fe trouve dans l'Amérique feptentrionale.

5. Oxypore rayé.

Oxyporus vittatus.

Oxyporus niger, nitidus, elytris teftaceis, futurâ margineque laterali nigris.

Oxyporus vittatus. Gravenh. *Coleopt. Micropt. p.* 195. *n°.* 2. — *Monogr. Coleopt. Micropt. p.* 235. *n°.* 6.

Il a trois lignes de longueur, & reffemble, pour la forme & les proportions, à l'Oxypore maxillaire. Les antennes font un peu plus courtes que la tête, noirâtres, avec le premier article teftacé. Les antennules font teftacées. La tête eft noire, luifante. Le corcelet eft noir, tranfverfe, très-large au milieu, avec les côtés arrondis. Les élytres font teftacées, avec la future noire & une raie fur le bord latéral, de la même couleur, qui s'élargit vers l'extrémité. Le corps eft noir-luifant. Les pattes font teftacées.

Il fe trouve dans l'Amérique feptentrionale.

6. Oxypore fémoral.

Oxyporus femoralis.

Oxyporus niger, nitidus, tibiis tarfifque pallidis; elytris teftaceis, futurâ margineque laterali nigris.

Oxyporus femoralis. Gravenh. *Coleopt. Micr. p.* 196. *n°.* 3. — *Monogr. Coleopt. Micr. p.* 235. *n°.* 7.

Il reffemble au précédent ; mais il eft un peu plus grand; il a trois lignes & trois quarts de longueur. La tête eft noire, avec les antennules poftérieures teftacées. Le corcelet eft noir, auffi large que long, à peine rétréci vers la bafe. Les élytres font, comme dans l'efpèce précédente, teftacées, avec la future & le bord extérieur noirs. Cette couleur s'élargit un peu à l'angle poftérieur. Le corps eft noir. Les cuiffes font noires. Les jambes font teftacées, avec un peu de l'extrémité noire. Les tarfes font teftacés.

Il fe trouve dans l'Amérique feptentrionale.

7. Oxypore ceint.

Oxyporus cinctus.

Oxyporus niger, antennis, palpis pedibufque teftaceis; elytris teftaceis, futurâ margineque laterali nigris.

Oxyporus cinctus *niger, nitidus, antennis, palpis pedibufque teftaceis ; abdominis ventre margineque rufis ; coleoptris teftaceis, futurâ atque lateribus nigris.* Gravenh. *Coleopt. Micr. p.* 196. *n°.* 4. — *Monogr. Coleopt. Micr. p.* 235. *n°.* 8.

Il n'eft peut-être qu'une variété de l'Oxypore rayé, fuivant M. Gravenhorft; il a trois lignes de longueur. Les antennes & les antennules font teftacées. La tête eft noire, ainfi que le corcelet. Les élytres font teftacées, & ont, comme les deux précédens, la future & le bord extérieur noirs. La couleur noire s'étend un peu plus dans celui-ci, à l'angle poftérieur. L'abdomen eft noir, avec le ventre & les bords fauves. Les pattes font entiérement teftacées.

Il fe trouve dans l'Amérique feptentrionale.

8. Oxypore cifelé.

Oxyporus cœlatus.

Oxyporus niger, cicatricofus, elytris rufis, angulo poftico nigro.

Oxyporus cœlatus. Gravenh. *Coleopt. Micropt. p.* 197. *n°.* 5. — *Monogr. Coleopt. Micr. p.* 235. *n°.* 4.

Il n'a que deux lignes de longueur. La tête eft noire, de la grandeur du corcelet, marquée de points relevés, ferrés, irréguliers. Les yeux font faillans & arrondis. Le corcelet eft noir, carré, convexe, de la longueur des élytres, marqué de points enfoncés, ferrés, & d'élévations irrégulières, parmi lefquelles on en diftingue fept plus grandes, dont quatre, au milieu, font difpofées en carré; la cinquième eft vers l'écuffon. Les deux autres font vers les côtés. Les élytres font noires, tranfverfes, plus larges que le corcelet, marquées de points enfoncés & d'élévations irrégulières. L'abdomen eft noir, avec les bords un peu fauves, & une fuite de nodofités de chaque côté. Les pattes font fauves, avec l'extrémité des cuiffes noire.

Il fe trouve dans l'Amérique feptentrionale.

9. Oxypore picipède.

Oxyporus picipes.

Oxyporus niger, ore pedibufque piceis, capite thorace anguftiore.

Oxyporus

Oxyporus picipes. PAYK. *Faun. Suec. tom.* 3. *p.* 426. *n°.* 2.

Il ressemble, suivant M. Paykul, au Staphylin poli; mais il appartient au genre Oxypore à cause des antennules postérieures, qui sont sécuriformes ou plutôt en croissant. Les antennes sont presque filiformes, un peu plus longues que le corcelet, avec la base & le dernier article fauves. Le corcelet est antérieurement tronqué, postérieurement arrondi, aussi large que long, très-convexe, noir-luisant, lisse, marqué de trois points de chaque côté, dont deux & un, & de huit autres sur le bord postérieur. L'écusson est noir, triangulaire. Les élytres sont noires, un peu déprimées, aussi larges & aussi longues que le corcelet, légérement raboteuses vues avec une loupe, & clair-semées d'un duvet court, grisâtre. La poitrine est noire. L'abdomen est noir. Les pattes sont d'un brun-foncé.

Nota. La longueur & la forme des antennes me font soupçonner que cet insecte, que je n'ai point vu, n'appartient pas au genre Oxypore.

Il se trouve rarement en Suède.

OXYRYNQUES. *Oxyrynchi.* C'est le nom que M. Latreille donne à la troisième famille de la classe des Crustacés, dont le caractère est d'avoir le têt plus long que large. Elle est divisée en deux sections. Dans la première sont compris les genres qui n'ont point de pattes terminées en nageoire, tels que Dorippe, Micyre, Leucosie, Coryste, Lithode, Maïa & Macrope. Dans la seconde section, les jambes postérieures sont terminées en nageoire; elle comprend les genres Orithyie, Matute & Ranine. (*Voyez* ces mots à leur place ou dans le Supplément.)

M. Duméril a de même nommé *Mucronés* ou *Oxyrynques* les Crustacés à dix pattes, à branchies cachées, à queue plus courte que le tronc, simple à l'extrémité; à corcelet plus long que large; c'est sa quatrième famille des Crustacés Astacoïdes. Elle comprend les genres Ranine, Orithyie, Maïa, Dorippe & Leucosie.

OXYTÈLE. *Oxytelus.* Genre d'insectes de la première section de l'Ordre des Coléoptères, & de la famille des Staphylins.

Les Oxytèles ont les antennes plus courtes que le corcelet, progressivement renflées, avec le premier article alongé; les mandibules simples; quatre antennules terminées par un article étroit & pointu; les élytres très-courtes; les premiers articles des tarses très-courts, & le dernier très-long.

Ces insectes ont été réunis aux Staphylins jusqu'à ce que M. Gravenhorst en ait formé un genre, dont le principal caractère est tiré des antennules, dont le dernier article est beaucoup plus étroit que les autres & pointu. Ce caractère leur est commun avec les Aléochares, les Tachypores, les Lathrobies; ils en sont distingués en ce que leurs jambes sont épineuses, & qu'elles sont simples dans les premières, & seulement ciliées dans les troisièmes. Le corcelet, court & sculpté, les distingue des uns & des autres : mais un caractère qui nous paroît mieux séparer les Oxytèles de tous les autres genres de la grande famille des Staphylins, ce sont les tarses, dont les quatre premiers articles sont si courts, que nous n'avons pu les compter, même dans les plus grandes espèces, & dont le dernier est une fois plus long que tous les autres pris ensemble.

Les antennes des Oxytèles ressemblent à celles des Lathrobies; elles sont un peu plus courtes que le corcelet, & vont un peu en grossissant. Le premier article est alongé & renflé à son extrémité. Les deux suivans sont un peu plus longs que ceux qui viennent après, & un peu aminci à leur base; le quatrième est plus court que ceux qui le précèdent. Les autres sont bien distincts, presque cylindriques, vont un peu en grossissant, & paroissent enfilés par leur milieu; le dernier est le plus gros & terminé en pointe. Elles sont insérées au-devant des yeux, & sont fort distantes l'une de l'autre.

La bouche est composée d'une lèvre supérieure, de deux mandibules, de deux mâchoires, d'une lèvre inférieure & de quatre antennules.

La lèvre supérieure est cornée, un peu avancée sur la bouche, plus large que longue, arrondie & ciliée à sa partie antérieure.

Les mandibules sont cornées, arquées, minces, pointues; elles ont, depuis leur base interne jusqu'au milieu, un léger avancement qui paroît membraneux. Dans les Oxytèles fourchu & tricorne, les mandibules s'élargissent un peu à l'extrémité, & se terminent par deux dents inégales; la supérieure est plus courte & plus petite que l'inférieure.

Les mâchoires sont coriacées, bifides. La division extérieure est grande & arrondie; l'intérieure est courte, obtuse, toute couverte, à son bord interne, de cils courts, très-serrés.

La lèvre inférieure est coriacée, bifide. Les divisions sont avancées, un peu distantes, égales.

Les antennules antérieures sont composées de quatre articles, dont le premier est très-petit, à peine apparent; le second est très-aminci à sa base, un peu dilaté à son extrémité, presqu'en forme d'entonnoir; le troisième est aussi grand que le précédent, moins aminci à sa base; le dernier est étroit & terminé en pointe. Elles sont insérées à la base latérale de la division extérieure des mâchoires.

Les antennules postérieures sont composées de trois articles, dont le dernier est plus mince que les deux précédens; elles sont insérées à la base latérale antérieure de la lèvre inférieure.

La tête est arrondie, un peu anguleuse, déprimée, ordinairement raboteuse, quelquefois épineuse. Les yeux sont arrondis & saillans.

Le corcelet est déprimé, plus large que long, tranchant sur les côtés.

Les élytres sont courtes, cornées, dures, presque carrées; elles cachent deux ailes membraneuses, repliées.

L'abdomen est nu, déprimé, rebordé, formé de plusieurs anneaux bien distincts.

Les pattes sont de longueur moyenne. Les cuisses sont simples, peu renflées. Les jambes ont, à leur partie externe, deux rangées de petites épines déliées, aiguës.

Les tarses sont filiformes. Les premiers articles, probablement au nombre de quatre, sont si courts & si peu distincts, qu'on ne peut les compter : on voit seulement à leur partie inférieure, des touffes de poils qui semblent en indiquer quatre : le dernier article est mince, fort long, un peu arqué, un peu renflé à son extrémité, & terminé par deux ongles assez longs & crochus.

Les Oxytèles sont de très-petits insectes, dont les habitudes & les larves paroissent peu différer de celles des Staphylins. On les voit quelquefois voler dans les premiers beaux jours du printems : on les trouve aussi, pendant toute la belle saison, dans les fientes des animaux, quelquefois sous les mousses & même sur les fleurs.

M. Gravenhorst a divisé ce genre en trois familles, d'après la forme générale du corps, les enfoncemens qui se trouvent sur la tête, sur le corcelet & sur les élytres, la forme des pattes, &c. Nous aurions plus volontiers établi deux divisions, dont l'une comprendroit les espèces à mandibules simples, & l'autre celles dont les mandibules sont terminées par deux dents; mais ne les ayant pas toutes observées, je dois me borner, pour le moment, à indiquer ces différences, dont on profitera avec avantage un jour, soit pour établir des subdivisions, soit pour former un nouveau genre des dernières.

OXYTÈLE.

OXYTELUS. GRAVENH. LATR. PANZ. *STAPHYLINUS.* LINN. GEOFFR. FABR. PAYK. PANZ.

CARACTÈRES GÉNÉRIQUES.

Antennes presque coudées, allant en grossissant; premier article alongé; les derniers distincts, enfilés par leur milieu.

Quatre antennules; le dernier article plus mince que les précédens, et aigu.

Mandibules arquées, simples ou bidentées à leur extrémité.

Corps déprimé, presque linéaire.

Dernier article des tarses mince, fort long; les quatre premiers très-courts.

ESPÈCES.

1. OXYTÈLE fuligineux.

Noir, luisant; pattes testacées; corcelet lisse.

2. OXYTÈLE pédicelle.

Noir, luisant; élytres, pattes et base de l'abdomen pâles; corcelet rugueux.

3. OXYTÈLE déprimé.

Noir, opaque, avec les antennes obscures et les pattes d'un testacé-obscur; corcelet avec quatre lignes élevées.

4. OXYTÈLE nitidule.

Noir, luisant; élytres d'un brun de poix; corcelet avec trois sillons.

5. OXYTÈLE caréné.

Noir, luisant; élytres noirâtres; corcelet avec trois sillons.

6. OXYTÈLE jayet.

Noir, avec les pattes d'un testacé-pâle; corcelet marqué de trois sillons.

7. OXYTÈLE ciselé.

Noir; antennes, pattes et élytres d'un brun-noirâtre; corcelet avec deux sillons un peu arqués.

8. OXYTÈLE corticin.

Noir, luisant; antennes et pattes noirâtres; corcelet avec deux sillons courts, presque droits.

9. OXYTÈLE trilobé.

Noir; élytres d'un brun-testacé; corcelet avec une ligne longitudinale, enfoncée.

10. OXYTÈLE cornu.

Noir, avec les élytres testacées, bordées de noirâtre; tête avec deux épines à sa partie antérieure.

11. OXYTÈLE bicorne.

Déprimé, noir, avec l'anus ferrugineux; tête avec deux cornes droites, avancées, aiguës.

OXYTÈLE. (Insecte.)

12. OXYTÈLE fourchu.

Noir, luisant; tête avec deux cornes élevées, droites; corcelet avec une corne avancée, fourchue.

13. OXYTÈLE tricorne.

Noir; tête avec deux cornes; corcelet avec une corne avancée, simple; élytres d'un brun-ferrugineux.

14. OXYTÈLE pallipède.

Noir, luisant, avec la bouche et les pattes testacées; corcelet avec une ligne longitudinale enfoncée, à peine marquée.

15. OXYTÈLE latipède.

Noir; antennules filiformes et pattes noires; corcelet postérieurement tronqué.

1. Oxytèle fuligineux.

Oxytelus fuliginosus.

Oxytelus niger, nitidus, pedibus testaceis, thorace læviusculo. Gravenh. *Coleopt. Micropt. pag.* 102. *n°.* 1. — *Monogr. Coleopt. Micropt. p.* 185. *n°.* 1.

Il a une ligne de longueur, & il est délié, filiforme; ce qui le rapproche des Aléochares; mais il paroît appartenir aux Oxytèles par les jambes plus fortes & par le corcelet transverse, un peu rétréci vers la base, marqué de deux fossettes. Les antennes sont noires, à peine de la longueur du corcelet. La tête est noire, orbiculaire, un peu plus petite que le corcelet: celui-ci est noir, luisant, transverse, un peu convexe, plus large à l'extrémité, un peu rétréci vers la base, à peine plus étroit que les élytres, lisse, marqué de deux fossettes peu profondes, une de chaque côté, qu'on n'apperçoit bien qu'à l'aide de la loupe. Les élytres sont cendrées, luisantes, un peu plus longues que larges, finement pointillées, marquées d'une ligne enfoncée, longitudinale, près de la suture. Les pattes sont testacées. Les jambes sont fortes, à peine épineuses.

Il se trouve en Europe.

2. Oxytèle pédicelle.

Oxytelus pedicellus.

Oxytelus niger, nitidus, elytris, pedibus abdominisque basi pallidis; thorace rugoso. Gravenh. *Coleopt. Micropt. pag.* 102. *n°.* 2. — *Monogr. Coleopt. Micropt. p.* 185. *n°.* 2.

Il est très-petit, un peu gros, filiforme. Les antennes sont obscures, plus longues que la tête. Le corcelet est noir, luisant, transverse, une fois plus large que long, à peine plus étroit que les élytres, marqué de trois lignes longitudinales, avec les bords un peu élevés. Les élytres sont d'un brun-noir, luisant. L'abdomen est obtus, à peine une fois plus long que les élytres, noir, luisant, d'un brun-testacé à la base. Les pattes sont d'un brun-testacé.

Il se trouve en Europe, dans les fumiers, où il est assez commun.

3. Oxytèle déprimé.

Oxytelus depressus.

Oxytelus niger, opacus, antennis fuscis, pedibus fusco-testaceis, thorace lineis quatuor elevatis. Gravenh. *Coleopt. Micropt. p.* 103. *n°.* 3. — *Monogr. Coleopt. Micropt. p.* 185. *n°.* 3.

Il a environ une ligne de longueur, & il est déprimé, filiforme. Les antennes sont noirâtres. La tête est noire, transverse ou un peu plus grande que le corcelet, carrée, avec les angles obtus, ou un peu plus petite que le corcelet, presqu'orbiculaire. Le corcelet est noir, transverse, plane, à peine plus étroit que les élytres, marqué longitudinalement de quatre lignes élevées, droites. Les élytres sont noires, planes. L'abdomen est obtus, plus long que les élytres. Les pattes sont testacées, avec les cuisses noirâtres.

Il vit, en société, dans les excrémens: on le trouve aussi sur les fleurs, sur les graminées & sur la terre humide. Il a été pris, en grand nombre, suivant M. Gravenhorst, sur les fleurs de la Vipérine, vers le milieu de juillet.

Nota. M. Gravenhorst avoit cité pour cette espèce, le Staphylin déprimé, n°. 51 de mon *Entomologie;* mais il a reconnu ensuite qu'il en étoit bien différent.

4. Oxytèle nitidule.

Oxytelus nitidulus.

Oxytelus niger, nitidus, elytris piceis, thorace trisulcato.

Oxytelus nitidulus, *niger, nitidus, elytris piceſcentibus, pedibus pallidioribus, thorace quinquefoveolato.* Gravenh. *Coleopt. Micropt. p.* 107. *n°.* 8. — *Monogr. Coleopt. Micropt. pag.* 186. *n°.* 4.

Il ressemble à l'Oxytèle jayet, mais il est presqu'une fois plus petit. Les antennes sont noirâtres. La tête est noire, marquée de trois enfoncemens sur le vertex, & de deux plus profonds & plus larges à la partie antérieure. Le corcelet est noir, aussi large que la tête, plus étroit que les élytres, déprimé, marqué de trois sillons droits à sa partie supérieure, & d'une dépression de chaque côté. Les élytres sont finement pointillées, un peu plus larges que longues, d'un brun-noirâtre, luisant. Le corps est noir. Les pattes sont pâles.

Il se trouve au nord de l'Europe.

5. Oxytèle caréné.

Oxytelus carinatus.

Oxytelus niger, nitidus, elytris fuscis, thorace trisulcato.

Oxytelus carinatus *niger, nitidus, elytris fuscescentibus, pedibus pallidioribus, thorace quinquefoveolato.* Gravenh. *Coleopt. Micropt. p.* 106. *n°.* 6. — *Monogr. Coleopt. Micropt. pag.* 187. *n°.* 5.

Staphylinus carinatus *ater, nitidus, thorace depresso, lineis elevatis quatuor pedibusque testaceis.* Panz. *Faun. Germ. Fasc.* 57. *tab.* 24.

Il ressemble beaucoup à l'Oxytèle jayet, dont il diffère surtout en ce que les angles antérieurs du corcelet sont plus aigus. Il a depuis une ligne jusqu'à deux lignes un tiers de longueur, & il varie par la tête plus ou moins grande, la couleur des élytres, des antennes & des pattes. Voici les principales variétés que rapporte M. Gravenhorst. Première variété à corcelet un peu convexe & luisant ; noir, avec la bouche, les antennes & les pattes rougeâtres ; les élytres d'un brun-ferrugineux ; longueur, de deux lignes un tiers. Noir, avec la bouche, les antennes & les élytres noirâtres ; les pattes rougeâtres ; longueur, deux lignes un tiers. Noir, avec les antennes & les pattes noirâtres ; longueur, depuis une ligne un tiers jusqu'à deux lignes. Noir ; élytres obscures, noirâtres ; pattes d'un rouge-testacé, avec les cuisses noirâtres ; longueur, une ligne un tiers. Deuxième variété à corcelet plane & opaque. 1°. Noir ; élytres obscures, noirâtres, pattes testacées, avec les cuisses plus obscures ; longueur, depuis une ligne jusqu'à une ligne trois quarts. 2°. Noir ; élytres & pattes d'un brun-noir ; longueur, une ligne un tiers. 3°. Noir ; élytres obscures, noirâtres ; pattes testacées ; longueur, depuis une ligne jusqu'à une ligne un quart.

Il se trouve dans toute l'Europe.

6. Oxytèle jayet.

Oxytelus piceus.

Oxytelus thorace trisulcato, niger, pedibus pallidè testaceis.

Staphylinus piceus. Ent. t. 3. *gen.* 42. *n°.* 23. *tab.* 3. *fig.* 30.

Staphylinus piceus *niger, elytris piceis, thorace depresso, striis tribus longitudinalibus.* Linn. *Syst. Nat.* 2. *p.* 686. *n°.* 25.

Staphylinus piceus. Fabr. *Ent. Syst. em. tom.* 1. *pars* 2. *pag.* 601. *n°.* 67. — *Syst. Eleut. tom.* 2. *p.* 61. *n°.* 67.

Staphylinus niger, thorace marginato sulcato, pedibus rufis. Geoffr. *Insect. tom.* 1. *pag.* 367. *n°.* 16.

Staphylinus sulcatus. Fourc. *Ent. Par. tom.* 1. *p.* 168. *n°.* 16.

Staphylinus piceus. Payk. *Monogr. Staph. pag.* 20. *n°.* 12. — *Faun. Suec. tom.* 3. *pag.* 374. *n°.* 22.

Staphylinus piceus. Panz. *Faun. Germ. Fasc.* 27. *tab.* 12.

Staphylinus piceus. Rossi, *Faun. Etr. tom.* 1. *p.* 252. *n°.* 622.

Il n'a pas deux lignes de longueur. Les antennes sont noires, presque de la longueur du corcelet. La tête est noire, luisante, déprimée, presqu'aussi large que le corcelet, marquée de quelques enfoncemens irréguliers. Le corcelet est noir, luisant, déprimé, un peu rebordé, pointillé, marqué de trois sillons au milieu, & d'une dépression ou léger enfoncement de chaque côté. Les élytres sont pointillées, luisantes, noires ou brunes, ou d'un brun presque testacé. Le corps est noir. Les pattes sont pâles.

Nota. Il y a des individus qui paroissent être des mâles, dont les mandibules sont grandes, & la tête aussi large que le corcelet, & d'autres dont les mandibules sont petites, & la tête un peu plus étroite que le corcelet.

On le trouve en Europe, dès le premier printems, & presque toute l'année, dans les bouses, les fientes des animaux, sous les pierres, sous les mousses.

7. Oxytèle ciselé.

Oxytelus cœlatus.

Oxytelus niger, antennis, pedibus elytrisque fusco-rufescentibus ; thorace bisulcato.

Oxytelus cælatus *nigricans, nitidulus, antennis elytris pedibusque pallidioribus ; thorace quadrifoveolato, foveis duabus mediis arcuatis.* Gravenh. *Coleopt. Micropt. pag.* 103. *n°.* 4. — *Monogr. Coleopt. Micropt. p.* 191. *n°.* 7.

Il a depuis une ligne & demie jusqu'à deux lignes de longueur. Les antennes sont un peu velues, de la longueur du corcelet, entiérement noirâtres ou d'un brun-ferrugineux à leur base. La bouche est d'un brun-ferrugineux. La tête, dans quelques individus, est aussi large que le corcelet ; dans d'autres, elle est un peu plus petite. Elle est noire dans les uns & les autres, pointillée, marquée de deux tubercules placés au dessus de l'insertion des antennes. Le corcelet est plus large que long, arrondi postérieurement, un peu rebordé, un peu convexe, ponctué, marqué de deux sillons courts, un peu arqués. La partie qui se trouve entre les sillons est étroite & lisse. Les élytres sont pointillées, un peu plus longues que le corcelet, d'un brun de poix ou d'un brun-clair, presque testacé. Le corps est noir. Les pattes sont d'un brun-ferrugineux plus ou moins clair.

Il se trouve dans toute l'Europe, & n'est pas rare aux environs de Paris, dans les bouses, sous les mousses & dans les endroits humides.

8. Oxytèle corticin.

Oxytelus corticinus.

Oxytelus niger, nitidus, antennis pedibusque fuscis ; thorace sulcis duobus abbreviatis.

Oxytelus corticinus *niger, nitidulus, antennis pedibusque fuscis, thorace suborbiculato, opaco ; foveis duabus subobsoletis.* Gravenh. *Monogr. Coleopt. Micropt. p.* 192. *n°.* 8.

Il a une ligne de long, & il diffère du précédent, selon M. Gravenhorst, par la taille plus courte & plus mince, par les points plus petits, par les sillons du corcelet droits & presque parallèles, par les points des côtés qui manquent, & par la couleur des élytres & des pattes plus obscure. La tête est plus étroite que le corcelet, noire, avec la bouche & les antennes noirâtres : celles-ci sont une fois plus longues que la tête. Le corcelet est noir, presqu'orbiculaire, à peine plus large que long, un peu plus étroit que les élytres, marqué de deux fossettes longitudinales, presque parallèles, qui ne touchent ni à la base ni à l'extrémité. Les élytres sont carrées, pointillées, noirâtres, quelquefois avec un reflet soyeux, grisâtre. L'abdomen est alongé, noir, avec un reflet soyeux, grisâtre. Les pattes sont obscures, avec l'extrémité des jambes & des tarses plus pâle.

Il se trouve au nord de l'Europe, en Prusse, en Allemagne.

9. Oxytèle trilobé.

Oxytelus trilobus.

Oxytelus niger, elytris fusco-testaceis, thorace lineâ mediâ impressâ.

Staphylinus trilobus. Entom. tom. 3. *gen.* 42. *n°.* 22. *tab.* 5. *fig.* 48.

Oxytelus morsitans. Gravenh. *Coleopt. Micropt. pag.* 108. *n°.* 9. — *Monogr. Coleopt. Micropt. p.* 195. *n°.* 9.

Oxytelus morsitans. Panz. *Faun. Germ. Fasc. tab.* 22.

Staphylinus morsitans. Payk. *Faun. Suec. tom.* 3. *pag.* 383. *n°.* 21. — *Monogr. Curc. App. p.* 145. 23-24.

Il a un peu moins de deux lignes de longueur. Les antennes sont noires, presqu'aussi longues que le corcelet. La tête est noire, pointillée, presque aussi large que le corcelet, marquée, à sa partie supérieure, d'une petite ligne sinuée, à peine enfoncée, & d'un léger tubercule au dessus de l'insertion des antennes. Les mandibules sont bidentées à leur extrémité. La bouche est d'un brun-ferrugineux. Le corcelet est noir, convexe, rebordé, à peine pointillé, marqué d'une ligne longitudinale, enfoncée; il est arrondi postérieurement, coupé droit antérieurement, un peu plus étroit que les élytres : celles-ci sont d'un brun plus ou moins clair, un peu plus larges que longues, à peine pointillées. Le corps est noir. Les pattes sont entiérement d'un fauve-pâle ou fauves, avec les cuisses noirâtres.

Il se trouve en Europe, dans les bouses, les fientes des animaux, sous les mousses, dans les lieux humides.

10. Oxytèle cornu.

Oxytelus cornutus.

Oxytelus niger, elytris testaceis, capite anticè bispinoso.

Oxytelus cornutus *nitidus, capite bispinoso, thorace unisulcato.* Gravenh. *Coleopt. Micropt. pag.* 109. *n°.* 10. — *Monogr. Coleopt. Micropt. p.* 195. *n°.* 10.

Il ressemble si fort au précédent, qu'on ne doit pas douter que ce ne soit la même espèce : celui-ci seulement porte, à la partie antérieure de la tête, deux épines droites, minces, aiguës, avancées sur les côtés de la lèvre supérieure, & ne dépassant pas la bouche. La tête est un peu plus grosse que dans le précédent. Le corcelet est marqué de même d'une ligne longitudinale, enfoncée. Les élytres sont à peine pointillées, testacées au milieu, noirâtres tout autour. Le corps est noir. Les pattes sont pâles, avec les cuisses noirâtres.

On le trouve beaucoup plus rarement que le précédent & dans les mêmes lieux.

11. Oxytèle bicorne.

Oxytelus bicornis.

Oxytelus depressus, niger, ano ferrugineo, capite cornubus duobus porrectis acutis.

Il a cinq lignes de longueur & une un tiers de largeur. Le corps est déprimé, noir, luisant, avec l'anus ferrugineux. Les antennes sont filiformes, très-velues, obscures. Le premier article est luisant, alongé, un peu renflé; le second est un peu plus court que les autres, aminci à sa base; le troisième est un peu alongé, aminci à sa base comme le second. Les suivans sont cylindriques, bien distincts, & paroissent comme enfilés dans leur milieu; le dernier est à peine plus long que les précédens. Les antennules sont filiformes, & le dernier article est à peine plus mince que les précédens. La tête est beaucoup plus étroite que le corcelet, & armée de deux cornes avancées, presque couchées sur les mandibules, aussi longues qu'elles, pointues, munies intérieurement, vers leur base, d'une dent obtuse. Entre ces deux cornes on voit, au sommet antérieur de la tête, un enfoncement ovale. Les mandibules sont grandes, avancées, un peu dilatées & échancrées à leur extrémité. Le corcelet est presque carré, plus large que long, légérement rebordé, lisse, marqué d'une ligne longitudinale, droite, enfoncée. Les élytres sont un peu plus larges que longues, à peine plus étroites que le corcelet, planes, réguliérement striées. Les tarses sont composés de cinq articles, dont les quatre premiers sont fort courts, mais le quatrième encore plus court que les autres; le dernier est un peu alongé, & armé de deux ongles crochus, assez grands.

Il se trouve.....

Cet insecte est exotique, & m'a été donné par M. Paykul, lors de son voyage à Paris en 1803. Il paroît devoir former un genre, puisqu'il diffère beaucoup des autres Oxytèles, par les antennes & par les antennules qui sont filiformes. Il appartient peut-être au genre *Piestus* de M. Gravenhorst, que je n'ai point encore pu observer.

12. Oxytèle fourchu.

Oxytelus furcatus.

Oxytelus niger, nitidus, capite cornubus duobus erectis, arcuatis; thorace cornu porrecto bifurcato.

Il a trois lignes de longueur, & reffemble beaucoup à l'Oxytèle tricorne. Les antennes font d'un brun-ferrugineux, & ont le premier article fort alongé. La tête eft noire, plus étroite que le corcelet, armée de deux cornes longues, élevées, un peu arquées & velues. Le corcelet eft noir, pointillé, rebordé, prefqu'en cœur, arrondi poftérieurement, marqué, fur le dos, d'une ligne longitudinale, enfoncée. Les angles antérieurs font aigus, & il part du milieu une corne droite, avancée, velue & bifide à fon extrémité. Les élytres font noires, plus finement pointillées que le corcelet, & les points font plus ferrés, beaucoup plus nombreux. Elles font à peine plus larges que le corcelet, & un peu plus longues que larges. L'abdomen eft noir, avec l'extrémité brune. Les pattes font d'un brun de poix. Les jambes ont des cils très-ferrés & très-roides, le long de leur partie externe. Les antérieures font un peu plus larges que les autres. Les tarfes font petits. Les premiers articles font très-courts, à peine diftincts; le dernier feulement eft très-alongé, très-mince.

Il fe trouve au midi de la France, fous des pierres, dans des endroits humides, ombragés. Je ne connois pas la femelle de cet infecte.

13. Oxytèle tricorne.

Oxytelus tricornis.

Oxytelus niger, capite bicorni, thoracis cornu porrecto acuto, elytris rufis.

Staphylinus tricornis. Ent. t. 3. *gen.* 42. *n°.* 41. *tab.* 6. *fig.* 56.

Staphylinus tricornis. Payk. *Monogr. Staph. Suec. p.* 51. *n°.* 37. — *Faun. Suec. t.* 3. *p.* 396. *n°.* 38.

Staphylinus tricornis. Herbst, *Arch. p.* 149. *tab.* 30. *fig.* 8.

Staphylinus armatus. Panzer, *Faun. Germ. Fafc.* 66. *tab.* 17.

Oxytelus tricornis *thorace quadrato, convexo, fcabro, unifulcato; maris cornuto, feminæ mutico.* Gravenh. *Coleopt. Micropt. p.* 109. *n°.* 11. — *Monogr. Coleopt. Micropt. p.* 196. *n°.* 11.

Il a trois lignes de longueur. Les antennes font noirâtres, avec le fecond, le troifième & le quatrième article d'un brun-ferrugineux. Le premier eft alongé, renflé du milieu à l'extrémité, aminci & ferrugineux à la bafe. La tête eft noire, plus étroite que le corcelet, armée, au deffus de l'infertion des antennes, de deux cornes courtes, obtufes, dirigées en avant. La bouche eft d'un brun-ferrugineux. Le corcelet eft noir, luifant, rebordé, prefqu'en cœur, arrondi poftérieurement, marqué, fur le dos, d'une ligne longitudinale, enfoncée, & de points enfoncés. Les angles antérieurs font un peu aigus, & il part du milieu une corne dirigée en avant, prefqu'auffi longue que la tête, mince, aiguë, fur laquelle fe prolonge la ligne enfoncée du corcelet. Les élytres font un peu plus larges que le corcelet, ponctuées, d'un rouge-brun, avec tous les bords noirs, ou feulement avec la bafe de la future noire. Le corps eft noir, avec l'anus brun. Les pattes font brunes. Les jambes ont des cils très-ferrés & roides le long de leur partie externe. Les antérieures font un peu plus larges que les autres. Les tarfes font femblables à ceux de l'Oxytèle fourchu.

La femelle ne diffère du mâle qu'en ce que le corcelet eft fans cornes, & que celles de la tête font très-courtes & ne forment que deux tubercules un peu faillans.

Il fe trouve dans prefque toute l'Europe, fous les pierres; il eft très-rare autour de Paris, mais plus commun au midi de la France.

14. Oxytèle pallipède.

Oxytelus pallipes.

Oxytelus niger, nitidus, ore pedibufque teftaceis, thorace lineâ longitudinali impreffâ obfoletâ.

Oxytelus pallipes *nitidulus punctatus niger, ore pedibufque teftaceis, thorace fubunifulcato.* Gravenh. *Monogr. Coleopt. Micropt. pag.* 197. *n°.* 12.

Il a deux lignes de longueur, & il reffemble au précédent par la forme du corps. La bouche eft teftacée. La tête eft noire, plus petite que le corcelet: celui-ci eft noir, convexe, finement pointillé, marqué d'une ligne longitudinale à peine enfoncée. Les élytres font noires. Le corps eft noir. Les pattes font teftacées, avec les cuiffes fouvent noirâtres.

Il fe trouve en France, en Allemagne, en Pruffe, dans les graminées qui croiffent près des ruiffeaux & dans les endroits humides.

15. Oxytèle latipède.

Oxytelus latipes.

Oxytelus niger, palpis filiformibus pedibufque nigris, thorace pofticè truncato.

Oxytelus latipes *palpis filiformibus, haud acuminatis, thorace pofticè truncato.* Gravenh. *Monogr. Coleopt. Micropt. p.* 198. *n°.* 13.

Il a deux lignes & un tiers de longueur. Le corps eft prefque cylindrique. Les antennes font velues, fauves,

fauves, un peu plus longues que la tête, avec le premier article alongé, un peu renflé à son extrémité; le second plus mince & plus court; les quatre suivans petits, campanulés, grossissant insensiblement; ceux qui viennent après, plus grands & campanulés; le dernier presqu'orbiculaire. La tête est noire, pointillée, aussi large que le corcelet. Les yeux sont petits, placés à la partie latérale de la tête. Le corcelet est noirâtre, aussi large & aussi long que les élytres, convexe, un peu rétréci postérieurement, pointillé, marqué en outre de deux rangées de points enfoncés. L'écusson est petit, triangulaire, noirâtre. Les élytres sont presque carrées, noirâtres, marquées de points enfoncés, disposés quelquefois en stries. L'abdomen est noir, presque pointillé, un peu velu, cylindrique, avec le cinquième anneau plus long que les autres. Les pattes sont fauves & propres à fouir la terre. Les cuisses sont comprimées, & les jambes sont dilatées, comprimées, avec le bord extérieur couvert de cils roides. Les tarses sont grêles.

Il se trouve dans l'Amérique septentrionale.

M. Gravenhorst remarque que cet insecte, dont les palpes sont filiformes, les antennes extérieurement plus grosses, le corcelet sans rebords, postérieurement tronqué, appartiendroit plutôt aux Tachines si on n'avoit égard aux autres caractères, & surtout à la forme générale du corps & aux habitudes.

OZÈNE. *Ozæna.* Genre d'insectes de la première section de l'Ordre des Coléoptères, & de la famille des Carabiques.

Les Ozènes ont les antennes aussi longues que la moitié du corps, grosses, moniliformes, terminées par un article plus gros que les précédens; six antennules courtes, assez grosses, tronquées; le corcelet en cœur; le corps alongé; les tarses composés de cinq articles courts, arrondis, diminuant un peu en grosseur.

Le genre Carabe, tel que Linné, Geoffroy & Fabricius l'avoient établi, tel que nous l'avions donné nous-mêmes dans ce Dictionnaire, a été depuis peu subdivisé à un tel point, qu'il sembloit que tout étoit épuisé à cet égard. En jetant un coup-d'œil sur le grand nombre de genres formés aux dépens du premier, qui ne seroit porté à croire qu'il ne reste plus aux Entomologistes qu'à bien grouper toutes les espèces de cette nombreuse famille, & à les signaler de manière qu'on puisse bien les reconnoître? Cependant l'insecte que nous présentons ici diffère à tant d'égards de tous les autres, qu'il doit non-seulement former un genre, mais peut-être même une famille qui reste toute entière à découvrir. Il paroîtra sans doute trop isolé, parmi les Carabiques, pour ne pas faire présumer qu'il doit y avoir sur le Globe plusieurs autres genres destinés à lier celui-ci à ceux déjà connus.

L'insecte sur lequel nous avons établi ce nouveau genre seroit regardé comme un Ténébrionite si l'on ne considéroit que les antennes & la forme générale du corps. Les pattes mêmes n'ont rien qui approche de celles des Carabes; elles ressembleroient beaucoup plus aux pattes des Blaps ou des Ténébrions si les postérieures n'avoient bien distinctement cinq articles aux tarses. Le corcelet, il est vrai, est figuré en cœur; il est rebordé comme dans la plupart des Carabes, & les élytres, régulièrement striées & presque cylindriques, pourroient les rapprocher des Scarites, & plus encore du genre Morion, établi par M. Latreille sur un insecte apporté de Porto-Ricco par feu Maugé. La bouche, qu'il faut nécessairement consulter pour les caractères essentiels des genres, peut être prise, au premier aspect, pour celle d'un Ténébrionite; car les quatre antennules postérieures, c'est-à-dire, les maxillaires externes & les labiales, ressemblent entièrement à celles des Ténébrions & des genres voisins : elles sont courtes, grosses. Le dernier article est un ovale alongé, tronqué à l'extrémité; mais ce qui ne laisse aucun doute sur la place que doit occuper actuellement notre insecte, c'est qu'en disséquant cet organe on y voit six antennules, & une lèvre inférieure en tout semblable à celle des Carabiques.

Le nom que nous avons donné à ce nouveau genre exprime la puanteur de la liqueur que la plupart des Carabes font sortir de leur bouche lorsqu'on les inquiète, ou celle de leur corps en général; il avoit aussi été employé par les Grecs pour désigner certain poisson, certain polype & divers petits animaux que nous ne connoissons point sous ce nom-là.

Les antennes sont très-remarquables par leur forme; elles ne sont pas tout-à-fait aussi longues que la moitié du corps, & sont composées de onze articles, dont le premier, le plus gros de tous, est peu alongé, presque cylindrique ou à peine plus gros à son extrémité. Les trois qui suivent, sont serrés, également cylindriques, mais de longueur inégale; le troisième est plus long que le quatrième, & celui-ci plus long que le second. Les articles qui suivent, sont presque sphériques, plus amincis à leur base qu'à leur extrémité. Le dernier est plus gros que ceux qui le précèdent; il a la même forme, mais il est comprimé à son extrémité. Elles sont insérées dans une fosse qui se trouve de chaque côté de la tête, entre les yeux & la base des mandibules.

La bouche est composée d'une lèvre supérieure, de deux mandibules, de deux mâchoires, d'une lèvre inférieure & de six antennules.

La lèvre supérieure est cornée, assez large, peu avancée, courte, lisse, arrondie & entière à sa partie antérieure.

Les mandibules sont grosses, courtes, cornées, arquées, creusées en goutière extérieurement pour faciliter le mouvement des antennes; elles sont voûtées en dessous, tranchantes à leur bord interne, un peu dentées à leur base, pointues à leur extrémité.

Les mâchoires sont cornées, presque cylindriques, un peu arquées à leur extrémité, & garnies, tout le long de leur partie interne, de cils très-nombreux & très-serrés.

La lèvre inférieure est coriacée, peu avancée, placée entre les deux pièces latérales du menton; elle est en deux lobes très-courts, arrondis & ciliés.

Les antennules antérieures ou maxillaires internes sont filiformes, un peu plus longues que les mâchoires, & composées de deux articles, dont le premier est plus court que le second, un peu renflé & arrondi à son extrémité; le second est alongé, arqué, plus mince à sa base qu'à son extrémité. Elles sont insérées au dos des mâchoires.

Les antennules intermédiaires ou maxillaires externes sont courtes, composées de quatre articles, dont le premier est petit, fort court; le second court, peu aminci à sa base; le troisième court & presque cylindrique; le quatrième ovale-alongé, un peu courbe, tronqué à son extrémité. En regardant cette troncature avec la loupe, on apperçoit un creux ovale. Elles sont insérées sur le dos des mâchoires, à la base externe des antennules antérieures.

Les antennules postérieures sont plus courtes que les précédentes, & composées de trois articles, dont le premier est fort petit; le second obconique; le dernier un peu plus gros & tronqué. Elles sont insérées au-devant de la lèvre & sur la pièce intermédiaire du menton.

Le menton est grand, large, corné, formé de trois pièces, dont les deux latérales sont grandes, arrondies, & l'intermédiaire est courte, petite, sillonée & presque bifide à son extrémité.

La tête est déprimée, presqu'aussi large que le corcelet. Les yeux sont arrondis, saillans, mais placés, ainsi que les antennes, dans une grande fosse latérale, à bords tranchans en dessus & en dessous.

Le corcelet est plus étroit que les élytres, presqu'en cœur, antérieurement coupé, un peu rétréci postérieurement. Les côtés ont un rebord large & tranchant.

Les élytres sont dures, alongées, étroites, de largeur égale dans toute leur longueur, si ce n'est à l'extrémité, où elles sont arrondies.

Les pattes sont assez longues. Les cuisses sont cylindriques. Les jambes sont plus grosses qu'elles ne le sont ordinairement dans les Carabiques, & les tarses sont tous composés de cinq articles courts, presque cylindriques, dont la longueur & la largeur, dans les quatre premiers, vont un peu en diminuant. On voit, à la base des cuisses postérieures, un grand trocanter arrondi, presqu'ovale.

Cet insecte a le corps alongé & le port d'un Ténébrionite, ainsi que nous l'avons déjà dit; il m'a été envoyé de Cayenne il y a quelque tems, & j'ignore entiérement sa manière de vivre.

OZÈNE.

OZÆNA.

CARACTÈRES GÉNÉRIQUES.

Antennes de la longueur de la moitié du corps ; les quatre premiers articles serrés, cylindriques ; les suivans moniliformes ; le dernier plus gros, comprimé à son extrémité.

Mandibules fortes, anguleuses, un peu dentées à leur base.

Six antennules ; les quatre postérieures courtes ; le dernier article un peu plus gros et tronqué.

Cinq articles aux tarses, courts, cylindriques, diminuant progressivement de largeur.

ESPÈCE.

1. OZÈNE dentipède.

Noir, luisant ; élytres striées ; jambes antérieures avec une dent interne.

1. Ozène dentipède.

Ozæna dentipes.

Ozæna nigra, nitida, elytris ſtriatis, tibiis anticis intùs dentatis.

Il a dix lignes de longueur, & deux un tiers de largeur à la baſe des élytres. Tout le corps eſt noir, luiſant, tirant un peu ſur le brun. La tête eſt plane, inégale, ponctuée. Le corcelet eſt pointillé, marqué d'une ligne longitudinale, enfoncée. Les bords ſont larges, un peu raboteux. Les élytres ſont réguliérement ſtriées, & on remarque, avec la loupe, quelques petits points enfoncés entre les ſtries. Les jambes antérieures ſont munies, à leur partie interne, d'une petite dent, au deſſous de laquelle ſont des cils courts, placés dans une légère entaille.

Il ſe trouve à Cayenne, d'où il m'a été envoyé par M. Tugni.

PAC

PACHYSTOME. *Pachystomus*. Genre d'insectes de l'Ordre des Aptères, & de la famille des Rhagionides.

Les Pachystomes ressemblent beaucoup aux Rhagions par la forme du corps, par les nervures des ailes & par toutes les parties de la bouche ; mais ils en diffèrent considérablement par les antennes. Cet organe, dans les Rhagions, est formé de trois articles bien distincts, courts & assez gros, & d'un autre en forme de soie, qui part de l'extrémité du troisième, & dont la longueur égale ou même surpasse celle des trois premiers pris ensemble. Dans les Pachystomes, les antennes sont filiformes, latéralement arquées, presque coudées, un peu plus courtes que la tête, & composées de cinq articles, dont le premier est le plus gros & le plus long ; le troisième est un peu plus gros que le second, & les deux derniers sont les plus courts de tous ; elles ne sont pas terminées par une soie, comme dans les Rhagions. Le dernier article est coupé à son extrémité, & ressemble en tout au pénultième. Elles sont insérées, assez près l'une de l'autre, sur une éminence qui se trouve placée à la partie antérieure de la tête.

La trompe, que nous n'avons pu développer, attendu que nous n'avons sous les yeux qu'un seul individu qui ne nous appartient pas, est courte, portée en avant, bilabiée, accompagnée de deux antennules aussi longues qu'elle, assez larges, un peu comprimées.

La tête est plus large que longue, un peu plus étroite que le corcelet, & de forme triangulaire. Les yeux, à réseaux, sont grands, arrondis, saillans, distans l'un de l'autre, & placés à la partie latérale. On voit, sur le vertex, trois petits yeux lisses, rapprochés, disposés en triangle.

Le corcelet est ovale, un peu convexe, terminé postérieurement, comme dans les Rhagions, par un écusson assez grand, arrondi.

L'abdomen est alongé, conique ; il est terminé, dans la femelle, par un tube articulé, dont les anneaux décroissent progressivement, & rentrent les uns dans les autres. Le dernier est pourvu de deux crochets arqués & aigus.

Les pattes ressemblent à celles des Rhagions ; elles sont longues, assez grêles, simples, sans piquans ou épines. Les jambes seulement sont terminées par deux piquans droits, fort courts. Les tarses, comme dans tous les Diptères, sont composés de cinq articles, dont le premier est fort alongé, & les deux derniers sont assez courts ; ils sont terminés par deux petits crochets & par trois petites pelotes.

Les ailes des Pachystomes, comme nous l'avons dit, ressemblent beaucoup à celles des Rhagions ; cependant si on les examine attentivement, on remarque quelques légères différences dans les nervures. Les cellules marginales sont plus étroites dans les premiers que dans les seconds, & la cellule interne ou anale est fermée, au lieu qu'elle attéint le bord dans les Rhagions.

Les balanciers sont portés sur un pédicule long & mince, & les ailerons sont petits & arrondis.

Ce genre a été établi, par M. Latreille, sur un individu femelle qui lui a été envoyé de Mayence, & qui avoit déjà été décrit par M. Panzer, & placé parmi les Rhagions. Une seconde espèce, qui nous paroît appartenir au même genre, a été pareillement décrite par le même auteur, & placée parmi les Empis. La larve de la première habite, suivant M. Latreille, sous l'écorce des Pins. La Nymphe est alongée & porte des anneaux bien distincts, sur le bord postérieur desquels sont des cils roides, semblables à des épines. Le dernier anneau est étroit, & terminé en deux petites pointes. Les antennes ou leur fourreau sont détachées & rejetées l'une de chaque côté, & on voit bien distinctement la place des ailes sur les côtés de la poitrine.

PACHYSTOME.

PACHYSTOMUS. LATR. *RHAGIO.* PANZ. *EMPIS.* PANZ.

CARACTÈRES GÉNÉRIQUES.

Antennes filiformes, assez grosses, arquées, presque de la longueur de la tête, composées de cinq articles, dont le premier plus gros et alongé.

Trompe courte, bilabiée, portée en avant.

Deux antennules grandes, comprimées.

Yeux arrondis, saillans et distans.

ESPÈCES.

1. PACHYSTOME syrphoïde.

Noir; partie supérieure de l'abdomen et pattes rougeâtres.

2. PACHYSTOME subulé.

Noir, avec toutes les cuisses fauves, et les quatre jambes antérieures jaunes.

1. Pachystome fyrphoïde.

Pachystomus fyrphoides.

Pachyſtomus ater, abdominis dorſo pedibuſque rufis.

Pachyſtomus ſyrphoides. Latr. *Gen. Cruſt. & Inſ. tom.* 4. *p.* 287.

Rhagio ſyrphoides *ater, thorace lineato, abdomine rufo, baſi apiceque nigro, alis faſciâ coſtali fuſcâ, pedibus teſtaceis.* Panz. *Faun. Germ. Faſc.* 77. *tab.* 19.

Il a ſix lignes de longueur ſi on ne comprend point la tarière de la femelle, qui en a plus de deux. Les antennes & la tête ſont noires. Le corcelet eſt noir, rayé longitudinalement de cendré. L'abdomen eſt d'un rouge-brun à ſa partie ſupérieure, avec la baſe & l'anus noirs. La tarière eſt noire. Le ventre eſt brun, avec les côtés, la baſe, l'anus & le bord des anneaux noirs. Les pattes ſont fauves. Les nervures des ailes ſont noires dans preſque toute leur étendue, & un peu rouſſeâtres à leur baſe : un peu au-delà du milieu on remarque une tache tranſverſale, noire, qui part du bord antérieur & s'arrête au milieu de l'aile.

Elle ſe trouve aux environs de Mayence & de Bareuth.

2. Pachystome ſubulé.

Pachystomus ſubulatus.

Pachyſtomus ater, femoribus rufis, tibiis quatuor anticis flavis.

Empis ſubulata *nigra, elongata, alis oblongis maculatis, femoribus rufis, tibiis quatuor anticis flavis.* Panz. *Faun. Germ. Faſc.* 54. *tab.* 23.

Je rapporte cet inſecte au genre Pachyſtome, ainſi que l'a fait M. Latreille, d'après la figure & la deſcription que M. Panzer en a donnée. Il paroît avoir tout au plus quatre lignes de longueur. Les antennes ſont noires, avancées, un peu arquées par les côtés. La tête eſt noire. Les yeux ſont noirâtres, avec l'orbite fauve. La gaîne de la trompe eſt jaune. Le corcelet eſt noir, à peine rayé de gris. L'abdomen eſt noir, luiſant, alongé & ſubulé. Les cuiſſes ſont fauves. Les quatre jambes antérieures, ainſi que les tarſes, ſont jaunes; les poſtérieures ſeulement ſont noires. Les ailes ſont plus longues que le corps. Les nervures ſont noires, & on voit une tache au-delà du milieu & un point marginal noirâtres.

Il ſe trouve en Autriche.

PÆDÈRE. *Pœderus.* Genre d'inſectes de la première ſection de l'Ordre des Coléoptères, & de la famille des Staphylins.

Les Pædères ont les antennes filiformes, à peine groſſiſſant vers l'extrémité; les mandibules arquées, armées de pluſieurs dents; quatre antennules, les antérieures ayant le troiſième article renflé à ſon extrémité, & le quatrième très-petit, à peine apparent; la tête diſtincte du corcelet; les élytres fort courtes; les jambes ſimples, ſans épine.

Les inſectes que Linné & tous les auteurs entomologiques avoient déſignés ſous le nom de *Staphylin* furent diviſés par Fabricius en trois genres, ſous les noms de *Staphylinus*, *Oxyporus* & *Pœderus*, d'après les différences bien marquées que préſentent les parties de la bouche. Le premier de ces genres a les mandibules dentées & les antennules filiformes; le ſecond a les mandibules ſimples, & les antennules poſtérieures terminées par un article très-large, en croiſſant; le Pædère a les mandibules armées de pluſieurs dents, & le troiſième article des antennules antérieures renflé à ſon extrémité.

Le genre Staphylin, devenu exceſſivement nombreux par les recherches & les obſervations des Entomologiſtes modernes, a été ſubdiviſé, par M. Gravenhorſt, en un grand nombre de genres que nous indiquerons à l'article Staphylin, & que nous ferons connoître avec plus de détail à chacun des articles qui les concernera. Celui de Pædère a été de même diviſé en deux : le premier a retenu le nom que Fabricius lui avoit déjà donné, & le ſecond a reçu de M. Paykul celui de *Stenus.* Le mot *Pœderus*, établi par Fabricius, paroîtroit dériver du mot latin *pœdor*, qui ſignifie ſaleté, ordure, ou de *pœderos*, mot grec donné à une plante, ſi cet auteur lui-même ne le plaçoit dans ſa *Philoſophie entomologique*, parmi les noms latins obſcurs, ou dont la ſignification eſt inconnue.

Les Stènes ſe diſtinguent, même au premier coup-d'œil, des Pædères par les antennes, dont les trois derniers articles ſont plus renflés; par les antennules antérieures très-longues, par les yeux très-ſaillans; par le corps, plus cylindrique que celui des Pædères.

Les Lathrobies de M. Gravenhorſt ſont, de tous les inſectes de la famille des Staphylins, ceux qui ſe rapprochent le plus des Pædères : ſeulement le dernier article des antennules antérieures eſt beaucoup plus diſtinct, & les antennes ſont aſſez généralement plus courtes, & les articles plus grenus.

Les antennes des Pædères ſont filiformes, ou vont à peine en groſſiſſant vers l'extrémité; elles ſont compoſées de onze articles, dont le premier eſt un peu alongé & un peu renflé; le ſecond eſt court; le troiſième eſt alongé; les autres ſont preſqu'égaux entr'eux, tous un peu amincis à leur baſe; le dernier eſt terminé en pointe. Elles ſont inſérées à la partie latérale antérieure de la tête, à quelque diſtance des yeux.

La bouche eſt compoſée d'une lèvre ſupérieure, de deux mandibules, de deux mâchoires, d'une lèvre inférieure & de quatre antennules.

La lèvre supérieure est fort large, courte, cornée, légérement échancrée à sa partie antérieure.

Les mandibules sont grandes, cornées, arquées, aiguës, armées de plusieurs dents aiguës au milieu de leur partie interne.

Les mâchoires sont fortes, cornées, bifides. La division interne est courte, pointue, latéralement ciliée. La division extérieure est grande, arrondie, comprimée, un peu ciliée.

La lèvre inférieure est étroite, plus ou moins avancée, coriacée, entière ou presqu'échancrée à son extrémité.

Les antennules antérieures sont beaucoup plus longues que les postérieures, & composées de quatre articles, dont le premier est court, petit; le second très-long; le troisième alongé & renflé à son extrémité; le quatrième petit, mince, très-court, à peine apparent. Elles sont insérées à la base de la pièce extérieure des mâchoires.

Les antennules postérieures sont courtes, filiformes, & composées de trois articles, dont les deux premiers sont égaux & cylindriques, & le dernier est court & aminci. Elles sont insérées à l'extrémité latérale de la lèvre inférieure.

La tête est à peu près de la largeur du corcelet, auquel elle tient par un col étroit & fort court; elle est portée en avant, & l'insecte la relève lorsqu'il paroît craindre. Les yeux sont arrondis, un peu saillans, & placés à la partie latérale de la tête.

Le corcelet est convexe, arrondi ou ovale, & quelquefois carré, avec les angles obtus; il est sans rebord sur les côtés. L'écusson est très-petit, quelquefois à peine distinct.

Les élytres sont courtes, convexes, rebordées, coriacées; elles couvrent deux ailes membraneuses repliées, & laissent à nu toute la partie supérieure de l'abdomen.

Les pattes sont simples & de longueur moyenne. Les jambes sont pourvues de quelques poils courts, & terminées par deux épines très-courtes, dont une, encore plus courte que l'autre, à peine apparente. Les tarses sont filiformes & composés de cinq articles, dont le pénultième est court, bilobé & légérement garni de houpes en dessous; le dernier est terminé par deux petits ongles crochus. Les tarses antérieurs, dans quelques-uns, sont plus larges que les autres, & garnis de houpes.

La plupart des Pædères fréquentent les bords sabloneux des rivières, des lacs, des étangs. Quelques-uns se trouvent sur le rivage de la mer, & d'autres habitent, ainsi que leur nom l'indique, sous les ordures, sous les pierres, parmi les mousses; ils courent tous avec beaucoup de légéreté, & s'envolent fort aisément. Semblables aux Staphylins & à toutes les espèces de cette nombreuse famille, ils relèvent, lorsqu'on les saisit ou qu'ils se sentent menacés, l'extrémité de leur ventre, & en font sortir deux petites appendices oblongues; ils se nourrissent d'autres petits insectes qu'ils rencontrent ou qu'ils attrapent à la course. Leurs larves, aussi carnassières qu'eux, ne diffèrent pas de celles des Staphylins.

PÆDÈRE.

PÆDERUS. FABR. PAYK. PANZ. LATR. GRAVENH.

STAPHYLINUS. LINN. SCOP. GEOFFR. DEG.

CARACTÈRES GÉNÉRIQUES.

Antennes filiformes, grossissant à peine vers l'extrémité, presqu'aussi longues que le corcelet; premier article un peu alongé et renflé.

Mandibules arquées, pointues, intérieurement dentées.

Quatre antennules; les antérieures ayant le troisième article un peu renflé à l'extrémité, et le quatrième très-petit, à peine distinct.

Tête séparée du corcelet par un col étroit.

Élytres très-courtes.

ESPÈCES.

1. PÆDÈRE riverain.

D'un rouge-fauve; élytres bleues; tête et extrémité de l'abdomen noires.

2. PÆDÈRE littoral.

D'un rouge-fauve; tête et anus noirs; élytres bleues; partie moyenne des antennes noirâtre.

3. PÆDÈRE ruficolle.

Noir, luisant; corcelet rouge; élytres pointillées, bleues.

4. PÆDÈRE alongé.

Noir, luisant; extrémité des élytres et pattes d'un brun-fauve.

5. PÆDÈRE testacé.

D'un brun-testacé; yeux noirs; pattes plus pâles que le corps.

6. PÆDÈRE châtain.

D'un brun-testacé, luisant; tête et partie moyenne de l'abdomen noirâtres.

7. PÆDÈRE orbiculaire.

Noir; antennes et pattes d'un brun-fauve; tête grande, orbiculaire.

8. PÆDÈRE fragile.

Noir, luisant; corcelet, antennes et pattes d'un rouge-ferrugineux; extrémité des élytres testacée.

9. PÆDÈRE corticin.

Noirâtre, luisant; corcelet, élytres et pattes plus pâles que le corps.

10. PÆDÈRE filiforme.

Linéaire, noir, luisant, pointillé; antennes et pattes d'un fauve-pâle.

PÆDÈRE. (Insecte.)

11. Pædère vêtu.

Lisse, noir, luisant; élytres noirâtres; base des antennes et pattes testacées.

12. Pædère bicolor.

Linéaire, noir, luisant; corcelet, antennes et pattes fauves; élytres brunes.

13. Pædère rétréci.

Noir, luisant; antennes extrémité des élytres et pattes d'une couleur testacée pâle.

14. Pædère ochracé.

D'un brun-testacé luisant, avec la tête noire; tête et corcelet presque carrés.

15. Pædère rubricolle.

Brun, luisant, avec la tête noirâtre, le corcelet et les pattes fauves.

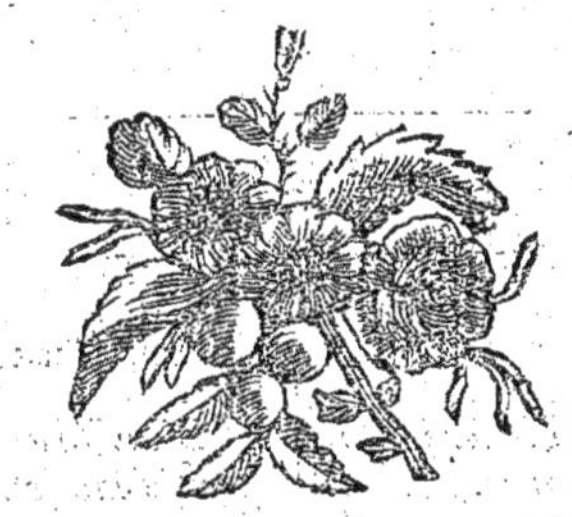

1. Pædère riverain.

Pæderus riparius.

Pœderus rufus, elytris cœruleis, capite abdominiſque apice nigris. Entom. tom. 3. *Gen.* 44. *n°.* 2. *tab.* 1. *fig.* 2. a. b. c. d.

Pœderus riparius. Fabr. *Syſt. Ent. pag.* 268. *n°.* 1. — *Ent. Syſt. em. tom.* 1. *pars* 2. *pag.* 536. *n°.* 1. — *Syſt. Eleut. tom.* 2. *p.* 608. *n°.* 1.

Staphylinus riparius. Linn. *Syſt. Nat.* 2. *p.* 684. *n°.* 8. — *Faun. Suec. n°.* 846.

Staphylinus. Geoffr. *Inſ. Pariſ. t.* 1. *p.* 369. *n°.* 21.

Staphylinus riparius. Fourc. *Ent. Par. tom.* 1. *p.* 170. *n°.* 21.

Staphylinus riparius. Deg. *Mem. Inſ. tom.* 4. *p.* 28. *n°.* 14. *tab.* 1. *fig.* 18.

Staphylinus gregarius. Scop. *Ent. Carn. n°.* 308.

Staphylinus riparius. Schrank, *Enum. Inſect. Auſtr. n°.* 441.

Staphylinus riparius. Payk. *Monogr. Staphyl. Suec. p.* 27. *n°.* 19.

Pœderus riparius. Payk. *Faun. Suec. tom.* 3. *p.* 427. *n°.* 2.

Pœderus riparius. Panz. *Faun. Germ. Faſc.* 9. *tab.* 11.

Pœderus riparius. Latr. *Gen. Cruſt. & Inſect. tom.* 1. *p.* 293. — *Hiſt. nat. des Cruſt. & des Inſ. tom.* 9. *p.* 345. *tab.* 79. *fig.* 8.

Pœderus riparius. Ross. *Faun. Etruſc. tom.* 1. *p.* 253. *n°.* 626.

Pœderus riparius. Gravenh. *Coleopt. Micropt. p.* 62. *n°.* 5. — *Monogr. Coleopt. Micropt. p.* 141. *n°.* 11.

Pœderus littoralis. Gravenh. *Coleopt. Micropt. p.* 61. *n°.* 4. — *Monogr. Coleopt. Micropt. p.* 143. *n°.* 12.

Il a de trois à quatre lignes de longueur. Les antennes ſont un peu velues, noirâtres, avec les trois premiers articles fauves. Les antennules ſont fauves. La tête eſt liſſe, un peu velue, noire, luiſante. Le corcelet eſt convexe, de la largeur de la tête, marqué de quelques petits points en ſtries, d'où partent autant de poils; il eſt d'un fauve-luiſant. L'écuſſon eſt fauve. Les élytres ſont un peu plus longues que larges, ponctuées, bleues, luiſantes. L'abdomen eſt un peu velu, fauve, avec les deux derniers anneaux noirs. Les pattes ſont fauves, avec les genoux noirâtres.

M. Gravenhorſt a décrit probablement le même inſecte ſous deux noms différens. Je n'ai pas vu celui qu'il nomme *riparius*, dont le corcelet eſt oblong, & la tête un peu plus étroite que le corcelet; mais le *littoralis*, dont le corcelet eſt ovale ou globuleux, & la tête plus ou moins groſſe, préſente, pour la forme & la groſſeur de ces deux parties du corps, beaucoup de variétés. Au reſte, M. Gravenhorſt lui-même ſoupçonne que l'un n'eſt qu'une variété de l'autre.

Il ſe trouve dans toute l'Europe, dans les îles de l'Archipel, en Égypte, au bord des eaux douces. Fabricius dit qu'il ſe trouve auſſi dans l'Amérique ſeptentrionale & dans les Indes.

2. Pædère littoral.

Pæderus littoralis.

Pœderus rufus, capite anoque nigris, elytris cœruleis, antennarum medio fuſco.

Pœderus littorarius. Gravenh. *Monogr. Col. Micropt. p.* 142. *n°.* 10.

Cette eſpèce, très-voiſine de la précédente, paroît avoir été regardée par Fabricius comme la même, puiſqu'en parlant de l'habitation du Pædère riverain, il cite l'Amérique ſeptentrionale, d'où nous vient celle-ci; elle a, ſuivant M. Gravenhorſt, deux lignes & un tiers de longueur, & elle reſſemble entiérement au Pædère riverain par la forme & les proportions des parties, ainſi que par les couleurs, ſi ce n'eſt que les antennes ſont fauves à la baſe & à l'extrémité, & noirâtres ſeulement au milieu; que les pattes ſont preſqu'entiérement fauves, ayant à peine les genoux un peu obſcurs; que les élytres ſont un peu plus courtes, & que l'inſecte eſt un peu plus petit.

Il ſe trouve dans l'Amérique ſeptentrionale.

3. Pædère ruficolle.

Pæderus ruficollis.

Pœderus niger, thorace rufo, elytris cœruleis. Ent. tom. 3. *Gen.* 44. *tab.* 1. *fig.* 1. a. b. c.

Pœderus ruficollis. Fabr. *Gen. Inſect. Mant. p.* 243. — *Ent. Syſt. em. tom.* 1. *pars* 2. *p.* 537. *n°.* 2. — *Syſt. Eleut. tom.* 2. *p.* 608. *n°.* 2.

Staphylinus atro-cœruleſcens, thorace rubro. Geoffr. *Inſ. Pariſ. tom.* 1. *p.* 370. *n°.* 23.

Staphylinus thoracicus. Fourc. *Ent. Par. t.* 1. *p.* 170. *n°.* 23.

Staphylinus ruficollis. Payk. *Monogr. Staph. Suec. p.* 26. *n°.* 18.

Pœderus ruficollis. Payk. *Faun. Suec. tom.* 3. *p.* 427. *n°.* 1.

Pœderus ruficollis. Panz. *Faun. Germ. Faſc.* 27. *tab.* 23.

Pœderus ruficollis. Gravenh. *Coleopt. Micropt. p.* 185. *n°.* 2. — *Monogr. Coleopt. Micr. p.* 143. *n°.* 13.

Il a trois lignes de longueur. Les antennes sont à peine velues, noires, avec les deux premiers articles d'un rouge-brun. La tête est lisse, noire, luisante, & a quelques poils clair-semés. Le corcelet est ovale, lisse, d'un rouge-fauve luisant, de la largeur de la tête. Le col est noir, ainsi que l'écusson. Les élytres sont plus longues que larges, ponctuées, d'un bleu-foncé luisant. L'abdomen est noir. Les pattes sont entiérement noires.

Il se trouve dans presque toute l'Europe, au bord des eaux douces; il est beaucoup plus commun dans le midi que dans le nord; il est rare aux environs de Paris.

4. Pædère alongé.

Pæderus elongatus.

Pæderus niger, elytris posticè pedibusque fulvis. Fabr. *Ent. Syst. em. tom.* 1. *pars* 2. *p.* 537. *n°.* 3. — *Syst. Eleut. tom.* 2. *p.* 609. *n°.* 3.

Staphylinus elongatus. Linn. *Syst. Nat.* 2. *p.* 685. *n°.* 14.

Staphylinus elongatus. Payk. *Monogr. Staph. Suec. p.* 25. *n°.* 17.

Pæderus elongatus. Payk. *Faun. Suec. tom.* 3. *p.* 428. *n°.* 3.

Pæderus elongatus. Panz. *Faun. Germ. Fasc.* 9. *tab.* 12.

Pæderus elongatus. Ross. *Faun. Etr. Mant.* 1. *p.* 101. *n°.* 224.

Lathrobium elongatum *nigrum, nitidulum, coleoptrorum apice sanguineo-rufo, pedibus rufo-testaceis.* Gravenh. *Colecpt. Micropt. pag.* 55. *n°.* 8. — *Monogr. Coleopt. Micropt. pag.* 132. *n°.* 12.

Il a près de quatre lignes de longueur. Les antennes sont d'un fauve-pâle, un peu plus longues que le corcelet. Les antennules sont de la même couleur. La tête est noire, pointillée, un peu alongée, de la largeur du corcelet : celui-ci est noir, pointillé, plus long que large, presque carré, avec les angles arrondis. Les élytres sont pointillées, de la longueur du corcelet, noires, avec l'extrémité d'un brun-fauve. Le corps est noir. Les pattes sont fauves.

Il se trouve en France, en Allemagne, en Suède, sous les pierres; il n'est pas rare aux environs de Paris.

5. Pædère testacé.

Pæderus testaceus.

Pæderus fusco-testaceus, oculis nigris, pedibus pallidioribus. Entom. tom. 3. *Gen.* 44. *n°.* 3. *tab.* 1. *fig.* 6. a. b.

Staphylinus testaceus. Payk. *Monogr. Staph. Suec. p.* 28. *n°.* 20.

Pæderus elongatus. Payk. *Faun. Suec. tom.* 3. *p.* 428. *var.* β.

Il est presqu'aussi grand, mais plus étroit que le Pædère riverain. Les antennes sont un peu velues, brunes, avec les premiers articles testacés. La tête est pointillée, d'un brun-testacé luisant, avec quelques poils clair-semés. Les yeux sont noirs. Le corcelet est d'un brun-testacé, oblong, presque carré, avec les angles arrondis, un peu plus étroit que la tête, pointillé, pourvu de quelques poils. Les élytres sont testacées, ponctuées, avec les points presque rangés en stries; elles sont un peu plus longues que larges, & plus larges que le corcelet. L'abdomen est testacé-pâle, ainsi que les pattes.

Il se trouve aux environs de Paris.

6. Pædère châtain.

Pæderus castaneus.

Pæderus subnitidus, fuscus, capite abdominisque medio nigricantibus. Gravenh. *Coleopt. Micropt. p.* 60. *n°.* 3. — *Monogr. Coleopt. Micropt. p.* 139. *n°.* 4.

Il a quatre lignes de longueur, & il ressemble au Pædère ochracé, si ce n'est qu'il est beaucoup plus grand, & qu'il a le corcelet plus étroit vers la base. Les antennes sont rousseâtres, presqu'une fois plus longues que la tête, avec les articles du milieu campanulés. La bouche est rousseâtre. La tête est noirâtre, luisante, finement pointillée, carrée, avec les angles obtus, un peu plus large que le corcelet : celui-ci est d'un brun-fauve, presqu'orbiculaire ou carré, avec les angles obtus, un peu plus étroit en arrière & plus étroit que les élytres, finement pointillé, luisant. Les élytres sont finement pointillées, d'un brun-noirâtre. L'abdomen est noirâtre, avec un reflet soyeux grisâtre, le dessous plus clair, & l'extrémité rousseâtre. Les pattes sont fauves.

Il se trouve en Europe.

7. Pædère orbiculaire.

Pæderus orbiculatus.

Pæderus niger, antennis pedibusque fusco-rufescentibus, capite majori orbiculato. Ent. t. 3. *Gen.* 44. *n°.* 6. *tab.* 1. *fig.* 7. a. b.

Pæderus orbiculatus. Fabr. *Ent. Syst. emend. tom.* 1. *pars* 2. *p.* 538. *n°.* 9. — *Syst. Eleut. t.* 2. *p.* 609. *n°.* 9.

Pæderus orbiculatus. Payk. *Faun. Suec. t.* 3. *p.* 431. *n°.* 6.

Staphylinus orbiculatus. Payk. *Monogr. Staph. Suec. p.* 35. *n°.* 26.

Pæderus orbiculatus. PANZ. *Faun. Germ. Fasc.* 43. *tab.* 21.

Pæderus orbiculatus. LATR. *Gen. Crust. & Ins. tom.* 1. *p.* 291. *n°.* 1. — *Hist. nat. des Crust. & des Ins. tom.* 9. *p.* 346.

Pæderus orbiculatus. GRAVENH. *Coleopt. Micr. p.* 63. *n°.* 6. — *Monogr. Coleopt. Micr. p.* 141. *n°.* 8.

Il a de deux à deux lignes & demie de longueur. Les antennes sont d'un brun-ferrugineux plus ou moins obscur. Les antennules sont de la même couleur. La tête est noire, plus large que le corcelet, finement chagrinée. Les yeux sont arrondis, un peu saillans. La lèvre supérieure est brune, grande, assez large. Le corcelet est séparé de la tête par un col fort étroit; il est noir, finement chagriné, presque rond, plus étroit que la tête & les élytres, marqué d'une élévation longitudinale, lisse, courte. Les élytres sont pointillées, noirâtres ou d'un brun plus ou moins foncé. L'abdomen est noir. Les pattes sont ou fauves ou brunes.

Il se trouve dans toute l'Europe, sous les pierres, les ordures, les mousses; il n'est pas rare, au premier printems, aux environs de Paris.

8. PÆDÈRE fragile.

PÆDERUS fragilis.

Pæderus niger, thorace, antennis pedibusque rufis, elytrorum margine apicali testaceo.

Pæderus fragilis. LATR. *Gen. Crust. & Ins. t.* 1. *p.* 292. *n°.* 2. — *Hist. nat. des Crust. & des Ins. tom.* 9. *p.* 347.

Pæderus fragilis. GRAVENH. *Monogr. Coleopt. Micropt. p.* 140. *n°.* 7.

Il ressemble beaucoup au Pædère orbiculé pour la forme & la grandeur. Les antennes, les antennules & la bouche sont d'un brun-ferrugineux. La tête est noire, grande, orbiculaire, un peu déprimée, très-finement chagrinée. Le corcelet est d'un rouge-foncé, ovale, presqu'anguleux sur les côtés, très-finement pointillé, plus étroit que la tête & les élytres, légérement marqué d'une ligne longitudinale, enfoncée. Les élytres sont pointillées, noires, avec un peu de l'extrémité jaune. Le corps est noir. Les pattes sont d'un brun-fauve, avec les cuisses & les jambes postérieures brunes.

Il se trouve en France, sous les pierres, sous les mousses; il est rare aux environs de Paris.

9. PÆDÈRE corticin.

PÆDERUS corticinus.

Pæderus fuscus, thorace, elytris pedibusque pallidioribus.

Pæderus corticinus *subnitidus, fusco-nigricans, ore, antennis, coleoptris, thorace pedibusque pallidioribus*. GRAVENH. *Coleopt. Micropt. p.* 184. *n°.* 1.

Il a deux lignes & trois quarts de longueur, & il ressemble au Pædère châtain, si ce n'est qu'il est plus court, moins aminci; que la tête & le corcelet sont plus larges. Le corps est noirâtre en dessus, d'une couleur plus claire en dessous. La tête, le corcelet & les élytres sont plus luisans, très-finement pointillés. La tête est carrée, de la grandeur du corcelet: celui-ci est carré, à peine rétréci postérieurement, un peu plus étroit que les élytres, d'un brun-foncé, marqué d'une ligne longitudinale, lisse, luisante. Les élytres sont carrées, d'un brun-pâle. L'abdomen est noirâtre en dessus, avec un reflet soyeux, grisâtre, & le bord des anneaux pâle, roussâtre en dessous. Les pattes sont fauves.

Il se trouve dans l'Amérique septentrionale.

10. PÆDÈRE filiforme.

PÆDERUS filiformis.

Pæderus linearis, niger, punctulatus, antennis pedibusque pallidè rufis.

Pæderus filiformis *linearis, niger, pedibus piceis, articulo baseos antennarum brevi*. PAYK. *Faun. Suec. tom.* 3. *p.* 429. *n°.* 4.?

Staphylinus quadratus. PAYK. *Monogr. Staph. Suec. p.* 29. *n°.* 21.?

Pæderus filiformis. LATR. *Gen. Crust. & Insect. tom.* 1. *p.* 293. *n°.* 4.

Il a deux lignes & demie de longueur, & à peine une demi-ligne de largeur. Les antennes sont d'un testacé-pâle, & le premier article est peu alongé, un peu renflé. La bouche est d'un brun-ferrugineux. La tête est d'un noir-mat, finement pointillée, un peu plus large que le corcelet: celui-ci est d'un noir-mat, finement pointillé, plus long que large, presqu'orbiculaire. Le bord postérieur seulement est quelquefois un peu fauve. Les élytres sont d'un noir-mat, finement pointillées, à peine plus larges que le corcelet. Le corps est noir. Les pattes sont d'une couleur testacée pâle ou d'un fauve plus ou moins obscur.

Il se trouve aux environs de Paris, en Suède.

Nota. Le Pædère filiforme de Fabricius est différent de celui-ci, & appartient au genre Lathrobie.

11. PÆDÈRE vêtu.

PÆDERUS vestitus.

Pæderus lævis, niger, nitidus, elytris fuscis, antennarum basi pedibusque testaceis.

Pæderus vestitus. GRAVENH. *Monogr. Coleopt. Micropt. p.* 140. *n°.* 6.

Il a deux lignes de longueur. Les antennes sont un peu plus longues que le corcelet, de couleur obscure, avec la base testacée. Les antennules antérieures sont testacées, avec le dernier article obscur. La tête est noire, orbiculaire, un peu plus petite que le corcelet : celui-ci est noir, presque orbiculaire, presqu'une fois plus petit que les élytres, marqué quelquefois d'une ligne longitudinale à peine enfoncée, souvent effacée. Les élytres sont carrées, noirâtres ou obscures. Le corps est noir. Les pattes sont testacées.

Il se trouve en Allemagne, aux environs de Rostock.

12. Pædère bicolor.

Pæderus bicolor.

Pæderus niger, thorace, elytris pedibusque rufescentibus. Ent. tom. 3. *Gen.* 44. *n°.* 7. *tab.* 1. *fig.* 4. a. b.

Pæderus bicolor. Gravenh. *Coleopt. Micropt. p.* 59. *n°.* 2. — *Monogr. Coleopt. Micropt. p.* 138. *n°.* 3.

Pæderus melanocephalus. Fabr. *Ent. Syst. em. tom.* 1. *pars* 2. *p.* 538. *n°.* 10. — *Syst. Eleut. t.* 2. *p.* 610. *n°.* 10.

Lathrobium ruficorne. Latr. *Gen. Crust. & Inf. tom.* 1. *p.* 290. *n°.* 3.

Pædère bicolor. Latr. *Hist. nat. des Crust. & des Inf. tom.* 9. *p.* 348.

Pæderus bicolor. Panz. *Faun. Germ. Fasc.* 104. *n°.* 15.

Il est petit, linéaire. Les antennes sont d'un fauve-obscur. La tête est noire, luisante, de la largeur du corcelet, très-finement pointillée. La bouche est fauve. Le corcelet est arrondi, fauve, très-finement pointillé, de la largeur des élytres : celles-ci sont pointillées, d'un fauve plus ou moins obscur. L'abdomen est noir. Les pattes sont d'un fauve-testacé.

Il se trouve en France, en Prusse, sous les pierres, dans les lieux secs.

13. Pædère rétréci.

Pæderus angustatus.

Pæderus niger, antennis elytrorum apice pedibusque pallidè testaceis.

Staphylinus angustatus. Ent. tom. 3. *Gen.* 42. *n°.* 24. *tab.* 2. *fig.* 18. a. b.

Staphylinus angustatus *filiformis, ater, elytris apice pedibusque testaceis.* Fabr. *Ent. Syst. em. tom.* 1. *pars* 2. *pag.* 528. *n°.* 41. — *Syst. Eleut. tom.* 2. *p.* 599. *n°.* 50.

Staphylinus angustatus. Payk. *Monogr. Staph. Suec. p.* 36. *n°.* 27.

Pæderus angustatus. Payk. *Faun. Suec. tom.* 3. *p.* 431. *n°.* 7.

Staphylinus angustatus. Panz. *Faun. Germ. Fasc.* 11. *tab.* 18.

Pæderus angustatus. Latr. *Gen. Crust. & Inf. tom.* 1. *pag.* 292. *n°.* 3. — *Hist. nat. des Crust. & des Inf. tom.* 9. *p.* 347.

Pæderus angustatus. Gravenh. *Coleopt. Micr. p.* 63. *n°.* 7. — *Monogr. Coleopt. Micropt. p.* 141. *n°.* 9.

Il a une ligne & demie de longueur, & il est fort étroit. Les antennes & les antennules sont pâles. La tête est noire, finement pointillée, un peu plus large que le corcelet. Les yeux sont arrondis, un peu saillans. Le corcelet est pointillé, ovale, noir, séparé de la tête par un col étroit. Les élytres sont pointillées, plus longues que larges, plus larges que le corcelet, noires, avec la partie postérieure, surtout vers la suture, d'un jaune-testacé pâle. L'abdomen est noir. Les pattes sont pâles.

Il se trouve en France, en Allemagne, en Suède, en Prusse, sous les pierres.

14. Pædère ochracé.

Pæderus ochraceus.

Pæderus nitidus, fuscus, capite nigro thoraceque subquadratis. Gravenh. *Coleopt. Micropt. p.* 59. *n°.* 1. — *Monogr. Coleopt. Micropt. p.* 138. *n°.* 1.

Pæderus ochraceus. Panz. *Faun. Germ. Fasc.* 104. *n°.* 14.

Il a une ligne & demie de longueur. Les antennes sont plus longues que le corcelet, d'un brun-fauve. Les antennules sont de la même couleur. La tête est très-noire, luisante, carrée, avec les angles arrondis, de la largeur du corcelet : celui-ci est carré, avec les angles arrondis, à peu près aussi large que long, un peu plus étroit que les élytres, d'un brun-fauve luisant, marqué d'une ligne longitudinale, élevée, un peu effacée. Les élytres sont presque carrées, un peu plus longues que le corcelet, finement pointillées, d'un brun-testacé luisant. L'abdomen est noirâtre, avec un reflet soyeux, grisâtre, & le bord des anneaux d'un brun-fauve. Les pattes sont testacées.

Il se trouve en Prusse.

15. Pædère rubricolle.

Pæderus rubricollis.

Pæderus brunneus, nitidus, capite fusco, thorace pedibusque rufis.

Pæderus rubricollis *rufo-fuscescens, nitidulus, capite obscuro, thorace subquadrato pedibusque rufis.* Gravenh. *Monogr. Coleopt. Micr. p.* 138. *n°.* 2.

M. Gravenhorst cite, pour cette espèce ou pour la précédente, le Pædère testacé de mon *Entomologie*; mais il diffère de l'une & de l'autre par la grandeur, la forme & les couleurs : celui-ci n'a qu'une ligne & demie de longueur, & il ressemble, selon cet auteur, au Pædère bicolor, si ce n'est qu'il est plus finement pointillé, que la tête est plus petite, que les antennes sont plus longues & plus minces, & que les couleurs sont différentes. Les antennes sont filiformes, un peu plus longues que le corcelet. La tête est noirâtre, orbiculaire, un peu plus petite que le corcelet : celui-ci est fauve, un peu plus court que les élytres. L'abdomen & les élytres sont d'un brun-fauve, avec un reflet soyeux grisâtre. Les pattes sont d'un fauve-testacé.

Il se trouve en Prusse, en Allemagne.

Nota. M. Fabricius a placé parmi les Pædères quelques espèces qui appartiennent aux genres Lathrobie & Staphylin. *(Voyez ces mots.)*

PAGURE. *Pagurus.* Genre d'insectes de la troisième section de l'Ordre des Aptères, & de la famille des Paguriens.

Les Pagures sont des Crustacés parasites qui se logent dans des coquilles ou dans des creux de rochers, & qui se distinguent des autres Crustacés par quatre antennes, dont deux plus longues & sétacées; par les yeux rapprochés, portés sur un pédicule alongé, mobile; par les pattes antérieures en pinces; & les quatre dernières, très-petites, cachées dans la coquille.

Les Grecs donnoient le nom de *Pagure*, Παγύρος, à un Crustacé fort différent de ceux-ci, & qui paroît appartenir aux Crabes; ils nommoient *Carcinion* ceux qui étoient parasites & se logeoient dans des coquilles vides. Les Latins les connoissoient aussi sous le nom de *Cancelli*, & les Modernes les nomment *Hermite, Bernard-l'Hermite, Soldat.* Linné, n'ayant fait qu'un seul genre des Crustacés sous le nom de *Cancer*, a distingué les parasites, & en a fait sa sixième section, qu'il caractérise par la queue aphylle ou sans feuillets. Degeer n'a pas distingué les Pagures des Écrevisses, & M. Herbst, à qui nous sommes redevables de l'ouvrage le plus complet sur les Crustacés, les a tous décrits & figurés sous le nom générique de *Cancer* ou de *Crabe.*

Fabricius est le premier qui ait formé un genre de ces insectes sous le nom de *Pagure*, qu'il avoit d'abord caractérisé par quatre antennes inégales, les antérieures étant sétacées, & les postérieures filiformes, avec le dernier article bifide; mais dont il a ensuite mieux développé les caractères dans le Supplément à son *Entomologie systématique.*

Les antennes des Pagures sont au nombre de quatre. Les deux extérieures, placées ordinairement sur la même ligne que les yeux, sous l'angle externe du chaperon, sont à peu près de la longueur des pinces, & composées de quatre articles, dont le premier est gros, très-court, inégal, quelquefois terminé par une ou plusieurs épines, & accompagné d'un rameau simple ou branchu qui s'y trouve implanté. Le second anneau est court, moins inégal, presque cylindrique; le troisième est plus mince, plus long que le second; le dernier est très-long, sétacé, composé d'un très-grand nombre d'articles très-courts, peu distincts.

Les antennes inférieures, placées au dessous des yeux, sont rapprochées, courtes, coudées & composées de quatre articles, dont le premier est très-court, assez gros, inégal; les deux suivans sont plus longs, amincis, presque cylindriques; le dernier est divisé en deux jusqu'à sa base, & forme deux filets, dont le supérieur est plus long, plus gros que l'autre, & divisé en un grand nombre d'anneaux peu distincts.

La bouche est composée d'une lèvre supérieure, de deux mandibules, de trois mâchoires, d'une lèvre inférieure & de huit antennules.

La lèvre supérieure, placée au dessus des mandibules, est renflée, trilobée. Le lobe du milieu est un peu plus grand que les latéraux, & quelquefois pourvu d'un faisceau de poils.

Les mandibules sont osseuses, creuses & voûtées en dedans, lisses au dehors, un peu arquées & tranchantes à l'extrémité, en forme de molaire à leur base interne; elles portent au milieu de leur partie supérieure, ou, pour mieux dire, au commencement de leur racine supérieure, une antennule courte, triarticulée, dont le dernier article est plus grand que les autres, comprimé, hérissé de poils courts à sa partie supérieure.

Immédiatement au dessous des mandibules on voit la mâchoire, formée de trois pièces cornées, posées les unes sur les autres. Fabricius ayant regardé ces trois pièces comme trois mâchoires, nous allons les décrire telles que nous les avons vues sur plusieurs Pagures, & entr'autres sur le granulé, n°. 5, conservé dans l'eau-de-vie au Muséum d'Histoire naturelle. La première pièce est divisée en trois; l'interne est large, cornée, peu épaisse, courte; celle du milieu forme une pièce triangulaire, mince comme du parchemin, garnie, à son bord interne, de cils courts & serrés; elle est pourvue d'une dent à sa base interne; l'extérieure est plus courte que celle-ci, large à sa base, terminée en pointe. La mâchoire suivante paroît également divisée en trois. A la base interne on voit une pièce courte, simple, arrondie, assez large, plate & cornée; l'intermédiaire est longue, triangulaire, cornée, mince, ciliée à son bord interne; elle est accompagnée, à sa base intérieure, d'une autre petite pièce courte, mince, ciliée à son extrémité; l'extérieure est plus courte que celle-ci, large à sa base, terminée en pointe.

Cette mâchoire eſt unie extérieurement à une large pièce membraneuſe. La troiſième mâchoire eſt remarquable en ce qu'elle a à ſa baſe interne une pièce preſqu'oſſeuſe, courte, arrondie, liſſe, accompagnée inférieurement d'une lame courte, garnie de longs cils à ſon extrémité. La pièce intermédiaire eſt mince, cornée, triangulaire, fortement ciliée à ſon bord interne; elle a extérieurement, comme les autres, une petite pièce courte, mince, pointue, preſque membraneuſe, & une autre plus grande, également membraneuſe, terminée par une antennule de deux articles, dont le premier eſt preſque cylindrique, & le ſecond un peu plus long, aplati, cilié ſur ſes bords.

Là paroît ſe terminer la bouche. Les troiſièmes antennules ſont placées au deſſous, & paroiſſent étrangères à la bouche proprement dite; elles ſont diviſées en deux depuis leur baſe. La diviſion intérieure eſt en forme de petite patte, & compoſée de cinq articles, dont le premier eſt très-court, plus large que long, intérieurement cilié; le ſecond eſt plus long, un peu comprimé, intérieurement cilié; le troiſième eſt court, courbé à ſa baſe; le quatrième eſt un peu plus long que celui qui le précède; il eſt un peu alongé ſupérieurement, & fortement cilié; le cinquième eſt terminé en pointe & eſt velu. La diviſion extérieure, auſſi longue ou même un peu plus longue que l'intérieure, eſt formée de deux pièces; l'une alongée, droite, preſque cylindrique; l'autre arquée, ſétacée, compoſée d'un grand nombre d'articles très-peu diſtincts; elles ont leur inſertion ſur une pièce large, mobile, qui leur eſt commune, placée à la partie inférieure de la bouche, au deſſous des mâchoires.

Les quatrièmes antennules ſont plus grandes que les précédentes, & diviſées en deux juſqu'à leur baſe. La diviſion intérieure, appelée *bras* par Degeer & quelques autres Entomologiſtes, reſſemble, comme la précédente, à une petite patte, & eſt compoſée de ſix pièces, dont la première eſt courte, inégale; la ſeconde eſt courte, anguleuſe, dentelée intérieurement; la troiſième eſt plus longue, un peu comprimée; la quatrième eſt preſque triangulaire, amincie & un peu arquée à ſa baſe; la cinquième eſt alongée, comprimée, preſque carrée; la dernière eſt longue, comprimée, terminée en pointe obtuſe, & velue ſupérieurement & intérieurement, comme toutes celles qui la précèdent. La diviſion extérieure eſt formée de trois pièces, dont la première eſt courte, inégale; la ſeconde alongée, preſque cylindrique; la troiſième eſt arquée, ſétacée, compoſée d'un grand nombre d'articles peu diſtincts. Les deux diviſions ſont inſérées à la partie extérieure de la lèvre inférieure, ſur une pièce mobile qui leur eſt commune.

Les yeux ſont globuleux, & portés ſur un pédicule mobile, plus ou moins long, plus ou moins gros, formé de deux pièces. La première eſt très-courte, inégale, accompagnée, à ſa partie ſupérieure, d'une lame plus ou moins avancée, & dont la forme varie. Elle eſt ou ſimple, ou épineuſe, ou dentelée; ce qui peut fournir un bon caractère pour la diſtinction des eſpèces.

La tête ſe confond avec le corcelet. La partie antérieure ou le chaperon eſt plus ou moins avancée, & eſt marquée de deux ou de quatre entailles pour faciliter le mouvement des yeux & des antennes extérieures. Ce ſont ces entailles qui, laiſſant entr'elles trois ou cinq pointes plus ou moins marquées & avancées, peuvent encore fournir un très-bon caractère pour la diſtinction des eſpèces.

La partie ſupérieure du corcelet eſt plane, peu convexe, ovale ou carrée, formée d'une croûte aſſez dure, mais beaucoup moins que celle des pattes. A la ſuite du corcelet, le corps s'élargit, & n'eſt plus couvert que d'une peau membraneuſe, ſemblable à du parchemin mouillé dans les grandes eſpèces, un peu plus molle dans les petites.

La queue eſt molle, ſimplement couverte d'une peau membraneuſe : c'eſt la partie qui doit toujours reſter cachée dans la coquille. Elle eſt à peu près auſſi longue ou même plus longue que le corcelet, contournée comme la coquille, & garnie, ſur les côtés, de trois ou quatre paires de lames ou attaches aplaties, alongées, garnies de cils, par le moyen deſquelles ce Cruſtacé ſe fixe ou ſe cramponne aux parois de la coquille. Il ſe ſert auſſi pour cela de l'extrémité de la queue, qui eſt diverſement figurée dans les diverſes eſpèces, mais qui eſt formée dans toutes de pluſieurs pièces écailleuſes, larges, aplaties, garnies de poils courts & ſerrés, & d'une pièce ovale ou alongée, qui, vue à la loupe, paroît formée de petites écailles très-dures, imbriquées. On voit de pareilles plaques au deſſous des quatre pattes poſtérieures. C'eſt ſans doute au moyen de ces petites lames ou écailles imbriquées, que le Pagure s'attache aux parois de la coquille. L'anus ſe trouve à l'extrémité de cette queue, au deſſous de la plaque du milieu.

Dans le Pagure Bernard, dont Degeer a donné une deſcription détaillée & une bonne figure, le bout de la queue eſt terminé par une partie écailleuſe d'une figure très-ſingulière, & dont la conſtruction mérite d'être remarquée. Elle eſt compoſée de pluſieurs pièces en forme de lames aplaties, mais de figure différente, & dont les cinq poſtérieures, placées en quinconce, ſont garnies de poils, & courbées en deſſous dans leur poſition naturelle, pour couvrir l'ouverture de l'anus, comme Swammerdam l'a remarqué. La lame du milieu de cette partie eſt garnie, de chaque côté, d'une pièce alongée, irrégulière & écailleuſe, diviſée en deux articulations mobiles, & qui a en deſſous une petite appendice également écailleuſe. Mais ce qui eſt bien remarquable, c'eſt que la pièce écailleuſe du côté gauche eſt beaucoup plus grande & plus longue que celle du côté droit. C'eſt toujours celle opposée à la plus grande pièce, suivant l'observation de Bosc, qui est la plus grande.

Catesby a décrit & figuré une espèce de Pagure, dont le bout de la queue est crustacé comme la partie antérieure, & garni de trois ongles crochus, au moyen desquels il s'attache fortement aux spires de la coquille qu'il habite.

Les pattes sont constamment au nombre de dix, quoique l'animal n'en montre ordinairement que six hors de la coquille, & qu'il n'y en ait effectivement que six qui lui servent à prendre ses alimens ou à marcher. Les quatre autres sont très-petites & cachées dans la coquille. Les deux premières pattes sont en forme de pinces ou de tenailles; elles sont quelquefois de grandeur & de figure à peu près semblable, mais plus souvent il y en a une beaucoup plus grande que l'autre, & cela tient peut-être autant à la diversité des espèces, qu'à la forme de la coquille dans laquelle elles ont vécu. Ces coquilles contribuent peut-être à donner plus de développement à l'une de ces deux pinces qu'à l'autre, ainsi qu'il arrive quelquefois aux autres pattes qui ne se montrent pas toujours parfaitement semblables.

Les pinces sont composées de six pièces, dont les deux premières sont courtes & plus petites que les autres. Les deux qui suivent sont plus longues, plus grosses, ordinairement comprimées & de forme presque triangulaire. La cinquième pièce ou la main est la plus grosse; elle est terminée par un doigt, qui en est un prolongement, & par un autre qui est mobile, & que nous regardons comme la sixième pièce. Ces doigts sont, ou tranchans à leur partie interne, ou garnis de gros tubercules en forme de dents. Nous leur donnons quelquefois, dans nos descriptions, le nom de *serres*.

Les quatre pattes qui suivent, sont composées du même nombre de pièces que les pinces; mais la sixième ou dernière, qu'on nomme aussi *doigt*, est simple, plus ou moins longue, & terminée par un ongle ou crochet qui y paroît comme implanté.

Les deux pattes, qui restent cachées dans la coquille, sont petites, très-courtes, comprimées, divisées, comme les précédentes, en six pièces, dont la première est très-courte; les suivantes sont plus ou moins longues, & les deux dernières diversement figurées. Elles sont en pinces dans quelques-unes, terminées par un doigt court, simple, dans quelques autres; en une palette couverte de petites écailles, ou en forme de brosse, dans quelques autres.

Outre ces pattes, les femelles ont, à l'origine de leur queue, des filets tels qu'on en voit aux autres Crustacés, destinés à servir d'attache aux œufs qu'elles pondent en grand nombre, & qu'elles portent avec elles jusqu'à ce que les petits soient éclos.

Aristote avoit très-bien observé que le Pagure n'étoit point adhérent à sa coquille, comme le Mollusque qui l'avoit formée & habitée le premier, mais qu'il s'en emparoit après la mort de celui-ci. Il avoit observé, dis-je, qu'aussitôt né, il cherchoit à se loger dans une petite coquille vide, & qu'en grandissant il changeoit d'habitation, & entroit toujours dans une coquille proportionnée à la grosseur de son corps. Ces observations ont été confirmées par Rondelet, Belon & une infinité de voyageurs & de naturalistes qui ont eu occasion de voir ces petits animaux sur le rivage de la mer, où on les trouve en grand nombre pendant toute la belle saison. Cependant Swammerdam, cet observateur si judicieux & si exact d'ailleurs, nie formellement que le Pagure soit un animal parasite. Il ne croît pas ce qu'Aristote, Rondelet, Belon & tant de voyageurs ont avancé à cet égard. Il soutient, d'après sa propre observation, que ces animaux sont attachés à leur coquille, comme tous les Mollusques le sont à la leur. Il prétend que la coquille dans laquelle se trouvent les Pagures, doit être considérée comme une enveloppe qui leur est propre, de laquelle ils se trouvent pourvus dès leur naissance, à laquelle ils sont intimement unis, & de laquelle ils ne doivent point sortir tant qu'ils vivront.

Si l'assertion de Swammerdam étoit vraie, il faudroit que les Pagures naquissent vêtus comme les Mollusques testacés, & qu'ils eussent la faculté d'agrandir eux-mêmes leur coquille à mesure qu'ils prennent de l'accroissement; & ces coquilles d'ailleurs n'auroient-elles pas une forme qui leur seroit propre? Or, on sait positivement que ces Crustacés n'ont, en naissant, d'autre enveloppe que la croûte dure qui revêt la partie antérieure du corps; & que l'autre est nue, ou seulement couverte d'une peau fine & délicate.

Il n'est point vrai que le Pagure s'empare de force d'une coquille tant que le vrai propriétaire l'habite, ni qu'il tente jamais de le faire périr. Il ne cherche à se loger que dans celles qui sont vides, & il faut encore qu'elles soient en spirale, & faites de manière que la partie postérieure du corps puisse s'y cramponner.

Au reste, ce changement de coquille n'a lieu qu'une fois l'an, à l'époque de la mue. Le Pagure attend le moment où il doit subir cette opération, à la suite de laquelle son corps doit prendre un plus grand développement, pour abandonner son logement, & en chercher un qui soit plus spacieux. Pour cela, il entre successivement à reculons dans presque toutes celles qui se présentent, & il essaie si la partie postérieure de son corps s'y trouvera à son aise. Il ne s'y loge que lorsqu'il s'est bien assuré par divers tâtonnemens, qu'elle lui convient.

Il y a des Pagures qui se passent de coquilles. On en connoît qui se logent dans des trous de rochers, dans des éponges, dans le tube d'une Serpule, & d'autres qui s'enfoncent, à ce qu'on croit, seulement dans le sable.

Les Pagures se meuvent & marchent au fond de la mer ou sur le rivage, par le moyen des quatre pattes antérieures, ordinairement aussi longues ou même plus longues que les pinces, & c'est avec ces pinces qu'ils saisissent leur proie pour s'en nourrir. Lorsqu'ils sont menacés de quelque danger, ils s'enfoncent presqu'entièrement dans leurs coquilles, & ne se montrent que long-tems après que le danger est passé. Lorsqu'on les saisit, ils font un petit cri, & on ne peut espérer de les faire sortir pour les examiner, que lorsqu'ils sont morts. Ce n'est que dans la belle saison qu'on peut observer ces animaux dans nos climats, parce que ce n'est qu'alors qu'on les rencontre sur le rivage de la mer; ils s'en éloignent l'hiver pour chercher une température plus douce.

Quand ils sont encore jeunes, les Pagures, ainsi que nous venons de le dire, s'enfoncent quelquefois entièrement dans leurs coquilles : à peine apperçoit-on alors l'extrémité de leurs pattes. Mais il paroît que, parvenus à un âge plus avancé, ou lorsqu'ils ont pris presque tout leur développement, la partie antérieure, & surtout les pinces, ne s'y enfonce plus autant. Les quatre pattes antérieures, ainsi que les pinces, se montrent toujours en grande partie au dehors. Quelques espèces mêmes ont une des pinces assez grosse pour fermer presqu'entièrement l'ouverture de la coquille, & faire l'office d'une opercule.

Ce qui ne nous paroît point avoir été assez observé, & qui mériteroit bien pourtant de l'être, c'est si le même individu, en quittant sa coquille, devenue trop petite pour lui, va constamment se loger dans une coquille semblable à la première, s'il se borne à quelques espèces du même genre, ou s'il prend indifféremment toutes celles qui se présentent, n'importe à quelle espèce elles appartiennent. Il semble bien que le même Pagure se trouve dans plusieurs coquilles d'espèces différentes; mais ne seroit-il pas possible que l'individu, qui habite d'abord un Buccin, & dans lequel son corps s'est en quelque sorte modelé, ne pût ensuite se loger commodément que dans un autre Buccin, & qu'il se trouvât incommodé ou gêné s'il vouloit se fixer dans un Murex ou une Tonne?

Nous avons fait quelques observations dans nos voyages, qui nous laissent des doutes à cet égard; & il est facile de se convaincre qu'un grand nombre de Pagures, d'espèces bien différentes, ont été confondues & prises pour la même, par des personnes qui avoient l'habitude d'observer. Rondelet, par exemple, paroît avoir figuré deux espèces différentes. La première nous paroît être le Pagure strié, & l'autre en différer, & on voit, par ce qu'il dit, qu'il regarde tous les Pagures de la Méditerranée comme appartenans à la même espèce. Ils sont seulement plus ou moins longs, suivant lui, & tantôt c'est la pince droite qui est la plus grande, tantôt c'est la gauche.

Lorsque les Pagures sortent de leur coquille pour se loger ailleurs ou pour manger, ils ont à craindre une infinité d'ennemis qui se nourrissent de leur chair. Quelques poissons les mangent avidement, & c'est même un moyen, ainsi que Belon l'a observé, pour prendre ceux qui fréquentent les rochers ou qui s'approchent du rivage.

Nicolson, dans son *Essai sur l'Histoire naturelle de Saint-Domingue*, fait mention d'un Pagure qu'il nomme *Soldat de terre*, *Cancellus terrestris*, & qui n'est point du tout aquatique. Il est assez semblable, dit-il, à celui de mer; mais il est communément plus petit. Sa grosseur est proportionnée à son âge. Les plus gros ont à peine quatorze pouces de longueur. Il recherche les endroits secs. On en trouve fréquemment au bord de la mer & sur les mornes. Ceux-ci sont plus mal logés que les premiers, parce que les coquilles terrestres sont moins communes que celles de la mer, que la lame jette sur le rivage. Il évite les lieux fangeux, où l'on ne trouve que de petits Crabes. Il se nourrit d'excrémens, d'insectes, d'herbes, de feuillages. Il n'est nullement amphibie. Lorsqu'on le met dans l'eau, soit de mer, soit de rivière, il fait tous ses efforts pour en sortir. Trouve-t-il un obstacle invincible, il y périt en peu de tems.

Latreille ajoute que c'est peut-être cette espèce qui emploie, pour se sauver, le stratagême suivant, dont des personnes dignes de foi lui ont dit avoir été témoins oculaires. Ces Crustacés sont souvent à la poursuite de leur proie sur les rochers ou sur les lieux élevés. Quelque péril leur fait-il craindre pour leurs jours, ils se retirent aussitôt dans leurs retraites, & y roulent avec leur maison, que leur forme arrondie rend plus susceptible de mouvement.

Il y a dans les îles de l'Amérique, selon Bosc, un très-grand Pagure, qui vit habituellement sur terre, & qui ne va à la mer que pour y déposer ses œufs, & ensuite chercher une nouvelle coquille, avec laquelle il revient sur les montagnes & dans les bois. Quand on le prend, il jette un petit cri, & tache de mordre ou de pincer la main. Les habitans le mangent, & tirent de son corps une huile jaunâtre, regardée comme un remède souverain contre les rhumatismes. On trouve dans la coquille d'où l'on vient de tirer, par le moyen du feu, un de ces Pagures, une demi-cuillerée d'eau claire, que l'on regarde aussi comme un remède souverain contre les pustules que fait naître sur la peau le suc de mancenilier.

On mange rarement les Pagures, parce qu'ils sont généralement petits, peu abondans sur le même rivage, & qu'enfermés dans leur coquille, on les en fait sortir difficilement, à moins qu'on n'emploie le feu & l'eau bouillante. Cependant on recherche quelques espèces, dans l'Amérique & dans les Indes orientales, dont la chair est aussi favoureuse que celle de presque tous les autres Crustacés, & dont le volume du corps est assez gros pour mériter qu'on se donne la peine de l'aprêter. Séba dit que le Pagure larron est très-bon à manger, & que ses entrailles surtout, étant bien accommodées, sont un mets agréable. Cette dernière assertion est démentie par Linné, qui dit au contraire que ce Crustacé n'est bon à manger que lorsqu'on lui a ôté les intestins.

Selon Rochefort, les habitans des Antilles en mangent quelquefois comme on mange, en quelques contrées d'Europe, les Escargots; mais on les regarde, en général, comme plus propres à servir de remède que de nourriture. Étant séparés de leur coquille & exposés au soleil, ils rendent une huile jaunâtre, qu'on estime salutaire dans les rhumatismes & les gouttes froides. On s'en sert aussi pour ramollir les duretés de la peau & les callosités des pieds.

Il paroît bien certain que le Pagure quitte assez ordinairement sa coquille pour courir après sa proie. Il est probable qu'il la quitte aussi dans le tems des amours, comme à l'époque de la mue. Suivant Aristote, dans les tems de calme, ces Crustacés se détachent de leurs coquilles pour aller prendre leur nourriture, &, lorsque le vent souffle un peu fort, ils se tiennent tranquilles auprès des rochers. Belon dit aussi qu'ils sortent de leur coquille pour aller manger. Rondelet dit aussi qu'ils sortent de leur coquille au tems que la Nature les incite à frayer. Ulloa, dans son voyage au Pérou, dit que le Pagure marche quelquefois avec sa coquille, & que d'autres fois il la laisse pour chercher à vivre. Dès qu'il est menacé de quelque danger, il court vîte vers le lieu où il l'a laissée, & il y rentre promptement à reculons, cherchant à en fermer l'entrée à son ennemi & à se défendre avec ses serres, dont il se sert pour mordre ou pincer à la manière des Écrevisses. Il ajoute que cette morsure produit, pendant deux jours, les mêmes accidens que la piqûre du Scorpion; ce qui n'est pas probable, puisque les pinces des Pagures, ainsi que celles des autres Crustacés, ne peuvent agir autrement qu'en pressant fortement les corps qu'elles saisissent.

Quelques auteurs ont parlé des combats que se livrent entr'eux les Pagures pour la possession d'une coquille. Elle reste, comme on pense bien, à celui qui a terrassé ou mis en fuite tous ses concurrens, ou qui a eu l'adresse de s'y glisser pendant que les autres sont aux prises.

Le nombre des espèces, borné d'abord à quelques-unes, s'est accru depuis peu de tems, & il est probable qu'il augmentera considérablement lorsqu'on voudra se donner la peine d'étudier ces petits animaux sur le rivage même de la mer, & qu'on prendra les précautions convenables pour les bien conserver dans les collections. Nous ne doutons pas que ces Crustacés ne soient très-multipliés sur le Globe, & que chaque région n'en possède plusieurs espèces qui lui sont propres, & qu'on a bien souvent confondues, parce que ni les descriptions ni les figures que les voyageurs en ont données, n'ont été assez exactes pour les faire distinguer.

PAGURE.

PAGURUS. FABR. BOSC. LATR. *CANCER.* LINN. HERBST. *ASTACUS.* BAST. DEG. *CANCELLUS.* ROND. BEL. SWAMM.

CARACTÈRES GÉNÉRIQUES.

Quatre antennes ; les deux extérieures distantes, longues, sétacées ; les deux intérieures courtes, rapprochées, filiformes, bifides à leur extrémité.

Deux yeux rapprochés, portés sur un pédicule mobile, alongé, cylindrique.

Huit antennules ; les quatre postérieures divisées en deux jusqu'à leur base.

Dix pattes ; les deux antérieures en pinces ; les quatre postérieures fort petites.

Corps logé dans une coquille étrangère.

ESPÈCES.

1. PAGURE larron.

Corcelet avec deux lignes croisées en forme d'X ; queue simple, ventrue en dessous.

2. PAGURE Mégiste.

Parasite, rouge, marqué de taches rondes, blanches ; pattes velues et épineuses ; pince gauche plus grande que la droite.

3. PAGURE moucheté.

Parasite, d'un rouge de sang foncé, marqué de taches blanches ; pattes très-velues ; pince gauche plus grande que la droite.

4. PAGURE vieillard.

Parasite ; corcelet ovale, avec les côtés ciliés ; pattes ridées, très-velues.

5. PAGURE granulé.

Parasite ; pinces presqu'égales, marquées de tubercules réunis ; les intervalles hérissés de poils très-courts et roides.

6. PAGURE Ours.

Parasite ; pattes et pinces transversalement striées et très-velues ; pinces égales.

7. PAGURE pointillé.

Parasite, d'un rouge-clair, marqué de points blancs ; pinces hérissées ; la gauche plus grande que la droite.

8. Pagure incisé.

Parasite ; pattes et pinces marquées de rides transversales, dentelées ; pince gauche plus grande que la droite.

9. PAGURE miliaire.

Parasite, brun ; pinces égales, tuberculées ; tubercules rapprochés, d'une couleur plus claire.

PAGURE. (Insecte.)

10. Pagure Bernard.

Parasite; pinces chagrinées et muriquées, la droite plus grande que la gauche.

11. Pagure hongrois.

Parasite; pinces velues, avec l'extrémité noire; la droite plus grande que la gauche; corps rouge.

12. Pagure Diogène.

Parasite; pinces muriquées, pubescentes; la gauche plus grande que la droite.

13. Pagure soldat.

Parasite; pince gauche plus grande que la droite, muriquée de toutes parts; doigts des pieds très-longs, en scie.

14. Pagure cuirassé.

Parasite; corcelet légèrement tuberculé, antérieurement tronqué; pince gauche plus grande que la droite; antennes intérieures très-longues.

15. Pagure strié.

Parasite; pinces et pattes transversalement striées; stries ciliées, dentelées; pince gauche plus grande que la droite.

16. Pagure rongeur.

Parasite; pinces presqu'égales, transversalement striées.

17. Pagure geolier.

Parasite; pince gauche plus grande que la droite; main lisse; doigts des pieds très-longs et lisses.

18. Pagure rubané.

Parasite; pattes rouges, avec des raies longitudinales, blanches; pinces presque égales, raboteuses, hérissées.

19. Pagure vigilant.

Parasite; pinces presqu'égales, raboteuses; pédicules des yeux très-longs.

20. Pagure diaphane.

Parasite, déprimé; pince gauche plus grande, lisse; bord supérieur du carpe anguleux, dilaté.

21. Pagure hermite.

Parasite; pinces raboteuses, presque égales; les six pattes antérieures ayant un pouce.

22. Pagure tubulaire.

Parasite, presque cylindrique; têt court, marqué de points enfoncés.

23. Pagure oculé.

Parasite; pinces muriquées, égales; pédicule des yeux de la longueur du corcelet.

24. Pagure ailé.

Parasite; mains lisses, avec trois dilatations; pince droite plus grande que la gauche.

25. Pagure ophthalmique.

Parasite; pinces égales, muriquées; pattes avec des faisceaux de poils; yeux grands, portés sur un pédicule mince.

26. Pagure Araignée.

Parasite; pinces raboteuses; queue calleuse à l'extrémité, et pourvue d'un onglet.

27. Pagure flûteur.

Parasite; corcelet lisse, entier; pince gauche plus grande que la droite; pieds et pinces châtains, avec l'extrémité blanche.

PAGURE. (Insecte.)

28. Pagure tambour.

Parasite; corcelet lisse, entier; pattes striées, avec les doigts marbrés.

29. Pagure tirailleur.

Parasite; corcelet lisse, entier; pinces égales, granulées; cuisses de la seconde paire, comprimées.

30. Pagure cuirassier.

Parasite; corcelet rugueux; bras lisses, triangulaires; carpes et mains muriqués.

31. Pagure pédonculé.

Parasite; corcelet plane, déprimé; pince gauche plus grande, renflée, muriquée; pédicule des yeux fort gros.

32. Pagure rayé.

Parasite; corcelet plane, blanchâtre; pinces égales, transversalement striées.

33. Pagure cannelé.

Parasite; pinces égales, anguleuses; angles saillans, en scie.

34. Pagure douteux.

Parasite; pinces presque glabres, granulées; la gauche plus grande que la droite.

1. Pagure larron.

Pagurus latro.

Pagurus thorace suturis quadrifido; caudâ simplici subtùs ventricosâ. Fabr. *Entom. Syst. em. tom.* 2. *p.* 468. *n°.* 1. — *Suppl. tom.* 5. *p.* 411. *n°.* 1.

Cancer latro. Linn. *Syst. Nat. tom.* 2. *p.* 1049. *n°.* 56.

Cancer crumenatus. Rumph. *Thesaur. tab.* 4.

Boursières. Rochef. *Antilles, t.* 1. *chap.* 21.

Cancer crumenatus, orientalis. Séba, *Mus. tom.* 3. *tab.* 21. *fig.* 1. 2.

Pursekrab. Petiv. *Gazoph.* 1. *Append. tab.* 1. *fig.* 2.

Cancer Astacus latro. Herbst, *Canc. tom.* 2. *p.* 34. *tab.* 24.

Pagure larron. Bosc, *Hist. nat. des Crust. t.* 2. *p.* 76.

Pagure larron. Latr. *Hist. nat. des Crust. & des Ins. tom.* 6. *p.* 164. *n°.* 9.

La figure que Séba donne de ce Pagure paroît fort bonne. Le chaperon est terminé en pointe avancée. Les antennules intérieures sont presque aussi longues que les pinces, divisées à leur extrémité. Les divisions sont inégales. La supérieure est beaucoup plus grosse & plus longue que l'inférieure. Les antennes extérieures sont sétacées & plus longues que les pattes. Les yeux sont gros, portés sur un pédicule cylindrique. Le corps est d'un beau rouge-corallin. Le corcelet paroît avoir une ligne transverse, courbe, un peu sinuée & enfoncée, & deux autres longitudinales, qui se joignent au milieu, & forment en quelque sorte un X. C'est sans doute ce qu'a voulu exprimer Séba en disant: « La coque qui couvre le corps par-dessus, est composée de plusieurs articulations, jointes ensemble d'une manière qu'elles peuvent se serrer & s'étendre lorsque l'animal se meut promptement avec ses gros pieds. » La queue, formée de trois articulations, est partout sillonée de longues raies. Les pinces sont grosses, rouges comme le corps. La gauche est beaucoup plus grosse que la droite; & les serres de l'une & de l'autre sont garnies de fortes dents. Les six pattes qui suivent, ont des taches ondées, & sont armées de dentelures sur leurs bords. La dernière pièce est alongée, & hérissée de faisceaux de poils. Les deux autres pattes sont très-petites. Séba dit que ce Pagure est bon à manger. Ses entrailles principalement, étant bien aprêtées, sont un mets agréable.

Il se trouve dans les mers des Indes, & habite les fentes des rochers, d'où il sort la nuit, & se répand sur le rivage pour aller chercher sa nourriture.

2. Pagure mégisse.

Pagurus megistos.

Pagurus parasiticus rufus, maculis rotundatis albicantibus, pedibus hirsutis spinosisque, chelâ sinistrâ majore.

Cancer megistos. Herbst, *Canc.* 3. *pag.* 23. *tab.* 61. *fig.* 1.

Ce Crustacé, dans la figure qu'Herbst en donne, paroît être un Pagure par la partie antérieure du corps, & une Écrevisse par la partie postérieure. Sa queue est terminée par cinq feuillets fort larges; ce qui suppose qu'il nage comme les Écrevisses, & qu'il ne se loge ni dans une coquille ni dans un creux ou fente de rocher. Tout le corps est d'un beau rouge, couvert de petites taches blanchâtres. Les yeux sont portés sur un pédicule alongé, cylindrique, un peu plus étroit vers le milieu. Les pattes & les pinces sont velues. La pince gauche est beaucoup plus grande que la droite, & la main est fort renflée.

Il se trouve dans l'Océan indien.

Nota. On voit un Crustacé, au Muséum d'Histoire naturelle, qui nous paroît le même par la partie antérieure du corps & par les pattes, mais qui est parasite & logé dans un Buccin. Le corcelet est d'un rouge très-pâle, marqué de taches blanches. Le chaperon n'est point avancé: on voit seulement une dent, de chaque côté, entre les yeux & les antennes extérieures, qui est obtuse, & armée, à son extrémité, d'une petite épine blanche. Les yeux sont portés sur un pédicule peu alongé, cylindrique, rougeâtre, un peu plus gros que dans la figure de Herbst. La lame qui est au dessus de leur base supérieure est terminée par trois épines presqu'égales. Les antennes internes ont les deux premiers articles fort courts, & le pénultième un peu alongé, cylindrique. Les pinces sont inégales, hérissées de poils longs, pourpres, & de piquans plus gros & plus forts vers l'angle supérieur interne; elles sont d'un rouge-clair, avec des taches blanches, bordées de brun. De la plupart de ces taches partent des faisceaux de poils. Il y en a qui sont placées à la base des piquans, & d'autres sur le piquant même qu'elles entourent. L'extrémité du piquant est noire & aiguë. La pince gauche est plus grande que la droite. Les pattes sont hérissées des mêmes poils & des mêmes piquans, si ce n'est qu'ils sont plus petits, plus acérés & tout noirs. Les doigts des pinces sont fort gros, à peine dentés intérieurement, & terminés supérieurement par un bord noir, tranchant. Les quatre pattes qui viennent après ont leurs doigts fort longs, assez gros, arrondis, hérissés de poils, armés de piquans, & terminés par un ongle noir. Les deux pattes qui suivent, sont terminées par un petit ongle, & elles ont en dessous une palette oblongue, noire.

Il se trouve au Cap de Bonne-Espérance, & est conservé au Muséum d'Histoire naturelle.

3. Pagure moucheté.

Pagurus guttatus.

Pagurus parasiticus, sanguineus, albo maculatus, pedibus hispidis; chelâ sinistrâ majore.

Il est fort grand. Le corcelet est plane, presque carré, ridé sur les côtés, blanchâtre & lisse au milieu, lavé de rouge sur les côtés, avec des taches blanches. Les bords latéraux sont hérissés de longs poils. Le chaperon est peu avancé, à peine denté. Les yeux sont portés sur un pédicule lisse, d'un brun-testacé, peu alongé. La base supérieure est accompagnée d'une lame large, rouge, avec des points blancs & les bords antérieurs ciliés. Les antennes antérieures ont leurs premiers articles hérissés, avec des points blancs. Les pinces sont un peu renflées. La gauche est un peu plus grande que la droite. Elles sont d'un rouge de sang-foncé, avec des taches blanches; elles sont hérissées de poils, & on voit quelques tubercules épineux sur les mains & sur les doigts. Les pattes sont de la couleur des pinces, & tachées comme elles de blanc; elles sont hérissées de poils & n'ont point de tubercules. Les doigts sont longs & terminés par un ongle très-fort. Les quatre pattes de derrière sont petites, rouges, tachées de blanc.

Il se trouve à l'Isle-de-France, & est conservé au Muséum d'Histoire naturelle.

4. Pagure vieillard.

Pagurus aniculus.

Pagurus parasiticus, thorace ovato, lateribus ciliatis, pedibus rugosis hirtis. Fabr. *Ent. Syst. em. tom.* 2. *p.* 468. *n°.* 2. — *Suppl. tom.* 5. *p.* 411. *n°.* 2.

Pagurus aniculus. Bosc, *Hist. natur. des Crust. tom.* 2. *p.* 76.

Pagurus aniculus. Latr. *Hist. nat. des Crust. & des Ins. tom.* 6. *p.* 163. *n°.* 8.

Cancer aniculus. Herbst, *Canc. t.* 2. *p.* 37.

Il est fort grand. La bouche est hérissée de poils. Le chaperon est bifide, & les deux divisions sont alongées, aiguës. Les yeux sont avancés, portés sur un pédicule cylindrique. Le corcelet est ovale, lisse, glabre, avec les côtés ciliés & la partie postérieure molle. La queue est molle, vésiculeuse, terminée, de chaque côté, par deux appendices triarticulées, réunies à leur base, planes & noires à leur extrémité, celle des deux qui se trouve postérieure étant une fois plus petite que l'autre. Les pinces sont grandes, transversalement marquées de rides velues. Les mains sont ovales, & les doigts sont hérissés de faisceaux de poils, dont quelques-uns de couleur rouge. Les ongles sont obtus & noirs. Les deux paires de pattes qui suivent, sont longues, rugueuses, hérissées de poils. Les cuisses sont comprimées. Les doigts sont hérissés de faisceaux de poils, dont quelques-uns sont rouges. Les ongles sont noirs, aigus. Les pattes de la quatrième paire sont très-petites, comprimées, avec le dernier article ovale, armé d'un ongle plane, arrondi, noir. Celles de la cinquième sont courtes, filiformes, & armées d'un ongle noir.

Il se trouve dans l'Océan austral.

5. Pagure granulé.

Pagurus granulatus.

Pagurus parasiticus, chelis subæqualibus gregatìm tuberculatis, interstitiisque hispidis.

Il est fort grand, entiérement blanchâtre. Le corcelet est plane, un peu raboteux, sans rides, presque triangulaire ou rétréci postérieurement. Le chaperon est à peine bidenté ou à peine sinué. Les yeux sont portés sur un pédicule alongé, blanchâtre, un peu aminci, presqu'aussi long que le corcelet. On voit, à leur base supérieure, une épine aiguë, avancée. Les antennes extérieures sont plus courtes que les pinces; elles ont, à leur base supérieure, un rameau pointu, épineux. Les antennes intérieures ne dépassent guère les yeux que par leur quatrième article bifide. Les pinces sont presqu'égales. La droite est à peine plus grande que la gauche. Elles sont couvertes de tubercules courts, arrondis, groupés au nombre de trois à sept, & même huit. L'espace compris entre ces tubercules est hérissé de poils roides, très-courts & très-serrés. Le quatrième article de ces pinces a, sur son bord supérieur interne, une suite de piquans, dont la pointe est acérée & noire. Ces piquans sont moins marqués sur la main. Les doigts n'ont que des tubercules groupés. Ils sont gros, & garnis de dents ou de gros tubercules osseux, arrondis, dans toute leur partie interne, à la pince droite. La gauche a le bord interne des doigts tranchant & dentelé. Les quatre pattes qui suivent, sont un peu plus courtes que les pinces. Les tubercules y sont moins groupés, & terminés par une petite épine aiguë, plus forte sur le bord supérieur interne. Les doigts sont longs, hérissés de poils, un peu anguleux. L'angle supérieur a une suite de piquans courts & assez gros, de couleur brune.

Il se trouve dans les mers des Indes, & est conservé au Muséum d'Histoire naturelle.

6. Pagure Ours.

Pagurus Ursus.

Pagurus parasiticus, pedibus manibusque transversè striatis hirsutis, chelis æqualibus.

Il est grand & d'un rouge très-pâle. Le chaperon est tridenté, & la dent du milieu est plus avancée que l'autre. Le corcelet est un peu convexe, presque carré, marqué d'un enfoncement transversal près

près du chaperon. Le milieu est lisse, marqué de deux lignes peu enfoncées, qui se réunissent en une seule antérieurement. Les côtés sont hérissés de longs poils roussâtres. Les yeux sont portés sur un pédicule long & mince. La lame qui les accompagne à leur base supérieure est hérissée, avancée & terminée en pointe. Les antennes extérieures sont un peu plus longues que les pinces, & accompagnées d'un rameau terminé en pointe aiguë. Les pinces sont de grandeur égale, & marquées de plis transversaux, rapprochés, qui paroissent en recouvrement. Le bord qui avance, est finement dentelé, & hérissé de poils longs, roussâtres. Les pattes ont les mêmes plis; mais ceux-ci paroissent moins en recouvrement. Leur bord est rouge; & ce rouge paroît formé par des cils très-courts & très-serrés. Elles sont hérissées de longs poils roussâtres à leur bord supérieur & inférieur. Les pattes de la quatrième paire sont courtes, comprimées, hérissées à leur bord supérieur & inférieur, & terminées par une palette noire. Les deux dernières sont un peu plus longues & plus minces.

Il se trouve à l'Isle-de-France, & est conservé au Muséum d'Histoire naturelle.

7. Pagure pointillé.

Pagurus punctulatus.

Pagurus parasiticus, pallidè rufus, albo punctatus, chelis hirtis, sinistrâ majore.

Il est de grandeur moyenne. Le corcelet est carré, lisse, peu convexe, blanchâtre, avec quelques taches rondes, presqu'oculées, blanches. Le chaperon est presque tridenté, avec la dent du milieu plus courte que les autres. On voit une ligne transversale, enfoncée, derrière le chaperon. Les yeux sont portés sur un pédicule assez gros & assez long, cylindrique, d'un brun-testacé. L'écaille qui les accompagne à leur base supérieure est blanchâtre, lisse, ciliée antérieurement. Les pattes & les pinces sont d'un rouge-clair, marquées de points blancs, & hérissées de poils longs de la même couleur. Les pinces ont, de plus que les pattes, des tubercules épineux, en partie blancs. La pince gauche est plus grande que la droite.

Il se trouve sur les bords de la mer, à l'île de Timor, d'où il a été apporté par feu Perron.

Il est conservé au Muséum d'Histoire naturelle.

8. Pagure incisé.

Pagurus incisus.

Pagurus parasiticus, pedibus manibusque rugis, transversis, denticulatis; chelâ sinistrâ majore.

La longueur du corps de ce Pagure est de quatre pouces & demi. La pince gauche est plus grande que la droite, & l'une & l'autre ont des rides transversales, inégales, rapprochées, ciliées, & marquées, sur leur crête antérieure, de dentelures; dont quelques-unes plus grandes que les autres. Le bord supérieur a des tubercules épineux assez grands, peu nombreux. Le corcelet est carré, peu convexe, presque lisse. Le chaperon est peu avancé, à peine tridenté. Les yeux sont portés sur un pédicule court, assez gros. La lame qui les accompagne à leur base supérieure est terminée par trois ou quatre petites épines. Le rameau qui accompagne les antennes extérieures est avancé, pointu, avec plusieurs petites épines sur sa tige.

Il se trouve..... Il est conservé au Muséum d'Histoire naturelle.

9. Pagure miliaire.

Pagurus miliaris.

Pagurus parasiticus, brunneus, chelis æqualibus, tuberculatis; tuberculis confertis, pallidioribus.

Pagurus miliaris. Bosc; *Hist. natur. des Crust. tom. 2. p. 75.*

Pagurus miliaris. Latr. *Hist. nat. des Crust. & des Ins. tom. 6. p. 168. n°. 19.*

Il est de la grosseur du poing & d'une couleur brune. Les pinces sont égales, entièrement couvertes de tubercules peu élevés, formés de petits grains rapprochés & moins colorés. Il paroît composé, selon M. Bosc, d'écailles en recouvrement, comme la Galathée striée, & ses pattes sont fortement velues.

Il se trouve, suivant M. Bosc, dans le Buccin-Pomme.

10. Pagure Bernard.

Pagurus Bernhardus.

Pagurus parasiticus, chelis scabris, submuricatis, dextrâ majore.

Pagurus Bernhardus *parasiticus, chelis muricatis, dextrâ majore.* Fabr. *Ent. Syst. em. tom. 2. pag. 469. n°. 3. — Ent. Syst. em. Suppl. p. 411. n°. 3.*

Carcinion. Arist. *lib. 4. cap. 4, & lib. 5. cap. 15.*

Cancer Bernhardus. Linn. *Syst. Nat. tom. 2. pag. 1049. n°. 57. — Mus. Lud. Ulr. pag. 454. — Faun. Suec. n°. 2032.*

Cancer Bernhardus. Scopoli, *Entom. Carn. n°. 1130.*

Astacus Bernhardus *caudâ molli recurvatâ, thorace lævi, pedibus chelisque muricatis, scabris, dextrâ majore.* Deg. *Mem. Ins. t. 7. p. 405. n°. 4. tab. 23. fig. 5. 6. 7.*

Astacus trunco subnudo, molli; thorace lævi,

manibus pedibusque verrucosis, scabris. Gronov. *Zooph. p.* 229. *n°.* 982.

Astacus trunco subrotundo, molli; thorace lævi; manibus pedibusque subverrucosis, scabris. Bast. *Opusc. subs. p.* 75. *tab.* 10. *fig.* 3.

Cancellus. Rond. *De Piscib. lib.* 18. *cap.* 12. *p.* 553.

Cancellus. Swamm. *Bibl. Nat. tom.* 1. *p.* 194. *tab.* 11. *fig.* 1. 2.

Cancellus. Mattheiol. *in* Diosc. *p.* 283.

Cancellus. Belon. *De la Nat. des Poiss. p.* 370. *fig.* 1.

Cancellus nudus. Jonst. *Exsang. tab.* 7. *fig.* 6-12.

Cancellus gallis, Bernard-l'Hermite *cognominatus.* Jacob. *Mus. Frid.* 4. *tab.* 1. *n°.* 36. 37.

Cancellus quibusdam Bernhardus eremita. Worm. *Mus. p.* 50. *tab.* 1.

Réaum. *Mém. de l'Académ. des Scienc.* 1710. *tab.* 10. *fig.* 19. 20.

Penn. *Zool. Brit.* 4. *tab.* 17. *fig.* 38.

Spect. de la Nat. tom. 3. *p.* 226. *fig.* F. G.

Cancer Bernhardus. Herbst, *Canc. t.* 2. *p.* 14. *tab.* 22. *fig.* 6.

Pagurus Bernhardus. Latr. *Hist. natur. des Crust. & des Ins. tom.* 6. *pag.* 160. *n°.* 1. — *Gen. Crust. & Ins. tom.* 1. *p.* 46.

Pagurus Bernhardus. Bosc, *Hist. natur. des Crust. tom.* 2. *p.* 76.

Nous ne doutons pas que, parmi les synonymes que nous avons cités, il n'y en ait qui se rapportent à des espèces très-différentes; mais comme les auteurs qui ont parlé des Pagures n'ont donné que des descriptions incomplètes, nous ne pouvons faire autre chose, pour le moment, qu'exprimer nos doutes à cet égard. Celui auquel paroît se rapporter le plus grand nombre de figures, & que Degeer a décrit avec soin, habite les coquilles des Nérites, des Buccins. Le chaperon est tridenté. Les yeux sont avancés, portés sur une tige cylindrique, grosse, très-courte, & accompagnés à leur base d'une petite écaille élevée. Les antennes antérieures, qui se trouvent au dessous des yeux, sont courtes, divisées en trois articles, dont le premier est court; les deux suivans sont un peu alongés, cylindriques; le dernier est terminé par deux filets inégaux, qui paroissent formés d'un grand nombre d'articles peu distincts. Les antennes extérieures sont presqu'aussi longues que les pattes, sétacées, à articles peu distincts. Le premier est gros, & accompagné d'une épine longue, droite & aiguë; les deux suivans sont alongés & cylindriques, le troisième étant plus long que le second. Les pinces sont couvertes de tubercules plus ou moins nombreux, dont quelques-uns sont en forme d'épine. Les doigts sont munis de grosses dents intérieurement. Les pattes ont des tubercules épineux à leur bord supérieur.

Il se trouve dans les mers de l'Europe, de l'Amérique, des Indes, si l'on peut s'en rapporter aux différens auteurs.

11. Pagure hongrois.

Pagurus hungarus.

Pagurus parasiticus, chelis hirtis, apice atris, dextrâ majore; corpore rubro fasciato. Fabr. *Ent. Syst. em. tom.* 2. *p.* 469. *n°.* 4. — *Suppl. p.* 412. *n°.* 4.

Pagurus hungarus. Herbst, *Canc. tom.* 2. *p.* 26. *tab.* 23. *fig.* 6.

Pagure hongrois. Bosc, *Hist. natur. des Crust. tom.* 2. *p.* 77.

Pagure hongrois. Latr. *Hist. natur. des Crust. & des Ins. tom.* 6. *p.* 164. *n°.* 10.

Il est plus petit que le Pagure Diogène. Le chaperon est légérement tridenté. Les yeux sont avancés, portés sur un pédicule cylindrique, pâle, avec des bandes rouges. Le corcelet est lisse, plane. Les pinces & les pattes sont hérissées de poils & marquées de bandes rouges. La pince droite est plus grande que l'autre, & les serres sont intérieurement dentées.

Il se trouve dans la mer des Indes orientales.

12. Pagure Diogène.

Pagurus Diogenes.

Pagurus parasiticus, chelis muricatis, pubescentibus, sinistrâ majore. Fabr. *Ent. Syst. em. tom.* 2. *p.* 469. *n°.* 5. — *Suppl. tom.* 5. *p.* 412. *n°.* 5.

Cancer Diogenes. Linn. *Syst. Natur. tom.* 2. *p.* 1049. *n°.* 58.

Astacus trunco subnudo, molli; manibus pedibusque villosis. Gronov. *Zooph. p.* 230. *n°.* 983.

Astacus trunco subnudo, molli; manibus pedibusque pilosis, sinistrâ majore. Bast. *Opusc. subs. p.* 75. *tab.* 10. *fig.* 4.

Rumph. *Thes. tab.* 5. *fig.* K. L.?

Catesb. *Car.* 2. *tab.* 33. *fig.* 1. 2.

Kempf. *Jap. tab.* 13. *fig.* 7.

Cancer Diogenes. Herbst, *Canc. t.* 2. *p.* 17. *tab.* 22. *fig.* 5.

Pagure Diogène. Bosc, *Hist. natur. des Crust. tom.* 2. *p.* 77.

Pagure Diogène. Latr. *Hist. natur. des Crust. & des Ins. tom.* 6. *p.* 166. *n°.* 16.

Il ressemble, suivant Gronovius, pour la figure & les proportions de toutes les parties du corps, au Pagure Bernard ; mais il en diffère par les pinces & les pattes, plus lisses, couvertes de poils sétacés, plus rares. En outre, la pince gauche est très-grande, ventrue, presque globuleuse, tandis que la droite est très-petite.

Il se trouve dans les mers des Indes & de l'Amérique.

13. PAGURE soldat.

PAGURUS miles.

Pagurus parasiticus, chelâ sinistrâ majore, utrinquè muricatâ; pedum unguibus longissimis, serratis. FABR. *Ent. Syst. em. t. 2. p.* 470. *n°.* 6. — *Suppl. tom.* 5. *p.* 412. *n°.* 6.

Cancer miles *macrourus, parasiticus, chelis granulatis, villosis, sinistrâ majore ; unguibus longissimis.* HERBST, *Canc. tom.* 2. *p.* 19. *tab.* 22. *fig.* 7.

Pagure soldat. Bosc, *Hist. nat. des Crust. t.* 2. *p.* 77.

Pagure soldat. LATR. *Hist. nat. des Crust. & des Ins. tom.* 6. *p.* 165. *n°.* 15.

Il ressemble aux précédens, dont il diffère en ce que le bras ou la seconde pièce des pinces est dilaté à sa partie supérieure, & garni de tubercules épineux. La pince gauche est plus grande que la droite, & elle est garnie de tubercules épineux, tant en dessus qu'en dessous. Les ongles sont très-longs.

Il se trouve aux Indes orientales.

14. PAGURE cuirassé.

PAGURUS clypeatus.

Pagurus parasiticus, thorace tuberculato, anticè truncato ; chelâ sinistrâ majore ; antennis interioribus longissimis.

Pagurus clypeatus *parasiticus, thorace lœvi, integerrimo, compresso ; chelâ sinistrâ majore, pedibusque punctatis.* FABR. *Ent. Syst. em. tom.* 2. *p.* 470. *n°.* 7. — *Suppl. tom.* 5. *p.* 413. *n°.* 9.

Cancer clypeatus. HERBST, *Canc. tom.* 2. *p.* 22. *n°.* 5. *tab.* 23. *fig.* 2. A. 2. B.

Pagure chaperon. Bosc, *Hist. natur. des Crust. tom.* 2. *p.* 78.

Pagure cuirassé. LATR. *Hist. natur. des Crust. & des Ins. tom.* 6. *p.* 166. *n°.* 14.

Il est fort grand & d'un rouge très-clair, jaunâtre ou brun. Le corcelet est un peu convexe, tuberculé sur les côtés, en forme de cône tronqué antérieurement. La troncature est légérement sinuée. Les yeux sont portés sur un pédicule court, assez gros, accompagnés, à leur base supérieure, d'une lame peu avancée, à peine dentelée. Les antennes extérieures sont plus courtes que les pinces, & placées, non pas sur une même ligne que les yeux, mais à leur côté latéral inférieur. Les deux premiers articles sont très-courts, comprimés ; le troisième est un peu plus long & plus petit que les deux autres, & il est également comprimé. Les antennes intérieures sont presqu'aussi longues que les autres. Le premier article est le plus court, dilaté & tranchant à sa base supérieure. Le troisième article est le plus long de tous. Les pinces sont couvertes de tubercules clair-semés, rougeâtres, dirigés en avant, qui paroissent comme implantés. Les serres sont armées de dents blanches, très-fortes. Les doigts sont courts, assez gros. La pince gauche est beaucoup plus grosse que l'autre, & toutes les deux, ainsi que les pattes, ont leur bord supérieur tranchant, & leur partie interne plane ou même un peu creuse. On voit sur les pattes les mêmes tubercules que sur les pinces ; mais ils sont plus clair-semés, si ce n'est sur les doigts, où ils sont serrés & garnis de poils. Le dernier article est gros, armé d'un ongle noir.

Il se trouve dans la mer des Indes, & il habite une grande espèce de Buccin.

15. PAGURE strié.

PAGURUS striatus.

Pagurus parasiticus, chelis pedibusque transversè striatis; striis ciliatis, denticulatis ; chelâ sinistrâ majore.

Pagure strié. Bosc, *Hist. nat. des Crust. tom.* 2. *p.* 77.

Pagure strié. LATR. *Hist. nat. des Crust. & des Ins. tom.* 6. *p.* 163. *n°.* 7.

Il est de grandeur moyenne. Le chaperon est tridenté. La dent du milieu est plus courte, plus obtuse que les deux latérales. Les angles latéraux sont obtus & tuberculés. Les yeux sont portés sur un pédicule cylindrique, assez gros. On voit, à leur base supérieure, une lame à dents aiguës, presqu'en forme de peigne. Les antennes extérieures sont plus courtes que les pinces. Le premier anneau est accompagné d'un rameau pointu, court, garni d'épines. Le corcelet est plane, presque carré, marqué de quelques points & de quelques enfoncemens à la partie antérieure & sur les côtés, & de quelques stries irrégulières de chaque côté, vers la partie postérieure. Les bords latéraux ont quelques petits tubercules. Les pinces sont grosses ; la gauche est plus grande que la droite ; elles ont, ainsi que les pattes, au bord interne, une suite de tubercules avancés, en forme d'épines, & quelques autres plus courts, près de ce bord. Leur face supérieure & leur face latérale externe sont marquées de rides inégales, transversales, terminées chacune par de très-petites dentelures, & par des cils courts & très-ferrés. Les doigts font courts, fort gros, marqués des mêmes rides, munis intérieurement de fortes dents. Les secondes pattes font un peu plus longues que les pinces, & les troisièmes encore plus longues; leurs doigts ou tarfes font alongés & velus. L'ongle qui les termine, eft petit & noir.

Il fe trouve dans toute la Méditerranée, dans les Buccins, les Pourpres.

16. Pagure rongeur.

Pagurus arrofor.

Pagurus parafiticus, chelis fubœqualibus tranfversè fulcatis.

Cancer arrofor *thorace plano; chelis pedibufque fulcis numerofis ornatis.* Herbst, *Cancer. tom.* 2. *p.* 170. *tab.* 43. *fig.* 1.

Cancer arrofor. Bosc, *Hift. natur. des Cruft. tom.* 2. *p.* 80.

Cancer arrofor. Latr. *Hift. nat. des Cruft. & des Inf. tom.* 6. *p.* 170. *n°.* 24.

Il paroît être le même que le Pagure ftrié, ou en différer fort peu. Le corcelet eft plane; il eft ridé, comme l'autre, fur les côtés poftérieurs; mais il n'a pas les tubercules qu'on remarque aux angles antérieurs du ftrié. Les pinces font prefque égales en groffeur; la gauche eft pourtant un peu plus groffe; elles ont des ftries tranfverfales, ciliées à leur partie fupérieure, & quelques dents en fcie à leur bord fupérieur interne.

Il fe trouve.....

17. Pagure geolier.

Pagurus cuftos.

Pagurus parafiticus, chelâ finiftrâ majore, manu lœviufculâ; pedum unguibus longiffimis, lœvibus. Fabr. *Ent. Syft. em. Suppl. pag.* 412. *n°.* 7.

Pagure geolier. Bosc, *Hift. natur. des Cruft. tom.* 2. *p.* 77.

Pagure fentinelle. Latr. *Hift. nat. des Cruft. & des Inf. tom.* 6. *p.* 165. *n°.* 12.

Il reffemble au Pagure foldat, dont il diffère par le corps moins hériffé de poils, les mains plus liffes, point du tout épineufes, & par les ongles ou derniers articles des pattes, à peine en fcie. La pince gauche eft beaucoup plus grande que la droite.

Il fe trouve aux Indes orientales.

18. Pagure rubané.

Pagurus vittatus.

Pagurus parafiticus, pedibus rufis, albo vittatis; chelis fubœqualibus, fcabris, hirtis.

Pagurus vittatus. Bosc, *Hift. nat. des Cruft. tom.* 2. *p.* 78.

Pagurus vittatus. Latr. *Hift. nat. des Cruft. & des Inf. tom.* 6. *p.* 167. *n°.* 18.

Il eft de grandeur moyenne. Le corcelet eft plane, prefqu'ovale, un peu raboteux tout autour, près des bords. Le chaperon eft à peine tridenté. La dent du milieu eft mieux marquée que les autres. Les yeux font petits, portés fur un pédicule cylindrique, étroit & alongé. La lame latérale interne qui les accompagne, eft très-courte, pointue, à peine avancée, garnie de longs cils intérieurement. Les antennes extérieures font de la longueur des pattes. Le fecond anneau eft latéralement avancé, pointu, hériffé de poils. Les antennes intérieures font un peu plus longues que les yeux. Les pinces font prefqu'égales, rougeâtres, marquées d'anneaux oculés, blancs; elles font hériffées de poils, & couvertes de tubercules un peu épineux. Les doigts n'ont pas de dents, mais font voûtés ou creux intérieurement, & leurs bords font noirs & tranchans. Les pattes font rouges, marquées de raies longitudinales blanches. Les doigts font hériffés de faifceaux de poils. Les ongles qui les terminent, font noirs.

Il fe trouve fur les côtes de la Caroline, d'où il a été apporté par M. Bofc, & il fe loge dans plufieurs efpèces différentes de Buccins.

19. Pagure vigilant.

Pagurus vigil.

Pagurus parafiticus, chelis fubœqualibus fcabris, pedunculis oculorum longiffimis.

Il eft de grandeur moyenne, & entiérement de couleur blanche. Le corcelet eft un peu convexe, à peine raboteux. Le chaperon eft tridenté & légérement rebordé. Les yeux font portés fur un pédicule prefque de la longueur du corcelet, & accompagnés, à leur bafe fupérieure interne, d'une très-petite épine. Les antennes extérieures font plus courtes que les pinces, accompagnées, à leur bafe extérieure, d'un rameau pointu & hériffé de petites épines. Les pinces font prefqu'égales; la gauche pourtant eft un peu plus grande, & elles font entiérement couvertes de petits tubercules rapprochés, qui les rendent comme chagrinées. Les doigts ou ferres ont leur bord interne tranchant. Les pattes font en fcie à leur bord fupérieur, & en outre les doigts ont quelques cils.

Il fe trouve fur les côtes de la Nouvelle-Hollande, d'où il a été apporté par feu Perron.

Il eft confervé au Muféum d'Hiftoire naturelle.

20. Pagure diaphane.

Pagurus diaphanus.

Pagurus parafiticus, depreffus, chelâ finiftrâ

majore, lœviusculâ; carpis dorso dilatatis. FABR. *Ent. Syst. em. Suppl. p.* 412. *n°.* 8.

Pagure diaphane. Bosc, *Hist. natur. des Crust. tom.* 2. *p.* 77.

Pagure diaphane. LATR. *Hist. nat. des Crust. & des Inf. tom.* 6. *p.* 165. *n°.* 13.

Il ressemble au Pagure geolier; mais il est une fois plus petit & déprimé. La pince gauche est plus grande que la droite. La main est comprimée, & son bord inférieur est en scie. Les carpes sont presque muriqués, avec le bord supérieur dilaté, anguleux. Les pattes sont glabres, & ont leurs ongles lisses.

Il se trouve dans l'Océan indien.

21. PAGURE hermite.

PAGURUS eremita.

Pagurus parasiticus, chelis scabris subæqualibus, pedibus sex anterioribus pollicatis. FABR. *Ent. Syst. em. tom.* 2. *p.* 470. *n°.* 8. — *Suppl. tom.* 5. *p.* 413. *n°.* 10.

Pagurus eremita. LINN. *Syst. Nat. tom.* 2. *p.* 1049. *n°.* 59.

Pagure hermite. Bosc, *Hist. natur. des Crust. tom.* 2. *p.* 78.

Pagure hermite. LATR. *Hist. nat. des Crust. & des Inf. tom.* 6. *p.* 161. *n°.* 2.

Ce Crustacé, d'après la description de Linné, appartient peut-être au genre Palémon; il ressemble, dit Linné, au Pagure Bernard ou Diogène; mais il est plus petit. Les pinces sont égales, raboteuses, & elles sortent, ainsi que les quatre pattes qui suivent, hors de l'habitation de l'animal.

Il se trouve avec sa coquille au milieu d'un petit bloc arrondi de pierre spongieuse, n'ayant qu'une ouverture transversale ovale, dans les mers d'Italie.

22. PAGURE tubulaire.

PAGURUS tubularis.

Pagurus parasiticus, subcylindricus, testâ punctis excavatis. FABR. *Ent. Syst. em. tom.* 2. *p.* 470. *n°.* 9. — *Suppl. p.* 413. *n°.* 11.

Cancer tubularis. LINN. *Syst. Nat. tom.* 2. *p.* 1050. *n°.* 60.

Pagure tubulaire. Bosc, *Hist. nat. des Crust. p.* 78.

Pagure tubulaire. LATR. *Hist. nat. des Crust. & des Inf. tom.* 6. *p.* 161. *n°.* 3.

Ce Crustacé, dont Linné seul a donné la description, & qui n'appartient probablement pas à ce genre, ressemble, pour la forme & la grandeur, à la Scolopendre à pinces (*Scolopendra forficata*); il se loge dans les Serpulaires de la Méditerranée. Son têt est court, presqu'ovale, coupé de chaque côté antérieurement, marqué de points enfoncés sur toutes ses parties. Les deux premières paires de pattes sont en pinces; celles de la cinquième sont mutiques, & on ne voit que le rudiment des autres. La queue est longue & molle.

Il se trouve dans le tuyau de la Serpulaire glomérée, *Serpularia glomerata.*

23. PAGURE oculé.

PAGURUS oculatus.

Pagurus parasiticus, chelis muricatis, æqualibus; oculorum pedunculis longitudine thoracis. FABR. *Ent. Syst. em. tom.* 2. *pag.* 471. *n°.* 10. — *Suppl. tom.* 5. *p.* 413. *n°.* 12.

Cancer oculatus. HERBST, *Canc. tom.* 2. *p.* 24. *tab.* 23. *fig.* 4. ?

Pagure oculé. Bosc, *Hist. nat. des Crust. t.* 2. *p.* 79.

Pagure oculé. LATR. *Hist. nat. des Crust. & des Inf. tom.* 6. *p.* 162. *n°.* 4.

Vrai Bernard-l'Hermite. *Essai sur l'Hist. nat. de Saint-Domingue, p.* 340. *pl.* 7. *fig.* 1.

Il ressemble, selon Fabricius, au Pagure Bernard. Tout le corps est ferrugineux. Les yeux sont portés sur un pédicule cylindrique, de la longueur du corcelet, armés, à leur base supérieure, d'une forte dent. Les pinces sont de grosseur égale, muriquées, marquées, de chaque côté, d'une tache couleur de sang.

Il se trouve dans le Murex nommé *Brandaris* par Linné.

24. PAGURE ailé.

PAGURUS alatus.

Pagurus parasiticus, manibus lœvibus trialatis, dextrâ majore. FABR. *Ent. Syst. em. tom.* 2. *p.* 471. *n°.* 11. — *Suppl. tom.* 5. *p.* 413. *n°.* 13.

Pagure ailé. Bosc, *Hist. nat. des Crust. tom.* 2. *p.* 79.

Pagure ailé. LATR. *Hist. nat. des Crust. & des Inf. tom.* 6. *p.* 162. *n°.* 5.

Il est un peu plus petit que les précédens. Le pénultième article des pinces est raboteux; le dernier ou la main est lisse, & les trois premiers sont proéminens ou dilatés, & aigus sur leur bord interne.

Il se trouve en Islande, dans les coquilles du genre Bulla de Linné.

25. PAGURE ophthalmique.

PAGURUS ophthalmicus.

Pagurus parasiticus, chelis æqualibus muri-

catis, pedibus fasciculato-pilosis, oculis clavatis. FABR. *Ent. Syst. em. Suppl. tom.* 5. *pag.* 413. *n°.* 14.

Pagure ophthalmique. Bosc, *Hist. natur. des Crust. tom.* 2. *p.* 79.

Pagure oculiste. LATR. *Hist. nat. des Crust. & des Inf. tom.* 6. *p.* 166. *n°.* 15.

Il ressemble, pour la forme & la grandeur, au Pagure oculé. Les yeux sont grands, portés sur un pédicule mince, court, accompagné, à sa base, d'une petite écaille aiguë. Les pinces sont courtes, égales, hérissées de poils roux & de tubercules en forme d'épines. Les pattes sont hérissées de faisceaux de poils.

Il se trouve dans l'Océan indien.

26. PAGURE Araignée.

PAGURUS araneiformis.

Pagurus parasiticus, chelis scabris; caudâ apice callosâ, unguiculatâ. FABR. *Ent. Syst. em. tom.* 2. *p.* 471. *n°.* 12. — *Suppl. tom.* 5. *p.* 414. *n°.* 15.

Pagure araniforme. Bosc, *Hist. nat. des Crust. tom.* 2. *p.* 79.

Pagure Araignée. LATR. *Hist. nat. des Crust. & des Inf. tom.* 6. *p.* 162. *n°.* 6.

Il est petit, d'une couleur cendrée obscure. Le bord, au dessus des yeux, est armé de deux petites épines. Les pinces sont ovales, raboteuses. Les quatre pattes suivantes sont courtes, obtuses, relevées, pourvues d'un ongle très-court. La queue est cylindrique, molle, & terminée par une callosité globuleuse, munie d'un onglet.

Il se trouve dans les fentes des rochers, sur les côtes maritimes de l'Écosse, & s'empare des Hélices & des Turbots.

27. PAGURE flûteur.

PAGURUS tibicen.

Pagurus parasiticus, thorace lævi, integerrimo; chelâ sinistrâ majore; manibus pedibusque castaneis, apice albidis.

Cancer tibicen. HERBST, *Canc. tom.* 2. *p.* 25. *tab.* 23. *fig.* 7.

Pagure flûteur. Bosc, *Hist. nat. des Crust. t.* 2. *p.* 78.

Pagure flûteur. LATR. *Hist. natur. des Crust. & des Inf. tom.* 6. *p.* 169. *n°.* 22.

Le corcelet est lisse, entier, presque carré, à peine denté antérieurement. La pince gauche est plus grande que la droite; l'une & l'autre sont presque lisses, d'un brun-marron, avec l'extrémité blanchâtre. Les pattes sont d'un brun-marron comme les pinces, avec les derniers articles blanchâtres.

Il se trouve.....

28. PAGURE tambour.

PAGURUS tympanistus.

Pagurus parasiticus, thorace lævi, integerrimo; pedibus striatis, unguibus marmoratis.

Cancer tympanista. HERBST, *Canc. tom.* 2. *p.* 25. *tab.* 23. *fig.* 5.

Pagure tambour. Bosc, *Hist. natur. des Crust. tom.* 2. *p.* 76.

Pagure tambour. LATR. *Hist. nat. des Crust. & des Inf. p.* 169. *n°.* 21.

Le corcelet est lisse, plane, entier. Les pattes sont striées, & les tarses sont comme marbrés. Les pinces manquent dans l'individu figuré par Herbst.

On ignore sa patrie.

29. PAGURE tirailleur.

PAGURUS sclopetarius.

Pagurus parasiticus, thorace lævi, integerrimo; manibus æqualibus, granulatis; femoribus secundi paris compressis.

Cancer sclopetarius. HERBST, *Canc. tom.* 2. *p.* 23. *tab.* 23. *fig.* 3.

Pagure mousquet. Bosc, *Hist. nat. des Crust. tom.* 2. *p.* 76.

Pagure tireur. LATR. *Hist. nat. des Crust. & des Inf. tom.* 6. *p.* 168. *n°.* 20.

Il a, selon Latreille, de l'affinité avec le Pagure hermite. Le corcelet est lisse, plane, un peu plus étroit à sa partie antérieure. Les antennes extérieures sont plus longues que les pattes. Les pinces sont égales en grosseur, à peine velues, couvertes de tubercules granuleux. Les pattes sont comprimées, presque lisses.

Il se trouve.....

30. PAGURE cuirassier.

PAGURUS clibanarius.

Pagurus parasiticus, thorace rugoso; brachiis lævibus, triangularibus; carpis manibusque muricatis, æqualibus; pedibus penicillato hirsutis.

Cancer clibanarius. HERBST, *Canc. tom.* 2. *p.* 20. *tab.* 23. *fig.* 1.

Pagure cuirassier. Bosc, *Hist. natur. des Crust. tom.* 2. *p.* 75.

Pagure cuirassier. LATR. *Hist. nat. des Crust. & des Inf. tom.* 6. *p.* 167. *n°.* 17.

Il est assez grand. Les yeux sont portés sur un

pédicule alongé, cylindrique, presqu'aussi long que le corcelet. Leur base supérieure est pourvue d'une écaille dentelée. Le chaperon est à peine tridenté. Les antennes extérieures dépassent les pattes. Les pinces sont à peu près égales en grosseur : la première pièce ou le bras est lisse; la seconde ou le carpe est presque triangulaire; fortement dentée au bord supérieur interne, & pourvue de tubercules épineux à sa partie supérieure. Les mains sont pourvues des mêmes tubercules. Les doigts sont courts. Les pattes qui viennent après sont comprimées, hérissées de faisceaux de poils. Le corcelet est plane, un peu ridé, surtout vers ses bords.

Il se trouve dans la mer des Indes.

31. Pagure pédonculé.

Pagurus pedunculatus.

Pagurus parasiticus, thorace plano depresso; chelâ sinistrâ majore inflatâ, muricatâ; pedunculis oculorum crassis.

Cancer pedunculatus. Herbst, *Canc. pag.* 25. *tab.* 61. *fig.* 2.

Le corcelet est plane, déprimé, d'un rouge-pâle, ainsi que tout le corps. Le chaperon est tridenté. Les yeux sont portés sur un pédicule cylindrique, fort gros, & accompagnés, à leur base supérieure, d'une lame ou écaille avancée, pointue. La pince gauche est plus grande que la droite, & elles ont quelques tubercules épineux. Les pattes sont presque lisses; mais la dernière pièce est hérissée de poils.

Il se trouve aux Indes orientales.

32. Pagure rayé.

Pagurus strigatus.

Pagurus parasiticus, thorace plano, albido; chelis æqualibus, transversè striatis.

Cancer strigatus *thorace planato, albido; manibus pedibusque rufis, transversè strigatis.* Herbst, *Canc.* 25. *tab.* 61. *fig.* 3.

Le corcelet est plane, blanchâtre, & le chaperon est coupé antérieurement. Les pattes sont rouges, ainsi que les pinces, & ont des stries transversales fort rapprochées. Les pinces sont à peu près égales en grosseur.

Il se trouve aux Indes orientales.

33. Pagure cannelé.

Pagurus canaliculatus.

Pagurus parasiticus, chelis æqualibus, angulatis; angulis elevatis, serratis.

Cancer canaliculatus *carpis manibusque suprà canaliculatis; marginibus elevatis, dentatis.* Herbst, *Canc. p.* 22. *tab.* 60. *fig.* 6.

Il est petit. Le chaperon est à peine tridenté. Les yeux sont portés sur un pédicule alongé, mince, cylindrique. Les pinces sont égales en grosseur; elles sont cannelées, & les bords sont élevés, dentelés.

Il se trouve sur les côtes de l'Océan indien.

34. Pagure douteux.

Pagurus dubius.

Pagurus parasiticus, chelis subglabris, granulatis, sinistrâ majore.

Cancer dubius. Herbst, *Canc. p.* 22. *tab.* 60. *fig.* 5.

Il est de grandeur moyenne. Le chaperon est légérement tridenté. Les yeux sont portés sur un pédicule peu alongé, très-mince. Les pinces sont inégales, chagrinées ou couvertes de petits tubercules granuleux; la gauche est beaucoup plus grande que la droite. Les serres sont à peine dentelées. La dernière pièce des autres pattes est longue & armée d'un ongle noir.

Il se trouve sur les côtes de l'Océan indien.

PAGURIENS. *Pagurii.* Latreille a donné ce nom à une famille de Crustacés, qui a pour caractères : queue munie de feuillets à son extrémité; feuillets ne formant point l'éventail; les latéraux insérés plus bas que celui du milieu. Elle est divisée en deux sections : dans la première, les pattes sont terminées en nageoire; les mains sont adactyles ou didactyles, mais un des doigts est presque nul, & forme au plus un angle saillant. Crustacés point parasites. Cette section comprend les genres Albunée, Remipède & Hippe. Dans la seconde section il n'y a point de pattes natatoires; les mains ont deux doigts très-distincts. Ces Crustacés vivent dans des coquilles univalves. Elle ne renferme que le genre Pagure.

PAILLETTE. C'est le nom donné par Geoffroy à un petit insecte de la troisième section de l'Ordre des Coléoptères & du genre Altise, *Altica atricapilla;* il est fort commun dans les jardins potagers, & très-nuisible à la plupart des plantes qu'on y cultive. Le dessous de son corps est noir. Sa tête est de la même couleur; mais ses élytres, son corcelet & la base de ses antennes & de ses pattes, à l'exception des cuisses postérieures, sont d'un jaune de paille. (*Voyez* Altise.)

PALARE. *Palarus.* Genre d'insectes de la première section de l'Ordre des Hyménoptères, & de la famille des Larrates.

Les Palares sont des insectes à quatre ailes nues, veinées & inégales, qui ont l'abdomen pétiolé, & armé d'un aiguillon dans les femelles; la tête large ou comprimée, avec des yeux fort grands, alongés & presque contigus postérieurement; des mandibules éperonnées ou presqu'échancrées au côté inférieur; des antennes courtes, grossissant un peu, & insensiblement vers le bout, dont les ailes supérieures ont, 1°. une seule cellule radiale, qui est arrondie & appendicée; 2°. trois cellules cubitales, dont la seconde, plus petite, triangulaire & foiblement pétiolée, reçoit deux nervures récurrentes. Enfin, ces insectes ont un abdomen conique, courbé, tronqué à sa base, & leurs jambes, ainsi que les tarses, sont garnies de petites épines.

J'avois dit, dans le troisième volume de mon *Histoire générale des Crustacés & des Insectes* (pag. 336), que la Tiphie flavipède de Fabricius, insecte apporté de Barbarie par M. Desfontaines, se rapprochoit plus des Larres que des Tiphies, & qu'il devoit former un genre propre, auquel j'imposai le nom de *Palare (Palarus)*. J'en fis encore mention dans le treizième volume (pag. 296) du même ouvrage, & je prévins que M. Jurine appeloit ce genre *Gonius*. La Tiphie flavipède ne me parut pas d'abord différer essentiellement de l'Hyménoptère, que Panzer a figuré sous le nom de *Philanthus flavipes, Faun. Inf. Germ. Fasc.* 84, *tab.* 24, & qui est bien le type du genre *Gonius* de M. Jurine. J'en concluois que cette dernière espèce n'étoit pas le Philanthe auquel Fabricius a donné une dénomination semblable, puisque je la confondois avec sa Tiphie flavipède, que je connoissois d'après une étiquette écrite de la propre main de ce célèbre Entomologiste; mais je pense aujourd'hui qu'il faut distinguer spécifiquement ces deux Hyménoptères.

Les antennes des Palares sont presque filiformes, un peu plus grosses vers leur extrémité, courtes, de la longueur de la tête & de la moitié du corcelet, assez épaisses, un peu comprimées, rapprochées à leur base, divergentes & insérées entre les yeux, un peu au dessous du milieu de la face antérieure de la tête; elles sont composées de treize articles dans les mâles, & de douze dans les femelles. Le premier est turbiné ou en demi-ovoïde, épais, & à peine aussi long que le troisième; le second est très-court; les autres, jusqu'à l'avant-dernier inclusivement, sont cylindriques; le troisième est un peu plus long; les suivans sont courts, serrés, un peu dilatés inférieurement, & comme légérement en scie ou noueux dans les mâles; le dernier est conique & terminé en pointe.

La bouche est composée d'une lèvre supérieure, de deux mandibules, de deux mâchoires, d'une lèvre inférieure & de quatre antennules.

La lèvre supérieure est petite, à peine saillante, coriace, en triangle transversal, entière & un peu ciliée.

Les mandibules sont cornées, plus étroites, arquées vers le bout, & terminées en pointe obtuse. Près du milieu de leur côté inférieur est une échancrure ou une entaille assez profonde, comme dans les Larres. Une portion de ce côté, au point où commence l'échancrure, & en partant de la base, offre l'apparence d'une dent ou d'un éperon. Le côté intérieur est muni, au point opposé, de deux dentelures très-petites & rapprochées. Ces mandibules sont croisées dans le repos, & ont quelques poils au côté extérieur.

Les mâchoires sont courtes, coriaces, comprimées, & terminées par un lobe, grand, presque ovale, d'une consistance un peu moins solide, transparent ou comme membraneux sur ses bords, cilié & un peu voûté.

La lèvre inférieure est courte, membraneuse, & renfermée, presqu'aux deux tiers de sa longueur, dans une gaîne coriace, étroite, alongée, presque cylindrique & un peu comprimée sur les côtés, & unidentée au milieu de son bord supérieur. La portion qui est à nu ou la languette présente deux lobes assez grands, dilatés & arrondis au bout, ciliés sur leurs bords, s'appliquant l'un contre l'autre dans le repos, & formant un demi-entonnoir comprimé & échancré lorsqu'ils s'épanouissent.

Les antennules sont filiformes, petites, grêles, & presque de la même longueur. Les antérieures sont plus courtes que les mâchoires, insérées sur leur dos, vers le milieu de leur longueur, & composées de six articles, dont le premier plus long, cylindrique; les quatre suivans obconiques, & le dernier cylindrico-ovoïde; le second & le troisième sont à peine plus longs que le quatrième & le cinquième; le sixième est un peu plus petit que le précédent. Les postérieures sont plus courtes que la lèvre inférieure, insérées sur sa face antérieure, immédiatement au dessus de sa gaîne, & composées de quatre articles de la même grosseur, mais dont le premier plus long & presque cylindrique; les deux suivans obconiques, & le dernier presqu'ovoïde. Ces trois derniers sont à peu près de la même longueur.

Le corps des Palares forme une sorte de cône alongé, qui se rétrécit de devant en arrière. A l'exception des pattes, il est généralement glabre, luisant & ponctué.

La tête est orbiculaire, transversale, plus large que le corcelet, & perpendiculaire; elle est en grande partie occupée par deux yeux ovales, alongés, entiers, convergens postérieurement, & qui ne sont séparés, au point où ils sont le plus rapprochés, que par un intervalle très-étroit. Le chaperon est convexe, & comme divisé en trois par deux petites lignes enfoncées & latérales. L'espace compris entre les yeux est couvert d'un duvet soyeux, fin & luisant. Les antennes sont séparées par une petite carène. On remarque, un peu au dessus, une petite élévation. Les trois petits yeux lisses sont inégaux; l'antérieur est plus grand, orbiculaire, éloigné des autres, & placé sur le front; les deux autres sont très-petits, ovales, fort rapprochés, situés près du bord interne des yeux, un de chaque côté, & dans l'intervalle étroit qui les ſépare poſtérieurement. Le ſommet de la tête, par-derrière ces petits yeux liſſes, eſt ombiliqué.

La forme du corcelet ſe rapproche de celle d'un ovoïde court & tronqué. Le rebord poſtérieur de ſon premier ſegment eſt tranſverſal & linéaire. La région ſcutellaire offre deux parties élevées, l'une plus grande, antérieure, en carré tranſverſal, & l'autre au deſſous, parallèle à la précédente, & en forme de ligne. Le métathorax eſt court, ridé, avec une ligne imprimée, imitant un V; au deſſous eſt une dépreſſion.

L'abdomen ne tient au corcelet que par un pédicule très-petit; il eſt preſque conique, courbé poſtérieurement, & compoſé de ſept anneaux dans les mâles, de ſix dans les femelles. La baſe ſupérieure des anneaux, à l'exception du dernier, eſt plus baſſe ou moins épaiſſe, & diſtinguée de la partie élevée du milieu par une ligne légérement enfoncée & tranſverſe; les trois premiers, le ſecond & le troiſième principalement, ſont encore remarquables en ce que le bord poſtérieur & ſupérieur eſt moins épais; ce qui eſt l'effet d'une dépreſſion tranſverſe, aſſez bruſque, & arquée du côté de la baſe. Ces anneaux ſont ainſi inciſés ou étranglés, & leur milieu forme un cordon ou un bourrelet tranſverſal; le premier eſt fortement tronqué, & excavé ou échancré à ſa baſe : ſes côtés antérieurs ſont avancés en forme d'angle ou de dent. Le milieu de la partie inférieure du ſecond anneau ou quelquefois du troiſième eſt renflé & protubérant dans ſa longueur. Cette éminence m'a paru commencer plus bruſquement, & n'avoir pas tant d'étendue dans les femelles. Le milieu du premier eſt auſſi élevé, mais ordinairement d'une manière moins ſenſible : le dernier eſt courbé en deſſous; il eſt alongé & trigone dans les femelles. La face ſupérieure eſt plane, avec les bords aigus; le deſſous eſt ſtrié, & laiſſe appercevoir une petite pointe ſaillante & iſolée, qui doit être l'aiguillon. Dans les mâles, ce même ſegment eſt fourchu à ſon extrémité, & ſa partie inférieure eſt comme taillée en demi-ovale, avec un rebord aigu.

Les pattes ſont courtes, mais robuſtes. Les jambes ont quelques dentelures, & ſont garnies, ainſi que les tarſes, de petites épines. Ces épines ſont plus longues, & diſpoſées en forme de cils au côté poſtérieur des deux tarſes de devant. Le premier article de ces tarſes & des autres a en deſſous un petit duvet ou des poils courts & ſerrés : le dernier eſt terminé par deux crochets de grandeur moyenne, ſimples, arqués, & entre leſquels on voit une pelote membraneuſe.

Les ailes ſont étendues & pointillées. Les ſupérieures ſont recouvertes, à leur naiſſance, par un tubercule arrondi, en forme d'écaille; elles n'ont point de ſtigmate bien diſtinct, ou il ſemble, par ſa forme linéaire, par ſa petiteſſe, ſe confondre avec la côte; elles n'ont qu'une cellule radiale ou marginale, qui eſt ovale, alongée, étroite & appendicée au bout.

Les cellules cubitales ou ſouſmarginales ſont au nombre de trois : la première eſt la plus grande, & forme preſqu'un loſange; la ſeconde eſt la plus petite, d'une figure triangulaire, & ſe joint à la cellule radiale par un pédicule très-court; elle reçoit les deux nervures récurrentes; la troiſième eſt preſque carrée, avec l'extrémité poſtérieure arrondie inférieurement. Toutes les dernières cellules ſont très-diſtantes du bord poſtérieur de l'aile.

En comparant ces divers caractères, il eſt aiſé de voir que ce genre eſt mixte. Par la coupe générale du corps, celle de la tête, la grandeur & la convergence des yeux, la forme des mandibules, il tient aux Larres; par la diſpoſition des anneaux de l'abdomen, des cellules des ailes, il ſe rapproche de mes *Cerceris* ou des *Philanthes* de M. Jurine; enfin, par la forme du corcelet, du métathorax ſurtout, il avoiſine les Mellines, & mes Gorytes ou les Arpactes du même naturaliſte. Dans une ſérie naturelle, ils ſont le paſſage de ces derniers Hyménoptères aux Cerceris & aux Philanthes; mais je ne puis partager l'opinion de M. Jurine lorſqu'il avance que ſes Gonies ou mes Palares n'ont aucun rapport d'*habitus* avec les Larres.

Les mœurs des Palares doivent avoir beaucoup d'analogie avec celles des Hyménoptères précédens; mais elles nous ſont inconnues.

Ces inſectes ſont propres aux pays méridionaux de l'Europe, & des contrées adjacentes de l'ancien Continent.

PALARE.

PALARUS. LATR. *TIPHIA. PHILANTHUS.* FABR. *CRABRO.* OLIV. ROSS. *GONIUS.* JUR. PANZ.

CARACTÈRES GÉNÉRIQUES.

Antennes grossissant un peu et insensiblement vers leur extrémité, plus courtes que la tête et le corcelet.

Mandibules éperonées, arquées, presque sans dents au côté interne.

Lèvre supérieure très-petite, à peine saillante.

Mâchoires courtes, droites, coriaces, terminées par un lobe presqu'ovale.

Lèvre inférieure droite, renfermée en partie dans une gaîne alongée, cylindrique; son extrémité supérieure évasée, à deux divisions arrondies et ciliées.

Quatre antennules petites, filiformes, de la même longueur, dont le premier article plus long, et les autres presqu'égaux; les antérieures de six; les postérieures de quatre.

Ailes supérieures ayant une seule cellule radiale et qui est appendicée; trois cellules cubitales, dont la seconde plus petite, triangulaire, pétiolée, recevant les deux nervures récurrentes.

Tête plus large que le corcelet, transverse, occupée en grande partie par les yeux, qui sont presque contigus postérieurement; trois petits yeux lisses inégaux; l'antérieur éloigné, plus grand, orbiculaire; les deux autres très-petits, ovales, insérés aux bords internes des yeux ordinaires.

Abdomen conique, courbé, tronqué et échancré en devant, armé d'un aiguillon rétractile dans la femelle; jambes et tarses épineux; tarses antérieurs ciliés postérieurement.

ESPÈCES.

1. PALARE à ventre fauve.

Tête et corcelet noirs, avec des taches d'un fauve-pâle; abdomen d'un fauve-clair.

2. PALARE rufipède.

Noir; base des antennes, épaules, bord du segment antérieur du corcelet, écusson, anneaux de l'abdomen, leur base exceptée, et les pattes en entier fauves; ailes rousseâtres.

3. PALARE flavipède.

Noir; antennes toutes noires; rebord du segment antérieur du corcelet, le bord postérieur de l'écusson, une ligne en dessous, anneaux de l'abdomen, leur base exceptée, jaunes; pattes d'un jaune-fauve, avec les hanches et une tache sur les cuisses, noires; ailes presque transparentes.

1. Palare à ventre fauve.

Palarus fulviventris.

Palarus capite thoraceque nigris, maculis pallido-fulvis, abdomine dilutè fulvo.

Je ne connois que le mâle de cette espèce, & qui a un peu plus de six lignes de long. Son corps est en majeure partie d'un fauve un peu jaunâtre, pâle, luisant & pointillé. Les antennes sont comprimées, un peu dentelées en scie à leur côté inférieur, d'un fauve-pâle, avec les deux derniers articles noirâtres. La tête est noire, avec sa partie antérieure, jusque par-derrière les antennes, d'un fauve-pâle. Le bout des mandibules est noirâtre, & la couleur du chaperon tire davantage sur le jaune. Le front a un duvet soyeux & argenté. On voit, au-devant des deux petits yeux lisses postérieurs, deux points fauves. Les yeux sont d'un brun-noirâtre. Le corcelet est noir, avec les bords du segment antérieur, les épaules, la portion des côtés située au dessous des ailes, & l'écusson d'un fauve-pâle, presque jaunâtre aux épaules. Le tubercule qui recouvre la naissance des ailes est même jaune. Le métathorax a quelques petites taches fauves, deux en dessus, & deux ou trois autres de chaque côté. L'abdomen est d'un fauve-jaunâtre clair, avec le bord antérieur & supérieur des anneaux, & son extrémité, plus foncés ou plus fauves. Le dernier segment est fourchu. Le ventre ou le dessous de l'abdomen offre quelques particularités dignes de remarque. Le premier anneau a au milieu une élévation terminée par deux dents écartées, entre lesquelles est un enfoncement. Le bord postérieur de ce même anneau est largement échancré, & chacun de ses côtés s'avance sur le second anneau, en forme de dent arrondie. Le milieu du troisième s'élève transversalement, & présente un bourrelet comprimé, en segment de cercle, & dont la tranche est assez épaisse. Le bord postérieur des anneaux suivans est brusquement aminci, & comme distingué de la partie antérieure de ces anneaux par une incision transverse & arquée. Les côtés du cinquième & du sixième forment une arête aiguë, & terminée par une dent. Les dents du sixième anneau sont plus fortes. Ces derniers segmens sont d'un brun-foncé. Les pattes sont d'un fauve-jaunâtre, avec les cuisses plus fauves. Les ailes ont une teinte jaunâtre très-légère, & leurs nervures sont fauves.

M. Olivier l'a trouvé dans les déserts de l'Arabie.

2. Palare rufipède.

Palarus rufipes.

Palarus niger, antennarum basi, scapulis, segmenti antici thoracis margine, scutello, segmentis abdominalibus, illorum basi exceptâ, pedibusque totis ferrugineis; alis rufescentibus.

Tiphia flavipes *thoracis margine antico, scutello, abdomine segmentorum marginibus pedibusque ferrugineis.* Fabr. *Ent. Syst. em. tom.* 2. *p.* 224. *n°.* 3. — *Syst. Pyez. p.* 232. *n°.* 3.

Tiphia flavipes. Coqueb. *Illustr. Iconogr. Inf. Dec.* 2. *p.* 53. *tab.* 13. *fig.* 1. La femelle.

Latr. *Hist. nat. des Crust. & des Inf. tom.* 3. *p.* 336.

Cette espèce est un peu plus grande que la suivante, ayant sept lignes de long, & lui ressemble beaucoup. Son corps est noir, luisant & ponctué. Les antennes sont noires, avec les deux premiers articles, ou quelques autres de plus, fauves. Le chaperon est d'un jaune-fauve. L'espace compris entre les yeux est couvert d'un duvet soyeux & argenté. Le corcelet est noir, avec les bords de son segment antérieur, les épaules, la partie latérale qui touche à la naissance des ailes, le tubercule qui recouvre leur base, une tache en carré transversal & placée sur l'écusson, une ligne transverse au dessous, deux points sur le métathorax, fauves. L'abdomen est de cette couleur, avec le dessous, l'anus, le devant du premier segment & le bord antérieur des autres, noirs. Les pattes, à l'exception du premier article des hanches, sont entièrement fauves. Les ailes sont roussеâtres, avec les nervures d'une teinte plus vive.

Cette espèce a été apportée de Barbarie par M. Desfontaines, professeur de botanique au Musée d'Histoire naturelle de Paris.

3. Palare flavipède.

Palarus flavipes.

Palarus niger, antennis penitùs nigris, segmenti antici thoracis margine, scutello posticè lineolâque inferâ, segmentis abdominalibus, illorum basi exceptâ, flavis; pedibus rufo-flavis, coxis femorumque maculâ nigris; alis subhyalinis.

Palarus flavipes. Latr. *Gen. Crust. & Inf. t.* 1. *tab.* 14. *fig.* 1. Le mâle. — *Ibid. tom.* 4. *pag.* 74. — *Hist. nat. des Crust. & des Inf. tom.* 13. *p.* 296.

Philanthus flavipes *niger, thorace maculato, abdomine flavo, segmentorum marginibus anoque nigris.* Fabr. *Syst. Pyez. p.* 304. *n°.* 13. — *Ent. Syst. em. tom.* 2. *p.* 290. *n°.* 7.

Crabro flavipes. Fabr. *Mant. Inf. t.* 1. *p.* 275. *n°.* 8. — *Spec. Inf. tom.* 1. *p.* 470. *n°.* 6.

Frêlon flavipède. Oliv. *Encycl. méthod. Hist. nat. tom.* 6. *p.* 513. *n°.* 10.

Philanthus flavipes. Panz. *Faun. Inf. Germ. Fasc.* 84. *tab.* 24. Le mâle.

Gonius flavipes. Panz. *Revis. der Hymenopt. p.* 178.

Crabro flavipes. Ross. *Faun. Etrusc. Mant.* 1. *p.* 136. *n°.* 301.

Gonius flavipes. Jur. *Nouv. Méth. de classer les Hyménopt. p.* 205. *pl.* 10. *gen.* 24.

Il est un peu plus petit que le précédent, n'ayant guère que cinq lignes de long. Son corps est noir, luisant & ponctué. Ses antennes sont entiérement noires. Les mandibules sont jaunes, avec l'extrémité noirâtre. Le chaperon & la carène située entre les antennes sont jaunes. Le devant de la tête est garni d'un petit duvet luisant. Les yeux, lorsque l'insecte est vivant, sont glauques. Le corcelet est noir, avec le rebord de son segment antérieur, le tubercule de la base des ailes, un ou deux points à chaque épaule, le bord postérieur de l'écusson, & une petite ligne transverse au dessous, jaunes. Quelques-unes de ces taches manquent quelquefois, & le rebord du segment antérieur tire sur le fauve. L'abdomen est jaune, avec le devant du premier anneau, le bord antérieur & supérieur des suivans, le dernier excepté, & le dessous du ventre noirs. Le dessus du dernier est quelquefois un peu rougeâtre dans la femelle. Ce même anneau est fourchu dans les mâles. Le dessous de l'abdomen ou le ventre est garni de quelques poils ou de cils, & le bord postérieur des anneaux est jaune. Les pattes sont jaunes ou d'un jaune-fauve, avec les hanches, une tache plus ou moins marquée sur le dessus des cuisses, vers leur base, noires. Les pelotes des tarses sont aussi de cette couleur. Les ailes sont presque transparentes ou légérement rousseâtres. Les nervures sont de cette couleur.

Il se trouve au midi de la France & en Italie. *(Lat.)*

PALÉMON. *Palæmon.* Genre d'insectes de la troisième section de l'Ordre des Aptères, & de la famille des Homardiens.

Les Palémons ont quatre antennes, deux extérieures, simples, longues, sétacées, accompagnées d'une lame ou écaille large & assez longue, & deux internes, divisées en trois filets, dont un plus court que les autres; deux yeux mobiles, portés sur un pédicule fort court; dix pattes, dont la seconde paire est en pince; la queue longue, terminée par cinq feuillets.

Ces Crustacés étoient connus des Grecs sous le nom de *Karis*, & des Latins sous celui de *Squilla.* On les connoît en France sous ceux de *Chevrette*, *Crevette* & *Salicoque*; mais on les confond ordinairement avec les Crangons, qui en diffèrent effectivement fort peu, qu'on pêche également sur les côtes de l'Océan, & qu'on vend de même, dans les marchés, comme un mets agréable.

Linné a placé quelques Palémons parmi ses Crabes à longue queue, dont le corcelet est lisse, & il a rangé les autres avec ceux à longue queue, dont les mains sont adactyles & le corcelet oblong. Fabricius avoit d'abord confondu les Palémons avec les Ecrevisses, & nous avions suivi son exemple dans ce Dictionnaire; il les a ensuite distingués, & il les caractérise par quatre antennes inégales, pédonculées; les supérieures étant plus courtes que les inférieures, sétacées & trifides, l'un des filets étant plus court que les deux autres; les inférieures étant très-longues, sétacées, simples.

Les Palémons se distinguent effectivement des Écrevisses, des Palinures & des Crangons, avec lesquels on pourroit encore les confondre, par les antennes supérieures ou internes, divisées en trois filets, dont un est souvent fort court & moins apparent que les deux autres, & par la lame qui accompagne les antennes extérieures, qu'on ne voit point aux deux premiers, & dont les Crangons sont pourvus; mais ceux-ci ont, comme les autres, les antennes internes ou supérieures simplement bifides à leur extrémité, & les pattes antérieures sont terminées en un onglet ou crochet. Ces pattes sont simples dans les Palinures, & en fortes pinces dans les Écrevisses. C'est ordinairement la seconde paire qui est en pince dans les Palémons, au lieu que c'est toujours la première dans les Ecrevisses. Quelques autres pattes sont aussi en pince dans les Palémons; mais c'est toujours la seconde qui prédomine, & qui paroît la plus propre à pincer & saisir les objets.

Les antennes sont, comme nous l'avons déjà dit, au nombre de quatre. Les deux extérieures, qui touchent à l'angle antérieur du corcelet, sont bifides. La division extérieure est formée de trois pièces, dont une très-courte, irrégulière; la seconde fort courte, presque cylindrique, armée de quelques petites épines à son extrémité; la troisième est plate, plus longue que large, terminée extérieurement par une petite épine, ciliée ensuite à son extrémité, ainsi qu'à son bord interne. La division intérieure est formée de quatre pièces, dont deux sont courtes, assez grosses, irrégulières; la troisième est plus longue, presque cylindrique; la quatrième forme un filet très-long, sétacé, composé d'un très-grand nombre d'articles fort peu distincts.

Les antennes internes, placées immédiatement au dessous des yeux, sont formées de quatre articles, dont le premier est gros, aplati à sa base, un peu dilaté, & terminé par une ou plusieurs épines à sa partie extérieure. Le second article est court, irrégulier, extérieurement cilié; le troisième est un peu plus long que celui-ci, & presque cylindrique; le quatrième est formé de trois filets sétacés, composés d'un grand nombre d'articles peu distincts. Ces filets sont de longueur ordinairement inégale: il y en a un assez long, & un autre fort court.

Les yeux sont arrondis, assez gros, un peu saillans, emboités dans une substance cornée, qui pose sur un pédicule très-court & mobile; ils sont placés à la partie antérieure du corcelet, & séparés l'un de l'autre par le rostre.

Le corcelet est convexe, presque cylindrique, lisse & uni dans toutes les espèces connues, mais surmonté supérieurement d'une crête ou ligne élevée, qui part, ou de son extrémité postérieure ou du milieu, & se prolonge plus ou moins en avant, & se termine en pointe. La partie supérieure de ce rostre, ainsi que la partie inférieure, ressemble à une scie, dont les dentelures sont plus ou moins nombreuses & rapprochées.

La queue est plus longue que le corcelet; elle est composée de sept anneaux, dont le premier s'emboîte sous le corcelet & sous le second anneau; le troisième s'emboîte sous le second, & ainsi de suite les uns au dessous des autres; ils sont un peu comprimés & arrondis à leur bord latéral inférieur. Ces anneaux ne forment, comme le corcelet, qu'une plaque qui se borne à couvrir la partie supérieure & les côtés de la queue. En dessous il y a d'autres segmens qui donnent naissance à des filets articulés qui servent à la nage, & qui font exécuter à l'animal les mouvemens prompts & accélérés dont ils peuvent avoir besoin.

La queue est terminée par cinq feuillets, dont deux de chaque côté, larges, aplatis, ciliés à leur extrémité & à leur bord interne. Le cinquième feuillet, qui se trouve au dessus des autres, est convexe, pointu, ordinairement terminé par des épines de différente longueur.

La bouche est aussi compliquée que celle de tous les autres Crustacés; elle est composée d'une lèvre supérieure, de deux mandibules, de six mâchoires & de huit antennules.

La lèvre supérieure, immédiatement placée au dessus des mandibules, est fort grande, renflée, triangulaire, presque coriacée.

Les mandibules sont grandes, presqu'osseuses, bifides. La division extérieure est creuse en dedans, large, assez mince, terminée par trois ou quatre dents, dont les deux extérieures sont un peu plus grandes que les autres. La division intérieure est inclinée, & ressemble parfaitement, à son extrémité, à une dent molaire. De la bifurcation de ces mandibules part l'antennule antérieure, qui se colle le long du bord supérieur de la division extérieure, & qui est composée de quatre articles peu distincts. Les deux premiers sont un peu alongés; le troisième est court & plus étroit que les précédens; le dernier est mince, sétacé, peu alongé. Cette antennule ne dépasse pas en longueur le bord de la mandibule, contre lequel elle se trouve collée.

A la partie inférieure des mandibules sont appuyées trois paires de lames cornées, minces comme du parchemin, qui paroissent faire la fonction de mâchoires. Les deux premières, ou celles qui touchent plus immédiatement aux mandibules, sont les plus petites, & divisées en deux pièces; l'extérieure est petite, un peu dilatée; l'intérieure est peu alongée, obliquement tronquée & fortement ciliée à son extrémité.

Les secondes mâchoires sont plus grandes que les premières, & divisées en deux pièces; l'extérieure est presque membraneuse, dilatée à sa base, terminée en pointe; l'intérieure est plus grande que l'autre, ciliée tout le long de son bord interne.

De la base interne de la pièce extérieure part un filet sétacé, que nous regardons comme la seconde antennule; elle est une fois plus longue que la mâchoire, & composée d'articles qu'on ne peut distinguer.

Les troisièmes mâchoires sont également bifides. La division extérieure est courte, presque membraneuse. La division intérieure, presque cylindrique à sa base, se courbe & s'élargit depuis son milieu; elle est fortement ciliée tout le long du bord, qui est devenu interne au moyen de la courbure.

La troisième antennule, qui se trouve insérée entre les deux divisions de cette mâchoire, présente un filet sétacé, semblable à la seconde antennule, & composé d'articles qu'on ne peut de même distinguer. Ici se termine la bouche.

La quatrième antennule est articulée comme une patte; elle est divisée en deux. La pièce extérieure ressemble aux deux antennules précédentes pour la forme & la longueur. La pièce intérieure, que quelques naturalistes nomment *bras*, est beaucoup plus longue & plus grosse que l'autre; elle est composée de six pièces. La première, sur laquelle portent les deux divisions, est courte, irrégulière; la seconde est courte; la troisième est alongée, un peu comprimée, ciliée à sa partie interne; la quatrième est courte; les deux dernières sont alongées & ciliées.

Les pattes sont au nombre de dix; elles sont en général longues & menues, &, le plus souvent, les deux ou trois premières paires sont terminées en pinces, mais c'est presque toujours la seconde paire qui sert, à proprement parler, de pince, puisque ce sont ces deux pattes qui sont les plus longues, les plus grosses & les plus fortes, les premières étant ordinairement les plus courtes & les plus foibles. Les pattes qui ne sont point en pinces sont terminées par un doigt alongé, un peu arqué, & muni d'un ongle à son extrémité.

Aristote fait mention de trois espèces de Carides, dont deux paroissent appartenir au genre Palémon, & la troisième à celui de Squille. Ces trois espèces sont les Carides bossues, les Cranges & les Carides de la petite espèce, ainsi nommées parce qu'elles restent toujours petites. Les bossues, suivant Aristote, ont d'abord, du côté de la tête, cinq pieds à droite & cinq pieds à gauche, qui se terminent en pointe. Elles en ont, le long du ventre, cinq autres de chaque côté, dont l'extrémité est large. Le dessous de leur corps n'est point divisé par tablettes, & le dessus est semblable à celui du corps de la Langouste.

Il n'eſt pas douteux qu'il ne ſoit queſtion ici d'un Palémon; mais il reſte à deviner lequel ce peut être. Celui que Rondelet a figuré, *Hiſtoire des Poiſſons*, liv. 18, chap. 8, ſous le nom de *Squilla Crangon*, eſt bien auſſi un Palémon; cependant cet auteur le prend pour la ſeconde eſpèce d'Ariſtote, qui n'eſt point un Palémon, comme nous le verrons plus bas, mais probablement la Squille Mante qu'Ariſtote nomme *Crange* ou *Crangon*. Celle-ci eſt faite autrement, dit-il, que la Squille boſſue; elle a quatre premiers pieds de chaque côté, ſuivis, auſſi de chaque côté, de trois autres pieds, qui ſont grêles. Le ſurplus du corps, qui en fait la majeure partie, eſt ſans pieds. La Caride boſſue, ajoute-t-il, a une queue & quatre nageoires. La Crange a également des nageoires de chaque côté de la queue. Entre ces nageoires, la Caride boſſue & la Crange ont des épines; mais chez la Crange ces épines ſont aplaties, au lieu que chez la Caride boſſue la pointe en eſt plus aiguë.

La deſcription qu'Ariſtote donne de la ſeconde eſpèce de Caride ne peut convenir qu'à la Squille Mante. Elle a, comme il le dit, quatorze pattes: les ſix dernières ſont grêles, & le ſurplus du corps, qui en fait la majeure partie, eſt ſans pieds. Comment Rondelet, qui avoit ces Cruſtacés ſous les yeux, a-t-il pu ſe méprendre? Si c'eſt par la deſcription de la queue qu'il a été induit en erreur, il a mal compris Ariſtote. Cet auteur prend pour la queue les feuillets qui la terminent. La Caride boſſue, dit-il, a une queue & quatre nageoires, c'eſt-à-dire, quatre feuillets latéraux. La Crange a également des nageoires de chaque côté de la queue. Entre ces nageoires ou ces feuillets latéraux, la Caride boſſue & la Crange ont des épines aiguës dans les premières, aplaties dans les autres.

Nous ne prononcerons pas ſi la Squille Crangon de Rondelet doit être regardée comme la Caride boſſue d'Ariſtote; mais bien certainement l'une & l'autre appartiennent au genre Palémon. Par la grandeur & les couleurs que Rondelet donne à la ſienne, nous avons ſoupçonné que ce pouvoit être notre Palémon ſilloné, qui ſe trouve extrêmement commun dans quelques parages de la Méditerranée, & dont Geſner a auſſi donné une courte deſcription & une aſſez bonne figure. Nous rapportons de même au Palémon Squille l'eſpèce qu'il a figurée ſous le nom de *Squilla gibba*, & nous regardons comme inconnue aux auteurs modernes celle qu'il nomme *Squilla parva*.

Les Palémons peuvent être regardés comme des Cruſtacés marins, dont quelques eſpèces vivent dans les rivières, ſi ce n'eſt toute l'année, du moins pendant pluſieurs mois. On en trouve auſſi dans les marais ſalés & ſaumâtres; mais ils fréquentent plus particuliérement, durant la belle ſaiſon, les embouchures des fleuves & les parages qui les avoiſinent. C'eſt là qu'on va les pêcher au moyen d'un filet en forme de ſac attaché carrément au bout d'une perche, & qu'on les prend avec la plus grande facilité. Comme ils s'approchent alors beaucoup du rivage, le pêcheur n'a qu'à entrer dans l'eau juſqu'à la ceinture & plonger ſon filet, le conduiſant devant lui en ſe dirigeant vers le rivage. On les pêche auſſi avec de grands filets à mailles ſerrées, qu'on jette au loin dans la mer, & qui en ramènent ſur le rivage des quantités innombrables. On ſale, dans le Levant, les grandes eſpèces, & on les conſerve dans de grandes corbeilles, faites entr'autres avec les feuilles de palmier: on les envoie, en cet état, à Conſtantinople, à Smyrne & dans toutes les villes de la Turquie, où les Grecs & les Arméniens en font une très-grande conſommation pendant leur carême & les autres jours de l'année où ils font abſtinence.

La chair des Palémons eſt auſſi eſtimée que celle des Homars, des Langouſtes, des Crabes & des autres Cruſtacés. Les Grecs autrefois préféroient l'eſpèce qu'ils déſignoient ſous le nom de *Boſſue*. Les Romains recherchoient auſſi les grandes eſpèces de la Méditerranée, comme étant les meilleures, & il paroît que, dans toutes les parties du Monde, la chair de ces Cruſtacés eſt regardée comme un aliment dont on peut faire uſage ſans danger, & même comme un mets aſſez ſavoureux.

Rondelet regarde la chair de ces Cruſtacés comme un aliment nourriſſant, de facile digeſtion & très-utile aux perſonnes attaquées de maraſme ou menacées de phthiſie.

Ces petits animaux ne vivent pas long-tems quand ils ſont hors de leur élément, & leur chair ſe corromproit aſſez promptement ſi on n'avoit la précaution de les faire cuire au ſortir de la mer. C'eſt dans cet état qu'on les tranſporte aux différens marchés, où on cherche à les vendre. Leur couleur, qui auparavant étoit blanchâtre, jaune, bleue, marbrée ou diverſement colorée, ſuivant les eſpèces, prend toujours, en cuiſant, une teinte plus ou moins rouge; ce qui leur eſt commun avec tous les Cruſtacés.

C'eſt au printems, époque où les femelles portent leurs œufs, qu'on les pêche ſur nos côtes, & c'eſt auſſi la ſaiſon où leur chair eſt la plus ſavoureuſe.

L'arrivée des Palémons ſur les côtes de la mer & aux embouchures des rivières eſt toujours ſuivie de celle d'une infinité de Poiſſons qui s'en nourriſſent, & qui ne regagnent la haute mer ou d'autres parages que les Palémons n'aient eux-mêmes diſparu. La conſommation que ces Poiſſons en font, eſt prodigieuſe ſans doute; mais la facilité que ces Cruſtacés ont de ſe reproduire eſt, comme on penſe bien, en raiſon des ennemis qui leur font la guerre. Chaque Palémon femelle pond pluſieurs milliers d'œufs, & par ce moyen l'eſpèce ne peut être détruite ni ſenſiblement diminuée quelle que ſoit la quantité que la pêche en faſſe annuellement diſparoître, quel que ſoit le nombre des ennemis qui leur font perpétuellement la guerre.

Au reste, ces Crustacés nagent avec assez de célérité pour échapper assez souvent aux Poissons qui les poursuivent. Dans leur état naturel, ils se portent en avant & nagent au moyen des nageoires qu'ils ont sous la queue; mais lorsqu'ils sont menacés de quelque danger, ils se servent des feuillets de la queue pour se porter, en un instant, à de très-grandes distances. Ils nagent alors sur les côtés & à reculons, tant par le moyen des nageoires dont nous venons de parler, qui se meuvent alors en sens opposé, que par les feuillets de la queue, qui, s'ouvrant en éventail, paroissent plus particuliérement destinés à frapper l'eau en avant pour porter l'animal en arrière; ils se servent aussi de l'écaille qui accompagne les antennes extérieures pour se diriger en divers sens.

Nous ne parlerons pas de ce rostre ou bec avancé, en lame d'épée & denté sur ses bords, dont ces animaux sont pourvus, & que Rondelet a cru suffisant, non-seulement pour arrêter les Poissons, mais propre même à les tuer lorsqu'ils veulent les manger. Il n'est pas douteux que ce ne soit là une arme que la Nature leur a donnée pour leur défense contre des ennemis presqu'aussi foibles qu'eux; mais que pourroit-elle contre des Poissons un peu gros? Elle n'est guère plus dure que l'enveloppe qui recouvre leur corps, & qui est en général beaucoup plus foible dans les Palémons, que dans les autres Crustacés.

Les petites espèces sont un des meilleurs appâts que l'on puisse employer pour la pêche à la ligne des Poissons de mer, & dans beaucoup d'endroits on ne les prend que pour cet objet: c'est presque le seul, suivant Bosc, dont se servent les Américains des États-Unis.

Nous avons ajouté beaucoup d'espèces à celles que les auteurs les plus modernes ont décrites, & cependant nous sommes persuadés que toutes les mers en contiennent encore un plus grand nombre, qui nous sont inconnues ou qu'on a confondues avec d'autres. Ainsi que nous l'avons fait remarquer à l'article PAGURE, ces petits animaux ont besoin d'être décrits & figurés avec soin lorsqu'ils sont encore frais, tant à cause de leur forme, que pour leurs couleurs, qui s'altèrent toujours de quelque manière qu'on les conserve. Leur forme se conserve pourtant assez bien dans des bocaux remplis d'esprit-de-vin & bien bouchés: c'est même le seul moyen que l'on ait à employer à l'égard des petites espèces, dont la croûte est un peu molle.

PALÉMON.

PALÆMON. FABR. BOSC. LATR. *CANCER.* LINN. SCOP. OTHO-FABR. *ASTACUS.* GRONOV. FABR. *SQUILLA.* ROND. BAST.

CARACTÈRES GÉNÉRIQUES.

Quatre antennes; les extérieures longues, sétacées, accompagnées, à leur base latérale, d'une écaille large, intérieurement ciliée; les intérieures terminées par deux ou trois filets sétacés, de longueur inégale.

Deux yeux rapprochés, portés sur un pédicule très-court.

Huit antennules; les trois premières paires simples; les deux quatrièmes bifides.

Partie antérieure du corcelet armée d'un rostre comprimé, aigu, dentelé, fort avancé.

Dix pattes; les deux, quatre ou six antérieures en pinces.

Queue alongée, terminée par cinq feuillets.

ESPÈCES.

1. PALÉMON Cancer.

Corcelet lisse; rostre relevé, en scie des deux côtés, de la longueur des écailles des antennes.

2. PALÉMON jamaïquois.

Corcelet lisse; rostre supérieurement en scie, tridenté en dessous, de la longueur des écailles des antennes.

3. PALÉMON Lar.

Corcelet lisse; rostre droit, de la longueur des écailles des antennes; pinces longues, égales, muriquées.

4. PALÉMON sétifère.

Rostre avancé, en scie des deux côtés, de la longueur des écailles des antennes; antennes extérieures une fois plus longues que le corps.

5. PALÉMON orné.

Rostre avancé, en scie des deux côtés, de la longueur des écailles des antennes; pinces longues, muriquées, avec les doigts dentés intérieurement.

6. PALÉMON cannelé.

Dos du corcelet marqué de trois sillons; rostre avancé, supérieurement en scie, unidenté en dessous, de la longueur des écailles des antennes.

7. PALÉMON silloné.

Corcelet un peu en carène, marqué de trois sillons; rostre avancé, supérieurement en scie, tridenté en dessous, plus court que les écailles des antennes.

8. PALÉMON longimane.

Corcelet lisse; rostre droit, de la longueur des écailles des antennes; pinces avancées, lisses, inégales.

9. PALÉMON

PALÉMON. (Insecte.)

9. Palémon brévimane.

Rostre relevé, plus long que les écailles des antennes; pinces médiocres; doigts plus courts que la main.

10. Palémon de Coromandel.

Rostre de la longueur de l'écaille des antennes; pinces médiocres; doigts plus courts que la main.

11. Palémon de Tranquebar.

Rostre relevé, en scie; pinces longues, filiformes, avec les mains ovales.

12. Palémon longicorne.

Corcelet en carène; rostre avancé, très-long, en scie de chaque côté; antennes extérieures deux fois plus longues que le corps.

13. Palémon Squille.

Corcelet lisse; rostre supérieurement en scie, tridenté en dessous, une fois plus long que l'écaille des antennes.

14. Palémon hirtimane.

Rostre avancé, court, supérieurement en scie, tridenté en dessous; pinces grandes, muriquées; la gauche plus grande que la droite.

15. Palémon armé.

Rostre très-long, subulé, en scie des deux côtés; antennes de la longueur du corps.

16. Palémon diversimane.

Corcelet lisse, renflé; rostre très-court, aigu, simple; pince gauche très-grande, raboteuse.

17. Palémon bidenté.

Rostre très-court, aigu, simple; dos du corcelet avec une ligne élevée et deux dents aiguës.

18. Palémon brévirostre.

Rostre très-court, aigu, simple; pince gauche très-grande, comprimée, lisse.

19. Palémon velu.

Rostre très-court, aigu, simple; corps velu; pince droite très-grande, hérissée.

20. Palémon lancifère.

Corcelet élevé en carène dentelée, et armé d'une forte épine de chaque côté; queue élevée en carène rebordée.

21. Palémon dentelé.

Corcelet lisse, presqu'en carène; rostre en scie, tant en dessus qu'en dessous.

22. Palémon marbré.

Rostre relevé, un peu fendu à son extrémité, avec six dents en dessus, quatre en dessous; antennules postérieures avancées, plus longues que les pinces.

23. Palémon Sauterelle.

Corcelet lisse; rostre avancé, en scie en dessus, lisse en dessous; doigts alongés, filiformes.

24. Palémon hispide.

Rostre court, armé de piquans de toutes parts; corps épineux; pinces avancées, épineuses.

25. Palémon longipède.

Rostre court, hérissé d'épines; corps épineux; pinces minces, sans épine.

26. Palémon des Varecs.

Corcelet lisse; rostre relevé, et armé de cinq dentelures à son extrémité.

27. Palémon petit.

Corcelet avec deux épines de chaque côté; rostre avancé, supérieurement en scie, unidenté en dessous.

PALÉMON. (Insecte.)

28. Palémon Narval.

Corcelet lisse; rostre très-long, relevé à son extrémité, dentelé, tant en dessus qu'en dessous.

29. Palémon pélagique.

Corcelet lisse, armé d'une seule épine de chaque côté antérieurement; rostre avancé, unidenté, tant en dessus qu'en dessous.

30. Palémon jaunâtre.

Corcelet lisse; dos antérieurement en carène; rostre court, bossu, supérieurement en scie.

31. Palémon caréné.

Dos du corcelet en carène bidentée; rostre avancé, obtus, dentelé; les six pattes antérieures en pince.

1. Palémon Cancer.

Palæmon carcinus.

Palæmon thorace lævi, roſtro adſcendente, ſuprà ſubtùſque ſerrato, antennarum ſquamis longiore.

Palæmon carcinus *chelis æqualibus, porrectis, muricatis; roſtro adſcendente, antennarum ſquamis longiore.* Fabr. *Ent. Syſt. em. Suppl. p.* 402. *n°.* 1.

Aſtacus carcinus. Fabr. *Ent. Syſt. em. tom.* 2. *p.* 479. *n°.* 6.

Cancer carcinus *macrourus, thorace lævi, manibus teretiuſculis, brachiis hiſpido-aculeatis.* Linn. *Syſt. Nat. tom.* 2. *p.* 1051. *n°.* 64.

Rumph. *Theſaur. tab.* 1. *fig.* B.

Cancer Aſtacus carcinus. Herbst, *Canc. t.* 2. *p.* 58. *tab.* 28. *fig.* 1.

Palæmon carcinus. Bosc, *Hiſt. nat. des Cruſt. tom.* 2. *p.* 104.

Palæmon carcinus. Latr. *Hiſt. nat. des Cruſt. & des Inſ. tom.* 6. *p.* 260.

Ce Palémon de la mer des Indes avoit été confondu avec le ſuivant, qui ſe trouve dans les embouchures des rivières de l'Amérique méridionale, & qui diffère beaucoup de celui-ci ; il a de ſept à huit pouces de longueur de l'extrémité du roſtre au bout de la queue. Le corcelet eſt liſſe, preſque cylindrique, armé de deux épines de chaque côté ; l'une aſſez grande, ſur le bord antérieur ; l'autre plus petite, un peu en arrière. Le roſtre eſt alongé, relevé, plus long que les écailles des antennes extérieures, dentelé en deſſus & en deſſous. Les antennes extérieures ſont une fois plus longues que le corps. Les pattes antérieures ſont courtes, minces, terminées en pinces ; les ſecondes ſont fort grandes & muriquées. Le bras & l'avant-bras ſont alongés, cylindriques. La main eſt un peu plus groſſe, cylindrique. Les doigts ſont alongés, crochus à leur extrémité, fortement dentés à leur baſe. Les autres pattes ſont terminées par un doigt ſimple, velu. La queue eſt liſſe, ainſi que les feuillets ; celui du milieu eſt terminé en pointe. (*Voy.* Écrevisse Cancer, n°. 6.)

Il ſe trouve dans la mer des Indes.

2. Palémon jamaïquois.

Palæmon jamaicenſis.

Palæmon thorace lævi, roſtro ſuprà ſerrato, ſubtùs tridentato, antennarum ſquamas æquante.

Aſtacus roſtro ſuprà ſerrato, ſubtùs tridentato; pedibus utrinquè duobus cheliferis, ſecundo pari maximo, muricato. Gronov., *Zooph. pag.* 231. *n°.* 987.

Aſtacus fluviatilis major, chelis aculeatis. Sloan. *Jam. tom.* 2. *tab.* 245. *fig.* 2.

Squilla, Crangon, americana, major. Seb. *Theſaur. tom.* 3. *p.* 54. *tab.* 21. *fig.* 4.

Cancer Aſtacus jamaicenſis. Herbst, *Canc. tom.* 2. *p.* 57. *tab.* 27. *fig.* 2.

C'eſt plus particuliérement à celui-ci que ſe rapporteroit la deſcription que nous avons donnée de l'Écreviſſe Cancer, n°. 6 ; mais comme elle eſt incomplète, nous devons la rectifier ici. Cette eſpèce a été bien figurée par Herbſt, & Gronovius en a donné une bonne deſcription. Le roſtre eſt avancé, preſque droit, de la longueur des écailles des antennes extérieures, ſupérieurement dentelé dans toute ſa longueur, avec trois ou quatre dents ſeulement à ſa partie inférieure. Les antennes extérieures ſont de la longueur du corps ; les intérieures ſont terminées par trois filets aſſez courts. Les premières pattes ſont courtes, minces, terminées en pinces ; les ſecondes ſont très-grandes, muriquées. La droite eſt plus grande que la gauche, & les doigts ſont longs, un peu velus, armés d'une ou deux dents ; les autres ſont plus petits, & ſeulement dentelés à leur bord interne. Les autres pattes ſont courtes, terminées par un doigt ſimple, un peu velu.

Il ſe trouve ſur les côtes de l'Amérique méridionale, des Antilles, & plus particuliérement à l'embouchure des rivières.

3. Palémon Lar.

Palæmon Lar.

Palæmon thorace lævi; roſtro recto, antennarum ſquamas æquante; chelis porrectis, æqualibus, muricatis.

Palæmon Lar. Fabr. *Entom. Syſt. em. Suppl. p.* 402. *n°.* 2.

Palæmon Lar. Bosc, *Hiſt. natur. des Cruſt. tom.* 2. *p.* 104.

Palæmon Lar. Latr. *Hiſt. natur. des Cruſt. tom.* 6. *p.* 258. *n°.* 5.

Il eſt de la grandeur des précédens. Le corcelet eſt arrondi, liſſe, armé d'une dent aiguë de chaque côté, ſur le bord antérieur, & d'une autre auſſi forte, auſſi aiguë, à quelque diſtance du bord. On voit un ſillon profond au deſſous, qui ne s'avance pas juſqu'au milieu du corcelet. Le roſtre eſt beaucoup plus court que l'écaille des antennes ; il eſt dentelé ſupérieurement dans toute ſa longueur, un peu relevé à ſon extrémité, marqué d'un ſillon, de chaque côté, qui l'accompagne de la baſe au ſommet. Le deſſous a trois ou quatre dentelures placées vers l'extrémité. L'écaille des antennes eſt fort grande. Les ſecondes pattes ſont en pinces, grandes, fort longues, muriquées dans toute leur longueur. Les six pattes qui suivent, sont simples, finement muriquées. La queue est terminée par cinq feuillets, dont le supérieur est convexe, terminé en pointe obtuse.

Il se trouve aux Indes orientales.

4. Palémon sétifère.

Palæmon setiferus.

Palæmon rostro porrecto, utrinquè serrato, squamas antennarum æquante; antennis exterioribus corpore duplò longioribus.

Cancer setiferus *macrourus, manibus nullis, pedibus utrinquè sex didactylis, antennis longissimis.* Linn. *Syst. Nat. tom.* 2. *p.* 1054. *n°.* 78.

Astacus fluviatilis, americanus. Seb. *Thesaur. tom.* 3. *p.* 41. *tab.* 17. *fig.* 2.

Cancer gammarellus setiferus. Herbst, *Canc. tom.* 2. *p.* 106. *n°.* 51. *tab.* 34. *fig.* 3.

Ce Palémon est figuré, dans Seba & dans Herbst, avec douze pattes toutes grêles, & terminées en pinces; il a environ huit pouces de long de l'extrémité de la queue à celle du rostre, & sa couleur est d'un rouge très-pâle. Les antennes extérieures sont une fois plus longues que le corps, & accompagnées, comme dans les autres espèces, d'une écaille latérale, à peine plus longue que le rostre : celui-ci est élevé, dentelé tout le long de sa partie supérieure, excepté vers l'extrémité, & a de même quelques dentelures à sa partie inférieure. Le feuillet supérieur de la queue est simple, terminé en pointe. (*Voyez* Écrevisse sétifère, n°. 5.)

Il se trouve dans les fleuves de l'Amérique méridionale. Sa chair est très-estimée.

5. Palémon orné.

Palæmon ornatus.

Palæmon rostro utrinquè serrato, squamas antennarum æquante; chelis longissimis muricatis, digitis intùs dentatis.

Il a environ six pouces de longueur. Sa couleur, dans les collections, est jaunâtre, lavée de violet, nuancée quelquefois de brun. Le corcelet est lisse, bidenté de chaque côté. La dent antérieure, placée sur le bord, est très-forte; l'autre, placée en arrière, est beaucoup plus petite. Le rostre, qui part d'un peu au-delà du milieu, s'avance droit, & atteint en longueur l'extrémité des écailles des antennes; il a huit ou neuf dentelures en dessus, & trois ou quatre en dessous : celles-ci sont placées au milieu, à l'endroit où le rostre s'élargit. Les antennes extérieures sont un peu plus longues que le corps; les intérieures sont divisées en trois filets inégaux : le plus long égale presqu'en longueur les autres antennes. Le premier article est dilaté, & terminé en pointe aiguë extérieurement. Les premières pattes sont très-petites, terminées en pince; les secondes sont grosses, très-longues, finement muriquées dans toute leur longueur. La main est longue, cylindrique. Les doigts sont longs, minces, crochus à leur extrémité; le supérieur ou celui qui est mobile est armé d'une forte dent vers sa base; l'autre en a deux plus près de la base, dont l'une antérieure est plus forte que la postérieure. La pince gauche est un peu plus longue que la droite. Les trois autres paires de pattes sont petites, de grandeur presqu'égale. Les segmens de la queue sont lisses. Les feuillets sont simples; celui du milieu a quatre épines très-fines sur le dos, & il est terminé par deux autres très-courtes.

Il se trouve à la Nouvelle-Hollande, d'où il a été apporté par feu Perron.

Il est conservé au Muséum d'Histoire naturelle.

6. Palémon cannelé.

Palæmon canaliculatus.

Palæmon thoracis dorso trisulcato; rostro porrecto, suprà serrato, subtùs unidentato, squamam antennarum æquante.

Il a quatre ou cinq pouces de longueur. Les divisions extérieures des antennules sont en plumes. Le corcelet a trois sillons assez grands, rapprochés à sa partie supérieure; celui du milieu part de la base & s'avance jusqu'au milieu, où commence la ligne du rostre; les deux autres, qui partent du même point, accompagnent le rostre jusqu'à son extrémité. Le rostre est en scie supérieurement, & on remarque des cils qui accompagnent les dentelures. Le dessous est également cilié, mais n'a qu'une dentelure placée à peu de distance de l'extrémité. Les côtés antérieurs du corcelet ont trois dents; une petite à peu de distance du rostre, une fort grande à l'angle extérieur des yeux, & une petite en arrière, à quelque distance du bord : de celle-ci part un sillon qui va en arrière, & remonte obliquement sur le dos. L'épine qui est à l'angle extérieur des yeux se prolonge en vive arête, & vient se terminer près de la troisième épine. Les yeux sont fort grands, très-rapprochés, globuleux, mais un peu aplatis à leur partie interne. Les antennes extérieures sont plus longues que le corps. L'écaille qui les accompagne, est large, fortement ciliée à son bord interne & à son extrémité. Les premiers articles des antennes intérieures sont très-velus, & les deux filets qui les terminent, très-courts. Les trois premières paires de pattes sont petites, en pince. Les premières pattes sont plus courtes, & à peine plus grandes que celles qui suivent; les troisièmes sont les plus longues. Les derniers anneaux de la queue sont élevés en carène. Le feuillet supérieur est marqué d'un fillon longitudinal, profond ; il eft terminé en pointe aiguë, & fes côtés font ciliés & un peu épineux ; les autres font ftriés.

Il fe trouve dans la mer des Indes, d'où il a été apporté par feu Perron.

Il eft confervé au Muféum d'Hiftoire naturelle.

7. Palémon fillonné.

Palæmon fulcatus.

Palæmon thorace carinato, trifulcato ; roftro ferrato, fubtùs tridentato, antennarum fquamis breviore.

Squilla Crangon. Rond. *De Pifc. lib.* 18. *cap.* 8. *p.* 547. *fig.* 1.

Cancer kerathurus *macrourus, roftro enfato, fupernè ferrato, fubtùs unidentato; thorace fuprà canalibus tribus.* Forsk. *Defcript Animal. p.* 95. *n°.* 58.

Squilla Crange. Gesn. *Hift. Animal. tom.* 3. *lib.* 4. *p.* 1099. *tab.* 1.

Il a de fix à neuf pouces de longueur. Le corcelet eft liffe, un peu élevé en carène au milieu, terminé antérieurement en un roftre droit, pointu, plus court que l'écaille des antennes, armé fupérieurement de plufieurs dents aiguës, diftantes, & feulement de trois en deffous, plus petites, placées à peu de diftance de l'extrémité : vers la bafe, en deffous, il y a des cils longs & ferrés. Ce roftre a vers fa bafe un petit fillon, & un plus large de chaque côté, qui l'accompagne jufqu'à l'extrémité, ou, pour mieux dire, jufqu'un peu au-delà de la dernière dent. On voit, de chaque côté, une crête qui va fe terminer antérieurement en pointe aiguë, &, au deffus de la crête, un canal qui, parvenu à la bafe de la crête, remonte obliquement. L'écaille de la bafe des antennes eft fort grande. Les pattes font grêles ; les fix antérieures font en pince ; les deux premières font les plus courtes, & les deux intermédiaires les plus longues. Les bras font un peu plus longs que les deux fecondes pattes, & plus courts que les deux troifièmes. Les derniers anneaux de la queue font un peu en carène. Le feuillet fupérieur eft pointu, & marqué d'un fillon affez profond & affez large dans toute fa longueur.

Il fe trouve dans la Méditerranée, & plus particuliérement vers les embouchures du Nil. On m'a dit auffi qu'il eft très-abondant dans le golfe Perfique & à l'embouchure du fleuve des Arabes. On le pêche avec des filets, & on le fale pour le conferver. On l'envoie dans la Grèce, dans toute l'Afie mineure & dans la Perfe, où les Grecs & les Arméniens en font une affez grande confommation.

L'efpèce que Forskal a décrite paroît fe rapporter à celle-ci. Les antennes extérieures, dit-il, ont une fois & demie la longueur du corps. Le roftre n'a qu'une dent en deffous. La couleur du Cruftacé vivant eft glauque, avec quelques points ferrugineux. La queue eft rouge, avec l'extrémité bleue.

Elle fe trouve aux environs de Smyrne & d'Alexandrie.

8. Palémon longimane.

Palæmon longimanus.

Palæmon thorace lævi, roftro recto, antennarum fquamas æquante ; chelis porrectis inæqualibus, lævibus.

Palæmon longimanus. Fabr. *Ent. Syft. em. Suppl. p.* 402. *n°.* 3.

Palæmon longimanus. Bosc, *Hift. natur. des Cruft. tom.* 2. *p.* 104.

Palémon longimane. Latr. *Hift. nat. des Cruft. & des Inf. tom.* 6. *p.* 258. *n°.* 6.

Il eft plus petit que le Palémon Lar. Le corcelet eft liffe, armé de deux dents de chaque côté antérieurement. Le roftre eft avancé, droit, de la longueur des écailles des antennes. Les pinces font filiformes, avancées, liffes ; la droite eft toujours plus longue que la gauche. Les pattes font liffes.

Il fe trouve aux Indes orientales.

9. Palémon brévimane.

Palæmon brevimanus.

Palæmon roftro adfcendente, antennarum fquamis longiore ; chelis mediocribus, digitis manu brevioribus. Fabr. *Ent. Syft. em. Suppl. p.* 403. *n°.* 4.

Palæmon brevimanus. Bosc, *Hift. natur. des Cruft. tom.* 2. *p.* 104.

Palæmon brevimanus. Latr. *Hift. natur. des Cruft. & des Inf. tom.* 6. *p.* 259. *n°.* 7.

Il eft plus petit que les précédens. Le corcelet eft liffe, glabre, armé de deux dents de chaque côté antérieurement. Le roftre eft comprimé, en fcie de chaque côté, avancé, relevé à l'extrémité, un peu plus long que les écailles des antennes. Les pinces font filiformes, un peu plus longues que les pattes, liffes. Les doigts font plus courts que la main.

Il fe trouve aux Indes orientales.

10. Palémon de Coromandel.

Palæmon coromandelianus.

Palæmon roftro antennarum fquamas æquante ; chelis mediocribus, digitis manu brevioribus. Fabr. *Entom. Syftem. emend. Suppl. pag.* 403. *n°.* 5.

Palæmon coromandelianus. Bosc, *Hist. nat. des Crust. tom.* 2. *p*. 104.

Palæmon coromandelianus. Latr. *Hist. nat. des Crust. & des Inf. tom.* 6. *p*. 250. *n*°. 8.

Il ressemble au précédent pour la forme & la grandeur, & n'en est peut-être, suivant Fabricius, qu'une variété; il en diffère seulement par le rostre plus court, & par les doigts des pinces, également plus courts.

Il se trouve sur la côte de Coromandel.

11. Palémon de Tranquebar.

Palæmon tranquebaricus.

Palæmon rostro adscendente, serrato; chelis longissimis, filiformibus; manibus ovatis.

Palæmon tranquebaricus *chelis longioribus, filiformibus; manibus ovatis*. Fabr. *Ent. Syst. em. Suppl. p*. 403. *n*°. 6.

Palæmon tranquebaricus. Bosc, *Hist. nat. des Crust. tom*. 2. *p*. 105.

Palæmon tranquebaricus. Latr. *Hist. nat. des Crust. & des Inf. tom*. 6. *p*. 260. *n*°. 9.

Il est de la grandeur du Palémon Squille. Le corcelet est lisse, à peine marqué d'une dent à sa partie antérieure. Le rostre est relevé à son extrémité, dentelé à sa partie supérieure, un peu plus long que les écailles des antennes. Les pinces sont de la longueur du corps, filiformes, très-minces, lisses, avec les mains plus grosses, ovales, de la longueur des doigts. Les pattes sont lisses, filiformes.

Il se trouve à Tranquebar.

12. Palémon longicorne.

Palæmon longicornis.

Palæmon thorace carinato; rostro porrecto longissimo, utrinquè dentato; antennis exterioribus longissimis.

Il est un peu plus grand que le Palémon Squille. Le corcelet est un peu élevé en carène dans toute sa longueur. Les côtés du corcelet ont deux épines: l'une antérieure, plus grande, sur le bord; l'autre à quelque distance en arrière, fort petite. Le rostre est avancé, droit, un peu plus long que les écailles latérales des antennes extérieures, armé de sept ou huit dents à sa partie supérieure, & de trois ou quatre en dessous. Les antennes extérieures sont deux fois plus longues que le corps. L'écaille qui les accompagne, est assez grande. Les antennes intérieures sont très-courtes. Les six pattes antérieures sont petites, en pinces; les premières sont les plus courtes, & les deux troisièmes les plus longues. Les derniers anneaux de la queue sont élevés en carène.

Il se trouve.....

Il est conservé au Muséum d'Histoire naturelle.

13. Palémon Squille.

Palæmon Squilla.

Palæmon thorace lævi, rostro suprà serrato, subtùs tridentato, antennarum squamis duplò longiore.

Palæmon Squilla *thorace lævi, rostro suprà serrato, subtùs tridentato, thoracis margine quinquedentato*. Fabr. *Ent. Syst. em. Suppl. p*. 403. *n*°. 7.

Astacus Squilla. Fabr. *Ent. Syst. em. tom*. 2. *p*. 485. *n*°. 23.

Cancer Squilla *macrourus, thorace lævi, rostro suprà serrato, subtùs tridentato, manuum digitis æqualibus*. Linn. *Syst. Nat. tom*. 2. *p*. 1051. *n*°. 66.

Squilla gibba. Rond. *De Pisc. lib*. 18. *p*. 549. *fig*. 1.

Astacus rostro suprà serrato, subtùs tridentato; pedibus utrinquè anticis duobus cheliferis, utrinquè æqualibus, secundi pari longissimo, lævi. Gronov. *Zooph. p*. 231. *n*°. 986.

Squilla fusca. Bast. *Op. subs. lib*. 2. *p*. 30. *tab*. 3. *fig*. 5.

Squilla gibba. Gesn. *Hist. Anim. tom*. 3. *lib*. 4. *p*. 1100.

Cancer Squilla. Scop. *Ent. Carn. n*°. 1129.

Cancer Squilla. Otho-Fabr. *Faun. Groenland. p*. 237. *n*°. 216.

Crevette. Belon, *De la nat. des Poiss. pag*. 362 & 364. *tab*. 1.

Cancer astacus Squilla. Herbst, *Canc. tom*. 2. *p*. 55. *tab*. 27. *fig*. 1.

Palémon Squille. Bosc, *Hist. nat. des Crust. tom*. 2. *p*. 105.

Palémon Squille. Latr. *Hist. natur. des Crust. tom*. 6. *p*. 257. — *Gen. Crust. & Inf. tom*. 1. *p*. 54. *n*°. 1.

Je soupçonne qu'on a confondu deux espèces sous le même nom, & que la Squille de Linné, de Baster, de Klein, d'Othon-Fabricius n'est pas la même que celle de nos côtes. La nôtre paroît se rapporter aux figures de Rondelet, de Belon, de Herbst. Quant à celle de Séba, *tom*. 3, *tab*. 21, *fig*. 9, 10, nous la croyons aussi une espèce très-différente, à moins qu'elle n'appartienne à l'espèce des premiers. Notre Palémon Squille a plus de trois pouces & demi de longueur de l'extrémité du rostre au bout de la queue. Les antennes sont plus longues que le corps. Le rostre est presque une fois plus long que les écailles des antennes extérieures, relevé depuis son milieu, dentelé supérieurement de la base jusqu'au-delà du milieu, lisse ensuite jusque près de l'extrémité, où l'on voit une petite dent. Le feuillet supérieur de la queue est terminé par plusieurs petites épines. (*Voyez* ÉCREVISSE Squille, n°. 26.)

Il se trouve sur les côtes de l'Océan européen & sur nos côtes de France, aux embouchures de la Loire, de la Seine, où on le pêche dans la belle saison; il est très-commun dans les marchés de Paris.

14. PALÉMON hirtimane.

PALÆMON hirtimanus.

Palæmon rostro porrecto brevi, suprà serrato, subtùs bidentato; chelis muricatis, sinistrâ majore.

Il a environ trois pouces de longueur. Le corcelet est lisse, armé de deux petites épines de chaque côté. La crête du rostre, qui ne s'avance pas jusqu'au milieu du corcelet, est peu élevée, & les dentelures sont rapprochées. Le rostre s'avance droit, & n'atteint que l'extrémité de l'écaille latérale des antennes intérieures; il n'a en dessous que deux ou trois dentelures à peine marquées. Les antennes extérieures dépassent un peu les pinces; les intérieures sont terminées par trois filets. Les premières pattes sont menues, assez longues, terminées en pince; les secondes sont très-grandes, fortement muriquées; la gauche est plus grande que la droite : la main surtout est renflée. Les doigts de cette pince ont deux ou trois fortes dents aiguës à leur base; ceux de la pince gauche sont hérissés, à leur partie interne, de longs poils très-serrés. Les six autres pattes sont petites, terminées par un doigt simple. Les segmens de la queue sont lisses. Les quatre feuillets latéraux sont fortement ciliés sur leur bord; celui du milieu est fortement cilié à son extrémité.

Il se trouve dans la mer des Indes, d'où il a été apporté par feu Perron.

Il est conservé au Muséum d'Histoire naturelle.

15. PALÉMON armé.

PALÆMON armiger.

Palæmon rostro longissimo, subulato, utrinquè serrato; antennis longitudine corporis.

Cancer gammarellus armiger, *rostro longissimo, subulato, serrato; pedibus duodecim.* HERBST, *Canc. tom.* 2. *p.* 109. *n°.* 54. *tab.* 34. *fig.* 4.

Il est de la grandeur du Palémon Squille. Les antennes extérieures sont à peu près de la longueur du corps. Les autres sont plus courtes, divisées en trois filets, dont un beaucoup plus court que les deux autres. Le rostre est subulé, dentelé des deux côtés, beaucoup plus long que l'écaille des antennes. Les pattes, suivant Herbst, sont au nombre de douze; celles de la troisième paire sont plus longues que les autres, & terminées en pinces. Le feuillet supérieur de la queue est simple & subulé.

Il se trouve.....

16. PALÉMON diversimane.

PALÆMON diversimanus.

Palæmon thorace lævi, inflato; rostro brevissimo, acuto; chelâ sinistrâ maximâ, scabrâ.

Il est presque de la grandeur du Palémon Squille, mais un peu plus court. Le corcelet est lisse, très-renflé & comme vésiculeux de chaque côté. Le rostre est très-court, très-petit, aigu. Les écailles qui accompagnent les antennes extérieures sont courtes. Les yeux sont très-courts, sans pédicule. Les antennes extérieures sont un peu plus courtes que le corps. Les autres sont courtes, terminées par trois filets, dont un est très-court. Les premières pattes sont en pince, à peine velues; elles sont fort grandes : la gauche surtout est très-grande. Le bras est large, comprimé, raboteux, anguleux ou coupé carrément à la base du doigt mobile. Ce doigt est court, large, extérieurement arrondi, à peine arqué intérieurement, un peu plus avancé que l'autre : celui-ci est court, large, creusé à sa base supérieure pour recevoir l'autre doigt. Les doigts de la pince gauche sont moins grands & alongés. Ils sont presqu'égaux, & leur extrémité est un peu arquée & pointue. Les secondes pattes sont plus minces, plus longues que les suivantes, & terminées en pinces.

Il se trouve sur les côtes de la Nouvelle-Hollande, d'où il a été apporté par feu Perron.

Il est conservé au Muséum d'Histoire naturelle.

17. PALÉMON bidenté.

PALÆMON bidens.

Palæmon rostro brevissimo, acuto, simplici; thoracis dorso lineâ elevatâ dentibusque duobus acutis.

Il est, comme le précédent, presque de la grandeur du Palémon Squille, mais plus court. Le corcelet est lisse, arrondi. Il a, au milieu du dos, une élévation marquée, de chaque côté, d'un léger canal. A la suite de cette élévation s'élève en crête aiguë le rostre qui est simple, fort court, terminé en pointe aiguë. On voit une dent aiguë de chaque côté, à peu de distance de la base du rostre. Les yeux sont fixes, très-courts. Les antennes extérieures ont leur écaille courte, munie de longs cils à l'extrémité & au bord interne, & d'une forte épine à l'extrémité du bord externe. Elles sont presque de la longueur du corps. Les antennes intérieures font courtes & terminées par trois filets, dont un très-court. Elles ont une épine aiguë à leur bafe latérale. Les pinces font grandes, inégales, un peu velues; la gauche eft beaucoup plus grande que la droite. La main eft grande, prefque cylindrique. Le doigt mobile eft large, court, extérieurement arrondi, arqué intérieurement, muni d'une dent molaire à fa bafe, tranchant au milieu. Le doigt fixe eft plus court que l'autre, creufé à fa bafe pour recevoir la dent molaire de l'autre, tranchant au milieu & à l'extrémité. La pince droite a la main prefque cylindrique & les doigts un peu alongés, tranchans à leur bord interne, terminés en pointe aiguë & arquée. Les fecondes pattes font minces, un peu plus longues que les fuivantes & en pinces. Le feuillet fupérieur de la queue eft large, marqué d'un léger fillon, & de quatre petites épines. Son extrémité eft large & fortement ciliée. La couleur de ce Cruftacé, confervé dans l'eau-de-vie, eft d'un rouge très-pâle, avec trois taches blanches, grandes & ovales fur chaque anneau de la queue.

Il fe trouve fur les côtes de la Nouvelle-Hollande, d'où il a été apporté par feu Perron.

Il eft confervé au Muféum d'Hiftoire naturelle.

18. PALÉMON bréviroftre.

PALÆMON breviroftris.

Palæmon roftro breviffimo, acuto, fimplici; chelâ finiftrâ maximâ, compreffâ, lævi.

Il reffemble aux deux précédens. Le corcelet eft liffe, arrondi, prefque cylindrique. Le roftre eft très-court, fimple, aigu. Les yeux font petits, arrondis, fixes. Les antennes extérieures font de la longueur du corps. L'écaille extérieure qui les accompagne, eft fortement ciliée à fon bord interne, & terminée par une épine forte & aiguë à fon bord externe. Les antennes intérieures font terminées par deux filets, dont l'un, plus court, affez gros, fe termine par un petit filet fétacé. Les pattes antérieures font en pinces inégales, fort grandes; la gauche eft plus grande que la droite. La main eft fort grande, comprimée, liffe des deux côtés, à bords tranchans, un peu velus, tant en deffus qu'en deffous. Le doigt mobile eft large, comprimé, arrondi & velu à fon bord extérieur, moins arrondi à fon bord intérieur, & muni d'une dent molaire à fa bafe. Le doigt inférieur eft creufé à fa bafe pour recevoir la dent molaire de l'autre. Il eft enfuite arqué & un peu tranchant jufqu'à l'extrémité. Les doigts de la pince gauche font fimples, très-longs, peu arqués à leur extrémité, fortement velus à leur partie interne. Les fecondes pattes font très-minces, à peine plus longues que celles qui fuivent, & terminées en pinces. Le feuillet fupérieur de la queue eft large, muni de quatre petites épines à fa partie fupérieure, fortement cilié à fon extrémité.

Il fe trouve fur les côtes de la Nouvelle-Hollande, d'où il a été apporté par feu Perron.

Il eft confervé au Muféum d'Hiftoire naturelle.

19. PALÉMON velu.

PALÆMON villofus.

Palæmon roftro breviffimo, acuto; corpore villofo, chelâ dextrâ majori hirtâ.

Il reffemble aux précédens. Tout le corps eft un peu velu. Le roftre eft très-court, aigu & un peu velu. Les yeux font petits, fixes. Les antennes extérieures font de la longueur du corps. L'écaille qui les accompagne, eft fortement velue ou ciliée intérieurement, & fon bord externe fe termine par une forte épine. Les antennes intérieures font terminées par deux filets, dont le fupérieur, un peu plus court que l'autre, eft un peu plus gros, & terminé par un filet fétacé. Les pattes antérieures font grandes, velues, un peu muriquées, & terminées en pinces; la droite eft plus grande que la gauche. La main eft renflée, un peu comprimée, anguleufe ou coupée carrément à la bafe du doigt mobile. Les doigts font très-courts, larges; le fupérieur eft arrondi, fupérieurement muni d'une dent molaire à fa bafe, obtus à l'extrémité. Le doigt fixe eft très-court, creufé à fa bafe interne, pointu à fon extrémité. Les doigts de la pince gauche font alongés, prefque droits, très-velus, avec l'extrémité à peine arquée. Les fecondes pattes font minces, plus longues que les fuivantes, terminées en pinces; les deux qui fuivent font comprimées, un peu plus grandes que la dernière paire. Le feuillet fupérieur de la queue eft large, à peine fillonné, arrondi à fon extrémité & fortement cilié; les autres ont deux petites arêtes rapprochées.

Il fe trouve dans la mer des Indes, d'où il a été apporté par feu Perron.

Il eft confervé au Muféum d'Hiftoire naturelle.

20. PALÉMON lancifère.

PALÆMON lancifer.

Palæmon thorace carinato, ferrato, utrinque aculeato, caudæ carinâ marginatâ.

Il eft plus court que le Palémon Squille. Le roftre eft caffé dans l'individu que je décris. Le corcelet eft un peu raboteux, élevé en carène dans toute fa longueur, avec cinq ou fix dents de fcie depuis la bafe jufqu'à l'origine des yeux. On voit de chaque côté, à quelque diftance du bord, une très-forte épine avancée. La queue eft un peu raboteufe. Chaque fegment eft élevé en carène un peu aplatie & rebordée à fon fommet, & les côtés inférieurs font armés de trois petites épines; le dernier eft terminé, au fommet & de chaque côté, par une épine affez forte. Le feuillet fupérieur eft creufé en gouttière & terminé en pointe; les côtés font

font ciliés. Les autres feuillets font ciliés & ont une arête à leur milieu. Les yeux font gros & pédiculés. Les pattes font petites, fort minces; les six antérieures font en pinces; les deux premières font les plus courtes, & les deux troisièmes les plus longues. Les bras font un peu plus grands que les pattes, & fortement ciliés. Les antennes manquent.

Il se trouve dans la mer des Indes, d'où il a été apporté par feu Perron.

Il est conservé au Muséum d'Histoire naturelle.

21. Palémon dentelé.

Palæmon ferratus.

Palæmon thorace lævi, fubcarinato; roftro utrinquè ferrato. Fabr. *Ent. Syft. em. Suppl. p.* 404. *n°.* 9.

Aftacus ferratus. Fabr. *Ent. Syft. em. tom.* 2. *pag.* 486. *n°.* 25.

Palæmon ferratus. Bosc, *Hift. nat. des Cruft. tom.* 2. *p.* 105.

Palæmon ferratus. Latr. *Hift. nat. des Cruft. & des Inf. tom.* 6. *p.* 256. *n°.* 1.

Il est plus petit que le Palémon Squille. Le corcelet est liffe, égal, marqué d'une ligne dorfale élevée, & de deux épines de chaque côté, près du bord antérieur. Le roftre est avancé, lancéolé, un peu relevé, en fcie fur toute fa longueur, excepté vers l'extrémité, qui est liffe. La queue est formée de cinq feuillets. Les pattes font filiformes.

Il se trouve en Norwège, & fur les côtes de France & d'Efpagne.

22. Palémon marbré.

Palæmon marmoratus.

Palæmon roftro adfcendente, apice fiffo, fuprà fexdentato, fubtùs quadridentato, hirto; palpis pofticis porrectis, chelis longioribus.

Il a environ trois lignes de longueur, & fa couleur est jaunâtre, marbrée de rouge lorfqu'il est vivant. La croûte qui le revêt, est plus dure que dans les autres efpèces. La crête du corcelet est peu élevée & s'avance au-delà du milieu. Elle a, jufqu'à la ligne des yeux, quatre fortes dents aiguës & avancées. Parvenu à la ligne des yeux, le roftre s'élève, & n'a qu'une petite dentelure là où il commence à s'élever, & une autre plus petite près de l'extrémité. L'extrémité est à peine fourchue ou bifide. On apperçoit en deffous cinq ou fix fortes dents accompagnées de cils ou poils ferrés, un peu plus longs que les dentelures. La longueur du roftre ne dépaffe pas l'écaille latérale des antennes extérieures. Le corcelet a un fillon de la bafe de la crête à fon extrémité, & deux dents de chaque côté du bord antérieur. Les antennes extérieures font de la longueur du corps. L'écaille latérale qui les accompagne, est plus étroite & un peu plus épaiffe que dans les autres efpèces. Les antennes intérieures font très-courtes & terminées par trois filets, dont un très-court, à peine apparent; un mince & délié, affez court, & le troifième de la longueur de celui-ci, mais gros, cilié ou velu tout le long de fa partie inférieure. Les antennules poftérieures ont une forme très-remarquable; elles dépaffent les pattes en longueur. Le fecond article est grand, alongé, cylindrique; le troifième est court, cylindrique, fupérieurement terminé par une épine; le fuivant est mince, très-long, cylindrique, cilié & armé d'un ongle à fon extrémité. Les premières pattes font plus groffes que les autres & guère plus longues. Les bras & les mains font cylindriques. Les doigts font très-courts, intérieurement velus. Les fecondes pattes font minces, terminées en pinces; les fix autres font terminées par un doigt fimple, armé d'un petit ongle. Le troifième fegment de la queue est plus grand que les autres. Les quatre feuillets latéraux de la queue ont une ligne élevée dans leur milieu, & le bord est fortement cilié. Le feuillet fupérieur a quatre petites épines fur fon dos. Son extrémité est obtufe & ciliée.

Il se trouve à la Nouvelle-Hollande, d'où il a été apporté par feu Perron.

Il est confervé au Muféum d'Hiftoire naturelle.

23. Palémon Sauterelle.

Palæmon Locufta.

Palæmon thorace lævi; roftro porrecto, fuprà ferrato, fubtùs lævi; digitis elongatis, filiformibus. Fabr. *Ent. Syft. em. Suppl. pag.* 404. *n°.* 8.

Aftacus Locufta. Fabr. *Ent. Syft. em. tom.* 2. *p.* 486. *n°.* 24.

Cancer pennaceus *macrourus, thorace lævi, cylindrico; roftro enfiformi, margine fuperiore ferrato.* Linn. *Syft. Nat. tom.* 2. *p.* 1051. *n°.* 65. — *Muf. Adolp. Frid.* 1. *p.* 87.

Palæmon Locufta. Bosc, *Hift. nat. des Cruft. tom.* 2. *p.* 105.

Palæmon Locufta. Latr. *Hift. nat. des Cruft. & des Inf. tom.* 6. *p.* 256. *n°.* 2.

Il est un peu plus petit que le Palémon Squille, auquel il reffemble beaucoup. Le corcelet est liffe, unidenté de chaque côté, à fon bord antérieur. Le roftre est alongé, dentelé en deffus, liffe en deffous. Les pattes font alongées, filiformes. Les mains font courtes, ovales, avec les doigts alongés, linéaires, terminés en pointe aiguë. (*Voyez* Écrevisse Sauterelle, n°. 27.)

Il se trouve dans l'Océan.

24. Palémon hispide.

Palæmon hispidus.

Palæmon rostro brevi, undiquè aculeato; corpore spinoso; chelis porrectis, spinosis.

Il est une fois plus petit que le Palémon Squille. Tout le corps est couvert de petits piquans un peu arqués. Le rostre est avancé, pointu, assez court, tout couvert en dessus & par les côtés, de piquans arqués, semblables à ceux du corcelet. Le corcelet a, vers sa partie antérieure, une ligne enfoncée, en arc, qui part de chaque côté de l'angle extérieur des antennes. Les antennes intérieures paroissent n'être terminées que par deux filets presqu'égaux, une ou une fois & demie plus longs que le corps. Les antennes extérieures sont un peu plus longues que les autres. La queue est hérissée de piquans comme le corps. Les feuillets sont hérissés de même, & ont en outre deux arêtes. Celui du milieu a un profond sillon entre ses deux arêtes, & il est garni, de chaque côté, de longs poils qui le font ressembler à une plume; les autres sont aussi velus à leur bord interne & à leur extrémité. Les deux pattes antérieures sont courtes, menues, terminées en pinces; les deux secondes sont menues comme les premières, un peu plus longues; les troisièmes sont grandes, alongées, anguleuses, toutes couvertes de piquans semblables à ceux du corps, mais un peu plus gros. Les doigts sont armés; savoir: l'inférieur, de deux grosses dents, & le supérieur d'une seule, aussi grande, qui s'enchâsse entre les deux du doigt inférieur. La pince gauche manquoit & paroissoit repousser. Dans un autre, c'étoit la droite qui manquoit & paroissoit repousser de même. Les quatre pattes postérieures sont longues, menues & simples, sans piquans, comme les quatre antérieures.

Il a été apporté par feu Perron, & est conservé dans l'esprit-de-vin au Muséum d'Histoire naturelle.

25. Palémon longipède.

Palæmon longipes.

Palæmon rostro brevi, aculeato; corpore spinoso; chelis tenuioribus, muticis.

Squilla groenlandica. Séba, *Thesaur. tom.* 3. *p.* 54. *tab.* 21. *fig.* 6. 7.

Cancer Astacus longipes. Herbst, *Canc. t.* 2. *p.* 90. *n°.* 40. *tab.* 31. *fig.* 2.

Cette espèce ressemble à la précédente par les épines qui sont répandues sur tout le corps, mais elle en diffère essentiellement par les pattes, & surtout par les pinces, qui sont petites. Elle est plus grande, &, suivant Séba, qui en a donné une bonne figure & une courte description, les deux premières pattes sont minces & se terminent par un faisceau de poils; les deux qui suivent, sont petites & en pinces; les six autres sont simples, minces, assez longues. Tout le corps est hérissé de petites épines. Le rostre est avancé, aigu, court, hérissé d'épines. Les antennes sont une fois plus longues que le corps; les intérieures paroissent n'avoir que deux filets fort alongés. Les yeux sont à fleur de tête.

Il se trouve sur les côtes du Groenland.

26. Palémon des Varecs.

Palæmon Fucorum.

Palæmon thorace lævi, rostro adscendente, apice quinquedentato. Fabr. *Ent. Syst. em. Suppl. p.* 404. *n°.* 10.

Palæmon Fucorum. Bosc, *Hist. nat. des Crust. tom.* 2. *p.* 105.

Palæmon Fucorum. Latr. *Hist. nat. des Crust. & des Ins. p.* 257. *n°.* 3.

Il est une fois plus petit que le Palémon Squille. Le corcelet est lisse. Le rostre est alongé, lisse, avec l'extrémité relevée, marquée de cinq dentelures.

Il se trouve dans l'Océan, sur le Varec flottant, *Fucus natans*.

27. Palémon petit.

Palæmon parvus.

Palæmon thorace antice utrinquè bispinoso; rostro porrecto, suprà serrato, subtùs unidentato.

Squilla parva. Rond. *De Pisc. lib.* 18. *cap.* 10. *p.* 550. *tab.* 1.

Squilla parva. Gesn. *Hist. Anim. t.* 3. *lib.* 4. *p.* 1101. *fig.* 1.

Il est plus petit que le Palémon Squille. Le corcelet est lisse, armé, de chaque côté du bord antérieur, de deux dents ou épines aiguës. Le rostre s'avance droit & dépasse un peu les écailles des antennes; il a, sur toute sa longueur, cinq dentelures, dont une près de la base, & une autre près de l'extrémité; il s'élargit un peu, vers son milieu, en dessous, & forme une dent accompagnée de cils assez longs. La base supérieure s'avance jusqu'au milieu du corcelet. Les antennes latérales sont de la longueur du corps. Les pattes sont fort minces. La queue a cinq feuillets: celui du milieu est terminé par plusieurs petites épines, dont deux un peu plus longues que les autres.

Il se trouve dans la Méditerranée.

28. Palémon Narval.

Palæmon Narval.

Palæmon thorace lævi; rostro adscendente, longissimo, utrinquè serrato.

Astacus Narval *antennis posticis bifidis; rostro longissimo, adscendente, compresso, utrinquè serrato.* Fabr. *Mant. Ins. tom.* 1. *pag.* 331. *n°.* 5.

Cancer Astacus Narval. Herbst, *Canc. t.* 2. *p.* 61. *tab.* 28. *fig.* 2.

Palæmon Narval. Bosc, *Hist. nat. des Crust. tom.* 2. *p.* 105.

Palæmon Narval. Latr. *Hist. nat. des Crust. & des Ins. tom.* 6. *p.* 261. *n°.* 11.

Il est un peu plus petit que le Palémon Squille. Le corcelet est lisse. Le rostre est presqu'aussi long que le corps, un peu relevé, finement dentelé des deux côtés. Les pattes sont minces, assez longues. La queue est formée de cinq feuillets, dont l'intermédiaire est subulé, simple. (*Voyez* Écrevisse Narval, n°. 9.)

Il se trouve dans la Méditerranée.

29. Palémon pélagique.

Palæmon pelagicus.

Palæmon thorace lævi, antice utrinquè unidentato; rostro porrecto, unidentato.

Palæmon pelagicus. Bosc, *Hist. nat. des Crust. tom.* 2. *p.* 105. *tab.* 14. *fig.* 2.

Palæmon pelagicus. Latr. *Hist. nat. des Crust. tom.* 6. *p.* 261. *n°.* 12.

Le corcelet est lisse, arrondi, armé d'une petite dent de chaque côté. Le rostre est avancé, droit, aigu, avec une seule dentelure tant en dessus qu'en dessous. Les antennes extérieures sont un peu plus courtes que le corps; les autres sont presqu'aussi longues que celles-ci, & seulement bifides. Les pattes sont minces, petites, toutes en pinces. Le premier article de la queue est fort grand, plus grand même que le corcelet ou que tous les autres pris ensemble; les deux derniers sont alongés, aplatis, transparens. Les cinq écailles caudales sont également transparentes.

Cette espèce, suivant Bosc, très-remarquable par la grosseur de la première articulation de sa queue, jouit, au moyen des deux dernières, à un haut degré, de la faculté de sauter. Plus qu'aucune autre de ce genre, elle nage par bonds. Elle se repose sur les tiges des *Fucus* qui flottent dans la grande mer, & alors toute sa queue est renfermée ou cachée sous le premier anneau. Elle est fort abondante.

Il se trouve dans la haute mer, à plus de cinq cents lieues des côtes de l'Amérique septentrionale, sur les *Fucus*, où il a été observé, décrit & dessiné par M. Bosc.

30. Palémon jaunâtre.

Palæmon flavescens.

Palæmon thorace lævi, antice carinato; rostro elevato, brevi, suprà serrato.

Il est petit, mou, jaunâtre. Le corcelet est élevé en carène aiguë à sa partie antérieure. Le rostre est court, supérieurement élevé & finement dentelé. Les antennes extérieures sont un peu plus courtes que le corps. Les deux paires de pattes antérieures sont petites, en pinces, la seconde étant plus grande que l'antérieure. Les antennules sont foliacées à leur base. La queue est courte, conique.

Il se trouve à la Nouvelle-Hollande, d'où il a été apporté par feu Perron.

Il est conservé au Muséum d'Histoire naturelle.

31. Palémon caréné.

Palæmon carinatus.

Palæmon thorace carinato, bidentato; rostro porrecto, obtuso, dentato; pedibus sex anticis chelatis.

Il est très-petit, n'ayant guère que de quinze à dix-huit lignes de longueur. Le corcelet est caréné dans toute sa longueur, & la carène est armée de deux dentelures. Le rostre est avancé, obtus, armé de deux ou trois petites dentelures à sa partie supérieure, & d'une fort petite à sa partie inférieure. Les antennes extérieures sont de la longueur du corps; les intérieures sont terminées par trois filets très-courts, dont un à peine distinct. Les yeux sont pédiculés. Les six pattes antérieures sont petites, terminées en pinces; les deux premières sont les plus courtes, & les deux troisièmes sont les plus longues. Tous les segmens de la queue sont élevés en carène. Les feuillets ont une arête au milieu; le supérieur est obtus & fortement cilié.

Il se trouve sur les côtes de la Nouvelle-Hollande, d'où il a été apporté par feu Perron.

Il est conservé au Muséum d'Histoire naturelle.

PALINURE. *Palinurus.* Genre d'insectes de la troisième section de l'Ordre des Aptères, & de la famille des Langoustines.

Les Palinures ont quatre antennes; deux extérieures très-longues, épineuses à leur base; deux intérieures plus courtes, simples, bifides; les yeux portés sur un pédicule commun, transversal; dix pattes presqu'égales, sans pinces; la queue grande, terminée par cinq feuillets.

Les Grecs ont nommé *Carabos*, & les Latins *Locusta*, le Crustacé qu'on connoît, sur les côtes de la Méditerranée, sous le nom de *Langouste*. On le pêche dans tout le courant de l'été, & il s'en fait une assez grande consommation dans toutes les villes maritimes de la France & de l'Italie, où on le regarde comme un mets fort agréable. Aristote en avoit donné une assez bonne description, & étoit entré dans quelques détails au sujet de sa forme, de sa manière de vivre, de sa mue, de son accouplement & de sa ponte. Rondelet, Belon & Gesner l'avoient assez bien figuré, & avoient ajouté fort peu de faits à ceux déjà donnés par Ariſtote. Néanmoins, Linné n'a point fait mention de ce Cruſtacé dans ſon *Syſtème de la Nature*, à moins qu'il ne l'ait confondu avec ſon *Cancer Homarus*. Fabricius l'avoit de même paſſé ſous ſilence dans ſes premiers ouvrages, & en avoit enſuite donné une deſcription à peine ébauchée, ſous le nom d'*Elephas*, dans ſon *Mantiſſa*; il le regarde comme inédit, & le dit habiter autour des îles de l'Amérique méridionale; ce qui ne pouvoit ſervir à le faire reconnoître. Dans ſon dernier ouvrage ſeulement, où il établit le genre Palinure, il décrit un peu plus au long la Langouſte de la Méditerranée, ſous le nom de *Quadricornis*, & continue à lui donner pour habitation les îles de l'Amérique méridionale.

J'avois donné une deſcription aſſez détaillée de ce Cruſtacé à l'article Écrevisse de ce Dictionnaire, & j'avois cité avec raiſon la figure de Rondelet; mais j'avois cité auſſi le *Cancer Homarus* de Linné, parce que je ne pouvois me perſuader que cet illuſtre naturaliſte n'eût pas eu connoiſſance d'un Cruſtacé décrit & figuré par un grand nombre d'auteurs anciens, fort commun d'ailleurs ſur toutes les côtes de la Méditerranée, & qu'on trouve auſſi ſur celles de l'Océan européen. J'avois cru, dis-je, que, ſous le nom de *Cancer Homarus*, Linné avoit confondu pluſieurs eſpèces, la deſcription qu'il en donne étant en effet un peu vague, & pouvant s'appliquer à pluſieurs eſpèces différentes, ſi nous en exceptons pourtant ce qu'il dit du roſtre aigu, comprimé, ſupérieurement en ſcie, qui n'appartient à aucun Palinure connu, & qui ne ſe rapporte pas non plus aux eſpèces figurées par Rumphius, Petiver & Séba, qu'il cite.

M. Herbſt a depuis lors décrit & figuré ce Cruſtacé ſous le nom de *Cancer Elephas*, ſans citer aucun autre auteur que Fabricius; & comme il rapporte enſuite au *Cancer Homarus* les figures de Rondelet, de Belon, de Geſner & de quelques autres auteurs qui ont voulu parler de la Langouſte, il régnoit encore la plus grande confuſion à cet égard lorſque M. Latreille, dans un Mémoire imprimé en 1804 dans les *Annales du Muſéum d'Hiſtoire naturelle de Paris*, a entrepris de débrouiller ce chaos; il a, comme nous, caractériſé la Langouſte de la Méditerranée de manière à ce qu'on ne la confondît pas avec d'autres eſpèces qui nous viennent, tant de l'Amérique que des grandes Indes, & l'a diſtinguée de quatre autres Palinures qui ſe trouvoient alors au Muſéum d'Hiſtoire naturelle. Il en eſt arrivé un ſixième depuis, dont je donne ici la deſcription, & il n'eſt pas douteux qu'on en découvrira pluſieurs autres lorſque ceux-ci ſeront aſſez exactement décrits pour qu'on ne puiſſe plus les confondre avec les nouvelles eſpèces qu'on aura occaſion de rencontrer.

Fabricius fait mention, dans ſon dernier ouvrage, de quatre eſpèces de Palinures; mais comme il ne les décrit pas ou qu'il ne les décrit que très-ſuccinctement, il reſte des doutes ſur les trois premières: on pourroit même dire ſur toutes; car la dernière, que nous croyons, d'après une courte deſcription, être notre Langouſte, pourroit bien en différer, s'il étoit vrai que celle que cet auteur a décrite, habitât, comme il le dit, les îles de l'Amérique méridionale.

Les Palinures ont les plus grands rapports avec les Écreviſſes par les antennes, les parties de la bouche & la forme du corps; mais ils en diffèrent eſſentiellement par les yeux, qui partent d'un pédicule commun, tranſverſal, & par le défaut de pinces.

Les antennes des Palinures ſont au nombre de quatre; les ſupérieures, placées à la partie antérieure & latérale de la tête, un peu au deſſous des yeux, ſont compoſées de quatre articles, dont les trois premiers ſont courts, inégaux, anguleux, armés de piquans de diverſe grandeur: le dernier eſt fort long, armé de petites épines dans toute ſa longueur; il eſt auſſi long ou plus long que le corps, va en diminuant d'épaiſſeur, & eſt compoſé d'un grand nombre d'articles très-courts, peu diſtincts.

Les antennes inférieures ſont rapprochées l'une de l'autre, & compoſées de trois articles, dont le premier eſt plus long que les autres, un peu renflé à ſa baſe, enſuite ſimple & cylindrique, comme les deux ſuivans; le dernier donne naiſſance à deux filets ſétacés, plus ou moins longs, compoſés eux-mêmes d'un grand nombre d'articles très-courts, peu diſtincts. Elles ſont inſérées à la partie la plus antérieure de la tête, au deſſous des antennes ſupérieures.

Les yeux, placés à la partie ſupérieure, ſont mobiles, aſſez grands, preſque ſphériques, portés ſur les côtés, & placés à l'extrémité d'un pédicule commun, fixe, tranſverſal.

La bouche eſt compoſée d'une lèvre ſupérieure, de deux mandibules, de quatre mâchoires & de huit antennules.

La lèvre ſupérieure eſt véſiculeuſe, diviſée en trois lobes, dont les deux inférieurs ſont les plus petits, & placée entre les bifurcations des mandibules.

Les mandibules ſont très-grandes, oſſeuſes, diviſées en deux parties; la ſupérieure eſt plus longue que l'autre, pointue, & paroît s'articuler à ſon extrémité avec un avancement oſſeux qui ſe trouve au deſſus de la lèvre. La pièce inférieure eſt très-groſſe, inégale, ſemblable à une dent par ſa partie inférieure interne. Elles portent, à la partie ſupérieure de leur bifurcation, une antennule triarticulée, dont le ſecond article eſt un peu plus long que le premier, & le dernier eſt court, velu à ſon extrémité.

La première mâchoire eſt aplatie, mince, cornée, diviſée en deux pièces preſqu'égales, ciliées à leur extrémité. La pièce interne eſt un peu plus petite que l'autre.

Les secondes mâchoires sont un peu plus grandes que les précédentes, & divisées en deux pièces aplaties, minces, cornées, dont l'une interne est petite, triangulaire, ciliée à son extrémité; l'autre est grande, carrée, ciliée à son bord supérieur: celle-ci porte, à sa base extérieure, une antennule sétacée, deux fois ou une fois & demie plus longue que la mâchoire. Cette antennule est composée d'un grand nombre d'articles très-peu distincts.

Au dessous de ces deux mâchoires on voit les troisièmes antennules, formées de deux pièces: l'une interne, qui ressemble à une petite patte composée de six pièces, dont les deux premières sont comprimées, fort courtes; la troisième est plus longue que les deux premières prises ensemble, & comprimée; la quatrième est courte, comprimée, plus étroite que les autres; la cinquième est large, dilatée, fortement ciliée à son bord supérieur; la dernière est comprimée, plus large que longue, arrondie & ciliée sur ses bords. La division extérieure est de la longueur des secondes antennules, & formée de deux articles, dont un simple, peu alongé, & le dernier est composé d'un grand nombre d'articles peu distincts; elle est fortement ciliée des deux côtés, en allant vers l'extrémité.

Les quatrièmes antennules sont divisées, comme les précédentes, en deux pièces, dont l'une, interne, ressemble à une petite patte composée de six articles, dont les trois premiers sont anguleux, dentés à leur bord interne, tuberculés & hérissés de poils à leur face interne; le quatrième est court; le cinquième est peu alongé, & le sixième est plus petit, hérissé de poils. La pièce extérieure ressemble à celle des troisièmes antennules.

Le corcelet est presque cylindrique, traversé d'un enfoncement assez profond, arqué, qui le divise en deux parties; il est hérissé de poils très-courts, & tout armé de piquans plus ou moins gros & plus ou moins serrés, suivant les espèces, tous dirigés en avant.

La queue est formée de six anneaux ou segmens en recouvrement les uns au dessous des autres, lisses en dessus ou traversés chacun par un sillon entier ou interrompu au milieu. Ce sillon peut fournir un très-bon caractère pour la distinction des espèces. Ces anneaux sont fort étroits en dessous, & unis les uns aux autres par une membrane semblable à du parchemin. Les quatre intermédiaires portent, dans la femelle, deux feuillets assez larges, auxquels s'attachent les œufs après la ponte. Les côtés des anneaux sont terminés en un ou plusieurs piquans. L'extrémité est garnie de cinq feuillets qui s'ouvrent comme un éventail: celui du milieu est large & arrondi à son extrémité, comme les quatre autres. Une portion de ces feuillets est crustacée & dure; l'autre est membraneuse & flexible, quoique très-forte.

Les pattes sont au nombre de dix; les deux antérieures sont les plus grosses & les plus courtes: elles sont, comme les autres, formées de six pièces, dont la dernière est simple, ordinairement couverte de faisceaux de poils, & toujours terminée en pointe aiguë.

La poitrine ressemble à un plastron en forme de cœur, tout couvert de tubercules assez gros & arrondis. La partie la plus large de ce cœur se trouve à la partie qui touche à la queue. Les pattes sont attachées de chaque côté de ce plastron.

Les Palinures n'ont point de pinces. Toutes les pattes, comme nous venons de le dire, sont terminées par un doigt simple, garni de quelques épines ou de faisceaux de poils fort rudes: cependant on lit dans les notes sur l'Histoire des Animaux d'Aristote, faites par Camus, à l'article Langouste, que l'auteur grec a décrit très-clairement les pinces de ce Crustacé; mais on voit que Camus, persuadé que les Langoustes, qu'il ne connoissoit probablement pas, avoient des pinces, fait tous ses efforts pour nous persuader qu'Aristote leur en avoit reconnu. On lit pourtant dans l'excellente traduction qu'il a donnée de cet ouvrage, *liv. IV, chap. 2*: « Parmi les Crustacés, le premier genre est celui des Langoustes. Un second genre, assez voisin de ce premier, est celui des Ecrevisses, qui ne diffèrent des Langoustes que par les pinces & par quelques autres variétés peu nombreuses. » Il est évident qu'en cet endroit Aristote dit positivement que la principale différence qui se trouve entre les Ecrevisses & les Langoustes, c'est que les premières ont des pinces, & que les secondes n'en ont pas.

Belon dit aussi que la Langouste n'a point de pinces, non plus que l'Ours de mer ou le Scyllare, au contraire du Homar & de l'Yraigne de mer & du Chabre. Aristote même, ajoute-t-il, l'a ainsi entendu.

Suivant Aristote, la Langouste mâle diffère de la femelle en ce que celle-ci a le premier pied fendu, celui du mâle ne l'étant pas. Cette différence existe réellement. Les doigts de la dernière paire, qu'Aristote regarde comme la première, ainsi qu'on le voit plus clairement lorsqu'il parle de l'Ecrevisse, peuvent être considérés en quelque sorte comme fendus dans la femelle, parce que, vers la base postérieure du doigt ou du dernier article, on en voit un autre plus court, qui n'existe pas dans le mâle; mais comme ce dernier doigt n'est point articulé, qu'il n'est qu'une légère production de l'autre, une sorte d'ergot, on n'a pas dû y faire attention; ce qui a pourtant empêché d'entendre précisément ce qu'Aristote avoit voulu dire.

Nous ne savons rien de bien étendu ni de bien exact relativement à l'histoire des Palinures, qui fréquentent les côtes de l'Amérique méridionale ou celles des Indes orientales; mais l'espèce de la Méditerranée a été si bien observée par Aristote & quelques auteurs anciens, elle est si connue d'ailleurs sur toutes les côtes de la Méditerranée & dans tout le midi de l'Europe, qu'il est très-surprenant que Linné & Fabricius n'en aient pas dit un mot dans leurs ouvrages. Nous réparerons ici cette omission, tant parce qu'il est regardé comme le meilleur à manger de tous les Crustacés, que parce qu'il rappelle, suivant Belon, un trait de la vie de Tibère, peu fait pour honorer ce Prince.

Nous avons déjà dit que la Langouste étoit regardée comme un mets assez délicat sur toutes les côtes de la Méditerranée, & qu'on la pêchoit abondamment pendant quelques mois de l'année. C'est à la fin de mai, en juin, en juillet & même en août, que la Langouste est réputée meilleure, parce que c'est alors que l'on prend les femelles, que l'on estime beaucoup plus que les mâles lorsqu'elles n'ont point encore pondu leurs œufs. Elles les ont encore, à cette époque, dans l'intérieur de leur corps, & c'est ce qu'on nomme *corail*. Ils forment deux masses alongées, de la grosseur d'un fort tuyau de plume, d'un très-beau rouge, qui se dirigent, en divergeant, vers les orifices situés, l'un de chaque côté, à la base des pattes intermédiaires. Après avoir porté ces œufs pendant quelque tems, il se fait, suivant l'expression d'Aristote, une première ponte. Les œufs passent, avec les ovaires, sous la queue, & s'attachent aux huit feuillets dont nous avons parlé plus haut. Ces œufs, très-petits en sortant du corps de la mère, croissent peu à peu pendant une vingtaine de jours qu'ils restent attachés sous la queue, après quoi la Langouste les détache tous ensemble & avec leurs enveloppes. Il n'est pas rare de les trouver, en cet état, fixés contre des rochers, ou promenés par les vagues.

Le moyen que la Langouste emploie, suivant Aristote, dans cette première ponte, pour pousser ses œufs vers les feuillets, où ils doivent rester en dépôt, c'est de replier la partie large de sa queue pour les comprimer au moment qu'ils paroissent, & de pondre, le corps ainsi courbé. Les feuillets, vers le tems où ils doivent recevoir les œufs, s'alongent pour être en état de les retenir : la Langouste les y dépose, comme la Sèche dépose les siens, auprès des plantes & autres corps qui se rencontrent dans la mer.

Les œufs, détachés de la queue, restent encore une quinzaine de jours en cet état, après quoi il en sort la petite Langouste couverte de sa croûte osseuse & épineuse, & capable des mêmes mouvemens que ceux de sa mère.

Après leur ponte, les femelles sont maigres & peu estimées. On préfère pour cette raison, à la fin de l'été & en automne, les mâles, comme étant plus gras & plus fournis de chair; mais, quoiqu'on les trouve alors meilleurs que les femelles, ils n'approchent jamais, pour la saveur, de celles-ci lorsqu'elles sont pourvues de leur corail.

L'hiver, les Langoustes disparoissent; cependant on voit encore, de tems à autre, quelques mâles dans les mois d'octobre & de novembre, mais tous gagnent ensuite la haute mer, & il est probable qu'ils vont se cacher alors dans les fentes des rochers pour subir leur mue; elles disparoissent aussi, suivant Aristote, pendant les plus fortes chaleurs de l'été. Leur accouplement a lieu au commencement du printems, & c'est, comme nous l'avons dit, dès la fin de mai que les femelles sont pleines.

Au commencement du printems, on prend plus de mâles que de femelles : celles-ci sont au contraire plus abondantes sur les côtes à la fin du printems & au commencement de l'été. Pour ce qui regarde leur mue, c'est encore Aristote qu'il faut consulter; il en parle avec beaucoup plus de détail que de celle des autres Crustacés. Au livre V, chapitre 17 de son Histoire, il dit qu'elle se fait dans le printems; au livre VIII, chapitre 17, il dit qu'elle se fait quelquefois au printems, quelquefois en automne. Il observe que cette mue ne se fait pas comme celle des Serpens. Les Langoustes ne quittent point leur vieille croûte en une seule pièce; mais elles parviennent par différens efforts, & à force de se gonfler, à la faire éclater & tomber par partie.

Les Langoustes ne fréquentent guère que les fonds rocailleux ou pierreux : rarement on en trouve sur les fonds de sable, & jamais dans les fonds vaseux. Elles vivent de poissons & de divers animaux marins, & parviennent, dans quelques années, à la longueur d'environ un pied, mesurées depuis la tête jusqu'à l'extrémité de la queue.

Dans les villes maritimes, on apporte les Langoustes, au marché, encore vivantes; mais on a le soin de les faire cuire lorsqu'on veut les transporter à quelques lieues dans les terres, ou qu'on veut les garder quelques jours. Sans cette précaution, on courroit le risque de les perdre; car dès qu'elles sont mortes, ce qui ne tarde pas lorsqu'elles sont hors de leur élément, elles entrent assez promptement en putréfaction, surtout en été.

On apprête ces Crustacés de plusieurs manières : les plus usitées, dans le midi de la France, consistent à les faire bouillir quelque tems dans l'eau, & à faire, avec le bouillon, un pilau au riz, qu'on assaisonne avec le sel, le poivre, le girofle, & qu'on colore, si l'on veut, avec du safran. Plus communément on se contente de faire bouillir les femelles, de les couper en long par le milieu du corps, d'en détacher le corail & ce qui se trouve dans l'estomac; d'écraser le tout, & de le broyer dans de l'huile d'olives, à laquelle on ajoute du sel, du poivre & un peu de vinaigre. On trempe la chair dans cette sauce, à laquelle les œufs du Crustacé donnent de la saveur; car lorsqu'on mange les mâles avec la même sauce, mais privée du corail, on juge que c'est ce dernier qui en fait le principal mérite.

PALINURE.

PALINURUS. FABR. BOSC. LATR. *LOCUSTA.* ROND. BELON. GESN. *ASTACUS.* GRONOV. *CANCER.* LINN. HERBST.

CARACTÈRES GÉNÉRIQUES.

Quatre antennes : les deux supérieures longues, sétacées ; premiers articles courts, gros, épineux ; les inférieures plus courtes, terminées par deux filets sétacés.

Yeux distans, arrondis, mobiles, placés à chaque bout d'un pédicule transversal.

Dix pattes simples ; les deux antérieures un peu plus courtes et un peu plus grosses que les autres.

Queue alongée, grosse, terminée par cinq feuillets.

ESPÈCES.

1. PALINURE Langouste.

Corcelet épineux et hérissé de poils courts et roides, armé antérieurement de deux grands piquans comprimés, dentés en dessous.

2. PALINURE moucheté.

Corcelet épineux ; front avec deux cornes ; corps et pattes bleus, avec des taches rondes, blanches.

3. PALINURE orné.

Corcelet épineux, verdâtre ; front avec six cornes ; pattes mélangées de blanc et de bleu.

4. PALINURE fascié.

Verdâtre ; queue avec une bande blanche sur chaque anneau.

5. PALINURE argus.

Corcelet épineux ; front avec quatre cornes ; corps mélangé de rose et de bleu ; queue avec quatre taches oculées, blanches.

6. PALINURE polyphage.

Corcelet à peine épineux, postérieurement granulé ; front avec deux cornes.

7. PALINURE pénicillé.

Corcelet granulé et épineux ; front avec quatre cornes ; pattes avec des bandes longitudinales, blanches, bleues et rouges.

1. Palinure Langouste.

Palinurus Locusta.

Palinurus thorace aculeato hispidoque; aculeis duobus anticis compressis, subtùs dentatis.

Palinurus quadricornis *spinis ocularibus subtùs dentatis, rufus, maculis abdominalibus albis.* Fabr. *Ent. Syst. em. Suppl. p.* 401. *n°.* 4.

Astacus Elephas. Fabr. *Ent. Syst. em. t.* 2. *p.* 479. *n°.* 2.

Cancer Astacus Elephas. Herbst, *Canc. t.* 2. *p.* 71. *tab.* 29. *fig.* 1.

Carabus. Arist. *Hist. Anim. lib.* 4. *cap.* 2, & *lib.* 4. *cap.* 8.

Locusta. Rond. *De Pisc. lib.* 17. *p.* 535. *c.* 2. *fig.* 1.

Langouste. Belon, *De la nat. des Poiss. p.* 354, & *p.* 356. *fig.* 1.

Locusta marina. Gesn. *Hist. Anim. lib.* 4. *p.* 575. *fig.* 1.

Palinurus quadricornis. Bosc, *Hist. nat. des Crust. tom.* 2. *p.* 93.

Palinurus vulgaris. Latr. *Hist. nat. des Crust. & des Ins. tom.* 6. *p.* 191. *n°.* 1. — *Gen. Crust. & Ins. tom.* 1. *p.* 48. *n°.* 1. — *Annal. du Mus. d'Hist. nat. cah.* 17. *p.* 391. *n°.* 1.

Cette espèce, qu'on a confondue avec plusieurs autres, est bien distincte de toutes par les deux piquans qui se trouvent au dessus des yeux, & qui sont plus comprimés que dans les autres espèces, & armés, à leur bord antérieur, d'autres piquans aigus. Entre ces deux piquans il y en a un autre qui s'avance droit sur le pédicule commun des yeux. Le front ou cette partie qui se trouve entre les yeux & la base interne des antennes est sans cornes ou piquans, & se trouve creusée en gouttière. Les antennes intérieures sont terminées par deux filets assez gros & fort courts. Les segmens de la queue ont chacun un sillon transversal, rempli de poils courts & serrés, & interrompu au milieu. Ils ont quelques petits points enfoncés & deux taches d'un blanc-jaune.

Il est commun dans toute la Méditerranée : on le trouve aussi, mais plus rarement, sur les côtes de l'Océan européen. (*Voyez* Écrevisse Langouste, n°. 4.)

2. Palinure moucheté.

Palinurus guttatus.

Palinurus thorace aculeato, fronte bicorni, corpore pedibusque cœruleis; maculis rotundatis, albis.

Langouste mouchetée. Latr. *Annal. du Mus. d'Hist. nat. an* 12, *cah.* 17. *p.* 392. *n°.* 2.

Palinurus Homarus *viridis, albo punctatus, abdominis segmentis, sulco medio impresso.* Fabr. *Ent. Syst. em. Suppl. tom.* 5. *p.* 400. *n°.* 1.

Astacus Homarus. Fabr. *Ent. Syst. em. tom.* 2. *p.* 479. *n°.* 3.

Palinurus Homarus. Bosc, *Hist. natur. des Crust. tom.* 2. *p.* 92.

Il est de la grandeur du Palinure Langouste. Le corcelet est couvert de piquans assez grands, pointus, dont les uns sont entièrement bleus; les autres sont en partie bleus, en partie blancs; quelques-uns sont blancs, avec l'extrémité rougeâtre. On en voit de bleus, qui ont un cercle blanc à leur base. Outre ces piquans, il y a des tubercules & des poils très-courts, roussâtres. Les piquans antérieurs sont beaucoup plus grands que les postérieurs : on en voit deux simples, fort grands, au dessus des yeux, & deux plus petits de chaque côté : il y en a deux autres au dessus des antennes inférieures. Ces antennes sont bleuâtres, marquées de taches blanches sur le premier article. Les deux filets qui les terminent, sont filiformes, plus courts que les trois premiers articles pris ensemble. Les antennes extérieures sont mélangées de bleu & de blanc. Les trois premiers articles sont armés de très-grands piquans : le dernier a des épines assez fortes. Les pattes sont bleues, marquées de taches rondes, blanches, surtout sur les premiers articles : les derniers ont des faisceaux de poils. La queue est bleue, toute mouchetée de blanc. Chaque segment est traversé par un sillon velu, entier, & terminé, de chaque côté, en pointe très-aiguë, arquée. Les feuillets de la queue sont terminés, à leur partie crustacée, par des piquans. Le reste est chagriné, & hérissé de poils roides & très-courts.

Il se trouve aux Indes orientales.

3. Palinure orné.

Palinurus ornatus.

Palinurus thorace aculeato, virescenti; fronte cornubus sex, pedibus cœruleo alboque variis.

Palinurus ornatus *viridis, lateribus albo maculatis, abdominis segmentis lævibus.* Fabr. *Ent. Syst. em. Suppl. p.* 400. *n°.* 2.

Cancer Astacus Homarus. Herbst, *Canc. t.* 2. *p.* 84. *n°.* 39. *tab.* 31. *fig.* 1. ?

Palinurus ornatus. Latr. *Hist. nat. des Crust. & des Ins. tom.* 6. *p.* 192. *n°.* 2.

Palinurus ornatus. Bosc, *Hist. nat. des Crust. tom.* 2. *p.* 93.

Il est très-grand, mélangé de bleu, de violet, de pourpre & de blanc. Le sillon qui traverse le corcelet est large & profond. La partie postérieure est presque lisse, avec quelques piquans près du sillon, & quelques autres clair-semés, seulement

ébauchés

ébauchés. Tous partent d'une tache ovale, blanche. Sur la partie antérieure, il y a deux forts piquans, simples, avancés au dessus des yeux; quatre autres beaucoup plus petits en arrière, & deux de chaque côté, sur le bord antérieur, dont un très-petit: on en voit deux au dessus des antennes inférieures, & quatre autres moins apparens en arrière de ces deux. Les antennes inférieures sont blanches, mélangées de bleu & de rouge. Les deux filets qui les terminent, sont très-longs, une fois plus longs que les trois autres. Les antennes extérieures ont quelques piquans très-forts sur les trois premiers anneaux: le dernier est blanchâtre de la base au milieu, ensuite bleuâtre, avec quelques épines bleues, clair-semées. Les pattes sont lisses, mélangées de blanc, de rouge, de bleu & de violet, avec des faisceaux de poils vers l'extrémité. La queue est mélangée comme le corps. Elle n'a point de sillon, mais est marquée de quelques points enfoncés. Chaque segment est latéralement terminé en pointe aiguë, arquée. La partie crustacée des feuillets de la queue est terminée en dents de scie; l'autre est sillonée, un peu raboteuse.

Il se trouve à l'Isle-de-France, d'où il a été apporté par M. Mathieu.

Il est conservé au Muséum d'Histoire naturelle.

4. PALINURE fascié.

PALINURUS fasciatus.

Palinurus virescens, abdominis segmentis fasciâ albâ. FABR. *Ent. Syst. em. Suppl. pag.* 401. *n°.* 3.

Palinurus fasciatus. BOSC, *Hist. nat. des Crust. tom.* 2. *p.* 93.

Palinurus fasciatus. LATR. *Hist. nat. des Crust. & des Ins. tom.* 6. *p.* 193. *n°.* 3.

Je n'ai point vu ce Palinure. Fabricius, qui en donne une description insuffisante, dit qu'il ressemble beaucoup aux précédens, mais qu'il en est distinct par l'abdomen ou la queue verdâtre, avec une bande postérieure, distincte, entière, blanche, sur chaque anneau.

Il se trouve dans l'Océan indien.

5. PALINURE argus.

PALINURUS argus.

Palinurus thorace aculeato, fronte quadricorni, corpore roseo cœruleoque vario, caudâ maculis ocellaribus albis.

Palinurus argus. LATR. *Annal. du Mus. d'Hist. nat. an* 12. *cah.* 17. *p.* 393. *n°.* 3.

Il est de grandeur moyenne. Le corcelet est couvert de piquans fort gros, clair-semés, pointus, dirigés en avant: on en voit deux au dessus des yeux, très-grands, arqués, avancés, pointus, simples. Le chaperon entre deux est simple, concave, cilié antérieurement. Sur les côtés antérieurement il y a trois petits piquans simples. Au milieu de la partie supérieure, on voit un large sillon arqué. Le front a deux piquans à sa partie antérieure, & deux autres plus petits à sa partie postérieure. Les antennes extérieures sont beaucoup plus longues que le corps. Les trois premiers articles sont armés de très-gros piquans, semblables à ceux du corcelet. La partie qui reste, est couverte de petits piquans, qui vont en diminuant de grosseur, comme l'antenne. Les antennes intérieures ont le premier article assez long, presque cylindrique, simple comme les suivans. Les deux filets qui les terminent, sont longs & sétacés. Les pattes sont simples, sans piquans; les antérieures sont les plus courtes, & garnies de faisceaux de poils vers leur extrémité. La queue a un petit sillon transversal sur chaque anneau, interrompu dans quelques-uns seulement. La partie latérale inférieure se termine en pointe aiguë, un peu arquée. Les feuillets de la queue sont chagrinés, & hérissés de poils très-courts & très-serrés. La couleur de ce Crustacé, dans la Collection, est mélangée de rouge-clair & de bleu, avec six taches blanches, entourées de pourpre, dont une de chaque côté du corcelet, deux sur le second segment de la queue, & deux sur le dernier. On voit en outre quelques taches blanches, plus petites, sur les autres anneaux de la queue.

Il se trouve aux Indes orientales.

6. PALINURE polyphage.

PALINURUS polyphagus.

Palinurus thorace posticè granulato, anticè vix aculeato; fronte bicorni.

Cancer Astacus polyphagus *thorace subspinoso, pedibus cœruleo marmoratis.* HERBST, *Canc. t.* 2. *p.* 90. *n°.* 41. *tab.* 32.

Langouste polyphage. LATR. *Annal. du Mus. d'Hist. nat. an* 12. *cah.* 17. *p.* 393. *n°.* 4.

Palinurus polyphagus. BOSC, *Hist. nat. des Crust. tom.* 2. *p.* 93.

Il est de la grandeur du Palinure Langouste, & entiérement d'un rouge très-pâle dans la Collection. Le corcelet est divisé en deux par un sillon transversal, arqué, comme dans toutes les autres espèces. La partie antérieure a quelques piquans dirigés en avant, aigus, clair-semés, disposés sur quatre rangées. Il y a deux piquans assez grands, arqués, simples, sur le devant, au dessus des yeux, & un sur les côtés, beaucoup plus petit. La partie postérieure a quelques piquans clair-semés, & des tubercules arrondis, beaucoup plus rapprochés. Les antennes intérieures ont leurs articles simples: le premier seulement est cilié intérieurement depuis la base jusqu'au milieu. Les deux derniers filets sont filiformes, un peu plus longs que le reste de l'antenne. Les antennes extérieures ont quelques gros piquans sur les trois premiers anneaux; le quatrième est à peine armé de quelques piquans très-petits. Les anneaux de la queue sont simples, pointillés, sans sillon transversal. Les pattes sont simples, avec des faisceaux de poils sur tous les doigts. La partie inférieure des segmens de la queue est terminée en pointe.

7. PALINURE pénicillé.

PALINURUS penicillatus.

Palinurus thorace granulato aculeatoque, fronte quadricorni, pedibus albo cœruleo rufoque vittatis.

Langouste versicolore. LATR. *Annal. du Mus. d'Hist. nat. an* 12. *cah.* 17. *p.* 394. *n°.* 5.

Palinurus gigas. Bosc, *Hist. natur. des Crust. tom.* 2. *p.* 93.

Palinurus gigas. LATR. *Hist. natur. des Crust. & des Ins. tom.* 6. *p.* 193. *n°.* 5.

Il est plus grand que le Palinure Langouste. Le corcelet est marqué d'un sillon transversal, arqué, large & profond, & entièrement couvert de tubercules gros, arrondis, de différente grandeur : les plus grands ont à leur sommet un petit piquant dirigé en avant, & les petits, des poils courts, pareillement dirigés en avant : il y a en outre quelques gros piquans à la partie antérieure, dont deux entr'autres sont simples, avancés sur les yeux, & deux autres moins grands derrière ceux-ci. Sur les côtés antérieurs il y a deux autres piquans, également dirigés en avant. On en voit quatre autres, disposés en carré au dessus des antennes intérieures. Ces antennes sont rouges, avec des raies longitudinales, blanches. Les deux filets qui les terminent, sont sétacés, de la longueur des trois autres. Les antennes extérieures ont les trois premiers articles mélangés de bleu, de blanc & de rouge, & sont armés de piquans très-grands. Le dernier article est long, rougeâtre, armé d'épines. Les pattes sont en partie rouges, en partie bleues, avec des raies longitudinales fort larges, blanches; elles sont simples, avec des faisceaux de poils vers leur extrémité. La queue est rougeâtre, toute couverte de petits points enfoncés, blanchâtres. Les segmens sont latéralement terminés en pointe aiguë, arquée. La partie crustacée des feuillets de la queue est terminée en dent de scie; l'autre est sillonée & raboteuse. (*Voy.* ÉCREVISSE pénicillée, n°. 3.)

Il se trouve à l'Isle-de-France, d'où il a été apporté par M. Mathieu.

Il est conservé au Muséum d'Histoire naturelle.

Nota. Linné a décrit, sous le nom de *Cancer Homarus*, un Crustacé qui n'appartient point aux figures qu'il cite, & qui semble être un Palinure par les pattes & le corcelet, & un Palémon par le rostre. On pourroit soupçonner qu'il avoit sous les yeux un individu mutilé & mal réparé. Voici sa phrase spécifique, & la description qui suit :

Cancer macrourus, thorace antrorsùm aculeato, manibus adactylis. Syst. Nat. 2. *p.* 1053. *n°.* 74. — *Mus. Lud. Ulr. p.* 454.

Le corcelet est oblong, presque cylindrique, mélangé de noir & de jaune, parsemé d'épines dirigées en avant. Le rostre est aigu, comprimé, supérieurement en scie : il y a, au dessus des yeux, deux grands aiguillons recourbés. Les antennes qui sont au dessous des yeux sont très-grandes, armées d'épines verticillées. Les deux palpes qui sont entre les antennes sont plus petits, simples, bifides (Linné veut probablement parler des antennes inférieures). La queue est longue, formée de six articles, & terminée par cinq feuillets qui ont, vers leur base, de petites épines presqu'imbriquées. Les bras ressemblent aux pattes. Les pinces ressemblent aussi aux pattes, & sont monodactyles, étroites, velues. Les huit autres pattes sont lisses, avec les genoux épineux. Le doigt est simple, velu.

Il se trouve dans les deux Indes.

PALPE. *Palpus.* (*Voyez* ANTENNULE.)

PALPEURS. *Palpatores.* Dixième famille de l'Ordre des Coléoptères, établie par Latreille, dont les caractères sont : tarses à cinq articles simples; antennes longues, filiformes, à articles cylindriques ou grossissant un peu vers leur extrémité; articles grenus, insérés devant les yeux; palpes maxillaires très-grands, renflés vers leur extrémité; corps alongé; tête & corcelet un peu plus étroits que l'abdomen; tête d'une figure ovée ou triangulaire; un petit cou; yeux ronds, assez grands; corcelet un peu plus large que la tête, du moins en devant, cylindrico-conique, un peu plus rétréci postérieurement; écusson très-petit ou presque nul; abdomen grand, presqu'ovalaire, embrassé par les élytres; pattes grandes; cuisses en massue; jambes sans dentelures; tarses filiformes, alongés. Elle comprend les genres Mastige & Scydmène. (*Voyez ces mots.*)

PAMBORE. *Pamborus.* Genre d'insectes de la première section des Coléoptères, & de la famille des Carabiques.

Les Pambores, ainsi que les Cicindèles & les Carabes de Linné, sont des insectes à étuis, dont tous les tarses ont cinq articles, qui ont six antennules, des antennes filiformes, & des pattes uniquement propres à la course. Le crochet qui termine leurs mâchoires n'étant pas articulé à sa base, ces Coléoptères s'éloignent des Cicindélètes, & vont se placer dans la famille des Carabiques. Par la forme générale du corps, ils avoisinent les Carabes, les Calosomes & les Panagées. Leurs mandibules font très-dentées. L'extrémité de leurs deux premières jambes est prolongée en pointe au côté extérieur, & armée de deux épines au côté opposé ou l'intérieur. Sous ces rapports ils ont quelqu'affinité avec les Scarites & les Clivines; mais le côté extérieur des mêmes jambes n'est pas denté dans les Pambores. En outre, leurs antennes ne sont pas moniliformes, & leurs antennules moyennes, ainsi que les postérieures, sont terminées par un article plus grand, comprimé, & presque demi-elliptique. Ce caractère, celui que nous fournissent les deux jambes antérieures, & dont je viens de parler, les dents des mandibules, distinguent les Pambores de tous les Carabiques. Un examen plus détaillé nous fera découvrir d'autres différences remarquables, & qui acheveront de consolider l'établissement de cette coupe générique.

Les antennes sont filiformes, insérées sur les côtés de la tête, au-devant & à quelque distance des yeux, un peu plus longues que la moitié du corps, & de onze articles. Le premier est en cône renversé, alongé, presqu'aussi long que les deux suivans réunis, & plus épais; les autres sont presqu'égaux, & se rapprochent davantage de la forme cylindrique; le second est à peine plus court que le troisième; les quatre premiers sont luisans, unis & presque glabres; ceux qui succèdent, sont d'une couleur plus mate & pubescens; mais ce caractère est général dans la même famille.

La bouche est composée d'une lèvre supérieure, de deux mandibules, de deux mâchoires, d'une lèvre inférieure & de six antennules.

La lèvre supérieure est presque cornée, découverte, fixe, & en carré un peu plus large que long; le milieu de son plan supérieur est enfoncé & relevé tout autour; le bord antérieur est échancré dans son milieu, un peu velu, & terminé de chaque côté par un lobe court & arrondi.

Les mandibules sont de consistance écailleuse, avancées au-delà de la lèvre supérieure, comprimées, très-arquées au côté extérieur, & terminées par une dent forte & très-aiguë. Le milieu du côté interne est dilaté, & offre, 1°. une dent située immédiatement au dessous de la précédente, très-acérée, & surmontée d'une arête; 2°. une saillie comprimée, échancrée & bidentée au bout.

Les mâchoires sont écailleuses ou très-cornées, courtes, presque cylindriques, moins épaisses vers le haut, un peu anguleuses extérieurement, avec le côté interne comprimé, aigu, garni d'une frange de cils, & dont l'extrémité supérieure est terminée par une dent forte, aiguë, presque perpendiculaire à la longueur de la mâchoire.

La lèvre inférieure est composée de deux pièces; l'une inférieure, que j'appelle *le menton*, & l'autre supérieure ou terminale, savoir: la *languette*. Le menton est corné, court, transversal, presque plan, avec les côtés arrondis, & l'extrémité supérieure largement échancrée ou concave, rebordée, sans aucune dent au milieu de son bord. La languette forme, au dessus de l'échancrure du menton, une saillie presque carrée, guère plus longue que cette pièce, mais plus étroite, dont la face antérieure est membraneuse au milieu, & cornée sur les côtés, y formant l'apparence d'un article cylindrique, & servant de support aux antennules postérieures. Les côtés de la face postérieure ou de l'intérieure sont encore cornés ou écailleux. La portion membraneuse du milieu est surmontée d'une petite pièce conique, écailleuse, semblable à une dent, & terminée par trois poils roides, droits & alongés. Cette pièce forme une saillie entre les antennules postérieures, & dépasse à peine l'origine de leur article radical.

Les antennules sont de trois sortes: les antérieures, les intermédiaires, ou celles qui sont insérées à l'extrémité dorsale des mâchoires, & les postérieures, ou celles qui prennent naissance sur les côtés antérieurs de la languette: les moyennes & les postérieures sont presque de la longueur de la tête, très-saillantes & dilatées à leur extrémité: celles-ci sont un peu plus courtes.

Les antennules antérieures ou les maxillaires internes diffèrent, quant à leur direction & quant à leur figure, de celles des autres Carabiques; elles sont droites, très-courtes, de deux articles, dont le premier très-petit, & dont le second presqu'obconique, épais, dilaté & arrondi extérieurement au sommet.

Les antennules intermédiaires ou les maxillaires extérieures sont composées de quatre articles, dont le premier très-petit; le second plus long que les autres, obconique & un peu courbe; le troisième figuré comme le précédent, d'un quart plus court, un peu plus épais; & le quatrième ou le terminal presqu'aussi long que le second, plus large, comprimé, demi-elliptique ou en hache étroite, alongée, ayant le côté extérieur droit & l'interne courbe. Ce bord interne est membraneux & comme bilabié, étant divisé par un sillon longitudinal.

Les antennules postérieures ou les labiales sont composées de trois articles, dont le dernier conformé de la même manière que le terminal des antennules moyennes, & plus grand que les deux inférieurs: ceux-ci sont obconiques. L'article de la base est plus court que le second.

Le corps des Pambores est alongé, & a le port des Carabes.

La tête est plus étroite que le corcelet, avancée, en carré long, & rétrécie postérieurement en forme de cou. Les yeux sont petits, mais saillans & presque globuleux.

Le corcelet a la forme d'un cœur tronqué aux deux extrémités, & dont la postérieure, largement échancrée, est terminée de chaque côté par une dent obtuſe; il eſt à peu près auſſi long que large, déprimé en deſſus & rebordé latéralement. Son plus grand diamètre tranſverſal eſt un peu plus court que celui de l'abdomen, & ſa longueur égale au moins la moitié de celle de la même partie du corps.

L'écuſſon eſt aplati ou peu élevé au deſſus de la baſe de l'abdomen, & en triangle plus large que long.

L'abdomen eſt en ovale court, recouvert par deux élytres bombées, rebordées, & qui paroiſſent ſoudées, du moins en grande partie. Les ailes manquent.

Les pattes reſſemblent, quant aux formes générales & quant aux proportions, à celles des Carabes proprement dits; mais leurs deux jambes antérieures ſe prolongent, à leur extrémité latérale & extérieure, en une pointe forte, droite & conique, en forme de dent.

Nous n'avons aucun renſeignement ſur la manière de vivre de ces inſectes; mais, à en juger d'après leurs mandibules, ils doivent être éminemment carnaſſiers.

La ſeule eſpèce qui nous ſoit connue a pour patrie la Nouvelle-Hollande; elle paroît avoir de l'affinité avec le Caloſome, que Fabricius nomme *Porculatum* (*Syſt. Eleut. tom.* 1, *p.* 211, *n°.* 3), & qui eſt du même pays.

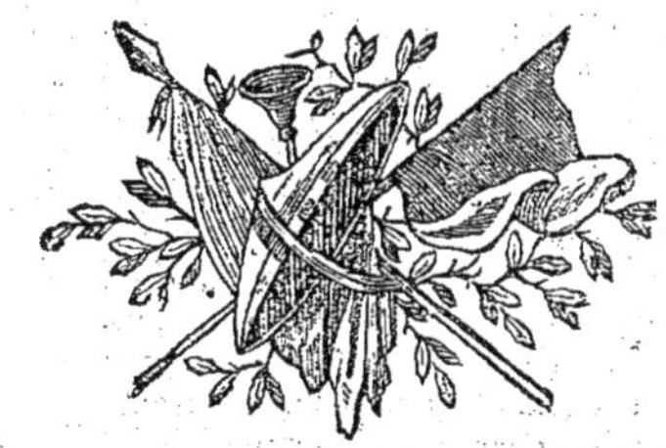

PAMBORE.

PAMBORUS. LATR.

CARACTÈRES GÉNÉRIQUES.

Antennes filiformes, de la longueur de la moitié du corps.

Six antennules; les antérieures fort courtes, droites, de deux articles, dont le premier très-petit; le second obconique; les intermédiaires et les postérieures presque égales, terminées par un article plus large, comprimé, demi-elliptique ou en forme de hache étroite et alongée.

Mandibules très-dentées.

Lèvre inférieure ayant une languette courte, terminée par une dent; menton transversal, plan, avec le bord supérieur concave, rebordé.

Jambes antérieures terminées par une pointe très-forte, et deux épines.

Corcelet en cœur, presqu'aussi long que large, largement échancré et bidenté postérieurement; abdomen ovale.

ESPÈCE.

---

1. Pambore alternant.

Noir; côtés du corcelet d'un bleu-violet; élytres d'un bronzé-foncé, sillonées; sillons coupés par des incisions transverses, et granulés.

1. Pambore alternant.

Pamborus alternans.

Pamborus niger, thoracis lateribus violaceo-cœruleis; elytris nigro-æneis, sulcatis; sulcis transversè incisis, granulatis.

Son corps est long d'environ quatorze lignes, & large de cinq, mesuré vers le milieu de l'abdomen; il est d'un noir-luisant. Les quatre premiers articles des antennes sont de cette couleur; les autres sont plus obscurs, noirâtres & pubescens. Le dessus de la tête est assez uni. Les yeux sont d'un grisâtre-obscur. Le dessus du corcelet est plan, sans points, avec trois lignes imprimées & longitudinales, dont une tout le long du milieu du dos, & les deux autres latérales, postérieures, parallèles, une de chaque côté. Cette surface est coupée transversalement par quelques traits enfoncés & ondulés, mais très-foibles. Les côtés du corcelet sont très-rebordés, d'un bleu-violet, particuliérement aux angles postérieurs. L'écusson est plan & uni. Les élytres sont d'un bronzé très-foncé ou d'un vert-noirâtre, très-luisans, avec les bords d'un vert plus clair; elles ont chacune huit petites côtes (la suturale comprise) longitudinales, dont le dos est arrondi & presque nu; elles s'affoiblissent vers le bout de l'élytre, & s'y terminent en arêtes aiguës & coupées. Cette interruption commence plus haut, sur la seconde & la troisième côte, & y forme comme des perles ou tubercules linéaires. Les sillons sont divisés transversalement par de petites incisions, & présentent ainsi une rangée de grains élevés ou de petits tubercules. Ces élévations sont plus petites & moins nombreuses vers le bout : il y en a deux séries entre le bord extérieur & la première côte. Le dessous du corps & les pattes sont d'un noir-luisant. Les jambes & les tarses ont de petits cils spinuliformes.

Cet insecte a été apporté du port Jackson par Péron & M. Lesueur. Je dois l'individu de ma collection à l'amitié de M. Alexandre Mac-Leay, secrétaire de la Société Linnéenne. (Lat.)

PAMPHILIE. *Pamphilius.* Genre d'insectes de la première section de l'Ordre des Hyménoptères, & de la famille des Tenthrédines.

Les Pamphilies, ainsi que les autres genres dérivés de ceux de *Tenthredo* & de *Sirex* de Linné, ont l'abdomen parfaitement sessile, ou étroitement uni au métathorax & de sa largeur. Comme toutes les Tenthrédines, elles sont distinguées de nos Urocères, des Tremex de M. Jurine, & des Oryssès, 1°. par le nombre des articles de leurs antennules, qui est de six aux maxillaires, de quatre aux labiales; 2°. par leur lèvre inférieure trifide; 3°. par les cellules radiales ou marginales de leurs ailes supérieures, ces cellules étant toujours fermées, tandis que, dans les trois genres précédens, la seconde, s'il y en a deux, ou la solitaire s'il n'y en a qu'une, est ouverte postérieurement & incomplète. En outre, les femelles des Tenthrédines ont une tarière composée de deux lames dentelées en scie, & reçue dans une coulisse, sous l'anus : cette tarière est filiforme ou capillaire dans les femelles des Urocères, des Tremex & des Oryssès. Ici elle se roule en spirale dans l'intérieur du ventre : là, elle forme, au-delà de l'anus, une forte de queue divisée en trois filets.

Quelques genres, tels que ceux de Mégalodonte ou *Tarpa* de Fabricius, de Pamphilie, de Céphus, de Xiphydrie, composent, dans la famille des Tenthrédines, une section particulière, nous conduisant, par degrés, aux Urocères. Leur lèvre supérieure n'est plus à découvert. Leurs quatre jambes postérieures ont, au côté interne, de petites épines que l'on n'observe pas à celles des Cimbex, des Tenthrèdes, &c. Leur tête est très-forte, & tient souvent au corcelet par une espèce de cou. Leurs antennes sont toujours formées d'un très-grand nombre d'articles, ou de seize à trente. Enfin, les métamorphoses fortifient encore l'établissement de cette coupe : ici, les fausses Chenilles ou les larves de ces Tenthrédines n'ont point de pattes membraneuses. Les Mégalodontes & les Pamphilies n'ont pas la forme étroite & linéaire des Céphus & des Xiphydries. Leur abdomen est aplati & non comprimé. Leurs mandibules sont longues, arquées, & terminées par un fort crochet. Ces organes sont courts, ou guère plus longs que larges dans les deux derniers genres. Les antennes des Mégalodontes sont en scie ou pectinées; celles des Céphus grossissent vers le bout. Les Pamphilies & les Xiphydries sont les seuls genres de la même section, où elles soient à la fois simples & sétacées; mais dans les Pamphilies, elles sont plus longues que le corcelet, & insérées un peu au dessous du front. Dans les Xiphydries, elles sont plus courtes, & prennent naissance près de l'extrémité antérieure de la tête. Les Pamphilies composent ainsi un genre très-distinct. Linné l'avoit entrevu, puisqu'elles font, dans ses Tenthrèdes, le sujet d'une division particulière. (*Antennes sétacées & composées de beaucoup d'articles.*) Je donnai à cette coupure (*Hist. gén. des Crust. & des Ins. tom. 3, p. 303*) le nom générique de *Pamphilie*, auquel Fabricius a substitué celui de *Lyda.* Il paroît que M. Jurine avoit également formé ce genre sous la dénomination de *Céphaléie*; mais il y réunit nos Mégalodontes ou les Tarpes de Fabricius, parce qu'il n'a pas égard aux différences de formes que présentent les mâchoires, la lèvre inférieure & les articles des antennes. M. Klüg a publié, dans les nouveaux *Actes des Curieux de la Nature*, année 1808, une Monographie de ces deux genres, & qui ajoute encore à la réputation qu'il s'étoit acquise par celle des *Sirex.*

Les antennes des Pamphilies sont insérées entre les yeux, vers le milieu de la face antérieure de la tête, écartées à leur base, sétacées, grêles, simples, un peu comprimées, un peu plus longues que la tête & le corcelet, composées de seize à trente articles cylindriques, dont le premier plus gros, un peu courbe, aminci vers sa base; le second court; le troisième ordinairement alongé, & les autres diminuant graduellement. Les derniers sont fort petits.

La bouche est composée d'une lèvre supérieure, de deux mandibules, de deux mâchoires & d'une lèvre inférieure, courte, droite, & de quatre antennules.

La lèvre supérieure n'est pas apparente, étant presque nulle ou tout-à-fait cachée sous le chaperon.

Les mandibules sont cornées, grandes, déprimées, alongées, arquées, terminées par une pointe forte & aiguë, & ont, au côté interne, une entaille ou une petite fissure, & au dessous une dent très-forte, accompagnée quelquefois d'une seconde, mais fort petite. Elles sont, dans le repos, totalement croisées l'une sur l'autre, & ne débordent que de peu l'extrémité antérieure de la tête.

Les mâchoires sont droites, comprimées, coriaces inférieurement, membraneuses & arrondies au bout, & ont, au côté interne, près du lobe terminal, une saillie en forme de dent obtuse.

La lèvre inférieure est membraneuse & un peu plus courte que les mâchoires. Sa moitié inférieure est renfermée dans un demi-tube coriace, court, plan ou déprimé en devant, & qui paroît presque carré. L'autre moitié, ou la partie supérieure & saillante, comme dans les Hyménoptères de la même famille, s'élargit en forme d'un ovale court, & se divise en trois pièces, dont celle du milieu un peu plus grande.

Les antennules antérieures sont presque sétacées, beaucoup plus longues que les postérieures, & insérées sur le dos des mâchoires, près de l'origine de leur lobe terminal; elles sont composées de six articles, dont le premier fort court; le second & le troisième presqu'égaux, à peine plus longs & plus épais que les deux suivans, presque cylindriques; le quatrième & le cinquième obconiques & à peu près égaux; le sixième ou le dernier est un peu plus long que le précédent, plus grêle & cylindrique.

Les antennules postérieures vont un peu en grossissant de leur naissance à l'extrémité opposée; elles sont insérées sur les côtés antérieurs de la lèvre inférieure, immédiatement au dessus de sa gaîne. Elles sont composées de quatre articles, dont les trois inférieurs presqu'obconiques, & le dernier ovalaire; le radical est plus petit, & les deux de l'extrémité un peu plus gros.

Le corps des Pamphilies est oblong, & ressemble, en général, à celui des autres Tenthrédines; il est néanmoins proportionnellement plus court & plus large.

La tête est forte, un peu plus large que longue, & paroît presque carrée, vue en dessus. Sa face antérieure s'incline brusquement depuis le front, & son extrémité est très-obtuse ou comme tronquée, le chaperon étant aussi large qu'elle, & terminée par un bord presque droit, contre lequel les mandibules, très-croisées l'une sur l'autre, s'appliquent transversalement. Le milieu du chaperon est souvent relevé en une carène qui commence près du front. Le sommet de la tête est spacieux, & divisé, dans presque toutes les espèces, par deux petits sillons, quelquefois réunis par le moyen d'une autre petite ligne enfoncée, mais transverse. Les yeux sont assez petits, relativement à la grandeur de la tête, en ovale fort court ou presqu'orbiculaires. Les petits yeux lisses sont placés sur la partie antérieure du sommet de la tête ou près du front, & rapprochés en un triangle plus large que long, ou en une ligne courte & arquée.

Le corcelet est court & arrondi. Son segment antérieur forme une espèce de collet transversal ou légérement arqué; cette partie est bien plus courbe dans les Cimbex, les Tenthrèdes & autres premiers genres de la famille. Le métathorax & l'abdomen présentent là, comme ici, une organisation essentiellement identique (1); seulement l'abdomen est plus court, plus large & aplati, ou presque membraneux.

Les pattes ont un caractère propre. Les quatre jambes postérieures ont, à leur côté intérieur, quelques petites épines, trois à ce qu'il m'a paru, dont une solitaire, & les deux autres rapprochées.

Les ailes sont grandes, relativement à la longueur du corps. Les supérieures ont, 1°. deux cellules radiales, complètes ou fermées, dont la première plus courte, presque demi-circulaire, & la seconde alongée; 2°. trois cellules cubitales complètes & le commencement d'une quatrième. La troisième est la plus grande, & reçoit, ainsi que la seconde, une nervure récurrente : cette seconde cellule est un peu arquée, à raison de la figure de la première des radiales.

Les Pamphilies sont des insectes généralement peu communs, & propres aux climats septentrionaux; ils se montrent de bonne heure & pour peu de tems.

Réaumur, Frisch, Bergman, & Degeer surtout, ont recueilli différentes observations sur les métamorphoses de ces Hyménoptères. L'analogie nous permet de croire, ou du moins de soupçonner, que leurs larves, désignées, ainsi que celles de la même famille, sous le nom de *Fausses-Chenilles*, n'ont point les pattes membraneuses, & dont le nombre varie, que l'on remarque aux larves des Tenthrédines de la première section, ou celles dont la lèvre supérieure est apparente, & dont les jambes ne sont point épineuses le long de leur côté interne; car les Pamphilies qu'on a obtenues par

(1) *Voyez* TENTHRÉDINES.

le moyen de l'éducation, provenoient toutes de larves semblables ou sans pattes membraneuses.

Ces Fausses-Chenilles composent, dans la Méthode de Degeer, une famille spéciale, sa quatrième. Elles ressemblent à des vers, ayant uniquement trois paires de pattes écailleuses, placés sur les trois premiers anneaux du corps, & dont le derrière est terminé par deux espèces de cornes pointues; elles vivent sur les feuilles des arbres. Quoique cet habile naturaliste n'ait pas été plus heureux que Réaumur dans l'éducation de ces larves, se fiant néanmoins aux observations analogues de Frisch & de Bergman, il place dans cette famille les Mouches-à-scie à antennes sétacées & pluriarticulées, ou nos Pamphilies, qu'il a vues en Suède. Il décrit trois espèces de Fausses-Chenilles sans pattes membraneuses.

La première, ou son n°. 30, vit en société sur l'Abricotier. Vers la fin du mois de mai de l'année 1737, il découvrit sur cet arbre, en Hollande, un peloton de feuilles, attachées ensemble avec des fils de soie, qui y formoient comme une toile, dans laquelle il y avoit beaucoup d'excrémens de cet insecte. En ouvrant le paquet, il y trouva un grand nombre de ces larves; elles ont le corps tout vert, & divisé en douze anneaux. Aux trois premiers sont attachées six pattes écailleuses, noires & coniques. La tête est noire. On voit le long du dos une raie d'un vert-obscur, & sur le ventre une autre raie, mais d'un jaune très-clair. Le premier anneau a trois petites plaques écailleuses, noires, & aux environs des pattes sont des taches de la même couleur & d'une consistance semblable. Ces plaques & la tête sont exclusivement garnies de poils courts. On remarque au dessous du dixième anneau deux fortes de petits mamelons charnus.

La tête a deux antennes, insérées latéralement, assez longues, coniques, terminées en pointe fine, & divisées en huit articles, qui sont noirs, & séparés par des anneaux blancs. Elle est armée de deux fortes dents, avec lesquelles la larve ronge les feuilles. La lèvre inférieure a des barbillons ou des palpes coniques, dont les deux extérieurs plus grands, & avec lesquels l'animal saisit le bord de la feuille quand il veut manger. Entre les deux petits barbillons est une filière, semblable à celle des Chenilles, & d'où sortent les fils de soie qu'elle a continuellement besoin d'employer. Deux petits yeux noirs, élevés & luisans, sont situés entre les antennes & les dents. Le corps a, outre les divisions des anneaux, des plis ou des rides transversales, peu élevées. Les six pattes écailleuses sont, comme les antennes, terminées en pointe fine, & colorées de même; mais elles n'ont que six articles.

Le dessus du dernier anneau offre une tache verte, élevée, en forme de mamelon, & entourée d'un cercle noir, écailleux, au milieu duquel est un point noir, qui est peut-être un stigmate. Au dessous du même anneau est une bande noire, écailleuse, arquée, & située proche de l'ouverture de l'anus. Les excrémens que la larve rejette, sont d'un vert-foncé.

Le derrière est encore muni de deux pièces déliées, semblables à des cornes coniques, composées de trois articles, dont le premier plus long que les deux autres, & dont le dernier fort pointu.

Chacune de ces Fausses-Chenilles se file un petit tuyau de soie, proportionné à la grosseur du corps, & lui formant une demeure particulière. Ces tuyaux se trouvent enfermés dans le paquet de feuilles qu'elles mangent, & qui sont liées ensemble avec une soie blanche.

Leur mouvement progressif est singulier, en ce que les pattes n'y contribuent presque pas. Ces larves sont incapables de marcher sur les feuilles nues. Elles ne glissent en avant ou ne reculent dans leur tuyau soyeux qu'en alongeant ou contractant les anneaux du corps. Pour avancer plus loin, elles alongent toujours le tuyau en y ajoutant de nouveaux fils de soie, & leurs pattes semblent ne leur servir qu'à s'appuyer ou se cramponner. Lorsqu'elles veulent changer de place ou glisser en avant, elles sont toujours sur le dos. Si on les tire de leurs tuyaux, & si on les met sur un plan uni, elles prennent d'abord la même situation, puis se construisent une sorte d'arcade de soie, de la hauteur du corps, composée de boucles placées de distance en distance, & formées avec des fils qu'elles ont tendus de côté & d'autre, & fixés contre le plan de position. Elles glissent & avancent sous cette voûte par le mouvement des anneaux du corps, qui touchent aux arcs de soie. Elles augmentent le nombre de ces boucles lorsqu'elles ont le dessein d'aller plus avant. Telle est la seule manière dont elles se transportent d'un lieu à l'autre. Degeer a vu une de ces Fausses-Chenilles s'avancer de la sorte & posée sur le dos, contre la glace d'un miroir suspendu à une muraille.

On sait que plusieurs espèces de Chenilles, surtout les arpenteuses & les rouleuses de feuilles, se laissent tomber quand on les touche, & demeurent suspendues à un fil de soie qu'elles dévident en descendant. Nos Fausses-Chenilles emploient la même ruse; mais pour remonter ensuite le même fil, elles s'y prennent d'une autre façon que les Chenilles. Elles attachent, successivement dans toute la longueur du fil, des boucles de soie, qui servent d'échelons, & leur donnent le moyen d'atteindre enfin l'endroit d'où part le fil de soie. Considérons-la dans ce travail. Elle se courbe, &, appuyant la tête au milieu du corps, elle y fixe l'extrémité du fil de soie. Là, elle tire un nouveau fil qu'elle conduit autour du corps, & qu'elle attache au point de départ, afin de se former une espèce de ceinture. Glissant ensuite en avant, elle dégage la moitié postérieure de son corps, de manière cependant que son derrière ne soit pas tout-à-fait hors de la ceinture, puisqu'elle doit lui servir de point d'appui. Cela fait, elle avance la tête en haut, étend son corps, & se fixe de nouveau au fil

fil qui la soutient, le plus haut qu'elle peut atteindre avec sa tête. Voilà un premier pas achevé, & dont la longueur n'égale que la moitié environ de celle de son corps. En répétant la même opération, elle fera un second pas, puis un troisième, & ainsi de suite. Après bien des mouvemens & des contorsions, elle arrive enfin à son but. Supposons que la longueur du fil soit de deux pieds, & celle de la Fausse-Chenille d'un pouce, elle ne pourra atteindre le point où ce fil est attaché, qu'après avoir exécuté, quarante-huit fois au moins, le même manège ou autant de boucles de soie.

Ces animaux doivent être pourvus d'une grande provision de soie, puisqu'ils sont toujours obligés de filer, tant en marchant que dans d'autres occasions, & qu'ils prodiguent d'ailleurs cette matière dans la construction de la tante qui leur sert d'habitation commune. Ils muent souvent de peau, & de la même façon que les Chenilles. La peau de leur tête & des premiers anneaux se fend en dessus, pour donner passage au corps. Immédiatement à sa sortie, il est entièrement vert, à l'exception des yeux & des dents, qui sont noirs. Au bout de quelques heures, les autres parties qui doivent être noires, le redeviennent.

Parvenues à leur dernier terme d'accroissement, ces Fausses-Chenilles quittent l'arbre & vont s'enfoncer en terre. C'est ce que Degeer leur vit faire vers la fin du mois de mai. Elles parcouroient l'intérieur de la terre du poudrier, où elles étoient renfermées avant de se fixer quelque part. Ce naturaliste, au bout de quelques jours, trouva la terre toute moisie, & toutes ces larves étoient mortes. Réaumur, qui les a connues (*Mem. Inf. tom.* 4, *pl.* 15, *fig.* 3-6), n'a pas été plus heureux; mais Frisch (*Inf. tom.* 8, *p.* 41, *tab.* 21) a vu leurs transformations. Suivant lui, l'insecte est tout noir, ayant seulement quatre anneaux du ventre bordés de jaune. Ses antennes sont longues & à plusieurs articles. Bergman est aussi parvenu à obtenir une de ces Tenthrédines dans son dernier état; mais il est douteux que ce soit la même espèce. Elle est noire, avec les antennes sétacées. La tête est mélangée. Le dessus de l'abdomen a une tache dentée, & des taches lunulées ou en croissant, jaunes. Son dessous est de cette couleur, avec quatre rangées de lignes noires. Les pattes sont encore jaunes.

La seconde Fausse-Chenille, sans pattes membraneuses, décrite par Degeer (n°. 31), vit en société sur le Poirier. Réaumur (*Mem. Insect. tom.* 4, *pl.* 15, *fig.* 7-10) & Frisch (*tom.* 8, *p.* 39, *tab.* 19) l'ont aussi connue. Elle est un peu plus grande que la précédente, étant longue d'environ treize lignes, & lui ressemble entièrement, quant à la forme. Ses pattes sont seulement plus petites; mais leur corps est d'un jaune-verdâtre, ou plutôt, comme le dit Réaumur, d'un jaune de chair d'Abricot mûr. Leur peau est rase, luisante, & comme gluante. La tête est noire. Le premier anneau du corps a, de chaque côté, une plaque écailleuse, & en dessous deux plaques plus petites & noires. Les deux antennes coniques sont tachetées de noir & de blanc-sale; mais les deux espèces de cornes du derrière sont de la couleur du corps. Les pattes sont très-courtes & fort petites. Le corps a plusieurs rides transversales & un rebord inégal le long des côtés.

Degeer trouva ces larves en Ostrogothie. Elles vivent en société au milieu d'un bouquet de feuilles qu'elles réunissent en forme d'un grand paquet, avec une grande quantité de soie. Elles sont de grandes mangeuses; car on les voit passer d'une branche à l'autre, & construire de nouveaux nids à sur & mesure qu'elles épuisent les provisions de leur domicile. Leur toile est toujours remplie d'une grande quantité de grains d'excrémens. Aimant à être toujours couvertes de soie, elles filent beaucoup. Leurs mouvemens s'opèrent de la même manière que ceux de la Fausse-Chenille précédente ou celle de l'Abricotier.

C'est au mois d'août, du moins en Suède, qu'elles abandonnent l'arbre pour entrer en terre & s'y métamorphoser; mais on n'a pas encore réussi à voir leur dernière transformation.

La troisième Fausse-Chenille sans pattes membraneuses, mentionnée par Degeer (n°. 32), vit sur le Tremble. Ce naturaliste n'en a trouvé qu'un seul individu, & qui s'étoit filé une toile de soie dans une feuille, dont il avoit replié les bords. Son corps est long d'environ neuf lignes, gros, cylindrique, & semblable, au premier coup-d'œil, à celui d'une Fausse-Chenille ordinaire. Il est vert, avec un peu de jaune sur les côtés. Sa tête est d'un brun un peu verdâtre, avec le front noir. Sa bouche offre les mêmes parties que celle de la Fausse-Chenille de l'Abricotier. Ses antennes sont assez longues, déliées, coniques, terminées en pointe très-fine, & composées de huit articles; elles sont brunes, avec des bandes claires. Les deux yeux sont noirs & luisans. Le corps est divisé en douze anneaux, ridé transversalement, & ayant, sur les côtés, des plis obliques & longitudinaux. On voit, le long du dos, une raie d'un vert-obscur. Les stigmates sont d'un brun-pâle, & disposés comme dans les autres Fausses-Chenilles. Les pattes sont vertes, courtes, très-déliées, coniques & très-pointues au bout. Le dernier anneau du corps est aplati, avec un rebord blanchâtre tout autour, & plusieurs petits poils bruns : il a encore en dessus quelques sutures blanchâtres. Cet anneau a deux petites cornes insérées sur les côtés, déliées, coniques, finissant en pointe, & divisées en trois articles; elles sont vertes, avec le bout brun.

Cette Fausse-Chenille marche beaucoup, en se traînant sur le ventre, & en élevant un peu, en même tems, son derrière. Elle n'aime point, du moins autant que les précédentes, à se tenir sur le dos. Il ne paroît pas qu'elle fasse usage de ses pattes. Lorsqu'elle glisse, même sur une table, ces organes pendent au corps sans mouvement, & quand ils touchent au plan de position ils cèdent au contact & se plient involontairement. Bergman les regardoit comme de simples appendices du corps, & Degeer incline presque pour cette opinion.

Cette Fausse-Chenille mourut sans se transformer.

Ce n'est que provisoirement & sur l'autorité de Fabricius, que je rapporte, au genre des Pamphilies, les six dernières espèces. Je soupçonne qu'elles n'y entrent pas; mais n'en ayant point la certitude, j'ai dû, jusqu'à ce que d'autres recherches aient fixé mon opinion, leur conserver la place qu'on leur a assignée.

Je ne mentionnerai point les Tenthrèdes que Linné nomme *Intercus*, *Rumicis*, *Ulmi*, *Pruni*, *Lonicerœ* & *Capreœ* (*Systém. Nat. ed.* 12, *tom.* 1, *pag.* 927 & 928, *nos*. 50-55), quoiqu'il les ait mises dans une division répondant aux Pamphilies.

La première de ces espèces paroît, à raison de ses antennes & de quelques autres caractères, appartenir plutôt à ma famille des Cinipsères. La cinquième, ou celle du Chèvre-Feuille, d'après le dessin que Réaumur donne de ses antennes, est un Hylotome. Linné, en outre, ne la décrit pas, & cette espèce, ainsi que celles de l'Oseille, de l'Orme, du Prunier, du Saule, n'est guère distinguée, de même que la plupart des Pucerons, que par la différence des végétaux où elle vit dans son premier état. Ce naturaliste renvoie aux Mémoires & aux figures de Réaumur; mais en vain y chercheroit-on ces détails descriptifs qui peuvent seuls nous éclairer sur la nature des espèces.

Je doute aussi que les Mouches à scie, dont Geoffroy a composé sa troisième famille, celles dont les antennes ont seize articles, soient des Pamphilies. Ces derniers insectes n'ont pas cette forme étroite & alongée qu'il donne aux Tenthrèdes de cette division. L'espèce qu'il appelle *Mouche-à-scie à longues antennes* est probablement un Céphus. Fourcroy (*Ent. Paris. pars* 2, *p.* 378) a augmenté la même famille de trois espèces. Celles qu'il désigne sous les noms de *Longicollis*, *Prolongata*, doivent être rangées avec nos Xiphidries ou les Urocères de M. Jurine. Sa Mouche-à-scie à bouquet (*sertifera*) est du genre Lophyre.

PAMPHILIE.

PAMPHILIUS. Latr. *TENTHREDO.* Linn. Geoffr. Deg. Oliv. *LYDA.* Fab. Klug. Spin. *CEPHALEIA.* Jur. Panz. *PSEN.* Schrank.

CARACTÈRES GÉNÉRIQUES.

Antennes insérées vers le milieu du devant de la tête, sétacées, simples, de seize à trente articles.

Lèvre supérieure ou nulle ou point apparente.

Antennules antérieures beaucoup plus longues, presque sétacées, de six articles, dont le second et le troisième un peu plus grands, presque cylindriques; le quatrième et le cinquième obconiques; le dernier plus long, plus grêle et cylindrique : antennules postérieures de quatre articles, dont les deux derniers un peu plus gros; le terminal ovalaire.

Mandibules grandes, arquées, croisées, terminées par une forte pointe; côté interne ayant une incision et une dent robuste.

Mâchoires membraneuses, arrondies à leur extrémité, unidentées intérieurement.

Lèvre inférieure profondément trifide.

Ailes supérieures ayant, 1°. deux cellules radiales fermées, dont la première presque demi-circulaire; 2°. trois cellules cubitales complètes, dont la seconde et la troisième reçoivent chacune une nervure récurrente.

Tête grande, presque carrée; abdomen parfaitement sessile, ayant, dans les femelles, une tarière en scie, logée dans une coulisse bivalve, sous l'anus; côté interne des quatre jambes postérieures garni de petites épines.

ESPÈCES.

1. Pamphilie tête-rouge.

D'un bleu-foncé; la tête entièrement rouge (la femelle), *ou rougeâtre à son extrémité antérieure* (le mâle); *ailes noirâtres, avec les nervures d'un bleu-foncé.*

2. Pamphilie cyanée.

D'un bleu de ciel verdâtre; tête poilue, d'un jaune d'ochre, avec une grande tache d'un bleu de ciel verdâtre, entre les yeux; ailes un peu noirâtres, avec les nervures plus foncées.

3. Pamphilie embrassée.

D'un bleu de ciel très-foncé; tête et pattes jaunes.

4. Pamphilie du Bouleau.

Fauve ou jaunâtre; les yeux, le corcelet, son segment antérieur excepté, et les derniers anneaux de l'abdomen noirs; ailes veinées de jaunâtre; une bande noirâtre, avancée en angle postérieurement, près du bout des supérieures.

PAMPHILIE. (Insecte.)

5. Pamphilie heureuse.

Très-noire; tête et abdomen rouges; ailes noirâtres; côte et bout des antérieures blancs.

6. Pamphilie à plaie.

Très-noire; tête, le milieu de son sommet excepté, pattes et dessus de l'abdomen jaunes.

7. Pamphilie oreillharde.

Tête noire; chaperon, côtés de la tête, au dessous des yeux, antennes, abdomen et pattes jaunes.

8. Pamphilie réticulée.

Tête et corcelet noirs, tachetés de jaunâtre; abdomen d'un rougeâtre-pâle; ailes mélangées de noirâtre et de jaunâtre.

9. Pamphilie des prés.

Noire; antennes, pattes et des taches diverses sur la tête et sur le corcelet, jaunes; bord de l'abdomen fauve; ailes transparentes.

10. Pamphilie entourée.

Très-noire; des taches sur la tête et sur le corcelet, et bord de l'abdomen blancs.

11. Pamphilie champêtre.

Noire; antennes, milieu de l'abdomen et pattes, leurs cuisses exceptées, jaunes; écusson blanc; ailes transparentes, avec une teinte jaune; leur extrémité et le stigmate noirâtres.

12. Pamphilie arlequine.

Très-noire; antennes rousseâtres, de seize articles, dont le troisième alongé; chaperon, des taches diverses sur la tête et le corcelet, jaunes; dessus de l'abdomen, la base exceptée, livide, avec des taches pâles sur le bord; ailes presque transparentes; stigmate jaunâtre.

13. Pamphilie vide.

Noire; devant et côtés postérieurs de la tête, bord du segment antérieur du corcelet, et pattes jaunes; abdomen d'un fauve-pâle, presque transparent, avec les deux extrémités noires; antennes rousseâtres; le troisième article guère plus long que le suivant.

14. Pamphilie damier.

Tête et corcelet mélangés de noir et de blanc; abdomen et pattes fauves; dessus des cuisses noir.

15. Pamphilie ceinturée.

Très-noire; antennes et pattes d'un fauve-clair; deux lignes derrière les yeux, épaules et écusson blancs; quatrième et cinquième anneaux de l'abdomen fauves en dessus; ailes transparentes, sans tache.

16. Pamphilie déprimée.

Antennes d'un jaunâtre-fauve; tête et corcelet noirs, tachés de jaune; abdomen fauve; pattes d'un fauve-jaune; ailes et leurs stigmates safranés.

17. Pamphilie jaunâtre.

Antennes noires en dessus, fauves en dessous; tête noire, avec une tache antérieure jaune; corcelet noir, avec trois taches fauves sur le dos; abdomen jaune, plus pâle sur ses bords; pattes jaunes.

18. Pamphilie campaguarde.

Noire; antennes jaunes, avec l'extrémité noirâtre; tête et corcelet tachetés de fauve; abdomen fauve, avec le dos noirâtre; pattes fauves; dessus des cuisses postérieures noir; ailes jaunâtres; stigmate noir.

PAMPHILIE. (Insecte.)

19. Pamphilie des forêts.

Très-noire; antennes jaunâtres; des taches sur la tête, écusson et pattes jaunes; ailes transparentes; sommet de la tête inégal; troisième article des antennes guère plus long que le suivant.

20. Pamphilie des arbustes.

Antennes et corps noirs; une ligne au-devant de l'attache des ailes et l'écusson blancs; troisième, quatrième et cinquième segmens de l'abdomen, ainsi que les pattes, fauves; ailes transparentes.

21. Pamphilie ponctuée.

Très-noire; tête, corcelet et bord de l'abdomen tachetés de blanchâtre; cuisses noires, avec le bout blanchâtre; ailes transparentes, avec les nervures et le stigmate noirs; antennes entièrement noires.

22. Pamphilie mi-partie.

Très-noire; base des antennes, une tache sur le front, et pattes jaunes; extrémité postérieure de l'abdomen jaune, avec des bandes brunes; ailes noirâtres; une tache noire sur les quatre cuisses antérieures.

23. Pamphilie alpine.

Presque linéaire, noire; un point sur le corcelet, abdomen et pattes jaunâtres.

24. Pamphilie marquée.

Pâle; trois taches longitudinales sur le dessus du corcelet, et écusson noirs.

25. Pamphilie hémorrhoïdale.

Très-noire; anus fauve; pattes d'un fauve jaunâtre, avec la base des cuisses noire.

26. Pamphilie du Peuplier.

D'un bleuâtre très-foncé, bouche, antennules et jambes antérieures jaunes.

27. Pamphilie de l'Églantier.

Très-noire; abdomen linéaire; pattes fauves; les postérieures annelées de blanc et de noir.

28. Pamphilie des bois.

D'un bleu de ciel très-foncé; abdomen entièrement safrané; ailes noirâtres, les antérieures ayant la côte et une tache noires.

29. Pamphilie jaune.

Jaune; une tache fauve sur les ailes.

1. Pamphilie tête-rouge.

Pamphilius erythrocephalus.

Pamphilius nigro-cœruleus, capite penitùs (femina) *rubro vel anticè* (mas) *teſtaceo, alis fuſcis, nervis nigro-cœruleis.*

Pamphilius erythrocephalus. Latr. *Hiſt. nat. des Cruſt. & des Inſect. tom.* 13. *p.* 139. *n°.* 1. — *Gen. Cruſt. & Inſ. tom.* 3. *p.* 234.

Tenthredo erythrocephala *antennis ſetaceis, corpore cœruleo, capite rubro.* Linn. *Syſt. Nat. ed.* 12. *tom.* 1. *pag.* 926. *n°.* 40. — *Faun. Suec. ed.* 2. *n°.* 1560.

Lyda erythrocephala *cœrulea, capite rubro.* Fabr. *Syſt. Pyez. p.* 43.

Tenthredo erythrocephala. Fabr. *Ent. Syſt. em. tom.* 2. *pag.* 121. *n°.* 66. — *Mant. Inſ. tom.* 1. *p.* 256. *n°.* 54. — *Spec. Inſ. t.* 1. *p.* 416. *n°.* 51. — *Syſt. Ent. p.* 323. *n°.* 33.

Tenthredo erythrocephala. Vill. *Ent. Linn. tom* 3. *p.* 117. *n°.* 112.

Tenthredo erythrocephala. Panz. *Faun. Inſect. Germ.* 7. *tab.* 9. — *Reviſ. der Hymenopt. p.* 49.

Lyda erythrocephala *cœrulea, alis fuſcis, capite* (*femineo*) *rubro* (*maſculo anticè teſtaceo*). Klug. *Act. Curioſ. Natur.* 1808. *Lyd. Monogr. Spec.* 16.

Sulz. *Inſ. tab.* 18. *fig.* 113.

Schæff. *Icon. Inſ. tab.* 96. *fig.* 9.

Christ, *Hymenopt. tab.* 51. *fig.* 6.

Elle eſt longue de cinq lignes, d'un bleu-foncé, luiſante, pointillée & un peu pubeſcente. Les antennes ſont noires, compoſées d'environ vingt-quatre articles, dont le troiſième auſſi long que les deux ſuivans enſemble. La tête eſt moins inégale que dans les autres eſpèces; celle de la femelle eſt d'un rouge-fauve, avec le bout des mandibules noirâtre, les yeux & la place où ſont les petits yeux liſſes, noirs; dans le mâle, la bouche ſeule eſt d'un fauve-jaunâtre ou teſtacée. Les pattes antérieures ont les jambes & une partie de l'extrémité ſupérieure des cuiſſes d'un rouge-fauve. Les ailes ſont noirâtres, avec les nervures d'un bleu-foncé.

Elle ſe trouve en Suède & en Allemagne, ſur le Pin ſauvage.

2. Pamphilie cyanée.

Pamphilius cyaneus.

Pamphilius vireſcenti-cyaneus, capite piloſo, ochraceo; maculâ interoculari vireſcenti-cyaneâ, magnâ; alis fuceſcentibus, nervis obſcurioribus.

Mouche-à-ſcie féticorne à tête jaune. Degeer, *Mem. tom.* 2. *p.* 1038. *n°.* 33. *pl.* 40. *fig.* 19.

Lyda cyanea *vireſcenti-cyanea, capite piloſo, anticè poſticèque utrinquè teſtaceo; alis albis.* Klug. *Act. Curioſ. Nat.* 1808. *Lyd. Monogr. Spec.* 17.

Cette eſpèce, ſuivant Degeer, eſt de la grandeur d'une Guêpe ordinaire. Son corps eſt d'un bleu-verdâtre ou couleur d'acier, devenu bleu par le feu & luiſant. Les antennes, un peu plus longues que la moitié du corps, ſont noires, ſétacées, compoſées de vingt-quatre à vingt-cinq articles, dont le premier & le ſecond beaucoup plus gros, & dont le troiſième alongé. La tête eſt velue, d'un jaune d'ochre, avec une grande tache, de la couleur du corps, entre les yeux, qui ſont bruns. Les ailes ont une légère teinte de brun, & leurs nervures ſont plus foncées.

Cette eſpèce habite la Suède; mais elle y eſt fort rare, Degeer n'y en ayant trouvé qu'un ſeul individu, & qui étoit une femelle. Ce naturaliſte avoit pris cette eſpèce pour la Tenthrède à tête rouge, *Erythrocephala*, de Linné.

3. Pamphilie embraſſée.

Pamphilius amplectus.

Pamphilius atro-cyaneus, capite pedibuſque flavis.

Lyda amplecta *atro-cyanea, capite pedibuſque flavis.* Fabr. *Syſt. Pyez. p.* 46. *n°.* 16.

Lyda amplecta *atro-cyanea, capite pedibuſque flavis.* Klug. *Act. Curioſ. Natur.* 1808. *Lyd. Monogr. Spec.* 20.

Elle eſt un peu plus petite que la Pamphilie champêtre. Son corps eſt d'un bleu de ciel très-foncé. Ses antennes ſont noires. Sa tête eſt jaunâtre, avec une ligne très-noire, large & verticale. Son corcelet a de chaque côté, en devant, un point jaunâtre. L'abdomen eſt déprimé & plan. Les pattes ſont jaunâtres. Les ailes ſont grandes, & ſemblent embraſſer le corps : de là l'origine du nom ſpécifique.

Elle a été apportée de la Caroline par M. Boſc.

4. Pamphilie du Bouleau.

Pamphilius Betulæ.

Pamphilius rufus vel luteus, oculis, thorace, ſegmento antico excepto, abdominiſque ſegmentis ultimis, nigris; alis flavo-venoſis; anticis, apicem ante, faſciâ fuſcâ, poſticè uniangulatâ.

Pamphilius Betulæ. Latr. *Hiſt. nat. des Cruſt. & des Inſ. tom.* 13. *p.* 140. *n°.* 6. — *Gen. Cruſt. & Inſ. tom.* 3. *p.* 234.

Tenthredo Betulæ *antennis ſetaceis, corpore rubro, thorace, ano, oculis nigris; alis poſticè fuſcis.* Linn. *Syſt. Nat. ed.* 12. *tom.* 1. *pag.* 927. *n°.* 47. — *Faun. Suec. ed.* 2. *n°.* 1565.

Mouche-à-ſcie ſéticorne, rouſſe, à derrière noir. Deg. *Mem. tom.* 2. *p.* 1039. *n°.* 34. *pl.* 40. *fig.* 21.

Lyda Betulæ *rubra, thorace, ano oculiſque nigris; alis poſticè fuſcis.* Fabr. *Syſtem. Pyez. p.* 44. *n°.* 8.

Tenthredo Betulæ. Fabr. *Ent. Syſt. em. tom.* 2. *pag.* 122. *n°.* 72. — *Mant. Inſ. tom.* 1. *pag.* 256. *n°.* 60. — *Spec. Inſ. tom.* 1. *pag.* 417. *n°.* 57. — *Syſt. Ent. p.* 324. *n°.* 38.

Tenthredo Betulæ. Schrank, *Enum. Inſ. Auſtr. n°.* 690.

Tenthredo Betulæ. Vill. *Ent. Linn. tom.* 3. *p.* 120. *n°.* 119.

Tenthredo Betulæ. Ross. *Faun. Etr. tom.* 2. *p.* 32. *n°.* 734. *ed. Illig. tom.* 2. *p.* 48.

Cephaleia Betulæ. Panz. *Faun. Inſect. Germ.* 87. *tab.* 18. — *Reviſ. der Hymenopt. p.* 50.

Lyda Betulæ *lutea, thorace anoque nigris, alis fuſcis; diſco hyalino, flavo-venoſo.* Klug, *Act. Curioſ. Natur.* 1808. *Lyd. Monogr. Spec. n°.* 3.

Son corps eſt long d'environ ſix lignes, d'un fauve-pâle ou d'un jaune clair & luiſant. Les antennes ſont de ſa couleur, un peu plus courtes que lui, & compoſées de vingt-quatre à vingt-cinq articles, ſuivant Degeer. J'en ai compté vingt-ſept ſur un individu mâle. Le troiſième eſt preſque de la longueur des deux ſuivans réunis. Une partie des mandibules, les yeux & l'eſpace occupé par les petits yeux liſſes ſont noirs. Le milieu du deſſus de la tête eſt coupé longitudinalement par deux lignes enfoncées & profondes, qui commencent derrière les antennes. Le ſegment antérieur du corcelet eſt de la couleur du corps & pubeſcent; mais ſon ſecond ſegment, le métathorax, l'origine de l'abdomen, ſes trois derniers anneaux & la poitrine ſont noirs. Les pattes ſont entièrement de la couleur du corps. Les ailes ſont tranſparentes, avec une teinte & les nervures jaunâtres depuis leur naiſſance juſque près du bout; les ſupérieures ont, près de cette extrémité, une bande noirâtre, tranſverſe, aſſez large, avancée en angle poſtérieurement, & ſur laquelle on diſtingue une petite raie blanche. Leur extrémité ou leur bord terminal eſt ſans couleur. Le bout extérieur des ailes inférieures eſt lavé de noirâtre.

Elle ſe trouve en Europe, ſur le Bouleau; elle eſt très-rare aux environs de Paris. Je l'ai priſe dans la forêt de Bondi.

5. Pamphilie heureuſe.

Pamphilius fauſtus.

Pamphilius ater, capite abdomineque rubris; alis fuſcis, anticis margine apiceque albis.

Lyda fauſta *atra, capite abdomineque rubris; alis fuſcis, anticis margine apiceque albis.* Klug, *Act. Curioſ. Natur.* 1808. *Lyd. Monogr. Spec.* 10. *tab.* 7. *fig.* 5.

Cette eſpèce eſt longue de près de cinq lignes. Ses antennes ſont noires, avec le troiſième article alongé. La tête eſt rouge. Le corcelet eſt noir, avec le ſegment antérieur rouge. L'abdomen eſt de cette couleur, avec les deux premiers ſegmens & l'anus noirs. Les pattes ſont rougeâtres. Les ailes ſont noirâtres. La côte & l'extrémité des ſupérieures ſont blanches ou tranſparentes, & ſans couleur. Le ſtigmate eſt noir.

Elle ſe trouve aux environs de Vienne en Autriche.

6. Pamphilie à plaie.

Pamphilius plagiatus.

Pamphilius ater, capite, verticis medio excepto, pedibus abdominiſque dorſo luteis.

Lyda plagiata *atra, capite, verticis medio excepto, pedibus abdominiſque dorſo luteis.* Klug, *Act. Curioſ. Natur.* 1808. *Lyd. Monogr. Spec.* 11. *tab.* 7. *fig.* 6.

Elle eſt longue de quatre lignes, d'un noir-intenſe, avec la tête, ſon ſommet excepté, le ſegment antérieur du corcelet, une grande partie du deſſus de l'abdomen, au-delà de ſa baſe, & les pattes d'un jaune un peu fauve. Les antennes ſont noires, diviſées en un grand nombre d'articles, dont le troiſième plus long que les ſuivans. Les ailes ſont brunes, avec le ſtigmate noir.

On la trouve à Baltimore, dans l'Amérique ſeptentrionale.

7. Pamphilie oreilharde.

Pamphilius auritus.

Pamphilius ater, clypeo, genarum maculâ, antennis, abdomine pedibuſque flavis.

Lyda aurita *atra, capitis clypeo maculâque genarum, antennis, pedibus abdomineque flavis.* Klug, *Act. Curioſ. Nat.* 1808. *Lyd. Monogr. Spec.* 6. *tab.* 7. *fig.* 3.

Elle eſt longue de cinq lignes, très-noire, avec les antennes, le chaperon, les côtés inférieurs de la tête, le bord poſtérieur du premier ſegment du corcelet, l'abdomen, à l'exception du deſſus des deux premiers ſegmens & du milieu du troiſième, jaunes. Les pattes ſont auſſi de cette couleur. Les ailes ſont tranſparentes, avec les nervures & le ſtigmate jaunâtres. Le troiſième article des antennes eſt un peu plus long que le ſuivant.

L'individu repréſenté par M. Klüg eſt un mâle, & qui appartient peut-être à quelqu'eſpèce décrite ſous un autre nom. J'ai reçu des environs de Lyon une Pamphilie du même sexe, & qui ne diffère essentiellement de celle dont je viens de parler, qu'en ce que le premier article des antennes & les cuisses ont une tache noire, & que le sommet de la tête a quelques points jaunes. Ses antennes sont composées d'une trentaine d'articles, dont le troisième alongé. Le jaune du dessus de l'abdomen est coupé au milieu par une raie noire. Cet individu seroit-il le mâle de la Pamphilie des prés? La description que Fabricius a donnée de cet insecte s'y applique assez bien.

M. Klüg avoit eu de Vienne en Autriche la Pamphilie oreilharde.

8. Pamphilie réticulée.

Pamphilius reticulatus.

Pamphilius capite thoraceque nigris, flavido-maculatis; abdomine pallido-rubescente, alis fusco flavidoque variis.

Tenthredo reticulata *antennis setaceis, alis pallido fuscoque variis; venis elevatis, albis, reticulatis.* Linn. *Syst. Nat. ed.* 12. *tom.* 1. *p.* 927. *n°.* 46. — *Faun. Suec. ed.* 2. *n°.* 1564.

Tenthredo reticulata. Vill. *Ent. Linn. tom.* 3. *p.* 120. *n°.* 118.

Cephaleia Clarkii. Jur. *Nouv. Méth. de classer les Hyménopt. p.* 67. *pl.* 7. *Gen.* 7. Femina.

Lyda reticulata *alis pallido fuscoque variis; venis elevatis, albis, reticulatis.* Klug, *Act. Cur. Nat.* 1808. *Lyd. Monogr. Spec.* 1.

Elle est un peu plus grande que la Pamphilie du Bouleau. Ses antennes sont noires, & composées d'un grand nombre d'articles, dont le troisième beaucoup plus long. La tête est noire, avec le chaperon, deux lignes de chaque côté, renfermant les yeux, & deux taches sur le sommet, d'un jaunâtre-pâle. Ces lignes & ces taches se réunissent au bord postérieur de la tête. Le corcelet est noir, avec le rebord antérieur jaunâtre. L'abdomen est rougeâtre ou jaunâtre, avec une grande tache anale, commune aux deux surfaces; & six autres taches, mais petites, tétragones, disposées deux par deux, sur trois rangées, & situées près de l'extrémité postérieure du ventre, noires. Les pattes sont de cette couleur. Les ailes, depuis leur naissance jusqu'aux deux tiers de leur longueur, ont une teinte jaunâtre, avec des taches d'un noirâtre un peu violet, formant au milieu une bande transverse, & toutes coupées par des nervures jaunâtres. Le restant de l'aile & ses nervures postérieures sont d'un noirâtre-violet. Le bord terminal des ailes supérieures est sans couleur, & paroît blanc.

Cette jolie espèce se trouve plus particulièrement au nord de l'Europe; elle a été prise au pied du Jura par M. Clark, & M. Klüg, célèbre naturaliste de Berlin, me l'a envoyée.

9. Pamphilie des prés.

Pamphilius pratensis.

Pamphilius niger, antennis, pedibus, capitis thoracisque maculis variis, flavis; abdominis margine ferrugineo, alis hyalinis.

Lyda pratensis *capite thoraceque nigro flavoque variis, abdomine nigro, margine ferrugineo.* Fabr. *Syst. Pyez. p.* 45. *n°.* 10.

Tenthredo pratensis. Fabr. *Ent. Syst. em. t.* 2. *p.* 122. *n°.* 14.

Lyda pratensis *capite thoraceque nigro flavoque variis, abdomine nigro, margine ferrugineo.* Klug, *Act. Curios. Natur.* 1808. *Lyd. Monogr. Spec.* 4.

Tenthredo vafra *antennis setaceis, capite nigro alboque variegato, pedibus testaceis.* Linn. *Syst. Nat. ed.* 12. *tom.* 1. *p.* 927. *n°.* 45. ?

Lyda vafra *capite nigro alboque vario, pedibus testaceis.* Fabr. *Syst. Pyez. p.* 44. *n°.* 6. ?

Tenthredo vafra. Fabr. *Ent. Syst. em. tom.* 2. *p.* 122. *n°.* 71. ? — *Mant. Ins. tom.* 1. *pag.* 256. *n°.* 59. ? — *Spec. Ins. tom.* 1. *p.* 417. *n°.* 56. ? — *Syst. Ent. p.* 324. *n°.* 27. ?

Tenthredo vafra. Vill. *Entom. Linn. tom.* 3. *p.* 119. *n°.* 117. ?

Tenthredo stellata. Christ, *Hymenopt. p.* 458. *tab.* 51. *fig.* 4.

Schæff. *Icon. Ins. tab.* 42. *fig.* 8. 9.

Elle a, d'après Fabricius, le port & la taille de la Pamphilie champêtre. Ses antennes sont jaunes, avec le premier article noir. La tête & le corcelet sont mélangés de noir & de jaune. L'abdomen est déprimé, plan, largement bordé de fauve, & jaunâtre en dessous. Les ailes sont transparentes ou couleur d'eau. Les pattes sont jaunes.

Les figures de Christ & de Schæffer, citées plus haut, paroissent convenir à cette espèce, ainsi que l'avoit déjà remarqué M. Klüg. Le même naturaliste y rapporte encore la Tenthrède *vafra* de Linné; mais j'ai quelques doutes sur la justesse de cette application, la description que Linné a donnée de cette espèce étant trop concise. Suivant lui, la Tenthrède rusée, *vafra*, ressemble beaucoup à la Tenthrède réticulée; mais elle est un peu plus petite. La tête présente la même convenance de rapports; les côtés de l'écusson sont jaunes. Les ailes sont noirâtres & sans tache. Les pattes sont testacées ou d'un fauve-jaunâtre, & non pas noires. La couleur des antennes & celle de l'abdomen ne sont point indiquées dans cette description. La similitude que Linné trouve entre cet insecte & la Tenthrède réticulée pourroit faire soupçonner que ces parties du corps sont également colorées

colorées dans l'une & l'autre espèce; mais il s'ensuit toujours que la description est ambiguë.

La Pamphilie des prés se trouve en Allemagne.

M. Jurine présume (*Nouv. Méth. de classer les Hyménopt. pag.* 67) que la Lyde champêtre de Fabricius est le mâle de cette espèce. M. Klüg est d'un autre sentiment, puisqu'il suit à cet égard Fabricius. Il paroît même que l'individu de la Lyde champêtre, dont il donne la figure, est une femelle. Si cela est, toutes les difficultés sont levées.

10. Pamphilie entourée.

Pamphilius circumcinctus.

Pamphilius ater, capitis thoracisque maculis, abdominis margine albis.

Lyda circumcincta *atra, capitis thoracisque maculis, abdominis margine albis.* Klug, *Act. Curios. Natur.* 1808. *Lyd. Monogr. Spec.* 15.

Elle est très-voisine de la Pamphilie des prés; mais elle s'en éloigne par la couleur de ses antennes, qui sont noires, & par celle des taches de la tête, du corcelet & du bord de l'abdomen, qui sont blancs.

Elle se trouve en Géorgie, dans l'Amérique septentrionale.

11. Pamphilie champêtre.

Pamphilius campestris.

Pamphilius niger, antennis, abdominis medio pedibusque; femoribus exceptis, luteis; scutello albo, alis flavo-hyalinis; apice stigmateque fuscis.

Lyda campestris *nigra, abdomine depresso, segmentis quatuor rufis, scutello albo.* Fabr. *Syst. Pyez. p.* 45. *n°.* 9.

Tenthredo campestris. Fabr. *Entom. Syst. em. tom.* 2. *p.* 122. *n°.* 73.

Lyda campestris *abdomine luteo, apice nigro, alis flavo-hyalinis, apice stigmateque fuscis.* Klug, *Act. Curios. Natur.* 1808. *Lyd. Monogr. Spec.* 2. *tab.* 7. *fig.* 2.

Tenthredo hieroglyphica. Christ, *Hymenopt. p.* 459. *tab.* 51. *fig.* 5.

Fabricius & M. Klüg rapportent à cette espèce la Tenthrède, à laquelle Linné a donné le même nom; mais comme il l'a placée dans la division de celles dont les antennes sont de sept articles, je ne puis, malgré des convenances générales de couleurs, assez ordinaires dans cette famille, admettre une telle synonymie.

La Pamphilie champêtre a la taille & la forme de celle du Bouleau. Son corps est noir. Ses antennes sont jaunes. Au-devant de chaque œil est un point de la même couleur. Le corcelet a deux petites taches blanches, une près du milieu du segment antérieur, & en forme de cœur; l'autre carrée & près de l'écusson. L'abdomen est d'un jaune un peu rousseâtre, avec les premiers anneaux & les derniers noirs. Suivant Fabricius, la couleur jaune ou fauve (car il varie ses expressions) affecte le second anneau, les trois suivans & le bord du sixième. Les pattes sont jaunâtres ou rousseâtres, avec les cuisses noires. Les ailes sont transparentes, lavées de jaunâtre, avec le stigmate & l'extrémité noirâtres.

Elle se trouve en Allemagne.

12. Pamphilie arlequine.

Pamphilius histrio.

Pamphilius ater, antennis rufescentibus, sexdecim articulis, tertio elongato; clypeo, capitis thoracisque maculis variis flavis; abdomine suprà, basi exceptâ, livido; maculis marginalibus pallidis, alis subhyalinis, stigmate flavescente.

Cette espèce est très-voisine de la Pamphilie des prés & de celles que je nomme *mi-partie* & *déprimée;* elle est longue de cinq lignes & demie, & a la forme de la Pamphilie du Bouleau. Son corps est noir & luisant. Ses antennes, un peu plus courtes que dans les congénères, sont d'un rousseâtre-pâle, composées de seize articles, dont le premier un peu jaunâtre, le troisième aussi long que les deux suivans ensemble, & les derniers d'un rousseâtre plus obscur. Les mandibules sont rousseâtres, avec une tache noirâtre vers leur milieu. La tête est grosse & ponctuée. Ses côtés inférieurs, son bord postérieur, le chaperon & la majeure partie du front sont jaunes. Le milieu du chaperon, jusqu'un peu au-delà de l'origine des antennes, est élevé en une carène peu saillante & écrasée. La couleur jaune du front est divisée en trois grandes taches, dont une de chaque côté, le long du bord interne des yeux, & dont l'autre au milieu & échancrée au bout. Les espaces qu'elles occupent, sont élevés; celui du milieu a un gros point enfoncé & noir. Le vertex a deux sillons bien marqués & profonds : sur chaque sillon est placée une tache jaune & bifide, ou formée de deux petites lignes. Les angles postérieurs de la tête sont jaunes, avec une tache noire. Les yeux sont d'un brun-foncé. Le segment antérieur du corcelet est fortement bordé de jaune; le second ou le dos a quatre taches de la même couleur, dont deux latérales & près des ailes; la troisième en devant, & ayant la forme d'un cœur très-évasé; la quatrième opposée à la précédente, & située près de l'écusson. L'abdomen est court, large & très-aplati : son dessous est noir; mais le dessus, à commencer au second anneau, est livide ou d'un jaunâtre un peu rousseâtre. La plupart de ces segmens ont une ride transversale, & le bord postérieur de quelques-uns est plus foncé.

Les côtés du ventre ont, tant en deſſus qu'en deſſous, des taches plus pâles ou jaunâtres. Le deſſous du corps en offre quelques autres de la même couleur, dont deux plus remarquables, en forme de lignes, ſituées ſur la poitrine, une de chaque côté, & deux près du milieu du bord poſtérieur de l'avant-dernier ſegment. Les pattes ſont en entier d'un jaune-pâle. Les ailes ont une foible teinte jaunâtre : c'eſt auſſi la couleur de leurs nervures & du ſtigmate.

Elle ſe trouve aux environs de Paris.

13. Pamphilie vide.

Pamphilius inanitus.

Pamphilius niger, capite anticè & poſticè utrinquè, ſegmenti antici thoracis margine pedibuſque flavis; abdomine pallidè fulvo, ſubdiaphano, baſi apiceque nigris; antennis fulveſcentibus, articulo tertio ſequenti vix longiore.

Pamphilius inanitus. Latr. *Gen. Cruſt. & Inſ. tom.* 3. *p.* 235.

Tenthredo inanita *nigra, antennis fulvis, ſetaceis; abdomine fulvo, diaphano; apice nigro.* Vill. *Ent. Linn. tom.* 3. *p.* 125. *n°.* 37. *tab.* 7. *fig.* 21.

Lyda inanis *capite anticè poſticèque utrinquè, alarum ſtigmate pedibuſque pallidis, abdominis medio rufo.* Klug, *Act. Curioſ. Nat.* 1808. *Lyd. Monogr. Spec.* 13.

Elle a un peu plus de quatre lignes de long. Ses antennes ſont d'un fauve-clair, compoſées d'un grand nombre d'articles, dont le troiſième à peine plus long que le ſuivant. Le corps eſt noir. La tête eſt ponctuée. Son chaperon, juſqu'à l'origine des antennes, eſt jaune, & a au milieu une carène aiguë, qui ſe termine à une éminence frontale, & diviſée en deux par un enfoncement. Le vertex a deux ſillons profonds : ſon extrémité poſtérieure offre une ligne jaune, arquée ou ſuivant le contour de la tête, à partir des yeux, & interrompue au milieu. Les yeux ſont noirs. Le bord poſtérieur du premier ſegment du corcelet & l'attache des ailes ſont jaunes. L'abdomen eſt d'un fauve-jaunâtre, avec le premier anneau & les deux ou trois derniers noirs. Vu à la lumière, il paroît comme vide. Les pattes, à l'exception du premier article des hanches, ſont d'un jaune-pâle. Les ailes ſont tranſparentes, avec les nervures & le ſtigmate d'un rouſſeâtre-clair. J'ai fait cette deſcription ſur une femelle.

Les individus que je préſume être les mâles ſont un peu plus petits & plus alongés. Le premier article de leurs antennes eſt jaunâtre. Le deſſus de l'abdomen eſt noir, avec le quatrième & le cinquième anneau en entier, les angles poſtérieurs du troiſième, les côtés des derniers & l'extrémité anale rouſſeâtres. Le ventre, les côtés de la poitrine & les pattes ſont d'un jaune-pâle. Ces individus reſſemblent, pour le reſte, à la femelle.

Elle ſe trouve aux environs de Lyon.

14. Pamphilie damier.

Pamphilius teſſelatus.

Pamphilius capite thoraceque albo nigroque variis, abdomine pedibuſque rubris, femoribus ſuprà nigris.

Lyda teſſelata *capite thoraceque albo nigroque variis, abdomine pedibuſque rubris, femoribus ſuprà nigris.* Klug, *Act. Curioſ. Nat.* 1808. *Lyd. Monogr. Spec.* 7. *tab.* 7. *fig.* 4.

Elle eſt un peu plus grande que la Pamphilie arlequine, & lui reſſemble beaucoup. Les antennes ſont jaunâtres, avec du noir ſur le premier article. La tête & le corcelet ſont noirs, avec des taches blanches, diſpoſées à peu près de la même manière que les taches jaunes de la Pamphilie arlequine. L'abdomen eſt rouge, avec les deux premiers anneaux noirs. Les pattes ſont rouges, avec le deſſus des cuiſſes noir.

Elle ſe trouve dans la Géorgie, en Amérique.

15. Pamphilie ceinturée.

Pamphilius cingulatus.

Pamphilius ater, antennis pedibuſque dilutè rufis, lineolis duabus pone oculos, ſcapulis ſcutelloque albidis; abdominis ſegmentis quarto & quinto ſuprà rufis; alis hyalinis, immaculatis.

Elle eſt un peu plus grande que la Pamphilie ponctuée, légérement pubeſcente & d'un noir-luiſant. Les antennes ſont compoſées d'environ vingt-deux articles, dont les deux premiers noirs, & les autres d'un fauve-pâle. Les derniers ſont un peu plus obſcurs, & le troiſième eſt fort long. Les palpes ſont d'un fauve très-pâle. Les mandibules ſont rouſſeâtres, avec la baſe plus pâle. La tête eſt très-ponctuée. Le milieu du chaperon eſt foiblement relevé en carène. L'extrémité ſupérieure du front eſt un peu raboteuſe, & diviſée, ainſi que le vertex, par deux lignes profondément imprimées & longitudinales; elles ſont réunies, derrière les petits yeux liſſes, par une petite ligne tranſverſe; ce qui forme une eſpèce de H alongée. On voit derrière chaque œil une petite raie arquée & blanchâtre. Une partie des épaules, le tubercule placé à l'origine des ailes & l'écuſſon ſont auſſi de cette couleur. Le deſſus de l'abdomen eſt d'un noir un peu bleuâtre. Le milieu du bord poſtérieur & ſupérieur de ſon troiſième ſegment, le deſſus des deux ſuivans, une portion de leur baſe exceptée, ſont d'un fauve preſque rouge. Le milieu de ces deux ſegmens & du ſixième eſt relevé, en forme d'arête tranſverſale. Le bord poſtérieur des anneaux du ventre ou du deſſous de l'abdomen eſt pâle ou blanchâtre. Les pattes, à l'exception du premier article des hanches, sont entiérement d'un fauve très-pâle. Les ailes sont transparentes ou n'ont du moins qu'une teinte jaunâtre très-foible. Les nervures sont noirâtres. Le fond du stigmate est un peu clair & d'un brun-jaunâtre.

Cette espèce se trouve aux environs de Paris, & a beaucoup d'affinité avec la Pamphilie des arbustes & avec la Lyde des jardins *(Lyda hortorum)*, que M. Klüg caractérise ainsi : *très-noire; milieu de l'abdomen fauve ; écusson et pattes pâles.* (*Act. Curios. Natur.* 1808. *Lyd. Monogr. Spec.* 11.)

16. Pamphilie déprimée.

Pamphilius depressus.

Pamphilius antennis fulvo-testaceis, capite thoraceque nigris, flavo-maculatis ; abdomine fulvo ; pedibus flavo-ferrugineis ; alis illarumque stigmate croceis.

Pamphilius depressus. Latr. *Hist. natur. des Crust. & des Ins. tom.* 13. *p.* 141. — *Gen. Crust. & Ins. tom.* 3. *p.* 235.

Tenthredo depressa *capite thoraceque nigris, characteribus flavis, pedibus abdomineque ferrugineis.* Schrank, *Enum. Ins. Austr. n°.* 691.

Tenthredo depressa. Vill. *Ent. Linn. tom.* 3. *p.* 124. *n°.* 31.

Tenthredo depressa. Panz. *Faun. Insect. Germ.* 65. *tab.* 11. — *Revis. der Hymenopt. p.* 50.

Lyda depressa *capite thoraceque nigro flavoque variis, abdomine pedibusque flavescentibus.* Klug, *Act. Curios. Natur.* 1808. *Lyd. Monogr. Spec.* 5.

Schrank & d'autres naturalistes citent la Mouche-à-scie, n°. 21, de Geoffroi, comme synonyme de cette espèce, sans réfléchir que la différence dans la composition des antennes ne permet pas de la mettre dans la même division.

La Pamphilie déprimée est presqu'aussi grande que celle du Bouleau. Ses antennes sont d'un fauve-testacé, &, d'après la figure de Panzer, le troisième article n'est pas plus long que le suivant. La tête est noire, avec sa partie antérieure, son contour marginal & différentes taches jaunes; elle a deux sillons longitudinaux. Le corcelet est noir, & diversement taché de jaune. L'abdomen est fauve. La poitrine est noire, avec une ligne jaune & oblique de chaque côté. Les pattes sont d'un fauve-jaune. Les ailes sont presque safranées : leur stigmate est de cette couleur. Dans la figure de Panzer, les nervures, le stigmate & l'extrémité postérieure des ailes sont noirâtres. On voit aussi quelques taches ou espaces de cette couleur sur le dessus des premiers anneaux de l'abdomen, vers le milieu de leur bord antérieur.

Elle se trouve en Allemagne & en France.

17. Pamphilie jaunâtre.

Pamphilius lutescens.

Pamphilius antennis nigris, subtùs rufis ; capite nigro, maculâ anticâ flavâ ; thorace nigro, maculis tribus dorsalibus rufis ; abdomine flavo, margine pallido ; pedibus flavis.

Tenthredo lutescens, *thorace nigro, maculis tribus dorsalibus rufis ; abdomine flavo, pallidè marginato.* Panz. *Faun. Ins. Germ. Fasc.* 107. *tab.* 8.

Panzer a fait de cet insecte une Tenthrède; mais ses antennes, la forme de son corps, les cellules de ses ailes, annoncent qu'il appartient au genre des Pamphilies ou des Lydes de Fabricius. Son corps a environ six lignes de longueur. Les antennes sont noires en dessus & fauves en dessous. Plusieurs articles sont même entiérement de cette couleur; le troisième est long. Les palpes sont jaunes. Les mandibules sont de la même couleur, avec les dents noirâtres. La tête est d'un noir-luisant, ponctuée, avec une tache jaune entre les antennes. Le corcelet est très-noir, luisant, avec trois taches fauves sur le dos, dont deux opposées & latérales, & la troisième, plus bas, placée sur l'écusson, & formant, avec les précédentes, un triangle. Les deux premiers segmens de l'abdomen sont noirs. Les autres sont jaunes, avec le côté extérieur plus clair ou pâle. Toutes les pattes sont d'un jaunâtre-pâle. Les ailes sont transparentes, mais un peu obscures, avec une tache noirâtre près de l'extrémité.

M. Klüg l'a trouvée à Berlin.

18. Pamphilie campagnarde.

Pamphilius arvensis.

Pamphilius niger, antennis flavis, apice fuscis ; capite thoraceque rufo-maculatis ; abdomine ferrugineo, dorso fusco ; pedibus rufis, femoribus posticis suprà nigris ; alis flavicantibus, puncto marginali nigro.

Cephaleia arvensis, *antennis multiarticulatis, nigra ; corpore depresso, antennis pedibusque flavis.* Panz. *Faun. Insect. Germ.* 86. *tab.* 9. — *Revis. der Hymenopt. p.* 50.

Lyda arvensis *nigra, antennis pedibusque flavis.* Klug, *Act. Curios.* 1808. *Lyd. Monogr. Spec.* 21.

Elle a la forme & la taille de la Pamphilie à tête rouge. Ses antennes sont jaunes, avec l'extrémité noirâtre. Son corps est noir & luisant. La tête est ponctuée, avec les mandibules & les palpes jaunes; le bord du chaperon, l'orbite des yeux, deux taches verticales & deux petites lignes occipitales, ferrugineux. Le corcelet est très-noir, ponctué, avec une ligne antérieure & transverse, deux points sur le dos & les tubercules calleux situés à la naissance des ailes, de couleur fauve. L'écusson est sans tache. L'abdomen est ferrugineux, luisant, aplati, avec le dos noirâtre. Les pattes sont fauves. Le dessus des cuisses postérieures est noir. Les ailes sont jaunâtres, avec le stigmate noir.

Elle se trouve dans les bois de l'Allemagne.

19. PAMPHILIE des forêts.

PAMPHILIUS silvaticus.

Pamphilius ater, antennis flavidis; capitis maculis, scutello pedibusque flavis; alis hyalinis, capitis verticè inæquali; antennarum articulo tertio sequenti vix longiore.

Pamphilie des forêts. LATR. *Hist. natur. des Crust. & des Insect. tom.* 13. *pag.* 139. — *Gen. Crust. & Ins. tom.* 3. *p.* 234.

Tenthredo silvatica, *antennis setaceis, corpore nigro; pedibus thoracisque characteribus flavis.* LINN. *Syftem. Nat. ed.* 12. *tom.* 1. *p.* 926. *n°.* 41. — *Faun. Suec. ed.* 2. *n°.* 1561.

Mouche-à-scie séticorne, noire, à pattes jaunes. DEG. *Mem. tom.* 2. *p.* 1040. *pl.* 40. *fig.* 23.

Lyda silvatica *nigra, pedibus thoraceque characteribus flavis.* FABR. *Syst. Pyez. p.* 43.

Tenthredo silvatica. FABR. *Ent. Syst. em. tom.* 2. *p.* 121. *n°.* 67. — *Mant. Insect. tom.* 1. *p.* 256. *n°.* 55. — *Spec. Ins. tom.* 1. *pag.* 416. *n°.* 52. — *Systém. Entom. p.* 323. *n°.* 34.

Lyda nemorum *atra, scutello niveo, antennis pedibusque flavis.* FABR. *Systém. Pyez. pag.* 45. *n°.* 11.

Tenthredo silvatica. VILL. *Ent. Linn. tom.* 3. *p.* 118. *n°.* 113.

Lyda silvatica *atra, antennis rufis, thorace maculis pedibusque flavis.* KLUG, *Act. Curios. Natur.* 1808. *Lyd. Monogr. Spec.* 8.

Psen silvatica. SCHRANK, *Faun. Boica, t.* 2. *p.* 258. *n°.* 2045.

Tenthredo silvatica. PANZ. *Faun. Ins. Germ.* 65. *tab.* 10. — *Revis. der Hymen. p.* 49.

Cephaleia nemorum. PANZER, *Faun. Insect. Germ.* 86. *tab.* 8.

SCHÆFF. *Icon. Insect. Ratisb. tab.* 105. *fig.* 6.

Elle est longue de quatre lignes, pointillée, d'un noir-foncé & luisant. Les antennes sont un peu plus courtes que le corps, comprimées, d'un jaunâtre un peu fauve, composées de vingt-cinq articles, dont le premier a une tache noire en dessus, & dont le troisième est à peine plus long que le suivant. Les mandibules sont rousseâtres. Le devant de la tête est très-pointillé & un peu inégal. Son milieu forme une carène, aboutissant à une éminence frontale, & d'où partent deux sillons qui vont jusqu'au bord postérieur de la tête. Les côtés du front, près des bords internes des yeux, sont élevés, tranchans, & ont une ligne jaune. On voit, derrière chaque œil, une tache de la même couleur. L'attache des ailes, l'écusson & les pattes, à l'exception des hanches & du bas des cuisses, sont également jaunes. Les ailes sont transparentes, comme vernissées, avec les nervures d'un jaunâtre-pâle, & le stigmate épais, alongé, & d'un brun-foncé.

On la trouve en Europe & au printems. Elle est très-commune en Suède, sur les feuilles de l'arbre nommé *Bois de Sainte-Lucie*, & où elle dépose ses œufs.

20. PAMPHILIE des arbustes.

PAMPHILIUS arbustorum.

Pamphilius antennis corporeque nigris; limeola antè alas scutelloque albis; abdominis segmentis tertio, quarto & quinto pedibusque rufis; alis hyalinis.

Pamphilius arbustorum. LATR. *Hist. natur. des Crust. & des Insect. tom.* 13. *p.* 140. *n°.* 4. — *Gen. Crust. & Ins. tom.* 3. *p.* 235.

Lyda arbustorum *nigra, abdomine medio rufo, scutello punctoque alarum albis.* FABR. *Systém. Pyez. p.* 46. *n°.* 15.

Tenthredo arbustorum. FABR. *Entom. Syst. em. tom.* 2. *p.* 123. *n°.* 78.

Tenthredo lucorum. FABR. *Mant. Ins. tom.* 1. *p.* 256. *n°.* 64.

Lyda arbustorum *nigra, abdomine medio rufo, scutello punctoque alarum albis.* KLUG, *Act. Curios. Natur.* 1808. *Lyd. Monogr. Spec.* 19.

Tenthredo lucorum. VILL. *Entom. Linn. tom.* 3. *p.* 123. *n°.* 130.

Sa taille égale celle de la Tenthrède du Sapin. Ses antennes & son corps sont noirs. La bouche est jaunâtre. Le corcelet est très-noir, avec une ligne à chaque épaule & l'écusson blancs. Le troisième segment de l'abdomen, ainsi que les deux suivans, sont rouges. Les pattes sont fauves. Les ailes sont transparentes, avec le stigmate noir & marqué d'un point blanc.

Elle se trouve en Angleterre & en Allemagne.

21. PAMPHILIE ponctuée.

PAMPHILIUS punctatus.

Pamphilius ater, capite, thorace, abdominis margine albido-maculatis; femoribus nigris, apice albidis; alis hyalinis, nervis punctoque crasso nigris; antennis penitùs nigris.

Tenthredo nemoralis *antennis setaceis, corpore atro; abdominis segmentis lateribus albis.* Linn. *Syst. Nat. ed.* 12. *tom.* 1. *p.* 926. *n°.* 42.? — *Faun. Suec. ed.* 2. *n°.* 1562.?

Lyda punctata *nigra, capite punctis; thorace margine abdomineque strigis, albis.* Fabr. *Syst. Pyez. p.* 44. *n°.* 7.

Tenthredo punctata. Fabr. *Ent. Syst. Suppl. p.* 218. *n°.* 71.

Tenthredo punctata. Coqueb. *Illustr. Icon. Inf. Dec.* 1. *p.* 17. *tab.* 3. *fig.* 9.

Lyda punctata *atra, capite thoraceque punctis, abdomine strigis, posticis albis.* Klug, *Act. Curios. Nat.* 1808. *Lyd. Monogr. Spec.* 9.

Psen caprifolii. Schrank, *Faun. Boica, t.* 2. *p.* 257. *n°.* 2044.

Son corps est long de quatre lignes, d'un noir-foncé, luisant, pointillé & légérement pubescent. Ses antennes sont entiérement de la même couleur, presqu'aussi longues que lui dans les mâles, un peu plus courtes dans les femelles, & composées d'une vingtaine d'articles, dont le troisième fort alongé. La tête est très-ponctuée. Ses mandibules sont blanchâtres, avec l'extrémité brune. Le bord antérieur de son chaperon est un peu échancré de chaque côté. Le milieu de la face antérieure est élevé en carène, & marqué d'une tache blanchâtre & alongée. L'on remarque, près du bord interne des yeux & sur le vertex, d'autres taches de la même couleur, mais plus petites. Le vertex est assez convexe, arrondi, & a deux petites lignes enfoncées & peu profondes. Le corcelet est noir, avec son bord antérieur, deux points sur le dos & l'écusson blanchâtres. L'abdomen est noir, avec des taches blanchâtres sur les bords; ces taches, nulles ou presque nulles vers sa base, s'élargissent peu à peu sur les derniers anneaux, occupent une portion de leur bord postérieur, & y forment des raies courtes & transverses. Le ventre, ou le dessous de l'abdomen, est même presqu'entiérement traversé par deux ou trois raies semblables. Les cuisses sont noires, avec le bout ou le genou blanchâtre. Les jambes & les tarses sont d'un rousseâtre-clair. Les ailes sont transparentes, avec les nervures & le stigmate noirs. La grandeur & le nombre des taches varient. Leur teinte tire un peu sur le jaunâtre dans quelques individus.

Elle se trouve aux environs de Paris, dans les bois.

22. Pamphilie mi-partie.

Pamphilius dimidiatus.

Pamphilius ater, antennarum basi, frontis maculâ pedibusque flavis; abdomine posticè flavo, fasciis brunneis; alis fuscis; femoribus quatuor anticis maculâ nigrâ.

Mouche-à-scie séticorne, noire, à ventre jaune. Deg. *Mem. tom.* 2. *p.* 1040. *n°.* 35. *pl.* 40. *fig.* 22.

Lyda clypeata *atra, frontis maculâ, pedibus abdominisque punctis utrinquè quatuor albis.* Klug, *Act. Curios. Natur.* 1808. *Lyd. Monogr. Spec.* 14.?

Degeer, d'après lequel je décrirai cette espèce, dit qu'elle est de la grandeur des Mouches bleues de la viande. Son corps est large, plat & noir. Les antennes sont noires, avec du jaune à leur origine. Les palpes & les mandibules sont jaunes. On voit une tache de la même couleur sur le front, entre les antennes. A l'origine des ailes est un tubercule pareillement jaune. La partie antérieure de l'abdomen est noire, & la postérieure jaune, avec des raies transverses, brunes ou rousseâtres. Les pattes sont jaunes. Les deux premières paires ont une tache noire sur leurs cuisses. Les ailes ont une forte teinte de brun, avec une tache (le stigmate probablement) noire.

M. Klüg rapporte cette espèce de Degeer à son *Lyda clypeata*; mais les caractères distinctifs qu'il assigne à ce dernier insecte semblent convenir plutôt à la Pamphilie ponctuée qu'à la précédente.

La Pamphilie mi-partie se trouve en Suède.

23. Pamphilie alpine.

Pamphilius alpinus.

Pamphilius sublinearis, niger, thoracis puncto, abdomine pedibusque lutescentibus.

Lyna alpina, *corpore sublineari nigro; thoracis puncto, abdomine pedibusque lutescentibus.* Klug, *Act. Curios. Natur.* 1808. *Lyd. Monogr. Spec.* 18.

Cette espèce est distinguée de ses congénères par la forme étroite & presque linéaire de son corps. Elle est noire, avec un point sur le corcelet, l'abdomen & les pattes jaunâtres.

Elle a été trouvée sur des montagnes alpines de l'Allemagne.

24. Pamphilie marquée.

Pamphilius signatus.

Pamphilius pallidus, thorace maculis tribus dorsalibus, longitudinalibus, scutelloque nigris.

Lyda signata *pallida, thorace maculis tribus dorsalibus, longitudinalibus nigris.* Fabr. *Systen. Pyez. p.* 44. *n°.* 4.

Tenthredo signata. Fabr. *Ent. Syst. em. t.* 2. *p.* 122. *n°.* 70. — *Mant. Inf. t.* 1. *p.* 256. *n°.* 57. — *Spec. Insect. tom.* 1. *p.* 416. *n°.* 54.

Tenthredo signata. Vill. *Ent. Linn. tom.* 3. *p.* 123. *n°.* 128.

Elle est de grandeur moyenne & pâle. Les antennes sont noirâtres en dessus & pâles en dessous. La tête a un point noir à son sommet. Le corcelet a sur le dos trois taches longitudinales, très-noires. L'écusson est de cette couleur. La base de l'abdomen est marquée d'une petite raie noire. Les pattes sont pâles.

Elle se trouve en Allemagne.

25. Pamphilie hémorrhoïdale.

Pamphilius hæmorrhoidalis.

Pamphilius ater, ano rufo, pedibus testaceis, femoribus basi nigris.

Lyda hæmorrhoidalis *atra, ano pedibusque testaceis.* Fabr. *Systém. Pyez. p.* 46. *n°.* 13.

Tenthredo hæmorrhoidalis. Fabr. *Entom. Syst. em. tom.* 2. *p.* 123. *n°.* 76. — *Mant. Inf. tom.* 1. *p.* 256. *n°.* 62. — *Spec. Inf. t.* 1. *p.* 417. *n°.* 59.

Tenthredo hæmorrhoidalis. Vill. *Entom. Linn. tom.* 3. *p.* 123. *n°.* 129.

Lyda hæmorrhoidalis. Spinol. *Insect. Ligur. Fasc.* 1. *p.* 59.

Elle est petite & très-noire. Les antennes sont sétacées, noires, de la longueur du corps. L'anus est fauve. Les pattes sont couleur de brique, avec la base des cuisses noire.

Elle se trouve en Allemagne & aux environs de Gênes, sur le Froment, au témoignage de M. Spinola.

26. Pamphilie du Peuplier.

Pamphilius Populi.

Pamphilius atro-cœrulescens, ore, palpis tibiisque anticis flavis.

Tenthredo Populi, *antennis setaceis, atro-cœrulescens; ore, palpis tibiisque anticis flavis.* Linn. *Syst. Nat. ed.* 12. *tom.* 1. *p.* 927. *n°.* 45.

Lyda Populi, *atro-cœrulescens, ore, palpis tibiisque flavis.* Fabr. *Syst. Pyez. p.* 44. *n°.* 5.

Tenthredo Populi. Fabr. *Ent. Syst. em. tom.* 2. *p.* 122. *n°.* 70. — *Mant. Insect. tom.* 1. *p.* 256. *n°.* 58. — *Spec. Inf. tom.* 1. *p.* 417. *n°.* 55. — *Syst. Ent. p.* 324. *n°.* 36.

Tenthredo Populi. Vill. *Ent. Linn. tom.* 3. *p.* 119. *n°.* 116.

Elle est d'une taille moyenne & d'un bleuâtre-noir ou très-foncé. La bouche est jaune. Le corcelet est noir, avec ses bords & une partie des côtés de la poitrine, jaunes. L'abdomen est de cette couleur, avec des taches transverses, très-noires & opaques, sur le dos. Les jambes antérieures sont jaunes. Les ailes sont noirâtres.

Elle se trouve en Suède, sur le Peuplier.

27. Pamphilie de l'Églantier.

Pamphilius Cynosbati.

Pamphilius ater, abdomine lineari, pedibus ferrugineis, posticis albo nigroque annulatis.

Pamphilius Cynosbati. Latr. *Hist. nat. des Crust. & des Inf. tom.* 13. *p.* 139. *n°.* 3. — *Gen. Crust. & Inf. tom.* 3. *p.* 235.

Tenthredo Cynosbati, *antennis setaceis, corpore atro, pedibus ferrugineis; posticis albo nigroque annulatis.* Linn. *Syst. Nat. ed.* 12. *tom.* 1. *p.* 927. *n°.* 43. — *Faun. Suec. ed.* 2. *n°.* 1563.

Mouche-à-scie à jambes variées. Geoffr. *Hist. des Inf. tom.* 2. *p.* 287. *n°.* 36. ?

Tenthredo Cynosbati. Fourc. *Entom. Paris. pars* 2. *p.* 377. *n°.* 42. ?

Lyda Cynosbati *atra, pedibus ferrugineis, posticis albo nigroque annulatis.* Fabr. *Syst. Pyez. p.* 44. *n°.* 3.

Tenthredo Cynosbati. Fabr. *Ent. Syst. emend. tom.* 2. *p.* 121. *n°.* 68. — *Mant. Insect. tom.* 1. *p.* 256. *n°.* 56. — *Spec. Insect. tom.* 1. *p.* 416. *n°.* 53. — *Syst. Ent. p.* 324. *n°.* 35.

Tenthredo Cynosbati. Vill. *Ent. Linn. tom.* 3. *p.* 119. *n°.* 115.

Cette espèce, suivant Linné, est petite, & a le port d'un Ichneumon. Ses antennes sont très-noires, & composées de dix-huit articles. Le corps est très-noir. L'abdomen est linéaire. Les pattes sont fauves. Les postérieures sont annelées de blanc & de noir.

Geoffroy dit que le corcelet a trois points jaunes, un de chaque côté, aux attaches des ailes, & le troisième à sa pointe ou vers l'écusson. N'est-ce pas une autre espèce? Cet auteur penche à regarder comme une simple variété de la précédente la Mouche-à-scie, qu'il décrit au n°. 37. (*La Mouche-à-scie à point jaune au corcelet, & le milieu du ventre fauve, tom.* 2, *p.* 288. — *Tenthredo rubi.* Fourc.) Elle a deux lignes & demie de long. Son corps est noir. Ses antennes sont brunes & presqu'aussi longues que le corps. Le corcelet a deux lignes jaunes & obliques, une de chaque côté, au-devant de l'attache des ailes; il est terminé par un point de cette couleur. Le second anneau de l'abdomen & les trois suivans sont fauves, de même que les pattes. Quelques individus ont cependant les jambes postérieures panachées de blanc & de noir; & c'est d'après cela que Geoffroy soupçonne que cet insecte pourroit n'être qu'une variété de l'espèce précédente. Il m'est inconnu. Son corps étant étroit & alongé, je présume qu'il n'appartient pas au genre des Pamphilies.

Linné cite, à l'occasion de cet insecte, les figures 1 à 6 de la planche 15, du tome V des Mémoires de Réaumur. Les numéros 1 à 3 représentent des morceaux de branche de Rosier, où une Tenthrédine, bien différente, d'après ce qu'en dit Réaumur, de l'espèce de Linné, dont il est ici question, a placé ses œufs. Les numéros 3 & 4 font voir des antennes grossies d'hylotomes. La figure 6 nous montre une Tenthrédine faisant une entaille dans une des grosses côtes des feuilles de Rosier; mais cette espèce est toute noire : une partie de ses jambes est seulement jaunâtre. Ainsi aucune de ces figures ne peut s'appliquer à la Tenthrède de l'Églantier de Linné.

Elle se trouve en Europe.

28. Pamphilie des bois.

Pamphilius saltuum.

Pamphilius atro-cœruleus, abdomine toto croceo, alis fuscis; anticis margine maculâque nigris.

Tenthredo saltuum, *antennis setaceis, corpore nigro, abdomine luteo.* Linn. *Syst. Nat. ed.* 12. *t.* 1. *p.* 927. *n°.* 48. — *Faun. Suec. ed.* 2. *n°.* 1566.

Lyda saltuum *nigra, abdomine luteo.* Fabr. *Syst. Pyez. p.* 46. *n°.* 12.

Tenthredo saltuum. Fabr. *Ent. Syst. em. tom.* 2. *p.* 122. *n°.* 75. — *Mant. Insect. tom.* 1. *p.* 256. *n°.* 61. — *Spec. Insect. tom.* 1. *p.* 417. *n°.* 58.

Tenthredo saltuum. Vill. *Ent. Linn. tom.* 3. *p.* 120. *n°.* 120.

Le corps, ainsi que les pattes, est d'un bleu très-foncé. L'abdomen est entiérement safrané. Les ailes sont noirâtres. Les supérieures ont une tache & la côte noires.

Cet insecte est lent & se trouve en Suède.

29. Pamphilie jaune.

Pamphilius flavus.

Pamphilius flavus, maculâ alarum ferrugineâ.

Tenthredo flava *flava, maculâ alarum ferrugineâ.* Linn. *Systém. Nat. ed.* 12. *tom.* 1. *p.* 927. *n°.* 49. — *Faun. Suec. ed.* 2. *n°.* 1567.

Lyda flava *flava, maculâ alarum ferrugineâ.* Fabr. *Syst. Pyez. p.* 46. *n°.* 14.

Tenthredo flava. Ent. Syst. em. tom. 2. *p.* 123. *n°.* 77. — *Mant. Inf. tom.* 1. *p.* 256. *n°.* 63. — *Spec. Inf. tom.* 1. *p.* 417. *n°.* 60. — *Syst. Ent. p.* 324. *n°.* 4.

Tenthredo flava. Vill. *Entom. Linn. tom.* 3. *p.* 127. *n°.* 121.

Réaum. *Mem. Inf. tom.* 5. *pl.* 10. *fig.* 6. 7.?

Elle est, suivant Linné, de la grandeur d'une petite Fourmi. Son corps est renflé & tout jaune. Les yeux sont noirs. Les ailes sont d'un gris-jaune, avec une tache fauve & peu marquée dans leur milieu.

La Mouche-à-scie, figurée par Réaumur, à la planche précitée, a, quant à la couleur du corps, quant à la longueur des antennes, des rapports avec cette espèce, ainsi que l'avoit remarqué Linné; mais je ne puis assurer que ce soit le même insecte, d'autant plus que la Mouche-à-scie de Réaumur a ses ailes bordées extérieurement de brun, caractère dont le naturaliste suédois ne fait point mention.

L'espèce de Réaumur place ses œufs, à la file les uns des autres, contre les nervures de la surface inférieure des feuilles du Groseillier. Les files de ces œufs sont souvent interrompues; mais un fait remarquable, c'est qu'ils ne paroissent pas être insérés dans des entailles, mais simplement collés. Ils sont si adhérens, que Réaumur n'a pu réussir à les détacher sans les crever. Comme les femelles de ces insectes ont cependant une scie, comme en pondant chaque œuf elles courbent leur ventre, & semblent vouloir entailler la place dans laquelle elles cherchent à les mettre, il seroit possible qu'elles y fissent une fente très-légère, & qui fourniroit à l'œuf une humidité suffisante. Réaumur n'a pu, en se servant même d'une loupe assez forte, découvrir l'entaille. Peut-être avoit-elle été bouchée par la peau de l'œuf, qui y étoit restée attachée. La ponte se fait très-rapidement. Une femelle qu'il observoit dans cette opération, pondit, dans l'espace d'un quart d'heure, dix œufs, d'une forme oblongue, & qu'elle avoit placés sur la partie la plus relevée de la côte de la feuille.

La larve ou la Fausse-Chenille de cette espèce a vingt-deux pattes. Le quatrième anneau de son corps est le seul qui en soit dépourvu. Le fond de sa couleur, avant sa dernière mue, est d'un vert-céladon, mêlé d'un peu de jaunâtre, surtout postérieurement. Elle paroît comme chagrinée, à raison des tubercules noirs & très-nombreux dont elle est très-couverte. Ces tubercules disparoissent à la dernière mue. La nouvelle peau est lisse & d'un blanc ayant une teinte jaune. Les deux anneaux de chaque extrémité sont d'un jaune presque citron.

Plusieurs de ces Fausses-Chenilles, que Réaumur élevoit, entrèrent en terre au commencement de septembre, pour faire leurs coques & se métamorphoser. L'insecte parfait naquit dans les premiers jours d'avril de l'année suivante.

Les larves connues des Pamphilies n'ayant que six pattes, il est probable que l'espèce dont nous venons de parler n'est pas de ce genre. *(Lat.)*

PANACHE. Geoffroy a donné ce nom à un genre d'insectes qu'il nomme *Ptilinus* en latin, & qui ne comprend que deux espèces, dont l'une appartient au genre Ptilin, & l'autre à celui de Drile. *(Voyez ces mots.)*

PANAGÉE. *Panagæus.* Genre d'insectes de la première section de l'Ordre des Coléoptères, & de la famille des Carabiques.

Les Panagées ont les antennes filiformes, plus

courtes que le corps ; six antennules, dont deux filiformes, très-courtes, & quatre alongées, terminées par un article plus grand que les autres & triangulaire ; les mandibules simples ; les jambes antérieures marquées d'une échancrure vers leur extrémité interne.

Ces insectes ont été détachés, par M. Latreille, des Carabes, dont ils faisoient partie autrefois, & dont ils se distinguent principalement par le dernier article des quatre antennules postérieures, plus gros que ceux qui le précèdent, de figure triangulaire, ayant deux angles aigus & un droit presqu'ouvert. Ils entrent dans la division des Carabiques, qui ont une échancrure ou entaille profonde vers l'extrémité des jambes antérieures. Ils se rapprochent un peu de Cychres, des Calosomes & des Carabes par la forme du corps & par les antennules ; mais les Cychres ont les mandibules bidentées, tandis qu'elles sont simples dans les Panagées. De plus, les antennules se terminent, dans les premiers, par un article plus large & plus comprimé. Les Calosomes & les Carabes ont le dernier article des quatre antennules postérieures guère plus grand que ceux qui précèdent, & ces trois genres ont les jambes antérieures sans entaille.

M. Clairville a adopté ce genre dans son *Entomologie helvétique* ; il en a développé les caractères, & a donné une fort bonne figure du Panagée grand-croix, ainsi que des parties de la bouche, des antennes & de la jambe antérieure de cet insecte.

Les antennes des Panagées sont filiformes, un peu plus longues que la moitié du corps, & composées de onze articles, dont le premier est renflé, un peu alongé, aminci à sa base seulement ; le second est court, presque cylindrique ou s'amincissant à peine en allant de l'extrémité à la base ; le troisième est un peu plus long que ceux qui viennent après, qui sont tous presqu'égaux & cylindriques. Elles sont insérées à la partie latérale de la tête, un peu au-devant des yeux.

La bouche est composée d'une lèvre supérieure, de deux mandibules, de deux mâchoires, d'une lèvre inférieure & de six antennules.

La lèvre supérieure est cornée, peu avancée, plus large que longue, largement échancrée & à peine ciliée antérieurement.

Les mandibules sont cornées, simples, assez larges, comprimées, un peu creuses en dessous, tranchantes à leur bord interne, un peu arquées & pointues à leur extrémité.

Les mâchoires sont cornées, terminées par un crochet aigu, fortement ciliées tout le long du bord interne.

La lèvre inférieure est cornée, très-courte ; le bord supérieur est large, droit & tranchant.

Le menton est tridenté. La dent du milieu est peu avancée, petite, obtuse, presque bifide ; les dents latérales sont très-grandes, arrondies.

Les antennules antérieures ou maxillaires internes sont filiformes, très-courtes, à peine de la longueur des mâchoires, & composées de deux articles presqu'égaux ; le dernier est arrondi à son extrémité : elles sont insérées au dos des mâchoires.

Les antennules moyennes ou maxillaires externes sont trois ou quatre fois plus longues que les premières, & composées de quatre articles, dont le premier est petit, mince ; le second est long, plus étroit à sa base qu'à son extrémité ; le troisième est une fois plus court que le précédent ; le dernier, à peine plus long que celui-ci, est plus large & a une figure triangulaire, dont le plus long côté du triangle est à la partie extérieure. Elles sont insérées au dos des mâchoires, un peu au dessous de la base des premières.

Les antennules postérieures sont de longueur moyenne, & composées de trois articles, dont le premier est court & mince ; le second un peu alongé, aminci à sa base ; le troisième est un peu plus large que le dernier article des antennules intermédiaires, & a, comme lui, une figure triangulaire. Elles sont insérées à l'extrémité antérieure de la lèvre inférieure.

La tête est étroite, un peu plus longue que large, portée sur un col étroit, enfoncé dans le corcelet. Les yeux sont petits, arrondis & très-saillans.

Le corcelet est plus étroit que les élytres, déprimé, un peu rebordé, ordinairement raboteux. L'écusson est petit, triangulaire & pointu.

Les élytres sont presqu'ovales, convexes, assez dures, rebordées, de la grandeur de l'abdomen qu'elles embrassent un peu de tous les côtés. Elles cachent, dans un petit nombre d'espèces, deux ailes membraneuses, dont l'insecte fait quelquefois usage.

Les pattes sont assez longues, comme dans tous les Carabiques. Les cuisses sont simples, peu renflées. Les jambes sont minces, alongées ; les antérieures seulement ont, vers leur extrémité, une entaille assez profonde, accompagnée, tant en dessus qu'en dessous, d'une petite épine. Les tarses sont minces, alongés, filiformes, composés de cinq articles, dont le dernier est terminé par deux crochets. Les tarses antérieurs, dans les mâles seulement, ont les deux premiers articles plus larges que les autres.

Les Panagées sont de fort jolis insectes, peu nombreux en espèces, presque toutes étrangères. L'Europe n'en a jusqu'à présent qu'une seule de connue, qui ne le cède aux étrangères que par la taille, beaucoup plus petite. Ces insectes vivent de rapine & se tiennent dans les endroits humides, au bord des eaux, sous des pierres, sous des débris de végétaux. On les trouve aussi quelquefois parmi les mousses, dans les lieux ombragés & humides. Ils courent avec assez de légéreté, & ne font point usage de leurs ailes lorsqu'on veut les saisir ; mais il est probable qu'ils s'en servent lorsqu'ils veulent se transporter à de grandes distances. La plupart des espèces sont aptères, & les élytres sont alors réunies par leur suture.

PANAGÉE.

PANAGÉE.

PANAGÆUS. LATR. CLAIRV. *CARABUS.* FABR. LINN. GEOFFR. PAYK. PANZ.

CARACTÈRES GÉNÉRIQUES.

Antennes filiformes, plus longues que la moitié du corps.

Six antennules; les antérieures courtes, filiformes; les quatre postérieures alongées, terminées par un article large, triangulaire.

Mandibules larges, simples, un peu arquées, tranchantes à leur bord interne.

Jambes antérieures ayant une entaille vers leur extrémité intérieure.

Tête plus étroite que le corcelet.

ESPÈCES.

1. PANAGÉE quadrimaculé.

Noir; élytres avec quatre taches jaunes; corcelet avec une entaille de chaque côté.

2. PANAGÉE recourbé.

Noir; élytres presque sillonées, avec deux taches sur chaque, transverses, jaunes; corcelet arrondi, avec les bords relevés.

3. PANAGÉE anguleux.

Velu, noir; corcelet cannelé, ovale; élytres sillonées, marquées de deux bandes jaunes, interrompues.

4. PANAGÉE quadrimoucheté.

Noir; élytres striées, marquées de quatre taches rouges; corcelet arrondi, raboteux.

5. PANAGÉE grand-croix.

Noir; élytres avec des stries ponctuées et deux grandes taches fauves; corcelet orbiculé, raboteux.

1. PANAGÉE quadrimaculé.

PANAGÆUS quadrimaculatus.

Panagæus ater, elytris striatis, maculis duabus fulvis; thorace orbiculato, reflexo, posticè utrinquè emarginato.

Il a de neuf à dix lignes de longueur, & les élytres en ont trois & demi à leur milieu. Les antennes sont un peu velues. La tête a un léger rebord au dessus des antennes, depuis la bouche jusqu'aux yeux. Le corcelet est fortement ponctué, marqué d'une ligne enfoncée, qui s'arrête au milieu : il est aussi large que long, coupé à sa partie antérieure & à sa partie postérieure, relevé sur les côtés, avec une entaille profonde près de l'angle postérieur. Tout le corps est très-noir, un peu luisant, avec quatre taches d'un jaune-fauve sur les élytres, deux sur chaque. Ces élytres sont presqu'ovales, pointillées, & marquées chacune de neuf stries.

Il se trouve à la Nouvelle-Hollande, & est conservé au Muséum d'Histoire naturelle.

2. PANAGÉE recourbé.

PANAGÆUS reflexus.

Panagæus ater, elytris sulcatis, maculis duabus transversis flavis; thoracis margine rotundato, reflexo.

Carabus reflexus. FABR. *Ent. Syst. em. t.* I. *pars* I. *p.* 147. *n°.* 102.

Cychrus reflexus. FABR. *Syst. Eleut. tom.* I. *p.* 166. *n°.* 3.

Voyez, pour la description & les autres synonymes, CARABE recourbé, n°. 40.

3. PANAGÉE anguleux.

PANAGÆUS angulatus.

Panagæus hirtus, ater, thorace canaliculato, elytris sulcatis; fasciis duabus flavis, interruptis.

Carabus angulatus. FABR. *Ent. Syst. em. t.* I. *pars* I. *p.* 148. *n°.* 103.

Voyez, pour la description & les autres synonymes, CARABE anguleux, n°. 41.

4. PANAGÉE quadrimoucheté.

Panagæus quadriguttatus.

Panagæus ater, elytris sulcatis, punctatis; maculis quatuor rufis; thorace rotundato, scabro.

Il a six lignes de longueur & deux un quart de largeur au milieu des élytres. Les antennes sont un peu velues. La tête est fortement ponctuée, & a, comme les précédens, un rebord au dessus des antennes, qui part de la bouche, & s'étend jusqu'aux yeux. Le corcelet est fortement ponctué, tout guilloché, marqué d'une ligne longitudinale, enfoncée, dans toute sa longueur. Il est à peu près aussi large que long : ses bords sont arrondis, peu relevés, & il est coupé droit à sa partie antérieure, ainsi qu'à sa partie postérieure. Tout le corps est très-noir, avec quatre petites taches rouges, arrondies, sur les élytres, deux sur chaque. Ces élytres ont chacune neuf stries ou sillons dans lesquels on voit une suite de points enfoncés bien marqués. Les pattes sont un peu plus courtes que dans les espèces précédentes.

Il se trouve à la Nouvelle-Hollande, d'où il a été apporté par feu Perron.

Il est conservé au Muséum d'Histoire naturelle.

5. PANAGÉE grand-croix.

PANAGÆUS crux major.

Panagæus niger, elytris striatis, punctatis; maculis quatuor rufis; thorace orbiculato, scabro.

Panagæus crux major *niger, profundè punctatus; elytris punctato-striatis, rubris; cruce apiceque nigris.* LATR. *Gen. Crust. & Inf. t.* I. *p.* 220. *n°.* I.

Panagée bipustulé. LATR. *Hist. nat. des Crust. & des Inf. tom.* 8. *p.* 292. *tab.* 73. *fig.* 7.

Panagæus crux major. CLAIRV. *Ent. Helv. t.* 2. *p.* 98. *tab.* 15.

Carabe bipustulé. OLIV. *Ent. tom.* 3. *Gen.* 35. *n°.* 143. *tab.* 8. *fig.* 95. *a. b.*

Carabus crux major. FABR. *Ent. Syst. em. t.* I. *p.* 160. *n°.* 158. — *Syst. Eleut. t.* I. *p.* 202. *n°.* 176.

Carabus bipustulatus. PAYK. *Monogr. Carab.* *n°.* 49.

Carabus crux major. PAYK. *Faun. Suec. t.* I. *p.* 137. *n°.* 52.

Carabus crux major. PANZ. *Faun. Germ. Fasc.* 16. *tab.* I.

Voyez, pour la description & les autres synonymes, CARABE bipustulé, n°. 143.

PANGONIE. *Pangonia.* Genre d'insectes de l'Ordre des Diptères, & de la famille des Taoniens.

Les Pangonies sont des Diptères très-voisins de ceux qui, durant les chaleurs, tourmentent si cruellement les chevaux, les bœufs, & que l'on appelle *Taons.* Non-seulement elles en présentent la forme extérieure & générale, mais les détails particuliers de leur organisation sont encore essentiellement les mêmes. Pour former les Pangonies, la Nature s'est bornée à diminuer la grandeur des antennules des Taons, à étendre leur trompe en longueur aux dépens de son épaisseur, & à lui donner la figure d'une espèce de bec long & menu; deux antennes qui sont à peine de la longueur de la tête, de trois pièces, dont la dernière, plus longue, en forme d'alène, & divisée en huit anneaux ; deux antennules fort courtes, presque coniques, biarticulées, élevées, saillantes & insérées près de la cavité de la bouche ; une trompe presque sétacée, penchée en avant, renfermant un suçoir composé de quatre petits filets écailleux ; une tête hémisphérique, presqu'entièrement occupée par les yeux, de la largeur & de la hauteur du corcelet ; un abdomen déprimé & triangulaire ; deux ailes grandes, écartées & horizontales ; des pattes longues & grêles : tels sont les caractères essentiels qui signalent les Pangonies.

Ce genre est si rapproché de celui des Taons, que Linné & Fabricius ne l'en avoient pas distingué. Degeer fit un changement à cet égard, & transporta les Taons à trompe alongée, qui sont des Pangonies ou des insectes très-analogues, dans le genre des Bombilles. C'est là aussi que M. Olivier a placé les Pangonies qu'il a connues. Mais quoique ces insectes aient une trompe presque semblable à celle des Bombilles proprement dits, ils en diffèrent cependant sous plusieurs rapports, comme par la composition de la troisième & dernière pièce des antennes, leurs palpes beaucoup plus grands ; par leur tête, aussi large & aussi haute que le corcelet ; par l'horizontalité de leur corps, &c. Ces considérations m'ont engagé à instituer le genre Pangonie (*Hist. nat. des Crust. & des Ins. tom.* 3, *p.* 437). J'ai d'abord formé avec lui & celui de Némestrine, une petite famille, les *Siphonculés* ; mais je l'ai supprimée depuis (*Gen. Crust. & Ins. tom.* 4), & ces deux genres ont été refondus, l'un, ou celui de Pangonie, dans la famille des Taoniens ; l'autre, ou celui des Némestrines, dans la famille des Anthraciens. Fabricius a adopté, dans son *Système des Antliates*, le premier de ces genres. M. Meigen, n'ayant pas eu connoissance de mon travail, avoit établi la même coupe générique, sous le nom de *Tanyglossa*.

Les antennes des Pangonies sont subulées, à peine de la longueur de la tête, insérées à sa partie antérieure, entre les yeux, presque contiguës à leur base, ensuite divergentes & avancées ; elles sont composées de trois pièces. Les deux inférieures sont plus courtes & poilues : la première est deux fois au moins plus longue que la suivante, presque cylindrique & un peu amincie vers sa naissance ; la seconde est presque de la même grosseur, mais beaucoup plus courte, en forme de toupie tronquée, & plus large que longue ; la troisième est un peu plus longue que les deux autres réunies, & a la forme d'une alène comprimée ; elle est divisée en huit petits articles, dont le premier beaucoup plus épais, plus long que les six qui viennent après, arrondi, & les six suivans courts, en forme d'anneaux, & insensiblement plus menus ; le dernier est le plus long, en cône grêle & alongé, ou terminé en pointe. Ces antennes ont essentiellement la même forme que celle des Taons : seulement elles sont un peu plus grêles, & le premier article de leur troisième pièce n'est pas prolongé en dessus en forme de dent, comme dans les antennes de ces derniers Diptères.

L'extrémité antérieure de la tête est un peu avancée en forme de museau conique, tronqué, & donne naissance à la trompe & aux deux antennules. Fabricius considère ce museau comme une lèvre supérieure.

La trompe, ainsi que je l'ai dit, offre l'apparence d'un bec ou d'un stylet aussi long au moins que la tête & le corcelet, menu, aminci ordinairement & peu à peu pour se terminer en pointe, avancé, mais cependant incliné, & formant, avec le corps, un angle obtus. Cette trompe est composée d'une gaîne & d'un suçoir. La gaîne ou l'enveloppe extérieure de la trompe est presque coriace, & a la forme d'un tube très-grêle, creusé en gouttière dans toute sa longueur supérieure, d'abord cylindrique, puis allant en pointe ; il est un peu plus épais vers sa base, & fendu à l'autre bout. Les deux divisions de cette extrémité répondent évidemment aux deux lèvres qui terminent la trompe des Mouches. On en découvre les traces, même sans le secours de la loupe, dans une espèce de la Nouvelle-Hollande. Ces lèvres y sont renflées, & forment une petite massue terminale. Le suçoir prend naissance à l'extrémité antérieure de la tête, immédiatement au dessus de l'origine de sa gaîne, & s'insère dans son canal supérieur ; il est presque de la longueur de cette gaîne, & composé de quatre filets écailleux, sétacés, également longs, mais d'épaisseur différente. Celui de dessus, & qui ferme extérieurement la rainure, est le plus large, & a la forme d'une valvule : son côté supérieur a plusieurs stries fines & longitudinales ; l'inférieur est creusé en gouttière. Ce filet est un peu arqué près du bout, & finit en pointe acérée. Deux des trois autres sont plus étroits, capillaires & presque égaux ; le quatrième, & qui, ce me semble, occupe le milieu, est plus large, plus mince, en forme de petite lame, dont le milieu est silloné.

Les antennules sont insérées à l'extrémité antérieure & inférieure de la tête, sur les côtés de la trompe, mais un peu au dessous de sa naissance ; elles sont filiformes, comprimées, très-courtes, élevées, un peu velues, de deux articles qui sont presque de la même grandeur, & dont le premier est cylindrique, & le dernier conique, subulé ou triangulaire : tantôt elles sont presque perpendiculaires ; tantôt elles se dirigent un peu en avant, de chaque côté de la base de la trompe.

Les Pangonies, ainsi que je l'ai dit plus haut, ont le port des Taons. Leur corps est peu alongé, & parsemé d'un petit duvet soyeux & luisant.

Leur tête est presqu'hémisphérique, comprimée, appliquée exactement contre l'extrémité antérieure & verticale du corcelet, qu'elle déborde tant soit peu ; elle est en majeure partie occupée par les yeux, dans les mâles surtout. Les yeux lisses font extrêmement petits, & rapprochés en triangle fur le fommet poftérieur; ils manquent ou font invifibles dans les Taons.

Le corcelet eft cylindrique, déprimé, un peu plus long que large, fans divifions apparentes, & fe termine poftérieurement, au deffus de l'abdomen, par l'écuffon ou une faillie épaiffe, en carré tranfverfal, échancré de chaque côté.

L'abdomen eft déprimé, en triangle, dont les diamètres font prefqu'égaux, & dont les côtés font courbes; il eft compofé de fix à fept anneaux diftincts, dont le fecond plus grand.

Les pattes font affez longues, grêles & prefque glabres ou légérement pubefcentes. Les hanches de la première paire font plus grandes. Les cuiffes, les jambes & les tarfes font filiformes. Les cuiffes font un peu plus groffes que les jambes : celles-ci font terminées par deux très-petites épines. Dans les Taons, les premières & les dernières n'en ont pas de fenfibles. Le premier article des tarfes des Pangonies eft fort long. L'extrémité du dernier offre deux crochets menus, arqués, fimples, & trois petites pelotes membraneufes, rétrécies vers leur bafe.

Les ailes font membraneufes, grandes, prefque ovales, horizontales, écartées, & femblables à celles des Taons quant au nombre des nervures & à leur difpofition. On obferve néanmoins, dans le plus grand nombre des efpèces, que la longue cellule adoffée au côté extérieur de la cellule difcoïdale & centrale, ou, fi l'on veut, la troifième à partir du milieu de la côte, eft fermée avant d'atteindre le bord poftérieur de l'aile, & la joint par le moyen du prolongement d'une des nervures, tandis que, dans les Taons, l'extrémité de cette cellule touche le bord, & fouvent même n'eft fermée que par lui. Dans les Pangonies, le côté interne de la cellule qui précède, ou de la feconde, jette, au point où elle fe refferre & devient arquée, un petit rameau intérieur. Ce rudiment de nervure eft placé au fommet de la première cellule du bord poftérieur, ou de celle dont l'ouverture embraffe l'angle formé par ce bord & la côte.

On confultera, à cet égard, les figures de M. Meigen. Les ailerons font de grandeur moyenne, arrondis, rebordés & légérement ciliés; ils recouvrent une grande partie des balanciers.

Les Pangonies font des infectes propres aux contrées méridionales, à l'Afrique furtout. Les efpèces indigènes ne remontent pas au-delà du 45e. degré de latitude; elles ne font même pas très-communes dans les départemens les plus chauds, tels que ceux qui font fitués fur les bords de la Méditerranée. Ces Diptères volent avec une grande agilité de fleurs en fleurs, y puifent, avec leur longue trompe, les fucs mielleux qu'elles contiennent, s'y arrêtent un inftant, & paffent bientôt à une autre. M. Olivier ne les a jamais vus attaquer des animaux, ainfi que le font les Taons. Leurs métamorphofes font ignorées.

Ce n'eft qu'avec doute que je rapporte à ce genre les Taons que Linné nomme *roftratus* & *barbatus*; ils ont bien le port des Pangonies; mais, fuivant Degeer, la dernière pièce de leurs antennes n'eft pas articulée.

La longueur relative de la trompe, variant fuivant les efpèces, nous offre le moyen de divifer ce genre; mais n'ayant pas vu plufieurs de celles que Fabricius a mentionnées, & les defcriptions de cet auteur n'étant pas toujours affez complètes, je n'ai pu faire ufage de ce caractère, ni fignaler les efpèces avec autant de rigueur & de méthode que je l'aurois defiré. L'étude des Pangonies eft encore plus difficile que celle des Taons, attendu que ces Diptères font plus rares dans les collections, & qu'on poffède rarement les deux fexes.

PANGONIE.

PANGONIA. LATR. FABR. *TABANUS.* LINN. ROSS. *BOMBYLIUS.* OLIV. DEG.? *TANYGLOSSA.* MEIG.

CARACTÈRES GÉNÉRIQUES.

Antennes à peine de la longueur de la tête, de trois pièces, dont la dernière plus longue, en forme d'alène, divisée en huit articles; celui de la base arrondi sur ses côtés.

Trompe beaucoup plus longue que la tête, filiforme ou presque sétacée, avancée et droite.

Suçoir guère plus court que la trompe, de quatre soies ou filets, de longueur presque égale.

Deux antennules très-courtes, insérées près de la base de la trompe, filiformes, relevées ou avancées, de deux articles, dont le dernier terminé en pointe.

Corps peu alongé, ayant le port de la Mouche *domestique* et des Taons, déprimé horizontalement; tête presqu'hémisphérique, presqu'entièrement occupée par les yeux, de la largeur et de la hauteur au moins du corcelet; trois petits yeux lisses; abdomen presque triangulaire ou en ovale, tronqué à sa base, déprimé; ailes grandes, écartées, horizontales; ayant plusieurs cellules complètes; balanciers peu découverts; pattes filiformes, longues; toutes les jambes terminées par deux petites épines; trois pelotes au bout des tarses.

ESPÈCES.

1. PANGONIE? rayée.

D'un noir-gris; corcelet rayé; abdomen à bandes grises; trompe de la longueur du corps.

2. PANGONIE bigarrée.

Couverte de poils fauves; abdomen fauve, avec des taches noirâtres sur le dos; ailes tachées; trompe de la longueur du corps.

3. PANGONIE mauritanique.

Noire, avec un duvet d'un roux-jaunâtre; le second segment de l'abdomen, son milieu excepté, et le bord des suivans fauves; ailes tachetées de noirâtre; trompe de la longueur du corps.

4. PANGONIE anale.

Corps noir; bout de l'abdomen fauve; trompe de la longueur du corps.

5. PANGONIE mouchetée.

Très-noire; deux lignes sur le corcelet, ses côtés, des points alignés sur l'abdomen, blancs.

6. PANGONIE? barbue.

Abdomen fauve, avec le bout et des taches dorsales noires; le second et le troisième anneau bordés de blanc; trompe courte; ailes tachetées.

PANGONIE. (Insecte.)

7. Pangonie binotée.

Brune; corcelet rayé; ailes presque noirâtres, avec une tache marginale plus foncée; trompe courte, dilatée au bout.

8. Pangonie latérale.

Corcelet cendré, rayé de blanc; abdomen noir, avec les côtés de sa base et les bords des anneaux fauves; trompe courte; ailes sans tache.

9. Pangonie anguleuse.

Corcelet noir, presque rayé; abdomen très-noir; bords du second anneau, du quatrième et des deux suivans blancs : le second ayant seul la bordure continue.

10. Pangonie d'Amboine.

Corcelet noirâtre, presque rayé de blanc; dessus de l'abdomen noirâtre, avec le bord des anneaux d'un fauve-jaunâtre : son dessous blanc.

11. Pangonie dorsale.

Dessus du corcelet noirâtre, avec des lignes cendrées; abdomen d'un fauve jaunâtre pâle; son extrémité dorsale plus obscure, avec le milieu plus clair; ailes presque noirâtres; trompe courte.

12. Pangonie bordée.

Entièrement noire; corcelet et côtés de l'abdomen garnis d'un duvet fauve; trompe courte; ailes noirâtres.

13. Pangonie tabaniforme.

Noirâtre; antennes, jambes et tarses fauves; côtés de l'abdomen, le milieu de son dos, ayant une rangée de taches grises, formées par un duvet; anus d'un gris-roussâtre; trompe courte; ailes jaunâtres vers leur base.

14. Pangonie à ailes variées.

Noirâtre, avec un duvet jaunâtre; côtés supérieurs de la base de l'abdomen roussâtres; ailes tachetées de noirâtre; trompe courte; dernier article des palpes alongé, subulé.

15. Pangonie tachetée.

Corcelet ayant un duvet jaunâtre et deux lignes plus pâles; abdomen d'un jaunâtre-fauve, avec des taches dorsales noirâtres; ailes avec une bande transverse et trois points près du bout noirâtres; trompe courte; palpes presque cylindriques.

16. Pangonie fasciée.

Corps noirâtre, avec un duvet jaunâtre; anneaux intermédiaires de l'abdomen et les suivans presque nus et noirâtres à leur base antérieure et dorsale; ailes noirâtres; pattes roussâtres, avec les cuisses noires; trompe courte.

17. Pangonie fauve.

Fauve; des taches noires sur le dos de l'abdomen; trompe courte; ailes noirâtres.

1. Pangonie ? rayée.

Pangonia ? lineata.

Pangonia ? griseo-nigra, thorace lineato, abdomine fasciis griseis, proboscide longitudine corporis.

Pangonia lineata *obscura, thorace lineato, haustello corpore longiore.* Fabr. *System. Antl. p.* 89. *n°.* 1.

Tabanus rostratus *oculis fuscentibus, haustello longitudine corporis.* Fabr. *Ent. Syst. em. tom.* 4. *p.* 362. *n°.* 1.

On a donné les autres synonymes & la description de cette espèce à l'article Bombille trompette, espèce n°. 25.

2. Pangonie bigarrée.

Pangonia variegata.

Pangonia ferrugineo-villosa, abdomine ferrugineo, maculis dorsalibus fuscis, alis maculatis, proboscide longitudine corporis.

Pangonia variegata *ferrugineo-villosa, abdomine ferrugineo, maculis dorsalibus fuscis, alis immaculatis (maculatis), rostro longitudine corporis.* Fabr. *Syst. Antl. p.* 92. *n°.* 8.

Elle a la forme & la taille de la Pangonie tachetée. Les antennes sont fauves, avec l'extrémité noire. La trompe est cylindrique, de la longueur du corps, noire, avec la base fauve. Le corcelet est garni de poils fauves. L'abdomen est fauve, avec des taches noires sur le dos, & les bords des anneaux un peu blancs. Les ailes ont des taches noirâtres. Les pattes sont rousses.

Elle se trouve en Barbarie, & paroît être voisine de la Pangonie mauritanique.

3. Pangonie mauritanique.

Pangonia mauritanica.

Pangonia nigra, testaceo-pubescens, abdominis segmento secundo, medio excepto, sequentium margine, ferrugineis; alis fusco maculatis; proboscide corporis longitudine.

Tanyglossa mauritanica. Meig. *Dipt. tom.* 1. *p.* 176.

Voyez, pour la description & la synonymie, l'article Bombille, espèce n°. 26, Bombille mauritanique.

Fabricius rapporte cet insecte, mais avec doute, à sa Pangonie bordée, *marginata.*

4. Pangonie anale.

Pangonia analis.

Pangonia corpore nigro, abdominis apice fulvo, proboscide longitudine corporis.

Pangonia analis *nigra, abdomine apice fulvo, haustello longitudine corporis.* Fabr. *Syst. Antl. p.* 91. *n°.* 6.

Les antennes sont fauves. La tête est noire, avec la trompe très-avancée & de la longueur du corps. Le corcelet est noir, velu, sans tache. L'abdomen est noir, avec l'extrémité fauve. Les ailes sont d'un blanc-transparent. Les pattes sont jaunes, avec les cuisses noires & hérissées de poils.

Elle se trouve dans l'Amérique méridionale.

5. Pangonie mouchetée.

Pangonia guttata.

Pangonia atra, thoracis lateribus lineolisque duabus, abdominisque punctis seriatis, albis.

Tabanus guttatus *ater, thoracis lateribus lineolisque duabus, abdominisque punctis medio quatuor marginalibusque octo albis.* Don. *Epit. Ins. of New Holl. Hymenopt. Dipt. fig.* 4.

Elle a près d'un pouce de longueur. Son corps est d'un noir très-foncé & luisant. Ses yeux sont noirâtres, & bordés extérieurement de blanc. Le corcelet a sur le dos deux lignes blanches, formées par un duvet & distantes; chacun de ses côtés a trois petites taches de la même couleur, & composées de même : une plus grande au-devant de l'attache de l'aile, & les deux autres plus reculées & plus voisines du dos. Il paroîtroit, d'après les caractères que M. Donovan assigne à cette espèce, & d'après sa figure, que ces taches latérales formeroient une ligne continue, se joignant même en devant avec celles du milieu du dos. L'abdomen a sept rangées longitudinales de points blancs, formées aussi par un duvet; trois en dessus, dont une au milieu du dos, & les deux autres marginales; quatre sous le ventre, ou deux sur chacun de ses côtés, & rapprochées. Les pattes sont noires. Les ailes sont de la même couleur, avec quelques espaces moins obscurs.

Elle se trouve à la Nouvelle-Galles, & m'a été envoyée par M. Alexandre Mac-Leay, secrétaire de la Société Linnéenne.

6. Pangonie ? barbue.

Pangonia ? barbata.

Pangonia ? abdomine rufo, apice maculisque dorsalibus nigris, segmentis secundo & tertio albido marginatis; proboscide brevi; alis immaculatis.

Voyez, pour les synonymes & la description, l'article Bombille, espèce n°. 27, Bombille barbu.

Cette espèce se rapproche de la Pangonie latérale de Fabricius.

7. Pangonie binotée.

Pangonia binotata.

Pangonia corpore brunneo, thorace lineato;

alis subfuscis, maculâ marginali obscuriore lineolisque albidis; proboscide brevi, ad apicem dilatatâ.

Cette espèce, longue d'environ cinq lignes, est remarquable en ce qu'elle semble faire le passage de ce genre à celui des Taons, sa trompe étant courte, cylindrique & dilatée au bout. Le dernier article de ses palpes est en outre beaucoup plus large que dans les congénères. Son corps est d'un brun foncé & pubescent, particuliérement autour de la tête & sur les côtés. La plupart des poils sont gris; les autres sont noirs. La trompe est noire, un peu plus courte que la tête & le corcelet, cylindrique, avec l'extrémité dilatée triangulairement dans le sens de la hauteur, & comprimée. Les palpes sont d'un brun-noirâtre. Leur dernier article est comprimé, triangulaire, enfoncé dans le milieu & relevé sur les bords. Les antennes sont mutilées dans mon individu. Les yeux sont noirâtres & pubescens. L'intervalle qui les sépare, est d'un gris-cendré. Les petits yeux lisses ne sont point placés sur un tubercule. Le dessus du corcelet est rayé longitudinalement de brun & de gris-cendré. Les lignes brunes sont au nombre de quatre, dont les deux latérales plus foncées. Les raies grises intermédiaires s'entrelacent un peu. Le dessus de l'abdomen est d'un brun-luisant, sans tache, avec de petits poils noirs & clair-semés. On en voit aussi de la même couleur, & plus longs, sur le dessus du corcelet. Le ventre est également brun, mais garni, sur les côtés, d'un duvet gris. Les pattes sont brunes. Les ailes ont une teinte noirâtre, avec de petites lignes blanches qui suivent les nervures: ces nervures sont brunes. Près du milieu de la côte est une petite tache noirâtre, très-marquée, & que l'on prendroit au premier coup-d'œil pour le stigmate ordinaire.

L'individu que j'ai décrit est une femelle, & a été apporté de la Nouvelle-Hollande par les naturalistes Perron & Lesueur.

8. Pangonie latérale.

Pangonia lateralis.

Pangonia thorace cinereo, albo lineato; abdomine nigro, basi laterali segmentorumque marginibus fulvis; proboscide brevi; alis immaculatis.

Pangonia lateralis *thorace lineato, abdominis basi laterali segmentorumque marginibus fulvis.* Fabr. *Syst. Antl. p.* 91. *n°.* 4.

Elle a le port & la taille de la Pangonie tachetée. La trompe est de la longueur de la moitié du corps. Les antennes sont noires. Le corcelet est d'un cendré-obscur, avec quatre lignes blanches & peu marquées. L'abdomen est noir, avec les côtés des deux premiers anneaux, leurs bords, ainsi que ceux des suivans, fauves. Les pattes sont de cette couleur. Les ailes sont obscures & sans tache.

Elle se trouve au Cap de Bonne-Espérance.

9. Pangonie anguleuse.

Pangonia angulata.

Pangonia thorace nigro, sublineato; abdomine atro; segmentorum secundi, quarti & duorum sequentium margine albo; secundi margine solo continuo.

Pangonia angulata *atra, abdominis segmento secundo, margine albo.* Fabr. *Syst. Antl. p.* 91. *n°.* 5.

Elle ressemble à la Pangonie latérale pour le port & la grandeur. La tête est garnie d'un petit duvet cendré. Les antennes sont très-noires. Le corcelet est noir & presque rayé. L'abdomen est très-noir. Le bord du second anneau, du quatrième & des deux suivans sont blancs. La bordure est continue sur le second, & interrompue aux autres.

Elle se trouve au Cap de Bonne-Espérance.

10. Pangonie d'Amboine.

Pangonia amboinensis.

Pangonia thorace fusco, albo sublineato; abdomine suprà fusco, segmentorum marginibus testaceis, subtùs albo.

Pangonia amboinensis *thorace sublineato, abdomine suprà fusco; segmentorum marginibus testaceis, subtùs albo.* Fabr. *Syst. Antl. p.* 91. *n°.* 7.

La tête a des poils cendrés, & son sommet est noirâtre. Les antennes sont fauves. Le corcelet est noirâtre, presque rayé de blanc. L'abdomen est noirâtre en dessus, avec les bords des anneaux d'un fauve-jaunâtre. Le dessous du corps est pâle. Les pattes sont d'un fauve-jaunâtre.

Elle a été apportée d'Amboine par M. Labillardière.

11. Pangonie dorsale.

Pangonia dorsalis.

Pangonia thorace suprà fusco, lineis cinereis, abdomine pallidè testaceo, posticè suprà obscuriore, lineâ pallidiore in medio; alis subfuscis; proboscide brevi.

Cette espèce paroît avoir des rapports avec la Pangonie d'Amboine. Son corps n'a guère plus de quatre lignes de long. Sa trompe est de la longueur de la tête & du corcelet, & rousseâtre, ainsi que les antennules. Les antennes sont encore de cette couleur, avec l'extrémité noirâtre. Les yeux sont d'un brun-foncé. L'intervalle qui les sépare, est cendré;

cendré : on y remarque, près de leur extrémité postérieure, deux petites lignes enfoncées. Je n'ai pu bien distinguer les petits yeux lisses. La poitrine & les côtés du corcelet sont d'un cendré-rousseâtre, avec des poils jaunâtres. Les bords inférieurs de la tête en ont de la même couleur. La partie supérieure du corcelet, l'écusson, leurs côtés exceptés, sont d'un brun-noirâtre, & cette couleur est divisée, sur le corcelet, par trois lignes cendrées. La partie inférieure de l'abdomen & le dessus de ses deux premiers anneaux sont d'un rousseâtre très-pâle. Le dos des anneaux suivans, à l'exception des côtés, est brun ou noirâtre, & divisé au milieu par une ligne de taches d'un jaunâtre-pâle, & qui sont placées, une par une, sur le milieu du bord postérieur de chaque anneau. Les pattes sont rousseâtres. Les jambes & les tarses des postérieures sont plus foncés. Les ailes sont grandes, avec une légère teinte noirâtre. La troisième cellule longitudinale n'est fermée, à son extrémité inférieure, que par le bord postérieur de l'aile, comme dans plusieurs Taons.

Elle se trouve à l'Isle-de-France, & m'a été donnée par M. Mathieu, officier d'artillerie.

12. PANGONIE bordée.

PANGONIA marginata.

Pangonia corpore penitùs nigro, thorace abdominisque lateribus fulvo-tomentosis, proboscide brevi, alis nigricantibus.

Pangonia marginata *abdomine atro, margine fulvo-pubescente, haustello corpore dimidio breviore.* FABR. *Syst. Antl. p.* 90. *n°.* 2.

Tabanus haustellatus *oculis fuscentibus, abdomine atro, margine fulvo-pubescente, haustello corpore dimidio breviore.* FABR. *Ent. Syst. em. tom.* 4. *p.* 362. *n°.* 2. — *Mant. Inf. tom.* 2. *p.* 354. *n°.* 2. — *Spec. Inf. tom.* 2. *p.* 455. *n°.* 2.

Tabanus haustellatus. COQUEB. *Illustr. Ic. Inf. Dec.* 3. *p.* 120. *tab.* 27. *fig.* 4.

Tanyglossa haustellata. MEIG. *Dipt. tom.* 1. *p.* 175.

Cette espèce ressemble beaucoup à la Pangonie tabaniforme; mais elle en diffère, 1°. par la couleur du corps, des antennes & des pattes, qui sont entiérement noirs; 2°. par les ailes noirâtres, un peu plus claires seulement vers le bord postérieur, près du côté interne, & quelquefois en deux ou trois endroits du disque; 3°. par son duvet plus épais & plus fauve. Ce duvet recouvre presque tout le corps; il est d'un fauve plus vif sur les bords latéraux de l'abdomen, & grisâtre à sa partie inférieure, vers sa base.

Cette espèce se trouve en Barbarie & en Espagne.

13. PANGONIE tabaniforme.

PANGONIA tabaniformis.

Pangonia nigricans, antennis, tibiis tarsisque rufis; abdominis lateribus, illius dorso medio, maculis tomentoso-griseis, per seriem dispositis: ano griseo-rufescente; proboscide brevi; alis ad basin flavescentibus.

Pangonia tabaniformis. LATR. *Hist. nat. des Crust. & des Inf. tom.* 14. *p.* 318. — *Gen. Crust. & Inf. tom.* 4. *p.* 282.

Bombille tabaniforme. OLIV. *Encyclop. méth. Hist. nat. tom.* 4. *p.* 329. *n°.* 24.

Tabanus haustellatus. VILL. *Ent. Linn. tom.* 3. *p.* 558. *n°.* 18. *tab.* 10. *fig.* 13.

Voyez, pour la description, l'article BOMBILLE tabaniforme, cité dans la synonymie. L'abdomen est quelquefois d'un brun-rousseâtre.

On commence à trouver cette espèce aux environs de Lyon. Je l'ai reçue de M. Bourgeois, amateur zélé de l'Entomologie, & auquel je dois la communication d'un grand nombre d'insectes des environs de cette ville.

14. PANGONIE à ailes variées.

PANGONIA varipennis.

Pangonia nigricans, flavido-pubescens; abdominis lateribus suprà ad basin rufescentibus; alis fusco-maculatis; proboscide brevi; palporum articulo ultimo elongato, subulato.

Tabanus maculatus *oculis fuscis, tomentoso-cinereus, haustello exserto, longiusculo; alis nigro obsoletè maculatis.* ROSS. *Faun. Etr. Mant.* 2. *p.* 75. *n°.* 567. *tab.* 1. M.

J'avois confondu cette espèce avec la Pangonie tachetée; mais elle en est très-distincte. Son corps est noir, & garni d'un duvet plus ou moins jaunâtre, qui le fait paroître d'un noir-cendré. La trompe est noire, & à peu près de la longueur de la tête & du corcelet. Le dernier article des palpes est alongé, comprimé, en forme d'alène & rousseâtre. Les antennes sont de cette couleur, avec les extrémités plus foncées. Les yeux sont noirâtres. L'intervalle qui les sépare, paroît d'un gris-cendré. Le contour inférieur & antérieur de la tête est très-garni de poils. Le corcelet & l'écusson sont d'un noir-cendré : telle est aussi la couleur du milieu du dos de l'abdomen, de son extrémité postérieure & de son dessous. Cette partie du corps est couverte, particuliérement sur le bord postérieur des anneaux, d'un duvet soyeux, luisant, d'un jaunâtre-pâle, qui y forme même des raies transverses. Les côtés supérieurs des quatre premiers anneaux, du second & du troisième surtout, sont d'un rousseâtre-jaunâtre. Les pattes sont d'un brun-fauve. Les ailes ont des nébulosités &

quelques taches d'un brun-noirâtre : trois de ces taches sont placées près du milieu de l'aile, & y dessinent une ligne en zigzag. On voit deux autres taches plus isolées vers le bout.

Elle se trouve en Italie, & m'a été envoyée par MM. Ré & Bonelli; elle semble ne différer de la Pangonie mauritanique qu'en ce que sa trompe est plus courte que le corps.

15. PANGONIE tachetée.

PANGONIA maculata.

Pangonia thorace flavido-pubescente, lineis duabus pallidioribus; abdomine rufo-flavescente, maculis dorsalibus fuscis; alis fasciâ transversâ punctisque tribus posticis fuscis; proboscide brevi; palpis subteretibus.

Pangonia maculata *alis maculatis, haustello corpore dimidio breviore.* FABR. *Syst. Antl. p.* 90. *n°.* 3.

Tabanus proboscideus *oculis fuscentibus, abdomine atro, margine fulvo-pubescente, haustello corpore dimidio breviore.* FABR. *Ent. Syst. em. tom.* 4. *p.* 362. *n°.* 2.

Tabanus proboscideus. COQUEB. *Illustr. Iconog. Inf. Dec.* 3. *p.* 111. *tab.* 25. *fig.* 1.

Pangonia tabaniformis. LATR. *Gen. Crust. & Inf. tom.* 1. *tab.* 15. *fig.* 4. Le mâle.

Pangonia maculata. LATR. *Ibid. t.* 4. *p.* 282.

Tanyglossa proboscidea. MEIG. *Dipt. tom.* 1. *p.* 175.

Le mâle a environ six lignes de longueur. Sa trompe est noire & un peu plus longue que la moitié du corps, avec le suçoir roussêatre. Les palpes sont aussi de cette couleur, du moins vers leur extrémité, & ont une forme presque cylindrique; leur dernier article est un peu plus grêle à sa base. Les yeux sont noirâtres & contigus. La partie de la tête qu'ils n'occupent pas est jaunâtre. L'extrémité antérieure du museau & les antennes sont roussêatres. Le dessous de la tête est très-garni de poils jaunâtres. Le fond du corcelet est noir ou noirâtre; mais il est tout couvert d'un duvet jaunâtre, & a sur le dos deux lignes plus pâles, peu marquées. L'abdomen est d'un jaune-pâle un peu roussêatre ou couleur de cire vierge, & garni d'un duvet soyeux & jaunâtre, particuliérement sur le bord des anneaux. Les trois premiers ont chacun, au milieu du dos, une tache noirâtre, qui, sur le second & le troisième, n'atteint pas le bord postérieur. Le dessous de l'abdomen a quelques espaces plus foncés, & il est parsemé d'un grand nombre de petits poils noirs. Les pattes sont d'un fauve-pâle. Les ailes ont des taches d'un brun-noirâtre; celles du milieu y forment une espèce de bande transverse ou sinuée. On en distingue trois autres, en forme de points, & disposés en triangle, un peu plus bas ou vers l'extrémité postérieure. La base de l'aile est encore obscure. L'on apperçoit vers le centre, un peu au dessus de la bande du milieu, une petite tache transparente. L'abdomen est quelquefois noir, avec le premier anneau fauve, & le bord postérieur des autres blanc.

Elle se trouve en Barbarie, où elle a été recueillie par M. Desfontaines.

16. PANGONIE fasciée.

PANGONIA fasciata.

Pangonia corpore fusco, flavido-pubescente; abdominis segmentis intermediis & sequentibus suprà anticè subnudis, fuscis; alis fuscis; pedibus rufescentibus, femoribus nigris; proboscide brevi.

Elle est longue de sept lignes, noirâtre, mais presqu'entiérement garnie d'un duvet jaunâtre. La trompe est noire, avancée, & à peine de la longueur de la tête & du corcelet. Le second article des antennules est roussêatre. Les antennes sont de la même couleur, avec l'extrémité plus foncée. Les yeux sont noirs & contigus. Les trois petits yeux lisses sont placés sur un tubercule, au milieu du bord postérieur de la tête. Le corcelet est sans tache. Les deux premiers anneaux de l'abdomen, le bord postérieur des suivans, sont couverts en dessus d'un duvet soyeux, couché, d'un jaunâtre doré & luisant. La partie antérieure de ces derniers anneaux, étant nue ou presque nue, forme sur chaque une bande noirâtre & transverse. Le dessous de l'abdomen, à l'exception de sa base, est garni d'un duvet semblable. Les pattes sont roussêatres, avec les cuisses & les hanches noires. Les ailes ont une teinte noirâtre, un peu plus forte, un peu au-delà du milieu, vers la côte, & plus foible au bord postérieur. Les ailerons sont d'un jaunâtre-pâle.

M. Olivier l'a trouvée à Scio & en Égypte. Les individus de sa collection, & d'après lesquels j'ai décrit cette espèce, sont mâles.

17. PANGONIE fauve.

PANGONIA ferruginea.

Pangonia ferruginea, abdomine maculis dorsalibus nigris, proboscide corpore breviore, alis fuscis.

Tanyglossa ferruginea *ferruginea, abdomine maculis dorsalibus nigris, alis fuscis.* MEIG. *Dipt. tom.* 1. *p.* 175. *tab.* 10. *fig.* 2. Le mâle.

Elle est longue de huit lignes, fauve & veloutée. La trompe est plus courte que le corps. Les anneaux de l'abdomen ont, au milieu du dos, une tache noire, triangulaire, dont la base est appuyée sur leur bord antérieur. Les ailes sont noirâtres, sans tache.

M. le comte de Hoffmansegg l'a trouvée en Portugal; elle est très-voisine de la Pangonie fasciée. (LAT.)

PANOPS. *Panops*. Genre d'insectes de l'Ordre des Diptères, & de la famille des Vésiculeux.

Les Panops sont des insectes qui ont deux ailes nues, membraneuses, veinées, & accompagnées de deux balanciers; deux antennes presque cylindriques, avancées, droites, un peu plus longues que la tête, de trois articles, dont les deux premiers fort courts; le troisième long & sans soie; une trompe longue, cylindrique, couchée le long du dessous du corps, renfermant un suçoir de plusieurs soies; leur corps est court, convexe, avec les ailes écartées, l'abdomen renflé & comme vésiculaire.

M. de Lamarck a établi ce genre sur un Diptère inédit, recueilli dans la Nouvelle-Hollande par MM. Perron & Lesueur, & l'a nommé *Panops*, parce que cet insecte, ayant de grands yeux à facettes, semble voir de tous côtés. Voici les caractères qu'il lui assigne dans un Mémoire faisant partie des *Annales du Muséum d'Histoire naturelle*, tom. 3, pag. 263.

Antennes cylindriques, en pointe, de trois articles; les deux premiers très-courts; le dernier fort alongé.

Trompe fort longue, cylindrique, bifide à l'extrémité, abaissée contre la poitrine, & dépassant l'origine des pattes postérieures.

Corps comme dans les Bombilles; les ailes écartées; les cuillerons très-grands; trois pelotes aux tarses.

Ce célèbre naturaliste observe que les Panops appartiennent à la famille des Bombilles, & plus particuliérement à mes Diptères vésiculeux; qu'ils sont remarquables par leur trompe fort longue, toujours saillante, non coudée, comme celle des Myopes & des Stomoxes, mais droite, comme dans les Bombilles & dans les Empis; que ces insectes sont bien distingués des Bombilles & des Empis par la direction de cette trompe, puisque cet organe, dans l'inaction au moins, s'étend sous le corps, au lieu qu'il se dirige en avant dans les premiers, & qu'il est perpendiculaire dans les seconds. Sous ce rapport les Panops ressemblent aux Hémiptères, & M. de Lamarck juge qu'une telle analogie confirme en quelque sorte le rapprochement qu'il a fait des Hémiptères & des Diptères. Par la forme générale du corps, les Panops ont l'aspect des Bombilles. Ce savant n'en a connu qu'une seule espèce, & lui a imposé le nom du navigateur Baudin, commandant de l'expédition aux Terres australes, que les découvertes de MM. Perron & Lesueur ont rendu à jamais mémorable.

En faisant une étude particulière des insectes qu'ils ont rapportés de ces contrées lointaines, j'ai distingué une autre espèce de Panops, & dont les caractères sont d'autant plus certains, qu'ils reposent même sur quelques différences organiques.

Les antennes sont un peu plus longues que la tête, insérées entre les yeux, près du sommet de la tête, cylindracées, très-rapprochées à leur base, avancées, un peu divergentes, composées de trois articles, dont les deux inférieurs beaucoup plus courts, presqu'égaux, approchant de la forme lenticulaire, & dont le troisième un peu prismatique, sans soie ni stylet, tantôt cylindrique, avec l'extrémité un peu plus grêle, allant en pointe; tantôt un peu en massue ou cylindrique, mais aminci vers sa base; il n'est point annelé.

La bouche consiste en deux antennules & une trompe.

Les antennules sont saillantes, mais petites, presque filiformes, velues, courbées, de deux articles; dont le premier assez long & cylindrique, & dont le second un peu plus grand & ovale; elles sont insérées à la base latérale de la trompe & près du chaperon.

La trompe ressemble à celle des Bombilles; elle est formée d'une gaîne demi-coriace, cylindrique, grêle, longue, bifide au bout, ayant en dessus une rainure longitudinale, & d'un suçoir que je n'ai point développé, mais qui, à en juger par analogie, doit être composé de quatre soies, comme celui des Bombilles, & qui se loge dans la coulisse de la gaîne. Cette trompe s'étend le long de la poitrine & du ventre, jusqu'à la naissance des dernières pattes ou un peu au-delà; elle est recouverte à sa base par une pièce en carré long, arrondie en dessus, imitant une lèvre supérieure.

Les Panops ont le corps court & élevé. La tête est petite, plus basse que le corcelet, presque globuleuse, & occupée, presqu'en totalité, par deux yeux à réseaux, & séparés par un simple sillon. Sur le sommet sont trois petits yeux lisses, très-rapprochés & disposés en triangle. Le corcelet est très-convexe ou bossu, avec le dos arrondi, & sur lequel on apperçoit deux ou trois lignes enfoncées, plus ou moins distinctes. Les côtés du segment antérieur se prolongent & s'élargissent triangulairement en arrière pour former chacun une sorte d'épaulette assez saillante. On remarque, entre ces épaulettes & la naissance des ailes, une petite plaque en bosse. L'écusson ou la partie analogue est proéminent, transversal, en segment de cercle ou arrondi postérieurement.

L'abdomen est grand, d'abord carré, cylindrique, ensuite rétréci, pour se terminer en pointe courte & obtuse; il est composé de six anneaux, distingués par des incisions assez profondes; ce qui les fait paroître plus élevés dans leur milieu. Le premier est plus court que les suivans, & le dernier est le plus petit.

Les pattes sont de grandeur moyenne, sans piquans ni éperons. Les cuisses sont ovales, & les jambes & les tarses sont cylindriques. Les tarses sont terminés par deux crochets arqués, simples, avec trois petites pelotes membraneuſes, blanches, dans l'entre-deux : l'intermédiaire eſt plus petite.

Les ailerons ou cuillerons ſont grands, en ovale tranſverſal, rebordés & velus; ils cachent les balanciers.

Les ailes ſont preſqu'ovales, rejetées ſur les côtés du corps, qu'elles dépaſſent poſtérieurement, & inclinées. Leur réticulation a de l'affinité avec celle qu'ont les mêmes organes dans les Bombilles & les Cyrtes plus particuliérement.

Une cellule très-longue & preſque linéaire ſuit la côte depuis ſa baſe juſque vers le milieu de ſa longueur. Une autre cellule également étroite, mais plus petite, eſt placée au bout de la précédente, & ſe termine un peu avant l'angle extérieur : c'eſt celle que j'ai nommée *médiaſtine*. Immédiatement au deſſous d'elles on en voit une troiſième, fort longue, preſque linéaire encore, & qui eſt fermée par le bord poſtérieur; l'angle extérieur forme ſon extrémité. Sous celle-ci eſt une quatrième, fort grande, dilatée triangulairement vers le milieu de l'aile, & reſſerrée vers le bord poſtérieur, où elle finit avec lui. Le limbe de ce même bord offre enſuite, juſqu'au côté interne, cinq autres cellules terminales, plus ou moins carrées, & dont la cinquième ou la plus interne, beaucoup plus grande, remonte aſſez haut. Sur le limbe du côté interne eſt appuyée, dans toute ſa longueur, une cellule complète, en ſegment de cercle : c'eſt l'*anale*. Le diſque de l'aile eſt enfin occupé par cinq autres cellules complètes, dont deux ſupérieures & trois inférieures. Ces dernières rempliſſent le centre de l'aile, & deux d'entr'elles, ſavoir, les plus extérieures, ſont les plus longues.

J'avoue néanmoins qu'il eſt difficile de ſe former une idée bien nette de cette réticulation de l'aile ſans le ſecours de figures. Je renverrai donc à celles qui accompagnent le Mémoire de M. de Lamarck ſur le genre Panops.

Les mœurs de ces Diptères nous ſont inconnues; elles doivent avoir de grands rapports avec celles des Bombilles, des Uſies & des Cyrtes, à raiſon de l'affinité de leurs caractères extérieurs.

PANOPS.

PANOPS. LAMARCK. LATREILLE.

CARACTÈRES GÉNÉRIQUES.

Antennes cylindriques, avancées, un peu plus longues que la tête, de trois articles, dont les deux premiers fort courts; le dernier long, sans soie ni divisions apparentes.

Deux antennules très-petites, saillantes, presque filiformes, biarticulées, insérées à la base latérale de la trompe.

Trompe cylindrique, longue, étendue horizontalement sous le corps; suçoir de quatre soies. ?

Corps court, élevé; tête petite, basse, presqu'entiérement occupée par deux yeux à réseaux; trois petits yeux lisses; corcelet bossu; abdomen large; tarses terminés par deux crochets et trois pelotes; ailes inclinées sur les côtés du corps, ayant plusieurs cellules complètes; ailerons grands, couvrant les balanciers.

ESPÈCES.

1. PANOPS de Baudin.

Noir; antennes entiérement noires: leur dernier article aminci au bout, et allant en pointe; petits yeux lisses peu distincts, point insérés sur le tubercule; pattes noires, avec les genoux et le bout des jambes blanchâtres.

2. PANOPS flavipède.

D'un noir-bronzé; base des antennes jaunâtre; leur dernier article noir, aminci à sa base; petits yeux lisses très-distincts, placés sur un tubercule; jambes et tarses jaunâtres.

1. Panops de Baudin.

Panops Baudini.

Panops niger, antennis penitùs nigris; articulo ultimo ad apicem attenuato, acuminato; ocellis parùm distinctis, tuberculo non impositis; pedibus nigris, femorum tibiarumque apicibus albidis.

Panops Baudini. Lam. *Annal. du Muf. d'Hist. nat. tom.* 3. *p.* 266. *pl.* 22. *fig.* 3.

Panops Baudini. Latr. *Gen. Cruft. & Inf. t.* 4. *p.* 316.

Son corps est long de six lignes, noir, avec un duvet soyeux gris. Les antennes sont un peu plus longues que la tête, toutes noires, & terminées par un article cylindrico-conique ou aminci au bout, & terminé en pointe. Les yeux sont contigus par-devant, & occupent toute la face antérieure de la tête. Les petits yeux lisses sont peu distincts ou moins apparens que dans l'espèce suivante, & ne sont point insérés sur un tubercule. Le corcelet a sur le dos deux lignes enfoncées & peu marquées. Le second & le troisième anneau de l'abdomen ont de chaque côté une tache latérale jaunâtre. Les pattes sont noires, avec les genoux & une partie du bout des jambes blanchâtres. Les crochets des jambes sont jaunes, avec l'extrémité noire. Les ailes sont un peu enfumées, avec les nervures noires.

Cette espèce se trouve à la Nouvelle-Hollande, & fait partie de la collection du Muséum d'Histoire naturelle de Paris.

2. Panops flavipède.

Panops flavipes.

Panops æneo-niger, antennarum basi flavicante, articulo ultimo ad basin attenuato; ocellis apprimè distinctis, tuberculo impositis; tibiis tarsisque flavidis.

Il est de la grandeur du précédent, d'un noir-bronzé & pubescent. Ses antennes sont d'un tiers environ plus longues que les siennes, avec les deux premiers articles jaunâtres, & le dernier noir, cylindrico-obconique ou en massue alongée & plus grêle vers sa naissance. La tête est noire, & son devant est entiérement occupé par les yeux. Les trois petits yeux lisses sont placés sur un tubercule rond. Le corcelet a trois lignes enfoncées & parallèles sur le dos. Les épaulettes sont jaunâtres. L'écusson est de couleur de bronze doré. Les anneaux de l'abdomen sont séparés par des incisions profondes, & le quatrième & le cinquième, celui-ci surtout, ont un duvet doré. Les jambes & les tarses sont jaunâtres. Les crochets des tarses sont jaunes, avec l'extrémité noire. Les ailes ont une teinte dorée & un peu bronzée. Le milieu de leur limbe postérieur offre une cellule de plus que les ailes de l'espèce précédente; elle est petite, triangulaire, & produite par la bifurcation de la nervure qui sépare la seconde & la troisième cellules marginales de ce limbe. Les ailerons sont blanchâtres.

Il se trouve à la Nouvelle-Hollande. De la collection du Muséum d'Histoire naturelle de Paris. (*Lat.*)

PANORPATES. *Panorpatæ.* Troisième famille d'insectes de l'Ordre des Névroptères, établie par Latreille, & dont les caractères sont: des mandibules; tête prolongée en avant, en forme de rostre ou de bec; tarses à cinq articles: elle est formée du genre Panorpe des auteurs, que Latreille a divisé en trois; savoir: Bittaque, Panorpe & Némoptère. Les antennes, dans cette famille, sont filiformes ou presque sétacées, composées d'un grand nombre d'articles fort courts, & insérées entre les yeux à réseaux. La tête est avancée en forme de bec presque perpendiculaire, à l'extrémité duquel se trouve la bouche, composée d'une lèvre supérieure, de deux mandibules, de deux mâchoires, d'une lèvre inférieure & de quatre antennules filiformes ou sétacées. La tête proprement dite est courte & large. Le corcelet est court, ellipsoïde: son premier segment est petit & enfoncé. Les ailes sont étroites, alongées, égales dans les uns, très-inégales dans les autres, horizontales dans tous & réticulées; les inférieures, dans le genre Némoptère, sont très-longues & fort étroites. L'abdomen est alongé, cylindrique ou presque conique. Dans les mâles des Panorpes il est terminé par une queue articulée, & armée de pinces; ce qui avoit fait donner à ce genre le nom de *Mouche-Scorpion*. Les pattes sont courtes, & les tarses sont composés de cinq articles.

Nous avons fait remarquer, à l'article Némoptère, que la bouche de ces insectes étoit pourvue de six antennules; ce qui éloigne ce genre de la famille des Panorpates, & le rapproche de celle des Myrméléonides, qui sont les seuls, dans l'Ordre des Névroptères, qui offrent ce caractère. La manière dont les ailes supérieures sont réticulées, bien différente de celle des Panorpes & des Bittaques, & semblable en tout à celle des Ascalaphes & des Myrméléons, nous paroît ne devoir laisser aucun doute à ce sujet.

PANORPE. *Panorpa.* Genre d'insectes de la troisième section de l'Ordre des Névroptères, & de la famille des Panorpates.

Les Panorpes ont les antennes filiformes, un peu plus courtes que le corps; la bouche placée au bout d'un bec alongé; quatre ailes égales; l'abdomen terminé en pointe dans les femelles, & en une queue articulée, armée de pinces, dans les mâles.

Ces insectes ont été appelés par quelques auteurs *Mouches-Scorpions*, à cause de la forme singulière de l'abdomen du mâle, qui se termine en une queue articulée, semblable en quelque sorte à celle d'un

Scorpion ; mais ce nom ne pouvoit convenir à un genre d'insectes : aussi Linné lui a-t-il substitué celui de *Panorpe*, qui a été adopté par tous les Entomologistes qui ont écrit après lui.

Ce genre, quoique peu nombreux, contenoit néanmoins des espèces que M. Latreille a cru avec raison devoir séparer les unes des autres : il a donc partagé en trois genres celui de Panorpe, & a établi à ses dépens ceux de Némoptère & de Bittaque ; il a conservé le nom de *Panorpe* aux espèces nommées par les auteurs *Mouches-Scorpions* ; il a appelé *Némoptères* les Panorpes dont les ailes inférieures sont très-longues, linéaires, & *Bittaque* l'espèce qui prend un peu le port d'une Tipule par la longueur de ses pattes. Les ailes, dans ces trois genres, sont diversement réticulées, & le nombre des antennules est de six dans les Némoptères, comme je l'ai fait remarquer en traitant de ces insectes, tandis qu'il n'est que de quatre dans les deux autres genres. L'inégalité des ailes distingue au premier coup-d'œil les Némoptères, non-seulement des Panorpes, avec lesquelles on les avoit mal-à-propos confondues, mais de tous les autres genres de l'Ordre des Névroptères. Les Bittaques se distinguent des Panorpes par la forme de l'abdomen, qui est simple & presque cylindrique dans les deux sexes ; par l'insertion des antennes, tout près de la base du bec, & surtout par la longueur des pattes, qui leur donneroit tout-à-fait le port d'une Tipule s'ils n'étoient pourvus de quatre ailes réticulées.

Les Némoptères me paroissent plutôt appartenir à la famille des Myrméléons qu'à celle des Panorpes, non-seulement à cause du nombre des antennules, qui est de six, mais encore par les nervures des ailes supérieures, qui est à peu près semblable à celles des Myrméléons & des Ascalaphes.

Il reste parmi les Panorpes un insecte qui doit en être séparé, & former un autre genre qui appartiendra peut-être à l'Ordre des Orthoptères : c'est la Panorpe hyémale, que Linné & Fabricius ont décrite, & que Panzer a figurée. La femelle est aptère, & porte, à l'extrémité du ventre, une appendice en forme de lame de sabre, & parfaitement semblable à celle de la plupart des Sauterelles. Le mâle a des ailes fort courtes & subulées.

Les Panorpes ont les antennes minces, filiformes, un peu plus courtes que le corps, composées de quarante articles ou environ, dont le premier est le plus gros, le second le plus court, & le troisième le plus long de tous ; les autres sont presque cylindriques. Elles sont insérées au-devant de la tête, assez près l'une de l'autre, à quelque distance des yeux.

La tête est presqu'arrondie supérieurement, un peu plus large que longue, prolongée inférieurement en une sorte de bec presqu'aussi long que le corcelet, un peu arqué, dur, presque corné, un peu rebordé de chaque côté.

La bouche, qui se trouve à l'extrémité du bec, est composée d'une lèvre supérieure, de deux mandibules, de deux mâchoires, d'une lèvre inférieure & de quatre antennules.

La lèvre supérieure, placée au dessous d'un prolongement avancé, corné & très-pointu, est large, presque membraneuse, arrondie, ciliée ou velue tout autour.

Les mandibules sont cornées, alongées, étroites, comprimées, terminées par deux fortes dents aiguës, dont l'extérieure est la plus longue, & par une troisième intérieure, à peine marquée.

Les mâchoires sont cornées, bifides. Les divisions sont alongées, étroites, presqu'égales : l'extérieure est terminée par deux ou trois crochets dirigés en dehors ; l'intérieure a quelques cils & quelques crochets à son extrémité, qui se dirigent en dedans.

La lèvre inférieure est étroite, avancée, marquée d'un sillon longitudinal.

Les antennules antérieures sont plus longues que les postérieures, beaucoup plus longues que les mâchoires, filiformes & composées de cinq articles presqu'égaux, cylindriques ; le troisième & le quatrième sont à peine plus gros que les trois autres ; le dernier est obtus ou arrondi à son extrémité : elles sont insérées à la base extérieure des mâchoires.

Les antennules postérieures sont filiformes & composées de deux articles, dont le premier est alongé, un peu dilaté, comprimé, membraneux à son bord interne ; le dernier est ovale-alongé. Elles sont insérées très-près l'une de l'autre, à l'extrémité de la lèvre inférieure.

On voit, au sommet de la tête, trois petits yeux lisses, rapprochés, disposés en triangle. Les yeux à réseau sont grands, arrondis, un peu saillans, placés un de chaque côté de la tête.

La tête tient au corcelet par un col très-court, presque nul.

Le corcelet est plus large que la tête, un peu relevé supérieurement. Le premier segment est court, un peu rétréci ; il donne naissance, en dessous, aux deux pattes antérieures.

L'abdomen de la femelle est long, & se termine en pointe. Il est formé de neuf anneaux qui glissent, & s'emboîtent facilement les uns dans les autres, l'insecte pouvant alonger ou raccourcir de moitié son abdomen, & en diriger l'extrémité dans tous les sens. Les deux derniers articles surtout peuvent se glisser entièrement dans celui qui les précède, comme les tuyaux d'une lorgnette ; le dernier est terminé par deux appendices filiformes, biarticulées, parfaitement semblables à deux antennules. Ce qui facilite le jeu de ces articles, c'est qu'ils sont formés de deux segmens, l'un supérieur & l'autre inférieur, unis ensemble de chaque côté par une membrane très-flexible, ordinairement ridée. Chaque segment est joint à celui qui le précède & à celui qui vient après par une autre membrane également flexible. On voit distinctement les stigmates sur la membrane latérale : ils paroissent comme autant de petits boutons noirs.

L'abdomen du mâle est semblable à celui de la femelle jusqu'aux trois derniers anneaux, qui sont différemment articulés & chacun d'une seule pièce. Les deux premiers sont plus petits que le troisième, & ont un peu la forme d'un entonnoir; le troisième est ovale, beaucoup plus gros que les deux qui précèdent, & armé, à son extrémité, de deux crochets mobiles, qui se croisent & forment une sorte de pince. Cet anneau est ordinairement relevé, & l'insecte paroît vouloir s'en servir comme d'une arme offensive. Du milieu de cet anneau, il part, en dessous, deux filets velus, mobiles, & d'une seule pièce, qui se logent dans une rainure pratiquée à l'effet de les recevoir, & qui n'aboutissent qu'à l'origine des pinces : l'usage de celles-ci, ainsi que des filets, paroît être de faciliter l'accouplement de l'insecte, & peut-être aussi de le défendre contre ses ennemis.

Les pattes sont assez longues. Les hanches sont fort grandes, & paroissent formées de deux pièces. Les cuisses sont minces, longues, simples, cylindriques. Les jambes sont cylindriques, encore plus minces que les cuisses, & terminées par deux petites épines. La loupe fait voir aussi quelques épines très-courtes le long des jambes. Les tarses sont filiformes, composés de cinq articles, qui vont en diminuant de longueur; le cinquième, un peu plus long que celui qui le précède, est terminé par deux crochets & une petite pelote spongieuse, placée entre les crochets. La loupe fait voir aussi, sur les tarses, quelques épines très-courtes.

Les ailes, au nombre de quatre, sont étroites, égales en grandeur, un peu plus longues que l'abdomen; elles sont pareillement réticulées, & le réseau est formé de grandes mailles alongées, dont la plupart forment un carré long, & quelques-unes, dans le milieu, sont coupées carrément à leur extrémité, & se terminent en pointe à leur base.

Les Panorpes paroissent, dès la fin du printems, en Europe, & se montrent, pendant tout l'été, dans les lieux frais, dans les prairies, au fond des forêts & dans tous les lieux ombragés & humides. Durant le jour, elles évitent la chaleur du soleil, & se plaisent en général dans le repos. Quoique leurs ailes soient amples & mues par des muscles assez forts, elles volent peu, volent lourdement, & ne se transportent qu'à de petites distances. Quelquefois elles ne se donnent pas la peine de déployer leurs ailes quand elles sont menacées de quelque danger, mais cherchent seulement à se glisser parmi les plantes touffues qui les environnent. Elles vivent uniquement de rapine, & savent fort bien attraper de petits Diptères, des Teignes, des Alucites, des Pyrales.

Nous n'avons aucune connoissance des larves des Panorpes; nous ignorons si elles sont aquatiques, si elles vivent dans l'intérieur des végétaux, ou si elles courent par terre après leur proie.

PANORPE.

PANORPE.

PANORPA. LINN. GEOFFR. DEG. FABR. LATR.

CARACTÈRES GÉNÉRIQUES.

Antennes minces, filiformes, plus courtes que le corps.

Quatre antennules filiformes.

Tête prolongée inférieurement en un long bec, portant les parties de la bouche à son extrémité.

Trois petits yeux lisses, rapprochés.

Ailes égales, réticulées; réseau à grandes mailles, formant pour la plupart un carré long.

ESPÈCES.

1. PANORPE commune.

Ailes transparentes, avec les nervures et des taches transverses, noires.

2. PANORPE germanique.

Ailes transparentes, avec l'extrémité obscure.

3. PANORPE fasciée.

D'un fauve-obscur; ailes transparentes, avec des points et des bandes noirâtres.

4. PANORPE du Japon.

Ailes transparentes, avec deux bandes noires.

5. PANORPE Scorpion.

Très-noire; ailes noires, avec des taches blanches.

6. PANORPE du Cap.

Ailes sans tache; corps ferrugineux.

7. PANORPE hyémale.

Ailes du mâle subulées, un peu arquées et ciliées; femelle aptère.

1. Panorpe commune.

Panorpa communis.

Panorpa alis hyalinis; venis maculisque transversis, nigris.

Panorpa communis *alis æqualibus, nigro maculatis.* Linn. *Syst. Nat. tom.* 2. *p.* 915. *n°.* 1. — *Faun. Suec. n°.* 1516.

Panorpa communis. Fabr. *Syst. Ent. p.* 313. *n°.* 1. — *Ent. Syst. em. tom.* 2. *p.* 97. *n°.* 1.

Panorpa communis. Scop. *Ent. Carn. n°.* 710.

Panorpa. Geoffr. *Inf. Par. tom.* 2. *pag.* 260. *n°.* 1. *pl.* 14. *fig.* 2.

Musca scorpiura. Aldrov. *Inf.* 386. *fig.* 8. 9. — 387. *fig.* 5. 6.

Scorpio Musca. Frisch, *Inf.* 9. *tab.* 14.

Musca Scorpiuros. Mouff. *Theatr. Inf. pag.* 62. *fig.* 3. 4. 5.

Musca Scorpiura. Merret, *Pin. p.* 200.

Musca Scorpiuros. Jonst. *Inf. t.* 9.

Mouche-Scorpion. Réaum. *Mem. Inf. tom.* 4. *p.* 138 & 151. *tab.* 8. *fig.* 9 & 10.

Panorpa. Schæff. *Elem. Inf. tab.* 93. — *Icon. Inf. tab.* 88. *fig.* 6. 7.

Panorpa. Sulz. *Hist. Inf. tab.* 25. *fig.* 9.

Act. Nidros. 3. *p.* 414. *tab.* 6. *fig.* 10.

Panorpa cummunis. Deg. *Mem. Inf. tom.* 2. *pars* 2. *pag.* 733. *tab.* 24. *fig.* 1-11. — *pl.* 25. *fig.* 1. 2.

Panorpa. Roem. *Gen. Inf. pag.* 56. *tab.* 25. *fig.* 5. 6.

Panorpa communis. Fourcr. *Ent. Parif. t.* 2. *p.* 360. *n°.* 1.

Panorpa communis. Panz. *Faun. Germ. Fasc.* 50. *tab.* 10.

Panorpa communis. Latr. *Gen Crust. & Inf. tom.* 3. *p.* 188. — *Hist. nat. des Crust. & des Inf. tom.* 13. *p.* 19. *tab.* 98. *fig.* 2.

Elle a environ sept lignes de longueur, depuis le sommet de la tête jusqu'à l'extrémité des ailes. Les antennes sont noires, avec le premier article d'un fauve-obscur. La tête est noire, avec un peu de fauve-obscur autour des yeux, postérieurement, & un peu de jaune près du col. Le bec est brun. Le corcelet est noir, avec deux points élevés, d'un fauve-obscur, l'un derrière l'autre, à la partie moyenne & postérieure. L'abdomen est noir dans le mâle, terminé par une queue d'un fauve-obscur, triarticulée. Le dernier article est renflé, & armé de deux crochets qui se croisent. L'abdomen de la femelle est un peu plus gros que celui du mâle, terminé en pointe, & muni de deux filets fort courts, flexibles, qui paroissent articulés. Sa couleur est noire, avec les trois derniers articles bruns. Les pattes sont d'un fauve-pâle. Les ailes sont égales, formées de mailles, dont la plupart présentent un carré long, & quelques-unes, dans le milieu, se terminent en pointe, supérieurement. Elles sont transparentes, avec le réseau noirâtre & des taches noires plus ou moins nombreuses, dont quelques-unes forment presqu'une bande.

Elle se trouve dans toute l'Europe, dans les lieux humides, les prairies & les bois ombragés.

2. Panorpe germanique.

Panorpa germanica.

Panorpa alis hyalinis, apice fuscis.

Panorpa germanica *alis æqualibus, hyalinis apice fuscis.* Linn. *Syst. Nat. tom.* 2. *pag.* 915. *n°.* 2.

Panorpa germanica. Fabr. *Syst. Ent. p.* 313. *n°.* 2. — *Ent. Syst. em. tom.* 2. *p.* 97. *n°.* 2.

Cette Panorpe paroît n'être qu'une variété de la commune, car on trouve celle-ci avec les ailes plus ou moins tachées, & quelquefois entiérement sans tache, ou n'ayant qu'un peu de noir à l'extrémité. Selon Linné, la Panorpe germanique est une fois plus petite que la commune : sa queue est plus pâle, & les ailes ont seulement leur extrémité obscure, & un point de la même couleur vers le bord extérieur.

Elle se trouve en Allemagne.

3. Panorpe fasciée.

Panorpa fasciata.

Panorpa fusco-rufescens, alis hyalinis, punctis fasciisque fuscis.

Panorpa fasciata *alis æqualibus, flavescentibus; punctis fasciisque nigris.* Fabr. *Ent. Syst. em. tom.* 2. *p.* 98. *n°.* 4.

Elle ressemble beaucoup à la Panorpe commune pour la forme, la grandeur & les couleurs. Les antennes sont un peu velues, noires, avec les trois premiers articles fauves. Les yeux à réseau, ainsi que les trois petis yeux lisses, sont noirâtres. La tête & le bec sont fauves. Le corcelet est d'un fauve-obscur. L'abdomen est pâle, avec la queue d'un fauve-pâle, triarticulée, terminée en pince dans le mâle. Celui de la femelle est pointu, d'un fauve-obscur. Les pattes sont pâles. Les ailes sont transparentes, mais ont une très-légère teinte roussâtre, & trois bandes irrégulières, entières ou interrompues, noirâtres; la première manque quelquefois ou est interrompue, & quelquefois, au lieu de bande, il n'y a qu'un point vers le bord extérieur; la seconde est étroite, anguleuse; la troisième est placée à l'extrémité, mais elle est marquée de points transparens. Outre ces bandes, on voit un point vers la base, & quelques autres, moins marqués, sur les nervures transversales. Les ailes inférieures ressemblent aux supérieures pour la grandeur & les couleurs.

Elle se trouve en Caroline, d'où elle a été apportée par M. Bosc.

4. PANORPE du Japon.

PANORPA japonica.

Panorpa alis æqualibus hyalinis, fasciis duabus atris. THUNB. *Nov. Inf. Sp. Differt.* 3. *p.* 67. *fig.* 79.

Elle est de la grandeur de la Panorpe commune. Les antennes sont noires, filiformes, presque de la longueur du corps. Le rostre est incliné, corné, de la longueur du corcelet. Tout le corps est noir. Les ailes sont plus longues que l'abdomen, transparentes, avec les nervures noires, une large bande au-delà du milieu & l'extrémité, noires. Les pattes sont pâles.

Elle se trouve au Japon.

5. PANORPE Scorpion.

PANORPA Scorpio.

Panorpa atra, alis nigris, albo maculatis.

Panorpa Scorpio *alis æqualibus, nigris, albo maculatis.* FABR. *Ent. Syst. em. tom.* 2. *pag.* 97. *n°.* 3.

Elle ressemble à la Panorpe commune pour la forme & la grandeur. Les antennes sont noires, un peu plus longues que la moitié du corps. Le bec est grand, tout noir. Le corcelet, la poitrine & les pattes sont noirs. L'abdomen est brun, terminé en pointe dans la femelle, avec le premier & le dernier anneau noirs. Les ailes sont noires, avec quelques petites taches transverses, blanches, transparentes, placées vers le milieu.

Je n'ai point vu le mâle; mais il a, suivant Fabricius, l'abdomen terminé par une queue triarticulée, & armée de pinces, comme dans la Panorpe commune.

Elle se trouve en Caroline, dans les lieux ombragés & humides.

6. PANORPE du Cap.

PANORPA capensis.

Panorpa alis æqualibus, immaculatis; corpore ferrugineo. THUNB. *Nov. Inf. Sp. Differt.* 3. *p.* 67. *fig.* 78.

Elle est de la grandeur de la Panorpe commune. Les antennes sont noires, sétacées, plus courtes que le corps. La tête est ferrugineuse. Le bec est court, noir. Le corcelet est ferrugineux, marqué de deux lignes longitudinales, noires. L'abdomen est alongé, ferrugineux. Les ailes sont plus longues que le corps, transparentes, avec les nervures ferrugineuses. Les pattes sont fort longues.

Nota. Cette espèce, que je n'ai point vue, appartient peut-être au genre Bittaque de M. Latreille.

Elle se trouve au Cap de Bonne-Espérance.

7. PANORPE hyémale.

PANORPA hyemalis.

Panorpa alis subulatis, subincurvatis, ciliatis, femina aptera. LINN. *Syst. Nat. tom.* 2. *p.* 915. *n°.* 3.

Panorpa hyemalis. FABR. *Syst. Ent. pag.* 314. *n°.* 3. — *Ent. Syst. em. tom.* 2. *p.* 98. *n°.* 5.

Panorpa hyemalis. PANZ. *Faun. Suec. Fasc. tab.* 18.

Elle a une ligne & demie de longueur. Les antennes sont filiformes, de la longueur du corps ou même un peu plus longues, noirâtres, avec la base d'un fauve-obscur. La tête est d'un noir-bronzé, luisant. Le bec est plus long que la tête, assez gros, jaune, avec l'extrémité un peu obscure. Le corcelet est court, assez large, d'un noir-bronzé. Le corps est gros, d'un noir-bronzé. Les pattes sont longues, d'un jaune-pâle. Les tarses sont tous composés de cinq articles. Les ailes, au nombre de quatre, sont rapprochées les unes des autres, subulées, un peu arquées. Le mâle est sans queue. L'abdomen de la femelle est terminé par une appendice semblable à celle de la plupart des sauterelles.

On la trouve, pendant l'hiver, sur les montagnes de la Saxe, de l'Allemagne, parmi les Mousses.

Nota. Cet insecte n'appartient certainement pas à ce genre; il paroît en former un qui devra être placé peut-être parmi les Orthoptères.

PANURGE. *Panurgus.* Genre d'insectes de la seconde section de l'Ordre des Hyménoptères, & de la famille des Apiaires.

Les Panurges sont des insectes à quatre ailes nues, veinées & inégales, armés (les femelles) d'un aiguillon, pourvus d'une trompe fléchie en dessous, formée de deux mâchoires étroites, alongées, & d'une lèvre inférieure presque linéaire; qui ont quatre antennules semblables pour la forme, courtes, sétacées, dont les antérieures ont six articles, & les postérieures quatre; une lèvre supérieure, petite, découverte, arrondie; des mandibules étroites, arquées, sans dentelures; & des antennes courtes, grossissant un peu & insensiblement vers leur extrémité, & un peu coudées. Les Panurges enfin ont le corps pubescent, la tête grosse, l'abdomen déprimé, les pattes postérieures très-velues dans les femelles; une cellule radiale appendicée, & deux cellules cubitales, dont la seconde reçoit deux nerfs récurrens.

Scopoli décrivit le premier le mâle d'une espèce de ce genre & en fit une Abeille qu'il nomma *éperonée, calcarata*. Fabricius plaça cet inſecte, ou du moins une eſpèce analogue, avec les Philanthes. Panzer y vit d'abord une Andrène, puis une Trachuſe. Je crus, d'après les formes extérieures, devoir le rapporter aux Daſypodes, & Fabricius, ainſi que M. Illiger, m'a ſuivi en cela; mais M. Kirby, dont on ne ſauroit trop admirer l'exactitude, avoit déjà remarqué que les mâchoires & la lèvre inférieure étoient fléchies & repliées en deſſous, comme dans les Abeilles. Il a formé, avec cette eſpèce & deux autres, ſa première diviſion du genre *Apis*, & qui ſuccède immédiatement à celle qui comprend les Daſypodes. Panzer, dans ſa *Réviſion critique des Hyménoptères*, a diſtingué génériquement, & ſous la dénomination de *Panurgus*, ces Apiaires. M. Klüg en a fait auſſi un genre particulier, celui d'*Eryops*. M. Jurine les réunit à ſes Trachuſes.

Les Panurges & les Syſtrophes ſemblent lier les Apiaires avec les Andrénètes. Leur lèvre inférieure eſt fléchie en deſſous, & a une forme preſque linéaire, comme dans les Apiaires. Les palpes de cette lèvre reſſemblent à ceux des mâchoires, de même que dans les Andrénètes. Leurs deux articles inférieurs n'imitent pas une ſoie écailleuſe, longue & comprimée, comme le ſont ceux des antennules poſtérieures des Apiaires. Les Panurges ſont diſtinguées des Syſtrophes par leurs antennes, qui ſont courtes & à peu près identiques dans les deux ſexes; par leurs mandibules ſimples, & en ce que leurs ailes ſupérieures n'ont que deux cellules cubitales; mais les caractères qui les éloignent des Daſypodes ne ſont pas, au premier coup-d'œil, auſſi tranchés; car le port de ces Hyménoptères eſt preſque ſemblable. Les Daſypodes néanmoins ne peuvent être confondus avec les Panurges, à raiſon de leurs mandibules bidentées, & de la direction de leur lèvre inférieure, qui ſe replie en deſſus dans le repos.

Les antennes des Panurges ſont inſérées au milieu de la face antérieure de la tête, peu écartées à leur baſe, de la longueur de la tête & du ſegment antérieur du corcelet, de douze articles dans les femelles, & de treize dans les mâles; le premier eſt cylindrique, beaucoup plus long & plus épais: ſa longueur fait preſque le tiers de la longueur totale de l'antenne; le ſecond eſt court & cylindrique; les autres forment une tige preſque cylindrique, un peu comprimée, amincie à ſon origine & groſſiſſant peu à peu vers le bout: elle fait un coude avec le premier article; le troiſième eſt un peu plus long que les ſuivans, & obconique; les ſuivans ſont courts, cylindriques, ſerrés & preſqu'égaux; le dernier eſt un peu plus alongé que le précédent, & finit en pointe. Ces organes ſont à peu près ſemblables dans les deux ſexes. Le mâle, ainſi que je l'ai dit plus haut, a ſeulement un article de plus.

La bouche eſt compoſée d'une lèvre ſupérieure, de deux mandibules & d'une trompe.

La lèvre ſupérieure eſt courte, petite, ſaillante, inclinée, en ſegment de cercle, plus large que longue, un peu inégale en deſſus, & velue. Le milieu de ſon bord antérieur eſt droit ou un peu concave, & ſemble offrir deux petites dents, du moins dans quelques eſpèces. Elle eſt reçue dans une échancrure aſſez profonde du milieu du chaperon. J'ai apperçu une fois, ſous cette lèvre, une petite pièce membraneuſe & triangulaire.

Les mandibules ſont écailleuſes, alongées, étroites, ſtriées longitudinalement en deſſus, barbues, plus épaiſſes à leur baſe, reſſerrées enſuite, puis s'élargiſſant un peu, arquées & rétrécies vers la pointe, & ſans dentelures au côté interne. Elles ſont très-croiſées l'une ſur l'autre dans le repos.

La trompe eſt formée de deux mâchoires & d'une lèvre inférieure, longue & fléchie en deſſous.

Les mâchoires conſiſtent chacune en une valvule coriace, en demi-tube dans ſa moitié inférieure, coudée enſuite, & terminée par une pièce lancéolée, étroite, plus mince, & paroiſſant, à raiſon de ſa demi-tranſparence, comme membraneuſe.

La lèvre inférieure eſt à moitié renfermée dans une gaîne ou un tube coriace, cylindrique, long, étroit & denté au bout; l'autre moitié, ou la partie ſaillante, a la forme d'une langue longue, étroite, diminuant peu à peu de largeur ou lancéolée, preſque membraneuſe, peu ou point velue: à ſa ſortie du tube, elle eſt accompagnée de deux petites oreillettes membraneuſes, étroites, alongées, pointues, & placées une de chaque côté.

Les antennules ſont ſétacées, menues, & ſemblables quant à la forme & à la conſiſtance.

Les antérieures ſont un peu plus courtes que les poſtérieures, inſérées à la courbure des mâchoires, & un peu moins longues que la pièce qui les termine. Elles ſont compoſées de ſix articles cylindriques, dont le ſecond un peu plus long, le premier & le troiſième preſqu'égaux, les autres diminuant graduellement.

Les antennules poſtérieures ſont inſérées à l'extrémité ſupérieure & latérale du tube engaînant la lèvre inférieure, un peu velues & preſqu'auſſi longues que ſa partie ſaillante. Elles ſont compoſées de quatre articles, dont le premier, beaucoup plus long, preſque cylindrique, un peu plus grêle & un peu courbe inférieurement; le ſecond plus long que les ſuivans, preſque cylindrique, plus menu vers ſon extrémité ſupérieure; le troiſième obconique, & le quatrième ou le dernier preſque auſſi long que le précédent, plus menu & cylindrique. Tous ces articles ſont placés bout à bout.

Le corps eſt oblong, pointillé, ordinairement pubeſcent & même aſſez velu ſur la tête, les bords de l'abdomen & à l'anus. La tête eſt grande, plus large que le corcelet, tranſverſale, arrondie poſtérieurement, très-obtuſe ou comme tronquée en devant, le chaperon étant large & terminé par un bord presque droit. Les yeux sont ovales, latéraux & entiers. Les trois petits yeux, lisses, sont placés en triangle sur le front. On distingue au dessous ou entre les antennes, une petite carène. Le chaperon est convexe, & plus velu dans le mâle. Le corcelet est arrondi & convexe. Le métathorax est tronqué & a une fossette au milieu de sa face postérieure. L'abdomen est assez grand, ovoïde, déprimé, plus velu sur les côtés, composé de six anneaux dans les femelles, & de sept dans les mâles. La moitié antérieure du dessus de ses segmens est un peu plus élevée que l'autre : celle-ci est plus lisse, plus pâle, quelquefois même comme décolorée & scarieuse; le premier a un enfoncement dans son milieu.

Les organes sexuels du mâle sont forts, assez compliqués & en partie saillans. On apperçoit, à l'extrémité de l'anus, deux petites pièces écailleuses, plates, en forme de pelotes, & arrondies au bout : on y distingue même les crochets qui sont les plus extérieurs.

Cette extrémité postérieure du corps renferme, dans la femelle, un aiguillon assez foible, & qui est accompagné de deux petites pièces, une de chaque côté.

Le dernier segment de l'abdomen du même sexe est très-petit, triangulaire ou conique, & cannelé ou strié en dessus, comme dans les Dasypodes femelles.

Les pattes des Panurges ressemblent aussi à celles des Hyménoptères précédens : les quatre antérieures sont de longueur moyenne, mais les dernières paroissent être assez grandes, surtout dans les femelles. Les jambes & le premier article des tarses de cette paire sont garnis de poils longs & nombreux, formant un plumaceau ou une houpe alongée. Toutes les pattes, sans en excepter celles des mâles, sont généralement velues. Les cuisses sont presqu'ovales. Les jambes sont assez courtes comparativement aux tarses, & ont la forme d'un cône ou d'un trièdre irrégulier & renversé. L'extrémité inférieure des quatre premières est munie d'une épine; les dernières en ont deux, & rapprochées à leur base : ces épines sont fortes & d'un jaunâtre-clair. Le premier article des tarses est fort alongé, particuliérement aux pattes postérieures; les trois suivans sont courts; le dernier l'est un peu moins, & se termine par deux crochets bifides, & une petite pelote située dans leur entre-deux.

Les pattes postérieures de quelques mâles ont, près de la naissance des cuisses ou vers le milieu de leur côté inférieur, une épine ou une dent remarquable. Panzer a pris ces individus pour des femelles; mais c'est une erreur, comme on peut facilement s'en convaincre en étudiant les organes de la génération.

Les ailes supérieures, plus grandes, comme celles de tous les Hyménoptères, sont recouvertes, à leur naissance, par un tubercule arrondi, en forme d'écaille, & assez grand. Leur stigmate est bien distinct, ovale, & séparé de la partie du bord extérieur qui précède, par un trait transparent. Elles ont, 1°. une cellule radiale, étroite, alongée, avancée, presqu'elliptique & appendicée; 2°. deux cellules cubitales, complètes, presqu'égales, dont la seconde reçoit les deux nerfs récurrens; 3°. une troisième cellule cubitale, mais incomplète. Les ailes des Dasypodes offrent une réticulation semblable; cependant leur cellule radiale n'est pas aussi distinctement appendicée.

Les Panurges sont des Apiaires solitaires, qui vivent sur les fleurs, les semi-flosculeuses plus particuliérement. Les espèces qui me sont connues, sont toutes des pays chauds ou tempérés de l'Europe, & font leurs nids dans la terre. Leurs habitudes paroissent avoir une grande analogie avec celles des Dasypodes. On n'a pas encore observé leurs métamorphoses.

PANURGE.

PANURGUS. PANZ. LATR. SPINOL. *APIS.* SCOP. OLIV. KIRB.
DASYPODA. FABR. ILLIG.

CARACTÈRES GÉNÉRIQUES.

Antennes grossissant un peu et insensiblement vers l'extrémité ou presque filiformes, un peu plus longues que la tête dans les deux sexes.

Lèvre supérieure petite, inclinée, reçue dans une échancrure du chaperon.

Mandibules étroites, terminées en pointe, striées en dessus, sans dentelure.

Mâchoires et lèvre inférieure formant une trompe fléchie en dessous; lèvre inférieure presque linéaire.

Quatre antennules sétacées, menues; les antérieures de six articles, dont le second plus long; les postérieures de quatre, dont le premier très-long.

Ailes supérieures ayant une cellule radiale et appendicée; deux cellules cubitales presqu'égales, dont la seconde reçoit deux nervures récurrentes.

Corps velu ou pubescent; tête grosse; abdomen ovoïde, déprimé, et armé d'un aiguillon rétractile dans la femelle; jambes et premier article des tarses des pattes postérieures du même sexe très-velus; cet article très-long.

ESPÈCES.

1. PANURGE grosse-tête.

Le mâle très-noir, velu; ses pattes postérieures à hanches unidentées, à jambes droites et uniformément velues.

2. PANURGE dentipède.

Le mâle très-noir, velu; ses pattes postérieures à hanches unidentées, à jambes arquées, et ayant un faisceau de poils.

3. PANURGE lobé.

Le mâle très-noir, velu; ses cuisses postérieures unidentées en dessous; antennes fauves, avec la base noire.

4. PANURGE unicolor.

Le mâle très-noir, velu; ses cuisses postérieures unidentées en dessous; antennes entiérement noires.

5. PANURGE très-noir.

Le mâle très-noir, velu; hanches et cuisses simples ou sans dent.

6. PANURGE grison.

Noir, pubescent; poils gris; hanches et cuisses simples; milieu antérieur du chaperon presque bidenté.

1. Panurge grosse-tête.

Panurgus cephalotes.

Panurgus mas corpore atro, villoso; pedibus posticis & coxis unidentatis; tibiis rectis, æquè hirsutis.

Son corps a environ cinq lignes de long; il est très-noir, luisant, pointillé, & garni, particuliérement sur le chaperon, de poils noirâtres; ceux des jambes & des tarses sont un peu plus clairs, presque bruns. La tête est proportionnellement plus grosse que dans les congénères. Les antennes sont d'un brun-noirâtre, avec les premiers articles noirs. Les mandibules sont noires, avec une tache fauve près du bout. Les organes sexuels sont très-saillans. Les épines des jambes & les derniers articles des tarses sont d'un brun-fauve. Le second article des hanches postérieures se prolonge en dessous en une dent ou épine courte, presque droite ou aiguë. Les deux dernières jambes ne sont pas arquées à leur base, & leurs poils n'y forment pas de faisceaux, comme dans l'espèce suivante. Les ailes sont un peu enfumées, avec le stigmate & les nervures bruns.

Il se trouve en Espagne, d'où il m'a été envoyé par M. Léon Dufour, médecin aux armées.

2. Panurge dentipède.

Panurgus dentipes.

Panurgus mas corpore atro, villoso; pedibus posticis, coxis unidentatis; tibiis arcuatis, fasciculato-pilosis.

Dasypoda ursina. Latr. *Hist. nat. des Crust. & des Ins. tom.* 13. *p.* 370. *n°.* 2. La femelle.

Apis ursina. Mus. Lesk. p. 80. *n°.* 520. ?

Apis ursina, var. β. Kirb. *Monogr. Ap. Angl. tom.* 2. *p.* 178. *n°.* 1. *tab.* 16. *fig.* 1. La femelle.

Il ressemble beaucoup à l'espèce précédente; mais il n'est long que de trois lignes & demie. Sa tête est moins grosse. Les antennes sont plus noires. Les derniers articles des tarses sont noirâtres. L'épine du second article des hanches postérieures est proportionnellement un peu plus forte & un peu courbe à son extrémité. Le côté interne des deux dernières jambes est arqué & a un faisceau de poils. Dans la femelle, ces jambes, ainsi que le premier article des tarses qui en dépendent, sont hérissés de poils d'un fauve-pâle. Les ailes sont moins obscures que dans le Panurge Céphalote.

M. Kirby n'a connu que la femelle. C'est la variété β de son *Apis ursina*, variété qu'il soupçonne devoir être spécifiquement distinguée. Je regarde, en effet, l'*Apis ursina* de cet auteur comme la femelle de son *Apis bankstana*, espèce toujours plus grande, & dont les derniers articles des tarses sont d'un brun-fauve. M. Illiger, dans son analyse de l'ouvrage de M. Kirby, n'a pas fait mention de cette variété, & rapporte la figure que le naturaliste anglais en a donnée à l'espèce propre; ce qui ne me paroît pas exact.

Le Panurge dentipède se trouve aux environs de Paris, vers la fin de l'été, & plus communément au midi de la France.

3. Panurge lobé.

Panurgus lobatus.

Panurgus mas corpore atro, villoso; femoribus posticis infrà unidentatis; antennis rufis, basi nigris.

Panurgus lobatus. Panz. *Revis. der Hymenopt. p.* 210.

Andrena lobata, femina. Panz. *Faun. Insect. Germ.* 82. *tab.* 16. Le mâle.

Trachusa lobata, mas. Panz. *Ibid.* 96. *tab.* 18. La femelle.

Dasypoda lobata *atra, antennis rufescentibus, femoribus posticis lobatis.* Fabr. *Syst. Pyez. n°.* 3. Le mâle.

Apis calcarata. Scop. *Ent. Carn. n°.* 802. Le mâle.

Apis calcarata. Vill. *Entom. Linn. tom.* 3. *p.* 308. *n°.* 51. Le mâle.

Abeille éperonée. Oliv. *Encycl. méth. Hist. nat. tom.* 4. *p.* 81. *n°.* 12. Le mâle.

Apis linnæella *atra, nitida, glabriuscula, antennis dimidiato-rufis.* Kirb. *Monogr. Ap. Angl. tom.* 2. *pag.* 179. *n°.* 2. *tab.* 16. *fig.* 2. Le mâle. ?

Dasypoda lobata. Illig. *Magaz. Für. Insekt.* 1806. *p.* 86. Le mâle.

Dasypoda linnæella. Illig. *Ibid. p. ead.* Le mâle. ?

Il est très-voisin du Panurge dentipède; mais il en est bien distingué par la position de la dent des pattes postérieures. Son corps a un peu plus de trois lignes de long. Il est très-noir, luisant, pointillé, & parsemé de poils noirâtres. Les antennes sont d'un fauve-pâle, avec les quatre ou cinq premiers articles noirs. La lèvre supérieure est bidentée au milieu du bord antérieur. Les mandibules du mâle sont noires, avec une tache fauve: celles de la femelle, d'après la figure de Panzer, sont presqu'entiérement de cette dernière couleur. Les jambes & les tarses, des pattes postérieures surtout, sont garnis, dans le même individu, de poils roussâtres; ils sont moins épais & moins vifs dans le mâle. Les cuisses postérieures de celui-ci ont, au milieu de leur côté inférieur, une dent aiguë & crochue. Les derniers articles des tarses sont d'un brun-clair. Les ailes sont transparentes, avec les nervures & le stigmate noirâtres.

La description de l'Abeille linnéenne de M. Kirby convient à cette espèce; mais cet auteur ne faisant point mention de la dent si remarquable des cuisses postérieures, j'ai dû le citer avec doute: peut-être y a-t-il quelque méprise, relativement au sexe.

Il se trouve en Allemagne, & rarement en France. J'ai reçu le mâle de M. Vaudouer.

4. Panurge unicolor.

Panurgus unicolor.

Panurgus mas corpore atro, villoso; femoribus posticis, infrà unidentatis; antennis penitùs nigris.

Panurgus unicolor. Spin. *Inf. Ligur. Fasc.* 2. *p.* 54.

Panurgus unicolor. Latr. *Gen. Crust. & Inf. tom.* 4. *p.* 158.

Philanthus ater *hirtus, ater, abdomine brevi, conico.* Fabr. *Ent. Syst. em. tom.* 2. *pag.* 292. *n°.* 13. ?

Il ne diffère du précédent que par la couleur de ses antennes, qui sont toutes noires. D'après un individu que M. Maximilien Spinola m'a envoyé, la tête seroit encore proportionnellement plus grosse. Panzer a sans doute induit en erreur cet estimable savant lorsqu'il a décrit le mâle de cette espèce pour la femelle, & réciproquement.

Il se trouve aux environs de Gênes.

5. Panurge très-noir.

Panurgus ater.

Panurgus mas corpore atro, villoso; coxis femoribusque inermibus.

Panurgus ater. Panz. *Revis. der Hymenopt. p.* 211.

Trachusa atra. Panz. *Faun. Inf. Germ.* 96. *tab.* 19. Le mâle.

Apis ursina *atra, suprà glabriuscula, pedibus posticis, fulvo-hirsutissimis.* Kirb. *Monogr. Ap. Angl. tom.* 2. *p.* 178. *n°.* 1. La femelle, la variété exceptée.

Apis bankfiana *atra, nitida, glabriuscula, digitis rufis.* Kirb. *Ibid. tom. id. p.* 179. *n°.* 3. Le mâle.

Dasypoda ursina. Illig. *Magaz. Für. Insekt.* 1806. *p.* 85. La femelle.

Dasypoda bankfiana. Illig. *Ibid. pag.* 86. Le mâle.

Il est presqu'aussi grand que le Panurge grosse-tête, & lui ressemble beaucoup. Son corps est très-noir, luisant, pointillé, avec des poils peu épais, à l'exception de ceux qui garnissent la tête, les bords de l'abdomen & les pattes; ceux des jambes & des tarses sont d'un rousseâtre-pâle; les autres sont noirâtres. La tête est forte, un peu moins cependant que dans le Panurge grosse-tête. Les antennes & les mandibules sont noires. La dépression postérieure des anneaux de l'abdomen est ici bien marquée. On ne voit point d'épine aux hanches ni aux cuisses des pattes postérieures. Les derniers articles des tarses sont d'un fauve-clair. Les ailes sont légérement enfumées, avec le stigmate & les nervures noirâtres.

Il se trouve en France, en Angleterre & dans l'Allemagne. Il est très-rare aux environs de Paris.

6. Panurge grison.

Panurgus canescens.

Panurgus niger, griseo-pubescens, coxis femoribusque inermibus, clypei medio antico subbidentato.

Il est long de deux lignes & demie, d'un noir peu foncé, luisant, avec des poils courts, clair-semés & grisâtres. Ceux des jambes & du premier article des pattes postérieures sont jaunâtres dans la femelle. Les antennes sont noires, avec une partie du dessous de la tige d'un brun-rousseâtre. Les mandibules sont noires, avec une tache fauve. Les angles antérieurs de l'échancrure du chaperon sont un peu avancés en forme de dent. Les bords de cette échancrure, les côtés du chaperon, sont en partie rousseâtres dans quelques individus. Le bord postérieur des anneaux de l'abdomen est plus pâle, comme décoloré, membraneux & plus luisant. Les hanches & les cuisses sont simples dans les deux sexes. Les derniers articles des tarses sont un peu bruns. Les nervures sont transparentes, sans la moindre teinte, avec les nervures & le stigmate blanchâtres. Le centre du stigmate est à demi transparent.

M. Maximilien Spinola a découvert cette espèce aux environs de Gênes. M. Léon Dufour l'a aussi trouvée en Espagne. (*Lat.*)

PAON. On désigne sous le nom de *grand Paon*, de *Paon moyen* & de *petit Paon* trois insectes de l'Ordre des Lépidoptères, qui appartiennent au genre *Bombyx*, & qui ont reçu des auteurs systématiques les noms de *Bombyx Pavonia major, media* & *minor*. Hubner nomme la première *Bombyx Pyri*; la seconde, *Bombyx Carpini*, & la troisième, *Bombyx Spini*. (*Voyez* Bombyx.)

PAON DE JOUR *ou* ŒIL DE PAON. C'est le nom que Geoffroy donne au Papillon Io. (*Voyez* Papillon.)

Fin du tome huitième.

TABLE

TABLE

DES NOMS LATINS CONTENUS DANS CE VOLUME.

M.

N.

O.

Fin de la Table.

www.ingramcontent.com/pod-product-compliance
Ingram Content Group UK Ltd.
Pitfield, Milton Keynes, MK11 3LW, UK
UKHW022316190726
13856UKWH00001B/46